TERPENE UND CAMPHER

ZUSAMMENFASSUNG EIGENER UNTERSUCHUNGEN

AUF DEM GEBIET DER

ALICYCLISCHEN
KOHLENSTOFFVERBINDUNGEN

VON

OTTO WALLACH

ZWEITE AUFLAGE

LEIPZIG
VERLAG VON VEIT & COMP.
1914

Druck von Metzger & Wittig in Leipzig.

SEINEN SCHÜLERN

Vorbemerkung

Die seit mehr als zwei Jahrzehnten einen großen Teil meiner wissenschaftlichen Arbeit bildenden Untersuchungen auf dem Gebiete der Terpene und der ätherischen Öle haben im Laufe der Zeit eine so große Summe von Einzelbeobachtungen zutage gefördert, daß eine Orientierung darüber sehr erschwert ist. Im Jahre 1891 habe ich zwar bereits eine kurze Übersicht über das bis dahin von mir Untersuchte gegeben [B. 24 (1891), 1525], seitdem ist indes das Tatsachenmaterial so außerordentlich angewachsen und die theoretische Erkenntnis hat so große Fortschritte gemacht, daß ich es für angezeigt halte, den Inhalt der gesamten von mir angestellten Untersuchungen nach einheitlichen Gesichtspunkten zu ordnen und das Material,[1] das in weit über 100 Abhandlungen zerstreut ist, systematisch zusammenzustellen.

---

[1] Abhandlungen aus den Annalen der Chemie: *1884*: 1) A. **225**, 291; 2) **227**, 277. *1885*: 3) **230**, 225. *1886*: 4) **238**, 78. *1887*: 5) **239**, 1; **241**, 288; 6) **241**, 315. *1888*: **245**, 191; 7) **245**, 241; 8) **246**, 221; 9) **246**, 265; **248**, 161. *1889*: 10) **252**, 94; 11) **252**, 106; 12) **252**, 141; 13) **253**, 249. *1890*: 14) **258**, 319; 15) **259**, 309. *1891*: **262**, 324; 16) **263**, 129; 17) **264**, 1; 18) **268**, 197; 19) **269**, 326. *1892*: 20) **270**, 171; 21) **271**, 285; 22) **272**, 99. *1893*: 23) **275**, 103; 24) **275**, 145; 25) **276**, 296; 26) **277**, 105; 27) **277**, 154. *1894*: 28) **278**, 302; 29) **279**, 366; 30) **281**, 127; 31) **281**, 147. *1895*: 32) **284**, 324; 33) **286**, 90; 34) **286**, 119; 35) **287**, 371; 36) **289**, 337. *1896*: 37) **291**, 342. *1897*: 38) **296**, 120. *1898*: 39) **300**, 259; 40) **300**, 278; 41) **300**, 286; 42) **300**, 294; 43) **302**, 371. *1899*: 44) **305**, 223; 45) **305**, 261; 46) **306**, 267; 47) **309**, 1. *1900*: 48) **312**, 171; 49) **313**, 345; 50) **314**, 147. *1901*: 51) **315**, 273; 52) **319**, 77. *1902*: 53) **323**, 135; 54) **323**, 323; 55) **323**, 333; 56) **324**, 79; 57) **324**, 97; 58) **324**, 112; 59) **324**, 269; 60) **324**, 281. *1903*: 61) **327**, 125; 62) **329**, 82; 63) **329**, 109; 64) **329**, 368. *1904*: 65) **331**, 318; 66) **332**, 305; 67) **332**, 337; 68) **336**, 1; 69) **336**, 9; 70) **336**, 247. *1905*: 71) **339**, 94; 72) **340**, 1; 73) **343**, 28; 74) **343**, 40; 75) **343**, 54; 76) **345**, 127; 77) **345**, 139. *1906*: 78) **346**, 220; 79) **346**, 249; 80) **346**, 266; 81) **347**, 316; 82) **350**, 141. *1907*: 83) **353**, 209; 84) **353**, 284; 85) **353** 318; 86) **356**, 197;

Dabei beschränke ich mich auf eine Zusammenfassung meiner eigenen, bzw. der unter meiner speziellen Leitung ausgeführten Arbeiten. Die Arbeiten anderer finden daher nur Erwähnung, soweit sie mit meinen eigenen in unmittelbarem Zusammenhang stehen. Auf diese Weise wird das vorliegende Werk natürlich nur ein sehr unvollständiges Bild von den in den letzten Dezennien erreichten Fortschritten auf dem Gebiet der Terpenchemie überhaupt zu geben imstande sein. Trotzdem wird es vielleicht doch insofern nützlich werden können, als diese monographische Darstellung zusammenhängender Experimentaluntersuchungen einen Einblick zu gewinnen erlaubt, auf welchen Wegen die nähere Kenntnis einer Klasse von Verbindungen allmählich erschlossen worden ist, die man trotz ihrer Zugänglichkeit bis dahin experimentell nicht recht anzugreifen verstanden hatte.

Auch möchte ich hoffen, daß diese Zusammenstellung die Fachgenossen dazu anregen wird, auf Grund der nunmehr vorliegenden Erfahrungen manche Arbeiten aus älterer Zeit einer Revision zu unterziehen, andere weiterzuführen und zu ergänzen. Denn wo man sich auf schwierigem Terrain den Weg erst bahnen muß, um ein bestimmtes Ziel zu erreichen, ist man nur zu oft genötigt darauf zu verzichten, alles, was man am Wege sieht, genau erforschen zu wollen. So konnte von der großen Fülle neuer Verbindungen, auf die ich während meiner Untersuchungen gestoßen bin, nur ein Teil einiger-

---

87) **356**, 227; 88) **357**, 49; 89) **357**, 72. *1908*: 90) **359**, 265; 91) **359**, 287; 92) **360**, 26; 93) **360**, 82; 94) **362**, 174; 95) **362**, 261; 96) **362**, 285; 97) **363**, 1. *1909*: 98) **365**, 240; 99) **365**, 480; 100) **368**, 1; 101) **369**, 63. *1910*: 102) **374**, 217 u. 198 u. **379**, 131. *1911*: 103) **379**, 182; 104) **379**, 215; 105) **381**, 51; 106) **381**, 95; 107) **384**, 193. *1912*: 108) **388**, 49; 109) **389**, 169; 110) **389**, 185; 111) **392**, 49; 112) **394**, 362; 113) **395**, 74. *1913*: 114) **396**, 264; 115) **397**, 181 u. **399**, 155.

Abhandlungen aus den Berichten der Deutschen Chemischen Gesellschaft: *1891*: B. **24**, 1525, 3984, 3992. *1892*: **25**, 916, 3313. *1893*: **26**, 3072. *1894*: **27**, 1495. *1895*: **28**, 31, 1308, 1474, 1660, 1773, 1955, 2703, 2708, 2714. *1896*: **29**, 1595, 2955. *1897*: **30**, 423, 1094. *1898*: **31**, 338. *1899*: **32**, 1872, 3338. *1902*: **35**, 2822. *1905*: **38**, 2803. *1906*: **39**, 2504. *1907*: **40**, 70, 575, 585, 596, 600. *1909*: **42**, 145.

Abhandlungen aus den Nachrichten der Königl. Gesellschaft der Wissenschaften zu Göttingen: G. N. *1891*, 301. *1892*, 230. *1893*, 205, 517, 747. *1894*, 59, 165. *1895*, 177, 305. *1896*, 60, 114, 304. *1897*, 304. *1899*, 122, 209. *1900*, 241. *1902*, 92, 297. *1903*, 218. *1904*, 9. *1905*, 1. *1906*, 65. *1907*, 60, 230, 375. *1908*, 1, 253. *1909*, 1, 391. *1910*, 87, 517. *1912*, 417. *1913*, 236.

maßen eingehend durchuntersucht werden, wenn der Hauptzweck der Arbeit im Auge behalten werden sollte. Hier gilt es noch viele Lücken auszufüllen, die sich erheblich leichter an der Hand einer zusammenfassenden Darstellung auffinden lassen, als wenn man darauf angewiesen ist, die einzelnen Abhandlungen in einer großen Anzahl von Bänden nachzuschlagen.

Von diesen Gesichtspunkten ausgehend, glaubte ich die Zusammenfassung selbst in zwei Abschnitte gliedern zu sollen.

Der erste, allgemeine Teil soll zunächst über den allgemeinen Plan und den Gang der Untersuchung orientieren, vor allem aber in die bei der Arbeit zur Anwendung gekommenen Forschungsmethoden einen Einblick geben und die zutage geförderten Tatsachen von allgemeinem theoretischen Interesse zusammenfassen. Es sind daher dort besprochen: Beobachtungen über den Verlauf einiger für die Verbindungsklasse charakteristischer Reaktionen (z. B. Isomerisation, Ringschluß, Ringsprengung, Ringerweiterung, Kondensation usw.), über das Verhalten einiger wichtiger Verbindungstypen, über Erscheinungen aus dem Gebiet der Stereochemie (z. B. optische Isomerie und Racemie), sowie über die Gesetzmäßigkeit hinsichtlich mancher physikalischer Eigenschaften.

Ferner sind dem ersten Teile kurze Kapitel angegliedert, die Bemerkungen über Konstitutionsbestimmung und Nomenklatur innerhalb der Terpengruppe enthalten.

Da, wie gesagt, die Zusammenfassung lediglich bezweckt, eine Übersicht über meine eigenen Veröffentlichungen zu geben, also auch eine möglichst enge Anlehnung an diese anzustreben war, so sind viele direkte Zitate aus den einzelnen, namentlich älteren, Abhandlungen übernommen und durch Anführungsstriche kenntlich gemacht worden. Die dadurch unvermeidlich gewordenen Unebenheiten der Darstellung müssen im Interesse der historischen Treue in Kauf genommen werden. Auch werden auf diese Weise manche irrtümliche Vorstellungen am besten hervortreten, die anfangs mit untergelaufen und als solche erst viel später auf Grund des Fortschrittes der Untersuchungen erkannt und berichtigt worden sind. Auch wo keine Zitate übernommen sind, ist durch erschöpfenden Literaturhinweis der Kontakt der vorliegenden Darstellung mit den früheren Veröffentlichungen überall möglichst vollständig hergestellt worden.

Vorbemerkung zur zweiten Auflage.

Im Zeitraum der fünf Jahre, die seit dem Erscheinen dieses Werkes verstrichen sind, hat sich durch die im Göttinger Laboratorium unter meiner Leitung und von mir selbst ausgeführten und auf das Gebiet der alicyclischen Verbindungen sich erstreckenden Arbeiten das Tatsachenmaterial wiederum so vermehrt, daß die 1908 gegebene Zusammenfassung ergänzungsbedürftig war. Vor allen Dingen deshalb, weil bezüglich einer ganzen Reihe von Verbindungen, über deren Konstitution und Entstehungsweise seinerzeit noch Unklarheit herrschte, nunmehr vollkommene Klarheit gewonnen ist. Das gilt z. B. vom Carvenolid, Pulegenolid, Pinolon und einer großen Reihe der vom Fenchon abgeleiteten Verbindungen. Ferner ist die Zahl der neu dargestellten einfachsten cyclischen Kohlenwasserstoffe, Ketone usw. sehr angewachsen und das Studium der bei diesen auftretenden Isomerien hat auch Fortschritte hinsichtlich der Erkenntnis gezeitigt, inwieweit die physikalischen Eigenschaften der alicyclischen Verbindungen von deren Konstitution in Abhängigkeit stehen.

An Stelle der in der ersten Auflage enthaltenen systematischen Übersicht über die bearbeiteten Verbindungen ist ein alphabetisches Sachregister getreten.

Göttingen, im Dezember 1913.

O. Wallach.

Inhalt

Allgemeiner Teil.

Spezieller Teil.

Abkürzungen.

A. =	Annalen der Chemie.[1]
B. =	Berichte der Deutschen Chemischen Gesellschaft.
G. N. =	Nachrichten der Königl. Gesellschaft der Wissenschaften in Göttingen, Mathematisch-physikalische Klasse.
unv. B. =	unveröffentlichte Beobachtung.
Kp. =	Siedepunkt.
F. =	Schmelzpunkt.
d =	Spezifisches Gewicht.
n_D =	Brechungsexponent, bezogen auf Natriumlicht.
M =	Molekularrefraktion.
$[\alpha_D]$ =	Spezifisches Drehungsvermögen.

[1] Es ist zu beachten, daß das Jahresdatum des Erscheinungstermins der Abhandlungen nicht immer mit dem Jahrgang des Annalenbandes übereinstimmt, in welchem die Abhandlungen aufzusuchen sind.

Allgemeiner Teil

I. Einleitung. — Plan und Übersicht über den Gang der Untersuchung.

„Die nähere Erforschung der durch ihr Vorkommen in den „ätherischen Ölen seit lange bekannten Verbindungen hat den Chemikern „mancherlei Schwierigkeiten bereitet. Man unterschied bekanntlich von „jeher in den ätherischen Ölen sauerstofffreie und sauerstoffhaltige Be-„standteile. Die ersteren erwiesen sich vielfach als Kohlenwasserstoffe „der Formel $C_{10}H_{16}$, und man hat sie Terpene genannt. Unter den „letzteren fand man häufig Körper der Formel $C_{10}H_{16}O$ und $C_{10}H_{18}O$, „welche zu den Terpenen in augenfälliger Beziehung stehen und welche „man mit dem zusammenfassenden Namen der ‚Campher' be-„zeichnen kann.

„Namentlich die Terpene wurden bezüglich ihrer Konstitution als „ziemlich rätselhafte und für die Untersuchung schwierige Körper be-„trachtet, denn wohlcharakterisierte Verbindungen hatten früher nur in „sehr spärlicher Zahl aus denselben erhalten werden können und „namentlich zeigten sie sich chemischen und physikalischen Einflüssen „gegenüber als höchst veränderliche Substanzen. Daher fehlt es denn „wohl auch, wenn man von einigen sehr wertvollen Arbeiten, unter „denen z. B. die von Berthelot, Riban, Tilden, Gladstone, „Armstrong, Flavitzky u. a. hervorzuheben sind, absieht, an einiger-„maßen zusammenhängenden und planmäßigen Untersuchungen aus „früherer Zeit.

„Und in der Tat, wenn man einen Blick in die ältere Literatur „der Terpene warf, erschien es auch nicht gerade verlockend, sich mit „dem Gegenstand zu beschäftigen. Es lag eine kaum übersehbare Fülle „von Einzelbeobachtungen vor. In den Handbüchern wurde eine sehr „große Anzahl von Terpenen aufgeführt, die man je nach ihrer Herkunft „mit einem besonderen Namen belegte und die man zum mindesten „bezüglich ihrer physikalischen Eigenschaften für wirklich different „voneinander hielt. Daß einige der Forscher, welche eingehendere „Untersuchungen auf diesem Arbeitsfeld ausgeführt hatten, sich kor-„rektere und bestimmtere Vorstellungen über den Zusammenhang der

„Terpene gebildet haben, als aus der Literatur ersichtlich ist, mag „wohl sein. Wirkliche Klarheit war aber jedenfalls in keinem Punkt „erreicht. Wollte man solche in das weit verzweigte und verworrene „Gebiet hineinbringen, so war folgendes anzustreben:

„Erstens: Es mußten für alle wirklich voneinander verschiedenen „Terpene so scharfe und bestimmte **Merkmale der Eigenschaften** fest-„gestellt werden, daß eine Erkennung und Unterscheidung der „chemischen Individuen unschwer möglich wurde.

„Zweitens mußten auf Grundlage einer solchen genauen Charak-„teristik das **Verhalten** und die **gegenseitigen Beziehungen** der einzelnen „Kohlenwasserstoffe, namentlich in Rücksicht auf ihre Eigenschaft, in-„einander übergehen zu können, ermittelt werden.

„Erst nach Erfüllung dieser beiden Vorbedingungen konnte dann „Drittens eine nähere Erforschung der einzelnen Verbindungen „hinsichtlich ihrer **Konstitution** wirklichen Erfolg versprechen.“ [B. **24** (1891), 1525.]

Vorstehende Worte, mit denen ich 1891 die erste zusammenfassende Darstellung meiner sich damals über den Zeitraum von etwa 6 Jahren erstreckenden Arbeiten eingeleitet habe, kann ich auch heute noch voranstellen, weil sie den Arbeitsplan, den ich verfolgt habe, in deutlicher Weise wiedergeben. Es mußte, als ich mich mit dem Gegenstande zu beschäftigen begann, als erste Vorbedingung gelten, die Verbindungen, um die es sich handelte, so scharf zu charakterisieren, daß die Diagnose auf ihre Anwesenheit stets sicher gestellt und eine Verwechslung mit Ähnlichem möglichst ausgeschlossen werden konnte. Mit dieser Aufgabe beschäftigen sich wesentlich die ersten fünf Abhandlungen (1884 bis 1887)[1]. Siehe Zusammenfassung B. **24** (1891), 1539.

[1] Auf eine möglichst genaue Charakterisierung aller untersuchten Verbindungen nicht nur in bezug auf ihr chemisches Verhalten, sondern auch auf die wichtigsten physikalischen Eigenschaften (Siedepunkt, Schmelzpunkt, Brechungsvermögen, Drehungsvermögen) habe ich auch in der Folge bei allen Untersuchungen den größten Wert gelegt. Ein Hauptaugenmerk ist daher darauf gerichtet worden, die Verbindungen in genügender Menge so rein herzustellen, daß sie für den gedachten Zweck brauchbar waren.

Leider findet man, daß noch immer Arbeiten auf dem Gebiet zur Veröffentlichung kommen, die diesen Gesichtspunkten nicht gerecht werden und in denen die erhaltenen Substanzen ganz unzulänglich charakterisiert sind.

Nachdem das erreicht war, schienen zwei prinzipiell verschiedene Wege zu Gebote zu stehen, um ein tieferes Eingehen in die Materie zu ermöglichen. Am einfachsten und natürlichsten — so möchte es scheinen — wäre es gewesen, die nähere Untersuchung nunmehr auf wenige bestimmte und längst bekannte typische Repräsentanten der Körperklasse (also etwa auf Pinen und Terpinhydrat) zu konzentrieren, um womöglich deren Konstitution sogleich festzulegen.

Wenn dieser Weg nicht gewählt wurde, so beruhte es eben auf der Erkenntnis, daß die Terpenverbindungen in Berührung mit den gewöhnlichsten Reagenzien schon Veränderungen, namentlich auch Isomerisation erleiden. Bei Anwendung der gewöhnlichen damals gebräuchlichen Untersuchungsmethoden auf die genannten Substanzen waren aus keinem Untersuchungsresultat sichere Schlüsse zu ziehen, ehe feststand, ob unter den gewählten Bedingungen Isomerisation ausgeschlossen sei.

Daher wurde der zweite mögliche Weg gewählt. Statt nämlich die Forschung auf wenige bestimmte Verbindungen von Anfang an zu beschränken, wurde zunächst versucht, für möglichst viele Verbindungen den gegenseitigen Zusammenhang zu ermitteln und sie durch Auffindung von **Übergängen** zu verknüpfen.

Inwieweit das durchgeführt ist, wird aus Kapitel III und manchen Abschnitten des speziellen Teils näher hervorgehen. Ich glaube in der Annahme nicht zu irren, daß damals mit diesen seinerzeit schwierigen und subtilen Untersuchungen die Terpenchemie in eine neue Phase getreten ist, welche die Weiterentwicklung unserer Kenntnisse wesentlich gefördert hat. Es liegt auf der Hand und findet auch in der historischen Entwicklung der Konstitutionserkenntnis seine Bestätigung, von wie großem Nutzen die Ermittlung der genetischen Beziehungen der bekannten Verbindungstypen werden mußte. Denn nach den gemachten Feststellungen ergab sich, nachdem die Konstitution einer in Betracht kommenden Substanz festgestellt war, die Konstitution einer ganzen Anzahl anderer gewissermaßen von selbst.[1]

---

[1] Als Beispiel sei an die genetische Verknüpfung von α-Terpineol mit Terpin, Carvon, Limonen, Cineol, Pinol erinnert und daran, daß alle scheinbar schon sichergestellten Formeln für die genannten Körper mit einem Schlage umgestaltet werden mußten, nachdem der Nachweis geführt war, daß die bis dahin angenommene Terpineolformel zu verlassen und durch eine andere zu ersetzen sei (siehe unten).

Was die allgemeine historische Entwicklung anbetrifft, so habe ich gelegentlich der eingangs zitierten Zusammenstellung den damaligen Zeitpunkt (Anfang 1891) als den bezeichnet, zu dem — nach eingehenden und sehr mühsamen Untersuchungen, die im Juni 1884 im Bonner Universitätslaboratorium begonnen waren — die Vorbedingungen für die Lösung der Konstitutionsfragen „in der Hauptsache" gegeben waren, und das Eingehen auf die letzteren mit Erfolg beginnen konnte. Kurz nach dieser Zeit setzen dann die erfolgreichen Untersuchungen ausgezeichneter Fachgenossen auf dem Gebiet ein (Tiemann und Semmler 1892, v. Baeyer 1893, G. Wagner 1894).

Als eine für die eigentliche Terpengruppe besonders wichtige historische Tatsache darf unzweifelhaft die endgültige Festlegung der bis dahin irrtümlich gedeuteten Konstitution des gewöhnlichen α-Terpineols als 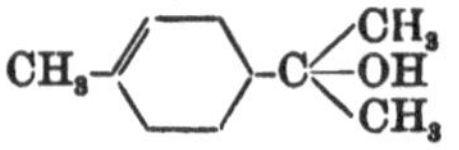 angesehen werden, die mir und gleichzeitig Tiemann und Semmler 1895 gelang. Diese Aufklärung leitete zu der richtigen Erkenntnis einer ganzen Gruppe von Verbindungen hin (siehe oben).[1]

Bald ergab sich aber die Notwendigkeit, die Untersuchung über den Rahmen der eigentlichen Terpenverbindungen hinaus auf die während der Arbeit bekannt gewordenen einfacheren cyclischen Verbindungen zu übertragen. Auch der Zeitpunkt, wo diese Arbeiten einsetzen, läßt sich genau feststellen. Kohlenwasserstoffe von terpenartigem Charakter waren mir durch die Synthese des Hydroxylols (1890) und Hydropseudocumols (1893) zuerst in die Hände gekommen. Von cyclischen Ketonen wurde das 1,3-Cyclo-Methylhexanon 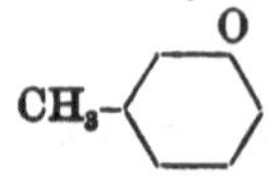 durch die Spaltung des Pulegons (1895) zu

[1] Unmittelbar nachdem dieser Erfolg erzielt war und gemäß dem aufgestellten Arbeitsplan weiter in die Tiefe gearbeitet werden sollte, und das allgemeine Interesse für die vorliegenden Fragen sich zu regen begann, findet sich in meinen bis dahin fortlaufenden Publikationen eine ziemlich große Lücke, deren Ursache ich bei dieser Gelegenheit anführen will, damit die, welche sich mit der Geschichte des Gegenstandes beschäftigen, nicht zu naheliegenden irrtümlichen Schlüssen geführt werden.

Gegen Ende des Jahres 1895 trug ich durch eine Explosion eine erhebliche Verletzung der linken Hand davon, die deren Gebrauchsfähigkeit dauernd sehr beeinträchtigt und mich Jahr und Tag am persönlichen Experimentieren behindert hat.

einem zugänglichen Körper und hat als leicht zu beschaffendes Ausgangsmaterial zu mannigfaltigen Versuchen Veranlassung gegeben, die dann auf andere cyclische Ketone übertragen wurden.

Durch diese Untersuchungen gewann man zuerst eine klare Einsicht in die jetzt feststehende und allgemein als richtig anerkannte Tatsache, daß die meisten der natürlich vorkommenden Terpenverbindungen nichts anderes vorstellen als Repräsentanten aus der großen Klasse derjenigen Substanzen, die man heute unter dem Namen der alicyclischen Verbindungen zusammenzufassen pflegt.

Eine weitere historische Betrachtung, soweit sie Einzelheiten betrifft, soll aber nicht hier Platz finden, sondern im wesentlichen dem zweiten Teile gelegentlich der Besprechung der wichtigeren Verbindungen vorbehalten bleiben.

II. Erste Arbeiten, betreffend Unterscheidung und Nachweis der Terpene und Terpenderivate.

Die speziellen Reaktionen, die zur Unterscheidung der Terpenverbindungen angewandt und zu gutem Teile neu ausgearbeitet wurden, werden in den Kapiteln, die sich auf die Methodik der Untersuchung beziehen, besonders behandelt werden. Im Anfange der Arbeiten haben namentlich die Halogenisierungsprodukte, von denen die Tetrabromide einiger Kohlenwasserstoffe zuerst in gut krystallisiertem Zustande gewonnen wurden, ferner die Additionsprodukte der unorganischen Stickstoffverbindungen (NOCl, N_2O_3, N_2O_4) und namentlich die neuentdeckten Nitrolamine für die Diagnostik eine wichtige Rolle gespielt.

Eine heute fast vergessene, für einen Einzelnen außerordentlich mühevolle und nur in Rücksicht auf den zu erreichenden Zweck erträgliche Arbeit ist es gewesen, eine bedeutende Anzahl von ätherischen Ölen sorgfältig durchzufraktionieren, die einzelnen Bestandteile zu vergleichen und auf ihr Verhalten denselben Einflüssen gegenüber zu untersuchen. Eine sehr abgekürzte Zusammenfassung dieser Arbeit, die zu der Überzeugung führte, daß es viel weniger Repräsentanten natürlich vorkommender Terpenverbindungen $C_{10}H_{16}$, $C_{10}H_{16}O$, $C_{10}H_{18}O$ gibt, als bis dahin angenommen war, findet sich in der 1. bis 4. Abhandlung (1884—1886).

„Die zahlreichen sogenannten ‚ätherischen Öle' sind bekanntlich „dadurch ausgezeichnet, daß sie meist ein Gemisch von Kohlen„wasserstoffen der Terpengruppe mit sauerstoffhaltigen Verbindungen, „welche vielfach dem Campher nahestehen, enthalten, und daß einmal „der sauerstofffreie, in anderen Fällen der sauerstoffhaltige Bestand„teil überwiegt. Durchmustert man nun diese aus den ätherischen „Ölen isolierten und oft deren wesentlichen Gehalt ausmachenden Be„standteile, so muß es auffallen, daß da eine große Reihe gleich zu„sammengesetzter Verbindungen im Lauf der Zeit beschrieben worden „sind, die je nach ihrer Herkunft einen anderen Namen tragen, ohne „daß darüber Versuche vorliegen, ob alle diese Körper wirklich von„einander verschieden sind. So findet man namentlich Kohlenwasser„stoffe der Formel $C_{10}H_{16}$ als: ‚Terpen', ‚Camphen', ‚Citren', ‚Carven', „‚Cynen', ‚Cajeputen', ‚Eucalypten', ‚Hesperiden' usw. in so großer „Menge aufgeführt, daß man es von vornherein für höchst unwahr„scheinlich halten muß, daß alle diese Verbindungen voneinander ver„schieden sind. Ähnlich verhält es sich mit den entsprechenden sauer„stoffhaltenden Produkten, wie $C_{10}H_{18}O$, $C_{10}H_{16}O$ usw. Es ist nun „wohl an der Zeit, daß diese Verhältnisse einigermaßen geklärt und „eventuell die Lehrbücher der Chemie von einem ganz unnützen Ballast „befreit werden." [A. **225** (1884), 314.]

„Eine sehr große Anzahl der bisher verschieden bezeichneten „und für verschieden gehaltenen Terpene ist unzweifelhaft identisch. „Nämlich: 1. sind miteinander identisch die bei 175—176° siedenden „Anteile des Pomeranzenschalenöls (Hesperiden), Citronenöls (Citren), „Bergamottöls, Kümmelöls (Carven), Dillöls, Erigeronöls, Fichten„nadelöls; 2. sind miteinander identisch die zwischen 180° und 182° „siedenden Terpene Cinen, Cajeputen, Kautschin, Diisopren, ferner die „entsprechend siedenden Anteile des Campheröls und desjenigen Pro„dukts, welches durch Erhitzen aller bisher daraufhin untersuchten „Terpene auf 250—270° entsteht, und endlich sind mit diesen Körpern „identisch die Kohlenwasserstoffe, welche man durch Zerlegung des bei „49—50° schmelzenden Terpendichlorhydrats $C_{10}H_{16} \cdot 2HCl$ — gleich„gültig von welcher Herkunft — mit Anilin erhält.

„Inwieweit die sich sehr ähnlichen, um 160° siedenden Terpene, „welche z. B. im Terpentinöl, Fichtennadelöl, Wacholderbeeröl, Citronen- „öl, Eucalyptusöl, Macisöl, Dillöl, Salbeiöl usw. vorkommen, identisch „sind, läßt sich aus den bisher vorliegenden Beobachtungen nicht mit „Sicherheit schließen. Bei hoher Temperatur gehen sie jedenfalls alle „in dasselbe Terpen über; ob sie sich bezüglich der Inversion durch „Schwefelsäure gleich verhalten, ist noch zu untersuchen.

„Daraus, daß das bei 49—50° schmelzende Terpendichlorhydrat „$C_{10}H_{16} \cdot 2HCl$, gleichgültig, aus welcher Verbindung es gewonnen wurde, „dieselben Eigenschaften zeigt und auch durch Salzsäureentziehung in „dasselbe Terpen übergeht, folgt die Richtigkeit der schon von Tilden „ausgesprochenen Vermutung, daß jene Additionsprodukte von $C_{10}H_{16}$ „zu 2HCl identisch sind. Da aber unzweifelhaft voneinander ver- „schiedene Terpene (wie das um 160° siedende Terpentinöl, das bei „175—176° siedende Hesperiden, das bei 180—182° siedende Cinen) „dasselbe Additionsprodukt $C_{10}H_{16} \cdot 2HCl$ liefern und dieses durch „Salzsäureentziehung in einen mit dem Cinen identischen Kohlen- „wasserstoff übergeht, so folgt weiter, daß jene verschiedenen Terpene „durch Salzsäure bei Gegenwart von Wasser in dieselbe stabile Modi- „fikation invertiert werden, in welche sie auch beim Erhitzen für sich „übergehen und welche sich durch Polymerisation der Pentene C_5H_8 „bildet. . . .

„. . . Man darf nun annehmen, daß die niedrig (um 160°) siedenden „Terpene eine wesentlich andere Konstitution haben, als die höher „(über 170°) siedenden. Erstere können als solche nur ein Molekül „Salzsäure binden. Wenn sie mehr Salzsäure aufnehmen, so unterliegen „sie eben vorher einer Inversion. Dasselbe findet bei der Hydratation „statt. Der Umstand, daß jenen Verbindungen der niedrig siedenden „Terpene mit einem Molekül Salzsäure ($C_{10}H_{16} \cdot HCl$) die Fähigkeit ab- „geht, andere Bestandteile (wie HCl oder Brom) additionell aufzunehmen, „spricht sehr dafür, daß in den niedrig siedenden Terpenen nur eine „doppelte Kohlenstoffbindung enthalten ist. In den anderen Terpenen, „welche mit Leichtigkeit 2 Moleküle Salzsäure oder 4 Atome Brom „addieren, sind dagegen sicher zwei doppelte Kohlenstoffbindungen an- „zunehmen.“ [A. **227** (1885), 297].

Für die Kohlenwasserstoffe wurde es als notwendig erkannt, eine neue Nomenklatur einzuführen:

„Ganz abgesehen von speziellen Betrachtungen über die Kon-„stitution der Terpene, über welche die weitere Untersuchung hoffent-„lich etwas nähere Anhaltspunkte geben wird, genügen die mit-„geteilten Tatsachen, um eine ganz erhebliche Vereinfachung und größere „Übersichtlichkeit in dem Kapitel der Terpene und ätherischen Öle „eintreten zu lassen.

„Den unendlich verschiedenartigen Bezeichnungen für Terpene ver-„schiedener Herkunft wird man jede Berechtigung absprechen müssen, „es sei denn, daß gezeigt werden kann, daß bestimmte chemische Unter-„scheidungsmerkmale für alle jene verschieden benannten Verbindungen „vorhanden sind, was bisher nur in sehr beschränktem Maße zutrifft. „Andererseits ist es wünschenswert, eine klare Unterscheidung der „als unzweifelhaft verschieden erkannten Terpengruppen eintreten zu „lassen.

„Bei einer möglichsten Beibehaltung der jetzt vorhandenen Nomen-„klatur läßt sich nun befürchten, daß man aus der im Terpenkapitel „tatsächlich bestehenden großen Unklarheit und Verwirrung sehr schwer „herauskommen wird. Denn wenn sich aus dem oben Mitgeteilten von „selbst ergibt, daß bisher vielfach identische Körper als verschieden „beschrieben worden sind, so ist andererseits hervorzuheben, daß auch „mehrfach verschiedene Verbindungen als identisch angesehen wurden „und endlich ist zu berücksichtigen, daß für isomere Terpene bis jetzt „so ähnlich klingende Namen (wie: Terebenten, Tereben, Terpinylen, „Terpilen, Isoterpen, Isoterebenten u. a.) und dazu von verschiedenen „Autoren in verschiedener Weise gebraucht worden sind, daß eine „Orientierung nicht leicht ist.

„Um diesen Übelständen zu steuern, erlaube ich mir vorzuschlagen, „einstweilen folgende Namen einzuführen, welche bei Auffindung wirklich „neuer Gruppen von Terpenen leicht ergänzt, sobald wir sichere „Kenntnis von der Konstitution der Terpene haben werden, leicht durch „rationelle Namen ersetzt werden können.“ [A. **227** (1885), 299.]

Nachdem die Unterscheidung von Pentenen (Isopren) C_5H_8, eigentlichen Terpenen $C_{10}H_{16}$ und Polyterpenen $(C_5H_8)_x$ zugrunde gelegt war, wurde für die eigentlichen, damals bekannten und sicher differenten Terpene die Nomenklatur eingeführt, die wohl ganz international angenommen worden ist.

Es wurden unterschieden (A. **227** (1885), 300—302; **239** (1887), 45; B. **24** (1891), 1538):

Pinen (früher Terebenten, Australen usw.);

Camphen;

Limonen (früher Hesperiden, Citren, Carven), [A. **245** (1888), 201 Anmerkung];

Dipenten (früher Diisopren, Cinen, Cajeputen, Kautschin, Isotereben), sehr bald als d + l-Limonen erkannt;

Sylvestren;

Terpinolen (neu aufgefunden);

Terpinen (früher nie von anderen Terpenen auseinander gehalten);

Phellandren.

Die unterscheidenden Merkmale wurden tabellarisch zusammengestellt (siehe namentlich A. **239** (1887), 45 und B. **24** (1891), 1538) und waren nunmehr genügend scharf, um eine sichere **Diagnose** auf die Anwesenheit **bekannter** und **neuer** Terpene zu gestatten.

Etwas Ähnliches wurde für die Sesquiterpene $C_{15}H_{24}$ in die Wege geleitet [A. **238** (1887), 78; **271** (1892), 285], ist aber nicht so eingehend durchgearbeitet worden [A. **279** (1894), 391].

„Die jetzt über Sesquiterpene neu vorliegenden Versuche machen „es möglich, wenigstens einige isomere Kohlenwasserstoffe der Formel „$C_{15}H_{24}$ scharf zu unterscheiden. Man kann diese von vornherein in „zwei Gruppen teilen: in solche mit zwei und solche mit einer Äthylen„bindung.

„Der bekannteste Repräsentant der Sesquiterpene mit zwei Äthylen„bindungen ist das ungemein verbreitete, linksdrehende Sesquiterpen, „welches durch seine schön krystallisierten Additionsprodukte zu 2 Mol. „Halogenwasserstoffsäure charakterisiert ist. Dieser Kohlenwasserstoff „ist u. a. in folgenden Ölen mit Sicherheit nachgewiesen: im Cubebenöl, „Ol. Sabinae, Ol. Cadinum, Betelöl, Campheröl, Galbanumöl, Patchouliöl, „Wacholderbeeröl, Asa foetida, Cotorindenöl, Olibanumöl." [A. **271** (1892), 296.]

Unterschieden, charakterisiert und benannt wurden: Cadinen, Caryophyllen, Cloven. [A. **238** (1887), 80; **252** (1889), 150; **271** (1892), 287ff.; **279** (1894), 391.]

Ebenso wie die Kohlenwasserstoffe wurden systematisch die natürlich vorkommenden **sauerstoffhaltigen** Verbindungen verglichen, von denen man im großen und ganzen beinahe noch weniger Zuverlässiges wußte, als von den Terpenen, und deren Beziehungen zu jenen Kohlenwasserstoffen noch wenig durchsichtig waren. Gerade meine allererste Untersuchung auf dem Gebiete [A. **225** (1884), 291] nahm eine sauerstoffhaltige Verbindung (das im Oleum Cinae enthaltene Oxyd $C_{10}H_{18}O$) zum Ausgangspunkt und es gelang, zu zeigen, daß „der Hauptbestandteil des Cajeputöls, $C_{10}H_{18}O$, mit dem Hauptbestandteil des Wurmsamenöls identisch ist.“ [A. **225** (1884), 317.] Die außerordentliche Verbreitung der im Oleum Cinae vorkommenden Verbindung $C_{10}H_{18}O$ konnte mit Hilfe neu eingeführter scharfer Reaktionen[1] nachgewiesen werden und die Namen Cajeputol, Eucalyptol usw. gingen deshalb in dem Namen Cineol auf. Gleichzeitig waren aber die Beziehungen des Cineols zum Dipenten (= Cinen) vollkommen klargestellt worden.

Es folgten unmittelbar (1885) ausführliche Untersuchungen von Terpinhydrat und von Terpineol, namentlich in Rücksicht auf die aus den sauerstoffhaltigen Verbindungen ableitbaren Terpene [A. **230** (1885), 225]. Die Entdeckung des Pinols, des ersten künstlich dargestellten Oxyds der Terpenreihe (1889) und des d-Fenchons (1890), sowie des l-Fenchons (1892), der ersten dem Campher im Verhalten sehr ähnlichen Verbindung, die bekannt wurde, erweiterten dann den Umfang der Untersuchungen, die sich seit 1893 namentlich auch den auf künstlichem Wege aus Terpenverbindungen darstellbaren sauerstoffhaltigen Substanzen (Dihydrocarvon und Dihydrocarveol, Carvenon und Tetrahydrocarvon) zuwandte.

In demselben Jahre gelang die Abwandlung des Menthons in Verbindungen der „aliphatischen Terpengruppe“ (Menthocitronellal) und 1895 die Darstellung von Cyclo-Methylhexanon aus Pulegon, womit, wie schon im vorigen Kapitel erwähnt wurde, die Untersuchungsserien über die einfachsten sauerstoffhaltigen cyclischen Verbindungen einsetzten.

Was den Nachweis einzelner Substanzen in ätherischen Ölen betrifft, so muß auf den speziellen Teil verwiesen werden.

---

[1] Namentlich auch durch die bei dem oxydativen Abbau des Cineols aufgefundene Cineolsäure.

Die Durchforschung „ätherischer Öle“ nach neuen oder bekannten Bestandteilen seitens eines einzelnen konnte im Verhältnis zu dem unerschöpflichen Material, das die Pflanzenwelt uns liefert, nur einen außerordentlich bescheidenen Umfang gewinnen. Die von mir angebahnte Untersuchungsmethodik ist aber auch von anderen, die sich meinen Vorschlägen bezüglich Einteilung, Benennung, Identifizierung usw. anschlossen, mit großem Erfolge angewandt worden. Wenn wir heute über eine recht ausgedehnte Kenntnis der ätherischen Öle verfügen, so ist das vor allen Dingen auch dem Umstande zu danken, daß einige der führenden Firmen, welche sich mit der technischen Verarbeitung der Bestandteile ätherischer Öle befassen, die durch den wissenschaftlichen Fortschritt gewiesenen Wege alsbald betreten haben — am frühesten die unter der einsichtigen Leitung des leider 1906 verstorbenen Hermann Fritzsche stehende Fabrik von Schimmel & Co. in Miltitz bei Leipzig, der ich für die mannigfachste Unterstützung bei meinen Arbeiten zu stetem Dank verpflichtet bin.

Im übrigen genügt es, die Namen J. Bertram, E. Gildemeister, J. Helle, A. Hesse, K. Stephan, H. Walbaum zu nennen, um daran zu erinnern, wie sehr ausgezeichnete, in der Technik stehende Chemiker unsere Kenntnis über das Vorkommen chemischer Verbindungen in den ätherischen Ölen gefördert haben.

III. Ermittelungen über gegenseitige Beziehungen.

1. Isomerisationen.

Die Feststellungen, durch die es gelang, den Nachweis zu führen, daß die Zahl der Terpene, von denen man früher eine große Anzahl unterschied, sich auf verhältnismäßig wenige Repräsentanten beschränkt, und die Reaktionen, die für Erkennung der einzelnen maßgebend wurden, sind an anderer Stelle besprochen.

„Ohne bestimmte Handhaben für die Erkennung der Terpene „würde es aber unmöglich geblieben sein, an den zweiten und eigent„lich schwierigsten Teil der Arbeit heranzutreten, welcher bezweckte,

„einen Einblick in die innerhalb der Terpenreihe stattfindenden Über-„gänge und in die gegenseitigen Beziehungen der einzelnen Verbin-„dungen zu gewinnen.“ [B. **24** (1891), 1539.]

Daß die Terpene leicht isomerisierbare oder „invertierbare“ (wie man seinerzeit zu sagen pflegte) Substanzen seien, war zwar mehrfach beobachtet, aber schließlich doch nur in sehr geringem Maße bekannt:

„Nicht nur das Fehlen von sicheren Unterscheidungsmerkmalen „für die existierenden Verbindungen, sondern besonders auch der Um-„stand hat die Geschichte der Terpene früher so unklar erscheinen „lassen, daß es nur in sehr geringem Maße bekannt war, eine wie „große Neigung die meisten Terpene zeigen, bei der Behandlung mit „Reagenzien in isomere Modifikationen überzugehen. Auch auf diese „gegenseitigen Beziehungen der bekannten Terpene zueinander haben „die zunächst ausgeführten Untersuchungen ein helleres Licht geworfen, „und so wird man hoffen dürfen, auch bald zu einer definitiven An-„schauung über die Konstitution jener Körperklasse zu gelangen.“ [A. **239** (1887), 2.]

Vor allem hatten systematische Untersuchungen über die Fragen gefehlt:

a) was ist die Ursache der leichten Isomerisation, ferner

b) unter welchen Bedingungen tritt sie ein, und endlich

c) in welcher Richtung erfolgt sie?

a) Ursache der Isomerisation.

Zur Lösung dieser Frage galt es in erster Linie, eine theoretische Grundlage zu gewinnen, denn solange es überhaupt an irgend einer greifbaren Vorstellung über den Bau der Terpene fehlte, konnte über die Ursache ihrer Veränderlichkeit nichts ausgesagt werden. Vielfach wurde diese nur als Veränderung physikalischer Eigenschaften (namentlich der optischen Aktivität) aufgefaßt, über deren Ursache bis 1874 bekanntlich überhaupt keine Theorie existierte.

Nachdem Kekulé auf Grund des mehrfach beobachteten leichten Überganges von Terpenen, $C_{10}H_{16}$, in p-Cymol, $C_{10}H_{14}$, das Terpentinöl als partiell hydriertes Cymol angesprochen hatte, war zuerst die Möglichkeit isomerer Terpene klar (vgl. Kapitel VII). Ich sagte:

„Hydrocymolformeln kann man eine ganze Reihe bilden; in den

„folgenden, die als Beispiele dienen mögen, ist der Kürze wegen Propyl „und Methyl mit A und B bezeichnet:

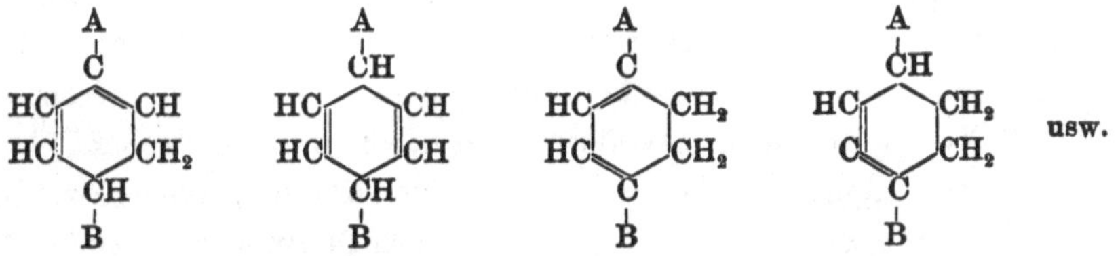

„Diese Formeln reichen aus, um über die Ursachen einer ganzen „Reihe von sehr bemerkenswerten Erscheinungen Rechenschaft zu geben.“ [A. **239** (1887), 52.]

Man konnte sich nämlich vorstellen, daß die Ursache der Isomerisation in der Möglichkeit leicht eintretender Bindungsverschiebungen zu suchen sei.

„Diese Verschiebbarkeit der Äthylenbindung, die sich aus „dem Ring auch in die Seitenkette scheint verlegen zu können, ist für „die Terpene besonders charakteristisch, weist ihnen aber „durchaus keine besondere Stellung unter den organischen Verbin„dungen an. v. Baeyers Arbeiten über die hydrierten Dicarbonsäuren „des Benzols haben auch bei diesen ganz entsprechende Verhältnisse „aufgedeckt, und neuerdings hat Fittig nachgewiesen, daß bei un„gesättigten Säuren die Verschiebung der Doppelbindung von der „β,γ- in die α,β-Stellung eine ganz allgemein eintretende Reaktion ist. „An einfachen Analogien für die bei den Terpenen zu beobach„tenden Verhältnisse der Bindungsverschiebung fehlt es „also durchaus nicht.“ [B. **24** (1891), 1548.]

Die so gewonnene Anschauung, die einen Teil der bei den Terpenen beobachteten Isomerieerscheinungen mit den bei anderen Verbindungsklassen bekannten in Parallele zu stellen strebte, erwies sich aber nicht ausreichend, um alle Erscheinungen zu erklären.

Für das Pinen war festgestellt worden, daß es nur eine Äthylenbindung enthält, daß es sich aber leicht in Dipenten (i-Limonen) verwandeln läßt, in welchem deren zwei angenommen werden mußten. Hier trat nun die (meines Wissens vorher nie ausgesprochene) neue Hypothese ein, die zur Erklärung annahm, daß in gewissen Terpenverbindungen leicht lösliche und verschiebbare Diagonalbindungen enthalten sein müßten.[1] Am Beispiel des Pinens fand das zunächst folgende Erläuterung:

„Die Annahme, daß einer Konstitution, wie sie durch die Formel

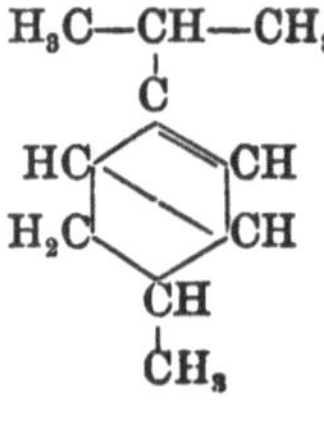

„ausgedrückt wird, eine so labile Gleichgewichtslage „der Atome entspricht, wie sie beim Pinen tatsächlich „existiert, involviert natürlich die einstweilen etwas „gewagte Hypothese, daß eine Bindung, welche zwischen „zwei gegenseitig in der para-Stellung zueinander be„findlichen Kohlenstoffatomen besteht, auflösbar ist, „wenngleich schwieriger als die sogenannte doppelte Bindung zwischen „zwei benachbarten Kohlenstoffatomen.“ [A. **239** (1887), 50.]

Etwas später wurde die obige Pinenformel etwas modifiziert und der Gedanke, der zum Ausdruck gebracht werden sollte, in folgende Worte gekleidet:

„Am geneigtesten, sich in andere Terpene zu verwandeln, zeigt „sich das Pinen. Der Grund dafür kann lediglich in der dem Pinen „eigentümlichen Atomverkettung gesucht werden und man gelangt zu „einer ganz befriedigenden Erklärung für alle vorliegenden Be„obachtungen, wenn man in dem Pinen eine ringförmige Anordnung „von 6 Kohlenstoffatomen annimmt, welche außerdem einmal eine „Äthylenbindung und eine Diagonalbindung aufweist, wie es die bei„stehende, nachher näher zu begründende Formel zum Ausdruck bringt:

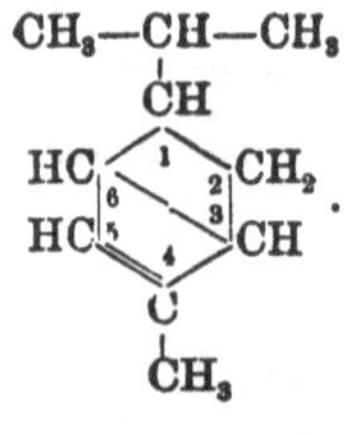

„Ohne die Annahme einer Diagonalbindung lassen „sich einige bei den Terpenen beobachtete Erschei„nungen überhaupt nicht erklären....

„... Gibt man nun die Existenz einer Diagonal„bindung im Pinen zu, so werden die Umlagerungen, „welche das Terpen in andere Isomere erleidet, sofort „verständlich, denn man wird annehmen dürfen, daß unter günstigen „Bedingungen eine Para-Bindung zu einer Äthylenbindung werden kann.

„Schon beim Erhitzen auf höhere Temperatur verwandelt sich das „nur eine Äthylenbindung enthaltende Pinen in Dipenten, welches „deren zwei besitzt. Diese Tatsache läßt sich so erklären, daß die in „dem angenommenen Symbol zwischen C_6 und C_3 befindliche Diagonal-

[1] Der Ansicht, daß „Para-Bindungen“ als auflösbar zu betrachten seien, hatte sich Baeyer bei seinen Untersuchungen über die hydrierten Phtalsäuren auch schon zugeneigt (siehe unten).

„bindung sich zu einer Bindung zwischen C_1 und C_6 oder C_3 und C_2 „verschiebt [vgl. die Betrachtungen A. **239** (1887), 50 und **227** (1885), „298], weil die Äthylenbindung in diesem Falle eine stabilere ist, als „die Para-Bindung.

„Eine Para-Bindung muß aber auch als auflösbar betrachtet werden. „v. Baeyer kommt durch seine Versuche gleichfalls zu diesem Schluß. „Eine Lösung der Para-Bindung wird beim Pinen voraussichtlich meist „mit einer Bindungsverschiebung verknüpft sein, in ähnlichem Sinne, „wie es eben erörtert wurde. Nun beobachtet man, daß Pinen in Be- „rührung mit verdünnten Säuren in Körper übergeht, welche unzweifel- „haft als Derivate des Dipenten angesprochen werden müssen und aus „Dipenten direkt herstellbar sind [A. **239** (1887), 5]. Zu diesen Ver- „bindungen gehört z. B. das Dipentendichlorhydrat vom Smp. 50° und „das Terpinhydrat.

„Pinen gibt mit feuchter Salzsäure behandelt nicht Pinenchlor- „hydrat, sondern Dipentenchlorhydrat $= C_{10}H_{16} + 2HCl$, mit ver- „dünnter Salpetersäure in Berührung Terpin $= C_{10}H_{16} + 2H_2O$. Bei „Gegenwart von Wasser wird eben augenscheinlich nicht nur die Äthylen- „bindung im Pinen gelöst, sondern, unter gleichzeitiger Bindungsver- „schiebung, auch die Para-Bindung und nun können 2HCl oder $2H_2O$ „addiert werden unter Entstehung von Derivaten eines Terpens mit „zwei Äthylenbindungen.

„Trockene Agenzien scheinen dagegen zunächst nur die Äthylen- „bindung im Pinen lösen zu können, unter Erhaltung der Diagonal- „bindung.[1] So entsteht Pinenchlorhydrat, der sogenannte künstliche „Campher, aus dem sich, wahrscheinlich unter vorübergehender Her- „stellung einer zweiten Diagonalbindung, Salzsäure abspalten und Cam- „phen gewinnen läßt. Entsprechend wirkt konzentrierte Schwefelsäure.

„Pinen gibt in Berührung mit feuchten Säuren jedoch nicht bloß „Dipenten oder Dipentenderivate, sondern es ist auch u. a. das Auf- „treten von Terpinen, Terpinolen, Terpineol und Cineol zu beobachten. „Diese Körper entstehen aber nur durch eine sekundäre Reaktion aus „Terpin $C_{10}H_{20}O_2$, bzw. dem Terpinhydrat $C_{10}H_{20}O_2 + 1H_2O$, also einer

[1] Mit Rücksicht auf die neueren Untersuchungen könnte man gerade das Umgekehrte als richtig annehmen. Ein lehrreiches Beispiel dafür, wie die Anschauungen, auf Grund deren man „Konstitutionsformeln" zu bauen pflegt, dem Wechsel unterworfen sind.

„dem Dipenten nahestehenden Verbindung. Ein sehr genaues Studium „des Verhaltens von Terpinhydrat gegen Säuren [A. **230** (1885), 247ff.; „**239** (1887), 18] hat diese Verhältnisse vollkommen geklärt.“ [B. **24** (1891), 1539ff.]

Wenn sich auch diese, damals angenommene Formel für das Pinen und die sich daran schließenden Ableitungen in der Folge als verbesserungsfähig erwiesen (siehe Spezieller Teil: Pinen und dessen Konstitution), so hat sich die von mir gegebene Grundvorstellung für die Ursache mancher Isomerisationen fernerhin doch als sehr fruchtbar und als unzweifelhaft richtig erwiesen. Daß die Einführung der Vorstellung von der Lösbarkeit der einen Bindung in Terpenen, die keine Äthylenbindung ist, gleichbedeutend ist mit dem, was man heute partielle Ringsprengung nennt, ist durchsichtig (siehe Kapitel VII).

b) Bedingungen der Isomerisation.

Durch sehr zahlreiche systematische Versuche mit bestimmten in der Natur vorkommenden Repräsentanten der Terpene [zuerst namentlich A. **227** (1885), 277—302; **230** (1885), 225—272; **239** (1887), 1—54] wurde nachgewiesen, daß Isomerisationen besonders leicht eintreten können bei erhöhter Temperatur und unter dem Einfluß von Reagenzien, namentlich von Mineralsäuren, aber auch von Alkali.

Isomerisation und Bindungsverschiebung unter dem Einfluß hoher Temperatur.

Beispiele für das Eintreten von Isomerisation unter dem Einfluß hoher Temperatur sind zahlreich und etwa folgende herauszugreifen:

Pinen ⟶ Dipenten [A. **227** (1885), 282, 288, 289, 290];
Terpinolen ⟶ Dipenten [A. **275** (1893), 109];
Terpinolen ⟶ Terpinen [A. **275** (1893), 109];
Gebromtes Tetrahydrocarvoxim ⟶ Carvacrylaminbromhydrat [A. **279** (1894), 382];
α-Thujaketosäure ⟶ β-Thujaketosäure [A. **275** (1898), 166].

Das Eintreten von Bindungsverschiebungen bei höherer Temperatur wurde außerdem mit Sicherheit nachgewiesen beim Übergang von

Pulegensäure ⟶ Pulegen [A. **327** (1903), 151];

1,4-Methylhexenisobuttersäure ⟶ $\Delta^{4(8)}$-Menthen (B. **39** (1906), 2504];

Pentenisobuttersäure ⟶ $\Delta^{5(7)}$-Penten-Propyliden [A. **353** (1907), 307];

Δ^{1}-Methylhexenessigsäure ⟶ Methencyclohexan [A. **359**, 295];

Δ^{1}-Hexenisobuttersäure ⟶ $\Delta^{4\cdot 8}$-Propylidenhexan [A. **360**, 32, 68].

Ferner ist an den leichten Übergang von Carvon in Carvacrol und von Thujon in Carvotanaceton bei hoher Temperatur zu erinnern.

Die Beobachtung, daß nicht nur beim Erhitzen im Einschlußrohr, sondern schon bei wiederholtem Destillieren[1] Pinen zum Teil in Dipenten übergeht, gab den ersten lehrreichen Hinweis dafür, daß man die Destillation ungesättigter Verbindungen unter gewöhnlichem Druck möglichst zu vermeiden hat, wo es sich um vollständige Reindarstellung von Substanzen handelt.

Isomerisation durch Einwirkung von Säuren.

Bei diesem sehr häufig beobachteten Vorgang wird intermediäre Anlagerung von Wasser oder Säuren (HCl, SO_4H_2 usw.) an bestehende Äthylenbindungen (oder leicht lösbare Diagonalbindungen) und nachherige Abspaltung in anderem Sinne angenommen und so der Mechanismus vieler Isomerisationen verständlich gemacht, wie es aus dem weiter oben gegebenen Zitat als Beispiel sich ergibt. Es mag hier auch noch folgendes Zitat Raum finden:

„Namentlich ist die Verwirrung gehoben, die früher bezüglich „einiger Angaben bestand und die es erschwerte, sich ein Bild über die „Art der Atombindung in den Terpenen zu machen. Man wird, um „ein Beispiel anzuführen, nicht mehr zweifelhaft sein können, daß das „Pinen nur eine Äthylenbindung enthält, obgleich die Bildung eines „Bichlorhydrats aus demselben beobachtet ist und neuerdings erst „wieder behauptet wurde, daß es 4 Atome Brom aufzunehmen vermöge. „Man weiß eben jetzt, daß die Bindungen in dem Pinen-Molekül sich „in einem labilen Gleichgewichtszustand befinden und namentlich bei „Gegenwart von Wasser und Säuren sehr leicht Umwandlungen in „isomere Kohlenwasserstoffe eintreten können.“ [B. **24**, 1544 (1891).] (Siehe auch A. **246**, 237 (1888).)

---

[1] Unter denselben Bedingungen verwandelt sich auch z. B. Thujon teilweise in Carvotanaceton.

Die Isomerisation durch Säuren wurde in der Folge namentlich auch bei den sauerstoffhaltigen Derivaten, Alkoholen (Terpineol, Dihydrocarveol) und Ketonen (Übergang von Thujon in Isothujon, von Dihydrocarvon in Carvenon usw.) untersucht [A. **239** (1887), 16; **277** (1893), 106; **286** (1895), 90 91 101].

Wenn man labile ungesättigte Ketone aus ihren Oximen oder Semicarbazonen regenerieren will, so sind daher Mineralsäuren für den Zweck tunlichst auszuschließen und Oxalsäure ist anzuwenden, weil sie viel weniger leicht isomerisierend wirkt. Lehrreiche Beispiele sind folgende:

Das Oxim des Isopulegons liefert, mit Oxalsäure zerlegt, Isopulegon zurück, mit Schwefelsäure aber Pulegon [A. **365**, 245 (1909)]; Nitrosopinen gibt mit Oxalsäure gekocht Carvopinon, mit Salzsäure Carvon, bzw. Carvacrol [A. **346**, 232, 234 (1906)].

Aus dem Semicarbazon des Sabinaketons läßt sich durch Erwärmen mit Oxalsäure das Sabinaketon regenerieren, beim Erwärmen mit Mineralsäure erhält man dabei wesentlich Isopropylhexenon [A. **359**, 270 (1908)].

Weitere Beispiele für Isomerisation durch Säuren, die zur Beobachtung kamen, sind folgende Übergänge:

Pinen ⟶ Dipenten [A. **227** (1885), 284, 285, 286];
Pinen ⟶ Terpinolen [A. **227** (1885), 283];
Pinen ⟶ Terpinen [A. **227** (1885), 286; **230** (1885), 260, 262; **239** (1887), 34, 35];
Dipenten ⟶ Terpinen [A. **239** (1887), 15];
Sabinen ⟶ Terpinen [A. **350** (1906), 165];
Terpineol ⟶ Cineol [A. **239** (1887), 21];
Phellandren ⟶ Terpinen [A. **239** (1887), 44; **252** (1889), 102];
α-Fenchonisoxim ⟶ β-Fenchonisoxim [A. **269** (1892), 332];
Isopulegonoxim ⟶ Pulegon [A. **365**, 245];
Ketoxime ⟶ Isoxime [A. **277** (1893), 155; **278** (1894), 303 usw.];
Carvoxim ⟶ p-Amidothymol [A. **279** (1894), 369];
Isocarvoxim ⟶ Carvolin [A. **346** (1906), 267];
Isofencholenalkohol ⟶ Fenchenol [A. **284** (1895), 338];
Thujon ⟶ Isothujon [A. **286** (1895), 101];
Thujonoxim ⟶ Isothujonoxim [A. **286** (1895), 95];
Dihydrocarvon ⟶ Carvenon (A. **286** (1895), 130];

α- u. β-Dicarvelon ⟶ γ-Dicarvelon [A. **305** (1899), 230];
Kohlenwasserstoff aus Dihydroisophorol [A. **324** (1902), 116];
Tetrahydrotoluol [A. **329** (1903), 370];
α-Thujon ⟶ β-Thujon [A. **336** (1904), 252, 264];
Aldehyd $C_{10}H_{14}O$ aus β-Terpineol ⟶ Keton [A. **345** (1906), 132];
Sabinaketon ⟶ Isopropylhexenon [A. **359**, 270 (1908)];
$\Delta^{4(8)}$-p-Menthen ⟶ Δ^{3}-p-Menthen [B. **39** (1906), 2505];
Methencyclohexan ⟶ Δ^{1}-Methylhexen [A. **359**, 292]
und überhaupt ganz allgemein: die Kohlenwasserstoffe mit semicyclischer Bindung verlegen diese Bindung in Berührung mit Mineralsäuren [A. **360**, 29; **365**, 256 (1909)].

Isomerisation durch Alkali.

Daß auch Alkali Isomerisationen hervorrufen kann, war, soweit es sich um Bindungsverschiebung bei ungesättigten Säuren handelt, namentlich durch Fittigs Arbeiten bekannt. Daß es aber auch sonst isomerisierend wirken kann, ist erst viel später deutlich geworden und damit die frühere Annahme, daß Alkalien **nicht** befähigt seien, auf neutrale ungesättigte Verbindungen umlagernd einzuwirken, wesentlich einzuschränken. Hier ist an die leichte Isomerisierung von Safrol zu Isosafrol und von Eugenol zu Isoeugenol durch alkoholisches Alkali (Eijkman) zu erinnern, die nach dem Schema

verläuft.

Als erste sichere Beobachtung über den bindungsverschiebenden Einfluß des Alkalis in der Terpenreihe darf jetzt das Verhalten des Thujons gegen MnO_4K gelten. Thujon gibt bei der Oxydation mit MnO_4K in der Wärme ein Gemisch der bindungsisomeren α- und β-Thujaketosäuren [A. **272** (1893), 112].

„Bindungsverschiebungen sind in der Terpenreihe bis dahin aber „immer nur unter dem Einfluß erhöhter Temperatur oder dem von „Säuren konstatiert worden. Wenn man im Thujon eine gesättigte „Verbindung mit Diagonalbindung sieht, so muß man die Annahme „machen, daß auch Alkali eine Bindungsverschiebung einleiten kann, „denn durch alkalische Permanganatlösungen wird Thujon in unge„sättigte Säuren[1] von gleichem Kohlenstoffgehalt übergeführt. Oder

[1] Muß heißen: u. a. in eine ungesättigte Säure.

„man muß sich der Hypothese zuwenden, daß Diagonalbindungen von „Permanganat in demselben Sinne gelöst werden wie Äthylenbindungen.“ [A. **286** (1895), 118.]

Später hat sich gezeigt, daß Alkali auch α-Thujon in β-Thujon verwandelt [A. **336** (1904), 252—257].

Mit dieser Umwandlung darf man wohl den von Brykner verwirklichten Übergang von Isoborneol in Borneol mit Natrium in Xylollösung in Parallele stellen [A. **340** (1905), 19; Journ. russ. chem. Ges. **35**, 537].

Auch bei dem Übergang von Carvoxim in Carvacrylamin [A. **279**, 374] und Limonentetrabromid in Carveoläther ist die Bindungsverschiebung auf den Einfluß des Alkalis zurückzuführen, wobei im ersteren Falle auch die hohe Reaktionstemperatur mit eine Rolle spielen mag.

Als Beweis dafür, daß Bindungsverschiebungen auch in alkalischer Flüssigkeit eintreten können, läßt sich weiter z. B. auch die Abwandlung des Tribromids aus α-Terpineol in Cymol beim Kochen mit alkoholischem Cyankalium anführen [A. **281** (1894), 142]:

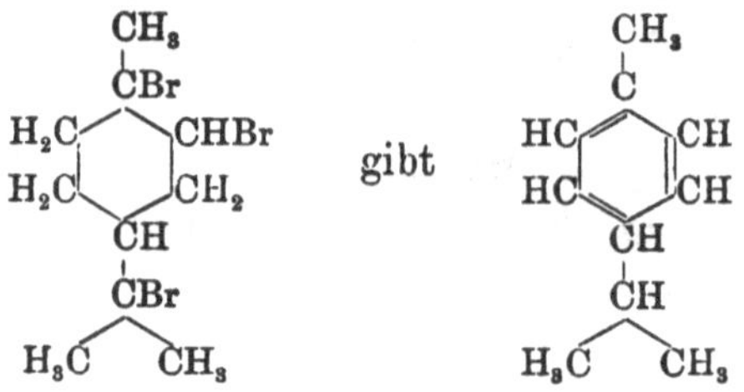

besonders aber der Übergang von Pulegon in Isopulegon,[1] der sich beim Oximieren des Pulegons in alkoholisch-alkalischer Lösung leicht vollzieht [A. **277**, 160 (1893); **365**, 249 (1909)]:

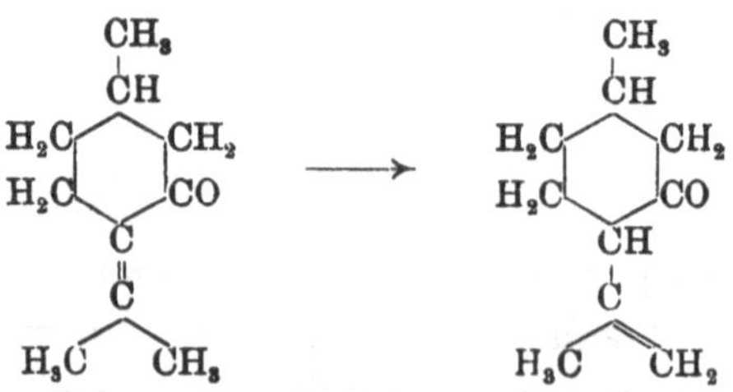

Pulegon   Isopulegon

[1] Den umgekehrten Vorgang: Umlagerung von Isopulegon in Pulegon durch Barythydrat haben Tiemann und Schmidt [B. **30** (1897), 29] verwirklicht.

Als Beispiel für eine Umlagerung in alkalischer Lösung ist ferner zu erwähnen, daß Terpinenhydrochlorid beim Schütteln mit verdünnter Kalilauge zum Teil in gewöhnliches cis-Terpin übergeht [A. **350** (1906), 155]. Bei dieser Reaktion ist unter Abspaltung von Wasser die intermediäre Bildung von γ-Terpineol anzunehmen, das dann, wie auch Versuche aus neuester Zeit zeigen [B. **40** (1907), 577], leicht durch Anlagerung von Wasser in anderem Sinne in Terpin übergehen kann, so daß der Verlauf der Reaktion sich folgendermaßen formulieren läßt:

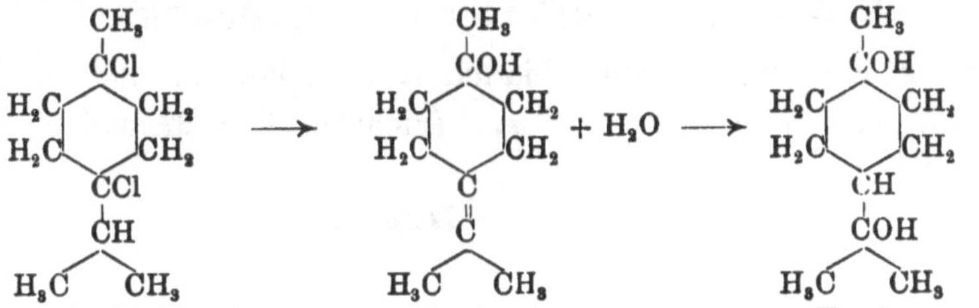

Terpinenhydrochlorid — γ-Terpineol — Terpin

Alkali wirkt also hier genau wie sonst Säure.

Hydratations- und Dehydratationsvorgänge als Zwischenphasen bei eintretender Isomerisation.

Wie weiter oben schon angedeutet ist, wurde von Anbeginn angenommen, daß sich Isomerisationserscheinungen oft so abspielen, daß an bestehende Äthylenbindungen oder sonstige auflösbare Bindungen sich Bestandteile anlagern, die dann wieder in anderem Sinn abgespalten werden, als die Anlagerung erfolgte: das gilt von der Anlagerung von ClH, SO_4H_2 und namentlich von der (direkten oder indirekten) Anlagerung von H_2O (s. auch S. 62ff.). Folgendes schematisches Beispiel verdeutlicht das:

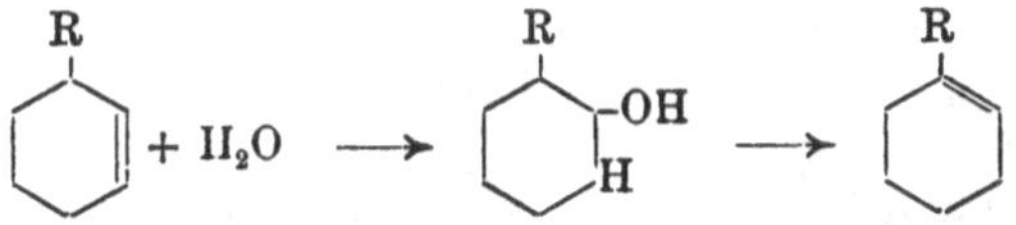

Daß eine sehr große Reihe von Isomerisationsvorgängen tatsächlich in solcher Weise verlaufen, wurde in einer besonderen Untersuchung [A. **360**, 82ff. (1908)] für viele Einzelfälle festgestellt (s. auch S. 62ff.).

Hydratation und Dehydratation, die Bindungsverschiebungen vorhergehen, werden gewöhnlich durch Anwesenheit verdünnter Säuren oder Alkalien eingeleitet, sie können aber auch in neutraler wäßriger

Flüssigkeit durch Katalysatoren (wie kolloidales Palladium) ausgelöst werden. Dafür sprechen eine ganze Anzahl neuerer Beobachtungen, z. B. der Übergang von Carvoxim in Carvacrylamin bei der Reduktion mit freiem Wasserstoff bei Gegenwart von Palladium, der nach folgendem Schema verläuft:

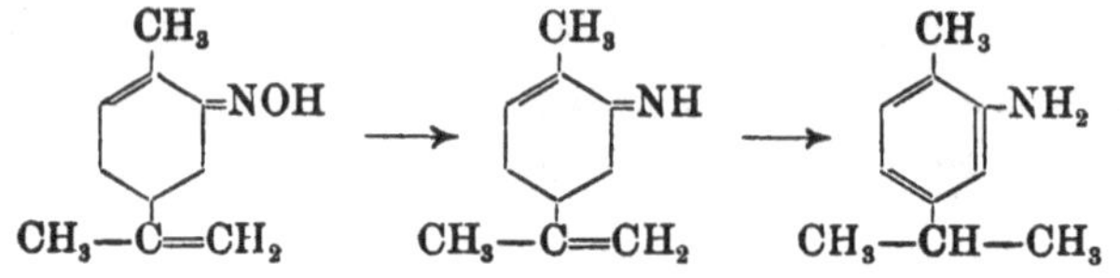

Es können weitgehende Bindungsverschiebungen also auch bei Abwesenheit von Säuren eintreten. (Siehe auch S. 27 und 65.)

c) **Richtung der Isomerisation.**

I.

Der Isomerisationsverlauf bei Terpenen und Terpenderivaten ist in zahlreichen Fällen festgestellt, und was tatsächlich ermittelt wurde, läßt sich aus der Zusammenstellung im folgenden Abschnitt S. 40—53 (Übergänge) leicht entnehmen. Für das Vorhandensein von Gesetzmäßigkeiten, in welcher Richtung die Bindungsverschiebungen unter gegebenen Bedingungen erfolgen, liegen auch mancherlei Andeutungen vor, ohne daß man schon ein sicheres Bild davon entwerfen könnte. Es stellen sich augenscheinlich häufig Gleichgewichtszustände zwischen verschiedenen Isomeren her [A. **365**, 250 (1909); **374**, 232 (1910); **379**, 185 (1911); **396**, 265], die man noch schwer übersehen kann. Jedoch ist zu beobachten, daß, wenn verschiedene Isomere bestehen, das Vorhandensein (oder Fehlen) bestimmter Radikale oder deren räumliche Verteilung die Stabilität sehr beeinflussen können.

Von den Isomeren

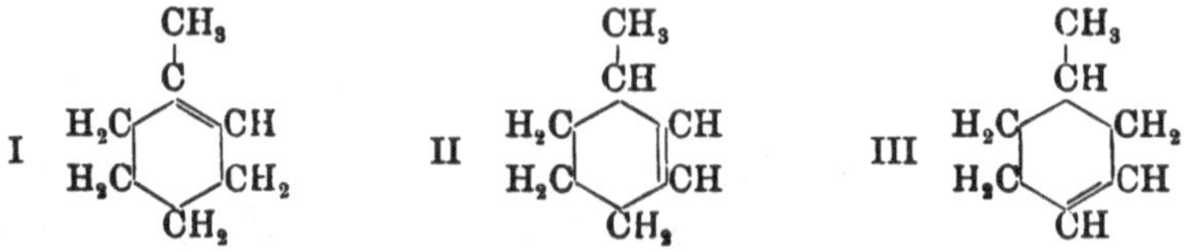

ist z. B. die Form I die beständigste, denn sie bildet sich mit Vorliebe auch in den Fällen, wo man zunächst lediglich das Entstehen der Formen II und III erwarten sollte, unter Eintreten von Bindungsverschiebungen [A. **329** (1903), 369].

Die Frage, ob das System

IV 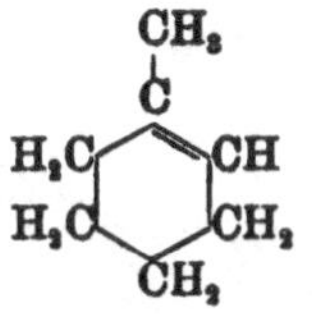 oder V 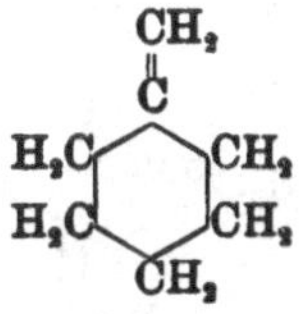

das stabilere ist, wurde neuerdings [A. **359**, 292; **360**, 29; **396**, 264] dahin entschieden, daß unter dem Einfluß von Säure V sehr leicht in IV übergeht, ebenso

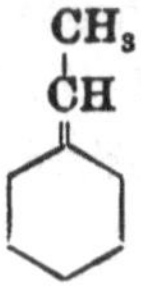 in 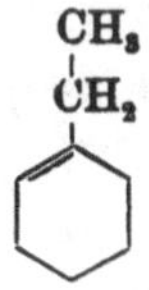 und 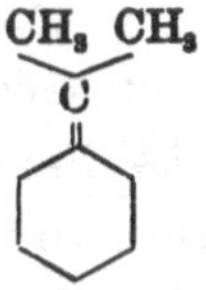 in 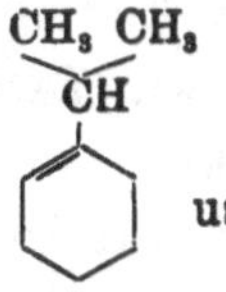 usw.,

d. h. alle Kohlenwasserstoffe mit semicyclischer Bindung verlegen unter dem Einfluß von Säuren diese Bindung leicht in den Kern.

Andererseits hat sich gezeigt, daß gegenüber dem Einfluß höherer Temperatur die Kohlenwasserstoffe mit semicyclischer Bindung recht stabil sind.

Einige Beobachtungen, die aber durch neue Versuchsreihen noch kontrolliert werden müssen, führten zu dem Schluß, daß das $\Delta^{4,8}$-p-Menthen sich unter dem Einfluß von SO_4H_2 leichter unter Verlegung der Äthylenbindung in den Kern isomerisieren läßt als das $\Delta^{2,8}$-o-Menthen. Das Verhalten des $\Delta^{3,8}$-m-Menthens scheint in der Mitte zu liegen. Die Lage der semicyclischen Bindung bei den Kohlenwasserstoffen

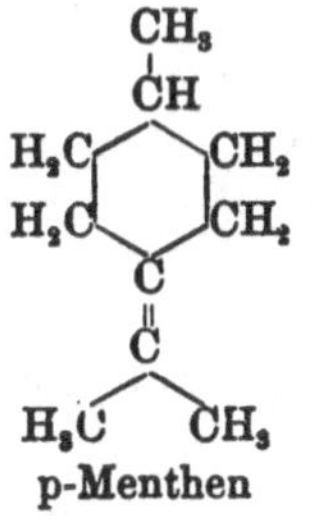

p-Menthen

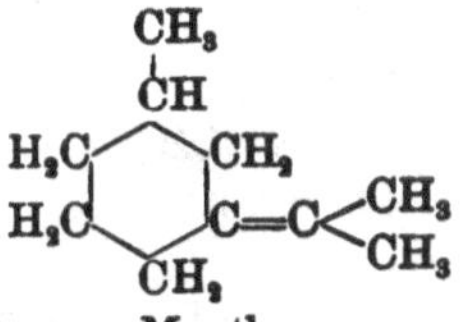

m-Menthen

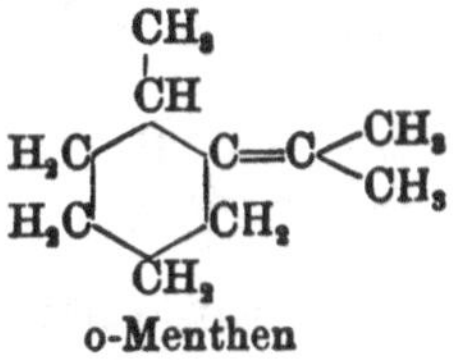

o-Menthen

wäre danach also bei Parastellung der Substituenten am labilsten, bei der Orthostellung am stabilsten.

Pinen isomerisiert sich bei höherer Temperatur wesentlich zu Dipenten

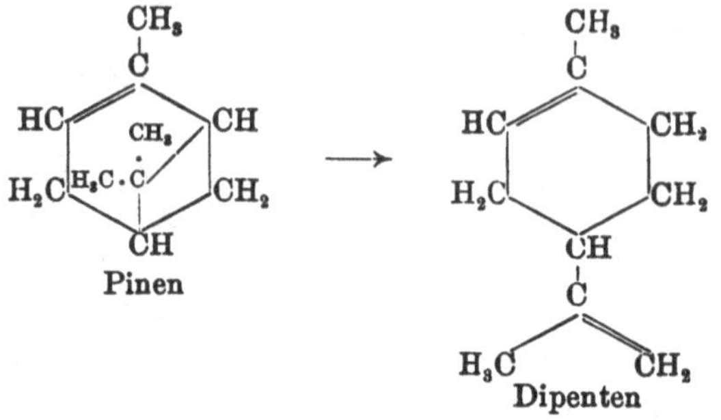

Pinen → Dipenten

unter dem Einfluß von Säuren gehen Pinen und Dipenten gern in Terpinen über. Es zeigt sich also an diesem Beispiel, daß die Neigung der in der Seitenkette befindlichen Doppelbindung in den Kern zu wandern bei höherer Temperatur auch geringer ist, als unter dem Einfluß von Säuren. Entsprechend wird Dihydrocarvon durch verdünnte Säuren leicht in Carvenon verwandelt A. **286** (1895), 130], während Carvenon keine Neigung zeigt, sich weiter in Carvotanaceton leicht umzulagern:

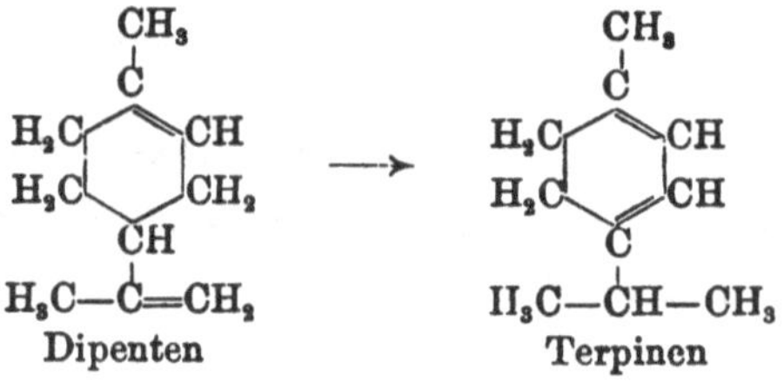

Dipenten → Terpinen

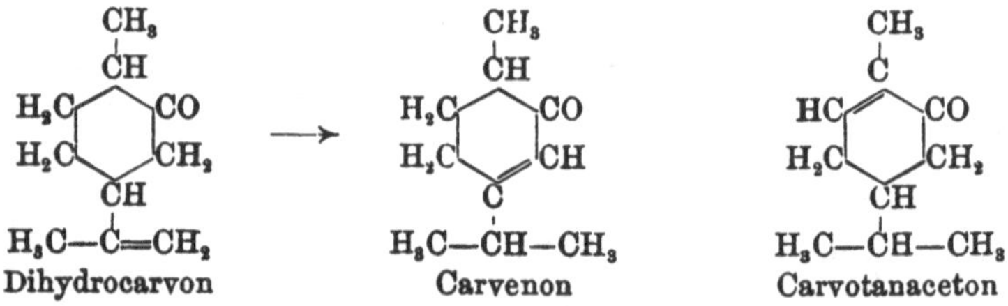

Dihydrocarvon → Carvenon; Carvotanaceton

Ferner wurde nachgewiesen, daß die aus den einfachsten cyclischen Ketonen mit Hilfe der Bromessigesterzinkmethode aufgebauten β-Oxysäuren $(CH_2)_x{<}{CH_2 \atop CH_2}{>}C{<}{OH \atop CHR\cdot CO_2H}$ (bzw. Oxysäureester) bei der Behandlung mit Agentien wie SO_4KH oder P_2O_5 dazu neigen, bei der Wasserabspaltung die Doppelbindung hauptsächlich in den Ring zu verlegen $\left[(CH_2)_x{<}{CH \atop CH_2}{>}C{-}CHRCO_2H\right]$, daß aber, namentlich bei Anwendung der freien Oxysäuren, die Tendenz hervortritt, Wasser unter

Bildung einer semicyclischen Bindung $\left[(CH_2)_x{<}{CH_2 \atop CH_2}{>}C{=}CR\cdot CO_2H\right]$ abzuspalten, falls man die Verbindungen mit Essigsäureanhydrid kocht [A. **365**, 256 (1909)].

Von besonderem Interesse war auch die Beobachtung, daß man durch Schütteln mit verdünnter Schwefelsäure in der Kälte aktives Methylnopinol zu aktivem α-Terpineol und Methylsabinaketol zu aktivem Terpinenol-4 isomerisieren kann [A. **360**, 88, 94]:

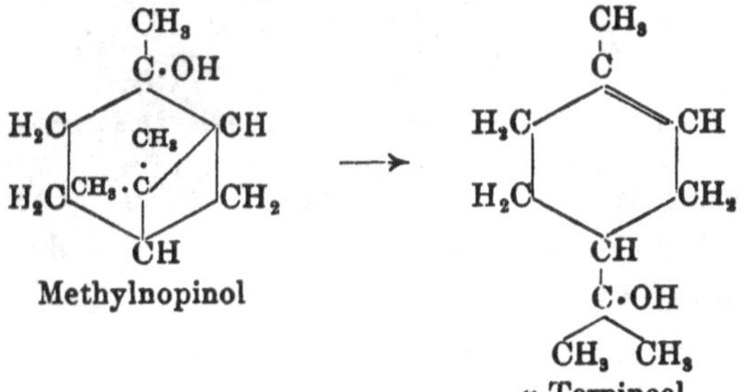

Methylnopinol α-Terpineol

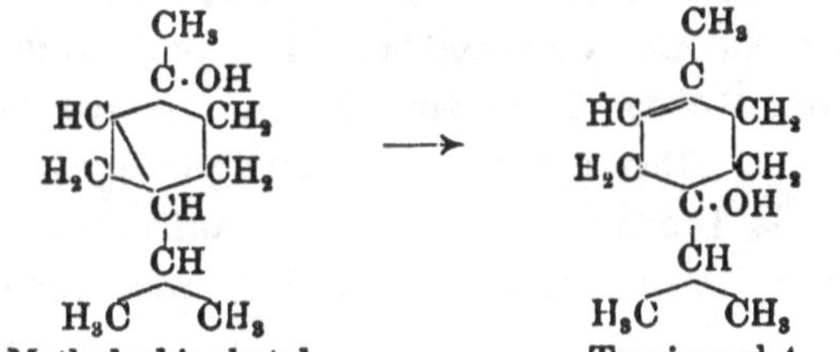

Methylsabinaketol Terpinenol-4

II.

Von neu eingeführten Methoden, mit deren Hilfe man Isomerisationen in bestimmter Richtung bewerkstelligen kann, sind noch folgende besonders hervorzuheben:

1. Die Verschiebung der Stelle des Sauerstoffs in gesättigten alkylsubstituierten Ketonen.

Als typisches Beispiel kann die Abwandlung des 1,3-Methylcyclohexanons in 1,2-Methylcyclohexanon dienen, die folgende Phasen durchläuft [A. **329** (1903), 379]:

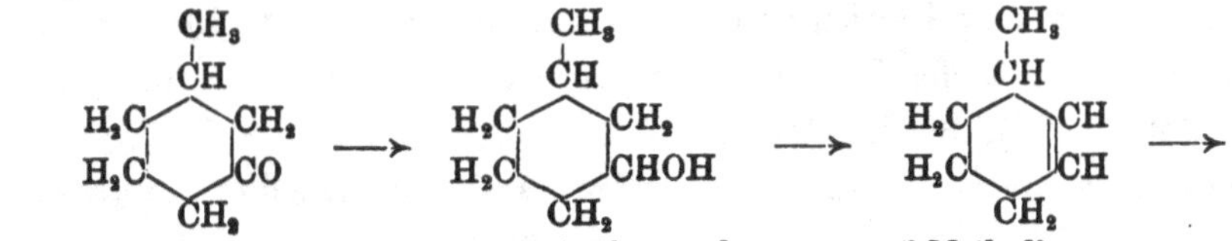

1,3-Methylhexanon 1,3-Methylhexanol Δ^2-Methylhexen

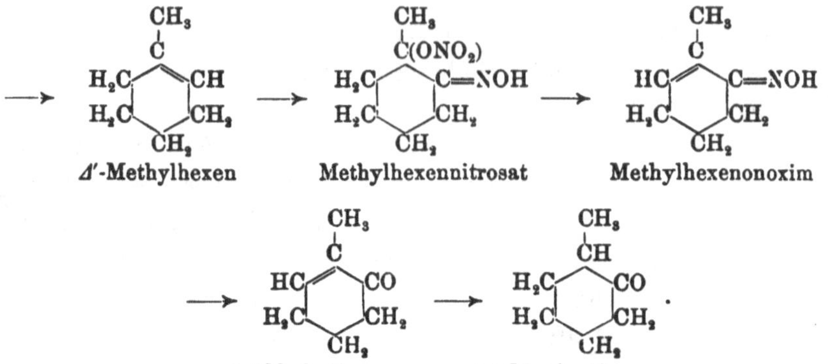

Δ'-Methylhexen — Methylhexennitrosat — Methylhexenonoxim — 1,2-Methylhexenon — 1,2-Methylhexanon

Schon vorher war auf analogem Wege die Umwandlung von Methyl-1-dimethyl-3-cyclohexanon-5 in Methyl-1-dimethyl-3-cyclohexanon-6 verwirklicht [A. **324** (1902), 112], und die Methode läßt sich natürlich auch auf andere Ketone übertragen.

2. Die Isomerisierung von Ketoximen teils zu aromatischen Basen (Carvoxim zu Amidothymol), teils zu Isoximen, deren Verlauf unter einem einheitlichen Gesichtspunkt zu erklären gesucht wurde. Die zahlreich durchgeführten Isomerisierungen cyclischer Oxime in die sogenannten Isoxime, d. h. Lactame wurden in bezug auf den Verlauf der Reaktion durch die 1894 zwar schon aufgefundene [A. **278** (1894), 309], aber erst 1900 im Detail näher studierte „Ringsprengung der Isoxime", d. h. ihre glatte Aufspaltung zu Amidosäuren klargestellt:

„Bei dem Studium der Oxime einfachster gesättigter Ketone hat „sich jetzt aber klar ergeben, daß bei diesen die Isomerisierung ganz „analog dem Beckmannschen Schema erfolgt und zwar stets in dem „Sinne, daß sich Stickstoff zwischen zwei Kohlenstoff-„atome des Ringes als NH-Gruppe einschiebt und somit „ein heterocyclischer Kohlenstoffstickstoffring entsteht, „nämlich ein Lactam. Die Vermutung, daß die Reaktion einen „solchen Verlauf nimmt, ist schon A. **309** (1899), 5 ausgesprochen und „schon früher hat Beckmann selbst eine entsprechende Interpretation „für die Bildung des Umwandlungsprodukts aus Menthonoxim gegeben „[A. **289** (1896), 390]. Bredt hatte vorher auch die Camphonitril-„bildung auf Grund einer vorherigen Beckmannschen Umlagerung „gedeutet [B. **26** (1893), 3054 und A. **289** (1896), 15].

„Der Beweis für die Richtigkeit dieser Anschauung und vor allen „Dingen der Nachweis, an welcher Stelle des Ringes der Stickstoff „eintritt, ließ sich aber erst durch Vollziehung der Ringsprengung führen.

„Diese ist seinerzeit Beckmann noch nicht geglückt [A. **289** (1896), „387]. Er hat, ebenso wie ich, im Beginn der Untersuchung an eine „große Beständigkeit des Isoximringes geglaubt, während im Gegenteil „in den meisten Fällen der stickstoffhaltige Ring schon durch ver- „dünnte Säuren sehr leicht aufgespalten werden kann.

„Ganz wesentlich für den glücklichen Ausgang der Versuche war „aber nicht nur die Auffindung der richtigen Bedingung für die Ring- „sprengung, sondern auch die Anwendung der für die Isomerisation „der Oxime günstigsten Verhältnisse.“...

... „Nachdem die Tatsache, daß die sogenannten ‚Isoxime‘ ge- „sättigter cyclischer Ketone Lactame sind, endgültig festgestellt war, „blieb zu untersuchen, in welcher Weise die Lactambildung sich bei den „verschiedenen Ringsystemen vollzieht.

„Daß die pentacyclischen Ketoxime unter Einschiebung des Stick- „stoffs in Sechsringe übergehen würden, war vorauszusehen. Durch den „Versuch hat sich denn auch die A. **309** (1898), 18 ausgesprochene Ver- „mutung als richtig beweisen lassen, daß die Isoxime der Pentanone „identisch sind mit den α-Piperidonen, wodurch denn auch der „besonders leichte Übergang dieser Verbindungen in Pyridinbasen „sich in dem früher schon angenommenen Sinne ohne weiteres erklärt.

„Für hexa- und heptacyclische Ketoxime war der Reaktionsverlauf „in verschiedener Weise möglich [A. **309** (1899), 5]. Es war denkbar, „daß die Bildung von Sechsringen so viel leichter erfolgt, als die von „Sieben- und Achtringen, daß auch hier das Reaktionsprodukt immer „ein Piperidon vorstellt. In den bisher untersuchten Fällen trifft das „aber nicht zu. Z. B. Cyclohexanonoxim gibt bei der Umlagerung einen „Siebenring und Suberonoxim einen Achtring.

„Man hat also folgende Übergänge:

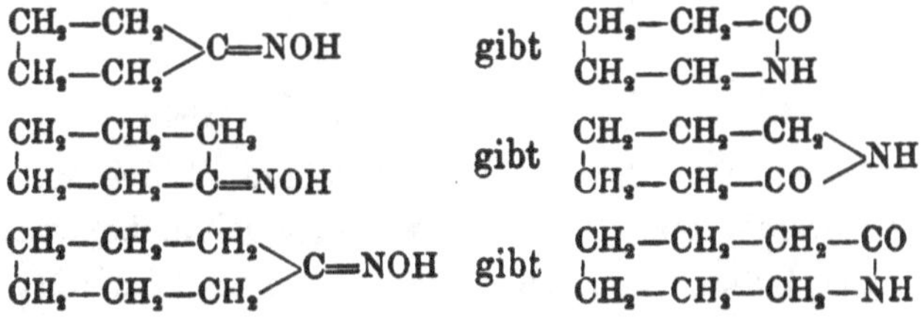

„Von den Lactamen aus gelangt man dann durch Aufspaltung „des Ringes leicht zu δ-, ε- und ζ-Amidosäuren.“ [A. **312** (1900), 173ff.]

Eine einheitliche Interpretation des Isomerisations-Mechanismus bei der Umlagerung der Oxime cyclischer Ketone, die nicht nur die Lactambildung, sondern auch die Isomerisation des Carvoxims zu Amidothymol und des Isocarvoxims zu Carvolin in sich schließt, wurde 1906 zu geben versucht [A. **346**, 266].

„Schon vor längerer Zeit habe ich eine ganze Reihe von Beobach„tungen über Isomerisationsvorgänge bei cyclischen Oximen mitgeteilt. „Jetzt kann man nun innerhalb dieser Verbindungen zwei Gruppen von „Vorgängen scharf unterscheiden. In dem einen Fall werden nämlich „die cyclischen Oxime in Lactame, d. h. innere Anhydride von Säure„amiden umgewandelt, in dem anderen Fall entstehen Basen (bzw. „Oxybasen). Die erstere Art der Isomerisation entspricht vollkommen „der sogenannten Beckmannschen Umlagerung bei acyclischen Ket„oximen und bildet die Regel. Für die zweite Art der Isomerisation war „bis dahin nur ein, allerdings sehr prägnantes Beispiel bekannt: Carv„oxim isomerisiert sich zu Amidothymol. Neuerdings habe ich nun „ein neues Beispiel für die Umlagerung zweiter Art kennen gelernt und „dieses Beispiel scheint mir insofern besondere Wichtigkeit zu besitzen, „als es einen deutlichen Fingerzeig gibt, in welcher Weise der Mecha„nismus der Umlagerungsreaktionen sich abspielt.

„Das Carvoxim läßt sich, wie man lange weiß, in das isomere „sogenannte Isocarvoxim verwandeln. Dieser Vorgang beruht auf „einer einfachen Bindungsverschiebung im Molekül und hat mit den „Isomerisationsvorgängen, die hier besprochen werden sollen, nichts zu „tun. Die Konstitution der eben genannten Verbindungen läßt sich „durch folgende Formeln zum Ausdruck bringen:

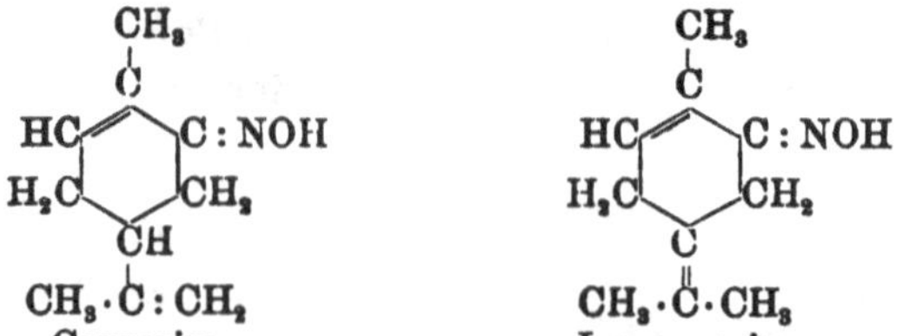

Carvoxim   Isocarvoxim

„Isomerisiert man nun diese beiden isomeren Oxime mit Hilfe von „Säuren, so entsteht aus Carvoxim, wie erst schon bemerkt, Amido„thymol, aus Isocarvoxim aber Oxycarvacrylamin (Carvolin):

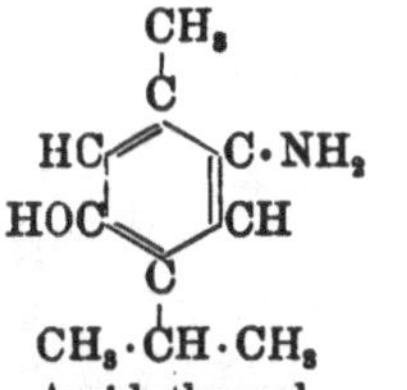

Amidothymol

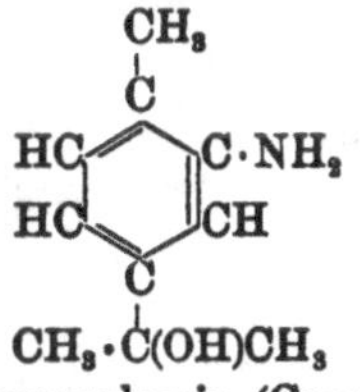

Oxycarvacrylamin (Carvolin)

„d. h. also: es bilden sich aus den bindungsisomeren Oximen zwei Oxy-„basen, welche sich durch die relative Stellung des Hydroxyls „unterscheiden....

„Nachdem nunmehr die Konstitution des Carvolins feststeht, ge-„winnt die Tatsache Bedeutung, daß nach der Isomerisierung von „Isocarvoxim sich die OH-Gruppe in der Seitenkette, nach der „Isomerisation von Carvoxim im Kern befindet, während man bei dem „sehr ähnlichen Bau beider Oxime hätte erwarten sollen, daß sie bei „der Behandlung mit Säuren dieselben Produkte liefern würden.

„Der verschiedene Umlagerungsverlauf erklärt sich nun aber „ganz glatt, wenn man annimmt, daß der Mechanismus der Um-„lagerung bei Oximen sich immer so abspielt, daß das OH der Oxim-„gruppe zunächst in Form von Wasser mit einem labilen H-Atom aus-„tritt. Dann muß sich ein Kohlenstoff-Stickstoffring bilden. Man weiß „nun aber jetzt, daß solche Ringe nicht unter allen Umständen be-„ständig sind, vielmehr sich gern unter Wasseraufnahme lösen. Diese „Ringsprengung erfolgt dann natürlich so, daß das unter den gegebenen „Bedingungen stabilste System entsteht. Da nun die Oxime nicht „zu den in saurer Lösung stabilen Verbindungen gehören, erfolgt die „Ringsprengung unter Wasseraufnahme in anderem Sinne als die Ring-„schließung erfolgt ist: d. h. die Reaktion wird nicht rückläufig, sondern „es entsteht ein neues Gebilde.

„Überträgt man das Gesagte auf die vorhin besprochenen Ver-„hältnisse, so kommt man zu folgender Vorstellung bezüglich des Iso-„merisationsvorgangs von Isocarvoxim zu Carvolin. Im Isocarvoxim „findet erst eine Bindungsverschiebung in bekannter Weise statt. Dann „tritt das Oximhydroxyl mit dem tertiär gebundenen H-Atom der Iso-„propylgruppe als H_2O aus und die hergestellte Stickstoff-Kohlenstoff-„bindung wird durch Wasseraufnahme wieder gelöst — aber in anderem „Sinne als sie entstanden ist. Der Vorgang wird durch folgende Formel-„bilder ganz anschaulich:

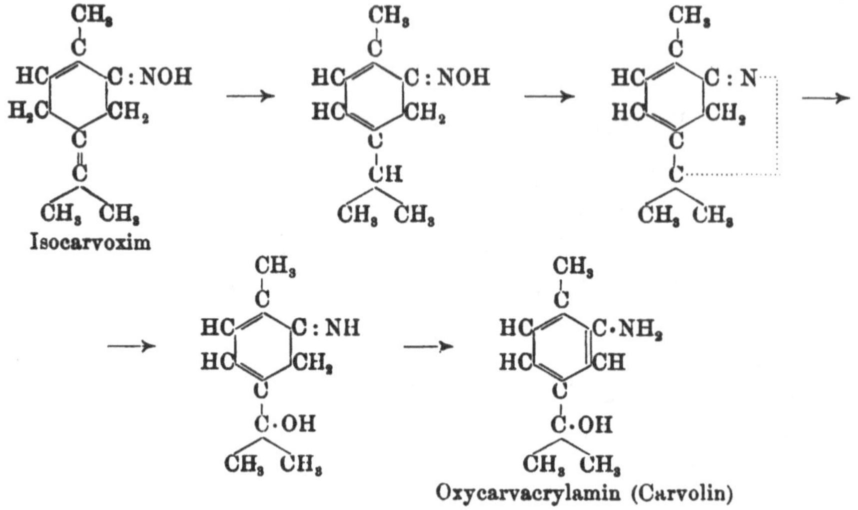

Isocarvoxim

Oxycarvacrylamin (Carvolin)

„Bei der Isomerisierung des Carvoxims kann nun die intermediäre „Stickstoff-Kohlenstoffringbildung nicht nach der Isopropylgruppe hin „erfolgen, weil das entsprechende H-Atom fehlt und bei Wasseraufnahme „an die Äthylenbindung in der Seitenkette die tertiäre Stelle nicht durch „H, sondern durch OH ersetzt wird. Daher tritt der Wasserstoff aus „dem Ring aus und bei nachfolgender Ringsprengung tritt OH in den „Kohlenstoffring: so entsteht dann, unter gleichzeitig sich abspielender „Bindungsverschiebung Amidothymol:

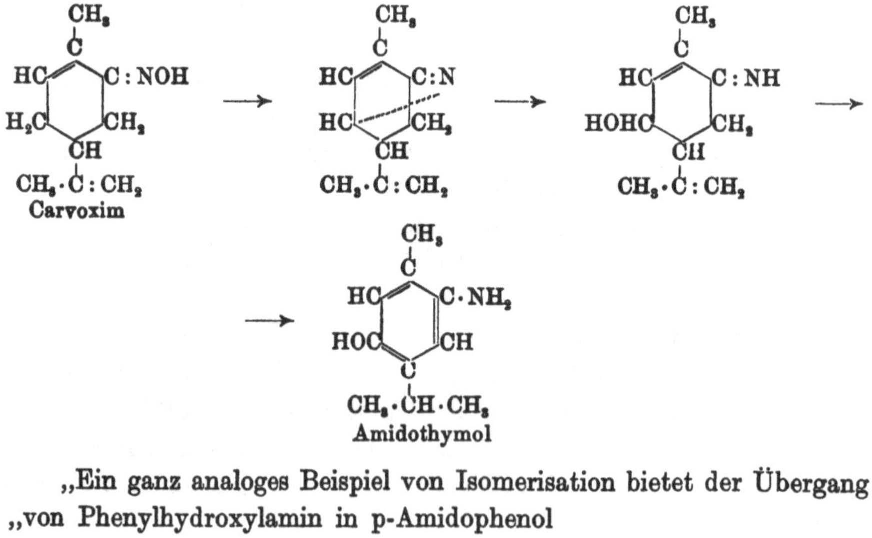

Carvoxim

Amidothymol

„Ein ganz analoges Beispiel von Isomerisation bietet der Übergang „von Phenylhydroxylamin in p-Amidophenol

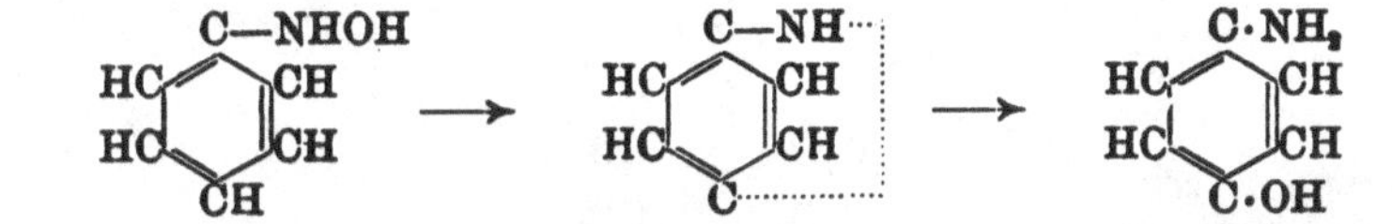

Phenylhydroxylamin p-Amidophenol

„Ferner der von L. Wolff beobachtete Übergang von Methylcyclo-„hexenonoxim in m-Toluidin:

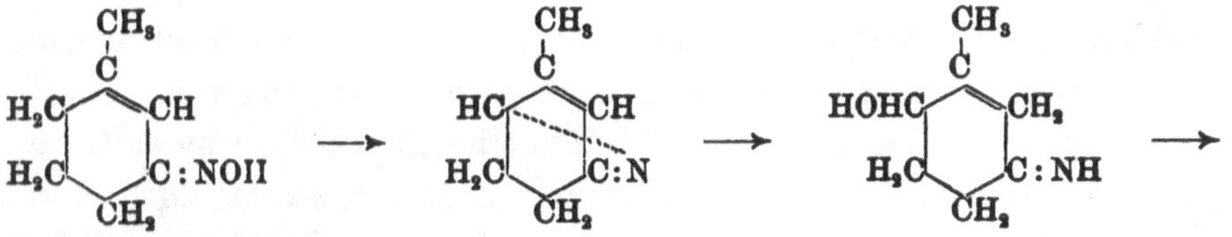

Methylhexenonoxim

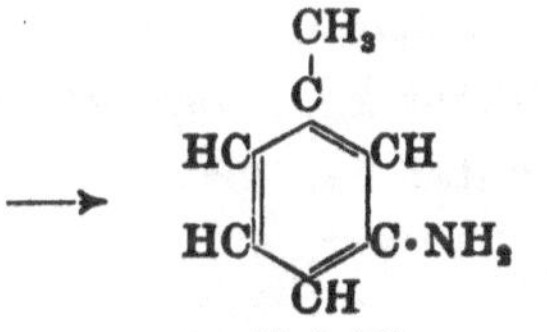

m-Toluidin

„Wenn in den erörterten Fällen der Verlauf der Isomerisation — auch „bei den Derivaten des hydrierten Ringsystems — immer als End-„produkt zu einer Base der Benzolreihe führt, so erklärt sich das daraus, „daß der Benzolkern ein besonders stabiles System vorstellt und er „unter den gegebenen Bedingungen entstehen kann. Wo das nicht „der Fall ist, sehen wir die Isomerisation sich in anderer Richtung, „nämlich nach der Seite der Säureamide abspielen. Das Oxim-„hydroxyl nimmt den zur Wasserbildung nötigen Wasserstoff dann „aus möglichster Nähe, also vom benachbarten C-Atom. So vollzieht „sich der Vorgang z. B. beim vollkommen hydrierten Carvoxim in „folgender Weise:

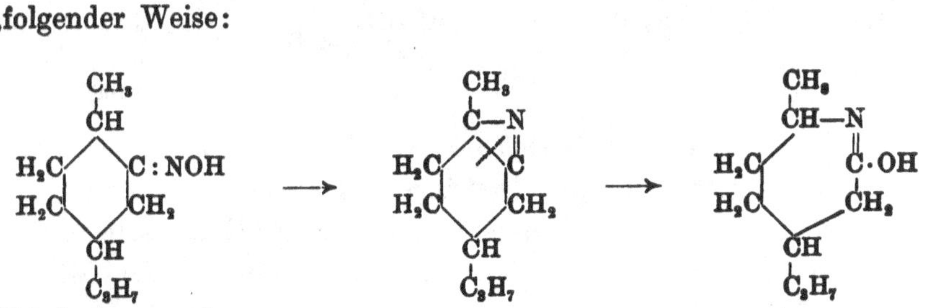

Tetrahydrocarvoxim

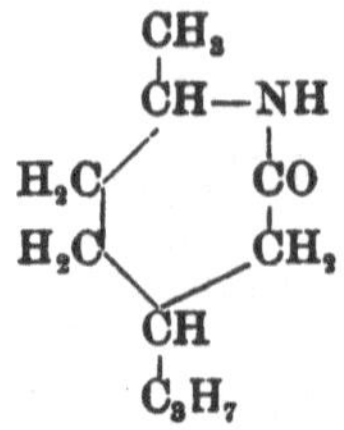

Isoxim

„Diese ganze Art der Betrachtung läßt sich nun auch zu einer „Erklärung der Vorgänge bei den eigentlichen ‚Beckmannschen Umlagerungen' verwerten, wo es sich also um den Übergang von gewöhnlichen Oximen in Säureamide handelt und für die eine einleuchtende Interpretation des Umlagerungs-Mechanismus noch vollkommen fehlt. Man hat hier als erste Phase der Reaktion auch die „intermediäre Bildung eines stickstoffhaltigen Ringes anzunehmen, der „in der zweiten Phase in anderer Richtung als er entstanden ist, und „zwar unter Bildung eines unter den gegebenen Bedingungen stabileren Systems, wieder gelöst wird. Durch folgende Beispiele wird „das erläutert:

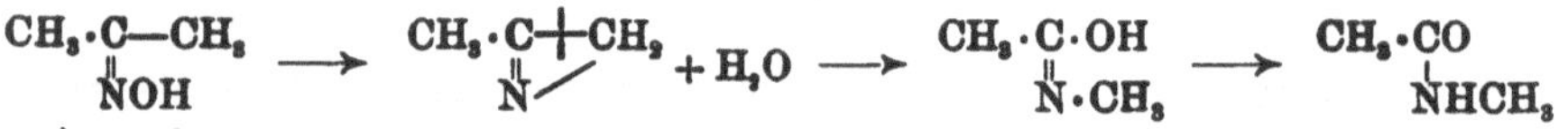

Acetoxim — Methylacetamid

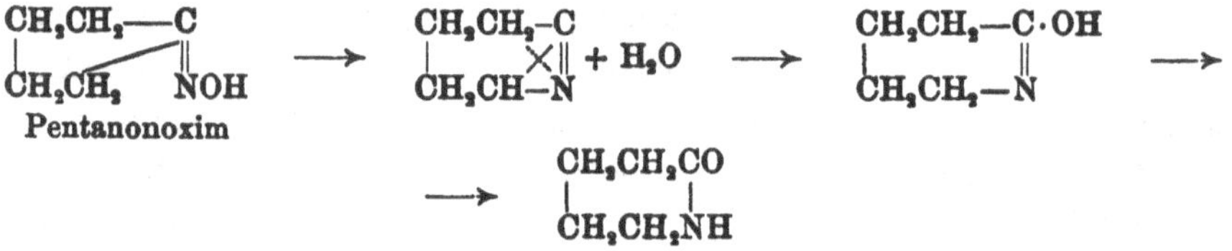

Pentanonoxim — Piperidon

„Bei den Umlagerungen unter Anwendung von Chlorphosphor wird „natürlich statt des Wassers HCl die Ringsprengung übernehmen, z. B.:

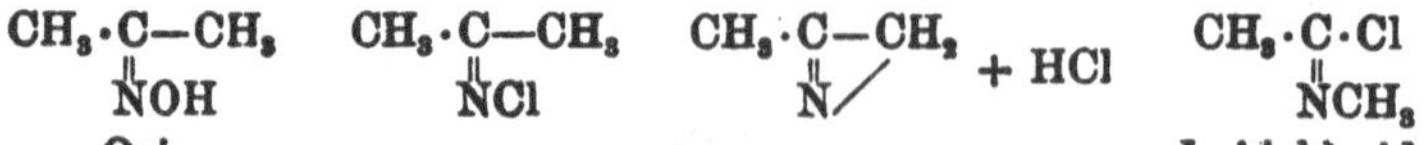

Oxim — Imidchlorid

„In den vorstehenden Beispielen handelt es sich um intermediäre „Bildung eines unbeständigen Dreirings. Bei der Anwesenheit nur „aromatischer Radikale wird als einfachster Fall die intermediäre „Bildung eines heterocyclischen Vierrings anzunehmen sein, wie folgendes Beispiel erläutert:

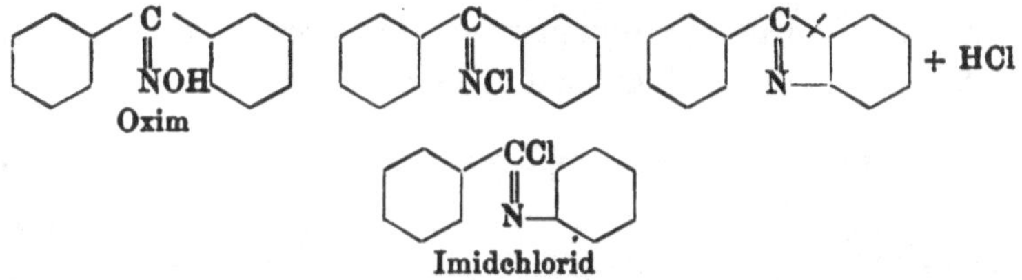

„Die intermediäre Ringbildung und damit die Art der Isomerisation „wird unter Umständen aber auch etwas abweichend verlaufen können, „wie es sich ja gerade bei den hydrierten Benzolringen zeigt.

„Noch ein ganz anderer, nur viel komplizierterer Vorgang, nämlich „die glatte Überführbarkeit von Dialkyloxamiden in Alkylglyoxaline „läßt sich, wie ich schon im Jahre 1883 [B. **16**, 546] dargelegt habe, „in ganz analoger Weise deuten.

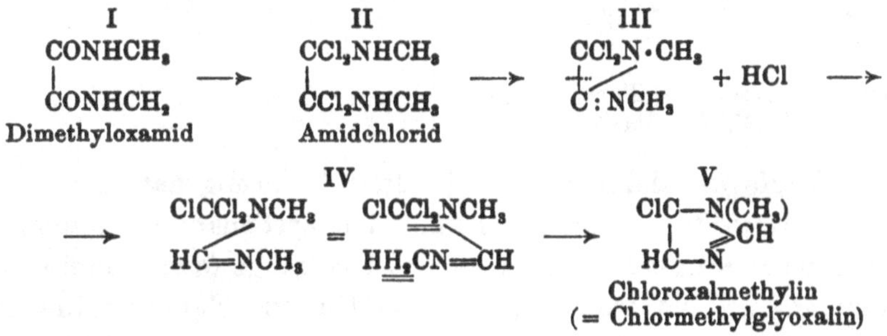

„Das Wesentliche ist auch hier die Lösung einer vorher bestehenden „Kohlenstoffbindung durch HCl in dem Kohlenstoff-Stickstoffring

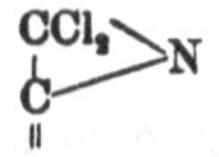

„(Phase III ⟶ IV), welche zu einem intermediären Produkt führt, das „durch innere Kondensation sich in ein stabiles Glyoxalinmolekül zu „verwandeln vermag.“ [A. **346** (1906), 266; G. N. **1906**, 65.]

2. Beobachtete Übergänge.

Welche prinzipielle Bedeutung gerade den Versuchen zukam, einzelne Verbindungen aus der Reihe der Terpene ineinander abzuwandeln, ist schon mehrfach hervorgehoben. Die ermittelten Beziehungen der Terpenkohlenwasserstoffe zueinander und zu den verwandten sauerstoffhaltigen Verbindungen sind vielfach auch in tabellarischer Weise zur Darstellung gebracht worden (z. B. A. **239** (1887), 46).

Der Stand der Pinenabwandlungen von 1891 findet sich z. B. zusammengefaßt B. **24** (1891), 1540 und mag hier wiedergegeben werden:

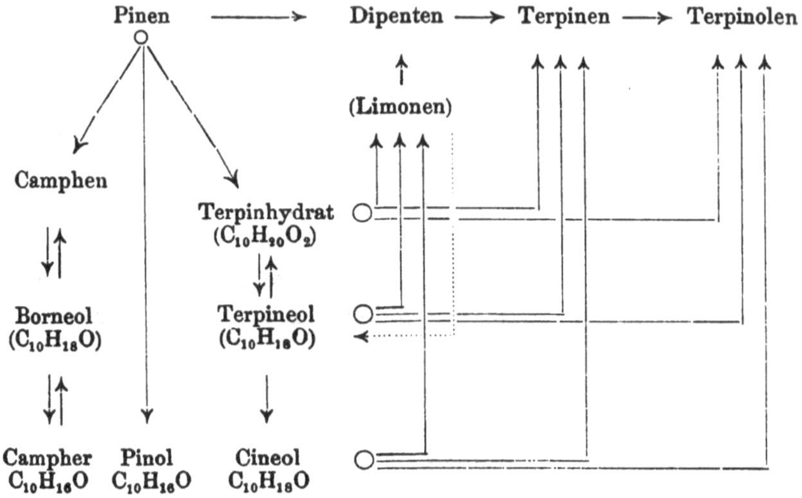

Im Laufe der Jahre sind nach dieser Richtung natürlich immer größere Fortschritte gemacht worden. Eine systematische Zusammenstellung der wichtigsten Isomerisationen, Übergänge (und teilweise auch Abwandlungen), die ich in der eigentlichen Terpenreihe ausgeführt habe, soll im folgenden S. 40—53 zu geben versucht werden, wobei bezüglich der Einzelheiten auf den speziellen Teil und bezüglich der angewandten Methoden auf die einschlagenden Kapitel dieses Teils verwiesen werden muß.

Bei den Kohlenwasserstoffen sind die Übergänge meist bloß bis zu den sauerstoff- bzw. stickstoffhaltigen Verbindungen angegeben, die mit letzteren weiter durchgeführten und in den folgenden Tabellen enthaltenen Abwandlungen sind natürlich auch auf die Kohlenwasserstoffe zurückzubeziehen.[1]

Von den Überführungen, die in den folgenden Tabellen nur teilweise berücksichtigt sind, verdienen vorweg noch besonderer Erwähnung die Beobachtungen über den Übergang eines Ringsystems in ein anderes bei scheinbar sehr einfachen Reaktionen.

[1] Die Verbindungen, welche zu wesentlichen weiteren Abwandlungen gedient haben, sind an den betreffenden Stellen durch den Druck hervorgehoben (z. B. unter Pinen — **Pinol**, unter Nitrosopinen — **Carvon** usw.).

Das erste Beispiel bietet der Übergang des Pulegons (durch das Pulegondibromid) in Pulegensäure [A. **327** (1903), 147; **329** (1903), 108]:

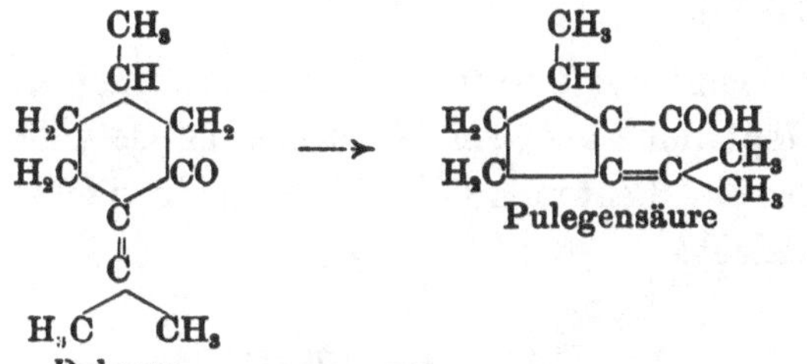

Pulegon

Pulegensäure

also eines Sechsrings in einen Fünfring, das andere der Übergang des Oxylactons der Pulegensäure (durch Oxydation der Säure erhalten) in Pulenon, d. h in ein Trimethylhexanon [A. **329** (1903), 83]:

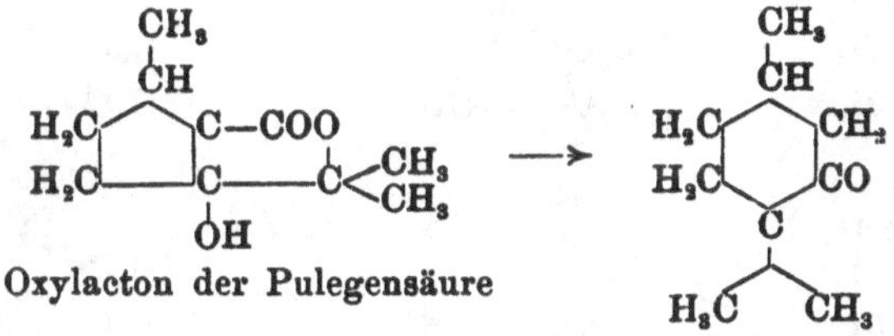

Oxylacton der Pulegensäure

Pulenon

also ein Übergang von einem Fünfring in einen Sechsring:

Dem reihen sich an: Der Übergang von

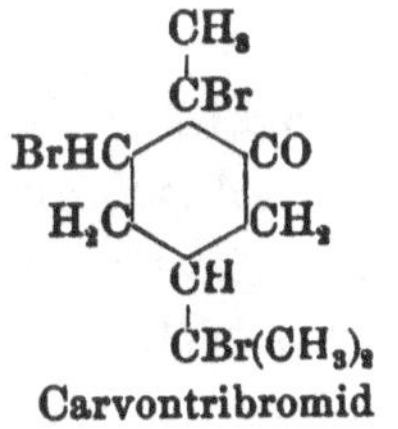

Carvontribromid

in

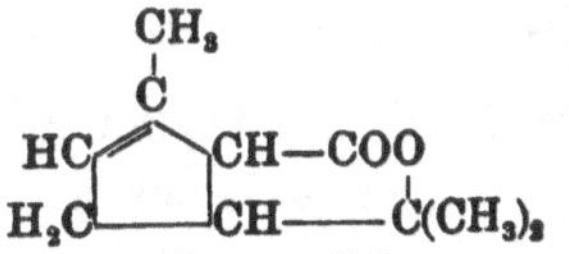

Carvenolid

[A. **381**, 71 (1911)] und von

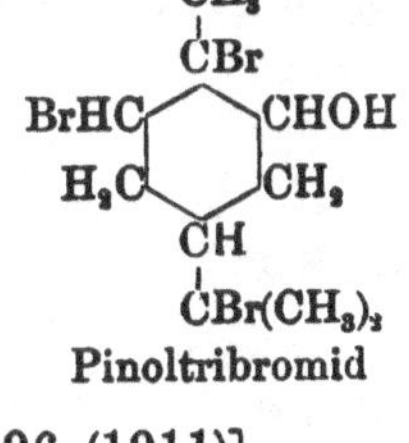

Pinoltribromid

in

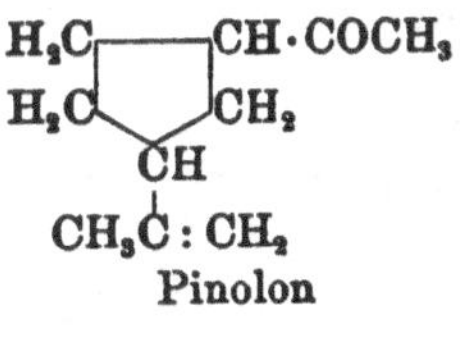

Pinolon

[A. **384**, 196 (1911)].

Ferner die Entstehung von Acetylcyclopenten aus Methylcyclohexen und Cyclohexenessigsäure bei der Oxydation [s. S. 102 und Ber. **42**, 145 (1909)].

Schließlich bleibt der Überführung von Pentanon in Hexanon, von Hexanon in Heptanon und von Heptanon in Octanon zu gedenken, die sich am Beispiel Pentanon ⟶ Hexanon in nachstehenden Reaktionsfolgen vollzieht:

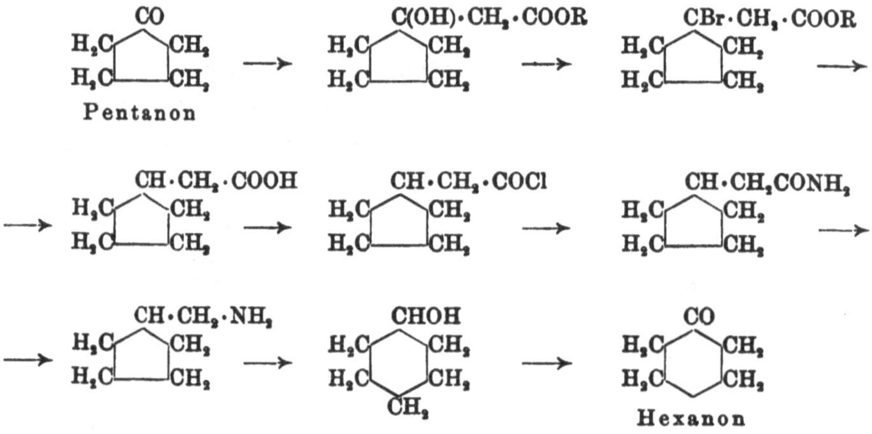

(Weiteres darüber findet sich im Kapitel V S. 154—157 unter dem Abschnitte Basen.)

„Die Möglichkeit einer Erklärung aller beobachteten Erscheinungen „bietet sich meines Erachtens in der Annahme, daß sich die Übergänge „unter intermediärer Bildung eines unter den gegebenen Bedingungen „unstabilen bicyclischen Systems vollziehen, vielleicht unter primärer „Entstehung einer Diazoverbindung.

„Ich möchte das am Beispiel des Überganges von Cyclopentyl„methylamin in Cyclohexanol mit Hilfe folgender Formelbilder ver„deutlichen:

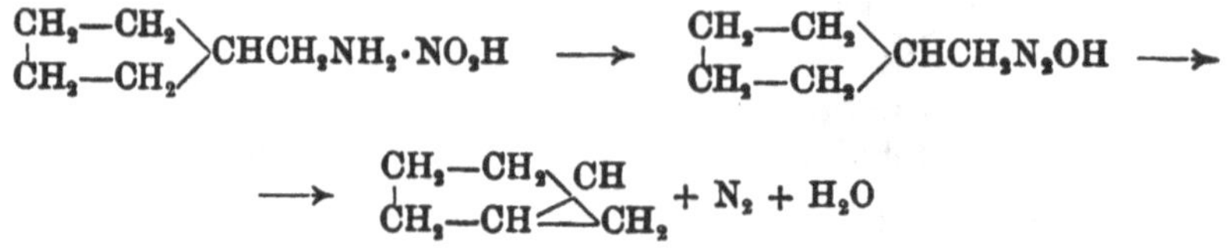

„Nach dieser Vorstellung würde sich bei der Reaktion an den be-
„stehenden Fünfring ein Dreiring anschließen, der nun an drei Stellen „hydrolytisch gespalten werden kann. Tritt die Spaltung unter Lösung „der Bindung 1 ein, so hat man

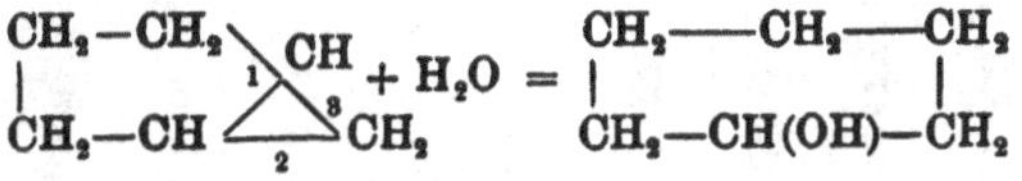

„d. h. es ist der sekundäre Alkohol des nächsthöheren Ringsystems „(Cyclohexanol) entstanden.

„Setzt die Spaltung dagegen an der Bindung 2 oder 3 des Drei-
„rings ein (was auf dasselbe herauskommt), so entsteht entweder der „dem Ausgangsamin entsprechende primäre Alkohol, oder ein sekun-
„därer desselben Ringsystems.

„Beide Alkohole könnten auch unter Wasserabspaltung in Kohlen-
„wasserstoffe übergehen, die ja, wie eingangs bemerkt wurde, ein „fast regelmäßig auftretendes Nebenprodukt ausmachen. Folgende „Formelbilder verdeutlichen das:

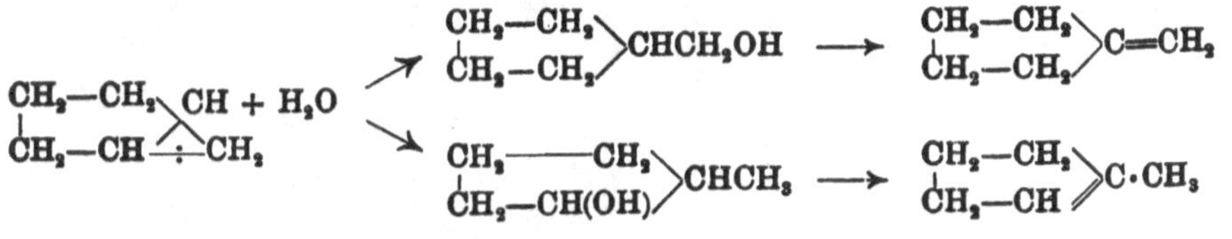

„Für den Übergang von Cycloheptylmethylamin in Cyclooctanol gewinnt „man folgendes Bild:

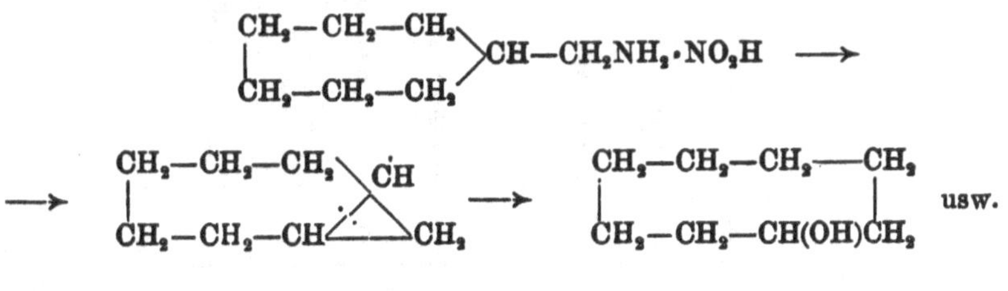

„So wären in einfachster Weise alle beobachteten Vorgänge er-
„klärbar. [A. **353** (1907), 331.]

a) Kohlenwasserstoffe.[1]

1. α-Pinen H_3C—  .

α-Pinen $C_{10}H_{16}$

- → Camphen [A. **239**, 6, 7; **264**, 4–6]
- → Terpinolen [A. **227**, 283; **246**, 236; B. **24**, 1542]
- → Terpinen [A. **230**, 262; **239**, 34, 35; B. **24**, 1542]
- → Dipenten [A. **227**, 282, 286, 288, 289; **239**, 8; **246**, 235; B. **24**, 1542]
- → Nitrosochlorid → Nitrosopinen [A. **245**, 252]
  - → Pinocamphon ——→ Cymol [A. **300**, 287, 289]
  - → Dibromid → ——
    - → Dihydrocarvon [A. **300**, 291; **313**, 368]
    - → Carvylamin → Carvon [A. **313**, 368]
  - → Pinylamin [A. 258, 346; **268**, 197]
    - → Cymol [A. **268**, 206]
    - → Pinocarveol [A. **277**, 149; **279**, 387]
      - → Cymol [A. **346**, 222]
      - → Pinocarvon [A. **279**, 387; **346**, 221]
    - → Carvopinon [A. **346**, 241]
    - → Pinocamphon [A. **268**, 206]
  - → Pinocamphonoxim [A. **389**, 185]
  - → Carvopinon [A. **346**, 231] → ——
    - → Pinocamphon [A. **346**, 234]
    - → Carvon [A. **346**, 234]
  - → Carvon [A. **346**, 234]
- → Terpinhydrat (Terpineol, Cineol) [A. **239**, 8; **246**, 235, 237, 266; B. **24**, 1542]
- → Dibromid → Cymol [A. **264**, 9, 10]
- → Pinol [A. **253**, 252]
- → Pinolhydrat [A. **259**, 316]

[1] Vgl. S. 36, Anm.

2. β-Pinen (Nopinen) H_2C=  .

β-Pinen $C_{10}H_{16}$

→ Nitropinen → Amidoterebenten → Cumin-alkohol-aldehyd-säure [A. **336**, 7, 8; **346**, 243, 246]

→ l-Nopinsäure (Smp. 126°) [A. **356**, 228] → Nopinon [A. **356**, 231] [s. S. 49, 8) → Fenchen (s. S. 44, 11)

→ Glycol $C_{10}H_{16}(OH)_2$ (Smp. 75—77°) [A. **368**, 9]

→ Bornylchlorid → Camphen → Campher [A. **363**, 10]

→ Dipentendihydrochlorid

3. Sabinen H_2C= 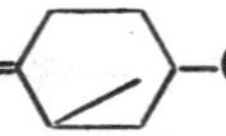 —$CH(CH_3)_2$.

Sabinen $C_{10}H_{16}$

→ Terpinen [A. **350**, 165]

→ Terpinenol-4 [A. **356**, 202] → Terpinenterpin [B. **40**, 594; A. **356**, 215]

→ Sabinensäure → Sabinaketon [A. **359**, 265] (s. S. 49, 7)

→ Monohydrochlorid [B. **40**, 588; A. **356**, 199] → Terpinendihydrochlorid [B. **40**, 590; A. **356**, 199]

→ Terpinendihydrochlorid [A. **350**, 146, 164]

4. *α*-**Phellandren** 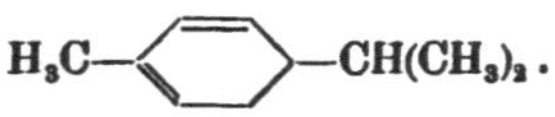

α-Phellandren $C_{10}H_{16}$
- → Cymol [A. **287**, 383]
- → α-Phellandrennitrit →
  - → Cymol [A. **336**, 26]
  - → Trinitrotetrahydrocymol(?) → p-Diamidocymol [A. **336**, 20ff.]
  - → Nitro-α-phellandren [A. **287**, 374; **313**, 346; **336**, 30] →
    - → Carvotanaceton [A. **336**, 30ff.]
    - → Dihydrocarvylamin [A. **336**, 30ff.]
    - → Tetrahydrocarvylamin [A. **287**, 376]
    - → Tetrahydrocarvon [A. **287**, 376]
  - → Oxythymochinon [A. **336**, 26]
  - → Dichlorthymochinon [A. **336**, 26]
- → Terpinen [A. **239**, 35, 44; **252**, 102]

5. *β*-**Phellandren** 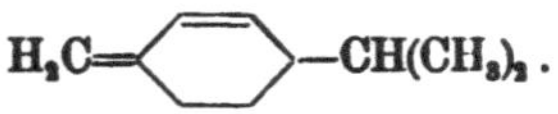

β-Phellandren $C_{10}H_{16}$
- → Δ^2-Isopropyl-4-hexenon-1 [A. **343**, 30] s. auch u. Sabinaketon S. 49, 7
- → β-Phellandrennitrit →
  - → Diamin [A. **324**, 269]
  - → Nitro-β-phellandren [A. **336**, 44] →
    - → Tetrahydrocuminylamin [A. **340**, 8; **343**, 38]
    - → Dihydrocuminaldehyd [A. **340**, 3]
    - → Cuminylamin [A. **340**, 8]
  - → Cuminol [A. **340**, 6]
- → β-Phellandrenglycol →
  - → Dihydrocuminalkohol [A. **343**, 36]
  - → Tetrahydrocuminaldehyd →
    - → Tetrahydrocuminylamin [A. **343**, 38]
    - → Tetrahydrocuminsäure [A. **340**, 12]
  - → Δ^2-Isopropyl-4-hexenon-1 [A. **343**, 36]

6. α-Terpinen H_3C—  —$CH(CH_3)_2$.

α-Terpinen $C_{10}H_{16}$
- → Dihydrochlorid [A. **350**, 145] →
  - → α-Terpineol [A. **350**, 152]
  - → γ-Terpineol [A. **350**, 156]
  - → cis- und trans-Terpin [A. **350**, 152; B. **40**, 577]
  - → Terpinenterpin [A. **350**, 145, 156; B. **40**, 577, 578] → Terpinencineol [A. **356**, 204]
  - → i-Terpinenole [A. **350**, 155; B. **40**, 577]
- → Cymol [A. **275**, 127]
- → Nitrosit [A. **239**, 35] →
  - → Cymol [A. **313**, 362]
  - → Tetrahydrocarvylamin [A. **313**, 361; B. **40**, 581] → Tetrahydrocarvon [A. **313**, 361]
  - → Nitrolamine
    - → Carvacrylamin [B. **40**, 581]
    - → Carvenon [B. **40**, 581]
  - → Verbindung $C_{20}H_{31}N_3O_4$ [A. **350**. 174; B. **40**, 581] → Carvenon [B. **40**, 581]
  - → Carvenon [A. **313**, 361; B. **40**, 580, 581]

7. Limonen (Dipenten[1]) H_3C— 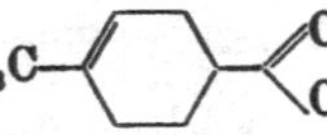 CH_2 / CH_3.

Limonen $C_{10}H_{16}$
- → Dipenten [A. **227**, 289; **246**, 225]
- → Terpinen [A. **239**, 15, 35]
- → Monohydrochlorid [A. **270**, 188] → Aktiv. α-Terpineol [A. **350**, 154]
- → Dipentendihydrochlorid [A. **239**, 10] →
  - → α-Terpineol [A. **350**, 154]
  - → cis- und trans-Terpin [A. **350**, 154]
- → Limonentetrabromid [A. **225**, 318] →
  - → Carveolmethyläther → Carvon [A. **281**, 129]
  - → Cymol [A. **264**, 24]
- → Dipentendihydrobromid [A. **239**, 18] → 1,4,8-Tribrommenthan → Terpinolen [unv. B.]
- → Nitrosochlorid [A. **245**, 245] → Carvoxim [A. **245**. 255, 268, 271] s. S. 45
- → Cymol [A. **225**, 312]

[1] Dipenten = ± Limonen.

8. Terpinolen 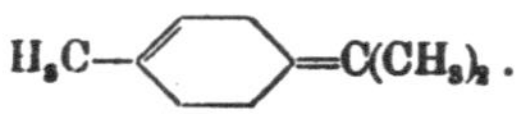

Terpinolen $C_{10}H_{16}$
- → Dipenten [A. **239**, 24; **275**, 109]
- → Terpinen [A. **239**, 24; **275**, 109]

9. Sylvestren 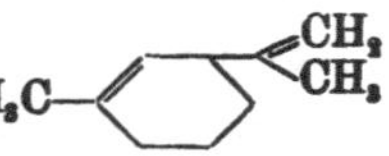

Sylvestren $C_{10}H_{16}$
- → Nitrosochlorid [A. **245**, 272] ⟶ Sylvecarvon [A. **357**, 74]
- → Sylvestren-dihydrochlorid [A. **230**, 241] →
  - → Sylveterpineol [A. **357**, 74] → m-Menthanol → 1,3-Methylcyclohexanon [A. **399**, 169]
  - → Sylveterpin [A. **357**, 73]

10. Thujen 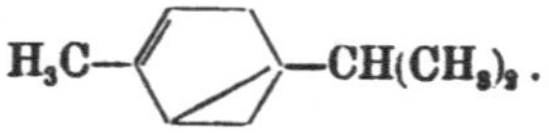

Thujen $C_{10}H_{16}$ →
- → Terpinenol-4 → Terpinenterpin [B. **40**, 578; A. **356**, 202]
- → Terpinendihydrochlorid [A. **350**, 167] → Terpinen.

11. Fenchen 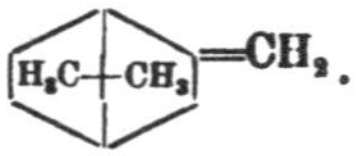

Fenchen $C_{10}H_{16}$ →
- → Isofenchylalkohol ⟶ Isofenchon [A. **315**, 282] s. S. 48, 6
- → Oxyfenchensäure [A. **300**, 314; **302**, 377] ⟶ Fenchocamphoron [A. **300**, 315; **315**, 283] ⟶ Apocamphersäure [A. **315**, 291]

b) Ketone.

1. Carvon 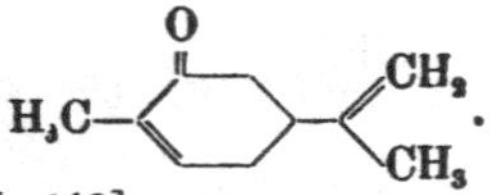

Carvon $C_{10}H_{14}O$

- → Dihydrocarveol [A. **275**, 110] →
  - → Terpinen [A. **275**, 113]
  - → 2,8,9-Trioxymenthan →
    - → Oxyketon $C_9H_{16}O_2$ → Tetrahydro-p-acetyltoluol [A. **324**, 91]
    - → Oxyd $C_{10}H_{16}O$ [A. **277**, 152; **279**, 386]
- → Dihydrocarvon [A. **279**, 377] →
  - → Carvacrol [A. **286**, 134]
  - → Oxim → Carvacrylamin [A. **279**, 382]
  - → Carvenon [A. **286**, 130]
  - → Tetrahydrocarvon [A. **381**, 64]
- → Tetrahydrocarvon [A. **381**, 64] → Carvacrylamin [A. **275**, 119; **279**, 374]
- → Carvoxim →
  - → Hydrochlorid → Isocarvoxim → Carvolin →
    - → Carvacrylamin [A. **346**, 266]
    - → o-Chlor-p-toluylsäure [A. **346**, 276]
  - → Carvotanacetoxim [G. N. **1913**, 241]
  - → Tetrahydrocarvoxim [G. N. **1913**, 239]
  - → Dihydrocarvylamin [A. **275**, 119]
    - → Dipenten [A. **275**, 128]
    - → Terpinen [B. **24**, 3984]
    - → Dihydrocarveol [A. **275**, 128]
  - → p-Amidothymol [A. **279**, 369]
- → Hydrobromid → Eucarvon
  - → Eucarvoxim
    - → β-Dihydroeucarvon [G. N. **1913**, 246]
    - → Tetrahydroeucarvylamin [A. **339**, 115]
    - → Tetrahydroeucarvon [A. **339**, 115]
  - → Tetrahydroeucarvon [A. **381**, 67] → 1,1-Dimethylcyclohexanon-3 [A. **339**, 109]
- → Tribromid → Carvenolid → Dihydropulegenolid [A. **381**, 70; **392**, 50] → Pulegensäure

2. Pulegon 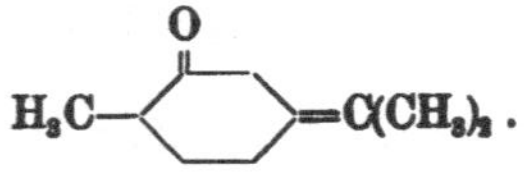

Pulegon $C_{10}H_{16}O$
- → Dibromid → Pulegensäure
  - → Pulegen [A. **289**, 349; **327**, 131] → Dihydropulegenon [A. **327**, 131]
  - → Oxylacton [A. **289**, 353] → Pulenon [A. **289**, 355; **329**, 82] → Oxim → Nonylensäure [A. **329**, 101]
  - → Pulegenolid → Dihydrocarvenolid [A. **392**, 49]
- → 1,3-Methylcyclohexanon [A. **272**, 123; **289**, 338] →
  - → Methylcyclohexanol
    - → Tetrahydrotoluol → 1,2-Methylcyclohexanon [A. **329**, 368]
    - → Jodid → Tetrahydrotoluol [A. **289**, 343]
  - → Oxim →
    - → Toluol, Dihydrotoluol [A. **309**, 7]
    - → Lutidin [A. **309**, 12]
- → Isopulegonoxim → Isopulegon [A. **365**, 240]

3. Carvenon 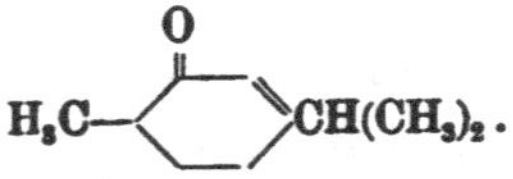

Carvenon $C_{10}H_{16}O$
- → Carvacrol [A. **286**, 134]
- → Tetrahydrocarveol [A. **277**, 180] → Tetrahydrocarvon → Oxim → Isoxim [A. **277**, 135] → Amidodecylsäure → Decylensäure [A. **323**, 329]
- → Carvenonoxim → Carvacrylamin [B. **40**, 582]

4. Thujon H_3C— 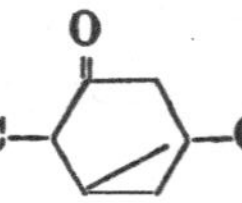 —$CH(CH_3)_2$.

Thujon $C_{10}H_{16}O$
- → Cymol [A. **323**, 372; **336**, 274]
- → Carvacrol [A. **286**, 108]
- → Isothujon [A. **286**, 101] →
  - → α-Thujamenthon [A. **286**, 104] → Oxim
    - → Isoxim [A. **323**, 355] →
      - → Base $C_{10}H_{20}NH$ [A. **324**, 289]
      - → Oxyisoxim → Amidosäure usw. [A. **336**, 279]
    - → α-Thujamenthylamin [A. **323**, 354]
  - → β-Thujamenthon [A. **381**, 85]
- → α-Thujaketosäure →
- → β-Thujaketosäure →
  - (beide) → Tanacetophoron → Isopropylpentanon [A. **388**, 56, 57]
  - (beide) → Thujaketon → Dihydropseudocumol [A. **272**, 111; **275**, 164, 166; **309**, 21, 22]
- → Thujonoxim →
  - → Isothujonoxim →
    - → Isothujylamin [A. **286**, 95] → Isothujen [A. **286**, 99]
    - → β-Thujamenthonoxim → β-Thujamenthylamin [unv. Beob.]
  - → Thujylamin [A. **286**, 96]
    - → Thujen [A. **286**, 99]
    - → Thujylalkohol [unv. B.]
  - → Carvacrylamin [A. **279**, 384]
- → Tribromid [A. **275**, 179] → Aromat. Phenol $C_{10}H_{11}Br(OH)(OCH_3)$ [A. **286**, 110]

5. Menthon 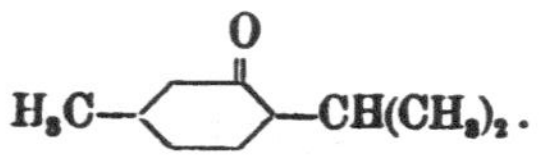

Menthon $C_{10}H_{18}O$
- → cis-Menthylamin [B. **24**, 3992; **25**, 3313] → Menthen [A. **300**, 284, 285]
- → Menthonoxim
  - → Isoxim [A. **277**, 156; **278**, 304]
    - → Amidodecylsäure [A. **312**, 197]
    - → Menthonitril [A. **278**, 309]
  - → Menthonitril [A. **277**, 157] →
    - → Menthonensäure [A. **278**, 311]
    - → Menthonylamin [A. **277**, 158; **278**, 312; **296**, 129] → Menthocitronellal [A. **278**, 315]
  - → Thymol [A. **389**, 196]
  - → trans-Menthylamin [B. **25**, 3313]
    - → Menthen [A. **300**, 282] → Nitrosochlorid → Menthenon [A. **362**, 275]
    - → Menthol [A. **300**, 280]
  - → Decylsäure [A. **296**, 127]
- → Menthen → Δ^4-p-Menthenon [A. **397**, 212]

6. Fenchon 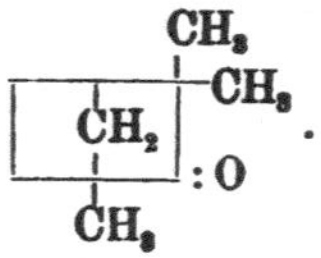

Fenchon $C_{10}H_{16}O$
- → m-Cymol [A. **275**, 157]
- → Fenchonitril → Fencholenamin → Fenchelen [A. **300**, 311]
- → Fenchylalkohol → Fenchene [A. **284**, 331; **315**, 280]
- → Fenchylamin →
  - → l-Fenchen → Isofenchon → Isofenchocamphersäure → isom. Phoron [unv. B.]
  - → Limonen (Dipenten) [unv. B.]
  - → Cineol [unv. B.]
- → Fencholsäure [A. **369**, 71] → Dihydrocampherphoron [A. **369**, 96; **379**, 197]
- → Fenchonoxim → Nitrimin → Dihydropinolon [A. **392**, 69]

7. Sabinaketon O=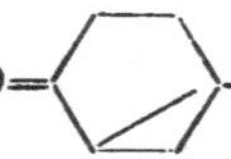—CH(CH₃)₂.

Sabinaketon $C_9H_{14}O$

- → Chlor-4-isopropyl-4-hexanon-1 → Δ^1-Isopropylhexenon [A. **359**, 277] → Terpinenol(1) [unv. B.] s. S. 52, 4
- → Sabinenhydrat →
  - → α-Terpinen [A. **360**, 94]
  - → Aktiv. Terpinenol-4 [A. **357**, 65]
  - → Terpinendihalogenhydrat [A. **357**, 65]
- → Δ^2-Isopropyl-4-hexenon-1 →
  - → p-Isopropylhexanon [A. **359**, 280; **397**, 208]
  - → Phellandrenhydrat [A. **359**, 285] →
    - → Terpinen [unv. B.]
    - → Phellandren [A. **359**, 285]
  - → Phellandren [A. **359**, 283]
- → β-Terpinen [A. **357**, 68—71] → Cuminaldehyd → Cuminsäure [A. **362**, 292]

8. Nopinon O=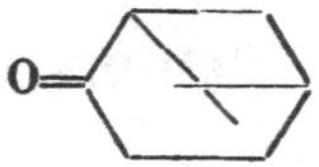.

Nopinon $C_9H_{14}O$ →

- → Δ^2-Isopropyl-4-hexenon-1 [A. **356**, 235] s. u. Sabinaketon 7.
- → Pinenhydrat (Homonopinol) [A. **356**, 239] →
  - → Terpinen [A. **356**, 244]
  - → Terpinolen [A. **356**, 244]
  - → Dipenten [A. **356**, 248]
  - → Aktiv. α-Terpineol [A. **356**, 241; **360**, 88]
  - → Dipentendihydrochlorid [A. **356**, 248]
- → Nopinole [A. **356**, 236] → Nopinonen [A. **356**, 239]
- → Fenchen [A. **361**, 1] s. S. **44**, 11
- → β-Pinen [A. **363**, 9] s. u. S. 41, 2
- → α-Pinen [A. **368**, 11]

c) Alkohole.

1. α-Terpineol H_3C—  —$C(OH)(CH_3)_2$.

α-Terpineol $C_{10}H_{18}O$

- → Cymol [A. **275**, 106]
- → Terpinen [A. **230**, 254, 266; **275**, 105—109]
- → Terpinolen [A. **230**, 254; **275**, 105—109]
- → Dipenten [A. **230**, 248, 250, 255, 259, 266; **239**, 8; **246**, 235, 236; **275**, 104, 105, 109]
- → Terpinhydrat [A. **230**, 266]
- → 1,2,8-Trioxymenthan →
  - → Cymol [A. **277**, 122]
  - → Ketolacton $C_{10}H_{16}O_3$ [A. **275**, 150] → Terpenylsäure [A. **277**, 118; **291**, 345]
  - → Carvenon [A. **277**, 122]
- → Cineol [A. **239**, 18, 20; **275**, 105—109]
- → Nitrosochlorid → Oxydihydrocarvon → Carvon [A. **291**, 346]
- → 1,2,8-Tribrommenthan → Carveolmethyläther → Carvon [A. **281**, 140]
- → Dibromid → Pinol (Pinolhydrat) [A. **277**, 113]
- → Dipentendihydrochlorid [A. **350**, 158]
- → i-p-Menthanol(8) → Menthen → Menthol [A. **381**, 55]

2. β-Terpineol 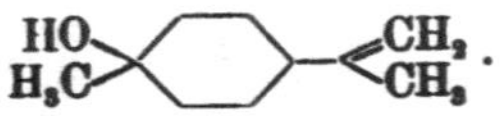

β-Terpineol $C_{10}H_{18}O$
- → cis-Terpinhydrat [A. 360, 101]
- → Chlorhydrin [A. 350, 158] →
  - → cis-Terpinhydrat [A. 350, 158]
  - → Dipentendihydrochlorid [A. 350, 158]
- → 1,8,9-Trioxymenthan →
  - → Oxyketon $C_9H_{16}O_2$ [A. 324, 88] → Tetrahydro-p-acetyltoluol [A. 324, 89]
    - → α-Terpineol
    - → p-Acetyltoluol [A. 324, 91]
    - → 1,4-Methylacetylcyclohexan
      - ↓ p-Menthanol (8) [A. 381, 92]
  - → Oxyd (?) $C_{10}H_{16}O$ [A. 324, 88]
- → Nitrosochlorid → Oxyoxim
  - → Aldehyd $C_{10}H_{14}O$ → Säure $C_{10}H_{14}O_2$ [A. 345, 127]
  - → Keton $C_{10}H_{14}O$ [A. 345, 127]
- → Dipentendihydrochlorid [A. 350, 158]
- → p-Menthanol(1)-Carvotanaceton → Tetrahydrocarvon [A. 381, 58]

3. γ-Terpineol 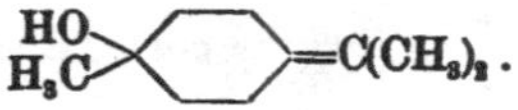

γ-Terpineol $C_{10}H_{18}O$ →
- → Dipentendihydrochlorid [A. 350, 160]
  - → Dipenten [A. 350, 154]
  - → α-Terpineol [A. 350, 154]
  - → cis- und trans-Terpin [A. 350, 154]
- → cis- und trans-Terpin [B. 40, 578]
- → Terpinendihydrochlorid [A. 350, 160]
  - → Terpinen [A. 350, 155]
  - → i-Terpinenole [A. 350, 155]
  - → Terpinenterpin [A. 350, 156, 157]

4. Terpinenol-1 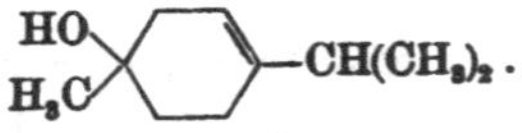

Terpinenol-1 $C_{10}H_{18}O$
- → Terpinenterpin [A. **356**, 218]
- → 1,3,4-Trioxymenthan [A. **356**, 219] ⟶
  - → Cymol [A. **362**, 271]
  - → Dioxydicarbonsäure $C_{10}H_{18}O_6$ → Dimethylacetonylaceton [A. **362**, 269]
  - → Δ^1-Menthenon-3 $C_{10}H_{16}O$
    - → i-Menthon [A. **397**, 181]
    - → Dibromid → Thymol
- → Terpinendihydrohalogenid [A. **356**, 219]

5. Terpinenol-4 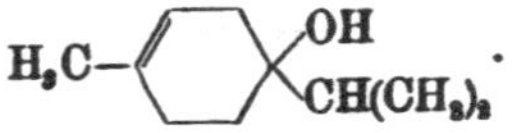

Terpinenol-4 $C_{10}H_{18}O$
- → Terpinenterpin [B. **40**, 597; A. **356**, 202]
- → 1, 2, 4-Trioxymenthan ⟶
  - → Cymol [B. **40**, 597]
  - → Dioxydicarbonsäure $C_{10}H_{18}O_6$ [A. **356**, 210—215] → Dimethylacetonylaceton
  - → Carvenon [B. **40**, 595, 597; A. **356**, 207, 216]
- → Terpinendihydrohalogenid [A. **350**, 160; **356**, 198]
- → Thujaketon (?) $C_9H_{16}O$ [B. **40**, 597; A. **356**, 210]

d) Oxyde.

1. Cineol H_3C 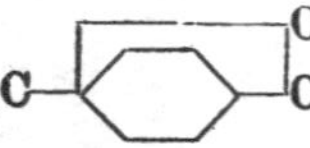 $C(CH_3)_2$.

Cineol $C_{10}H_{18}O$ →
- → Terpinolen [A. **239**, 23]
- → Dipenten [A. **225**, 298, 299, 308, 316]
- → Cineolsäure [A. **246**, 274] ⟶ (Methylheptenon)
  - ↓ Cineolsäureanhydrid
- → Cineolsäureanhydrid [A. **258**, 319] → (Methylheptenon)
- → Terpinen [A. **239**, 22]

Cineolsäure, Cineolsäureanhydrid → Methylheptenon
- → Hydrometaxylol → Xylol [A. **395**, 74]
- → Isoamylaceton [A. **381**, 86]

2. Pinol H_3C 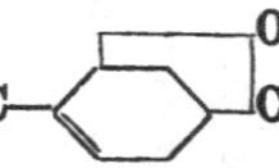 $C(CH_3)_2$.

Pinol $C_{10}H_{16}O$ →
- → Cymol [A. **253**, 254; **281**, 148]
- → Terebinsäure [A. **253**, 256; **259**, 317; **277**, 118]
- → Pinoldibromid →
  - → Cymol [A. **268**, 224]
  - → α-Terpineol [A. **281**, 150]
  - → Tribromid $C_{10}H_{17}OBr_3$
    - → Pinolon [A. **281**, 152ff.] → Dihydropinolon → β-Isopropylpentanon [A. **384**, 193]
    - → Isopinoldibromid [A. **306**, 270]
      - → i-Carvon [A. **306**, 272]
      - → Carveolmethyläther [A. **306**, 273]
      - → Pinolon [A. **306**, 275]
    - → i-Carvon [A. **306**, 273]
  - → Pinolhydrat [A. **259**, 313]
  - → Pinolglycol [A. **259**, 311; **281**, 149]
- → Pinolhydrat ⟶
  - → Oxydihydrocarvon ⟶ Carvon [A. **291**, 355]
  - → Dibromid → Dioxyd → Pinolglycol [A. **291**, 353]
  - → Terpenylsäure [A. **259**, 317; **277**, 118]
  - → Dihydropinolhydrat [A. **381**, 61] → α-Terpinen [unv. Beob.]

IV. Reaktionen, die bei der Untersuchung hauptsächlich in Anwendung kamen.

Was, wie eingangs schon bemerkt, bei der Terpenforschung in den Vordergrund gestellt werden mußte, war die Ausbildung einer Methodik für die Untersuchung der schwer zu handhabenden und leicht veränderlichen Substanzen. Reaktionen und Beobachtungen, die für den Zweck förderlich gewesen sind, sollen im folgenden kurz aufgeführt werden.

1. Additionsreaktionen an gesättigte Verbindungen.

Die Möglichkeit, Halogen und Halogenwasserstoff an manche gesättigte sauerstoffhaltige Verbindungen zu addieren, hat in jüngster Zeit allgemeineres Interesse erregt, weil man sie auf die Vierwertigkeit des Sauerstoffs glaubt zurückführen zu können.

Von einschlagenden Beobachtungen habe ich mitgeteilt:

Die Addition von Brom und Halogenwasserstoff an Cineol[1] [A. **225** (1884), 297, 302, 316]. Analog verhalten sich andere Oxyde, z. B. das isomere Cineol aus Terpinenterpin [A. **356** (1907), 205] und die Oxyde $C_8H_{16}O$, $C_9H_{18}O$ usw. mit offener Kette [A. **275** (1893), 172].

Sehr charakteristisch ist ferner das sehr schön kristallisierende Additionsprodukt von Fenchon zu Brom [A. **259** (1890), 326; **284**, 342] — Fenchon scheint sich auch mit SO_4H_2 zu verbinden [A. **263** (1891), 133] — und besonders merkwürdig die Fähigkeit des Borneols, nicht nur freies Brom, sondern auch zu zwei Molekülen $C_{10}H_{18}O$ ein Molekül HBr oder HJ aufzunehmen [A. **230** (1885), 226—230].[2]

2. Additionsreaktionen an ungesättigte Verbindungen.

Diese Reaktionen kamen in erster Linie wesentlich in Anwendung, um die einzelnen Terpenverbindungen scharf zu charakterisieren. Ein-

[1] Die Isolierung der Chlor- und Bromwasserstoffverbindung des Cineols [A. **225** (1884), 297ff.; **246** (1888), 281] in reinem Zustande gelang durch den Kunstgriff, die Reaktion in Ligroinlösung bei niederer Temperatur vor sich gehen zu lassen.

[2] Die Beobachtung, daß Bornylaminbromhydrat und Dibornylaminbromhydrat Brom addieren, mag hier auch erwähnt werden, wenn die Reaktion auch in ein anderes Gebiet gehört [A. **269** (1892), 350, 356].

zelne waren schon von anderen Forschern angewandt worden (Addition von Halogenwasserstoff, von NOCl, von N_2O_3), aber auch in bezug auf diese sind wesentliche Verbesserungen und Erweiterungen des Anwendungsgebietes auf Grund neu gewonnener Erkenntnis über das Wesen der Vorgänge zu verzeichnen (siehe unten).

a) Addition von Wasserstoff.

Die Addition von Wasserstoff an ungesättigte Verbindungen, also deren Reduktion, war früher nur unter Anwendung sauerer oder alkalischer Reagentien durchführbar gewesen. Dabei war stets mit der Möglichkeit weitergehender Umlagerungen zu rechnen. Daher ist die zuerst von Berthelot und dann von Wreden benutzte Methode der Reduktion mit Jodwasserstoff bei höherer Temperatur nur in vereinzelten Fällen [A. **269**, 341; Ber. **25**, 920], die ohne besondere Bedeutung sind, zur Anwendung gekommen. Wichtiger war die Feststellung, daß naszierender Wasserstoff sowohl aus sauerer, wie auch aus alkalischer Quelle manche Äthylenbindungen nicht aufzulösen vermag und daher zu partiellen Reduktionen dienen kann.

Das erste und wichtigste Beispiel dafür bot das Carvon ($C_{10}H_{14}O$), das sich zu Dihydrocarvon ($C_{10}H_{16}O$) (bzw. Dihydrocarveol), nicht aber zu Tetrahydrocarvon ($C_{10}H_{18}O$) reduzieren ließ.

In der Folge ergab sich, daß ganz allgemein bei ungesättigten Ketonen nur solche Äthylenbindungen mit Hilfe der damals üblichen Reduktionsmittel Wasserstoff zu addieren erlauben, die benachbart zum Carbonyl liegen, daß diese Addition dann aber sogar leichter erfolgt als die Reduktion von Keton zu Alkohol [A. **279**, 378].

Die direkte Überführung etwa von Dihydrocarvon 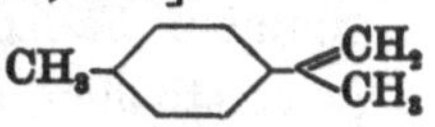

in Tetrahydrocarvon und von α-Terpineol 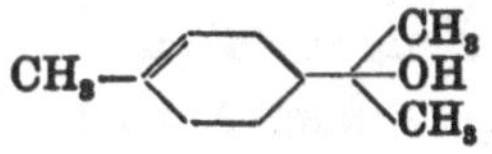 in ein Menthanol erschien bis zum Jahre 1910 nach allen gemachten Erfahrungen nicht möglich.

Damals versuchte ich zuerst die von Paal ausgearbeitete Methode der Reduktion mit freiem Wasserstoff unter Verwendung von kolloidalem Palladium als Katalysator auf eine Reihe von Terpenverbindungen zu übertragen [Nachr. d. K. Ges. d. W. Göttingen 1910

S. 517ff.; A. **381**, 51ff., 102; **384**, 197; **388**, 49; **389**, 185; **392**, 49; **394**, 362] und zwar mit durchschlagendem Erfolg. Es gelang bei gewöhnlicher Temperatur Wasserstoff auch an solche Äthylenbindungen zu addieren, die anderen Reduktionsmitteln Widerstand entgegensetzten. Carvon konnte jetzt leicht zu Tetrahydrocarvon reduziert werden, Eucarvon zu Tetrahydroeucarvon, α- und β-Terpineol zu Menthanolen, Fenchonitril zu Dihydrofenchonitril u. s. f.

Anfangs schien die Paalsche Methode auf Terpene angewandt allerdings nicht zum Ziele führen zu wollen (und diese Erfahrung haben voraussichtlich vor mir auch andere Experimentatoren gemacht), denn es nehmen z. B. käufliches Carvon und α-Terpineol nicht oder nur ganz ungenügend Wasserstoff bei den Reduktionsversuchen auf. Die Ursache dafür wurde aber bald darin gefunden, daß auch schon sehr geringe Verunreinigungen (wie sie nicht frisch unter den üblichen Kautelen bereitete Terpenverbindungen immer enthalten) die Reduktion vorzeitig zum Stillstand bringen [A. **381**, 53], während ganz reine Verbindungen sich meist glatt reduzieren lassen.

„Diese Möglichkeit, Kohlenstoffdoppelbindungen zu lösen, an „welcher Stelle des Moleküls sie auch liegen mögen, ist jedenfalls ein „Fortschritt, der gerade für die Chemie der alicyclischen Verbindungen „von besonderer Bedeutung ist.

„Es kommt hinzu, daß durch Palladiumwasserstoff die Kohlen- „stoffdoppelbindungen so viel leichter gelöst werden, als die Doppel- „bindung z. B. von Sauerstoff an Kohlenstoff, daß man bei der Re- „duktion ungesättigter Ketone die Reaktion so leiten kann, daß so „gut wie gar kein Alkohol auftritt, der Verbindungstypus, von „dem man ausgeht, also erhalten bleibt. Das gelingt in be- „stimmten Fällen ja auch bei Anwendung der gewöhnlichen Reduk- „tionsmethoden, aber weitaus nicht so leicht und so vollkommen. Vor „allen Dingen fallen bei Anwendung des neuen Verfahrens alle die „unangenehmen Nebenerscheinungen fort, Verharzung, reichliche Pina- „konbildung usw., welche bei der Reduktion ungesättigter Ketone „sich sonst so unliebsam bemerklich machen. Infolgedessen sind die „Ausbeuten an den reduzierten Produkten meist sehr gute.“ [A. **381**, 54 (1911).]

Was die praktische Ausführung der Reduktionsmethoden betrifft, so ist auf die betreffenden Abhandlungen zu verweisen und im allgemeinen nur hervorzuheben, daß die Wasserstoffaufnahme durch Vermittlung wässeriger Lösungen von kolloidalem Palladium oft schon direkt (ohne Lösungsmittel), manchmal besser bei Anwendung eines Lösungsmittels (Methylalkohol oder durch Behandlung mit Permanganat gereinigtes Aceton) erfolgt.

Vergleicht man die Leichtigkeit, mit der bei den zahlreich zur Verwendung gekommenen Substanzen die Wasserstoffanlagerung sich vollzog, so war ein deutlicher Unterschied insofern bemerkbar, als bei verschiedener Lage der Äthylenbindung im Molekül der Wasserstoff nicht immer mit gleicher Leichtigkeit addiert wurde. So lagern z. B. die Amide der α-Fencholensäure und der α-Campholensäure unvergleichlich viel leichter Wasserstoff an als die entsprechenden Amide der β-Säuren. [A. **381**, 78.] Bei anderen Isomeren konnte dagegen ein merklicher Unterschied in der Reduzierbarkeit je nach verschiedener Lage einer Äthylenbindung (cyclisch oder semicyclisch) nicht konstatiert werden. [A. **381**, 94.]

Die ursprüngliche Paalsche Methode ist bekanntlich von Skita und von Willstätter modifiziert worden. Die Skitasche Methode zeichnet sich vor der Paalschen durch größere Einfachheit und Billigkeit aus. Ich habe sie ursprünglich nicht benutzt, da wässerige Palladiumchloridlösungen immer Spuren von freier Salzsäure enthalten können, und gerade die völlige Abwesenheit freier Säure die Anwendung der Paalschen Methode für die Terpenreihe als besonders geeignet erscheinen ließ. In vielen Fällen, z. B. bei der Überführung ungesättigter Ketone in gesättigte, kann man aber auch die Skitasche Methode unbedenklich und mit bestem Erfolg verwenden. Weniger empfehlenswert scheint sie bei der Reduktion hydroxylhaltiger ungesättigter Verbindungen zu sein, weil in der wenn auch nur schwach saueren Lösung der Vorgang der Dehydratation mehr begünstigt wird als bei Anwendung des Paalschen Katalysators, der das Eintreten dieser Nebenreaktion allerdings auch nicht ganz verhindert [s. A. **392**, 60, 61]. Daher erhält man gelegentlich bei der Reduktion ungesättigter Glycole statt der zu erwartenden zweiwertigen auch gesättigte einwertige Alkohole als Reaktionsprodukt.

Es haben sich auch sonst in einigen Fällen Verschiedenheiten bei der Anwendung der Paalschen und Skitaschen Methode für Reduktion derselben Substanz ergeben. Manchmal wirkt der Paalsche Katalysator viel energischer als der Skitasche, manchmal umgekehrt. Letzteres findet man z. B. bei der Überführung von Pulegen in Dihydropulegen [A. **392**, 58]. Dagegen erwies es sich wegen der zu lebhaften Wirkung bei Verwendung der Paalschen Kolloidlösung zweckmäßig, Palladiumchlorid-Lösungen zu verwenden, als es sich um partielle Reduktion von Carvoxim und Eucarvoxim handelte.

Durch den Nachweis, daß man bei Gegenwart von Palladium Carvoxim in Carvotanacetoxim überführen kann:

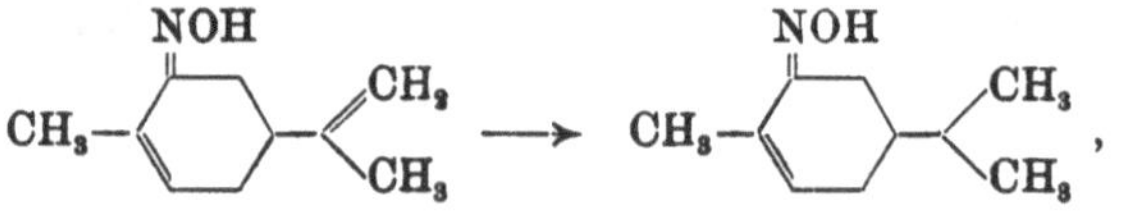

war ein interessantes Problem gelöst. Während man nämlich unter Anwendung der gewöhnlichen chemischen Reduktionsmittel nur die der CO- bzw. C:NOH-Gruppe benachbart stehende Äthylenbindung lösen kann, wobei man dann zum Dihydrocarvon

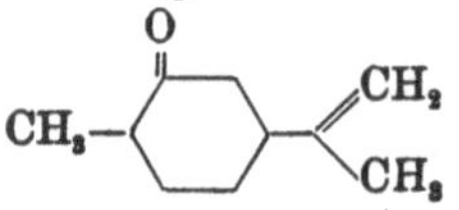

(oder dessen Abkömmlingen) gelangt, zeigt sich, daß gegenüber der reduzierenden Wirkung des freien Wasserstoffs namentlich bei Abwandlung der Carbonyl- in die Oxim-Gruppe eine Schutzwirkung bezüglich der Angreifbarkeit der im Ring gelegenen Äthylenbindung soweit erzielt wird, daß man die extracyclisch stehende Doppelbindung allein auflösen kann, so daß man nun vom Carvon aus zum Carvotanaceton

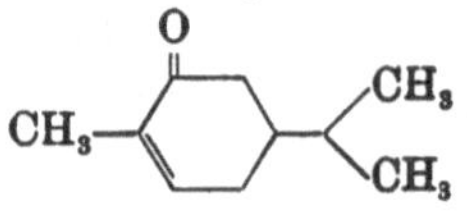

(bzw. dessen Derivaten) direkt zu gelangen imstande ist. [Näheres: G. N. **1913**, 236]

Ohne daß es nötig ist, an dieser Stelle auf weitere Einzelheiten einzugehen, ergibt sich also:

Die Anwendung des Reduktionsverfahrens mit freiem Wasserstoff bei Gegenwart von Palladium hat gar nicht hoch genug zu veranschlagende Vorteile für die Untersuchung der alicyclischen Verbindungen im Gefolge gehabt, die sich in den schnellen Fortschritten bemerklich machen, die sich seit ihrer Benutzung auf dem Gebiete haben erzielen lassen.

Im Anschluß an die Besprechung der mit besonderen Hilfsmitteln zu erreichenden Hydrierung der alicyclischen ungesättigten Verbindungen ist hier schon auf die bemerkenswerte Tatsache hinzuweisen, daß bei den ungesättigten Verbindungen unter besonderen Umständen auch Selbstreduktion eintreten kann. So entsteht bei der Wasserabspaltung aus Methylheptenon nicht, wie man erwarten sollte, Dihydroxylol, sondern ein Gemisch von Tetrahydroxylol und Xylol [A. **395**, 74; **396**, 274].

Das Eintreten ähnlicher Erscheinungen dürfte sich noch vielfach nachweisen lassen (vgl. l. c.).

b) Addition von Brom.

Gut definierte Bromadditionsprodukte von Terpenverbindungen waren früher nicht bekannt. Es wurde nun zuerst 1884 gezeigt, daß diese Körper sich zur Charakteristik der freien Kohlenwasserstoffe zum Teil vortrefflich eignen.

Zur Herstellung der Tetrabromide von Limonen, Dipenten, Terpinolen, Sylvestren wurde zunächst folgendes Verfahren ausgearbeitet:

„In einem geeigneten, durch Wasser oder Eis kalt zu haltenden „Kolben bringt man 1 Vol. Terpen, welches mit 4 Vol. Alkohol und „4 Vol. Äther verdünnt ist. Zu dieser Mischung läßt man unter Ver„meidung zu starker Erwärmung 0,7 Vol. Brom tropfenweise hinzu„fließen. Die Flüssigkeit wird sodann in eine Kristallisierschale ge„gossen und der Verdunstung überlassen. Bei Anwendung von reinen „Terpenen, welche überhaupt fähig sind, festes Tetrabromid zu liefern, „beginnt dann schon nach wenigen Minuten die Ausscheidung von „Kristallen. Nach Verlauf von ein bis zwei Stunden trennt man die„selben von der vorhandenen Mutterlauge dadurch, daß man die ganze „Masse auf einen mit Glaswolle lose verschlossenen Trichter bringt „und darauf den Rest der anhaftenden Lauge durch Ausbreiten der „Kristalle auf poröse Platten absaugen läßt. Die nötigenfalls durch „Abwaschen mit kaltem Alkohol noch weiter gereinigte Substanz wird „schließlich aus reinem Äther umkristallisiert.

„Die Verwendung von Alkohol als Verdünnungsmittel beim Bro„mieren der Terpene mag auf den ersten Blick nicht rationell erscheinen, „hat sich aber als zweckmäßig erwiesen. Brom wirkt nämlich so viel „schneller auf Terpene als auf Alkohol ein, daß dieser bei der Reaktion „gar nicht störend ist. Dazu kommt, daß die entstehenden Tetra-

„bromide in kaltem Alkohol fast unlöslich sind, während der Alkohol „reichlich von den öligen Nebenprodukten löst, welche stets und zwar „manchmal in recht erheblicher Menge sich neben den festen Produkten „bilden. Für den, der sich mit der Darstellung der betreffenden Ver- „bindungen befaßt, ist dabei namentlich zu berücksichtigen, daß das „überwiegende Vorhandensein öliger Produkte das Herauskristallisieren „der festen Tetrabromide sehr verzögern, ja sogar ganz verhindern „kann. Das ist namentlich deshalb sehr zu beachten, weil die niedrig „siedenden Terpene meist nur solche ölige Produkte beim Bromieren „geben, in einem Gemenge von Terpenen letzterer Art und solcher, „welche kristallisierende Produkte liefern, die Anwesenheit dieser also „leicht übersehen werden kann.“ [A. **227** (1885), 280.]

Später [A. **239** (1887), 3] wurde gezeigt, „daß die Addition von „Brom zu den Terpenen auch sehr glatt erfolgt, wenn man den Kohlen- „wasserstoff mit dem zehnfachen Gewicht Eisessig verdünnt. — Ein „gutes Kristallisationsmittel für die Tetrabromide ist warmer Essig- „äther.“ (Siehe auch A. **258** (1890), 341; **264** (1891), 14.)

Der Schmelzpunkt der Bromide wird durch Verunreinigungen leicht stark erniedrigt [A. **264** (1891), 13], bei Anwendung trockener Lösungsmittel erhält man keine festen Produkte [A. **264** (1891), 14; **281** (1894), 137—139], der Bromierungsprozeß ist meist kein einfach verlaufender [A. **279** (1894), 389].

In der Folge wurden eine ganze Reihe vorzüglich charakterisierter Bromadditionsprodukte auch von sauerstoffhaltigen Verbindungen dargestellt, z. B. von

Pinol [A. **253** (1889), 253]; Dihydrocarvon [A. **279** (1894), 389; **286** (1895), 127, 129]; Carvon [A. **279** (1894), 390; **286** (1895), 119—121]; Pinolhydrat [A. **291** (1896), 353]; Carvenolid [A. **286** (1895), 126; **305** (1899), 251]; Menthenon [G. N. **1903**, 231] usw.

Näheres über diese Verbindungen, sowie über die Addition von Brom zu Säuren, Oximen, Basen siehe im speziellen Teil.

c) Addition von Halogenwasserstoff.

Die verschiedenen Additionsprodukte, die bei Anlagerung von HCl an Pinen und an Limonen entstehen, hatte man schon früher kennen gelernt. Man war aber unvollständig oder gar nicht darüber orientiert, inwieweit die Reaktion unter Umlagerungen verläuft.

Genau festgestellt wurde nun nach dieser Richtung 1. daß feuchte Salzsäure Pinen zu Dipenten (unter Bildung von $C_{10}H_{16} \cdot 2HCl$) invertiert, und nur absolut trockene Chlorwasserstoffsäure ein charakteristisches festes Additionsprodukt $C_{10}H_{16} \cdot HCl$ liefert [A. **239** (1887), 4], 2. daß Limonen und Dipenten in ganz trockenem Zustande auch nur ein Molekül HCl addieren und nur bei Gegenwart von Feuchtigkeit die Verbindung $C_{10}H_{16} \cdot 2HCl$ entsteht [A. **270** (1892), 188, siehe auch Spezieller Teil] und 3. daß Terpinen [A. **356** (1907), 198] und Sabinen [B. **40** (1907), 598] sich ganz analog verhalten.

Neu eingeführt wurde das besonders bequeme Verfahren, Eisessiglösungen von Halogenwasserstoffsäuren für Zwecke der Addition zu benutzen. Namentlich zur Herstellung der betreffenden Additionsprodukte von HCl, HBr und HJ zu Terpenen und Sesquiterpenen hat die Methode sehr gute Dienste geleistet [A. **238** (1887), 85—86].

„Um die Additionsprodukte der Terpene zu 2 Mol. Halogen- „wasserstoffsäure zu erhalten, pflegte man eine ätherische Lösung „des Kohlenwasserstoffs mit der Säure zu sättigen, den Äther durch „Verdunstung oder Destillation zu entfernen und den Rückstand zur „Kristallisation zu stellen. Für Darstellung in sehr großem Maßstabe „wird sich dies Verfahren auch immer noch empfehlen. Hingegen ist „es sehr lästig und zeitraubend, wenn zum Zwecke der Orientierung „über die Natur eines vorliegenden Terpens z. B. viele Fraktionen „eines Kohlenwasserstoffes in gleicher Weise behandelt werden müssen, „und dazu kommt, daß die Methode beim Arbeiten in kleinem Maß- „stabe oft sehr schlechte Resultate gibt und daß sie für Gewinnung „der Jodhydrate überhaupt ganz unanwendbar ist.

„Diese Produkte der Anlagerung von 2 Mol. Halogenwasserstoff- „säure zu 1 Mol. Terpen kann man nun in wenigen Augenblicken „erhalten, wenn man sich eine möglichst gesättigte Auflösung von „Chlor-, Brom-, Jodwasserstoffsäure in Eisessig bereitet und diese „Lösung im Überschuß zu dem in Eisessig gelösten Kohlenwasserstoff „hinzufügt. Die Vereinigung der Bestandteile erfolgt in diesem Falle „momentan, namentlich bei Anwendung von Brom- und Jodwasser- „stoffsäure, und wenn man nun die Flüssigkeit in Eiswasser eingießt, „fallen die Additionsprodukte sofort in festem und meist sehr reinem „Zustande aus.“ [A. **239** (1887), 3.]

Eine Modifikation der Methode für Darstellung größerer Mengen Dipentendichlorhydrat findet sich A. **245** (1888), 267.)

Von besonderer Bedeutung war es, daß es neuerdings gelungen ist, auch die Additionsprodukte von Terpinen zu Halogenwasserstoff in reinem Zustande zu erhalten [A. **350** (1906), 144]. Auch konnte eine ganze Reihe höherer homologer Dipenten- und Terpinenhalogenwasserstoffadditionsprodukte hergestellt werden, die sich ganz analog verhalten [A. **357** (1907), 68]:

	Dipentenreihe Smp.	Terpinenreihe Smp.
$C_{10}H_{16} \cdot 2HCl$	49—50°	52°
$C_{11}H_{18} \cdot 2HCl$	63—64°	67—68°
$C_{10}H_{16} \cdot 2HBr$	64°	58—59°
$C_{11}H_{18} \cdot 2HBr$	82—84°	88—89°
$C_{10}H_{16} \cdot 2HJ$	77° u. 78—79°	76°
$C_{11}H_{18} \cdot 2HJ$	63—64°	89—90°

Schließlich möge nicht unerwähnt bleiben, daß bei der Behandlung des β-Terpineols mit Halogenwasserstoff-Eisessig als erstes Reaktionsprodukt ein Chlorhydrin isoliert wurde [A. **350** (1906), 158]:

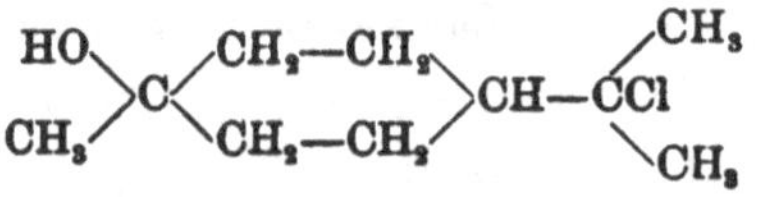

Auf Seite 63 befindet sich eine Tabelle der Halogen- und Halogenwasserstoffadditionsprodukte der Terpene, in der die von mir neu dargestellten durch Druck hervorgehoben sind.

d) Addition von Wasser.

Die Addition von Wasser an Terpenverbindungen vollzieht sich oft leicht und ist auch da, wo Additionsprodukte als solche nicht isoliert werden konnten, bekanntlich ein als intermediärer Prozeß anzunehmender Vorgang, mit dessen Hilfe eine sehr große Reihe von Umlagerungserscheinungen erklärt werden kann, denn das addierte Wasser spaltet sich häufig freiwillig in anderer Richtung wieder ab, als es sich angelagert hat. (Siehe auch S. 27.)

Wasseradditionen erfolgen nun meist unter intermediärer Bildung von Säureadditionsprodukten und können am leichtesten durch Behandlung der betreffenden Substanzen mit verdünnter kalter Mineralsäure erzielt werden. Bei den nachher zu erwähnenden neuen Versuchen kam eine etwa fünfprozentige Schwefelsäure zur Anwendung.

	Pinen	Camphen	Fenchen	Limonen	Dipenten	Sylvestren	Terpinen	Terpinolen
Monochlor-hydrat	$C_{10}H_{16}\cdot HCl$ Smp. 131°; Kp. 207—208°	$C_{10}H_{16}\cdot HCl$ Smp. 155°	$C_{10}H_{16}\cdot HCl$ A. **300**, 382	$C_{10}H_{16}\cdot HCl$ Kp. 97—98° (11—12 mm) A. **245**, 247; **270**, 173, 188	$C_{10}H_{16}\cdot HCl$ Kp. 97—98° (11—12 mm) A. **245**, 250; **270**, 190; B. **26**, 3076	—	$C_{10}H_{16}\cdot HCl$ Kp. 87—92° (12 mm) A. **356**, 198	—
Monobrom-hydrat	$C_{10}H_{16}\cdot HBr$ Smp. 90°	$C_{10}H_{16}\cdot HBr$ Smp. 133°	—	$C_{10}H_{16}\cdot HBr$	—	—	—	—
Mono-jodhydrat	$C_{10}H_{16}\cdot HJ$ Smp. −3°; Kp. 118—119° (15 mm)	$C_{10}H_{16}\cdot HJ$ Smp. ca. 50°	—	—	—	—	—	—
Dichlor-hydrat	—	—	—	—	$C_{10}H_{16}(HCl)_2$ Smp. 49—50° A. **230**, 255	$C_{10}H_{16}(HCl)_2$ Smp. 72° A. **239**, 26	$C_{10}H_{16}(HCl)_2$ Smp. 51—52° A. **350**, 145	—
Dibrom-hydrat	—	—	—	—	$C_{10}H_{16}(HBr)_2$ Smp. 64° A. **239**, 13	$C_{10}H_{16}(HBr)_2$ Smp. 72° A. **239**, 28	$C_{10}H_{16}(HBr)_2$ Smp. 58—59° A. **350**, 145	—
Dijodhydrat	—	—	—	—	$C_{10}H_{16}(HJ)_2$ Smp. 77° u. 78—79° A. **230**, 249	$C_{10}H_{16}(HJ)_2$ Smp. 66—67° A. **239**, 29	$C_{10}H_{16}(HJ)_2$ Smp. 76° A. **350**, 155	—
Dibromid	$C_{10}H_{16}\cdot Br_2$ Smp. 169—170° A. **264**, 7	$C_{10}H_{16}\cdot Br_2$ Smp. 90,5—91° B. **29**, 900	$C_{10}H_{16}\cdot Br_2$ akt. Smp. 87° inakt. „ 62° A. **362**, 182	—	—	—	—	$C_{10}H_{16}\cdot Br_2$ Smp. 69—70° B. **27**, 447
Tetrabromid	—	—	—	$C_{10}H_{16}\cdot Br_4$ Smp. 104—105° A. **227**, 278	$C_{10}H_{16}\cdot Br_4$ Smp. 125° A. **225**. 305	$C_{10}H_{16}\cdot Br_4$ Smp. 135—136° A. **239**, 30	β-$C_{10}H_{16}Br_4$ Smp. 155° A. **362**, 290	$C_{10}H_{16}\cdot Br_4$ Smp. 116° A. **230**, 263

a) Wasseranlagerung an Äthylenbindungen.

Seit alter Zeit ist bekannt, daß Pinen, $C_{10}H_{16}$, bei längerer Berührung mit Säuren in $C_{10}H_{18}(OH)_2$ (Terpin) bzw. Terpinhydrat $C_{10}H_{18}(OH)_2 \cdot H_2O$ übergehen kann. Später wurden von anderer Seite Wasseradditionsprodukte z. B. zu Carvon und zu Dihydrocarveol dargestellt [B. **38** (1905), 1719; A. **381**, 62].

Systematisch wurde neuerdings [A. **360**, 82ff.] gelegentlich meiner Arbeiten eine Reihe Kohlenwasserstoffe (Sabinen, Phellandren) und ungesättigter Terpenalkohole hinsichtlich ihrer Fähigkeit, Wasser anzulagern, verglichen. Dabei hat sich ergeben, daß die Stellung, die die Äthylenbindung im Molekül einerseits und zum Hydroxyl andererseits einnimmt, von bestimmender Bedeutung für die Leichtigkeit ist, mit der die Wasseraddition erfolgt.

Von den fünf Menthenolen:

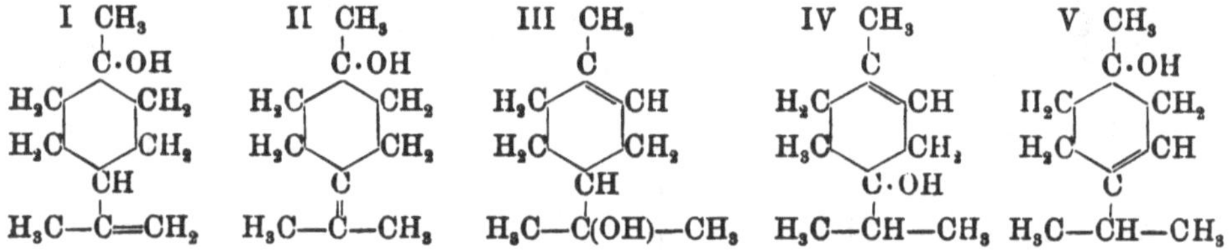

addieren unter gleichen Versuchsbedingungen I und II am schnellsten Wasser, III etwas langsamer, aber auch noch sehr leicht, IV und V so viel schwerer, daß man die beiden letzten Modifikationen durch fraktioniertes Schütteln mit $5^0/_0$iger Schwefelsäure bei gewöhnlicher Temperatur von den anderen Modifikationen ziemlich gut befreien kann, indem man die Tatsache benutzt, daß die bei der Hydratation entstehenden Terpine (siehe unten) mit Wasserdampf nicht oder wenig flüchtig, die unveränderten Alkohole aber leicht flüchtig sind [A. **356** (1907), 218; **360**, 101]. Da bei der Wasseraddition das Hydroxyl immer die Stellung an dem tertiären Kohlenstoffatom bevorzugt, ist es klar, daß I und III gewöhnliches Terpin (a) geben müssen, IV und V Terpinenterpin (b)

(a) 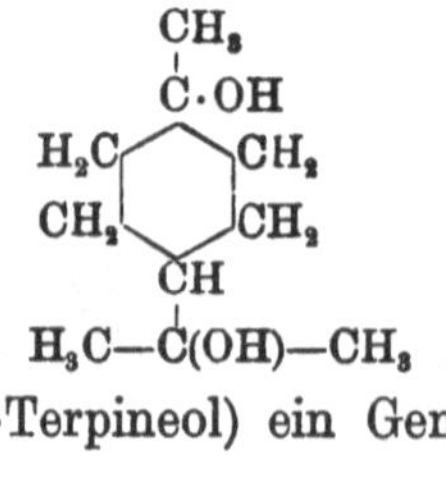

(b) 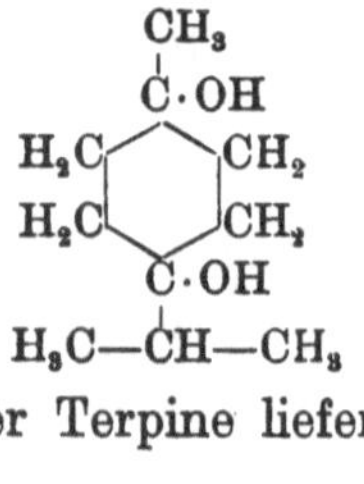

während II (γ-Terpineol) ein Gemisch beider Terpine liefern kann.

Alkohole mit semicyclischer Bindung oder mit der Methengruppe in der Seitenkette scheinen am leichtesten Wasser anzulagern. Daher addiert auch Dihydrocarveol unter den angegebenen Bedingungen leicht Wasser und Isopulegol geht ebenso leicht in ein Glycol über:

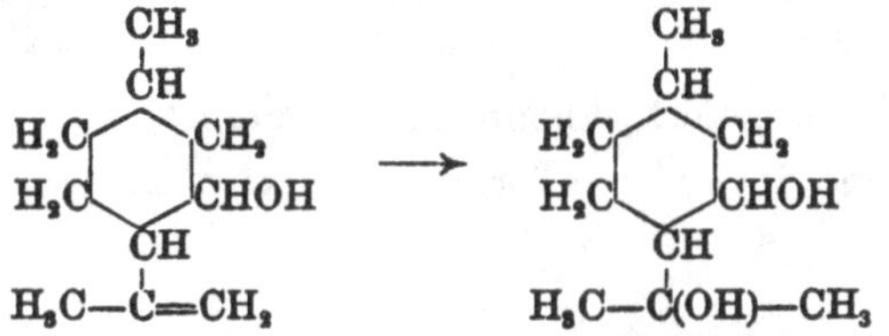

Isopulegol Glycol

Der schnelle Übergang z. B. von Isopulegon in Pulegon bei Anwesenheit von Mineralsäuren erklärt sich entsprechend gemäß dem Vorgange:

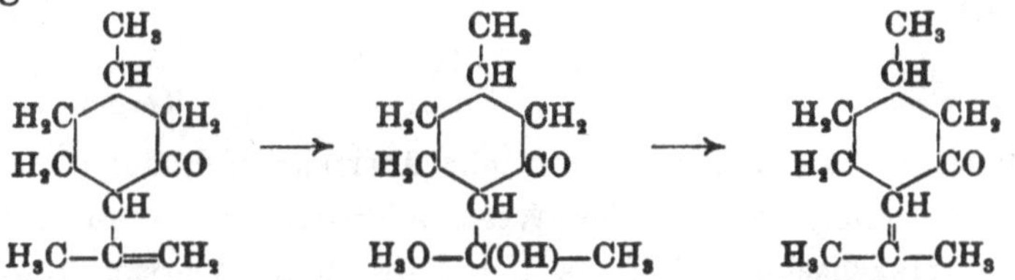

Isopulegon Pulegon

Schon früher hatte ich beobachtet, daß auch ungesättigte Basen an Stelle der Äthylenbindung Wasser addieren und zu gesättigten Oxybasen werden können. So wurde bei der Darstellung des aliphatischen Menthonylamins $C_{10}H_{19}NH_2$ gleichzeitig die nicht flüchtige Oxybase $C_{10}H_{20}(OH)NH_2$ [A. **278** (1894), 315] erhalten und bei der Darstellung des Fencholenamins $C_{10}H_{17}NH_2$ (aus Fenchonitril) die gesättigte Oxybase $C_{10}H_{18}(OH)NH_2$ [A. **269** (1891), 374; **284** (1895), 336].

β) Hydratation unter Ringsprengung (vgl. auch Kap. IV, S. 119).

Es wurde an einer Reihe von Beispielen beobachtet, daß der eigentlichen Hydratation unter Ringsprengung eine Bindungsverschiebung vorangeht. Das erläutern folgende Beispiele:

„Sabinenhydrat gibt unter Wasseraufnahme Terpinenterpin, aber „nicht direkt, sondern als isolierbares primäres Produkt erhält „man aktives Terpinenol-4:

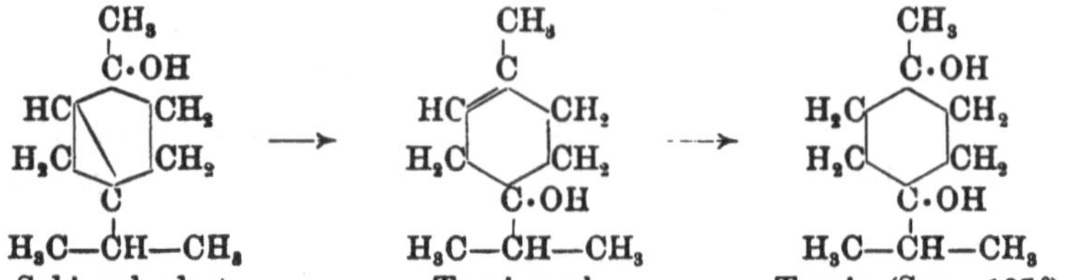

Sabinenhydrat — Terpinenol — Terpin (Smp. 137°)

„Entsprechend liefert Pinenhydrat nicht unter Ringsprengung und „Wasseraufnahme direkt cis-Terpin, sondern primär entsteht aktives „α-Terpineol:

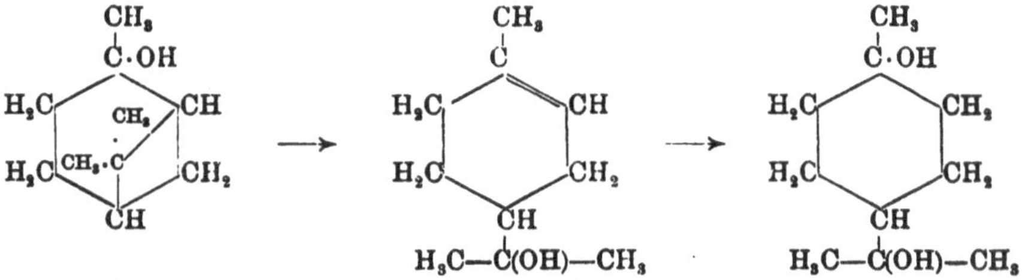

Pinenhydrat — α-Terpineol — Terpin (Smp. 117°)

„Diese Beobachtungen waren sehr überraschend, denn man hätte „annehmen sollen, daß bei der Wasseraddition an die genannten ge- „sättigten bicyclischen Alkohole der Drei- bzw. Vierring unter Auf- „nahme von HOH einfach gelöst werden würde und das Produkt müßte „dann gleich im ersten Schritt ein unter den gegebenen Bedingungen „beständiges inaktives Glycol sein.

„Daß die Reaktion nicht so verläuft, sondern daß intermediär „die Bildung der eben bezeichneten aktiven ungesättigten Alkohole[1] „einsetzt, scheint mir nun für das richtige Verständnis dieser und einiger „verwandter Vorgänge sehr wesentlich zu sein. Es geht daraus näm- „lich deutlich hervor, daß die gesättigten Alkohole, Sabinenhydrat und „Pinenhydrat, in Berührung mit, selbst sehr verdünnter, kalter Säure „zunächst 1 Mol. Wasser abspalten und zwar deshalb, weil die „OH-Gruppe besonders leicht mit dem tertiär gebundenen benach- „barten H-Atom als H_2O auszutreten geneigt ist. Die Beweglichkeit „dieses Wasserstoffatoms scheint etwa der des Methan-Wasserstoffatoms „im Triphenylmethan zu entsprechen. Bei dieser Wasserabspaltung

„[1] Schon der Umstand, daß die Alkohole aktiv sind, schließt die — auch „sonst experimentell widerlegte — Annahme aus, daß die Alkohole sich erst sekundär „aus vorher entstandenem Terpin gebildet haben könnten.“

„entsteht dann aber intermediär ein quaternär gebundenes Kohlen-„stoffatom:

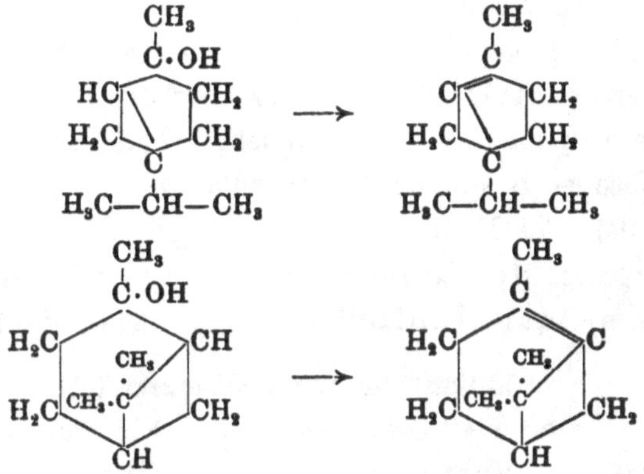

„Das Eintreten einer solchen quaternären Bindung setzt nun augen-„scheinlich die Stabilität des sich anschließenden Drei- und Vier-„ringsystems ganz außerordentlich herab, so daß im zweiten Schritt „mit der größten Leichtigkeit unter Wasseraddition Ringsprengung „erfolgt. Wenn man diese Interpretation akzeptiert, so erklären „sich eine Reihe von Tatsachen ganz ungezwungen. Während das „Sabinenhydrat sehr leicht bis zum Terpin aufgespalten werden kann, „ist der ganz analog gebaute Homothujylalkohol

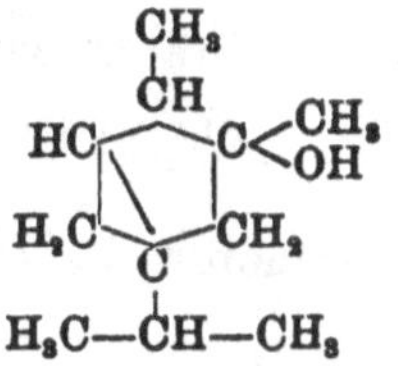

„ein gegen Säuren sehr beständiger Körper. In diesem Alkohol „hat das Hydroxyl eben eine ganz andere Stellung zur intra-„cyclischen Bindung wie im Sabinenhydrat. Auffallend und schein-„bar nicht im Einklang mit der gegebenen Deutung ist die relativ große „Beständigkeit des Nopinols, im Vergleich mit der des Homonopinols „(Pinenhydrats).

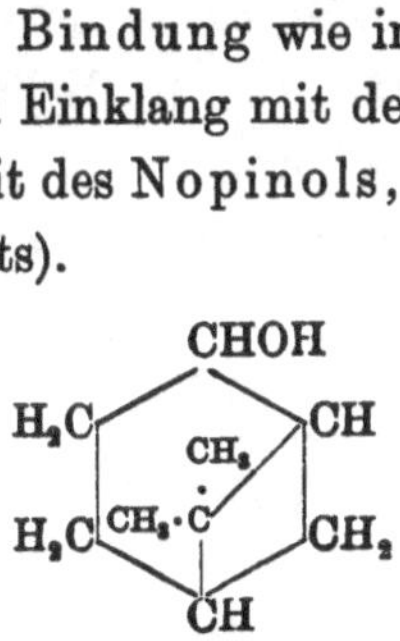

Nopinol

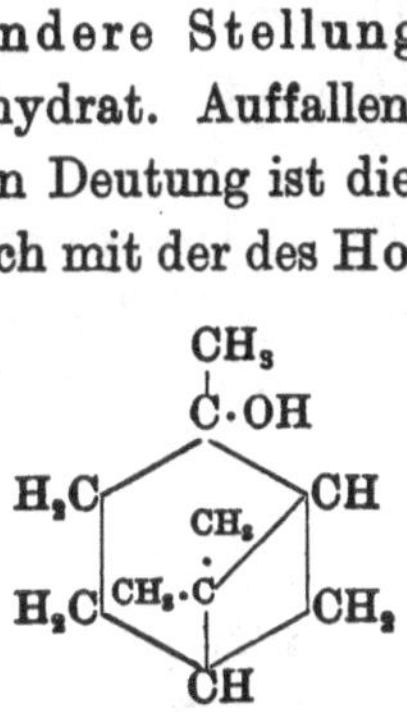

Homonopinol

„Dieser Unterschied könnte aber sehr wohl darin seine Begründung „haben, daß in sekundären Alkoholen das Hydroxyl viel fester ge- „bunden ist als in tertiären und darum der die Reaktion ein- „leitende Wasseraustritt viel schwerer erfolgt.

„Wie dem aber auch sei: die Versuche haben unzweideutig ergeben, „daß in bicyclischen Systemen die Ortsstellung bestimmter Elemente „(wie Sauerstoff) oder Radikale (OH, CH_3), oder Doppelbindungen auf „die Leichtigkeit der Ringsprengung unter Wasseraufnahme „von bestimmendem Einfluß ist." [A. **360**, 84—86.]

e) Addition von Schwefelwasserstoff.

Daß sich Carvon bei Anwesenheit von NH_3 mit SH_2 verbindet, war schon 1849 von Varrentrapp festgestellt [vgl. Flückiger B. **9** (1876), 469]. Die Beobachtung blieb aber lange vereinzelt.

Ich fand dann, daß eine entsprechende Additionsfähigkeit sich beim Pinocarvon, Carvotanaceton und Isopropylhexenon vorfindet [A. **279** (1894), 385, 388; **343** (1905), 32].

Nachdem die Konstitution dieser Ketone durchsichtiger geworden war, mußte sich die Vermutung aufdrängen, daß die Additionsfähigkeit zu SH_2 eine ähnliche Ursache habe, wie die Additionsfähigkeit der 1,2-ungesättigten Ketone zu anderen Substanzen (NH_2OH usw.). Das schien durch weitere Versuche bestätigt zu werden; so gaben in Berührung mit Ammoniumsulfid schön kristallisierte Verbindungen: Δ^1-Methyl(1)-isopropyl(5)-cyclohexenon(3) 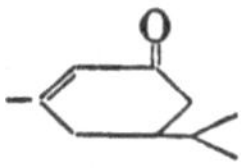 und Δ^1-Dimethyl(1,5)-cyclohexenon(3) 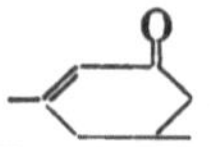. Die oben genannten Ketone weisen alle die —C:C—CO-Kombination auf. Es wurde auch festgestellt [unv. B.], daß ebenfalls ein Additionsvermögen zu SH_2 besitzen:

Benzylidenaceton, Mesityloxyd, Methylhexenon.

Die Zusammensetzung der erhaltenen Verbindungen ist allerdings nicht überall analog, zum Teil sind sie stickstoffhaltig. Für das Carvonadditionsprodukt nehme ich den Bau an:

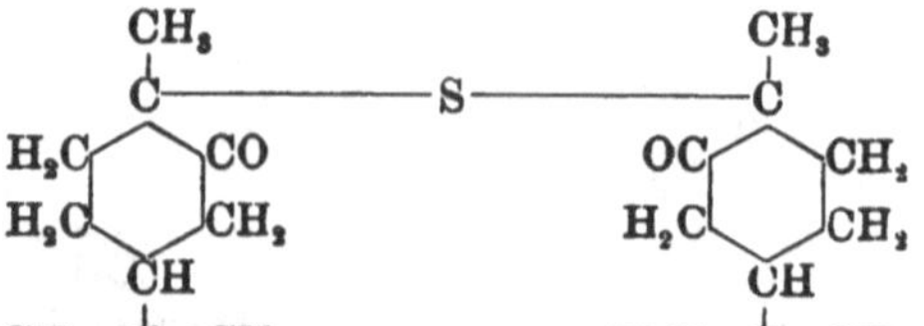

f) Addition von NOCl. — Nitrosochloride.

„Die Fähigkeit der Terpene, sich mit Nitrosylchlorid zu verbinden, „hat zuerst Tilden beobachtet. Er hat zwei Repräsentanten dieser „Körperklasse, die Pinen- und die nicht einheitliche Limonenverbindung „in allerdings verhältnismäßig nur kleiner Menge unter den Händen „gehabt.“ [B. **24** (1891), 1534.]

„Die Darstellung jener Nitrosylchloridadditionsprodukte nach dem „von Tilden angegebenen Verfahren (Einleiten von NOCl-Dampf in „eine Auflösung der Terpene in Chloroform bei einer Temperatur „von — 10°) ist ziemlich beschwerlich und die Ausbeute durchaus „nicht immer befriedigend, so daß zur schnellen und sicheren Charak- „terisierung eines Terpens bisher die an sich so wertvolle Tildensche „Beobachtung nicht recht fruchtbar gemacht werden konnte.

„In wenigen Augenblicken kann man nun aber diese NOCl-Ver- „bindungen aus den Terpenen abscheiden, wenn man ein kalt gehaltenes „Gemisch von Terpen und Amylnitrit einfach mit konzentrierter Salz- „säure durchschüttelt und dann etwas Alkohol (oder unter Umständen „zweckmäßiger Eisessig) zu der Flüssigkeit hinzufügt.

„Ich habe das Verfahren benutzt, um die mir augenblicklich in „reinem Zustande zu Gebote stehenden Terpene auf ihre Verbindbar- „keit mit NOCl zu untersuchen und damit die seit Tildens Arbeiten „allgemein herrschende Ansicht, daß es nur zwei wirklich voneinander „verschiedene Terpennitrosylchloride gebe, auf ihre Richtigkeit zu „prüfen. Ich will schon hier bemerken, daß diese Versuche zur Ent- „deckung einer ganzen Reihe neuer Verbindungen führten und zugleich „hervorheben, daß man nicht nur die Terpene, sondern auch andere un- „gesättigte Verbindungen mit derselben Bequemlichkeit in entsprechende „Nitrosylchloridverbindungen verwandeln kann.“ [A. **245** (1888), 245.]

„Nitrosylbromidadditionsprodukte hat man bisher noch „nicht erhalten, da die Darstellung von NOBr (vgl. Tilden, Jahresber. „1874, 214) in freiem Zustande Schwierigkeiten macht. Bei Anwendung „des eben beschriebenen Verfahrens hat man aber nur Salzsäure durch „Bromwasserstoffsäure zu ersetzen, um auch diese Körper entstehen zu „sehen.“ [A. **245** (1888), 246.]

Die Methode der Darstellung der Nitrosylchloridadditions- produkte ist in der Folge noch verbessert und es hat sich gezeigt, daß sie je nach dem in Betracht kommenden Ausgangsmaterial und namentlich je nach den Löslichkeitsverhältnissen und der Beständigkeit des Endproduktes, in jedem Einzelfall zweckmäßig kleine Variationen erfährt.

Als wesentlichste Abänderungen habe ich später die Verwendung von Äthylnitrit statt Amylnitrit und von Eisessig statt Alkohol als Lösungsmittel empfohlen. Eine Beschreibung der Verfahren findet sich: A. **245** (1888), 251, 252, 261; **252** (1889), 109; **253** (1889), 250, 251, 261; **277** (1893), 121 usw. Beispiel:

„Ein Gemenge von je 50 g Terpentinöl, Eisessig und Äthylnitrit „wird durch eine Kältemischung gut abgekühlt und in dasselbe nach „und nach 15 ccm roher (33-prozentiger) Salzsäure eingetragen. Es „scheidet sich das Pinennitrosochlorid bald sehr großkristallinisch ab „und kann auf diesem Wege besonders rein erhalten werden, wenn es „abgesaugt und gut mit Alkohol nachgewaschen wird.

„Das für diese Zwecke nötige Äthylnitrit kann sehr bequem in „folgender Weise bereitet werden: In einen geräumigen Kolben bringt „man eine Auflösung von 250 g Natriumnitrit in 1 l Wasser und 100 g „Alkohol. Der Kolben steht auf der einen Seite in Verbindung mit „einer sehr guten Kühlvorrichtung (langes Kühlrohr und mit Eis gekühlte Vorlage), auf der anderen mit einem höher stehenden Gefäß, „welches ein Gemisch von 200 g konzentrierter Schwefelsäure, 1,5 l „Wasser und 100 g Alkohol enthält. Läßt man nun in geeigneter „Weise die verdünnte Schwefelsäure in dünnem Strahl zu dem Natriumnitrit hinzutreten, so liefert die entbundene salpetrige Säure mit dem „gegenwärtigen Alkohol sofort Äthylnitrit, das regelmäßig abdestilliert. „Bei gut geleiteten Operationen erhält man etwa 100% des angewandten „Alkohols an rohem Äthylnitrit, welches für die obigen Zwecke ohne „weiteres verwertbar ist.“ [A. **253** (1889), 251.]

Die Nitrosobromiddarstellung findet sich A. **245** (1888), 252, 258 beschrieben.

Als Kristallisationsmittel für Nitrosochloride wurde anfangs Chloroform, Methylalkohol, Essigester, Benzol verwendet. Neuerdings habe ich Aceton als besonders geeignet gefunden [A. **336** (1904), 43 Anm.]. Auf die Schmelzpunkte ist bei der meist großen Zersetzlichkeit dieser Verbindungen gewöhnlich kein besonderer Wert zu legen [A. **245** (1888), 261].

Soviel über die Methodik der Darstellung. Aber auch der Verlauf der Reaktion und damit der Umfang ihrer Verwendbarkeit zur Gewinnung neuer Verbindungen ist zum großen Teil erst durch meine Arbeiten über den Gegenstand aufgeklärt worden.

Tilden hat eine Ansicht über den Bau der von ihm erhaltenen Verbindungen nicht ausgesprochen. Der erste, der sich über die Konstitution der Nitrosochloride äußerte, war H. Goldschmidt. Er sagt: „Wir stellen uns die Entstehung des Nitrosylchloridhesperidens in der Weise vor, daß das Nitrosylchlorid auf eine CH_2-Gruppe des Limonens unter Wasserabspaltung einwirkt: $C_{10}H_{14}H_2+NOCl=H_2O+C_{10}H_{14}:NCl$. Daß dann aus dem Chlorimid $C_{10}H_{14}NCl$ eine Verbindung $C_{10}H_{15}ClNO$ entsteht, wäre auf zwei Arten möglich. Erstens einmal könnte sich das entstandene Wasser an das Chlorimid anlagern in der Weise, wie im Terpenhydrat, $C_{10}H_{16}\cdot H_2O$, und im Terpin, $C_{10}H_{16}(2H_2O)$, Wassermoleküle gebunden sind. Der Körper wäre dann zu schreiben $(HOH)C_{10}H_{14}:NCl$. Andererseits wäre es aber auch möglich, daß das Chlorimid, $C_{10}H_{14}NCl$, sofort durch das entstandene Wasser zerlegt wird nach der Gleichung $C_{10}H_{14}:NCl+HOH=HCl+C_{10}H_{14}NOH$. Es würde also Carvoxim gebildet, das sich dann mit dem Chlorwasserstoff zu einem Hydrochlorcarvoxim $(HCl)C_{10}H_{14}:NOH$ vereinigen würde." [B. **18** (1885), 2221].

Noch 1888 hat sich Brühl dieser Auffassung von Goldschmidt angeschlossen, indem er dem Limonennitrosochlorid (Citrennitrosochlorid) die Formel

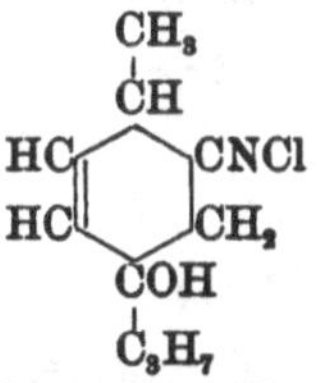

zuerteilte [B. **21** (1888), 168].

Aufklärung über den Verlauf der Nitrosochloridreaktion haben erst meine 1887—1888 veröffentlichten Untersuchungen gebracht, die vom Amylen ausgingen und welche die bei diesem einfachen Kohlenwasserstoff gemachten Feststellungen auf die Terpenkohlenwasserstoffe zu übertragen erlaubten [A. **241** (1887), 288; **245** (1888), 241, 277; **248** (1888), 161; **262** (1891), 324].

Diese Arbeiten, auf die bei der Besprechung der Additionsprodukte zu N_2O_4 noch näher einzugehen sein wird, führten zu dem Schlusse: „Daß Nitrosylchlorid sich unter Lösung einer Äthylen-

„bindung an die Kohlenwasserstoffe addiert, indem an ein „Kohlenstoffatom die Nitrosogruppe NO, an das andere das „Chloratom herantritt.“ [B. **24** (1891), 1535.]

Damit war zum ersten Male eine stichhaltige Auffassung von diesen wichtigen Additionsprodukten gewonnen, die durch das nähere Studium einer ganzen Anzahl von Repräsentanten als richtig erwiesen wurde. Es stellte sich u. a. heraus, daß nicht nur die Kohlenwasserstoffe, sondern auch ihre ungesättigten Hydrochloride und ungesättigte sauerstoffhaltige Verbindungen wie Pinol, Terpineol u. a. NOCl zu addieren vermögen [A. **241** (1887), 324; **245** (1888), 260].

Ferner konnte der Nachweis geführt werden [A. **252** (1889), 108ff.), daß das Additionsprodukt von NOCl an Limonen, das von Tilden schon beobachtet war, kein einheitlicher Körper, sondern ein Gemenge von Isomeren (α- u. β-) vorstellt. (Weiteres siehe im Kapitel VI, S. 175.)

Ein Punkt bezüglich der Auffassung der Nitrosochloride blieb aber zunächst noch unentschieden [vgl. hierzu A. **332** (1904), 309ff.]. Die Nitrosochloride verhalten sich bei Umsetzungen wie Verbindungen, die die Isonitroso-(Oxim-)Gruppe enthalten. Andererseits aber mußten sie, wenn man ihre Entstehungsweise und Unlöslichkeit in Alkali in Betracht zog, als Nitrosoverbindungen angesprochen werden [A. **241** (1887), 295, 316; **245** (1888), 241, 274—276; **248** (1888), 172; **270** (1892), 175; **332** (1904), 309; B. **24** (1891), 1547]. Zwischen den beiden Formeln

$$\begin{array}{cc} R_2C-CHR \\ | \quad\;\; | \\ Cl \quad NO \end{array} \quad \text{und} \quad \begin{array}{cc} R_2C-CR \\ | \quad\;\; \| \\ Cl \quad NOH \end{array}$$

blieb ebenso wie beim Amylennitrosochlorid auch bei den Nitrosochloriden der Terpenreihe die Entscheidung offen.

Zur Erkenntnis der Ursache des beobachteten scheinbaren Widerspruchs im Verhalten haben dann die bekannten Untersuchungen v. Baeyers geführt [B. **28** (1895), 641, 650, 1586; **29** (1896), 1078], durch die festgestellt wurde, daß die festen, kristallisierten und farblosen Nitrosochloride usw. bimolekular sind und ihnen die Formel

$$\left[\begin{array}{c} R_2C-CHR \\ | \quad\;\; | \\ Cl \quad NO \end{array}\right]_2$$

zukommt, sie also als Bisnitrosochloride, Bisnitrosate usw. zu bezeichnen sind. Sobald die Verbindungen in Reaktion treten, werden sie aber monomolekular und verhalten sich dann wie Verbindungen der Formel

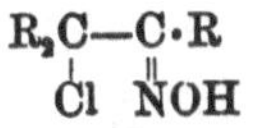

[B. **28** (1895), 1311, 1474].

In Gemeinschaft mit Ad. Sieverts konnte ich später am Beispiel des Pinolbisnitrosochlorids nachweisen [A. **306** (1898), 279], daß die farblose Bisnitrosylverbindung auch schon in Lösung dissoziiert und dann monomolekular und blau gefärbt ist und daß sie ferner beim Aufbewahren in eine isomere, farblose, monomolekulare Verbindung übergeht [A. **332** (1904), 309].[1]

Als von allgemeiner Bedeutung ist hier aber noch folgendes anzuführen. Im Beginn schien es, als wenn lediglich (cyclische und nichtcyclische) Verbindungen vom Trimethyläthylentypus $R_2C:CHR$ und $RR\cdot C:CHR$ imstande seien, feste und schwer lösliche (also wie man jetzt anzunehmen hat, bimolekulare) Nitrosochloride zu liefern. Es hat sich aber gezeigt, daß das nicht zutrifft.

Abgesehen von der schon seit eingier Zeit bekannten Additionsfähigkeit von Anethol und Isosafrol [A. **332** (1904), 326 und 334], also von Dialkyläthylenen $R\cdot CH:CH\cdot R'$ an NOCl ist die Additionsfähigkeit von Tetrahydrobenzol

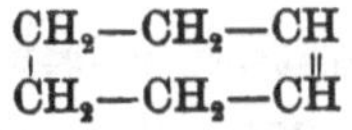

an NOCl sichergestellt [v. Baeyer, A. **278** (1893), 108; Wallach, A. **343** (1905), 49] und ebenso sind aus Methenverbindungen $R_2C:CH_2$ gut charakterisierte Nitrosochloride (Bisnitrosochloride) erhalten (siehe Methensuberan A. **345** (1906), 152; β-Terpineol A. **345** (1906), 127).

Bei Untersuchungen aus neuester Zeit hat sich herausgestellt, daß sich die Nitrosochloride auch in besonders guter Ausbeute aus Kohlenwasserstoffen mit semicyclischer Bindung und längerer Seitenkette, also aus Verbindungen:

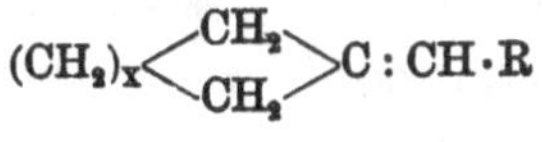

abscheiden.

[1] Daß die Modifikationen des Limonennitrosochlorids im Verhältnis der Polymerie stehen könnten, habe ich übrigens früh in Erwägung gezogen [B. **24** (1891), 1560]. — Da die Bisnitrosochloride monomolekular reagieren, gehen sie vor der Reaktion wohl in die monomolekulare Form über. Man darf daher im Sprachgebrauch auch schlechtweg von Nitrosochloriden sprechen, wo Isonitrosochloride nicht bekannt sind. [B. **35** (1904), 2824 Anm.]

Ferner wurde die erwähnenswerte Beobachtung gemacht, daß die Additionsprodukte von NOCl zu den Kohlenwasserstoffen der allgemeinen Formel:

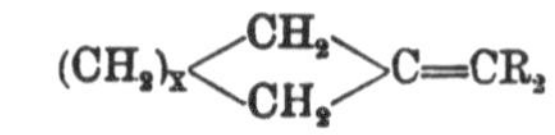

mit Wasserdampf unzersetzt flüchtige, blaue (also wohl jedenfalls monomolekulare) Verbindungen vorstellen, die geneigt sind, nach einiger Zeit in gleichfalls mit Wasserdämpfen flüchtige, farblose, kristallisierte (wahrscheinlich bimolekulare) Verbindungen überzugehen, die keine Umsetzungsreaktionen zeigen. Solche Verbindungen wurden z. B. hergestellt aus den Kohlenwasserstoffen:

[A. **353** (1907), 308; **360**, 37ff.; **396**, 280].

Die Flüchtigkeit der Nitrosochloride mit Wasserdämpfen kann aber nicht als Kennzeichen ihrer Herkunft von Kohlenwasserstoffen von analogem Bau betrachtet werden, denn sie wurde auch bei einer ganzen Reihe von Nitrosochloriden beobachtet, die eine ganz verschiedene Lage der Äthylenbindung aufweisen und die auch keine ditertiäre Verknüpfung von Kohlenstoffatomen enthalten. [A. **374**, 217; **396**, 269.]

Daß Nitrosochloride in stereoisomeren Modifikationen von verschiedenem Schmelzpunkt und verschiedener Löslichkeit auftreten können, wurde zuerst am Beispiel des Limonennitrosochlorids beobachtet (s. o.) [**252**, 108ff. (1889)]. In neuerer Zeit wurden eine ganze Reihe von Beispielen für dies Verhalten aufgefunden [z. B. A. **396**, 282].

Über die Additionsfähigkeit ungesättigter Nitrile zu NOCl A. **379** (1911) 226ff.

Über die Befähigung der Nitrosochloride zu Umsetzungen, die sie zu besonders wichtigen Substanzen macht, wird in anderen Abschnitten (IV, S. 83 und 90) die Rede sein. Über die direkte Reduzierbarkeit der Nitrosochloride zu gesättigten Ketonen und Basen s. A. **379**, 196; **381**, 88; **389**, 191, 192, sowie S. 130 u. 145.

Nitrosochloride wurden z. B. dargestellt aus:

Amylen A. **245**, 244—246. Hydrochlorlimonen A. **245**, 249, 261; **270**, 191. Pinen A. **245**, 251. Limonen A. **245**, 255; **270**, 174; B. **28**, 1308. Dipenten A. **245**, 267; **252**, 125. Sylvestren A. **245**, 272. Pinol

A. **253**, 261; **306**, 278 (Pinolisonitrosochlorid A. **306**, 279). Dichlorid aus Dipentenchlorid A. **270**, 202. Caryophyllen A. **271**, 295. α-Terpineol A. **277**, 120. β-Terpineol A. **345**, 128. Pulegen A. **289**, 353; **327**, 131. Pulenen A. **329**, 88. Methylisoeugenol A. **332**, 336. Keton $C_9H_{14}O$ aus β-Terpineol A. **324**, 90. Cyclogeraniolen A. **324**, 102. Methylinden A. **336**, 4. Cyclohexen A. **343**, 49. Methylsuberen A. **345**, 143. Methensuberan A. **345**, 152. Methencyclopentan A. **347**, 327. Methencyclohexan A. **347**, 336; **359**, 292. Methen-1,2-methylcyclohexan A. **347**, 339. Methen-1,3-methylcyclohexan A. **347**, 344. Methen-1,4-methylcyclohexan A. **347**, 346. $\Delta^{(3)}$-Menthen [A. **360**, 77]. $\Delta^{4(8)}$-Menthen B. **39**, 2505; A. **360**, 73]. Δ^1-Methylcyclohexen A. **329**, 369; **359**, 300.

Andere Beispiele findet man u. a. A. **360**, 45, 48, 52, 53, 56, 58, 61, 66, 69, 73, 74, 77, 81; **365**, 268, 271, 274, 276; **369**, 78, 84; **374**, 202, 217; **379**, 144, 191, 227; **381**, 59, 88; **384**, 207; **389**, 189; **396**, 269; 272, 277, 280, 282, 284.

g) Addition von N_2O_4. — Nitrosate.

Additionsprodukte von N_2O_4 zu Terpenen waren vor Beginn meiner Arbeiten nicht bekannt. 1860 hatte Guthrie ein Additionsprodukt von N_2O_4 zu Amylen aufgefunden. Der Bau dieser Verbindung, die man erst als Dinitroverbindung $C_5H_{10}(NO_2)_2$, dann als Dinitrit $C_5H_{10}(ONO)_2$ [siehe A. **241** (1887), 291 ff.] deutete, war aber ganz falsch aufgefaßt worden. Ich zeigte [A. **241** (1887), 288], daß die Verbindung analog entsteht und analog gebaut ist wie die Nitrosochloride, nur daß an Stelle des Chlors das $—ONO_2$-Radikal

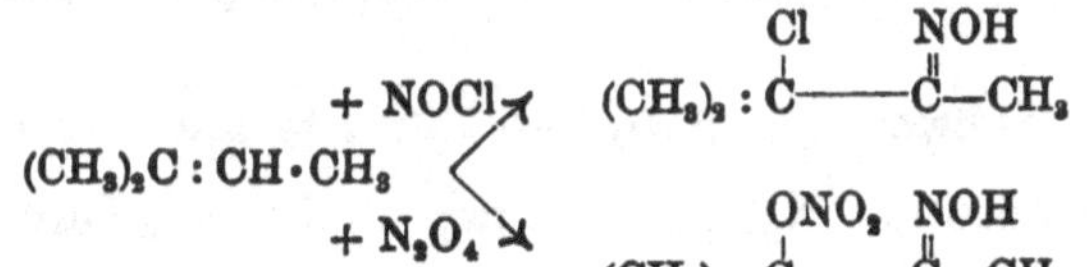

getreten ist und führte den Namen Nitrosat für die Verbindungsgruppe ein [A. **248** (1888), 163; **262** (1891), 324; **332** (1904), 305]. Gleichzeitig wurde eine ganze Reihe von Nitrosaten in der Terpenreihe bereitet und ihre mit den Nitrosochloriden übereinstimmende Umsetzungsfähigkeit nachgewiesen [A. **245** (1888), 241 ff.]. Insbesondere wurde auch gezeigt, daß die auf ganz empirischem Wege von Maissen durch gleichzeitige Einwirkung von Salzsäure und Salpetersäure auf Limonen erhaltene Verbindung, deren Konstitutionsaufklärung bis dahin in keiner Weise gelungen war [A. **241** (1887), 324), der Klasse der Nitrosate zuzuzählen ist. Ebenso wie für die Nitrosochloride wurde für die Nitrosate eine sehr einfache und rationelle Darstellungsmethode ausgearbeitet, die sich auch für Herstellung des Amylennitrosats bewährte. [Vorschrift: A. **245** (1888), 243, 258, 260, 270.]

Im Laufe der Untersuchungen hat (z. B. beim Cyclogeraniolen, dem Hydrochlorlimonen usw.) sich herausgestellt, daß sich in manchen Fällen die Nitrosate wegen ihrer Schwerlöslichkeit besser zur Abscheidung bringen lassen, als die zugehörigen Nitrosochloride, und daß sie sich für Umsetzungen ebensogut eignen.

Nitrosate wurden z. B. dargestellt aus:

Hydrochlorlimonen A. **241,** 324—326; **245,** 241, 242, 245, 248, 260; **270,** 191. Amylen A. **245,** 243. Limonen A. **245,** 258. Dipenten A. **245,** 270. Hydrochlordipenten A. **245,** 271. α-Terpineol A. **277,** 122. β-Terpineol A. **345,** 143. Caryophyllen A. **279,** 391. Cyclogeraniolen A. **324,** 102, 114. Tetrahydrotoluol A. **329,** 369; B. **35,** 2824. Methylsuberen A. **345,** 143.

Bisher kennt man Nitrosate vom Typus $R_2C{:}CHR$ und $R{\cdot}CH{:}CHR$. Bezüglich ihrer Konstitution gilt dasselbe wie für die Nitrosochloride. Anfangs wurde zwischen den Formeln $RH{<}\begin{matrix}NO\\O(NO_2)\end{matrix}$ und $R{<}\begin{matrix}NOH\\O(NO_2)\end{matrix}$ eine Entscheidung nicht getroffen [A. **245** (1888), 241]. Später hat sich herausgestellt, daß beide Formeln ihre Berechtigung haben, insofern die festen Verbindungen bimolekulare Nitrosoverbindungen vorstellen, die aber monomolekular als Isonitrosoverbindungen (Oxime) reagieren.

h) Addition von N_2O_3. — Nitrosite und Nitrite.

Die Geschichte der N_2O_3-Additionsprodukte an Terpene ist erheblich verwickelter als die der Additionsprodukte von NOCl und N_2O_4 und läßt sich folgendermaßen kurz zusammenfassen. [Vgl. A. **239** (1887), 40, 50; **332** (1904), 306; **336** (1904), 10.]

Cahours hatte 1842 beobachtet, daß ein im Bitterfenchelöl enthaltenes Terpen (d-α-Phellandren) bei der Behandlung mit Stickoxyd eine kristallinische Verbindung gibt. Bunge zeigte 1869 [Zeitschrift für Chemie **1869,** 579], daß es nicht NO ist, das die Verbindung liefert, sondern N_2O_3, daß sie bei der Einwirkung von Essigsäure und Kaliumnitrit auf den Kohlenwasserstoff entsteht und meinte, daß sie die Zusammensetzung $C_{10}H_{15}N_2O_3$ habe. Arbeiten von Chiozza haben unsere Kenntnis wenig gefördert, dagegen hat Pesci 1886 [Gazz. chim. ital. **16**, 225] die Additionsfähigkeit des Wasserfenchelöls (d-β-Phellandren) an N_2O_3 beobachtet, der Verbindung die richtige Formel $C_{10}H_{16}N_2O_3$ zuerteilt und eine Reihe wichtiger Reaktionen mit ihr angestellt.

Gleichzeitig (1886) habe ich gelegentlich einer gemeinsam mit E. Weber ausgeführten Untersuchung [A. **238**, 107] im Cardamomenöl einen Kohlenwasserstoff aufgefunden, der sich mit N_2O_3 verbindet und der sich als identisch mit Terpinen erwies. Der aus Terpinen erhaltene Körper $C_{10}H_{16}N_2O_3$ [A. **239** (1887), 351; **241** (1887), 316; **245**, 276] zeigte aber ein so verschiedenes Verhalten vom „Phellandrennitrit", „daß eine analoge Konstitution wenig Wahrscheinliches für sich hat" [A. **241**, 288]. In der Tat konnte nachgewiesen werden, daß das Terpinennitrosit ganz analog reagiert wie die Nitrosochloride und Nitrosate und daß ihm also die Formel

$$C_{10}H_{16}{<}^{NO}_{ONO} \quad \text{oder} \quad C_{10}H_{15}{<}^{NOH}_{ONO}$$

zuzuschreiben sei: „Die N_2O_3-Gruppe befindet sich also in der Phellan- „drenverbindung in anderer Bindung wie im isomeren Terpinennitrosit. „Vermutlich hat das Phellandrennitrit die Formel: $C_{10}H_{16}{<}^{NO}_{NO_2}$, welche „Pesci ihm gibt, oder es ist eine Isonitrosoverbindung $C_{10}H_{15}{<}^{NOH}_{NO_2}$. „Im ersteren Fall würde der Körper in derselben Beziehung zu den „Pseudonitrolen stehen, wie die Nitrolamine zu den Amidoximen. Dem „Phellandrennitrit analog dürften sich die flüssigen, weniger gut charak- „terisierten ‚Terpennitrite' verhalten." [A. **241** (1887), 323.]

Während der Bau der eigentlichen Nitrosite nach dem über die Nitrosochloride und Nitrosate Ermittelten (siehe die vorigen Abschnitte) einem Zweifel nicht mehr unterlag, hat die Aufklärung der Natur der Nitrite vom Typus des α- und β-Phellandrennitrits längere Zeit auf sich warten lassen. Zur Lösung der Frage hat wesentlich beigetragen das Studium der Spaltungs- und Reduktionsprodukte dieser und analog gebauter Verbindungen der aromatischen Reihe, namentlich des Anethol- und Isosafrolnitrits, an dem sich anfangs Tönnies, dann namentlich Angeli und Wieland beteiligt haben. Wieland benutzte für die

Verbindungen den Namen Pseudonitrosite und schrieb ihnen zuerst die aufgelöste Formel

$$\left[\begin{matrix}\text{R}\cdot\text{CH}\cdot\text{CHR}\\ \quad\;\;|\quad\;\;|\\ \quad\text{NO}\;\text{NO}_2\end{matrix}\right]_2$$

zu. [Näheres A. **332** (1904), 313.] Bald darauf habe ich für das α- und β-Phellandrennitrit (A. **336** (1904), 40—41 und A. **340** (1905), 10] gegenüber den irrtümlichen Vorstellungen, die Semmler sich von dem Bau dieser Verbindungen gebildet hatte [B. **36** (1903), 1775—1776], die Konstitution sichergestellt.[1]

Das Resultat der bisherigen Untersuchungen ist also: N_2O_3 kann sich in ganz verschiedener Weise an ungesättigte Kohlenwasserstoffe anlagern, je nach der Natur der vorliegenden Substanz. Die in Betracht kommenden Regeln lassen sich aber an der Hand des vorhandenen Beobachtungsmaterials (obgleich Wielands Untersuchungen schon Anhaltspunkte geben) noch nicht ableiten.

Was die Bedingungen betrifft, unter denen man die Additionsprodukte am besten darstellt, so ist folgendes anzugeben: Beim Phellandren verläuft die Reaktion schnell und am besten in Ligroinlösung bei niederer Temperatur [Vorschrift: A. **287** (1895), 373; **336** (1904), 110]. Beim Terpinen verläuft sie langsamer [A. **239** (1887), 35—36; **350**, 171] und besser bei nicht zu niederer Temperatur in Eisessiglösung. Die Ausscheidung des Nitrosits wird manchmal erst erreicht, wenn man sie durch Hinzufügen eines Nitrositstäubchens anregt.

i) Addition von NH_2OH.

Die Additionsmöglichkeit von Hydroxylamin an ungesättigte Oxime habe ich zum erstenmal am Beispiel des Carvenonoxims aufgefunden [A. **277** (1893), 126]. Diese bei 91—92° schmelzende Verbindung $C_{10}H_{16}NOH$ liefert mit überschüssigem Hydroxylamin eine bei 162° schmelzende Verbindung $C_{10}H_{20}N_2O_2$. Zur Erklärung wurde folgendes gesagt:

„Man braucht nur anzunehmen, daß dem Oxim $C_{10}H_{16}NOH$ die „Fähigkeit zukomme, sich mit einem Molekül Hydroxylamin NH_2OH „zu vereinigen, so kommt man zu einer Verbindung $C_{10}H_{20}N_2O_2$. Be„stand dieser Zusammenhang wirklich, so war es sehr wahrscheinlich,

[1] **Näheres im speziellen Teile unter Phellandren.**

„daß man die bei 162° schmelzende Verbindung in die bei 91° schmel-„zende würde überführen können. Diese Überführung gelang denn „auch sehr leicht durch geeignete Behandlung mit Säuren.

„Der bei 162° schmelzende Körper ist also nicht etwa das Oxim „eines Diketons, sondern eine infolge der Anwesenheit überschüssigen „Hydroxylamins aus einem ungesättigten Keton entstandene kompli-„zierte Verbindung. In welcher Weise man sich das Hydroxylamin-„molekül an das Monoxim angelagert zu denken hat, ist einstweilen „nicht näher zu ermitteln gesucht. In Analogie darf man wohl die von „Pleissner beobachtete [A. **262** (1891), 6] Bildung eines anormalen, „um ein Molekül Wasser reicheren Oxims aus dem Pulegon mit jenem „Vorgang stellen." [A. **277** (1893), 126.]

Das zweite Beispiel wurde 1894 am Carvoxim beobachtet, bei dessen Entstehung aus Carvon bei Gegenwart von überschüssigem Hydroxylamin das Auftreten einer bei 174—175° schmelzenden Verbindung $C_{10}H_{18}N_2O_2$ beobachtet wurde:

„Es liegt die Vermutung nahe, daß sie durch Addition von Hydr-„oxylamin zu Carvoxim entstanden und als $C_{10}H_{14}NOH + NH_2OH$ auf-„zufassen sein wird." [A. **279** (1894), 368.]

Gleichzeitig wurde auch die Addition von Hydroxylamin zu einem ungesättigten Oxyd $C_{10}H_{16}O$ (aus dem 2, 8, 9-Trioxymenthan erhalten) beobachtet [A. **279** (1894), 386].

Ferner [A. **305** (1899), 228] wurde die Additionsfähigkeit des Dicarvelons zu NH_2OH wahrscheinlich gemacht.

Harries hat dann später die Einwirkung von überschüssigem Hydroxylamin auf ungesättigte Verbindungen systematisch untersucht [B. **30** (1897), 230, 2726; **31** (1898), 1371] und konnte die Regel ableiten, daß die Ketone mit benachbarter Stellung der Äthylenbindung zur CO-Gruppe die Additionsfähigkeit zu Hydroxylamin ganz allgemein aufweisen.

3. Austauschreaktionen.

a) Austausch von Halogen gegen Hydroxyl.

Es wurde gefunden, daß, wenn man Halogenverbindungen der Terpenreihe mit wäßrigem Kali[1] bei gewöhnlicher Temperatur

[1] Man kann zur Erreichung des Zweckes natürlich auch andere Basen, also NaOH, $Ba(OH)_2$, $Ca(OH)_2$ anwenden, auch $Pb(OH)_2$ (siehe unten).

oder bei ca. 50° schüttelt, es zu einem Austausch von Chlor (oder Brom) gegen Hydroxyl kommen kann. Bei Verbindungen, die mehr als ein Halogenatom enthalten, bilden sich — neben den mehratomigen Alkoholen — unter Halogenwasserstoffabspaltung gleichzeitig dabei ungesättigte Alkohole (z. B. Terpineole) und Kohlenwasserstoffe. Auf diesem Wege sind dargestellt:

Zuerst schon 1890 aus Pinolbromhydrat Pinolhydrat [A. **259**, 313]:

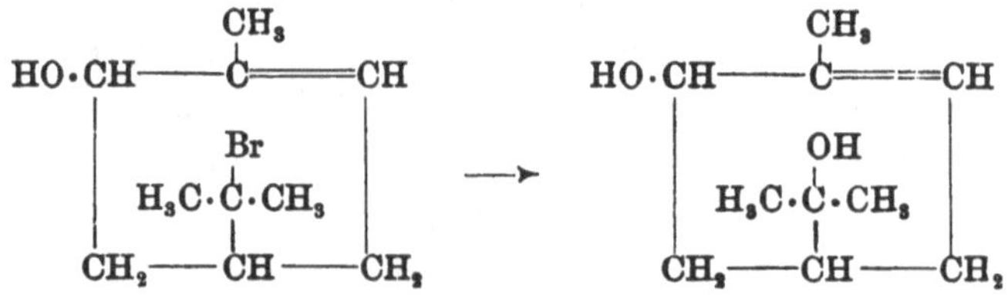

Aus Limonenmonochlorhydrat aktives α-Terpineol [A. **350** (1906), 154]:

Aus Dipentendichlorhydrat cis- und trans-Terpin (gute Darstellungsmethode für letzteres) [A. **350** (1906), 154]. Außerdem bildet sich dabei α-Terpineol neben Dipenten:

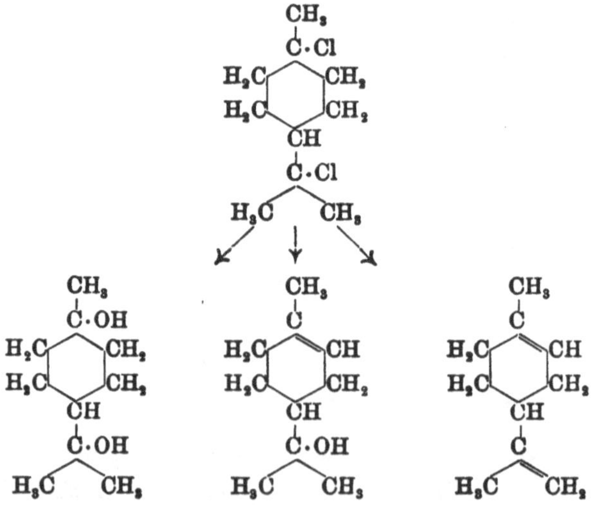

Aus Terpinendichlorhydrat Terpinenterpin, Terpinenol und Terpinen [A. **350** (1906), 155]:

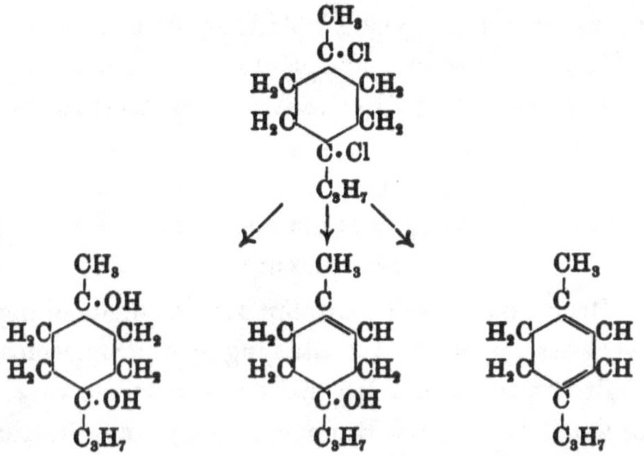

Aus Sylvestrendichlorhydrat Sylveterpin und Sylveterpineol [A. **357** (1907), 72]:

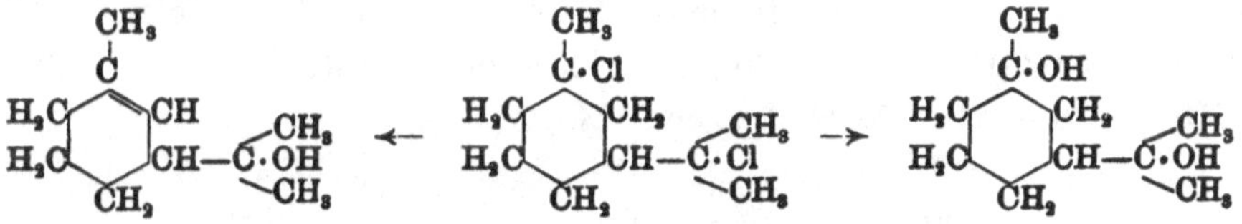

Aus Dipententribromid $C_{10}H_{17}Br_3$ (Smp. 110°) das entsprechende Glycerin $C_{10}H_{17}(OH)_3$ neben Terpinolen [unv. B.]:

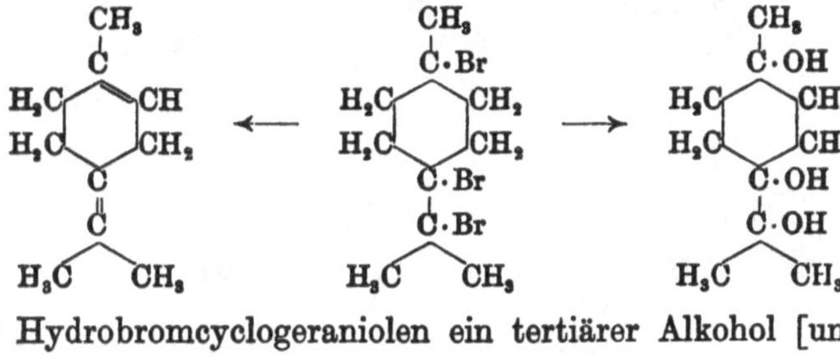

Aus Hydrobromcyclogeraniolen ein tertiärer Alkohol [unv. B.]:

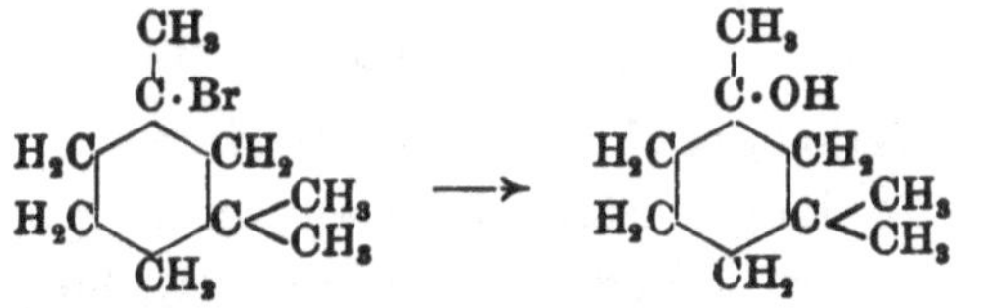

Aus Geraniolendibromhydrat ein Glycol [unv. B.]:

$$(CH_3)_2\underset{Br}{C}-(CH_2)_3-\underset{Br}{C}-(CH_3)_2 \longrightarrow (CH_3)_2\underset{OH}{C}-(CH_2)_3-\underset{OH}{C}-(CH_3)_2$$

Schon früher (1892) ist nachgewiesen [A. **268**, 223], daß man Halogen auch mit Hilfe von $Pb(OH)_2$ durch Hydroxyl ersetzen kann

(Darstellung von Pinolglycol aus Pinoldibromid) und daß man bei Benutzung des Umwegs über den Essigsäureester bei der Umsetzung von Halogenverbindungen statt Silberacetat auch Bleiacetat anwenden kann [A. **268** (1892), 222].

b) Austausch von Halogen gegen andere Radikale und gegen Wasserstoff.

Daß das Brom, das durch Addition zu Äthylenbindungen an Terpene angelagert ist, je nach der Stellung des Bromatoms sich verschieden verhält, ist zuerst am Beispiel des Limonentetrabromids nachgewiesen worden. Wird eine Bromverbindung mit Natriummethylat (oder -äthylat) behandelt, so kann Brom als BrH austreten oder gegen OR ausgetauscht werden oder unangegriffen bleiben. Im Limonentetrabromid (1) wird das Brom in 1 und 8 als BrH eliminiert, das in 2 gegen OR ausgetauscht, das in 9 bleibt festgebunden [A. **281** (1894), 128—131; **324** (1902), 86, 87].

(1)
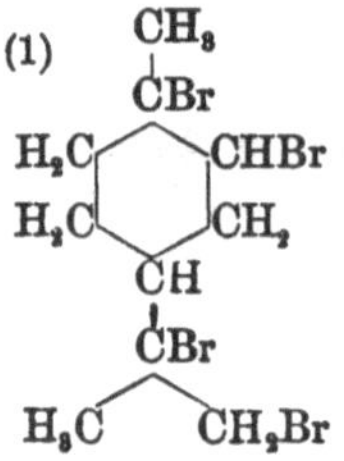
(2)
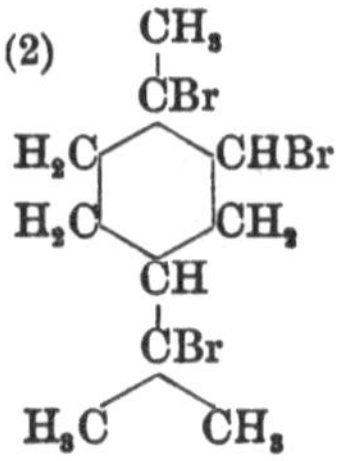
(3)
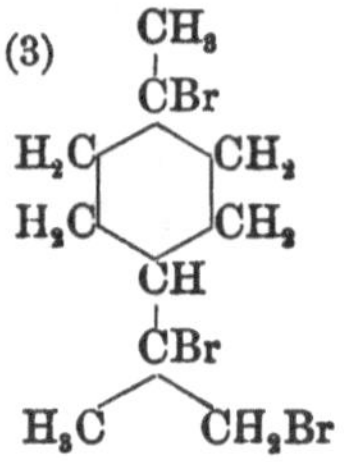
(4)
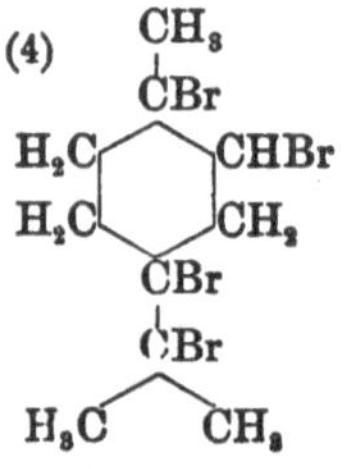
(5)
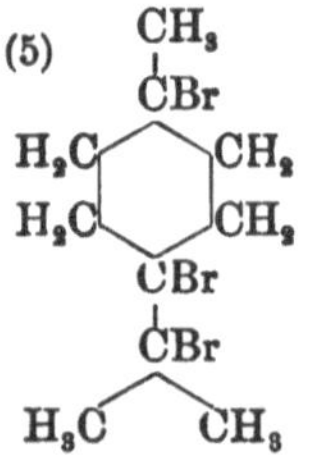

Das gleiche Verhalten, d. h. Austauschbarkeit in Stellung 2 und feste Bindung in Stellung 9 zeigen die entsprechend gebundenen Bromatome im α-Terpineoltribromid (2) [A. **281** (1894), 140] und im β-Terpineoltribromid (3) [A. **324** (1902), 86], wogegen Terpinolentetrabromid (4) [A. **275** (1893), 110] und Dipententribromid (5) [A. **264** (1891), 27] bei der Behandlung mit alkoholischem Kali Kohlenwasserstoffe geben [siehe auch A. **281** (1894), 143]. Vgl. ferner Seite 89.

Bei der Reduktion der Bromide mit Zink in Eisessiglösung

beobachtet man ähnliche Unterschiede. Am Beispiel des Pinoldibromids wurde gezeigt [A. **281** (1894), 150], daß die von v. Baeyer aufgestellte Regel [B. **26** (1893), 2563; **27** (1894), 443], daß bei der Einwirkung von Zink und Eisessig benachbarte Bromatome unter Bildung einer Äthylenbindung eliminiert würden, nicht immer zutrifft, da unter diesen Bedingungen Pinoldibromid in Pinolglycolacetat überführbar ist.

Über das Verhalten von α- und β-Terpineoldibromid und von Menthonendibromid siehe speziellen Teil.

c) Austausch des Chlors in Nitrosochloriden. — Nitrolamine, Methoxyl-, Acetoxyl- und Cyanverbindungen.

Nitrosochloride und Nitrosate eignen sich zur Charakterisierung ungesättigter Verbindungen nur insofern, als sie wegen ihrer Schwerlöslichkeit die Abscheidung der betreffenden Substanzen ermöglichen, zur sicheren Identifizierung sind sie aber in der Regel nicht recht brauchbar, weil sie vielfach einen ziemlich gleichen Schmelzpunkt besitzen, der sich wegen ihrer Zersetzlichkeit in der Nähe des Schmelzpunktes meist auch nicht genügend scharf bestimmen läßt. Auch treten sie gern in nicht immer leicht zu trennenden stereoisomeren Modifikationen von verschiedenem Schmelzpunkt auf (siehe oben).

1. Nitrolamine.

Ich fand nun, daß sich in den genannten Additionsprodukten (über dieselben siehe Kapitel IV, S. 69 u. 75) das Säureradikal leicht gegen stickstoffhaltige Reste austauschen läßt und daß dabei basische Körper von großer Kristallisationsfähigkeit entstehen, die sich infolgedessen zur Identifizierung von Verbindungen vorzüglich eignen und die ich mit dem Namen „Nitrolamine“ belegt habe:

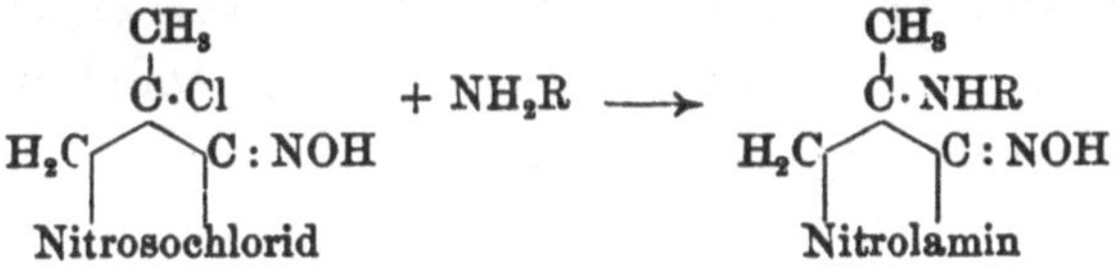

Nitrosochlorid Nitrolamin

Auch diese Verhältnisse wurden zuerst am Amylen studiert [A. **241** (1887), 296—306; **262** (1891), 327ff.] und dann auf die Terpene und andere cyclische Kohlenwasserstoffe übertragen [A. **241** (1887), 316—321; **345** (1888), 253, 262, 271, 272; **252** (1889), 107; B. **24** (1891), 1560ff.].

Darstellung und Eigenschaften der Nitrolamine. 1 Molekül Nitrosochlorid (oder Nitrosat) wird mit etwas Alkohol und 2 Molekülen einer organischen Base (am bequemsten Piperidin oder Benzylamin, aber auch andere Basen wie Äthylamin, manchmal auch Ammoniak, geben gute Resultate) übergossen und schwach erwärmt, bis (meist unter lebhafter Reaktion) das Ausgangsprodukt in Lösung gegangen ist. Man verdünnt mit etwas Wasser und läßt auskristallisieren oder fällt nach dem Erkalten ganz aus. Dann wird das ausgeschiedene Produkt mit wenig kaltem Eisessig nochmals in Lösung gebracht, die Lösung mit Wasser verdünnt, von ausgeschiedenen nichtbasischen Anteilen durch Filtrieren durch ein feuchtes Filter befreit und das Nitrolamin durch Ammoniak ausgefällt.

Ganz charakteristisch für die Nitrolamine ist, daß sie sich meist zunächst als klebrige oder schwammige Massen abscheiden, die erst im Verlaufe von Stunden oder Tagen kristallinisch werden [A. **241** (1887), 317; **252** (1889), 108, 114 Anm.; **253** (1889), 264, 265; **268** (1892), 216; **345** (1906), 143].

Die Nitrolamine erweisen sich in Lösung im Gegensatz zu den Nitrosochloriden und Nitrosaten monomolekular, wie am Beispiel des α- und β-Limonennitrolanilids gezeigt wurde [B. **28** (1895), 1311]. Es ist möglich, daß in Lösung eine vollständige Dissoziation der Nitrolamine erfolgt, wie sie bei den Nitrosochloriden u. a. partiell beobachtet werden kann (siehe oben S. 73) und daß die kristallinischen Modifikationen bimolekular, die amorphen monomolekular sind. Ein Mittel zur Entscheidung dieser Frage ist vorläufig nicht vorhanden.

Beim Erhitzen zerfallen die Nitrolamine, wie an einigen Beispielen gezeigt wurde [A. **268** (1892), 219; **270** (1892), 186], gewöhnlich in demselben Sinne wie die Nitrosochloride: es bildet sich Base neben Oxim, das seinerseits aber bei der hohen Temperatur eine anderweitige Abwandlung erleiden kann, so geben Terpinennitrolpiperidid und Terpinennitrolamin beim Erhitzen Carvacrylamin:

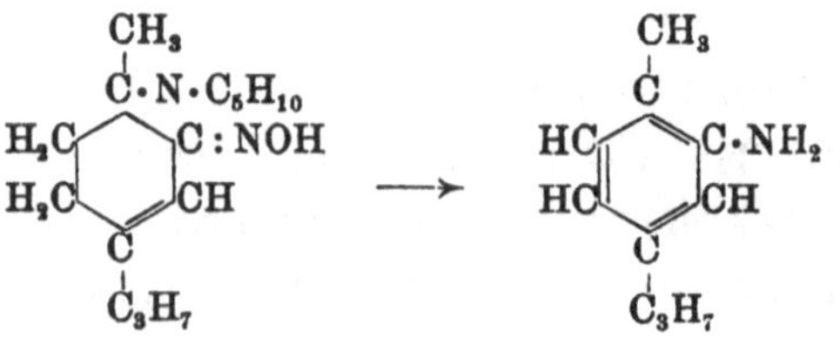

Auch schon bei andauerndem Erhitzen der Nitrolamine in Lösung mit überschüssiger Base kann Zerfall (Oximbildung) eintreten. Ferner ist zu beachten, daß unter Umständen organische Amine auf Nitrosochloride wie Alkali, d. h. Salzsäure abspaltend (oximbildend) wirken können.

Für die Nitrolamine der Terpinenreihe wurde nachgewiesen, daß sie sich in Alkalien lösen [A. **245**, 276].

Beispiele dargestellter Nitrolamine.

Terpinennitrol-äthylamin [A. **241**, 317]. -diäthylamin [A. **241**, 319]. -methylamin [A. **241**, 319]. -dimethylamin [A. **241**, 319]. -amylamin [A. **241**, 320]. -piperidin [A. **241**, 320]. -amin [A. **241**, 320]. -benzylamin [A. **252**, 134].

Hydrochlorlimonennitrol-piperidid [A. **241**, 327]. -anilide [A. **245**, 262; **270**, 193]. -p-toluidid [A. **245**, 263]. -benzylamine [A. **270**, 192].

Pinennitrol-piperidid [A. **245**, 253]. -benzylamin [A. **252**, 130]. -propylamin, -amylamin, -allylamin [A. **268**, 217].

Dipentennitrol-piperidide [A. **245**, 269; **252**, 125, 126]. -anilide [A. **252**, 126; **270**, 195]. -benzylamin [A. **252**, 127; **270**, 193].

Limonennitrol-piperidide [A. **252**, 113—116]. -anilide [A. **252**, 120, 121; **270**, 180]. -benzylamine [A. **252**, 122].

Sylvestrennitrol-benzylamin [A. **252**, 135].

Pinolnitrol-amin [A. **253**, 262]. -piperidid [A. **253**, 263]. -benzylamin [A. **253**, 264]. -anilin [A. **253**, 266]. -β-naphthylamin [A. **253**, 266].

Dichlorid aus Dipententrichlorid. Nitrol-anilid [A. **270**, 203]. Nitrol-piperidid [A. **270**, 203].

α-Terpineolnitrol-piperidid [A. **277**, 121]. -anilid [A. **277**, 121].

β-Terpineolnitrol-piperidid [A. **345**, 130]. -anilid [A. **345**, 130].

Caryophyllennitrolpiperidid [A. **279**, 392].

Cyclogeraniolennitrol-piperidid [A. **324**, 103, 114]. -benzylamin [A. **324**, 103].

Pulegennitrolpiperidid [A. **327**, 132].

Tetrahydrotoluolnitrolpiperidid [A. **329**, 370; **359**, 301; B. **35**, 2884].

Methylsuberennitrolpiperidid [A. **345**, 143].

Methencyclopentannitrolpiperidid [A. **347**, 327].

Methencyclohexannitrolpiperidid [A. **347**, 336].

Methen-1,3-methylcyclohexannitrolpiperidid [A. **347**, 344].

Methen-1,4-methylcyclohexannitrolpiperidid [A. **347**, 346].

Ferner A. **360,** 45, 49, 52, 58, 59, 61, 66; **365,** 268, 271, 274; **369,** 78, 85; **374,** 203; **379,** 145, 192, 227, 228; **381,** 59; **392,** 55; **396,** 272, 282, 284.

2. Methoxyl-, Äthoxyl-, Acetoxylverbindungen usw.

In manchen Fällen gelingt es leicht, das Chlor der Nitrosochloride gegen Methoxyl oder Äthoxyl auszutauschen, sowie gegen Acetoxyl, Cyan und andere Radikale. Besonders ergab sich, daß Nitrosochloride von gewissem Bau mit Natriummethylat immer leichter Cl gegen OCH_3 austauschen als HCl damit abspalten. Das zeigte sich nämlich bei den meisten Nitrosochloriden aus den semicyclischen Kohlenwasserstoffen [A. **360** (1908), 39].

$$(CH_2)_x > CCl—C(NOH)R.$$

Diese geben besonders leicht Methoxylverbindungen

$$(CH_2)_x > C(OCH_3)—C(NOH)R.$$

Methoxylverbindungen dieser Art wurden gemäß dem Vorgange

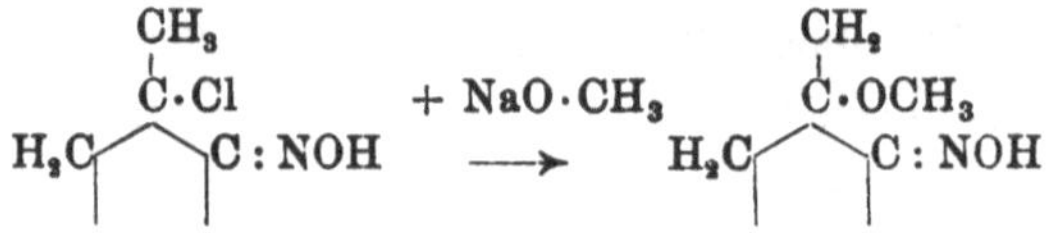

z. B. erhalten aus:

Hydrochlorlimonennitrosochlorid [A. **245,** 266]; Pinol- und Pinolisonitrosochlorid [A. **306,** 281]; Methylsuberennitrosochlorid [A. **345,** 144]; Cyclohexenäthannitrosochlorid [A. **360,** 46]; Cyclohexenpropannitrosochlorid [A. **360,** 57]; Anetholnitrosochlorid [A. **332,** 328]; Isosafrolnitrosochlorid [A. **332,** 334].

Eine Cyanverbindung $\overset{\|}{R}<^{NO}_{CN}$ wurde zuerst 1888 aus Amylennitrosat und Cyankalium hergestellt [A. **241** (1887), 308; **248** (1888), 164]. Tilden hat neuerdings die Reaktion auf Terpennitrosochloride übertragen [Chem. Zentralbl. **1905,** I, 1243].

Wenn man, zwecks Darstellung von Oximen (siehe S. 90), Nitrosochloride in Eisessiglösung mit Natriumacetat erwärmt, kommt es zunächst zur Bildung von Acetoxylverbindungen, die sich in einigen Fällen haben isolieren lassen [A. **374,** 204, 205, 218; **379,** 135; **389,** 190], z. B.

Bei der Destillation spalten diese Verbindungen Essigsäure ab und liefern ungesättigte Ketoxime.

Erwärmt man sie vorsichtig mit verdünnter Schwefelsäure, so erhält man daraus α-Oxyketone  [A. **374**, 218 (1910)]. (Über deren Überführbarkeit in 1,2 Glycole siehe auch S. 125.)

Auch die Umsetzungsfähigkeit der Nitrosochloride mit Natriumacetessigester habe ich nachgewiesen [A. **241** (1887), 307], z. B. wird aus Amylennitrosochlorid und Natriumacetessigester erhalten:

$$(CH_3)_2C\text{———}C\cdot CH_3$$
$$ROOC\cdot CH\cdot CO\cdot CH_3 \quad NOH$$

d) Austausch von Hydroxyl gegen Halogen, besonders Jod.

Die Umsetzung von Hydroxylverbindungen mit Halogenphosphor läßt sich oft besonders glatt in Schwefelkohlenstoff- oder Chloroform- oder Ligroinlösung bewirken [A. **230** (1885), 231; **263** (1891), 148]. Für den Austausch von Hydroxyl im Terpin gegen Jod wurde folgendes Verfahren ausgearbeitet:

„4 g gelber Phosphor wurden in 200 ccm Schwefelkohlenstoff ge- „löst und 51 g Jod hinzugefügt. In diese frische und ganz jodwasser- „stofffreie Lösung von Phosphortrijodid wurden 37 g gepulvertes Terpin- „hydrat eingetragen. Die Wechselwirkung der Substanzen tritt sehr „langsam ein; die sich bildende phosphorige Säure scheidet sich dabei „aus der Schwefelkohlenstofflösung aus und entzieht sich so der „Reaktion. Nach 20—24 Stunden wurde die Schwefelkohlenstoff- „lösung von geringen Mengen etwa nicht verbrauchten Terpins und „der sich unter dem Schwefelkohlenstoff absondernden phosphorigen „Säure abfiltriert und in ganz flachen Schalen unter gut ziehenden „Abzügen schnell verdunsten gelassen. Das Reaktionsprodukt hinter- „blieb meist sofort in Form ganz heller, schöner Kristallmassen, die „auf Tontellern abgepreßt und aus kaltem Petroläther umkristallisiert „wurden. . . ." [A. **281** (1894), 145.]

Im übrigen bewährte sich die Methode der Anwendung von Eisessighalogenwasserstoff, namentlich bei Umsetzung der Terpineole und Terpine, sowie überhaupt tertiärer Alkohole. Cis- und trans-Terpin geben z. B. bei 49° schmelzendes Chlorid, Terpinenterpin liefert das bei 51—52° schmelzende [A. **360**, 203]:

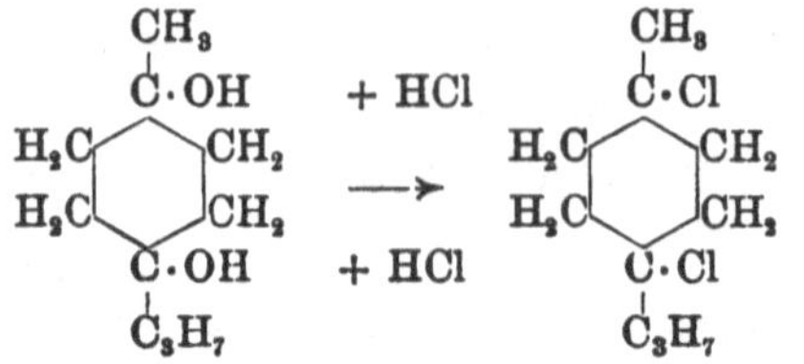

Jedoch ist zu beachten, daß bei diesen Reaktionen Umlagerungen keineswegs ausgeschlossen sind.

4. Abspaltungsreaktionen.

a) Abspaltung von Säureradikalen.

α) Unter Bildung von Kohlenwasserstoffen.

Zum Zwecke der Gewinnung von Kohlenwasserstoffen aus Halogenverbindungen ist die Reaktion in verschiedener Weise ausgestaltet worden:

α) Man erwärmt die Halogenwasserstoffadditionsprodukte der Kohlenwasserstoffe mit Anilin. (Man kann natürlich auch andere Basen, z. B. Dimethylanilin, Chinolin nehmen; die von höherem Siedepunkt wurden aber da, wo die Reaktion durch Erwärmen mit freier Flamme eingeleitet werden muß, vermieden, da höhere Temperatur auf die ungesättigten Kohlenwasserstoffe isomerisierend oder polymerisierend wirken kann.) Zur Bindung des überschüssig angewandten Anilins wurde neuerdings statt Salzsäure oder Schwefelsäure mit Vorteil Oxalsäure benutzt. So wurde hergestellt:

Dipenten [A. **225**, 302, 310, 316; **227**, 286, 289, 294, 297; **245**, 196, 250; B. **40**, 600]; Sylvestren [A. **230**, 243; **245**, 198]; Camphen aus Bornylchloryid [A. **230**, 233; B. **25**, 917]; Fenchen aus Fenchylchlorid [A. **263**, 149; **302**, 372]; Sesquiterpen (Cadinen) [A. **238**, 80]; Cymol aus Pinendibromid [A. **264**, 9]; Cymol aus Limonentetrabromid [A. **264**, 21]; Terpinen [A. **350**, 148; **356**, 225].

β) Bessere Resultate erhält man in vielen Fällen, wenn man Halogenwasserstoff statt mit Hilfe von Basen durch Natriumacetat in Eisessiglösung abspaltet. (Es können dabei u. a. sauerstoffhaltige Nebenprodukte entstehen):

„Es hat sich gezeigt, daß die Abspaltung von Halogenwasser-
„stoffsäure aus den Terpenadditionsprodukten sich meist sehr leicht
„vollzieht, wenn man dieselben in einer Eisessiglösung mit Natrium-

„acetat nur kurze Zeit kocht. Es entstehen dabei zwar Nebenprodukte „(Ester usw.), in der Hauptsache werden aber in den meisten Fällen „die Kohlenwasserstoffe zurückgebildet, die sich von den Nebenprodukten „durch fraktionierte Destillation ziemlich leicht trennen lassen. Für „die Zersetzung der Terpendichlorhydrate z. B. wird in folgender „Weise verfahren: 1 Gewichtsteil $C_{10}H_{16} \cdot 2HCl$ wird mit 1 Gewichtsteil „wasserfreiem Natriumacetat und 2 Gewichtsteilen Eisessig eine halbe „Stunde an aufsteigendem Kühler gekocht, das Produkt mit Wasser„dampf destilliert, das übergegangene Öl abgehoben, einige Zeit mit „Kalilauge gekocht und nochmals mit Wasserdampf destilliert. Das „nun Übergehende wird getrocknet und fraktioniert.“ [A. **239** (1887), 3—4.]

Die analoge Darstellung von Camphen findet sich A. **239** (1887), 6, die von Sylvestren A. **239**, 27. Besonders günstige Resultate lieferte die Methode zur Darstellung von Sesquiterpen [A. **238** (1887), 84].

γ) Anwendung von Alkali führt ziemlich allgemein in methylalkoholischer Lösung zu besseren Resultaten als in äthylalkoholischer. Es konnte z. B. das bei 110° schmelzende Dipententribromid $C_{10}H_{17}Br_3$ durch Erwärmen mit Natriumalkoholat in einen ungesättigten Kohlenwasserstoff $C_{10}H_{14}$ übergeführt werden [A. **264** (1891), 27]. Es entstehen aber oft Nebenprodukte. Unter Umständen wirkt auch wäßriges Alkali abspaltend, z. B. beim Terpinendihydrochlorid, Dipententribromid (Smp. 110°), Carvenondibromid usw. (Siehe Seite 80 und 81.)

δ) Zum Teil erfolgt die Abspaltung von Halogenwasserstoff auch schon durch trockenes Erhitzen der Halogenverbindungen für sich [A. **230**, 260; **239**, 17; **245**, 249], die Reaktion verläuft aber nie glatt.

β) Unter Bildung sauerstoffhaltiger Verbindungen.

Zum Zwecke der Darstellung ungesättigter sauerstoffhaltiger Verbindungen spielt die Abspaltung von Halogenwasserstoff aus Halogenverbindungen eine geringere Rolle, als zur Darstellung von Kohlenwasserstoffen.

Einige spezielle Reaktionen, die in dieser Richtung von Wichtigkeit geworden sind, müssen erwähnt werden:

Die Überführung von α-Terpineoldibromid und Pinolhydrobromid in Pinol durch Alkali (oder Bleihydroxyd) [A. **277** (1893), 115].

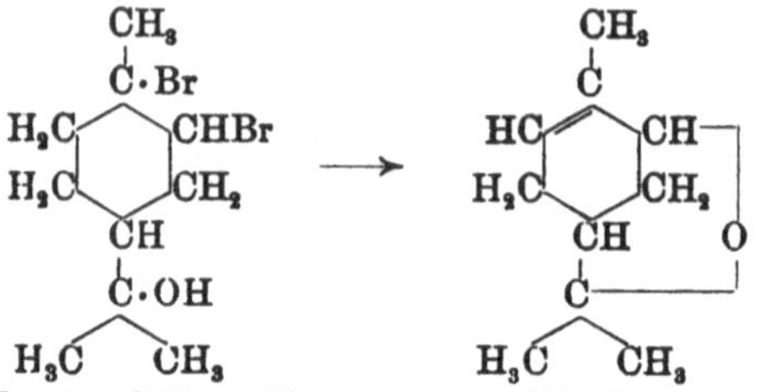

α-Terpineoldibromid Pinol

Die Umwandlung von Pulegondibromid, $C_{10}H_{16}OBr_2$, in Pulegensäure, $C_{10}H_{16}O_2$ [A. **289** (1896), 350].

Die Umwandlung von Carvontribromid, $C_{10}H_{15}OBr_3$, in Carvenolid, $C_{10}H_{14}O_2$ [A. **286** (1895), 125; **305** (1899), 249].

Die Umwandlung von Carvonhydrobromid, $C_{10}H_{15}OBr$, in Eucarvon, $C_{10}H_{14}O$ [A. **305** (1899), 237; **339** (1905), 94].

Die Umwandlung von Sabinaketonhydrochlorid in Isopropylhexenon [A. **359** (1908), 277].

Die Überführung von Pinoltribromid in Acetyl-isopropylcyklopenten (Pinolon) [A. **384** (1911), 196] und die von Menthenondibromid in Thymol.

γ) Unter Bildung von Oximen aus Nitrosochloriden.

Von allgemeinen Reaktionen ist eine der wichtigsten die Überführung der Nitrosochloride und Nitrosate in Oxime ungesättigter Ketone oder Aldehyde durch Abspaltung von Säure (HCl oder HNO_3) (siehe auch S. 129 und 130):

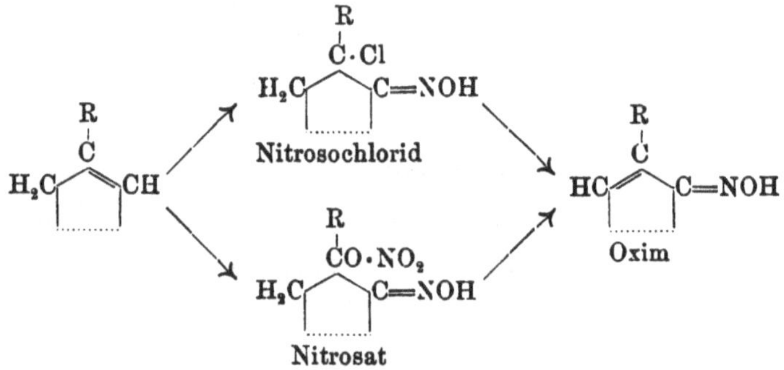

Daß der Verlauf der Reaktion erst von mir richtig gedeutet wurde, ist bereits im Kap. IV, S. 71 ausgeführt worden, ebenso warum man statt der Nitrosochloride auch Nitrosate zu demselben Zwecke der Oximbereitung benutzen kann.

Von den Methoden, die zur Anwendung kamen, um den Nitrosochloriden möglichst glatt HCl zu entziehen, hat sich in sehr vielen Fällen die Verwendung von Natriummethylat bewährt. In den Fällen, in denen Chlor mehr dazu neigt, sich auszutauschen, als sich in Form von HCl abzuspalten (siehe Seite 86) (z. B. beim Methylsuberennitrosochlorid [A. **345** (1906), 145]), hat die Anwendung tertiärer Base (Dimethylanilin) als HCl-abspaltendes Mittel gute Dienste geleistet. Dabei kann es aber (infolge hoher Umsetzungstemperatur) gelegentlich zu tiefer greifenden Reaktionen unter Wasserstoffabspaltung kommen [A. **360**, 41] (s. S. 99).

In neuerer Zeit hat sich herausgestellt, daß es zwecks Überführung von Nitrosochloriden in Oxime häufig besonders empfehlenswert ist, wenn man Natriumacetat in Eisessiglösung verwendet [A. **346** (1906), 220; **360** (1908), 42; **369** (1900), 85; **374**, 202; **379**, 135].

Die sich bei der Reaktion zunächst bildenden Acetoxylverbindungen gehen meist schon während der Reaktion, jedenfalls bei der Destillation unter gewöhnlichem Druck unter Abspaltung von Essigsäure in Oxime über [A. **374**, 204 (1910)] (vgl. S. 87):

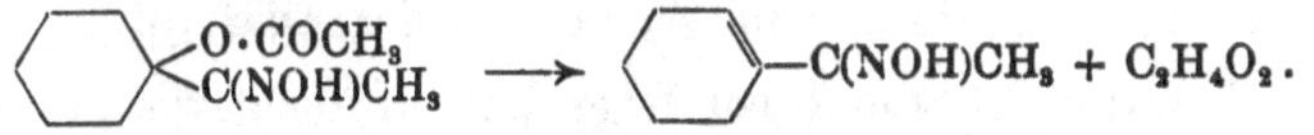

Neben Oximen entstehen bei der Umsetzung der Nitrosochloride mit Natriumacetat manchmal auch andere stickstoffhaltige Verbindungen von gleicher Zusammensetzung (Lactame?), die noch näherer Untersuchung bedürfen [A. **379**, 193; **397**, 190].

Neuerdings hat sich gezeigt, daß auch die Natur des chlorwasserstoffabspaltenden Reagens von Einfluß auf den Verlauf der Reaktion in bezug auf das sich bildende Endprodukt sein kann. So entsteht bei der Behandlung von α-Terpineol-Nitrosochlorid mit Natriummethylat normalerweise ein ungesättigtes Oxim (I). Kocht man aber das Nitrosochlorid mit Natriumacetat in Eisessiglösung, so erhält man glatt ein gesättigtes Oxim-Oxyd (siehe auch Speziellen Teil):

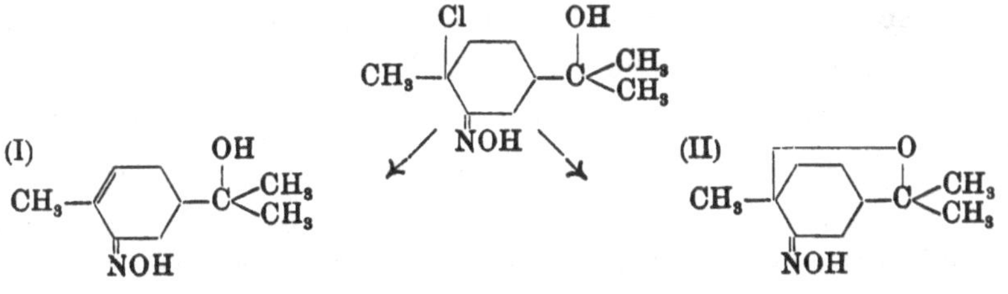

(Abweichendes Verhalten von Nitrosochloriden infolge ihres Baues: Pinennitrosochlorid [A. **252** (1889), 132; **346** (1906), 220], Methylindennitrosochlorid [A. **336** (1904), 7], Tetrahydrobenzolnitrosochlorid [A. **343** (1905), 49].) (Siehe auch S. 74.)

δ) Unter Bildung von Nitroverbindungen aus Nitriten.
(Abspaltung von NOH.)

Die Reaktion, über die namentlich von Tönnies und Angeli Vorarbeiten und eine wesentliche Fortschritte enthaltende Arbeit von Wieland vorliegen [Geschichtliches siehe A. **332** (1904), 311], ist an Anethol, Isosafrol, Isodimethyleugenol, Inden, Methylinden und α- und β-Phellandren studiert worden. Die Reaktion verläuft in dem Sinne

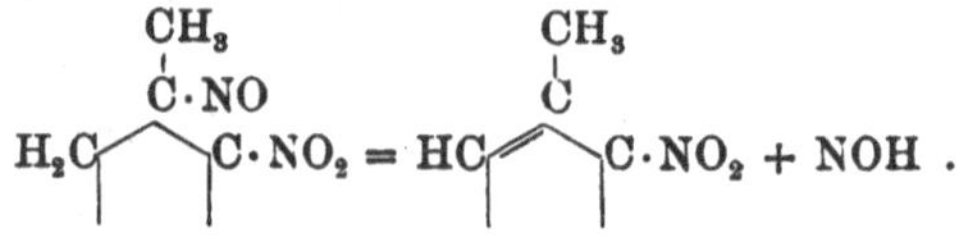

Näheres A. **287** (1895), 374; **313** (1900), 347; **332** (1904), 318; **336** (1904), 1, 9ff. und im speziellen Teile.

b) Abspaltung von Wasser (Dehydratation).

Diese Reaktion ist von besonderer Bedeutung geworden zur Feststellung der Beziehungen der Terpenalkohole zu den Kohlenwasserstoffen. Die Untersuchung ging aus vom Terpin und Terpineol (siehe diese im speziellen Teile) und lehrte, daß schon bei der Wasserabspaltung Bindungsverschiebungen eintreten können, wenn man wäßrige Mineralsäuren oder P_2O_5, $ZnCl_2$ für den Zweck verwendet [siehe namentlich A. **230** (1886), 253ff.; **239** (1887), 20ff. und neueste Beobachtungen A. **356**, 247; **360**, 83ff.], daß dagegen bei Anwendung schwacher organischer Säuren, namentlich Oxalsäure [A. **275** (1893), 106] und Ameisensäure[1] [A. **291**, 361; **356** (1907), 243] oder auch Phtalsäureanhydrid oder Essigsäureanhydrid Isomerisationen weniger leicht eintreten und daß dasselbe für die Verwendung von Kaliumbisulfat gilt, das in der Terpenreihe für diesen Zweck noch nicht zur Anwendung gekommen war und zuerst für Überführung von Borneol in Camphen [A. **230** (1886), 239] und von Terpinhydrat [A. **230** (1886), 257] und Terpineol [A. **275** (1893), 104] in Dipenten benutzt wurde.

[1] Über die Verwendung von Ameisensäure zur Wasserabspaltung zum Zwecke der Kondensation siehe Kapitel IV, S. 108, auch G. N. **1907**, 403.

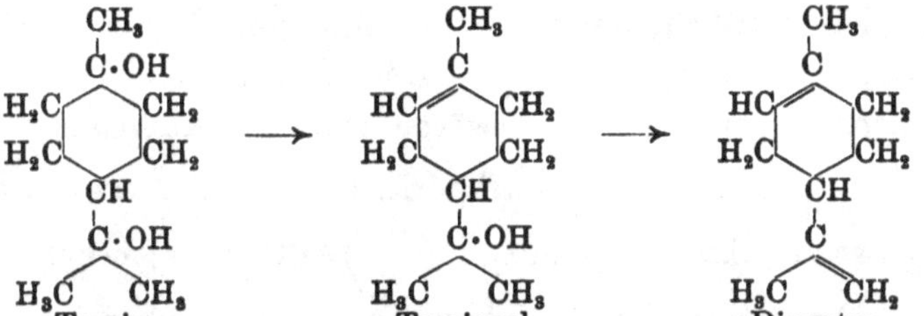

Terpin α-Terpineol Dipenten

Analoge Verhältnisse wurden dann bei dem ersten bekannt gewordenen Stellungsisomeren des α-Terpineols, dem Dihydrocarveol [B. **24** (1891), 3991; A. **275** (1893), 113] nachgewiesen.

Über die vielfache Verwendung der Dehydratation zur Gewinnung von Kohlenwasserstoffen, Oxyden, Oximen, Nitrilen, ungesättigten Säuren usw. siehe auch die betreffenden Abschnitte unter Kapitel V. Über die Verwendung der Wasserabspaltung zu Ringschließungen siehe Kapitel IV, S. 117.

Die größere Leichtigkeit oder Schwierigkeit der Dehydratation kann abhängig sein von der räumlichen (cis- oder trans-) Stellung des (OH) zum H, wie zuerst am Beispiele des Menthols gezeigt wurde [A. **300** (1898), 278, 280].[1] Auch für andere Gruppen gilt natürlich dasselbe. Ähnlich liefern Glycole aus Methenkohlenwasserstoffen je nach der räumlichen Konfiguration entweder Aldehyde oder ungesättigte Alkohole [A. **345** (1906), 151; **347** (1906), 321], z. B. Methensuberanglycol fast nur Aldehyd, Sabinenglycol fast nur Alkohol. Bezüglich der Erklärung der letzteren Reaktion siehe auch [A. **360** (1908), 85, 95].

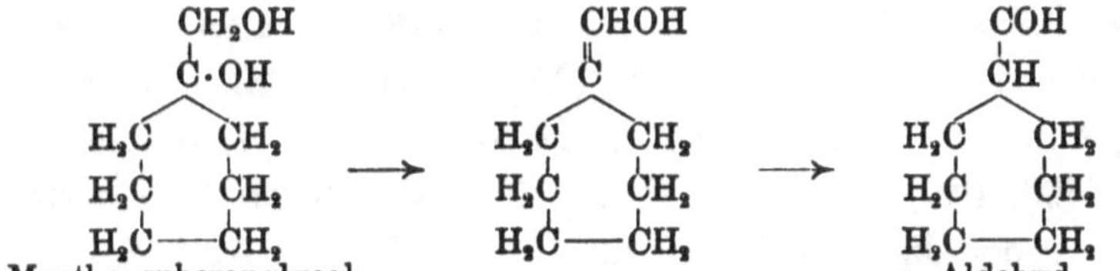

Menthensuberanglycol Aldehyd

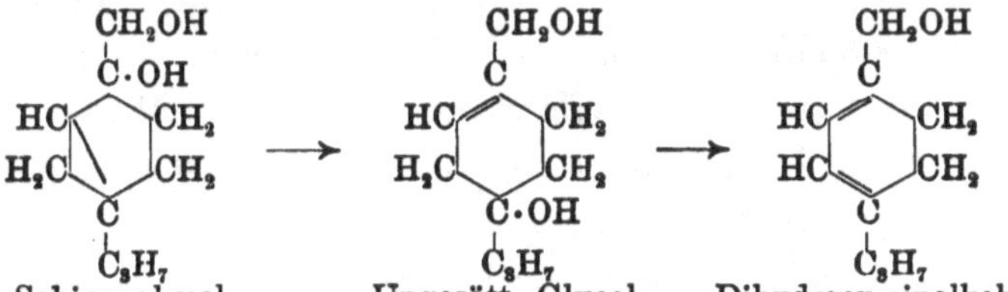

Sabinenglycol Ungesätt. Glycol Dihydrocuminalkohol

[1] **Spätere theoretische Betrachtungen von Semmler über den Gegenstand B. 34 (1901), 709.**

Besonders deutlich konnte der Einfluß des Wasser entziehenden Mittels auf die Richtung des Wasseraustritts bei cyclischen Oxysäuren nachgewiesen werden. Erwärmt man Verbindungen vom Typus 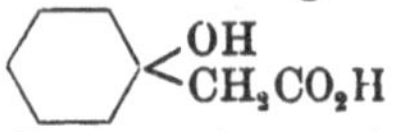

mit Essigsäureanhydrid, so entsteht eine ungesättigte Säure mit semicyclischer Bindung: 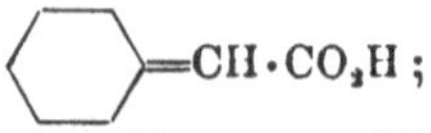

; benutzt man dagegen zur Wasserabspaltung Kaliumbisulfat oder Phosphorpentoxyd, so verlegt sich die Äthylenbindung in den Ring und man kommt zu einer Säure 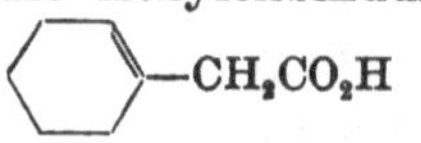

[A. **365**, 255ff.].

c) Abspaltung von NH_3.

Die erste Beobachtung darüber, daß man ungesättigte Basen durch Erhitzen ihrer Salze in Kohlenwasserstoffe überführen kann, wurde am Pinylamin gemacht [A. **268** (1891), 206], gleichzeitig am Carvylamin und Dihydrocarvylamin [A. **275** (1893), 125; B. **24** (1891), 3986]. Ein analoges Verhalten zeigt das Thujonamin [A. **272** (1893), 110; **286** (1895), 99], Isothujonamin [A. **286** (1895), 99; **336** (1904), 275], Dihydroeucarvylamin [A. **305** (1899), 241], Phellandrendiamin [A. **324** (1902), 276]. Es wurde gezeigt, daß nicht nur das trockene Chlorhydrat dieser Basen unter Salmiakabspaltung ein Terpen liefert, sondern daß schon konzentrierte wäßrige Lösungen anderer Salze, z. B. Sulfat, Nitrit, sich ganz analog verhalten können. Namentlich trat das bei Isothujylamin hervor (unv. B. s. auch S. 155). Bei anderen ungesättigten Basen traten entsprechende Erscheinungen auf [A. **275** (1893), 125; **278** (1894), 317], während die Salze gesättigter Basen sich unzersetzt trocken destillieren ließen [A. **269** (1892), 349; **277** (1893), 142; B. **24** (1891), 3993; G. N. **1896**, 60]. Daraus wurde die Gesetzmäßigkeit abgeleitet: „Nur die partiell „hydrierten Basen mit ringförmiger Bindung neigen zur intramole- „kularen Ammoniakabspaltung, die Verbindungen werden aber be- „ständig, sobald keine Äthylenbindung mehr innerhalb der ringförmig „verknüpften Kohlenstoffatome sich vorfindet.“ [B. **24** (1891), 3993.]

Neuerdings stellte sich aber heraus, daß dieser Satz einer Einschränkung bedarf, insofern auch gesättigte Basen mit tertiärer Stellung der Amingruppe unter Umständen zum Zerfall unter Ammoniakabspaltung und Bildung von Kohlenwasserstoff neigen.

Das wurde zuerst nachgewiesen am Beispiel des Fenchelylamins:

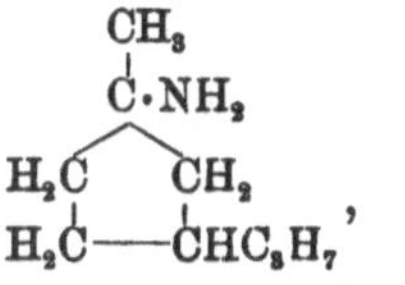

dessen Chlorhydrat bei der trockenen Destillation teilweise im Sinne der Gleichung zerfällt:

$$C_9H_{17}NH_2 \cdot HCl = NH_4Cl + C_9H_{16}$$

[A. **369**, 82, 95 (1909)].

Immerhin läßt sich das Verhalten der Chlorhydrate häufig als diagnostisches Mittel benutzen, um zu entscheiden, ob gesättigte oder ungesättigte Basen vorliegen und es ist auch zur Trennung beider Arten empfohlen worden. [A. **272** (1893), 106; s. auch Kerp A. **290** (1896), 135.]

Später hat Harries für Abspaltung des NH_3 die Phosphate in Anwendung gebracht [B. **34** (1901), 301]. Das mag in einzelnen Fällen recht geeignet sein, bietet aber prinzipiell nichts Neues. Auch ist zu erwähnen, daß sich da, wo die Zersetzung sehr leicht erfolgt (s. o.), besser als die Phosphate die wegen ihrer Schwerlöslichkeit gewöhnlich gut rein abzuscheidenden Oxalate eignen werden, da hier die eventuell invertierende Wirkung der Mineralsäure auf die entstehenden Kohlenwasserstoffe in Fortfall kommt.

Über die Abspaltung von NH_3 aus Terpinennitrolamin und die Abspaltung von organischen Basen aus Nitrolaminen siehe oben S. 84.

d) Abspaltung kohlenstoffhaltiger Verbindungsgruppen.

α) Hydrolytische Abspaltung semicyclisch gebundener Gruppen.

Daß durch eine semicyclische Äthylenbindung an einen Kohlenstoffring gebundene Gruppen durch Hydrolyse leicht abgespalten werden, falls sich benachbart eine Carbonylgruppe befindet, wurde an zwei wichtigen Beispielen, dem Pulegon [A. **289** (1895), 338] und dem Campherphoron [A. **331** (1904), 318] gezeigt:

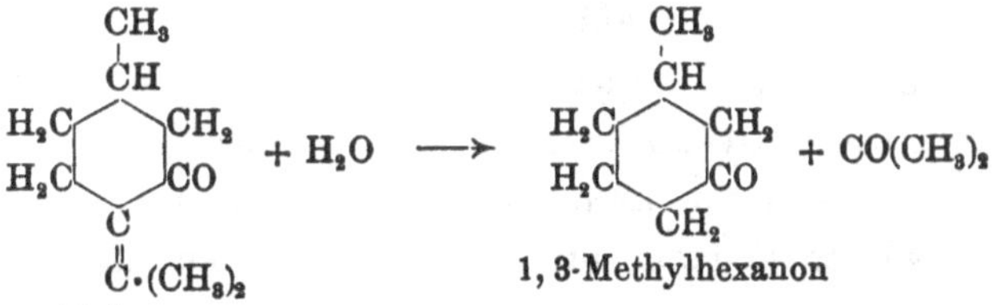

Pulegon 1, 3-Methylhexanon

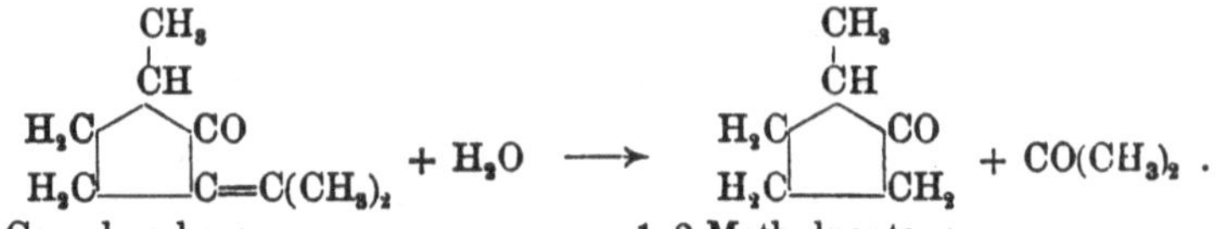

Campherphoron 1, 2-Methylpentanon

Das Pulegon läßt sich leicht in Aceton und Methylhexanon durch Wasser oder Säuren aufspalten, sein Oxim auch durch alkoholisches Alkali [A. **365**, 243], beim Campherphoron ist die Spaltung in Aceton und 1,2-Methylpentanon bisher nur mit Alkali geglückt.

β) Abspaltung von Methen durch Autoxydation.

β-Phellandren, $C_{10}H_{16}$, geht schon durch Sauerstoff der Luft unter Abspaltung von CH_2 in das Keton $C_9H_{14}O$ (Isopropylhexenon) über [A. **343** (1905), 30]. Die Leichtigkeit, mit der die Oxydation erfolgt, scheint durch die Nachbarschaft einer zweiten Äthylenbindung zur Methengruppe bedingt zu sein.

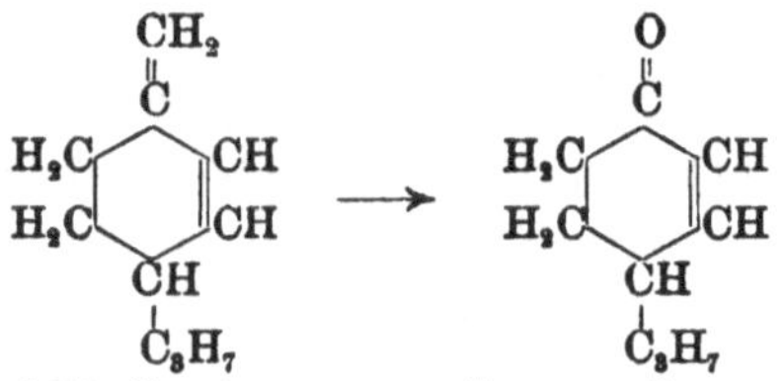

β-Phellandren Isopropylhexenon

γ) Abspaltung von C-haltigen Bestandteilen als CBr_4 durch Hypobromit.

Gelegentlich der Behandlung von Verbindungen, die sicher keine Acetylgruppe enthalten (Carvon, Dihydrocarveol, Terpineol, Limonen), mit Hypobromit wurde die Beobachtung gemacht, daß sie Bromoform oder Tetrabromkohlenstoff liefern können [A. **275** (1893), 147]. Bei näherer Untersuchung wurde ferner deutlich, daß es „ganz von den „Versuchsbedingungen abhängt, ob eine Substanz in Berührung „mit Alkali und Brom Bromoform oder Bromkohlenstoff liefert. Die „manchmal massenhaft auftretende Bildung des letzteren ist merk„würdigerweise bisher nur immer übersehen worden.... Es ist schwer „begreiflich, wie es so lange unbekannt bleiben konnte, daß man das „Aceton ebensogut wie zur Darstellung von Bromoform zur Dar-

„stellung von Tetrabromkohlenstoff verwerten kann. Um diese „Umwandlung in CBr_4 zu erzielen, hat man nämlich nur nötig, äußerst „verdünnte Lösungen von Aceton anzuwenden.

„Man löse z. B. 1 ccm Aceton in einem Liter Wasser, setze etwa „100—150 ccm gewöhnlicher Natronlauge und 5 ccm Brom hinzu und „schüttle, bis das Brom gelöst ist. Nach einigen Augenblicken beginnt „eine Trübung, und wenn man das Gefäß ruhig stehen läßt, hat sich „nach ein bis zwei Stunden ein dicker, käsiger Niederschlag von Brom- „kohlenstoff abgesetzt, von dem man die Lauge bequem abgießen kann „und der sich mit Wasser leicht auf ein Filter spülen läßt. Aus der „kleinen Menge Aceton gewinnt man auf diese Weise etwa 3 g der „sehr flüchtigen gebromten Verbindung....

„...Nun gibt es aber auch Verbindungen, welche selbst in ver- „hältnismäßig konzentrierter Lösung in Berührung mit Alkali und „Brom Bromkohlenstoff abscheiden, und die sich daher zur Gewinnung „des letzteren unter Umständen sehr gut eignen. In diesen Substanzen „— so wird man jetzt schließen dürfen — ist keine fertig gebildete „Acetylgruppe enthalten, sondern entweder entsteht eine solche erst „während der Reaktion, welche dadurch genügend verlangsamt wird, „um die CBr_4-Abscheidung zu begünstigen, oder es liegt eine besondere „Atomkonfiguration vor (etwa ein nur an Kohlenstoff gebundenes „C-Atom), welche die direkte Bildung von CBr_4 bedingt.“ [A. **275** (1893), 148—150.]

Semmler hatte aus der Fähigkeit des Thujons (Tanacetons), mit Hypobromit Bromoform abzuscheiden, geschlossen, daß die Verbindung eine CH_3CO-Gruppe enthält [B. **25** (1892), 3343]. Es wurde nun darauf hingewiesen, daß diese Argumentation nicht stichhaltig ist:

„Bromoform spaltet sich bei der Einwirkung von Alkali und Brom „aus vielen Verbindungen ab, welche sicher keine Fettketongruppe „fertig gebildet enthalten. Menthon z. B. verhält sich in dieser Hin- „sicht ganz ähnlich wie Thujon. Eine Ketongruppe kann sich ja auch „unter den genannten Einflüssen u. a. aus einer Isopropylgruppe leicht „während der Reaktion bilden.“ [A. **275** (1893), 178.]

Etwas später [A. **277** (1893), 120] wurde noch nachgewiesen, daß die Oxydationsprodukte $C_{10}H_{20}O_3$ und $C_{10}H_{16}O_3$ aus α-Terpineol, ferner die Terpenylsäure, das Pinolglycol u. a. mit Hypobromit behandelt große Mengen Tetrabromkohlenstoff abscheiden.

e) Abspaltung von Wasserstoff. Übergang hydroaromatischer in aromatische Verbindungen.

Die Abspaltung von Wasserstoff bei hydroaromatischen Verbindungen unter Übergang derselben in aromatische erfolgt häufig sehr leicht. Schon frühzeitig ist der Übergang von Terpenen in Cymol beobachtet [vgl. auch A. **275** (1893), 106]. Ich habe eine ganze Reihe solcher Übergänge neu festgestellt.

Manchmal genügt es schon, daß man die hydroaromatischen Verbindungen einer höheren Temperatur aussetzt, oder sie mit so schwach oxydierenden Agenzien wie alkoholische Schwefelsäure (s. S. 105) behandelt [A. **275** (1893), 119], um den Übergang in aromatische Verbindungen einzuleiten. Im allgemeinen verlieren dihydrierte Benzolverbindungen leichter Wasserstoff als tetrahydrierte. Außerdem ist für die mehr oder weniger große Stabilität hydroaromatischer Substanzen die Stellung der Äthylenbindungen von Einfluß. Verbindungen vom Typus (a) scheinen leichter zur Wasserstoffabspaltung geneigt zu sein, als solche vom Typus (b). [A. **395**, 75.]

(a) 

(b) 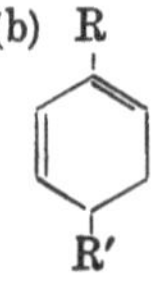

Beobachtete Beispiele:

Das bei der Kondensation von Methylheptenon mit Chlorzink entstehende hydrierte m-Xylol geht während der Reaktion zum Teil schon in m-Xylol über. [A. **395**, 74, 83; **396**, 278.]

Eine ganze Reihe analoger Erscheinungen wurden gelegentlich der Synthesen hydroaromatischer Kohlenwasserstoffe aus substituierten Cyclohexenonen mittels der Bromessigesterreaktion beobachtet [A. **323** (1902), 138ff.]. Neben den zu erwartenden hydrierten Kohlenwasserstoffen entstanden die zugehörigen aromatischen, z. B. Mesitylen, Dimethyläthylbenzol, Dimethylisopropylbenzol. Manchmal geht die Wasserstoffabspaltung so leicht vor sich, daß sich überhaupt nur aromatische Verbindungen an Stelle der hydroaromatischen isolieren ließen. „Man hat es demnach hier mit einer neuen Synthese di- „hydroaromatischer und aromatischer Verbindungen zu „tun. Die Tendenz zur Bildung aromatischer Verbindungen — d. h. „die Leichtigkeit der Wasserstoffabspaltung — scheint mit wachsendem „Molekulargewicht zuzunehmen und auch durch den Eintritt bestimmter „Gruppen (z. B. der Isopropylgruppe) erleichtert zu werden.“ [A. **323** (1902), 137.] Siehe auch S. 210.

Was für die Kohlenwasserstoffe gilt, gilt auch für die sauerstoffhaltigen Verbindungen. Wenn man z. B. aus dem Nitrosochlorid des Äthylidencyclohexens

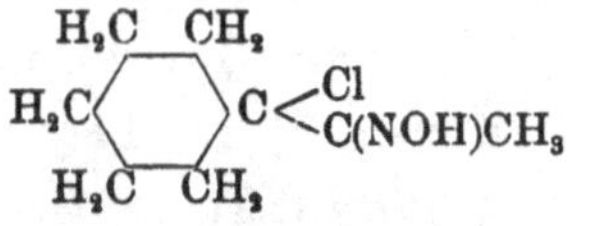

mittels Dimethylanilin Chlorwasserstoff abspaltet und das entstandene Oxim mit Schwefelsäure zerlegt, erhält man neben dem erwarteten Tetrahydroacetophenon viel Acetophenon. Ebenso verhalten sich die höheren Homologen [A. **360** (1908), 41].

Durch Behandlung des Tetrahydro-p-acetyltoluols mit Schwefelsäure gelangt man leicht zum p-Acetyltoluol [A. **324** (1902), 91; **360** (1908), 43].

Thujon liefert beim Erwärmen mit Chlorwasserstoff auf 200° (durch Dihydrocarvacrol hindurch) Cymol [A. **323** (1902), 372]

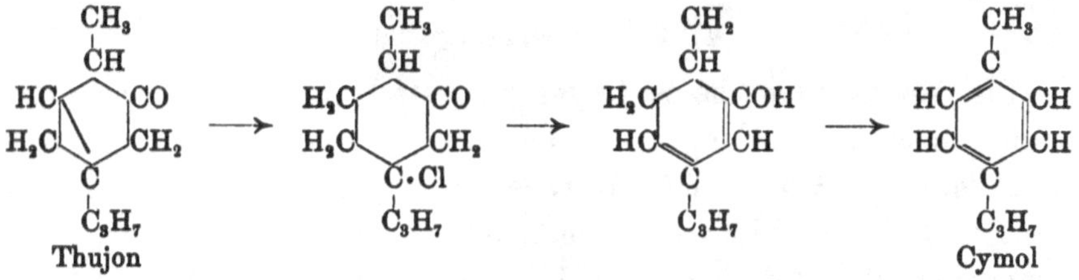

Thujon und Carvenon gehen (unter intermediär anzunehmender Bildung von Dihydrocarvacrol) beim Erwärmen mit Eisenchlorid in Carvacrol über (vgl. S. 107)

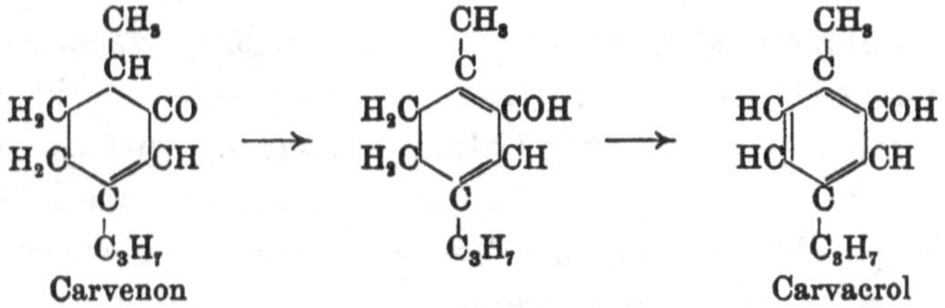

Entsprechend verhalten sich andere hydrierte Ketone [A. **395**, 75; **397**, 191].

Diketohexamethylen gibt mit Eisenchlorid Chinon [unv. B.].

Menthenonoxim läßt sich durch Erhitzen mit Kali im Thymol überführen [A. **389**, 196].

Besonders leicht gelingt es auch, Wasserstoff durch Brom herauszuschneiden. Es wurde übergeführt:

Thujon durch ein Tribromid in Dibromcarvacrol [A. **286** (1895), 116], 1,3-Methylhexanon in Monobromkresol [B. **32** (1899), 3340], Cyclohexanon in Dibromphenol [A. **343** (1905), 42] (Umkehr der Sabatierschen Reaktion), Carvenon und Dihydrocarvon in Carvacrol, Δ^1-Menthenon(3) in Thymol.

Dihydrocarvoximbromhydrat in Carvacrylamin [A. **279**, (1894), 382]. Sylveterpineol in m-Cymol [A. **399**, 166].

Terpinen und α-Phellandren in Cymol [A. **287** (1895), 383).

Erwähnt sei endlich die Überführung von Phellandrennitrit in Thymochinon und in p-Diamidocymol [A. **336** (1904), 23, 26, 28] und die Abwandlung von Carvoxim in Carvacrylamin [A. **275** (1893), 118].

5. Abbau durch Oxydation. Verwendung und spezifisches Verhalten verschiedener Oxydationsmittel.

a) Kaliumpermanganat.

Die Verwendung dieses Oxydationsmittels habe ich zuerst 1888 mit folgender Motivierung empfohlen:

„Während Säuren die Terpene einschließlich ihrer sauerstoff- „haltigen Derivate sehr schnell verändern, üben Alkalien keinen merk- „lichen Einfluß auf dieselben aus.[1] Als besonders geeignet für die Vor- „nahme von Oxydationen innerhalb der Terpengruppe ist demnach das „Kaliumpermanganat anzusehen, welches merkwürdigerweise für diesen „Zweck bisher nicht systematisch in Anwednung gebracht worden ist. „Nur vor 7 Jahren hat Grosser [B. **14** (1881), 2507] Versuche über die „Oxydation des Corianderöls in dieser Richtung veröffentlicht und dabei „der Oxydation des Pinens mit Kaliumpermanganat gedacht, ohne daß „seitdem weitere Mitteilungen über den Gegenstand gemacht worden „sind. Vergleicht man nun das Verhalten der verschiedenen Terpene „und Terpenderivate gegen Kaliumpermanganat, so stellt sich eine große „Verschiedenheit heraus. Limonen, Phellandren, Dipenten, Dipenten- „dichlorhydrat, namentlich aber Terpinhydrat und Terpineol werden „mit eminenter Schnelligkeit von Kaliumpermanganat angegriffen;[2]

[1] Über die nach späteren Erfahrungen zu machenden Einschränkungen siehe auch Seite 21.

[2] Die Angaben für Terpinhydrat und Pinen bedürfen nach später gemachten Erfahrungen der Einschränkung.

„Sylvestrenderivate zeigen sich widerstandsfähiger; Pinen und Cineol „werden von dem Oxydationsmittel verhältnismäßig langsam verändert.“ [A. **246** (1888), 266].

Die gleichzeitig angefangenen Versuche über die Oxydation der Terpenkohlenwasserstoffe mit Permanganat wurden von mir suspendiert [A. **275** (1893), 145], weil auch G. Wagner diese Verbindungen auf ihr Verhalten gegen Permanganat zu untersuchen begann. [B. **21** (1888), 1237].

Wagner ist es bekanntlich gewesen, der auf Grund seiner zuerst auf dem Gebiete der nichtcyclischen Verbindungen gesammelten Erfahrungen dem wichtigen Gesetze Anerkennung verschafft hat, daß bei der Oxydation mit Permanganat in verdünnter (einprozentiger) eiskalter Lösung die Oxydation unter Anlagerung von 2 Hydroxylgruppen an die Äthylenbindungen — also unter Entstehung mehrwertiger Alkohole — einsetzt.

Die Resultate der Anwendung seiner Methode auf Terpene und zwar auf Camphen und Limonen hat Wagner zuerst 1890 veröffentlicht [B. **23**, 2309], bei welcher Gelegenheit Markownikoff [B. **24** (1891), 67] die Aufklärung des „Chemismus der Reaktion“ für Lwoff (und A. Saitzeff) reklamiert hat, was im historischen Interesse nicht übersehen werden darf. Auch M. Traube ist dabei nicht zu vergessen. Jedenfalls darf man als „Oxydation nach Wagner“ nicht jede Oxydation eines Terpenderivates mit Permanganat verstehen, sondern nur Oxydationen, die unter den oben angegebenen besonderen Bedingungen und zu dem Zwecke, aus ungesättigten Verbindungen die Hydroxyladditionsprodukte zu isolieren, angestellt werden.

Nicht nach Wagners Rezept, sondern um Bindungsverschiebungen zu vermeiden, deren Eintreten bei Anwendung von sauren Oxydationsmitteln besonders zu befürchten sind, habe ich frühzeitig eine Reihe von Permanganatoxydationen durchgeführt, und zwar 1888 mit Cineol [A. **246**, 266], 1889 mit Pinol [A. **253**, 256], 1890 mit Pinolglycol [A. **253**, 256; **259**, 317], 1891 mit Fenchon [A. **263**, 134], 1892 mit Thujon [A. **272**, 111; **275**, 164], 1893 mit Terpineol[1]

[1] Es ist also die Ansicht irrtümlich [B. **27** (1894), 2273], ich hätte die Oxydation des Terpineols nach „Wagners Methode“ durchgeführt. Es hat sich nur ergeben, daß gegen die derzeit angewandte konzentrierte, nicht gekühlte Permanganatlösung in diesem besonderen Falle das erste Oxydationsprodukt nicht wie in den bis dahin von Wagner untersuchten Fällen unbeständig, sondern unter den gewählten gewöhnlichen Bedingungen sehr beständig und daher leicht zu isolieren ist.

[A. **275**, 150], 1893 mit Dihydrocarveol [A. **277**, 151; **279**, 386], 1895 mit Dihydrocarvon [B. **28**, 2703] usw.

Permanganat als Oxydationsmittel ist dann in der Folge zu Konstitutionsaufklärungen in der Terpengruppe in ausgedehntem Maße und namentlich in den geschickten Händen von v. Baeyer, Tiemann, Semmler und Wagner selbst mit großem Erfolge benutzt worden.

So wertvoll dieses Oxydationsmittel aber auch ist, so hat man sich doch vor einer Überschätzung desselben zu hüten. Denn abgesehen davon, daß man aus dem oxydativen Abbau einer Verbindung allein sich keineswegs immer ein sicheres Bild von ihrem Bau wird machen können, sind auch bei der Oxydation in alkalischer Flüssigkeit Umlagerungen und die Vorgänge verschleiernde Nebenreaktionen während der Oxydation durchaus nicht immer ausgeschlossen. Diese Möglichkeit wird namentlich dann eintreten, wenn es sich um die Oxydation von Verbindungen mit mehr als einer Äthylenbindung handelt, oder wenn als intermediäre Oxydationsprodukte Aldehyde oder Ketone auftreten, die durch Selbstkondensation zu neuen ungesättigten Verbindungen führen können.

Konstitutionsschlüsse, die nur auf den bei dem oxydativen Abbau erhaltenen Resultaten basierten, konnten wiederholt als irrtümlich nachgewiesen werden. Als Beispiel sei der sogen. Isocampher angeführt, der auf Grund des Nachweises, daß bei seiner Oxydation β-Isopropylglutarsäure entsteht, als ein Methylisopropylhexenon angesprochen wurde [A. **379**, 220], während eine nähere Untersuchung zeigte, daß man es tatsächlich mit einem Acetylisopropylpenten zu tun hat, das dasselbe Oxydationsprodukt liefern kann. [A. **392**, 69, 75 (1912).]

Als ein Beispiel des Eintretens komplizierter Zwischenreaktionen bei der Oxydation mit Permanganat sei die Bildung von Acetylcyclopenten 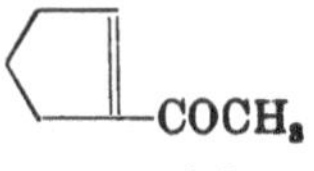 bei der Oxydation der Cyclohexenessigsäure 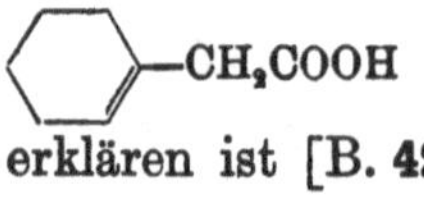 angeführt, die durch folgenden Reaktionsverlauf zu erklären ist [B. **42**, 148 (1909); A. **365**, 275 (1909)]:

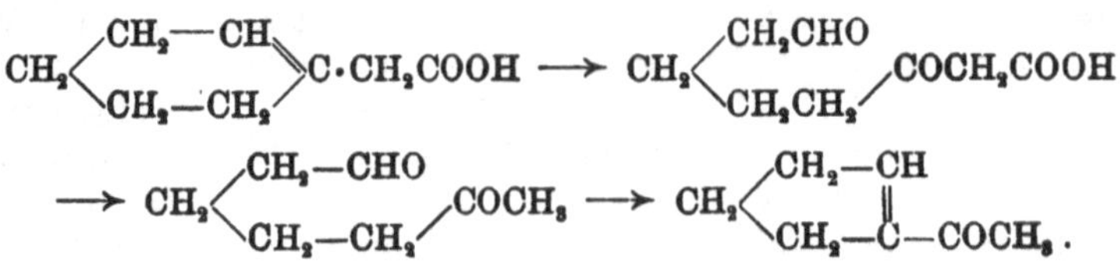

Auch auf den unerwarteten Reaktionsverlauf bei der Oxydation der Terpinenole mit Permanganat, der S. 121 näher besprochen ist, mag hier besonders hingewiesen werden.

Am Beispiel des β-Phellandrens habe ich nachgewiesen, daß Permanganat durchaus nicht beide Äthylenbindungen, die der Kohlenwasserstoff enthält, gleichzeitig löst [A. **343** (1905), 36], sondern daß die eine leicht, die andere viel schwerer angegriffen wird. Man sieht so die Möglichkeit, durch Oxydation mit Permanganat intermediär zu ungesättigten Säuren zu gelangen. In diesem Falle wird aber nach den Regeln, die wir den grundlegenden Arbeiten von Fittig verdanken, während der Oxydation selbst sich eine Verschiebung der Bindung vollziehen können [vgl. A. **340**, 16]. Daß Alkali auch sonst gelegentlich Bindungsverschiebungen bewirkt [z. B. Pulegon in Isopulegon überführt], ist bereits im Kapitel III, S. 21ff. erörtert.[1]

Einen großen Vorteil bietet die Oxydation mit Permanganat, wenn es sich um die Aboxydation von Basen handelt. Darauf ist bereits 1875 von Wallach und Claisen (B. **8**, 1237) hingewiesen. Es wurde damals festgestellt, daß Fettbasen sich schon in der Kälte ganz außerordentlich schnell in demselben Sinne wie die zugehörigen Alkohole oxydieren:

„Aus dem Gesagten ergibt sich, daß die gewöhnlichen Amine bei „der Oxydation mit Kaliumpermanganat unter Herausgehen des Stickstoffs in einfacher Weise zerfallen, und daß also die Konstitution eines „substituierten Ammoniaks in sehr vielen Fällen unschwer durch ein „einfaches und sehr schnell verlaufendes Oxydationsverfahren fest„gestellt werden kann. So muß z. B. Butylamin Buttersäure, Methyl„propylamin Propionsäure und Ameisensäure (oder Kohlensäure), „Diäthylamin Essigsäure dabei liefern usw.; nur ist eine zu energische

---

[1] Mit vollem Recht hat darauf auch Harries am Beispiel des Citronellals hingewiesen, indem er sagt:

„...Aus den Ergebnissen der Oxydation mit wäßriger Kaliumpermanganatlösung allein kann man nicht mit Sicherheit schließen, ob die doppelte Bindung im Sinne einer der beiden Formeln gelagert sei:

$$\begin{matrix}CH_3\\CH_3\end{matrix}\!\!>C:CH\cdot CH_2\cdot CH_2\cdot \underset{\displaystyle CH_3}{\underset{|}{C}H}\cdot CH_2\cdot CHO \text{ oder } \begin{matrix}CH_3\\CH_2\end{matrix}\!\!\geqq C\cdot CH_2\cdot CH_2\cdot CH_2\cdot \underset{\displaystyle CH_3}{\underset{|}{C}H}\cdot CH_2\cdot CHO.$$

Denn auch Pulegon und Isopulegon [B. **30** (1897), 22], die nachweislich die doppelte Bindung in verschiedener Stellung besitzen, geben bei der Oxydation dieselben Produkte, Aceton und β-Methyladipinsäure.“ [B. **34** (1901), 2983.]

„Einwirkung des Kaliumpermanganats zu verhüten, weil sonst leicht „eine zu weitgehende Oxydation bewirkt wird.“ [B. **8** (1875), 1240.]

Diese Methode ist dann zum erstenmal mit gutem Erfolge von meinem Schüler Laiblin für die Oxydation des Nicotins angewandt worden:

„Vor längerer Zeit wurde von Wallach und Claisen [B. **8** (1875), „1237] eine Arbeit über die Oxydation stickstoffhaltiger Körper ver- „öffentlicht, in welcher zunächst das Verhalten einiger möglichst ein- „facher Verbindungen gegen Kaliumpermanganat mitgeteilt wurde, „mit der in der Abhandlung ausdrücklich ausgesprochenen Absicht, „daß dieses Verfahren der Oxydation zur Aufklärung der Konstitution „komplizierter stickstoffhaltiger Körper demnächst angewandt werden „solle. — Diese Aufgabe ist im hiesigen (Bonner) chemischen Institut „denn auch nach verschiedenen Richtungen weiter verfolgt und ich „speziell bin schon vor mehr als Jahresfrist von Wallach veranlaßt „worden, eine Untersuchung des Nicotins nach dieser Seite hin in An- „griff zu nehmen.“ [B. **10** (1877), 2136.]

Als sehr beachtenswert hat es sich herausgestellt, daß die Oxydation durch Permanganat eine wesentliche Erleichterung und ganz außerordentliche Beschleunigung erfahren kann, wenn der Oxydationsflüssigkeit freies Alkali hinzugefügt wird. Das gilt z. B. bei der Oxydation des Ketolactons $C_{10}H_{16}O_3$ aus α-Terpineol zu Terpenylsäure [A. **277** (1893), 118], von β-Methylcyclohexanon zu β-Methyladipinsäure [A. **289** (1896), 344], von β-Pinen zu Nopinsäure [A. **356** (1907), 228], von Sabinen zu Sabinensäure [A. **359** (1908), 266], von Fenchen usw. Namentlich auch bei der Oxydation der Amidosäuren mit MnO_4K hat sich ein Zusatz freien Alkalis als sehr vorteilhaft bewährt [vgl. z. B. A. **343** (1905), 44].

b) Chromsäure.

Wo Bindungsverschiebungen oder Auflösung intracyclischer Bindungen durch Säuren nicht zu erwarten sind, namentlich also bei gesättigten Verbindungen, bedient man sich auch in der Terpengruppe mit Vorteil der Chromsäure für Zwecke der Oxydation. Man kann diese auch benutzen, wenn z. B. sekundäre ungesättigte Alkohole in Ketone überzuführen sind. Da aber die Unlöslichkeit dieser Verbindungen in wäßrigen Flüssigkeiten (namentlich bei Abwesenheit freier Säure) einer glatten Oxydation häufig entgegensteht, wurde ein Verfahren ausgearbeitet, solche Körper in Eisessiglösung durch Zusatz der nötigen Menge freier Chromsäure zu oxydieren. Zuerst wurde das Verfahren bei der Überführung von Dihydrocarveol in Dihydrocarvon angewandt [A. **275** (1893), 115] und weiterhin sehr häufig benutzt [A. **277** (1893), 133, 150; **278** (1894), 317; **286** (1895), 104; **296** (1897), 131; **327** (1903), 135; **339** (1905), 107; **343** (1905), 33; **346** (1906), 245].

Wenn bei der Anoxydation ungesättigter Verbindungen mit Permanganat Hydroxylverbindungen gesättigter Körper entstehen, sind diese manchmal ungemein beständig gegen Permanganat, auch wenn sekundäre Alkoholgruppen vorhanden sind. Diese Beobachtung wurde von mir zuerst 1893 bei dem aus α-Terpineol entstehenden 1,2,8-Trioxymenthan

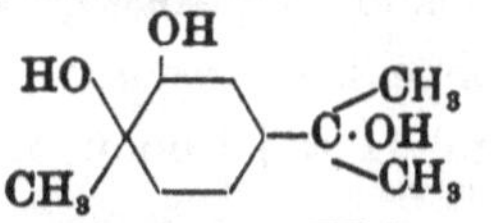

gemacht [A. **277**, 118]. Man oxydiert dann in gewöhnlicher Weise weiter mit Chromsäure (l. c.).

Handelt es sich um Ringsprengungen durch Oxydation und Isolierung der dabei [unter den A. **272** (1892), 119 erörterten Bedingungen] zu erwartenden leicht weiter oxydierbaren Ketonsäuren, so ist ein besonderes Verfahren am Platze, das u. a. A. **329** (1903), 91; **331** (1904), 324; **339** (1905), 109 beschrieben ist:

Man suspendiert die zu oxydierende Verbindung in Wasser (unter Umständen unter Hinzugeben von Eisstücken) und setzt unter Umschütteln in kleinen Portionen die berechnete Menge Schwefelsäure und freie Chromsäure hinzu.

Über den eventuell verschiedenartigen Verlauf der Oxydation, je nachdem man Chromsäure oder Permanganat dabei anwendet, s. auch S. 120.

c) Schwefelsäure.

Die oxydierende Wirkung sowohl verdünnter alkoholischer als auch mäßig konzentrierter wäßriger Schwefelsäure macht sich Terpenverbindungen gegenüber häufig geltend. [A. **275**, 106; **315**, 296; **396**, 276.]

„Die partiell hydrierten Benzolderivate werden durch alkoholische „Schwefelsäure oft ungemein leicht oxydiert, wie das regelmäßige Auf„treten von schwefliger Säure anzeigt, wenn derartige Verbindungen

„längere Zeit mit einer alkoholischen Lösung der Säure erwärmt „werden.“ [A. **275** (1893), 119.]

Tetrahydro-p-acetyltoluol CH_3—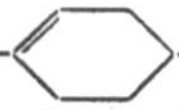—$COCH_3$ läßt sich z. B. durch Schwefelsäure glatt zu p-Acetyltoluol oxydieren [A. **324** (1902), 91]. Dasselbe gilt von anderen hydrierten extracyclischen Ketonen [A. **360** (1908), 43; s. auch S. 99].

Auf derselben Reaktion beruht der leichte Übergang von Terpinen (daher auch Pinen) und α-Phellandren in Cymol [A. **275** (1893), 106] bei Gegenwart von Schwefelsäure und auch der Übergang von Carvoxim und Thujonoxim in Carvacrylamin [A. **275** (1893), 118] ist in dieser Weise zu deuten. Nur die Terpenverbindungen scheinen sich unter den besprochenen Verhältnissen leicht in Benzolverbindungen zu verwandeln, die als wahre Hydrocymolderivate angesehen werden dürfen oder die, welche sich leicht zu solchen isomerisieren. So verhält sich α-Phellandren und Terpinen ganz anders wie Limonen und Sylvestren.

d) Freier Sauerstoff.

Daß die Terpene und ihre Derivate vielfach leicht „verharzen“ und daß dabei die oxydierende Wirkung des Luftsauerstoffs eine Rolle spielt, ist seit alter Zeit bekannt. Eine systematische Untersuchung über die dabei entstehenden Oxydationsprodukte hat aber erst in neuester Zeit eingesetzt. Harries hat zuerst Ozon in seiner Wirkung auf eine Reihe ungesättigter Fett- und wenige Terpenverbindungen geprüft.

Der einzige, lange bekannte, mit gleichzeitiger Hydratation verbundene Autoxydationsvorgang, der aber bis heute noch nicht ganz geklärt ist, ist der Übergang von Pinen in Pinolhydrat (Sobrerol).

Eine verhältnismäßig glatte Oxydation durch Luftsauerstoff habe ich zuerst beim β-Phellandren erreicht, das dabei zu Isopropylhexenon abgebaut wird, unter Abspaltung einer CH_2-(Methen-)Gruppe [A. **343** (1905), 30; s. auch S. 96]. Neuerdings beim β-Terpinen [A. **362** (1908), 291 (Näheres s. Speziellen Teil).

Die Versuche mit β-Phellandren deuten darauf hin, daß bei der Oxydation mit O_2 sich $\begin{matrix}—O \\ | \\ —O\end{matrix}$ addiert, bei der Oxydation mit $KMnO_4$ $\begin{matrix}HO— \\ HO—\end{matrix}$.

Folgende Formelbilder veranschaulichen die verschiedene Wirkung beider Oxydationsmittel [A. **343** (1905), 34—35]:

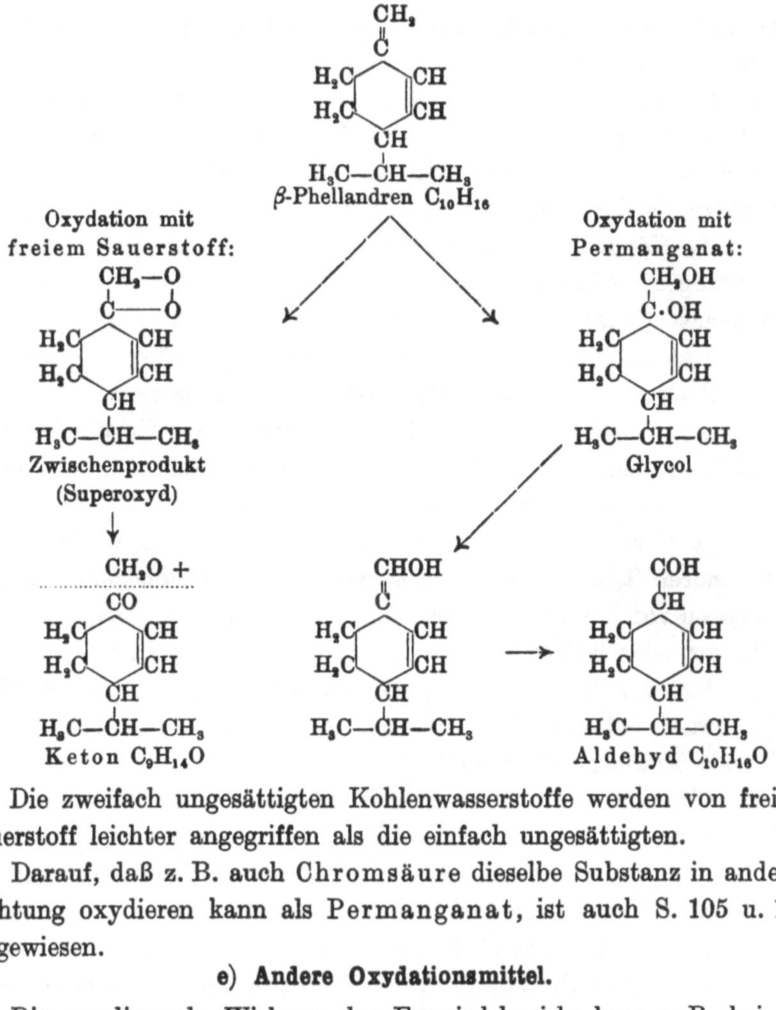

Die zweifach ungesättigten Kohlenwasserstoffe werden von freiem Sauerstoff leichter angegriffen als die einfach ungesättigten.

Darauf, daß z. B. auch Chromsäure dieselbe Substanz in anderer Richtung oxydieren kann als Permanganat, ist auch S. 105 u. 120 hingewiesen.

e) Andere Oxydationsmittel.

Die oxydierende Wirkung des Ferrichlorids kam z. B. bei der Überführung von Carvenon, Thujon und Dihydrocarvon in Carvacrol in Anwendung [A. **286** (1895), 108, 134] und zur Abwandlung von Δ^6-1,4-Dimethylcyclohexenon in Xylenol [A. **397**, 191]. Vgl. S. 99. Die Verwendung anderer Oxydationsmittel (z. B. NO_3H zur Oxydation von Phellandrennitrit) bietet keinen Anlaß zu besonderen Bemerkungen.

6. Kondensationsreaktionen.

Die Kondensationsfähigkeit cyclischer Ketone, über die bei Beginn meiner Arbeiten noch kaum etwas bekannt war, wurde in systematischer

Weise nach verschiedenen Richtungen und mit folgenden allgemeinen Resultaten untersucht:

1. Die cyclischen Ketone zeigen dieselbe Kondensationsneigung wie die acyclischen, sowohl was die Fähigkeit zur Selbstkondensation als auch was die Fähigkeit, mit anderen Substanzen unter Wasseraustritt zu reagieren, anbetrifft.

2. Als Kondensationsmittel kann man, wie bei den acyclischen Verbindungen, Alkali in verschiedenen Lösungsmitteln und Konzentrationen, Cyankalium oder auch Säuren benutzen, z. B. gasförmige und wäßrige Salzsäure [A. **346** (1906), 250], Schwefelsäure und — wie neu ermittelt wurde — wasserfreie oder hochkonzentrierte Ameisensäure. Auch bei hoher Temperatur allein tritt unter Umständen Kondensation ein. Daher entstehen die bicyclischen Ketone stets als Nebenprodukt bei der Darstellung der monocyclischen durch Destillation der Salze zweibasischer Säuren, z. B. bildet sich bei der Destillation von pimelinsauren Salzen neben Cyclohexanon auch Hexenhexanon, bei der Destillation von korksauren Salzen neben Suberon Heptenheptanon usw.

In manchen Fällen führen Säuren zu Kondensationen, wo Alkali im Stich läßt, z. B. bei der Bildung von Benzylidenmenthon [A. **305** (1899), 261]), ferner bei der Kondensation von Orthonitrobenzaldehyd mit cyclischen Ketonen [G. N. **1907**, 401].

Bei Anwendung von wäßrigem Alkali als Kondensationsmittel ist bezüglich der Richtung, die die Kondensation nimmt, die Konzentration oft von bestimmendem Einfluß. Z. B. kondensiert sich Cyclohexanon mit Benzaldehyd bei Gegenwart von konzentrierter Natronlauge zu Dibenzylidenhexanon, bei größerer Verdünnung entsteht auch Monobenzylidenhexanon, in sehr verdünnten Lösungen ein ganz anderes, aldolartiges Kondensationsprodukt (s. u.).

Von speziellen Beobachtungen sind folgende Gruppen aufzuführen:

a) Selbstkondensation cyclischer Ketone.

Ebenso wie Acetonmoleküle nach dem Schema zusammentreten können:

1. $2\,CH_3 \cdot CO \cdot CH_3 = 1\,H_2O + C_6H_{10}O$ (Mesityloxyd)
2. $3\,CH_3 \cdot CO \cdot CH_3 = 2\,H_2O + C_9H_{14}O$ (Phoron)
3. $3\,CH_3 \cdot CO \cdot CH_3 = 3\,H_2O + C_9H_{12}$ (Mesitylen),

findet man, daß Cyclopentanon, C_5H_8O, sich zu einem bicyclischen und einem tricyclischen Keton und zu einem zum Benzol in Beziehung stehenden Kohlenwasserstoff kondensieren läßt nach folgendem Schema:

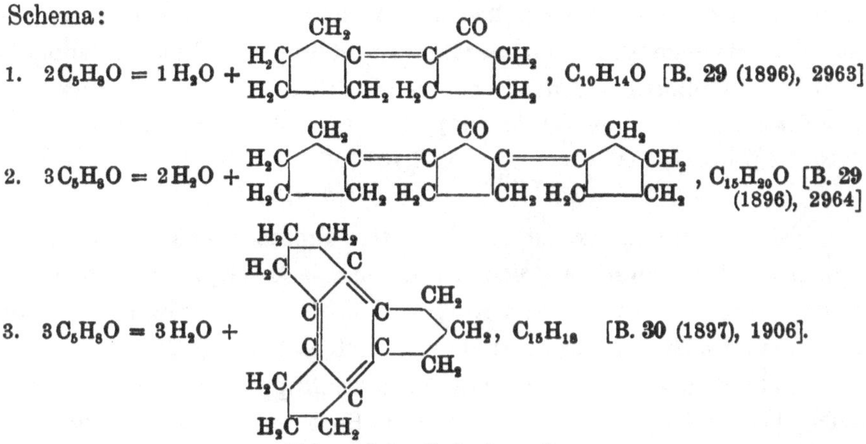

Tricyclotrimethylenbenzol

Die durch Selbstkondensation entstehenden bicyclischen Verbindungen sind eingehender sowohl bei Cyclopentanonen als auch bei Cyclohexanonen studiert [Näheres siehe im speziellen Teile und A. **346** (1906), 250; B. **29** (1896), 1595, 2955; **30** (1897), 1094); A. **381** (1911), 95; **389**, 169, 178], aber auch an anderenBeispielen wie Nopinon [A. **356** (1907), 234] und Sabinaketon [A. **359** (1908), 275].

Die Cyclopentanone zeigen größere Neigung zur Selbstkondensation als die Cyclohexanone. Besonders leicht tritt 1,3-Isopropylpentanon zu 2 Molekülen unter Wasseraustritt zu einem gut kristallisierenden ungesättigten bicyclischen Keton zusammen, dagegen geht 1,2-Methylcyclohexanon nur träge und unvollkommen Selbstkondensation ein, während 1,3- und 1,4-Methylcyclohexanon der Kondensation ebensowenig Widerstand entgegensetzen wie Cyclohexanon.

b) Kondensation cyclischer Ketone mit Aldehyden (insbesondere mit Benzaldehyd und dessen Substitutionsprodukten).

Cyclische Ketone der allgemeinen Formel $\underbrace{CH_2\text{—}CO\text{—}CH_2}_{R''}$ vermögen sich genau wie Fettketone mit einem oder mit zwei Molekülen Benzaldehyd zu Mono- oder Dibenzylidenverbindungen

$$C_6H_5\cdot CH:\underbrace{C\text{—}CO\text{—}CH_2}_{R} \quad \text{und} \quad C_6H_5\cdot CH:\underbrace{C\text{—}CO\text{—}C}_{R}:CH\cdot C_6H_5$$

zu kondensieren [B. **40** (1907), 71].

Bei der Kondensation cyclischer Ketone, speziell Pentanon, Cyclohexanon, 1,3- und 1,4-Methylhexanon gelang es aber auch, unter geeigneten Bedingungen (sehr verdünnte, wäßrige alkalische Lösungen) direkte (aldolartige) Anlagerungsprodukte von Benzaldehyd an das Keton zu isolieren [G. N. **1907,** 402], also die Verbindungen

$C_6H_5 \cdot CH(OH) \cdot CH—CO—CH_2$ und $C_6H_5 \cdot CH(OH) \cdot CH—CO—CH \cdot CH(OH) \cdot C_6H_5$

$\quad CH_2-CH_2-CH_2 \qquad\qquad\qquad CH_2-CH_2-CH_2$

Sehr bemerkenswert ist, daß derartige Produkte zwar außerordentlich leicht bei Anwendung von inaktivem 1,3-Methylcyclohexanon und 1,4-Methylcyclohexanon, nicht aber bei Anwendung von aktivem 1,3-Methylcyclohexanon sich isolieren ließen.

Steht dem Carbonyl nur eine Methylengruppe benachbart, so tritt auch bei cyclischen Ketonen in der Regel normalerweise nur ein Molekül Benzaldehyd in Reaktion (z. B. bei Nopinon [A. **313** (1900), 365], Menthon [A. **305** (1899), 261], Isothujon [A. **323** (1902), 349]).

Es kann aber auch ein anormaler Reaktionsverlauf eintreten, wie beim Δ^4-Menthenon [A. **305** (1899), 273; **397,** 216]: das sich als kondensationsfähig mit zwei Molekülen Benzaldehyd erweist.

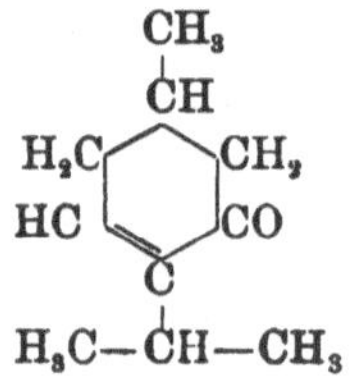

Auch sonst sind anormale Kondensationsprodukte beobachtet, z. B. beim Eucarvon [A. **305,** 243] und namentlich da, wo die Kondensation nicht in alkoholischer Lösung, sondern unter Anwendung trockener Salzsäure eingeleitet wurde [A. **305** (1899), 275].

Was andere Aldehyde anbetrifft, so wurde festgestellt, daß Hexahydrobenzaldehyd sich analog kondensiert wie Benzaldehyd [A. **347** (1906), 333].

Vergleichende Versuche bezüglich der Kondensationsfähigkeit der einfachsten cyclischen Ketone wurden mit einer Reihe von Aldehyden angestellt, deren Resultate sich in folgendem zusammenfassen ließen:

„Um Vergleiche zu ermöglichen, wurden die Versuchsbedingungen „möglichst gleichartig gestaltet, namentlich in Rücksicht auf das zur „Verwendung kommende Kondensationsmittel. Als solches wurde Ätz„natron in großer Verdünnung und in der Weise angewendet, daß zu „einer alkoholischen Lösung des Ketonaldehydgemisches für gewöhnlich „3—5 Tropfen 8—10-prozentiger Natronlauge gefügt wurden, um die „Kondensation einzuleiten. Nur wenn nach Verlauf von 12—24 Stunden

„noch keine Kondensationsneigung der Komponenten zu beobachten „war, wurden noch einige Tropfen Natronlauge hinzugefügt.

„Bei den benachbart zum CO methylierten Ketonen wurde auf „1 Mol. Keton 1 Mol. Aldehyd, in allen anderen Fällen auf 1 Mol. Keton „2 Mol. Aldehyd bei den Kondensationsansätzen in Rechnung gestellt. „Es ergab sich nun:

„1. Bei Anwendung reiner orthoständig substituierter Ketone „(also 1,2-Methylpentanon und 1,2-Methylhexanon) konnte unter den „gewählten Bedingungen mit keinem der angewandten Aldehyde Kon- „densation erzielt werden."

Über die praktische Bedeutung dieser Reaktion für Reindarstellung des 1,2-Methylhexanons siehe G. N. **1907**, 400.

„2. Ein unerwarteter und sehr interessanter Unterschied ließ sich „bei der Anwendung von aktivem und inaktivem 1,3-Methylhexanon „konstatieren, der auch deutlich zeigt, welchen Einfluß die räumliche „Konfiguration auf die Kondensationsmöglichkeit auszuüben vermag. „Bei Anwendung von aktivem 1,3-Methylhexanon blieb z. B. die Kon- „densation mit den gechlorten Benzaldehyden unter denselben Be- „dingungen aus, unter denen sie bei dem inaktiven Keton leicht eintrat.

„3. Eine auffallende Verschiedenheit zeigten bezüglich des Kon- „densationsvermögens ortho-, meta- und para-Nitrobenzaldehyd. „Gemeinsam haben diese Aldehyde nur, daß man sorgfältig einen „Überschuß an Alkali bei der Kondensation vermeiden muß. Sonst „entstehen tief dunkel gefärbte Lösungen, aus denen nichts Kristalli- „sierbares zu gewinnen ist. Die Verschiedenheit liegt darin, daß mit „verdünnter Natronlauge unter den gewählten, oben angegebenen Be- „dingungen meta-Nitrobenzaldehyd sich außerordentlich leicht „für alle Kondensationen herleiht, para-Nitrobenzaldehyd „viel schwerer, ortho-Nitrobenzaldehyd gar nicht (vgl. dazu unter 6).

„Daß dieser negative Ausfall der Versuche mit ortho-Nitrobenz- „aldehyd aber nicht lediglich durch die ortho-Stellung des Sub- „stituenten, sondern auch durch dessen Natur bedingt wird, geht „daraus hervor, daß ortho-Chlorbenzaldehyd sich ohne Mühe zur „Kondensation bringen ließ.

„4. Unter gleichen Versuchsbedingungen vermindert sich unter „Anwendung von Benzaldehyd die Kondensationsfähigkeit von Cyclo- „pentanon zum Cycloheptanon hin merklich. Unter Bedingungen, unter

„denen sich Dibenzylidenpentanon innerhalb einer Minute aus-„schied, ließ die Entstehung des Dibenzylidenhexanons Stunden „und die des Dibenzylidenheptanons Tage auf sich warten.

„Daß dabei aber mehr die Löslichkeit des Kondensationsprodukts „(bzw. die Natur des Aldehyds) als die Unfähigkeit der höheren Ring-„ketone zur Kondensation überhaupt eine Rolle spielt, geht daraus „hervor, daß Cycloheptanon mit Zimtaldehyd sehr schnell, mit meta-„Nitrobenzaldehyd auch viel schneller als mit Benzaldehyd reagiert, „während sich Anisaldehyd und Piperonal dem Benzaldehyd ähn-„lich verhalten.

„5. Eine große Rolle spielen die Bedingungen, unter denen „die Kondensation eingeleitet wird.

„Wird Benzaldehyd in äußerst verdünnter wäßriger Lösung „(unter Ausschluß von Alkohol) und bei Gegenwart eines Überschusses „von Keton angesetzt, so gelingt es in einigen Fällen, die ersten Pro-„dukte der Kondensation, nämlich die Aldole

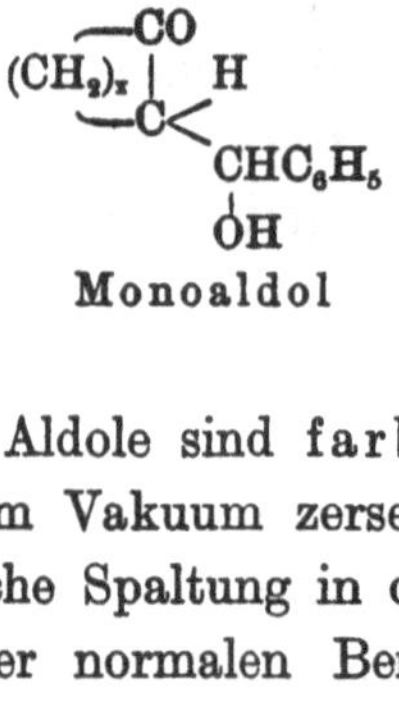

Monoaldol

und

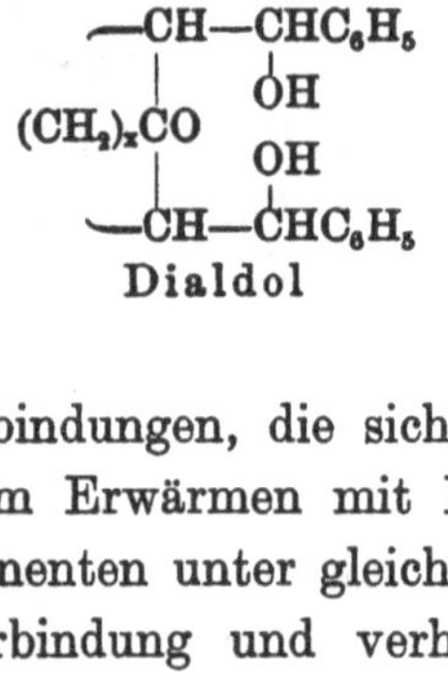

Dialdol

„zu fassen.

„Diese Aldole sind farblose Verbindungen, die sich schon beim „Erhitzen im Vakuum zersetzen. Beim Erwärmen mit Eisessig tritt „hydrolytische Spaltung in die Komponenten unter gleichzeitiger Ent-„stehung der normalen Benzylidenverbindung und verharzter Kon-„densationsprodukte ein. Auch beim Kochen der Aldole mit Essig-„säureanhydrid ließ sich (im ersten Schritt) das Eintreten von Hydrolyse „beobachten, dann erfolgt wieder partielle Kondensation zu den gelben „Benzylidenverbindungen.

„Auch hier ist zu bemerken, daß aktives und inaktives 1,3-Methyl-„hexanon sich bei der Kondensation deutlich verschieden verhalten (s. o.). „Von der aktiven Verbindung gelang es noch nicht, ein gut definiertes „Aldol herzustellen. Am glattesten bildet das Hexanon und das 1,4-Me-„thylhexanon ein Aldol.

„6. Aus dem Umstande, daß es in alkoholisch-alkalischer Lösung „von angegebener Verdünnung nicht gelingen wollte, ortho-Nitrobenz-

„aldehyd mit Ringketonen zur Kondensation zu bringen, darf man noch „nicht schließen, daß eine Kondensation zwischen diesen Komponenten „überhaupt unmöglich ist.

„Es hat sich die auffallende Tatsache ergeben, daß man Ring- „ketone und Aldehyde auch mit Hilfe von Ameisensäure zur Kon- „densation bringen kann. Bei mehrstündigem Kochen von 1 Mol. Pen- „tanon oder Hexanon oder inaktivem 1,3-Methylhexanon oder 1,4-Me- „thylhexanon mit 2 Mol. ortho-Nitrobenzaldehyd und überschüssiger „98-prozentiger oder wasserfreier Ameisensäure gelang es, normale Kon- „densationsprodukte zu erzielen. Der Versuch, Essigsäureanhydrid „an Stelle der Ameisensäure zu verwenden, erwies sich als viel weniger „erfolgreich.

„Endlich sei erwähnt, daß sich in manchen Fällen die Kondensation „ebensogut mit 10 %iger Cyankaliumlösung wie mit verdünnter Natron- „lauge einleiten ließ. [G. N. **1907**, 399ff.].

c) Kondensation cyclischer Ketone mit acyclischen Ketonen.

Die ersten Versuche, die mit Erfolg durchgeführt wurden, zeigten, daß sich Aceton mit 1,3-Methylcyclopentanon zu einem Phoron und mit 1,3-Methylcyclohexanon zu einem isomeren Pulegon, das anfangs als ein Orthopulegon angesprochen wurde, leicht kondensieren läßt [Ber. **29** (1896), 1601, 2955; A. **300** (1898), 268]. Eine neuere systematische und umfangreichere Versuchsreihe führte zu folgenden Ergebnissen [A. **394** (1912), 362]:

„Die Reaktion zwischen Aceton und cyclischen Ketonen „spielt sich keineswegs bei allen Ringsystemen in demselben „Sinne ab; sie verläuft vielmehr bei Anwendung pentacyclischer „Ketone ganz anders wie bei den hexacyclischen.

„Bei Anwendung von Natriumäthylat als Kondensationsmittel „reagieren pentacyclische Ketone mit Aceton so, daß das Aceton „in den Ring eingreift.

„Es entsteht z. B. aus Aceton und Cyclopentanon primär die „Verbindung I, die unter Wasserabspaltung direkt nur in Ia oder Ib „übergehen kann:

I. Ia. Ib. Ic.

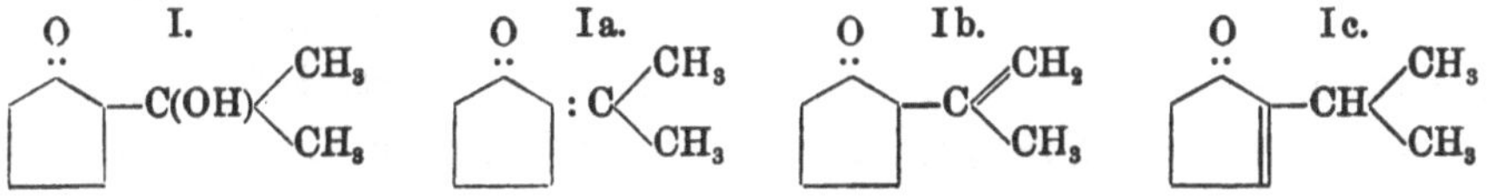

„Im Gegensatz dazu reagieren hexacyclische Ketone unter den-„selben Bedingungen so, daß der Sauerstoff des cyclischen Ketons „mit Wasserstoff des Acetons austritt. Aus Cyclohexanon und „Aceton entsteht also primär Verbindung II, aus der unter Wasser-„austritt IIa oder IIb werden kann.

II IIa IIb

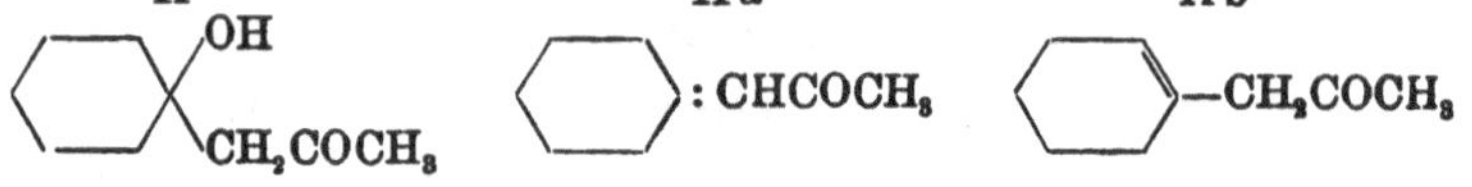

„Auch wie der Wasseraustritt aus den entsprechenden, primär „jedenfalls entstehenden, Ketoaldolen erfolgt, steht in Abhängig-„keit von der Natur des vorliegenden Ringsystems.

„Soweit die bisherigen Beobachtungen Schlüsse erlauben (zu denen „wesentlich die beobachteten Molekularrefraktionen der ungesättigten „Ketone herangezogen werden müssen), begibt sich bei pentacyclischen „Verbindungen beim Wasseraustritt die Äthylenbindung zunächst immer „in semicyclische Lage (Formel Ia) und es entsteht nie eine Ver-„bindung vom Typus Ib. Inwieweit dann eine Isomerisation der Ver-„bindungen vom Typus Ia in solche vom Typus Ic erfolgen kann, welch „letztere auch eine konjugierte (die Molekularrefraktion beeinflussende) „Doppelbindung enthalten, ist eine zurzeit noch nicht entschiedene „Frage.

„Umgekehrt erfolgt der Wasseraustritt aus den Aldolen der hexa-„cyclischen Verbindungen (Formel II) nie nach der Seitenkette hin „(IIa), sondern es verlegt sich die Äthylenbindung immer in den Ring „(Typus IIb), so daß Verbindungen ohne konjugierte Doppelbindungen „entstehen.

„Man wird indessen gut tun, auf Grund der bisherigen Beobach-„tungen noch nicht zu eilig allgemeine Gesetze ableiten zu wollen, denn „es ist möglich, daß bei höheren Homologen der Ketone auch die Art „der Substituenten für den Reaktionsverlauf ins Gewicht fällt. Das „ist für viele Einzelfälle besonders zu untersuchen und daher eine ziem-„lich weitschichtige Aufgabe.

„Festgestellt ist, daß wenn man die bei den Kondensationen der „gesättigten cyclischen Ketone mit Aceton entstehenden um drei Kohlen-„stoffatome reicheren ungesättigten Ketone reduziert, daß man dann, „wenn man von Cyclopentanonen ausgegangen ist, homologe Iso-

„propylpentanone erhält. Ist man aber von Cyclohexanonen „ausgegangen, so gelangt man zu extracyclischen Ketonen, vom „Typus des Cyclohexylacetons, 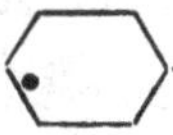 —CH_2COCH_3, wodurch für „diese Verbindungsgruppen eine neue und in manchen Fällen aus„giebige Darstellungsmethode gewonnen ist.

„Weiter ist noch folgendes ermittelt.

„Suberon, also ein Repräsentant heptacyclischer Ketone, „reagiert mit Aceton sehr viel träger als Cyclopentanon und Cyclo„hexanon. Ein großer Unterschied bezüglich der Leichtigkeit des „Reaktionsverlaufs hat sich weiter auch bei den substituierten Cyclo„hexanonen mit Rücksicht auf die Stellung des Substituenten nach„weisen lassen. Während nämlich 1,3- und 1,4-Methylcyclohexanon „sich sehr schnell und vollständig mit Aceton kondensieren lassen, „verläuft bei Anwendung von 1,2-Methylcyclohexanon die Kon„densation erheblich langsamer und unvollständiger.

„Ganz entsprechende Unterschiede in der Reaktionsfähigkeit sind „ja früher hinsichtlich des Kondensationsverlaufs zwischen substitu„ierten Cyclohexanonen und Benzaldehyd in die Erscheinung getreten. „Auch hierbei nimmt das 1,2-Cyclohexanon eine Ausnahmestellung ein."

d) Kondensation cyclischer Ketone mit Ameisensäureester (Oxymethylenverbindungen).

Die Entstehung von Oxymethylenverbindungen wurde bei der Kondensation einer ganzen Reihe von cyclischen Ketonen beobachtet [B. **28** (1895), 31; A. **329** (1903), 109ff.] und die gewonnenen Verbindungen weiter zu Pyrazolbasen abgewandelt (siehe Kap. V, S. 146ff.).[1]

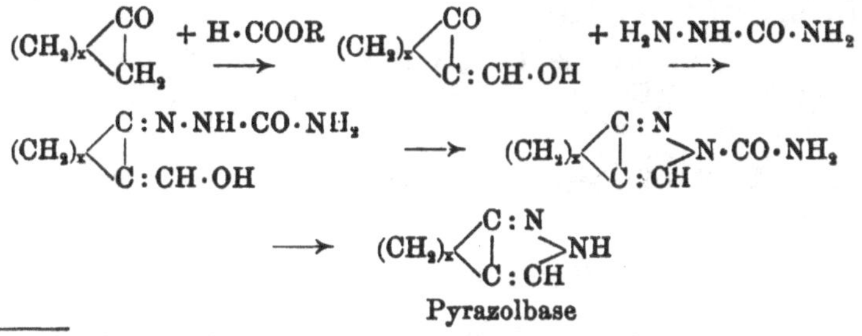

Pyrazolbase

[1] Über die verschiedenen Reaktionsmöglichkeiten siehe A. **329** (1903), 113.

e) Kondensation cyclischer Ketone mit Merkaptanen (cyclische Sulfonale).

Die Möglichkeit des Sauerstoffaustausches in cyclischen Ketonen gegen andere Radikale wurde am Beispiele der Merkaptolbildung studiert. Es wurde Cyclopentanon, Methylcyclopentanon, Cyclohexanon, Methylcyclohexanon, Cycloheptanon mit Äthylmerkaptan zu den Verbindungen I umgesetzt, die dann zu den Sulfonalen (II) oxydiert wurden [B. **31** (1898), 338].

I.  usw. II. 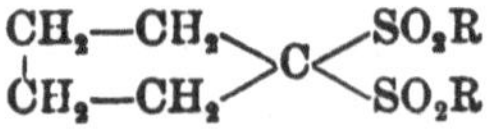 usw.

f) Über die intramolekulare Kondensation von Ketonen (Methylheptenon, Thujaketon) zu Kohlenwasserstoffen siehe Kap. IV, S. 117, über die von Alkoholen zu mehrkernigen Kohlenwasserstoffen vgl. B. **29** (1897), 2962 und S. 210.

g) Die Fähigkeit von ungesättigten Ketonen bestimmter Konstitution (Äthylenbindung benachbart der CO-Gruppe), sich bei der Reduktion nicht nur zu Pinakonen, sondern auch zu Diketonen (Dicarvelonen) reduzieren zu lassen, wurde zuerst aufgefunden beim Carvon und Euvarvon (A. **305** (1899), 225, 234], z. B.

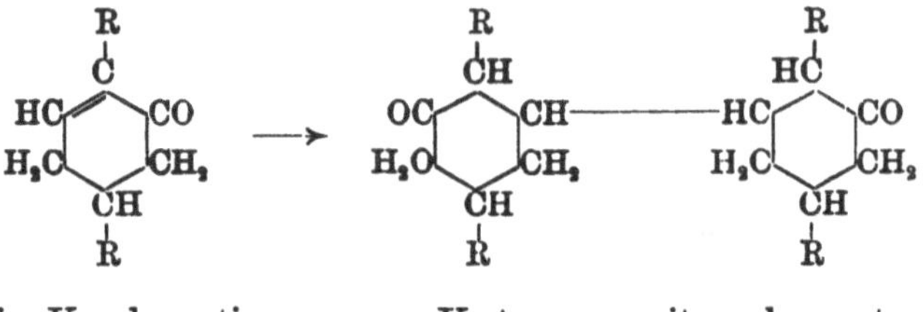

h) Die Kondensationen von Ketonen mit gebromten Säureestern zu Oxysäuren

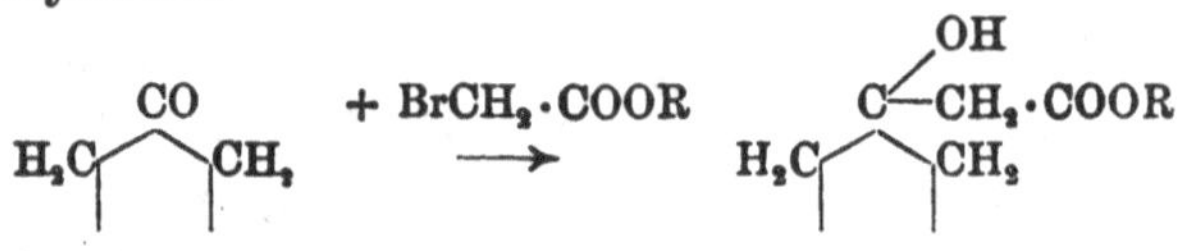

werden Kap. V, S. 157 besprochen werden.

7. Ringschlußreaktionen.

Als wichtigste und zugleich seinerzeit ganz neue Ringschlußreaktion, die verwirklicht wurde, ist die Überführung eines Methylhexylenketons (Methylheptenons) in Hydro-m-xylol anzuführen, wobei gleichzeitig Selbstreduktion des Kondensationsprodukts zu Tetrahydroxylol unter gleichzeitiger Entstehung von Xylol eintritt [A. **258**, 326; **395**, 79; **396**, 274], s. Kap. IVa.

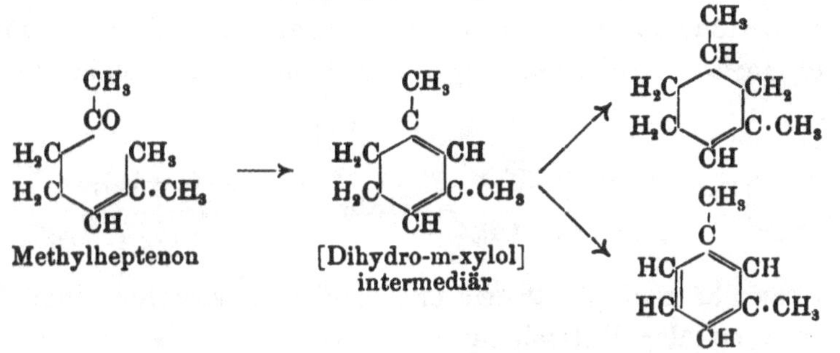

Die Umwandlung des gleichfalls ungesättigten Fettketons, des Methylheptylenketons (Thujaketons) [A. **272** (1893), 116] in Hydropseudocumol verläuft analog [A. **275** (1893), 166, 171; A. **309** (1899), 22; B. **24** (1891), 1573].

Diese Reaktionen stellen die erste direkte Synthese hydroaromatischer Kohlenwasserstoffe aus Fettketonen vor, und zwar von solchen Kohlenwasserstoffen, die in ihrem Verhalten den Terpenen ähneln [A. **258** (1890), 328, 329] und in der Tat als Repräsentanten niederer homologer Terpene aufgefaßt werden müssen [A. **278** (1894), 326] (siehe auch S. 207).

Wie sehr das Vorhandensein einer Äthylenbindung in acyclischen Ketonen für das Eintreten des Ringschlusses bestimmend sein kann, geht daraus hervor, daß Dihydromethylheptenon (Methylheptanon) nicht mehr zum Ringschluß neigt [A. **381**, 86 (1911). Ein interessantes Beispiel für die Leichtigkeit, mit der u. a. Fünfringbildung erfolgt, bietet die Beobachtung, daß man zu Tanacetophoroncarbonsäure [Δ^2-isopropyl-(3)-cyclopentenon-(1)-carbonsäure-(2)] schon gelangt, wenn man Tanacetondicarbonsäureester mit Alkali erwärmt [A. **388**, 51 (1912)]:

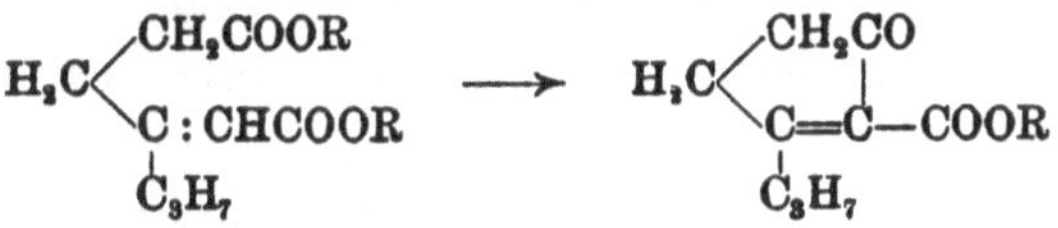

und daß Hydrochlorthujaketosäure bei entsprechender Behandlung (unter Abspaltung von Essigsäure) Tanacetophoron liefert:

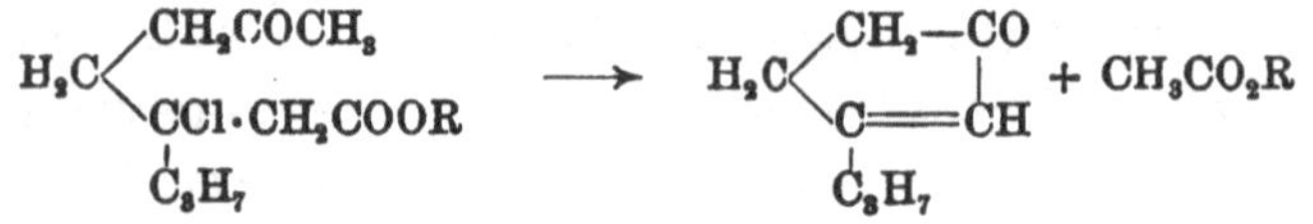

Die Kondensation einer ε-Ketosäure zu einem Diketon wurde bei der Überführung von δ-Hexahydrobenzoyl-n-Valeriansäureester in Hexahydrobenzoylcyclopentanon durchgeführt [A. **381**, 107 (1911)]:

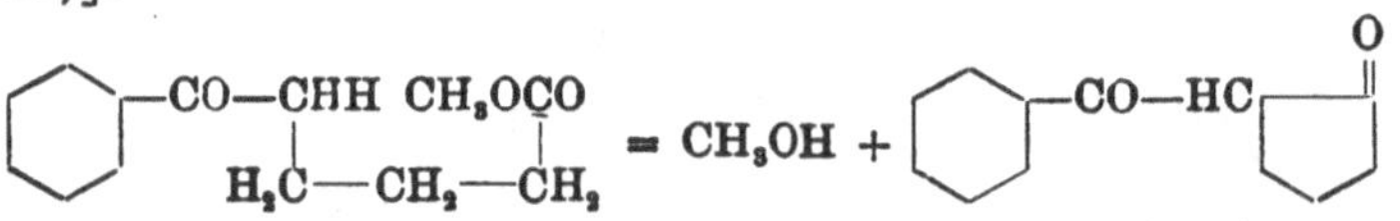

Intermediär muß Auftreten und Selbstkondensation einer Ketosäure auch bei der Entstehung von Acetylcyclopentenon aus Cyclohexenessigsäure bei der Oxydation mit Permanganat angenommen werden. [B. **42**, 148], s. auch S. 102.

Von schon bekannten Methoden, die zu Ringschluß führen, wurden einige zur Darstellung neuer substituierter Pentanone benutzt (siehe Spezieller Teil), z. B. Trimethylpentanon [A. **329** (1903), 94].

Hier muß auch einer komplizierteren eigenartigen Reaktion nochmals gedacht werden, die durch das Pulegondibromid hindurch nach intermediärer Ringsprengung zu Neubildung einer pentacyclischen Verbindung, der Pulegensäure, führte [A. **327** (1903), 148 ff.] (siehe Seite 37), die ihre Analogie in der Bildung von Carvenolid aus Carvontribromid findet. [A. **381**, 71 (1911).]

Auch einige der unter den Kondensationsreaktionen im vorigen Kapitel S. 109 u. 115 besprochenen Vorgänge müssen den Ringschlußreaktionen zugezählt und an dieser Stelle nochmals erwähnt werden.

Über die Bildung heterocyclischer Ringe (Oxyde, Lactone, Pyrazolbasen usw.) siehe auch Kapitel V unter den entsprechenden Verbindungstypen.

8. Ringsprengung.

Wenn zunächst von den Reaktionen abgesehen wird, die unter Anwendung von Oxydationsmitteln (MnO_4K, CrO_3) zu Ringsprengung unter gleichzeitiger Entstehung lediglich von Keton- oder Dicarbonsäuren führten, so sind folgende neue Vorgänge hervorzuheben:

a) Die Aufsprengung des Cineolringes durch die Cineolsäure hindurch zum Methylheptenon [A. **246** (1888), 274; **258** (1899), 323]:

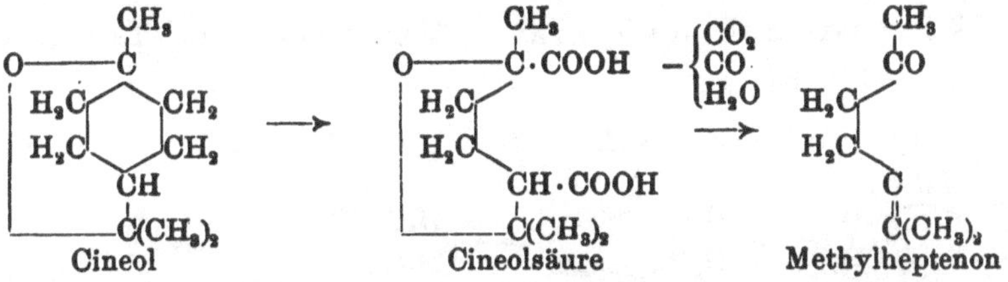

b) Die Aufspaltung cyclischer Ketoxime zu aliphatischen ungesättigten Nitrilen oder zu aliphatischen Amidosäuren, wie in Kapitel V, S. 136ff. näher ausgeführt ist.

c) Die Ringsprengung cyclischer Ketone durch Erhitzen mit KOH im Autoklaven. Sie führt so gut wie quantitativ zur Bildung von Fencholsäure aus Fenchon [A. **369**, 93 (1909)]:

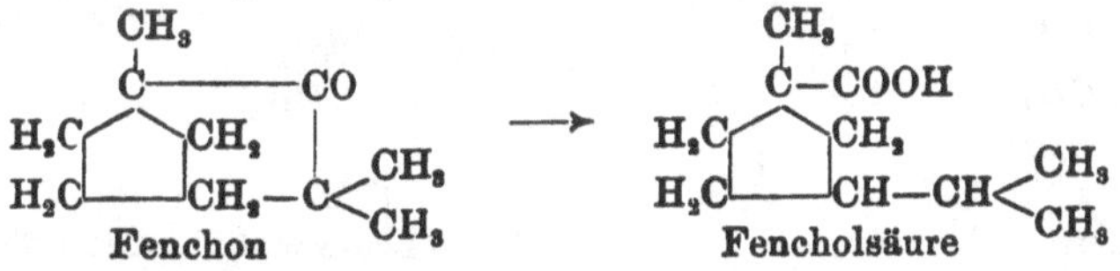

Weniger glatt verläuft die Reaktion bei Anwendung einfacher cyclischer Ketone [A. **369**, 99].

d) Partielle Ringsprengung durch Anlagerung von Wasser (bzw. Säuren). Der längst bekannten Umwandlung von Pinen über Terpineol in Terpin:

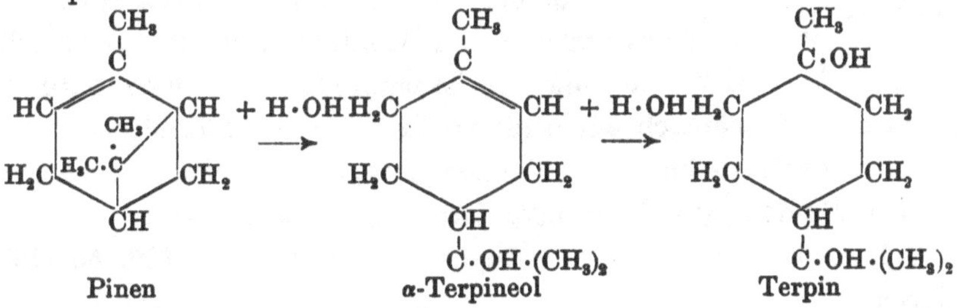

ist an die Seite zu stellen der Übergang von Homonopinol in α-Terpineol und Terpinhydrat [A. **356** (1907), 241]:

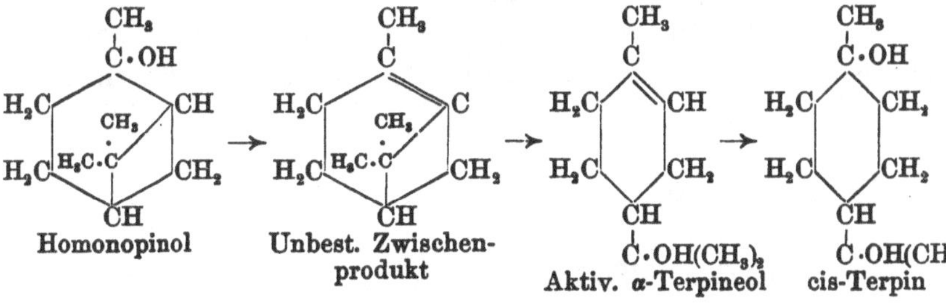

Weiter von Sabinenhydrat in Terpinenol-4 und Terpinenterpin [A. **357** (1907), 65]:

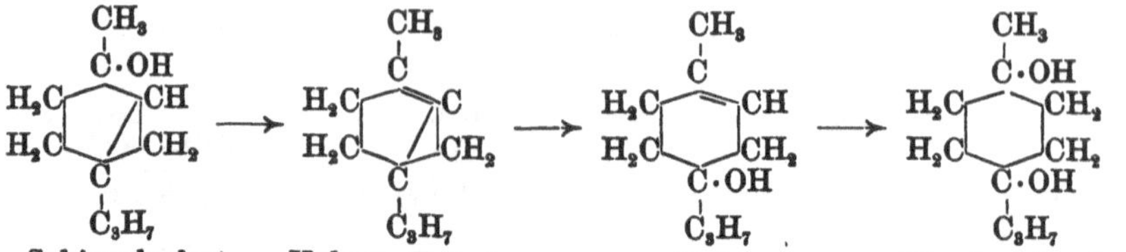

Sabinenhydrat — Unbest. Zwischenprodukt — Aktiv. Terpinenol-4 — Terpinenterpin

und der entsprechende Übergang des Sabinens selbst [A. **360**, 103]:

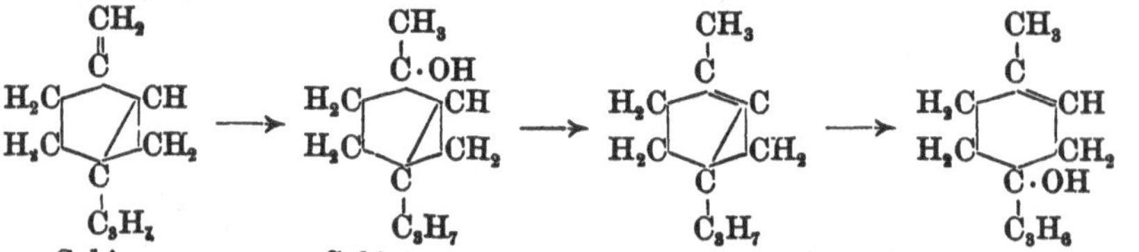

Sabinen — Sabinhydrat — Zwischenprodukt — Aktiv. Terpinenol(4)

Vergleicht man die große Leichtigkeit, mit der die Ringsprengung in den eben aufgeführten Beispielen erfolgt, mit dem Widerstande, den ganz analog gebaute Verbindungen wie Homothujylalkohol

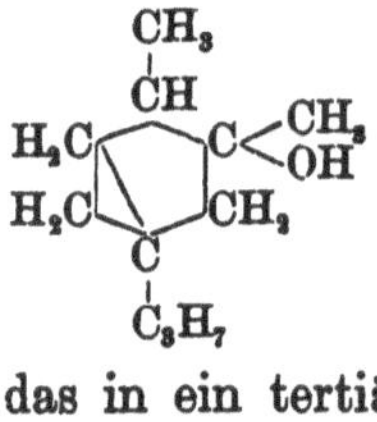

der Ringsprengung entgegensetzen [A. **360**, 98], so erkennt man die Ursache für die Leichtigkeit der Ringsprengung in der Konfiguration der intermediär sich bildenden Zwischenprodukte. Diese enthalten nämlich ein quaternär gebundenes Kohlenstoffatom, das in ein tertiär gebundenes überzugehen strebt, wodurch die Lösung der einen Bindung (im Vier- oder Dreiringe) bewirkt wird.

Vgl. auch Kapitel IV, S. 67 (Hydratation), sowie A. **388**, 50 (1912) und Spez. Teil.

Bezüglich der Ringsprengung durch Oxydation ist zu bemerken, daß bei Anwendung von Chromsäure die Oxydation an den schon mit Sauerstoff am meisten beladenen Kohlenstoffatomen und an tertiär gebundenen H-Atomen einzusetzen pflegt [A. **272** (1892), 119]. Ein Keton

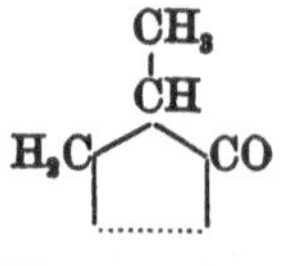

liefert leicht

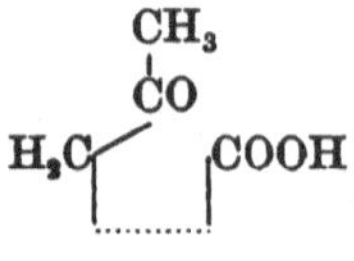

d. h. eine Ketonsäure. Permanganat kann ganz anders spalten. So liefert das Glycerin I bei der Oxydation mit Permanganat nicht die Oxyketonsäure II, sondern überwiegend die Dioxydicarbonsäure III.

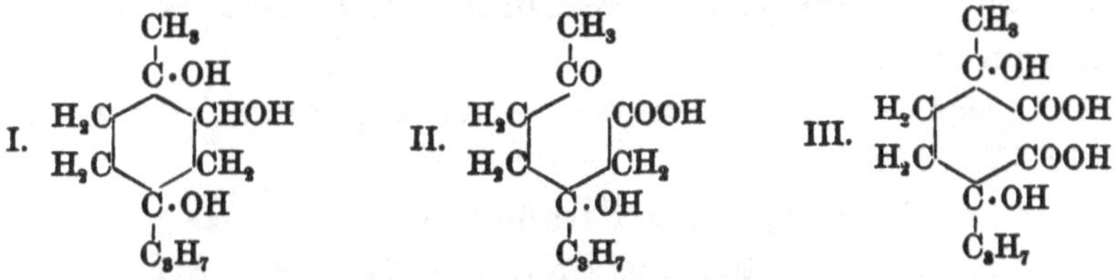

Man darf vielleicht annehmen, daß im letzteren Falle der Ringsprengung eine Enolisation vorangeht und daß die Oxydation dann an der entstandenen Doppelbindung einsetzt (s. auch Spez. Teil):

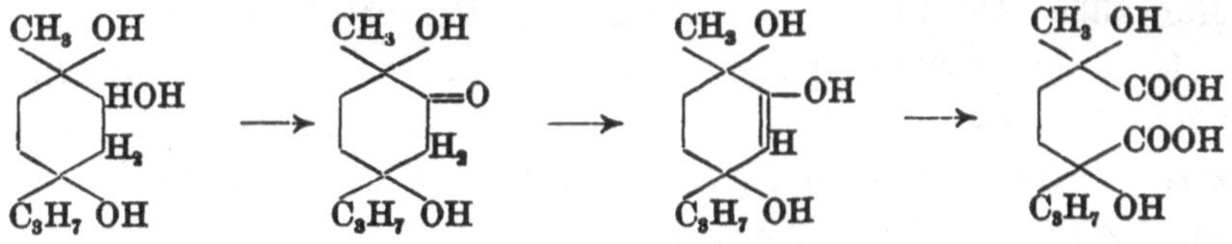

9. Ringerweiterung.

Über die Überführung von Pentanon in Hexanon, von Hexanon in Heptanon und von Heptanon in Oktanon siehe Kapitel III, S. 38—39 und Kapitel V, S. 156ff., über den Übergang von Pulegensäure in das Sechsringketon Pulenon s. S. 37.

Über die Bildung von Isoximen aus Oximen findet sich Näheres S. 28ff. und 139.

V. Einige Bemerkungen über Darstellung und Verhalten der wesentlichsten Verbindungstypen, die bei den Untersuchungen in Betracht kamen.

1. Kohlenwasserstoffe.

A. Darstellung.

Die Gewinnungsmethoden sind, soweit sie Neues bieten, schon in vorhergehenden Kapiteln besprochen worden. Zusammenfassend kann man die Methoden, die zur Anwendung kamen, folgendermaßen gruppieren:

1. Wasserabspaltung aus Alkoholen:

a) mit Phosphorpentoxyd, b) mit Chlorzink, c) mit Kaliumbisulfat, d) mit Schwefelsäure, e) mit Oxalsäure, f) mit Ameisensäure, g) mit Phthalsäureanhydrid.

2. Halogenwasserstoffabspaltung aus Halogenverbindungen (vgl. Kapitel IV, S. 88ff.):

a) durch Basen, b) durch Natriumacetat mit Eisessig.

3. Ammoniakabspaltung aus Basen [A. **300** (1898), 311], vgl. S. 94.

4. Abspaltung von NR_3+H_2O aus Ammoniumbasen [A. **300** (1898), 279].

5. Wasserabspaltung aus ungesättigten Ketonen unter Ringschluß (über die Bedeutung dieser Reaktion vgl. Kapitel IV, S. 117).

6. Kohlendioxydabspaltung aus ungesättigten Säuren [A. **289** (1896), 353; **347** (1906), 17 usw.] bzw. Kohlendioxyd- und Wasserabspaltung aus Oxysäuren. [A. **365** (1909), 255, 260; **368** (1909), 1; **384** (1911), 205.]

Letztere Methode, die zum Ausgangspunkte die Synthese von Oxysäuren aus Ketonen, Bromessigester und dessen Homologen und Zink (oder Magnesium) nimmt (vgl. S. 157), hat wesentlich gedient:

a) zur Synthese von Terpenen und höheren homologen Terpenen [A. **314** (1901), 147; **323** (1902), 135; **353** (1907), 221, 224; **357**, 49; **360**, 28; **368**, 1].

b) zur synthetischen Gewinnung der Methen- und ganz im allgemeinen semicyclischer Kohlenwasserstoffe [A. **314** (1901), 160; **323** (1902), 135; **343** (1905), 51; **347** (1906), 316], u. a. auch zur Synthese von o-, m- und p-Menthenen [A. **360**, 28ff.; **365**, 255].

B. Verhalten.

1. Für die längst bekannte Veränderlichkeit der Terpenkohlenwasserstoffe kommen 3 Ursachen in Betracht.

a) Isomerisation, die sowohl durch Säuren als auch unter dem Einfluß erhöhter Temperatur erfolgen kann (z. B. Übergang von Pinen in Dipenten, vgl. S. 18 und 25).

b) Polymerisationsfähigkeit. Diese wird unter dem Einfluß der Belichtung [Übergang von Isopren in kautschukartige Masse (A. **239** (1887), 48)] und der erhöhten Temperatur [A. **227** (1884), 282 und a. a. O.] gesteigert, nach neueren Beobachtungen u. a. auch durch Berührung mit leichtem Metall (Natrium) [A. **374** (1910), 215].

c) Die Fähigkeit mancher Kohlenwasserstoffe, Sauerstoff zu absorbieren. Diese ist eingehender studiert beim β-Phellandren [A. **343** (1905), 29] und β-Terpinen [A. **362** (1908), 291] und kommt in viel höherem Grade den zweifach ungesättigten als den einfach ungesättigten Kohlenwasserstoffen zu.

2. Die Veränderlichkeit der ungesättigten alicyclischen Kohlenwasserstoffe läßt sich am schärfsten durch Beobachtung der optischen Konstanten (Brechungsexponent und Dispersionsvermögen) verfolgen, kommt in vielen Fällen aber auch durch Verschiebung der Dichte und des Siedepunkts zum Ausdruck (vgl. S. 189).

Es ist nach dem unter 1 Gesagten selbstverständlich, daß man leichtveränderliche ungesättigte Kohlenwasserstoffe zwecks Reindarstellung (z. B. zur Feststellung ihrer optischen Eigenschaften und sonstigen Konstanten) nur im Vakuum fraktionieren darf und sie für die Untersuchung dann sofort verwenden muß.

3. Das physikalische und chemische Verhalten der Kohlenwasserstoffe mit semicyclischer Bindung, namentlich auch im Vergleich mit den Isomeren, welche die Äthylenbindung im Kern haben, ist bei α- und β-Phellandren [A. **336** (1904), 9, 42ff.; **340** (1905), 2ff.] und eingehender bei den synthetisch gewonnenen einfachsten Repräsentanten [A. **347** (1906), 318ff.; **360**, 34, 37ff.] zur Sprache gebracht. In chemischer Beziehung ist hauptsächlich hervorzuheben: die Überführung der Methenkohlenwasserstoffe in Glycole, die zu Aldehyden abwandelbar sind, ihre Inversionsfähigkeit durch Säuren und die Additionsfähigkeit zu NOCl.

Über die physikalischen Eigenschaften siehe Kap. VI, S. 167 u. 183.

4. Die Erfahrungen über die Additionsfähigkeit der Terpene zu Halogen, Halogenwasserstoff, NOCl, N_2O_4, N_2O_3 usw. siehe Kapitel IV, S. 59—63 und 69—78.

5. Über die Schwierigkeit der Trennung isomerer Kohlenwasserstoffe und von Kohlenwasserstoffgemischen siehe z. B. A. **360**, 35; **363**, 13, 14; **365**, 259; **369**, 95; **374**, 198, 199ff.; **395**, 77; **396**, 265.

2. Alkohole.

a) Einwertige Alkohole.

A. Darstellung.

Zur Darstellung einer großen Reihe neuer Alkohole kamen im wesentlichen bekannte Verfahren zur Anwendung, nämlich:

1. Reduktion von Ketonen und von Aldehyden.

2. Umsetzung von Basen mit salpetriger Säure. (Über die gleichzeitige Entstehung isomerer Alkohole bei der Umsetzung von primären Basen und salpetriger Säure siehe oben S. 39 und S. 156ff. Umlagerungen dabei siehe A. **353** (1907), 325.)

3. Aufbau tertiärer Alkohole aus Ketonen (z. B. aus Nopinon und Sabinaketon [A. **356**, 37; **357**, 64; **374**, 207; **388**, 61; **396**, 266, 271, 278, 283]) nach der Methode von Grignard.

4. Abspaltung von einem Molekül Wasser aus Glycolen (Terpineol- und Terpinenolbildung aus den zugehörigen Terpinen).

5. Anlagerung von H_2O an Kohlenwasserstoffe (aktives Terpinenol aus Sabinen [A. **356**, 215]) (vgl. S. 62—68).

6. Besonders zu erwähnen ist die Beobachtung über die Entstehung eines Alkohols bei der Reduktion eines Säureamids in alkoholischer Lösung mit Natrium, nämlich die Bildung von Isofencholenalkohol bei der Reduktion von Fencholensäureamid [A. **284** (1895), 339; **300** (1898), 309]:

„Die Entstehung von Isofencholenalkohol aus Fencholensäureamid „habe ich früher durch die Annahme zu erklären gesucht, daß das „Säureamid durch nascenten Wasserstoff unter Ammoniakabspaltung „intermediär in Aldehyd verwandelt wird, so daß man den Vorgang „der Alkoholbildung durch die Gleichungen ausdrücken könnte:

$$C_9H_{15}CONH_2 + H_2 = C_9H_{15}COH + NH_3\,,$$
$$C_9H_{15}COH + H_2 = C_9H_{15}CH_2OH\,.$$

„Der Vorgang ermangelt nun bisher der Analogie.[1] Die Ursache „dafür ist aber nicht schwer zu finden. Die meisten Säureamide sind „durch Alkali so leicht verseifbar, daß sie zerfallen, ehe der Wasser„stoff eine Spaltung der eben erörterten Art bewirken kann. Dagegen „ist das Fencholensäureamid gegen Alkali ganz außerordentlich be„ständig, daher greift der Wasserstoff die Verbindung an, bevor sie sich „durch hydrolytische Aufspaltung der Einwirkung entzieht. Übrigens „kann man sich davon überzeugen, daß eine spurenweise Bildung von „Alkohol auch bei der Reduktion sehr leicht spaltbarer Säureamide „auftritt. Löst man z. B. ganz reines, völlig geruchloses Benzamid in „absolutem Alkohol auf und trägt metallisches Natrium in die Lösung

[1] Diese Annahme war übrigens nicht ganz zutreffend (vgl. Guareschi, Zentralblatt **1904, II,** 883). Später ist die Reaktion von Bouveault weiter ausgearbeitet.

„ein, so macht sich nach einiger Zeit ein deutlicher Geruch nach „Benzylalkohol bemerklich.“ [A. **300** (1898), 309.]

B. Verhalten.

1. Neu war die Beobachtung, daß sich gewisse ungesättigte Alkohole durch Kochen mit Säuren direkt in Oxyde überführen lassen (vgl. unten S. 122).

2. Die Feststellung, daß partiell hydrierte Alkohole sich in Ketone überführen lassen, ohne daß der im Kern befindliche Wasserstoff fortoxydiert wird, war seinerzeit von gewisser Bedeutung. [Überführung von Dihydrocarveol in Dihydrocarvon A. **275** (1893), 114.]

3. Über die Methoden zur Wasserabspaltung aus Alkoholen siehe dieses Kapitel S. 122.

b) Mehrwertige Alkohole.

A. Darstellung.

1. Eine größere Anzahl 1,2-Glycole wurde gewonnen a) durch Oxydation der ungesättigten Kohlenwasserstoffe [A. **340** (1905), 14; **345** (1906), 148; **347** (1906), 320; **395**, 83; **396**, 267, 272, 282], b) aus Dibromiden und Dichloriden durch Austausch beim Behandeln mit Kali (oder Bleioxyd) [A. **350** (1906), 154; **396**, 268; siehe auch Kapitel IV, S. 80], c) aus Oxyketonen durch Umsetzung mit Magnesiumjodmethyl [A. **374**, 221 (1910)], siehe auch S. 87.

2. 1,4-Glycole wurden erhalten durch Aufnahme von 2 Molekülen Wasser aus den Kohlenwasserstoffen Sabinen und Thujen durch ungesättigte Alkohole hindurch:

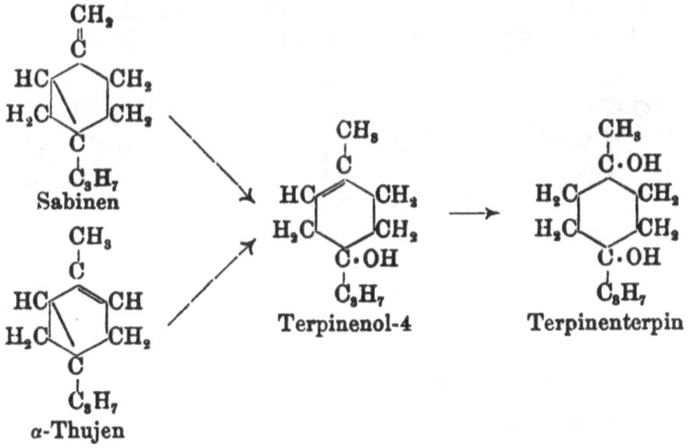

Ein neues 1,4-Terpin wurde durch Reduktion von Askaridol gewonnen [A. **392**, 61 (1912)].

3. Glycole können entstehen durch Anlagerung von Wasser an ungesättigte Alkohole oder an Alkohole mit intracyclischer oder intracarbocyclischer Bindung, z. B. Darstellung eines Glycols aus Isopulegol [A. **365**, 248] und aus Dihydrocarveol [A. **381**, 62], von Terpinenterpin aus Terpinenol, von cis-Terpin aus Homonopinol, eines Glycols aus Sabinol (vg. auch Kapitel IV, S. 64ff.), der höheren Homologen des cis-Terpins und des Terpinenterpins

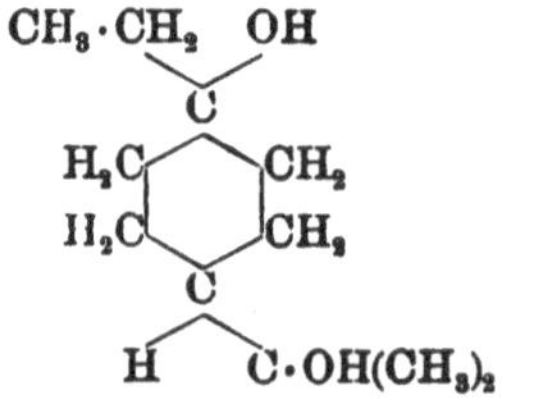

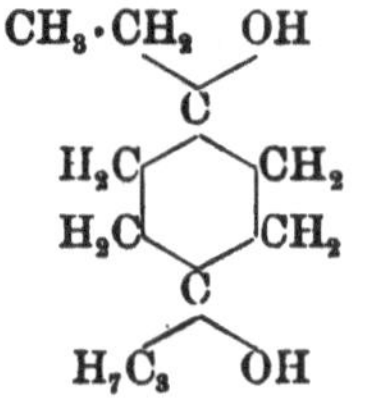

aus Äthylnopinol bzw. Äthylsabinaketol.

4. Von dreiwertigen Alkoholen wurden u. a. folgende sechs isomere Trioxyterpane, $C_{10}H_{20}O_3$, durch Oxydation entsprechender ungesättigter einwertiger Alkohole gewonnen:

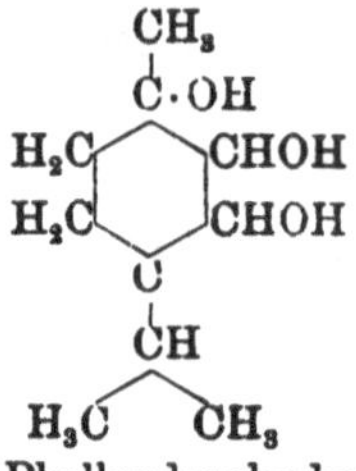

aus Phellandrenhydrat
[A. **359** (1908), 286]

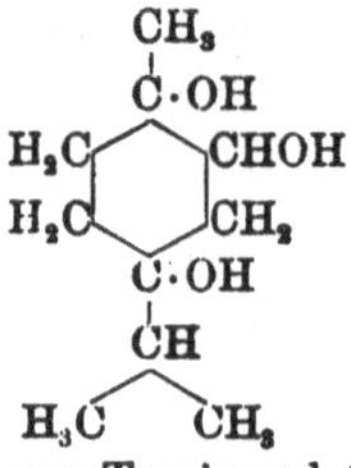

aus Terpinenol-4
[A. **350**, 170; **356**, 207]

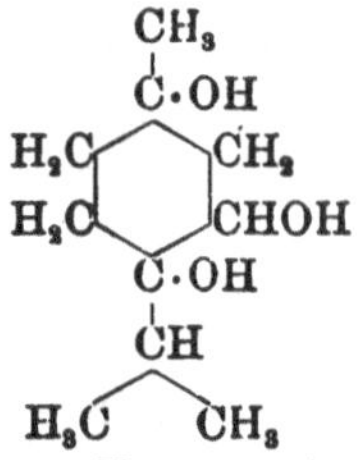

aus Terpinenol-1
[unv. B.]

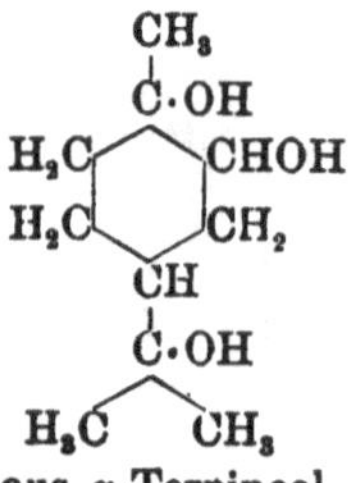

aus α-Terpineol
[A. **275**, 152]

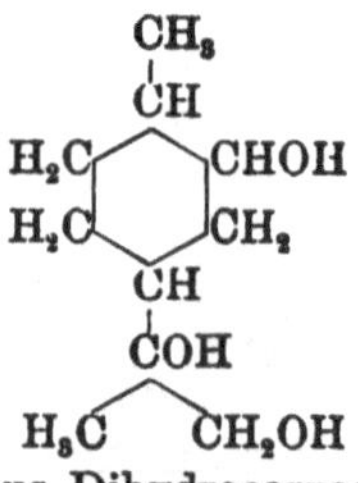

aus Dihydrocarveol
[A. **275**, 154; **277**, 151]

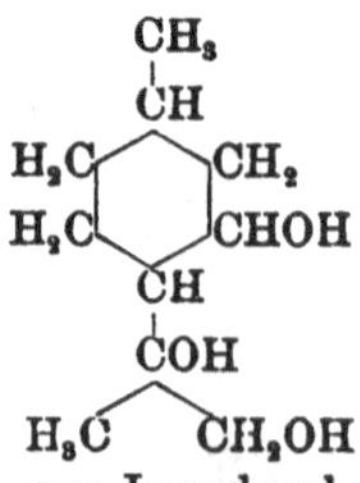

aus Isopulegol
[A. **360**, 102]

5. Ein Erythrit entstand aus dem aus Sabinol erhaltenen Glycol (siehe oben) durch Oxydation mit Permanganat [A. **360**, 99] und bei

der Oxydation von rohem Terpinen [A. **362**, 298 (1908)] und von Terpinolen [A. **368**, 10 (1909)].

B. Verhalten.

1,2-Glycole sind mit Wasserdämpfen mehr oder weniger leicht flüchtig, aber die Flüchtigkeit ist nicht auf diese Stellung der Hydroxyle beschränkt, denn auch 1,4-Terpin ist (im Gegensatz zu 1,8-Terpin) flüchtig, wenn auch schwerer [A. **374** (1910), 223].

Einige 1,2-Glycole wurden durch Wasserabspaltung in gesättigte Ketone übergeführt, z. B.

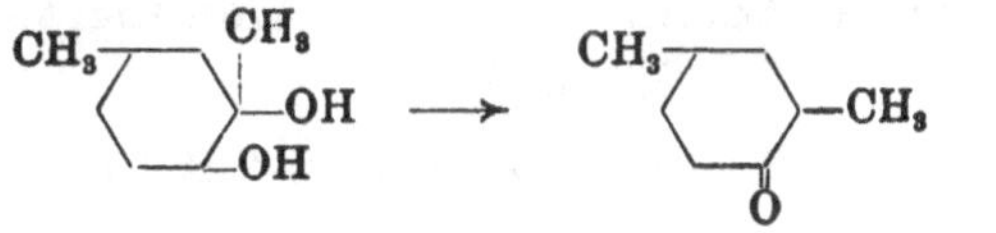

[A. **395** (1913), 80, 83; **397**, 197, s. ferner A. **397**, 193, 206.]

Die aus Methenkohlenwasserstoffen gewinnbaren 1,2-Glycole gehen unter dem Einflusse von Säuren entweder vorzugsweise in Aldehyde über oder in ungesättigte Alkohole. Letzteres tritt vorzugsweise dann ein, wenn das im Ring stehende Hydroxyl einem tertiären Wasserstoffatom benachbart steht [A. **345** (1906), 151; **347** (1906), 321; **360**, 85]. Folgende Beispiele erläutern den verschiedenen Verlauf des Vorganges:

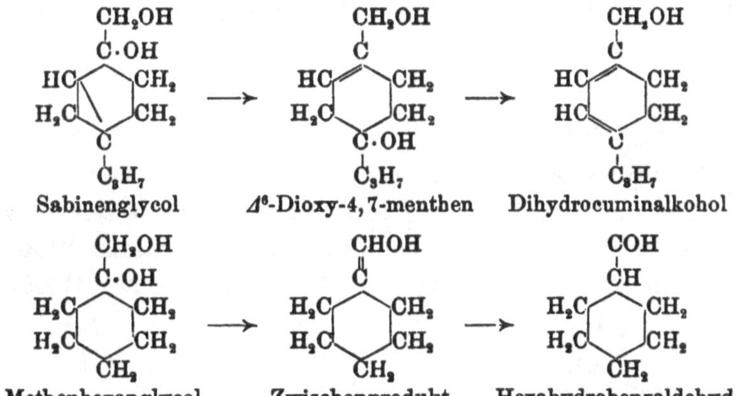

Glycole mit Fernstellung der Hydroxylgruppen können unter dem Einflusse von Säuren Kohlenwasserstoffe, ungesättigte Alkohole und Oxyde geben; z. B. cis-Terpin (1,8-Dioxyterpan) gibt viel Kohlenwasserstoff, α-Terpineol und sehr wenig Cineol, Terpinenterpin (1,4-Dioxyterpan) gibt dagegen überwiegend 1,4-Cineol neben

Terpinenol und sehr wenig Kohlenwasserstoff [A. **356** (1907), 204; **392** (1912), 61]. Die Trioxyterpane liefern, mit Säuren zerlegt, je nach der Stellung der Hydroxyle, ungesättigte Ketone (z. B. 1,2,8- und 1,2,4-Trioxyterpan geben Carvenon, 1,3,4-Trioxyterpan gibt Menthenon) oder auch ungesättigte Oxyde [A. **277** (1893), 152; **279** (1894), 386; **324** (1902), 88].

3. Aldehyde.

A. Darstellung.

1. Das bekannte Verfahren, das als Ausgangspunkt die Säurenitrile nimmt:

$$RCN \text{ (Nitril)} \rightarrow RCH_2\cdot NH_2 \text{ (Base)} \rightarrow RCH_2OH \text{ (Alkohol)} \rightarrow RCOH \text{ (Aldehyd)},$$

ist praktisch namentlich zur Gewinnung des Menthocitronellals aus Menthonitril angewandt worden [A. **278** (1894), 317].

2. Die Entstehung von Aldehyden (neben Aldoximen) bei der Reduktion von Nitroverbindungen wurde namentlich am Beispiele der Bildung von hydriertem Cuminaldehyd aus Nitro-β-phellandren gezeigt [A. **340** (1905), 3]:

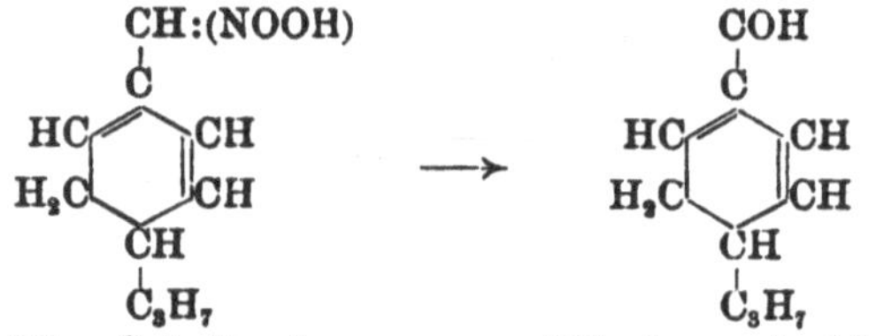

Nitro-β-phellandren Dihydrocuminaldehyd

3. Eine ganze Anzahl von Aldehyden (z. B. Suberanaldehyd, Hexahydrobenzaldehyd, Tetrahydrocuminaldehyd) wurden aus Glycolen gewonnen, die bei der Oxydation von Methenkohlenwasserstoffen entstehen [siehe S. 127, namentlich A. **340** (1905), 14; **347** (1906), 321]:

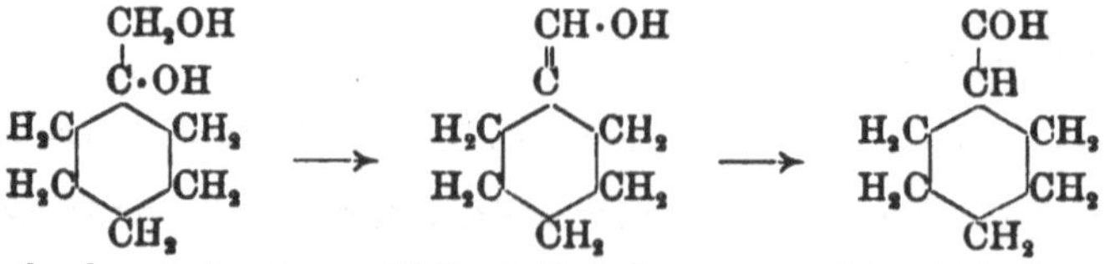

Methenhexanglycol Unbest. Zwischenprodukt Hexahydrobenzaldehyd

4. Die Nitrosochloride von Methenverbindungen liefern mit Halogenwasserstoff abspaltenden Mitteln Oxime ungesättigter

Aldehyde, die man dann in ungesättigte Aldehyde abwandeln kann [siehe Aldehyd aus β-Terpineol A. **345** (1906), 132, ferner namentlich A. **347** (1906), 322].

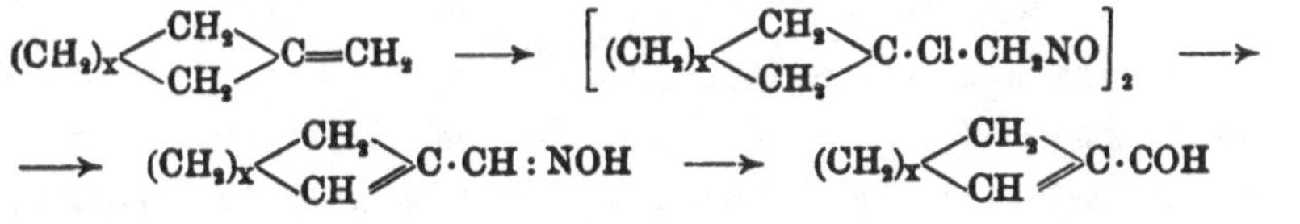

B. Verhalten.

Gelegentlich der Untersuchung der vollkommen hydrierten Aldehyde der verschiedenen Ringsysteme wurde deren große Polymerisationsfähigkeit und Kondensationsfähigkeit festgestellt [A. **347** (1906), 334], ferner die Gesetzmäßigkeit, daß die Semicarbazone der gesättigten cyclischen Aldehyde löslicher sind und niedriger schmelzen, als die der ungesättigten [A. **347** (1906), 322].

Bezüglich der verschiedenen Kondensationsfähigkeit des ortho-Nitrobenzaldehyds im Vergleich mit m- und p-Nitrobenzaldehyd gegenüber cyclischen Ketonen siehe Kapitel IV, S. 111 und G. N. **1907**, 401.

4. Ketone.

A. Darstellung.

1. Bei der Überführung ungesättigter sekundärer Alkohole in Ketone wurde, um Umlagerungen möglichst vorzubeugen, unter Vermeidung von Mineralsäuren in Eisessiglösung mit der berechneten Menge Chromsäureanhydrid oxydiert (siehe Kapitel IV, S. 105).

2. Die Entstehung von Ketonen (neben Ketoximen) wurde bei der Reduktion von Nitriten (α-Phellandrennitrit, Anetholnitrit, Terpinennitrosit) bzw. der zugehörigen Nitroverbindungen beobachtet [A. **287** (1895), 377; **313** (1900), 363; **332** (1904), 315ff.]. Beispiele:

$$\underset{\text{Anetholnitrit}}{C_6H_4(OCH_3)CH(NO)CH(NO_2)CH_3} \longrightarrow \underset{\text{Nitroverbindung}}{C_6H_4(OCH_3)CH:C(NO_2)CH_3} \longrightarrow$$

$$\longrightarrow \underset{\text{Ketoxim}}{C_6H_4(OCH_3)CH_2\cdot C(NOH)CH_3} \longrightarrow \underset{\text{Keton}}{C_6H_4(OCH_3)CH_2\cdot CO\cdot CH_3}$$

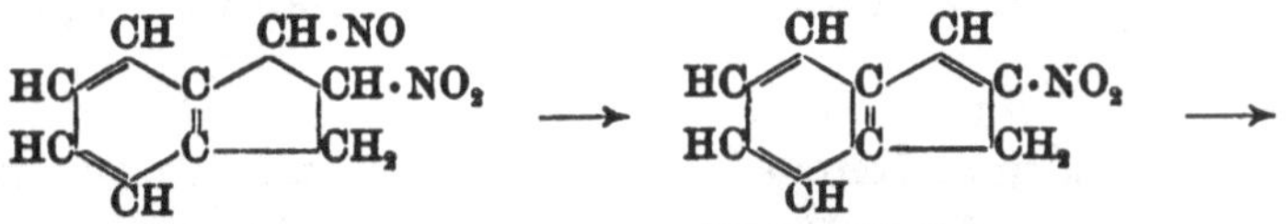

Indennitrit Nitroverbindung

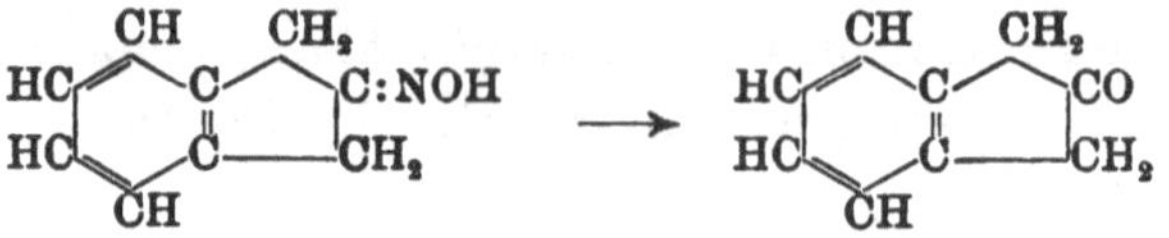

Ketoxim — β-Hydrindon

3. In sehr zahlreichen Fällen kamen die Nitrosochloride der ungesättigten Kohlenwasserstoffe zur Verwendung, um von diesen zu Ketoximen und weiter zu ungesättigten und gesättigten Ketonen zu gelangen und zwar sowohl zu solchen, die CO im Ring, als auch solchen, die CO in der Seitenkette tragen (z. B. synthetisches Methylhexenon und Methylhexanon aus Methylhexen). Insbesondere hat sich dieses Verfahren, auf semicyclische Kohlenwasserstoffe angewandt, auch zu einer Darstellungsmethode für extracyclische hydrierte Ketone ausbilden lassen [A. **360**, 39]:

$$(CH_2)_x\left<{CH_2 \atop CH_2}\right>C{=}CH\cdot R \xrightarrow{+NOCl} (CH_2)_x\left<{CH_2 \atop CH_2}\right>C(Cl){-}C(NOH)\cdot R \longrightarrow$$

$$\longrightarrow (CH_2)_x\left<{CH \atop CH_2}\right>C{-}C(NOH)\cdot R \longrightarrow (CH_2)_x\left<{CH \atop CH_2}\right>C{-}CO\cdot R$$

4. Häufig sieht man Ketone bei der Reduktion von Oximen mit Natrium (neben Basen) entstehen. Die Bildung von Ketonen unter diesen Bedingungen ist so zu erklären, daß die Oxime zunächst zu Iminen reduziert werden, die dann zum Teil der Hydrolyse verfallen (ehe sie Wasserstoff aufnehmen) [A. **389**, 185]:

$$(CH_2)_x{>}C:NOH \longrightarrow (CH_2)_x{>}C:NH \longrightarrow (CH_2)_x{>}C:O + NH_3$$

Auf einem entsprechenden Vorgang beruht die Möglichkeit, Nitrosochloride in Eisessiglösung mit Zink direkt zu gesättigten Ketonen (bzw. Alkoholen) zu reduzieren:

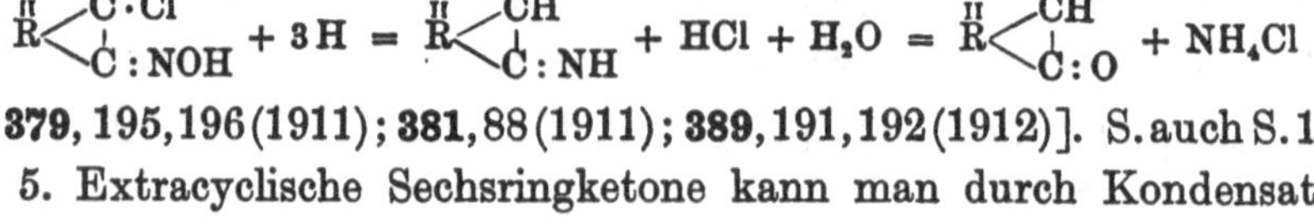

[A. **379**, 195, 196 (1911); **381**, 88 (1911); **389**, 191, 192 (1912)]. S. auch S. 145.

5. Extracyclische Sechsringketone kann man durch Kondensation von Cyclohexanonen mit Aceton bereiten:

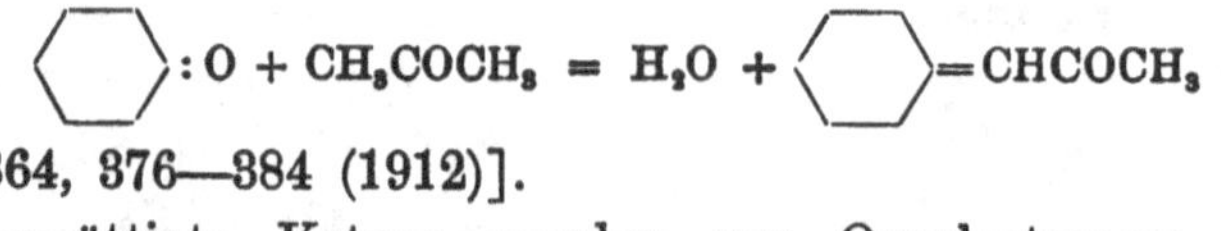

[A. **394**, 364, 376—384 (1912)].

6. Ungesättigte Ketone wurden aus Oxyketonen dargestellt die man ihrerseits durch Umsetzung von Nitrosochloriden mit Natrium·

acetat und Verseifung der entstehenden Acetate gewinnen kann [A. **374**, 220 (1910)], s. auch S. 87.

7. Eine Reihe cyclischer Ketone wurden durch Wasserabspaltung aus 1,2-Glycolen dargestellt (s. S. 127).

8. Unter intermediärer Entstehung einer Ketocarbonsäure kommt man vom Tanacetondicarbonsäureester zum Tanacetophoron bzw. Isopropylpentanon [A. **388**, 56, 57 (1912)].

9. Die Selbstkondensation einer δ-Ketosäure führte zu einem Diketon [A. **381**, 107, 110 (1911)].

10. Abspaltung von Kohlendioxyd aus Ketonsäuren führte zu Ketonen z. B. von den Thujaketosäuren zum „Thujaketon" [A. **272** (1893), 116; **275** (1893), 164].

11. α-Oxysäuren wurden zu Ketonen aboxydiert. (Z. B. Gewinnung von Fenchocamphoron aus Oxyfenchensäure [A. **300** (1898), 314], von Campher aus Oxyhomocamphenylsäure [A. **353** (1907), 225]). Eine verbesserte Darstellungsmethode wurde ausgearbeitet für die Gewinnung von Nopinon aus l-Nopinsäure [A. **356** (1907), 231] und von Sabinaketon aus Sabinensäure [A. **359** (1908), 266].

12. Als besondere, bisher ohne Analogie dastehende Bildungsweise eines Ketons ist die Entstehung des Methylheptenons aus Cineolsäure (einer Oxyddicarbonsäure) zu betrachten (s. S. 119 u. Speziellen Teil).

13. Ketone wurden auch aus Ketoglykolen und Glycerinen erhalten, z. B. aus den Hydroxylanlagerungsprodukten des Dihydrocarvons und Isopulegols, aus dem 1,2,8-Trioxymenthan aus α-Terpineol, dem 1,2,4-Trioxymenthan aus Terpinenol-4, dem 1,3,4-Trioxymenthan aus Terpinenol-1 (s. S. 128):

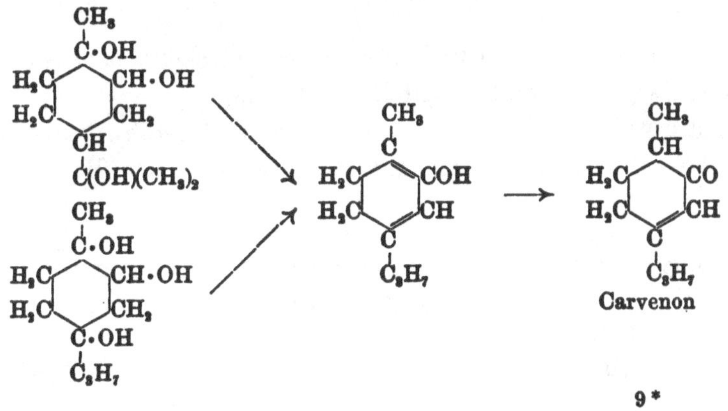

14. Aus einem Oxylacton entstand durch Kohlendioxydabspaltung das Pulenon [A. **329** (1903), 82]:

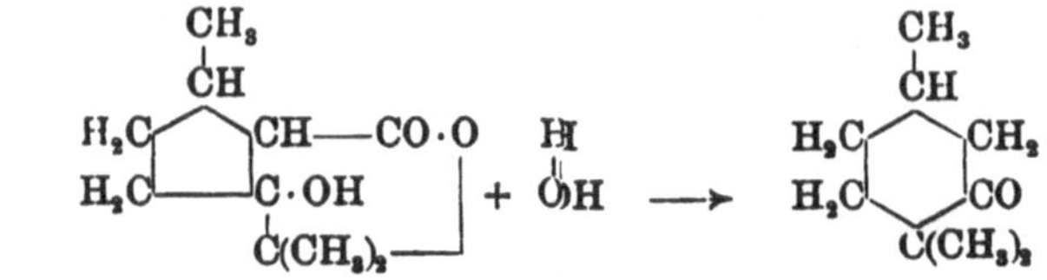

15. Ketone wurden aus den Bromadditionsprodukten von Propenylverbindungen gewonnen [B. **28** (1895), 2714; A. **332** (1904), 317]:

$R\cdot CH:CHCH_3 \longrightarrow R\cdot CHBrCHBrCH_3 \longrightarrow RCBr:CHCH_3 \longrightarrow RCOCH_2CH_3$.

16. Eine eigenartige Bildung eines Ketons wurde beim Behandeln einer sekundären Base, nämlich der aus Methylheptenylamin erhaltenen Base $C_8H_{15}N$, mit salpetriger Säure beobachtet, die sich dabei in ein isomeres Methylheptenon verwandelt [A. **319** (1901), 106, 119; B. **38** (1905), 2804] (s. auch Speziellen Teil):

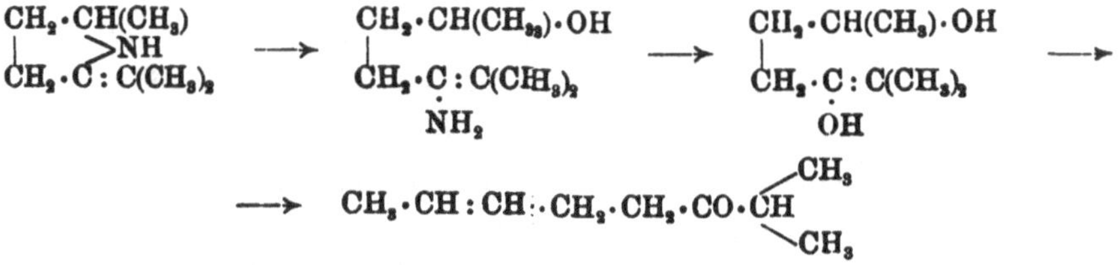

17. Cyclylmethylamine wurden durch salpetrige Säure in Ketone höherer Ringhomologen übergeführt (vgl. S. 38 und 156).

Bei dieser Gelegenheit wurde das Cyclooctanon

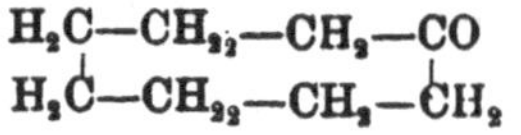

zum ersten Male rein dargestellt und genau charakterisiert [A. **353** (1907), 327].

18. Bicyclische Ketone wurden durch Selbstkondensation der cyclischen dargestellt (vgl. Kapitel IV, S. 109).

19. Ein Diketon (das ω-Dimethylacetonylaceton) entstand beim Abbau des 1,2,4-Trioxyterpans mit Permanganat [unv. B.]:

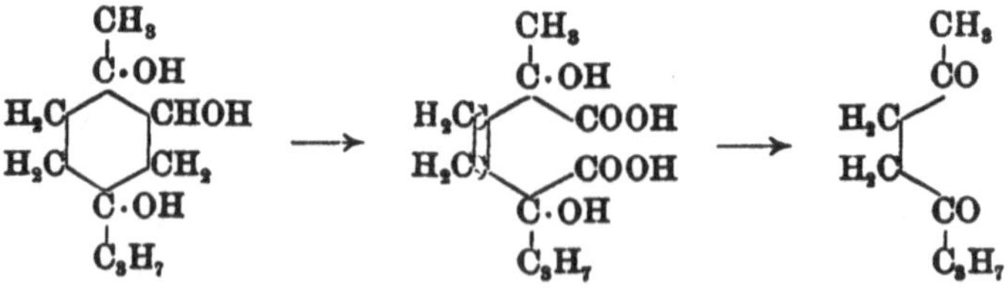

B. Verhalten.

Die Ketone gehören sowohl ihres natürlichen Vorkommens als ihrer leichten Bildung und ihrer Abwandlungsfähigkeit wegen zu der wichtigsten Gruppe der alicyclischen Verbindungen.

Die ungesättigten cyclischen Ketone sind zum Teil entsprechend veränderlich wie die ungesättigten Kohlenwasserstoffe. Manche (Eucarvon, Methylisopropylhexenon u. a.) lassen sich nicht ohne Veränderung unter gewöhnlichem Druck destillieren. Mit Natrium dürfen sie nicht in Berührung gebracht werden, denn selbst die gesättigten Ketone werden — namentlich schnell beim Sieden — durch Natrium tiefgreifend verändert [A. **369**, 65, 98 (1909)]. Die ungesättigten neigen (namentlich bei Gegenwart von Alkali) auch sehr zur Sauerstoffaufnahme.

Die ungesättigten (insbesondere die α-β-ungesättigten) Ketone sind in der Regel in Wasser ganz erheblich löslicher als die zugehörigen gesättigten (z. B. ist Tanacetophoron (Isopropylpentenon) viel löslicher als Isopropylpentanon usw.). Außerdem kommt ihnen eine mehr oder weniger gelbe Farbe zu (die manchmal stark ausgeprägt ist), während die zugehörigen gesättigten Ketone farblos sind.

Die extracyclischen Ketone unterscheiden sich von den eigentlichen Ringketonen oft durch einen ganz abweichenden, manchmal an Amylacetat [z. B. Pinolon, 1,3-Acetylisopropylcyclopentanon; A. **306**, 276, **384**, 201], manchmal an Anis [z. B. Tetrahydroacetyltoluol; A. **374**, 206] erinnernden Geruch.

Bei der Darstellung der Ketone durch ihre Oxime hindurch ist sehr zu beachten, daß letztere durch Säuren manchmal nur langsam hydrolysiert werden und daß die Oxime mit Wasserdampf flüchtig sind. Man erhält daher durch Kochen der Oxime mit Säuren selten die Ketone ganz rein, sondern muß sie zwecks Reindarstellung in Semicarbazone überführen und diese dann mit Oxalsäure (oder Phtalsäure) zerlegen [A. **374**, 205].

Die ungesättigten Ketone lassen sich — ganz unabhängig von der Lage der Äthylenbindungen zum Carbonyl — bei Gegenwart von Palladium (Methode nach Paal oder nach Skita) durch freien Wasserstoff leicht zu gesättigten Ketonen reduzieren, ohne daß dabei erhebliche Mengen der zugehörigen Alkohole entstehen [A. **381** (1911), 53, 64, 67, 84, 85, 89, 102; **384**, 200 (1911); **389**, 177, 179 (1912); **392**, 71 (1912); **394** (1912) 370, 374, 377, 379, 381, 384].

Von sonstigen Beobachtungen sind etwa folgende besonders hervorzuheben:

1. Daß cyclische Ketone sich mit SO_3NaH vereinigen können (während man auf Grund des Verhaltens von Menthon und Campher geneigt war, das Gegenteil anzunehmen), wurde zuerst am Beispiele des Dihydrocarvons gezeigt [A. **275** (1893), 115, 132]. Gleich darauf wurde dieselbe Tatsache von Hagemann [B. **26** (1893), 884] beim Methylketohexylen und von Wislicenus [A. **275** (1893), 312, 358, 362] beim Cyclopentanon und -hexanon festgestellt.

2. Der erste Fall von Polymerisationsfähigkeit eines Ketons wurde beim Isopropylcyclohexenon beobachtet [A. **359** (1908), 281].

3. Ungesättigte Ketone sind unter Umständen imstande, beim Kochen mit Silberoxyd dieses unter Bildung eines Silberspiegels zu reduzieren [unv. B.].

4. Cyclische Ketone verhalten sich bei der Kondensation im allgemeinen wie die acyclischen. An der Hand der drei Methylcyclohexanone wurde gezeigt, daß die ortho-Stellung des CH_3 zum CO die Kondensationsfähigkeit herabdrückt (vgl. Kapitel IV, S. 108—113). Über das abweichende Verhalten der Ketone verschiedener Ringsysteme bei der Kondensation mit Aceton s. S. 113—114.

5. Cyclische Ketone lassen sich ebensogut wie acyclische mit Mercaptanen zu Mercaptolen kondensieren und in Sulfonale überführen [B. **31** (1898), 338], siehe S. 116.

6. Durch direkte Reduktion von Carvon zu Dihydrocarvon [A. **279** (1894), 377] gelang es zuerst, für cyclische Ketone den Nachweis zu führen, daß — namentlich in alkalischer Flüssigkeit (Zink + Natronlauge) — bei Nachbarstellung von Äthylenbindung und Carbonyl die Kohlenstoffdoppelbindung früher reduziert wird als die Carbonylgruppe.

7. Bei der unter 6 erwähnten Reduktion bilden sich neben höher hydrierten Ketonen gleichzeitig durch einen der Pinakonbildung entsprechenden Vorgang Diketone (Dicarvelone) [A. **279** (1894), 379; **305** (1899), 223—237], vgl. S. 116:

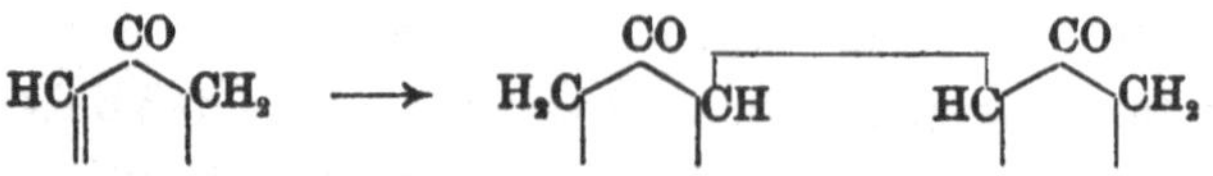

8. Cyclische Ketone mit Nachbarstellung der Äthylenbindung zur Carbonylgruppe verbinden sich mit Schwefelwasserstoff [Beispiele:

Pinocarvon, Carvotanaceton, Isopropyl-1-hexenon-4 (vgl. Kap. IV, S. 68)].

9. Im Methylhexylenketon (Methylheptenon) und Methylheptylenketon (Thujaketon) wurden Ketone bekannt, deren Neigung zur Selbstkondensation die erste Synthese partiell hydrierter Benzolkohlenwasserstoffe ermöglichte (Kap. IV, S. 117).

10. Über die Kondensationsfähigkeit cyclischer Ketone mit halogenisierten Säureestern siehe S. 116 und 157, mit Ameisensäureester (Oxymethylenverbindungen) siehe S. 115 und 146.

11. Über das Verhalten mehrfach ungesättigter Ketoxime bei partieller Reduktion siehe folgenden Abschnitt.

5. Oxime.

A. Darstellung.

Für die Gewinnung einiger Ketoxime wurden besondere Vorschriften ausgearbeitet: Carvoxim [A. **275** (1893), 118; **277** (1893), 133 Anm.]; Tetrahydrocarvoxim [A. **277** (1893), 133]; Isothujonoxim [A. **286** (1895), 103]; Fenchonoxim [A. **263** (1891), 136; **272** (1893), 104]; Pulegonoxim [A. **277** (1893), 160].

Die Neigung cyclischer Ketone, sich mit Hydroxylamin umzusetzen, ist eine recht verschiedene. Manchmal genügt es, das Keton mit wäßrigen Lösungen von Hydroxylaminchlorhydrat (am besten unter Zusatz von etwas Ammoniak) zu schütteln, um fast augenblicklich Oximbildung hervorzurufen [z. B. 1,3-Methylcyclopentanon, 1,3-Methylcyclohexanon (aktiv)], bei anderen verläuft der Vorgang unter diesen Bedingungen langsamer oder gar nicht (Menthon) [A. **397**, 202 (1913)].

Die Bildung mancher Oxime gelingt nur bei Anwesenheit von sehr viel überschüssigem Alkali [A. **277** (1893), 160; **289** (1896), 347]; dabei kann aber Isomerisation eintreten.

Über die Darstellung von Ketoximen und Aldoximen aus Nitrosochloriden vgl. Kap. IV, S. 90.

B. Verhalten.

1. Die Oxime cyclischer Ketone sind mehr oder weniger leicht mit Wasserdämpfen flüchtig. Ihre Hydrolyse durch Säuren erfolgt auch beim Kochen nicht immer schnell und vollständig (sehr widerstandsfähig ist z. B. Nitrosopinen). Vgl. S. 133.

2. Verschiedene Oximmodifikationen wurden u. a. beim Dihydrocarvoxim [A. **279** (1894), 213] beobachtet. Stereoisomere Modifikationen von Oximen wurden neuerdings mehrfach aufgefunden, als ungesättigte Oxime mit Palladium-Wasserstoff reduziert wurden (z. B. beim Pinocamphonoxim [A. **389**, 185 (1912)] Tetrahydroeucarvoxim).

Bei der partiellen Reduktion von Carvoxim und Eucarvoxim mit freiem Wasserstoff werden die in α-β-Stellung zu der Oximgruppe liegenden Äthylenbindungen schwerer aufgelöst als die ferner stehenden (s. Speziellen Teil).

3. Über die Anlagerung von Hydroxylamin an ungesättigte Oxime siehe Kap. IV, S. 78.

4. Über die Isomerisation von Oximen zu Isoximen siehe Kap. III, S. 28ff. und den folgenden Abschnitt S. 139.

5. Über die Umwandlung von Carvoxim in Amidothymol [A. **279** (1894), 369], von Carvoxim in Carvacrylamin [A. **279** (1894), 374], von Isocarvoxim in Carvolin [A. **346** (1906), 266], von Menthonoxim in Decylsäure [A. **296** (1897), 126] usw. siehe im speziellen Teile und in Kapitel III, S. 28ff.

6. Über die Aufspaltung cyclischer Ketoxime zu aliphatischen ungesättigten Nitrilen [A. **259** (1890), 328; **277** (1893), 155, 158; **278** (1894), 303, 320; **296** (1897), 122; **309** (1899), 1; **312** (1900), 172; **323** (1902), 332; **329** (1903), 101, 106] oder zu aliphatischen Amidosäuren [A. **312** (1900), 179, 185, 195, 197, 203, 206; **323** (1902), 323; **324** (1902), 108, 286; **343** (1905), 44, 45; **346** (1906), 254, 255] wurde u. a. folgendes mitgeteilt:

„Die Leichtigkeit, mit der beim Campheroxim und Fenchonoxim „der Vorgang der Nitrilbildung sich vollzieht, muß natürlich in der „Konfiguration der Verbindungen eine besondere Ursache haben. Es „war aber zu untersuchen, ob andere cyclische Ketonoxime, welche mit „verdünnten Säuren Ketone regenerieren, nicht unter dem Einfluß „energischer Wasser entziehender Agenzien sich auch würden in Nitrile „verwandeln lassen. In diesem Falle würde die wichtige Reaktion der „Nitrilbildung beim Campher und Fenchon dann kein alleinstehender „Prozeß sein, und der Einblick in den Mechanismus der Reaktion „würde sich mit Sicherheit gewinnen lassen. Die Erwartungen, mit „denen diese Versuche in Angriff genommen wurden, sind in vollstem „Maße in Erfüllung gegangen." [A. **277** (1893), 155.]

„Am Campheroxim ist bekanntlich zuerst die Beobachtung gemacht „worden, daß ein Ketoxim durch Wasserabspaltung in ein Nitril übergeführt werden kann. H. Goldschmidt [B. **20** (1887), 484] und Leuckart „[B. **20** (1887), 110] haben gezeigt, daß diese Reaktion beim Campher„oxim sogar schon bei Anwendung verdünnter Mineralsäuren gelingt.

„Ein entsprechendes Verhalten fand ich dann beim Fenchonoxim „auf [A. **259** (1890), 328] und habe gleichzeitig den Beweis dafür „erbracht, daß sowohl Camphonitril wie Fenchonitril noch cyclische „Verbindungen sind, während das Camphonitril bis dahin meist als „acyclische Verbindung angesprochen wurde [A. **269** (1892), 345]. Heute „kann man nicht mehr daran zweifeln, daß Campher und Fenchon „bicyclische Verbindungen vorstellen und daß bei beiden die Nitril„bildung auf leichte Sprengung des die Oximgruppe tragenden Kohlen„stoffringes zurückzuführen ist.

„Die Zahl der bekannten, wie Campheroxim und Fenchonoxim „reagierenden, d. h. zum Zerfall des Ketoxim enthaltenden Ringes be„sonders neigenden cyclischen Ketoxime ist noch eine sehr spärliche. „Ich habe ein ähnliches Verhalten nur noch beim Oxim des Fencho„camphorons [A. **300** (1898), 316] und beim Pinocamphonoxim [A. **300** „(1898), 288] nachweisen können. Dagegen habe ich schon vor längerer „Zeit gezeigt, daß energischer Wasser entziehende Mittel, wie Phosphor„pentoxyd, auch fester gefügte Ketoxime (wie Menthonoxim und Tetra„hydrocarvonoxim) in Nitrile zu verwandeln vermögen, und neuerdings „ist der Beweis geführt [A. **309** (1899), 1], daß man es hier mit einer „allgemein gültigen Reaktion zu tun hat. Oxime pentacyclischer „(Methylpentanon), hexacyclischer (Methylhexanon) und heptacycli„scher (Suberon) Ketone ließen sich mit Hilfe von Phosphorpentoxyd „leicht zu aliphatischen Nitrilen aufspalten. Daneben traten Basen der „Pyridinreihe und Kohlenwasserstoffe auf.

„Diese Reaktion schien für die Darstellung noch nicht bekannter „ungesättigter Säuren und auch für Konstitutionsbestimmungen von „Vorteil werden zu können. Für den letzteren Zweck angewendet, „hätte sie aber das Bedenken, daß bei der meist sehr energisch ver„laufenden Einwirkung der Phosphorverbindung sekundäre Reaktionen „unter Bindungsverschiebung nicht ausgeschlossen sind. Auch tritt die „Nitrilbildung unter Umständen zurück, während basische Verbindungen „und Kohlenwasserstoffe als Hauptprodukte erscheinen.

„Es blieb daher wünschenswert, eine Reaktion zur Verfügung zu „haben, welche die Ringsprengung der cyclischen Oxime bei einheit- „lichem Reaktionsverlauf in durchsichtiger Weise bewirkt.

„Für die gesättigten cyclischen Ketone verschiedener Ring- „systeme hat sich das nunmehr in sehr befriedigender Weise durch- „führen lassen. Wenn man nämlich die Cycloketoxime zunächst in „Cycloisoxime überführt, so ist es unter richtigen Bedingungen mög- „lich, diese glatt in gesättigte Amidosäuren der Fettreihe zu ver- „wandeln.

„Auf diese Weise ist eine neue Darstellungsmethode für „Amidosäuren erschlossen, von denen man bis jetzt nur verhältnis- „mäßig wenige Repräsentanten kannte.

„Da sich ferner die Amidosäuren nach bekanntem Schema ab- „bauen lassen, so ist nunmehr ein wesentliches Hilfsmittel für Kon- „stitutionsbestimmungen in der Reihe der gesättigten cyclischen Ketone „geschaffen, nachdem festgestellt ist, welche Bindungsverschiebungen „eintreten, wenn die Oxime von Ketonen verschiedener Ringsysteme „in Isoxime übergehen.“ [A. **312** (1900), 171.]

„Welche Konfiguration müssen Oxime cyclischer Ketone „besitzen, damit sie leicht unter Ringsprengung in Nitrile „übergehen? Die Antwort würde jetzt lauten: Die Nitrilbildung „findet immer dann leicht statt, wenn die bei Umlagerung der „Oxime entstehenden Isoxime bei der Aufspaltung Amide „von Oxysäuren würden liefern können (es ist anzunehmen, daß „die Amide schon im Entstehungszustande in Nitril zerfallen, denn die „einmal fertig gebildeten Amide neigen weniger zur Wasserabgabe), „welche wegen der Stellung des Hydroxyls zur Wasser- „abspaltung geneigt sind.

„Hydroxyl pflegt sich nun erfahrungsgemäß unter Entstehung einer „Äthylenbindung besonders leicht z. B. dann abzuspalten, wenn es „tertiär an Kohlenstoff gebunden ist. . . .

„. . . Nun kennen wir Oxime, die schon unter dem Einflusse ganz „verdünnter Säuren in Nitrile übergehen, z. B. Campheroxim.

„Bereits Bredt hat ganz richtig angenommen [A. **289** (1896), 16; „B. **26** (1893), 3055], daß diesem Übergange eine ‚Beckmannsche Um- „lagerung‘ vorausginge. Man darf den Vorgang nun folgendermaßen „noch detaillierter formulieren:

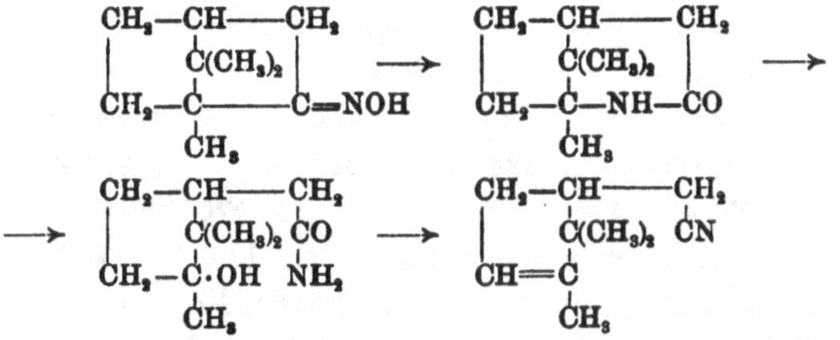

„und sieht dann, wie es sich auch hier um ein tertiär gebundenes „Hydroxyl in dem intermediär angenommenen Produkte handeln würde.

„Daß auch bei nicht tertiärer Bindung des Hydroxyls unter Um- „ständen eine Wasserabspaltung sehr gern erfolgt, ist bekannt, es wird „die Nitrilbildung aus Isoximen also auch nicht auf jene Konfiguration be- „schränkt sein. Daß man mit Hilfe sehr energisch Wasser abspaltender „Reagenzien schließlich wohl alle cyclischen Ketoxime in Nitrile ver- „wandeln kann, geht aus A. **309** (1899), 1 hervor." [A. **329** (1903), 106, 107.]

So weit das Zitat, welches die seinerzeit von mir gegebene Interpretation wiedergibt.

Ich möchte hier aber noch die Möglichkeit einer anderen Interpretation erwähnen. Man kann z. B. für Campheroxim auch eine hydrolytische Spaltung annehmen

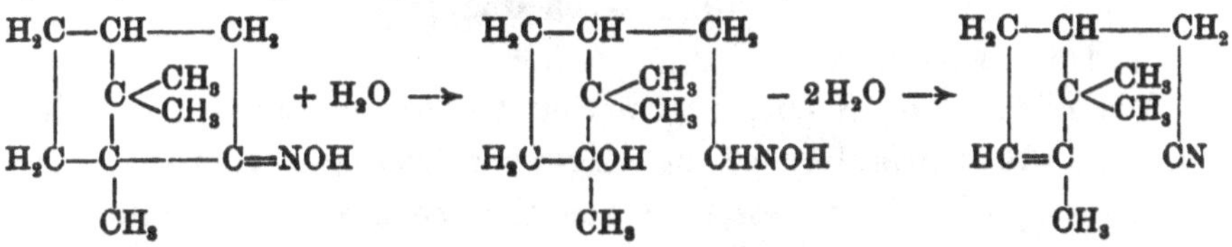

So käme man intermediär zu einem Oxyaldoxim, das auf der einen Seite durch Wasserabspaltung zu einem Nitril werden, auf der anderen durch Wasserabspaltung eine Äthylenbindung im Molekül erhalten würde.

Bei dieser Erklärung gibt man es allerdings auf, eine Analogie bezüglich der Umwandlung der Oxime herzustellen, die ein Nitril bilden und derer, die beständige Isoxime liefern.

6. Isoxime.

A. Darstellung.

Für die Isomerisation der cyclischen Oxime zu Isoximen wurde die Anwendung von Schwefelsäure bestimmter Konzentration bzw. von Eisessig-Schwefelsäure eingeführt.

Vorschriften für bestimmte Beispiele finden sich für:

Pentanon A. **312** (1900), 179; Hexanon A. **312** (1900), 187; Methylpentanon A. **312** (1900), 183; Methylhexanon A. **309** (1899), 2; **312** (1900), 191; Trimethylhexanon A. **324** (1902), 107; Suberon A. **309** (1899), 19; **312** (1900), 205; Menthon A. **277** (1893), 156; **278** (1894), 304, 322; **312** (1900), 197; Tetrahydrocarvon A. **277** (1893), 135, 155; **312** (1900), 203; **323** (1902), 323; Thujamenthon A. **324** (1902), 107; Cyclohexylhexanon A. **389** (1912) 170.

B. Verhalten.

1. Die Isoxime addieren Chlorwasserstoff, die entstehenden Produkte sind meist schwer löslich in Äther und verbinden sich mit $AuCl_3$ und $PtCl_4$ [A. **312** (1900), 178].

2. Die Auffassung der cyclischen Isoxime als Lactame wurde endgültig als richtig festgestellt [A. **312** (1900), 173] und die Methode der Ringsprengung unter Bildung von Amidosäuren aufgefunden, die den Ort festzulegen erlaubt, an dem der Stickstoff im Ringe steht [A. **312** (1900), 172—178]. (Siehe auch S. 138.)

3. Betrachtungen über den Mechanismus des Reaktionsverlaufes siehe Kapitel III, S. 28ff. und A. **346** (1906), 268—275.

7. Semicarbazone.

A. Darstellung.

Die Bildung der Semicarbazone von Ketonen gelingt gewöhnlich besser in alkoholischer als in essigsaurer Lösung, die von Ketonsäuren dagegen meist besser in essigsaurer, als in alkoholischer Lösung. Die Entstehung von Semicarbazonen kann — wie beim Fenchon [A. **353** (1907), 210] — lange Zeit beanspruchen. Die Ausscheidung der Semicarbazone verhindernde flüchtige Fremdsubstanzen kann man oft mit Vorteil dadurch entfernen, daß man durch die Semicarbazidhaltige Lösung Wasserdampf leitet, den Rückstand wieder mit Säure zerlegt und das nun erhaltene Produkt wieder an Semicarbazid bindet [A. **346** (1906), 223].

B. Verhalten.

1. Die Semicarbazone der Terpenketone eignen sich in vielen Fällen besser zur Diagnose auf die Anwesenheit und zur Abscheidung der Ketone als zur Identifizierung, da (ähnlich wie bei den Nitrosochloriden) die Schmelzpunkte oft sehr nahe zusammenliegen und auch

je nach der Art des Erhitzens recht verschieden gefunden werden können. Daher kommt es, daß man bei verschiedenen Autoren die Schmelzpunkte der Semicarbazone derselben Verbindung gelegentlich ganz verschieden angegeben findet [A. **397**, 196 Anm.].

Daneben ist aber noch die Neigung der Semicarbazone, in stereoisomeren Formen von verschiedenem Schmelzpunkt aufzutreten, in Betracht zu ziehen.

„Die Identifizierung der verschiedenen Semicarbazone gestaltete sich „aber nicht immer so einfach. Abgesehen davon, daß die Schmelz„punkte für die verschiedenen Verbindungen vielfach sehr nahe zu„sammenliegen, war gerade in den mir wichtigen Fällen ein konstanter „Schmelzpunkt manchmal nicht zu erreichen. Der Grund dafür war „unschwer zu finden. Die Semicarbazone mancher Verbindungen treten „nämlich gern in ganz verschiedenen Modifikationen auf, welche sich „nicht nur durch den Schmelzpunkt, sondern auch durch die verschie„dene Leichtigkeit, mit der sie hydrolytische Spaltung erleiden, unter„scheiden." [B. **28** (1895), 1956.]

2. Stereoisomere Modifikationen von Semicarbazonen sind beobachtet [B. **28** (1895), 1957, 1963] z. B. beim Carvenon, Isothujon, Thujon [A. **336** (1904), 250ff.], Carvotanaceton [A. **336** (1904), 36], und namentlich bei den Pyrazolonen [A. **329** (1903), 112]. Es sind stabile und labile Formen zu unterscheiden:

„Als von allgemeinerem Interesse ist bezüglich der Semicarbazone „noch folgendes hervorzuheben. Es muß die große Neigung dieser Ver„bindungen auffallen, in verschiedenen Formen zu kristallisieren. „Das trifft nicht nur in auffallender Weise beim β-Thujon zu. Ich „konnte dasselbe am Semicarbazon des aktiven Carvotanacetons kon„statieren [vgl. A. **336** (1904), 36]. Auf die Eigentümlichkeit vieler Semi„carbazone, in Modifikationen von verschiedenem Schmelzpunkt und von „verschiedener Löslichkeit aufzutreten, habe ich schon 1895 aufmerk„sam gemacht [B. **28**, 1957]. In dasselbe Gebiet von Erscheinungen „dürfte auch die bei Semicarbazonen beobachtete Schmelzpunkt„verschiebung zu rechnen sein, für die ich gleichfalls vor einiger Zeit „eine ganze Reihe von Beispielen angegeben habe." [A. **329** (1903), 112; **336** (1901), 256.]

3. Manche Semicarbazone lösen sich in Äther [A. **319** (1901), 113].

4. Besonders bemerkenswert ist das Verhalten des Semicarbazons

des Brommethylheptenons, das beim Kochen mit Säuren Basen (u. a. Xylidin) liefert [A. **319** (1901), 96, 101 ff.].

5. Das Semicarbazon des Campherphorons lagert leicht ein weiteres Molekül Semicarbazid an. Das Anlagerungsprodukt ist durch Bildung eines gut kristallisierenden Pikrats ausgezeichnet [A. **329** (1903), 326—328].

6. Über das Verhalten von Semicarbazonen aus Oxymethylenverbindungen der Ketone siehe S. 146.

7. Die hydrolytische Spaltung von Semicarbazonen solcher Verbindungen, die leicht Umlagerungen erleiden, wird am zweckmäßigsten mit Hilfe von Oxalsäure bewirkt [A. **346** (1906), 231; **365** (1909), 246].

Schwefelsäure ist zwecks der Zerlegung der Semicarbazone auch deshalb möglichst zu vermeiden, weil man nicht selten beobachtet, daß sie dabei bis zu Schwefelwasserstoff reduziert wird. Dadurch werden die entstehenden Ketone (besonders wenn sie die Neigung haben, mit Schwefelwasserstoff zu reagieren) natürlich verunreinigt.

8. Bei der Umsetzung von Semicarbazidlösung mit ω-Dimethylacetonylaceton entsteht direkt ein Pyrrolderivat [unv. B.].

8. Oxyde.

A. Darstellung.

Als erstes überhaupt bekanntes Oxyd der Terpenreihe ist das Cineol $C_{10}H_{18}O$ (I) zu betrachten. Diese anfangs nur durch ihr natürliches Vorkommen bekannte Verbindung habe ich dann synthetisch aus Terpin und aus Terpineol hergestellt, nachdem sie genau charakterisiert und eine Methode gefunden war, sie durch die Halogenwasserstoffverbindungen hindurch rein darzustellen [A. **225** (1884), 298, siehe auch Spezieller Teil]. Als erstes auf rein synthetischem Wege gewonnenes Oxyd muß das Pinol $C_{10}H_{16}O$ (II) gelten, das 1892 als Oxydationsprodukt des Pinens von mir beobachtet und dann künstlich aus dem Terpineol dargestellt worden ist [A. **277** (1893), 113].

I.

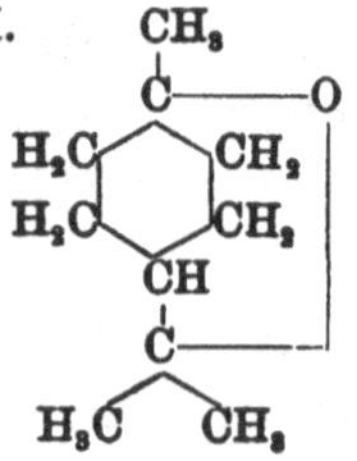

II.

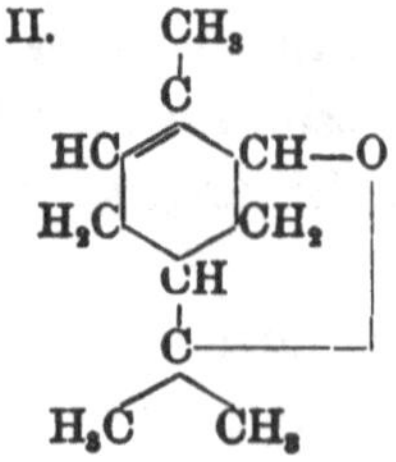

III.

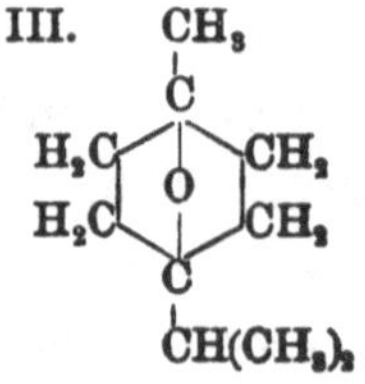

Ein Isomeres des natürlichen Cineols (III) wurde aus Terpinenterpin synthetisiert [A. **356** (1907), 204; **392** (1912), 62].

Ein anderes Oxyd $C_{10}H_{16}O$ wurde aus dem 2, 8, 9-Trioxyterpan gewonnen [A. **277** (1893), 151], das man bei der Oxydation des Dihydrocarveols erhält [A. **277** (1893), 109], ferner ein Oxyd $C_9H_{16}O$ aus einem niederen Homologen des Terpineols [A. **324** (1902), 95].

Aus dem Glycol $(CH_3)_2C(OH)\cdot CH_2\cdot CH_2\cdot CH_2\cdot C(OH)(CH_3)_2$ entsteht beim Kochen mit Säuren das Oxyd

$$(CH_3)_2C\cdot CH_2\cdot CH_2\cdot CH_2\cdot C\cdot(CH_3)_2 .$$
└———O———┘

In diese Reaktionsgruppe gehört auch die Bildung eines Dioxyds aus Pinolglycol [A. **291** (1896), 354].

Endlich wurde gezeigt, daß gewisse ungesättigte Alkohole beim Kochen mit Säuren in Oxyde übergeführt werden können. So sind die Oxyde $C_8H_{16}O$

$$(CH_3)_2C\cdot CH_2\cdot CH_2\cdot CH_2\cdot CH\cdot CH_3 ,$$
└———O———┘

(das niedere Homologe des oben erwähnten) und $C_9H_{18}O$

$$(CH_3)_2CH\cdot C(CH_3)\cdot CH_2\cdot CH_2CH\cdot CH_3$$
└———O———┘

aus Methylheptenol und Thujaketol [A. **275** (1893), 171, 174] gewonnen, Cineol aus α-Terpineol [A. **239** (1887), 20], Fenchenol aus Isofencholenalkohol [A. **284** (1895), 339, 340].

„Durch Wasserstoffzufuhr muß das Methylheptylenketon in ein „Methyl-Heptylen-Carbinol $(CH_3)_2CH-C(CH_3){=}CH-CH_2-CH(OH)CH_3$ „(die Stelle der Äthylenbindung hypothetisch angenommen) sich verwandeln lassen. Das wäre der ungesättigte Alkohol $C_9H_{18}O$. Bezüglich der leichten Verwandlung eines so gebauten Carbinols in ein Oxyd „kann man sich aber auch unschwer eine Vorstellung bilden. Die „ungesättigte Verbindung wird nämlich unter dem Einfluß von „Säuren Wasser addieren und ein so intermediär entstandenes Glycol „weiter unter Wasserabspaltung in ein gesättigtes, mit dem angewandten Alkohol isomeres Oxyd übergehen können. Die „Konstitution des Oxyds wird abhängen müssen von der Stelle, welche „die Äthylenbindung im Molekül einnimmt. Befindet diese sich in „α,β-Stellung zur CH(OH)-Gruppe, so können die Glycole entstehen:

(1) $(CH_3)_2CH\cdot CH(CH_3)\cdot CH_2\cdot CH(OH)\cdot CH(OH)\cdot CH_3 ,$

(2) $(CH_3)_2CH\cdot CH(CH_3)\cdot CH(OH)\cdot CH_2\cdot CH(OH)\cdot CH_3 ,$

„befindet sich die Äthylenbindung in der β,γ-Stellung, wird noch ein „drittes Glycol möglich, nämlich:

$$(3)\quad (CH_3)_2CH\cdot C(CH_3)(OH)\cdot CH_2\cdot CH_2\cdot CH(OH)\cdot CH_3 .$$

„Zur Anhydridbildung wird das Glycol der Formel (2) voraussicht„lich überhaupt nicht neigen. Das Glycol (1) könnte vielleicht ein Oxyd „liefern, viel wahrscheinlicher ist es aber, daß es die Neigung haben „würde, unter Wasserabspaltung in eine ungesättigte Verbindung über„zugehen. Von einem Glycol der Formel (3) darf man aber mit Sicher„heit die Bildung eines Oxyds erwarten. Ist doch von Perkin und „Freer [B. **19** (1886), 2568; siehe auch Lipp, B. **18** (1885), 3285 und **19** „(1886), 2843] nachgewiesen worden, daß das γ-Pentylenglycol

$$CH_3\cdot CH(OH)\cdot CH_2\cdot CH_2\cdot CH_2(OH)$$

„beim Erwärmen mit verdünnter Schwefelsäure auf dem Wasser„bade in das Anhydrid (Kp. 78—83°)

$$CH_3\cdot CH\cdot CH_2\cdot CH_2\cdot CH_2$$
└——O——┘

„übergeht. Man darf wohl mit einem hohen Grade von Wahrschein„lichkeit dies Anhydrid $C_5H_{10}O$ als ein niederes Homologes der erst be„schriebenen Körper $C_8H_{16}O$ und $C_9H_{18}O$ auffassen.

„Verläuft der Vorgang so, wie angenommen wurde, so wird auch „die Bildung von Cineol aus Terpineol von demselben Gesichtspunkte „aus begreiflich. Terpineol ist ein ungesättigter Alkohol mit ring„förmiger Verkettung der Kohlenstoffatome. Tritt hier durch Wasser„anlagerung an ein C-Atom in γ-Stellung (und das ist in diesem Fall „natürlich die Para-Stellung) zu dem vorhandenen Hydroxyl ein zweites, „so wird auch Oxydbildung — also das Auftreten von Cineol — zu „erwarten sein, das sich bekanntlich auch aus Terpin direkt erhalten „läßt."[1] [A. **275** (1893), 173, 174.]

B. Verhalten.

1. Bei den gesättigten Oxyden ist bemerkenswert ihre Additionsfähigkeit an Halogen- und Halogenwasserstoff in trockenen Lösungsmitteln (siehe Kapitel IV, S. 54) und ihre Überführbarkeit in sauerstoffreie Dihalogenide durch Halogenwasserstoff in feuchten Lösungsmitteln (Eisessig).

[1] Daß sich später herausstellte, daß die Äthylenbindung in den besprochenen Verbindungen um 1 C-Atom vom Hydroxyl entfernter stehend anzunehmen ist, berührt die richtig entwickelten Formeln für die Oxyde nicht [A. **309** (1899), 22].

2. Beim ungesättigten Pinol ist zu beachten, daß die Sauerstoffbindung durch Halogenwasserstoff leichter gelöst wird als die Kohlenstoffdoppelbindung (s. Spezieller Teil unter „Pinol").

9. Basen.

A. Darstellung.

1. In vielen Fällen kam für die Gewinnung primärer Basen die Methode der Reduktion der Oxime zur Verwendung oder auch die Reduktion von Nitrilen (wobei stets Kohlenwasserstoffe als Nebenprodukt auftreten) oder die Umsetzung von Säureamiden nach Hofmann [A. **353** (1907), 298, 302, 305].

2. Die Entstehung von Basen der Pyridin- und Pyrrolinreihe aus Oximen ist nachgewiesen:

a) bei der Behandlung von Methylhexanonoxim und Thujaketonoxim mit Phosphorpentoxyd [A. **309** (1899), 13, 16, 23, 25, 29, 31; **312** (1900), 182; **319** (1901), 77]. Siehe jedoch auch A. **309**, 12.

b) bei der Halogenwasserstoffabspaltung aus:

α) Dibrommethylheptenylamin [A. **309** (1899), 28; **319** (1901), 104, 119; B. **38** (1905), 2803];

β) Hydrochlormethylheptenylamin [B. **38** (1905), 2805].

3. Manche hydrierte Ketoxime lassen sich direkt zu aromatischen Basen abwandeln (Carvoxim zu Amidothymol, Isocarvoxim zu Carvolin, Thujonoxim, Dihydrocarvoxim und Carvenonoxim zu Carvacrylamin).

4. Bei der Einwirkung von Phosphorpentachlorid auf Oxime kann man die Entstehung sowohl chlorhaltiger Basen beobachten [Base $C_{20}H_{35}ClN_2$ aus Menthonoxim A. **278** (1894), 305] als auch sauerstoffhaltiger [A. **324** (1902), 307].

5. Aus Isoximen können Basen entstehen als Nebenprodukte bei der Darstellung oder bei der Reduktion mit Natrium in alkoholischer Lösung [A. **324** (1902), 281; **336** (1904), 274, 280].

6. Basen entstehen (neben Ketonen) bei der Reduktion von Nitriten oder Nitroverbindungen der Terpenreihe [A. **287** (1895), 378; **313** (1900), 361; **324** (1902), 269 ff.].

Auch Nitrosochloride lassen sich in Eisessiglösung durch Zink direkt zu Basen reduzieren (daneben entstehen Ketone) [A. **379** (1911), 196; **381** (1911), 88; **389** (1912), 191]. Siehe auch S. 130.

7. Alicyclische Isocyanate lassen sich leicht unter Entstehung von Basen aufspalten [A. **369** (1909), 81].

8. Entstehung von Pyrazolbasen aus Oxymethylenverbindungen:

„Die cyclischen Oxymethylenketone, von denen eine ganze „Anzahl für den vorliegenden Zweck neu dargestellt worden sind, „reagieren sehr leicht mit essigsaurer Semicarbazidlösung. Wie die „Umsetzung zu formulieren ist, hängt natürlich davon ab, in welcher „Form die Oxymethylenverbindungen reagieren. Für die nachfolgenden „Betrachtungen soll die gewöhnliche Ketoform zugrunde gelegt werden.

„Für das Oxymethylencyclopentanon z. B. würde die erste Phase „der Umsetzung dann in folgender Weise verlaufen können:

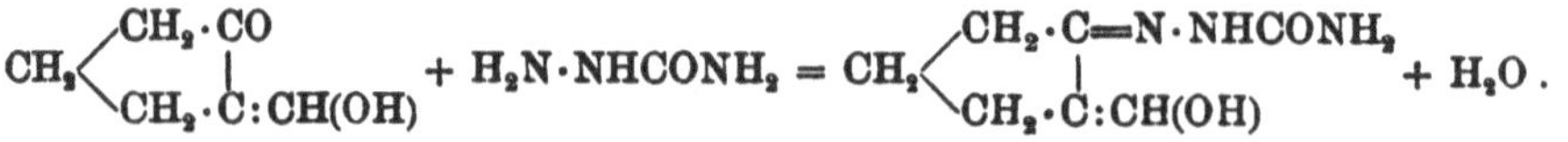

„Diese Semicarbazone haben sich auch in einigen Fällen isolieren „lassen (z. B. beim Campher, Menthon, Dihydrocarvon, Isothujon, Thuja-„menthon). Diese normalen Semicarbazone spalten sehr leicht noch „1 Mol. Wasser ab, und es entstehen Verbindungen vom Typus:

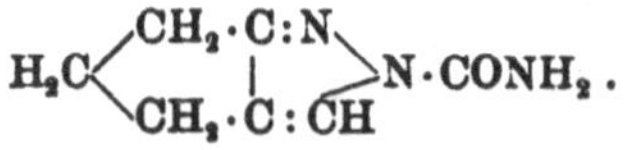

„Häufig erfolgt diese innere Konden-„sation schon in der Kälte in essigsaurer „Lösung und dann läßt sich das erste Reaktionsprodukt nicht iso-„lieren. Wo aber die zweite Phase, die Ringschließung, in essig-„saurer Lösung sich nicht freiwillig vollzieht, wird die Abspaltung „des zweiten Moleküls Wasser durch Zusatz von einigen Tropfen Mineral-„säure (Schwefelsäure) leicht eingeleitet.

„Kocht man ferner die letzterwähnten heterocyclischen Verbin-„dungen mit verdünnter Mineralsäure, so zerfallen sie unter Abspaltung „von Kohlendioxyd und Ammoniak und Bildung von Pyrazol genau in „derselben Weise, wie es zuerst von Posner [B. **34** (1901), 3973] bei den „auf analogem Wege gewonnenen Kondensationsprodukten von 1,3-Di-„ketonen mit Semicarbazid beobachtet worden ist.

„Für das obige Beispiel würde sich also die Reaktion folgender-„maßen darstellen lassen:

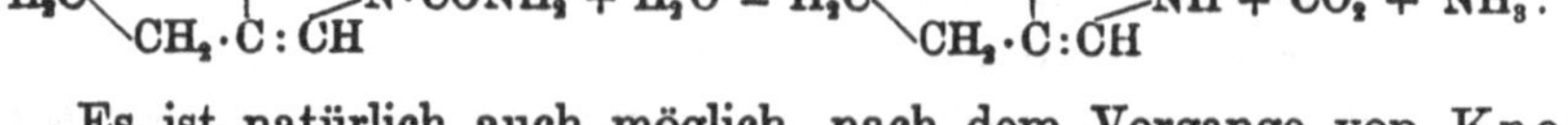

„Es ist natürlich auch möglich, nach dem Vorgange von Knorr „durch direkte Umsetzung der Oxymethylenverbindungen der cyclischen „Ketone mit freiem Hydrazin zu denselben Pyrazolen zu gelangen. Die „bei dieser Umsetzung entstehenden Basen sind aber in den meisten

„Fällen weniger leicht in reinem Zustande herauszuarbeiten, als wenn „man zu ihrer Gewinnung den eben beschriebenen Umweg einschlägt." [A. **329** (1903), 109—111].

9. Durch Umsetzung von Ketonen und Aldehyden sowohl mit Ammoniumformiat als auch mit Formiaten organischer Basen wurden zahlreiche neue (namentlich sekundäre und tertiäre) Basen gewonnen [A. **343** (1905), 54].

Der Reaktionsmechanismus wurde aufgeklärt und die Methode als solche verallgemeinert und verbessert

a) durch Anwendung niederer Temperatur,

b) durch Verwendung freier Säure (Ameisensäure oder Essigsäure) bei der Reaktion,

c) durch Verwendung organischer Basen bei der Umsetzung.

„Leuckart hat bekanntlich zuerst gezeigt, daß man durch Er- „hitzen von Ketonen und Aldehyden mit Ammoniumformiat zu Basen „bzw. zu deren Formylverbindungen gelangen kann. Als Reaktions- „bedingungen wurden meist hohe Temperaturen gewählt und aus dem „Anwendungsgebiete der Reaktion schloß Leuckart ausdrücklich die „aliphatischen Verbindungen aus, da diese nach seinen Versuchen einen „anormalen Reaktionsverlauf zeigten.[1]

„Als ich vor längerer Zeit die Reaktion auf eine Reihe von Ter- „penketonen zu übertragen Gelegenheit nahm,[2] konnte ich beobachten, „daß selten einheitliche Produkte dabei entstehen. Das war auch „Leuckart nicht entgangen, der z. B. bei der Umsetzung von Benz- „aldehyd mit Ammoniumformiat ein Gemisch von Formylbenzylamin, „Formyldibenzylamin und Tribenzylamin erhielt. Bei der Verarbeitung „der Reaktionsprodukte auf Basen erwies sich ferner das Auftreten der „Formylverbindungen als Endprodukt lästig, da diese erst eine manch- „mal nicht bequem zu bewirkende Zerlegung durch Kochen mit kon- „zentrierten Säuren verlangten.

„Die Frage war nun: Kann man den Reaktionsverlauf nicht ein- „heitlich und ohne daß sich Formylverbindungen als Endprodukt bilden, „gestalten?

„Das letztere mußte dann möglich sein, wenn die Formylverbin- „dungen nicht ein primäres, sondern erst ein sekundäres Produkt der

[1] Journ. f. prakt. Chem. N. F. **41** (1890), 330.

[2] A. **272** (1892), 100; **276** (1893), 296; **289** (1895), 338; **300** (1898), 283 u. a. a. O.

„Reaktion sind, d. h. wenn sie sich erst infolge der hohen im Reaktions- „gemisch herrschenden Temperatur durch Wechselwirkung von primär ent- „standener Base mit Ameisensäure bilden. In diesem Falle müßte durch „Wahl einer möglichst niederen Umsetzungstemperatur die Entstehung „von Formylverbindungen jedenfalls stark herabgedrückt werden können.

„Das hat sich nun auch in vielen Fällen als durchführbar erwiesen „und damit war gleichzeitig der Beweis erbracht, daß die Formylver- „bindungen sekundäre Reaktionsprodukte und für den Reaktions- „mechanismus unwesentlich sind. Von dem letzteren konnte man „sich nunmehr folgende einfache Vorstellung machen, die gleichzeitig „erklärt, weshalb bei den Umsetzungen von CO-haltigen Verbindungen „mit Ammoniumformiat unter Umständen nebeneinander primäre, „sekundäre und tertiäre Basen auftreten.

„Man kann nämlich den Reaktionsverlauf so deuten, daß zunächst „das Ammoniumsalz dissoziiert und Ammoniak sich an das CO an- „lagert, dann tritt die nun vorhandene freie Ameisensäure als Re- „duktionsmittel in Wirkung und die durch Anlagerung von NH_3 an CO „entstandene OH-Gruppe wird durch H ersetzt:

$$1.\quad R_2CO + NH_3 = R_2C\begin{matrix}\diagup OH\\ \diagdown NH_2\end{matrix}\ ;$$

$$2.\quad R_2C\begin{matrix}\diagup OH\\ \diagdown NH_2\end{matrix} + HCO_2H = R_2C\begin{matrix}\diagup H\\ \diagdown NH_2\end{matrix} + CO_2 + H_2O\,.$$

„Man versteht bei dieser Annahme ohne weiteres, warum sich „neben primären auch sekundäre und tertiäre Basen bilden können. „Das wird dann stattfinden, wenn einmal entstandene primäre oder „sekundäre Base Gelegenheit findet, mit noch vorhandenem Aldehyd „oder Keton (an Stelle von NH_3) in Reaktion zu treten.

„Am Beispiel des Benzaldehyds würde sich der Reaktionsverlauf z. B. „folgendermaßen abspielen:

		Intermediäres Produkt		Endprodukt
I.	$C_6H_5COH + NH_3$	$= C_6H_5CH\begin{matrix}\diagup OH\\ \diagdown NH_2\end{matrix}$	$\longrightarrow$	$C_6H_5CH_2NH_2$
II.	$C_6H_5COH + NH_2CH_2C_6H_5$	$= C_6H_5CH\begin{matrix}\diagup OH\\ \diagdown NHCH_2C_6H_5\end{matrix}$	$\longrightarrow$	$(C_6H_5CH_2)_2NH$
III.	$C_6H_5COH + NH(CH_2C_6H_5)_2$	$= C_6H_5CH\begin{matrix}\diagup OH\\ \diagdown N(CH_2C_6H_5)_2\end{matrix}$	$\longrightarrow$	$(C_6H_5CH_2)_3N$.

„Damit sind die oben erwähnten Leuckartschen Beobachtungen „vollständig erklärt. Bei seinen Versuchen verliefen die drei Reaktionen „nebeneinander und sekundär entstanden Formylverbindungen.

„Ob nun die Reaktion bei I stehen bleibt oder partiell bis II oder

„bis III fortschreitet, wird zum Teil von der Natur des Ausgangsmaterials „abhängen. Die bezüglich des Reaktionsvorganges gewonnene An- „schauung erlaubt jedoch Bedingungen vorauszusehen, unter denen die „Reaktion, was die Bildung von Basen anbelangt, einheitlich bis zu „dem letzten Produkte geführt werden kann, dessen Entstehung das „angewandte Präparat erlaubt.

„Reaktion I wird bei der Temperatur einsetzen, bei der Ammonium- „formiat genügend in NH_3 und HCO_2H dissoziiert ist und die Reaktion „wird vollständig dann verlaufen, wenn die als Reaktionsprodukt auf- „tretende Base bei jeweiligem Entstehen dem Reaktionsgemisch ent- „zogen wird. Das muß sich durch Hinzufügen einer geeigneten freien „Säure ermöglichen lassen.

„Ist das im Reaktionsgemische so entstandene Salz der zuerst ge- „bildeten primären Base bei der herrschenden Temperatur auch dis- „soziiert und vermag die primäre Base (ehe sie, etwa durch Entstehung „einer Formylverbindung, der weiteren Reaktion entzogen wird) sich „ihrerseits mit einer CO-Gruppe zu verbinden, so wird die Reaktion, „analog wie bei I, nun unter Entstehung sekundärer Base vollständig „nach Gleichung II weitergehen. Schließlich kann, wenn die angenom- „menen Voraussetzungen erfüllt sind, die Reaktion noch weiter und „zwar vollständig nach III verlaufen: Entstehung tertiärer Base.

„Diese Überlegung führt also zu dem Schlusse:

„Die Anwesenheit freier Säure wird einen einheitlichen „Verlauf der Ammoniumformiatreaktion begünstigen.

„Die über den Reaktionsverlauf gemachte Voraussetzung läßt aber „ferner eine Möglichkeit voraussehen, an die man — mangels einer „genügenden Interpretation der sogenannten Leuckartschen Reaktion „— bisher überhaupt nicht gedacht zu haben scheint: die Möglichkeit „nämlich, statt des Ammoniaks selbst substituierte primäre oder „sekundäre Basen bei Gegenwart freier Ameisensäure mit „Aldehyden und Ketonen so in Umsetzung zu bringen, daß „neue substituierte Basen entstehen. Wenn das gelang, so war „nicht nur die Richtigkeit der oben gegebenen Formulierung bewiesen, „sondern auch für die Darstellung sekundärer und tertiärer „Basen eine neue Methode geschaffen.

„Das Experiment hat nun die Richtigkeit der a priori gemachten „Voraussetzungen bestätigt und zu folgenden Resultaten geführt:

„1. Die Reaktion zwischen Aldehyden oder Ketonen und Ammonium- „formiat kann man durch Hinzufügen freier wasserfreier Ameisensäure „oder Essigsäure zu dem Reaktionsgemisch im wesentlichen einheitlich „leiten.

„Beispiel: Während man beim Erhitzen von Cyclomethylhexanon „mit Ammoniumformiat bisher Gemische von primärer und sekundärer „Base, wesentlich in Form der Formylverbindungen, erhielt, bekommt „man fast ausschließlich das ameisensaure Salz der sekundären „Base, wenn man — unter geeigneten Bedingungen — die Reaktion „unter Zusatz von Ameisensäure oder Essigsäure durchführt.

„2. Man kann die Temperatur, welche für die Umsetzung nötig ist, „meist ziemlich niedrig halten und bekommt infolgedessen als End- „produkt überwiegend die Salze der entstandenen Basen statt der viel „schwieriger zerlegbaren Formylverbindungen.

„Ausnahmslos läßt sich die Bildung der letzteren allerdings nicht „vermeiden. Bei Anwendung von aromatischen Basen bilden sich die „Formylverbindungen sogar so leicht, daß sie den Reaktionsverlauf be- „einträchtigen können. Ebensowenig ist es bisher gelungen, z. B. bei „der Umsetzung von Menthon mit Ammoniumformiat unter Zusatz von „Ameisensäure oder von Essigsäure die Bildung von Formylmenthyl- „amin hintan zu halten, da in diesem Falle die Reaktionstemperatur so „hoch liegt, daß bei ihr auch schon die Formylverbindung leicht entsteht.

„3. Das Anwendungsgebiet der Reaktion wird ein sehr großes, „denn es lassen sich nunmehr auch aliphatische Aldehyde und Ketone „einerseits, substituierte Ammoniake andererseits in dasselbe hinein- „ziehen. Man kann u. a. leicht zu sekundären und tertiären Basen „von gemischtem Typus gelangen.

„Z. B.: Man hat zwei Wege zur Verfügung, um in wenigen Stunden „reines Benzylcyclohexylamin zu bereiten. Erster Weg: Man „erhitzt (bei Gegenwart von Essigsäure) Benzaldehyd mit ameisen- „saurem Cyclohexylamin:

$$C_6H_5COH + HCO_2H + C_6H_{11}NH_2 = CO_2 + H_2O + NH\begin{matrix} \diagup CH_2C_6H_5 \\ \diagdown C_6H_{11} \end{matrix} .$$

„Zweiter Weg: Man erhitzt Cyclohexanon mit ameisensaurem „Benzylamin:

$$C_6H_{10}O + HCO_2H + C_6H_5CH_2NH_2 = CO_2 + H_2O + NH\begin{matrix} \diagup CH_2C_6H_5 \\ \diagdown C_6H_{11} \end{matrix} .$$

„Ferner: Man kann Monoäthylbenzylamin erhalten, wenn man „Benzaldehyd mit ameisensaurem Äthylamin umsetzt.

„Oder: Man kommt sehr glatt zum Benzylpiperidin durch „Erhitzen von Benzaldehyd, Piperidin und Ameisensäure.

„Vor der Methode, die Einführung von Radikalen an den Stick„stoff mit Hilfe von Halogenalkylen zu vollziehen, hat das neue Ver„fahren den großen Vorteil, daß die unbeabsichtigte Entstehung von „Salzen quaternärer Basen ganz ausgeschlossen ist.

„Die beiden letzten Beispiele wurden angeführt, um die Bildungs„weise schon bekannter Basen auf dem neuen Wege zu verdeutlichen. „Man sieht aber leicht, daß man durch Variation der gewählten Alde„hyde, Ketone oder Basen leicht wird gemischte Basen herstellen „können, die bislang überhaupt kaum zugänglich waren, was sich „wiederum für Untersuchungen über die Raumisomerie der Stickstoff„verbindungen vielleicht als förderlich erweisen kann.“ [A. **343** (1905), 54ff.]

B. Verhalten.

1. Die Nitrite mancher primärer und sekundärer Basen erwiesen sich als sehr beständige Verbindungen [A. **269** (1892), 357, 359; **272** (1893), 124].

„Es ist eine allgemein verbreitete, aber nichtsdestoweniger un„richtige Ansicht, daß die Nitrite primärer Amine der aliphatischen „Reihe ganz unbeständige und im Augenblicke der Entstehung zer„fallende Verbindungen seien. Das ist nicht der Fall und trifft noch „weniger für die primären alicyclischen Amine zu. Es existieren da „sogar Nitrite primärer Basen, welche so beständig sind, daß sie sich „aus heißem Wasser gut umkristallisieren lassen und in trockenem „Zustande jedenfalls monatelang (länger reichen meine Erfahrungen „noch nicht) ganz unverändert bleiben.

„Wenn man die Nitrite primärer Basen isolieren will, so ist aller„dings eine Bedingung einzuhalten, auf die man bis dahin wohl wenig „geachtet hat und darum zu irrigen Anschauungen gelangt ist: es muß „jede Spur freier Säure ferngehalten werden. Denn sobald „man zu einem sogar in heißer wäßriger Lösung beständigen Nitrit „auch nur die kleinste Menge freier Säure, z. B. Essigsäure, hinzufügt, „beginnt alsbald eine Zersetzung, die unter lebhafter Stickstoffentbindung „in der nachher zu beschreibenden Weise abläuft. Die Anwesenheit

„freier Säure wirkt also in hohem Grade beschleunigend — kata-„lytisch — auf die Umsetzungsreaktion.

„Die Beobachtungen über die relative Beständigkeit organischer „Nitrite stehen übrigens ganz im Einklange mit Erfahrungen, welche „bezüglich des Ammoniumnitrits vorliegen. Von diesem hat z. B. „Arndt[1] gezeigt, daß durch die Anwesenheit von Säureionen die Zer-„setzung ungemein gefördert wird.

„Am leichtesten sind natürlich die Nitrite zu isolieren, welche „schwer löslich in Wasser sind. Das gilt von einer ganzen Reihe von „Nitriten alicyclischer Basen.

„Was sekundäre Basen anbelangt, so habe ich derartige be-„ständige und schwer lösliche Nitrite schon vor längerer Zeit z. B. im „Dibornylaminnitrit[2], Dicyclohexylaminnitrit[3] kennen gelehrt. „Bei primären Basen hatte ich gleichfalls schon vor langer Zeit die „Beständigkeit des Fenchylaminnitrits[4] beobachtet. Diese Beispiele „möchte ich nun durch die folgenden ergänzen.

„Das Nitrit des l-Menthylamins (aus l-Menthonoxim durch „Reduktion hergestellt[5]) und das Nitrit des Pinylamins kann man „ebenso wie Fenchylaminnitrit sehr gut erhalten, wenn man möglichst „konzentrierte wäßrige Lösungen der Chlorhydrate der Basen mit 1 Mol. „Natriumnitritlösung vermischt. Es eignet sich für die Umsetzung das „käufliche, gewöhnlich alkalisch reagierende Natriumnitrit sehr gut.

„Die Nitrite scheiden sich bald aus und können zur Befreiung von „Chlorhydrat aus warmem Wasser umkristallisiert werden.

„Das l-Menthylaminnitrit kristallisiert in schönen Nadeln, „deren Zersetzungspunkt bei etwa 139° liegt. Wird die wäßrige „Lösung unter Zusatz einiger Tropfen Essigsäure gekocht, so entsteht „unter Stickstoffentwicklung das gewöhnliche kristallisierte Menthol, „neben etwas infolge eingetretener Dissoziation gebildeten Menthyl-„amins, welches man dem Reaktionsprodukt durch Schütteln mit Oxal-„säure entziehen kann.

---

[1] Z. f. phys. Ch. **39** (1901), 64; **45** (1903), 571; Zentralbl. **1901**, I, 1294; **1904**, I, 10.

[2] A. **269** (1891), 357.

[3] A. **272** (1892), 124; **346** (1906), 265.

[4] A. **269** (1891), 359. Man vergleiche auch Bamberger, B. **22** (1889), 965 über ein beständiges Nitrit des Tetrahydro-α-Naphthylamins.

[5] A. **276** (1893), 300; **300** (1898), 279.

„Das Pinylaminnitrit kristallisiert aus Wasser in derben „Kristallen, die sich bei etwa 125° zersetzen. Der Zerfall des Salzes „erfolgt in angesäuerter Lösung ganz ähnlich wie bei den anderen „Nitriten, in diesem Falle unter vorzugsweiser Entstehung von Pino- „carveol.

„Wie in den vorstehend besprochenen Beispielen wird sich auf dem „angegebenen Wege immer dann das Nitrit einer Base aus säurefreier „Lösung isolieren lassen, wenn das Nitrit merklich schwerer löslich ist „als das Chlorid. Ist das Umgekehrte der Fall, so wird die in ver- „dünnter Lösung sich abspielende Reaktion

$$R \cdot NH_2 \cdot HCl + NaNO_2 = NaCl + R \cdot NH_2NO_2H$$

„bei fortschreitender Konzentration unter Ausscheidung des Chlor- „hydrats der organischen Base rückläufig werden können. Das ist z. B. „zu beobachten, wenn man Benzylaminchlorhydrat mit Natriumnitrit „in Umsetzung bringen will. Mischt man warme konzentrierte Lösungen „beider Salze und kühlt die Lösung ab, so kristallisiert ein organisches „Salz aus, welches aber in der Hauptsache aus Benzylaminchlorhydrat „besteht.

„In den zahlreichen Fällen, wo sowohl das Chlorid als auch das „Nitrit der organischen Base sehr löslich ist, kann man bei der in Rede „stehenden Umsetzung beim Abdunsten der Lösungen Kochsalz zur „Ausscheidung bringen und wenigstens Nitritlösungen erhalten „und sich immer davon überzeugen, daß solche Lösungen eine relative „Beständigkeit besitzen, solange nur das Vorhandensein von Säure- „ionen hintangehalten wird.

„Unter diesen Umständen entstand die Frage, ob es nicht vielleicht „auch möglich sei, das Nitrit einer aromatischen Base zu isolieren, „da, wo die Ausscheidungsbedingungen infolge von Schwerlöslichkeit „des gesuchten Salzes besonders günstig sind.

„Schwerlöslichkeit der Nitrite wird man nun immer da am ehesten „erwarten können, wo schwerlösliche Nitrate bekannt sind. Ein „solches schwerlösliches Nitrat habe ich z. B. früher beim 4-Amino- „1,3-xylol beobachtet.[1] Vermischt man eine konzentrierte wäßrige „Lösung des Chlorhydrats dieser Base mit einer Lösung von Kali- „salpeter, so scheidet sich bald das Nitrat des Xylidins in kristallini-

[1] A. **319** (1901), 98.

„scher Form aus. Auch die Darstellung des Xylidinnitrits gelingt „auf entsprechendem Wege, man muß aber von sehr reinem Xylidin-„chlorhydrat ausgehen, sonst erhält man harzige oder stark gelb ge-„färbte Produkte. . . . Daß man es in den ursprünglich abgeschiedenen „Kristallen mit einem Nitrit des Xylidins zu tun hat, geht aus folgen-„dem Verhalten hervor.

„Die Kristalle lösen sich ganz klar in Wasser. Wird die Lösung „mit Essigsäure angesäuert und gekocht, so entweicht Stickstoff unter „Abscheidung eines Phenols. Werden die Kristalle mit Natronlauge „übergossen, so wird Xylidin frei und die Flüssigkeit färbt sich gelb. . . . „Beim Übergießen der ursprünglich abgeschiedenen Kristalle mit ver-„dünnter Schwefelsäure wird keine salpetrige Säure frei. Eine Lösung „der Kristalle gibt aber mit Silbernitrat einen reichlichen Niederschlag „von Silbernitrit. . . .“ [A. **353** (1907), 318ff.]

2. Die Formylverbindungen cyclischer Basen sind leicht hydrolytisch spaltbar [A. **276** (1893), 308], die Acetyl- und anderen Acylderivate sind schwer spaltbar. Über die Acetylierung von Xylidin siehe A. **258** (1890), 331, 333.

3. Ungesättigte primäre cyclische Basen verlieren beim Erhitzen ihrer Salze leicht NH_3 (vgl. Kapitel IV, S. 94). Aber auch gesättigte Basen können unter NH_3-Austritt leicht in ungesättigte Kohlenwasserstoffe übergehen, falls sie NH_2 in tertiärer Bindung enthalten [A. **369** (1909), 82, 95].

4 Zur erschöpfenden Methylierung von primären Basen ist es bequem, die Base in überschüssiger Natronlauge zu suspendieren (bzw. zu lösen) und nach und nach (anfangs eventuell unter Kühlung) Jodmethyl einzutragen. Da die organischen Ammoniumjodide ausnahmslos in konzentrierter Natronlauge schwer löslich sind, kann man sie nach beendeter Reaktion durch geeignetes Einengen der Lösung zur Abscheidung bringen, die erstarrten Jodide durch Glaswolle abfiltrieren, an kohlensäurehaltiger Luft trocknen und dann mit Hilfe von absolutem Alkohol von anhaftendem Natriumcarbonat trennen.

5. Bei der Umsetzung ringsubstituierter Methylamine, [Cyclylmethylamine der Formel $(CH_2)_x > CHCH_2 \cdot NH_2$] mit salpetriger Säure entstehen nicht nur die zugehörigen Alkohole, sondern auch Alkohole höherer Ringsysteme:

„Während die ganz neutralen wäßrigen Lösungen der Nitrite

„namentlich der alicyclischen Basen recht beständig sind und sich erst „bei längerem Kochen infolge von Dissoziation und Freiwerden von „geringen Mengen salpetriger Säure langsam zu verändern beginnen, „werden die warmen Lösungen durch Eintragen eines Tropfens Essig- „säure oder Mineralsäure zu sofortiger Zersetzung angeregt. Dieser „Prozeß verläuft dann unter lebhafter Stickstoffentwicklung in der „Regel nach mehreren Richtungen gleichzeitig, und es scheint „in jedem Einzelfalle von der Natur der vorliegenden Base einerseits „und von den gewählten Versuchsbedingungen andererseits abzuhängen, „welche Zersetzungsrichtung bevorzugt wird.

„Als Hauptrichtungen, nach denen die Umsetzung sich abspielt, „hat man zu unterscheiden:

„1. Die Bildung von Kohlenwasserstoffen (also Wasser- „abspaltung), 2. die Bildung von einem oder auch mehreren (unter „sich isomeren) Alkoholen.

„Nebenreaktionen (Bildung von Nitrosaminen) sollen einstweilen „unberücksichtigt bleiben.

„Als Beispiel dafür, wie sehr die Natur der Base für die Um- „setzungsrichtung bestimmend ist, möchte ich meine frühere Be- „obachtung[1] in Erinnerung bringen, daß l-Menthylaminnitrit bei „der Zersetzung ziemlich glatt l-Menthol liefert (siehe auch oben), „während d-Menthylaminnitrit unter denselben Bedingungen wesent- „lich Menthen gibt. Als weiteres Beispiel möchte ich noch anführen, „daß man aus Isothujylaminnitrit fast nur Kohlenwasserstoff erhält, „während Thujylaminnitrit unter denselben Bedingungen auch reich- „lich Alkohol liefert. Räumliche Konfigurationen beeinflussen augen- „scheinlich die Richtung des Reaktionsverlaufs sehr wesentlich. Daß „die Versuchsbedingungen auf den Reaktionsverlauf gleichfalls von Ein- „fluß sind, daß es z. B. nicht immer gleichgültig ist, ob man das Chlor- „hydrat einer Base mit molekularen Mengen Natriumnitrit in Umsetzung „bringt, oder ob man eine essigsaure Lösung freier Base mit derselben „Menge Natriumnitrit erwärmt, läßt sich u. a. am Beispiel des Fenchyl- „amins deutlich zeigen.

„Die Annahme, daß im Falle der Bildung eines Alkohols aus „primärem Aminnitrit die Umsetzung stets nach dem Schema

$$R \cdot CH_2NH_2 \cdot NO_2H = H_2O + N_2 + R \cdot CH_2OH$$

[1] A. **300** (1898), 278.

„verlaufen soll (wie man es in manchen verbreiteten Lehrbüchern immer „noch als Dogma aufgeführt findet), d. h. daß immer nur oder vorzugs- „weise der dem angewandten Amin korrespondierende Alkohol „entsteht, ist längst als unzutreffend erwiesen. V. Meyer[1] hat bereits „vor vielen Jahren auf den ‚anormalen' Verlauf, den die Reaktion „nehmen kann, aufmerksam gemacht, indem er zeigte, daß n-Propyl- „aminnitrit unter Entstehung von Propylen, n-Propylalkohol und Iso- „propylalkohol zerfallen kann, und aus späterer Zeit liegen sehr schöne „Arbeiten von M. Freund[2] vor, der u. a. nachwies, daß das Nitrit der „Base $(CH_3)_3 \cdot C \cdot CH_2NH_2$ den Alkohol $(CH_3)_2 \cdot C(OH) \cdot CH_2 \cdot CH_3$ zu liefern „vermag. Neuerdings endlich hat N. Demjanow[3] Beobachtungen ver- „öffentlicht, denen gemäß aus Tetramethylenmethylamin Cyclopentanol „und aus Hexamethylenmethylamin Suberylalkohol sich gewinnen läßt.

„Diese interessanten Beobachtungen von N. Demjanow wiesen auf „die Möglichkeit der Ringerweiterung bei cyclischen Verbindungen unter „sehr einfachen Bedingungen hin. Würde diese Reaktion sich verall- „gemeinern lassen, so hätte man es mit Vorgängen zu tun, welche „sowohl in theoretischer als auch in praktischer Hinsicht für die „cyclischen Verbindungen von allergrößter Bedeutung wären.

„Denn wenn man bei niederen Temperaturen einen Kohlenstoff- „sechsring zu einem Siebenring und einen Siebenring zu einem Acht- „ring erweitern kann, so wird man mit der Ansicht brechen müssen, „daß die höheren Ringsysteme unter allen Umständen die unbestän- „digeren sind. Ferner würde man eine Methode gewonnen haben, bisher „kaum zugängliche Verbindungen mit 7 und mit 8 Kohlenstoffatomen „im Ring synthetisch aufzubauen.

„Der Entscheidung dieser Frage stand bisher nur die große „Schwierigkeit im Wege, welche mit der Gewinnung des geeigneten „Beobachtungsmaterials verknüpft war. Ein wesentlicher Zweck der „früher beschriebenen Versuche ist es nun gewesen, die für die Unter- „suchung notwendigen Basen zu beschaffen. In der Tat ist es gelungen, „die Reihe der Cyclylmethylamine

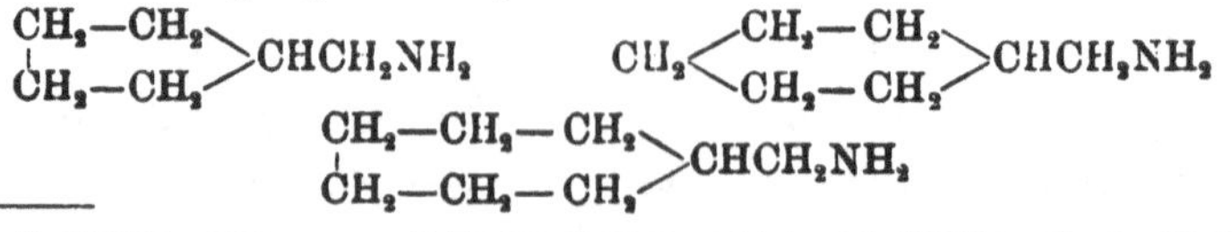

[1] B. 9 (1876), 535. [2] B. 23 (1890), 2865; 24 (1891), 2150, 3350.
[3] Zentralbl. 1903, I, 828; 1094, I, 1214.

„aus den zugehörigen Ringketonen aufzubauen und ihr Verhalten gegen „salpetrige Säure zu prüfen. . . .

„Im allgemeinen zeigt sich, daß ganz neutrale wäßrige Lösungen „der Cyclylmethylaminnitrite sich, ohne wesentliche Zersetzung zu „erleiden, kurze Zeit kochen lassen. Durch Ansäuern mit Essigsäure „kann die Umsetzung leicht eingeleitet werden, die auch hier wesent- „lich nach den oben schon besprochenen drei Richtungen verläuft, „d. h.: es bildet sich etwas Kohlenwasserstoff, etwas von dem dem „angewandten Methylamin korrespondierenden Alkohol und end- „lich ein Alkohol des nächst höheren Ringsystems.“ [A. **353** (1907), 332ff.].

10. Säuren.

A. Darstellung.

1. Oxysäuren und ungesättigte Säuren wurden mit Hilfe der Kondensation von cyclischen Ketonen mit halogenisierten Säureestern zahlreich gewonnen. Über die Ausführung der Methode ist folgendes zu sagen:

Zugrunde liegt eine Reaktion, deren Ausbildung wir wesentlich Reformatzky und Saytzeff verdanken, die dann auch von Barbier und Bouveault [Compt. rend. **122** (1896), 393; B. **29** (1896), R. 222] zur Synthese der Geraniumsäure, von Tiemann [B. **33** (1900), 563] zur Darstellung einer Isogeraniumsäure benutzt worden ist, die aber auf cyclische Ketone noch nie Anwendung gefunden hatte, nämlich die Einführung von Säureradikalen in Ketone durch Vermittlung von Zink bei Gegenwart von halogenisierten Säureestern. . . . In der Tat zeigte sich, daß sowohl penta-, hexa- und heptacyclische Ketone sich gleich gut für den Zweck der Synthese eignen. [A. **314** (1900), 148, 150.]

Über die Technik der Synthese [A. **314** (1901), 151; **323** (1902), 138, 149; **347** (1906), 325; **360** (1908), 30] ist besonders zu bemerken, daß die Verwendung von Benzol als Verdünnungsmittel den Gang der Reaktion und die Erhöhung der Ausbeute auf das vorteilhafteste beeinflußt, so daß schließlich nach folgendem Verfahren gearbeitet wurde:

Die Ketone werden in der 4—5fachen Menge Benzol gelöst, mit der berechneten Menge Bromessigester (oder Brompropionsäureester oder Bromisobuttersäureester u. a.) und Zinkspänen versetzt und das Gemisch bis zum Eintritt der Reaktion erwärmt. Der Verlauf derselben läßt sich durch Kühlung bzw. weitere Wärmezufuhr leicht regeln. Das gebildete metallorganische Kondensationsprodukt wird dann durch verdünnte Schwefelsäure zerlegt. An Stelle des Zinks lassen sich auch andere Metalle z. B. Magnesium und Aluminium mit Erfolg verwenden, ohne jedoch einen wesentlichen Vorteil zu bieten [A. **323** (1902), 138; **345** (1906), 147; **347** (1906), 316].

„Die auf diese Art nach dem Schema

$$\overset{II}{R}:CO + Br\cdot CH_2\cdot COOR + Zn = \overset{II}{R}:C\begin{matrix}\diagup OZnBr\\ \diagdown CH_2\cdot COOR\end{matrix}$$

$$\overset{II}{R}:C\begin{matrix}\diagup OZnBr\\ \diagdown CH_2\cdot COOR\end{matrix} + H_2SO_4 = ZnSO_4 + HBr = \overset{II}{R}:C\begin{matrix}\diagup OH\\ \diagdown CH_2\cdot COOR\end{matrix}$$

„an erster Stelle entstehenden cyclischen Oxyester sind meist selbst „durch alkoholisches Alkali sehr schwer verseifbar und unterliegen „während der Verseifung einer mehr oder weniger weitgehenden hydro- „lytischen Spaltung, die aber je nach dem eingeführten Säure- „radikal in verschiedener Weise verläuft, nämlich entweder vorzugsweise „unter Rückbildung cyclischer Ketone (d. h. des Ausgangsmaterials) „neben Fettsäure oder unter gleichzeitiger Bildung der zugehörigen „Alkohole neben Oxysäuren. Folgendes Schema verdeutlicht die Ver- „schiedenheit des Verlaufes:

$$a)\quad \overset{II}{R}:C\begin{matrix}\diagup OH\\ \diagdown R'\cdot COOH\end{matrix} + H_2O = \overset{II}{R}:CO + H_2O + HR'\cdot COOH$$

$$b)\quad \overset{II}{R}:C\begin{matrix}\diagup OH\\ \diagdown R'\cdot COOH\end{matrix} + H_2O = \overset{II}{R}:C\begin{matrix}\diagup OH\\ \diagdown H\end{matrix} + HO\cdot R'\cdot COOH$$

„Die durch Wasserabspaltung aus den Oxyestern leicht erhältlichen „Ester der ungesättigten Säuren verseifen sich dagegen leicht, und „zwar ohne dabei besondere Neigung zur hydrolytischen Spaltung hervor- „treten zu lassen.“ [A. **314** (1900), 150.]

„Ferner ergab sich die bemerkenswerte Tatsache, daß Ketone, „welche bereits eine Äthylenbindung im **Ringe** enthalten, der Brom- „essigestersynthese zwar ebensogut zugänglich sind wie die gesättigten „Ketone, daß aber die bei Anwendung dieser als erstes Reaktions- „produkt leicht zu erhaltenden Oxyester $=R\cdot C\begin{matrix}\diagup OH\\ \diagdown CH_2\cdot COOR\end{matrix}$ bei An- „wendung jener ungesättigten Ketone in keinem Falle[1] iso-

[1] Es ist immerhin möglich, daß unter besonderen Versuchsbedingungen die Isolierung doch gelingen wird.

„lierbar waren. Es fanden sich vielmehr immer sofort die um „ein Molekül Wasser ärmeren Ester als Reaktionsprodukt vor. Und „zwar ist es kaum zweifelhaft, daß die zweite Äthylenbindung, welche „bei der Wasserabspaltung entstehen muß, sich in diesen Fällen be- „sonders leicht in den Kern verlegt“ [A. **323** (1902), 136], während sie bei Anwendung gesättigter Ketone (nachgewiesen beim Suberon, Hexanon und Pentanon) auch nach der Seitenkette hin erfolgt unter Bildung semicyclischer Verbindungen [A. **347** (1906), 317].

Ungesättigte cyclische Säuren mit 1,2-Stellung der Äthylenbindung zum Carboxyl wurden durch Wasserabspaltung aus den oben erwähnten Oxysäuren in größerer Anzahl hergestellt [z. B. A. **314** (1901), 153, 157, 161, 162; **323** (1902), 139, 142, 146, 150, 153, 155, 156, 159; **343** (1905), 51; **345** (1906), 147; **347** (1906), 317, 225, 329, 338, 339, 345; **360** (1908), 31ff.; **363** (1908), 9; **365** (1909), 255ff.; B. **39** (1906), 2504].

Als Nebenprodukte können dabei reichliche Mengen Lacton auftreten [A. **360** (1908), 33], z. B. entsteht aus Mentholessigsäure bei der Wasserabspaltung neben Menthenessigsäure ein Lacton [A. **353** (1907), 315]. (Siehe auch S. 166.)

Die weiteren Erfahrungen über das Verhalten der auf dem besprochenen Wege synthetisierbaren Oxysäuren wurden im Folgenden zusammengefaßt [A. **365** (1909), 256ff.]:

„I. Durch Wasserabspaltung kann man aus den Oxysäuren „$(CH_2)_x\!<\!\begin{smallmatrix}CH_2\\CH_2\end{smallmatrix}\!>\!C\!<\!\begin{smallmatrix}OH\\CHRCO_2H\end{smallmatrix}$, je nachdem das zur Wasserbildung nötige „H-Atom aus dem Ring oder aus der Seitenkette genommen wird, zu „den bindungsisomeren ungesättigten Säuren

$$(CH_2)_x\!<\!\begin{smallmatrix}CH\\CH_2\end{smallmatrix}\!>\!C\cdot CHRCO_2H \quad \text{oder} \quad (CH_2)_x\!<\!\begin{smallmatrix}CH_2\\CH_2\end{smallmatrix}\!>\!C{=}CR\cdot CO_2H$$

„gelangen.

„Gelegentlich der bisher ausgeführten Versuche entstand bald „die eine, bald die andere Modifikation der isomeren Säuren in über- „wiegender Menge, ohne daß man deren Bildungsbedingungen in der „Hand hatte. Bei der Verwendung der Nopinolessigsäure wurde zum „erstenmal die Beobachtung gemacht[1], daß die Natur des wasser- „abspaltenden Agens von ganz wesentlichem Einfluß auf die Richtung „sein kann, nach welcher die Reaktion verläuft. Unter gewissen Be-

[1] A. **363**, 6 (1908).

„dingungen konnte man nämlich aus der Nopinolessigsäure unter gleich„zeitiger Abspaltung von H_2O und CO_2 wesentlich Fenchen, unter „anderen wesentlich β-Pinen gewinnen.

„Es wurde nun alsbald versucht, die in diesem speziellen Fall ge„machten Erfahrungen unter Anwendung anderer Oxysäuren auszu„werten und zwar mit sehr günstigem Erfolg.

„Es zeigte sich, daß die aus den einfachsten cyclischen Ketonen „mit Hilfe der Bromessigester-Zink-Methode aufgebauten β-Oxysäuren „(s. oben), bzw. β-Oxysäureester, bei der Behandlung mit Agentien „wie SO_4KH oder P_2O_5 dazu neigen, bei der Wasserabspaltung die „Doppelbindung hauptsächlich in den Ring zu verlegen, daß aber, „namentlich bei Anwendung der freien Oxysäuren die Tendenz hervor„tritt, Wasser unter Bildung einer semicyclischen Bindung abzu„spalten, falls man die Verbindungen mit Essigsäureanhydrid kocht.

„Z. B. Aus der Cyclohexanolessigsäure

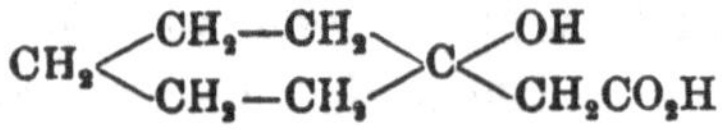

„war nach dem bis dahin angewandten Verfahren der Wasserabspaltung „(nämlich Behandlung des Säureesters mit SO_4KH oder in Benzollösung „mit P_2O_5[1] und nachheriger Verseifung des entstandenen ungesättigten „Esters), ganz überwiegend die Δ^1-Cyclohexenessigsäure (I) „vom Schmelzp. 38° erhalten worden, und nur als Nebenprodukt (bis „zu höchstens 5%) war gleichzeitig die schlecht isolierbare isomere „$\Delta^{1(7)}$-Cyclohexenessigsäure (II) vom Schmelzp. 91° entstanden[2], die in„folgedessen bisher so schwer zugänglich war, daß sie noch wenig unter„sucht werden konnte.

I. 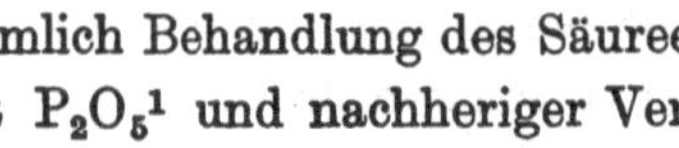 II. 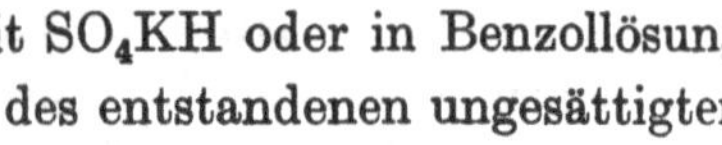 .

„Beim Erwärmen der freien Cyclohexanolessigsäure mit Essig„säureanhydrid wird nun aber umgekehrt die bei 91° schmelzende „Säure in überwiegender Menge gebildet, so daß die Säure jetzt leicht „zu erhalten ist und man es ganz in der Hand hat, sich entweder die „eine oder die andere Modifikation zu bereiten. Genau dieselben Ver„hältnisse stellten sich bei Anwendung der 1,4-Methylcyclohexanol„essigsäure heraus.

---

[1] A. **360**, 31 (1908). [2] A. **353**, 288 (1907).

„Man darf wohl annehmen, daß auch bei Anwendung der anderen „wasserabspaltenden Mittel der Wasseraustritt zunächst immer nach „dem Carboxyl hin, also semicyclisch erfolgt, daß dann aber die stark „saure Natur der Reagentien eine Bindungsverschiebung begünstigt.

„Was die Leichtigkeit anbetrifft, mit welcher die Wasserabspaltung „unter Anwendung von Essigsäureanhydrid einsetzt, so ist sie bei den „verschiedenen Oxysäuren übrigens recht verschieden. Manchmal ge-„nügt ein kurzes Kochen mit dem Anhydrid, manchmal ist mehrstündiges „Kochen erforderlich. Dabei kann unter gleichzeitiger Abspaltung von „H_2O und CO_2 gelegentlich auch die Entstehung von mehr oder weniger „großen Mengen von ungesättigtem Kohlenwasserstoff beobachtet „werden. Die günstigsten Versuchsbedingungen für Entstehung der „ungesättigten Säuren sind daher in jedem Einzelfall besonders zu „ermitteln, und es läßt sich keine ganz allgemein gültige Vorschrift „geben, welche zwecks Darstellung der ungesättigten Säuren mit semi-„cyclischer Bindung aus den Oxysäuren unter Anwendung von Essig-„säureanhydrid einzuhalten ist.

„Man kann zur Wasserabspaltung natürlich auch die Ester der „Oxysäuren mit Essigsäureanhydrid kochen, dann im Vakuum fraktio-„niert destillieren und die entstandenen Ester der ungesättigten Säuren „verseifen. Wiederholt wurde aber beobachtet, daß bei längerem Kochen „der Oxysäureester mit Essigsäureanhydrid hochsiedende Verbindungen „entstehen, die noch nicht näher untersucht sind, die man wohl aber „als Acetylverbindungen wird ansprechen dürfen.

„II. Schon früher habe ich an einer ganzen Reihe von Fällen zeigen „können, daß die auf den eben erörterten Wegen herstellbaren un-„gesättigten cyclischen Säuren, auch wenn sie die Äthylenbindung im „Ringe tragen, dazu neigen, bei der Kohlensäureabspaltung in Kohlen-„wasserstoffe mit semicyclischer Bindung überzugehen, unter der Voraus-„setzung, daß man die Reaktion unter sorgfältigem Ausschluß von „Feuchtigkeit sich vollziehen läßt.[1] So wurden z. B. folgende Über-„gänge nachgewiesen:

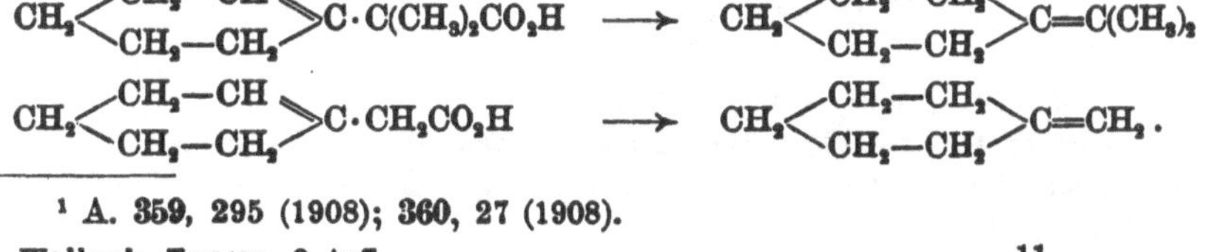

[1] A. 359, 295 (1908); 360, 27 (1908).

„Jetzt hat sich zeigen lassen, daß die Säuren, welche schon eine „semicyclische Bindung tragen, bei der Kohlensäureabspaltung in „trocknem Zustand Kohlenwasserstoffe von genau demselben Ver„halten liefern, wie die isomeren Säuren mit der Äthylenbindung im „Ring, wodurch die Berechtigung der früher gemachten Annahme „bezüglich des Eintretens von Bindungsverschiebungen in dem eben „erörterten Sinne eine willkommene Stütze erhalten hat.

„Was die physikalischen Eigenschaften der isomeren Säure„paare betrifft, so zeigt sich, daß in allen bisher zur Beobachtung ge„kommenen Fällen die Schmelzpunkte der Säuren mit semi„cyclischer Bindung höher liegen als die Schmelzpunkte der Iso„meren mit der Äthylenbindung im Ring.

„III. Bei der Kondensation von Ketonen mit Zink und halogeni„sierten Säureestern entstehen zunächst die Ester der zugehörigen „Oxysäuren. Bei dem Versuch durch Verseifung dieser Ester zu den „freien Oxysäuren zu gelangen, wurde anfangs die unliebsame Erfahrung „gemacht[1], daß dabei weitgehende hydrolytische Spaltung unter Rück„bildung von Keton (oder dem zugehörigen Alkohol) eintreten kann. „Es hat sich beim Fortschritt der Untersuchung nun herausgestellt, „daß die Leichthydrolysierbarkeit der Oxyester keine ganz allgemeine „Erscheinung ist, sondern daß sie nur bei bestimmten Konfigurationen „eintritt.[2] Die einfachsten cyclischen Oxysäuren, wie z. B. Pentanol-, „Hexanol-, p-Methylhexanol-Essigsäure und -Propionsäure, „haben sich in guter Ausbeute beim Verseifen der zugehörigen Ester „isolieren lassen. Auf diese Weise ist es ermöglicht worden, das Ver„halten der freien β-Oxysäuren, sowohl gegenüber verschiedenen „wasserabspaltenden Reagentien (s. oben), als auch beim Erhitzen für „sich zu studieren.

„Dabei hat sich, wenigstens für die bisher untersuchten Beispiele, „gezeigt, daß die Oxysäuren, deren Ester sich beim Verseifen gern „hydrolysieren, beim Erhitzen leicht in Keton und Fettsäure zerfallen.

„α-Mentholpropionsäure z. B. spaltet sich beim Destillieren „in Menthon und Propionsäure:

[1] A. **314**, 150 (1900); **360**, 31 (1908).

[2] Welchen Gesetzmäßigkeiten es unterworfen ist, ob die cyclischen β-Oxysäureester sich leicht oder schwer hydrolytisch spalten, ist noch Gegenstand der Untersuchung.

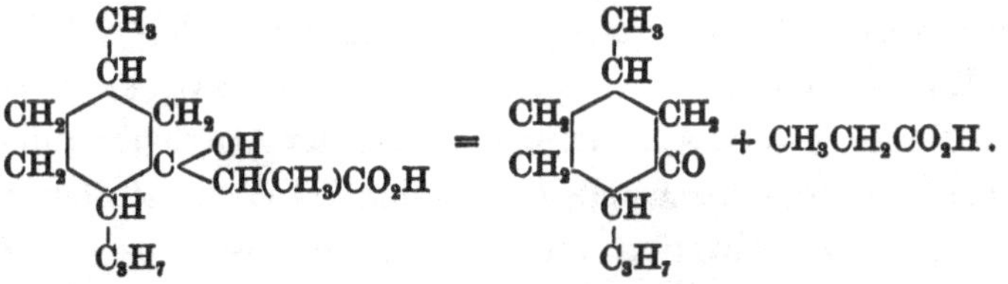

„Ganz anders und ebenfalls recht unerwartet war das Verhalten „der bei dem Verseifungsprozeß sich als sehr beständig erweisenden „Oxysäuren. Diese zerfallen nämlich bei genügend langsamem trocknem „Destillieren im Wasserstoffstrom in Wasser und ungesättigte Säure, „die aber bei dem Destillationsprozeß zu großem Teil sofort in CO_2 „und Kohlenwasserstoff zerfällt, und zwar findet sich, daß trotz „der Anwesenheit von Wasser unter diesen Bedingungen die Entstehung „von Kohlenwasserstoff mit semicyclischer Bindung auch bevorzugt wird.

„Beispielsweise zerfällt Nopinolessigsäure beim langsamen „Destillieren in H_2O, CO_2 und ein Gemisch von Pinen und Fenchen. „Cyclohexanolessigsäure zerfällt in H_2O, CO_2 und (hauptsächlich) „Methencyclohexan."

2. Ungesättigte Fettsäuren mit Fernstellung der Äthylenbindung vom Carboxyl wurden durch Aufspaltung von Isoximen, bzw. den aus diesen darstellbaren Amidosäuren erhalten [A. **309** (1899), 8, 15, 20; **312** (1900), 189, 204, 207; **323** (1902), 324; **329** (1903), 102; **343** (1905), 48].

3. Zur Synthese durch cyclische Radikale substituierter Essigsäuren der „Cyclylessigsäuren", Cyclyl-CH_2CO_2H [A. **353** (1907), 284]:

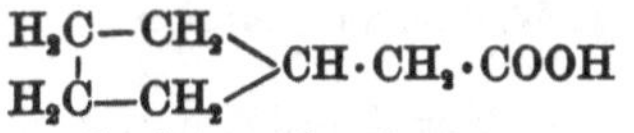

Cyclopentylessigsäure

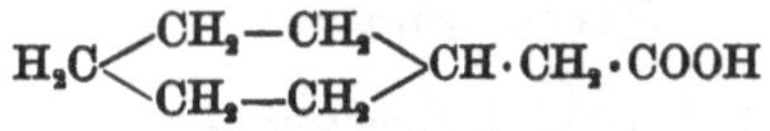

Cyclohexylessigsäure

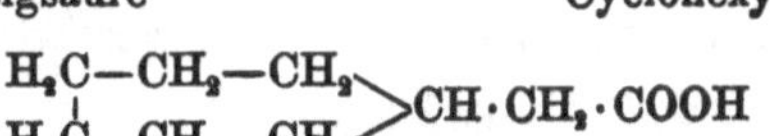

Cycloheptylessigsäure

dienten die auf dem oben besprochenen Wege hergestellten ungesättigten Säuren. An diese wurde Halogenwasserstoff angelagert und die so gewonnene gesättigte halogenisierte Säure mit Zinkstaub in Eisessiglösung reduziert.

In der Folge wurde gefunden, daß die Reduktion sich viel bequemer und sicherer unter Anwendung von Palladium-Wasserstoff durchführen läßt [A. **381** (1911), 94].

Wo die freien Säuren (oder deren Alkalisalze) sich auf diese Weise nicht reduzieren lassen, empfiehlt es sich, die Säureamide zu verwenden. Dabei erweist sich dann die Lage der Äthylenbindung als sehr bestimmend für die Leichtigkeit, mit der die Wasserstoffaufnahme erfolgt. Z. B. „die Reduktion des β-Fencholensäureamids verläuft merklich träger als die des α-Amids unter denselben Bedingungen.“ [A. **381** (1911), 78.] (Siehe S. 57.)

4. Von α-Oxysäuren wurden eine Anzahl auch durch Oxydation von Methenkohlenwasserstoffen neu erhalten. Dabei wurde für spezielle, schon bekannte Säuren (Nopinsäure, Sabinensäure) eine allgemein anwendbare, verbesserte Darstellungsweise ausgearbeitet, die wesentlich darauf beruht, daß man bei Gegenwart von freiem Ätznatron oxydiert und die schwer löslichen Natronsalze zur Abscheidung bringt [A. **356** (1907), 230; **359** (1908), 266].

5. Ketosäuren mit Fernstellung des Carbonyl zum Carboxyl wurden durch Oxydation dicyclischer Ketone erhalten [A. **381** (1911), 107; **389** (1912), 180]:

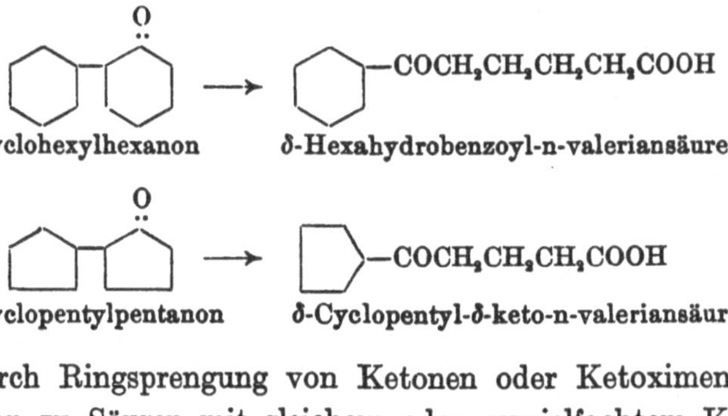

Cyclohexylhexanon — δ-Hexahydrobenzoyl-n-valeriansäure

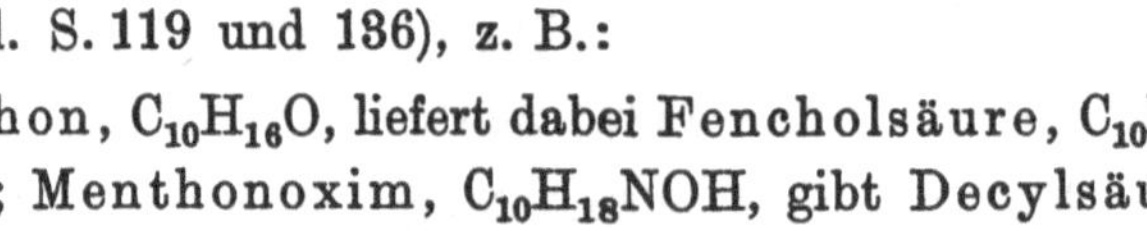

Cyclopentylpentanon — δ-Cyclopentyl-δ-keto-n-valeriansäure

6. Durch Ringsprengung von Ketonen oder Ketoximen mit Kali kommt man zu Säuren mit gleichem oder vervielfachtem Kohlenstoffgehalt (vgl. S. 119 und 136), z. B.:

Fenchon, $C_{10}H_{16}O$, liefert dabei Fencholsäure, $C_{10}H_{18}O_2$ [A. **369** (1909), 72; Menthonoxim, $C_{10}H_{18}NOH$, gibt Decylsäure, $C_{10}H_{20}O_2$ [A. **296**, 128 (1897); **389** (1912), 195], dagegen liefert Cyclohexanon, $C_6H_{10}O$, die Säure $C_{12}H_{20}O_2$ [A. **369** (1909), 101].

7. Amidosäuren mit Fernstellung der Amidogruppe zum Carboxyl wurden durch Aufspaltung von Isoximen gewonnen [A. **296** (1897), 127; **312** (1900), 172ff.; **323** (1902), 323ff.; **324** (1902), 108; **343** (1905), 44ff.; **346** (1906), 254ff.; **389** (1912), 170, z. B.:

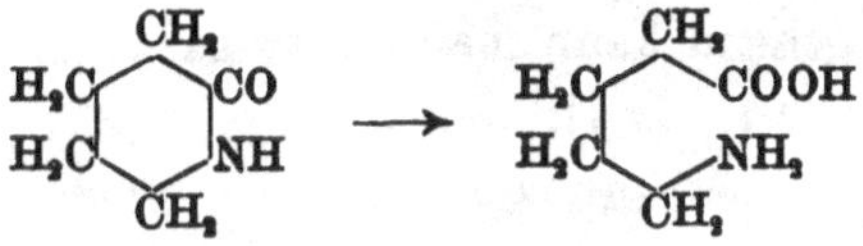

B. Verhalten.

1. Oxysäuren vom Typus

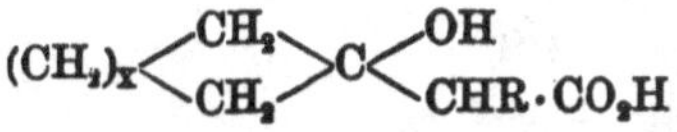

spalten sich beim Verseifen ihrer Ester leicht hydrolytisch. Bei der trockenen Destillation zerfallen sie unter Abspaltung von H_2O und CO_2 (siehe oben).

2. Oxysäuren mit Fernstellung des Hydroxyls vom Carboxyl verhalten sich bezüglich der Leichtigkeit Wasser abzuspalten wie β-Oxysäuren [A. **312** (1900), 177].

3. Ungesättigte Säuren vom Typus

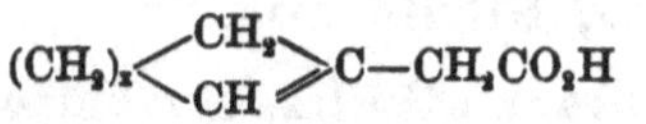

oder

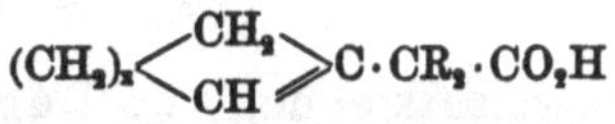

spalten bei der trockenen Destillation leicht CO_2 ab und verlegen dabei (falls keine Feuchtigkeit zugegen ist) die Äthylenbindung nach der Seitenkette hin, so daß Methenkohlenwasserstoffe bzw. ganz allgemein Kohlenwasserstoffe mit semicyclischer Bindung erhalten werden [A. **347** (1906), 317; **353** (1907), 307; **360** (1908), 31ff.; **365** (1909), 259; B. **39** (1906), 2504 und Kapitel III, S. 122], z. B.:

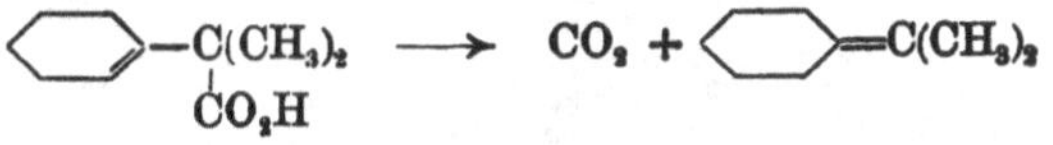

Geht man bei den Synthesen von ungesättigten Ketonen aus, so kommt man leicht zu dihydroaromatischen Säuren, die dann weiter in hydrierte Benzolkohlenwasserstoffe überführbar sind [A. **323** (1902), 138ff.], z. B.:

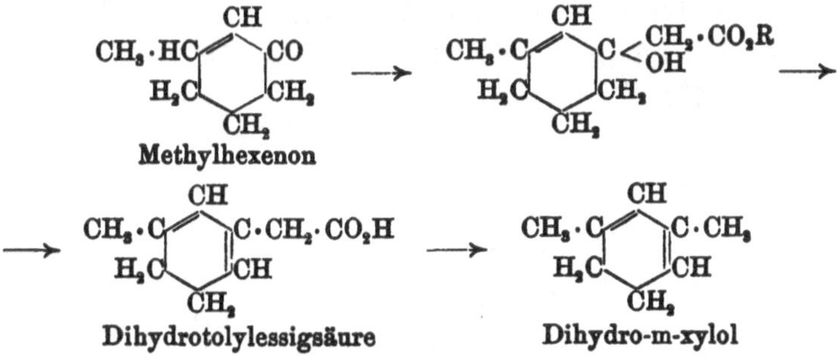

Vom Carvon ausgehend kann man direkt zu aromatischen Säuren gelangen [A. **314** (1901), 162]:

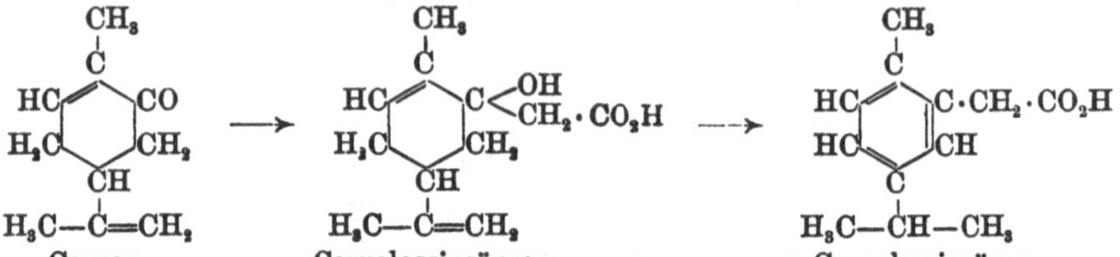

Carvon — Carvolessigsäure — p-Cymylessigsäure

und nur unter besonderen Bedingungen gelingt es, die isomeren ungesättigten hydroaromatischen Säuren zu isolieren [unv. B.].

4. Amidosäuren lassen sich bei Gegenwart von überschüssigem Alkali schon in der Kälte durch Permanganat zu Dicarbonsäuren oxydieren [A. **343** (1905), 44].

11. Lactone, Ketolactone, Nitrile usw.

Die Entstehung von Lactonen in stark alkalischer Flüssigkeit wurde gelegentlich der Oxydation der Pulegensäure mit Permanganat und mit Hypobromit beobachtet [A. **289** (1896), 354; **300** (1898), 261].

Lactone entstehen vielfach als Nebenprodukte bei der Darstellung der ungesättigten Säuren nach der im vorhergehenden Abschnitt besprochenen Methode [A. **353** (1907), 315; **360** (1908), 33], z. B.:

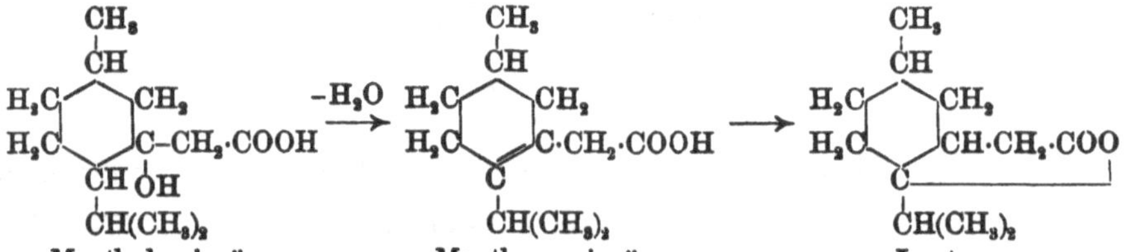

Mentholessigsäure — Menthenessigsäure — Lacton

Näheres über die Bildung von Lactonen, die sich zu nicht mehr lactonbildenden Oxysäuren aufspalten lassen, siehe unter Pulegenolid und Carvenolid im Speziellen Teile.

Das eigenartige Dilacton

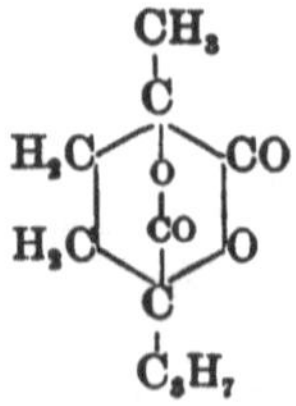

bildet sich leicht beim Erwärmen der bei der Oxydation der Terpinenole entstehenden α-Methyl-α'-Isopropyl-$\alpha\alpha'$-dioxyadipinsäure mit Mineralsäuren.

Näheres über die Bildung von Ketolactonen siehe unter Oxydation des α-Terpineols, Isothujons und Thujamenthons im Speziellen Teile.

Entstehung von Betaïnen mit Fernstellung des Stickstoffes (ε-Betaïne) siehe A. **323** (1902), 327; G. N. **1902,** 103.

Ungesättigte Säurenitrile vermögen sich zum Teil mit Nitrosylchlorid zu kristallisierten Verbindungen zu vereinigen [A. **379,** 226—228 (1911)].

Reine ungesättigte Nitrile lassen sich mit freiem Wasserstoff (nach Paal) zu gesättigten reduzieren [A. **381** (1911), 75].

Ein sehr beständiges Isocyanat wurde durch Einwirkung von Brom auf Fencholsäureamid erhalten [A. **369** (1909), 80].

VI. Beobachtungen über physikalische Eigenschaften.

Bei der systematischen Inangriffnahme der Arbeiten über die Terpengruppe war von vornherein besondere Rücksicht nicht nur auf die chemischen Eigentümlichkeiten dieser Verbindungen, sondern auch auf die physikalischen Eigenschaften zu nehmen [B. **24** (1891), 1527], vor allen Dingen auf das optische Verhalten und auf die Regelmäßigkeiten, die hinsichtlich des Refraktionsvermögens, der Dichte und der Siedepunkte hervortreten.

Bei der Veränderlichkeit vieler ungesättigter Verbindungen (siehe Kohlenwasserstoff S. 122 und Ketone S. 133) begegnet man hinsichtlich der Reindarstellung der Untersuchungsobjekte oft erheblichen Schwierigkeiten, die man früher nicht genügend gekannt und berücksichtigt hat.

Als allgemeine Regel muß hingestellt werden, daß die Bestimmung der Konstanten unmittelbar nach Reindarstellung der Verbindungen (also z. B. nach der letzten Destillation im Vakuum) erfolgen muß. Für viele Verbindungen kennen wir bisher aber kein zuverlässiges Mittel zur absoluten Reindarstellung. Das gilt namentlich da, wo es sich um ein Gemisch gleich- oder fast gleichsiedender Isomeren handelt, z. B. um Gemische von Kohlenwasserstoffen mit verschiedener Lage der Äthylenbindung.

Will man Beziehungen zwischen physikalischen Eigenschaften der Verbindungen und ihrer Konstitution aufdecken, so kann man das Beobachtungsmaterial gar nicht kritisch genug betrachten, wenn man Fehlschlüsse vermeiden will.

1. Rotationsvermögen.

Quantitative Beobachtungen über das Drehungsvermögen von Terpenverbindungen sind sehr zahlreich ausgeführt worden. Nachstehend sind die hauptsächlichsten Verbindungen aufgeführt, auf die die Beobachtungen sich erstreckten, mit Angabe der Stellen, an denen die einschlägigen Angaben zu finden sind.

Kohlenwasserstoffe und Additionsprodukte derselben.

Tetrahydrotoluol [B. **35**, 2823].

1,3-Methenmethylcyclohexan [A. **347**, 342].

D-l-Methyl(1)äthyliden(3)cyclohexan [A. **379**, 144].

d-$\Delta^{2,8(9)}$-m-Menthadien [A. **379**, 149].

1,3-Methylisopropylcyclopenten-nitrosochlorid und Piperidid [A. **379**, 192].

± Limonen [A. **246**, 222; **252**, 144, 145]. ± -monochlorhydrat [A. **270**, 189]. ± -tetrabromid [A. **252**, 145]. ± nitrosochlorid (α u. β) [A. **246**, 224, 225; **252**, 145, 146]. ± benzoylnitrosochlorid [A. **270**, 177]. ± -α- u. β-nitrolanilide [A. **252**, 120, 121; **270**, 182 184]. ± Nitrosoverbindung -α-nitrolanilid [A. **270**, 183]. ± -α- u. β-nitrolpiperidid [A. **252**, 146, 147]. ± -α-nitrolbenzylamin [A. **252**, 147]. ± -α-nitrolbenzylaminchlorhydrat [A. **252**, 147]. ± -α-nitrolbenzylaminnitrat [A. **252**, 147]. ± -α-nitrolbenzylamin Rechtstartrat [A. **252**, 148]. ± -α-nitrolbenzylamin Linkstartrat [A. **252**, 148].

± Hydrochlorlimonennitrolbenzylamin [A. **270**, 192].

β-Phellandren [A. **336**, 43; **340**, 2].

α-Phellandrennitrite [A. **336**, 15, 16].

β-Phellandrennitrit [A. **336**, 44; **340**, 2].

Sylvestren [A. **252**, 149; **399**, 158]. -dihydrochlorid [A. **252**, 149]. -dihydrobromid [A. **252**, 150]. -tetrabromid [A. **252**, 150]. -nitrolbenzylamin [A. **252**, 150]. -nitrolbenzylaminchlorhydrat [A. **252**, 150].

Pinenhydrochlorid(-bromid) [A. **252**, 156].

Fenchen [A. **357**, 53; **362**, 180].

Fenchenbromid [A. **362**, 182].

Fenchylchlorid [A. **302**, 375].

C_9H_{16} aus Fenchelylamin [A. **369**, 83, 84].

Homofenchen [A. **358**, 222].

Camphen aus sibirischem Fichtelnadelöl [A. **357**, 80]. Aus Bornylamin [A. **357**, 84].

Sabinen [A. **350**, 163; **356**, 216].

Cadinen [A. **252**, 150; **271**, 297]. -dihydrochlorid [A. **252**, 150; **271**, 303]. -dihydrobromid [A. **252**, 151]. -dihydrojodid [A. **252**, 151].

Alkohole.

Nopinol [A. **356**, 238]. Homonopinol [A. **356**, 240].
Synthetisches α-Terpineol [A. **360** (1908), 89].
Pinocarveol aus Eucalyptus globulus [A. **346**, 227, 228].
L-d-Fenchylalkohol [A. **272**, 104]. D-l-Fenchylalkohol [A. **263**, 145, 147].
Terpinenol [A. **362**, 279; B. **40**, 594].
Sylveterpineol [A. **357**, 74; **399**, 162].
Sabinenhydrat [A. **362**, 279].
Homofenchylalkohol [A. **353**, 220].
l-Glycol aus Dihydrocarveol [A. **381**, 63].
Sylveterpin [A. **357**, 73; **399**, 161].
Glycerin aus Terpinenol [A. **350**, 171; B. **40**, 594].

Ketone und Derivate.

1,3-Methylcyclopentanon [A. **332**, 349]. Oxime [A. **332**, 349].
Benzoylverbindungen aus α- u. β-1,3-Methylpentanonoxim [A. **332**, 350].
1,3-Methylcyclohexanon [A. **332**, 337, 338]. Oxim [A. **332**, 338, 342].
R-d-α-Benzoyl-1,3-Methylcyclohexanonoxim [A. **332**, 340—342].
R-d-β-Benzoyl-1,3-Methylcyclohexanonoxim [A. **332**, 340—342].
Δ^2-1,3-Methylacetylcyclohexen [A. **379**, 147].
Nopinon [A. **356**, 232].
± Carvoxim [A. **246**, 227; **252**, 148].
± Benzoylcarvoxim [A. **252**, 149]. ± Benzoylhydrochlorcarvoxim [A. **270**, 179].
d-Carvonsemicarbazon [A. **339**, 105].
l-Tetrahydrocarvon [A. **381**, 65]. Oxim [A. **381**, 66].
α-Dicarvelon [A. **305**, 226].
β-Dicarvelon [A. **305**, 230].
γ-Dicarvelon [A. **305**, 231].
Carvotanaceton-oxim [A. **336**, 37]. -semicarbazon [A. **336**, 38].
Isopulegonoxim [A. **365**, 245, 251].
Benzoylverbindung aus l-Menthonoxim [A. **332**, 351].
α-Thujon [A. **336**, 263]. Oxim [A. **336**, 266]. Semicarbazon [A. **336**, 251, 261—263].
β-Thujon [A. **336**, 262, 267]. Oxim [A. **336**, 265, 267]. Semicarbazon [A. **336**, 265—270].
l-Campher [A. **353**, 214].
d-Fenchon [A. **263**, 132, 147; **353**, 212; **362**, 195 Anmerk.].
l-Fenchon [A. **272**, 103; **353**, 212]; Oxim [A. **362**, 199].
D-d-Fenchonoxim [A. **263**, 136, 147; **276**, 318].
Fenchonitrimin [A. **379**, 217].
l-Fenchonoxim [A. **272**, 104 Anm.].
Fenchonsemicarbazon [A. **353**, 212].
D-d-Fenchocamphoron [A. **302**, 383]. Oxim [A. **302**, 383]. Semicarbazon [A. **302**, 384].
D-l-Fenchocamphoron [A. **302**, 384]. Oxim [A. **302**, 384]. Semicarbazon [A. **302**, 385].
Pinacon aus Fenchon [A. **369**, 69, 70].
Isofenchon [A. **362**, 195]. Semicarbazon [A. **362**, 194].
Brom-Isofenchon [A. **362**, 196].

Basen und Derivate.

l-Menthylamin [A. **276**, 323]. -chlorhydrat [A. **276**, 323]. -bromhydrat [A. **276**, 323]. -jodhydrat [A. **276**, 323].

l-Formylmenthylamin [A. **276**, 324, 327]. l-Acetylmenthylamin [A. **276**, 324, 327]. l-Propionylmenthylamin [A. **276**, 324, 327]. l-Butyrylmenthylamin [A. **276**, 324, 327].

d-Menthylamin [A. **276**, 324]. -chlorhydrat [A. **276**, 324, 326]. -bromhydrat [A. **276**, 325, 326]. -jodhydrat [A. **276**, 325, 326].

d-Formylmenthylamin [A. **276**, 325, 327]. d-Acetylmenthylamin [A. **276**, 325, 327]. d-Propionylmenthylamin [A. **276**, 325, 327]. d-Butyrylmenthylamin [A. **276**, 325, 327].

Amidoterebentensulfat [A. **346**, 245].

D-l-Fenchylamin [A. **263**, 142, 147; **276**, 318].

Benzylidenfenchylamin [A. **272**, 106; **276**, 320].

Formylfenchylamin [A. **276**, 318]. Acetylfenchylamin [A. **276**, 318]. Propionylfenchylamin [A. **276**, 319]. Butyrylfenchylamin [A. **276**, 319]. o-Oxybenzylidenfenchylamin [A. **276**, 320]. p-Oxybenzylidenfenchylamin [A. **276**, 321].

o-Methoxybenzylidenfenchylamin [A. **276**, 321]. p-Methoxybenzylidenfenchylamin [A. **276**, 321].

Fenchylanilid [A. **302**, 382].

Fenchelylaminchlorhydrat [A. **369**, 82].

Base $C_{20}H_{35}ClN_2$ aus Menthonisoxim [A. **278**, 306].

1,3-Methylpentanonisoxim [A. **312**, 184].

α- u. *β*-1,3-Methylcyclohexanonisoxim [A. **309**, 4; **312**, 193].

l-Methonisoxim [A. **277**, 157].

Harnstoff eines hydrierten Cuminylamins [A. **340**, 9].

Benzoylverbindung aus *α*-Diheptylamin [A. **346**, 264].

Benzoylverbindung aus *β*-Diheptylamin [A. **346**, 264].

Nitrosoverbindung aus *α*-Diheptylamin [A. **346**, 265].

Säuren und Derivate.

Tetrahydrobenzoesäure (?) [A. **305**, 256].

α-Thujaketosäure [A. **336**, 266, 267].

D-d-Fenchonitril [A. **263**, 137, 147; **379**, 206, 207].

D-l-Oxyfenchensäure [A. **302**, 278; **362**, 184].

D-d-Oxyfenchensäure [A. **302**, 278]. L-d-Oxyfenchensäure [A. **302**, 279].

α-Fenchocarbonsäure [A. **300**, 298].

Fencholsäure [A. **369**, 74]. -chlorid [A. **369**, 75]. -nitril [A. **379**, 199]. -isocyanat [A. **369**, 80].

Dihydro-*α*-fencholensäure [A. **381**, 80]. -amid [A. **381**, 77]. -nitril [A. **381**, 76, 77].

β-Fencholensäure [A. **379**, 213].

α-Borneolcarbonsäure (Homocamphenylsäure) [A. **358**, 226].

Nopinsäure [A. **356**, 229; **368**, 11, 12].

Camphencamphersäure [A. **357**, 81].

Isofenchocamphersäure [A. **362**, 197, 200; **368**, 4].

Citronellasäureamid [A. **296**, 125].

Menthonensäureamid [A. **296**, 125].
Menthonitril [A. **296**, 124].
d-Carvenolsäure [A. **305**, 254].
Carvenolide [A. **305**, 250]. Carvenoliddibromid [A. **305**, 251].
Pulegensäureamid [A. **392**, 56, 57].
Dihydropulegensäureamid [A. **392**, 58].
Pulegenolsäure [A. **392**, 54].
Dihydropulegenolsäure [A. **392**, 55].
Dihydrocarvenolid und -pulegenolid [A. **392**, 50].
Oxylacton $C_{10}H_{16}O_3$ aus Pulegensäure [A. **392**, 56].
l-Pinonsäure [A. **368**, 5].
l-α-Isopropylglutarsäure [A. **379**, 189].
β-Isopropyl-γ-acetylbuttersäure [A. **379**, 186, 188].
α-Tanacetondicarbonsäuremethylester [A. **388**, 54].

Gelegentlich der optischen Bestimmungen wurden folgende neue, jedenfalls in der Reihe der Terpenderivate bis dahin nicht bekannte Beobachtungen gemacht:

„Die aktiven Terpene geben[1] in der Regel auch aktive Derivate. „Die Terpenderivate drehen aber nicht immer in demselben Sinne, wie „die Muttersubstanzen. Nicht selten findet — aus vorläufig nicht „genügend durchsichtigen Gründen — eine Umkehr der Drehungs- „richtung statt.“ [B. **24** (1891), 1529.]

Eine Umkehr der Drehungsrichtung wurde beobachtet beim Übergang von

Limonennitrosochlorid in Carvoxim [A. **245**, 257].
Limonennitrosochlorid in das β-Nitrolpiperidid [A. **252**, 116].
Limonennitrolpiperididen in die Chlorhydrate [A. **252**, 116].
Limonennitrol-α-benzylamin in das Chlorhydrat [A. **252**, 122, 147].
± Limonen in α-Nitrolbenzylamin (d- u. l-)-Tartrat [A. **252**, 148, 153].
± Limonennitrosochlorid in β-Nitrolamine [A. **252**, 154].
Fenchon in Fenchylamin [A. **263**, 142; **272**, 106].
Fenchon in Fenchylalkohol [A. **263**, 142; **272**, 104].
Hydrochlorcarvoxime in Benzoylverbindungen [A. **270**, 179].
± Limonen-α- u. β-Nitrosochlorid in die ± Nitrolanilide [A. **270**, 184].
Fenchylamin in Benzylidenfenchylamin } [A. **272**, 106, 107; **276**, 320].
Fenchylamin in o-Oxybenzylidenfenchylamin } [A. **272**, 106, 107; **276**, 320].
Dihydrocarveol in Dihydrocarvon [A. **275**, 116].
Fenchylamin in p-Oxybenzylidenfenchylamin [A. **276**, 321].
Fenchylamin in o-Methoxybenzylidenfenchylamin [A. **276**, 321].
Fenchylamin in p-Methoxybenzylidenfenchylamin [A. **276**, 321].

[1] Natürlich unter der Voraussetzung, daß durch die Abwandlung die Asymmetrie nicht aufgehoben wird, wie z. B. beim Übergang von Limonen in das Dichlorhydrat.

Carvon in Dihydrocarvon [A. **279**, 377] und in Tetrahydrocarvon [A. **381**, 165].
Carvon in Dicarvelon [A. **279**, 380].
Phellandren in Tetrahydrocarvoxim [A. **287**, 377].
Oxyfenchensäure in Fenchocamphoron [A. **302**, 383].
Fenchocamphoron in das Oxim [A. **302**, 383].
Fenchocamphoron in das Semicarbazon [A. **302**, 384].
α-Dicarvelon in β-Dicarvelon [A. **305**, 229].
Carvon in Carvenolid [A. **305**, 250].
1,3-Methylhexanon in das Oxim [A. **332**, 338].
1,3-Methylhexanonoxim in die α-Benzoylverb. [A. **332**, 340, 342].
α-Phellandren in das α-Nitrit [A. **336**, 15].
α-Thujon in β-Thujon [A. **336**, 249].
α-Thujon in das Semicarbazon [A. **336**, 251].
Campher in das Semicarbazon [A. **353**, 217, 226].
Nopinsäure in Nopinon [A. **356**, 229, 232].
Nopinon in Nopinol [A. **356**, 237, 238].
Nopinon in Homonopinol [A. **356**, 240].
Isofenchonderivate [G. N. **1908**, 24, 25].
Methyläthylidencyclohexan in Acetylmethylcyclohexen [A. **379**, 147].

Die in Rede stehende Tatsache der Umkehr der Rotationsrichtung, die namentlich bei einem eingehenden Studium der Drehungsrichtung von Fenchonderivaten in die Augen fiel, hat mich veranlaßt, besondere Bezeichnungen vorzuschlagen, die erkennen lassen sollen, von welcher Ausgangssubstanz ein in bestimmtem Sinne aktiver Körper sich herleitet [A. **287** (1895), 374; **302** (1898), 374]. Es wurde vorgeschlagen, die Drehungsrichtung des Ausgangskörpers durch Vorsetzen eines D (bei ursprünglicher Rechtsdrehung) oder eines L (bei ursprünglicher Linksdrehung) zu markieren, so daß also das linksdrehende Carvoxim, das man aus d-Carvon erhält, als D-l-Carvoxim, der linksdrehende Fenchylalkohol, der bei der Reduktion von d-Fenchon entsteht, als D-l-Fenchylalkohol zu bezeichnen ist usw.

Die erste Beobachtung der Umkehr der Drehungsrichtung wurde beim Übergange von d-Limonennitrosochlorid in l-Carvoxim gemacht [A. **245** (1888), 257] und bald darauf am Beispiel von Limonennitrolaminen gezeigt, daß sich aus einer aktiven Verbindung bei derselben Umsetzung gleichzeitig zwei von entgegengesetztem Rotationsvermögen bilden können[1] [A. **336** (1904), 15, 44].

„Aus durchaus einheitlichen aktiven Substanzen können bei einer „höchst einfachen Reaktion zwei neue, wohl charakterisierte und gut „voneinander zu trennende Verbindungen von entgegengesetztem

[1] Vgl. die unter dem Kapitel „Racemie“ aufgeführte Tabelle S. 175.

„Drehungsvermögen entstehen. Von besonderer Wichtigkeit ist es „dabei, daß in gewissen Fällen die gegenseitigen Beziehungen der ver- „schiedenen Verbindungen sich ganz genau ermitteln lassen. Daß „überhaupt aus aktiven Substanzen gleichzeitig zwei Derivate von ent- „gegengesetztem Rotationsvermögen sich zu bilden vermögen, ist ja „allerdings keine absolut neue Beobachtung. Die Tatsache ist für den „Rohrzucker bei seinem Übergang in Invertzucker bekannt und „Bouchardat hat Versuche beschrieben [Jahresber. f. Chemie usw. „**1875**, 792], nach denen aus Mannit ein Gemenge von Links- und Rechts- „Mannitan entsteht. Rechts-Mannitan ist aber amorph und jeder weiß, „wie schwierig es ist, aus dem Invertzucker die Komponenten in ganz „reinem Zustande abzuscheiden. Vor allen Dingen erstreckt sich in den „bisher bekannt gewordenen Fällen die Beobachtung nur auf die Zer- „legung einer Modifikation aktiver Substanz. Weder der Rechts- „Mannit, noch der Links-Rohrzucker sind ja bisher darstellbar.

„Die Versuche gewinnen eben darum an Bedeutung, weil die er- „haltenen Verbindungen sämtlich gut kristallisiert sind und weil man „aus zwei genau korrespondierenden + und —Verbindungen (z. B. + „und —Limonen) wiederum je zwei sich genau entsprechende Körper „also (vier Basen) herstellen kann.“ [A. **252** (1889), 117.]

Wie die Einführung von o- oder p-Benzolderivaten in ein und dieselbe Verbindung das optische Verhalten beeinflußt, untersuchte am Beispiele von Menthylaminderivaten (s. oben) auf meine Veranlassung A. Binz. Es wurde festgestellt, daß die stellungsisomeren Benzolverbindungen auf das Rotationsvermögen von verschiedenem Einflusse sind [A. **276** (1893), 316ff.].

Besondere Erwähnung verdienen die Beobachtungen über die optische Aktivität des Nopinons [A. **356** (1907), 232]: weil es die erste Terpenverbindung ohne Seitenkette ist, an der optische Aktivität zur Beobachtung gekommen ist. Ferner sei auf die große Abweichung hingewiesen, die Nopinon bezüglich der Drehungsintensität in verschiedenen Lösungsmitteln aufweist [A. **356** (1907), 232].

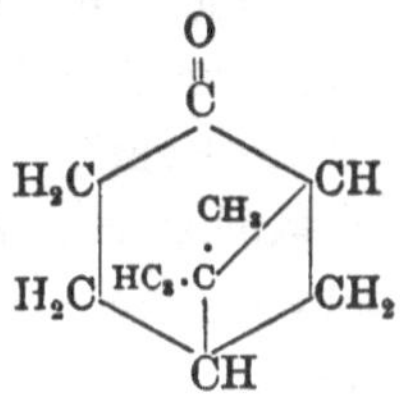

Der Einfluß des Lösungsmittels auf das Rotationsvermögen wurde in einzelnen Beispielen auch sonst ermittelt [A. **276** (1893), 326; **332** (1904), 337].

Ein Beispiel sprungweiser Zunahme der optischen Aktivität beim Übergang einer gesättigten in eine ungesättigte Verbindung bietet der Übergang des nur sehr schwach aktiven Fenchelylamins $C_9H_{17}NH_2$ in den stark rechtsdrehenden Kohlenwasserstoff C_9H_{16} [A. **369** (1909), 82]. Eine auffallende Ausnahme von der Regel, daß ungesättigte Verbindungen stärker drehen als zugehörige gesättigte, bildet Pulegenolid und Dihydropulegenolid [A. **392** (1912), 51].

2. Verschiedene Löslichkeit physikalisch Isomerer.

Daß optisch Isomere verschiedene Löslichkeit in Äther zeigen können, wurde beobachtet beim Menthylaminchlorhydrat [A. **276** (1893), 300] und dem Diheptylaminformiat [A. **346** (1906), 261]. Vielleicht gehören hierher auch die Verhältnisse, die bezüglich der verschiedenen Löslichkeit bei Semicarbazonen in Äther beobachtet wurden [A. **300** (1898), 269; B. **28** (1895), 1956].

Sehr deutlich tritt die verschiedene Löslichkeit z. B. bei stereoisomeren Terpinen hervor.

3. Racemie.

Daß einzelne Terpene in optisch voneinander verschiedenen Modifikationen auftreten können, war seit langer Zeit bekannt. Welche Beziehungen zwischen dem optischen Verhalten der Körper und ihrem molekularen Bau bestehen, hatten aber erst die geistreichen Hypothesen von Le Bel und van't Hoff (1874) erklärt. Es erübrigt, auf die seitdem festbegründete Theorie van't Hoffs und ihre Entwicklung in den ersten Dezennien hier einzugehen (s. van't Hoff: Zwei Jahrzehnte in der Geschichte einer chemischen Theorie).

Es muß aber daran erinnert werden, daß bis zum Jahre 1888 doch erst ein einziges Beispiel — das klassische von Pasteur aufgefundene Beispiel des Verhältnisses der beiden Weinsäuren zur Traubensäure — dafür bekannt war, daß durch Kombination der rechts- und linksdrehenden Modifikation einer Verbindung eine neue (racemisch-) inaktive, die auch sonst ganz andere Eigenschaften, wie die jeweiligen aktiven Komponenten zeigen, resultieren kann. 1888 gelang es mir, eine ganze Gruppe von neuen Beispielen für die Gewinnung racemischer Verbindungen mit besonderen, von ihren aktiven Komponenten ganz abweichenden Eigenschaften beizubringen. Und zwar wurde das möglich dank der Entdeckung des Links-Limonens.

Durch Kombination gleicher Teile von Rechts- und Links-Limonenverbindungen entstanden die Dipentenverbindungen, die zum Teil schon auf anderem Wege vorher dargestellt, wegen ihrer von den Limonenverbindungen ganz abweichenden Eigenschaften aber bis dahin als Abkömmlinge eines besonderen, mit Limonen chemisch isomeren Terpens hatten angesprochen werden müssen, die sich nun aber als racemische Verbindungen entpuppten [A. **246** (1888), 228; **252** (1889), 107; B. **24** (1891), 1530].

Zu dieser Bereicherung unserer Kenntnisse über die Racemverbindungen, die aus je zwei optischen Komponenten sich bilden, trat aber noch als ganz neue und bis dahin überhaupt noch nicht beobachtete Erscheinung die hinzu, daß man aus einer optisch aktiven Komponente bei Umsetzungen zwei voneinander verschiedene aktive Verbindungen erhalten kann [A. **270** (1892), 172], die nun zum Aufbau von zwei Paaren Racemverbindungen Verwendung fanden. Diese Verhältnisse sind am Beispiele einer Reihe von Nitrolaminen der Limonenreihe erforscht. Für das Anilid stellten sie sich z. B. in folgender Weise dar [B. **24** (1891), 1562]:

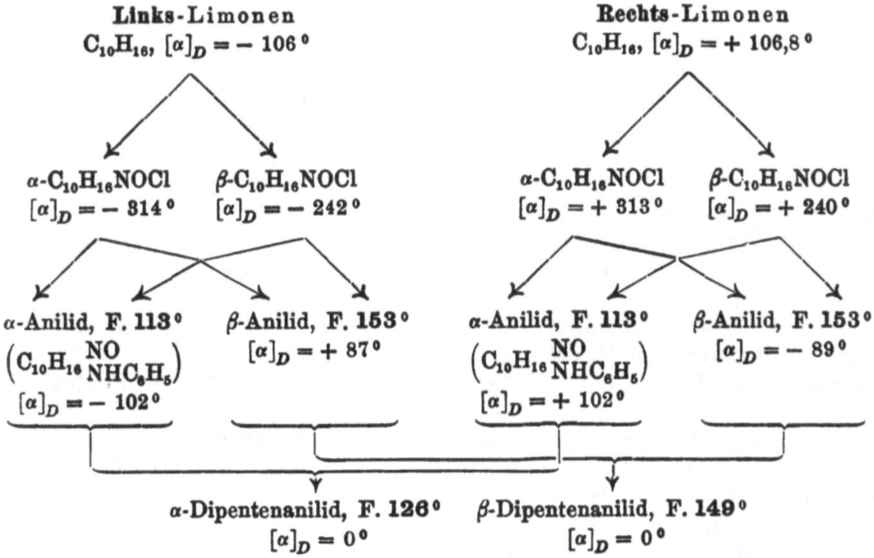

Die neu beobachteten Erscheinungen hatten ihren Grund natürlich darin, daß bei den Limonenderivaten sich mehr als ein asymmetrisches Kohlenstoffatom im Molekül befindet, der Bau des Moleküls in Rücksicht auf diese Kohlenstoffatome aber nicht wie bei der Weinsäure symmetrisch, sondern asymmetrisch und daß ferner die Möglichkeit von cis- und trans-Isomerie gegeben ist.

Eine Übersicht über alle im Verlaufe der Untersuchungen von mir aus den optisch aktiven Komponenten dargestellten Racemkörper gibt folgende Tabelle:

	Smp. der aktiven Verbindungen	Smp. der racemischen Verbindungen
Limonentetrabromid [A. **246**, 226]	104°	124—125°
α-Limonennitrosochlorid [A. **245**, 256, 268; **252**, 124; **270**, 175]	103—104°	78°, 103—104°
Limonenbenzoyl-α-nitrosochlorid [A. **270**, 176, 177]	109—110°	90°
Limonen-α-nitrolpiperidid [A. **252**, 125]	93—94°	154°
Limonen-β-nitrolpiperidid [A. **252**, 125, 126]	110°	152°
Limonen-α-nitrolanilid [A. **252**, 126]	112—113°	125—126°
Limonen-β-nitrolanilid [A. **252**, 126]	153°	149°
Limonen-β-nitrolanilidchlorhydrat [A. **270**, 187, 188]	78°	90°
Limonen-α-nitrolbenzylamin [A. **252**, 127]	92—93°	109—110°
Nitrosolimonen-α-nitrolanilid [A. **270**, 183, 184]	142°	147°
Nitrosolimonen-β-nitrolanilid [A. **270**, 185]	136°	129°
Hydrochlorlimonennitrolbenzylamin [A. **270**, 192, 193]	103—104°	150°
Hydrochlorlimonennitrolanilid [A. 270, 193—195]	117—118°	140°
Carvoxim [A. **245**, 256, 268; **246**, 226, 227]	72°	93°
Benzoylcarvoxim [A. **252**, 149 Anm.]	96°	105—106°
Hydrochlorcarvoxim [A. **270**, 178]	135°	125,5°
Urethan aus Dihydrocarveol [A. **275**, 112]	87°	93°
Dihydrocarvoxim [A. **275**, 117]	88—89°	115—116°
Dihydrocarvylaminphenylsulfoharnstoff [A. **275**, 122, 125]	125—126°	119°
Dihydrocarvondibromid [A. **279**, 389; **286**, 127]	69—70°	96—97°
Dihydrocarvontribromid [A. **286**, 127, 128]	88—89°	65°
Carvontetrabromid [A. **279**, 390; **286**, 120, 121]	120—122°	107—109°
α-Carvonpentabromid [A. **286**, 122, 123]	142—143°	124—126°
β-Carvonpentabromid [A. **286**, 122, 123]	86—87°	96—98°
α-Dicarvelon [A. **305**, 226]	148—149°	120—121°
α-Dicarvelonhydrazon [A. **305**, 227]	215°	200°
α-Dicarvelonoxim [A. **305**, 227]	223°	287°
Acetylverbindung des α-Dicarvelonoxims [A. **305**, 228]	187°	166°
β-Dicarvelon [A. **305**, 229]	207°	168°
γ-Dicarvelon [A. **305**, 231]	126°	112°
Ketobase aus Carvontribromid [A. **305**, 247]	100°	105°

	Smp. der aktiven Verbindungen	Smp. der racemischen Verbindungen
Carvenolid [A. **305**, 249]	41—42°	71—72°
Dihydrocarvenolid [A. **392**, 56]	51—52°	36—38°
Carvenoliddibromid [A. **305**, 251]	97—99°	95—96°
Carvenolsäure [A. **305**, 254; **392**, 57]	133°	135—136°
Carvotanacetonoxim [A. **336**, 38]	75°	92—93°
Carvotanacetonsemicarbazon [A. **336**, 38]	173°	177—178°
Trinitrotetrahydrocymol aus α-Phellandrennitrit [A. **336**, 25]	136—137°	131°
Fenchylalkohol [A. **272**, 108; **284**, 331]	45°	33—35°
Pinacon aus Fenchon [A. **369**, 69, 70]	97°	104—105°
Dihydropinolhydrat [A. **381**, 61]	158—159°	139—140°
2,8-Menthandiol [A. **381**, 62, 63]	112—113°	108—109°
Fenchonoxim [A. **272**, 108]	160—161°	158—160°
Benzylidenfenchylamin [A. **272**, 108]	42°	flüssig
Oxybenzylidenfenchylamin [A. **272**, 108]	95°	64—65°
Phenylfenchylsulfoharnstoff [A. **272**, 108]	152—153°	169—170°
α-Fenchonisoxim (Fencholensäureamid) [A. **272**, 108]	114—115°	98—99°
β-Fenchonisoxim [A. **272**, 108]	137°	160—161°
α-Fenchocarbonsäure [A. **300**, 298]	141—142°	91—92°
Oxyfenchensäure [A. **302**, 379]	152—153°	142—143°
Fenchonsemicarbazon [A. **353**, 212]	182—183°	172—173°
Phenylurethan des Isofenchylalkohols [A. **362**, 200]	106—107°	94°
Isofenchonoxim [A. **362**, 200]	82°	133°
Isofenchonsemicarbazon [A. **362**, 200]	221—222°	223—224°
Isofenchocamphersäure [A. **362**, 200]	158—159°	174—175°
Fenchendibromid [A. **362**, 199]	87—88°	62°
Isofenchonbromid [A. **362**, 200]	56—57°	46—47°

An diese Zusammenstellung möchte ich folgende Bemerkungen aus dem Jahre 1895 anschließen:

„Im Laufe meiner Arbeiten über die Terpene habe ich dahin ge- „strebt, immer die aktiven und inaktiven Modifikationen der kristalli- „sierenden Verbindungen herzustellen, diese genau zu charakterisieren „und an möglichst vielen Beispielen einen Vergleich der verschiedenen „Modifikationen durchzuführen. Das hat ziemlich viel Zeit absorbiert „und wird manchem vielleicht als eine unnötige Häufung tatsäch- „lichen Materials erschienen sein. Die Gründe, weshalb Zeit und „Mühe auf die Gewinnung zahlreicher kristallisierter aktiver Ver-

„bindungen und ihrer racemischen Gemische verwendet worden ist, „sind folgende.

„Die physikalischen Eigenschaften der aktiven und inaktiven Modi„fikationen einer Verbindung zeigen bekanntlich meist so große Ver„schiedenheiten, daß für spätere Forschungen eine Orientierung ganz „außerordentlich erleichtert wird, wenn die verschiedenen Modifikationen „der in Betracht kommenden Verbindungen bekannt sind. Hauptsäch„lich war aber noch ein anderer Gesichtspunkt maßgebend.

„Wir wissen zwar, daß racemische Gemische andere physikalische „Eigenschaften und namentlich auch andere Kristallform aufweisen als „die Komponenten; über die Gesetzmäßigkeiten, nach denen sich „solche Veränderungen vollziehen, herrscht aber noch vollkommenes „Dunkel.

„Wenn wir die überraschende Tatsache konstatieren, daß nach „dem Zusammengießen von zwei Lösungen gleichartiger rechts- und „linksdrehender, z. B. rhombisch kristallisierender Substanzen aus „der Lösung nunmehr eine monoklin kristallisierende racemische „Modifikation erhalten wird, so fehlt uns vorläufig jede Erklärung für „die Ursache der eigentümlichen Formveränderung. Wenn zwei rhom„bisch gestaltete Moleküle von optisch entgegengesetzter Funktion zu „einem neuen Molekül zusammentreten, so würde man es vielleicht „verständlich finden, wenn man beobachtete, daß nach eingetretener „racemischer Vereinigung vorher an den Komponenten vorhandene „hemiëdrische Flächen verschwänden, ohne daß die Kristallform sonst „verändert ist, oder wenn sich fände, daß ein racemisches Gemisch „Zwillingsbildungen aufweist, oder wenn (bei Erhaltung des Kristall„systems) Winkelverschiebungen bei den Kristallen sich bemerklich „machten; warum aber bei der Kombination zweier rhombischer „Individuen, welche sich verhalten wie Bild und Spiegelbild, ein neuer „monoklin kristallisierter Körper entsteht, das ist völlig rätselhaft. „Ähnlich steht es mit der Ursache anderer Eigenschaftsveränderungen. „Seit lange ist mir daher das Eingehen auf die Frage besonders lohnend „erschienen: Nach welchen Gesetzmäßigkeiten ändern sich die physi„kalischen Eigenschaften racemischer Gemische im Vergleiche zu den „Komponenten? Eine Lösung dieser Frage ist aber nur zu erwarten, „wenn viel geeignete Beispiele herbeigebracht werden.“ [A. **286** (1895), 135.]

Es ließ sich aus den vorliegenden Beobachtungen folgendes ableiten: Der Schmelzpunkt der Racemverbindungen liegt häufig höher, gelegentlich aber auch niedriger als der der optisch aktiven Modifikationen. Auch bezüglich der Löslichkeit läßt sich kein bestimmtes Gesetz erkennen [A. **286** [1895], 137].

„Was die Kristallisationsfähigkeit anbelangt, so ist allerdings „eine Erscheinung so häufig zu beobachten, daß sie besondere Er- „wähnung verdient. Wenn die aktiven Verbindungen scharf ausgebildete, „gute Kristalle aufweisen, kann man ziemlich sicher darauf rechnen, „daß es schwer sein wird, die durch Vermischen gleicher Teile der „+ und — Limonenverbindung erzielte inaktive Dipentenverbindung in „gut meßbaren Kristallen herzustellen und umgekehrt, wenn die aktiven „Verbindungen mangelhaft kristallisieren, kristallisiert die inaktive „häufig vortrefflich.“ [B. **24** (1891), 1559.]

Um zu der Beantwortung der Frage Material zu liefern, ob Kristallform und Dichte racemischer Gemische im Vergleich zu denen der Komponenten sich in gesetzmäßiger Weise verschiebt, hat Herr Prof. Dr. Th. Liebisch die Güte gehabt, eine Reihe der gewonnenen Substanzen zu untersuchen [A. **286** (1895), 140]. Es ergab sich, daß in den meisten untersuchten Fällen „die Vereinigung der optisch isomeren Körper zu einer kristallisierten racemischen Verbindung unter Kontraktion stattfindet.“[1]

Auch ist der Nachweis zu erwähnen, daß Racemverbindungen in Lösung einfaches Molekulargewicht zeigen können [A. **246** (1888), 231].

Zum Schlusse möchte ich hier auch einschalten, „daß ich so- „gleich nach Entdeckung des Links-Limonens der Frage näher ge- „treten bin, ob Gemische gleicher Mengen flüssiger d- und l-Limonen- „verbindungen anderen Siedepunkt und anderes spezifisches Gewicht „aufweisen als die Komponenten. Das Resultat war beim Limonen „selbst negativ und seitdem habe ich den Siedepunkt des Dipentens „gleich dem des Limonens angegeben. Allerdings ist anzuerkennen, „daß durch diesen Versuch die Frage noch nicht endgültig ent- „schieden ist, ob nicht ein racemisches Dipenten von abweichenden „Eigenschaften doch existenzfähig ist. Bei längerer Berührung oder „höherer Temperatur könnten sich d- und l-Limonen zu einem Doppel-

[1] Es wäre denkbar, daß es sich in den Ausnahmefällen nicht um wahre Racemkörper, sondern um Mischkristalle handelt [A. **286** (1895), 137—138].

„molekül von anderem Verhalten vereinigen. Diese Frage läßt sich „experimentell in diesem Falle leider nicht angreifen, da schon die „aktiven Limonene beim Aufbewahren oder Erwärmen infolge von „Polymerisationsvorgängen ihren Siedepunkt und ihr spezifisches Ge- „wicht sehr schnell und erheblich ändern. Es bleibt also möglich, daß „das Dipenten noch in einer besonderen Modifikation besteht. Wenn „ich früher den Siedepunkt für Dipenten ein wenig höher fand als für „Limonen, so beruht das wohl aber lediglich darauf[1], daß die in Be- „tracht kommenden Präparate ausnahmslos bei höherer Temperatur „gewonnen waren und deshalb kleine Mengen den Siedepunkt erhöhender „Fremdsubstanzen enthielten.

„Genauer habe ich dann vor einigen Jahren das Verhalten eines „flüssigen Gemisches von d- und l-Limonenmonochlorhydrat studiert „und damals ganz besonders auf die Siedepunktsverschiebung aufmerk- „sam gemacht, welche beim Aufbewahren der Präparate eintritt „[A. **270** (1892), 189ff.].

„Vor einiger Zeit endlich habe ich auch Mischungen von gleichen „Mengen d- und l-Carvon hergestellt, da diese Präparate ungleich besser „ganz gleichartig zu gewinnen sind als die außerordentlich schwer ganz „rein erhältlichen flüssigen Limonenverbindungen. Eine Änderung des „spezifischen Gewichts konnte ich auch in diesem Falle bei den aktiven „Gemischen nicht konstatieren.“ [A. **286** (1895), 138.]

4. Molekularrefraktion.

Die verdienstvollen Arbeiten namentlich von Kannonikoff und von Brühl hatten auf die Wichtigkeit der Ermittelung des refrakto- metrischen Verhaltens der Kohlenstoffverbindungen, namentlich aber auf die Abhängigkeit dieses Verhaltens vom Sättigungsgrade hingewiesen. Es ist daher kaum unterlassen worden, von einer neuen flüssigen Ver- bindung, die in genügender Reinheit erhalten werden konnte, den Re- fraktionswert zu ermitteln [B. **25** (1892), 925].

Die Überzeugung davon, wie wichtig es sei, diese Konstante für die Kohlenstoffverbindungen festzulegen, erzeugte den Wunsch, die bis dahin üblichen Beobachtungsmethoden zu vereinfachen, um für chemische Zwecke brauchbare und vergleichbare Werte zu erhalten:

[1] Über die später erkannte Ursache dieser Erscheinung s. Spezieller Teil unter Dipenten S. 269.

„Es ist (da man dadurch Beobachtungen und Rechnungen erspart) „sehr viel bequemer und wohl auch keinem ernsten Bedenken unter- „legen, in den vielen Fällen, wo es sich nur darum handelt, die „Brechungsexponenten verschiedener Flüssigkeiten für chemische Zwecke „zu vergleichen, die Bestimmung desselben lediglich auf die Natrium- „linie *D* zu beschränken und alle Beobachtungen auf diese statt auf „die Linie *c* zu beziehen.

„Diese Vereinfachung empfiehlt sich, wie mir scheint, namentlich „auch von dem Gesichtspunkte aus, daß es gewiß wünschenswert „wäre, wenn die Chemiker sich daran gewöhnten, die Brechungs- „exponenten der von ihnen rein dargestellten Flüssigkeiten ebenso „regelmäßig zu bestimmen, wie die Siedepunkte. Diese Gewöhnung „wird sich aber nur erreichen lassen, wenn man die Methode vieler „Rechnungen und zeitraubender Beobachtungen entkleidet.

„Wird nun der eben gemachte Vorschlag angenommen, so gestaltet „sich mit Hilfe des Pulfrichschen Refraktometers die Bestimmung „des Brechungsexponenten zu einer ebenso einfach und schnell aus- „führbaren Manipulation, wie die Bestimmung von Siedepunkt und „Schmelzpunkt. Will man das aus n_D abgeleitete molekulare Brechungs- „vermögen mit dem theoretisch berechneten vergleichen, so müssen die „für die Atomrefraktion der Elemente gefundenen Werte, welche Brühl „gelegentlich seiner verdienstlichen Arbeiten über den Gegenstand für „n_c ausgerechnet hat, auf n_D umgerechnet werden. Ich habe Herrn „Stud. Eug. Conrady veranlaßt, sich dieser Mühe zu unterziehen. Die „Ergebnisse der Umrechnungen finden sich ausführlicher Zeitschr. für „phys. Ch. **3** (1889), 210.“ [A. **246** (1888), 222, 223 Anm.][1]

Die Schlüsse, die Brühl bereits aus den jenerzeit vorliegenden Beobachtungen über die Refraktionswerte bei Terpenverbindungen gezogen hatte, schienen mir aber, bei aller Anerkennung ihrer Bedeutung, doch teilweise vorzeitig und zu weitgehend [A. **245** (1888), 191ff.; B. **25** (1892), 917, 925].

Es wurde zunächst darauf hingewiesen [A. **245** (1888), 191], daß

---

[1] Die vor einiger Zeit von Fr. Eisenlohr [Z. f. phys. Ch. LXXV (1910), 585] gegebenen neuen Berechnungen für a_D habe ich bisher nicht benutzt, da es mir wichtiger schien, daß die vielen von mir mitgeteilten Daten untereinander vergleichbar blieben, als daß die gefundenen Werte vielleicht (und günstigenfalls um einen sehr geringen Betrag) etwas verbessert würden.

durch das Vorhandensein früher durch chemische Reaktionen nicht nachweisbarer Verunreinigungen (z. B. von Cineol) in Kohlenwasserstoffen[1] irrtümliche Angaben über den Sättigungsgrad hervorgerufen sind. So hatte Kannonikoff im Carven (Limonen) geglaubt, eine Doppelbindung annehmen zu müssen, während sicher zwei darin enthalten sind [A. **245** (1888), 193; **252** (1889), 98, 136; B. **25** (1892), 925].

Ein neueres drastisches Beispiel dafür, wie großen Irrtümern man nach dieser Richtung unterworfen sein kann, bietet die Geschichte des bei der Selbstkondensation von Methylheptenon entstehenden Kohlenwasserstoffs, der von mir und anderen auf Grund der Analyse und der ermittelten Molekularrefraktion lange als Dihydroxylol angesprochen wurde, während er ein Gemenge von Tetrahydroxylol und Xylol vorstellt [A. **395** (1913), 76ff.; **396**, 273].

Auf Grund der derzeit vorliegenden Beobachtungen schien mir aber auch die Berechtigung des Schlusses zweifelhaft, daß ein „Refraktionsinkrement für C“ lediglich durch die verschiedene Art der Kohlenstoffbindung (von sogenannter einfacher, doppelter und dreifacher) bedingt sein müsse. Ich glaubte, „daß die Unterschiede, welche die ver„schiedenen Arten der Terpene bezüglich ihrer Molekularrefraktion „zeigen, nicht lediglich durch das Mehr oder Weniger vorhandener „Äthylenbindungen bedingt sind, sondern daß auch abgesehen von den „Äthylenbindungen die Art der sonstigen Kohlenstoffverkettung „das Brechungsvermögen der Substanzen beeinflussen kann.“ [A. **252** (1889), 140.]

Die Entwickelung der Dinge hat gezeigt, daß diese Mahnung zur Vorsicht sehr berechtigt war, so wertvoll die Arbeiten Brühls für die Erkenntnis der Bindungsverhältnisse auch geblieben sind.

Schon 1889 [B. **22** (1889), 2736; **23** (1890), 855] führte Eijkman (vgl. auch Nasini, Gazz. chim. ital. **37**, 55) den Nachweis, daß nicht nur das Vorhandensein, sondern auch die relative Lage der Äthylenbindung im Molekül für den Refraktionswert, den eine Verbindung zeigt, ganz wesentlich in Betracht kommen kann. Eugenol zeigt z. B. ganz andere Refraktionswerte wie Isoeugenol, Safrol ganz andere wie Isosafrol.

Neuerdings hat sich gezeigt, daß das Vorhandensein konjugierter Doppelbindungen die Refraktion beeinflussen kann, ferner [A. **347** (1906),

[1] Man sehe diesbezüglich auch die bei der Untersuchung von D-l-Fenchen gemachten Erfahrungen [A. **362**, 186, 189].

319; **379** (1910), 138], daß den Kohlenwasserstoffen mit semicyclischer Bindung durchgehends ein höherer Refraktionswert zukommt als den Isomeren mit der Äthylenbindung im Kern [A. **345** (1906), 148; **347** (1906), 319; **353** (1907), 307; **360** (1908), 37]. Dafür mögen folgende Beispiele dienen [A. **345** (1906), 148; **360** (1908), 34]:

Molekularrefraktion.

Berechnet	Gefunden für	Gefunden für
31,83	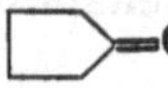 $=CHCH_3$ 32,12	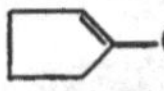 $-CH_2CH_3$ 31,89
31,83	 $=CH_2$ 32,26	 $-CH_3$ 31,8
36,43	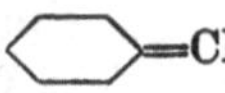 $=CHCH_3$ 36,82	 $-CH_2CH_3$ 36,52
41,03	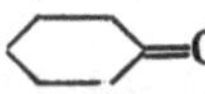 $=C(CH_3)_2$ 41,56	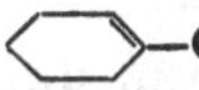 $-CH(CH_3)_2$ 41,02
41,03	CH_3-  $=CHCH_3$ 41,65	CH_3-  $-CH_2CH_3$ 41,00
36,43	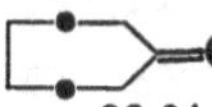 $=CH_2$ 36,64	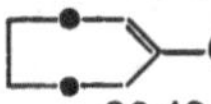 $-CH_3$ 36,43

Man kann aus dem beobachteten Brechungsindex gewöhnlich schon ziemlich sicher schließen, welche der isomeren Kohlenwasserstoffmodifikationen man hauptsächlich in Händen hat.[1]

Die abnorm hohe Molekularrefraktion von Thujen, Sabinen und Nopinon erlaubt den Schluß, daß auch das Vorhandensein einer intracyclischen oder intracarbocyclischen Bindung im Ringsystem den „normalen" Refraktionswert erhöht.

Abweichungen der beobachteten Molekularrefraktion von den erwarteten Werten erhielt ich zuerst namentlich beim

Carvenon (Carveol) [A. **277** (1893), 123—129; **286** (1895), 132, 134; G. N. **1895**, 305];

Isothujon [B. **28** (1895), 1963—1964; A. **286** (1895), 102; **323** (1902), 335];

Penten-Pentanon [B. **29** (1896), 2963].

---

[1] Man vergleiche auch die neueren Arbeiten von Auwers [A. **387** (1911), 200ff. Ferner im Spez. Teil z. B. α-Pinen (M gef. 43,86) und β-Pinen (M gef. 44,01) usf.

Dazu gesellten sich später solche beim Menthenon [A. **305**, 272], Pulegon, Trimethylcyclohexenon, Isophoron [A. **331** (1904), 328], Eucarvon [A. **305** (1899), 238; **339** (1905), 98], Pinocarvon [A. **346** (1906), 223], Tanacetophoron [A. **388**, 53].

Diese Verbindungen verhielten sich chemisch wie Ketone mit einer Äthylenbindung, physikalisch (in bezug auf die Brechung) wie Alkohole mit zwei Äthylenbindungen.

„Die Abweichungen sind gewiß nicht zufällig. Man steht eben vor „der Alternative: Entweder die vom chemischen Gesichtspunkte aus „bedenkliche Annahme zu machen, daß Ketone mit einer Äthylen- „bindung beim Kochen mit verdünnten Säuren in ungesättigte Alkohole „mit zwei Äthylenbindungen übergehen können, denn es berechnet sich

	für ein Keton	für einen Alkohol
	$C_{10}H_{16}O\,|^{=}$	$C_{10}H_{15}OH|\overline{\overline{2}}$
M	45,82	46,76

„oder anzunehmen, daß Ketone mit einer Äthylenbindung bei „bestimmter Lage dieser Bindung eine anormale Molekular- „refraktion aufweisen." [A. **286** (1895), 134].

„Man steht vor der Entscheidung, auf welche der sich entgegen- „stehenden Tatsachen man mehr Gewicht legen soll. Nach der Ent- „deckung des Carvenons war ich geneigt — weil die damals allein be- „kannte Bildungsweise (aus Trioxyhydrocymol) diese Interpretation „zuließ und weil eben die physikalischen Eigenschaften der Verbindung „dazu aufforderten — die Substanz (Carvenon) als ein bei chemischen „Reaktionen sich leicht umlagerndes ‚Carveol' $C_{10}H_{15}OH|\overline{\overline{2}}$ anzusprechen „[A. **277** (1893), 129]. Das Isothujon wäre dann analog als zweifach un- „gesättigtes Thujol aufzufassen. Nachdem ich aber fand, daß Carvenon „auch unter dem Einflusse verdünnter Säuren aus einer Mutter- „substanz entsteht, welche physikalisch und chemisch sich wie ein „Keton verhält, habe ich die Zulässigkeit der ersten Auffassung stark „in Zweifel ziehen müssen. Denn man kennt wohl zahlreiche Beispiele „dafür, daß ungesättigte Alkohole sich in gesättigte Ketone umlagern, „daß aber Ketone sich unter dem Einflusse von Säuren in Alkohole „von geringerem Sättigungsgrade sollten verwandeln können, ist „eine für den Chemiker zunächst fremdartige Vorstellung. Der etwaige „Einwurf, daß in der Umwandlung von Carvon in Carvacrol durch „Säuren ein analoger Fall vorliege, wäre schon deshalb nicht zu-

„treffend, weil das Carvacrol eben nicht das chemische Verhalten „eines Ketons zeigt, wie die besprochenen Verbindungen es tun, außer-„dem hat — chemisch betrachtet — das Carvon einen geringeren „Sättigungsgrad als das Carvacrol. Man hat also hier den Übergang einer „ungesättigten Verbindung in eine gesättigtere.“ [B. **28** (1895), 1964.]

Bald hat sich, namentlich gelegentlich der synthetischen Arbeiten von Knövenagel [A. **288** (1895), 330] herausgestellt, daß alle cyclischen Ketone, die benachbart zum Carbonyl eine Äthylenbindung enthalten, anormale Refraktion aufweisen und sich refraktometrisch etwa wie zweifach ungesättigte Alkohole verhalten.

„Man hat es unzweifelhaft hier mit Abweichungen zu tun, die „nicht vereinzelt sind, sondern die gesetzmäßig auftreten“ [G. N. **1896**, 70].

Ob man sie aber tatsächlich in flüssigem Zustande bloß wegen ihrer Molekularrefraktion als Alkohole und nicht als Ketone zu betrachten hat, ist nach wie vor recht zweifelhaft. Denn daß das Brechungsvermögen eines Ketons auch durch die relative Stellung des Carbonyls im Molekül beeinflußt werden kann, habe ich am Beispiel einiger isomerer aromatischer Ketone vom Typus $R \cdot CO \cdot CH_2 \cdot CH_3$ und $R \cdot CH_2 \cdot CO \cdot CH_3$ gezeigt [A. **332** (1904), 317]. Es ist daher nicht ausgeschlossen, daß gerade durch die Nachbarstellung des Carbonyls zu einer Äthylenbindung die Molekularrefraktion einer Verbindung etwa in dem Größenverhältnis vermehrt wird, wie die zitierten Beobachtungen es aufweisen, ohne daß man für die Erklärung den tautomeren Enolzustand heranzuziehen braucht.

Aus der Zahl der neueren Beobachtungen mag noch die angeführt werden, daß die alicyclischen Isocyanate eine normale Molekularrefraktion aufweisen [A. **369** (1909), 80].

5. Dispersion.

Daß bei verschiedener Lage der Äthylenbindung Isomere nicht nur in bezug auf Refraktion, sondern auch in bezug auf Dispersion erhebliche Abweichungen voneinander aufzuweisen vermögen, war durch die schon erwähnten Arbeiten Eijkmans gleichfalls festgestellt.

Ich habe daraufhin die Dispersion bei acht isomeren Verbindungen $C_{10}H_{16}O$, nämlich Fenchon, Thujon, Isothujon, Carvenon, Dihydrocarvon, Pulegon, Pinol und dem Oxyd $C_{10}H_{16}O$ aus Dihydrocarveol, verglichen. Es ergab sich, daß auch hier bei Isomeren Abweichungen auftreten, daß aber die Verbindungen von gleichem Sättigungsgrade und gleichem chemischen Verhalten auch nahezu übereinstimmende Dispersion aufweisen [G. N. **1896**, 71—72]. Die oben erwähnten aromatischen Ketone vom Typus $R \cdot CO \cdot CH_2 \cdot CH_3$ und $R \cdot CH_2 \cdot CO \cdot CH_3$ zeigten auch verschiedene Dispersion.

6. Lichtabsorption.

Gelegentlich der unter 5. aufgeführten Beobachtungen über Dispersion wurde gefunden [G. N. **1896**, 73], daß dem Pulegon und Eucarvon ein auffallend starkes Absorptionsvermögen für violettes Licht zukommt. Das gab Veranlassung zu einer kleinen Untersuchung über das Absorptionsvermögen gewisser ungesättigter Ketone für die violetten Lichtstrahlen [G. N. **1896**, 304], die zu folgenden Ergebnissen führte:

„Sobald in einer Substanz eine Äthylenbindung benachbart zum „Carbonyl tritt, zeigt sie ein gegen die Muttersubstanz merklich „erhöhtes Absorptionsvermögen für die nach dem Violett hin liegenden „Lichtstrahlen des Spektrums, und dies Absorptionsvermögen steigt „noch erheblich, wenn noch eine zweite Äthylenbindung benachbart an „die andere Seite des Carbonyls tritt.

„Das Mesityloxyd z. B. verhält sich optisch sehr ähnlich wie das „Pulegon. Es verschluckt ferner in gleich dicker Schicht viel mehr „violette Strahlen als das Aceton, wird in dieser Eigenschaft aber „noch übertroffen vom Phoron. Dasselbe Verhältnis findet statt „zwischen Aceton, Mono- und Dibenzylidenaceton usw. Eine Neben„einanderstellung der Formeln zeigt die vorhandene Analogie der „Bindungen:

$CH_3 \cdot CO \cdot CH_3$
Aceton

$(CH_3)_2C : CH \cdot COCH_2H$
Mesityloxyd

$(CH_3)_2C : CH \cdot CO \cdot CH : C(CH_3)_2$
Acetophoron

$(CH_3)_2C : C \cdot CO\,CH_2$
$\quad CH_2CH_2CH(CH_3)$
Pulegon

$C_6H_5 \cdot HC : CH \cdot COCH_2H$
Benzylidenaceton

$C_6H_5 \cdot HC : CH \cdot CO \cdot CH : CHC_6H_5$
Dibenzylidenaceton

„Das Resultat der gemachten Beobachtungen läßt sich nun aber „auch ohne die angewandten Hilfsmittel bedeutend verallgemeinern.

„Eine Substanz, welche den violetten Teil des Spektrums stark ab- „sorbiert, muß (mindestens bei genügend dicker Schicht in durchfallen- „dem Licht) gelb erscheinen. Ist daher die angenommene Gesetzmäßig- „keit richtig, so sollten alle Verbindungen, welche die Gruppierung : **C·CO·C** „enthalten, gelbstichig sein, und diejenigen, welche die Gruppierung „: **C·CO·C**: einschließen, sollten dieselbe Eigenschaft in stärkerem Maße „hervortreten lassen. Das trifft nun auch bei einer sehr großen Zahl von „Verbindungen, welche gerade in neuerer Zeit bekannt geworden sind, zu.

„Vor einiger Zeit habe ich Substanzen beschrieben [G. N. **1895**, 180], „welche ich gemeinsam mit Herrn Mighill durch Kondensation von „Piperonal mit Aceton erhielt und schon damals die auffallende Tat- „sache besonders hervorgehoben, daß die durch Kombination zweier „farbloser Körper gebildeten Substanzen stark gelb gefärbt sind. Die „damals erhaltenen Verbindungen

$$C_6H_3\left(\begin{smallmatrix}O\\O\end{smallmatrix}>CH_2\right)\cdot HC:\mathbf{CH}\cdot COCH_3$$

und

$$C_6H_3(O_2CH_2)\cdot HC:\mathbf{CH\cdot CO\cdot CH}:CH\cdot(CH_2O_2)C_6H_3$$

„sind aber Analoge des Benzyliden- und Dibenzylidenacetons, von „denen das erstere auch gelblich, das letztere gelb gefärbt ist.

„Herr Mighill hat in seiner Dissertation (Göttingen 1895) auch „schon eine Reihe bereits bekannter analog gebauter Verbindungen „zusammengestellt, die sämtlich gelb gefärbt sind. Unter diesen ver- „dient die Cinnamylacetessigsäure C_6H_5**CH:CHCO**CH(COCH$_3$)COOH und „die Cinnamylameisensäure C_6H_5**CH:CHCO**·COOH besonders hervor- „gehoben zu werden.

„Im Laufe des letzten Jahres (1895) sind endlich viele Beispiele „dafür beigebracht worden [vgl. B. **29** (1896), 1597], daß auch aus „cyclischen Ketonen, welche die Gruppe CH_2CO oder CH_2COCH_2 ent- „halten, mehr oder weniger gelb gefärbte Verbindungen entstehen, sobald „man die beiden an Kohlenstoff stehenden Wasserstoffatome durch ein „doppelt gebundenes Kohlenstoffatom ersetzt. Die Mono- und Di- „benzylidenpentanone und -hexanone sind z. B. alle hell- bis dunkelgelb „gefärbte Körper. Das Tricyclo-Di-Penten-Pentanon ist ein schön „gelber Körper usw. Die Färbungen verschwinden aber sofort „bei der Reduktion[1], ebenso bei der Ersetzung von O durch :NOH.

[1] Über neuere Beobachtungen dieser Art siehe A. **381**, 81; **384**, 201; **397**, 198. Siehe auch S. 133.

„Es ist danach klar, daß die Kombinationen

C:C·CO und C:CH·CO·CH:C

„als Chromophore bezeichnet werden müssen. (Sehr bemerkenswert „ist, daß Kostanecki in einer Arbeit [B. **29** (1896), 1890] auch das „Chromogen des Indigos in der Gruppe $C_6H_5COC:C\cdot COC_6H_5$ sucht. „Siehe ferner Friedländer und Lövy, über Flavonderivate B. **29** (1896), „2430.)“ [G. N. **1896**, 305—307.][1]

An dieser Stelle wäre auch der Farbreaktionen zu gedenken, die nach meinen Ermittelungen die Terpene in Eisessiglösung mit konzentrierter Schwefelsäure zeigen [A. **238** (1887), 87, 88; **239** (1887), 4, 27, 45; **284** (1895), 338]. Bei gewissen Kondensationsprodukten cyclischer Ketone mit aromatischen Aldehyden wurde Ähnliches beobachtet:

„Recht bemerkenswert sind die Farbreaktionen, welche die mit „2 Aldehydradikalen kondensierten Ringketone, also die Verbindungen „der allgemeinen Formel:

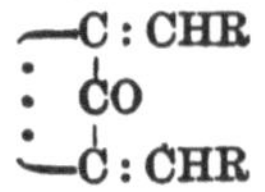

„welche für sich sämtlich hell bis tiefer gelb (nur bei dem Dimethyl- „amidobenzaldehyd orange) gefärbt sind, beim Lösen in konzen- „trierter Schwefelsäure hervortreten lassen. Es zeigt sich näm- „lich, daß diese Reaktionen kaum beeinflußt werden durch die Natur „des angewandten Ketons, in hohem Grade aber durch die spezifische „Natur (in geringerem Grade durch die räumliche Stellung) des „Substituenten, welche der angewandte Aldehyd enthielt. Die „analog zusammengesetzten Pentanon-, Hexanon- und Heptanon-Kon- „densationsprodukte verhalten sich also ganz gleich. Dagegen lösen „sich in konzentrierter Schwefelsäure:

„die mit Benzaldehyd und den Nitrobenzaldehyden dar- „gestellten Kondensationsprodukte: gelb;

„die Anisaldehydderivate: rot;

„die Piperonalderivate: carminrot;

„die Zimtaldehydderivate: violett. [G. N. **1907**, 403.]

[1] Ähnliche Betrachtungen sind später von Thiele angestellt.

7. Siedepunkte[1] und Dichten.

Bezüglich der Beobachtungen über die physikalischen Eigenschaften der vielen neuen Verbindungen, die gewonnen wurden, muß auf den speziellen Teil verwiesen werden.

Nachstehend sollen wesentlich einige Literaturnachweise über Stellen gegeben werden, an denen Gesetzmäßigkeiten im Verhalten bestimmter Verbindungen besprochen wurden.

1. Zwischen isomeren Kohlenwasserstoffen, bei denen eine Äthylenbindung im Ring, oder bei denen sie semicyclisch steht, macht sich eine deutliche Differenz in bezug auf Siedepunkt und auf Dichte bemerklich [A. **360**, 34; **365**, 255, 277; **396**, 270, 283]. (s. auch Spez. Teil Kap. XI.)

Das Näherrücken einer Äthylenbindung im Ring zu einer Äthylenbindung in der Seitenkette [z. B. Vergleich von Limonen 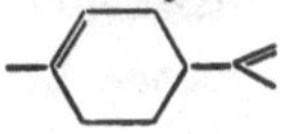 mit $\Delta^{8,8(9)}$-Menthadien 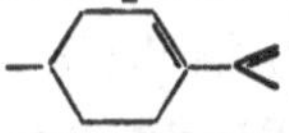] bewirkt bei Kohlenwasserstoffen Steigerung von Siedepunkt, Dichte und Brechungsexponent [A. **374**, 215; **379**, 187]. Dasselbe scheint bei ditertiärer Lage einer einfachen Bindung der Fall zu sein [A. **396**, 281].

2. Sekundäre cyclische Alkohole sieden etwas höher als die zugehörigen Ketone [A. **277** (1893), 123].

Bei ungesättigten Alkoholen kann Näherrücken der Äthylenbindung zum OH Fallen von Siedepunkt und Dichte im Gefolge haben [A. **374**, 212].

Der Übergang ungesättigter Alkohole in isomere gesättigte Oxyde ist mit starkem Fallen des Siedepunkts verbunden [A. **275** (1893), 172; **284** (1895), 340].

3. Hinweise auf die Abhängigkeit der Siedepunkte cyclischer Ketone von der Konstitution wurden zusammenfassend A. **397** (1913), 181ff. gegeben. Als allgemeines Resultat wurde abgeleitet:

Bei Vorhandensein gleicher Substituenten wird der Siedepunkt isomerer gesättigter Ringketone in der Richtung bestimmt,

[1] Die in den Abhandlungen angegebenen Siedepunkte sind stets so bestimmt, daß sich das Thermometer ganz in Dampf befand. Wo es irgend angängig war, sind die Siedepunkte unter gewöhnlichem Atmosphärendruck festgelegt, da, namentlich wenn nicht sehr viel Substanz zur Verfügung steht und die Verbindungen niedrig sieden, Angaben des Siedepunkts unter stark vermindertem Druck wenig zuverlässig zu sein pflegen und sich für Identifizierungen nicht eignen.

daß er bei möglichster Nahstellung des schwersten Substituenten zum Sauerstoff am niedrigsten, bei möglichster Fernstellung am höchsten liegt.

Bei *ungesättigten Ringketonen* kommen zwei die physikalischen Eigenschaften bestimmende Momente zur Geltung, nämlich 1. die Stellung des *Substituenten* und 2. die Stellung der *Äthylenbindung* zum Carbonyl.

Die konjugierte Lage einer Äthylenbindung zum Carbonylsauerstoff kann eine merkliche Erhöhung des Siedepunkts gegenüber solchen isomeren Verbindungen bedingen, bei denen Sauerstoff und Äthylenbindung weiter voneinander gestellt sind. Ferner tritt hervor, daß bei Vorhandensein konjugierter Bindungen die Siedepunktserhöhung bedeutender ist, wenn die Äthylenbindung im Ring, als wenn sie semicyclisch liegt oder wenn sie in der Seitenkette steht.

Wird dagegen in einem einfachen konjugierten System $-\underset{\underset{O}{\|}}{C}-CH{=}C-$ *der Wasserstoff durch einen Substituenten R ersetzt, so hat das ein Fallen des Siedepunkts in der Verbindung* $-\underset{\underset{O}{\|}}{C}-\underset{\underset{R}{|}}{C}{=}C-$ (gegenüber den Isomeren ohne diese Stellung von R) *zur Folge*, was um so mehr in die Erscheinung tritt, je schwerer R ist. Ist demnach $R = CH_3$, so tritt eine geringe, ist $R = CH(CH_3)_2$, so tritt eine sehr bedeutende Depression des Siedepunkts ein.[1]

Der Siedepunktsabfall, der beim Übergang ungesättigter in gesättigte Ringketone regelmäßig eintritt, kann infolge der dargelegten Verhältnisse bei Isomeren von sehr verschiedener Größenordnung sein [A. **394**, 366].

Ferner wurden folgende Regeln abgeleitet:

Pentacyclische Ketone sieden bei analogem Bau stets niedriger als die isomeren hexacyclischen [A. **331** (1904), 329, 330].

Die Dichte steigt von fünfgliedrigen zu achtgliedrigen Ketonen nur langsam an [A. **289** (1896), 346; **339** (1905), 112; **353** (1907), 331].

Die Verschiebung der semicyclischen Bindung aus der Seitenkette in den Kern hat bei Ketonen Erniedrigung von Siedepunkt und Dichte zur Folge [A. **331** (1904), 229; **360** (1908), 34, 50].

---

[1] Man vergleiche u. a. die Siedepunkte isomerer Menthenone A. **362**, 274; **397**, 185.

Ketone mit der Carbonylgruppe in der Seitenkette zeigen sehr hohe Dichte [A. **331** (1904), 330].

Bei isomeren aromatischen Ketonen mit der Carbonylgruppe in der Seitenkette vermindert sich die Dichte mit Abrücken der Carbonylgruppe vom Benzolkern [A. **332** (1904), 317].

Die einfachsten cyclischen Ketone (Pentanon, Hexanon) haben eine höhere Dichte als ihre nächst höheren Homologen [A. **360** (1908), 36].

Ebenso haben die einfachsten Methenkohlenwasserstoffe höhere Dichte als ihre nächst höheren (im Ring substituierten) Homologen.

Vergleiche isomerer Verbindungen in bezug auf Siedepunkt und Dichte: A. **289,** 357; **296,** 124, 125; **305,** 273; **324,** 98, 118; **327,** 137; **331,** 330; **345,** 140, 148; **347,** 318, 329, 330; **359,** 297; **360,** 43, 50; **362,** 274; **374,** 206, 215; **379,** 137; **394,** 367; **396,** 270, 281, 283; **397,** 181, 187, 207.

8. Raumisomerie (cis-trans-Formen).

Über die in bezug auf Isomerieen gemachten Beobachtungen gibt der Spezielle Teil Auskunft. Hier soll nur auf einige besondere Punkte hingewiesen werden.

Eine größere Anzahl zusammengehöriger Paare von Isomeren wurde bei der Umsetzung von Limonennitrosochlorid mit Basen erhalten. Die zwei verschiedenen Nitrolaminformen, die dabei auftreten, wird man nach Aufklärung ihrer Struktur als cis- und trans-Formen aufzufassen haben [B. **24** (1891), 1560, 1561]. Das gilt für die aktiven und selbstverständlich auch für die inaktiven (Dipenten-) Verbindungen, z. B.:

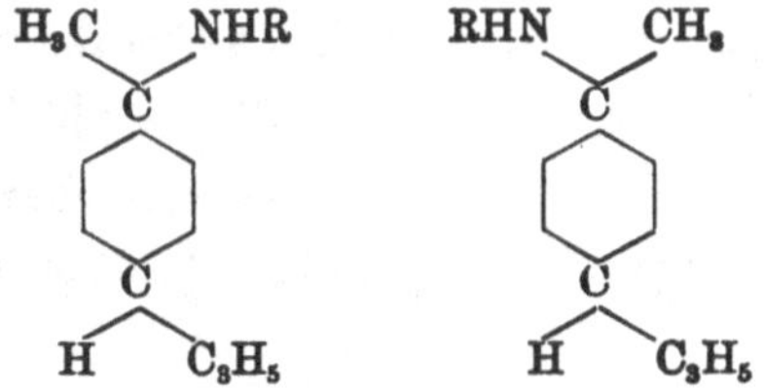

[A. **252** (1889), 109, 307, 311, 317—318].

Ein weiterer Fall von Raumisomerie wurde bei den Menthylaminen studiert [A. **276** (1893), 296; **300** (1898), 278ff.; B. **25** (1892), 3313]. Hier gab das verschiedene Verhalten der Basen gegen N_2O_3 auch Aufklärung darüber, welche Base der cis- und welche der trans-Reihe zuzuzählen ist: die cis-Verbindung geht leicht, die trans-Verbindung schwer in Menthen über.

Analoge Raumisomere ließen sich bei dem Cyclo-di-1,3-methylhexylamin (*α* und *β*) isolieren [A. **346** (1906), 261]. *α*- und *β*-Cyclodimethylhexylamin unterscheiden sich nun nicht nur in allen ihren Derivaten in ähnlicher Weise voneinander wie cis- und trans-Menthylamin, sondern zeigen auch im freien Zustande einen sehr hervorstechenden Unterschied. *α*-Dimethylhexylamin gibt nämlich mit Wasser ein kristallisiertes Hydrat.

„Das *β*-Dimethylhexylamin zeigt diese Neigung, Kristallwasser „aufzunehmen, durchaus nicht: die Base bleibt in Berührung mit „Wasser vollkommen flüssig.

„Diese Unterschiede bezüglich der Neigung zweier sich so nahe „stehender geometrisch-isomerer Verbindungen mit Wasser zu kristalli- „sieren, scheint mir recht beachtenswert zu sein. Wir finden nämlich, „daß auch sonst raumisomere Verbindungen sich auffallend verschieden „bezüglich der Fähigkeit, Hydrate zu bilden, verhalten können. „Z. B. kristallisiert Weinsäure wasserfrei und Traubensäure mit einem „Mol. Wasser. Cis-Terpin kristallisiert mit einem Mol. Wasser, trans- „Terpin kristallisiert wasserfrei. Es liegt daher die Annahme nahe, „daß es durch die Art der Raumerfüllung, welche dem „Molekül eigen ist, bedingt wird, ob Kristallwasser auf- „genommen wird oder nicht.“

Raumisomere Formen wurden auch beim Thujon beobachtet (*α*- und *β*-Thujon), die durch Alkali zum Teil ineinander überführbar sind [A. **336** (1904), 252, 257], ferner bei Lactonen [A. **323** (1902), 364, 366], bei den (*α*- und *β*-) Fenchocarbonsäuren [A. **300** (1898), 304], bei *α*- und *β*-Nopinol [A. **356** (1907), 238].

Ein unerwarteter Fall von Raumisomerie wurde beim Benzoylmethylcyclohexanonoxim angetroffen [A. **332** (1904), 337ff.]. Die Verbindung

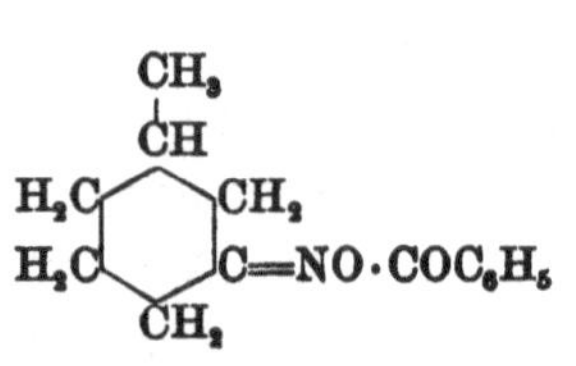

wurde in zwei optisch verschiedenen Formen beobachtet, und zwar in einer rechts- und in einer linksdrehenden, während das zugehörige (nicht benzoylierte) Oxim nur in einer Form auftritt.

„Nach den gemachten Beobachtungen blieb nur die Annahme übrig, „daß das Auftreten der beiden Modifikationen (α und β) auf Stereo- „isomerie des stickstoffhaltigen Radikals zurückzuführen ist. „Man hätte die beiden Verbindungen dann als Syn- und Antiformen „des benzoylierten Oxims im Sinne der Werner-Hantzschschen Theorie zu deuten."

„Dabei ist aber zweierlei sehr bemerkenswert.

„Einmal, daß die Isomerie nicht auch bei dem freien Oxim be- „obachtet werden konnte, sondern nur bei den Benzoylverbindungen. Die „eine Form des freien Oxims muß demnach als außerordentlich labil „angenommen werden, während sie beim Benzoylieren beständiger wird.

„Ferner: daß Syn- und Anti-Formen einer Verbindung auch „das optische Verhalten eines Moleküls in völlig verschiedener „Weise zu beeinflussen vermögen.

„Für diese Tatsache, welche der von Werner und Hantzsch be- „gründeten Anschauung, daß die drei Valenzrichtungen des Stickstoffs „nicht in einer Ebene liegen, auch zur Stütze dient, war bisher noch „kein einziges Beispiel bekannt.

„Wir wären somit genötigt, die bisherige Ansicht über die Existenz- „möglichkeit optisch-isomerer Verbindungen bezüglich bestimmter stick- „stoffhaltiger Substanzen zu erweitern.

„Denn ebenso wie im vorliegenden Falle, trotzdem die Verbindung „nur ein asymmetrisches Kohlenstoffatom enthält, mehr als drei „optisch-differente Formen (nämlich zwei gleich stark aber entgegen- „gesetzt drehende und eine inaktive) als existenzmöglich nachgewiesen „sind, muß man etwas Ähnliches für analog gebaute Substanzen er- „warten." [A. **332** (1094), 344].

Das Auftreten raumisomerer Oxime wurde mehrfach bei der Reduktion ungesättigter zu gesättigten Oximen durch freien Wasserstoff beobachtet. Durch direktes Oximieren der zugehörigen Ketone ließen sich dieselben Formen aber nicht erhalten. Beispiele dafür sind:

Pinocamphonoxim [A. **389** (1912), 188].

Tetrahydroeucarvoxim [G. N. **1913**, 244].

VII. Erste Prognosen über den Bau der Terpene. — Konstitution. — Synthesen.

Die Vorbedingungen, die erfüllt sein mußten, um an eine erfolgreiche Ermittelung der Konstitution der Terpenverbindungen herangehen zu können — nämlich die Möglichkeit genauer Unterscheidung der unter sich sehr ähnlichen Substanzen, Feststellung der Bedingungen, unter denen sie sich veränderlich oder beständig zeigen — sind schon in den Kapiteln I—III hervorgehoben worden.

Unter dem Begriff „Tereben" z. B. verstand man bis 1885 ein Umwandlungsprodukt des Pinens (Terpentinöls), das in der Regel ein wechselndes Gemenge von Pinen, Limonen, Dipenten, Terpinolen, Terpinen, Cymol gewesen sein dürfte. Erst nachdem auf Grund genauer Charakterisierung eine Identifizierung und wirkliche Klassifizierung der Terpene möglich geworden war, konnte man der Frage nach dem inneren Bau der einzelnen Repräsentanten überhaupt mit Erfolg näher treten.

Auf Grund meiner 1884 begonnenen Untersuchungen habe ich 1887 eine Einteilung der damals bekannten Kohlenwasserstoffe $C_{10}H_{16}$ in: Pinen, Camphen, Limonen, Dipenten, Sylvestren, Terpinolen, Terpinen, Phellandren gegeben [vgl. Kapitel II und A. **239** (1887), 45], die bis dahin verwirklichten Übergänge schematisch formuliert [A. **239** (1887), 46; siehe auch Zusammenfassung B. **24** (1891), 1538, 1540] und bezüglich der etwaigen Konstitution der einzelnen Glieder mich folgendermaßen geäußert:

„Die Frage, welche Atombindung den einzelnen Terpenen zukommt, „läßt sich immer noch nicht mit Zuverlässigkeit beantworten, aber es „liegen jetzt wenigstens einige Andeutungen nach dieser Richtung vor, „und da in dem Stadium, in welchem sich die Terpenforschung augen„blicklich befindet, a u c h e i n n o c h u n r i c h t i g e s u n d u n v o l l s t ä n „d i g e s B i l d, d a s m a n s i c h ü b e r d i e S t r u k t u r v e r h ä l t n i s s e „j e n e r V e r b i n d u n g e n e n t w i r f t, i n s o f e r n d o c h v o n W e r t s e i n „k a n n, a l s e s b e s t i m m t e V e r s u c h e z u r S t ü t z e o d e r z u r „W i d e r l e g u n g d e r g e m a c h t e n A n n a h m e n h e r a u s f o r d e r t, „möchte ich einige kurze theoretische Betrachtungen anstellen.

„Nachdem klargelegt worden war, daß die ungemein große An„zahl von natürlich vorkommenden Terpenen, welche man früher als

„existierend annahm, sich auf einige wenige Repräsentanten zurück-„führen läßt, schien die nähere Erforschung dieser Körperklasse sehr „vereinfacht zu sein. Bei der weiteren Untersuchung stellte es sich „aber bald heraus, daß die natürlichen Terpene durch chemische Ein-„flüsse leicht in neue und bis dahin zum Teil noch gar nicht gekannte „Isomere übergehen, so daß gegenwärtig schon wieder acht untereinander „sicher isomere Kohlenwasserstoffe $C_{10}H_{16}$ zu unterscheiden waren und „die Auffindung noch anderer Modifikationen in der Zukunft als in „hohem Grade wahrscheinlich gelten kann.

„Die neue Komplikation wird nun erheblich durchsichtiger mit der Er-„kenntnis, daß die jetzt sicher bekannten und oben besprochenen Terpen-„modifikationen in Rücksicht auf ihre Konstitution sich in mindestens „drei voneinander wesentlich verschiedene Typen gruppieren lassen.

„Es ist wiederholt darauf aufmerksam gemacht worden, daß eine „Reihe von Terpenen ein Molekül, eine andere Reihe zwei Moleküle „Halogenwasserstoff zu addieren vermag. Diesen Unterschied wird man, „auf den augenblicklich herrschenden theoretischen Vorstellungen fußend, „darin begründet suchen, daß die eine Gruppe zwei, die andere nur eine „doppelte Kohlenstoffbindung enthält, oder wenigstens nur eine Bindung, „welche leicht durch Addition anderer Bestandteile gesprengt wird.

„Wenn früher von der ‚Konstitution der Terpene' die Rede war, „wurde fast immer das Terpentinöl (Pinen) als Repräsentant gedacht, „meist wohl unter der stillschweigenden Voraussetzung, die übrigen „Terpene seien davon sogenannte ‚physikalisch isomere' oder doch „wenigstens chemisch sehr wenig differente Modifikationen und die ver-„breitetste, wenngleich von einigen Chemikern (namentlich Armstrong, „Tilden) mit Recht angefochtene Ansicht war die, daß man das Pinen „(Terpentinöl) einfach als Dihydrocymol zu betrachten habe, eine An-„sicht, die sich wesentlich auf die Überführbarkeit des Pinens in Cymol „und in Terephthalsäure stützte.

„Was man heute mit ziemlicher Sicherheit behaupten kann, ist: daß „das Pinen (Terpentinöl) kein gewöhnliches Hydrocymol ist. Der „Übergang in Cymol usw. ist für die Konstitution in keiner Hinsicht „beweisend, da alle Reagenzien, welche ihn bewirkt haben sollen, das „Pinen vorher in isomere Modifikationen umwandeln können. Außerdem „steht fest, daß im Pinen nur eine leicht lösbare Kohlenstoffbindung ent-„halten ist, während man deren im Hydrocymol zwei voraussetzen muß.

„Für die Erlangung einer allgemeinen Vorstellung von der Kon- „stitution der Terpene ist von größtem Belang zunächst jedenfalls die „Tatsache, daß dieselben zum Teil wenigstens durch Polymerisation des „Pentens, C_5H_8, entstehen und daß sich aus dem Penten nicht nur die „gewöhnlichen Terpene, $C_{10}H_{16}$, sondern auch Polyterpene, $C_{15}H_{24}$, „$C_{20}H_{32}$ usw. aufbauen können.

„Das bekannteste terpenbildende Penten ist das Isopren. Die „Kohlenstoffverkettung in demselben darf man, aus Gründen, die „augenblicklich nicht diskutiert werden sollen, die aber u. a. in einer „neuerdings veröffentlichten Arbeit von Gadziatzky [Bull. soc. chim. „**1887**, 168] ihre Stütze finden, als eine den Isoamylverbindungen ent- „sprechende annehmen, also als:

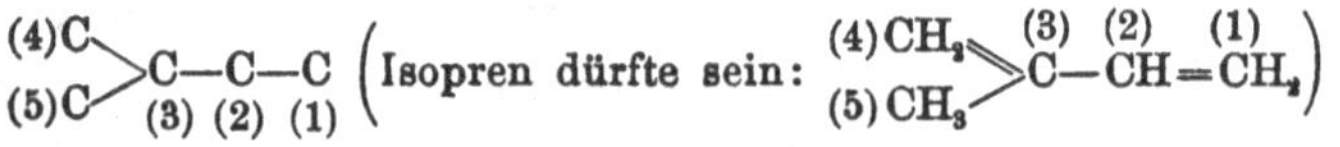

„Ein solcher Bau des Isoprenkerns läßt (natürlich unter der un- „umgänglich notwendigen Annahme, daß die vorhandenen Wasserstoff- „atome teilweise einem Ortswechsel zugänglich sind) eine Polymerisation „zu Terpenen, Sesquiterpenen usw. verständlich erscheinen, wie ein „Blick auf die folgenden Formeln zeigt, in welchen die aus den ver- „schiedenen Isoprenmolekülen stammenden C-Atome durch die Nume- „rierung und außerdem die Komponenten durch Punktierung der Ver- „bindungslinien kenntlich gemacht sind:

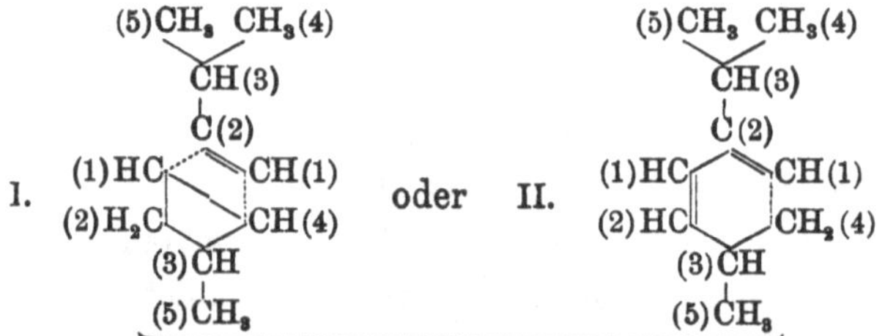

Terpen, $C_{10}H_{16}$

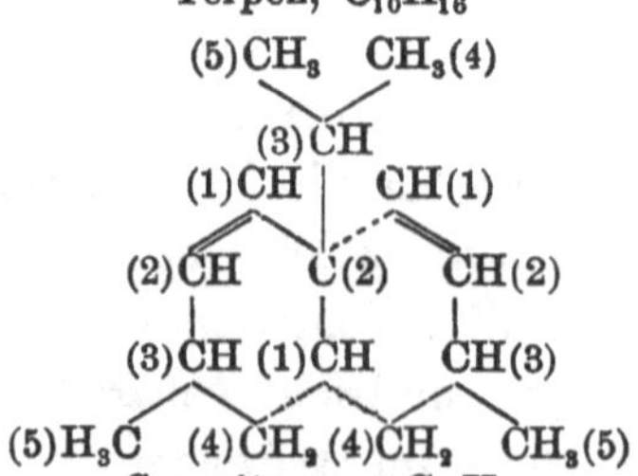

Sesquiterpen, $C_{15}H_{24}$

„Bei einem derartigen Aufbau würden den Sesquiterpenen und (wie „man leicht findet) auch den Polyterpenen je zwei doppelte Kohlenstoff-„bindungen zukommen, was den bisher bekannten Tatsachen ent-„spricht [A. **238** (1887), 78].

„Ferner ergeben sich bei dieser Berücksichtigung der eventuellen „Entstehung aus Isopren Formeln für die gewöhnlichen Terpene, welche „nur eine, oder solche, welche zwei doppelte Kohlenstoffbindungen auf-„weisen. Da im Pinen nur eine leicht lösliche Bindung enthalten ist, „könnte man ihm etwa Formel I zuschreiben. Die Möglichkeit, daß „eine Verbindung dieser Formel Neigung zeigen könnte, durch Bindungs-„verschiebung in II (oder eine ähnlich gebaute Verbindung) überzugehen, „wird man an sich nicht für ganz ausgeschlossen erklären dürfen. „Die Annahme aber, daß einer Konstitution, wie sie durch Formel I „ausgedrückt wird, eine so labile Gleichgewichtslage der Atome ent-„spricht, wie sie beim Pinen tatsächlich existiert, involviert natürlich „die einstweilen etwas gewagte Hypothese, daß eine Bindung, welche „zwischen zwei gegenseitig in der para-Stellung zueinander befindlichen „Kohlenstoffatomen besteht, auflösbar ist, wenngleich schwieriger, „als die sogenannte doppelte Bindung zwischen zwei benachbarten „Kohlenstoffatomen. Ist man nun einer solchen Voraussetzung nicht „abgeneigt, so erklärt sich nicht nur leicht der Übergang von Pinen in „Dipenten (dem eine doppelte Äthylenbindung[1] zukommt), sondern „auch sein Übergang in Camphen, für welches letz-„tere ich früher schon [A. **230** (1885), 269] die der „Bredtschen Campherformel entsprechende Formel (I) „als wahrscheinlich aufgestellt habe. Man hat nur an-„zunehmen, daß in dem Pinenchlorhydrat, welches „natürlich auf Grund der gegebenen Betrachtungen: „zu formulieren wäre, die Verschiebung der Bindung „zwischen C(1) und C(4) zu der zwischen C(1) und C(6) „besonders leicht erfolgt und daß dann durch Salzsäure-„abspaltung Camphen sich bildet. Für die auffallende „Tatsache, von der oben die Rede war, daß das Salz-„säureadditionsprodukt des Camphens verschieden ist vom Pinenchlor-„hydrat, würde man bei dieser Sachlage allerdings den Grund einsehen.

(I)

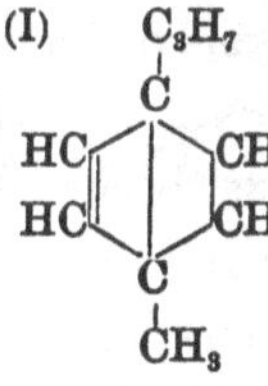

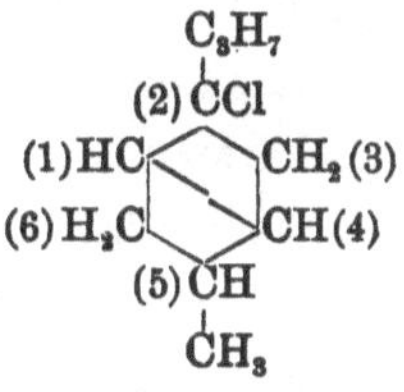

[1] Im Original steht (infolge eines Druckfehlers, wie sich aus dem folgenden ergibt) Kohlenstoffbindung.

„Wie dem nun auch sei: Pinen und Camphen gehören derjenigen „Gruppe von Terpenen an, welche nur eine doppelte Kohlenstoffbindung „im Molekül besitzen und welche infolgedessen direkt nur ein Molekül „Halogenwasserstoffsäure zu addieren vermögen. Neben dieser Gruppe „existiert eine zweite, welche repräsentiert wird durch das Dipenten, „Limonen, Terpinolen, Sylvestren. Es sind das Kohlenwasser„stoffe, welche je zwei doppelte Kohlenstoffbindungen in sich schließen „und die Eigenschaft haben, kristallisierte Tetrabromide zu liefern. „Nichts steht im Wege, dieselben als wahre Hydrocymole aufzu„fassen; wichtige Tatsachen sprechen sogar für die Richtigkeit dieser „Auffassung.

„Hydrocymolformeln kann man eine ganze Reihe bilden; in den „folgenden, die als Beispiele dienen mögen, ist der Kürze wegen Propyl „und Methyl mit A und B bezeichnet:

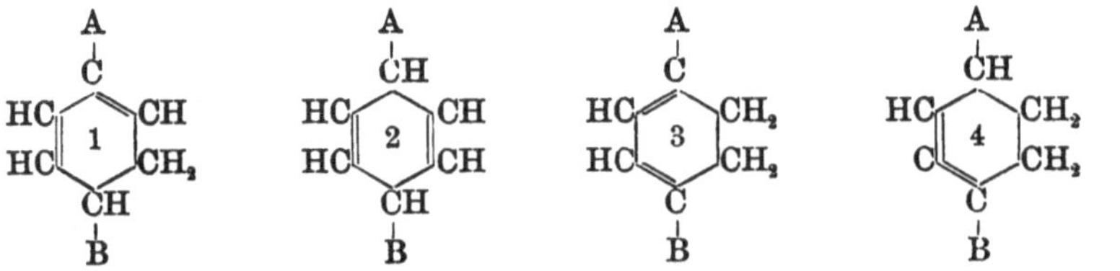

usw.

„Diese Formeln reichen aus, um über die Ursachen einer ganzen „Reihe von sehr bemerkenswerten Erscheinungen Rechenschaft zu „geben, auch wenn man von vornherein die Hypothese von Le Bel„van't Hoff über die Ursachen der optischen Aktivität als notwendig „zu berücksichtigen anerkennt. Dipenten und alle seine Derivate „sind nämlich optisch inaktiv, Limonen ist optisch aktiv, gibt „ein aktives Tetrabromid, aber inaktive Halogenwasserstoff„additionsprodukte, welche merkwürdigerweise mit den entsprechen„den Dipentenverbindungen identisch sind, während die Brom„additionsprodukte von Limonen und von Dipenten auch chemisch „voneinander verschieden sind.

„Das alles läßt sich erklären, wenn man für Limonen Formel 1 „annimmt, welche auch durch H. Goldschmidts schöne Unter„suchungen über die Beziehungen von Limonen (Carven) zu Carvol „wahrscheinlich gemacht ist [B. **18** (1885), 1733] und für Dipenten „etwa Formel 2. Der Kohlenwasserstoff 1 muß aktiv sein, 2 inaktiv; „ganz entsprechend müssen sich die durch Auflösung der doppelten

„Bindungen entstehenden Bromadditionsprodukte verhalten, während „leicht einzusehen ist, daß man 2 Mol. HCl in der Weise an 1 und an 2 „addieren kann, daß identische, und zwar inaktive Körper resultieren. „— Nicht unwahrscheinlich erscheint es auch, daß bei einer Verbindung „der Formel 2 unter dem Einflusse wäßriger Säuren eine Verschiebung „der Atombindungen unter Entstehung isomerer Körper erfolgen kann. „Daß andererseits einer solchen Formulierung, namentlich für das „Dipenten, auch eine Reihe nicht unwichtiger Bedenken entgegen-„stehen, soll nicht verschwiegen, für den Augenblick aber nicht näher „ausgeführt werden. Es kommt eben nur darauf an, zu zeigen, „daß eine Gruppe von Terpenen sehr wohl als Hydrocymole „betrachtet werden kann, daß es eine ganze Reihe von „chemisch verschiedenen Modifikationen dieser Verbin-„dungen geben muß, und daß man für die Richtigkeit „oder Unrichtigkeit dieser Auffassung einen guten Prüf-„stein in dem Studium der oben angedeuteten Verhältnisse „finden wird.

„Neben den eben besprochenen kann man noch eine dritte „Gruppe von Terpenen unterscheiden, als deren Repräsentant vor-„läufig das Phellandren und vielleicht auch das Terpinen zu be-„trachten ist.

„Diese Terpene sind ausgezeichnet durch die Bildung sehr charak-„teristischer Additionsprodukte zu N_2O_3. Solche Verbindungen ent-„stehen aber — wie noch wenig bekannt zu sein scheint — mit besonderer „Vorliebe, wenn aromatische Verbindungen einen ungesättigten Fettrest „enthalten. — Wir verdanken P. Tönnies [B. **11** (1878), 1511; **13** „(1880), 1846] Angaben darüber, daß Phenylbutylen, Styrol, Furfur-„butylen usw. schön kristallisierte Additionsprodukte zu N_2O_3 liefern. „Ferner hat, speziell vom Anethol ausgehend, Tönnies mit salpetriger „Säure eine Verbindung $(C_{10}H_{12}O) \cdot N_2O_3$ dargestellt, die in ihrem „ganzen Verhalten die allergrößte Ähnlichkeit mit dem „von Pesci näher studierten Phellandrennitrit zeigt. Da „Phellandren nun gerade in Begleitung von Anethol gefunden wird, „liegt die Annahme ungemein nahe, daß auch das Phellandren eine „doppelte Verknüpfung der Kohlenstoffatome in der Seitenkette besitzt.

„Die Möglichkeit der Existenz von Terpenen etwa der Formel

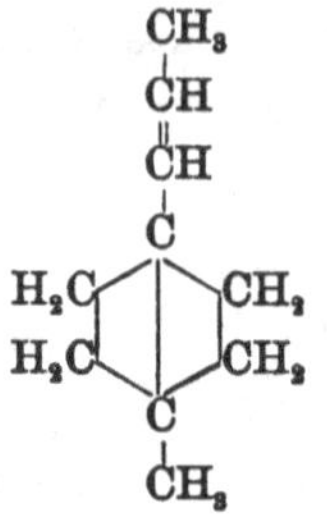 oder 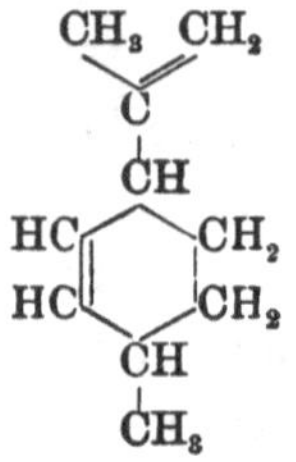 usw.

„darf keinesfalls von der Hand gewiesen werden, und ich behalte mir „vor, Versuche darüber mitzuteilen, ob die Annahme einer solchen „oder ähnlichen Konstitution für das Phellandren und vielleicht auch „für das Terpinen und andere Terpene sich als statthaft erweist." [A. **239** (1887), 46—54.][1]

Wenn man nun diese ersten Prognosen vom Jahre 1887 über die Konstitutionsverschiedenheit der einzelnen Terpene, welche gleichzeitig eine Vorstellung über die Ursache ihres verschiedenen Verhaltens zu gewinnen erlaubte, mit dem vergleicht, was man vorher annahm und was jetzt nach mehr als 20jähriger Arbeit an dem Gegenstande als festgestellt gelten darf, so ergibt sich folgendes:

Was den von mir a. a. O. zuerst ausgesprochenen Grundgedanken betrifft, daß nämlich in der Terpenreihe neben hydrierten Cymolderivaten Verbindungen mit auflösbarer intracyclischer Bindung im Sechsring und solche mit der Äthylenbindung in der Seitenkette [s. auch A. **279** (1894), 147 Anm.] vorkommen, und daß darauf die Mannigfaltigkeit der beobachteten Isomerien teilweise beruhe, so hat sich das in der Folge als **durchaus zutreffend** erwiesen, wenn sich auch die Ansichten über die Zugehörigkeit der einzelnen Kohlenwasserstoffe zu den gekennzeichneten Typen mit dem Fortschritt der Untersuchung begreiflicherweise etwas geändert haben.

Namentlich hat sich die von mir bezüglich der Terpene zuerst ausgesprochene Hypothese von dem Vorkommen leicht löslicher,

[1] Auf Grund des Brechungsvermögens hat, wie hier zu erwähnen ist, wenn auch etwas nach meiner fünften Abhandlung (März 1887), aus der obiges Zitat stammt, Brühl die Terpene in ganz ähnlicher Weise wie ich eingeteilt [Brühl, Journ. f. phys. Chem. **1**, 307, 361 Anmerkung (Mai 1887); B. **20**, 2288, 2301 (Juli 1887)], wenigstens soweit es die Annahme von einfachen und Doppelbindungen und auch die von intracyclischen Bindungen betrifft.

intracyclischer Bindungen[1] im geschlossenen Ringe als besonders fruchtbar erwiesen.

Weitere Prognosen stellte ich 1891 und 1892 auf: „Im Hinblick „darauf, daß die neu erschlossenen Methoden auch die Herstellung von „Terpenen gestatten dürften, welche sich durch die verschiedene Stellung „der Seitenketten im Molekül unterscheiden, ist es vielleicht zweck- „mäßig, jetzt schon die bestehende Nomenklatur etwas zu erweitern. „Man wird Ortho-, Meta- und Paraterpene zu unterscheiden haben. „Zu den letzteren gehören jedenfalls einige der natürlich vorkommenden. „Beispielsweise ist das Terpinen, wie neuerdings unzweifelhaft fest- „gestellt ist, ein Paramethylpropylhydrobenzol. Niedere Homologe aller „drei Arten kennt man bereits im Cantharen (ortho-) [A. **258** (1890), 338 „und v. Baeyer, B. **25** (1892), 2123], Dihydroxylol (meta-) [Wallach, „A. **258**, 338] und Dihydroxylol (para-) [v. Baeyer, B. **25**, 2122]. „Neben diesen Gruppen wären natürlich noch andere zu unterscheiden, „wie z. B. die Verbindungen $C_{10}H_{16}$, die theoretisch vom Methylinden „herleitbar sind [B. **24** (1891), 1578] und die man Indoterpene nennen „könnte.“

Von diesen Indoterpenen war gesagt:

„Stellt man sich vor, daß im Methylinden, $C_{10}H_{10}$, der Benzolkern „hydriert wird, so kommt man zu einer Verbindung: „welche die empirische Formel $C_{10}H_{16}$ besitzt und „von der man mit Sicherheit voraussagen kann, „daß sie im Verhalten mit manchen Terpenen Ähn- „lichkeit wird zeigen müssen.

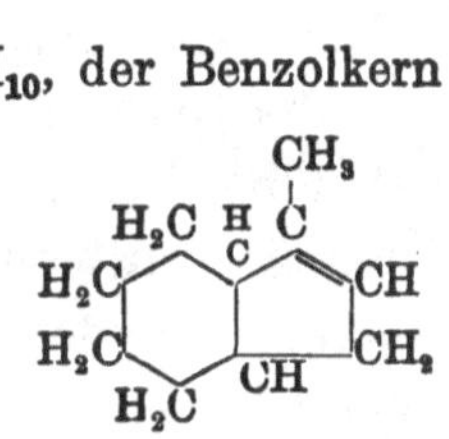

„Zu einer solchen oder ähnlichen Verbindung auf synthetischem „Wege zu gelangen, erscheint ja durchaus möglich. Ob hydrierte Indene „vielleicht auch in der Natur vorkommen, läßt sich augenblicklich „nicht sagen. Jedenfalls sieht man aber, daß die Geschichte der „Kohlenwasserstoffe $C_{10}H_{16}$ noch lange nicht abgeschlossen, sondern „für die Zukunft noch sehr entwickelungsfähig ist.“ [B. **24** (1891), 1578].

Man wird leicht erkennen, daß in dieser Prognose eines „Indoterpens“ der Gedanke sich wiederfindet, daß Terpene sich auch aus

[1] Man könnte einwenden, daß schon in den Campherformeln von Kannonikoff (1883) und Bredt (1884) ähnliche Annahmen vorliegen. Das trifft aber insofern doch nicht zu, als man dabei eine leichte Auflösbarkeit solcher Bindungen nicht im Auge hatte, was beim Campher ja auch gar nicht der Fall ist.

Kombination zweier verschiedener Ringsysteme aufbauen können. — Auch das Vorkommen einer Seitenkette und Kern verknüpfenden Äthylenbindung (was man nach Baeyer jetzt semicyclische Bindung nennt) habe ich 1891 schon in Betracht gezogen [B. **24** (1891), 1567].

Den ersten sicheren Nachweis, daß solche semicyclischen Bindungen vorkommen, führte v. Baeyer (1894) gelegentlich der Konstitutionsfeststellung des Terpinolens. Neuerdings ist es mir u. a. gelungen, hydriertes Terpinolen ($\Delta^{4(8)}$-Menthen) sowohl der para-, als auch der meta- und ortho-Reihe zu gewinnen:

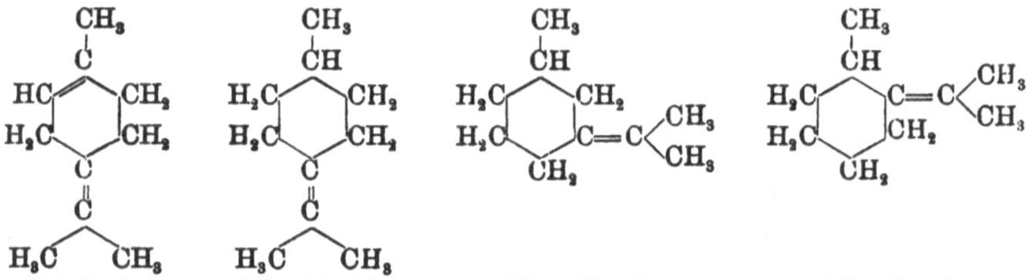

Terpinolen — $\Delta^{4(8)}$-p-Menthen — $\Delta^{3(8)}$-m-Menthen — $\Delta^{2(8)}$-o-Menthen

Den einfachsten Typus von Verbindungen mit semicyclischer Verkettung stellen aber die sogenannten Methenverbindungen dar, in welchen eine CH_2-Gruppe die Seitenkette bildet.

Die Existenz solcher Verbindungen haben Fromm und Semmler zuerst an dem in der Natur vorkommenden Sabinol erwiesen. Über die Synthese von Kohlenwasserstoffen dieser Gruppe siehe S. 208.

Daß mit den oben angeführten, frühzeitig aufgestellten Prognosen im Prinzip das Richtige getroffen wurde, ist, wie gesagt, heute unzweifelhaft. Es darf an dieser Stelle aber nicht unerwähnt bleiben, daß die Vorstellungen über die Konstitution der zu der Terpengruppe gehörenden Verbindungen von anderen Chemikern noch ganz wesentlich erweitert wurden.

Zunächst verdanken wir Bredt die für den Campher zuerst gewonnene Anschauung, daß sich in das Sechsringsystem ein „Brückenkohlenstoffatom“ einschieben kann.[1]

Diese Vorstellung fällt in gewissem Grade zusammen mit der von der Verknüpfung mehrerer hydrierter Ringsysteme, wie sie für die alten Campher- und Pinenformeln zum Teil schon eingeführt war

[1] Ich nenne das „intracarbocyclische Bindung“ (siehe Kapitel VIII), soweit sie im Sechsringe steht.

(z. B. von Armstrong) und in den oben erwähnten hydrierten Indenen, meinen Fenchonformeln [A. **284** (1895), 342; **300** (1898), 319], hydrierten Naphthalinen (Bamberger) usw. auch zum Ausdruck gelangt.

Die von Wagner aufgestellte Pinenformel verknüpfte dann die Bredtsche Idee mit der von mir angenommenen Auflösbarkeit gewisser intracarbocyclischer Bindungen (d. i. Aufsprengung eines mit dem Sechsringe verflochtenen Vierringes).

Neu hinzugekommen ist ferner durch die Untersuchungen von v. Baeyer die Annahme der Entstehung von Siebenringsystemen durch Lösung intracyclischer Bindungen und Semmler hat bekanntlich auch die zu den Terpenen in naher Beziehung stehenden nichtcyclischen Verbindungen mit zehn Kohlenstoffatomen zuerst näher charakterisiert.

Nachdem die eingangs besprochenen neuen Gesichtspunkte gewonnen waren, haben sich die Arbeiten über die Konstitutionsbestimmungen der wichtigsten natürlich vorkommenden Terpenkörper über viele Jahre erstreckt und sind auch jetzt noch lange nicht definitiv abgeschlossen. An diesen Arbeiten haben sich eine ganze Reihe von Forschern beteiligt. Ich glaube, man darf sagen, daß für keine einzige der in Betracht kommenden Substanzen das, was heute hinsichtlich ihres Baues als richtig angenommen wird, mit einem Schlage ermittelt worden ist. Die Erkenntnis ist schrittweise der Natur abgerungen und durch manche irrtümliche und unvollständige Vorstellung ist das bis heute als definitiv Festgestellte hindurchgegangen. Das wird gelegentlich der Konstitutionserörterungen für die im speziellen Teile behandelten Verbindungen mehrfach ersichtlich werden. Für die heranwachsenden Chemiker dürfte ein Studium dieser geschichtlichen Entwickelung der Terpenchemie besonders lehrreich sein, denn man kann daraus lernen, wie vorsichtig man überhaupt und speziell auf diesem Gebiete bei Schlußfolgerungen auf die „Konstitution" sein muß und wie scheinbar ganz berechtigte und seinerzeit überzeugende Deduktionen sich später doch als nicht haltbar herausstellen konnten. Ein Studium dieser historischen Entwickelung wird dann auch davon überzeugen, wie ungerechtfertigt für eine ganze Reihe von Beispielen die in neueren Darstellungen sich des öfteren findende lapidare Angabe ist, „die Konstitution der oder jener Verbindung der Terpenreihe sei von dem oder dem festgestellt worden". Vielfach handelt es sich da nur um einen letzten Schritt von keineswegs origineller Bedeutung, während die grundlegenden Versuche und wesentlichsten Vorarbeiten von ganz anderer Seite ausgeführt wurden, als von dem, welchem die „Konstitutionsermittelung" jetzt zugeschrieben wird.

Zum Punkte der „Konstitutionsfeststellung" kommt meines Erachtens namentlich noch folgendes in Betracht:

Die Konstitution einer Verbindung kann nur dann als definitiv ermittelt gelten, wenn eine größere Reihe von Reaktionen der betreffenden Verbindung bekannt ist und sich mit der für sie angenommenen Formel einwandfrei erklären läßt, gewöhnlich sogar erst dann, wenn eine durchsichtige Synthese vorliegt. Diese kann planmäßig allerdings erst dann in Angriff genommen werden, wenn die wichtigste Arbeit bezüglich der Ermittelung der Konstitution schon getan ist (siehe unten).

Wenn man, wie das heutzutage nicht selten der Fall ist, der Ansicht begegnet, daß jemand, ohne sonst zur Kenntnis der betreffenden Verbindung wesentliches beigetragen zu haben, lediglich durch einen oxydativen Abbau einer Terpenverbindung mit Permanganat deren „Konstitution" ermittelt habe, so beruht das meist auf Täuschung. Die Ergebnisse der Oxydation sind nämlich als solche selten eindeutig und daher praktisch gewöhnlich erst dann von Wert geworden, wenn auf Grund ganz anderer Arbeiten über die Natur der betreffenden Substanz schon viel ermittelt war oder nachher ermittelt wurde.

Die Produkte der Oxydation des Pinols ließen sich z. B. an der Hand einer irrtümlichen Formel genau ebensogut deuten, wie mit der jetzt angenommenen, wahrscheinlich richtigen (siehe Spezieller Teil). Auf Grund der aus Pinen gewonnenen Oxydationsprodukte haben ferner Tiemann und Semmler hartnäckig eine Formel für das Pinen verteidigt, die wohl niemand mehr annimmt [B. **29** (1896), 529, 544, 3027, 3032] und aus dem Oxydationsbefund ausdrücklich geschlossen, daß die jetzt allgemein angenommene Wagnersche Formel „nicht länger in Frage kommen könne". Angeli und Rimini haben für den sog. Isocampher auf Grund der gewonnenen Oxydationsprodukte eine Formel aufgestellt, die sich als ganz irrtümlich erwiesen hat [A. **392**, 69] usw. (s. auch S. 102).

Mit dem Gesagten soll selbstverständlich die Tatsache nicht in Abrede gestellt werden, daß entscheidende Wendepunkte in der Auffassung der Konstitution von Verbindungen der Terpenreihe mit Hilfe der bei der Oxydation erhaltenen Resultate erreicht wurden. Das gilt in erster Linie von der Feststellung der Konstitution des α-Terpineols (Smp. 35°), die zu der Erkenntnis führte, daß die Hydroxylgruppe in dieser Verbindung in der Seitenkette stehen muß. Diese Resultate der Oxydation sind aber eben nur deshalb so bedeutsam geworden, weil die Beziehungen des Terpineols zu anderen Verbindungen — abgesehen von der Stellung des Hydroxyls — schon vorher ganz aufgeklärt waren.

Eine besondere Bemerkung sei an dieser Stelle noch erlaubt in bezug auf den Wert, den man der ersten Aufstellung einer „richtigen Formel" für eine noch nicht erschöpfend untersuchte Verbindung zuschreiben soll. Das Aufstellen einer Formel hat zunächst doch lediglich die Bedeutung einer Hilfshypothese für die experimentelle Forschung und in diesem Sinne sind, wie a. a. O. schon angedeutet wurde, die oben angeführten, durch Formelbilder erläuterten Prognosen zu verstehen, denn ohne solche „Arbeitshypothesen" waren von Anbeginn systematische und erfolgreiche Untersuchungen auf dem Gebiete der Terpene überhaupt nicht möglich. Ob man seine Arbeitshypothesen ausgiebig veröffentlicht oder nicht, ist wohl lediglich Sache des Temperaments.

Nachdem ich die leitenden Grundanschauungen, von denen ich ausging, dargelegt hatte (siehe oben), habe ich den Hauptwert darauf gelegt, experimentell möglichst vielseitig in das Gebiet einzudringen und das Verhalten der Verbindungen durch Reaktionen festzulegen, um ein sicheres Fundament für theoretische Betrachtungen zu schaffen statt bei jedem neuen Arbeitsabschnitt „Formeln"[1] zu diskutieren (A. **245** (1888), 276—277]. Dagegen habe ich es vielfach unternommen,

[1] Je mehr man von dem eigenartigen Verhalten mancher Terpenverbindungen kennt, desto kritischer wird man überhaupt gegenüber unseren heutigen Formelbildern, deren Wert wohl häufig recht überschätzt wird. Denn von den „Konstitutionsformeln", die heute für „sichergestellt" gelten, dürften viele in nicht allzulanger Zeit als unzulänglich erkannt werden. Die Gewohnheit von „Bindungen" der Atome im Molekül nicht nur zu sprechen, sondern diese Vorstellungen auch durch Konstruktion starrer Modelle zum Ausdruck zu bringen, wird sicherlich einmal zu den überwundenen Entwicklungsstadien der chemischen Theorien gerechnet werden. Dagegen werden exakte und zuverlässige experimentelle Feststellungen ihren Wert immer behalten.

von anderer Seite für meines Erachtens noch nicht genügend erforschte Verbindungen aufgestellte Formeln als noch unzulänglich zu widerlegen, z. B. die erste Wagnersche Pinenformel und Pinolformel (siehe Spezieller Teil), die ersten Semmlerschen Thujonformeln (siehe Spezieller Teil) usw.

Natürlich wird der, der viele — auf dem Papier ja leicht zu entwerfende — Formeln auf den Markt bringt, auch die Chance haben, daß darunter sich „richtige" befinden. Falls einer Formel aber keine ganz neue originelle Idee zugrunde liegt, wird man die bloße Aufstellung einer solchen „Formel" für eine Verbindung doch wohl geringer zu bewerten haben als die Arbeiten, die zu der Erkenntnis führten, daß die betreffende Formel wirklich haltbar ist. Um auf ein ganz abliegendes Gebiet zu exemplifizieren: Medicus hat bereits 1875 die „richtige" Harnsäureformel aufgestellt, aber erst die späteren Arbeiten E. Fischers haben gezeigt, daß diese Formel wirklich etwas taugt.

Man sollte doch nie vergessen, daß die Chemie eine experimentelle Wissenschaft ist, und daß nicht die Aufstellung einer Formel auf dem Papier, sondern der oft so schwer und mühselig gangbar zu machende experimentelle Weg und das Herbeischaffen von zuverlässigem und entscheidendem Beobachtungsmaterial das ausschlaggebende Moment in der chemischen Forschung bildet.

Die Serie der v. Baeyerschen Arbeiten auf dem Terpengebiete wird stets ihren selben großen Wert behalten, obgleich v. Baeyer (wie andere) von einer falschen Vorstellung über die Konstitution des α-Terpineols ausging und daher der größte Teil der von ihm seinerzeit abgeleiteten „Formeln" objektiv „unrichtig" war. Umgekehrt kann ich den Umstand, daß Wagner zuerst die „richtige" Terpineol-, Pinol- und Limonenformel gebrauchte, angesichts der Tatsache nicht so hoch bewerten, daß es nicht G. Wagner gewesen ist, der die entscheidenden Experimente zur Stütze dieser Formeln angestellt hat, mit welcher Bemerkung ich im übrigen den großen Verdiensten dieses so ausgezeichneten Forschers gewiß nicht zu nahe treten möchte [vgl. auch Tiemann B. **28** (1895), 2150].

Synthesen.

Es war natürlich von vornherein erstrebenswert, die Zulässigkeit der bezüglich der Konstitution der Terpene gewonnenen Anschauungen durch künstlichen Aufbau der Verbindungen zu kontrollieren. Da aber anfangs nicht zu hoffen war, daß sich die Schwierigkeiten, die sich der Synthese der natürlich vorkommenden Terpene entgegenstellten, alsbald würden überwinden lassen, so war schon ein erheblicher Fortschritt erreicht, falls man auch nur Verbindungen aufbauen lernte, in denen man das Vorhandensein ähnlicher Atomverknüpfungen annehmen durfte und die sich in ihrem Verhalten den echten Terpenverbindungen sehr näherten.

Von diesem Gesichtspunkte aus war die erste künstliche Gewinnung partiell hydrierter Benzolkohlenwasserstoffe von Bedeutung, denn ein Teil der Terpene wurde ja als dieser Gruppe zugehörend betrachtet.

1890 gelang mir die Synthese eines partiell hydrierten m-Xylols aus Methylheptenon und es wurde festgestellt, „daß die Verbindung in „mancher Beziehung den Terpenen ähnelt und als niederes Homologes „derselben angesprochen werden kann.“ [A. **258** (1890), 328.]

1893 wurde auf analogem Wege ein Hydropseudocumol von ähnlichen Eigenschaften erhalten [A. **275** (1893), 166].[1]

Durch diese Tatsachen erhielten also die gewonnenen Anschauungen eine erste experimentelle Stütze. Von dem Augenblicke an nun, wo man eine Gruppe von Terpenen lediglich als spezielle Repräsentanten alicyclischer Kohlenwasserstoffe überhaupt betrachten lernte, wuchs das Interesse am Studium der letzteren Körperklasse und für die synthetischen Versuche war eine viel breitere Basis geschaffen.

Ich will nun an dieser Stelle die von mir durchgeführten Synthesen nicht in historischer Folge aufzählen (für eine historische Betrachtung wird zum Teil bei einzelnen Kapiteln im speziellen Teil Gelegenheit sein), sondern zusammenfassend darlegen, welche Substanzen der erwähnten Kategorien ich bei solchen synthetischen Versuchen gewonnen habe, wobei es sich auch um die Darstellung eigentlicher Terpenverbindungen, wie Terpinolen, Terpinen, Phellandren, α- und β-Pinen, Fenchen, Menthen, Terpin, Terpineol, Terpinenol, Isofenchon, Campher, Menthon usw. handelt. Die einfachen Abwandlungen einer Terpenverbindung in eine

[1] In demselben Jahre (1893) gelang es v. Baeyer, die Totalsynthese eines Dihydrocymols, $C_{10}H_{16}$, durchzuführen [B. **26** (1893), 232], das seinem Verhalten nach „unzweifelhaft zur Klasse der Terpene gehörte“. 1896 habe ich aus Methylhexanon und Aceton ein Terpen $C_{10}H_{16}$ aus den Elementen aufgebaut [B. **29** (1896), 2960].

andere von gleichem Kohlenstoffgehalte sollen dabei nicht noch einmal besonders besprochen werden, da sie im Kapitel „Übergänge" schon Berücksichtigung gefunden haben.

Am übersichtlichsten läßt sich die Zusammenstellung nach den Verbindungstypen anordnen, die durch ihr natürliches Vorkommen ausgezeichnet sind (d. h. Kohlenwasserstoffe, Alkohole, Ketone usw.). Es soll aber auch dabei nur auf die Kohlenwasserstoffe etwas ausführlicher und sonst nur auf einige Repräsentanten aus den genannten Gruppen Rücksicht genommen werden, da die Summe der hierher gehörenden Substanzen sich aus dem folgenden Teil leicht zusammenstellen läßt.

I. Kohlenwasserstoffe.

Ganz systematisch sind eine größere Reihe von Kohlenwasserstoffen mit semicyclischer Bindung aufgebaut worden. Die erste Synthese eines Methenkohlenwasserstoffs habe ich 1900 im Methensuberan durchgeführt [A. **314** (1900), 160]. Darauf folgt eine ganze Reihe von Synthesen von Methenkohlenwasserstoffen verschiedener Ringsysteme. Als einfachste Repräsentanten wurden:

$$\begin{matrix} CH_2—CH_2 \\ | \\ CH_2—CH_2 \end{matrix} \!>\! C:CH_2, \qquad H_2C \!<\! \begin{matrix} CH_2\cdot CH_2 \\ CH_2\cdot CH_2 \end{matrix} \!>\! C:CH_2, \qquad \begin{matrix} CH_2\cdot CH_2\cdot CH_2 \\ | \\ CH_2\cdot CH_2\cdot CH_2 \end{matrix} \!>\! C:CH_2$$

Methenpentan — Methenhexan — Methenheptan

und deren nächst höhere, einfach methylierte, Ringhomologe dargestellt [A. **314** (1900), 156; **345** (1906), 146; **347** (1906), 316, 323; **353** (1907), 284; **357** (1907), 49; **396**, 264], ferner die Homologen mit längerer Seitenkette, wie

$$H_2C \!<\! \begin{matrix} CH_2\cdot CH_2 \\ CH_2\cdot CH_2 \end{matrix} \!>\! C:CH\cdot CH_3; \qquad H_2C \!<\! \begin{matrix} CH_2\cdot CH_2 \\ CH_2\cdot CH_2 \end{matrix} \!>\! C:CH\cdot CH_2\cdot CH_3;$$

$$H_2C \!<\! \begin{matrix} CH_2\cdot CH_2 \\ CH_2\cdot CH_2 \end{matrix} \!>\! C:C(CH_3)_2$$

und deren Ringhomologe [B. **39** (1906), 2504; A. **360** (1908), 26; **365** (1909), 255; **396**, 281].

Unter den so gewonnenen Verbindungen dürfen zu den eigentlichen Terpenkohlenwasserstoffen die semicyclischen Menthene gezählt werden, unter denen die para-Verbindung

$$CH_3—HC \!<\! \begin{matrix} CH_2\cdot CH_2 \\ CH_2\cdot CH_2 \end{matrix} \!>\! C:C(CH_3)_2$$

sich auch als Dihydroterpinolen auffassen und leicht in gewöhnliches Menthen 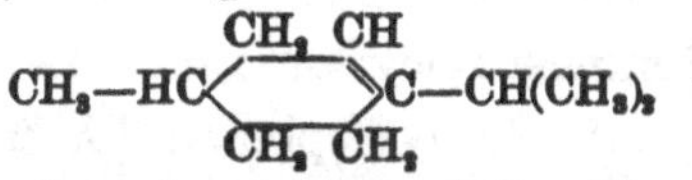 überführen ließ.

Es wurde überhaupt gezeigt, daß alle Kohlenwasserstoffe mit semicyclischer Bindung einer entsprechenden Invertierung zugänglich sind, wenn man sie unter geeigneten Bedingungen mit Säuren behandelt [A. **360** (1908), 29], so daß auf diese Weise wiederum ein synthetischer Weg für Darstellung isomerer Kohlenwasserstoffe eröffnet war. Man hat z. B. die Abwandlungsmöglichkeit:

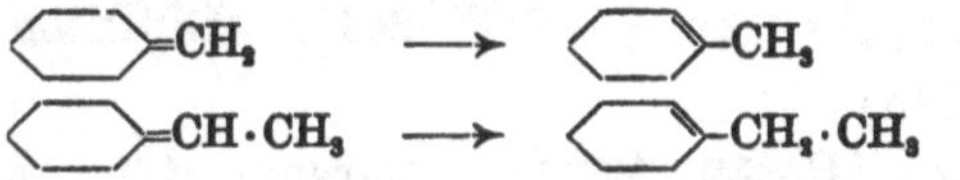

Auch auf anderem Wege sind hydroaromatische Kohlenwasserstoffe mit der Äthylenbindung im Ringe hergestellt, u. a. Methylsuberen

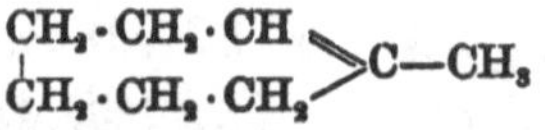

[A. **345** (1906), 140] und Kohlenwasserstoffe, die als niedere (s. oben und A. **258** (1890), 328; **275** (1893), 166] und höhere homologe Terpene [A. **323** (1902), 135] angesprochen werden dürfen, ohne daß sie zu den natürlich vorkommenden in ganz direkter Beziehung stehen.

Von zweifach ungesättigten Kohlenwasserstoffen $C_{10}H_{16}$ wurden die beiden Menthadiene

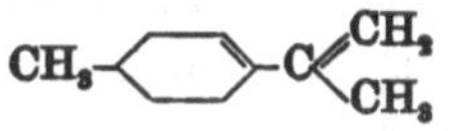 und 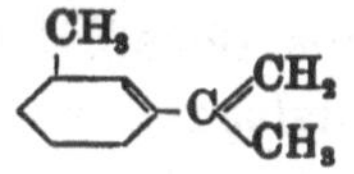

aus zugehörigen Menthenolen durch Wasserabspaltung erhalten. [A. **374** (1910), 198; **379** (1910), 131.]

Schließlich sind aber auch wenigstens einige Partialsynthesen echter Terpene und von deren wahren Homologen geglückt.

So wurden aus Nopinon: Terpinolen, Dipenten, Terpinen, *α*- und *β*-Pinen, Camphen und Fenchen aufgebaut [A. **356** (1907), 244; **357** (1907), 49, 61; **363** (1908), 1; **368** (1909), 2], aus Sabinaketon bzw. aus Isopropylhexenon: *α*- und *β*-Terpinen und *α*-Phellandren [A. **357** (1907), 68; **359** (1908), 283] sowie Homologe.

Nachstehend findet man besondere Beispiele einiger synthetisch erhaltener hydroaromatischer Kohlenwasserstoffe und auch einiger zugehöriger Benzolkohlenwasserstoffe, die (infolge von Wasserstoffabspaltung) gelegentlich dieser synthetischen Versuche sich bildeten.

1. Hydroaromatische Kohlenwasserstoffe.

Dihydroxylol aus Monomethylcyclohexanon [A. **323**, 138].

Tetrahydro-m-xylol aus Methylheptenon [A. **258**, 328; **395**, 74].

Hydropseudocumol aus Thujaketon [A. **275**, 166].

Dihydromesitylen aus Dimethylcyclohexenon [A. **323**, 141].

Dihydrodimethyläthylbenzol aus Methyläthylcyclohexenon [A. **323**, 145].

α-Terpinen aus Sabinaketon [A. **357**, 68] und aus Nopinon [A. **356**, 244]. β-Terpinen aus Sabinaketon [A. **357**, 68].

Terpinolen aus Nopinon [A. **356**, 244]. Dipenten aus Nopinon [A. **356**, 248].

$\Delta^{4(8)}$-p-Menthen [B. **39**, 2504]. Carvomenthen aus Menthanol [A. **381**, 59]. Δ^{3}-p-Menthen [B. **39**, 2504]. $\Delta^{4(8)}$-m-Menthen [A. **360**, 75]. Δ^{3}-m-Menthen [A. **360**, 77].

Kohlenwasserstoff $C_{11}H_{18}$ aus Dihydrocarvon [A. **314**, 164; **323**, 158] und aus Carvenon [A. **323**, 156]. $C_{11}H_{20}$ aus Tetrahydrocarvon [A. **323**, 154] und aus Menthon [A. **323**, 153].

2. Benzolkohlenwasserstoffe.

m-Xylol aus Methylheptenon [A. **395**, 83].

Pseudocumol aus Thujaketon. Cymol aus Terpinen.

Mesitylen aus Dimethylcyclohexenon [A. **323**, 144].

Dimethyläthylbenzol aus Methyläthylcyclohexenon [A. **323**, 145].

Dimethylisopropylbenzol aus Methylisopropylcyclohexenon [A. **323**, 149].

Dimethyl-(1,2)-isopropyl-(4)-benzol aus Carvon [A. **323**, 162].

Was die Synthese mehrkerniger cyclischer hydrierter Kohlenwasserstoffe anbetrifft, so ist die Synthese eines hydrierten Methylfluorens (aus 1,3-Methylcyclohexanon) [B. **29** (1897), 2962] und eines tricyclischen Kohlenwasserstoffs

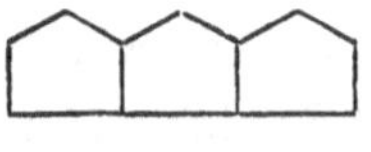

aus Pentanon [B. **29** (1897), 2964] vielleicht besonders in Erwähnung zu bringen. Ferner die Darstellung von Cyclohexylhexen [A. **381**, 104] und von $\Delta^{1,1}$-Dicyclohexen 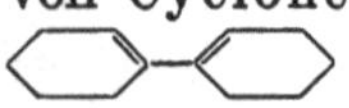 [A. **381**, 112], von Cyclopentylpenten, $C_{10}H_{16}$ [A. **389**, 181] und von Dicyclopentylcyclopenten, dem die Formel eines Sesquiterpens $C_{15}H_{24}$ zukommt [A. **389**, 183].

II. Ketone.

Die Ketone sind nächst den Kohlenwasserstoffen wohl die für unser Eindringen in die Kenntnis der Terpengruppe und der alicyclischen Verbindungen überhaupt wichtigsten Substanzen gewesen (vgl. S. 133). Darum hat deren Untersuchung auch einen besonders breiten Raum eingenommen (siehe Spezieller Teil). Zahlreiche Ketone habe ich auf synthetischem Wege — meist durch Abwandlungen aus Kohlenwasserstoffen — gewonnen. Die Methoden, die zu diesem Zwecke dienten, sind im Kapitel V, S. 129ff. besprochen. Besonders hervorzuheben ist etwa die Synthese von Campher aus Nopinon (durch das β-Pinen hindurch) und von Isofenchon aus Nopinon (durch das Fenchen hindurch), ferner die erste Synthese eines höheren Homologen des Carvons aus dem homologen Dipenten: 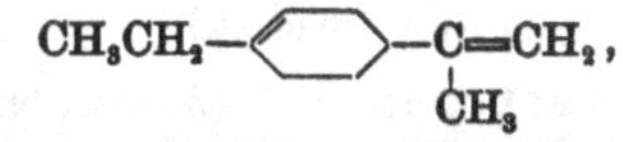, von Pinolon und Dihydropinolon [A. **384** (1911), 204], von i-Menthenon und i-Menthon aus 1,4-Methylhexanon und die Synthese ungesättigter und gesättigter extracyclischer Ketone aus Nitrosochloriden semicyclisch-ungesättigter Kohlenwasserstoffe, sowie aus Cyclohexanonen durch Kondensation mit Aceton [A. **394** (1912), 362]. Die extracyclischen Ketone konnten weiter als Ausgangsmaterial für eine ganze Reihe neuer Synthesen dienen [A. **360**, 43; **374**, 207, 220; **379**, 135; **381**, 90]. Endlich ist die Synthese dicyclischer und tricyclischer Ketone zu erwähnen: Cyclohexenhexanon und Cyclohexylhexanon [A. **381**, 86, 102], Cyclopentenpentanon, Cyclopentylpentanon, Dicyclopentylpentanon [A. **389**, 178, 182].

III. Alkohole.

Was die Alkohole betrifft, so versteht es sich von selbst, daß fast alle neu dargestellten Ketone zu sekundären Alkoholen abgewandelt werden können, bzw. dazu abgewandelt worden sind. Besondere Erwähnung sollen hier nur folgende, den Terpenverbindungen unmittelbar zugehörige Alkohole finden:

1. Einwertige Alkohole: $C_{10}H_{17}\cdot OH$.

Aus Nopinon $C_9H_{14}O$ wurde Pinenhydrat $C_{10}H_{17}OH$ aufgebaut und dieses zu stark linksdrehendem l-α-Terpineol abgewandelt:

14*

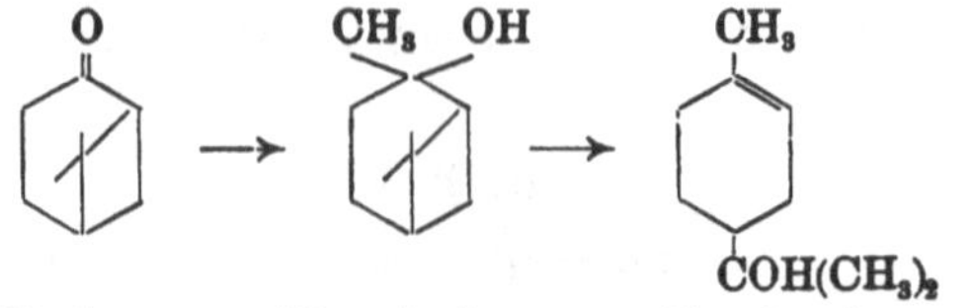

Nopinon Pinenhydrat α-Terpineol

Damit war die erste Partialsynthese von aktivem α-Terpineol überhaupt erreicht und aus letzterem wird man erwarten können, auf bekannten Wegen auch leicht zu synthetischem aktivem Limonen, Carvon und Pinol zu kommen.

Aus Nopinon entstand bei der Bromessigestersynthese sowohl Fenchen, welches sich in Isofenchylalkohol, als auch α- und β-Pinen, welches sich (durch Camphen hindurch) in Isoborneol überführen ließ.

Aus Sabinaketon $C_9H_{14}O$ ließ sich Sabinenhydrat $C_{10}H_{17}OH$ darstellen und dies zu dem auch natürlich vorkommenden aktiven Terpinenol-4 abwandeln

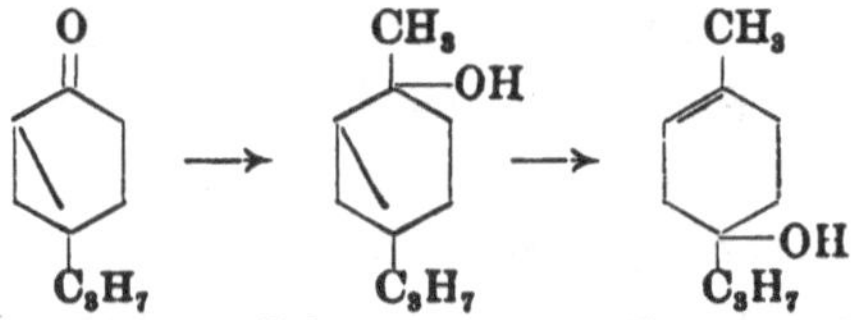

Sabinaketon Sabinenhydrat Terpinenol

Entsprechend gab Δ^2-Isopropylhexenon $C_9H_{14}O$ (I) das Phellandrenhydrat (II) und Δ^3-Isopropylhexenon (III) das Terpinenol-1 (IV)

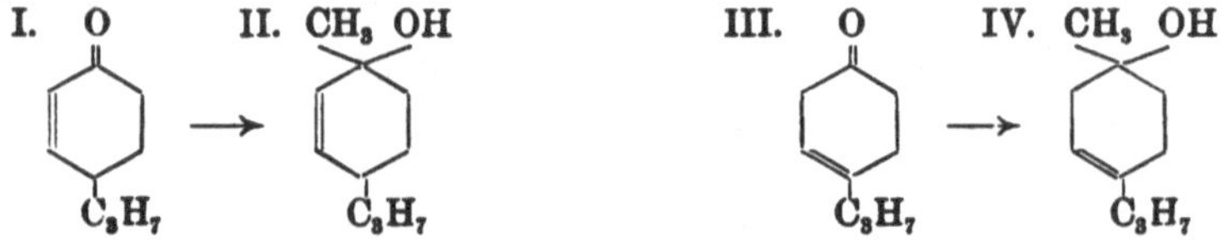

Inaktives Menthol wurde aus 1,4-Methylhexanon durch den Kohlenwasserstoff  hindurch gewonnen:

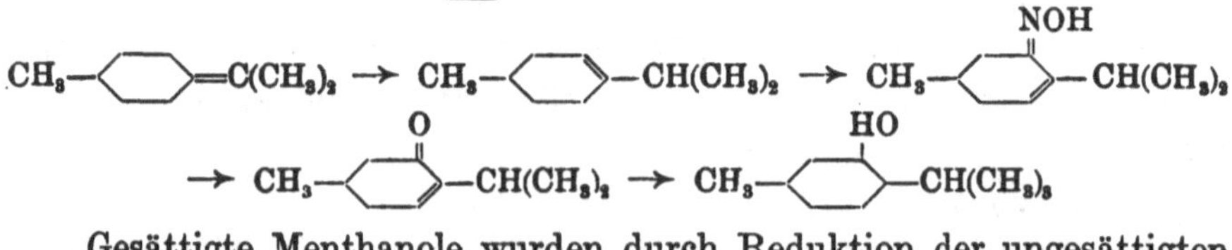

Gesättigte Menthanole wurden durch Reduktion der ungesättigten Menthenole mit freiem Wasserstoff dargestellt [A. **381**, 55, 58, 60] und

Dihydrosylveterpineol aus 1,3-Methylcyclohexanon durch das 1,3-Methyl-acetyl-cyclohexan hindurch aufgebaut [A. **389**, 193; **399**, 170].

2. Mehrwertige Alkohole.

Aus den sub 1. aufgeführten synthetisch erhaltenen einwertigen Alkoholen ließen sich durch Hydratation gewöhnliches und Terpinenterpin $C_{10}H_{18}(OH)_2$ darstellen und weiter durch Oxydation der ungesättigten Alkohole Glycerine $C_{10}H_{17}(OH)_3$ (siehe Kapitel V, S. 126ff.).

Der analoge Weg, der zu den eigentlichen ein- und mehrwertigen Terpenalkoholen geführt hatte, gestattete auch den Aufbau höherer Homologer. So ist z. B. das nächst höhere Homologe des α-Terpineols (I) und Terpins (II)

I. 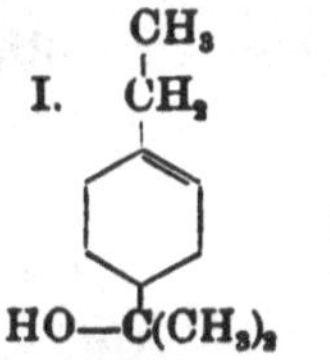

und

II. 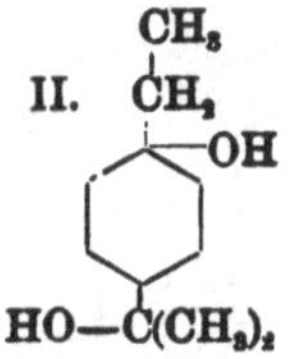

leicht zugänglich geworden und konstatiert, daß diese Verbindungen sich nun genau so abwandeln lassen wie die längst bekannten Stammformen. Insbesondere ist dabei der Abwandlung aller der synthetisch gewonnenen ein- und zweiwertigen Terpenalkohole in Dihalogenide zu gedenken, für die damit auch eine Synthese erreicht war.

Eine ganze Reihe von 1,2-Glycolen wurde aus Oxyketonen [A. **374**, 217] (siehe S. 125) und durch Oxydation ungesättigter Kohlenwasserstoffe erhalten (siehe S. 125).

IV. Aldehyde.

Hexahydrobenzaldehyd (und Homologe) wurden aus Hexanon (und dessen Homologen) durch die aus den Ketonen aufgebauten Methenkohlenwasserstoffe, Oxydation dieser zu Glycolen und Wasserabspaltung aus diesen erhalten

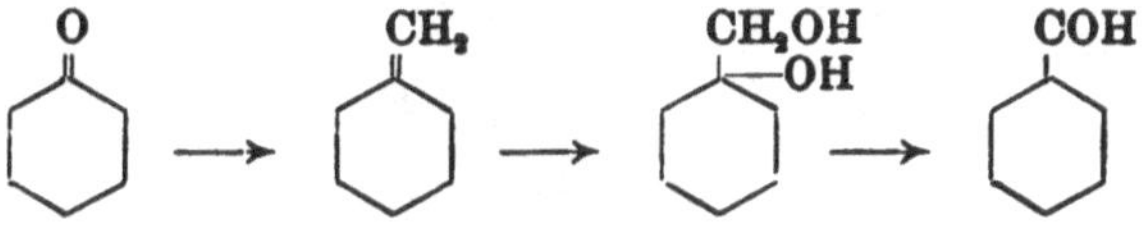

Die synthetisch erhaltenen Methenkohlenwasserstoffe dienten auch zur Gewinnung ungesättigter Aldehyde durch die Nitrosochloride hindurch:

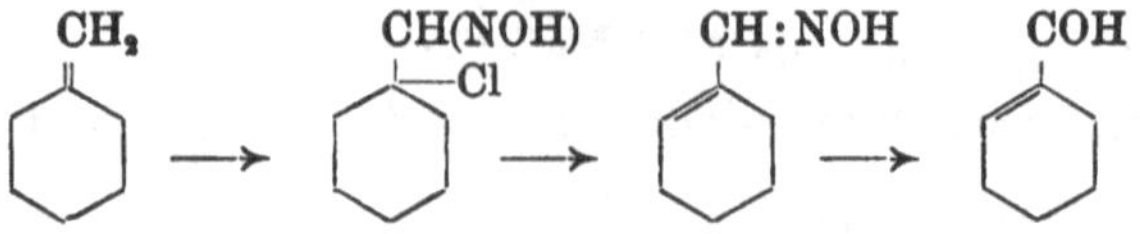

Menthocitronellal wurde durch Abwandlung des Menthons gewonnen:

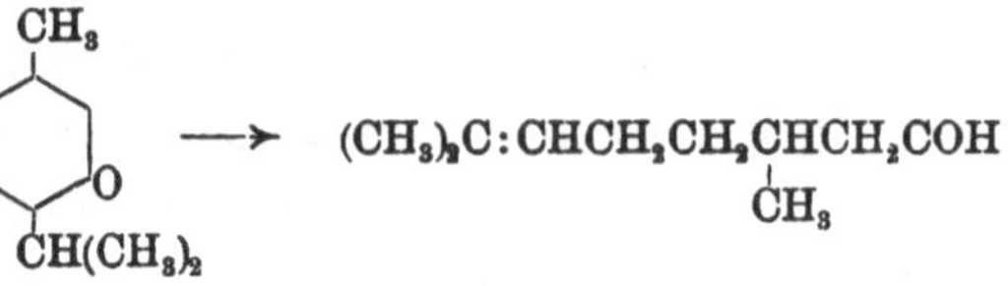

V. Oxyde.

Die Oxyde

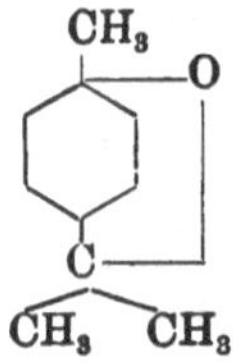

1,8-Cineol

1,4-Cineol

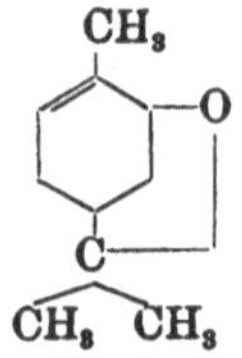

Pinol

wurden anfangs nur als Abwandlungsprodukte (aus den zugehörigen ungesättigten Alkoholen und gesättigten Glycolen von gleichem Kohlenstoffgehalt) dargestellt, seitdem die Ausgangsverbindungen synthetisiert sind, liegt auch eine Synthese der Oxyde vor.

An dieser Stelle mag beiläufig auch der Synthese von Anethol und Isosafrol gedacht werden [A. **357**, 75].

Im übrigen muß bezüglich der sonst noch synthetisch dargestellten Verbindungen auf den zweiten Teil verwiesen werden.

VIII. Einteilung und Nomenklatur.

Bei Beginn der Untersuchung habe ich [A. **239**, 48] das Einteilungsprinzip:

Hemiterpene (Pentene) C_5H_8,
Eigentliche Terpene $C_{10}H_{16}$ und
Polyterpene $(C_5H_8)_x$

mit entsprechenden Unterteilungen in den einzelnen Gruppen angenommen (vgl. S. 10), wie es zum Teil auch schon von anderer

Seite geschehen war. Seitdem hat sich immer deutlicher herausgestellt, daß die „Terpene“ und ihre Derivate nur einen ganz speziellen Fall hydrierter Ringsysteme vorstellen und in der Systematik von anderen analogen Verbindungen nicht zu trennen sind, von denen man in den letzten anderthalb Dezennien eine große Anzahl neu kennen gelernt hat (siehe O. Aschans vortreffliches Buch: Chemie der alicyclischen Verbindungen).

Man ist jetzt gewöhnt, 5-, 6-, 7-, Poly-methylenringsysteme zu unterscheiden, ein Schema, dem sich auch viele Terpene und Terpenderivate zwanglos eingliedern. Daneben gibt es aber Verbindungen der Terpenreihe von komplizierterem Bau, die sich diesem einfachen Einteilungsprinzip nicht ohne weiteres unterordnen lassen.

Die Tatsache, daß die bisher bekannten natürlichen Terpenverbindungen sich fast ausnahmslos in genetische Beziehung zum hydrierten Sechsringe (also zum Benzol) setzen lassen, hat mich gelegentlich didaktischer Behandlung des Kapitels in Vorlesungen dazu geführt, diese Beziehungen auch der Einteilung zugrunde zu legen.[1]

Neben den Terpenverbindungen, die dem hydrierten Cymoltypus [A. **272**, 121] angehören und die je nach der gegenseitigen Stellung der Alkylradikale als o-, m- und p-Terpene zu bezeichnen sind, kommen, wie ich es bereits 1885 angenommen habe (siehe S. 196ff.), solche mit Diagonalbindungen vor, wie man es durch das Schema

 und 

zum Ausdruck bringen kann.

Eine derartige Verkettung, die natürlich auch ebensogut als bicyclisches System und zwar als Kombination von 3- mit 5-Ring und 4- mit 4-Ring aufgefaßt werden kann, nenne ich eine intracyclische und unterscheide 6-Ringe mit intracyclischer 1,3- und 1,4-Bindung.

Schiebt sich aber in den Sechsring ein Kohlenstoffatom als „Brückenkohlenstoff“ ein, entstehen also die Typen

[1] Harries ist übrigens in seiner ausgezeichneten Zusammenstellung (Lehrbuch der organischen Chemie von Meyer-Jacobson) ganz unabhängig von mir zu einer ganz analogen Anordnung gekommen, wie ich sie in meinen Vorlesungen gern benutzte.

so bezeichne ich das als intracarbocyclische Verbindung mit p-, m-, oder o-ständigem Kohlenstoffatom. Daß diese intracarbocyclischen Verbindungen auch als Kombinationen von 5- mit 5-Ring, 6- mit 4-Ring und 6- mit 3-Ring (bzw. 7-Ring mit intracyclischer Bindung) aufgefaßt werden können, ist selbstverständlich.

Ebenso sieht man, daß dieses Prinzip sich auf andere Ringsysteme übertragen oder auch auf intrabicarbocyclische Verbindungen wie

erweitern ließe.

Endlich hat es sich als notwendig erwiesen, noch einen Verbindungstypus abzuzweigen, nämlich den, welcher in allen Ringsystemen durch Entstehen einer — nach v. Baeyers Nomenklatur — sogenannten semicyclischen Äthylenbindung in die Erscheinung treten und durch die Symbole

ausgedrückt werden kann.

Diese Verbindungen nenne ich Methenverbindungen [A. **343, 29**]. Als einfache Methenverbindung erscheint unter den Terpenen z. B. das β-Phellandren (I), als substituierte (Dimethylmethen-) Kohlenwasserstoffe dieser Art kann man das Terpinolen (II) und das synthetische $\Delta^{4(8)}$-Menthen (III) auffassen

I. II. III.

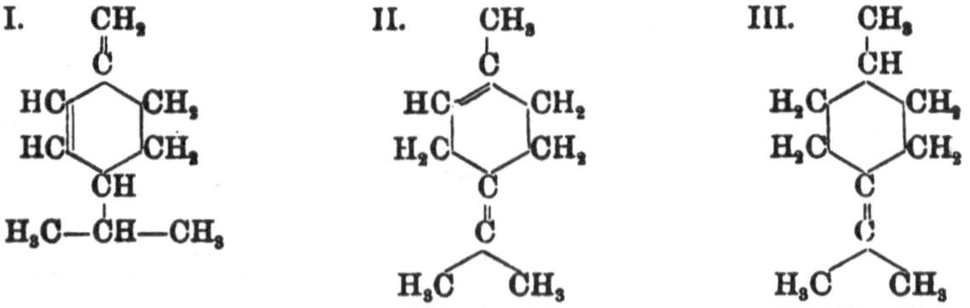

Terpinolen $\Delta^{4(8)}$-Menthen

und ebensogut das Äthyliden- und Propylidencyclohexan:

usw.

Spezieller Teil

I. Pinen.

Allgemeines über die Verbindungen der Pinengruppe.

I. α-Pinen.

„Pinen" habe ich 1884 den früher unter den verschiedensten Namen (Terebenten, Australen, Oliben, Eucalypten usw.) aufgeführten Kohlenwasserstoff benannt, der u. a. einen Hauptbestandteil des gewöhnlichen Terpentinöls ausmacht.

„Der Name soll daran erinnern, daß es die Pinusarten sind, „welche wesentlich Verbindungen dieser Gruppe liefern". [A. **227**, 300 Anm.]

Die Diagnose auf Anwesenheit des Pinens, das, wie Tilden gefunden hatte, sich leicht mit NOCl verbindet, wurde durch Einführung einer neuen Darstellungsmethode für Pinennitrosochlorid [A. **245**, 251] ganz wesentlich erleichtert und ferner durch die Auffindung der zugehörigen Nitrolamine (s. Allgem. Teil S. 83 und A. **245**, 253] auf eine sicherere Basis gestellt.

Das Pinen kommt immer nur als Gemengteil im Terpentinöl und anderen ätherischen Ölen vor, und ein wirklich chemisch reines Präparat kann man durch fraktionierte Destillation daraus nicht erzielen. Es war daher ein wesentlicher Fortschritt, daß es 1889 gelang, aus kristallisiertem Pinennitrosochlorid α-Pinen in reinem Zustand abzuscheiden und seine physikalischen Konstanten, sowie sein chemisches Verhalten sicherzustellen [A. **252**, 132; **258**, 344].

Bemerkungen zur Geschichte der Konstitution des α-Pinens und der aus diesem direkt abgeleiteten Verbindungen.

Die 1884 und 1885 von mir studierten Umwandlungen, welche das Pinen unter dem Einfluß von Säuren erleidet, führten alsbald zu dem Schluß [A. **230**, 263; **239**, 9; **246**, 235ff.], daß die dabei auftretenden

Kohlenwasserstoffe „sekundärer Natur seien": sie sind als Umwandlungsprodukte von Terpineol bzw. Terpinhydrat und von Dipenten aufzufassen, die sich zunächst aus dem Pinen bilden. Die weiterhin nachgewiesenen nahen Beziehungen von Pinen nicht nur zu Terpineol, sondern auch zu Pinol bzw. Pinolhydrat und die ermittelten Übergänge (s. Allgem. Teil S. 40) verknüpften die Frage nach der Konstitution des Pinens auf das engste mit der nach der Konstitution des Terpineols (bzw. Terpins) und Pinols (bzw. Pinolhydrats),[1] wie aus allen einschlägigen Betrachtungen ersichtlich ist, z. B.:

„Das Pinolhydrat ist für die vorliegende Frage so wichtig, weil es „als erstes und einfachstes Oxydationsprodukt des Pinens an- „gesprochen werden darf. Weder saure noch alkalische Reagenzien, „noch erhöhte Temperatur wirken bei seiner Bildung mit: Sobrero „beobachtete die Entstehung bekanntlich zuerst bei der Einwirkung von „Sauerstoff auf feuchtes Terpentinöl. Nun darf man wohl annehmen, „daß bei einem derartigen Vorgange Umlagerungen innerhalb des Mole- „küls so weit ausgeschlossen sind, wie überhaupt möglich. Daher halte „ich jede Pinenformel für nicht genügend gestützt, die nicht eine ein- „fache Beziehung zum Pinolhydrat erkennen läßt." [A. **291**, 364.]

Um das Gesamtverhalten des Pinens und namentlich seine Beziehungen zu den genannten Stoffen zu erklären, nahm ich an, daß der Kohlenwasserstoff neben einer Äthylenbindung eine Diagonalbindung enthielte (1887).

Die seinerzeit angestellten Betrachtungen ergeben sich aus folgenden Zitaten:

„Als ich im Jahre 1884 meine Arbeiten über die Kohlen- „wasserstoffe der Terpenreihe begann, waren die Ansichten darüber, „welche Konstitution man diesen Körpern zuzuschreiben habe, sehr „wenig geklärt. Kekulé hatte zwar bereits im Jahre 1873 die Auf- „merksamkeit auf die nahen Beziehungen, welche zwischen Pinen und „Cymol bestehen, hingelenkt und das Pinen als wahres Hydrocymol „angesprochen [B. **6**, 439]; es fand diese Auffassung aber keineswegs „allgemeinen Beifall, vielmehr gingen die Ansichten gerade derjenigen „Forscher, welche sich eingehender mit der Frage beschäftigt hatten,

---

[1] Das in diesem Kapitel Gesagte steht daher auch in engstem Zusammenhang mit dem in den Kapiteln Terpineol (vgl. S. 290) und Pinol (vgl. S. 250) zu Behandelnden.

„weit auseinander. Armstrong z. B. hält (1878) [B. **11**, 152, 1698] „alle Anschauungen, die bis dahin über die Atombindung in den Ter- „penen geäußert wurden, für unzulänglich und schlägt Formeln vor wie (I)

I.

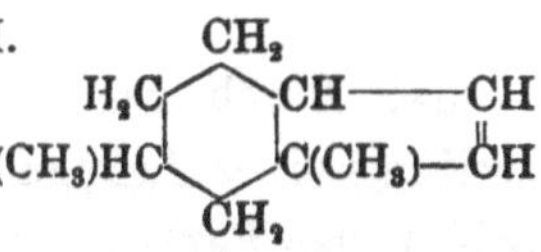

„wohingegen Tilden und Flavitzky gleich- „zeitig die Meinung vertreten, daß im Terpentinöl „überhaupt keine ringförmige Verknüpfung von „Kohlenstoffatomen enthalten sei.

„Auf Grund meiner eigenen Beobachtungen kam ich nun zu der „bestimmten Ansicht, daß das Pinen zwar sechs Kohlenstoffatome in „ringförmiger Bindung, aber nur eine Äthylenbindung enthalte, daß es „also ‚kein gewöhnliches Hydrocymol' sei (vgl. Allgem. Teil S. 195), und „ich habe zuerst für das Camphen (1885) [A. **230**, 269], dann für das „Pinen (1887) [A. **239**, 49] Formeln benutzt, welche in diesen Sub- „stanzen neben einer Äthylenbindung eine sogenannte Diagonalbindung „voraussetzen (s. auch Allgem. Teil S. 15 u. 197).

„Ich zeigte, daß, wenn man dem Pinen ‚etwa' die Formel (II) „beilege, sich eine Reihe von Tatsachen erklären ließe, für die sonst „eine Erklärung schwer zu geben war." [A. **268** (1891), 210.]

Die Formel (II) änderte ich sehr bald zugunsten der ganz ähnlichen (III) ab [B. **24**, 1525].

II.

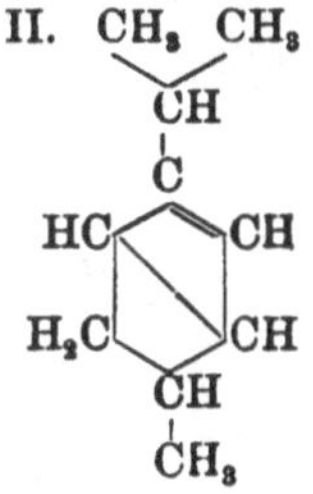

III.

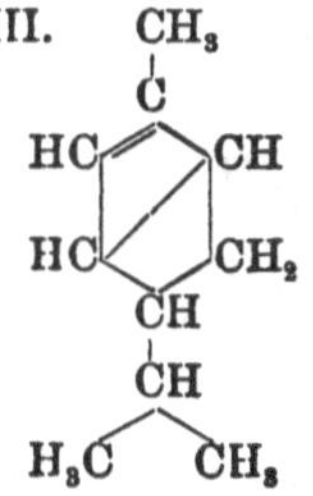

Unter Zugrundelegung dieser Formel wurde die Isomerisationsfähigkeit des Pinens zu erklären gesucht. Auf die diesbezüglichen Betrachtungen ist schon im Allgemeinen Teil S. 16ff. Bezug genommen. Hier soll nur noch folgendes Zitat Platz finden:

„Pinen gibt in Berührung mit feuchten Säuren nicht bloß Di- „penten oder Dipentenderivate, sondern es ist auch u. a. das Auftreten „von Terpinen, Terpinolen, Terpineol und Cineol zu beobachten. Diese „Körper entstehen aber nur durch eine sekundäre Reaktion aus „Terpin, $C_{10}H_{20}O_2$, bzw. dem Terpinhydrat, $C_{10}H_{20}O_2 + 1 H_2O$,[1] also

[1] oder Terpineol [A. **246** (1888), 235—236].

„einer dem Dipenten nahestehenden Verbindung. Ein sehr genaues „Studium des Verhaltens von Terpinhydrat gegen Säuren [A. **230**, 247 ff.; „**239**, 18] hat diese Verhältnisse vollkommen geklärt.

„Gibt man dem Terpin etwa die Formel:

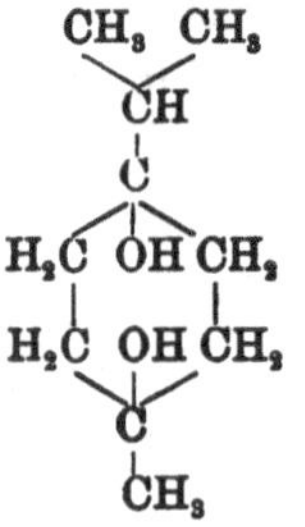

„so ist ohne weiteres ersichtlich, daß durch Austritt „von ein Mol. Wasser und Herstellung einer Äthylen„bindung ein ungesättigter Alkohol, das Terpineol, „entstehen kann. Durch Austritt von 1 Mol. Wasser aus „den beiden Hydroxylgruppen muß eine gesättigte „ätherartige Verbindung entstehen: das Cineol. Beide „Hydroxylgruppen können auch als Wasser wieder aus„treten, dann kann Dipenten sich bilden, ebensogut aber „auch isomere, andere Kohlenwasserstoffe, da der Wasseraustritt ja „in verschiedenem Sinne möglich ist [A. **230**, 259, 268; **239**, 21, 23]." [B. **24**, 1542 ff.]

Endlich muß zum Verständnis des Folgenden hier eingeschaltet werden, daß ich die Beziehungen des Pinens zum Pinol und Pinolhydrat damals durch folgende Formelbilder glaubte ausdrücken zu dürfen[1] [B. **24**, 1552]:

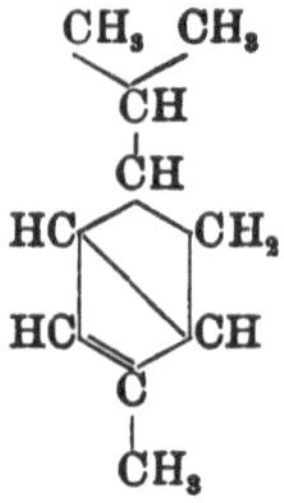

Pinen

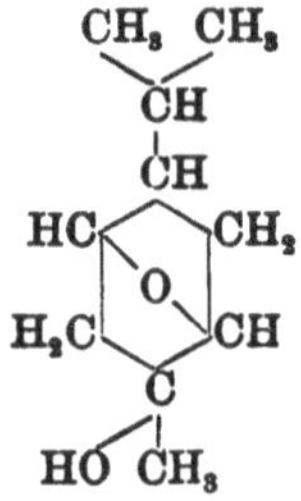

Pinolhydrat

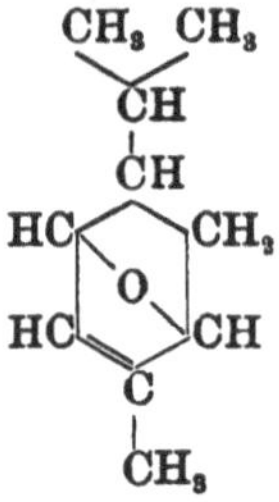

Pinol

An der Hand dieser Formeln erklärte sich u. a. sehr gut der Übergang von Pinol und von Pinen in Terebinsäure und in Terpenylsäure bei der Oxydation.

Da nun eben auf Grund der von mir angenommenen Formel für Pinen nicht nur dessen Übergang in andere Terpene, sondern auch die Beziehungen des Kohlenwasserstoffs zu Terpineol, Terpin, Cineol, Pinol usw. in ihrer Gesamtheit zum erstenmal in durchsichtiger Weise interpretiert werden konnte, so glaubte ich sagen zu dürfen, daß man

[1] Das Nähere siehe im Kapitel Pinol (S. 250 ff.).

die vorgeschlagene Pinenformel „so lange als Ausdruck für die Kon„stitution des Terpentinöls werde benutzen dürfen, bis jemand eine „Formel findet, die allen Tatsachen besser Rechnung trägt." [B. **24**, 1553.]

Meine Betrachtungen gaben nun unmittelbar darauf G. Wagner Veranlassung zu folgender Darlegung:

„In der soeben erschienenen, sehr lehrreichen Abhandlung von Wallach, welche über die noch immer dunkle Frage betreffs der Konstitution der Terpene soviel neues Licht verbreitet, ist u. a. eine Ansicht ausgesprochen worden, welcher man, wie mir scheint, nicht beistimmen kann. Es ist dies die Auffassung der Entstehungsweise der Verbindung $C_{10}H_{18}O_2$, welche von Sobrero durch Oxydation des Terpentinöls mit Sauerstoff erhalten wurde und welche ich für Pinenglycol angesprochen habe und die Wallach unter dem Namen Pinolhydrat beschrieben hat.[1] Nach Wallach soll nämlich die Entstehung dieser Verbindung in der Weise zustande kommen, daß bei der Oxydation des Pinens zunächst unter Lösung der Äthylenbindung Wasser addiert wird und dann die Lösung der Diagonalbindung unter Einschiebung eines Atoms Sauerstoff erfolgt. Die Annahme eines solchen Oxydationsvorgangs widerspricht aber all dem, was über die Oxydation ungesättigter Verbindungen bekannt geworden ist, und erscheint deshalb sehr unwahrscheinlich. . . ."[2] [B. **24** (1891), 2187.]

Wagner glaubte nun, daß, wenn man die von mir gegebene Pinenformel durch die folgende, wie ihm (Wagner) scheint, den Tatsachen besser entsprechende (I) ersetze und für Pinolhydrat die Formel (II) annehme, alle Tatsachen besser erklärt würden.

I.

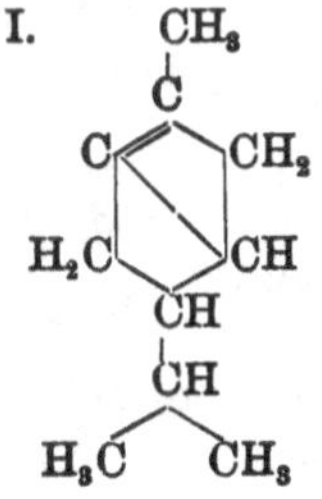

II.

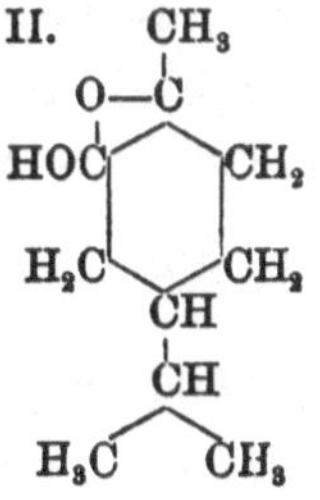

[1] Diese Bemerkung Wagners ist nicht ganz exakt, denn die von Sobrero aufgefundene (bis zu meiner Entdeckung des Pinols und Pinolhydrats übrigens bezüglich ihrer Natur völlig unaufgeklärte) Substanz ist aktiv, mein Pinolhydrat ist inaktiv. Beide Verbindungen haben auch verschiedenen Schmelzpunkt.

[2] Wagner nimmt augenscheinlich an, daß sich die gleichen Vorgänge abspielten, sei es, daß man ungesättigte Verbindungen nach seiner Methode mit kalter, verdünnter Permanganatlösung oder mit anderen Oxydationsmitteln (z. B. freiem Sauerstoff) oxydiert — was tatsächlich durchaus nicht immer zutrifft. (Vgl. Allgem. Teil S. 102 u. 107.)

Daß diese von Wagner vorgeschlagenen Formeln einen Fortschritt bedeuteten, konnte ich nicht anerkennen und habe die Gründe für meine Ansicht A. **268**, 213ff. dargelegt und geschlossen: „bis jetzt „kenne ich keine Tatsache, welche dazu zwänge, die Wagnersche Formel „zu adoptieren oder ihre Richtigkeit auch nur wahrscheinlich machte.... „Die Detailfrage, zwischen welchen Kohlenstoffatomen man im Pinen „am richtigsten die Äthylen- und zwischen welchen die Diagonalbindung „zu schreiben hat, wird sich beim Fortschritt der Arbeiten gewisser„maßen von selbst ergeben, nachdem die Grundvorstellung, von der „man auszugehen hat, feststeht."

Der Fortschritt der Untersuchung hat dann auch gezeigt, daß die von Wagner zuerst gegebene Pinen- und Pinolhydratformel unhaltbar ist.

Die Konstitutionsfrage des Pinens konnte damals meines Erachtens am besten gefördert werden, wenn man zunächst zu einer richtigen Erkenntnis der Konstitution des Terpineols und des Pinols gelangte und darum habe ich zu dem angegebenen Zeitpunkte meine Untersuchungen gerade diesen Verbindungen besonders zugewendet, während v. Baeyer und Tiemann die Abbauprodukte des Pinens eingehend studierten.

Wesentlich auf Grund der von mir inzwischen neu beobachteten Tatsachen über das Verhalten von α-Terpineol und Pinol (siehe die Geschichte dieser Verbindungen, namentlich die Überführung von Terpineol in Pinol, S. 295), sowie der von mir (1890) aufgestellten und (1893) von Schryver [B. **27**, R. 133] als richtig erwiesenen Formel für die Terpenylsäure 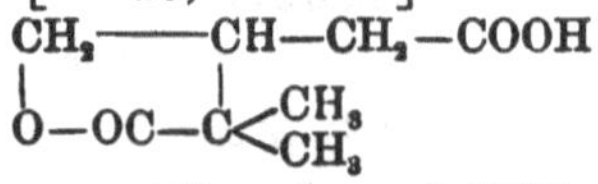 stellte dann Wagner 1894 [B. **27**, 1651] seine neue Pinenformel (III) auf, welche den Grundgedanken, daß im Pinen, neben einer Äthylenbindung im Kern, die Verknüpfung zweier nicht benachbarter Kohlenstoffatome anzunehmen sei, zwar beibehält, diese Bindung aber zwischen dem C_2-Atom und dem Isopropyl annimmt, wie es die Beziehungen des Pinens zum α-Terpineol nunmehr verlangten (s. S. 291). Bald darauf [B. **27**, 2275] hat Wagner übrigens noch die andere Formel (IV) für Pinen vorgeschlagen.

Während nun Tiemann und Semmler auf Grund ihrer Oxydationsversuche für das Pinen die ganz abweichende Formel (V) aufstellten und festhielten [B. **28** (1895), 1351], hat v. Baeyer nach Gewinnung der Pinonsäure, als erstem Oxydationsprodukt des Pinens, die Wagnersche Formel I sogleich akzeptiert [B. **29** (1896), 13, 327].

III.

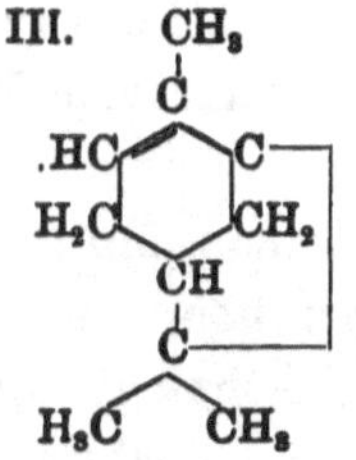

IV.

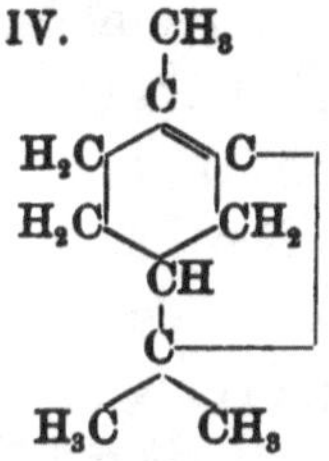

V.

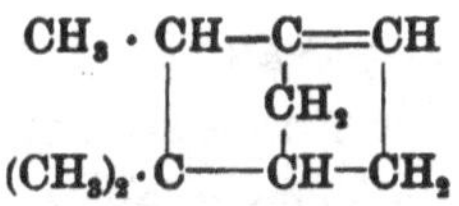

Nach endgültiger Feststellung der Konstitution des α-Terpineols (siehe S. 295) habe ich mich 1896 der Wagnerschen Formel (III) gleichfalls angeschlossen, mit deren Hilfe man in der Tat alle früher beobachteten Erscheinungen ebensogut und die Entstehung der neu bekannt gewordenen Oxydationsprodukte viel besser deuten konnte als mit meiner Diagonalformel [A. **291**, 363]. 1909 gelang es mir, auf synthetischem Wege zunächst einen mit dem gewöhnlichen Pinen (α-Pinen) isomeren Kohlenwasserstoff (β-Pinen) zu bereiten (s. S. 233 ff.), so daß von nun an α- und β-Pinen unterschieden wurde. Bald darauf gelang auch die Partialsynthese des l-α-Pinen aus Nopinon durch die Nopinolessigsäure hindurch [A. **368** (1909), 1]

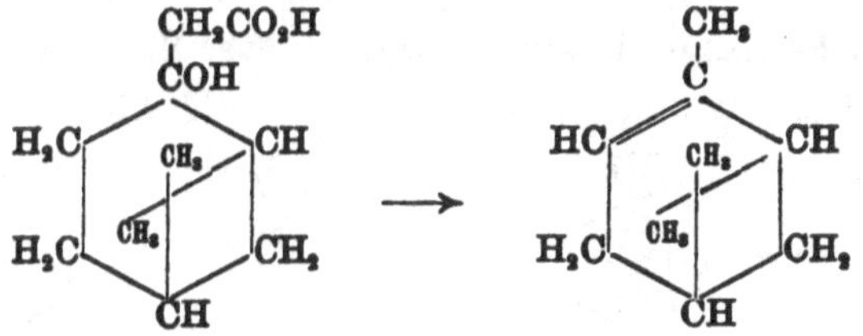

womit meine Untersuchungen zum vorläufigen Abschluß gebracht waren.

Obgleich die Wagnersche Pinenformel durch die eben erwähnte Synthese eine weitere starke Stütze erhalten hat, so gibt sie über einige Erscheinungen doch keinen ganz befriedigenden Aufschluß.

Es ist z. B. auffallend, warum aktives Pinen ausschließlich inaktives Pinennitrosochlorid liefert, obgleich bei der Bildung dieser Substanz das nach der Wagnerschen Formel vorhandene asymmetrische Kohlenstoffatom nicht verändert wird, während man vom Limonen aus bei ganz analogen Eingriffen zu aktiven Derivaten kommt. Namentlich ist auch die Bildung von Pinolhydrat aus Pinen bei der

Oxydation mit Sauerstoff noch keineswegs ganz durchsichtig (s. Kapitel Pinol).[1] Von sonstigen Bedenken soll hier nicht die Rede sein, da die einschlagenden Beobachtungen außerhalb des Gebietes meiner experimentellen Arbeiten liegen (vgl. aber Harries, Hydroaromatische Verbindungen aus Meyer-Jacobson II. 1, 993ff.).

Bei Annahme der Wagnerschen Pinenformel muß man nun früher ganz allgemein als feststehend geltende Anschauungen über das Verhalten mancher Kohlenstoffverbindungen, die eine Äthylenbindung tragen, modifizieren. Während man nämlich früher von der Ansicht ausging, daß bei Additionsvorgängen eine vorhandene Äthylenbindung in erster Linie zur Anlagerung anderer Bestandteile befähigt sei und sich die Addition an den Kohlenstoffatomen vollziehen müsse, welche die sogenannte Doppelbindung aufweisen, spricht die Tatsache, daß das Pinen bei der Hydratation im ersten Schritt als faßbares Produkt α-Terpineol liefert

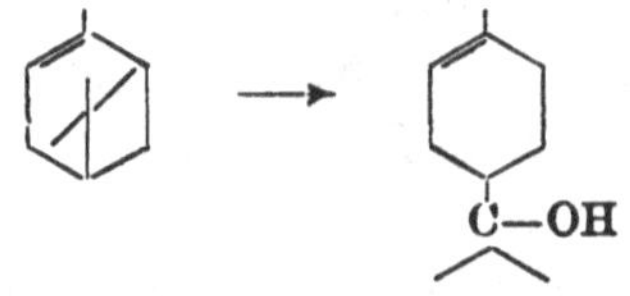

dafür, daß ein Vierring unter Umständen leichter unter Addition aufgehen kann als die Äthylenbindung. Daran wird auch wenig geändert, wenn man berücksichtigt, daß die Reaktion unter Eintreten der Zwischenphasen 1 und 2 sich abspielt [vgl. A. **360**, 90 und Allgem. Teil S. 66ff.]:

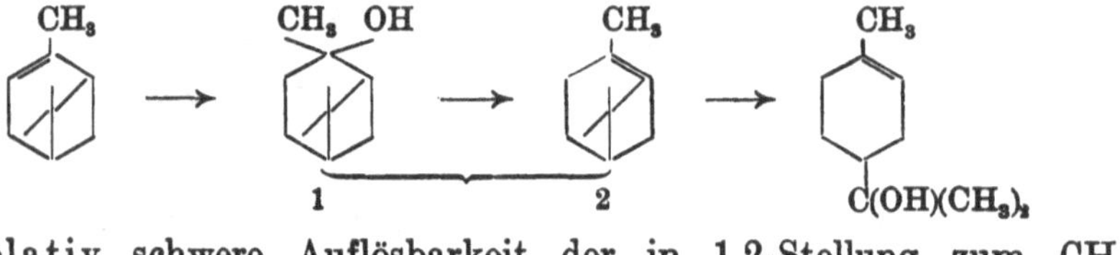

Die relativ schwere Auflösbarkeit der in 1,2-Stellung zum CH_3 stehenden Äthylenbindung findet sich übrigens wieder im Limonen und im α-Terpinen

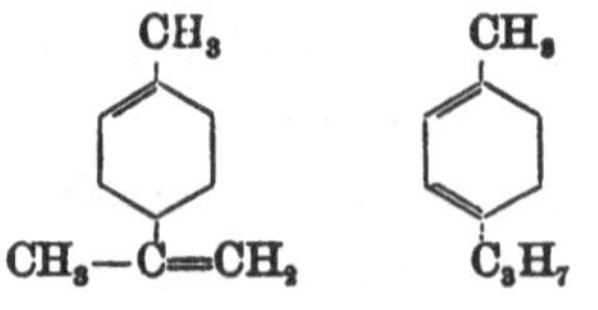

denn beide vermögen in ganz trockenem Zustand an dieser Stelle HCl nicht zu addieren. (Man vergleiche auch das Verhalten des Pinols S. 256.)

[1] Es ist übrigens gar nicht ganz ausgeschlossen, daß Pinolhydrat, das bei der Autoxydation von Terpentinöl entsteht, gar nicht dem α-Pinen entstammt.

Pinenhydrochlorid und Pinenhydrat.

Es war, wie erst bemerkt, von mir angenommen worden, daß im Pinen neben einer Äthylenbindung eine leicht auflösbare einfache Kohlenstoffbindung enthalten sei. Da man aber, wie eben erörtert wurde, derzeit in der Ansicht befangen war, die im Molekül enthaltene Äthylenbindung müsse jedenfalls mehr zur Addition geneigt sein, als eine einfache Bindung, schrieb man — nach Annahme der Wagnerschen Pinenformel — dem Additionsprodukt von HCl an trockenes Pinen zunächst die Formel (I) (vgl. Allgem. Teil S. 17) zu und nahm an, daß bei der zur Camphenbildung führenden HCl-Abspaltung aus dem Chlorhydrat $C_{10}H_{17}Cl$ (dem „künstlichen Campher") eine Atomumlagerung Platz greife.

I.

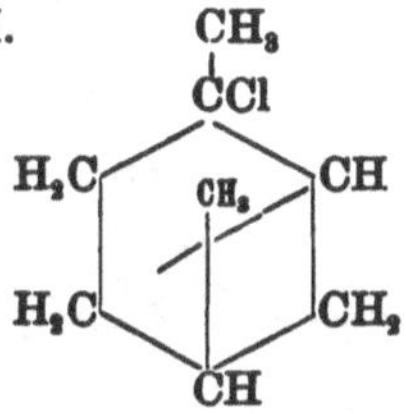

II.

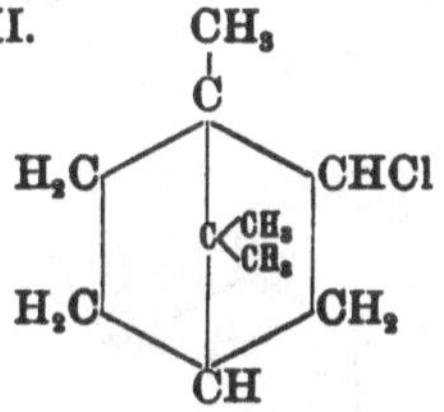

G. Wagner und Brickner konnten es aber sehr wahrscheinlich machen, daß schon das bis dahin als Pinenmonochlorhydrat angesprochene Produkt ein Bornylchlorid (II) sei, die Umlagerung also schon während der HCl-Addition an Pinen erfolge.

Das wahre Pinenhydrochlorid der ersten Formulierung war mithin noch unbekannt. Erst 1907 ist es mir gelungen, diese Verbindung auf einem Umwege darzustellen und nachzuweisen, daß sie tatsächlich ganz andere Eigenschaften besitzt als der „künstliche Campher" der alten Chemiker. Man gelangt zu der Verbindung bei der Umsetzung von Methylnopinol (Pinenhydrat) mit Chlorphosphor (s. S. 249):

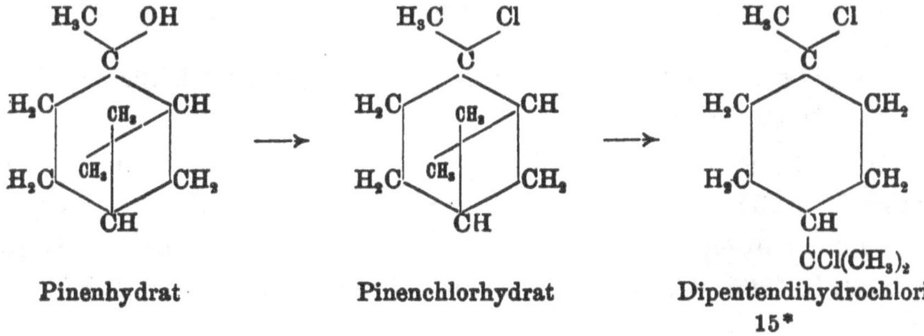

Pinenhydrat — Pinenchlorhydrat — Dipentendihydrochlorid

sie ist aber sehr labil und geht unter Lösung des Vierrings mit größter Leichtigkeit in Dipentenverbindungen über [A. **356**, 246], z. B. durch Einwirkung von HCl in Dipentendihydrochlorid.

„Nach den bisher vorliegenden Beobachtungen ist es daher nicht „ausgeschlossen, daß bei der Einwirkung von Chlorwasserstoff auf „feuchtes Pinen sich dasselbe Zwischenprodukt bildet, wie bei der „Umsetzung von Homonopinol mit PCl_5; denn in beiden Fällen tritt „als Endprodukt der Reaktion Dipentendichlorhydrat auf, falls den „Zwischenprodukten überschüssige Chlorwasserstoffsäure geboten wird.“ [A. **356**, 249.]

Eine ähnlich labile Atomkonfiguration zeigt das eben erwähnte, von mir aus dem Nopinon aufgebaute Pinenhydrat (Methylnopinol) selbst. Es besitzt große Neigung zur Lösung des Vierrings unter Wasseraufnahme und unter Bildung von Terpinhydrat [A. **356**, 242]:

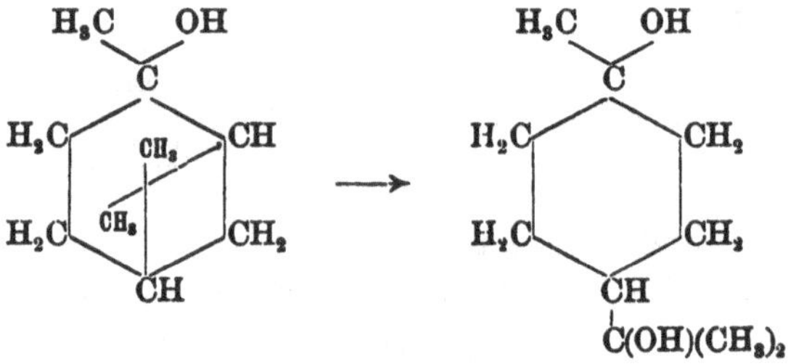

Auf der anderen Seite zeigt sich, daß derselbe Vierring z. B. im Pinocampheol

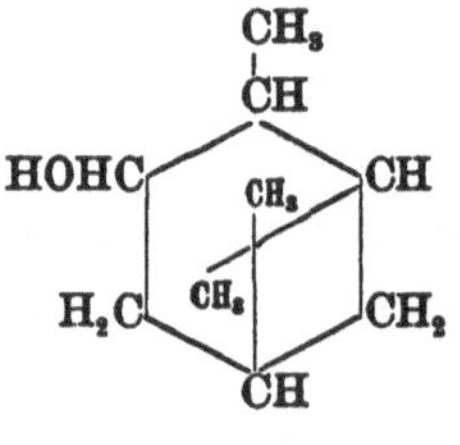

sehr beständig ist [A. **360**, 92] (s. S. 244). Dasselbe gilt für den Vierring in der Pinsäure.

Die Lösung dieses scheinbaren Widerspruches darf man in dem Nachweis erblicken, daß der Übergang von Pinenhydrat in Terpinhydrat nicht in einem Schritt erfolgt, sondern durch das α-Terpineol hindurch [A. **360**, 88, 90]. Man kann sich diesen Vorgang nicht anders als nach folgendem Schema verlaufend vorstellen (s. auch S. 226 und Allgem. Teil S. 66):

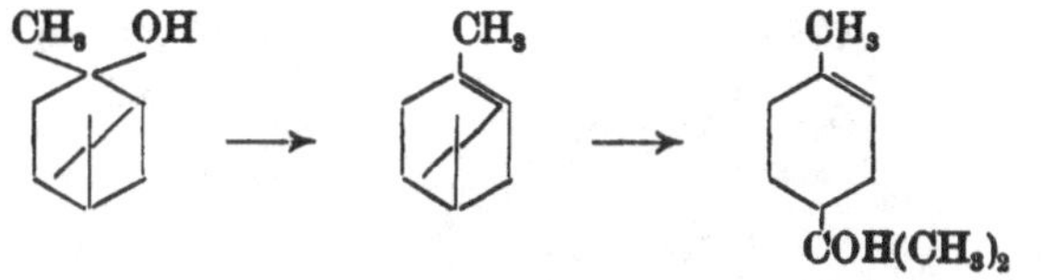

d. h. es tritt in der ersten Reaktionsphase das eine der in dem bis dahin beständigen Vierring stehenden Kohlenstoffatome in quaternäre Bindung und „das setzt nun augenscheinlich die Stabilität des Vierringsystems ganz außerordentlich herab" [A. **360**, 85, 86]. Beim Pinocampheol liegen die Verhältnisse eben anders, weil das Hydroxyl dem Vierring ferner steht. (Man vergleiche auch S. 67.)

„Bei der ausgeprägten Neigung des Hydroxyls, im Pinenhydrat „nach der Seite des Vierrings hin als Wasser auszutreten, versteht man „nun auch vollkommen, warum bisher alle Bemühungen gescheitert „sind, das Pinenhydrat (Homonopinol) durch Wasserentziehung in Pinen „zu verwandeln, sondern weshalb dabei immer sogleich Terpinolen, „Limonen oder Terpinen auftritt." [A. **360**, 90.]

Auffindung und Aufklärung der Konstitution der vom Nitrosopinen abgeleiteten Verbindungen: Carvopinon, Pinocamphon, Pinylamin, Pinocarveol und Pinocarvon.[1]

Carvopinon.

Das dem Nitrosopinen zugehörige Keton, das Carvopinon, zu isolieren, gelang mir 1906 [A. **346**, 231]. Dieses Keton isomerisiert sich sehr leicht zu Carvon, und die direkte Überführung von Nitrosopinen in Carvon konnte gleichzeitig verwirklicht werden [A. **346**, 234].[2]

Schon früher (1900) hatte ich das Nitrosopinendibromid in Dihydrocarvon überführen können [A. **313**, 367].

Alle diese Übergänge ließen sich an der Hand folgender Formeln deutlich machen:

---

[1] A. **245**, 252; **252**, 133; **258**, 346; **268**, 198; **300**, 286; **313**, 368; **346**, 220; **389**, 185; B. **28**, 1313.

[2] Die Überführbarkeit von Nitrosopinen in Carvacrol hatten schon Kremers (1894) und v. Baeyer (1895) dargetan.

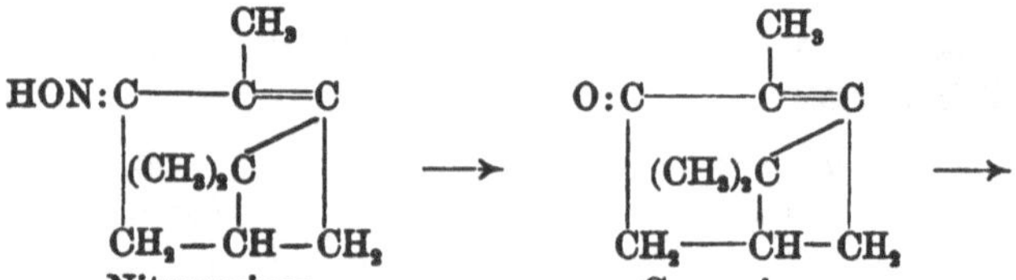

Nitrosopinen Carvopinon

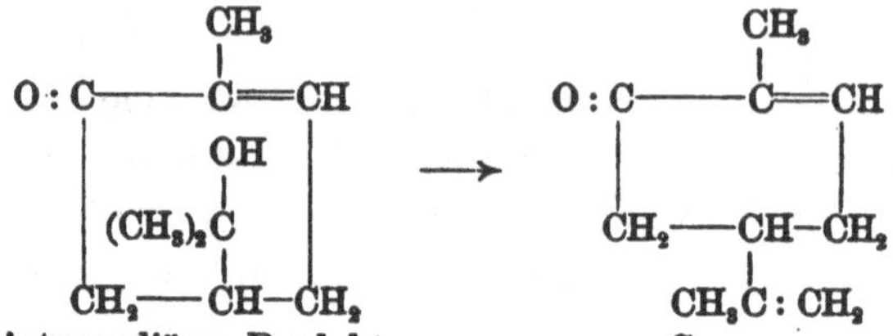

intermediäres Produkt Carvon

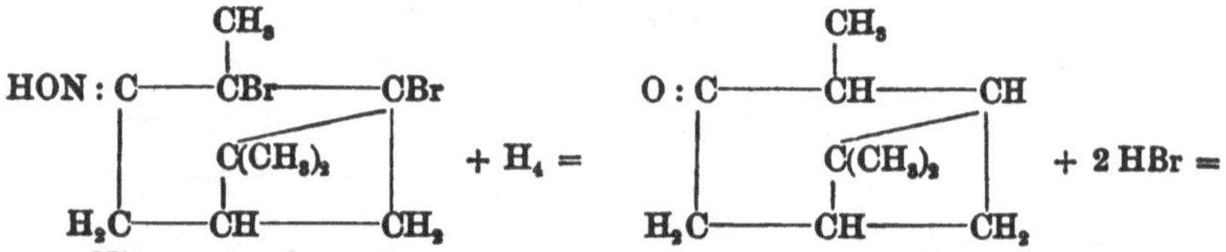

Nitrosopinenbromid

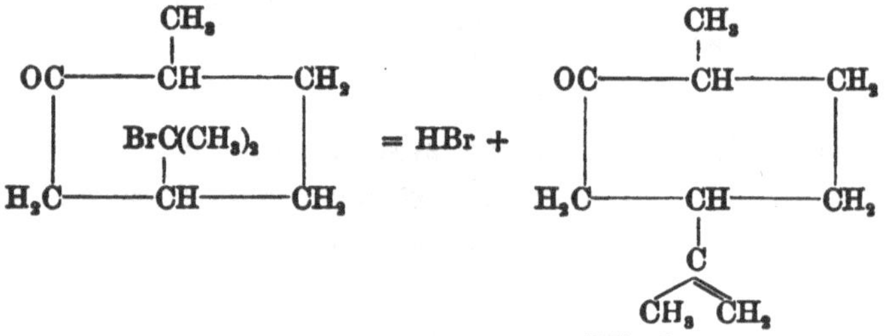

Dihydrocarvon

Pinocamphon.

Eine andere Serie interessanter Umformungen ließ sich bei der Reduktion des Nitrosopinens beobachten.

Man erhält bei Anwendung von Essigsäure und Zink als Reduktionsmittel:

a) Pinocamphon [A. **268**, 207; **300**, 287; **312**, 171; **313**, 367; **346**, 234], ein gesättigtes Keton $C_{10}H_{16}O$, dessen Konstitution durch Abbau einerseits zur α-Pinonsäure, andererseits zu einer mit Camphersäure isomeren zweibasischen Säure $C_{10}H_{16}O_4$ klargelegt wurde und das als das dem Carvopinon zugehörige gesättigte Keton aufgefaßt werden darf:

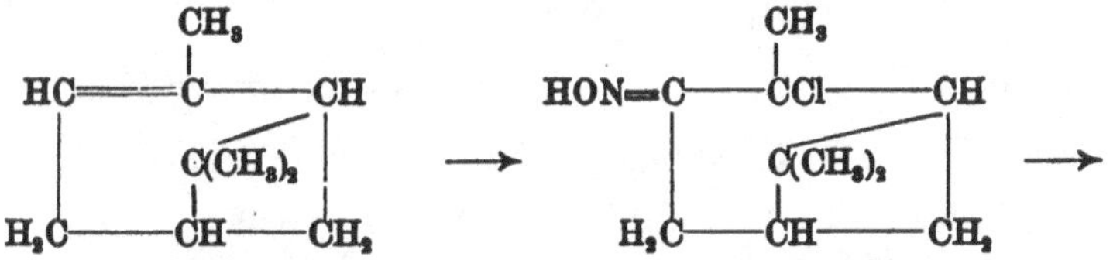

Pinen — Pinennitrosochlorid

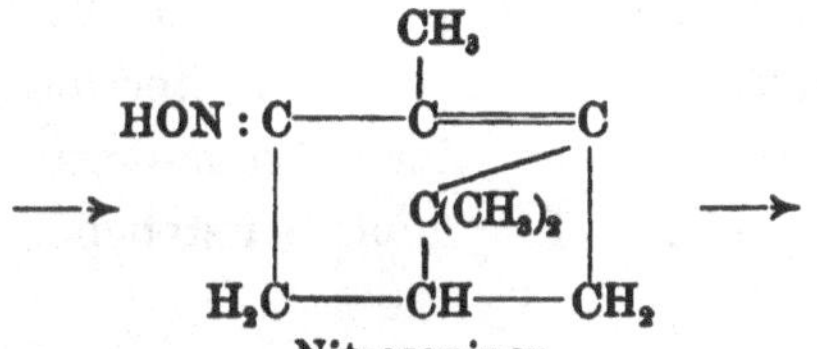

Nitrosopinen

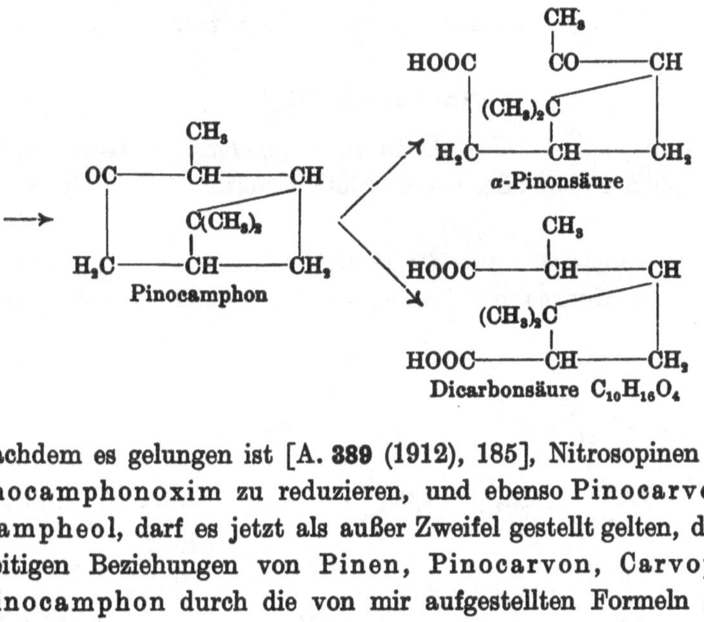

Pinocamphon — α-Pinonsäure — Dicarbonsäure $C_{10}H_{16}O_4$

Nachdem es gelungen ist [A. **389** (1912), 185], Nitrosopinen direkt zu Pinocamphonoxim zu reduzieren, und ebenso Pinocarveol zu Pinocampheol, darf es jetzt als außer Zweifel gestellt gelten, daß die gegenseitigen Beziehungen von Pinen, Pinocarvon, Carvopinon und Pinocamphon durch die von mir aufgestellten Formeln richtig gedeutet sind.

b) Pinylamin [A. **258**, 346; **268**, 199; **277**, 149; **300**, 286; **346**, 240], eine ungesättigte Base $C_{10}H_{15}NH_2$, deren Beziehungen zum Nitrosopinen denen von sauerstofffreier Base zu Oxim vollkommen zu entsprechen schienen[1]

[1] Die Berechtigung dieser Auffassung ist mir aber auf Grund von neuerdings ausgeführten Versuchen wieder zweifelhaft geworden. S. auch A. **389**, 187.

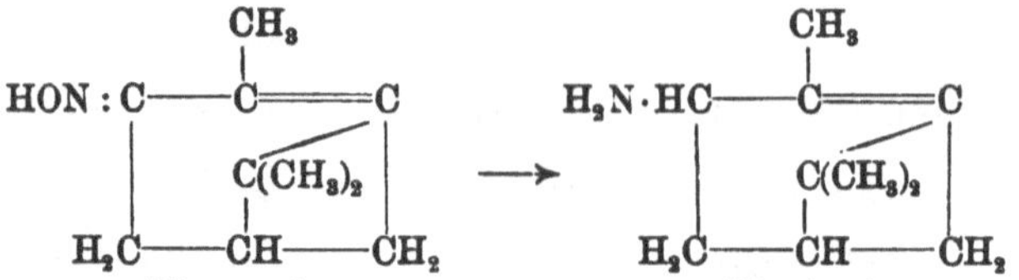

Nitrosopinen — Pinylamin

Das Pinylamin wandelt sich unter dem Einfluß von salpetriger Säure in einen sekundären Alkohol um. Bei dieser Reaktion konnte mit Sicherheit das Eintreten einer Atomverschiebung nachgewiesen werden, denn der aus dem Pinylamin entstehende Alkohol, das

Pinocarveol, $C_{10}H_{15}OH$ [A. **277**, 149; **300**, 286; **346**, 221]

gibt bei der Oxydation das von Carvopinon ganz verschiedene Keton

Pinocarvon, $C_{10}H_{14}O$,

dessen Oxim bei der Reduktion nicht wieder Pinylamin, wohl aber Pinocamphon liefert. Bei der Oxydation geht das Keton in Pinsäure über.

Diese Vorgänge, sowie die leichte Bildung von Cymol aus Pinocarveol beim Kochen mit Säuren wurden in folgender Weise erklärt:

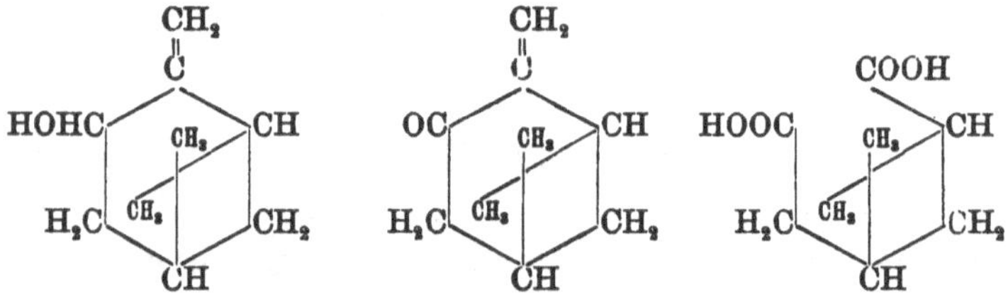

Pinocarveol — Pinocarvon — Pinsäure

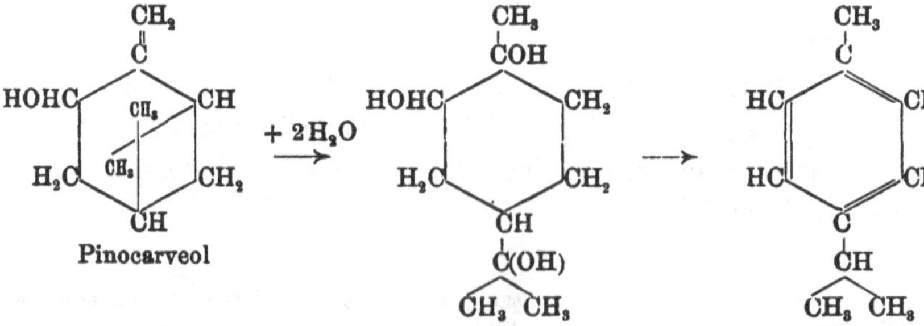

Pinocarveol — Cymol

II. β-Pinen.

Unter den Oxydationsprodukten des Terpentinöls mit Permanganat entdeckten bekanntlich 1896 v. Baeyer und Villiger die Nopinsäure, $C_{10}H_{16}O_3$, welche bei weiterer Oxydation das Nopinon, $C_9H_{14}O$, lieferte. Anfangs wurden diese Substanzen als Abbauprodukte des gewöhnlichen Pinens (α-Pinen) angesprochen. Später kam man zu der Ansicht, daß in dem Terpentinöl noch ein isomerer Kohlenwasserstoff enthalten sei, dessen Abbau bei der Oxydation im Sinne folgenden Schemas verlaufen kann:

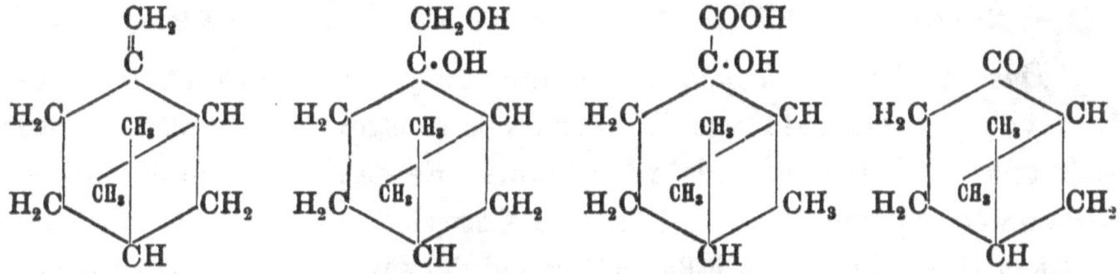

β-Pinen Glycol Nopinsäure Nopinon

Dieses Isomere des gewöhnlichen α-Pinens, das in verschiedenen Terpentinölsorten in wechselnder und meist nur geringer Menge enthalten ist, hat man Nopinen oder Pseudopinen (Semmler) benannt. Ich bediene mich für den Kohlenwasserstoff des Namens β-Pinen.[1]

1906 wurde nachgewiesen [A. **346**, 243], daß sich das 1886 von Pesci und Bettelli durch Einwirkung von N_2O_3 auf Terpentinöl erhaltene „Nitroterebenten" nicht vom gewöhnlichen, sondern vom β-Pinen ableitet (s. S. 245) und 1907 [A. **356**, 229], daß bei der Oxydation sowohl von rechts- als auch von linksdrehenden Terpentinölsorten die Nopinsäure stets in derselben, linksdrehenden Modifikation auftritt. Daraus mußte man schließen, daß in den verschiedenen (sowohl in den rechts- als auch in den linksdrehenden) Terpentinölsorten das β-Pinen in ein und derselben Modifikation enthalten sei [A. **356**, 230].

Über die physikalischen und wichtigsten chemischen Eigenschaften des β-Pinens blieb man aber nach wie vor im unklaren oder wenigstens

[1] Es ist das nicht willkürlich. Wenn man nämlich den Namen Nopinen akzeptiert, so kommt man in Schwierigkeiten mit der rationellen Benennung von Derivaten des Nopinons, das doch 1 Kohlenstoffatom weniger enthält als Pinen. Warum ich mich der Bezeichnung „Pseudoterpene" nicht anschließe, habe ich A. **343**, 29 dargelegt.

doch auf Hypothesen angewiesen, bis mir 1908 die Synthese des β-Pinens aus reinem, einheitlichem Nopinon gelang, und zwar durch Herstellung der Nopinolessigsäure und Abspaltung von Wasser und Kohlensäure aus diesem Produkt [A. **363,** 9]:

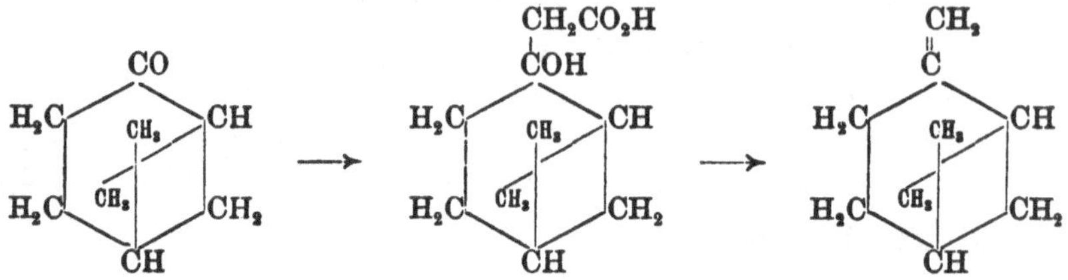

Nopinon — Nopinolessigsäure — β-Pinen

Das in den Naturölen vorkommende β-Pinen, das zu derselben Zeit von Schimmels aus Roh-Pinen herausgearbeitet wurde, erwies sich mit dem synthetischen identisch. Es zeigte sich nun, daß das β-Pinen sich genau so wie α-Pinen zu Bornylchlorid, zu Camphen und zu Campher abwandeln läßt, daß es bei der Oxydation (neben l-Nopinsäure) ein Glycol liefert, das G. Wagner schon in Händen gehabt, aber für ein Derivat des α-Pinens angesprochen hat und endlich, daß das β-Pinen in unvorhergesehen naher Beziehung zum Fenchen steht. Die Nopinolessigsäure ließ sich nämlich ebenso leicht wie zu α- und β-Pinen auch zu Fenchen abwandeln.[1]

Bezüglich der physikalischen Eigenschaften des β-Pinens ergab sich, daß der Kohlenwasserstoff linksdrehend ist und einen höheren Siedepunkt (162—163°) besitzt als α-Pinen, ferner, daß der Wert für die Molekularrefraktion den berechneten übersteigt (s. S. 183).

Daß, wenn man die im vorigen Abschnitt gegebenen Formeln für Pinocarvon und Pinocarveol als bewiesen annimmt, diese Verbindungen als Abkömmlinge des β-Pinens zu betrachten sind, ist ohne weiteres einleuchtend.

Nopinon, $C_9H_{14}O$.

Das wichtige Abbauprodukt des β-Pinens, das Nopinon, konnte, nachdem es durch Verbesserung der Darstellungsmethode zugänglicher

[1] Bei den nunmehr nachgewiesenen nahen Beziehungen zwischen β-Pinen und Fenchen wird es wahrscheinlich, daß die früher schon beobachtete Abwandlung von Terpentinkohlenwasserstoffen in Verbindungen der Fenchonreihe nicht — wie bisher angenommen wurde — auf Rechnung des α-Pinens, sondern auf die des β-Pinens zu setzen ist.

geworden war, zum Ausgangspunkt mannigfacher Synthesen gemacht werden.

Von der Synthese des α- und β-Pinens und Fenchens war soeben die Rede. Da diese Kohlenwasserstoffe sich nun recht glatt in Camphen, Isoborneol und Campher einerseits, in Isofenchylalkohol und Isofenchon anderseits abwandeln ließen, war auch ein Aufbau aller zuletzt genannten Verbindungen mit 10 Kohlenstoffatomen aus dem nur 9 Kohlenstoffatome führenden Keton verwirklicht.

Das Nopinon ließ sich durch Umsetzung mit Magnesiumjodmethyl auch leicht in Pinenhydrat (Methylnopinol): verwandeln. Aus diesem gelang es dann, durch Bindungsverschiebung zum aktiven α-Terpineol, durch Hydratation zum 1,8-Terpinhydrat zu kommen. So war auch eine Synthese dieser Substanzen, sowie aller aus denselben herleitbaren (vgl. Allgem. Teil S. 50 u. 212) bewirkt.

So gut wie Methylnopinol ließ sich auch Äthylnopinol usw. aus Nopinon gewinnen und damit war eine ausgiebige Synthese wahrer höherer homologer Verbindungen der Terpenreihe möglich geworden.

Endlich ist auch der Abwandlung des Nopinons in Isopropylcyclohexenon zu gedenken: das z. B. zur Synthese des Phellandrens gedient hat (darüber siehe S. 248 und Kap. XIII).

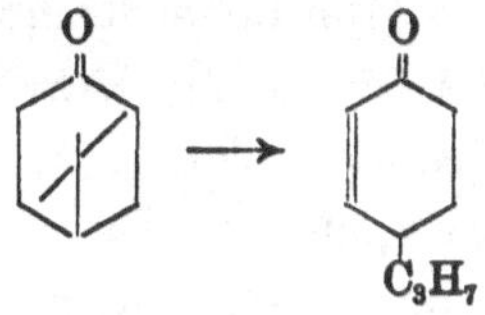

Spezielles über die Pinengruppe.

I. α-Pinen, $C_{10}H_{16}$.

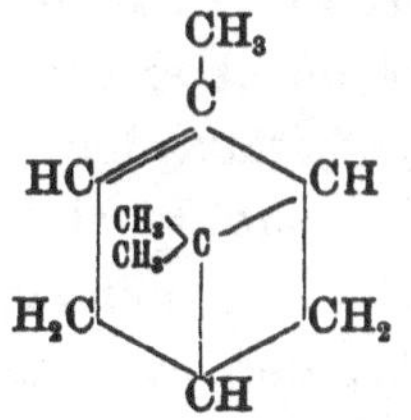

Vorkommen und Bildung.

Pinen wurde in zahlreichen ätherischen Ölen nachgewiesen, z. B. im Fichtennadelöl [A. **227**, 287], Wacholderbeeröl [A. **227**, 288], Eucalyptusöl [A. **277**, 288], Citronenöl [A. **227**, 290], schwedischen

Terpentinöl [A. **230**, 240], russischen Terpentinöl [A. **230**, 246], Lorbeerblätteröl [A. **252**, 95], Lorbeerbeerenöl [A. **252**, 97], Olibanumöl [A. **252**, 101], Salbeiöl [A. **252**, 104], Macisöl [A. **227**, 288; **252**, 105], Massoyrindenöl [A. **258**, 340], Thujaöl [A. **272**, 102; **275**, 182].

Pinen bildet sich bei der trockenen Destillation von Kopal-, Olibanum- und Kolophoniumharz [A. **271**, 309—311].

Synthetisch wurde l-α-Pinen (neben β-Pinen) durch Erhitzen von Nopinolessigsäure erhalten [A. **368**, 2].

Gewinnung von chemisch reinem i-α-Pinen.

Pinennitrosochlorid wird mit Anilin oder mit Natriumacetat in Eisessiglösung umgesetzt [A. **252**, 132; **258**, 344; **346**, 220].

Eigenschaften: Kp. 155—156°, $d = 0{,}858$ bei 20°, 0,854 bei 25°, $n_D = 1{,}46553$ bei 21°, $M = 43{,}86$ [A. **258**, 344].

Umwandlungen des Pinens.

Bei hoher Temperatur (250—270°) bildet sich aus Pinen Dipenten [A. **227**, 282]. Durch alkoholische Schwefelsäure wird es in Terpinolen [A. **227**, 283; **239**, 89] und Terpinen (neben Cymol) [A. **230**, 262] übergeführt. Diese Produkte sind nur sekundärer Natur [A. **230**, 263 Anm.; **239**, 9 u. S. 221]. Vorübergehend entsteht dabei wahrscheinlich eine organische Schwefelsäureverbindung [A. **227**, 283 Anm.]. Mit alkoholischer Salzsäure gibt Pinen (neben viel chlorhaltigen Produkten) etwas Dipenten [A. **227**, 284], in dessen Chlorid es auch durch feuchte Salzsäure übergeführt werden kann [A. **227**, 286] (s. S. 228). In Berührung mit Salpetersäure liefert es neben Terpinhydrat auch Dipenten [A. **227**, 285], mit Stickoxyden Pinol [A. **253**, 251] (neben Pinolhydrat und Cymol). Da nun Pinol bei der Oxydation leicht in Terebinsäure, Pinolhydrat in Terpenylsäure übergeht, so versteht man, warum man früher bei der Oxydation des Terpentinöls immer Gemenge von Terebinsäure und Terpenylsäure erhielt [A. **253**, 249, 258; **258**, 345; **259**, 309—311].

Bei der Oxydation von synthetischem l-α-Pinen wurde l-Pinonsäure erhalten [A. **368** (1909), 5], F. 68—69°, $[\alpha]_D = -93{,}2°$; Oximsäure F. 127—128°; Semicarbazonsäure F. 205°.

Aus Terpentinölsorten, welche β-Pinen enthalten, entsteht bei der Oxydation mit Permanganat neben Nopinsäure freies Nopinon [A. **313**, 363] (s. auch S. 247).

Über die verschieden schnelle Inaktivierbarkeit von Rechts- und Links-Pinen siehe unter Pinenmonochlorhydrat [A. **252**, 157].

Derivate des α-Pinens.

Darstellung und Eigenschaften von sogenanntem Pinenmonochlorhydrat, $C_{10}H_{17}Cl$ („künstlichem Campher") (1887).

„Bekanntlich entsteht das Chlorhydrat $C_{10}H_{16} \cdot HCl$ durch Einleiten „trockener Salzsäure in gut abgekühltes, trockenes Pinen. Wird bei „der Darstellung jede Erwärmung vermieden, so erstarrt das Öl nach „dem Sättigen mit HCl fast vollständig zu einer campherartigen Masse. „Hat man nicht gut gekühlt, so läßt sich, namentlich wenn Wasser „oder nicht ganz wasserfreie Lösungsmittel zugegen waren, das Produkt „schwer zum Erstarren bringen, weil ein Teil des Pinens invertiert „wird und gleichzeitig mit dem Pinenhydrochlorid das Dipentendihydro„chlorid $C_{10}H_{16} \cdot 2HCl$ entsteht.

„Ein Gemenge dieser beiden Verbindungen besitzt aber, wie schon „Tilden angegeben hat [B. **12**, 1131] und wie ich vollkommen bestätigen „kann, einen sehr niedrigen Schmelzpunkt. Wenn man z. B. gleiche „Gewichtsmengen der beiden Chloride, von denen das eine über 120°, „das andere bei 50° schmilzt, zusammenmengt und verflüssigt, so bleibt „das Produkt auch bei gewöhnlicher Temperatur flüssig, erstarrt voll„kommen, wenn man es mit Eiswasser abkühlt und schmilzt sofort „wieder bei Zimmertemperatur.

„Reines Pinenhydrochlorid läßt sich so gut wie unzersetzt destil„lieren und siedet bei 207—208°. Der sehr schwer genau zu be„stimmende Schmelzpunkt liegt gegen 125°. Aus Alkohol kristallisiert „das Chlorid in gefiederten Kristallen, welche die unangenehme Eigen„schaft besitzen, beim Trocknen zu einer sehr klebrigen, an allen „Gegenständen sehr haftenden Masse zusammenzusintern.... Das schon „bei gewöhnlicher Temperatur sehr flüchtige Chlorid verhält sich wie „eine völlig gesättigte Verbindung. [Das Terpentinmonochlorhydrat „$C_{10}H_{16} \cdot HCl$ ist nicht fähig, Brom zu addieren. [A. **227**, 287.] Das

„Chlor ist darin so fest gebunden, daß es in der Kälte durch Silber-„nitrat nicht direkt eliminiert wird." [A. **239**, 4 u. 5.]

Eigentümlich ist das optische Verhalten der Verbindung. Aus Rechts-Terpentinöl hergestelltes Chlorid erwies sich nämlich inaktiv, während das aus Links-Terpentinöl linksdrehend war [A. **252**, 156].[1] Aus β-Pinen entsteht dasselbe Hydrochlorid wie aus α-Pinen.

Durch Abspaltung von Salzsäure entsteht aus dem Pinenmonochlorhydrat Camphen [A. **239**, 6].

Bei der Reduktion des Pinenchlorhydrats mit Jodwasserstoff entsteht ein

Gesättigter Kohlenwasserstoff $C_{10}H_{20}$ (Kp. 162°, $b = 0{,}795$, $n_D = 1{,}4370$ bei 20°), Tetrahydropinen, der wahrscheinlich Hexahydrocymol ist [A. **268**, 225].

Über das eigentliche Pinenchlorhydrat 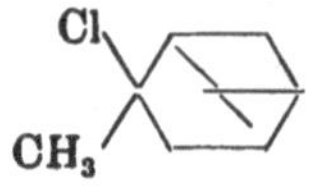 s. S. 227 und 249.

Bromverbindungen aus Pinen.

Pinenmonobromhydrat, $C_{10}H_{16}\cdot HBr$

wird dargestellt wie das Chlorhydrat, schmilzt um 90° und ist schwerer als Wasser. Es kann leicht in Camphen übergeführt werden [A. **239**, 7]. Die bei den aus Rechts- und Links-Terpentinöl dargestellten Verbindungen auftretenden eigentümlichen Unterschiede im Drehungsvermögen gleichen ganz den beim Pinenmonochlorhydrat beobachteten.

Bei direkter Einwirkung von Brom auf Pinen entsteht ein flüssiges Produkt [A. **227**, 282]. Von 1 Molekül in Tetrachlorkohlenstoff unter Ausschluß von Feuchtigkeit gelöstem Pinen werden unter momentaner Entfärbung genau 2 Atome Brom aufgenommen [A. **264**, 3].

„An diesem Punkt ist allerdings die Fähigkeit des Pinens, Brom „aufzunehmen, noch nicht erschöpft, denn wenn man über den-„selben hinaus Brom zu der Pinenlösung fügt, so bleibt die Farbe des „Broms nicht dauernd bestehen, sondern verschwindet — je nach den „eingehaltenen Versuchsbedingungen, namentlich je nach der vor-„handenen Temperatur — schneller oder langsamer und man kann „auf diese Weise allerdings schließlich 4 Atome Brom bei Anwendung

[1] Zur Zeit dieser Versuche war der Gehalt des Terpentinöls an β-Pinen noch nicht bekannt. Hieraufist künftig Rücksicht zu nehmen.

„von 1 Mol. Pinen zum Verschwinden bringen. Dieser Gesamtverbrauch „ist aber ganz sicher nicht bloß durch eine additionelle Bindung „von Brom an Pinen bedingt, vielmehr macht sich während des Ver- „suchs, auch wenn dabei die Flüssigkeit in einer starken Kältemischung „sehr sorgfältig kalt gehalten wird, ein Auftreten von Bromwasser- „stoffsäure bemerklich. Es findet also nicht nur Addition, sondern „auch Substitution statt, und zwar kann man in geringem Maße das „Auftreten von BrH sogar schon in den ersten Stadien der „Einwirkung des Broms auf Pinen beobachten.[1] ... Man „darf schließen, ...daß das Pinen als solches nur 1 Mol. Brom ad- „ditionell aufzunehmen vermag.“ [A. **264**, 3.]

Wenn man in Terpentinöl, das in trockenem Chlorkohlenstoff gelöst ist, 1 Molekül Brom einträgt, das Lösungsmittel entfernt und den Rückstand mit Alkali kocht, erhält man kein Cymol, sondern Camphen (wahrscheinlich aus vorhandenem $C_{10}H_{16} \cdot HBr$ entstanden) und ein

Kristallisiertes Pinendibromid, $C_{10}H_{16}Br_2$,[2]

F. 169—170°, das sehr schwer löslich in Alkohol ist und beim Erhitzen mit Anilin Cymol liefert [A. **264**, 7].

Pinennitrosochlorid, $C_{10}H_{16} \cdot NOCl$.

Darstellung: Entsteht beim Zusammenbringen von Pinen mit Amylnitrit oder Äthylnitrit und Salzsäure in alkoholischer oder Eisessiglösung [A. **245**, 251; **253**, 250]. Die Reaktion kann bei Anwendung von stark aktivem Pinen (z. B. synthetischem l-α-Pinen) auch ausbleiben [A. **368**, 6].

Eigenschaften: F. 103°. Läßt sich durch Lösen in Chloroform und Ausfällen mit Methylalkohol reinigen, aus heißem Benzol oder Aceton umkristallisieren. Optisch inaktiv. Gibt mit alkoholischem Kali Nitrosopinen (s. S. 240) [A. **245**, 252]. Durch Kochen mit Natriumacetat und Eisessig wird zum Teil i-Pinen regeneriert [A. **346**, 220], mit aromatischen Basen setzt es sich ebenfalls unter Regeneration von i-Pinen um [A. **252**, 132; **258**, 344], mit anderen Basen entstehen Nitrosopinen [A. **245**, 254] oder Nitrolamine (s. S. 240).

---

[1] Es ist möglich, daß diese Erscheinung auf Anwesenheit fremder Kohlenwasserstoffe im Terpentinöl zurückzuführen ist.

[2] Auf Grund der heutigen Anschauungen hat man dieses Bromid als kein direktes Pinenderivat zu betrachten.

Pinennitrosobromid, $C_{10}H_{16} \cdot NOBr$ [A. **245**, 252].
F. 91—92°.

Abwandlungen des Pinennitrosochlorids.

1. Nitrolamine.

„Für die Kenntnis des Pinens ist es von Wichtigkeit, daß Rechts- „und Links-Pinen dieselben inaktiven Nitrolaminbasen liefern. ... Die- „selbe Identität erstreckt sich auch schon auf die aus verschieden „drehendem Material gewonnenen Nitrosochloride und ebenso auf „die daraus durch Salzsäureabspaltung darstellbaren Verbindungen „$C_{10}H_{15}NO$.... Die aktiven Pinene weichen mithin in ihrem Verhalten „von den aktiven Limonenen erheblich ab." [A. **252**, 133.]

Die Pinennitrolamine spalten bei höherer Temperatur die Base ab, mit deren Hilfe sie dargestellt waren. Daneben entsteht ein Körper von der Zusammensetzung des Nitrosopinens, aber von ganz anderen Eigenschaften (amorphe, erst oberhalb 300° schmelzende Masse) [A. **268**, 219].

Von Nitrolaminen wurden dargestellt:

Pinennitrol-Piperidid, F. 118—119°. [A. **245**, 253.] -Propylamin, F. 96°. [A. **268**, 217.] -Amylamin, F. 105—106°. [A. **268**, 217.] -Allylamin, F. 94°, kristallisiert mit 1 Mol. Alkohol, gibt mit Brom und Bromwasserstoff kristallisierte Verbindungen. [A. **268**, 218.] -Benzylamin, F. 122—123°, ist besonders charakteristisch, kristallisiert rhombisch-hemiëdrisch. [A. **252**, 130; **268**, 220.]

2. Nitrosopinen, $C_{10}H_{15}NO$.

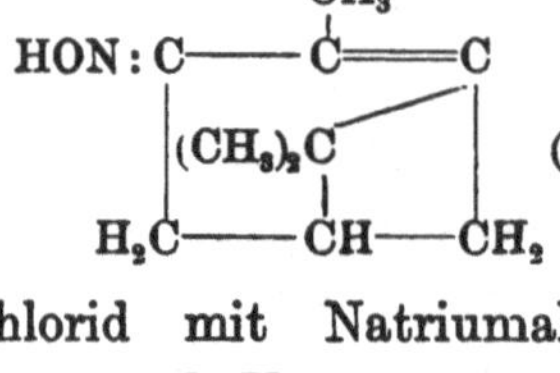

(?)

Darstellung: aus Pinennitrosochlorid mit Natriumalkoholat. Reinigung: durch Waschen mit Ligroin und Umkristallisieren aus Essigester [A. **245**, 252, 254; **268**, 198] oder durch Destillation mit Wasserdampf [A. **346**, 232]. Bildet sich auch beim Oximieren von Carvopinon [A. **346**, 233].

Verhalten: F. 130—131° [A. **245**, 252]. Inaktiv [A. **252**, 133]. Mit Wasserdampf flüchtig.

Liefert beim Erwärmen mit wäßriger Oxalsäure: Carvopinon, $C_{10}H_{14}O$ [A. **346**, 231], in Eisessiglösung mit Oxalsäure oder Salzsäure: i-Carvon [A. **346**, 234], mit Schwefelsäure: Carvacrol [A. **300**, 292; B. **28**, 1813], bei der Reduktion mit freiem Wasserstoff: Pinocamphonoxim [A. **389**, 186].

Nitrosopinen liefert bei der Reduktion mit Zink und Essigsäure:

1. eine ungesättigte Base, $C_{10}H_{15}NH_2$, Pinylamin (s. S. 232);
2. ein gesättigtes Keton, $C_{10}H_{16}O$, Pinocamphon (s. S. 230).

Nitrosopinen addiert 1 Mol. Brom. Wird das Nitrosopinendibromid mit Zink und Essigsäure reduziert, so erhält man (neben Carvylamin) i-Dihydrocarvon [A. **300**, 290; **313**, 367, 369] (s. S. 230).

Bei der Oxydation mit Permanganat erhält man aus Nitrosopinen einen neutralen, bei 153° schmelzenden Körper ($C_9H_{12}NO_2$?) neben einer Ketonsäure (Semicarbazon, F. ca. 210°) [unv. B.].

3. Carvopinon, $C_{10}H_{14}O$ [A. **346**, 231].

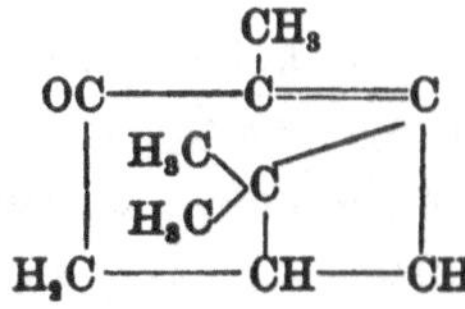

Entsteht bei der Zerlegung von Nitrosopinen mit Oxalsäure. Bei der Oxydation von Pinylamin mit MnO_4K bildet es sich in kleiner Menge. Mit Hydroxylamin bildet es Nitrosopinen zurück.

$Kp._{12}$ 94—96°. Riecht wie Pinocamphon.

Semicarbazon, F. oberhalb 300°.

Carvopinon geht mit Säuren sehr leicht in Carvon über, bei der Reduktion liefert es Pinocampheol (s. S. 244).

4. Pinylamin, $C_{10}H_{15}NH_2$.

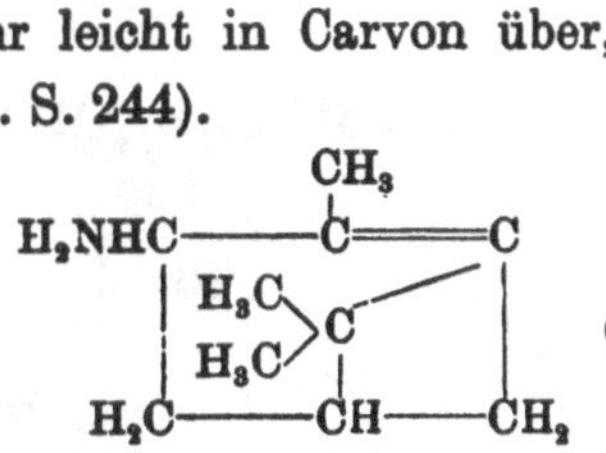

(?)

Entgegen den von Tilden gemachten Angaben gelang es, Nitrosopinen zu einer Base zu reduzieren [A. **258** (1890), 346; **268**, 197 ff.], die als Pinylamin bezeichnet und eingehend untersucht wurde.

Darstellung: Aus Nitrosopinen unter Anwendung von Essigsäure und Zink als Reduktionsmittel [A. **268**, 199; **346**, 240].

Eigenschaften: Kp. 207—208°, $Kp._{22}$ 98—99°. Die Base färbt sich an der Luft unter NH_3-Abgabe gelb, zieht CO_2 an, ist in Wasser fast unlöslich, leicht löslich in Alkohol, Äther, Chloroform. Sie besitzt einen ausgesprochen basischen, dabei aber auffallend an Borneol erinnernden Geruch. Ermittelte Konstanten: $d = 0,943$ bei 17°, 0,944 bei 15°, $n_D = 1,50619$, $M = 47,54$ (ber. 47,034). $d = 0,94$, $n_D = 1,5036$ bei 20°, $M = 47,53$. [A. **258**, 346; **268**, 200; **346**, 240.]

Salze und Derivate [A. **258**, 346, 347; **268**, 201—205; **353**, 320].

Chlorhydrat, F. 229—230°. Nitrat, sehr schwer löslich in Wasser, ist daher zur Reindarstellung der Base geeignet. Nitrit, derbe Kristalle, F. etwa 125° [A. **353**, 320]. Oxalat, schwer löslich, F. 247 bis 248°. Rhodanat, F. 135—136°. Pikrat, schwer löslich in Wasser. Acetylverbindung, F. 108—109°. Benzoylverbindung, F. 125°. Monopinylharnstoff, F. 156°. Benzylidenverbindung, $C_{10}H_{15}N:CHC_6H_5$, F. 52—53°. Furfuropinylamin, $C_{10}H_{15}N:CHC_4H_3O$, F. 80 bis 81°. Salicylaldehydverbindung, F. 108—109°.

Verhalten: Das Chlorhydrat zerfällt beim Destillieren unter Bildung von Cymol: $C_{10}H_{17}N \cdot HCl = NH_4Cl + C_{10}H_{14}$ [A. **268**, 206]. Die Salze liefern bei der Umsetzung mit salpetriger Säure Pinocarveol (s. unten) [A. **277**, 149].

Bei der Oxydation mit Permanganat [A. **346**, 241] erhält man aus Pinylamin eine sirupöse Säure (neben etwas Carvopinon), die bei weiterer Oxydation eine Säure $C_9H_{14}O_3$ vom Kp.$_{12}$ 160—170° und F. 89° liefert, bei noch weitergehender Oxydation wird eine Säure ($C_7H_{12}O_3$?) vom F. ca. 173° erhalten [unv. B.].

5. Pinocarveol, $C_{10}H_{15}OH$ [A. **277**, 149; **346**, 221; **389**, 188].

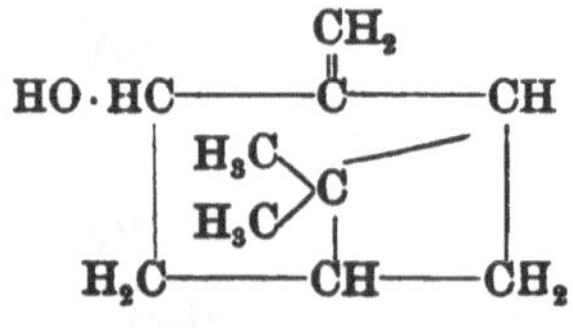

Darstellung: Durch Umsetzung von Pinylaminacetat oder -nitrat mit salpetriger Säure. Scheint auch im Eucalyptusöl vorzukommen (s. S. 243).

Eigenschaften: Kp. 215—218°, Kp.$_{12}$ 100—102°. $d = 0,978$, $n_D = 1,4979$ bei 22°; $d = 0,980$, $n_D = 1,4988$ bei 18°, $M = 45,52$. Riecht terpentinartig.

Phenylurethan, F. 82—84° (ein kleiner Teil schmilzt bei 95°).

Beim Erhitzen mit Bisulfat auf 200° oder beim Kochen mit Schwefelsäure liefert Pinocarveol p-Cymol, bei der Oxydation mit Permanganat entsteht Pinsäure, $C_9H_{14}O_4$, bei der Reduktion mit freiem Wasserstoff Pinocampheol.

6. Pinocarvon, $C_{10}H_{14}O$

[A. **268**, 207; **277**, 150; **279**, 387; **300**, 286; **346**, 222; **389**, 188].

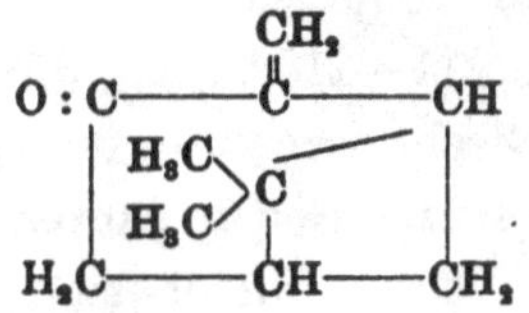

Entsteht bei der Oxydation des Pinocarveols mit Chromsäure.

Eigenschaften: Kp. 222—224°, Kp.₁₂ 95°. $d_{20} = 0,984$, $n_D =$ 1,5050 bei 20°, $M = 45,21$. Verharzt sehr schnell, färbt sich mit Säuren tiefrot. Gibt mit Natriumbisulfit eine lose Verbindung, mit Schwefelwasserstoff eine in Alkohol fast unlösliche, in Chloroform lösliche amorphe Verbindung. Semicarbazon, F. 204°. Oxim, F. 98°. Gibt bei der Reduktion eine von Pinylamin verschiedene Base vom Kp.₁₂ 87—88°.

Carbamid, F. 99—100°.

Pinocarvon gibt bei der Oxydation mit Permanganat eine Säure $C_9H_{14}O_4$ F. 96—97° (Pinsäure).

Aktives Pinocarveol scheint im Öl von Eucalyptus globulus vorzukommen [A. **346**, 227]. Kp.₁₂ 92°. $d = 0,9745$, $n_D = 1,4963$ bei 20°, $M = 45,59$, $[\alpha]_D = -52,45°$.

Phenylurethan, F. 82—84° (ein kleiner Teil schmilzt bei 94—95°), linksdrehend, $[\alpha]_D = -4,108°$.

Das aus dem Alkohol durch Oxydation entstehende Keton $C_{10}H_{14}O$ weicht vom inaktiven Pinocarvon in den Eigenschaften ab.

Semicarbazon, F. 209—210° (ein kleiner Teil erst oberhalb 300°).

Oxim, Kp.₂₀ 140°, schmilzt niedrig.

7. Pinocamphon, $C_{10}H_{16}O$

[A. **268**, 210; **300**, 287; **313**, 367; **346**, 235; **360**, 92; **389**, 185].

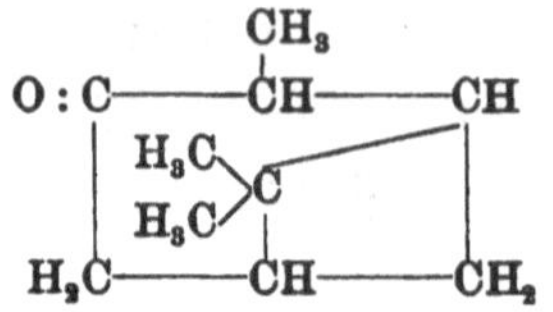

Entstehung: Bis zu 22% bei der Reduktion von Nitrosopinen mit Zink und Essigsäure (neben Pinylamin); das Oxim erhält man bei der Reduktion von Nitrosopinen.

Eigenschaften: Kp. 211—213°, Kp.$_{12}$ 87°, $d = 0{,}959$, $n_D = 1{,}4727$, $M = 44{,}44$. Gesättigt. Riecht terpentin- und pfefferminzartig, erstarrt bei sehr niederer Temperatur. Gegen Säuren sehr beständig.

Semicarbazon, F. 208°. Bildet sich langsam.

Oxim, $C_{10}H_{16}$:NOH, F. 86—87°; [ein stereoisomeres F. 87° entsteht bei der Reduktion von Nitrosopinen mit freiem H]. Mit Wasserdampf flüchtig, gibt bei der Reduktion:

Pinocamphylamin, $C_{10}H_{17}NH_2$. Carbamid, F. 204°, Acetylverbindung, F. 120°.

Brom wirkt auf Pinocamphon substituierend unter Bildung von Dibrompinocamphon, $C_{10}H_{14}Br_2O$, F. 118—119°, mit Wasserdampf schwer flüchtig.

Pinocamphonoxim gibt beim Erwärmen mit Schwefelsäure oder mit P_2O_5: Pinocamphonitril, $C_{10}H_{15}N$, Kp. 224—226°. Wird verseift zu Pinocampholensäure, $C_9H_{15}\cdot COOH$. Amid, F. 116°.

Abbauprodukte aus Pinocamphon.

Das Keton liefert bei der Oxydation mit Chromsäure oder Permanganat [A. **346**, 236]:

1. α-Pinonsäure, $C_{10}H_{16}O_3$, F. 103—104°, Oximsäure, F. 148 bis 149°, Semicarbazon, F. 203°.

2. Isomere Camphersäure, $C_{10}H_{16}O_4$, F. 186—187°. Das Kalksalz gibt bei der Destillation ein Phoron.

8. Pinocampheol, $C_{10}H_{17}OH$ [A. **300**, 288; **389**, 188].

Entsteht durch Reduktion des Pinocamphons oder Carvopinons oder Pinocarveols. Kp. 218—219°. Gibt mit P_2O_5 Cymol, wird bei Anwesenheit verdünnter Säuren nicht hydratisiert. Phenylurethan, F. 98°.

II. β-Pinen, $C_{10}H_{16}$ [A. **363**, 9; **368**, 7].

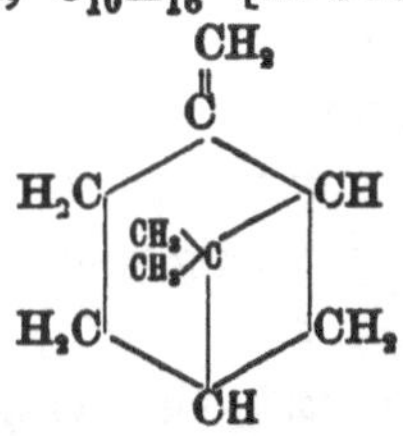

Vorkommen: In verschiedenen Terpentinölsorten (im amerikanischen reichlicher als im französischen) in derselben Modifikation [A. **356**, 229] (s. auch S. 233).

Bildung: Aus Nopinolessigsäure (s. S. 234) bei der Wasserabspaltung mit Essigsäureanhydrid (neben Fenchen).

Eigenschaften (des noch nicht von anderen Kohlenwasserstoffen ganz freien Präparats): Kp. 162—163°, $d_{22} = 0{,}866$, $n_D = 1{,}4724$ bei 22°, $M = 44{,}01$, $\alpha_D = -22°\,20'$ [A. **363**, 10].

Liefert beim Erwärmen mit alkoholischer Schwefelsäure Terpinen, beim Behandeln mit Chlorwasserstoff ein Gemenge von Bornylchlorid mit Dipentendichlorhydrat, bei der Hydratisierung Terpinhydrat [A. **368**, 8].

β-Pinenglycol, $C_{10}H_{16}(OH)_2$
[A. **363**, 11; **368**, 9].

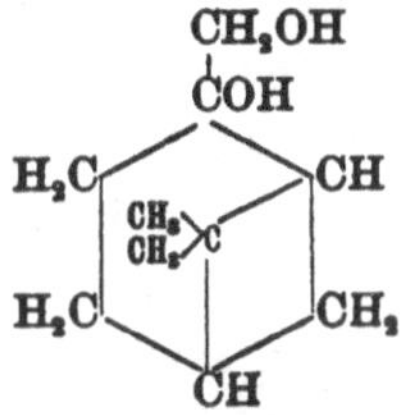

Entsteht bei vorsichtiger Oxydation von β-Pinen (neben l-Nopinsäure). Schwer löslich in kaltem Wasser. F. 75—77°. Liefert beim Erwärmen mit verdünnten Säuren einen Aldehyd, bei der Oxydation bei 0° mit Permanganat Nopinsäure F. 126—127°.

Nitro-β-Pinen, $C_{10}H_{15} \cdot NO_2$.

Im Jahre 1886 wurde diese Verbindung von Pesci und Bettelli [Gazz. chim. **16**, 337] bei der Einwirkung von salpetriger Säure auf Pinen und darauf folgende Behandlung des Reaktionsprodukts mit Ammoniak gewonnen und als „Nitroterebenten" bezeichnet.

Ich zeigte dann, daß die Verbindung auch in geringer Menge als Nebenprodukt bei der Darstellung von Pinennitrosochlorid entsteht

[A. **336**, 8] und daß man bei der Darstellungsweise nach Pesci die Behandlung der Reaktionsmasse aus Pinen und salpetriger Säure mit Ammoniak umgehen kann, indem man sie einfach mit Wasserdampf destilliert, wobei Abspaltung von untersalpetriger Säure erfolgt [A. **346**, 243]. Die Nitroverbindung entsteht nur in einer Menge von 3—4% vom angewandten Pinen.

Die rohe Nitroverbindung stellt ein gelb gefärbtes Öl dar, das schwerer ist als Wasser. Bei der Reduktion mit Zink in Eisessiglösung entsteht daraus [neben einem Keton $C_{10}H_{16}O$, Kp. ca. 210—215°, Semicarbazon, F. 218°]:

Amidoterebenten, $C_{10}H_{15}NH_2$ [A. **346**, 243].

Die Base war bereits von Pesci durch Reduktion der Nitroverbindung dargestellt, aber nicht näher charakterisiert. Man gewinnt sie nur in sehr kleiner Menge (2% vom angewandten Terpentinöl), und zwar entsteht dieselbe optisch aktive Base, gleichgültig ob man von rechts- oder linksdrehendem Öl ausgeht.

Eigenschaften: $Kp._{12}$ 95°. Base aus rechtsdrehendem Öl: $d = 0{,}9325$, $n_D = 1{,}4960$ bei 19°, Base aus linksdrehendem Öl: $d = 0{,}9320$, $n_D = 1{,}4957$ bei 20°. Neutrales Sulfat, kristallinisch, linksdrehend: $[\alpha]_D = -1°\,37'$ bzw. $-1°\,55'$. Neutrales Oxalat, schwer löslich. Ammoniumjodid, $C_{10}H_{15}N(CH_3)_3J$, F. 198°.

Die Base gibt bei der Behandlung mit salpetriger Säure einen Alkohol, der bei der Oxydation mit Chromsäure Cuminaldehyd (Semicarbazon, F. 201—203°) und Cuminsäure (F. 115°) liefert.

Die Abwandlungen werden durch folgende Formeln veranschaulicht:

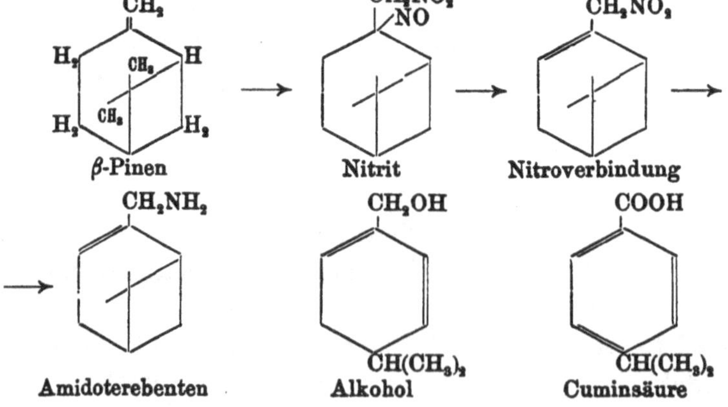

Nopinsäure, $C_{10}H_{16}O_3$ [A. **356**, 228; **363**, 11; **368**, 9].

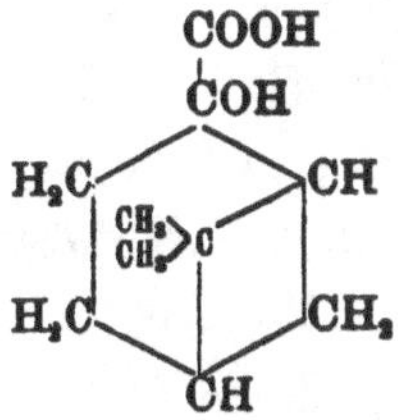

Wurde zuerst von v. Baeyer durch Oxydation von Rohpinen erhalten [B. **29**, 25].

Die Darstellungsweise wurde von mir durch Zusatz von NaOH zu der Oxydationsflüssigkeit verbessert. Beim Eindampfen der Oxydationslaugen kristallisiert dann das schwer lösliche, linksdrehende Natriumsalz (neben β-Pinenglycol) aus. Die genaue Vorschrift findet sich A. **356**, 228.

Eigenschaften [A. **356**, 229]: Säure aus rechtsdrehendem Terpentinöl: F. 126°, $[\alpha]_D = -15{,}64°$, Säure aus linksdrehendem Terpentinöl: F. 126°, $[\alpha]_D = -15{,}60°$. Kristallisiert aus kaltem Benzol mit Kristallbenzol [A. **368**, 9 Anmerk.]. Durch Oxydation geht die Säure über in Nopinon (s. unten). Sie läßt sich nicht zu einer gesättigten Dioxysäure hydratisieren [A. **360**, 92].

Nopinon, $C_9H_{14}O$ [A. **313**, 363; **356**, 227].

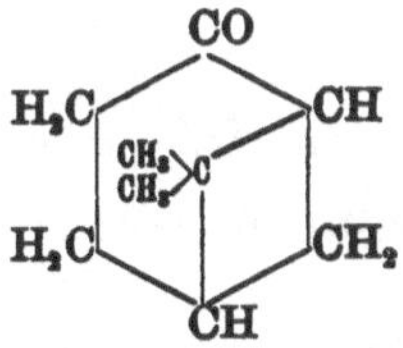

Darstellung: Entsteht durch Oxydation der Nopinsäure, daher erhält man das Keton auch als Nebenprodukt bei der Oxydation von β-Pinen haltigem Terpentinöl [A. **313**, 363ff.].

Die Darstellungsmethode ist beschrieben A. **356**, 231.

Eigenschaften [A. **313**, 365; **356**, 231ff.]: Kp. 209°. Erstarrt in der Kälte zu einer oberhalb 0° schmelzenden Kristallmasse. $d = 0{,}981$, $n_D = 1{,}4787$ bei 20°, $M = 39{,}87$. Ist optisch aktiv: $[\alpha]_D = +18{,}48°$. In alkoholischer Lösung nimmt die Drehungsintensität stark zu: $[\alpha]_D = +37{,}27°$; $+37{,}39°$; $+38{,}04°$, in anderen

Lösungsmitteln ist sie geringer. In ätherischer Lösung wurde gefunden: $[\alpha]_D = +11{,}02^0$, in Benzollösung: $[\alpha]_D = +10{,}95^0$; $+10{,}79^0$.

Semicarbazon, F. 188°. Oxim, ölig. Benzylidenverbindung, $C_9H_{12}O{:}CHC_6H_5$, [A. **313**, 365]. Große farblose Kristalle F. 106—107°.

Beim Sättigen einer alkoholischen Lösung von Nopinon mit Chlorwasserstoff entsteht [A. **356**, 233] das

Trichlorid $C_{18}H_{29}OCl_3$, dicke Prismen F. 148°. Schwer löslich in Alkohol und Äther. Sehr geeignet zum Nachweis von Nopinon. Spaltet leicht HCl ab unter Bildung des

Dichlorids $C_{18}H_{28}OCl_2$, Nadeln F. 125—126°. Leichter löslich in Alkohol und Äther. Gibt durch Anlagerung von HCl wieder das Trichlorid vom F. 148°.

Nopinon isomerisiert sich beim Kochen mit verdünnter Schwefelsäure zu Isopropylhexenon (s. dieses), bei der Reduktion liefert es Nopinol (s. unten).

Nopinol, $C_9H_{15}OH$ [A. **356**, 236ff.].

Entsteht bei der Reduktion von Nopinon [neben einem Pinakon, $C_{18}H_{30}O_2$, $Kp._{11}$ 195—200°, F. 106—107°] in zwei Modifikationen:

a) Kristallisiertes α-Nopinol, Kp. 204—205°, F. 102°. Lange weiße Nadeln, riecht ähnlich wie Campher. $[\alpha]_D = -5{,}32^0$. Beständig gegen verdünnte Schwefelsäure [A. **360**, 87]. Phenylurethan, F. 131—132°.

b) Flüssiges β-Nopinol, $[\alpha]_D = -15{,}03^0$. Phenylurethan, F. 95—96°. Gibt beim Erwärmen mit Chlorzink Nopinonen, C_9H_{14}, Kp. 157—160°.

Aus dem Nopinon wurde synthetisch aufgebaut:

1. Homonopinol (Methylnopinol, Pinenhydrat), $C_{10}H_{17}OH$ [A. **356**, 239; **360**, 88].

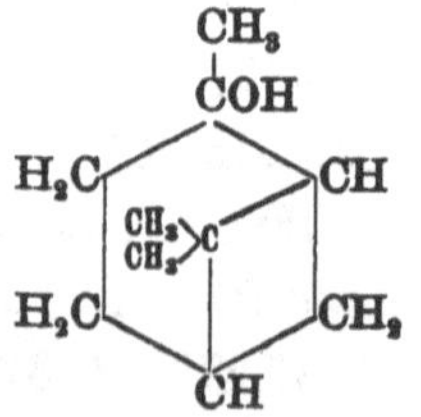

Darstellung: Aus Nopinon durch Umsetzung mit Magnesiumjodmethyl.

Eigenschaften: Verfilzte Nadeln F. 58—59°, Kp. 204—205°. Leicht flüchtig. Geruch erinnert an Campher. $[\alpha]_D = -4,99°$.

Bei den Versuchen, Wasser abzuspalten, konnte kein Pinen erhalten werden. Mit PCl_5 bildet sich [A. **356**, 246]

das Chlorid $C_{10}H_{17}Cl$, (Pinenhydrochlorid, s. S. 227).

Kp. 200—205° unter Zersetzung, $Kp._{13}$ 95—105°. Gibt mit HCl Dipentendichlorhydrat, mit N_2O_4 ein schwer lösliches Nitrosat und beim Abspalten von HCl mittels Anilin Dipenten.

Verhalten des Homonopinols gegen Säuren [A. **360**, 88ff.].

Beim Schütteln mit fünfprozentiger Schwefelsäure oder kalt gesättigter Oxalsäure geht Homonopinol in Lösung unter Bildung von stark linksdrehendem α-Terpineol ($[\alpha]_D = -106°$), welches dann weiter cis-Terpinhydrat, F. 117°, gibt. Beim Kochen mit Ameisensäure entsteht ein Gemisch von Terpenen, von denen Terpinen und Terpinolen sicher nachgewiesen wurden. Mit Halogenwasserstoffsäuren in Eisessiglösung bilden sich die entsprechenden Dipentendihydrohalogenide.

2. Äthylnopinol, $C_{11}H_{19}\cdot OH$ [A. **357**, 59; **360**, 91].

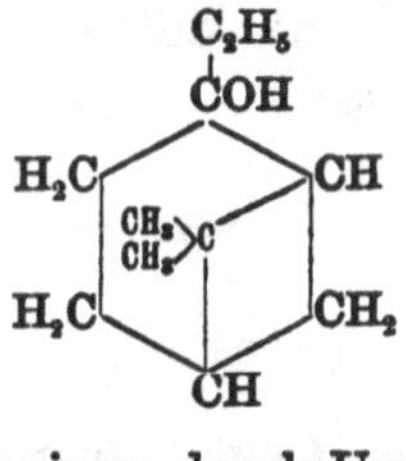

Darstellung: Aus Nopinon durch Umsetzung mit Magnesiumjodäthyl.

Eigenschaften: Große, schön ausgebildete Kristalle F. 43 bis 45°, Kp. 219—223°. Beim Erwärmen mit Ameisensäure tritt Wasserabspaltung ein. Mit Halogenwasserstoffsäuren entstehen homologe Dipentendihydrohalogenide (s. S. 282). Beim Schütteln mit fünfprozentiger Schwefelsäure bildet sich ein homologes α-Terpineol (Kp. 226—227°) und dann homologes cis-Terpinhydrat $C_{11}H_{22}O_2 + H_2O$, F. 75—76° (s. S. 311).

3. n-Propylnopinol, $C_{12}H_{21}\cdot OH$ [A. **357**, 63; **360**, 91].

wurde durch Umsetzung von Nopinon mit Magnesiumjodpropyl erhalten. Öl vom Kp. ca. 229—235°. Beim Schütteln mit verdünnter Schwefelsäure entsteht ein öliges Terpin, das mit Chlorwasserstoffeisessig ein gut kristallisiertes Dichlorhydrat gab.

4. Nopinolessigsäure [A. **357**, 51; **363**, 7; **368**, 1].

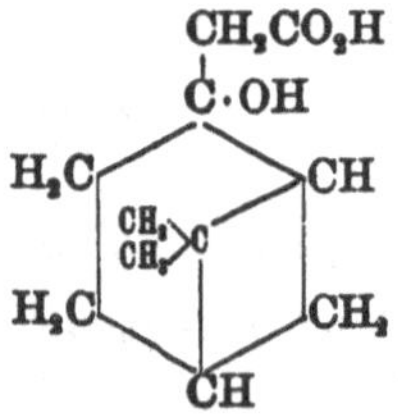

Der Methylester entsteht bei der Kondensation von Nopinon mit Zink und Bromessigester.

Die freie Säure schmilzt nach dem Umkristallisieren aus Ligroin bei 83—85°. Sie liefert mit wasserentziehenden Mitteln je nach den gewählten Bedingungen entweder 1. unter gleichzeitiger CO_2-Abspaltung β-Pinen (s. S. 234), oder 2. eine ungesättigte Säure, die bei der trockenen Destillation Fenchen gibt [A. **363**, 9] (s. dieses). Beim Erhitzen mit Essigsäureanhydrid liefert Nopinolessigsäure neben β-Pinen eine isomere Säure F. 85—86° und eine Säure $C_{13}H_{22}O_5$ F. 58 bis 59° [A. **368**, 7], bei der trockenen Destillation entsteht daraus auch α-Pinen.

II. Pinol, $C_{10}H_{16}O$.

Allgemeines über die Verbindungen der Pinolgruppe.

Das Pinol wurde 1889 als Nebenprodukt bei der Darstellung von Pinennitrosochlorid entdeckt [A. **253**, 252] und aus den über sein Verhalten gemachten Beobachtungen alsbald geschlossen: „daß das „Pinol eine Äthylenbindung besitzt und ein mit zwei ver„schiedenen Kohlenstoffatomen verknüpftes Sauerstoff„atom" [A. **253** (1889), 256].

Da der leichte Übergang des Pinols in Cymol gezeigt hatte, daß die Anordnung der Kohlenstoffatome dieselbe sein müsse wie in diesem

Kohlenwasserstoff, die Aboxydation zu Terebinsäure auch die Stellung der Äthylenbindung zu bestimmen erlaubte, glaubte ich, für das Pinol nebenstehende Formel aufstellen zu dürfen, weil sie nicht nur allen vom Pinol bisher bekannten Eigenschaften Rechnung trage, sondern es auch leicht verstehen lasse, wie aus dem Pinol Terebinsäure entsteht, wenn die Oxydation an der Stelle einsetzt, an der in der Formel die doppelte Bindung angenommen ist [A. **253** (1889), 259]. „Selbstverständlich sind derartige Betrachtungen indes „nur von sehr untergeordnetem Wert, solange das Studium der sonstigen „Eigenschaften und Umsetzungen des Pinols noch nicht weiter gefördert „worden ist. Jedenfalls darf man aber wohl das Pinol selbst als einen „der merkwürdigsten und wichtigsten Abkömmlinge bezeichnen, welche „bisher durch einfache Reaktionen aus dem Terpentinöl erhalten „worden sind.“ [A. **253** (1889), 259.]

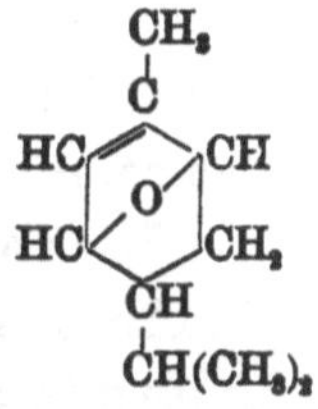

1890 gelang es nun, das Pinol durch das Bromwasserstoff-Anlagerungsprodukt hindurch in Pinolhydrat überzuführen und dieses zu Terpenylsäure abzubauen. Das führte zu folgender Überlegung:

„Was die chemische Natur des Pinolhydrats anbelangt, so wird „man es als einen einatomigen Alkohol auffassen dürfen, der aus dem „Pinol durch Anlagerung der Bestandteile des Wassers an die beiden „durch Äthylenbindung verknüpften Kohlenstoffatome entsteht, bzw. „durch Austausch von Br gegen OH, nachdem die Doppelbindung im „Pinol durch BrH-Addition zunächst aufgelöst wurde.

„Man hätte:

$\overset{\|}{C}_{10}H_{16}O$ Pinol

$C_{10}H_{16}O{}^{Br}_{Br}$ Pinoldibromid	$C_{10}H_{16}O{}^{OH}_{OH}$ Pinolglycol
$C_{10}H_{16}O{}^{H}_{Br}$ Pinolbromhydrat	$C_{10}H_{16}O{}^{H}_{OH}$ Pinolhydrat

„Es wäre dann noch die Möglichkeit in Betracht zu ziehen, daß das „Pinolhydrat nicht ein einatomiger Alkohol, sondern auch ein Glycol „wäre. Ein solches könnte man sich ja durch Auflösung der Oxyd-„Sauerstoffbindung unter Aufnahme der Elemente des Wassers aus „dem Pinol auch gebildet denken, dann käme dem Hydrat die Formel „$C_{10}H_{16}{}^{OH}_{OH}$ zu, und es erschiene als ein ungesättigtes Terpin-

„hydrat. Diese Auffassung hat aber sehr wenig für sich. Denn da „die doppelte Bindung im Pinol durch Brom so leicht gelöst wird, „dürfte sich Bromwasserstoff doch analog anlagern, während bisher „keine Tatsache bekannt ist, welche für eine leichte Lösbarkeit der „Sauerstoffbindung im Pinol spricht.“[1] [A. **259** (1890), 315.]

„Die von mir neulich (1889) in Betracht gezogene Formel für das „Pinol genügt wohl nicht mehr vollkommen, um alle jetzt bekannten „Tatsachen ganz glatt zu erklären. Namentlich ist es nach den Ergeb- „nissen der Oxydation zweifelhaft, ob die Annahme einer diagonalen „Stellung des Sauerstoffatoms im Pinol Berechtigung hat. Sieht man „von der Bindung dieses Sauerstoffatoms (und der durch seine Stellung „bedingten Verteilung der Wasserstoffatome) ab, so wird man aber „doch die in jener Formel angenommene Verknüpfung der zehn Kohlen- „stoffatome auch jetzt noch als eine die Beobachtung erklärende an- „sehen dürfen, daß das Pinol ein anderes Oxydationsprodukt liefert „wie das Pinolhydrat.“ [A. **259**, 320.]

1893 brachte den großen Fortschritt der Überführung des α-Terpineolbromids in Pinol und Pinolhydrat [A. **277**, 133]. Die enge genetische Verknüpfung, die nunmehr zwischen α-Terpineol und Pinol gegeben war, erlaubte aus der Formel der einen Verbindung die der anderen unmittelbar abzuleiten (vgl. das im Kapitel „Terpineol“ darüber Gesagte), und nachdem mir 1894 auch die Rückverwandlung von Pinol in Terpineol geglückt war [A. **281**, 151] wurden die Konsequenzen in einer Betrachtung über die „Konstitution des Pinols und seiner Derivate“ [A. **281** (1894), 161 ff.] gezogen[2]:

„Die Frage nach der Konstitution des Pinols war schon durch

[1] Daß diese leichte Auflösbarkeit tatsächlich doch besteht und daher die letztere Auffassung für Pinolhydrat richtig ist, wurde erst später klar.

[2] In der historischen Betrachtung sei hier die Tatsache eingeschaltet, daß erst zu diesem Zeitpunkt, als die Untersuchung des Pinols bereits so weit fortgeschritten war, G. Wagner seine erste Experimentaluntersuchung über das Pinol und dessen Oxydation veröffentlichte (Juni 1894) [B. **27**, 1644]. Wagner stellte sich das nötige Pinol aus Terpineol nach meiner kurz vorher aufgefundenen Methode her, die das Pinol erst zu einem leicht zugänglichen Körper gemacht hatte. Vorher hat sich Wagner auf theoretische Spekulationen über die Pinolverbindungen beschränkt und für das Pinolhydrat die nebenstehende Formel vorgeschlagen [B. **24** (1891), 2189].

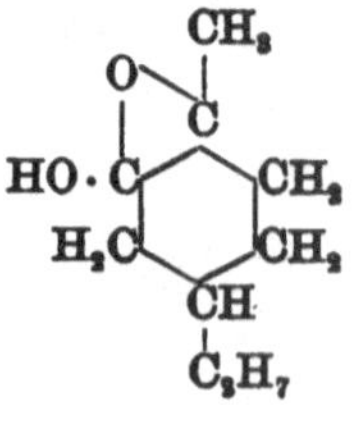

„den Nachweis seiner verhältnismäßig sehr glatten Bildung aus Ter„pineoldibromid außerordentlich eingeengt. Durch die vorstehend mit„geteilten Versuche kann sie als endgültig gelöst gelten, falls man „die Voraussetzung als richtig anerkennt, daß das bei 35° „schmelzende Terpineol ein Δ_1-Oxy-(4)-Tetrahydrocymol ist.

„Es ist vorhin nachgewiesen, daß das Pinoldibromid bei der „Reduktion unter bestimmten Bedingungen in festes Terpineol über„geführt werden kann. Das Sauerstoffatom im Pinol muß also mit „einer Affinität an das Kohlenstoffatom 4 gekettet sein. Da nun Pinol, „$C_{10}H_{16}O$, ein Oxyd ist, sieht man überhaupt nur zwei Möglichkeiten „seiner Entstehung aus dem Terpineoldibromid, $C_{10}H_{17}Br_2OH$, welche „durch die folgenden Formelbilder verdeutlicht werden:

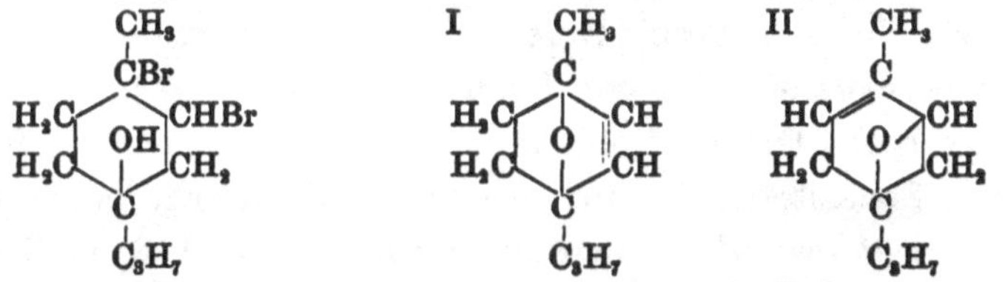

Terpineolbromid Oxyd $C_{10}H_{16}O$

„Die Formel I ist für das Pinol ganz unannehmbar, sowohl wegen „des Verhaltens, als auch wegen der Bildungsweise der Substanz. Ein „Pinoldibromid aus I müßte sich gegen Bromwasserstoff genau so ver„halten wie Cineol, d. h. unter Sauerstoffaustausch in ein Tetrabromid „übergehen. Auch müßte das Pinol, wenn es ein ungesättigtes Cineol „wäre, bei der Oxydation Cineolsäure liefern, wie ich früher schon „[A. **253**, 256] bemerkte.

„Die Abspaltung von Bromwasserstoff aus Terpineoldibromid in „einer Weise, welche zu einer Verbindung von Formel I führen könnte, „ist gleichfalls nicht anzunehmen. Wenn es als möglich erscheint, daß „das Bromatom 1 mit dem Hydroxylwasserstoff austritt, so ist doch „andererseits durch die in der vorigen Abhandlung [A. **281**, 127 ff.] mit„geteilten Tatsachen bewiesen, daß das Bromatom 2 zwar leicht aus„tauschbar ist, daß es aber gar keine Neigung besitzt, unter dem Ein„fluß von alkoholischem Alkali mit seinem an den Kohlenstoff 3 ge„bundenen Wasserstoffatom als HBr auszutreten.

„Die Formel I für Pinol ist aus diesen und übrigens auch aus „manchen anderen Gründen, die aber gar nicht erst aufgeführt zu „werden brauchen, unmöglich, und somit bleibt für Pinol nur Formel II.

„Diese Formel konnte man a priori nicht als sehr wahrscheinlich „ansprechen. Eine nähere Betrachtung zeigt aber, daß sie einen großen „Teil der beobachteten Erscheinungen befriedigend erklärt. Zunächst „die Bildungsweise. Daß Terpineoldibromid durch alkoholisches Alkali „leicht in eine ungesättigte Verbindung

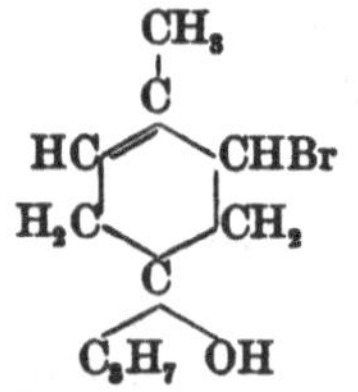

„übergeführt werden wird, ist nach aller Analogie zu erwarten. Das „leicht bewegliche (s. oben) Bromatom 2 wird dann direkt mit dem „Hydroxylwasserstoff reagieren können, oder es kann auch vorher ein „Austausch gegen OH stattfinden. Auffallend bleibt nur die Bindungs-„weise des Sauerstoffs, die auf den ersten Blick sehr befremdlich er-„scheint. Sieht man aber näher zu, so findet man, daß das Sauerstoff-„atom mit fünf Kohlenstoffatomen in ganz analoger Weise sich in „Ringschließung begeben hat, wie es im δ-Hexylenoxyd der Fall ist, „das sich nach den schönen Untersuchungen von Lipp [B. **18**, 3283] „so leicht aus dem δ-Hexylenglycol bildet.

„Bezüglich der Formulierung der Derivate des Pinols auf Grund „der Formel II ist folgendes zu sagen.

„Für das Pinolhydrat sind mit Rücksicht auf seine direkte Bildung „aus Terpineolbromid zwei Formeln denkbar:

A

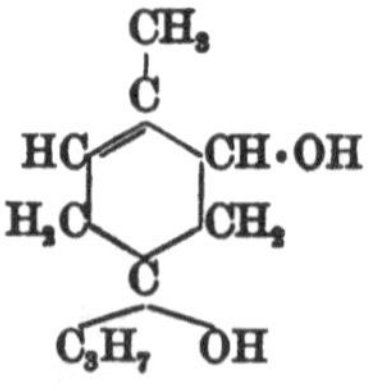

oder

B

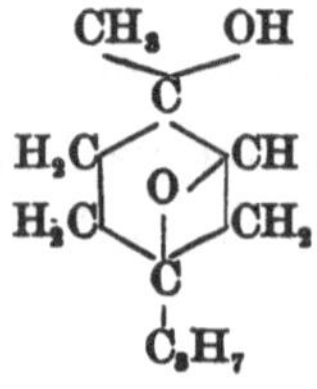

„Zwischen beiden wird experimentell unschwer zu entscheiden sein. „Beide erlauben ziemlich gleich gut den leichten Übergang des Pinol-„hydrats in Pinol einerseits, in Cymol andererseits zu erklären. Für „Formel A scheint zu sprechen, daß Pinolhydrat Kaliumpermanganat-„lösungen weit energischer entfärbt als das Pinolglycol und ferner der

„Umstand, daß wäßrige oder essigsaure Pinolhydratlösungen auch Brom „unter Entfärbung lebhaft aufnehmen.

„Nur eindeutig ist die Ableitung des Pinoldibromids und des „Pinolglycols aus der Pinolformel II. Diese Verbindungen hat man „zu schreiben:

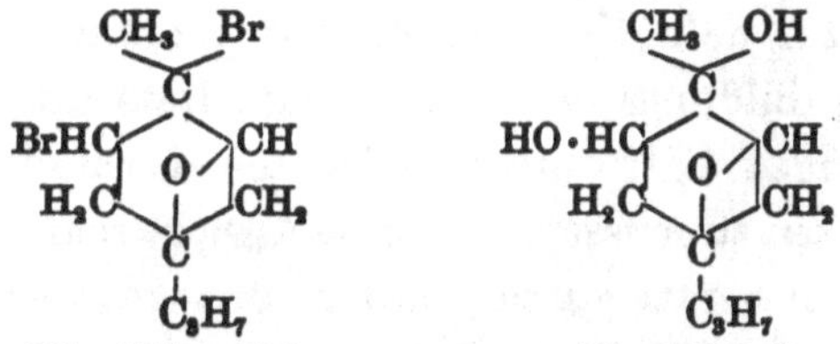

Pinoldibromid Pinolglycol

„Was von dem Verhalten dieser beiden Verbindungen bis jetzt „bekannt ist, steht mit der durch die Formelbilder ausgedrückten Kon- „stitution nicht in Widerspruch, namentlich ist der leichte Übergang „vom Pinoldibromid in Terpineol bei der Reduktion aus der eben ge- „gebenen Formel durchaus erklärlich." [A. **281**, 161 ff.]

Inzwischen waren aber auch meine das α-Terpineol betreffenden Untersuchungen fortgeschritten. Die Aufklärung der Konstitution der ersten Oxydationsprodukte des Terpineols „machten es wahrscheinlich „[B. **28**, 2709], daß man die Stellung des Hydroxyls im Terpineol in die „Seitenkette verlegen müsse. Mit einer solchen Annahme wechselt „aber selbstverständlich die Stellung, welche man dem Sauerstoff- „atom im Pinol zu geben hat. Man kommt zu einer Auffassung, welche „in folgenden Formeln ihren Ausdruck findet:

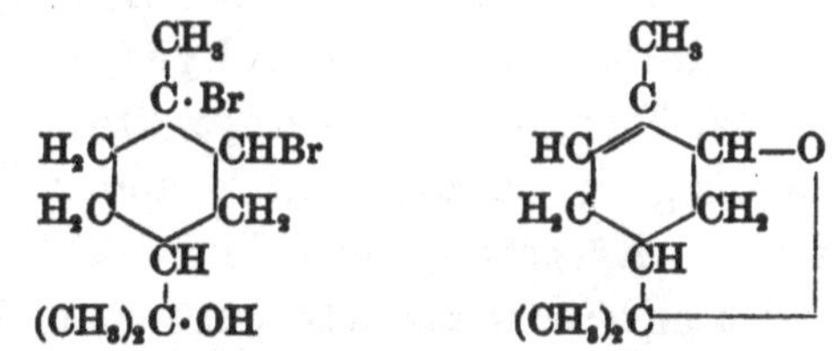

Terpineoldibromid Pinol

„Das Verhalten des Pinols bei der Oxydation läßt sich mit dieser „Formel gut deuten, wie auch G. Wagner schon hervorgehoben hat. „Das genügt aber weitaus nicht als Beweis für ihre Richtig- „keit. Auch bei der anderen Stellung des Sauerstoffatoms, welche ich „im Anfang der Untersuchung interimistisch annahm, ließ sich die Ent- „stehung der beobachteten Oxydationsprodukte befriedigend erklären.

„Die Frage ist, ob alle übrigen bezüglich des Pinols ermittelten Tat-„sachen sich besser mit Hilfe dieser als mit anderen etwa in Betracht „kommenden Formeln verstehen lassen." [B. **28** (1895), 2709.]

Im folgenden Jahre **1896** ist diese Frage von mir weiter experimentell geprüft und insbesondere die Frage nach der Konstitution des Pinolhydrats zur definitiven Erledigung gekommen:

„Als ich die Bildungsweise des Pinolhydrats aus dem Pinolbrom-„hydrat aufgefunden hatte, glaubte ich die Verbindung als eine ge-„sättigte auffassen zu müssen.... Diese Ansicht schien wohl begründet, „trotzdem hat sich herausgestellt, daß sie unzutreffend ist. Es ist viel-„mehr die recht auffallende Tatsache zu konstatieren, daß Bromwasser-„stoff eher die Sauerstoffbindung als die Äthylenbindung im „Pinol sprengt." [A. **291** (1896), 352.]

Ich möchte hier einschalten, daß ein solches Verhalten von niemandem a priori vorauszusehen war. Bei der großen Additionsfähigkeit, die Pinol für Brom zeigt, durfte man vielmehr eine entsprechende für Bromwasserstoff erwarten. Jetzt, nachdem die Verhältnisse klar liegen, kann man allerdings die relative Beständigkeit der Äthylenbindung gegen Halogenwasserstoff im Pinol mit der der analog liegenden Bindung im Pinen und im Limonen vergleichen (s. S. 226).

Der Beweis für die Bindungsverhältnisse im Pinolhydrat wurde von mir auf zwei Wegen geführt (1896):

1. Durch Herstellung eines Dibromids des Pinolhydrats und Überführung dieser Verbindung in Pinolglycol [A. **291**, 353], und 2. durch direkte Überführung von Pinolhydrat in Oxyhydrocarvon (Oxycarvotanaceton). „Wenn das Pinolhydrat eine ungesättigte, zwei Hydroxyle „enthaltende Verbindung ist, so darf man — unter Berücksichtigung „der Bildungsweisen des Körpers — schließen, daß das eine Hydroxyl „sich in tertiärer, das andere in sekundärer Bindung befindet. Wenn „das zutrifft, so muß sich das Pinolhydrat durch Oxydation in ein „Oxyketon (und zwar Oxyhydrocarvon) verwandeln lassen. Diese „Reaktion läßt sich in der Tat leicht verwirklichen." [A. **291**, 355.]

Die letztbesprochenen wichtigen Übergänge ließen sich nun durch folgende Formeln verdeutlichen, in denen zugleich die Konstitutionsformeln für einige sonstige Verbindungen der Reihe hervortreten [A. **291**, 358]:

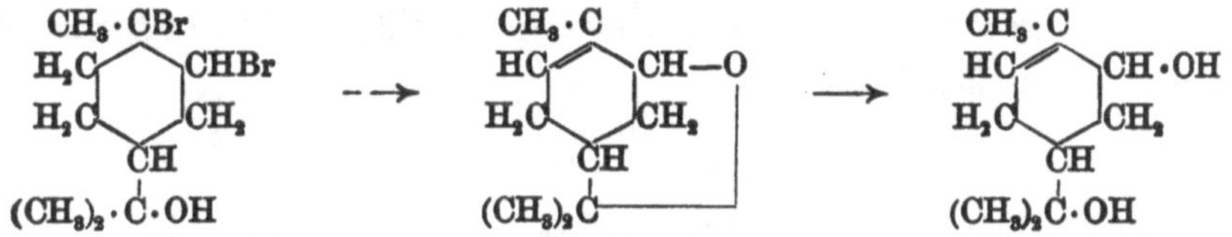

Terpineoldibromid — Pinol — Pinolhydrat

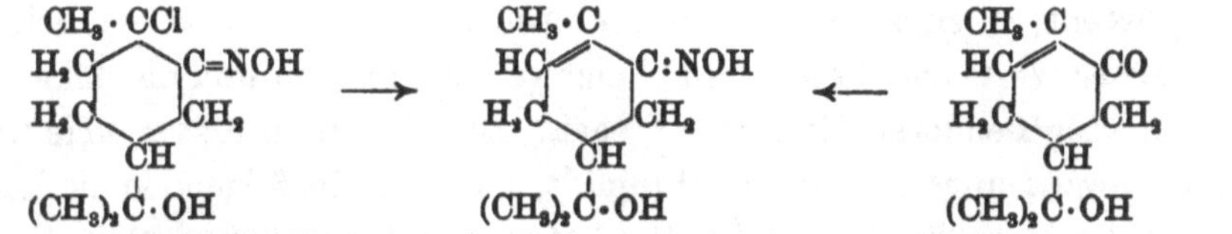

Terpineolnitrosochlorid — Oxyhydrocarvoxim — Oxyhydrocarvon (Oxycarvotanaceton)

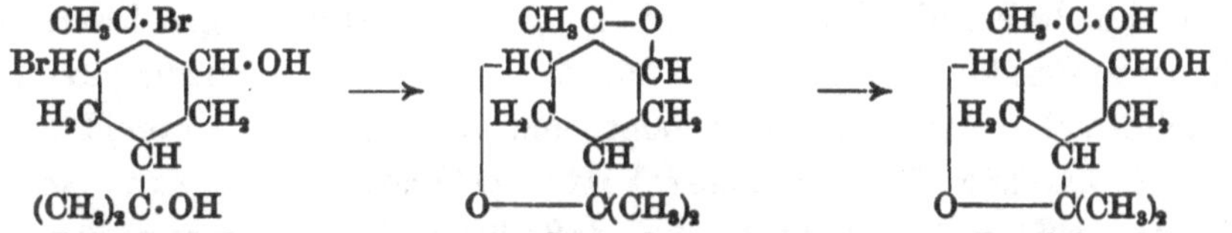

Dibromid des Pinolhydrats — Dioxyd (Anhydrid des Pinolglycols) — Pinolglycol

Die schon 1894 (s. S. 252) (durch Reduktion des Pinoldibromids) durchgeführte Rückverwandlung von Pinol in α-Terpineol stellt sich jetzt folgendermaßen dar:

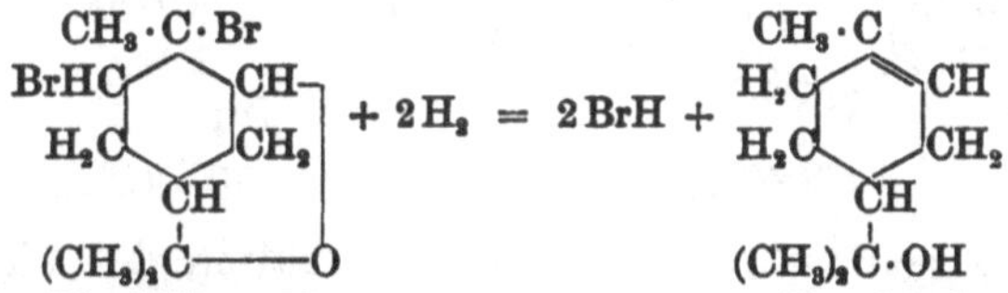

Pinoldibromid — α-Terpineol

Weniger durchsichtig ist der Grund für den besonders leicht sich vollziehenden Übergang von Pinol und Pinolderivaten in Cymol, der nicht ohne die Annahme von Bindungsverschiebungen zu erklären ist.

Größere Schwierigkeiten traten noch hervor, wenn es sich um eine Interpretation des Verhaltens von Pinoltribromid handelte, das ich durch Einwirkung von Bromwasserstoff auf Pinoldibromid erhalten hatte, und das sich durch nascierenden Wasserstoff in ein in seinen Eigenschaften an Methylheptenon erinnerndes, mit Pinol isomeres Keton, das Pinolon $C_{10}H_{16}O$, überführen läßt. Diesbezüglich wurde folgendes bemerkt [A. **306**, 267]:

„So unzweideutig aus den früher mitgeteilten Versuchen auch die „Konstitution des Pinols als

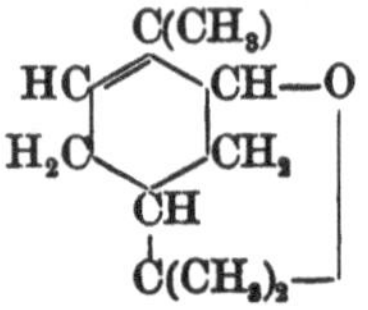

„hervorgeht, so sind doch einige Umformungen bekannt, welche sich in „einfacher Weise aus dieser Formel nicht ableiten lassen und die daher zu „einem eingehenderen Studium anregen. Es gilt das in erster Linie von „den Abwandlungen des Pinoltribromids, von denen im folgenden die Rede „sein soll. Das Pinoltribromid, $C_{10}H_{17}OBr_3$, entsteht bekanntlich durch „Bromwasserstoffaddition an das gegen Zufuhr von Brom indiffe- „rente Pinoldibromid [s. A. **281**, 152]. Die Formel des gegen Brom ge- „sättigten Pinoldibromids folgt eindeutig aus der oben angenommenen „Pinolformel. Wenn sich nun zeigt, daß an das Pinoldibromid zwar „kein Brom, aber Bromwasserstoff angelagert werden kann, so ist „die nächstliegende Annahme die, daß durch den Halogenwasserstoff „die oxydartige Bindung des Sauerstoffatoms im Pinol gesprengt wird. „Für das Pinoltribromid hätte man dann die Wahl zwischen den „beiden Formeln

I. 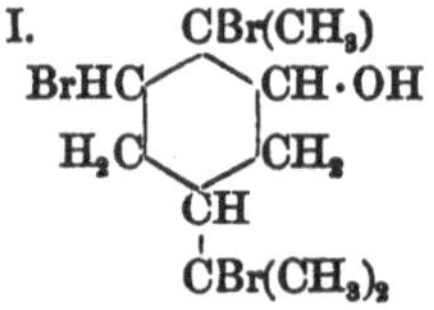

und

II. 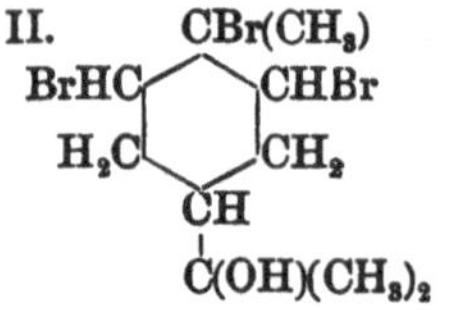

„Keine von beiden trägt aber dem Verhalten des Pinoltribromids „nach allen Richtungen genügend Rechnung. Was die Formel I an- „belangt, so repräsentiert sie eine Verbindung, welche als ein dem „sogenannten Carvontribromid zugehöriger Alkohol aufgefaßt werden „kann. Das Carvontribromid [A. **286**, 119; **305**, 245], welches durch „Addition von Brom zu einer Auflösung von Carvon in Eisessig-Brom- „wasserstoff entsteht, verhält sich nun so durchaus anders wie das „Tribromid aus Pinol, daß eine nahe Zusammengehörigkeit beider „Körper ausgeschlossen erscheint.

„Ebensowenig vermag die Formel II alle der gleich zu besprechenden „Reaktionen des Pinoltribromids genügend zu erklären. Man ist daher „genötigt vorauszusetzen, daß entweder schon bei der Einwirkung von

„Bromwasserstoff auf Pinoldibromid oder bei einigen Umsetzungen des „Pinoltribromids tiefer greifende Verschiebungen im Molekül sich voll- „ziehen [s. A. **281**, 165]. Um die Sachlage beurteilen zu können, ist es „zunächst erforderlich, das Verhalten des Tribromids, $C_{10}H_{17}OBr_3$, mög- „lichst eingehend zu analysieren.

„Die erste wichtige Tatsache, auf welche die Aufmerksamkeit gelenkt „werden muß, ist die, daß durch Abspaltung von Bromwasserstoff aus „dem Tribromid das gewöhnliche, bei 94° schmelzende Pinoldibromid „n i c h t z u r ü c k e r h a l t e n w i r d. Da nun bekanntlich Terpineoldibromid

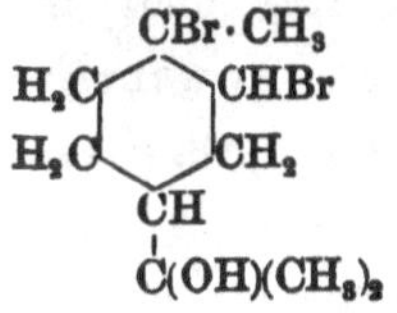

„sehr leicht in Pinol übergeführt werden kann, so kann „Formel II für Pinoltribromid kaum in Betracht „kommen, da durch sie ein Terpineoltribromid repräsentiert wird, welches dem Dibromid so analog gebaut „ist, daß es sich auch ganz ähnlich wie Terpineol- „dibromid verhalten sollte, das heißt, eine Verbindung von Formel II „müßte leicht in Pinoldibromid zurückgehen." [A. **306**, 267.]

Das ist aber eben nicht der Fall, sondern bei der BrH-Abspaltung liefert das Tribromid $C_{10}H_{17}OBr_3$ ein isomeres, u n g e s ä t t i g t e s I s o - p i n o l d i b r o m i d $C_{10}H_{16}OBr_2$, welches durch Kochen mit Alkalien sich weiter in C a r v o n überführen läßt: $C_{10}H_{16}OBr_2 = 2BrH + C_{10}H_{14}O$. Man kann das Tribromid auch direkt durch Kochen mit Kalilauge in Carvon überführen:

„Die geschilderten Übergänge von Pinoltribromid durch i-Pinol- „dibromid in Carvon scheinen auf den ersten Blick nahezu beweisend „für die oben gegebene Formel I für Pinoltribromid zu sein. Was ist „einfacher, als folgende Übergänge zu formulieren?:

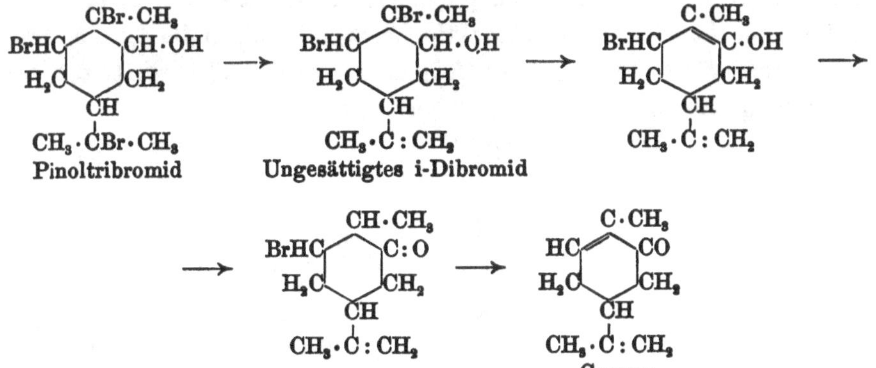

Pinoltribromid — Ungesättigtes i-Dibromid — Carvon

„Auch die erst gegebene Formel II würde sich allenfalls, wenn „auch nicht so gut wie I, zu einer Interpretation der Verwandlung von „Pinoltribromid in Carvon herleihen. Beide Formeln lassen aber im „Stiche, wenn es sich um eine Erklärung des Verhaltens von Pinol„tribromid und Isopinoldibromid bei der Reduktion handelt.

„Es sei vorausgeschickt, daß beide Substanzen bei der Reduktion „dasselbe Produkt liefern, daß also auch hier anzunehmen ist, daß „das Pinoltribromid in erster Linie Bromwasserstoff verliert, um in „Isopinoldibromid überzugehen.“ [A. **306** (1899), 274.]

Um die vorliegenden Widersprüche zu erklären, mußte man annehmen, daß bei dem Übergang von Pinoltribromid in Pinolon während der Reduktion eine Atomumlagerung einsetze, über deren Verlauf erst die nähere Untersuchung des Pinolons Klarheit schaffen konnte.

Die Schwierigkeiten in der Interpretation der beobachteten Erscheinungen wurden nun vollkommen überwunden, als es gelang den Nachweis zu führen [A. **384** (1911), 193], daß Pinolon als Acetylisopropylcyclopenten anzusehen ist, die Verbindung also ein Fünfringsystem und kein Sechsringsystem mehr enthält. Welcher Art die Übergänge sind, die von dem hexacyclischen Pinol zu dem extracyclischen Fünfring-Keton führen, wurde durch folgende Betrachtung erläutert (A. **384**, 196):

„Der Übergang von Pinoltribromid in Pinolon erfolgt in essig„saurer Lösung bei Gegenwart von Zink, d. h. es sind die Bedingungen „gegeben, einerseits zur Aufnahme von Wasserstoff, andererseits zum „Austritt von Bromwasserstoff, wobei es ganz dahingestellt bleiben „kann, ob der Bromwasserstoffaustritt direkt erfolgt, oder nach vor„herigem Austausch von Brom gegen OH bzw. gegen $O{\cdot}COCH_3$. Der „Effekt der sich abspielenden Reaktion tritt ganz klar in die Erscheinung, „wenn man einen Blick auf die folgenden Formelbilder wirft, die den „Übergang, von dem die Rede ist, erläutern sollen:

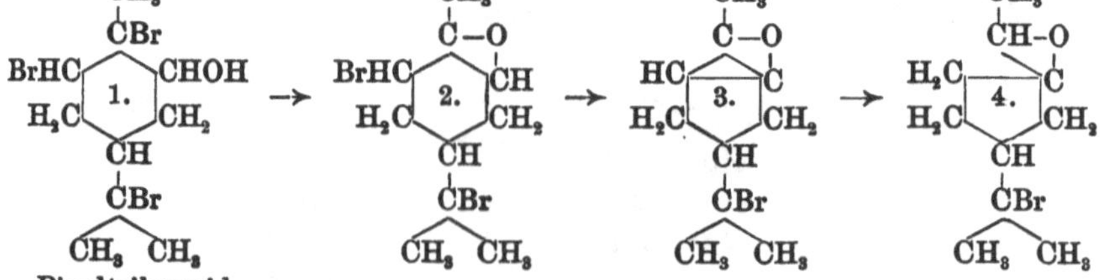

Pinoltribromid

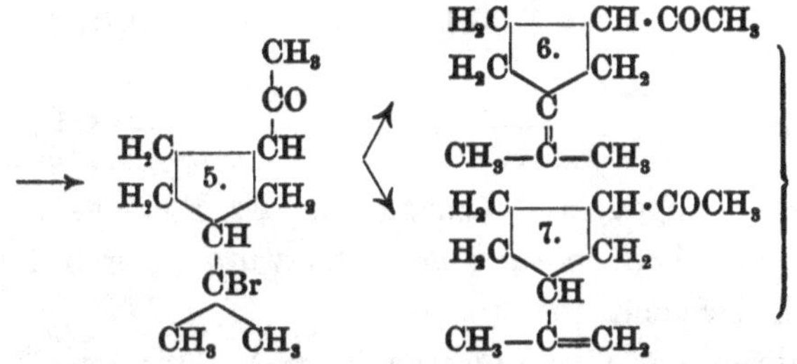

Roh-Pinolon

„Man sieht, daß bei der Reduktion der als intermediär entstehendes „Produkt angenommenen Verbindung 3 ein Glycid (4) entstehen muß. „Nun hat aber G. Darzens neuerdings in einer ganzen Reihe von Fällen „nachgewiesen, daß ganz analog gebaute Verbindungen sich leicht „in Ketone umlagern, und damit erscheint der Übergang von Verbin- „dung 4 in 5 als ganz selbstverständlich. Aus 5 endlich kann nach „zwei Richtungen Brom als Bromwasserstoff austreten, damit das „ungesättigte Pinolon entsteht. In der Tat hat sich herausgestellt, „daß das Roh-Pinolon nicht ganz einheitlich ist, sondern daß das als „Reduktionsprodukt des Pinoltribromids gewinnbare Keton ein Ge- „menge vorstellt, worauf auch schon frühere, auf den Schmelzpunkt „des Semicarbazons bezügliche Beobachtungen hinweisen."

Wenn man statt vom Pinoltribromid vom ungesättigten Dibromid

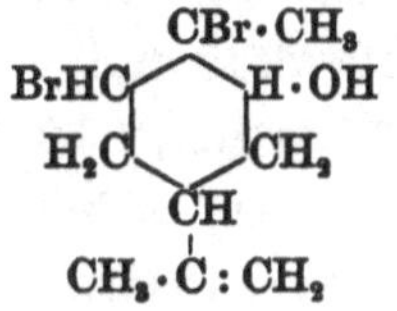

oder

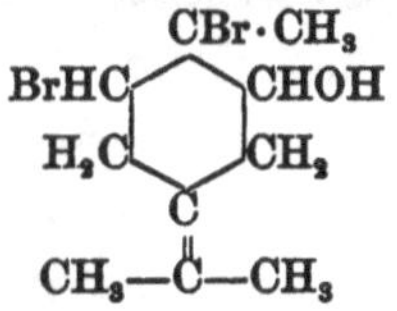

ausgeht, kommt man natürlich zu entsprechenden Ableitungen für die Pinolon-Bildung.

Zum endgültigen Abschluß wurde die Frage nach der Konstitution des Pinolons $C_{10}H_{16}O$ durch dessen Überführung in Dihydropinolon $C_{10}H_{18}O$ gebracht, denn die Identität dieser Verbindung mit 1,3-Acetyl-isopropylpentanon wurde einerseits durch Abbau, andererseits durch eine Synthese aus Isopropylcyclopentanon bewiesen, deren Verlauf folgende Formelbilder veranschaulichen [A. **384**, 199]:

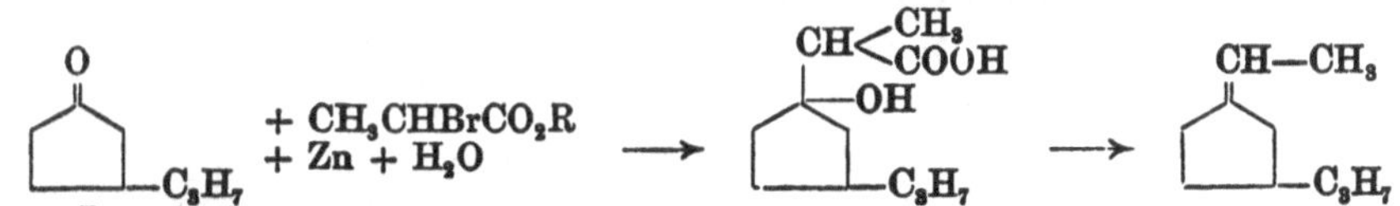

1,3-Isopropyl-pentanon

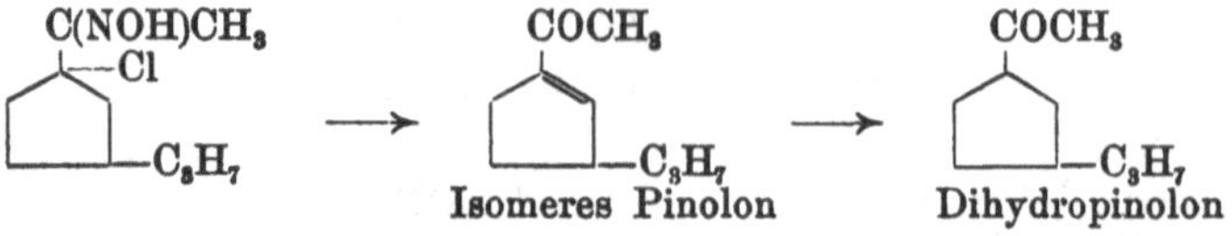

Kaum war es gelungen, die Beziehungen des Pinolons zum Pinol klarzustellen, als eine Beobachtung gemacht wurde, deren Erklärung wiederum auf Schwierigkeit stieß.

Bei der Reduktion des Pinolhydrats mit freiem Wasserstoff entsteht nämlich ein gesättigtes Glycol, dem man die Formel II zuerkennen muß, wenn man für Pinolhydrat Formel I annimmt:

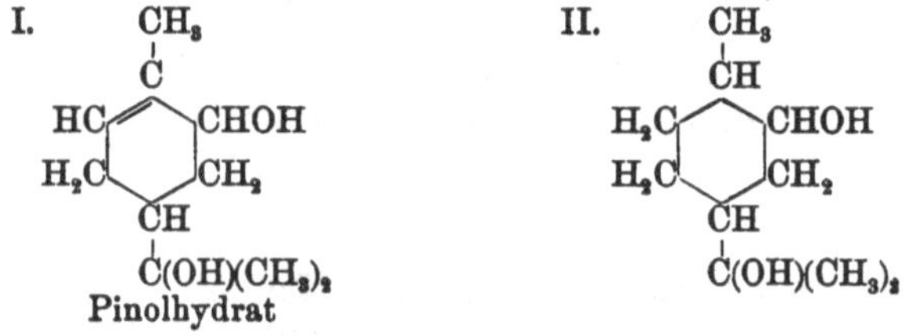

Formel II kommt aber einer Verbindung zu, die bekannt ist und die bei der Hydratisierung von Dihydrocarveol entsteht (s. S. 346). Die Eigenschaften des Glycols aus Pinolhydrat weichen nun sowohl in den aktiven wie in den inaktiven Formen erheblich von dem aus Dihydrocarveol erhältlichen 2,8-Menthandiol ab. Worauf beruht das? Entweder man hat es im Dihydro-Pinolhydrat mit einer besonderen stereoisomeren Form des 2,8-Menthandiols zu tun, oder bei seiner Entstehung finden Atomverschiebungen statt, oder es kommt dem Pinolhydrat doch eine andere Formel zu, als man auf Grund der bisher beobachteten Erscheinungen anzunehmen berechtigt war. Nach dem bisher zur Entscheidung dieser Fragen herbeigebrachten Tatsachenmaterial (s. unten) erscheint die erste Erklärung als die plausibelste. Als ganz spruchreif kann die Sache aber noch nicht bezeichnet werden.

Spezielles über die Verbindungen der Pinolgruppe.

Pinol, $C_{10}H_{16}O$.

[A. **253**, 251, 252; **258**, 345; **259**, 317 Anm.; **381**, 61; **384**, 193.]

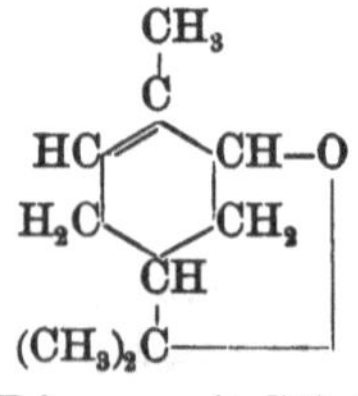

Darstellung: Durch Behandlung von Pinen mit Stickoxyden (siehe S. 236) oder besser aus α-Terpineoldibromid mit Alkali [A. **277**, 113].

Reindarstellung: Diese kann erfolgen durch Zerlegung des Pinoldibromids mit alkoholischem Kali [A. **253**, 254] oder Anilin [A. **253**, 261 Anm.], durch Einwirkung von metallischem Natrium auf das Dibromid in Benzollösung [A. **259**, 322], oder durch Zerlegung von Pinolhydrat mit verdünnten Säuren [A. **259**, 315].

Eigenschaften [A. **253**, 252; **259**, 323; **277**, 115; **281**, 148]: Flüssig. Kp. 183—184°, $d = 0{,}942$ (0,9455), $n_D = 1{,}4714$ bei 20°. $M = 45{,}13$. Riecht wie Cineol und Campher. Geht mit Mineralsäuren leicht in Cymol über [A. **253**, 254; **281**, 148; **291**, 358], ist gegen Reduktionsmittel beständig, liefert bei der Oxydation mit Permanganat Terebinsäure [A. **253**, 256; **259**, 317; B. **28**, 2709]. Verbindet sich mit Brom zu

Pinoldibromid, $C_{10}H_{16}Br_2O$ [A. **253**, 253].

Dieses bildet sich auch beim Behandeln von Pinolglycol mit PBr_3 in Chloroformlösung [A. **281**, 152].

F. 94°, Kp. 143—144°, mit Wasserdämpfen flüchtig, leicht löslich in organischen Solventien, kristallisiert sehr leicht in großen charakteristischen rhombischen Kristallen. Liefert beim Erhitzen mit Ameisensäure, zum Teil auch bei der Reduktion mit Zink und Essigsäure Cymol [A. **268**, 224; **281**, 149]. In letzterem Falle bilden sich als Hauptprodukte der Reduktion in der Wärme Pinolglycoldiacetat, in der Kälte α-Terpineol. Bei der Oxydation des Dibromids mit Permanganat entsteht Terebinsäure [A. **253**, 258]. Beim Behandeln mit alkoholischem Kali wird Pinol zurückgebildet (s. oben), daneben entsteht Pinolglycoläther (s. S. 265). Addition von HBr führt zu Pinoltribromid (s. S. 266). Über den Übergang in Pinolglycol s. S. 265.

Pinolbisnitrosochlorid, $(C_{10}H_{16}O \cdot NOCl)_2$ [A. **253**, 261; **306**, 278].

Bildet sich sehr leicht. Schmilzt bei schnellem Erhitzen bei 116—120°, ist in Methylalkohol fast unlöslich, in Chloroform und Benzol löslich. Die Lösung ist bei —12° farblos, bei gewöhnlicher Temperatur bläulich, wird beim Erwärmen mit zunehmender Temperatur immer tiefer blau, was auf fortschreitender Dissoziation in die monomolekulare Verbindung beruht [A. **306**, 279].

Beim Aufbewahren oder beim Behandeln der Verbindung mit Salzsäure bei Gegenwart von Essigester geht das Bisnitrosochlorid über in das isomere

Pinolisonitrosochlorid.

Schön ausgebildete Prismen. F. 131° [A. **306**, 280], bei 150° tritt Zersetzung ein. Das Chlorid ist monomolekular. Bei der Reduktion mit Zink und Essigsäure entsteht daraus ein (nicht flüchtiges) Dioxyketon, Semicarbazon F. 182° [unv. Beob.].

Mit Basen in Umsetzung gebracht, liefern Pinolbisnitrosochlorid und Pinolisonitrosochlorid dieselben

Pinol-Nitrolamine [A. **253**, 262—267; **306**, 281].

Nitrolpiperidid, F. 154°. Nitrolbenzylamid, F. 135—136°. Nitrolanilid, F. mit einem Molekül Kristallalkohol 133—134°, alkoholfrei 174—175°. Nitrol-β-Naphthylamid, F. 194—195°. Nitrolamin, $C_{10}H_{16}O \cdot NO \cdot NH_2$, sirupös. Chlorhydrat, kristallinisch. Gibt bei der Reduktion kristallinisches Diamin [unv. Beob.].

Bei längerer Berührung mit Alkoholen tauschen die Nitrosochloride das Chlor gegen das Alkoholradikal (OR) aus [A. **306**, 281]:

Methoxylverbindung, $C_{10}H_{16}NO \cdot OCH_3$, Nadeln F. 138°.

Äthoxylverbindung, $C_{10}H_{16}NO \cdot OC_2H_5$, Prismen F. 100°.

Pinolbromhydrat, $C_{10}H_{17}BrO$.

Entsteht bei der Behandlung von Pinol mit Eisessig-Bromwasserstoff [A. **259**, 313; **291**, 351].

i-Pinolhydrat, $C_{10}H_{16}(OH)_2$.[1]

Bildungsweise und Darstellung: Bildet sich bei der Darstellung von Pinol aus Terpineolbromid [A. **277**, 114; **281**, 148]. Am besten stellt man es durch Behandlung von Pinolbromhydrat mit Alkali dar [A. **259**, 313, 314; **291**, 351].

Eigenschaften [A. **259**, 314]: Schöne Kristalle, löslich in etwa 30 Teilen Wasser bei 15°, leichter in Alkohol und in Äther, F. 131°. Zerlegt sich mit Säuren unter Bildung von Pinol. Gibt bei der Oxydation mit Permanganat Terpenylsäure [A. **259**, 318], bei der Oxydation mit Chromsäure Oxydihydrocarvon (s. unten) [A. **291**, 355ff.]. Pinolhydrat addiert Brom und liefert dabei das

[1] Optisch aktives Pinolhydrat, F. 148—149°, $[\alpha]_D = +141{,}16°$, entsteht bei langsamer Oxydation von feuchtem Pinen mit Luftsauerstoff. Ein so gebildetes Präparat hat zuerst Sobrero in der Hand gehabt Armstrong hat es daher Sobrerol genannt, ein Name, den man für die aktive Verbindung beibehalten mag.

Dibromid, $C_{10}H_{16}Br_2(OH)_2$ (Dibrom-1,6-dioxy-2,8-hexahydrocymol) [A. **291**, 353]. Schwer lösliche Blätter, F. 131—132°. Beim Erwärmen mit Natriummethylat entsteht das Anhydrid des Pinolglycols (s. S. 266).

Dihydropinolhydrat, $C_{10}H_{18}(OH)_2$. [A. **381**, 61.]

Entsteht aus Pinolhydrat bei der Reduktion mit Palladium-Wasserstoff. Inaktiv, F. 139—140°, aktiv F. 158—159°.

Überführung von Pinol (bzw. Pinolhydrat) in Carvon. [A. **291**, 355—359.]

Pinolhydrat, $C_{10}H_{16}(OH)_2$, liefert bei der Oxydation mit Chromsäure ein

Oxydihydrocarvon, $C_{10}H_{15}(OH)O$. Semicarbazon, $C_{11}H_{19}N_3O_3 + 1 H_2O$, F. 174°. Oxim, $C_{10}H_{15}(OH)NOH$, F. 134°.

Dieses ist identisch mit dem Oxydihydrocarvoxim, das aus Terpineolnitrosochlorid durch Salzsäureentziehung entsteht (s. S. 257 und 302). Wie dieses liefert es beim Erwärmen mit Säuren **i-Carvon.**

Pinolglycol, $C_{10}H_{16}O(OH)_2$

entsteht durch Umsetzung von Pinoldibromid mit Silberoxyd [A. **259**, 312] oder besser mit Bleihydroxyd [A. **268**, 223] oder durch Verseifen seiner Ester mit Alkali, ferner aus seinem Anhydrid (s. S. 266).

Eigenschaften [A. **259**, 312]: Sehr löslich in Chloroform, aus der Lösung durch Ligroin fällbar. Löslich in Wasser. F. 125°. Geht durch Umsetzung mit Phosphortribromid in Pinoldibromid (F. 94°) zurück [A. **281**, 152; **291**, 355], liefert beim Kochen mit Essigsäureanhydrid das zugehörige Diacetat [A. **259**, 312]. Bei der Oxydation mit Permanganat entsteht Terpenylsäure [A. **259**, 322], mit Hypobromit spaltet es CBr_4 ab [A. **277**, 120].

Die Ester des Pinolglycols erhält man am bequemsten durch Umsetzung von Pinoldibromid mit geeigneten Metallsalzen.

Pinolglycoldiacetat, $C_{10}H_{16}O(OCOCH_3)_2$ [A. **259**, 311; **268**, 222; **281**, 149], F. 97—98°, $Kp._{20}$ 155°. Pinolglycoldipropionat, $C_{10}H_{16}O(OCOC_2H_5)_2$ [A. **268**, 223], F. 106°. Unlöslich in Wasser.

Pinolglycoldiäthyläther, $C_{10}H_{16}O(OC_2H_5)_2$ [A. **253**, 254, 260], entsteht bei der Umsetzung von Pinoldibromid mit alkoholischem Kali. F. 52—53°, $Kp._{14}$ 110—120°, sehr löslich in Alkohol und Äther.

Anhydrid des Pinolglycols (Dioxyd), $C_{10}H_{16}O_2$ (Formel s. S. 257). [A. **291**, 354.]

Entsteht aus dem Dibromid des Pinolhydrats durch Erwärmen mit Natriummethylat. Kp. 206—207°, $Kp._{12}$ 82°, $d = 1{,}0335$, $n_D =$ 1,4588 bei 20°. Geht in Berührung mit verdünnter Schwefelsäure unter Wasseraufnahme in das gewöhnliche, bei 125° schmelzende Pinolglycol über (s. S. 265). Verhält sich gegen Brom und Permanganat gesättigt. Halogenwasserstoffsäuren werden in trockenen Lösungsmitteln zunächst additionell aufgenommen. Durch Wasser bzw. Alkali werden die Verbindungen aber wieder zerlegt unter Entstehung von Pinolglycol.

Isomeres Pinolglycol, $C_{10}H_{16}O(OH)_2$

ist zuerst von G. Wagner bei der Oxydation von Pinol mit verdünntem Permanganat erhalten worden. Es schmilzt bei 129° und liefert mit Bromphosphor ein sirupförmiges Bromid [B. **28**, 2710; A. **291**, 366].

Pinoltribromid, $C_{10}H_{17}OBr_3$.

Das Auftreten dieser Verbindung wurde zuerst unter den Nebenprodukten bei der Pinoldibromiddarstellung beobachtet [A. **259**, 324; **281**, 153]. Sie entsteht durch Bromwasserstoffaddition an die letztere Verbindung, am besten in Eisessiglösung [A. **281**, 152].

Eigenschaften: F. 160° unter Zersetzung. Gibt mit Silberacetat, Natriumacetat oder Bleiacetat in der Kälte ein

Gebromtes Acetat $C_{10}H_{17}OBr_2O \cdot COCH_3$, F. 118—120°. Bei der Umsetzung des Pinoltribromids mit Silberacetat in der Wärme [B. **28**, 2712] in Essigätherlösung entsteht:

Isopinoldibromid, $C_{10}H_{16}Br_2O$ [A. **306**, 269—271].

Eigenschaften: F. 94°. Mit Wasserdämpfen flüchtig. Kann aus dem Tribromid auch durch Bromwasserstoffentziehung mittels Chinolin in Benzollösung gewonnen werden.

Durch Anlagerung von Bromwasserstoff geht Isopinoldibromid in Pinoltribromid zurück. Es nimmt additionell 1 Mol. Brom auf und gibt das Tetrabromid $C_{10}H_{16}Br_4O$ [A. **306**, 272], F. 132°.

Sowohl Pinoltribromid wie Isopinoldibromid gehen beim Kochen mit Kalilauge in **i-Carvon** über [A. **306**, 272].

Isopinoldibromid und Natriummethylat setzen sich zu Carveolmethyläther $C_{10}H_{15}OCH_3$(?) um [A. **306**, 273].

Umwandlungsprodukte, die aus Pinoltribromid und Isopinoldibromid durch nascierenden Wasserstoff entstehen.

Pinoltribromid gibt bei der Reduktion mit Natrium in alkoholischer Lösung neben Kohlenwasserstoffen anscheinend der Carvongruppe angehörende Verbindungen [A. **281**, 154], über die Reduktion des Tribromids mit Zinkstaub in alkalischer Flüssigkeit siehe Näheres A. **281**, 158. Durch Reduktion mit Zinkstaub in Eisessiglösung entsteht aus Pinoltribromid und Isopinoldibromid ein extracyclisches Fünfring-Keton, das

Pinolon, $C_{10}H_{16}O$ [A. **281**, 155; **306**, 275; **384**, 196; B. **28**, 2711].

Eigenschaften: Kp. 214—217°, $d = 0{,}916$, $n_D = 1{,}46603$ bei 20°. Verbindet sich mit Bisulfit, enthält nur eine Äthylenbindung, ist gelb gefärbt, riecht nach Amylacetat, ist empfindlich gegen Alkali.

Semicarbazon entsteht sehr leicht, F. 158° und 173°. Oxim, flüssig, Kp.$_{15}$ um 150°. Bei der Reduktion entsteht aus dem Oxim eine starke

Base $C_{10}H_{17}NH_2$, flüssig, Carbamid, $C_{10}H_{17}NH \cdot CO \cdot NH_2$, F. 186°.

Mit Pinolon isomer ist der „Isocampher". Oxim F. 105° [A. **392**, 75] (s. auch S. 102) und ein synthetisch aus Isopropylcyclopentanon gewonnenes Keton, Semicarbazon, F. 182—184° [A. **384**, 207].

Bei der Reduktion des freien Pinolons erhält man den Alkohol:

Pinolol, $C_{10}H_{17}OH$ [A. **281**, 157; **306**, 276; B. **28**, 2711].

Dicke, farblose Flüssigkeit. Kp. 218—220° (Kp.$_{15}$ 108°), $d = 0{,}91$, $n_D = 1{,}47292$ bei 20°; $d = 0{,}91$, $n_D = 1{,}47096$ bei 21°. Riecht ähnlich wie Linalool und Terpineol. Gibt mit Säuren ein Oxyd von niedrigerem Siedepunkt.

Dihydropinolon (Acetylisopropylcyclopentan),

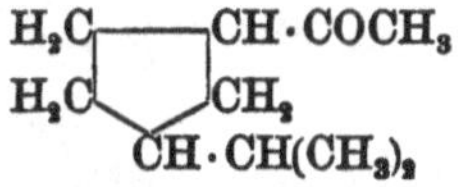

[A. **384**, 200; **392**, 71].

Entsteht bei der Reduktion von Pinolon [A. **384**, 200] oder von Isocampher mit Palladium-Wasserstoff [A. **392**, 71], ist synthetisch dargestellt aus 1,3-Isopropylcyclopentanon [A. **384**, 204].

Eigenschaften: Kp. 211°, $d_{21} = 0{,}8885$, $n_D = 1{,}4466$, farblos, riecht wie Amylacetat.

Oxim ölig. Semicarbazon F. 164—165°.

Liefert mit Hypobromit Isopropyl-(1)-cyclopentancarbonsäure-(3). Amid F. 164—165°.

Dihydropinolol, $C_{10}H_{19}OH$. [A. **384**, 206; **392**, 71.]

Durch Reduktion des Dihydropinolons dargestellt. Kp. 215—216°, $d_{19} = 0{,}8920$, $n_D = 1{,}4569$.

Liefert mit Chlorzink:

Kohlenwasserstoff $C_{10}H_{18}$. Kp. 171—174°, $d_{22} = 0{,}812$, $n_D = 1{,}4515$, $M = 45{,}80$. Gibt nur langsam und wenig Nitrosochlorid, F. 130°.

Dihydropinolylamin, $C_{10}H_{19}NH_2$.

Durch Reduktion aus Dihydropinolonoxim dargestellt. Kp. 207°. Carbamid F. 186°. Phenylharnstoff F. 144°.

III. Limonen.

Allgemeines über Limonen und Dipenten.

Unter den Namen Limonen und Dipenten unterschied ich 1884 Bestandteile ätherischer Öle von folgenden Eigenschaften [A. **227**, 301, vgl. auch Allgem. Teil S. 11]:

„Limonen. Der Siedepunkt liegt zwischen 175 und 177°. Das „Terpen hat einen charakteristischen Citronengeruch, gibt ein bei 71° „schmelzendes Nitrosoderivat, verbindet sich mit Brom zu einem bei „104—105° schmelzenden, rhombisch-hemiedrisch kristallisierenden „Tetrabromid und mit Salzsäure in ätherischer Lösung zu dem bei „50° schmelzenden Dichlorhydrat des Dipentens. Bei hoher Temperatur „geht es in Dipenten über. Als Limonen sind fortan zu bezeichnen:[1] „das Hesperiden, Citren, Carven usf.

„Dipenten. (Im Namen ist die Entstehung aus dem Kohlen- „wasserstoff C_5H_8 angedeutet.)

„Das Terpen siedet bei 180—182°. Der Geruch ist sehr ähnlich „dem des Limonens. Es verbindet sich mit Brom zu einem rhombisch „kristallisierenden, bei 125—126° schmelzenden Tetrabromid und (ohne „dabei in eine andere Modifikation überzugehen) mit 2 Mol. HCl zu „einer bei 49—50° schmelzenden Verbindung. Bei hoher Temperatur

[1] Über die Namenbildung vgl. auch A. 245 (1888), 201 Anm.

„polymerisiert es sich, ohne vorher in eine andere Modifikation über-„zugehen.

„Als Dipenten ist fortan zu bezeichnen: das Diisopren, Cinen, „Cajeputen, Kautschin, Isoterebenten u. a."

Limonen und Dipenten wurden anfangs für chemisch verschieden gehalten, da sie ganz verschiedene Derivate (Tetrabromide, Nitrosochloride, Nitrolamine, Nitrosoverbindungen) lieferten und auch der Siedepunkt des freien Dipentens immer etwas höher gefunden war, als der des Limonens [A. **286** (1895), 138; **350,** 149; B. **40** (1907), 600]. Da fand ich 1888 das l-Limonen auf, während vorher nur d-Limonen zur Untersuchung gekommen war, und es stellte sich heraus, daß die Dipentenverbindungen nichts anderes sind als racemische Limonenverbindungen [A. **246,** 225], Dipenten demnach als i-Limonen angesehen werden kann (s. Allgem. Teil S. 179). Die Frage, warum der Siedepunkt derjenigen Fraktion, die (infolge der reichlichen Bildung des charakteristischen Tetrabromids daraus) als „Dipenten" angesprochen werden mußte, stets höher gefunden wurde als der des Limonens, bleibt noch einwandfrei zu beantworten.

Ich habe mehrfach Gelegenheit genommen, diesen Punkt zur Sprache zu bringen. Zuerst 1895 [A. **286,** 138] (über das a. a. O. Gesagte vgl. Allgem. Teil S. 180). 1906 bin ich [A. **350,** 149] auf die Sache zurückgekommen, um der irreführenden Behauptung zu widersprechen, „daß der früher beobachtete zu hohe Siedepunkt des Dipentens durch „einen Gehalt an Terpinen verursacht" oder gar auf „falsche Siedepunktsbestimmungen" zurückzuführen sei.

Eine nochmalige Prüfung des Sachverhalts [B. **40,** 600ff.] an einem aus Dipentendichlorhydrat dargestellten „Dipenten" führte 1907 zu dem Resultat, „daß in der „Dipenten"fraktion Kp. 177—178° eines der „durch die bekannten Reaktionen nachweisbaren anderen Ter-„pene kaum in solcher Menge enthalten sein dürfte, daß der Siedepunkt „des i-Limonens durch dessen Gegenwart so merklich beeinflußt werden „könnte. Wahrscheinlicher ist es mir zurzeit, daß die beobachtete „Siedepunktserhöhung durch einen anderen Kohlenwasserstoff „bewirkt wird, der sich gern mit Dipenten vergesellschaftet und auch „durch mehrfaches Fraktionieren so schwer davon zu trennen ist, daß „man beim Arbeiten in gewöhnlichem Maßstabe den Eindruck eines „ziemlich konstant siedenden Produktes erhält. . . . Für die Praxis

„hat man aus dem Tatbestande jedenfalls zu folgern, daß man beim „Aufsuchen von Dipenten in Kohlenwasserstoffgemischen nach „wie vor die etwas höher als Limonen siedenden Fraktionen in Rück- „sicht zu ziehen hat.“ [B. **40**, 606.]

Die Feststellung, daß die Menthadiene mit konjugierter Lage der Äthylenbindungen merklich höher sieden als die Bindungsisomeren (s. A. **374**, 215), hat zuletzt zu folgender Erklärung für die Siedepunkts-anomalie, die das synthetische Dipenten zeigt, geführt:

„Man wird jetzt die Annahme nicht von der Hand weisen können, „daß diese Erscheinung wahrscheinlich darin begründet ist, daß Li- „monen (Dipenten) sich unter bestimmten Bedingungen in dem Sinne „teilweise isomerisieren kann, daß die Äthylenbindung von Δ' sich „nach der die zweite Äthylenbindung enthaltenden Seitenkette hin „verschiebt.“ [A. **374**, 216 (1910).]

Die Konstitution des Limonens wurde anfangs als die eines „hydrierten Cymols“, als etwa 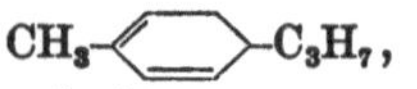, angesprochen [A. **239**, 52]. Diese Auffassung fußte auf den zuerst von H. Goldschmidt festgelegten Beziehungen von Limonen zu Carvon (Limonennitrosochlorid läßt sich durch Salzsäureabspaltung in Carvoxim überführen). Nun hielt man Carvon, weil es sich so ungemein leicht zu Carvacrol isomerisiert, für die Ketoform dieses Phenols:

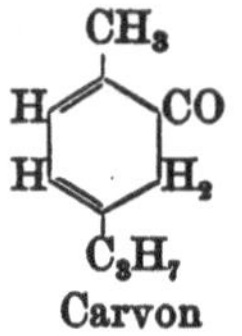

Carvon

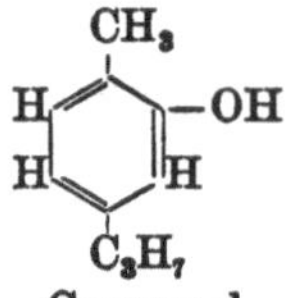

Carvacrol

Somit mußte man auch im Limonen beide Äthylenbindungen als im Ring befindlich annehmen. Aber die Auffassung des Limonens als hydriertes Cymol begegnete auch Bedenken, die ich auf Grund des Verhaltens des Limonentetrabromids schon 1891 zum Ausdruck brachte [B. **24**, 1567]. Legte man nämlich für Limonen eine Hydrocymolformel zugrunde, so mußte man erwarten, daß das Tetrabromid bei Bromwasserstoffentziehung Bromcymol liefern würde. Das war aber nicht der Fall, sondern es entstand ein aktives, ungesättigtes Bromid.

Nachdem dann 1893 für das α-Terpineol — dessen leichten Übergang in Terpinolen und in Dipenten unter H_2O-Abspaltung ich früher nachgewiesen hatte — die Stellung des Hydroxyls in der Seitenkette erwiesen war (vgl. unter Terpineol S. 291), lag die Annahme nahe, daß eine Äthylenbindung im Dipenten (Limonen) in der Seitenkette sich befinde (vgl. S. 6 und 200). Die Berechtigung der von G. Wagner zuerst vorgeschlagenen Limonenformel, die jetzt im Gebrauch ist, ist einerseits durch die Resultate des oxydativen Abbaus durch Tiemann gestützt und anderseits durch die mannigfaltigen Umformungen der zum Limonen in engster Beziehung stehenden Verbindungen, die mit nebenstehender Formel sich gut erklären lassen.[1]

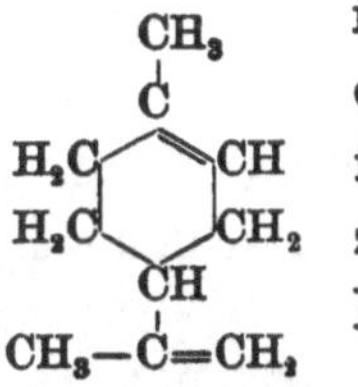

Eine Partialsynthese des Dipentens (Limonens) aus Nopinon gelang durch das Methylnopinol hindurch (1907) [A. **356**, 248 ff.; **360**, 88].

Entsprechende Reaktionen führten vom Nopinon aus zur Synthese der wahren höheren Homologen des Dipentens und der zugehörigen Dihalogenide [A. **357**, 58 ff.; **360**, 91], also zu

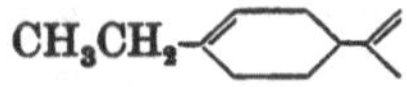 und 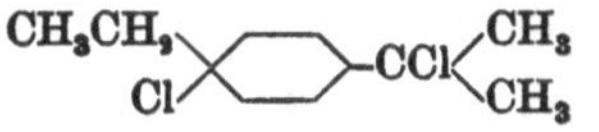 usf.

Spezielles über die Limonenverbindungen.

Limonen, $C_{10}H_{16}$, $CH_3-C\genfrac{}{}{0pt}{}{CH_2-CH_2}{CH-CH_2}CH-C\genfrac{}{}{0pt}{}{CH_2}{CH_3}$.

Existiert als d- und l-Limonen, als racemisches Gemisch führt es den Namen Dipenten (s. S. 269) [A. **246**, 229; **252**, 124 Anm.].

Vorkommen: Als d-Limonen im Orangenschalenöl [A. **225**, 318; **227**, 289], Citronenöl [A. **227**, 290], Bergamottöl [A. **227**, 291], Kümmelöl [A. **227**, 291], Dillöl, Erigeronöl [A. **227**, 292], Massoyöl [A. **258**, 442];

als l-Limonen in den Nadeln von Pinus silvestris [A. **227**, 287; **246**, 221].

Bildungsweise: Aus Homonopinol, bzw. daraus entstehendem aktiven α-Terpineol durch Wasserabspaltung, bei der Umsetzung von Fenchylamin mit N_2O_3 (neben Fenchen und Cineol) [A. **362**, 188].

Eigenschaften: Kp. 175—176°, $d = 0{,}846$, $n_D = 1{,}47459$.

Optisches Verhalten [A. **246**, 222; **252**, 145]: d-Limonen: $[\alpha]_D = +106{,}8°$, l-Limonen: $[\alpha]_D = -105°$.

Beim Erhitzen inaktiviert sich Limonen, d. h. es geht in Dipenten über [A. **227**, 287, 289, 291, 301 u. a. a. O.].

[1] Über die Umwandlung von Limonentetrabromid in Carvon und Carveoläther siehe S. 273 und S. 342.

Limonenmonochlorhydrat, $C_{10}H_{16} \cdot HCl$,

$$CH_3-C\begin{matrix}\diagup CH_2-CH_2\diagdown \\ \diagdown CH-CH_2\diagup\end{matrix}CH-CCl\begin{matrix}\diagup CH_3 \\ \diagdown CH_3\end{matrix}.$$

Darstellung: am besten durch Einleiten von trockenem HCl in eine Lösung von Limonen in Schwefelkohlenstoff unter Ausschluß von Feuchtigkeit [A. **245**, 247, 259; **270**, 189].

Eigenschaften [A. **245**, 259; **270**, 189, 190]: $Kp._{11-12}$ 97—98°. Die Verbindung aus d-Limonen zeigt $d = 0{,}973$ bei 18°, $[\alpha]_D = +39{,}5°$, die aus l-Limonen $d = 0{,}982$ bei 16°, $[\alpha]_D = -40°$.

Beim Aufbewahren inaktiviert sich die Verbindung allmählich; dabei tritt Siedepunktserhöhung ein. In Berührung mit Wasser bildet sie Terpinhydrat (s. S. 309) [A. **270**, 190]. Beim Schütteln mit Kali entsteht aktives α-Terpineol (s. S. 301) [A. **350**, 154].

Limonenmonochlorhydrat ist ungesättigt und liefert folgende Additionsprodukte:

mit NOCl und N_2O_4: Limonenmonochlornitrosochlorid bzw. -nitrosat (s. S. 276) [A. **245**, 249, 260; **270**, 191]; mit HCl: Dipentendichlorhydrat (s. S. 278) [A. **245**, 249]; mit HBr die Verbindung $C_{10}H_{16} \cdot HCl \cdot HBr$, F. 47—48° [A. **245**, 249].

Durch Addition von Limonen zu 2 Mol. Halogenwasserstoffsäure entstehen die betreffenden Dipentenverbindungen [A. **239**, 9]. (S. unter Dipentendichlorhydrat, -dibromhydrat und -dijodhydrat.)

Limonentetrabromide, $C_{10}H_{16}Br_4$

[A. **225**, 318; **227**, 278; **239**, 9, 11; **246**, 224; **252**, 145; **264**, 12; **275**, 109; **281**, 127ff.; **286**, 140; **324**, 86].

Limonen gibt beim Bromieren in ganz trockenen Lösungsmitteln andere Produkte als beim Bromieren in feuchten, und zwar entsteht unter den ersteren Bedingungen ein flüssiges, unter den letzteren ein kristallisiertes Bromid [A. **227**, 281; **264**, 14ff.; **281**, 138].

Eigenschaften des kristallisierten Bromids:

$$CH_3-CBr\begin{matrix}\diagup CH_2-CH_2\diagdown \\ \diagdown CHBr-CH_2\diagup\end{matrix}CH-CBr\begin{matrix}\diagup CH_3 \\ \diagdown CH_2Br\end{matrix}$$

F. 104—105°, kristallisiert am besten aus Essigester in großen, rhombisch-hemiedrisch ausgebildeten Kristallen [A. **227**, 278]. Optisches Verhalten: d-Bromid $[\alpha]_D = +73°$, l-Bromid $[\alpha]_D = -73°$ [A. **252**, 145].

Bei der Reduktion geht das kristallisierte Tetrabromid in

Limonen zurück, das flüssige Bromid nicht [A. **281**, 138]. Beim Erhitzen für sich zersetzt sich das Tetrabromid unter starker Entbindung von HBr [A. **239**, **11**]. Erhitzen mit Anilin führt in sehr geringer Ausbeute zu einem Gemisch von aromatischen Kohlenwasserstoffen [A. **264**, 21].

Durch Erwärmen mit Natriummethylat [A. **239**, 11; **264**, 16; **275**, 109; **281**, 127; **324**, 86] geht das kristallisierte Bromid (nicht das flüssige [A. **281**, 138]) (s. auch Allgem. Teil S. 82) über in:

Monobromcarveoläther, $C_{10}H_{14}BrOCH_3$,

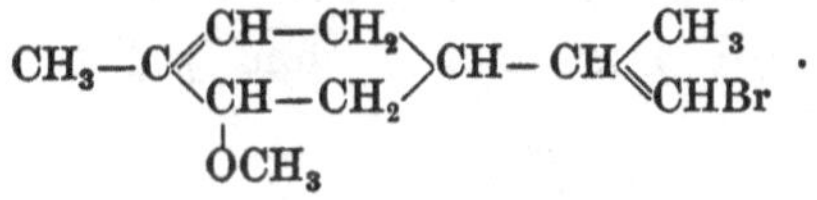

Kp.$_{14}$ 137—140°, $d = 1{,}251$, $n_D = 1{,}51963$ bei 18°. Gibt mit Bromwasserstoffeisessig Dipententetrabromid (s. S. 280).

Das Bromatom ist sehr fest gebunden; durch Reduktion entsteht Carveolmethyläther, $C_{10}H_{15}OCH_3$, Kp. 210—212°, $d = 0{,}9065$, $n_D = 1{,}47586$ bei 18°. Ist optisch aktiv und addiert leicht Halogen und Halogenwasserstoff. Durch Oxydation mit Chromsäure entsteht i-Carvon, $C_{10}H_{17}O$ (s. S. 302).

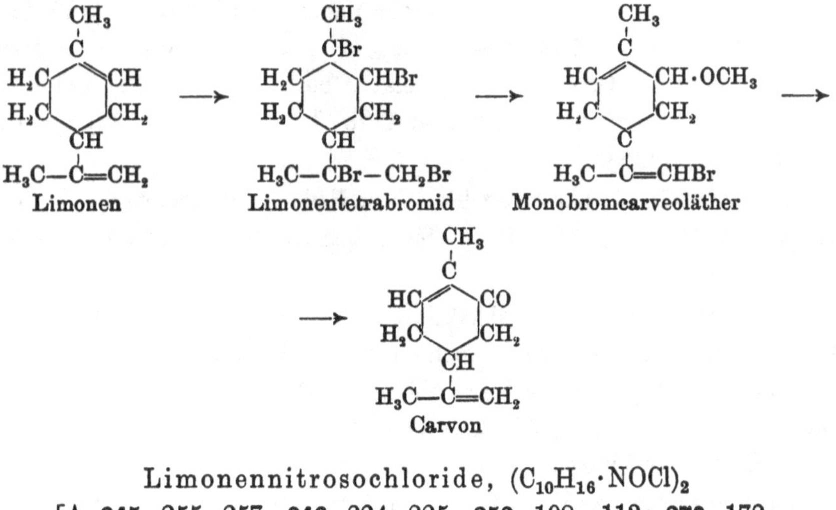

Limonennitrosochloride, $(C_{10}H_{16}\cdot NOCl)_2$

[A. **245**, 255, 257; **246**, 224, 225; **252**, 108—113; **270**, 172; B. **24**, 1560; **28**, 1308, 1474].

Bei der Einwirkung von Nitrosylchlorid auf Limonen bilden sich immer gleichzeitig zwei Modifikationen (α- und β-) des Limonennitrosochlorids, welche sich durch Äther [A. **252**, 110] oder besser durch Aceton [A. **336**, 43 Anm.] trennen lassen. α-Nitrosochlorid wird in überwiegender Menge gebildet. Näheres über das Mengenverhältnis der beiden Nitrosochloride: A. **270**, 174; B. **28**, 1312.

Beim Aufbewahren zersetzen sich die Nitrosochloride, und zwar die α-Modifikation schneller als die β-Modifikation unter Bildung von Hydrochlorcarvoxim und Carvoxim, welches bei Anwesenheit von Feuchtigkeit Carvon abspaltet [A. **270**, 175].

Alkoholische Lösungen von Limonennitrosochlorid geben mit Salzsäure Hydrochlorcarvoxim, F. 135° [A. **270**, 178]. Durch Salzsäureentziehung erhält man aus α- und β-Nitrosochlorid dasselbe Carvoxim, F. 72°.

Eigenschaften:

Limonen-α-Nitrosochlorid [A. **252**, 111]. Schön ausgebildete monosymmetrische Kristalle. F. 103—104°. Aus d-Limonen: $[\alpha]_D = + 313,4°$, aus l-Limonen: $[\alpha]_D = -314,8°$ [A. **252**, 145]. Erweist sich in Phenollösungen und in Benzollösungen in einem fortgeschrittenen Dissoziationsstadium [B. **28**, 1311, 1474].

Limonen-β-Nitrosochlorid. Wollige Nadeln, viel schwerer löslich als die α-Modifikation. F. nicht scharf bestimmt: ca. 100 bzw. 105—106°. Aus d-Limonen: $[\alpha]_D = + 240,3°$, aus l-Limonen: $[\alpha]_D = -242,2°$. Gegen $KMnO_4$ relativ beständig [A. **336**, 17]. Erweist sich in Benzollösungen und in Phenollösungen bimolekular [B. **28**, 1311, 1474].

α- und β-Limonennitrosochlorid sind chemisch identische Verbindungen [A. **270**, 172, 185, 188]. Sie geben in Berührung mit Benzoylchlorid dasselbe

Benzoylderivat, $C_{10}H_{16}ClNOCOC_6H_5$ [A. **270**, 175—177]. In Äther schwer, in Essigester leicht lösliche rhombische Kristalle vom F. 109—110°. Optisches Verhalten [A. **270**, 177]: Aus d-α-Nitrosochlorid: $[\alpha]_D = + 101,75°$, aus l-α-Nitrosochlorid: $[\alpha]_D = -101,84°$. Diese Benzoylverbindungen sind chemisch verschieden von Benzoylhydrochlorcarvoxim (s. S. 339) [A. **270**, 180], mit Natriumalkoholat umgesetzt liefern sie Carvoxim [B. **28**, 1313].

Limonennitrosobromid, $(C_{10}H_{16}\cdot NOBr)_2$ [A. **245**, 258]. F. 90—91°.

Limonennitrosat, $(C_{10}H_{16}\cdot N_2O_4)_2$ [A. **245**, 258].

Limonennitrolamine

[A. **252**, 113—123, 146—148; **270**, 180—188; B. **24**, 1562].

Die α- und β-Limonennitrosochloride führen bei der Umsetzung mit Basen zu denselben Nitrolaminen [A. **252**, 113; **270**, 172, 185]. Und zwar liefert jedes Nitrosochlorid mit einer Base dieselben zwei isomeren Nitrolamine (α- und β-), die sich in ihrem physikalischen Verhalten erheblich voneinander unterscheiden (s. Allgem. Teil S. 175). Die α- und β-Verbindungen lassen sich nicht ineinander überführen, die α-Nitrolamine sind schwächere Basen als die β-Nitrolamine [A. **270**, 186]. Diese beiden Arten Nitrolamine sind monomolekulare Verbindungen [A. **270**, 182; B. **28**, 1312].

Eigenschaften der Limonennitrolamine.

Anilide, $C_{10}H_{15}<^{NOH}_{NHC_6H_5}$.

± α-Limonennitrolanilid [A. **252**, 118ff.; **270**, 181—188].

Entsteht zu etwa 80% neben 20% β-Anilid. Große, monosymmetrische Kristalle. F. 112—113°. Gibt ein schwer lösliches Chlorhydrat und ist durch dieses vom β-Anilid zu trennen [A. **252**, 119; **270**, 181].

R-d-α-Nitrolanilid aus dem α-Nitrosochlorid zeigt $[\alpha]_D = +101{,}75^0$ bzw. 102,19°, aus β-Nitrosochlorid $[\alpha]_D = +102{,}25^0$. Beim Erhitzen tritt Zersetzung in Anilin und Carvoxim ein.

L-l-α-Nitrolanilid aus dem α-Nitrosochlorid zeigt $[\alpha]_D = -102{,}62^0$.

Nitroso-α-Nitrolanilid, F. 142° u. Zers.; aus R-d-α-Nitrosochlorid $[\alpha]_D = +46{,}2^0$; aus L-l-α-Nitrosochlorid $[\alpha]_D = -47{,}82^0$.

± β-Limonennitrolanilid [A. **252**, 121; **270**, 181—188].

Verfilzte Nadeln. F. 153°.

R-l-β-Nitrolanilid: $[\alpha]_D = -88{,}83^0$. L-d-β-Nitrolanilid: $[\alpha]_D = +87{,}17^0$.

Beim Erhitzen erfolgt Zersetzung im gleichen Sinne wie bei den α-Aniliden, gleichzeitig tritt aber Isonitrilgeruch auf.

Nitroso-β-Nitrolanilid, Prismen, F. 136°.

α-Nitrolanilid addiert in methylalkoholischer Lösung Salzsäure und gibt bei 115° schmelzendes Hydrochloranilid. β-Nitrolanilid liefert unter denselben Bedingungen eine bei 78° schmelzende Verbindung [A. **270**, 187—188].

Piperidide, $C_{10}H_{15}<{NOH \atop N \cdot C_5H_{10}}$ [A. **252**, 114, 115, 146].

R-*α*-Nitrolpiperidid, rhombisch, F. 93—94°, $[\alpha]_D = + 67{,}75°$. Das Chlorhydrat ist linksdrehend.

R-*β*-Nitrolpiperidid, F. 110—111°, $[\alpha]_D = - 60{,}48°$.

L-*α*-Nitrolpiperidid, rhombische (vielleicht alkoholhaltige) Kristalle, F. 93—94°. $[\alpha]_D = - 67{,}60°$. Das Chlorhydrat ist rechtsdrehend.

L-*β*-Nitrolpiperidid, monosymmetrisch, F. 110—111°; $[\alpha]_D = \pm 60{,}18°$. Das Chlorhydrat ist nahezu inaktiv.

Benzylamide, $C_{10}H_{15}<{NOH \atop NHCH_2C_6H_5}$ [A. **252**, 121, 147].

R-*α*-Nitrolbenzylamid, F. 93°, $[\alpha]_D = + 163{,}8°$.

L-*α*-Nitrolbenzylamid, F. 93°, $[\alpha]_D = - 163{,}6°$.

Die Salze sind meist schwerlöslich:

Chlorhydrat: R-*α*- $[\alpha]_D = - 82{,}26°$. L-*α*- $[\alpha]_D = + 83{,}06°$.

Nitrat: R-*α*- $[\alpha]_D = - 81{,}5°$. L-*α*- $[\alpha]_D = + 81{,}0°$.

R-*α*-Rechtstartrat: $[\alpha]_D = - 49{,}93°$. L-*α*-Rechtstartrat: $[\alpha]_D = + 69{,}6°$.

R-*α*-Linkstartrat: $[\alpha]_D = - 69{,}9°$. L-*α*-Linkstartrat: $[\alpha]_D = + 51°$.

Hydrochlorlimonennitrosat, $C_{10}H_{16} \cdot HCl \cdot N_2O_4$
[A. **241**, 324; **245**, 241, 260; **270**, 191].

F. 108—109°.

Hydrochlorlimonennitrosochlorid, $C_{10}H_{16} \cdot HCl \cdot NOCl$
[A. **245**, 249, 257, 260; **270**, 191].

F. 109°. „Die vom Monochlorhydrat ableitbaren Nitrosate „sind schwerer löslich als die Nitrosochloride und daher bequemer „zu bereiten. Ferner sind die inaktiven (Dipenten-) Nitrosochloride „und Nitrosate schwerer löslich als die aktiven. Wenn man daher „von einem Monochlorhydrat ausgeht, das sich schon etwas inaktiviert „hat, so ist das bei den betreffenden Umsetzungen zuerst ausfallende „Produkt wesentlich ein Dipentenderivat.“ [A. **270**, 191.]

Über ein isomeres Nitrosochlorid s. A. **245**, 257.

Hydrochlorlimonennitrolamine [A. **245**, 261—267; **270**, 192—196]. Bei der Umsetzung von Hydrochlorlimonennitrosochlorid mit Basen wurde das gleichzeitige Auftreten von zwei isomeren Nitrolaminen nicht beobachtet.

Nitrolanilid, $C_{10}H_{17}Cl<^{NO}_{NHC_6H_5}$. F. 117—118°.

Nitrolbenzylamin, $C_{10}H_{17}Cl<^{NO}_{NHC_7H_7}$. F. 103—104°, $[\alpha]_D =$ +149,6° bzw. —147,4°. Chlorhydrat, F. 163—164°.

Nitrol-p-toluidid, $C_{10}H_{17}Cl<^{NO}_{NHC_7H_7}$. F. 135° mit 1 Mol. Kristallalkohol, 145—146° alkoholfrei.

Methoxyldihydrohydrochlorcarvoxim, $C_{10}H_{17}Cl<^{OCH_3}_{NO}$ [A. **245**, 265, 266].

Entsteht aus Hydrochlorlimonennitrosat, Dimethylanilin und Methylalkohol. F. der aktiven Verbindung 130°, der inaktiven 139°. Bei Abspaltung von Salzsäure entsteht

Methoxyldihydroisocarvoxim, F. 46—47°. Liefert bei Addition von HCl i-Methoxyldihydrochlorcarvoxim, F. 139°, zurück.

Äthoxyldihydrohydrochlorcarvoxim, $C_{10}H_{17}Cl<^{OC_2H_5}_{NO}$.

Entsteht analog wie die Methoxylverbindung. F. 114—115°.

Spezielles über die Dipentenverbindungen.

Dipenten, $C_{10}H_{16}$. $CH_3-C\langle^{CH_2-CH_2}_{CH-CH_2}\rangle CH-C\langle^{CH_2}_{CH_3}$.

Vorkommen: Im Campheröl [A. **227**, 296], im schwedischen und russischen Terpentinöl [A. **230**, 244, 246], im Cubebenöl [A. **238**, 80 Anm.], im Olibanumöl [A. **252**, 101], im Elemiöl [A. **252**, 102], im Macisöl [A. **252**, 105], im Massoyrindenöl [A. **258**, 341].

Für den Nachweis des Dipentens ist zu beachten, daß der Kohlenwasserstoff beim Fraktionieren aus anderen (Pinen und Limonen) [A. **227**, 282, 287—291; **239**, 8, 11] entstehen kann und daß auch cineolhaltige Öle Dipentenreaktionen geben können [A. **252**, 101].

Bildungsweisen [A. **239**, 11, 12]: Aus Pinen [A. **227**, 282ff.; **239**, 8, 11], aus Dihydrocarvylamin [A. **275**, 129], aus Limonen (s. oben), aus Isopren [A. **227**, 295], aus Terpinhydrat und Terpin [A. **230**, 255, 257; **239**, 8, 16, 18], aus Terpineol (mit SO_4KH oder Ameisensäure) [A. **230**, 258, 259, 265; **275**, 104ff.; **291**, 362], aus Cineol [A. **225**, 299, 308, 310], aus Phellandren [A. **239**, 44], aus dem Dichlorhydrat $C_{10}H_{18}Cl_2$ [A. **227**, 286, 294, 298; **239**, 12; **245**, 196, 197; **230**, 260 Anm.; **350**, 149, 150; B. **40**, 603], aus dem Dijodhydrat $C_{10}H_{18}J_2$ [A. **225**, 302, 310], aus Copalharz, Elemiharz und Kolophonium [A. **271**, 310, 311], aus Kautschuk [A. **227**, 293], aus Homonopinol [A. **356**, 244], aus dem Pinenhydrochlorid [A. **356**, 248], aus Fenchylamin (neben Limonen) [A. **362**, 188].

Eigenschaften [A. **225**, 310, 311; **227**, 286; **239**, 12; **245**, 197; **286**, 138; **350**, 149; B. **40**, 600ff.]: Dipenten ist inaktiv. $d = 0{,}845$; $n_D = 1{,}47644$ bei 20°. Der Siedepunkt wurde meist etwas höher gefunden (178—180°) als der des Limonens (s. S. 269).

Der Kohlenwasserstoff geht beim Erwärmen mit Schwefelsäure [A. **225**, 311], Schwefelphosphor [A. **225**, 312], Phosphorpentoxyd oder Chlorzink [A. **225**, 312] in Cymol über, mit alkoholischer Salz- oder Schwefelsäure in Terpinen [A. **239**, 15].

Dipentenmonochlorhydrat, $C_{10}H_{16} \cdot HCl$
[A. **225**, 310; **270**, 189; B. **26**, 3076].

Darstellung analog der Limonenverbindung, aber auch aus dem Dichlorhydrat durch Abspaltung von 1 Mol. HCl [A. **245**, 250]. Addiert Halogenwasserstoff, Nitrosylchlorid usw. (s. unten).

Dipentendichlorhydrat, $C_{10}H_{16} \cdot 2HCl$.

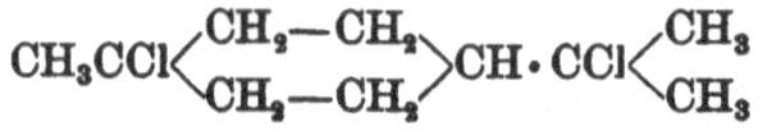

Darstellung und Entstehung [A. **239**, 11, 12]: Aus Limonen [A. **227**, 289; **239**, 9, 10; **245**, 276], aus Dipenten [A. **227**, 294], aus Limonen- und Dipentenmonochlorhydrat, aus Terpineol [A. **230**, 265, 267; **350**, 157—160], aus Terpin [A. **230**, 248], aus Cineol [A. **230**, 269; **239**, 11], aus Pinen [A. **239**, 8], aus Homonopinol [A. **356**, 245], aus Pinenhydrochlorid [A. **356**, 245].

Eigenschaften: Die cis-Form ist ölig, die trans-Form fest. Die Angaben und Untersuchungen beziehen sich nur auf die letztere.

F. 49—50°, $Kp._{10}$ 110—112° [A. **350**, 144—145; **270**, 198 Anm.].

Zersetzt sich in Berührung mit Alkohol unter Bildung von Terpinen [A. **239**, 15]. Intermediär entsteht dabei Dipentenmonochlorhydrat (s. S. 278) [A. **245**, 250], trans-Dichlorhydrat gibt beim Schütteln mit verd. Kalilauge: Dipenten, α-Terpineol, cis- und trans-Terpin [A. **350**, 154], cis-Dichlorhydrat liefert dabei die gleichen Produkte, aber kein trans-Terpin [A. **350**, 155]. Eine Methode zum Nachweis von Dipentendichlorhydrat neben Terpinendichlorhydrat findet sich beschrieben A. **350**, 160—162.

Durch Chlorieren entsteht ein Tri- und Tetrachlorid (s. unten).

Dipententrichlorid, $C_{10}H_{17}Cl_3$ [A. **270**, 196].

Entsteht durch Chlorieren des Dichlorhydrats. Weiße, seidenglänzende Blättchen. F. 87°, Kp.$_{10}$ 145—150°. Durch Salzsäureentziehung entsteht ein

Dichlorhydrat, $C_{10}H_{16}Cl_2$ [A. **270**, 200—203], Öl vom Kp.$_{12}$ 110 bis 112°. Verbindet sich mit NOCl zu einem

Nitrosochlorid, $C_{10}H_{16}Cl_2 \cdot NOCl$, F. 111°. Aus diesem Additionsprodukt wurde erhalten ein

Nitrolanilid, F. 140—141°, und ein Nitrolpiperidid, F. 147°.

Durch Addition von Brom an das Dichlorid $C_{10}H_{16}Cl_2$ entsteht eine Verbindung $C_{10}H_{16}Cl_2Br_2$, F. 98°. Durch Addition von HCl wird das Trichlorid zurückgebildet. Durch weiteres Chlorieren des Trichlorids oder des Dichlorids entsteht

Dipententetrachlorid, $C_{10}H_{16}Cl_4$ [A. **270**, 198].

F. 108°.

Dipentendibromhydrat, $C_{10}H_{16} \cdot 2HBr$ [A. **239**, 10, 12, 18, 24].

Darstellung analog wie das Chlorhydrat. F. 64°. Beim Bromieren entsteht ein

Dipententribromid (1,4,8-Tribromterpan) [A. **324**, 84], $C_{10}H_{17}Br_3$.

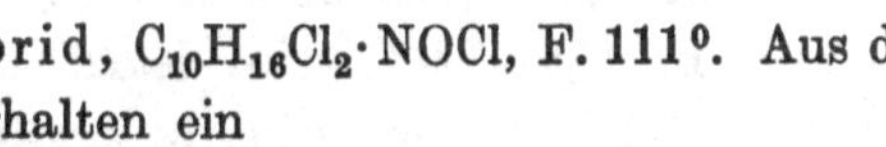

Darstellung: aus Dipentendibromhydrat s. A. **264**, 25.

Eigenschaften: F. 110°. Gibt mit alkoholischem Kali einen ungesättigten

Kohlenwasserstoff $C_{10}H_{14}$ [A. **264**, 27 ff.]. Kp. 183°, $d = 0{,}863$, $n_D = 1{,}4969$ bei 20°. Dieser liefert beim Bromieren zwei Bromide:

Tetrabromid, $C_{10}H_{14}Br_4$, F. 154—155°, asymmetrisch, und ein Bromid vom F. 103—104°.

Dipententetrabromid, $C_{10}H_{16}Br_4$
[A. **225**, 305, 311, 316; **227**, 29; **239**, 12].

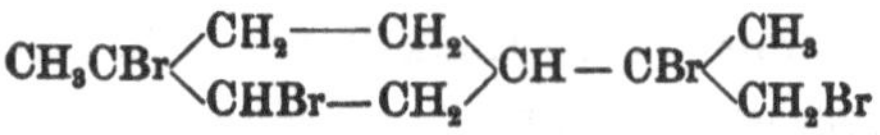

Entstehung: Beim Bromieren von Dipenten, beim Zusammenkristallisieren von d- und l-Limonentetrabromid [A. **246**, 226; **286**, 140], beim Bromieren von Cineol [A. **225**, 304, 316] (beim Nachweis von Dipenten durch das Bromid ist daher Vorsicht nötig, s. S. 277 [A. **252**, 101]). Das Tetrabromid entsteht ferner durch Bromieren von 1,2,8-Tribromterpan aus α-Terpineol [A. **281**, 140], durch Bromieren von 1,8,9-Tribromterpan aus β-Terpineol [A. **324**, 83] (Beweis für die Konstitution des Dipentens), ferner wurde es erhalten aus Limonentetrabromid über den Monobromcarveolmethyläther (s. S. 273) [A. **264**, 19].

Eigenschaften: F. 125—126°, wird leicht durch geringe Verunreinigungen herabgedrückt. Rhombische, in der Vertikalzone schilfartig gestreifte sehr spröde Prismen [A. **227**, 279].

Dipentendijodhydrat, $C_{10}H_{16} \cdot 2HJ$.

Darstellung: Aus Cineol [A. **225**, 301, 302, 316], aus Terpineol [A. **230**, 265], aus Terpin [A. **230**, 249; **281**, 145; B. **26**, 3072] durch Behandeln mit HJ.

Eigenschaften [A. **225**, 302, 316; **230**, 250; **239**, 13; **252**, 128; **281**, 144]: Tritt in zwei Modifikationen auf: rhombisch mit F. 77° und monosymmetrisch mit F. 78—79° (bis 81°). Kristallisiert gut aus Ligroin, in reinem Zustand auch aus Alkohol. Zersetzt sich beim Aufbewahren, ist aber haltbar bei Gegenwart von Phosphor [A. **230**, 250; **281**, 146]. Das Dijodhydrat enthält ein Atom Jod fester gebunden als das andere [A. **281**, 147].

Dipentennitrosochlorid, $C_{10}H_{16} \cdot NOCl$.

Darstellung: Wie die entsprechende Limonenverbindung [A. **245**, 267; **270**, 175] aus Dipenten oder durch Kombination von d- und l-Limonennitrosochloriden [A. **252**, 124; **270**, 175].

Eigenschaften: Gibt mit alkoholischem Alkali i-Carvoxim (Nitrosodipenten) (s. S. 324) [A. **245**, 268]. Zersetzt sich beim Aufbewahren unter Bildung von Hydrochlorcarvoxim [A. **270**, 175]. Benzoylverbindung, F. 90° [A. **270**, 177].

Dipentennitrosat, $C_{10}H_{16} \cdot N_2O_4$ [A. **245**, 270].
Rautenförmige Blättchen, F. 84°.

Dipentennitrolamine

wurden durch Mischen gleicher Teile der d- und l-Limonenverbindungen dargestellt.

Sie treten stets in zwei verschiedenen Modifikationen (α- und β-) auf [A. **252** (1889), 107, 125].

Piperidide [A. **245**, 269, 271; **252**, 125].
α-Piperidid, F. 154°, monosymmetrisch. β-Piperidid, F. 152°.

Anilide [A. **252**, 126; **270**, 184, 185].
α-Anilid, F. 125—126°, Nitrosoverbindung, F. 147°.
β-Anilid, F. 149°, Nitrosoverbindung, F. 129°. Chlorhydrat, $C_{16}H_{23}ClN_2O$, F. 90° [A. **270**, 188].

Benzylamid [A. **252**, 126].
α-Benzylamid, F. 110°, monosymmetrisch.
Übersichtstabelle über Limonen- und Dipentennitrolamine: B. **24**, 1562. Siehe auch S. 175—176.

Hydrochlordipentennitrosochloride und Nitrolamine.

Bei Darstellung der aktiven Limonenverbindungen werden die inaktiven Dipentenverbindungen stets als Nebenprodukte erhalten [A. **270**, 191 Anm., 195; s. auch A. **241**, 326, 327] und lassen sich durch ihre größere Schwerlöslichkeit in Alkohol von jenen trennen.

Hydrochlordipentennitrolbenzylamin, F. 150° [A. **270**, 193].

Hydrochlordipentennitrolanilid, F. 140—141° [A. **270**, 195]. Gibt bei der Chlorwasserstoffabspaltung die α- und β-Modifikation des Dipentennitrolanilids [A. **270**, 196].

Hydrochlordipentennitrosat, $C_{10}H_{16} \cdot HCl \cdot N_2O_4$ [A. **241**, 326]. F. 110—111°.

i-Methoxyldihydrohydrochlorcarvoxim, $C_{10}H_{17}Cl{<}{NO \atop OCH_3}$.

Entsteht wie die entsprechende Limonenverbindung aus Hydrochlordipentennitrosat, Dimethylanilin und Methylalkohol. F. 139°. [unv. B.]

i-Methoxyldihydrohydrobromcarvoxim, $C_{10}H_{17}Br{<}{NO \atop OCH_3}$. F. 108°.

Homodipenten, $C_{11}H_{18}$ [A. **357,** 60ff.; **360,** 91].

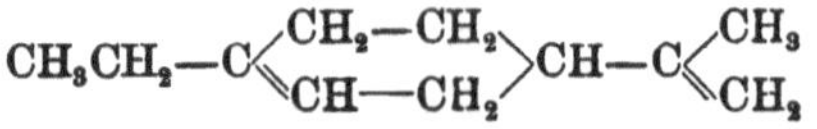

Darstellung: Aus dem zugehörigen Dichlorhydrat $C_{11}H_{18} \cdot 2HCl$ durch Halogenwasserstoffabspaltung.

Eigenschaften: Kp. 201—202°, $d = 0{,}8545$, $n_D = 1{,}4802$ bei 18°.

Dichlorhydrat, $C_{11}H_{18} \cdot 2HCl$, dargestellt aus dem zugehörigen Terpin oder aus Äthylnopinol oder aus dem Kohlenwasserstoff. F. 63—64°.

Dibromhydrat, $C_{11}H_{18} \cdot 2HBr$, F. 82—84°.

Dijodhydrat, $C_{11}H_{18} \cdot 2HJ$, F. 63—64°.

Terpinhydrat, $C_{11}H_{22}O_2 + H_2O$, F. 75—76° (s. S. 311).

Tetrabromid, $C_{11}H_{18}Br_4$, F. 124—125°.

Nitrosochlorid, $(C_{11}H_{18}NOCl)_2$, leicht löslich. Gibt bei der HCl-Abspaltung nicht kristallisiert erhaltenes Oxim, das bei der Zerlegung mit Säuren Homocarvon liefert.

Über homologe Dipentenverbindungen s. auch S. 249.

Noch höhere Homologe, z. B. $C_{12}H_{20} \cdot 2HCl$ sind auf analogem Wege, wie die Homodipentenverbindungen darstellbar [A. **357,** 64], aber noch nicht näher untersucht.

Vergleichende Übersicht über die Schmelzpunkte der Dihalogenide der Dipenten- und Terpinenreihe: A. **357,** 68 [s. auch Allgem. Teil S. 62].

IV. Terpinolen.

Allgemeines über Terpinolen.

Gelegentlich meiner ersten Arbeiten (1884), welche die Entwirrung des Kohlenwasserstoffgemisches zum Ziel hatten, das bei der sogenannten „Inversion“ des Terpentinöls (hauptsächlich also des α-Pinens) entsteht, wurde in diesem die Anwesenheit eines Kohlenwasserstoffs dargetan, der an seiner Fähigkeit, ein charakteristisches Tetrabromid zu bilden, erkannt werden kann [A. **227** (1884), 283], und den ich (zum Unterschied von dem in jenem Gemisch u. a. gleichfalls enthaltenen Dipenten und Terpinen) Terpinolen benannt habe [A. **230** (1885), 262].

Nachdem es so möglich geworden war, das Terpinolen überhaupt von anderen Terpenen zu unterscheiden, konnte nachgewiesen werden, daß der Kohlenwasserstoff sehr häufig gleichzeitig da auftritt, wo sich Dipenten und Terpinen aus anderen Verbindungen (wie z. B. Terpin und Terpineol) bilden und ferner, daß er sehr veränderlich ist und sich leicht in Terpinen verwandelt [A. **239** (1887), 24]. Die Ursache für diese Veränderlichkeit des Terpinolens, namentlich bei Anwesenheit von Säuren,[1] ist heute vollkommen klar. v. Baeyer hat 1894 nachgewiesen, daß Terpinolen eine semicyclische Bindung besitzt und daß ihm die Formel

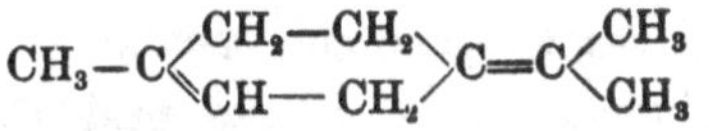

zukommt.

Meine neuesten Untersuchungen über das Verhalten der semicyclischen Kohlenwasserstoffe haben deren leichte Isomerisierbarkeit durch Säuren unter Verlegung der Äthylenbindung in den Kern dargetan [vgl. A. **360,** 29 und Allgem. Teil S. 25, 123] und für den Vorgang, der dem leichten Übergang von Terpinolen in Terpinen entspricht:

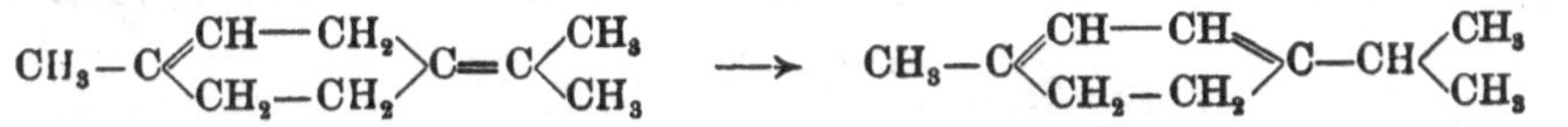

Terpinolen — Terpinen

kennen wir jetzt zahlreiche Analogien.

Was aber bezüglich der physikalischen Eigenschaften des Terpinolens 1887 gesagt werden mußte: „Wegen der Schwierigkeiten, „die es immer noch hat, das Terpinolen von anderen Beimengungen „zu befreien und den Kohlenwasserstoff ganz rein zu isolieren, bleiben „die Angaben über seine Eigenschaften mit einigen Unsicherheiten „behaftet" [A. **239,** 24], das gilt heute noch ziemlich in demselben Maße. Meine anfängliche Beobachtung, daß Terpinolen höher siedet als Dipenten und Terpinen, dürfte auch für den ganz reinen Kohlenwasserstoff zutreffen. Denn dieses Verhalten stände in Übereinstimmung mit meinen neuesten Beobachtungen über die physikalischen Eigenschaften der semicyclischen Kohlenwasserstoffe im Vergleich mit denen der Isomeren [A. **360,** 37 und Allgem. Teil S. 183].

[1] Auch an der Luft, namentlich beim Sieden verändert sich das Terpinolen leicht, wahrscheinlich infolge von Sauerstoffaufnahme und Polymerisation.

Sehr reines Terpinolen entsteht (aber nur in sehr geringer Ausbeute neben Terpineol), wenn man Dipententribromid (1,4,8-Tribromterpan, s. oben S. 279) mit wäßrigem Kali schüttelt [vgl. Allgem. Teil S. 81]. Am besten geht man aber zur Gewinnung des Kohlenwasserstoffs vom γ-Terpineol aus, das schon die semicyclische Bindung enthält, und spaltet mittels möglichst schwach saurer Agenzien Wasser ab:

Als Eigenschaften, die das Terpinolen (außer Bildung des Tetrabromids) charakterisieren, wurde seine optische Inaktivität (und die seiner Derivate) hervorgehoben, sowie der Umstand, daß der Kohlenwasserstoff, ebenso wie Limonen und Dipenten, mit Halogenwasserstoffsäuren Dipentendihalogenide liefert.

Synthetisch erhielt ich Terpinolen aus Nopinon durch das Methylnopinol hindurch [A. **356**, 244].

Spezielles über Terpinolen, $C_{10}H_{16}$.

[A. **227**, 283; **230**, 262; **239**, 23; **246**, 236; **275**, 106; **277**, 145; **291**, 349, 360.]

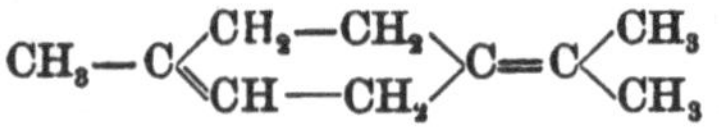

Bildung und Darstellung: Bei der Inversion von Pinen mit Schwefelsäure [A. **227**, 283; **239**, 8, 9; **246**, 236]; beim Kochen von Terpinhydrat, Terpineol und namentlich von Cineol mit Schwefelsäure oder Phosphorsäure [A. **230**, 253—255, 259; **239**, 22—24; **275**, 103—107], oder von α-Terpineol mit Oxalsäure [A. **275**, 106—109], oder mit wasserfreier Ameisensäure [A. **291**, 361], am besten auf entsprechendem Wege aus γ-Terpineol [A. **368**, 11], aus Homonopinol [A. **356**, 244], auch aus dem 1,4,8-Tribromterpan, F. 110°, läßt es sich durch Schütteln mit verdünnter Kalilauge in geringer Ausbeute, aber in sehr reiner Form darstellen [unv. B.].

Eigenschaften [A. **230**, 262; **239**, 23; **368**, 12; **399**, 159]: Kp.c. 184° inaktiv, gibt mit Halogenwasserstoff Gemische von Terpinen- und Dipentenderivaten [unv. B.]. Geht bei höherer Temperatur leicht in Dipenten, mit H_2SO_4 leicht in Terpinen über [A. **275**, 109]. Mit Brom liefert es das

Tetrabromid, $C_{10}H_{16}Br_4$ [A. **227**, 288; **230**, 262—264; **239**, 23, 24; **368**, 12; **275**, 110].

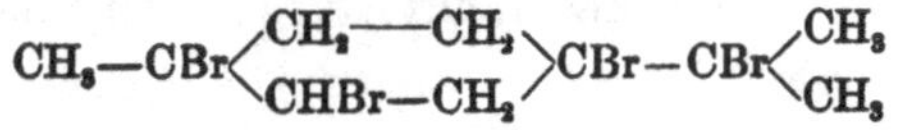

F. 116° (113—114°) unter Gasentwickelung, monosymmetrisch, unbeständig. Verliert beim Kochen mit alkoholischem Kali alles Brom.

Terpinolon-Erythrit, $C_{10}H_{16}(OH)_4 + H_2O$. Entsteht bei der Oxydation von Terpinolen mit Permanganat. Schmilzt unscharf unter Wasserabgabe, wasserfrei, F. 149—150° [A. **368**, 13].

V. Terpin und Terpineol.

Allgemeines über Terpin und Terpineol.

Erste Arbeiten über Terpin und Terpineol.

Die Geschichte des Terpineols ist auf das engste mit der des Terpins und auch mit der des Cineols, Pinols, Pinens und Limonens (Dipentens) verknüpft. Das durch Einwirkung von Säuren auf Pinen entstehende Terpinhydrat, $C_{10}H_{20}O_2 + H_2O$, ist eine seit langer Zeit bekannte Substanz und dabei die bestcharakterisierte Terpenverbindung, die man früher überhaupt kannte. Auch das wasserfreie Terpin, $C_{10}H_{20}O_2$, hatte man schon dargestellt. Die Angaben über dessen Eigenschaften waren aber nicht exakt. Ich habe diese 1885 [A. **230**, 248] richtig gestellt und ebenso falsche Angaben korrigiert, die über das Produkt der Einwirkung von Jodwasserstoff auf Terpinhydrat vorlagen [A. **230**, 249] (s. auch S. 309).

Vollkommen widersprechende Angaben fanden sich in der Literatur bezüglich der Produkte, die durch Einwirkung wäßriger Säuren auf Terpinhydrat sich bilden. Meist wurde angenommen, daß dabei eine Verbindung entsteht, die man als „Terpinol" bezeichnete und der die Formel $C_{20}H_{34}O$ zugeschrieben wurde. Ich nahm die Untersuchung des Gegenstandes 1885 auf und habe dazu [A. **230**, 250—271] u. a. folgendes ausgeführt:

„Aus dem kristallisierten Terpinhydrat ($C_{10}H_{20}O_2 + H_2O$) will zuerst „Wiggers [A. **57**, 252] mit Hilfe konzentrierter Jodwasserstoffsäure „bei 100° eine Verbindung $(C_{10}H_{16})_2H_2O = C_{20}H_{34}O$ dargestellt haben,

„welche List Terpinol benannte. Da Wiggers die von ihm erhaltene „Verbindung gar nicht näher charakterisiert hat — er beschreibt sie „lediglich als ‚eine farblose, das Licht stark brechende Flüssigkeit, un- „gefähr so schwer wie Wasser' — so würde bei der großen Unwahr- „scheinlichkeit, die es a priori hat, daß Jodwasserstoff in dieser Weise „auf Terpinhydrat einwirkt, trotz der a. a. O. angeführten Analysen die „Angabe von Wiggers schwerlich wie eine wohlbegründete Tatsache „in alle Lehrbücher übergegangen sein und sich bis heute in denselben „erhalten haben, wenn nicht bald darauf List [A. **67**, 367] eine Arbeit „veröffentlicht hätte, in welcher er angibt, beim Destillieren von Terpin „in wäßriger Lösung mit sehr verdünnter Schwefelsäure oder Salzsäure „eine mit dem von Wiggers dargestellten Terpinol identische Ver- „bindung, ein angenehm riechendes Öl vom Siedepunkt 168°' erhalten „zu haben, welcher er nun auf Grund zweier Analysen auch die Formel „$C_{20}H_{34}O$ vindiziert.

„Dieser Angabe wird dann noch von List hinzugefügt, daß das „‚Terpinol' bei der Behandlung mit Salzsäure eine amethystrote Farbe „annimmt und ein kristallisiertes Chlorid $C_{10}H_{18}Cl_2$ vom Smp. 50° aus- „scheidet. Dies Chlorid wurde von ihm als identisch erkannt mit dem, „welches durch Einleiten von Salzsäure in Terpinhydrat entsteht und „ferner behauptet, daß dies Chlorid $C_{10}H_{18}Cl_2$ beim Kochen mit wäß- „rigem Alkohol wieder in Terpinol zurückgehe.

„In späteren Arbeiten anderer Chemiker finden sich nun schon „Tatsachen mitgeteilt, die mit den Angaben von List nicht in Ein- „klang stehen. Oppenheim [A. **129**, 155] zieht zwar die Existenz „des von Wiggers und List entdeckten Terpinols nicht in Zweifel, „konnte aber ‚bei wiederholter Darstellung des Terpinols nach ihrem Ver- „fahren niemals ein Produkt von konstantem Siedepunkt erhalten'. „Tilden [Journ. Chem. Soc. **1878**, 247; **1879**, 287; B. **12**, 848; Jahresber. „f. Chem. **1878**, 639] dagegen gibt an, daß bei der Zerlegung des „Terpins durch verdünnte Säuren ein Kohlenwasserstoff $C_{10}H_{16}$ und „eine bei 205—215° siedende Flüssigkeit von der Zusammensetzung „$C_{10}H_{18}O$ sich bilden und letztere Verbindung soll auch — ebenfalls „gleichzeitig mit einem Kohlenwasserstoff $C_{10}H_{16}$ — beim Kochen des „Chlorhydrats $C_{10}H_{18}Cl_2$ mit der zehnfachen Menge Wasser entstehen. [B. **12**, 1132.]

„Flavitzky [B. **12**, 857] hielt dafür, daß das ‚rohe Terpinol' bei

„180—185° siedet und aus $3 C_{10}H_{16} + C_{10}H_{18}O$ besteht.“ [A. **230**, 251, 252.]

„Um über den wahren Sachverhalt, dessen Kenntnis, wie später „gezeigt werden soll, für die Auffassung der Konstitution einiger Terpen„verbindungen von großer Wichtigkeit ist, vollkommene Klarheit zu „erhalten, habe ich die folgenden Versuche angestellt.

„Es ergab sich dabei bald, daß unter allen Umständen die Um„wandlung des Terpinhydrats sich leicht vollzieht, daß bezüglich der „entstehenden Produkte aber die Natur der angewandten Säure, deren „Konzentration usw. von mehr oder weniger erheblichem Einfluß sein „kann. Da bei Benutzung von Salzsäure oder Salpetersäure leicht „Nebenreaktionen eintreten können . . . so habe ich mich zum Studium „der Reaktion der Schwefelsäure, der Phosphorsäure, der Essigsäure „und schließlich des Kaliumdisulfats bedient.

Diese Versuche führten zu folgendem Ergebnis:

„Bei der Zerlegung des Terpinhydrats durch Säuren oder „durch wasserentziehende Mittel entsteht unter keiner Be„dingung eine Verbindung von der Zusammensetzung $C_{20}H_{34}O$ „und dem Sdp. 168°. Vielmehr bilden sich je nach Umständen vier „(nicht zwei, wie Tilden und Flavitzky annehmen) voneinander ver„schiedene Körper: nämlich drei Kohlenwasserstoffe (Terpinen, Ter„pinolen, Dipenten) und eine sauerstoffhaltige Verbindung der „Formel $C_{10}H_{18}O$ (das Terpineol). Welche von diesen Verbindungen „auftreten und die Mengenverhältnisse, in denen sie auftreten, ist ab„hängig: erstens von dem für die Einleitung der Reaktion angewandten „Agens und zweitens auch von den angewandten Bedingungen (Kon„zentration, Zeitdauer der Einwirkung, Temperatur).

„Die im ersten Augenblick etwas verwirrende Tatsache, daß Terpin „bei ganz einfachen und unter ganz ähnlichen Verhältnissen ausgeführten „Reaktionen vier verschiedene Produkte liefern kann, erscheint bei „näherer Betrachtung in viel klarerem Licht.

„Man findet nämlich, daß unter allen Umständen das Terpin, „$C_{10}H_{20}O_2$, zunächst unter Wasserabspaltung Terpineol, $C_{10}H_{18}O$, „gibt. Wendet man schwach wirkende Säuren an, so ist diese Ver„bindung sogar das Hauptprodukt der Reaktion.

„Das Terpineol, $C_{10}H_{18}O$, verliert aber weiter so leicht ein Molekül „Wasser unter Bildung eines Kohlenwasserstoffs $C_{10}H_{16}$, daß man bei

„den betreffenden Reaktionen meist Gemenge erhält. Ein solches „zufälliges Gemenge haben Wiggers und List früher analysiert und „daraufhin die Existenz einer Verbindung $C_{20}H_{34}O$ behauptet." [A. **230**, 258, 259.]

Aus den in derselben (dritten) Abhandlung mitgeteilten Tatsachen wird nun bezüglich der gleichzeitig genau charakterisierten (s. unten) Verbindung $C_{10}H_{18}O$ aus dem Terpin, die von jetzt ab Terpineol genannt wird [A. **230**, 254], der Schluß gezogen (1885):

Das Terpineol ist ein ungesättigter, einatomiger Alkohol $C_{10}H_{17}(OH)$ [A. **230**, 268], der aus dem Terpin, das als ein gesättigtes Glycol, $C_{10}H_{18}(OH)_2$, anzusehen ist, durch Austritt von 1 Mol. Wasser entsteht. Das Chlorid dieses Glycols ist das bei 50° schmelzende Chlorid $C_{10}H_{18}Cl_2$ (Dipentendichlorhydrat). Das Terpineol ist durch Behandlung mit Salzsäure in dieses Chlorid überzuführen. Die Reaktion ist so zu deuten [A. **230**, 267], „daß sich an das Molekül „$C_{10}H_{17}\cdot OH$ 1 Mol. HCl addiert und gleichzeitig OH gegen Cl aus-„getauscht wird nach den Gleichungen:

$$C_{10}H_{17}OH + HCl = C_{10}H_{18}\begin{cases} Cl \\ OH \end{cases},$$

$$C_{10}H_{18}\begin{cases} Cl \\ OH \end{cases} + HCl = C_{10}H_{18}Cl_2 + H_2O\,.$$

„. . . Während das Terpineol unter Entstehung einer doppelten „Kohlenstoffbindung durch Wasserabspaltung aus einem Glycol sich „bildet, ist das Cineol das zugehörige Oxyd." [A. **230**, 267, 268.]

„Das Terpinhydrat ist eine gesättigte Verbindung . . .; beim Kochen „mit Säuren oder wasserentziehenden Agenzien entsteht daraus zunächst „immer . . . Terpineol $C_{10}H_{18}O$. Durch weitergehende Wasserabspaltung „bilden sich dann aus dem Terpineol Kohlenwasserstoffe. . . . Welcher „dieser Kohlenwasserstoffe entsteht, hängt von den angewandten Be-„dingungen ab." [A. **230**, 271.]

Daß das Terpineol aus Terpin wirklich ein Hydroxyl enthält, wurde gleichzeitig zum erstenmal scharf bewiesen und zwar 1. durch Nachweis der Bildung eines Natriumalkoholats [A. **230**, 267] und 2. durch Herstellung des gut kristallisierten Phenylurethans $CO\begin{matrix} NHC_6H_5 \\ OC_{10}H_{17} \end{matrix}$ [A. **230**, 267].

Es wurde aber noch einen Schritt weiter gegangen und als chemisch identisch mit dem Terpineol, das als Dehydrierungsprodukt des Terpins entsteht [$C_{10}H_{20}O_2 = C_{10}H_{18}O + H_2O$], auch das gleich zusammengesetzte Hydratationsprodukt $C_{10}H_{18}O$ aus Pinen $C_{10}H_{16} + H_2O = C_{10}H_{18}O$] angesprochen, das, wie ich A. **230**, 264 angab, wahrscheinlich schon Deville in Händen gehabt und das namentlich Flavitzky 1879 [B. **12**, 857, 1406, 2354] eingehender studiert hatte. [Man vergleiche auch A. **246**, 236 ff.] Noch klarer gestellt wurde der ganze Zusammenhang durch die in der fünften Abhandlung [A. **239** (1887), 1] mitgeteilten experimentellen Tatsachen [Überführung von Terpineol in Cineol, Darstellung eines Salpetersäureesters des Terpins usw. A. **239**, 17—23], durch die dort gegebene schematische Darstellung der erreichten Übergänge [A. **239**, 46], und durch die erstmalige Formulierung einer greifbaren Vorstellung vom Bau des Pinenmoleküls, die die beobachteten Erscheinungen theoretisch zu deuten erlaubte.

Sehr bald nach Erscheinen der letzterwähnten Abhandlung [vgl. Allgem. Teil S. 200] zog Brühl seine ersten Schlüsse aus den für eine Reihe von Terpenverbindungen ermittelten Werten für die Molekularrefraktion [B. **20**, 2288, 2301, s. dazu auch A. **245** (1888), 191, 207] und benutzte im folgenden Jahr [1888, B. **21**, 463] zuerst die Formel:

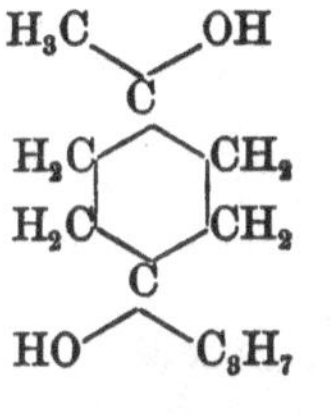

für das Terpin, die auf Grund der auf experimentell chemischem Wege gewonnenen Gesichtspunkte plausibel erschien.

Diese Terpinformel ist in den nächsten Jahren den theoretischen Ableitungen fast immer zugrunde gelegt worden [s. auch B. **24** (1891), 1542 und v. Baeyer B. **26** (1893), 2564], bis die gleich zu besprechenden Untersuchungen über die Konstitution des Terpineols dazu geführt haben, sie zu beseitigen.

Was das Terpineol selbst betrifft, so war es von mir 1885 in Form einer dicken, zwischen 215—218° siedenden Flüssigkeit erhalten worden. 1887 wiesen Bouchardat und Voiry nach [Compt. rend. **104**, 996, Centralbl. **1887**, 793], daß ein Anteil dieses Produkts zum Erstarren gebracht werden kann.

Später wurde ein inaktives festes α-Terpineol von Schimmel & Co. in den Handel gebracht [A. **275**, 104] und dies Präparat hat mir wesentlich für die weiteren Versuche über α-Terpineol gedient, nachdem ich nachgewiesen hatte, daß das Phenylurethan des festen Terpineols mit dem von mir früher aus dem flüssigen dargestellten identisch war. Namentlich wurden auch die früheren Versuche, bezüglich der aus dem Terpineol erhältlichen Kohlenwasserstoffe mit dem neuen, zuverlässig reinen Material wiederholt [A. **275**, 104ff.].

Konstitutionsbestimmung des bei 35° schmelzenden Terpineols und des Terpins.

Die hypothetische Formel 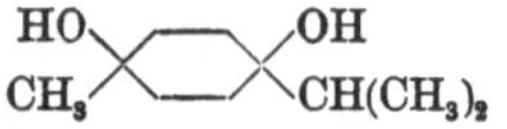 für Terpin stützte sich namentlich auf folgende Tatsachen: 1. Das Terpin enthält beide Hydroxyle in tertiärer Bindung; 2. es liefert bei der Wasserabspaltung Dipenten, das man glaubte als hydriertes Cymol auffassen zu müssen; 3. die Formel erlaubte auch die sonst bekannten Umformungen des Terpins zu erklären [vgl. B. **24** (1891), 1542 und v. Baeyer, B. **26** (1893), 2564].

Für das kristallisierte α-Terpineol, das seinerzeit schlechthin als Terpineol bezeichnet wurde (s. S. 297—300), erschienen auf Grund meiner Auffassung, daß es als ein dem Terpin zugehöriger ungesättigter Alkohol betrachtet werden müsse, zwei Formeln möglich, nämlich

I. 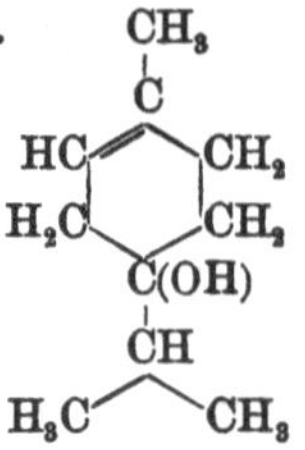 und II. 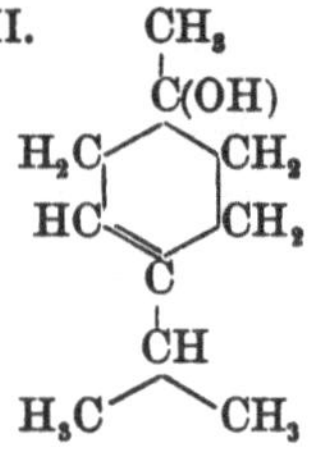

a) Feststellung der Lage der Äthylenbindung im α-Terpineol.

Bereits 1893 hatte ich die Lage der Äthylenbindung im α-Terpineol entsprechend der Formel I angenommen [A. **277**, 144, vgl. auch v. Baeyer, B. **26** (1893), 2559]. Den Beweis für die Richtigkeit dieser Annahme führte ich auf zwei Wegen:

1. 1894 durch Überführung von Terpineoldibromid $C_{10}H_{17}Br_2OH$ in Carvon [A. **281**, 140, vgl. auch unter Carvon S. 331].

2. 1895 in noch überzeugenderer Weise durch Abwandlung des auf Grund theoretischer Überlegungen 1893 aufgefundenen [A. **277**, 120] Terpineolnitrosochlorids $C_{10}H_{17}(OH)NOCl$ in Oxydihydrocarvoxim und dann weiter in Carvon [B. **28** (1895), 1774; A. **291** (1896), 346].

„Durch diese Reaktion ist nun ganz sichergestellt, daß im Ter-„pineol und Carvon die Kohlenstoffatome in derselben Weise gruppiert

„sind und daß, wie bisher schon auf Grund anderer Versuche von mir „angenommen wurde, die Äthylenbindung im Terpineol (Smp. 35⁰) Δ^1 „ist und an dem Kohlenstoffatom steht, das im Carvon Sauer„stoff trägt. Ferner ist ersichtlich geworden, daß das Terpineolnitroso„chlorid dem Limonennitrosochlorid ganz analog gebaut ist.

„Wenn nunmehr die Stellung der Doppelbindung im Ter„pineol als völlig bewiesen gelten kann, handelt es sich noch „darum, das gleiche für die Stellung des Hydroxyls zu erreichen.“ [B. **28** (1895), 1774.]

b) Festlegung der Stellung des Hydroxyls im α-Terpineol.

„Bisher hat man dem Hydroxyl im Terpineolmolekül den Platz 4 „angewiesen, und wenn dem Terpin die Konfiguration:

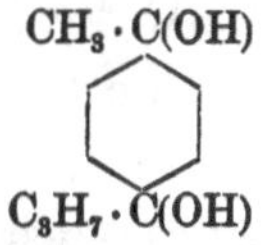

„zukommt, ist auch kein anderer denkbar. Mit dieser „Annahme ließ sich auch gut das Verhalten des früher „schon von mir untersuchten, eben erwähnten ersten „Oxydationsprodukts des Terpineols, $C_{10}H_{20}O_3$, vereinigen.“ [B. **28**, 1774.]

Auf die Geschichte dieses letzterwähnten Oxydationsprodukts des Terpineols, $C_{10}H_{20}O_3$, ist zum Verständnis der Entwicklung der Ansichten nunmehr einzugehen.

Um nämlich die Oxydationsprodukte des α-Terpineols kennen zu lernen, hatte ich 1893 die Verbindung zunächst mit einer fünfprozentigen Lösung von Kaliumpermanganat in der Wärme oxydiert [A. **275** (1893), 150ff., vgl. Allgem. Teil S. 101]. Dabei wurde das gleichzeitige Auftreten von zwei neutralen Oxydationsprodukten, $C_{10}H_{20}O_3$ F. 121 bis 122⁰ und $C_{10}H_{16}O_3$ F. 62—63⁰ beobachtet. Nachdem Zusammensetzung und gegenseitige Beziehung dieser Produkte erkannt war, wurde der Weg zur Darstellung sogleich verbessert. Das erstere Oxydationsprodukt erhält man am reinsten, wenn man das Terpineol mit der theoretisch erforderlichen Menge Permanganat in etwas verdünnterer Lösung oxydiert, das zweite, indem man die rein isolierte Verbindung $C_{10}H_{20}O_3$ in essigsaurer Lösung mit Chromsäure weiter oxydiert (siehe auch S. 304):

„Die Oxydation des Terpineols wurde in Angriff genommen in der „Erwartung, man würde dabei zu Ketonsäuren gelangen.... Augen„scheinlich verläuft die Reaktion aber ganz in dem Sinne, wie es durch „die schönen Untersuchungen von G. Wagner über das Verhalten

„ungesättigter Kohlenwasserstoffe gegen Kaliumpermanganat dar„gelegt worden ist, d. h. das Terpineol, $C_{10}H_{18}O$, hat zwei Hydroxyle „aufgenommen, um in $C_{10}H_{20}O_3$ überzugehen. Die letztere Verbindung „muß also als hydroxyliertes Terpin, $C_{10}H_{17}(OH)_3$, aufgefaßt werden. „Ist Terpin, $C_{10}H_{18}(OH)_2$, ein Methyl-isopropyl-dioxyhexahydrobenzol, „so muß der Körper $C_{10}H_{20}O_3$ also ein Methyl-isopropyl-trioxy„hexahydrobenzol sein. Ob diese Annahme zulässig ist, wird die „weitere Untersuchung zu zeigen haben.“ [A. **275** (März 1893), 155.]

Die weitere Untersuchung ergab nun zunächst [A. **277** (August 1893), 110], daß die Verbindung $C_{10}H_{20}O_3$ beim Kochen mit verdünnter Schwefelsäure teils nach der Gleichung $C_{10}H_{20}O_3 = 3\,H_2O + C_{10}H_{14}$ in Cymol überging [A. **277**, 111], teils nach der Gleichung $C_{10}H_{20}O_3 = 2\,H_2O + C_{10}H_{15}OH$ eine Verbindung lieferte [A. **277**, 122], die sich in mancher Hinsicht wie ein Alkohol („erster Repräsentant der Carveole“), in anderer wie ein Keton (Carvenon) verhielt. Gleichzeitig wurde auch ermittelt, daß die Verbindung $C_{10}H_{16}O_3$ sich durch weitere Oxydation so glatt in Terpenylsäure überführen läßt, „daß die Verbindung $C_{10}H_{16}O_3$ als „bestes Ausgangsmaterial für die Darstellung „der Terpenylsäure zu bezeichnen sein dürfte“. [A. **277**, 117, 120.]

Letztere Tatsache ließ sich aber, wie ich in derselben Abhandlung hervorhob [A. **277**, 146], mit der bis dahin von mir angenommenen Terpineolformel (s. S. 290 Formel I) nicht in Einklang setzen.

Dieselben Bedenken gegen die Terpineolformel

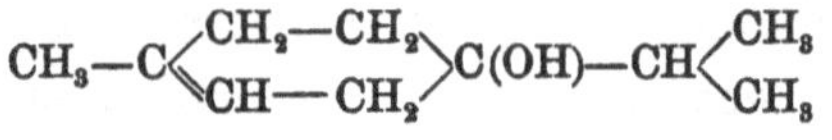

ergaben sich auch, wenn man die inzwischen klargestellten Beziehungen zwischen Terpineol und Pinol (s. S. 255ff. u. 295ff.) berücksichtigte:

„Noch größere Schwierigkeiten finden sich, wenn man mit Hilfe „der scheinbar bewiesenen Terpineolformel die Beziehungen der Sub„stanz zum Pinol und Pinolhydrat erläutern will. Ich möchte darauf „augenblicklich nicht näher eingehen und nur folgendes andeuten. Der „Übergang der genannten Verbindungen in Terebinsäure, bzw. Terpenyl„säure setzt eigentlich voraus, daß im Terpineol der Atomkomplex:

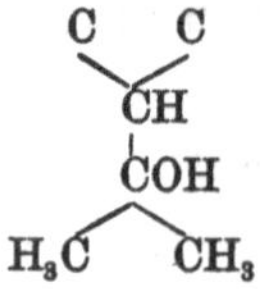

und nicht

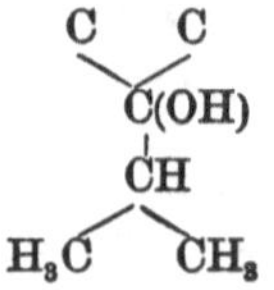

enthalten ist.“ [A. **277** (1893), 146.]

Man könnte nun meinen, schon damals, 1893, hätte der definitive Schluß gezogen werden müssen, daß sich die (OH)-Gruppe im α-Terpineol wirklich außerhalb des Ringes befinde. Diese Annahme glaubte ich damals aber doch nicht machen zu dürfen. Es waren nämlich vor allen Dingen die von mir kurz vorher festgestellten, in derselben Abhandlung besprochenen Beziehungen des α-Terpineols zu Verbindungen der Carvonreihe, die damals den entscheidenden Schlußfolgerungen noch hinderlich waren — und zwar aus folgenden Gründen:

Der so besonders leichte Übergang von Carvon in Carvacrol hätte der von H. Goldschmidt zuerst gegebenen plausibeln Auffassung, daß beide Verbindungen im Verhältnis von Keto-und Enolform ständen:

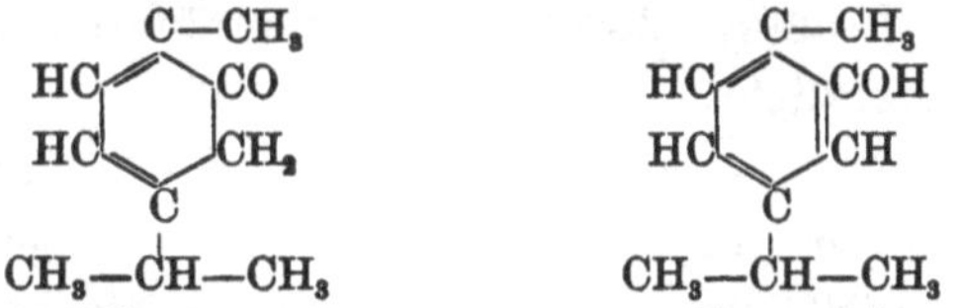

Carvon Carvacrol

allgemein Anerkennung verschafft und die Formel für Carvon schien vollständig sichergestellt[1] (s. S. 270).

Nun hatte ich das Terpineol in Trioxyterpan und dieses durch einfache Wasserabspaltung teils in Cymol[2], teils in Carvenon verwandeln können (s. S. 292 und 304), welch letzteres durch Überführung in Tetrahydrocarvon als unzweifelhaft der Carvonreihe zugehörig erkannt war und das man seinem Verhalten nach sogar als ein „Carveol" auffassen konnte [s. S. 292, 327 und A. **277**, 129].

Die damals scheinbar festeste Grundlage für die Konstitutionsbestimmungen, nämlich die Annahme einer intakten Isopropylgruppe im Carvon und also auch im α-Terpineol, Terpin und Pinol, glaubte ich auf Grund der vorliegenden Beobachtungen noch nicht verlassen zu dürfen, schloß daher die oben angeführte Betrachtung mit den Worten:

„Trotz der jetzt nach vielen Richtungen hin in der Terpenreihe „geschaffenen Klarheit bleiben also doch noch manche Widersprüche „zu beseitigen, und bei den Schwierigkeiten, denen man vorläufig noch

[1] Die Annahme, daß eine Bindung aus der Seitenkette sich so leicht wie es beim Carvon zutrifft in den Kern verschieben könne, schien derzeit noch sehr wenig akzeptabel. Vgl. S. 325.

[2] Ebenso war auch für Pinol der besonders leichte Übergang in Cymol nachgewiesen. Vgl. S. 257 u. 263.

„begegnet, wenn man bekannte Tatsachen mit Hilfe der vorstehend für „das Terpineol und Carvon angenommenen Formeln erklären will, sieht „man sich immer wieder vor die Frage gestellt, ob die Voraussetzungen, „die über die Art der Atombindungen in den eben besprochenen „Körpern gemacht wurden, nicht doch irrtümlich sind. Es ist z. B. „die Möglichkeit im Auge zu behalten, daß einige der „oben beschriebenen Verbindungen die Äthylenbindung „in der Seitenkette haben." [A. **277**, 147.]

Um diese Widersprüche, die 1893 noch bestanden, zu heben, begann ich eine erneute Untersuchung des Pinols einerseits und der aus Terpineol erhaltenen Oxydationsprodukte $C_{10}H_{20}O_3$ und $C_{10}H_{16}O_3$ anderseits. Die Resultate dieser Experimentaluntersuchungen wurden 1895—1896 veröffentlicht.[1]

„Es gelang sofort festzustellen, daß die Verbindung $C_{10}H_{16}O_3$ ein „Ketonsauerstoffatom enthält. Es wurde aus ihr ein Oxim von der „Formel $C_{10}H_{16}O_2(NOH)$ F. 76—77° erhalten, ferner ein Semicar-„bazon F. 200°.

„Der Versuch lehrte weiter, daß Hydroxylgruppen nicht vorhanden „sind, denn die bekannten Reaktionen zum Nachweis von Hydroxyl „versagten gänzlich. Dagegen erlitt die Substanz bei der Einwirkung „von Salzsäure in alkoholischer Lösung eine Veränderung. Es ent-„stand ein chlorhaltiger Ester. Damit war ein Fingerzeig dafür ge-„geben, daß eine Lactongruppe im Molekül anzunehmen sei. Das „fand seine Bestätigung in der Tatsache, daß eine mit 1 Mol. Ätznatron „versetzte wäßrige Lösung der neutralen Substanz $C_{10}H_{16}O_3$ mit Silber-„nitratlösung ein Silbersalz lieferte. Die Verbindung $C_{10}H_{16}O_3$ ist also, „wie nun experimentell festgestellt ist, ein Ketolacton." [B. **28**, 1775].

Da nun schon vorher gezeigt war, daß die jetzt als Ketolacton anzusprechende Verbindung sich glatt in Terpenylsäure und Essigsäure aufspalten läßt, mußte man schließen, „daß die Verbindung „$C_{10}H_{16}O_3$ die Ketongruppe CH_2COCH_3, verknüpft mit Terpenylsäure „enthält.... Nun habe ich... auf Grund anderer Überlegungen für „die Terpenylsäure die Formel

[1] In der Zwischenzeit entschied sich 1894 G. Wagner [B. **27**, 1652, 2273] für die Annahme der Terpineolformel, zu der man auf Grund der erst besprochenen Beobachtungen notwendig gelangen mußte, wenn man sich über die noch bestehenden Bedenken ohne neue experimentelle Prüfungen hinwegsetzen wollte.

$$(CH_3)_2 \cdot C \cdot CH\begin{matrix}\diagup CH_2 \cdot COOH \\ \diagdown CH_2 \cdot COO\end{matrix}$$

„als wahrscheinlich hingestellt.“ [A. **259** (1890), 232.] „... Nimmt „man nun meine Formel für Terpenylsäure als richtig an, so ergibt „sich als Ausdruck für die Konstitution des Ketolactons, $C_{10}H_{16}O_3$, „folgendes Symbol:

$$(CH_3)_2 \cdot C \cdot CH\begin{matrix}\diagup CH_2CH_2COCH_3 \\ \diagdown CH_2COO\end{matrix}.\text{“}$$

[B. **28**, 1776; A. **275**, 153.]

Daraus mußte aber weiter geschlossen werden, „daß im α-Terpineol das Hydroxyl in der Seitenkette steht“ und der Verlauf der studierten Reaktionen und die Konstitution der in Betracht kommenden Verbindungen ließ sich folgendermaßen formulieren[1]:

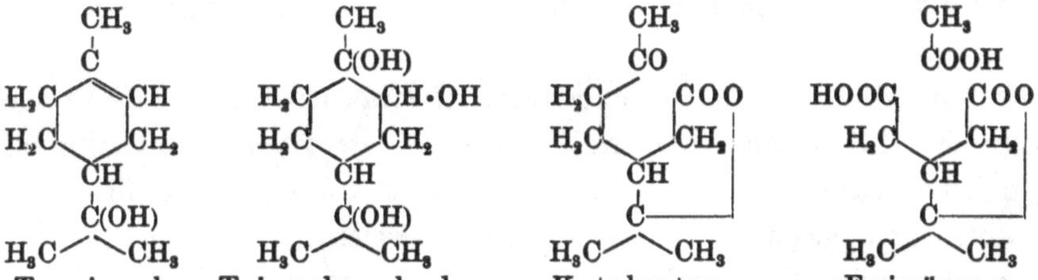

Terpineol $C_{10}H_{18}O$ — Trioxyhexahydrocymol $C_{10}H_{20}O_3$ — Ketolacton $C_{10}H_{16}O_3$ — Essigsäure u. Terpenylsäure

Für das Terpin ergab sich demnach die neue Formel

$$CH_3C(OH)\begin{matrix}\diagup CH_2-CH_2 \diagdown \\ \diagdown CH_2-CH_2 \diagup\end{matrix}CH-C\begin{matrix}\diagup CH_3 \\ -(OH) \\ \diagdown CH_3\end{matrix}$$

und eine entsprechende Umformung der Auffassung für Cineol (s. S. 313) und Pinol (s. S. 257).

Was über die Beziehungen des Pinols zum Terpineol schon früher ermittelt war, bleibt zunächst hier nachzuholen.

Überführung von Terpineol in Pinol und Pinolhydrat (1893).

„Die Versuche wurden durch folgende Überlegung veranlaßt:

„Das Terpineol, $C_{10}H_{17} \cdot OH$, muß als ungesättigte Verbindung mit „einer Äthylenbindung ein Molekül Brom addieren können. Und zwar „muß man annehmen, daß dabei die Äthylenbindung in normaler Weise

[1] Zu denselben Resultaten gelangten gleichzeitig (1895) Tiemann und Semmler und Tiemann und Schmidt [B. 28, 1778, 1781].

„unter Aufnahme von Brom gesprengt wird. Gelänge es nun, das Brom „in dem Additionsprodukte durch Hydroxyl zu ersetzen, so käme man „zu einem Trioxyhexahydrocymol, $C_{10}H_{17}(OH)_3$, das — welche Formel „man dem Terpineol auch geben mag — unbedingt identisch „sein müßte mit dem bei der Oxydation des Terpineols mit Kaliumper-„manganat entstehenden Produkte, falls die Oxydation, gemäß dem „Wagnerschen Gesetz, unter Sprengung der Äthylenbindung durch „(OH)-Gruppen sich vollzieht.“ [A. **277**, 113.]

Das Resultat des Versuchs entsprach nun der gehegten Erwartung gar nicht. Bei der Behandlung von Terpineoldibromid, $C_{10}H_{17}(OH)Br_2$, mit feuchtem Silberoxyd oder Bleihydroxyd wurde statt des erwarteten Glycerins Pinolhydrat, bzw. Pinol erhalten. Noch bequemer gelang die Umwandlung von Terpineolbromid in freies Pinol, wenn man das Bromid mit alkoholischem Kali oder noch besser mit Natriumalkoholat erwärmte.

Die Erklärung für den unerwarteten Reaktionsverlauf wurde auch sogleich richtig darin gefunden, „daß der Übergang von Terpineolbromid „in Pinolhydrat nicht im ersten Schritt so vor sich geht, daß beide „Bromatome gegen (OH) ausgetauscht werden. Bezüglich der Um-„wandlung des Terpineolbromids sieht man ja nun allerdings sofort „eine andere Möglichkeit. Silber- und Bleioxydhydrat könnten in „erster Linie halogenwasserstoffentziehend auf das Dibromid wirken. „Es könnte zunächst ein ungesättigtes Monobromid $C_{10}H_{16}Br(OH)$ „entstehen und aus diesem Pinolhydrat, $C_{10}H_{16}(OH)_2$ oder Pinol, $C_{10}H_{16}O$. „Da das Pinol ein Oxyd ist, könnte auch — analog der Bildung des „Epichlorhydrins aus Dichlorhydrin — zuerst gesättigtes Pinol-„bromhydrat, $C_{10}H_{16}O \cdot BrH$, auftreten, das dann zum Teil in Pinol „übergehen muß.“ [A. **277**, 117.]

Die bis 1893 mit Hilfe des α-Terpineols (F. 35°) bewerkstelligten Übergänge, die die Beziehungen dieser wichtigen Verbindung klarlegen, wurden in derselben Abhandlung (1893) schematisch zur Darstellung gebracht [A. **277**, 148].

Die Rückverwandlung von Pinol in α-Terpineol durch Reduktion von Pinoldibromid gelang mir 1894 [A. **281**, 151, s. auch S. 257], dann kamen 1896 [A. **291**, 351] die Arbeiten über Pinol zur Veröffentlichung, auf die gelegentlich der Besprechung der Geschichte dieser Verbindung (s. S. 250ff.) schon näher eingegangen ist.

Die Erklärung für den Übergang von α-Terpineol in Pinol fand nun in folgenden Formeln Ausdruck:

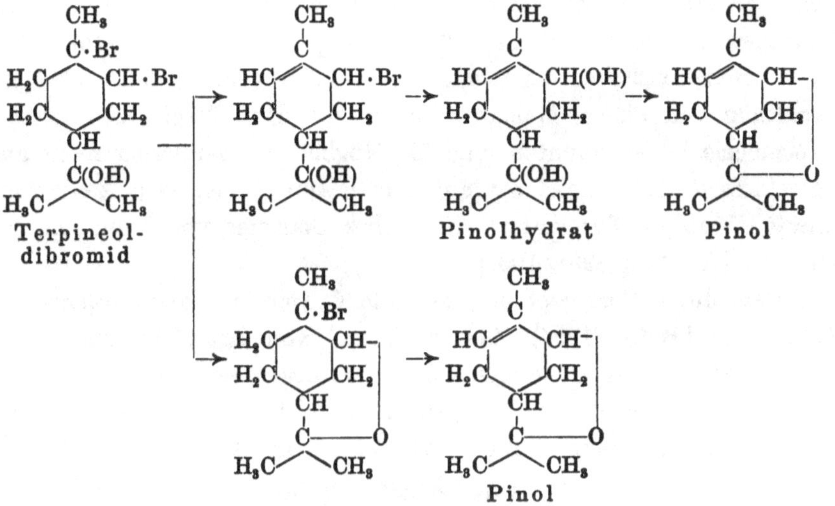

Terpineol-dibromid — Pinolhydrat — Pinol — Pinol

Weitere Entwickelung der Arbeiten über α-Terpineol und seine Isomeren.

Anfangs habe ich meine Untersuchungen auf das inaktive, bei 35° schmelzende Terpineol konzentriert. Die aktiven, durch Hydratation des Pinens erhältlichen (auch natürlich vorkommenden) Komponenten sind von anderer Seite Gegenstand der Untersuchung gewesen. Der Schmelzpunkt des aktiven α-Terpineols wurde dabei immer dem des inaktiven gleichgesetzt. Als mir aber die Synthese des linksdrehenden α-Terpineols aus Nopinon gelang [A. **360**, 89], konnte ich nachweisen, daß der Schmelzpunkt der aktiven Modifikation etwas höher liegt (37—38°), als sich angegeben findet, und daß auch die Drehungsintensität des aktiven Terpineols meist zu gering angenommen worden ist.

Das erste Isomere des Terpineols kam mir 1891 im Dihydrocarveol in die Hände [B. **24**, 3990], von dem ich zeigte, „daß es sich in allen wesentlichen Eigenschaften mit Terpineol verwandt erweist". Bei der Gelegenheit wurde auch ausgeführt:

„...es kann nicht zweifelhaft sein, daß es mehrere Terpineole „gibt, die sich nur durch die relative Stellung, welche die (OH)-Gruppe „im Molekül einnimmt, voneinander unterscheiden. Vielleicht ent-

„steht schon bei der Wasserabspaltung aus Terpinhydrat „ein Gemenge verschiedener Terpineole, wie ja auch das „gleichzeitige Auftreten isomerer Kohlenwasserstoffe dabei von mir „nachgewiesen ist.“ [B. **24** (1891), 3990.] Und etwas später: „Von „vornherein mußte es als möglich betrachtet werden, daß durch Ab-„spaltung von einem Molekül Wasser aus dem Terpin sich isomere „Terpineole bilden könnten, und die Möglichkeit war ferner nicht aus-„geschlossen, daß gerade das auf dem beschriebenen Wege zuerst iso-„lierte flüssige Terpineol ein solches Gemenge von Isomeren dar-stelle.“ [A. **275** (1893), 103.]

Daß diese Voraussetzung zutreffend war, ist dann zuerst von v. Baeyer [B. **27** (1894), 444, 815] und von Stephan und Helle [B. **35** (1902), 2148] experimentell nachgewiesen worden.

Theoretisch sind aus dem gewöhnlichen 1,8-Terpin vier chemisch verschiedene isomere Terpineole ableitbar [A. **324**, 81], nämlich:

I. II. III. IV.

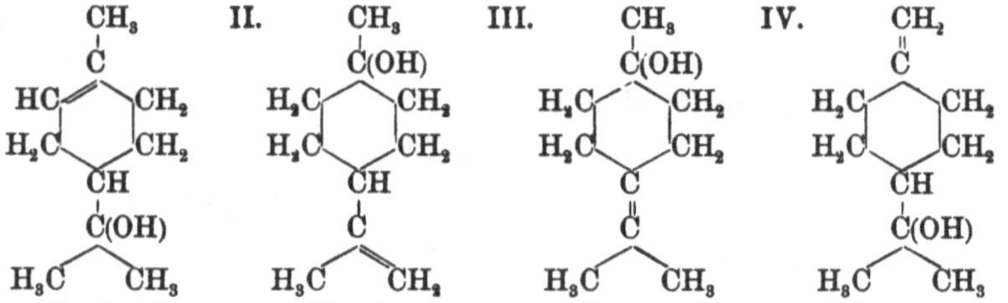

α-Terpineol, inakt. F. 35°, aktiv „ 37—38° — β-Terpineol, F. 32° — γ-Terpineol, F. 69—70° — δ-Terpineol

Ich unterscheide sie der Kürze wegen mit α-, β-, γ-, δ-Terpineol in der vorstehend bezeichneten Weise.

Den besprochenen Arbeiten über α-Terpineol haben sich solche über β-Terpineol [A. **324** (1902), 79; **345** (1905), 127; **350**, 158; **381**, 58] und γ-Terpineol [A. **350**, 159; **360**, 101] später angeschlossen, wie aus der Zusammenstellung weiter unten näher hervorgehen wird. Das δ-Terpineol ist noch nicht bekannt geworden.

Es ist nun ohne weiteres klar, daß es eine große Reihe von einfach ungesättigten Alkoholen geben muß, die sich von den eigentlichen soeben aufgeführten Terpineolen durch eine andere Stellung des Hydroxyls oder eine andere Lage der Äthylenbindung unterscheiden. Diese Alkohole $C_{10}H_{17}\cdot OH$ pflegt man jetzt als Menthenole, die zugehörigen gesättigten $C_{10}H_{19}\cdot OH$ als Menthanole zu bezeichnen und je nach der Stellung der Kohlenwasserstoffradikale weiter als p-, m-, o-Verbindungen zu differenzieren. Als ersten mit dem gewöhnlichen α-Terpineol [Δ'-p-Menthenol (8)] isomeren, und zwar sekundären Alkohol gewann ich das Dihydrocarveol (V) (s. o.); neuerdings das gleichfalls sekundäre Carveneol (VI) [Δ^3-p-Menthenol (2)]. Ferner gelang es, die der Terpinenreihe zugehörigen tertiären Alkohole, die Terpinenole (VII u. VIII) darzustellen,

V. 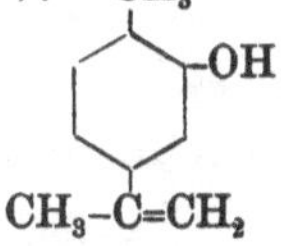

VI. 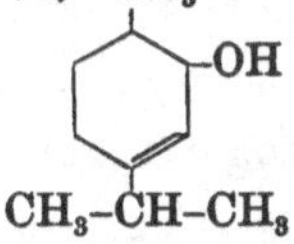

VII. 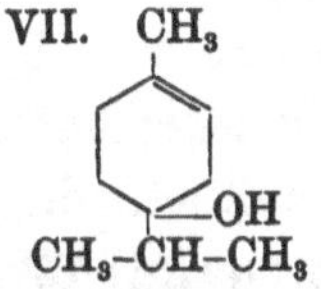

VIII. 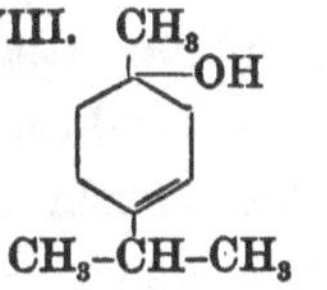

IX. 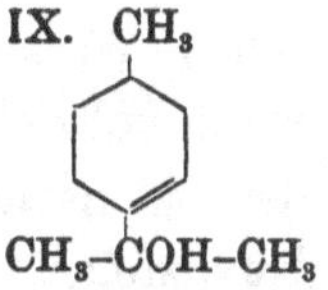

die nach der jetzigen Nomenklatur als Δ'-p-Menthenol (4) und Δ^3-p-Menthenol (1) zu bezeichnen sind und von denen VII die Konstitution hat, die früher fälschlich dem α-Terpineol F. 35° zugeschrieben wurde. Ferner wurde das Δ^3-p-Menthenol (8) (IX) [A. **374**, 207, 212] synthetisiert. (Näheres über diese Verbindungen und über das zugehörige 1,4-Terpin und 1,4-Cineol s. im Kapitel Terpinen). Hier müssen auch noch besonders die auf synthetischem Wege gewonnenen, mit Terpineol isomeren gesättigten tertiären Alkohole

X. 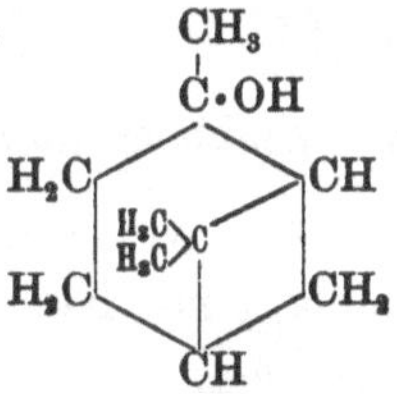

und
XI. 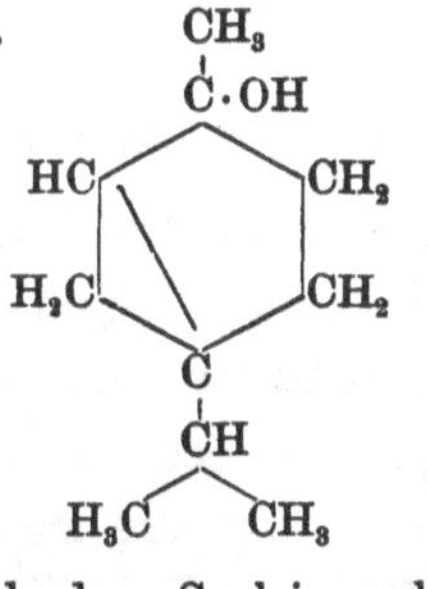

das Pinenhydrat X [A. **356**, 239] und das Sabinenhydrat XI [A. **357**, 65] Erwähnung finden, deren Abwandlung in aktives α-Terpineol und aktives 4-Terpinenol, sowie in die beiden isomeren 1,8- und 1,4-Terpine auf dem Weg der Hydratation 1907 gelungen ist, wie schon S. 212 hervorgehoben wurde.

XII. 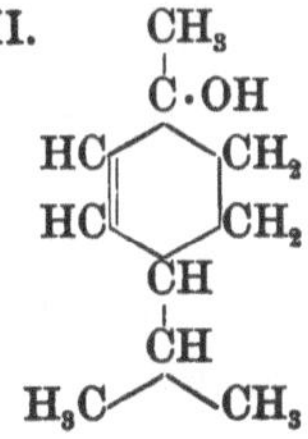

Endlich mag noch auf die Gewinnung des Alkohols (XII) des Phellandrenhydrats, aus Isopropylhexenon [A. **359**, 285] (vgl. S. 212) hingewiesen werden und auf die Darstellung von XIII und XIV, d. h. des Sylveterpineols (Δ'-m-Terpineols) und des

Δ^2-m-Menthenols, die beide der Metareihe angehören [A. **374**, 201; **379**, 148].

XIII. 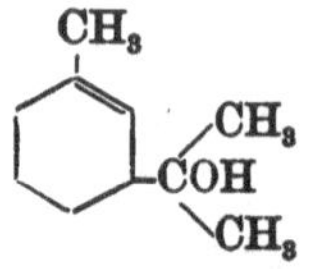 XIV. 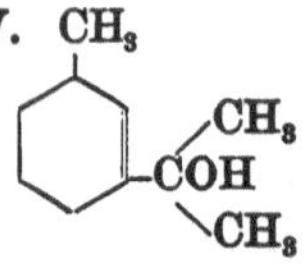

Nachdem sich die Auflösbarkeit der Äthylenbindungen durch freien Wasserstoff bei Gegenwart von Platinmetallen als eine allgemein vollziehbare Reaktion erwiesen hatte, gelang es nun leicht, aus den Menthenolen durch Reduktion die zugehörigen Menthanole herzustellen, also das p-Menthanol (8) aus α-Terpineol (I) [A. **381**, 55], das p-Menthanol (1) aus dem β-Terpineol (II) [A. **381**, 58], das m-Menthanol aus dem Sylveterpineol (XIII) [A. **381**, 60].

Eine andere Art der Synthese bot sich für diese gesättigten Alkohole, nachdem die extracyclischen Ketone vom Typus 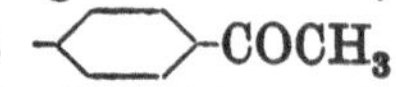 zugänglich gemacht waren (s. S. 130), die sich mit Hilfe des Grignard-Reagens in tertiäre Alkohole 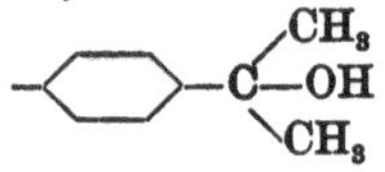 verwandeln lassen. [A. **381**, 92.]

Terpine und höhere Homologe des Terpineols und Terpins.

Die Geschichte der Terpine, die nichts weiter als Glycole der Menthane (d. h. des völlig hydrierten Cymols) sind, hat eine wesentliche Erweiterung erfahren, insofern nicht nur neue eigentliche Terpine $C_{10}H_{18}(OH)_2$, sondern auch niedere und höhere Homologe dieser Körperklasse, sowie die zugehörigen Dihalogenide bereitet wurden. (Über die für die Darstellung eingeschlagenen Methoden s. S. 126 und 213, 311.)

Homologe des α-Terpineols, die an Stelle eines Methyls am Kohlenstoffatom 1 oder 8 z. B. ein Äthyl tragen, also:

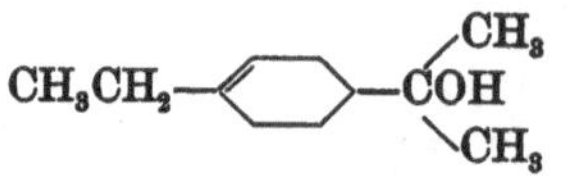 und 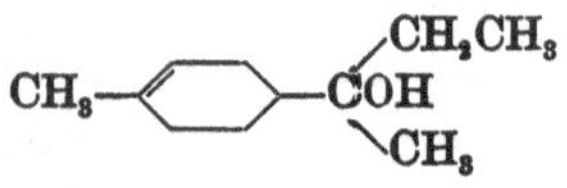 u. a.

sind teils aus Nopinon, teils aus Δ'-Methyl (1)-acetyl (4)-cyclohexen synthetisiert worden. (Näheres s. S. 311.)

Spezielles über Terpineole und Terpine.

I. α-Terpineol [Δ'-p-Menthenol-8], $C_{10}H_{17}OH$

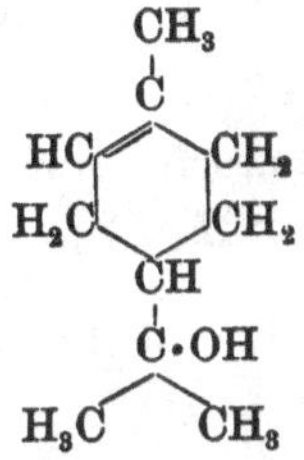

Darstellung: Aktives α-Terpineol entsteht durch Schütteln von Limonenmonochlorhydrat mit verdünnter Kalilauge [A. **350**, 154] und aus Pinenhydrat bei der Hydratation [A. **360**, 89].

In inaktiver Form wurde es in zahlreichen Fällen erhalten, z. B. aus Terpinhydrat durch Wasserabspaltung mittels Schwefelsäure [A. **230**, 253], Phosphorsäure [A. **230**, 255], Eisessig [A. **230**, 256], Kaliumdisulfat [A. **230**, 257], aus Pinoldibromid durch Reduktion mit Zink und Eisessig [A. **281**, 150], aus Dipentendichlorhydrat durch Schütteln mit verdünnter Kalilauge [A. **350**, 154], sowie bei der Umsetzung von Terpinendibromhydrat (F. 58°) mit Silberacetat [A. **350**, 152].

Eigenschaften: a) des inaktiven: F. 35° [A. **275**, 104, 109], Kp. 218°, $d = 0{,}9352$ bei 20°, mit Wasserdampf flüchtig [A. **230**, 265; **245**, 196, 199]; b) des aktiven [A. **360**, 89ff.]: F. 37—38°, Kp. 218 bis 219°, $[\alpha]_D = -106°$.

Verbindet sich mit Carbanil zu dem Urethan, $C_{10}H_{17}OCONHC_6H_5$, F. 113° (inaktiv) [A. **230**, 267, 268; **275**, 104].

α-Terpineol verbindet sich mit N_2O_4 zu einem Nitrosat, $C_{10}H_{18}O \cdot N_2O_4$ [A. **277**, 122] und mit NOCl zu dem

Nitrosochlorid [A. **277**, 121; **360**, 90]

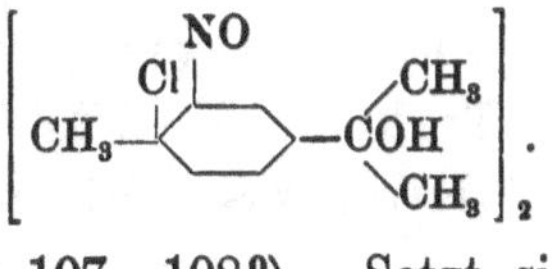

Sehr beständige Verbindung (F. der aktiven 107—108°). Setzt sich mit primären und sekundären Aminen leicht zu gut kristallisierten Nitrolaminen um. [A. **277**, 121 und unv. B.].

Dargestellt sind:

Nitrolpiperidid, F. 159—160° (aktiv F. 150°) [A. **360**, 90]. Nitrolanilid, F. 155—156°. Nitrol-o-toluidid, F. 170°. Nitrolm-toluidid, F. 155—156°. Nitrol-p-toluidid, F. 157°. Nitrolmethylamid, F. 155—156°. Nitroläthylamid, F. 120—122°. Nitroldimethylamid, F. 141—143°. Nitroldiäthylamid, F. 132—133°.

Das Nitrosochlorid liefert mit alkoholischem Alkali unter Abspaltung von HCl wesentlich i-Oxydihydrocarvoxim (I), mit Natriumacetat in Eisessiglösung ausschließlich ein Cineol-oxim (II) F. 139°.

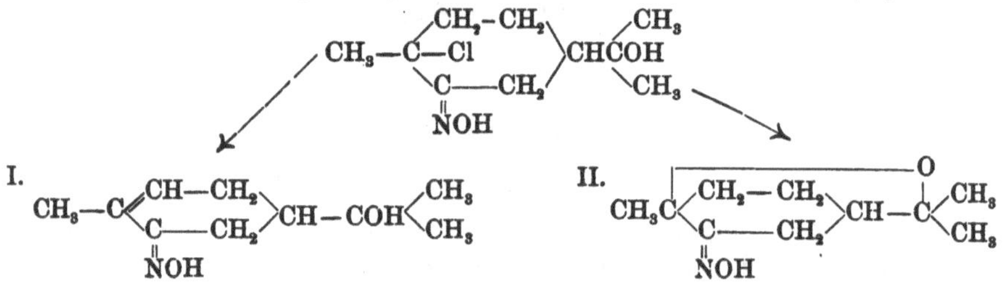

Eigenschaften des i-Oxydihydrocarvoxim, $C_{10}H_{15}(OH)(NOH)$ [B. **28**, 1774; A. **291**, 346]: F. 133—134°. Diacetylverbindung, F. 107°. Beim Erwärmen mit verdünnter H_2SO_4 geht es in i-Carvon (s. S. 350), mit konzentrierter H_2SO_4 in p-Amidothymol über.

Mit Brom vereinigt sich das α-Terpineol zu einem

Dibromid, $C_{10}H_{18}O \cdot Br_2$ [A. **230**, 266; **277**, 113]:

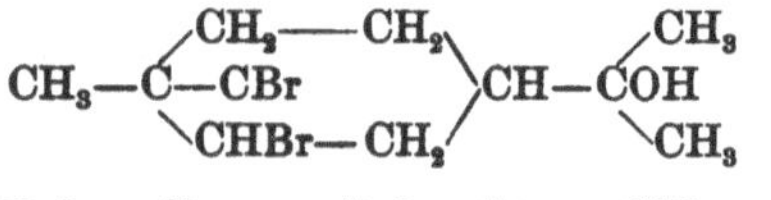

Dieses liefert bei der Behandlung mit feuchtem Silberoxyd, Bleihydroxyd, 2%iger Kalilösung, alkoholischem Kali oder Natriumalkoholat Pinolhydrat und Pinol (s. S. 257, 264, 296), in letzterem Falle bildet sich auch Cymol [A. **277**, 113ff.].

Das Dibromid liefert beim Kochen in Eisessiglösung nahezu quantitativ Cymol, mit Bromwasserstoff in Eisessiglösung gibt es ein (zuerst von v. Baeyer dargestelltes)

Tribromid, 1,2,8-Tribromhexahydrocymol, $C_{10}H_{12}Br_3$, das sich mit Natriummethylat umsetzt zu dem

Carveoläther, $C_{10}H_{15}OCH_3$, 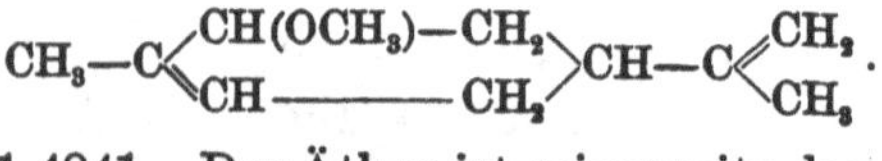.

Kp. 208—212°, $d = 0{,}911$, $n_D = 1{,}4841$. Der Äther ist seinerseits durch Oxydation in i-Carvon überführbar [A. **281**, 140, s. auch S. 273, 342].

Beim Kochen des Tribromids mit Cyankalium in alkoholischer Lösung bildet sich Cymol [A. **281**, 142, s. auch S. 22].

Verhalten des α-Terpineols gegen Säuren.

Mit Halogenwasserstoffsäuren setzt α-Terpineol sich in der Kälte zu den entsprechenden Dipentenverbindungen $C_{10}H_{18}Cl_2$, $C_{10}H_{18}Br_2$, $C_{10}H_{18}J_2$ um [A. **230**, 265; **350**, 158].

Eine Überführung von α-Terpineol in Terpene (Dipenten, Terpinolen, Terpinen) findet statt, wenn man die Verbindung mit verdünnten Säuren kocht. „Was die Natur des entstehenden Terpens „angeht, so richtet sie sich nach den Bedingungen des Versuchs und „ist abhängig von der angewandten Säure; es gilt dafür, was für das „Terpinhydrat ermittelt wurde, da dieses ja unter dem Einfluß der „genannten Agenzien zunächst immer in Terpineol verwandelt wird. „Eine wie große Rolle auch die Temperatur bei diesen Umsetzungen „spielt, geht namentlich daraus hervor, daß beim Kochen mit ver„dünnter Schwefelsäure das Terpineol glatt in H_2O und $C_{10}H_{16}$ (Ter„pinen) zerfällt, während beim Stehen mit sehr verdünnter Salzsäure „oder Schwefelsäure bei gewöhnlicher Temperatur dieselbe Verbindung „unter Wasseraufnahme sich schon nach wenigen Tagen in Terpinhydrat „($C_{10}H_{20}O_2 + H_2O$) zurückverwandelt.“ [A. **230**, 258, 266; **360**, 101.]

Beim Erwärmen von α-Terpineol mit Säuren kann auch Cineol [A. **239**, 21, 23; **275**, 107] und Cymol [A. **275**, 106] gebildet werden.

Genauer untersucht wurde das Verhalten des α-Terpineols gegen Schwefelsäure [A. **275**, 105], Phosphorsäure [A. **275**, 106], Oxalsäure [A. **275**, 106], Ameisensäure [A. **291**, 361].

Beim Erwärmen mit Kaliumdisulfat entsteht Dipenten [A. **230**, 265; **275**, 104], ebenso beim Erhitzen mit Wasser auf 250° [A. **291**, 362].

Verhalten des α-Terpineols bei der Reduktion.

p-Menthanol-8, 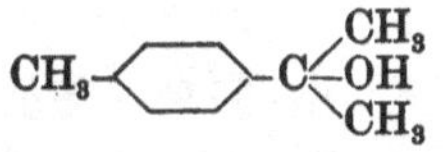 [A. **381**, 55, 57, 92, 93].

Ganz reines α-Terpineol nimmt bei Gegenwart von Palladium als Katalysator leicht 2 Atome H auf. Das entstehende p-Menthanol-8 hat folgende Eigenschaften: Kp. 209—210°, $d_{20} = 0{,}905$, $n_D = 1{,}4629$. Mit Phenylisocyanat verbindet es sich zu zwei verschiedenen Phenylurethanen, F. 117—118° u. 89—91°.

Dasselbe p-Menthanol erhält man bei der Umsetzung von Hexahydro-p-Acetyltoluol mit Magnesiumjodmethyl [A. **381**, 92]. Es liefert bei der Wasserabspaltung $\Delta^{4(8)}$-p-Menthen.

Verhalten des α-Terpineols bei der Oxydation
[A. **275**, 150ff.; **277**, 110ff.; **291**, 342ff.; B. **28**, 1773].

Das α-Terpineol liefert bei der Oxydation mit Permanganat (Formeln s. S. 295) zunächst das

1,2,8-Trioxyterpan, $C_{10}H_{17}(OH)_3$, (Methylisopropyltrioxyhexahydrocymol)

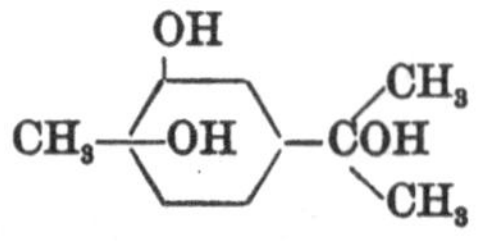

F. 121—122°, Kp.$_{11}$ 170—180°. Erstarrt zunächst glasig. In Wasser leicht, in Äther schwer löslich. Sehr beständig gegen Permanganat. Gibt die Jodoform- und die CBr_4-Reaktion (s. S. 97).

Das Trioxyterpan zerfällt beim Kochen mit verdünnter Schwefelsäure oder beim Erhitzen mit Kaliumdisulfat zum Teil in Cymol ($C_{10}H_{20}O_3 = 3\,H_2O + C_{10}H_{14}$) [A. **277**, 111], zum Teil in Carvenon (s. S. 348) ($C_{10}H_{20}O_3 = 2\,H_2O + C_{10}H_{16}O$) [A. **277**, 122; **324**, 88].

Mit Eisessigbromwasserstoff und Brom geht es über in i-Dihydrocarvondibromid, F. 96—98° [A. **286**, 128].

Bei der Oxydation mit Chromsäure geht das Trioxyterpan, $C_{10}H_{20}O_3$, glatt über in das

Ketolakton, $C_{10}H_{16}O_3$ [A. **275**, 153; **360**, 90; B. **28**, 1775]

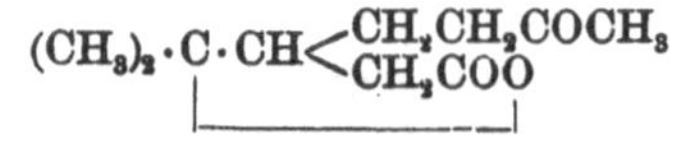

Eigenschaften: Monokline Prismen vom F. 62—63° (aktiv 46—47° [A. **360**, 90]). Kp. gegen 330° ohne Zersetzung. Sehr löslich in Chloroform, weniger in Wasser, schwer in Äther. Scheidet mit Hypobromit Tetrabromkohlenstoff ab.

Oxim, $C_{10}H_{16}O_2(NOH)$, F. 76—77°. Semicarbazon, F. 200°. Das Ketolacton spaltet sich mit alkoholischer Salzsäure unter Bildung eines chlorhaltigen Esters [A. **291**, 344], Kp.$_{15}$ 150—160°, beim Kochen mit 1 Mol. NaOH bildet sich das Salz einer Oxysäure [A. **291**, 344]. Bei weiterer Oxydation mit Permangnat tritt Zerfall des Ketolactons in Terpenylsäure und Essigsäure, bei Behandlung mit Hypobromit Spaltung in Terpenylsäure und Tetrabromkohlenstoff ein [A. **277**, 117, 120; **291**, 345; B. **28**, 1775]. (Vorgänge in Formeln s. S. 295.)

II. β-Terpineol, $C_{10}H_{17}OH$, 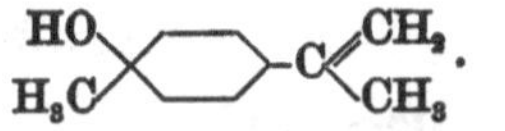

β-Terpineol gibt wie α-Terpineol mit verdünnter kalter Schwefelsäure Terpinhydrat [A. **360**, 101], mit überschüssigem Halogenwasserstoff in der Kälte behandelt die entsprechenden Dipentenverbindungen, mit genau 1 Mol. HCl in Eisessiglösung entsteht das

Chlorhydrin, 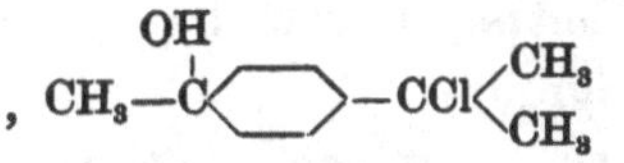

F. 74—75°, das beim Schütteln mit zweiprozentiger Kalilauge nur cis-Terpin liefert [A. **350**, 158].

Das β-Terpineol liefert ein

Nitrosochlorid, $C_{10}H_{17}OH \cdot NOCl$, F. 103° [A. **345**, 128], Nitrosat, $C_{10}H_{17}OH \cdot N_2O_4$, F. 125° [A. **345**, 128], Nitrosit, $C_{10}H_{17}OH \cdot N_2O_3$, F. ca. 78° [A. **345**, 128].

Aus diesen sind hergestellt die Nitrolamine:

Nitrolpiperidid, F. 108°, Nitrolanilid, F. 110°, Nitrol-o-toluidid, F. 166—167°.

Das β-Terpineolnitrosochlorid setzt sich bei längerem Stehen mit Alkohol und nachfolgender Neutralisation mit Kaliumdicarbonat zu einem kristallinischen Oxyoxim um, ähnlich beim Erwärmen mit Natriummethylat.

Das Oxyoxim ist schwer analysenrein zu erhalten. Es zerlegt sich mit schwachen Säuren (Oxalsäure) unter Entstehung eines Aldehyds $C_{10}H_{14}O$ oder mit stärkeren Säuren unter Entstehung eines Ketons $C_{10}H_{14}O$ von folgenden Eigenschaften:

Aldehyd $C_{10}H_{14}O$ [A. **345**, 132ff.].

Kp.$_{11}$ 96°, $d = 0{,}97$, $n_D = 1{,}4952$ bei 19°. Oxim, $C_{10}H_{14}(NOH)$, flüssig.

Semicarbazon, $C_{10}H_{14}N \cdot NH \cdot CO \cdot NH_2$, F. 209°. Der Aldehyd oxydiert sich zu einer Säure $C_{10}H_{14}O_2$, F. 74°.

Keton, $C_{10}H_{14}O$ [A. **345**, 135].

Kp. 223°, Kp.$_{13}$ 93°, $d = 1{,}0045$, $n_D = 1{,}4958$ bei 20°. Der Geruch erinnert stark an Menthon. Oxim, $C_{10}H_{14}(NOH)$, gut kristallisiert, F. 124—125°. Semicarbazon, F. 218°. Das Keton gibt bei der Reduktion einen

Alkohol, $C_{10}H_{15}\cdot OH$.

$Kp._{20}$ 108—112°, $d = 0{,}996$, $n_D = 1{,}4986$, $M = 44{,}78$ (ber. für $C_{10}H_{15}OH|^{=}$ 45,05). Phenylurethan, F. 144°.

β-Terpineoldibromid, 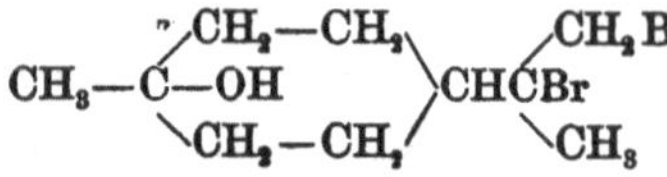,

entsteht beim Eintragen von Br_2 in stark gekühlte Lösungen von β-Terpineol in Ligroin.

Eigenschaften: F. 60°, schlecht charakterisiert. Liefert mit 2% Kalilauge: 1,8,9-Trioxyterpan, F. 118° (s. S. 307), mit Eisessigbromwasserstoff 1,8,9-Tribromterpan, F. 67° (s. u.), bei der Wasserabspaltung (durch Destillation im Vakuum):

Dibromid, 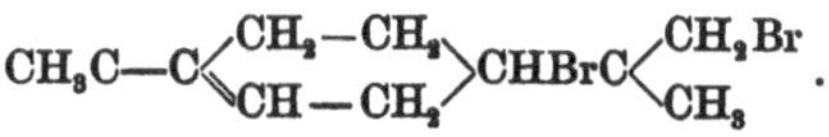.

$Kp._{11}$ 150—160°. $d_{20} = 1{,}5364$, $n_D = 1{,}5480$. Gibt mit Brom i-Dipententetrabromid, mit BrH: 1,8,9-Tribromterpan.

1,8,9-Tribromterpan aus β-Terpineol [A. **324**, 82—87].

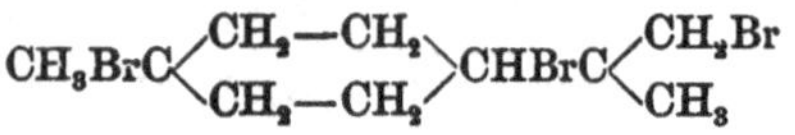

β-Terpineol wird in Eisessiglösung mit 1 Mol. Brom und dann mit Eisessigbromwasserstoffsäure versetzt. Es entsteht das Tribromid, $C_{10}H_{17}Br_3$, F. 67°. Beim weiteren Bromieren liefert es Dipententetrabromid.

Mit Natriummethylat erwärmt geht das Tribromid über in das

Monobromid, $C_{10}H_{15}Br$, 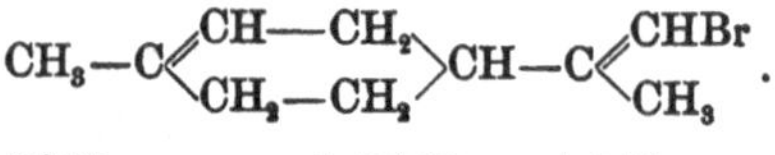.

$Kp._{10} = 105$—110°, $d_{21} = 1{,}2250$, $n_D = 1{,}5180$. Addiert seinerseits 4 Atome Brom und gibt das

Pentabromid, $C_{10}H_{15}Br_5$, F. 137°. Die Reaktionen spielen sich folgendermaßen ab:

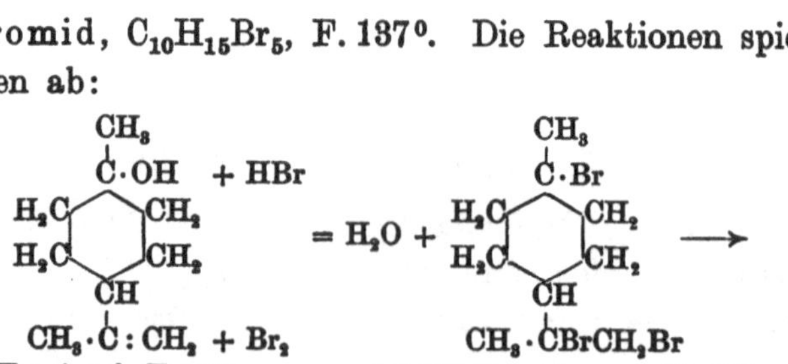

Terpineol (F. 32°) — 1,8,9-Tribromterpan (F. 67°)

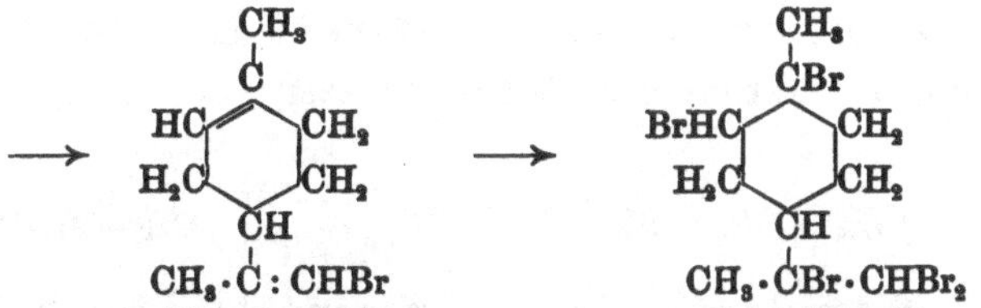

Monobromid Pentabromid

Reduktion des β-Terpineols zu p-Menthanol-1 (tertiäres Carvomenthol) [A. **381**, 58]  läßt sich leicht mit Wasserstoff bei Gegenwart von Palladium durchführen.

Eigenschaften: Kp. 208—209°, $d_{20} = 0{,}9000$, $n_D = 1{,}4619$.

Phenylurethan F. 100—101°.

p-Menthanol-1 gibt bei der Wasserabspaltung Carvomenthen 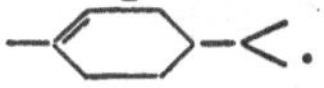. Kp. 174—175°, $d_{21} = 0{,}821$, $n_D = 1{,}4551$, $M = 45{,}61$.

NOCl-Additionsprodukt: F. 95—96° [A. **381**, 59], Nitrolpiperidid F. 159°, Oxim (aus Nitrosochlorid) F. 93—94° ist identisch mit i-Carvotanacetoxim (s. S. 349).

Abbauprodukte aus β-Terpineol [A. **324**, 87ff.].

Bei der Oxydation von β-Terpineol mit Permanganat entsteht, wie Stephan und Helle zuerst nachwiesen, das

1,8,9-Trioxyterpan, $C_{10}H_{17}(OH)_3$, 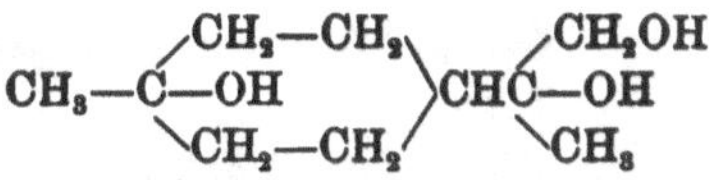

F. 118°. Liefert beim Erhitzen mit verdünnter H_2SO_4 eine Verbindung $C_{10}H_{16}O$. Bei weiterer Oxydation entsteht aus dem Trioxyterpan ein

Oxyketon, $C_9H_{16}O_2$, 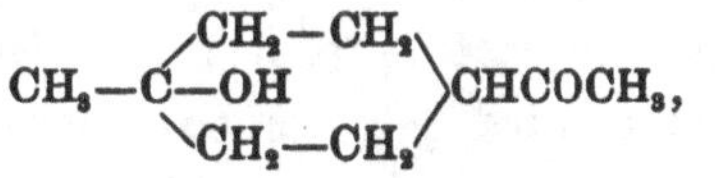 das beim Erwärmen mit verdünnter Schwefelsäure leicht übergeht in das ungesättigte

Δ^1-Tetrahydro-p-acetyltoluol, $C_9H_{14}O$:

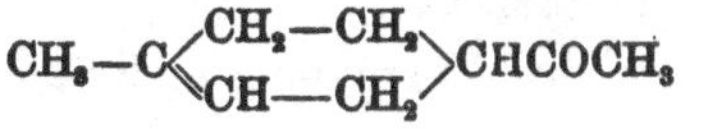

Kp. 205—206°, $d = 0{,}940$, $n_D = 1{,}4719$ bei 19°. Oxim, C_9H_{14}:NOH, F. 51°. Gebromtes Oxim, $C_9H_{14}Br_2$:NOH, F. 150°. Semicarbazon, F. 160—161°. Das Keton gibt ein festes Nitrosochlorid. Mit Magnesiumjodmethyl liefert das Keton α-Terpineol, mit konzentrierter Schwefelsäure läßt es sich oxydieren zu

p-Acetyltoluol, Kp. 222—224°. Oxim, F. 88—89°. Bromid, F. 101°. Bei der Reduktion des Tetrahydroacetyltoluols mit Natrium entsteht der

Alkohol, $C_9H_{15}OH$ [A. **324**, 93], $CH_3-C\begin{matrix}\diagup CH_2-CH_2 \diagdown \\ \diagdown CH-CH_2 \diagup\end{matrix}CH-CHOH-CH_3$,

ein niederes Homologes des α-Terpineols, Kp. 212—213°, $d = 0{,}942$, $n_D = 1{,}4836$ bei 19°. Riecht wie Terpineol.

Phenylurethan, F. 69°. Der Alkohol liefert beim Erwärmen mit verdünnten Säuren oder Kaliumdisulfat neben etwas Kohlenwasserstoff ein

Oxyd, $C_9H_{16}O$, von cineolartigem Geruch, Kp. 169—172°, $d = 0{,}92$. Mit Salzsäure und Phosphorpentachlorid läßt sich der Alkohol überführen in ein

Dichlorid, $C_9H_{16}Cl_2$. Dieses gibt durch Salzsäureabspaltung den Kohlenwasserstoff C_9H_{14} [A. **324**, 96], Kp. 160—163°, $d = 0{,}843$, $n_D = 1{,}47586$ bei 22°.

Mit freiem Wasserstoff und Palladium läßt sich Δ'-Tetrahydroacetyltoluol leicht zu

Hexahydroacetyltoluol $-\langle\ \ \rangle-COCH_3$ reduzieren. [A. **381**, 90.]

Eigenschaften: Kp. 195—197°, $d_{18} = 0{,}9055$, $n_D = 1{,}4509$. Semicarbazon F. 159° (175°?), Oxim F. 57—59°. Vgl. S. 440.

III. γ-Terpineol, $C_{10}H_{17}OH$, $CH_3-C\begin{matrix}\diagup CH_2-CH_2 \diagdown \\ -OH \\ \diagdown CH_2-CH_2 \diagup\end{matrix}C=C\begin{matrix}\diagup CH_3 \\ \diagdown CH_3\end{matrix}$.

F. 69°. Die Verbindung gibt mit Eisessigsalzsäure ein Gemisch von Dipentendihydrochlorid, F. 50°, und Terpinendihydrochlorid, F. 52° [A. **350**, 160].

Beim Schütteln mit einprozentiger Schwefelsäure oder sehr verdünnter Kalilauge wird γ-Terpineol leicht aufgelöst und es entsteht ein Gemisch von cis- und trans-Terpin [B. **40**, 578; A. **360**, 101].

Beim Erwärmen mit etwa dem gleichen Volum Ameisensäure entsteht Terpinolen [A. **368**, 11].

Über andere Isomere des Terpineols s. S. 298 und 299.

IV. Terpinhydrat (cis-Terpin; 1,8-Dioxyterpan), $CH_3-C\begin{matrix}\diagup CH_2-CH_2 \diagdown \\ -OH \\ \diagdown CH_2-CH_2 \diagup\end{matrix}CH\cdot C\begin{matrix}\diagup CH_3 \\ OH \\ \diagdown CH_3\end{matrix} + H_2O$.

Historisches über die Darstellung aus Terpentinöl siehe A. **227**, 284; **230**, 262 Anm.

Bildungsweisen: Aus α-Terpineol durch Berührung mit verdünnter Schwefelsäure [A. **230**, 266; **360**, 101], aus γ-Terpineol durch Schütteln mit verdünnter Schwefelsäure oder Kalilauge [B. **40**, 578], aus Limonenmonochlorhydrat in Berührung mit Wasser [A. **270**, 190], aus cis- und trans-Dipentendichlorhydrat durch Schütteln mit verdünnter Kalilauge [A. **350**, 154, 155], aus Terpinendichlor- und -bromhydrat durch Schütteln mit verdünnter Kalilauge oder durch Umsetzung mit Silberacetat [A. **350**, 151, 156], aus Homonopinol (Pinenhydrat) durch Schütteln mit verdünnter Schwefelsäure, Oxalsäure oder Ameisensäure [A. **356**, 242], aus β-Pinen [A. **368**, 8].

Eigenschaften: „Über die Eigenschaften dieser so schön kristalli-
„sierenden Verbindung . . . machen die Lehrbücher teils unvollständige,
„teils nicht ganz richtige Angaben. In den meisten wird, wohl auf
„Grund einer Bestimmung von List, bemerkt, daß Terpinhydrat unter
„100° schmilzt. Das ist nicht der Fall. Vielmehr schmilzt die Ver-
„bindung beim Erhitzen im Capillarrohr erst bei 116—117° unter
„Aufschäumen und Hinaufsublimieren in die kälteren Teile des Röhr-
„chens zu einer klaren Flüssigkeit, nachdem sie allerdings schon etwas
„über 100° stark zusammenzusintern und zu erweichen begonnen hat.
„Auch unter siedendem Wasser schmilzt das Terpinhydrat nicht, wenn
„man es mit einer zur Lösung ungenügenden Menge Wasser kocht.
„Beim Erhitzen im Destillierkölbchen gibt Terpinhydrat zunächst
„Wasser ab, mit welchem ein kleiner Teil der Substanz in die Vorlage
„übergeht. Dann beginnt bei weiterem Erhitzen das nunmehr wasser-
„freie Terpin ruhig zu sieden und geht ganz konstant bei 258° (korr.)
„über. Das wasserfreie Terpin erstarrt bald zu einer harten Masse,
„welche niedriger als das Hydrat schmilzt. Ich fand bei verschiedenen
„Präparaten den Schmelzpunkt zu 102° und 104—105°. Die Diffe-
„renz dürfte darauf zurückzuführen sein, daß von dem wasserfreien
„Präparat leicht etwas Feuchtigkeit angezogen wird. Brom wird von
„einer alkoholischen Terpinlösung nicht entfärbt.

„Daß Terpinhydrat mit gasförmiger oder konzentrierter Salzsäure
„die bekannte, gegen 50° schmelzende Verbindung $C_{10}H_{18}Cl_2$ gibt, ist
„schon von mehreren Forschern angegeben, daß aber Jodwasserstoff-
„säure eine entsprechende Umwandlung mit noch viel größerer Leichtig-
„keit vollzieht, ist merkwürdigerweise immer übersehen worden.“ [A. **230** (1885), 247—249.]

Verhalten des Terpinhydrats:

1. Gegen Schwefelsäure [A. **227**, 286; **230**, 253ff.]. Als Produkte der Umsetzung sind beobachtet: Terpinen, Terpinolen, Terpineol.

2. Gegen Phosphorsäure [A. **230**, 255]. Als Umsetzungsprodukte sind beobachtet: bei Anwendung verdünnter Säure überwiegend Terpineol, bei Anwendung konzentrierter Säure Terpinolen und Dipenten.

3. Gegen Essigsäure [A. **230**, 256]. Hauptprodukt: Terpineol. Bei Anwendung höherer Temperatur entsteht auch Terpinen.

4. Gegen Salpetersäure [A. **239**, 19]. Es entstehen Salpetersäureester.

5. Gegen Halogenwasserstoffsäuren [A. **230**, 249, 251, 271; **239**, 18, 19; **281**, 143ff.; **350**, 160; B. **26**, 2075]. Es findet Austausch der zwei Hydroxylgruppen gegen Halogen statt.

6. Gegen Kaliumdisulfat [A. **230**, 257]. Es entsteht Terpineol und bei längerer Einwirkung Dipenten.

Unter den Spaltungsprodukten des Terpinhydrats mit Säuren befindet sich auch fast regelmäßig eine kleine Menge Cineol[1] [A. **239**, 18].

Die verschiedenen Abwandlungen des Terpins wurden tabellarisch zusammengestellt A. **239**, 46; B. **24**, 1540.

Trans-Terpin (1,8-Dioxyterpan, F. 156°).

Das 1893 von v. Baeyer entdeckte trans-Terpin läßt sich bequem durch Umsetzung von Dipentendihydrochlorid oder in geringer Menge von Terpinendihydrochlorid mit verdünnter Kalilauge bereiten [A. **350**, 154]. Ferner läßt es sich aus γ-Terpineol durch Schütteln mit verdünnter Schwefelsäure oder Kalilauge erhalten [B. **40**, 578].

Es ist in Wasser viel löslicher als cis-Terpin, sein chemisches Verhalten ist das gleiche.

Über 1,4-Terpin (1,4-Cineol) s. Kap. XII; über ein Terpin der Meta-Reihe (d-Methyl-(1)-isopropyl-(3)-cyclohexandiol) s. S. 434, über andere isomere Glycole s. S. 125.

---

[1] Bouchardat und Lafont veröffentlichten dieselbe Beobachtung einige Jahre nach mir [A. **252**, 128 Anm.].

V. Homologe α-Terpineole, $C_{11}H_{19}OH$

[A. **357**, 59; **360**, 91],

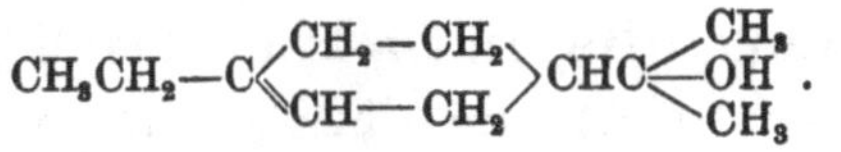

Dargestellt aus Äthylnopinol.

Kp. 226—227°, verhält sich wie gewöhnliches α-Terpineol, setzt sich mit Halogenwasserstoffsäuren zu den Dihalogeniden $C_{11}H_{18} \cdot 2HHal.$ um (s. S. 249 u. 282).

Aus Methyl-(1)-acetyl-(4)-cyclohexen-(1) und Magnesiumjodäthyl wurde das Homo-α-Terpineol

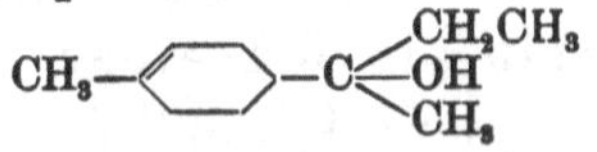

dargestellt.

Kp. 235—237°, $d_{20} = 0{,}939$, $n_D = 1{,}4850$, $M = 51{,}28$ [unv. Beob.].

VI. Homologes cis-Terpinhydrat, $C_{11}H_{22}O_2 + H_2O$

[A. **357**, 60; **360**, 91],

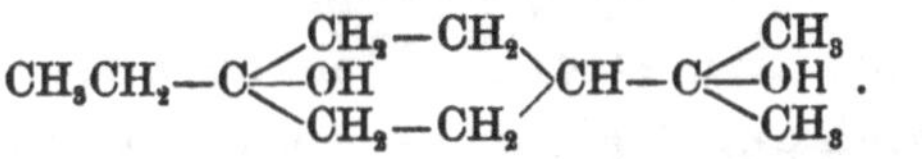

Eigenschaften: F. 75—76°. Kristallisiert mit 1 Mol. Wasser.

Beim Umsetzen mit Eisessig-Halogenwasserstoffsäuren entstehen folgende Verbindungen, die auch aus Äthylnopinol erhalten werden können:

Homodipentendichlorhydrat, $C_{11}H_{18} \cdot 2HCl$, F. 63—64°. -dibromhydrat, $C_{11}H_{18} \cdot 2HBr$, F. 82—84°. -dijodhydrat, $C_{11}H_{18} \cdot 2HJ$, F. 63—64°.

Aus dem Dichlorhydrat wurde mit Anilin Chlorwasserstoff abgespalten. Es entstand ein höheres homologes Dipenten (s. S. 282).

VI. Cineol.

Allgemeines über Cineol und die aus ihm abgeleiteten Verbindungen (Methylheptenon und Hydro-m-xylol).

I. Cineol.

Das Cineol hat den Ausgangspunkt meiner gesamten Arbeiten über die Terpenverbindungen gebildet. Schon nach der ersten Untersuchung (1884) konnte als festgestellt gelten, „daß das im Cineol „enthaltene Sauerstoffatom mit je einer Affinität an zwei ver- „schiedene Kohlenstoffatome geknüpft ist". [A. **225**, 309.] Nachdem dann die Beziehungen des Cineols zum Terpin und Terpineol, sowie sein Übergang in Dipenten und dessen Halogenwasserstoffadditionsprodukte klargelegt worden war, konnte (1885) der Schluß gezogen werden (vgl. S. 288):

„Während das Terpineol unter Entstehung einer doppel- „ten Kohlenstoffbindung durch Wasserabspaltung aus einem „Glycol (Terpin) sich bildet, ist das Cineol ein Oxyd, das zu „seinem Glycol (Terpin) in derselben Beziehung steht wie „Äthylenoxyd zum Äthylenalkohol." [A. **230**, 268, s. auch **239**, 23.]

Der Abbau des Cineols zur Cineolsäure (1888) und die Klarlegung des Verhaltens dieser eigentümlichen Verbindung (1890) erlaubte Rückschlüsse auf die Konstitution des Cineols — und damit auch des Terpins, Terpineols, Dipentens, Pinens:

„Das in den ätherischen Ölen so ungemein verbreitete „Cineol läßt sich durch einfache Reaktionen in das Dipenten, „bzw. dessen Derivate, so gut wie quantitativ überführen. „Ferner kann man das Pinen auf einem Umwege in Cineol „verwandeln. Kennt man daher die Konstitution der Cineol- „säure, so ist man auch der Erkenntnis der Konstitution „einiger Terpene näher gerückt." [A. **258** (1890), 319.]

Der ermittelte Übergang der Cineolsäure in Methylheptenon (1890) (s. unten) erlaubte es, die Vorgänge durch Annahme der folgenden Formeln zum Ausdruck zu bringen [A. **258** (1890), 335]:

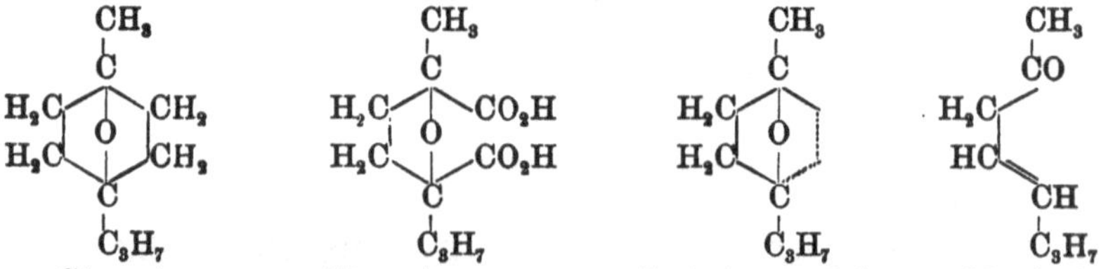

Cineol — Cineolsäure — Zwischenprodukt (Pinakolin) — Methylheptenon

„Die . . . Umwandlungen gehen ungemein leicht und glatt vor sich. „Die gegebene Interpretation für ihren Verlauf mag im einzelnen „als noch nicht sicher bewiesen gelten: in der Hauptsache wird sie

„sich von der Wahrheit kaum weit entfernen (1891).“ [B. **24**, 1573.] Diese Voraussicht hat sich auch als richtig erwiesen. Die gegebenen Formeln haben nur eine für die Auffassung der Natur des Cineols nebensächliche Korrektur erfahren. Denn mit der 1895 gewonnenen Erkenntnis, daß im α-Terpineol das Hydroxyl in der Seitenkette steht, wurde auch eine entsprechend veränderte Auffassung des Terpins und dessen Oxyds — des Cineols — selbstverständlich [A. **291**, 350]. Man hatte nun folgende Formeln einzusetzen:

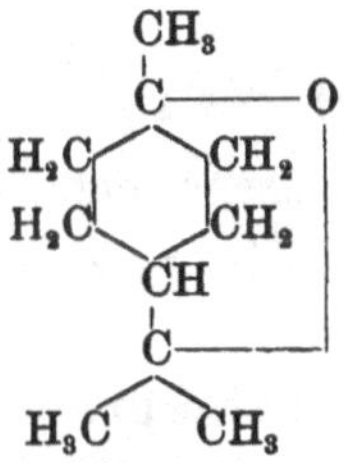

Cineol

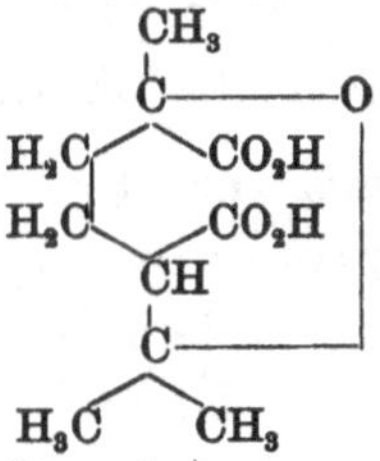

Cineolsäure

Erst die Entdeckung und nähere Untersuchung des Terpinenterpins (1,4-Terpin, Smp. 137°) machte es möglich, eine Verbindung der Formel herzustellen, die man ursprünglich dem natürlichen Cineol zugeschrieben hatte. Darüber vgl. S. 143 und Kapitel XII.

II. Methylheptenon.

Die Verbindung $C_8H_{14}O$, die durch Spaltung des Cineolsäureanhydrids entsteht und bei dessen Untersuchung 1890 entdeckt wurde, ist ihrer Natur nach sogleich richtig als Methylhexylenketon interpretiert worden. Die Beobachtung, daß das Keton durch Wasserabspaltung leicht in Hydro-m-xylol übergeht, veranlaßte mich, die Stelle der Äthylenbindung zwischen dem zweiten und dritten Kohlenstoffatom (vom CO aus gerechnet) anzunehmen, weil damit die glatte Bildung des Kohlenwasserstoffs sich am besten erklärte.

Ich gab der Verbindung also die Formel [A. **258**, 337]:

$$(CH_3)_2CHCH{:}CHCH_2COCH_3.$$

Einige Jahre darauf gewann das Methylheptenon eine besondere Bedeutung, insofern es von Barbier und Bouveault (1894) als Bestandteil des Lemongrasöls aufgefunden, namentlich aber dadurch, daß 1897 von Verley nachgewiesen wurde, daß die Verbindung sich durch

Hydrolyse des Citrals bildet. Seitdem ist das Keton leicht zugänglich geworden. Auch Tiemann und Semmler waren ihm gelegentlich ihrer Arbeiten über das Geraniol und Citral 1893 begegnet und neigten dazu, ihm die Formel $(CH_3)_2CHCH_2CH:CH \cdot COCH_3$ zuzuerteilen [B. **26**, 2723]. Dieselben Forscher konnten aber 1895 zeigen, daß das Methylheptenon mit Permanganat sich zu Aceton und Lävulinsäure aufspalten läßt [B. **28**, 2128], wodurch die Lage der Doppelbindung zwischen den Kohlenstoffatomen 3 und 4 festgelegt war, so daß dem Methylheptenon die Formel

$$(CH_3)_2C:CHCH_2CH_2COCH_3$$

(mit γ-δ-Stellung der Äthylenbindung) zuzuschreiben ist. Das isomere α-Methylheptenon $(CH_3)_2CHCH_2CH:CHCOCH_3$ entsteht durch Kondensation von Isovaleraldehyd mit Aceton.

Bezüglich der Überführung des Methylheptenols $C_8H_{15}OH$ in das Oxyd $C_8H_{16}O$ s. Allgem. Teil S. 143; über die Gewinnung neuer Basen aus dem Methylheptenonoxim und die Abwandlung in ein isomeres Keton s. S. 321—323, über die Abwandlung des Methylheptenon in Methylheptanon (Isoamylaceton) s. S. 322 [A. **381**, 86].

III. Hydro-m-xylol.

Die Entstehung eines hydrierten Benzolkohlenwasserstoffs durch innere Kondensation eines ungesättigten Ketons war ein neuer, bis dahin (1890) nicht beobachteter Vorgang, der wegen des Verhaltens des hydrierten Kohlenwasserstoffs besonderes Interesse gewann, denn „die Verbindung ähnelt in ihrem Verhalten in mancher Beziehung den „Terpenen und könnte als ein niederes Homologes derselben angesprochen „werden“. [A. **258**, 328.] (Vgl. Allgem. Teil S. 117.)

Der auf Grund seiner Entstehungsweise anfangs als Dihydro-m-Xylol angesprochene Kohlenwasserstoff ($C_8H_{14}O = H_2O + C_8H_{12}$) erwies sich allerdings bei genauerer Untersuchung [A. **395**, 74 und **396**, 273] als ein Gemenge, das wesentlich aus Tetrahydroxylol, C_8H_{14}, und m-Xylol, C_8H_{10}, besteht, woraus folgt, daß bei der Selbstkondensation des Methylheptenon mit der Wasserabspaltung eine Abspaltung von Wasserstoff (der auf einen Teil des entstehenden Kohlenwasserstoffs reduzierend wirkt) Hand in Hand geht (vgl. Allgem. Teil S. 98, 117 und S. 318).

Spezielles über die aus Cineol abgeleiteten Verbindungen.

I. Cineol, $C_{10}H_{18}O$.

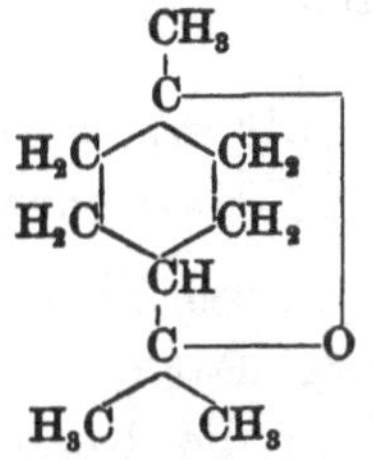

Vorkommen: Das Vorkommen der Verbindung $C_{10}H_{18}O$ wurde im Wurmsamenöl konstatiert [A. **225**, 291] und gleichzeitig nachgewiesen, daß „der Hauptbestandteil des Cajeputöls mit dem Haupt-„bestandteil des Wurmsamenöls identisch ist." [A. **225**, 317.] Cineol wurde weiter nachgewiesen im Öl von Eucalyptus amygdalina [A. **246**, 278—281], im Lorbeerblätter- und Lorbeerbeerenöl [A. **252**, 96, 98], im Salbeiöl [A. **252**, 104].

Bildungsweisen: Das Auftreten von Cineol wurde beim Erwärmen von Terpinhydrat [A. **239**, 18], Terpineol [A. **239**, 21; **246**, 237, 238; **275**, 105—107, 174] und Pinen [A. **246**, 237] mit Säuren nachgewiesen.

„Die Häufigkeit des Vorkommens wird erklärlich, wenn man sich „der erst schon erwähnten Tatsache erinnert, daß Cineol auch aus Ter-„pinhydrat und Terpineol sich bilden kann und daß Pinen unter Wasser-„aufnahme leicht in die letzteren Verbindungen übergeht." [B. **24**, 1571.] Cineol entsteht auch bei der Umsetzung von Fenchylamin mit salpetriger Säure [A. **362**, 189].

Reindarstellung: Durch Zerlegung der Halogenwasserstoffadditionsprodukte durch Alkali [A. **225**, 293—295, 298] oder durch Ausfrieren.

Eigenschaften [A. **225**, 295; **239**, 22; **245**, 195; B. **24**, 1569]: Kp. 176°, F. $-1°$, $d = 0{,}9267$; $n_C = 1{,}4569$, $n_D = 1{,}4584$ bei 20°. Verbindet sich mit trockenen Halogenwasserstoffsäuren und mit Halogen (s. S. 316). Geht unter verschiedenen Bedingungen z. B. beim Erhitzen mit Salzsäure [A. **225**, 299] oder mit Benzoylchlorid [A. **225**, 308] in Dipenten (Cinen), bzw. Dipentenderivate über, beim Kochen mit alkoholischer Schwefelsäure kann es auch in Terpinolen und

Terpinen übergeführt werden [A. **239**, 22, 23]. Bei der Oxydation mit Permanganat liefert es Cineolsäure (s. unten) [A. **246**, 268ff., 276], Oxydation mit Salpetersäure oder Chromsäure führt zu niederen Abbauprodukten. Cineol ist optisch inaktiv [A. **225**, 296].

Verbindungen des Cineols mit Halogenwasserstoffsäuren und Halogenen.

$C_{10}H_{18}O \cdot HCl$. Am besten durch Einleiten von HCl in eine abgekühlte Lösung von Cineol in Ligroin darstellbar [A. **225**, 294, 295, 297, 298, 316]. Zerfällt mit Wasser in die Komponenten. Spaltet sich beim Erhitzen für sich unter Bildung von Wasser und Dipenten [A. **225**, 298].

$C_{10}H_{18}O \cdot HBr$ (?). F. 56—57°. Entsteht wie die HCl-Verbindung. Ist schwerer löslich als diese und daher für den Nachweis von Cineol besonders geeignet [A. **225**, 300; **246**, 281].

$C_{10}H_{18}O \cdot HJ$. Sehr unbeständig, zerfällt leicht unter Entstehung von Dipentendijodhydrat [A. **225**, 300, 316].

$C_{10}H_{18}O \cdot Br_2$ und $(C_{10}H_{18}O)_2 \cdot Br_2$. In Ligroin unlösliche, rote, durch Alkali und Alkohol zerlegbare Kristalle [A. **225**, 303; **230**, 227, 228], die allmählich unter Bildung von Dipententetrabromid zerfallen [A. **225**, 304, 305].

$(C_{10}H_{18}O)_2J_2$. Ziemlich beständige, dunkelgefärbte, nadelförmige Kristalle [A. **225**, 306]. Außerdem existiert noch ein unbeständiges Jodid, das nach einiger Zeit zu einer schwarzen Flüssigkeit zerfließt [A. **230**, 227 Anm.].

Cineolsäure, $C_8H_{14}O(CO_2H)_2$ [A. **246**, 268; **258**, 319; **271**, 20].

Darstellung: Durch Oxydation des Cineols mit Permanganat mit ca. 45% Ausbeute.

Eigenschaften: Gut ausgebildete Kristalle, F. 196—197° unter Zersetzung. Inaktiv. 1 Teil ist löslich in ca. 70 Teilen Wasser von 15° und in 15 Teilen Wasser von 100°, leichter löslich in Alkohol und Äther, schwerer in Chloroform.

Calciumsalz, $C_{10}H_{14}O_5Ca + 4H_2O$, unlöslich in kochendem Wasser, geht beim Stehen mit viel kaltem Wasser in Lösung. Silbersalz, $C_{10}H_{14}O_5Ag_2 + H_2O$, amorph, in Wasser und in Alkohol löslich. Methylester, F. 31°. Äthylester, Kp. 155°.

Die Cineolsäure gibt beim Erhitzen über den Schmelzpunkt unter Abspaltung von CO_2 eine mit Wasserdampf flüchtige Säure $C_9H_{16}O_3$.

Methylester, Kp.$_{13}$ 125°.

Beim Destillieren der Säure $C_9H_{16}O_3$ im Vakuum bildet sich ein Anhydrid. Kp.$_{11}$ 135°.

Cineolsäureanhydrid, $C_8H_{14}O{<}{}^{CO}_{CO}{>}O$ [A. **246**, 275; **258**, 320; **271**, 26].

Darstellung: Durch Erwärmen von Cineolsäure mit Essigsäureanhydrid und Destillation im Vakuum.

Eigenschaften: Kp.$_{12-13}$ 157°. Lange, nadelförmige Kristalle vom F. 77—78°, löslich in Chloroform und Benzol, durch Ligroin fällbar. Geht mit Wasser in Cineolsäure zurück. Spaltet sich beim Destillieren unter gewöhnlichem Druck gemäß der Gleichung: $C_{10}H_{14}O_4 = CO + CO_2 + C_8H_{14}O$ unter quantitativer Bildung von Methylheptenon (Methylhexylenketon) (s. unten).

Das Anhydrid vereinigt sich mit Basen zu Aminsäuren [A. **271**, 20]:

Mit Diäthylamin zu:	$(C_8H_{14}O)^{CON(C_2H_5)_2}_{COOH}$	F. 162—163°
„ Piperidin zu:	$(C_8H_{14}O)^{CON\cdot C_5H_{10}}_{COOH}$	„ 151—152°
„ Allylamin zu:	$(C_8H_{14}O)^{CONHC_3H_5}_{COOH}$	„ 126°
„ Anilin zu:	$(C_8H_{14}O)^{CONHC_6H_5}_{COOH}$	flüssig
Methylester	$(C_8H_{14}O)^{CONHC_6H_5}_{COOCH_3}$	„ 78—79°
„ p-Toluidin zu:	$(C_8H_{14}O)^{CONHC_7H_7}_{COOH}$	„ 125—126°
„ Phenylhydrazin zu:	$(C_8H_{14}O)^{CONHNHC_6H_5}_{COOH}$	„ 110°

Das p-Toluidid gab beim Erhitzen neben p-Toluidin dieselben Spaltungsprodukte wie Cineolsäureanhydrid (CO, CO_2 und Methylheptenon).

II. Methylheptenon (Methylhexylenketon), $C_8H_{14}O$.

$(CH_3)_2C : CH\cdot CH_2\cdot CH_2\cdot CO\cdot CH_3$

[A. **258**, 324; **275**, 171; **309**, 26].

Darstellung: Durch Erhitzen von Cineolsäureanhydrid in quantitativer Ausbeute.

Eigenschaften: Kp. 173—174°, $d = 0{,}8530$, $n_D = 1{,}44003$ bei 20°. Gelblich gefärbt. Riecht wie essigsaures Amyl. Verbindet sich mit Bisulfit, verharzt mit Kali, addiert Brom und Halogenwasserstoff, wird von Permanganat sofort oxydiert. Kondensiert sich mit Chlorzink oder verdünnter Schwefelsäure unter Bildung von Tetrahydro-m-xylol und Xylol. Bei der Reduktion mit Natrium entsteht Methylheptenol (s. unten), bei der Reduktion mit freiem H bei Gegenwart eines Katalysators Methylheptanon (s. S. 322).

Methylheptenonoxim, C_8H_{14}:NOH, Kp.$_{15}$ 115°. Gibt mit Brom ein Dibromid, das beim Kochen mit Säuren in eine Base übergeht, daneben bildet sich etwas Kohlenwasserstoff. Beim Kochen mit Alkali entsteht aus dem Dibromid Monobrommethylheptenon (s. S. 320).

Methylheptenol, $C_8H_{15}\cdot OH$ [A. **275**, 171].

Dargestellt durch Reduktion aus Methylheptenon und Monobrommethylheptenon. Kp. 174—176°, $d = 0{,}85$, $n_D = 1{,}4489$. Ungesättigt. Isomerisiert sich beim Kochen mit verdünnter Schwefelsäure zu dem

Oxyd $C_8H_{16}O$

$(CH_3)_2\cdot C\cdot CH_2\cdot CH_2\cdot CH_2\cdot CH(CH_3)$
└──────O──────┘

Kp. 127—129°, $d = 0{,}85$, $n_D = 1{,}4249$. Riecht wie Cineol. Gibt bei der Oxydation mit Permanganat [unv. B.] Isocaprolacton:

$(CH_3)_2\cdot C\cdot CH_2\cdot CH_2$
O ——— CO

Produkte der Selbstkondensation von Methylheptenon.

[A. **258**, 326; **271**, 27; **275**, 171; **395**, 76, 80ff.; **396**, 273.]

Beim Erwärmen von Methylheptenon mit wasserentziehenden Mitteln ($ZnCl_2$, P_2O_5, SO_4H_2) entsteht nicht, wie man anfangs annahm, Dihydro-m-Xylol gemäß der Gleichung: $C_8H_{14}O = H_2O + C_8H_{12}$, sondern es findet dabei Wasserstoffabspaltung unter gleichzeitiger Selbstreduktion statt. Der Vorgang verläuft (abgesehen von der reichlichen Entstehung von Nebenprodukten) wesentlich nach der Gleichung:

$$2C_8H_{14}O = 2H_2O + C_8H_{10} + C_8H_{14},$$

d. h. es bildet sich neben m-Xylol hauptsächlich Tetrahydro-m-Xylol. Diesem Kohlenwasserstoff kommt die nebenstehende Formel zu.

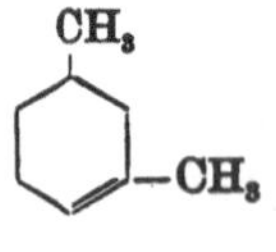

Eigenschaften: [A. **396**, 274, 277, s. ferner S. 424, 444] Kp. 127 bis 128°, $d_{21} = 0{,}8000$, $n_D = 1{,}4463$, $M = 36{,}78$. Gibt ein Nitrosochlorid, F. 118—119°. Nitrolpiperidid, F. 130—131°.

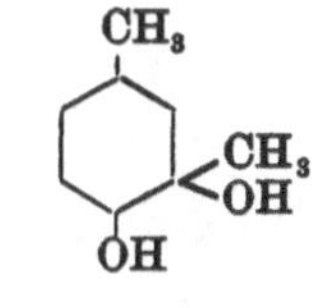

Bei der Oxydation mit Permanganat erhält man aus dem Tetrahydro-m-Xylol das Glycol: F. 89°, das beim Erwärmen mit verd. Säuren 1,3-Dimethylcyclohexanon-(4) liefert (Eigenschaften s. S. 444).

Für das aus dem Methylheptenon entstehende m-Xylol wurde gefunden [A. **395**, 83; **396**, 278] Kp. 138°, $d_{20} = 0{,}860$, $n_D = 1{,}4920$.

[Über Abkömmlinge des m-Xylols (Mono-, Di-, Tri-Nitro-m-Xylol) und m-Xylidins s. A. **258**, 330ff.]

Abwandlungen des Methylheptenonoxims
[A. **309**, 29ff.; **319**, 77ff.].

Methylheptenonoxim gibt mit P_2O_5 als Hauptprodukt eine pyridinartig riechende Base $C_8H_{13}N$ (Dihydrocollidin?), Kp. 186—189°, $d = 0{,}925$, $n_D = 1{,}501$ bei 19°.

Pikrat, F. 149—150°. Goldsalz, F. 164—165°. Das Platinsalz zersetzt sich vor dem Schmelzen.

Die Base $C_8H_{13}N$ liefert bei der Reduktion die

Base $C_8H_{16}NH$ (Trimethylpiperidin?), Kp. 166°, $d = 0{,}859$, $n_D = 1{,}4596$ bei 19°. Riecht wie Pyridin. Platinsalz, Nadeln, F. 173°. Goldsalz, F. 118°. Nitrosoverbindung, $Kp._{18}$ 134°.

Thioharnstoff, $C_8H_{16}NHCSNH_2$, erwies sich als Gemisch von zwei Verbindungen, Blättchen vom F. 171—172° und wollige Nadeln, F. 154—155°. Ebenso trat das

Ammoniumjodid, $C_8H_{16}N(CH_3)_2J$, in zwei Formen auf:

α) in Alkohol und kaltem Wasser schwer löslich, F. 238°. Goldsalz, F. 105°; *β*) in überwiegender Menge entstehende, in Alkohol und Wasser leicht lösliche Nadeln, F. 159—160°. Goldsalz, F. 99°.

Die aus beiden Ammoniumjodiden gewonnenen Ammoniumhydroxyde liefern beim trockenen Erhitzen zwei verschiedene Basen:

α) Kp. 167—169°. Gibt ein zerfließliches Ammoniumjodid, F. 231°.

β) Kp. 171—173°. Gibt ein Ammoniumjodid, das in Nadeln F. 201° und in Tafeln F. 217° erhalten wurde.

Die zugehörigen Ammoniumhydroxyde geben bei der Destillation Trimethylamin und Kohlenwasserstoffe (C_8H_{14}). Der Kohlenwasserstoff aus der β-Verbindung siedet bei 107—110°.

Monobrommethylheptenon, $C_8H_{13}BrO$,

$(CH_3)_2C:CBr\cdot CH_2\cdot CH_2\cdot CO\cdot CH_3$.

[A. **319**, 90ff.]

Darstellung: Entsteht, wenn man Methylheptenonoxim, in Eisessig oder besser in Methylalkohol gelöst, mit 1 Mol. Brom versetzt, das entstandene Produkt mit Wasser ausfällt, mit Natronlauge kocht und mit Wasserdampf destilliert.

Eigenschaften: $Kp._9$ 96°, $d = 1{,}2715$, $n_D = 1{,}4918$ bei 20°. Enthält das Brom sehr fest gebunden, zersetzt sich beim Aufbewahren.

Semicarbazon, $C_8H_{13}Br:N\cdot NH\cdot CO\cdot NH_2$, Blättchen, F. 184°. Verhalten gegen H_2SO_4 s. unten. Oxim, $C_8H_{13}Br:NOH$, Kp_9 140°, F. 58°. Benzylidenverbindung, $C_8H_{11}BrO(CHC_6H_5)$, F. 155°.

Das Keton gibt bei der Reduktion Methylheptenol, das Oxim Methylheptenylamin.

Bei der Oxydation des Ketons zuerst mit Permanganat, dann mit Chromsäure entsteht Lävulinsäure (Semicarbazon, F. 187°), mit Hypobromit: Bromheptylensäure, die mit Brom in Tribromheptylsäure, $C_7H_{11}Br_3O_2$, F. 161° übergeht.

Aus dem Semicarbazon des Brommethylheptenons [A. **319**, 96, 101] läßt sich bei kurzem Kochen mit Schwefelsäure das gebromte Keton regenerieren; bei längerem Kochen entstehen halogenfreie Basen, und zwar 1. Base $C_8H_{14}N_2$, Kp_{15} 95°, Nitrat, leicht löslich.

2. Xylidin (1,3-Dimethyl-4-amidobenzol) 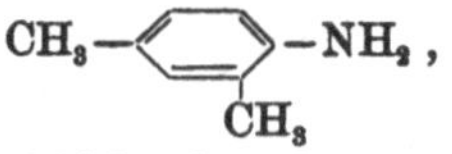, Kp. 212—215°. Nitrat, schwer löslich. Pikrat, F. 209°. Oxalat, F. 162 bis 163°. Nitrit kristallisiert [A. **353**, 321]. Monoacetylverbindung, F. 128—129°. Diacetylverbindung, F. 50°. Beim Diazotieren des Xylidins entsteht 5-Nitro-4-oxy-1,3-xylol, F. 73°.

Das gleiche Basengemisch bildet sich auch durch Kochen von freiem Bromketon mit überschüssiger schwefelsaurer Semicarbazidlösung, ebenso beim Kochen von Bromketon mit Hydrazinsulfat und Schwefelsäure.

Methylheptenylamin, $C_8H_{15}NH_2$ [A. **309**, 26].

$(CH_3)_2C:CHCH_2CH_2CH(NH_2)CH_3$

Wird erhalten durch Reduktion aus Methylheptenonoxim und Monobrommethylheptenonoxim. Kp. 166—167°, $d = 0{,}7975$, $n_D = 1{,}44607$ bei 20°. Oxalat, F. 203°. Pikrat, F. 112°. Carbamid, F. 118°. Monochlorhydrat, zerfließlich. Platinsalz, F. 165°. Beim Sättigen mit HCl geht die Base über in ein Dichlorhydrat, F. 150°.

Über das Verhalten der Salze beim Destillieren s. S. 322.

Base $C_8H_{14}NH$

aus Dibrommethylheptenylaminmonochlorhydrat

$(CH_3)_2 \cdot C : C \cdot CH_2 \cdot CH_2$ / HN——$CH(CH_3)$ (Ring: N an C und CH) oder $(CH_3)_2 \cdot CH \cdot CH \cdot CH : CH$ / HN———$CH(CH_3)$ (Ring: N an CH und CH)

[A. **309**, 28; **319**, 104ff.; B. **38**, 2803].

Darstellung: Man versetzt das Heptenylaminmonochlorhydrat mit 1 Mol. Brom, dampft ein und setzt die neuentstandene Base durch Alkali in Freiheit. Kp. 145—147°, $d = 0{,}838$, $n_D = 1{,}44104$ bei 20°. Oxalat, F. 141°, Pikrat, F. 139°.

Mit Benzaldehyd reagiert die Base in der Kälte nicht, beim Erwärmen bildet sich das

Benzaldehydadditionsprodukt $C_{15}H_{21}NO = C_8H_{14}NCH\genfrac{}{}{0pt}{}{OH}{C_6H_5}$

F. 99—100°. Mit Benzoylchlorid entsteht die Verbindung $C_{15}H_{21}NO_2$, F. 86°.

Bei der Umsetzung mit salpetriger Säure spaltet sich die Base $C_8H_{15}N$ zu einem mit Methylheptenon isomeren Keton auf (s. S. 323).

Bei der Methylierung der Base $C_8H_{15}N$ entsteht die

Verbindung $C_8H_{14}N \cdot CH_3 \cdot HJ$, F. 200—205°, daraus wurde dargestellt die

Base $C_8H_{14}N \cdot CH_3$, Kp. 164—166°, $d = 0{,}852$, $n_D = 1{,}4663$ bei 20°. Pikrat, F. 86°. Platinsalz, Zersetzungspunkt 194—195°.

Bei weiterer Methylierung der Base und nachfolgendem Erhitzen mit Alkali entsteht Trimethylamin und eine sauerstoffhaltige Verbindung von folgenden Eigenschaften: Kp. 162—166°, $d = 0{,}852$, $n_D = 1{,}4306$ bei 24°. Nach Oximierung und nachfolgender Reduktion entsteht aus dieser eine Base, die ein Chlorhydrat F. 207—209° liefert.

Base $C_8H_{16}NH$

aus Methylheptenylamindichlorhydrat

$$\begin{array}{l}(CH_3)_2\cdot CH\cdot CH\cdot CH_2\cdot CH_2 \\ \qquad\quad\; | \qquad\qquad\quad | \\ \qquad\quad NH\text{———}CH(CH_3)\end{array} (?)$$

[G. N. **1903**, 227; A. **319**, 104; B. **38**, 2805].

Das Dichlorhydrat oder Dibromhydrat des Methylheptenylamins zerlegt sich beim Erhitzen für sich unter Bildung

1. eines Kohlenwasserstoffs C_8H_{14}, Kp. ca. 130°,

2. des Salzes einer Base $C_8H_{16}NH$ von folgenden Eigenschaften: Kp. 150—151°, $d = 0{,}823$, $n_D = 1{,}4398$ bei 20°. Chlorhydrat, $C_8H_{17}N \cdot HCl$, luftbeständig, F. 218—220°. Platinsalz, F. 221—223°. Ammoniumjodid, $C_8H_{16}N(CH_3)_2J$, F. 242—243°. Nitrosoverbindung, Kp.$_{10}$ 114°. Phenylsulfonamid, $C_8H_{16}N \cdot SO_2 \cdot C_6H_5$, F. 76—78°.

Methylheptanon (Dihydromethylheptenon, Isoamylaceton)

$(CH_3)_2CHCH_2CH_2CH_2COCH_3$

[A. **331**, 86].

Darstellung: Entsteht bei der Reduktion von γ-Methylheptenon (oder des durch Kondensation von Isovaleraldehyd mit Aceton erhältlichen α-Methylheptenon) mit Palladiumwasserstoff.

Eigenschaften: Kp. 164—165°, $d_{19} = 0{,}8165$, $n_D = 1{,}4144$. Farblos. Zeigt keine Neigung zur Selbstkondensation (s. Allgem. Teil S. 117).

Semicarbazon, F. 157—158°. Oxim flüssig.

Bei der Reduktion mit Natrium und Alkohol liefert das Methylheptanon (neben einem Pinakon, Kp. über 210°, F. 43—44°):

Methylheptanol, $C_8H_{17}OH$, Kp. 173,5°, $d_{19} = 0{,}8155$, $n_D = 1{,}4235$, $M = 40{,}63$.

Methylheptanon liefert mit Magnesiumjodäthyl:

Tetrahydrolinalool $(CH_3)_2CHCH_2CH_2CH_2\underset{\displaystyle CH_3}{\underset{|}{C}}(OH)\text{—}CH_2CH_3$.

Kp. 195,5—197°, $d_{20} = 0{,}8280$, $n_D = 1{,}4335$, $M = 49{,}64$. Riecht wie Linalool.

Isomeres Methylheptenon (Isopropylbutylenketon), $C_8H_{14}O$,

$CH_3 \cdot CH:CH \cdot CH_2 \cdot CO \cdot CH(CH_3)_2$ (?)

[A. **319**, 112ff.; B. **38**, 2804].

Darstellung: Entsteht aus der Base $C_8H_{14}NH$ (aus Dibrommethylheptenylamin) mit salpetriger Säure (s. S. 321).

Eigenschaften: Riecht wie Methylheptenon, Kp. 161—162°, $d = 0{,}842$, $n_D = 1{,}43096$ bei 20°.

Semicarbazon, sehr löslich in Methylalkohol, Äthylalkohol und Äther, F. 93—95°.

Oxim, $Kp._{12}$ 99°. Gibt bei der Reduktion ein

Isomeres Methylheptenylamin, $C_8H_{15}NH_2$.

Kp. 156—158°. Zieht schnell CO_2 an. Oxalat, F. 153—155°, Carbamid, F. 123°. Die Base gibt mit HCl ein Monochlorhydrat. Platinsalz, F. 146—147°.

Bei der Oxydation des Ketons zuerst mit Permanganat, dann mit Chromsäure entsteht Oxalsäure und Isobuttersäure.

Isomeres Methylheptenol, $C_8H_{15}OH$.

Dargestellt durch Reduktion des entsprechenden Ketons. Kp. 166 bis 167°. Lagert sich beim Kochen mit verdünnter Schwefelsäure nicht um.

Isomeres Methylheptanon, $C_8H_{16}O$,

$CH_3CH_2CH_2CH_2COCH(CH_3)_2$.

Entsteht bei der Reduktion des obigen isomeren Methylheptenons mit Palladiumwasserstoff.

Eigenschaften: Kp. 158—159°, $d_{20} = 0{,}816$, $n_D = 1{,}4113$, $M = 38{,}97$. Semicarbazon, F. 110—111°; wird leicht hydrolytisch gespalten. Oxim, $Kp._{22}$ 135—137°. Liefert bei der Reduktion Amin, $C_8H_{17}NH_2$, Kp. 158—159°. Chlorhydrat, löslich in Äther, F. 74—75°. Harnstoff, F. 136—137°.

Das Methylheptanon gibt bei der Reduktion mit Natrium (neben einem Pinakon, $Kp._{14}$ 170—175°, F. 46—47°):

Methylheptanol, $C_8H_{17}OH$, $CH_3CH_2CH_2CH_2CH(OH)CH(CH_3)_2$, Kp. 167—168°, $d_{21} = 0{,}820$, $n_D = 1{,}4249$.

VII. Carvon.

Allgemeines über die Verbindungen der Carvonreihe.

I. Carvon.

Man kannte früher nur aktives Carvon. 1888 wurde i-Carvonoxim (Nitrosodipenten) entdeckt [A. **245**, 257, 268; **246**, 227—229] und damit war die erste Möglichkeit zur Darstellung von synthetischem i-Carvon gegeben. Später habe ich i-Carvon auf verschiedenen Wegen durch Abwandlung anderer Verbindungen (Limonentetrabromid, α-Terpineol, Pinol usw.) gewonnen (vgl. S. 331). Die Rückverwandelung von Carvon in i-Limonen habe ich (durch das Dihydrocarveol hindurch) 1893 verwirklicht [A. **275**, 113, 129].

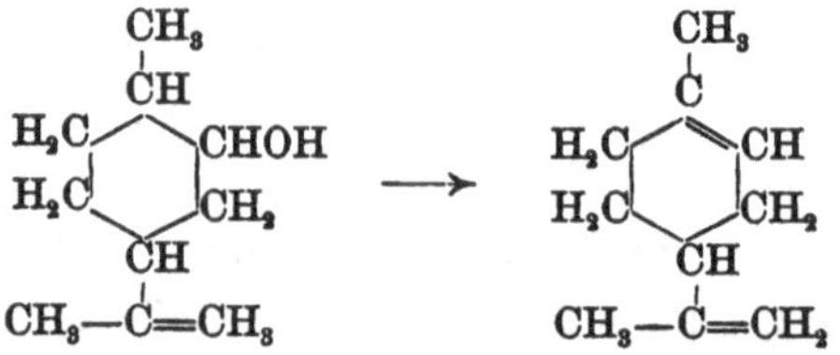

Die Beobachtung über die physikalische Verschiedenheit der beiden Carvoxime, die einerseits beim Oximieren des gewöhnlichen d-Carvons, anderseits aus dem Nitrosochlorid des 1888 entdeckten l-Limonens [A. **245**, 257; **246**, 226ff.] (siehe auch Allgem. Teil S. 158) gewonnen werden können, wiesen den Weg zur künstlichen Gewinnung des in der Natur verbreiteten d-Carvons, denn aus l-Limonennitrosochlorid erhält man d-Carvoxim und aus diesem d-Carvon.

Das nächst höhere Homologe des Carvons wurde 1907 aus Homodipenten gewonnen [A. **357**, 62] (s. auch S. 282).

Was die Annahme über die Konstitution des Carvons anbelangt, so war mit Rücksicht auf den lange bekannten leichten Übergang von Carvon in Carvacrol, sowie die 1891 durchgeführte Abwandlung von Carvacrylamin in Cymol [B. **24** (1891), 3985] von mir die Formel H. Goldschmidts [B. **20**, 491] (I) akzeptiert worden, welche den Beziehungen von Carvon zu Carvacrol Rechnung trug (s. S. 293). Auch durch die Überführung von Carvoxim in Amidothymol 1894 [A. **279**, 373, s. auch Allgem. Teil S. 82] schien diese Formel weiter gestützt. Gleichzeitig wurde aber aus-

I.

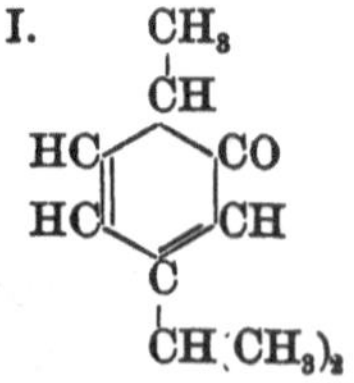

gesprochen, daß „Tatsachen existieren, welche sich mit ihr nur schlecht vereinigen lassen" [A. **279.** 366] und im Auge behalten, daß man genötigt sein könnte, „den Äthylenbindungen im Carvon eine andere Lage zuzuschreiben, als es bisher geschehen ist" [A. **279**, 373].

Jene erste Formel hat dann auch bekanntlich der 1894 von G. Wagner zuerst vorgeschlagenen [B. **27** (1894), 2270] (II) weichen müssen, obgleich deren Annahme anfangs das Bedenken gegenüberstand, daß sie die glatte Umwandelbarkeit von Carvon in Carvacrol nicht genügend erklärte [B. **28**. 32]. Erst nachdem der Beweis dafür geführt war, daß im α-Terpineol die Hydroxylgruppe im Isopropylradikal steht und im Limonen eine Äthylenbindung in der Seitenkette, mußte man eine entsprechende Annahme auch für Carvon zulassen. Der Übergang von Carvon in Carvacrol war nun durch eine leichte Wanderung der Äthylenbindung aus der Seitenkette in den Ring zu deuten. Da die Wagnersche Formel ihre Stütze weiter in den aus dem Carvon und Dihydrocarvon direkt erhältlichen Oxydationsprodukten findet und sie den Erfahrungen, welche jetzt über das Verhalten der Substanzen mit konjugierter Doppelbindung bei der Reduktion vorliegen, vollkommen Rechnung trägt, so durfte sie fernerhin unbedenklich als Grundlage für die Ableitung der Konstitution der aus dem Carvon sonst gewonnenen Substanzen benutzt werden.

II.

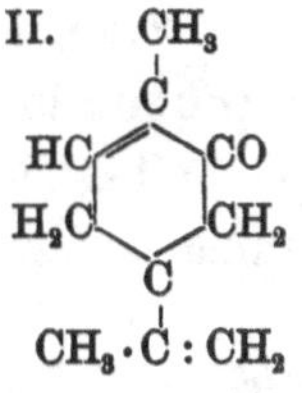

Die theoretisch denkbaren Isomeren des Carvons mit anderer gegenseitiger Lage der Äthylenbindungen, also etwa:

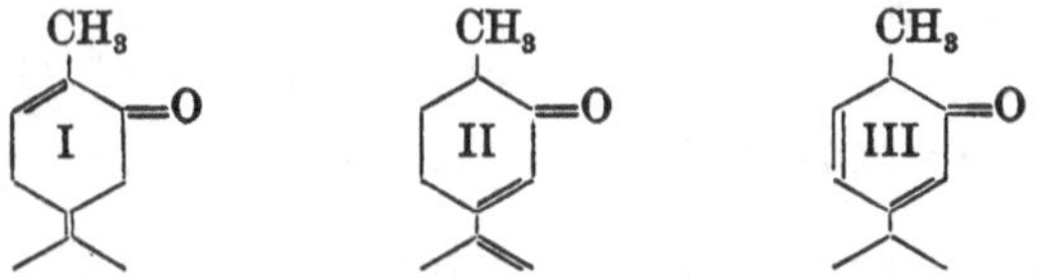

scheinen als solche schwer isolierbar zu sein, jedoch sprechen manche Tatsachen für ihre Existenz. Von (I) leitet sich z. B. das Isocarvoxim ab (s. S. 340). Dagegen haben sich mehrere mit Carvon isomere Terpenketone von anderem Bau (Carvopinon, Pinocarvon u. a. s. S. 229, 232, 305) unschwer gewinnen lassen.

Von besonderem Interesse waren die Beobachtungen über das Verhalten von Carvon und von Carvoxim bei der Reduktion.

Mit nascierendem Wasserstoff aus saurer oder alkalischer Quelle gelingt es durch Wasserstoffaddition lediglich die im Ring, benachbart zum Carbonyl liegende Bindung zu lösen und man gelangt so nur bis zum Dihydrocarvon 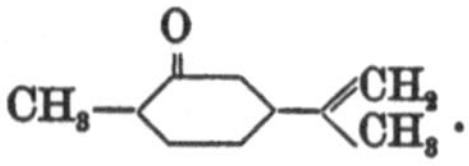. Dagegen kann man mit freiem Wasserstoff bei Gegenwart von Palladium als Katalysator auch die in der Seitenkette befindliche Äthylenbindung lösen und man gelangt bis zum Tetrahydrocarvon (s. S. 350). [A. **331**, 64.] Daß freier Wasserstoff die in der Seitenkette befindliche Bindung sogar leichter lösen kann als die im Ring befindliche, ergab sich aus dem Verhalten des Carvoxims, das unter den angegebenen Bedingungen zunächst zum Oxim des Carvotanacetons [Δ^6-p-Menthenon-(2)]

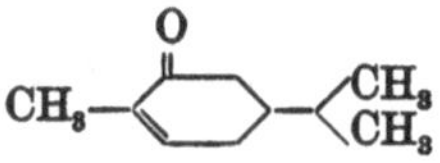 reduziert wird und dann erst weiter zum Oxim des Tetrahydrocarvons [s. S. 351 und G. N. **1913**, 238].

Man hat es durch die Wahl der Reduktionsmethode also in der Hand, partielle Reduktion des Carvonmoleküls an verschiedenen Stellen des ungesättigten Systems zu bewerkstelligen.

Über die Bildung von Diketonen (Dicarvelonen) bei der Reduktion von Carvon s. S. 333.

Die Konstitution des 1887 von H. Goldschmidt entdeckten, mit Carvoxim isomeren Carvolins habe ich 1905 aufgeklärt (s. Allgem. Teil S. 30ff.) [A. **346**, 266]. Über meine Auffassung der Konstitution des Schwefelwasserstoffadditionsprodukts zu Carvon $(C_{10}H_{14}O)_2SH_2$ siehe Allgem. Teil S. 68.

II. **Dihydrocarvon** [$\Delta^{8(9)}$-p-Menthenon-2], 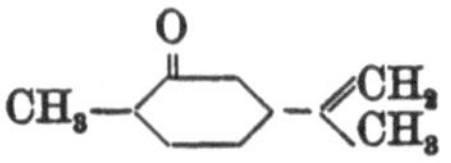.

Die direkte Überführung von Carvon, $C_{10}H_{14}O$, in Dihydrocarvon, $C_{10}H_{16}O$, durch Reduktion mit nasc. H zeigte zum erstenmal, daß unter geeigneten Bedingungen bei ungesättigten cyclischen Ketonen die Kohlenstoffdoppelbindung leichter gelöst wird als die Sauerstoffdoppelbindung [A. **279**, 378].[1]

Die Verbindbarkeit des Dihydrocarvons mit Natriumbisulfit bewies (gegenüber den mit Menthon, Fenchon, Campher gemachten Erfah-

[1] Über die als Nebenprodukte bei der Reduktion entstehenden Diketone s. S. **116**, **134**, **333**.

rungen), daß auch Terpenketone derartige Additionsprodukte bilden können (vgl. S. 184) [A. **275**, 115; **277**, 135 Anm.].

Das bei der weitergehenden Reduktion von Carvon entstehende Dihydrocarveol, $C_{10}H_{18}O$, hatte Leuckart zwar schon in Händen gehabt [s. A. **275**, 110], aber nicht richtig gedeutet. Ich stellte die Verbindung auch aus Dihydrocarvylamin dar und wies auf ihre Beziehungen zum isomeren Terpineol hin [A. **275**, 131] (s. S. 297).

Die Festlegung der Eigenschaften des Dihydrocarvons widerlegte definitiv die Berechtigung der derzeit immer noch gelegentlich vertretenen Auffassung, daß Campher ein hydriertes Carvon sei [A. **275**, 131].

III. Carvenon [Δ^3-Menthenon-2], 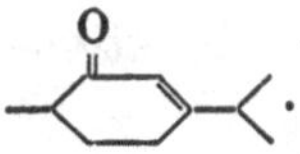

Das Carvenon wurde zuerst 1893 gelegentlich der Umsetzung des 1,2,8-Trioxyterpans (aus α-Terpineol) mit Säuren erhalten (siehe S. 304), dann durch Isomerisierung von Dihydrocarvon. Wegen seiner Entstehung aus einem dreiwertigen Alkohol, namentlich aber wegen seines anormalen Brechungsvermögens, das nicht auf ein Keton, sondern auf einen Alkohol mit zwei Äthylenbindungen stimmte, wurde die Verbindung zuerst als „Carveol" angesprochen [A. **277**, 129; **286**, 132—134; B. **28**, 1964] (s. auch S. 292). Nachdem analoge Abweichungen bezüglich der Molekularrefraktion auch bei anderen Ketonen beobachtet waren (vgl. Allgem. Teil S. 183) und auch das Eintreten der Ketonreaktionen an der Verbindung nachgewiesen werden konnte, wurde sie als „Carvenon" bezeichnet und angenommen, „daß Ketone „mit einer Äthylenbindung bei bestimmter Lage dieser „Bindung eine anormale Molekularrefraktion aufweisen." [A. **286**, 134 und Allgem. Teil S. 183.]

Die Stellung der CO-Gruppe im Carvenon war durch seine Überführung in Carvacrol sogleich festgelegt worden. Die von mir anfangs angenommene Formel (I) [A. **277**, 129] hat aber der Formel (II) Platz machen müssen:

I. 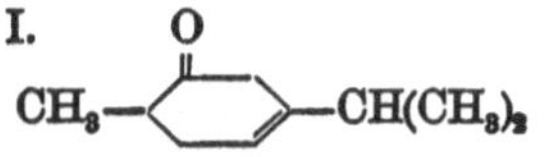

II. 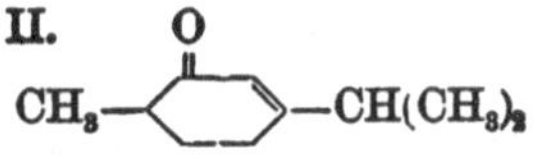

für welche 1. die von Tiemann angestellten Oxydationsversuche sprachen und 2. die später gewonnene Erkenntnis, daß nur solche

Ketone zu höher hydrierten Alkoholen reduzierbar sind, welche die Äthylengruppe benachbart zum Carbonyl enthalten. Den wichtigsten Unterschied im Verhalten der beiden Isomeren Dihydrocarvon und Carvenon hatte ich nämlich darin gefunden, daß das erstere sich nur bis zu dem Alkohol $C_{10}H_{18}O$, das letztere aber bis zu $C_{10}H_{20}O$ reduzieren läßt. (Über später von mir aufgefundene Bildungsweisen des Carvenons s. S. 348.)

Die Isomerisierbarkeit des aktiven Dihydrocarvons zu inaktivem Carvenon  wird durch Neigung der Äthylenbindung bedingt, sich aus der Seitenkette in den Ring zu verlegen. Die Inaktivierung des Moleküls bei dem Vorgang wird sofort verständlich, wenn man berücksichtigt, daß im Carvon 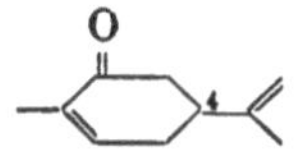 nur das Kohlenstoffatom 4 ein asymmetrisches, die Aktivität bedingendes ist, und daß die Asymmetrie dieses C-Atoms im Dihydrocarvon zwar erhalten bleibt, beim Übergang dieser Verbindung in Carvenon aber verloren geht.

Carvenon ist durch nascierenden Wasserstoff leicht zu i-Tetrahydrocarvon reduzierbar, weil die Äthylenbindung benachbart zum Carbonyl steht. Aktives Tetrahydrocarvon kann man aus aktivem Dihydrocarvon auf Grund der neueren Erfahrungen durch Anlagerung von freiem Wasserstoff (bei Gegenwart von Platinmetall) erhalten. [A. **381**, 64] s. auch unten S. 330 und 350.

IV. Carvotanaceton, $C_{10}H_{16}O$ [Δ^6-p-Menthenon-2], 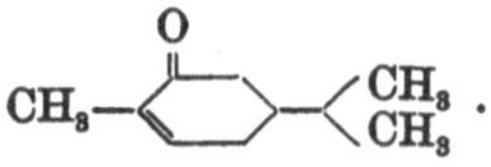

i-Carvotanaceton ist von mir 1893 in den hochsiedenden Anteilen (220—230°) des Thujaöles aufgefunden [A. **275**, 183; **279**, 385; **336**, 38] und durch sein bei 93° schmelzendes Oxim, $C_{10}H_{16}NOH$, sowie durch seine Fähigkeit, eine Schwefelwasserstoffverbindung zu geben, charakterisiert worden. Semmler gewann 1894 [B. **27**, 895] die Verbindung durch Erhitzen von Thujon (Tanaceton) und gab ihr den jetzt gebräuchlichen Namen.

Die aktiven Modifikationen des Carvotanacetons, insbesondere die damals noch nicht bekannte l-Form, erhielt ich 1904 durch Abwandlung des Nitro-α-Phellandrens [A. **336**, 31 ff.], „so daß man im

„α-Phellandren ein bequemes Ausgangsmaterial für Reingewinnung „dieses Ketons in seinen aktiven Formen zur Verfügung hat.“ [A. **336**, 38.]

Auch durch Abwandlung des α-Phellandrendiamins entsteht wahrscheinlich Carvotanaceton [A. **324**, 278; **336**, 42 Anm.].

Eine Synthese des i-Carvotanacetons ist, vom β-Terpineol aus durch das Carvomenthen hindurch verwirklicht [A. **381**, 60 (1911)] und Carvotanaceton läßt sich, wie früher schon gezeigt wurde [B. **28**, 1960], zu Tetrahydrocarvon reduzieren.

Der Verlauf des Vorgangs erhellt aus folgenden Formelbildern:

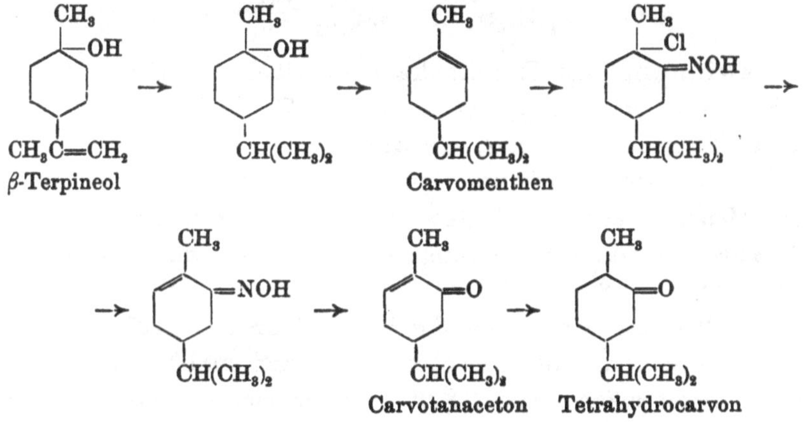

Die direkte Überführung von d- und l-Carvoxim durch Wasserstoffanlagerung in d- und l-Carvotanacetoxim wurde 1912 verwirklicht. [G. N. **1913**, 236.]

V. Tetrahydrocarvon [Carvomenthon, p-Menthanon-2].

i-Tetrahydrocarveol und i-Tetrahydrocarvon sind von mir 1893 aus Carvenon gewonnen und, auf Grund der von mir für das letztere angenommenen Konstitution (s. S. 327), folgerichtig als

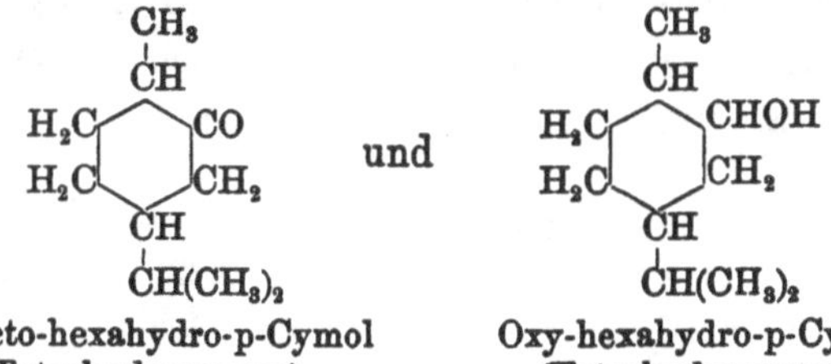

α-Keto-hexahydro-p-Cymol (Tetrahydrocarvon) Oxy-hexahydro-p-Cymol (Tetrahydrocarveol)

angesprochen [A. **277**, 131 ff.].[1] Auch die mit Menthylamin isomere Base, $C_{10}H_{19}NH_2$, wurde gleichzeitig hergestellt. Das Nähere ergibt sich aus den Angaben S. 350 ff.

Aktives Tetrahydrocarvon wurde zuerst aus α-Phellandrennitrit gewonnen (s. dieses), die direkte Überführung von d-Carvon in das aktive völlig hydrierte Keton wurde 1911 durchgeführt (s. S. 326). Über die Abwandlung von β-Terpineol in Tetrahydrocarvon s. oben.

Spezielles über die Verbindungen der Carvonreihe.

I. Carvon, $C_{10}H_{14}O$, $CH_3-C\!\!<\!\!{}^{CO-CH_2}_{CH-CH_2}\!\!>\!\!CH-C\!\!<\!\!{}^{CH_2}_{CH_3}$.

Gewinnung und Eigenschaften: Über die Gewinnung von l-Carvon aus Krauseminzöl siehe A. **305**, 224. Carvon erstarrt bei niederer Temperatur [A. **252**, 129 Anm.].

Im natürlichen d-Carvon (aus Kümmelöl) scheint immer eine kleine Menge i-Carvon enthalten zu sein; oder man muß annehmen, daß aktives Carvon sich bei einfachen Reaktionen schon leicht inaktivieren kann. [A. **381**, 67.]

Verhalten des Carvons bei der Reduktion s. S. 333.

Carvon ist gegen Alkali nicht beständig und wird bei andauerndem Erwärmen mit alkoholischem Kali durchgreifend verändert [unv. B.].

Semicarbazon, F. 160—162°.[2] Die Verbindung aus d-Carvon ergab für $[\alpha]_D = +151{,}7^0$ bzw. $+148{,}65^0$ [A. **339**, 105]. Oxim, d- und l-F. 72°, i. F. 93° s. S. 383.

Benzylidenverbindung, Carvon kondensiert sich mit Benzaldehyd leicht, aber das Kondensationsprodukt ist amorph [A. **305**, 274; B. **29**, 1600].

Oxymethylenverbindung [B. **28**, 32]. Wurde in mangelhafter Ausbeute aus d-Carvon erhalten, Kp_{12} 132°. (Es ist nicht ausgeschlossen, daß die erhaltene Verbindung kein Carvonderivat ist.)

Carvonhydrochlorid und -hydrobromid, $C_{10}H_{14}O \cdot HCl$ und $C_{10}H_{14}O \cdot HBr$, bilden sich leicht beim Vermischen von Carvon mit Eisessig-Halogenwasserstoff [A. **305**, 235 Anm.].

---

[1] Über die gleichzeitige Untersuchung v. Baeyers, welcher die Namen Carvomenthon und Carvomenthol einführte, s. B. **26** (1893), 823.

[2] Nach Beobachtungen von anderer Seite läßt sich auch ein Semicarbazon vom F. 141° erhalten. [B. **39**, 681, 2112.]

Bildungsweisen von Carvon aus anderen Verbindungen.

1. d-(l-, i-)Carvon aus l-(d-, i-)Limonen durch das Nitrosochlorid [A. **245**, 256, 268, 271; **246**, 227]:

$$C_{10}H_{16} \longrightarrow C_{10}H_{16}\cdot NOCl \longrightarrow C_{10}H_{14}\cdot NOH \longrightarrow C_{10}H_{14}O.$$

2. i-Carvon aus d-Limonen durch das Limonentetrabromid auf dem Wege [A. **281**, 132ff.] (vgl. S. 273):

$$C_{10}H_{16} \longrightarrow C_{10}H_{16}Br_4 \longrightarrow C_{10}H_{14}BrOCH_3 \longrightarrow C_{10}H_{15}OCH_3 \longrightarrow C_{10}H_{14}O.$$

3. i-Carvon aus Pinen durch das Pinennitrosochlorid auf dem Wege [A. **346**, 234] (vgl. S. 229—230):

$$C_{10}H_{16} \longrightarrow C_{10}H_{16}\cdot NOCl \longrightarrow C_{10}H_{14}NOH \longrightarrow C_{10}H_{14}O.$$

4. i-Carvon aus Pinen über Nitrosopinenbromid auf dem Wege [A. **313**, 369] (vgl. S. 241):

$$C_{10}H_{16} \longrightarrow C_{10}H_{16}NOCl \longrightarrow C_{10}H_{14}NOH \longrightarrow C_{10}H_{14}Br_2NOH \longrightarrow$$
$$\longrightarrow C_{10}H_{15}\cdot NH_2 \longrightarrow C_{10}H_{14}O.$$

5. i-Carvon aus Pinol durch Pinoltribromid (oder Isopinoldibromid) auf dem Wege [A. **306**, 273] (vgl. S. 266):

$$C_{10}H_{16}O \longrightarrow C_{10}H_{17}Br_3O(C_{10}H_{16}Br_2O) \longrightarrow C_{10}H_{14}O.$$

6. i-Carvon aus Pinolhydrat durch Oxydihydrocarvon auf dem Wege [A. **291**, 355] (vgl. S. 265):

$$C_{10}H_{17}O\cdot OH \longrightarrow C_{10}H_{16}O_2 \longrightarrow C_{10}H_{14}O.$$

7. i-Carvon aus α-Terpineol durch Terpineolnitrosochlorid auf dem Wege [A. **291**, 346] (vgl. S. 302):

$$C_{10}H_{17}OH \longrightarrow C_{10}H_{17}OHNOCl \longrightarrow C_{10}H_{15}OH(NOH) \longrightarrow C_{10}H_{14}NOH \longrightarrow$$
$$\longrightarrow C_{10}H_{14}O.$$

8. i-Carvon aus α-Terpineol durch das Tribromid auf dem Wege [A. **281**, 140] (vgl. S. 302):

$$C_{10}H_{17}OH \longrightarrow C_{10}H_{17}Br_2OH \longrightarrow C_{10}H_{17}Br_3 \longrightarrow C_{10}H_{15}OCH_3 \longrightarrow C_{10}H_{14}O.$$

Abwandlungen des Carvons.

(Siehe auch die Tabelle S. 46 im Allgem. Teil.)

Folgende Abwandlungen sind ausgeführt:

in Dipenten (i-Limonen) durch Dihydrocarvylamin hindurch [A. **275**, 129],

in Terpinen durch Dihydrocarveol hindurch [A. **275**, 113], in Dihydrocarvylamin (s. S. 345) [A. **275**, 120; B. **24**, 3985] durch Erhitzen mit Ammoniumformiat,

in Oxydihydrocarvon (s. S. 350),

in Eucarvon (s. S. 361) und Dieucarvelone (s. S. 364) durch das Hydrochlorid oder Hydrobromid (s. S. 330),

in Cyclopentan-Derivate s. Carvenolid, S. 337,

in Carvacrol, das bei vielen Umformungen des Carvons entsteht,

in Cymol durch Carvylamin hindurch [B. **24**, 3985],

in Methyl-1-isopropyl-4-phenylessigsäure-2 [A. **314**, 162].

Der bei der Kondensation von Carvon mit Bromessigester und Zink entstehende Oxyester verliert leicht Wasser und man erhält einen unter 15 mm bei 155° siedenden Ester, aus dem bei der Verseifung eine unter 15 mm zwischen 180—183° siedende und bei 69—70° schmelzende Säure $C_{12}H_{16}O_3$, die Methyl-1-isopropyl-4-phenylessigsäure-2 isoliert werden kann, die sich wie eine aromatische Säure verhält und beim Nitrieren eine bei 196—197° schmelzende Dinitrosäure liefert. Unter günstigen Bedingungen kann auch die hydroaromatische Form der Säure (F. 110—111°) isoliert werden, die aber schon bei der Darstellung leicht in die aromatische übergeht. [unv. B.]

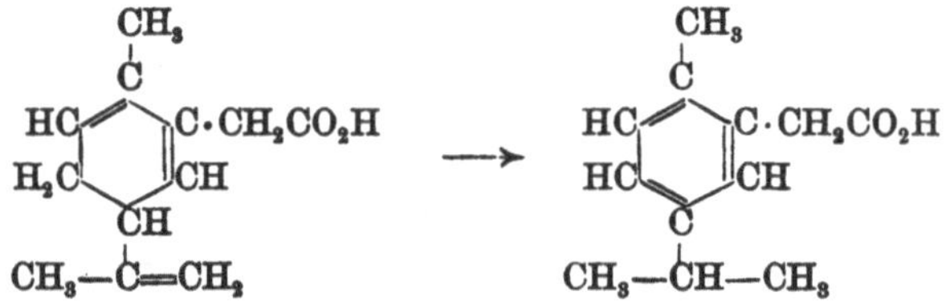

Entsprechendes gilt auch von den höheren Homologen. Methyl-1-isopropyl-4-phenyl-α-propionsäure-2, F. 53°; Amid, F. 83°; hydroaromatische Form, F. 77°.

Methyl-1-isopropyl-4-phenyl-α-isobuttersäure-2, F. 48° [unv. B.].

Oxydationsprodukte aus Carvon
[A. **275**, 156; B. **27**, 1495].

Die Versuche sind in den Anfängen liegen geblieben. Es wurden drei Verbindungen isoliert: 1. eine Säure $C_8H_{12}O_5$, F. 192,5° (nach Best Oxyterpenylsäure [B. **27**, 1218]), daneben 2. das zugehörige Lacton $C_8H_{10}O_4$, F. 129°. Entsteht auch aus der Säure $C_8H_{12}O_5$ beim Erhitzen oder Destillieren im Vakuum. 3. Eine gut kristallisierte zweibasische Säure $C_8H_{12}O_4$, F. 94—95°.

Verhalten des Carvons bei der Reduktion.

Bei der Reduktion von Carvon in alkoholischer Lösung mit Natrium erhält man wesentlich Dihydrocarveol (s. S. 346) [A. **275**, 111; B. **24**, 3990]. Bei gemäßigter Reduktion, am besten mit Zink und Natronlauge (oder Essigsäure), wird die der Carbonylgruppe benachbarte Äthylenbindung im Carvon leichter gelöst, als die Carbonylgruppe reduziert, und man erhält: Dihydrocarvon (s. S. 326) [A. **279**, 377 ff.]. Als Nebenprodukt aus aktivem Carvon tritt dabei ein Diketon, $(C_{10}H_{15}O)_2$, auf [A. **279**, 380; **305**, 223—234], das α-Dicarvelon, F. 148—149°. (s. u.)

Während nascierender Wasserstoff nur eine und zwar die benachbart zum Carbonyl stehende Kohlenstoffdoppelbindung im Carvon zu lösen vermag, kann Carvon durch freien Wasserstoff bei Gegenwart eines Platinmetalls bis zum gesättigten Tetrahydrocarvon reduziert werden [A. **381**, 64, s. S. 326]; als Zwischenstufe entsteht unter geeigneten Bedingungen Carvotanaceton (s. oben S. 329).

Über die Reduktion von Carvoxim s. S. 339.

Über die Dicarvelone, $C_{20}H_{30}O_2$ [A. **279**, 380; **305**, 223; **381**, 68].

Dem bei der direkten Reduktion von d-Carvon mit Zink und Natronlauge entstehenden α-Dicarvelon, $(C_{10}H_{15}O)_2$, F. 148—149°, kommt die Formel (I) zu. Durch Reduktion mit Palladiumwasserstoff läßt sich daraus Tetrahydro-α-Dicarvelon, $C_{10}H_{34}O_2$ (II), F. 129—130°, gewinnen, aus diesem mit nasc. Wasserstoff das Glycol $C_{20}H_{36}(OH)_2$, F. 209—210°, aus letzterem durch Wasserabspaltung der Kohlenwasserstoff $C_{20}H_{34}$, Kp.$_{30}$ 190—195°, $d_{20} = 0{,}945$, $n_D = 1{,}5172$, $M = 86{,}47$ (ber. 84,96), dem wahrscheinlich Formel (III) zuzuschreiben ist.

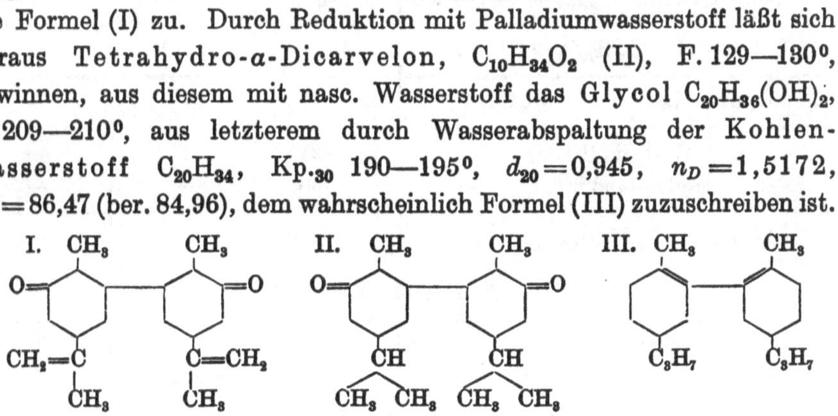

α-Dicarvelon addiert 2BrH und gibt das Dibromid $C_{20}H_{32}Br_2O_2$, F. 165°. Wird diesem Bromid Bromwasserstoff entzogen, so kommt man zum:

β-**Dicarvelon**, F. 207°, das sich mit H und Pd nicht reduzieren läßt, also wohl ein Dicaron (IV) vorstellt.

IV.

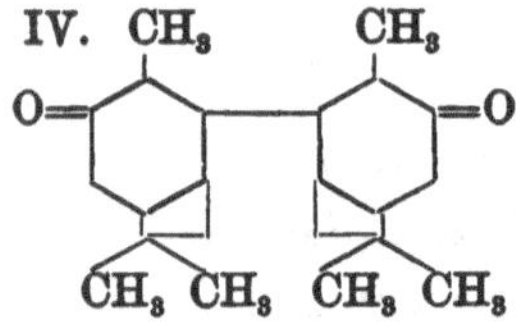

V.

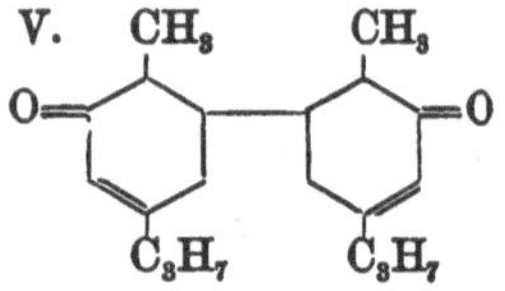

Wird *α*-**Dicarvelon** mit verd. Schwefelsäure erwärmt, so isomerisiert es sich zu *γ*-**Dicarvelon**, F. 126°. *γ*-Dicarvelon liefert bei der Wasserstoffaufnahme Tetrahydro-*α*-Dicarvelon, F. 129 bis 130°, stellt also wahrscheinlich Verbindung (V) vor.

Übersicht über die Eigenschaften der drei isomeren aktiven und inaktiven Dicarvelone.

α-Dicarvelon.

Aus Carvon	d-	l-	i-
$C_{20}H_{30}O_2$, F. $[\alpha]_D$	148—149° — 73,92°	148° + 73,28°	120—122° —
Oxim, $C_{20}H_{30}(NOH)_2$, F. Acetylverbindung des Oxims, F.	223° 187°	223° 187°	237° 166°
Phenylhydrazon, $C_{20}H_{30}(N \cdot NHC_6H_5)_2$	215°	215°	ca. 200°
Hydrobromid, $C_{20}H_{30}O_2 \cdot 2\,HBr$, F.	165°	165°	—
Tetrahydro-α-Dicarvelon, $C_{20}H_{34}O_2$, F.	129—130°	—	—
Oxim, $C_{20}H_{34}(NOH)_2$, F. Acetylverbindung, F.	212—214° 98—99°	— —	— —
Glycol, $C_{20}H_{36}(OH)_2$, F.	209—210°	—	—

β-Dicarvelon.

$C_{20}H_{30}O_2$, F. $[\alpha]_D$	207° + 79,18°	207° — 82,66°	168° —

γ-Dicarvelon.

$C_{20}H_{32}O_2$, F. $[\alpha]_D$	126° — 213,4°	126° + 236,8°	112° —

Bromide aus Carvon.

Aus dem Carvon sind eine Anzahl zum Teil sehr charakteristischer Bromide gewonnen worden, welche die gemeinsame Eigenschaft zeigen, durch Reduktion Carvon zurückzubilden [A. **286**, 123].

Tribromide, $C_{10}H_{15}OBr_3$ [A. **286**, 119].

Bei der Bromierung von Carvon in einer Eisessig-Bromwasserstofflösung erhält man aus d- und l-Carvon nur flüssige Produkte, aus i-Carvon aber eine schön kristallisierende Verbindung F. 74—76°. Über weitere Abwandlungen der Tribromide s. unten.

Tetrabromide, $C_{10}H_{14}OBr_4$ [A. **279**, 390; **286**, 120, 142, 143].

Sie entstehen in verschiedenen, teils flüssigen, teils kristallisierten Modifikationen (α- und β-) durch Zuführung von Brom zu Carvon bei Abwesenheit von Bromwasserstoff.

Pentabromide, $C_{10}H_{13}OBr_5$ [A. **286**, 121].

Entstehen gleichzeitig mit den Tetrabromiden in α- und β-Modifikationen oder auch durch weitere Bromierung der Tetrabromide.

Über die Eigenschaften der Bromide gibt die folgende Tabelle Auskunft [A. **286**, 135, 142, 143]:

		(d- und l-) aktiv	inaktiv
$C_{10}H_{15}O \cdot Br_3$		flüssig	F. 74—76°, monoklin
$C_{10}H_{14}O \cdot Br_4$	α	flüssig	flüssig
	β	F. 120—122°, rhomb. hemiëdr.	F. 113—114°, monoklin
$C_{10}H_{13}O \cdot Br_5$	α	F. 142—143°, monoklin	F. 124—126°
	β	F. 86—87°	F. 96—98°

Umwandlungen des Carvontribromids, $C_{10}H_{15}Br_3O$ [A. **286**, 125; **305**, 245—259; **331**, 69; **392**, 49].

Bei der Einwirkung von Ammoniak in amylalkoholischer Lösung auf das Tribromid $C_{10}H_{15}OBr_3$ entsteht eine unbeständige

Ketobase, $C_{10}H_{13}ONH_2$. Diese gibt mit Hydroxylamin eine

Verbindung $C_{10}H_{15}O_2N$, F. der inaktiven Verbindung 105°, der aktiven 100°. Beim Kochen mit verdünnter Schwefelsäure entsteht daraus Carvenolid (s. unten).

Das Chlorhydrat der Ketobase geht beim Erhitzen über in eine

Verbindung $C_{10}H_{15}ON$, F. 165—167°, die schwach basischen Charakter besitzt.

Carvenolid, $C_{10}H_{14}O_2$.

Darstellung: Entsteht aus dem Einwirkungsprodukt von Ammoniak auf das Tribromid, $C_{10}H_{15}Br_3O$, bei der Behandlung mit Wasserdampf.

Eigenschaften: $Kp._{10}$ 123°. Mit Wasserdampf flüchtig, schön kristallisiert, ungesättigt, addiert Brom (s. die Tabelle unten). Verhält sich wie ein Lacton. Aus dem Bromid regeneriert nascierender Wasserstoff Carvenolid.

Übersicht über die Eigenschaften des aktiven und inaktiven Carvenolids.

Aus Carvon	d-	l-	i-
Carvenolid, $C_{10}H_{14}O_2$, F.	41—42°	41—42°	71—72°
$[\alpha]_D$	— 138°	+ 143°	—
Bromid, $C_{10}H_{14}Br_2O_2$, F.	97—99°	97—99°	95—96°
$[\alpha]_D$	— 167°	—	—

Bei der Reduktion mit Palladiumwasserstoff läßt sich Carvenolid in ein gesättigtes Lacton $C_{10}H_{16}O_2$, das Dihydrocarvenolid überführen, das auch in seinen optisch verschiedenen Modifikationen dargestellt ist (s. Tabelle unten). Kp. 260—261°, mit Wasserdämpfen leichter flüchtig als Carvenolid.

Aus Carvon	d-	l-	i-
Dihydrocarvenolid, $C_{10}H_{16}O_2$, F.	51—52°	51—52°	36—38°
$[\alpha]_D$	— 57,57	+ 57,42	—

D-l-Dihydrocarvenolid hat sich als vollkommen identisch erwiesen mit dem durch Reduktion von Pulegenolid entstehenden Dihydropulegenolid (s. S. 371). Da in letzterem sicher eine 5-Ringverbindung vorliegt, so erfolgt bei der Abwandlung von Carvontribromid eine Atomverschiebung, die unter intermediärer Ringsprengung nach folgendem Schema verlaufen dürfte, wobei aber die Lage der Äthylenbindung im Carvenolid noch zweifelhaft bleibt (s. auch Allg. Teil S. 37):

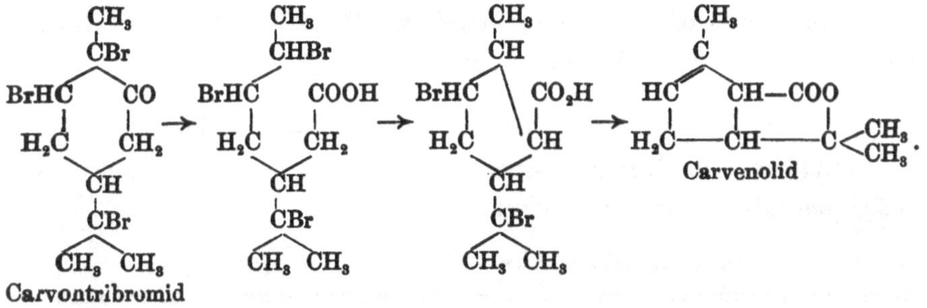

Sichergestellt ist damit, daß Carvenolid und Pulegenolid ungesättigte Fünfring-Lactone sind, die sich nur durch die Lage der Äthylenbindung im Molekül unterscheiden.

Das Carvenolid gibt bei kurzem Kochen mit Alkali eine Oxysäure, aus der sich Carvenolid regenerieren läßt. Bei längerem Kochen tritt Isomerisation ein und es entsteht ein Gemenge von viel α-Carvenolsäure i. F. 135° und wenig β-Carvenolsäure i. F. 104—105° [A. **392**, 52].

α-Carvenolsäure, $C_{10}H_{16}O_3$.

Zeigt keine Neigung zur Lactonbildung. Kann auch unter Umgehung der Darstellung des Carvenolids direkt aus Carvontribromid dargestellt werden [A. **305**, 253]. Liefert bei der trockenen Destillation eine ungesättigte Säure $C_{10}H_{14}O_2$, F. 89°, und einen Kohlenwasserstoff, Kp. 142—147° [A. **392**, 54].

Eigenschaften der Carvenolsäure:

Aus Carvon	d-	l-	i-
$C_{10}H_{16}O_3$, F.	133°	133°	α 135—336°; β 104—105°
$[\alpha]_D$	+ 178,7°	—	—

Carvenolsäure ist mit Wasserdämpfen nicht flüchtig und verhält sich gegen Brom ungesättigt. Bei der Oxydation der Carvenolsäure mit Chromsäure oder mit Salpetersäure entsteht eine

Säure $C_7H_{10}O_4$, F. 201—202°. Beim Verschmelzen mit Kali [A. **305**, 255] entsteht aus Carvenolsäure eine

Säure $C_7H_{10}O_2$ (wahrscheinlich Δ^1-Methylpentencarbonsäure), F. 130—131°, $[\alpha]_D = -2{,}04°$, mit Wasserdampf flüchtig, ungesättigt. Bromid $C_7H_{10}Br_2O_2$, F. 150°. Gibt bei weiterer Oxydation eine

Ketosäure $C_7H_{10}O_3$ oder $C_7H_8O_3$, F. 122—124°. Das Semicarbazon schmilzt sehr hoch [unv. B.].

Dihydrocarvenolsäure, $C_{10}H_{18}O_3$ [A. **392,** 54, 57].

Entsteht aus Dihydrocarvenolid bei andauerndem Kochen mit wäßrigem oder besser alkoholischem Alkali.

Eigenschaften der Dihydrocarvenolsäure.

Aus Carvon	d-	l-	i-
$C_{10}H_{18}O_3$, F.	87°	87°	87°
$[\alpha]_D$	+ 9,4	− 6,5	—

Bei der trockenen Destillation der i-Säure wurde ein Kohlenwasserstoff [Pulegen?] C_9H_{16}, Kp. ca. 135°, erhalten. Nitrosochlorid, F. 104—105°, Nitrolpiperidid, F. 110—111° und eine mit Pulegensäure isomere Säure $C_{10}H_{16}O_2$. Amid, F. 152°. Beim Verschmelzen von d-Dihydrocarvenolsäure mit Kali entstand u. a. eine Säure $C_{10}H_{16}O_2$. Amid, F. 115°, $[\alpha]_D = + 29{,}05$ [A. **329,** 56]. [Vgl. auch Pulegenolid S. 371 ff.]

In methylalkoholischer Lösung mit ClH behandelt, geht d-Dihydrocarvenolsäure in Hydrochlorpulegensäuremethylester über [unv. B.].

Carvoxim, $C_{10}H_{14}NOH$, 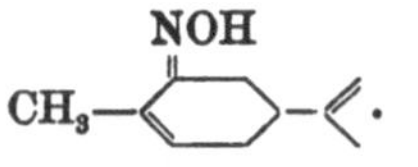

Die Darstellungsmethode für Carvoxim wurde wesentlich verbessert [A. **275,** 118; **277,** 133 Anm.; **279,** 367] und die Eigenschaften von aktivem und inaktivem Carvoxim genau festgestellt. Das i-Carvoxim wurde zuerst aus Dipentennitrosochlorid [A. **245,** 269], dann als racemisches Produkt aus der d- und l-Verbindung gewonnen [A. **246,** 227], später auch auf anderem Wege [aus Terpineol und aus Pinolhydrat (s. S. 331)] bereitet und ermittelt, daß das i-Carvoxim sich in Lösung monomolekular verhält [A. **246,** 231]. Ferner wurde die Tatsache aufgefunden, daß sich Carvoxim mit 1 Mol. Hydroxylamin zu der Verbindung ($C_{10}H_{14}NOH + NH_2OH$) F. 174—175° zu verbinden vermag [A. **279,** 368].

Bezüglich der Eigenschaften wurde folgendes ermittelt:

Aktives Carvoxim [A. **245,** 256], F. 72°. Carvoxim aus d-Limonennitrosochlorid ist linksdrehend [A. **245,** 257]: $[\alpha]_D = -39{,}34°$

[A. **246**, 227]. Carvoxim aus l-Limonennitrosochlorid ist rechtsdrehend: $[\alpha]_D = +39{,}71^0$ [A. **246**, 227]. Die aus Carvon dargestellten Oxime drehen im Sinne des angewandten Carvons [A. **245**, 257].

Inaktives Carvoxim, F. 93°. Kann aus Dipentennitrosochlorid oder aus den aktiven Komponenten aufgebaut werden. Schwerer löslich als die aktiven Verbindungen. Monoklin-holoedrisch. [Kristallographische Bestimmung: A. **281**, 133.] Carvoxim löst sich in warmer Natronlauge und läßt sich aus der alkalischen Lösung mit Äther ausschütteln [A. **246**, 228].

Benzoylcarvoxime, $C_{10}H_{14}NOCOC_6H_5$: aus d-Carvoxim: F. 96°, $[\alpha]_D = +26{,}47^0$, aus l-Carvoxim: F. 96°, $[\alpha]_D = -26{,}97^0$, aus i-Carvoxim: F. 105—106°. [A. **252**, 149 u. Anm.]

Hydrochlorcarvoxime, $C_{10}H_{15}ClNOH$, [A. **270**, 178],
d- und l-Hydrochlorcarvoxim, F. 135°, i-: F. 125,5°.

Aktives Hydrobromcarvoxim, $C_{10}H_{15}BrNOH$, F. 116° [B. **28**, 1661; **347**, 276].

Benzoylhydrochlorcarvoxime, $C_{10}H_{15}ClNOCOC_6H_5$,
aus d-Hydrochlorcarvoxim, F. 114—115°, $[\alpha]_D = -10{,}58^0$,
aus l-Hydrochlorcarvoxim, F. 114—115°, $[\alpha]_D = +9{,}92^0$.
[A. **270**, 179].

Diese letzteren Verbindungen sind verschieden von Benzoyl-Limonennitrosochlorid [A. **270**, 180] (s. auch S. 274).

Umwandlungen des Carvoxims.

1. Bei der Reduktion mit Natrium in alkoholischer Lösung liefert Carvoxim (neben Carvylamin) Dihydrocarvylamin (s. S. 345), $C_{10}H_{17}NH_2$ [A. **275**, 119, 121; **279**, 377]. Eine weitergehende Reduktion findet nicht statt. Dagegen erhält man aus Carvoxim bei der Reduktion mit Palladiumwasserstoff, je nach den Versuchsbedingungen, Carvacrylamin, Tetrahydrocarvon, Tetrahydrocarvoxim oder Carvotanacetoxim (s. S. 349) [G. N. **1913**, 236].

2. Beim Erwärmen mit alkoholischer Schwefelsäure erhält man aus Carvoxim neben Carvacrol Carvacrylamin, $C_{10}H_{13}NH_2$ [A. **275**, 119]. Dieselbe Base entsteht, wenn man Carvoxim mit Ätzkali auf höhere Temperatur erhitzt [A. **279**, 374].

(Für Carvacrylamin wurde ermittelt [A. **279**, 374] Kp. 240 bis 241°, $d = 0{,}954$, $n_D = 1{,}543$ bei 19°, Monoacetylverbindung,

F. 72°, Diacetylverbindung, F. 66°, Chlorhydrat, F. 207°, schwer löslich in konz. Salzsäure.)

3. Bei schwachem Erwärmen mit konzentrierter Schwefelsäure isomerisiert sich Carvoxim zu p-Amidothymol [A. **279**, 369; **346**, 268 ff.].

Amidothymol und Amidocarvacrol wurden verglichen und näher charakterisiert; die Ergebnisse sind tabellarisch zusammengestellt B. **28**, 1664.

Verbindung aus	Carvacrol F.	Thymol F.
Nitroso- $C_{10}H_{12}<^{OH}_{NO}$	153°	162—164°
Amido- $C_{10}H_{12}<^{OH}_{NH_2}$	134°	173—174°
Amidochlorhydrat	214—215°	255°
Triacetylamido- $C_{10}H_{12}<^{O \cdot C_2H_3O}_{N \cdot (C_2H_3O)_2}$	75—76°	91°
Monoacetylamido- $C_{10}H_{12}<^{OH}_{NH \cdot C_2H_3O}$	176—177°	174—175°
Monoacetylamidoäther, $C_{10}H_{12}<^{OCH_3}_{NH \cdot C_2H_3O}$ . . .	140°	139°
Monoacetylamidochlorhydrat	229°	250°

Isocarvoxim, 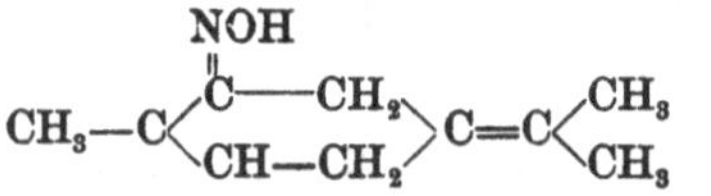 [A. **346**, 266 ff., 276 ff., B. **28**, 1660].

Darstellung: Aus Hydrochlor(brom)carvoxim und Natriummethylat.

Eigenschaften: $Kp._{12}$ 157—159°, F. 143—144°. Inaktiv. Gibt mit Brom:

1. Dibromid, $C_{10}H_{15}NOBr_2$, F. 126—127°. 2. Tetrabromid, $C_{10}H_{15}NOBr_4$, F. 134—135°.

In Schwefelkohlenstofflösung mit Chlorwasserstoff behandelt, geht Isocarvoxim über in i-Hydrochlorcarvoxim, F. 125,5°, beim Kochen mit verdünnter Schwefelsäure in Carvacrol und Carvolin beim Erhitzen mit Ätzkali in Carvacrylamin [B. **28**, 1660].

Carvolin
[A. **346**, 278 ff.]
(s. auch S. 30).

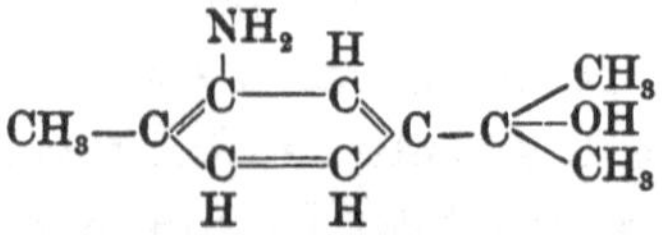

Darstellung: Durch Kochen von Isocarvoxim mit drei- bis vierprozentiger Schwefelsäure. Ausbeute ca. 40%.

Eigenschaften: Kp. 289—290°, Kp.$_{12}$ 158—163°. F. 94°. Farblos, mit Wasserdampf nicht flüchtig. Chlorhydrat, in Äther unlöslich, F. 189—190°. Sulfat, kristallisiert leicht.

Carvolin gibt beim Erhitzen mit Jodwasserstoff Carvacrylamin. Es läßt sich diazotieren und gibt dann, mit Resorcin oder α-Naphtol gepaart, schöne Azofarbstoffe. Die Verbindung mit β-Naphtol, $C_{10}H_{12}(OH)N_2C_{10}H_7O$, bildet tiefrote Nadeln, F. 171°.

Abwandlungen des Carvolins.

Beim Austausch der Amidogruppe gegen Chlor nach Sandmeyer [A. **346**, 282] entsteht das

Oxychlorid, $C_{10}H_{12}Cl(OH)$, Kp. 245—249°, Kp.$_{12}$ 120—124°, F. 50—51°. Gibt beim Erwärmen mit PCl_5 das Dichlorid, $C_{10}H_{12}Cl_2$, ölig, Kp. 230—234°. Das Oxychlorid liefert bei der Oxydation mit Chromsäure:

p-Acetyl-o-chlortoluol, Kp. 250—254°, F. 45—46°. Riecht ähnlich wie Acetophenon. Semicarbazon, F. 237—238°. Oxim, F. 96—97°, sehr löslich in organischen Lösungsmitteln.

p-Acetyl-o-chlortoluol liefert mit Hyprobromit o-Chlor-p-toluylsäure, F. 200—201°.

Die aufgeführten Vorgänge werden durch die Formeln erläutert:

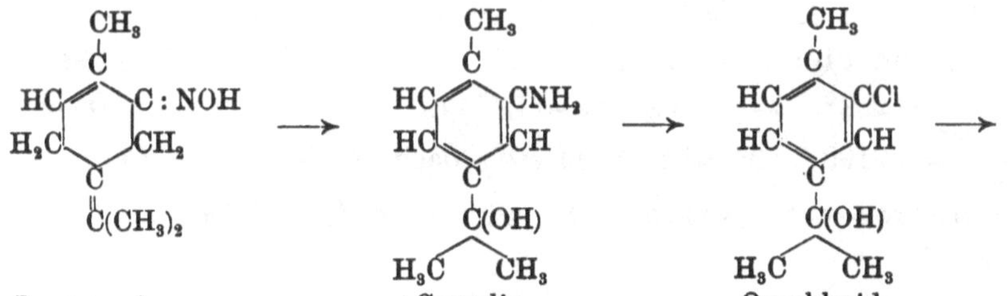

Isocarvoxim Carvolin Oxychlorid

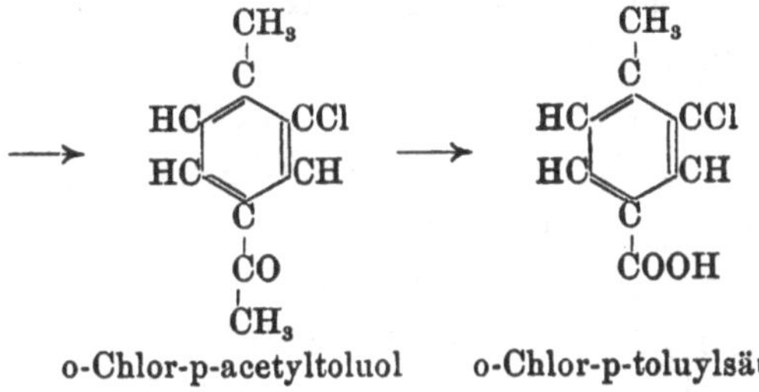

o-Chlor-p-acetyltoluol o-Chlor-p-toluylsäure

Carveoläther
[A. **281**, 128—134, 141, 142; **306**, 273; **324**, 86, 87].

Carveol, $C_{10}H_{15}OH$, der zum Carvon zugehörige Alkohol, läßt sich, wie es scheint, nicht gewinnen. Das Carvon gibt bei der Reduktion immer das Dihydrocarvon als nächstes Reduktionsprodukt, dann Dihydrocarveol. Man darf annehmen, daß sich Carveol sofort zu Dihydrocarvon umlagert.

Ein Äther des Carveols, $C_{10}H_{15}\cdot OCH_3$ und dessen Bromsubstitutionsprodukt, $C_{10}H_{14}Br\cdot OCH_3$, lassen sich aber auf Umwegen gewinnen, wie bereits unter den Abschnitten „Limonentetrabromid" (S. 273) und „Tribromid aus α-Terpineol" (S. 302) näher ausgeführt ist. Daselbst sind auch die Eigenschaften und das chemische Verhalten der beiden Verbindungen besprochen worden.

II. Dihydrocarvon, $C_{10}H_{16}O$, $CH_3{-}CH\langle{}^{COCH_2}_{CH_2CH_2}\rangle CH{-}C\langle{}^{CH_2}_{CH_3}$.

Darstellung: Die Verbindung ist zuerst (1893) in den optisch verschiedenen Modifikationen aus Dihydrocarveol (s. S. 346) durch Oxydation gewonnen [A. **275**, 114]. 1894 wurde gezeigt [A. **279**, 377, 378], daß man Carvon durch Reduktion mit Zink und Natronlauge (oder auch Essigsäure) direkt in Dihydrocarvon überführen kann. Dihydrocarvon entsteht auch bei der Reduktion von Nitrosopinenbromid [A. **300**, 291; **313**, 369]. (Vgl. S. 229—230, 241.)

Eigenschaften [A. **275**, 116; B. **28**, 1964; G. N. **1896**, 71]: Kp. 221—222°, $d = 0{,}928$, $n_D = 1{,}47174$ bei 19°. Spez. Dispersion $\frac{C-F}{d} = 0{,}01097$. Riecht gleichzeitig nach Menthon und Carvon. Dihydrocarvon aus d-Carvon ist linksdrehend, aus l-Carvon rechtsdrehend.

Dihydrocarvon verbindet sich leicht mit Natriumbisulfit [A. **275**, 115] (erstes Keton der Terpenreihe, für welches diese Eigenschaft nachgewiesen wurde [s. Allgem. Teil S. 134]). Beim Erwärmen mit Schwefelsäure lagert es sich in Carvenon (s. S. 348) um [A. **286**, 129, 130]. Durch das Bromhydrat des Oxims ist es in Carvacrylamin überführbar (s. S. 343) [A. **279**, 383]. Beim Kochen mit $FeCl_3$ geht es in Carvacrol über [A. **286**, 134].

Semicarbazon [B. **28**, 1960]: F. 189—191°.

Oxymethylenverbindung, $C_{10}H_{14}O(CHOH)$ [B. **28**, 33; A. **329**, 124]: Kp.$_{15}$ 115°. Gibt ein acyclisches Semicarbazon, $C_{12}H_{19}N_3O_2$, F. 163—165°. Daraus entsteht durch H_2SO_4 cyclisches Semicarbazon, $C_{12}H_{17}N_3O$, mit dem doppelten F. 125—127° und 146—148°. Daraus bildet sich durch Spaltung mit Schwefelsäure eine

Pyrazolbase $C_{11}H_{16}N_2$, Öl, Platinsalz, F. 201°.

Benzylidenverbindung, $C_{10}H_{14}O:CHC_6H_5$ [A. **305**, 268, 275]: Kp.$_{10}$ 187—190°. (Oxim, $C_{17}H_{20}NOH + H_2O$, farblose Nadeln, F. 145 bis 146°.)

Durch Reduktion der Benzylidenverbindung entsteht Benzyldihydrocarveol, $C_{10}H_{16}(OH)CH_2C_6H_5$, Kp.$_{10}$ 182—183°. Daraus entsteht durch Wasserabspaltung mittels P_2O_5 ein

Kohlenwasserstoff, $C_{17}H_{22}$, Kp.$_{10}$ 166—169°.

Dihydrocarvoxime, $C_{10}H_{16}NOH$ [A. **275**, 117; **279**, 381].

Die aktiven Modifikationen schmelzen bei 88—89° und sind dimorph: Schwerer lösliche, nadelförmige Kristalle oder durchsichtige Prismen, von denen die ersteren sich in Berührung mit Alkohol in die letzteren umwandeln. Die Oxime drehen in demselben Sinne wie die zugehörigen Ketone. Die racemisch-inaktive Modifikation des Dihydrocarvoxims schmilzt bei 115—116°.

Durch konzentrierte Schwefelsäure werden die Oxime isomerisiert zu einem bei 87—88° schmelzenden, in Prismen kristallisierenden Iso-Oxim.

Die aktiven Oxime addieren leicht Bromwasserstoff unter Bildung von

Dihydrocarvoximhydrobromid, $C_{10}H_{16}NOH \cdot HBr$ [A. **279**, 382], F. 109°. Dreht ebenso wie das angewandte Oxim. Zersetzt sich oberhalb seines Schmelzpunktes unter Aufschäumen und Bildung von Carvacrylamin [A. **279**, 383].

Das Iso-Oxim gibt keine schwerlösliche Bromwasserstoffverbindung.

Bei der Reduktion mit Natrium liefert Dihydrocarvoxim Dihydrocarvylamin, bei der Reduktion mit Palladiumwasserstoff glatt Tetrahydrocarvoxim [G. N. **1913**, 238, 242].

Bromide aus Dihydrocarvon [A. **279**, 389; **286**, 129, 125].

Dihydrocarvondibromid, $C_{10}H_{16}OBr_2$. Das beim direkten Bromieren von Dihydrocarvon entstehende Dibromid [8,9-Dibrommenthanon-2], 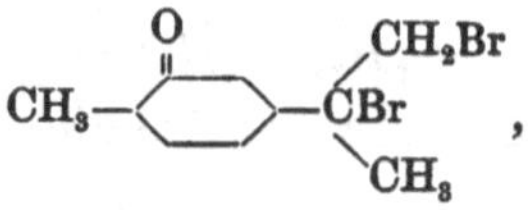, ist flüssig. Beim Schütteln mit verdünnter Natronlauge liefert es (neben Carvacrol) ein Monobromid [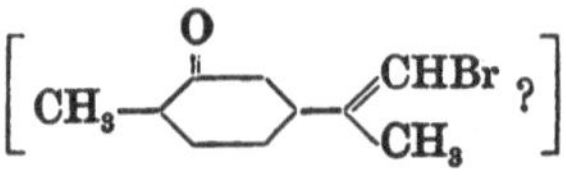], das bei der Reduktion mit Zink und Natronlauge in Dihydrocarvon zurückgeht.

Beim Bromieren in einer Eisessig-Bromwasserstoff-Lösung erhält man aus Dihydrocarvon ein kristallisiertes Dibromid (F. aktiv 69—70°, i. 96—97°) [4,8-Dibrommenthanon-2]. Dasselbe Dibromid kann man entsprechend aus 1,2,8-Trioxyterpan (vgl. S. 304) erhalten:

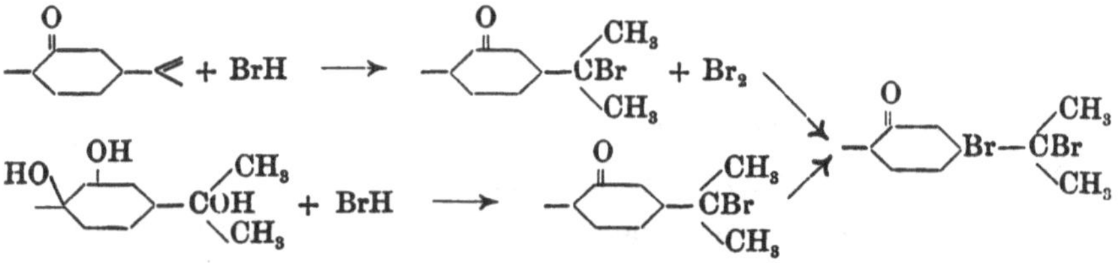

Das kristallisierte 4,8-Dibrommenthanon-2 liefert beim Schütteln mit verd. Alkali ein ungesättigtes Oxyketon $C_{10}H_{16}O_2$, Kp.$_{16}$ 140°, [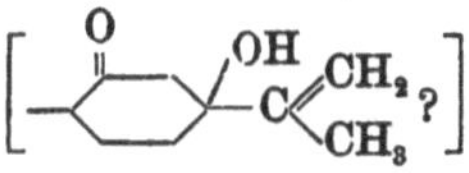], das sich nach der Reduktion mit Wasserstoff und Palladium und darauffolgender Behandlung mit Schwefelsäure in Carvenon überführen läßt:

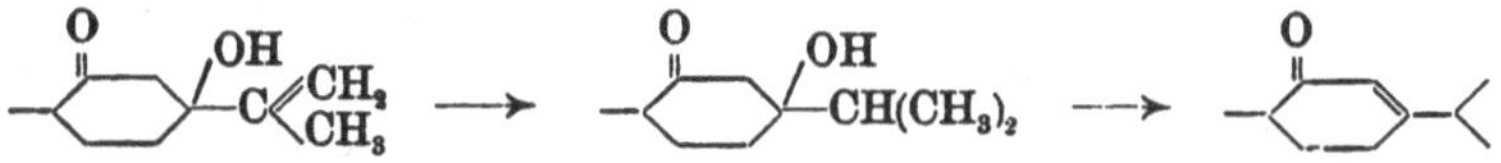

Dihydrocarvontribromid, $C_{10}H_{15}OBr_3$, entsteht beim weiteren Bromieren von krystallisiertem Dihydrocarvondibromid [A. **286**, 127].

Eigenschaften der optisch verschiedenen Modifikationen der Bromide [A. **286**, 135, 141, 142].

	aktiv	inaktiv
$C_{10}H_{16}Br_2O$	F. 69—70°	F. 96—97°, triklin
$C_{10}H_{15}Br_3O$	F. 88—89°, rhomb.-hemiëdr.	F. 65°, rhombisch

Dihydrocarvylamin, $C_{10}H_{17}NH_2$ [A. **275**, 119ff.; B. **24**, 3985].

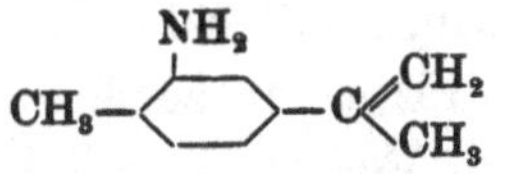

Darstellung: Entsteht (neben Carvylamin) bei der Reduktion von Carvoxim oder Dihydrocarvoxim in alkoholischer Lösung durch Natrium. Ebenso beim Erwärmen von Carvon mit Ammoniumformiat.

Eigenschaften: Kp. 218—220° ($Kp._{15}$ 93—95°), $d = 0{,}8875$, $n_D = 1{,}48168$ bei 20°. Dreht in demselben Sinne wie das angewandte Keton. Zieht leicht CO_2 an.

Von Derivaten wurden dargestellt:

	aktiv F.	inaktiv F.
Acetylverbindung, $C_{10}H_{17}NHCOCH_3$.	132°	
Benzoylverbindung, $C_{10}H_{17}NHCOC_6H_5$	181—182°	
Phenylharnstoff, $CO<\begin{smallmatrix}NHC_6H_5\\NHC_{10}H_{17}\end{smallmatrix}$	191°	136—138°, leichter löslich in Alkohol
Phenylsulfoharnstoff, $CS<\begin{smallmatrix}NHC_6H_5\\NHC_{10}H_{17}\end{smallmatrix}$	125—126°	119°

Von den Salzen sind das neutrale Sulfat und das saure Oxalat schwer löslich. Das gegen 200° schmelzende Hydrochlorid des Dihydrocarvylamins ist in Äther unlöslich, nimmt aber HCl auf und wird dann löslich. Bei der trocknen Destillation zerfällt es unter Bildung von Dipenten und Terpinen [A. **275**, 123, 127, 129]. (Ist der Base Carvylamin beigemengt, so entsteht daneben Cymol.)

Auch beim anhaltenden Kochen wäßriger saurer Lösungen, beim Erwärmen des neutralen Nitrits mit Wasser, beim Erhitzen der freien Base mit Kaliumbisulfat findet eine Spaltung statt, ebenso spaltet die freie Base beim Erhitzen für sich im geschlossenen Rohr Ammoniak ab.

Die Base gibt mit salpetriger Säure neben Dihydrocarveol Dipenten [A. **275**, 128ff.; B. **24**, 3990].

Oxydation des Dihydrocarvons [B. **28**, 2704].

Bei vorsichtiger Oxydation des Dihydrocarvons mit Permanganat entsteht ein

Ketoglycol, 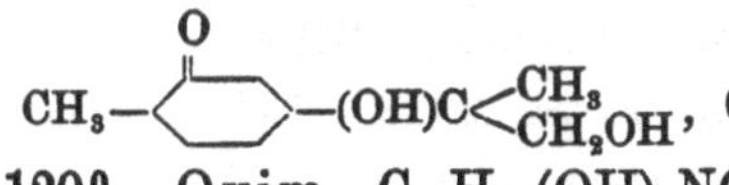, $C_{10}H_{16}(OH)_2O$, $Kp._{100}$ ca. 200° Fp. 115—120°. Oxim, $C_{10}H_{16}(OH)_2NOH$, F. 202°. Semicarbazon, F. 187°.

Wirkt stark reduzierend und gibt mit Natriumhypobromit Bromkohlenstoff. Beim Erwärmen mit Silberoxyd tritt Aldehydgeruch auf und es entsteht eine niedrig schmelzende kristallinische Säure. Beim Erwärmen für sich oder in Berührung mit kalter verdünnter Schwefelsäure verwandelt es sich in eine in Wasser unlösliche amorphe Masse. Beim Erwärmen mit verdünnter Schwefelsäure spaltet es sich. Hierbei bildet sich ein

Aldehyd, $C_{10}H_{14}O$(?), Kp. um 220°. Pfefferminzartig riechend. Semicarbazon, F. 206°.

Bei weiterer Oxydation des Ketoglycols (und gleichzeitig mit ihm bei der Oxydation des Dihydrocarvons) entsteht die

Verbindung $C_9H_{14}O_2$ (Diketon) 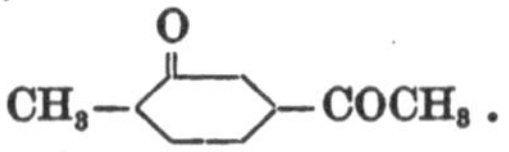 Erstarrt in der Kälte zu langen, glänzenden Nadeln. Oxim, F. 195°. Semicarbazon, F. 203—204°.

Ferner entstehen Säuren, u. a. neben Oxalsäure eine gut kristallisierende, bei 203—204° schmelzende Säure (m-Oxy-p-toluylsäure?).

Dihydrocarveol, $C_{10}H_{17}OH$|‾, 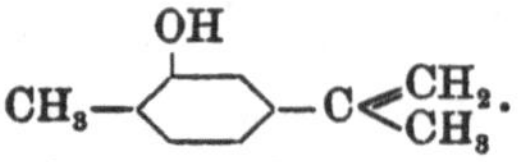

Darstellung: Durch Reduktion von Carvon oder Dihydrocarvon mit Natrium in alkoholischer Lösung [A. **275**, 110; B. **24**, 3990]. Entsteht auch bei der Umsetzung von Dihydrocarvylamin mit salpetriger Säure [A. **275**, 130; B. **24**, 3390].

Eigenschaften [A. **275**, 111; B. **24**, 3990]: Kp. 224—225° ($Kp._{14}$ 112°), $d = 0{,}927$, $n_D = 1{,}48168$ bei 20°. Riecht terpineolähnlich. In demselben Sinne aktiv wie das zugehörige Carvon. Addiert beim Schütteln mit verdünnter Schwefelsäure leicht Wasser [A. **360**, 102].

Phenylurethan, d- und l-Verbindung, F. 87°. i-Verbindung, F. 93°.

Dihydrocarveol lagert beim Schütteln mit 3%iger verdünnter Schwefelsäure leicht Wasser an [A. **381**, 62]. Das entstehende aktive

2,8-Dioxymenthan 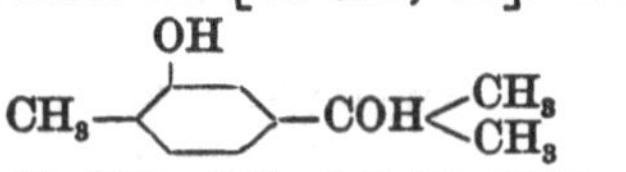 hat Kp. 265—270°, F. 112—113°, $[\alpha]_D = -21{,}07°$. Die d, l-Modifikation zeigt F. 108—109°.

Beim Erwärmen mit verdünnter Schwefelsäure gibt Dihydrocarveol Terpinen [A. **275**, 113; B. **24**, 3991], bei der Oxydation mit Chromsäure Dihydrocarvon (s. S. 342) [A. **275**, 115]. Bei der Oxydation mit Permanganat entsteht das

2,8,9-Trioxyterpan $C_{10}H_{20}O_3$ [A. **275**, 155; **277**, 152], Öl. Gibt beim Erwärmen mit Säuren ein ungesättigtes

Oxyd $C_{10}H_{16}O|^{=}$ [A. **277**, 152; **279**, 386], Kp. 196—199°, $d=0,962$, $n_D=1,484$ bei 20°. Das Oxyd nimmt ein Molekül Hydroxylamin auf unter Bildung einer additionellen

Verbindung $C_{10}H_{16}O+NH_2OH$ [A. **279**, 386]. Zwei Modifikationen F. 112° und 164—165°, aus denen Säuren die Ausgangsverbindung nicht regenerieren.

Mit Bromwasserstoff gibt das Oxyd $C_{10}H_{16}O$, in trocknem Petroläther gelöst, ein festes Additionsprodukt, das mit Wasser wieder zerfällt.

Das 2,8,9-Trioxyterpan liefert bei der Oxydation ein Oxyketon $C_9H_{16}O_2$, das beim Erwärmen mit verdünnter Schwefelsäure in dasselbe Tetrahydroacetyltoluol $C_9H_{14}O$ übergeht, das auch aus β-Terpineol bei der Oxydation gewonnen werden kann [A. **324**, 92]. Näheres über dieses Keton siehe S. 307. Folgende Formeln veranschaulichen die Übergänge:

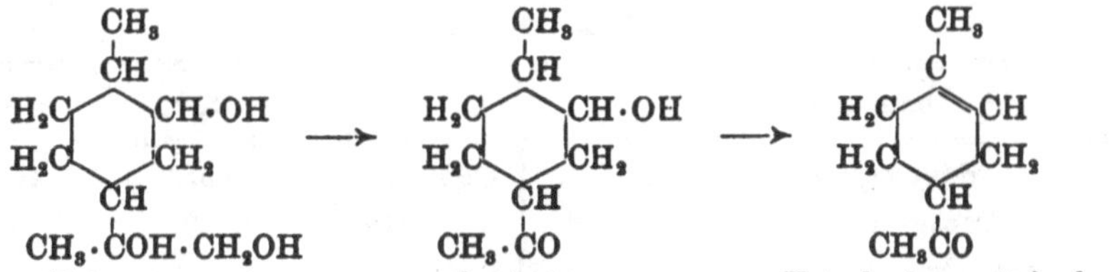

2,8,9-Trioxyterpan aus Dihydrocarveol — Oxyketon, $C_9H_{16}O_2$ — Tetrahydroacettoluol, $C_9H_{14}O$

Dihydrocarveolessigsäure [A. **314**, 164ff.; **323**, 158],

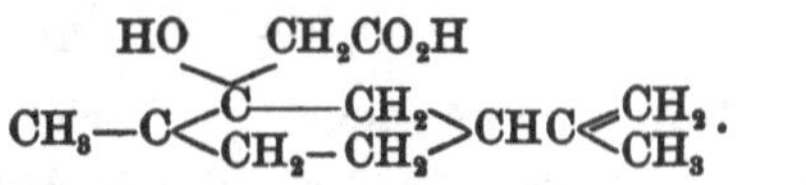

Dihydrocarvon, Bromessigester und Zink geben bei der Kondensation den Äthylester, $C_{10}H_{16}(OH)CH_2COOC_2H_5$, Kp. 282 bis 288°, $d=0,997$, $n_D=1,47664$ bei 20°. Riecht cedernölartig. Bei der Verseifung erfolgt teilweise hydrolytische Spaltung. Daneben entsteht die zugehörige Säure, $C_{10}H_{16}(OH)CH_2COOH$, Kp.$_{14}$ 196 bis 208°.

Beim Destillieren unter gewöhnlichem Druck erfolgt Abspaltung von H_2O und CO_2 unter Bildung eines terpineolartig riechenden Alkohols, $C_{10}H_{16}(OH)CH_3$ und von

Homolimonen, $C_{11}H_{18}|^{\overline{2}}$, Kp. 191—192°, $d=0,8465$, $n_D=1,4771$ bei 20°.

III. Carvenon (Δ^3-p-Menthenon-2), $C_{10}H_{16}O$,

$$CH_3-CH\langle{}^{CO-CH}_{CH_2-CH_2}\rangle C-CH(CH_3)_2$$

Das Carvenon ist zuerst (1893) durch Zerlegung des 1,2,8-Trioxyhexahydrocymols (aus α-Terpineol, s. S. 304) mittels Schwefelsäure gewonnen [A. **277**, 111, 122]. 1895 wurde es durch Erwärmen des isomeren Dihydrocarvons mit verdünnter Schwefelsäure dargestellt und benannt [A. **286**, 130 s. auch S. 327]. Es entsteht auch aus Dihydrocarvon bei hoher Temperatur [A. **286**, 131], sowie durch Reduktion von Terpinennitrosit [A. 313, 363; B. **40**, 580], aus der Verbindung $C_{20}H_{31}N_3O_4$ aus Terpinennitrosit [B. **40**, 581] und durch Reduktion von Terpinennitrolpiperidid (ca. 60% Ausbeute) [B. **40**, 581]. Ferner bildet es sich bei der Destillation des 1,2,4-Trioxyhexahydrocymols (aus Terpinenol-4) mit verdünnter Salzsäure [B. **40**, 595, 597, 600].

Eigenschaften [B. **28**, 1961; **286**, 133]: Kp. 232—233°.

Konstanten des Carvenons

dargestellt aus	d	n_D	M
1,2,8-Trioxyterpan	0,929 (20°)	1,4820	46,64
Dihydrocarvon	0,926 (19°)	1,4827	46,84
seinem Oxim	0,928 (21°)	1,4839	46,85
seinem Semicarbazon	0,927 (20°)	1,4817	46,76

(berechnet für $C_{10}H_{15}OH|^{\overline{2}}$: $M = 46,76$).

Durch Erwärmen mit Ferrichlorid erhält man aus Carvenon Carvacrol [A. **286**, 134], bei der Reduktion liefert es Tetrahydrocarveol (s. S. 352) [A. **277**, 130]. Es verbindet sich mit Bisulfit [A. **277**, 129] und gibt mit Bromwasserstoff und Brom kein festes Bromid [A. **286**, 128]. Das Dibromid $C_{10}H_{16}Br_2O$ liefert schon beim Schütteln mit wäßrigem Kali Carvacrol. Mit PCl_5 gibt Carvenon ein Gemenge von Dichlorid und Monochlorterpinen [A. **368**, 16].

Semicarbazon, [B. **28**, 1960]. Existiert in zwei Modifikationen: *α*) sehr schwer lösliche Blätter, F. 200—201°, *β*) dicke, durchsichtige Prismen, F. 153—154°.

Oxim, [A. **277**, 124; 126ff.; **356**, 221; B. **40**, 581]: dicke Prismen F. 91°. Benzoylverbindung beider Oxime, F. 68—69°.

Das Chlorhydrat des Oxims gibt bei der trocknen Destillation Carvacrylamin. Neben dem normalen Oxim entsteht ein

Oxaminooxim $C_{10}H_{16}NOH \cdot NH_2OH$, F. 162—163°, das beim Erwärmen mit verdünnter Schwefelsäure in das normale Oxim übergeht. Der dem Carvenon zugehörige Alkohol Carvenol, $C_{10}H_{17}OH$, kann aus 2,4-Menthandiol durch Wasserabspaltung dargestellt werden.

Carvenon und Benzaldehyd [A. **305**, 271, 275] liefern bei der Kondensation mit HCl:

Verbindung $C_{24}H_{26}O_2 \cdot HCl$, F. 197°, von 175° ab Braunfärbung. Verliert beim Erhitzen im Vakuum HCl und gibt die

Verbindung $C_{24}H_{26}O_2$, F. 170—171°.

Carvenon, Bromessigester und Zink [A. **323**, 156] lassen sich kondensieren zu dem ungesättigten Ester $C_{14}H_{22}O_2$, Kp.$_{16}$ 135 bis 137°. Die daraus erhältliche Säure $C_{12}H_{18}O_2$ Kp.$_{17}$ 175—180°, geht durch CO_2-Abspaltung über in den

Kohlenwasserstoff $C_{11}H_{18}$, Kp. 194—197°, $d_{22} = 0{,}851$, $n_D =$ 1,4821.

VI. Carvotanaceton (Δ^6-p-Menthenon-2) [vgl. S. 328].

$$CH_3—C\begin{matrix}\diagup COCH_2 \diagdown \\ \diagdown\!\!\diagdown CHCH_2 \diagup\end{matrix}CHCH(CH_3)_2$$

Darstellung: In den aktiven Modifikationen entsteht es bei der Reduktion von Nitro-α-Phellandren [A. **336**, 31ff.] (s. auch S. 328). In Form seines Oxims kann es durch direkte Reduktion von Carvoxim erhalten werden [G. N. **1913**, 241]. Synthetisch wurde das Keton aus Carvomenthen durch dessen Nitrosochlorid hindurch aufgebaut [A. **381**, 60; s. auch S. 307 u. 329].

Eigenschaften [B. **28** (1895), 1959ff.; A. **279**, 385; **336**, 37ff.; G. N. **1913**, 241]: Kp. 228—229°, $d = 0{,}9345$ bei 19°, 0,932 bei 21°, $n_D = 1{,}4822$ bei 19°, 1,47926 bei 21°. Liefert bei der Reduktion Carvomenthon.

Semicarbazon, $C_{10}H_{16}NNHCONH_2$, d- und l-Verbindung: F. 173°. Dimorph. $[\alpha]_D = +114{,}69°$ bzw. —112,4—113,8°. i-Verbindung: F. 177 bis 178°.

Oxim, $C_{10}H_{16}NOH$, d- und l-: F. 75—76°, $[\alpha]_D = +19{,}2°$ bzw. —19,155°. i-: F. 92—93° [A. **275** (1893), 183; **279**, 385, **381**, 59].

Schwefelwasserstoffverbindung, F. der aktiven Verbindung 220°. Bei der Reduktion gibt Carvotanaceton Tetrahydrocarveol (s. S. 352) [B. **28**, 1960].

Das dem Carvotanaceton entsprechende Amin, das

Dihydrocarvacrylamin, $C_{10}H_{17}NH_2$, wurde durch Reduktion des Nitro-α-Phellandrens (s. dieses) gewonnen [A. **336**, 35, 42].

Eine Übersicht über die Eigenschaften einiger charakteristischer Carvotanacetonderivate aus verschiedenen Quellen findet sich A. **336**, 39.

i-Oxydihydrocarvon, $C_{10}H_{15}(OH)O$ = Oxy(8)Carvotanaceton, Δ^6-Oxy(8)-Menthenon-2,

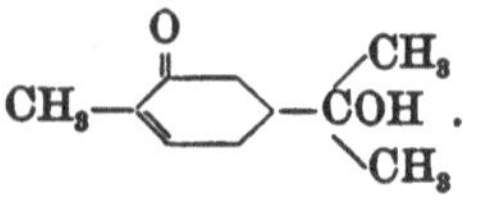

Entsteht bei der Oxydation von Pinolhydrat (s. S. 265) [A. **291**, 356]. Läßt sich auch aus Terpineolnitrosochlorid (s. S. 302) erhalten [A. **291**, 347; B. **28**, 1774] und beim Schütteln von i-Carvon mit Schwefelsäure. Semicarbazon, $C_{10}H_{15}(OH)NNHCONH_2 + H_2O$, F. 174°. Oxim, $C_{10}H_{15}(OH)NOH$, F. 134°. Diacetylderivat, $C_{10}H_{15}O(COCH_3)NO(COCH_3)$, F. 107°.

Oxydihydrocarvon und sein Oxim gehen beim Erwärmen mit verdünnter Schwefelsäure über in i-Carvon [A. **291**, 348, 357], das Oxim gibt mit konzentrierter Schwefelsäure p-Amidothymol [A. **291**, 348].

V. Tetrahydrocarvon, $C_{10}H_{18}O$

(Dihydrocarvenon, Carvomenthon, p-Menthanon-2),

$$CH_3{-}CH\langle{}^{CO\;CH_2}_{CH_2CH_2}\rangle CHCH(CH_3)_2 .$$

Darstellung: Durch Oxydation des zugehörigen Alkohols (Tetrahydrocarveol, Carvomenthol, s. S. 353) [A. **277**, 133; **287**, 380; B. **28**, 1961], ferner in den optisch aktiven Modifikationen bei der Reduktion von α-Phellandrennitrit (bzw. Nitro-α-Phellandren) in alkalischer Lösung [A. **287**, 376ff.; **313**, 350, 360; **336**, 32, 34] und am bequemsten durch direkte Reduktion von Carvon oder Dihydrocarvon [A. **331**, 64].

Eigenschaften [A. **277**, 135; B. **28**, 1962]: Kp. 220—221°, $d = 0{,}904$, $n_D = 1{,}4554$ bei 20°. Der Geruch erinnert gleichzeitig an Carvon und Menthon. Verbindet sich mit Natriumbisulfit zu einer unbeständigen Verbindung.

Semicarbazon, [B. **28**, 1961; A. **286**, 107; **287**, 378], d- und l-: F. 186—188°. i-: F. 174°, nicht einheitlich (enthält daneben noch niedriger schmelzende Bestandteile).

Oxymethylenverbindung, $C_{10}H_{16}O(CH\cdot OH)$ [A. **329**, 123]. $Kp._{16}$ 131—135°. Gibt ein cyclisches Semicarbazon, $C_{12}H_{19}N_3O$, F. 178—182°. Daraus wurde ein öliges

Pyrazol, $C_{11}H_{18}N_2$ erhalten. Platinsalz, F. 226—228°.

Benzylidenverbindung [A. **305**, 266, 275]. Bei der Kondensation von Tetrahydrocarvon mit Benzaldehyd durch HCl verbinden sich 2 Mol. Benzaldehyd mit 1 Mol. Keton unter Austritt von 1 Mol. Wasser zu der Verbindung $C_{24}H_{28}O_2$, F. 175°. Die Ausbeute ist gering. Die Verbindung addiert nicht HCl.

Tetrahydrocarvonoxim, $C_{10}H_{18}NOH$ [A. **277**, 134, 136; **287**, 377] d- und l-Oxim: kalkspatähnliche Prismen, F. 97—99°, i-Oxim, F. 105°, ist bequem durch direkte Reduktion von Dihydrocarvoxim oder (weniger glatt) von Carvoxim darstellbar. [G. N. **1913**, 238]. Liefert beim Erwärmen mit P_2O_5 ein Nitril, $C_{10}H_{17}N$, (s. unten) [A. **277**, 159; **323**, 332]. Über ein gebromtes Tetrahydrocarvoxim s. unter Dihydrocarvoxim S. 343. Umlagernde Agenzien verwandeln das Oxim in das

$$\text{Isoxim}\quad \begin{array}{l} CH_2-CH(CH_3)-NH \\ |\\ CH_2-CH(C_3H_7)\ CH_2 \end{array}\!\!\!>CO$$

[A. **277**, 135; **312**, 203; **323**, 323]. Die labile Modifikation schmilzt bei 51—52°. Durch Erhitzen auf 100—110° erfolgt Übergang in die stabile Modifikation vom F. 104°. Löslich in heißem Wasser und verdünnter Schwefelsäure. Chlorhydrat, in Äther unlöslich, wird durch Wasser sofort in die Komponenten zerlegt. Das Isoxim läßt sich aufspalten zu der

Amidodecylsäure, $CH_3CH(NH_2)CH_2CH_2\underset{\underset{C_3H_7}{|}}{C}HCH_2COOH$, F. 201—202°.

Methylester, $Kp._{18}$ 133—134°; Äthylester, $Kp._{20}$ 149°. Der Äthylester der Amidosäure mit salpetriger Säure umgesetzt gibt den Äthylester der Oxydecylsäure (freie Säure s. unten), $Kp._{13}$ 152—155°, und den

Äthylester der Decylensäure, $Kp._{13}$ 108—111°.

Decylensäure, $C_{10}H_{18}O_2$, Kp. 257—260°, $d = 0{,}936$, $n_D = 1{,}4544$ bei 20°. Gibt bei der Oxydation Isopropylglutarsäure.

Amid der Decylensäure [A. **323**, 332], F. 63—64°. Gibt bei der Wasserabspaltung das Nitril, $C_{10}H_{17}N$, $Kp._{12}$ 99—100°. Dieses liefert bei der Reduktion eine Base vom $Kp._{12}$ 89—90°.

Der Äthylester der Amidodecylsäure gibt bei der erschöpfenden Methylierung ein Ammoniumjodid, welches sich in das

Betain, $CH_3CHCH_2CH_2CH(C_3H_7)CH_2COO$ überführen läßt [A. **323**, 328].
$\underset{N(CH_3)_3}{|}$ (mit COO verbunden)

Die freie Amidodecylsäure gibt mit salpetriger Säure

1. eine Oxydecylsäure, welche bei der Oxydation die Ketosäure, (δ-Acetyl-β-isopropylvaleriansäure): $CH_3COCH_2CH_2CH(CH(CH_3)_2)CH_2COOH$, F. 37 bis 38°, liefert. Oximsäure aktiv F. 61—63°, i. F. 75—78°. Semicarbazon, zwei Modifikationen F. 137—138° und 154—156°. Bei weiterer Oxydation ensteht aus der Oxysäure Isopropylglutarsäure, F. 97—99°.

2. Lacton, $C_{10}H_{18}O_2$, Kp.$_{20}$ 152—154°.

3. die schon erwähnte Decylensäure, $C_{10}H_{18}O_2$.

Carvomentholessigester, $C_{10}H_{18}(OH)CH_2COOC_2H_5$ [A. **323**, 154]. Entsteht durch Umsetzung von Tetrahydrocarvon mit Bromessigester und Zink. Kp.$_{16}$ 162—164°. Riecht nach Cedernöl. Daraus wurde durch Wasserabspaltung erhalten der

Ungesättigte Ester $C_{14}H_{24}O_2$, Kp.$_{13}$ 150—152°. Die entsprechende freie

Säure $C_{12}H_{20}O_2$, Kp.$_{11}$ 166—172°, liefert durch CO_2-Abspaltung

Homocarvomenthen, $C_{11}H_{18}$, Kp. 194—196°, $d = 0{,}8300$, $n_D =$ 1,46187 bei 20°.

Oxydation des Tetrahydrocarvons [A. **339**, 112].

Durch Oxydation mit Chromsäure entsteht die oben erwähnte

Ketosäure, $C_{10}H_{18}O_3$, welche durch Oxydation mit Hypobromit überführbar ist in:

β-Isopropyladipinsäure, $C_9H_{16}O_4$, F. 75—76°,

Tetrahydrocarveol, $C_{10}H_{19}OH$
(Dihydrocarvenol, Carvomenthol),

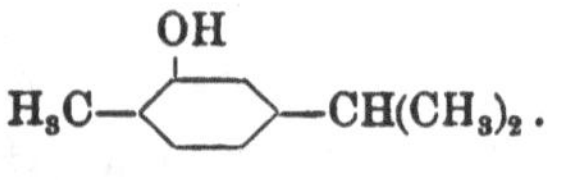

Darstellung: Entsteht bei der Reduktion 1. von Tetrahydrocarvon [A. **277**, 135], 2. von Carvenon [A. **277**, 130], 3. von Carvotanaceton [B. **28**, 1960], 4. von α-Phellandrennitrit oder Nitro-α-Phellandren [A. **287**, 377; **336**, 39], 5. bei der Umsetzung von Tetrahydrocarvylamin mit salpetriger Säure [A. **287**, 380], 6. bei der Reduktion von Dihydrocarveol mit Palladiumwasserstoff.

Eigenschaften [A. **277**, 131, 141]: Kp. 220°, 100—104° unter 12 mm. $d = 0{,}904$ bei 22°, 0,90 bei 23°; $n_D = 1{,}4636$ bei 22°, 1,46246 bei 23°. Riecht ähnlich wir Terpineol, in Wasser ziemlich löslich.

i-Phenylurethan, $C_{10}H_{19}O \cdot CONHC_6H_5$, F. 74—75°, aktiv F. 105 bis 106°.

Carvomenthen, Δ'-p-Menthen, 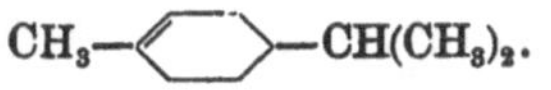

Entsteht durch Wasserabspaltung aus Carvomenthol und noch leichter aus Dihydro-β-Terpineol (s. S. 307).

Eigenschaften: Kp. 174—175°, $d_{21} = 0{,}821$, $n_D = 1{,}4551$ [A. **381**, 58]. Nitrosochlorid, F. 95—96°, Nitrolpiperidid, F. 159°. Abwandlung in Carvotanaceton s. S. 329, 349.

Tetrahydrocarvylamin, $C_{10}H_{19}NH_2$, 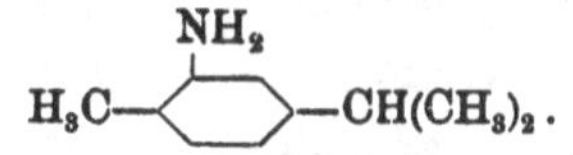

Darstellung: Entsteht durch Reduktion des Tetrahydrocarvoxims [A. **277**, 137 ff.] und des Terpinennitrosits [A. **313**, 361; B. **40**, 580] in der inaktiven und bei der Reduktion des α-Phellandrennitrits (oder Nitro-α-Phellandrens) in den aktiven Modifikationen [A. **287**, 378; **336**, 32, 34].

Eigenschaften: Kp. 211—212°. Zieht Kohlensäure an.

Chlorhydrat, F. 221—222°, in Äther unlöslich, schwer löslich in kaltem Wasser. Destilliert unzersetzt. Mit salpetriger Säure entsteht aus der Base Tetrahydrocarveol (s. S. 352).

Tabelle über die Eigenschaften einiger aktiven und inaktiven Derivate.

		aktiv F.	inaktiv F.
Chlorhydrat,	$C_{10}H_{19}NH_2 \cdot HCl$	199—204°	221—222°
Formylverbindung,	$C_{10}H_{19}NH \cdot COH$	—	61—62°
Acetylverbindung,	$C_{10}H_{19}NH \cdot COCH_3$	158—159°	124—125°
Harnstoff,	$C_{10}H_{19}NHCONH_2$	201—203°	193—194°
Phenylharnstoff,	$C_{10}H_{19}NHCONHC_6H_5$	185—186°	149—151°
Phenylsulfoharnstoff,	$C_{10}H_{19}NHCSNHC_6H_5$	—	177°

VIII. Eucarvon.

Allgemeines über Eucarvon.

Das Auftreten eines neuen Ketons beim Erwärmen von Hydrochlorcarvon mit Alkali war schon von Schrader und mir beobachtet, als v. Baeyer [B. **27** (1894), 810] dieselbe Verbindung näher beschrieb und benannte.

Über einige charakteristische Eigenschaften (Molekularrefraktion) und Verbindungen des Eucarvons wurde 1899 Mitteilung gemacht [A. **305**, 237].

Bezüglich der Konstitution des Eucarvons kam ich 1905 zu folgenden Schlußfolgerungen [A. **339**, 94ff.]:

„Wenn man an das Carvon Bromwasserstoff anlagert und dann „wieder abspaltet, so entsteht bekanntlich das mit dem Ausgangsketon „isomere Eucarvon. Seit v. Baeyers grundlegenden Arbeiten [B. **27**, „810; **28**, 646; **31**, 2068] über diese Verbindung wird für sie die dem „Caron analoge Konstitution (I) in Anspruch genommen, während „man nach v. Baeyer das Di- und Tetrahydroeucarvon als die sieben„gliedrigen Ringverbindungen (II u. III) anzusehen hat.

I. 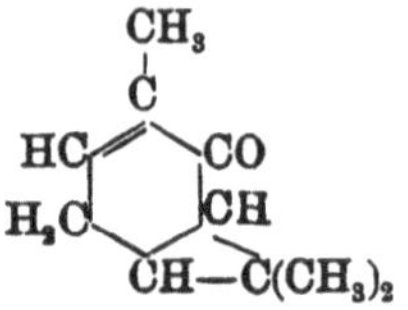 II. 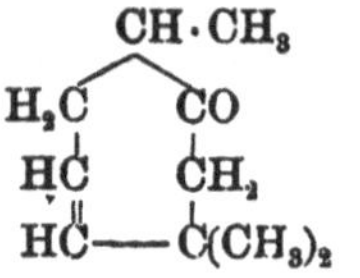 und III. 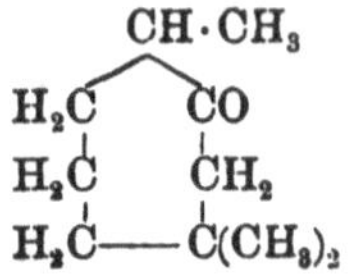

„Während die Richtigkeit dieser Auffassung für die hydrierten „Ketone als bewiesen gelten kann, liegt es für das Eucarvon anders.

„Der von v. Baeyer für Eucarvon vorgeschlagenen Formel stehen „nämlich eine ganze Reihe von Bedenken gegenüber, welche hier „zusammengestellt werden mögen.

„1. Von einer Verbindung obiger Formel müßte man erwarten, „daß sie bei der Reduktion Caron oder das Reduktionsprodukt des „Carons, also Tetrahydrocarvon bzw. Tetrahydrocarveol liefern würde. „Statt dessen entsteht nach v. Baeyer Dihydroeucarveol und ent„sprechend wurde aus Eucarvoxim nicht Carvylamin, sondern bisher „lediglich Dihydroeucarvylamin erhalten.

„2. Das Eucarvon sollte ebenso wie Caron bei der Oxydation

„Caronsäure liefern, während nur Essigsäure und Dimethylbernstein-„säure beobachtet wurden.

„3. Chlorwasserstoff sollte unter Sprengung des Trimethylenringes „Eucarvon in Hydrochlorcarvon zurückführen, was nicht der Fall ist.

„Diese drei ersten Einwände sind schon von v. Baeyer gegen die „obige Formulierung des Eucarvons selbst erhoben, aber als nicht „genügend stichhaltig betrachtet worden, um die vorgeschlagene Formel „für das Eucarvon zu verlassen. Neben den eben genannten Bedenken „gegen die Formel stellten sich aber noch andere ein, auf die ich zum „Teil schon vor längerer Zeit aufmerksam gemacht habe, nämlich:

„4. Das Eucarvon gibt sehr glatt mit Benzaldehyd ein normales „Kondensationsprodukt [A. **305**, 242, 274; B. **29**, 1600], woraus man auf „die Anwesenheit einer CH_2·CO-Gruppe im Eucarvon schließen muß, „die in der v. Baeyerschen Formel fehlt.

„5. Als Molekularrefraktion des Eucarvons würde sich aus obiger „Formel der Wert 43,72 berechnen, während ich 46,72 gefunden habe „[A. **305**, 238]. Dieser Befund spricht aber nicht für eine Verbindung „$C_{10}H_{14}O$ mit einer, sondern für eine solche mit drei Äthylenbindungen. „Es besteht zwischen Theorie und Versuch also eine so enorme Ab-„weichung, wie sie sonst noch nie beobachtet wurde.

„6. Das Eucarvon sollte gemäß obiger Formel optisch aktiv sein. „Denn das Hydrobromcarvon, aus dem es entsteht, ist optisch aktiv, „Harries konnte daraus auch aktives Carvotanaceton gewinnen [B. **34**, „1924]. Es ist nun nicht einzusehen, weshalb bei der Bromwasserstoff-„abspaltung aus Carvonhydrobromid eine vollständige Inaktivierung ein-„treten sollte, falls diese Abspaltung zu einer dem Caron ganz analog „gebauten Verbindung mit asymmetrischem Kohlenstoffatom führte, „denn das bei der Bromwasserstoffabspaltung aus Dihydrocarvonhydro-„bromid entstehende Caron bleibt optisch aktiv. Das Eucarvon ist „aber, obgleich es nach obiger Auffassung sogar zwei asymmetrische „Kohlenstoffatome besitzt, in reinem Zustande völlig inaktiv, wie „schon v. Baeyer angibt und was ich bestätigt fand.

„Die Tatsachen, welche dagegen sprechen, daß dem Eucarvon eine „dem Caron analoge Struktur zukommt, sind demnach so zahlreich, „daß eine erneute Untersuchung am Platze schien. Im experimentellen „Verlaufe derselben wurde nun unter anderem folgende für die ganze „Frage besonders wichtige Tatsache neu aufgefunden.

„Die Reduktion des Eucarvons, $C_{10}H_{14}O$, führt nach v. Baeyer „nur bis zum ungesättigten Dihydroeucarveol, $C_{10}H_{17}OH$. Es zeigte „sich aber, daß daneben in nicht unerheblicher Menge (14—20%) auch „ein gesättigter Alkohol, $C_{10}H_{19}OH$, entsteht, der sich als mit Tetra- „hydroeucarveol identisch erwiesen hat. Entsprechend kann man, „wenn man vom ganz reinen kristallisierten Eucarvoxim ausgeht, „durch Reduktion zum gesättigten Tetrahydroeucarvylamin ge- „langen, wobei sich als Nebenprodukt zugleich das zugehörige gesättigte „Keton $C_{10}H_{18}O$ isolieren ließ.

„Nun ist von v. Baeyer für Tetrahydroeucarvon die oben wieder- „gegebene Siebenringformel aufgestellt und experimentell begründet „worden. Dementsprechend gelang es, das durch direkte Reduktion aus „Eucarvon gewonnene gesättigte Keton $C_{10}H_{18}O$ ganz glatt zu einer „Ketosäure $C_{10}H_{18}O_3$ und diese zur $\beta\beta$-Dimethylpimelinsäure „abzubauen, die ihrerseits in 1,1-Dimethylcyclohexanon-3 über- „geführt wurde, gemäß des Schemas:

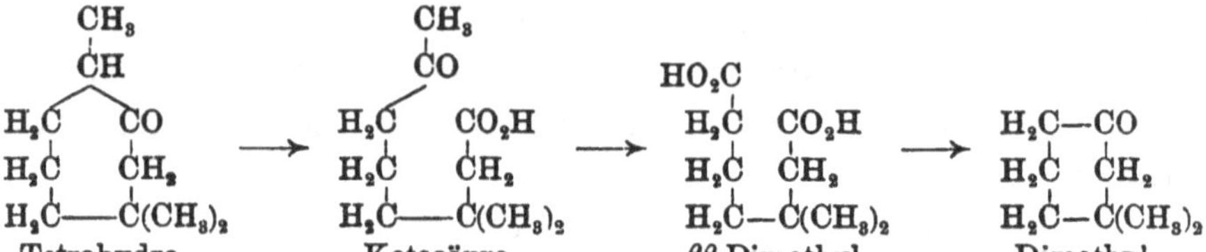

Tetrahydro-eucarvon — Ketosäure, $C_{10}H_{18}O_3$ — $\beta\beta$-Dimethyl-pimelinsäure — Dimethyl-cyclohexanon

„Wenn nun Eucarvon durch Wasserstoffaufnahme direkt in Tetra- „hydroeucarvon übergehen kann, so liegt es nahe anzunehmen, daß schon „das Eucarvon einen Siebenring enthält und daß ihm die gleich noch „näher zu begründende Formel: $CH_3-C\genfrac{}{}{0pt}{}{\diagup CO-CH_2-C(CH_3)_2}{\diagdown CH-CH{=}CH}$ zukommt.

„Es mag zunächst gezeigt werden, daß man mit dieser Formel „für Eucarvon imstande ist, alle bisher bezüglich des Verhaltens der „Verbindung bekannten Tatsachen gut zu erklären und daß keines der „oben gegen die v. Baeyersche Formel aufgeführten Bedenken bei An- „nahme der neuen Formel bestehen bleibt, denn:

„1. Ist ersichtlich, warum Eucarvon bei der Reduktion nicht in „Caron oder Tetrahydrocarvon übergeht.

„2. Wird klar, warum sich bei der Oxydation des Eucarvons Essig- „säure und asymmetrische Dimethylbernsteinsäure, nicht aber Caron- „säure bildet.

„3. Ist verständlich, daß Eucarvon bei der Addition von Halogen„wasserstoffsäure nicht wieder zu einer Verbindung der Carvonreihe „führen kann.

„4. Enthält die neue Formel die Gruppe $CH_2 \cdot CO$, damit ist die „Kondensationsfähigkeit des Eucarvons mit Benzaldehyd erklärt.

„5. Ist gemäß dieser Auffassung das Eucarvon ein Keton mit zwei „Äthylenbindungen, von denen die eine benachbart zum Carbonyl steht, „das seinerseits noch mit einem Methylenkomplex verknüpft ist. Nach „oft beobachteten Gesetzmäßigkeiten [A. **331**, 328] wird ein solches „Keton sich aber optisch wie ein ungesättigter Alkohol, in unserem „Falle also wie ein Alkohol mit drei Äthylenbindungen:

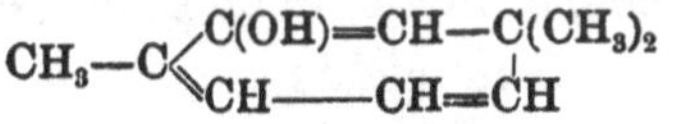

„verhalten müssen, was wiederum den Tatsachen vollkommen entspricht.

„6. Ist nach der neuen Formel im Eucarvon kein asymmetrisches „Kohlenstoffatom enthalten und damit seine optische Inaktivität erklärt.

„Es mag endlich noch darauf hingewiesen sein, daß auch einige „Beobachtungen von Harries und Stähler [A. **330**, 275], die sich mit „der alten Eucarvonformel nicht gut deuten ließen, mit Hilfe der neuen „erklären lassen. Die Genannten erhielten bei der Umsetzung des „Eucarvons mit Hydroxylamin ein Oxaminooxim, welches ihnen bei „der Reduktion ein ungesättigtes Diamin lieferte. Aus dem Phos„phat dieses Diamins entstand bei der Destillation nicht, wie erwartet „worden war, Carylamin oder m-Cymol, sondern p-Cymol. Unter Be„nutzung der neuen Formel läßt sich dieser Vorgang nun leicht gemäß „folgenden Schemas erklären:

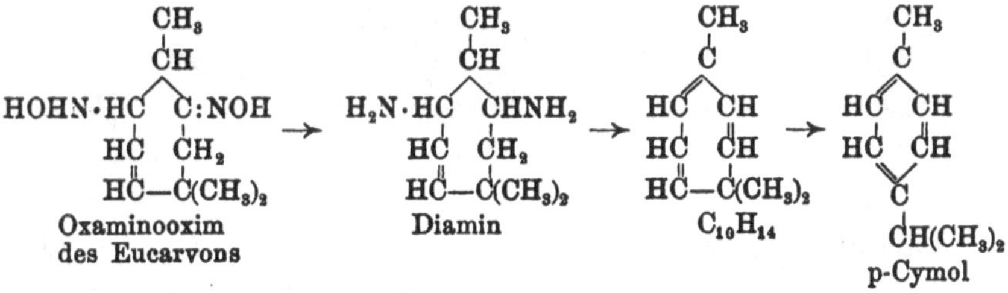

„Diese Interpretation setzt, wie man sieht, nur voraus, daß das „ungesättigte Diamin, dessen Entstehung nach der neuen Auffassung „zu erwarten ist, zunächst in einen ungesättigten siebengliedrigen

„Kohlenwasserstoff, $C_{10}H_{14}$, übergeht, der sich bei der hohen Reaktions- „temperatur ganz oder teilweise in das stabilere Cymol umlagert.

„Denkt man sich den Kohlenwasserstoff $C_{10}H_{14}$ am Kohlenstoff- „atom 2 hydroxyliert, so erhält man die Enolform des Eucarvons (s. oben), „und der leichte Übergang des Eucarvons in 2-Oxycymol (Carvacrol) „ist bekannt.

„Ähnlich, wenn auch unter Abspaltung von Wasserstoff, verläuft „der von v. Baeyer [B. **31** (1898), 2077] nachgewiesene Prozeß des „Überganges von Dihydroeucarveol in Dimethyläthylbenzol.

„Bei der Gelegenheit mag auch gleich eingeschaltet werden, daß „die von Klages [B. **32** (1899), 2558] festgestellte Tatsache, daß „Eucarvon bei der Behandlung mit Phosphorpentachlorid in 2-Chlor- „cymol überführbar ist, auch nichts gegen die Richtigkeit der neuen „Formel beweist, da die Reaktionsbedingungen, welche für die Durch- „führung dieses Überganges einzuhalten sind, das Eintreten analoger „Umlagerungen, wie sie bei der Umwandlung von Eucarvon in Carv- „acrol stattfinden, erwarten lassen.

„Es wäre nun der Mechanismus der Bildung des siebengliedrigen „Eucarvonringes aus Carvonhydrobromid zu erklären.

„Die Konstitution des Hydrobromids (I) darf als sicher festgestellt „gelten. Ebenso ist anzunehmen, daß die Bromwasserstoffabspaltung „ganz in dem Sinne verläuft, wie v. Baeyer es auffaßt. Das zuerst „entstehende Produkt (II) ist aber labil und verwandelt sich bei Gegen- „wart von Alkali unter Sprengung des Dreirings durch Wasseraufnahme „und Wiederabspaltung in anderem Sinne gemäß folgenden Schemas:

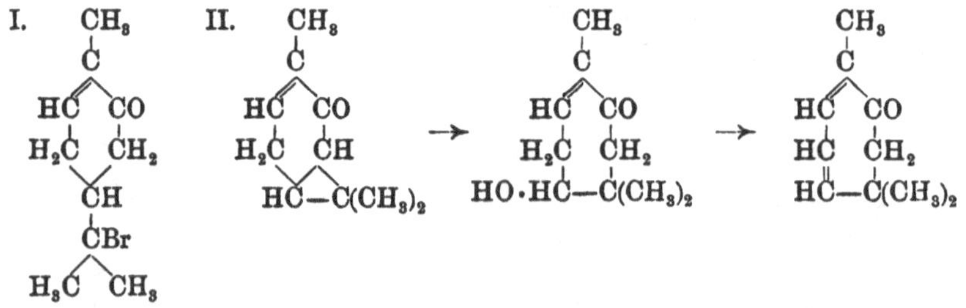

„Eine derartige Atomverschiebung erinnert an die Beobachtungen „von E. Buchner[1] [B. **31**, 2241; **34**, 982], denen zufolge durch Ein-

[1] Für Erklärung der Bildung des Dihydroeucarveols hat, wie ich finde, auch schon Harries (Lehrb. d. org. Chemie von V. Meyer und P. Jacobson II. 1., S. 962) diese Analogie herangezogen.

„wirkung von Diazoessigester auf Benzol ‚Pseudophenylessigsäure‘ „entsteht, welche in Berührung mit Alkali sich zu Cycloheptatriëncarbonsäure isomerisiert:

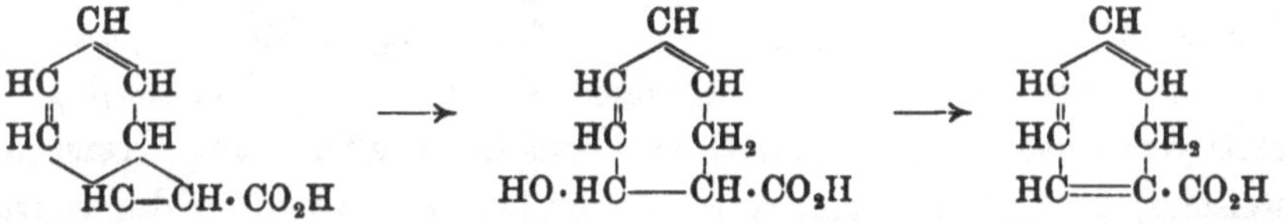

„Die Analogie mit der obigen Formulierung des Überganges fällt „deutlich in die Augen. Während der an einem gesättigten Sechs„ring angelagerte Trimethylenring (Caron) relativ beständig ist, erweist „sich eben der mit einem ungesättigten Sechsring kombinierte Drei„ring (labile Form des Eucarvons) schon durch Alkali aufsprengbar.

„Die Auffassung, daß man es im inaktiven Eucarvon tatsächlich „mit Trimethyl-1,4,4-cycloheptadiën-$\Delta^{5,7}$-on-2 zu tun hat, „erscheint mithin nach mehr als einer Seite gestützt. Es bleibt nur „die Frage offen, ob es nicht gelingen wird, auch die labile Form des „Eucarvons (mit der Gruppierung, welche Baeyer angenommen hat), „die optisch aktiv sein sollte, zu isolieren.

„Im Lichte der neuen Auffassung stellen sich natürlich auch die „Vorgänge, welche sich bei der Reduktion von Eucarvon zu Dihydroeucarvon (bzw. zu Dihydroeucarveol) abspielen, etwas anders „dar. Man sieht zwei Möglichkeiten. Es kann (genau wie bei der „Reduktion des Carvons) eine Lösung der Doppelbindung zwischen C_1 „und C_7, also benachbart dem Carbonyl eintreten: das führt zum Di„hydroeucarvon der Formel I (s. unten). Aber die neue Eucarvonformel „weist auch ein System konjugierter Kohlenstoffdoppelbindungen auf „und falls sich deren Reduktion nach der Thieleschen Regel vollzieht, „so kommt man zu einem Dihydroeucarvon von Formel II:

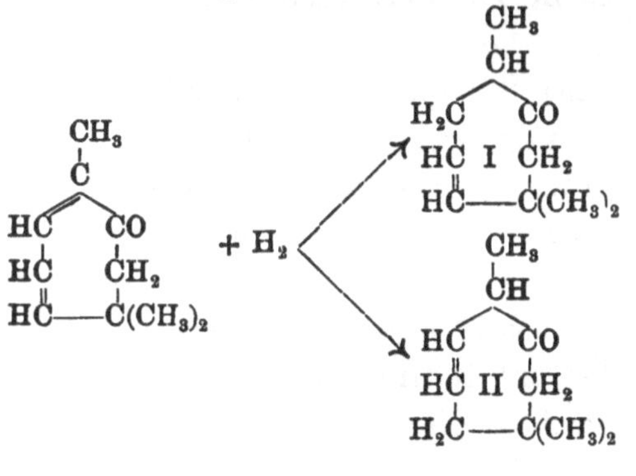

„Welcher Vorgang bei einem System, wie dem hier vorhandenen, „bevorzugt wird, darüber liegen noch keine Erfahrungen vor. Formel I „ist die von Baeyer für das Dihydroeucarvon angenommene. Für „Formel II spricht, daß bei einem vorläufig angestellten Oxydations„versuche aus Dihydroeucarvon eine sehr reichliche Menge β,β-Di„methylglutarsäure entstand. Der Versuch ist aber nicht streng be„weisend, da er mit Chromsäure ausgeführt wurde und in der sauren „Lösung Bindungsverschiebung eingetreten sein kann, das verwendete „Keton vielleicht auch nicht ganz frei von Tetrahydroeucarvon war. „Die Frage nach der Konstitution des Dihydroeucarvons wird weiter „noch durch die Beobachtung kompliziert, daß bei der Reduktion in „alkoholischer Lösung durch Natrium eben ein nennenswerter Teil des „Eucarvons bis zu Tetrahydroeucarvon reduziert wird. Wenn nun für „die Ketone ungesättigter heptacyclischer Systeme die — zwar experi„mentell noch nicht begründete, aber der Analogie nach sehr wahr„scheinliche — Annahme gemacht werden darf, daß nur diejenigen „Doppelbindungen leicht reduziert werden, welche benachbart zum „Carbonyl stehen, so muß vorausgesetzt werden, daß während der Re„duktion eine Verschiebung der Äthylenbindung und damit eine par„tielle Umwandlung des primär vorhandenen Dihydroeucarvons (I oder II) „in das Dihydroeucarvon III:

$$CH_3{-}C\begin{array}{l}\diagup CO{-}CH_2{-}C(CH_3)_2 \\ \qquad\qquad\qquad\quad | \\ \diagdown CH{-}CH_2{-}CH_2\end{array}$$

„erfolgt, welches dann erst in die gesättigte Verbindung übergeht. „Solche Verschiebungen der Äthylenbindung nach dem negativen Radi„kal hin in alkalischer Lösung sind bekanntlich bei Säuren häufig „beobachtet. Für den Fall eines Ketons kann man die Umwandlung „des Isopulegons in Pulegon durch Barytwasser als Parallele heran„ziehen.

„Versuche, das Dihydroeucarvon durch Kochen mit Alkali allein „zu isomerisieren, sind wegen der starken Verharzung, die unter diesen „Bedingungen eintritt, bisher nicht von Erfolg gewesen.

„Die Frage nach der Stelle, an welcher im Dihydroeucarvon die „Doppelbindung steht, kann demnach noch nicht als erledigt gelten. „Es bleibt ferner zu prüfen, ob sich eine Bindungsverschiebung in dem „durch Reduktion mit Natrium in alkoholischer Lösung aus Eucarvon „bildenden zweifach hydrierten Keton erzielen läßt und ob man nicht

„durch Veränderung der Reduktionsbedingungen (z. B. durch „Reduktion in saurer Lösung) aus Eucarvon zu einem isomeren „Keton $C_{10}H_{16}O$ wird gelangen können.“ [A. **339**, 94ff. (1905).]

Eine wesentliche Stütze für die Richtigkeit der über die Natur des Eucarvons im Vorstehenden entwickelten Anschauungen brachten folgende 1913 gemachte Beobachtungen [G. N. **1913**, 243ff.].

Neben dem von v. Baeyer zuerst durch Reduktion von Eucarvon mit Natrium dargestellten Dihydroeucarvon gelang es, die prognostizierte isomere Verbindung — das β-Dihydroeucarvon — zu gewinnen. Man erhält dies neue Keton, wenn man Eucarvoxim mit Palladiumwasserstoff reduziert. Dabei bildet sich bei 122—123° schmelzendes β-Dihydroeucarvoxim, das bei der Hydrolyse das neue β-Dihydroeucarvon liefert. Da nun am Beispiel des Carvoxims schon nachgewiesen war (s. S. 339), daß naszierender Wasserstoff nur die dem Carbonyl benachbarte Äthylenbindung zu lösen vermag, durch Palladiumwasserstoff aber im ersten Schritt die ferner stehende Bindung reduziert wird, gelangt man zu folgender Vorstellung:

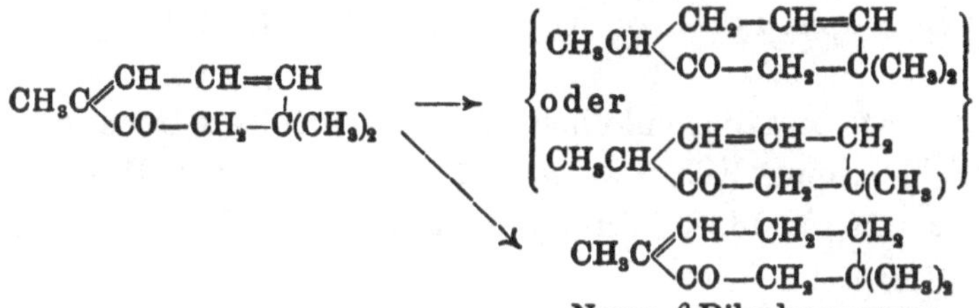

α-Dihydroeucarvon von Baeyer

Neues β-Dihydroeucarvon

Die isomeren Dihydroeucarvone müssen bei der Reduktion natürlich dasselbe Tetrahydroeucarvon geben, was auch zutrifft. Ein neues stereoisomeres Oxim (F. 56—57°) des gesättigten Ketons entsteht, wenn man Dihydroeucarvoxim oder Eucarvoxim erschöpfend mit Palladiumwasserstoff reduziert.

Spezielles über Eucarvon.

Eucarvon, $C_{10}H_{14}O$, $CH_3-C\langle{}^{COCH_2C(CH_3)_2}_{CH \cdot CH=CH}$ [G. N. **1895**, 182; **1913**, 243; A. **305**, 237; **339**, 94].

Darstellung: Aus Carvonhydrobromid mit methylalkoholischem Kali [A. **305**, 237; **339**, 104]. Das Roh-Eucarvon enthält einen noch nicht näher bekannten linksdrehenden Bestandteil.

Eigenschaften [A. **305**, 238; **339**, 106]: $Kp._{12}$ 85—87° $d=0{,}949$ $n_D=1{,}5092$ bei 21°; $d=0{,}952$, $n_D=1{,}5048$ bei 20°, $M=46{,}72$. Inaktiv. Absorbiert die nach dem Violett zu gelegenen Strahlen jenseits der *F*-Linie außerordentlich stark.

Semicarbazon, $C_{10}H_{14}N \cdot NH \cdot CO \cdot NH_2$, F. 183—185°.

Benzylideneucarvon, $C_{10}H_{12}O:CHC_6H_5$ [B. **29**, 1600; A. **305**, 242, 275]. Schöne, schwach gelb gefärbte Prismen F. 112—113°. Daneben entsteht eine Verbindung $C_{24}H_{24}O_2$, F. 193—194°, farblos.

Eucarvoxim, $C_{10}H_{14}:NOH$ [A. **305**, 239; **339**, 114].

Darstellung: Durch Erwärmen alkoholischer Eucarvonlösungen mit Hydroxylaminchlorhydrat unter Zusatz von Ätznatron.

Eigenschaften: F. 106°. Geht Verbindungen mit Halogenwasserstoff ein, die denselben sehr leicht wieder abgeben: $C_{10}H_{14}NOH \cdot HCl$, F. 68—70°. $C_{10}H_{14}NOH \cdot HBr$, F. 77—79°.

Eucarvoxim gibt bei der Reduktion

I. mit Natrium in alkoholischer Lösung:

1. Dihydroeucarvylamin, $C_{10}H_{17}NH_2$ [A. **305**, 239], $Kp._{40}$ 116 bis 117°.

Chlorhydrat, in Äther unlöslich. Zersetzt sich beim trocknen Erhitzen unter Bildung eines Kohlenwasserstoffs. Harnstoff, F. 122—126°. Phenylharnstoff, F. 142°. Phenylsulfoharnstoff, F. 144—145° (oder 120—121°).

2. Tetrahydroeucarvylamin, $C_{10}H_{19}NH_2$ [A. **339**, 115, 116]. Entsteht auch bei der Reduktion von Tetrahydroeucarvoxim, Kp. 209 bis 211°. Benzoylverbindung, F. 168°.

3. Tetrahydroeucarvon (s. S. 363).

II. Bei der Reduktion mit Palladiumwasserstoff:

1. Dihydroeucarvoxim F. 122—123° (wenn die H-Zufuhr beschränkt wird).

2. Tetrahydroeucarvoxim F. 56—57°.

α- und β-**Dihydroeucarvon** [G. N. **1913**, 246].

Bei der Reduktion von Eucarvon mit Natrium entsteht (neben etwas Tetrahydroeucarveol) α-Dihydroeucarveol Kp. 210—211°. Phenylurethan F. 61—63°. Gibt bei der Oxydation mit Chromsäure: α-Dihydroeucarvon. Für die durch das Semicarbazon F. 189—191°

gereinigte Verbindung wurde gefunden: Kp. 205°, $d = 0{,}9215$, $n_D = 1{,}4660$ $M = 45{,}68$. Nitrosoverbindung F. 120°. Oxim flüssig.

Das Präparat enthielt aber immer noch in geringer Menge gesättigte Anteile.

Reines β-Dihydroeucarvon der Formel $CH_3{-}C\begin{array}{l}\diagup CH{-}CH_2{-}CH_2 \\ \diagdown CO{-}CH_2{-}C(CH_3)_2\end{array}$ erhält man durch Hydrolyse des zugehörigen Oxims F. 122—123° (s. oben).

Eigenschaften: Kp. 213—214°, $d_{21} = 0{,}9325$, $n_D = 1{,}4790$, $M = 46{,}2$ (ber. 45,82). Semicarbazon F. 195—197°, bezw. 202°. Nitrosochlorid F. 95°.

Dies Dihydroeucarvon gibt bei der Oxydation β-β-Dimethyladipinsäure F. ca. 80°, aus der β-β-Dimethylcyklopentanon [Semicarbazon F. 182—183°; Dibenzylidenverbindung F. 139°] erhalten wurde [s. S. 401].

Tetrahydroeucarvon, $C_{10}H_{18}O$, $CH_3{-}CH\begin{array}{l}\diagup CH_2CH_2CH_2 \\ \diagdown CO\cdot CH_2C(CH_3)_2\end{array}$ [A. **339**, 107ff.; **381**, 67].

Entsteht bei erschöpfender Reduktion von Eucarvon oder Dihydroeucarvon mit Palladiumwasserstoff (auch bei der Reduktion von Eucarvoxim mit Natrium als Nebenprodukt) oder bei der Hydrolyse des Tetrahydroeucarvoxims.

Eigenschaften: Kp. 207°, $d_{20} = 0{,}906$, $n_D = 1{,}4553$, $M = 46{,}15$. Semicarbazon, 2 Formen F. 201° (schwer löslich) und F. 161—163° (leicht löslich). Nitrosoverbindung F. 104—105°. Das Oxim wird bei direktem Oximieren des Ketons nur ölig erhalten, durch Reduktion von Dihydroeucarvoxim oder Eucarvoxim mit Palladiumwasserstoff in kristallisierter Modifikation F. 56—57°. Liefert bei der Reduktion Tetrahydroeucarvylamin (s. S. 362).

(Oxydationsprodukte aus Tetrahydroeucarvon s. u.)

Tetrahydroeucarveol $C_{10}H_{19}OH$ [A. **339**, 106, 112].

Entsteht bei der Reduktion von Eucarvon in ätherischer oder besser in alkoholischer Lösung mit Natrium zu ca. 17% (neben Dihydroeucarveol) oder besser durch entsprechende Reduktion von Tetrahydroeucarvon.

Eigenschaften: Kp. 216°, $d_{24} = 0{,}9096$, $n_D = 1{,}4639$.

Phenylurethan $C_{10}H_{19}O\cdot CONHC_6H_5$ F. 76°.

Dieucarvelone, $(C_{10}H_{15}O)_2$, [A. **305**, 235].

Bei der Reduktion von Eucarvon (oder Hydrobrom- oder Hydrochlorcarvon s. S. 332) mit Zink und Alkali entsteht in großer Menge ein Gemisch von gut kristallisierten optisch inaktiven Diketonen, die sich durch fraktionierte Kristallisation trennen lassen.

α-Dieucarvelon F. 177—178°; β- F. 140—142°; γ- F. 128°. Nur das bei 128° schmelzende γ-Dieucarvelon läßt sich durch Palladiumwasserstoff reduzieren.

α-Dieucarvelon F. 177—178° liefert ein Oxim F. 260° unter Zersetzung, bei der Reduktion mit Natrium entsteht ein Glykol, $C_{20}H_{32}(OH)_2$, F. 241—242°, das bei der Behandlung mit Chlorzink einen leicht verharzenden Kohlenwasserstoff $C_{20}H_{30}$ von starkem Zedernholzgeruch liefert.

Tetrahydro-γ-Dieucarvelon, $C_{20}H_{34}O_2$, F. 105—106°.

Oxydationsprodukte aus Tetrahydroeucarvon [A. **339**, 109].

Bei der Oxydation mit Chromsäure wurde erhalten eine

Ketosäure, $C_{10}H_{18}O_3$ (Dimethylacetylcapronsäure), Kp.$_{39}$ 194 bis 196° in der Kälte kristallinisch. Semicarbazon, F. 170—171°. Oxim F. 100—101°. Durch Hypobromit entsteht aus der Ketosäure:

β,β-Dimethylpimelinsäure, $C_9H_{16}O_4$, F. 102—103°.

Aus dieser Säure bildet sich durch Destillation des Kalksalzes

1,1-Dimethylcyclohexanon-3, $C_8H_{14}O$, Kp. 173—175°.

Semicarbazon F. 195°.

IX. Pulegon.

Allgemeines über Pulegon.

1895 wurde die hydrolytische Spaltbarkeit des Pulegons in Aceton und Methylcyclohexanon nachgewiesen [A. **289**, 338].[1] Diese Beobachtung war von Wichtigkeit einerseits, weil durch die Reaktion die Richtigkeit der von Semmler aufgestellten Pulegonformel:

[1] Die erste Beobachtung bezüglich der Spaltung ist schon in der Mitteilung A. **272** (1892), 123 enthalten, der Mechanismus der Reaktion wurde aber erst 1895 aufgeklärt.

$$CH_3{-}CH{<}{}^{CH_2-CO}_{CH_2-CH_2}{>}C{=}C{<}{}^{CH_3}_{CH_3}$$

und damit auch die Richtigkeit der Menthonformel definitiv festgelegt war, dann aber auch, weil in dem als Spaltungsstück entstehenden Methylcyclohexanon zum erstenmal ein einfaches cyclisches Keton sehr leicht zugänglich wurde, was für den Fortschritt der Kenntnis der hydrierten hexacyclischen Verbindungen außerordentlich förderlich geworden ist. Der Versuch aus 1,3-Methylcyclohexanon und Aceton wiederum synthetisch Pulegon aufzubauen, führte zu einem isomeren Pulegon, das anfangs als ein ortho-Pulegon angesprochen wurde [B. **29**, 2958 (1896)], das aber, wie erst neuerdings ermittelt werden konnte [A. **394**, 362, 380], die Formel eines ungesättigten extracyclischen Ketons besitzt (s. S. 113).

Bei der Oximierung von Pulegon erhielten Beckmann und Pleißner 1890 das Hydroxylaminanlagerungsprodukt $C_{10}H_{16}O \cdot NH_2OH$ (F. 157°). Ich zeigte 1893 [A. **277**, 160], daß man ein normal zusammengesetztes, mit Wasserdämpfen flüchtiges Oxim $C_{10}H_{16}NOH$ (F. 120°) erhält, wenn man Pulegon mit überschüssigem Hydroxylamin bei Gegenwart von viel freiem Alkali digeriert. Für dies „normale" Oxim habe ich letzthin (1907) ermittelt, daß es sich vom Isopulegon ableitet, also während der Oximierung eine Bindungsverschiebung im Sinne:

erfolgt, so daß hier ein beachtenswertes Beispiel für Bindungsverschiebung durch Alkali vorliegt (vgl. Allgem. Teil S. 22).

1895 wurde die Beobachtung gemacht, daß sich das Additionsprodukt von Brom zu Pulegon (das Pulegondibromid) bei der Behandlung mit Alkali in eine cyclische Säure, die Pulegensäure, abwandelt [A. **289**, 349]. Bezüglich dieser Säure, die eine große Ähnlichkeit mit Campholensäure und Fencholensäure im Verhalten aufwies [A. **289**, 357], konnte im Verfolg der Untersuchung festgestellt werden, daß bei ihrer Entstehung eine bemerkenswerte Atomverschiebung eintritt, indem eine Sechsringverbindung (Pulegondibromid) bei der Behandlung mit Alkali sich in eine Fünfringverbindung (Pulegensäure) verwandelt (s. Allg. Teil S. 37).

Die Aufklärung der Konstitution der Pulegensäure und der von ihr abgeleiteten, im folgenden Kapitel namhaft gemachten Derivate, die zum Teil Beziehungen zu Abkömmlingen des Cyclogeraniolens, des Campherphorons und des Carvons aufweisen, ist vollkommen gelungen.

Die Vorgänge konnten durch folgende Formelbilder wiedergegeben werden, aus denen deutlich wird, daß in der Pulegenreihe sich sowohl Übergänge von Sechsring- zu Fünfring-, wie von Fünfring- zu Sechsringverbindungen finden:

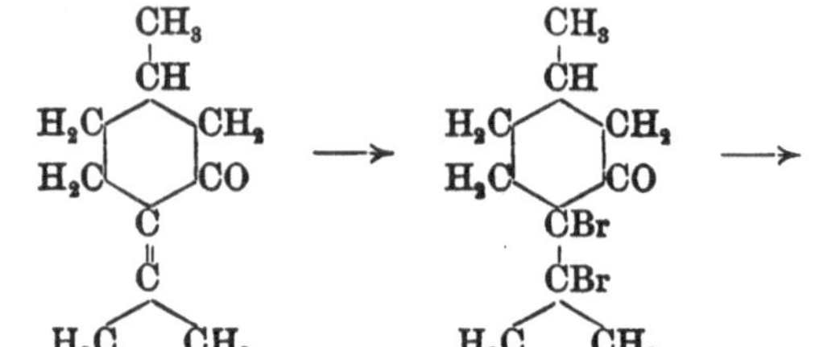

Pulegon, $C_{10}H_{16}O$ Pulegondibromid, $C_{10}H_{16}Br_2O$

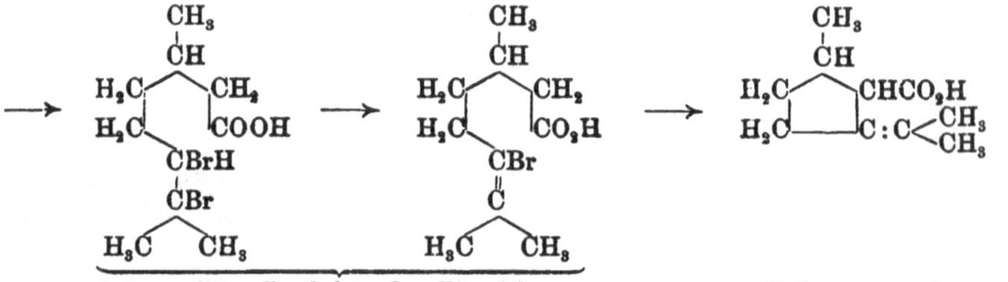

intermediäre Produkte der Einwirkung von Alkali auf Pulegondibromid

Pulegensäure[1], $C_{10}H_{16}O_2$

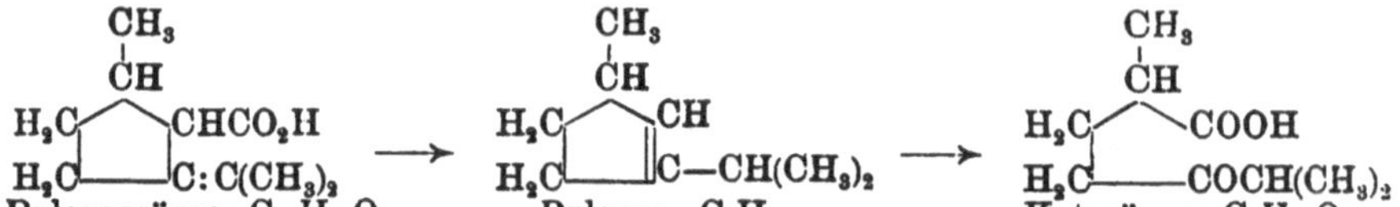

Pulegensäure, $C_{10}H_{16}O_2$ Pulegen, C_9H_{16} Ketosäure, $C_9H_{16}O_3$

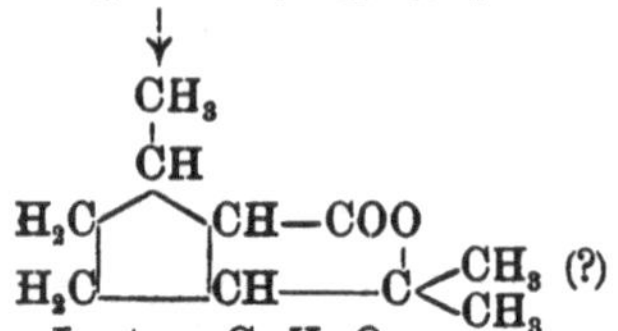

Lacton, $C_{10}H_{16}O_2$

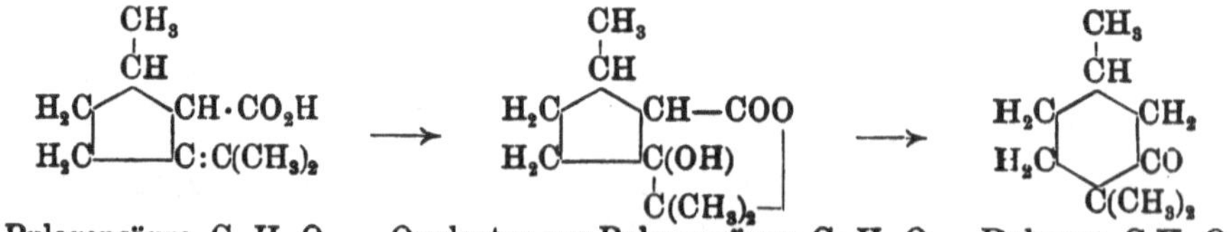

Pulegensäure, $C_{10}H_{16}O_2$ Oxylacton aus Pulegensäure, $C_{10}H_{16}O_3$ Pulenon, $C_9H_{16}O$

[1] Die rohe Säure enthält wahrscheinlich auch gewisse Mengen isomerer Säuren mit anderer Lage der Aethylenbindung.

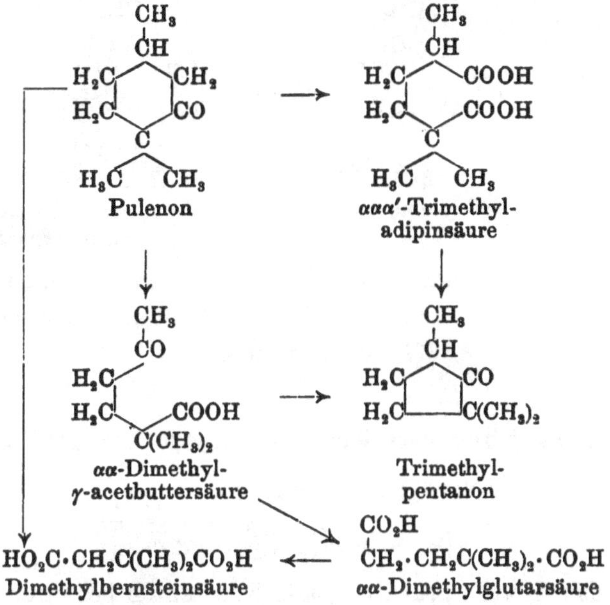
Pulenon
αα'-Trimethyl-adipinsäure
αα-Dimethyl-γ-acetbuttersäure
Trimethyl-pentanon
Dimethylbernsteinsäure
αα-Dimethylglutarsäure

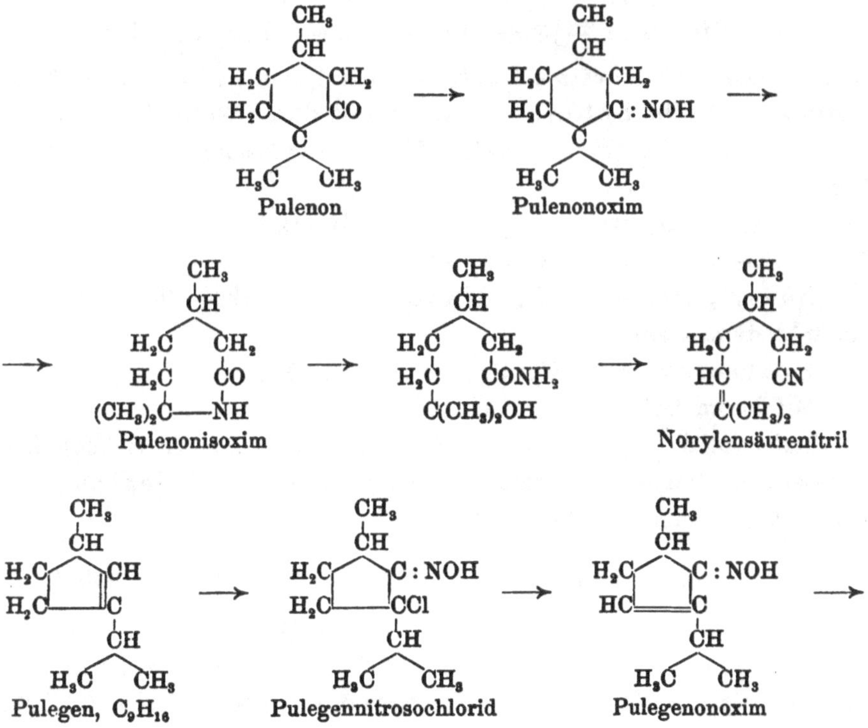
Pulenon
Pulenonoxim
Pulenonisoxim
Nonylensäurenitril
Pulegen, C₉H₁₆
Pulegennitrosochlorid
Pulegenonoxim

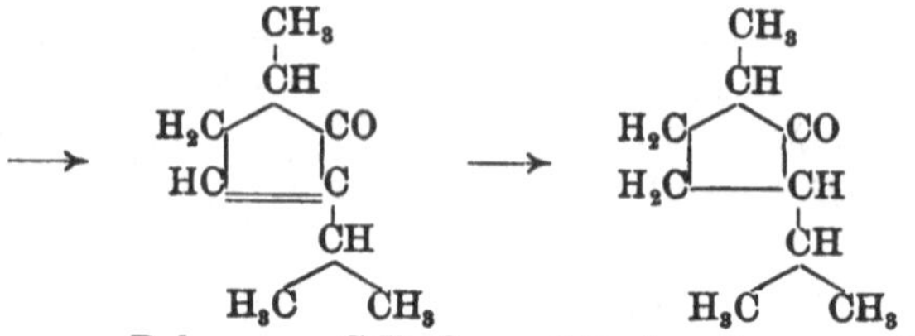

Pulegenon, $C_9H_{14}O$ Dihydropulegenon, $C_9H_{16}O$ = Dihydrocampherphoron

Über die Beziehungen von Pulegenolid zu Carvenolid, die in der Identität von Dihydropulegenolid mit D-l-Dihydrocarvenolid in die Erscheinung treten s. A. **392**, 49 u. S. 336.

Spezielles über die Verbindungen der Pulegonreihe.

Natürliches Pulegon, $C_{10}H_{16}O$,

$$CH_3-CH<\begin{matrix}CH_2-CO\\CH_2-CH_2\end{matrix}>C=C<\begin{matrix}CH_3\\CH_3\end{matrix}$$

Für das Keton wurden folgende Konstanten bestimmt [B. **28**, 1963; G. N. **1896**, 71]: Kp. 221—222°, $d = 0{,}936$, $n_D = 1{,}4846$, $M = 46{,}51$. Spezifische Dispersion $\frac{C-F}{d} = 0{,}01356$. Pulegon besitzt starkes Absorptionsvermögen für violettes Licht. Es liefert mit wäßriger schwefliger Säure eine lösliche Sulfosäure, aus der es durch Natronlauge unverändert abgeschieden wird [A. **331**, 332], was zur Reinigung von Pulegon benutzt werden kann.

Benzylidenpulegon, $C_{10}H_{14}O:CHC_6H_5$ [B. **29**, 1600; A. **305**, 267]: $Kp._{12}$ 202—203°. Gibt bei der Reduktion

Benzylpulegol, $C_{10}H_{16}(OH)CH_2C_6H_5$, $Kp._{10}$ 192—195°. Mit P_2O_5 entsteht daraus ein

Kohlenwasserstoff $C_{17}H_{22}$, $Kp._{10}$ 162—164°.

Mit Brom liefert Pulegon ein

Dibromid, $C_{10}H_{16}Br_2O$ [A. **289**, 349]. Flüssig. Geht beim Erwärmen mit Natriummethylat ziemlich glatt über in Pulegensäure, $C_{10}H_{16}O_2$ (Näheres s. S. 366 u. 370).

Isopulegonoxim, $C_{10}H_{16}NOH$ [A. **277**, 160; **289**, 347; **365**, 240, 254].

Außer dem von Pleissner beschriebenen Hydroxylaminadditionsprodukt $C_{10}H_{16}O \cdot NH_2OH$ [s. auch A. **277**, 127 u. **289**, 349] läßt sich unter richtigen Bedingungen, bei Gegenwart von überschüssigem Alkali, aus dem Pulegon ein normal zusammengesetztes **aktives** Oxim[1] von folgenden Eigenschaften herstellen:

Aus Äther-Ligroin kristallisiert es in durchsichtigen Prismen F. 120—121° oder auch etwas höher, $[\alpha]_D = -25{,}833°$.

Aus diesem Oxim läßt sich durch Erwärmen mit Schwefelsäure gewöhnliches Pulegon von folgenden Eigenschaften regenerieren[2] [A. **277**, 161; **365**, 243 ff.]: Kp. 220—225°, $d = 0{,}933$, $n_D = 1{,}47974$ bei 21°.

Zerlegt man das Oxim aber mit Oxalsäure, so erhält man Isopulegon [**365**, 246]. Semicarbazon, löslich in Äther, F. 173—174° (aktiv), 182° (inaktiv).

Durch Reduktion des kristallisierten Oxims entsteht

Isopulegonamin, $C_{10}H_{17}NH_2$ [A. **277**, 161; **289**, 348; **365**, 248.].

Fest, F. gegen 50°, Kp. 205—210°. Zieht schnell Kohlensäure an.

Oxalat, $C_{10}H_{17}NH_2 \cdot C_2H_2O_4 + 1\,H_2O$, leicht löslich. Carbamid, F. 104—105°. Phenylharnstoff, F. 154—155°.

Isopulegol, $C_{10}H_{17}OH$, addiert beim Schütteln mit verdünnter Schwefelsäure leicht Wasser unter Bildung eines kristallisierten Glykols:

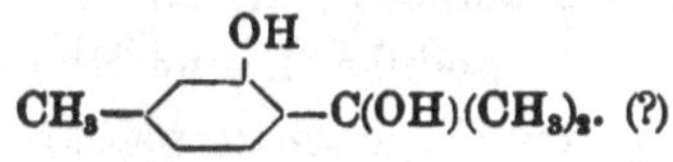
(?) [A. **360**, 102.]

Möglicherweise findet bei dem Vorgang eine Umlagerung statt.

Spaltung des Pulegons.

Das Pulegonmolekül zerfällt beim Erwärmen mit Ameisensäure, mit verdünnten Mineralsäuren, mit schmelzendem Ätzkali, alkoholischem Kali oder beim Erhitzen mit Wasser auf 250° gemäß der Gleichung: $C_{10}H_{16}O + H_2O = (CH_3)_2CO + C_7H_{12}O$ in Aceton und 1,3-Methylcyclohexanon (s. S. 364) [A. **289**, 338 ff.; **331**, 322 Anm.].

Eine entsprechende Zerlegung in Acetonoxim und 1,3-Methylcyclohexanonoxim findet beim Oximieren bei Gegenwart von überschüssigem Alkali statt [A. **365**, 242] und beim Erhitzen von Pulegon mit Ammoniumformiat, unter Bildung von Methylcyclohexylamin und Dimethylcyclohexylamin (s. S. 427, 428) [A. **272**, 122; **289**, 337, 341 ff.].

[1] Die Oxime des auf anderem Wege erhaltenen Isopulegons (aus Citronellal) sind Gemenge von aktivem und inaktivem Oxim.

[2] Über den Mechanismus des Überganges vgl. S. 65.

Pulegensäure, $C_{10}H_{16}O_2$.

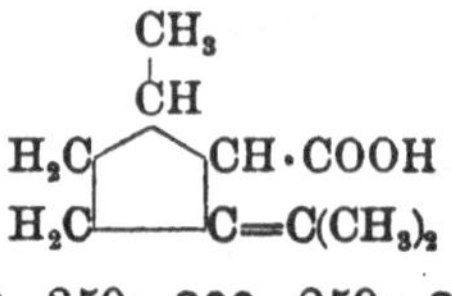

Darstellung [A. **289**, 350; **300**, 259; **327**, 125]: Entsteht (neben etwas Lakton) beim Kochen von Pulegondibromid mit überschüssiger, möglichst wasserfreier Natriummethylatlösung: $C_{10}H_{16}Br_2O + 3\,NaOH = C_{10}H_{15}O_2Na + 2\,NaBr + 2\,H_2O$.

Eigenschaften [A. **289**, 350; **300**, 259; **327**, 125]: Flüssig, $Kp._{13}$ 150—155°, $d = 1{,}007$, $n_D = 1{,}4807$ bei 19°, $[\alpha]_D = +55{,}08°$ in Äther. Ungesättigt. Spaltet beim Sieden unter gewöhnlichem Druck Kohlensäure ab unter Bildung von Pulegen (s. S. 366 u. 372): $C_{10}H_{16}O_2 = CO_2 + C_9H_{16}$.

Pulegensäureamid, $C_9H_{15}CONH_2$ [A. **289**, 351; **327**, 128; **392**, 57]: Wollige Nadeln F. 121—122°. $[\alpha]_D = +29{,}05$. Gibt bei der Reduktion mit Palladiumwasserstoff Dihydropulegensäureamid F. 149—150° [A. **381**, 74; **392**, 58].

Pulegensäureanilid, $C_9H_{15}CONHC_6H_5$ [A. **327**, 128], F. 124°.

Pulegenonitril, $C_9H_{15}CN$ [A. **289**, 352], Kp. 218—220°, $d = 0{,}8935$, $n_D = 1{,}47047$ bei 22°. Gibt bei der Reduktion eine Base, deren Chlorhydrat luftbeständig ist und deren Carbamid bei 97—99° schmilzt.

Pulegensäuremethylester, $C_9H_{15}COOCH_3$ [A. **300**, 260; **327**, 126]. Entsteht durch HCl-Abspaltung aus dem Hydrochlorpulegensäureester oder durch Veresterung der Pulegensäure mittels konzentrierter Schwefelsäure. $Kp._{30}$ 114—115°, Kp_{10} 89—90°. $d = 0{,}97$, $n_D = 1{,}4665$ bei 20°. Schwer verseifbar. Gibt bei der Oxydation mit Permanganat den

Dioxyester, $C_9H_{15}(OH)_2CO_2CH_3$, F. 118—119°. Benzoylverbindung, $C_9H_{15}(OCOC_6H_5)_2CO_2CH_3$, F. 204—206°.

Der Dioxyester verseift sich sehr leicht (schon beim Umkristallisieren). Beim Freimachen der entstandenen Säure erfolgt Übergang in das Oxylacton $C_{10}H_{16}O_3$ (s. S. 372).

Hydrochlorpulegensäuremethylester, $C_9H_{16}Cl \cdot COOCH_3$, [A. **289**, 352]. Entsteht beim Sättigen methylalkoholischer Lösungen von Pulegensäure oder Dihydrocarvenolsäure (s. S. 338) mit HCl. Kp_{12} 113—116°. Erstarrt in einer Kältemischung. Beim Verseifen entsteht: 1. Pulegensäuremethylester (s. oben), 2. Lacton, $C_{10}H_{16}O_2$

(s. unten), 3. eine isomere Pulegensäure, $C_{10}H_{16}O_2$⌈¯, Kp. 256—260°, unter geringer Zersetzung. Kp.$_{15}$ 145—147°.

Amid, F. 152°.

Lacton, $C_{10}H_{16}O_2$ aus Pulegensäure [A. **300**, 261; **327**, 129].

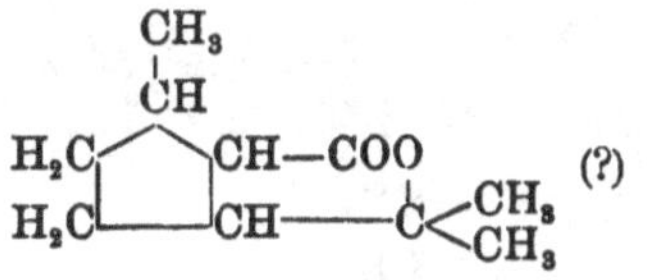

Entsteht in isomeren Modifikationen beim Kochen von Hydrochlor- oder Hydrobrompulegensäure mit Alkali, oder bequemer beim Erwärmen von Pulegensäure mit verdünnter Schwefelsäure. Kp.$_{12}$ 126 bis 128°, Kp.$_{25}$ 140—141°. Erstarrt zum Teil in der Kälte. F. der reinen festen Modifikation 30—31°. Sehr flüchtig; die zugehörige Oxysäure ist nicht existenzfähig.

Gebromtes Lacton, $C_{10}H_{15}BrO_2$(?) [A. **300**, 262].

Scheidet sich beim Eintragen von Hypobromit in alkalische Lösungen von Pulegensäure aus. Geht beim Kochen mit Natriummethylatlösungen über in Pulegenolid (s. unten), mit Silberoxyd in das Oxylacton, $C_{10}H_{16}O_3$ (s. unten).

Pulegenolid, $C_{10}H_{14}O_2$ [A. **300**, 262ff.; **327**, 130; **381**, 72; **392**, 49, 54].

Ist ein ungesättigtes Lacton, das sich aus dem gebromten Lacton beim Kochen mit Natriummethylat bildet. Läßt sich auch aus dem bei 129° schmelzenden Oxylacton $C_{10}H_{16}O_3$ gewinnen (s. unten) [A. **300**, 265].

Eigenschaften: Schön kristallisiert (aus Alkohol oder Äther). F. 44—45°, Kp.$_{15}$ 128—131°, Kp.$_{60}$ 265—268°. Gibt beim Kochen mit Alkali ein Salz, aus dem Mineralsäure eine Oxysäure:

Pulegenolsäure, $C_{10}H_{16}O_3$, fällt. F. 99—100°, $[\alpha]_D = -18{,}49°$.

Dihydropulegenolid, $C_{10}H_{16}O_2$
[A. **381**, 72; **392**, 49.]

Entsteht bei der Reduktion von Pulegenolid mit Palladiumwasserstoff, ist identisch mit D-l-Dihydrocarvenolid (s. S. 336).

Eigenschaften: Kp. 260—261°, F. 49—50°, $[\alpha]_D = -56{,}85°$, mit Wasserdampf flüchtig, die Dämpfe riechen menthonartig.

Gibt bei der Aufspaltung mit Alkali:

Dihydropulegenolsäure = Dihydrocarvenolsäure.
[A. **392**, 55; s. auch S. 338.]

Verhalten bei der Wasserabspaltung und Entstehung eines isomeren Pulegens s. bei Dihydrocarvenolsäure [A. **392**, 55] u. S. 338.

Oxylacton, $C_{10}H_{16}O_3$
[A. **289**, 353ff.; **300**, 264, 265; **327**, 127; **329**, 85; **392**, 56].

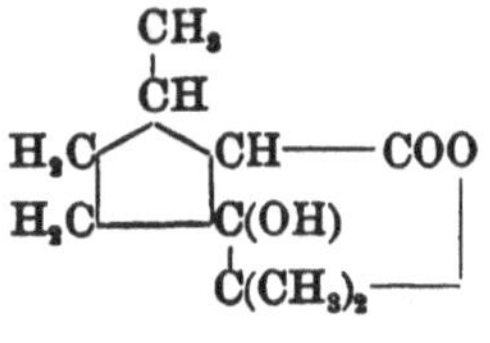

Darstellung: Entsteht aus dem gebromten Lacton (s. S. 371) durch Silberoxyd, aus dem Dioxypulegensäureester durch Verseifung und ferner bei der Oxydation der Pulegensäure in alkalischer Lösung mit Permanganat, aber auch in saurer Lösung mit Chromsäure.

Eigenschaften: F. 129—130°, Kp.$_{20}$ 185°. Linksdrehend $[\alpha]_D = -10, 27°$. Mit Wasserdämpfen merklich flüchtig. Sehr beständig gegen Oxydationsmittel. Läßt sich durch Umsetzung mit PCl_5 in Chloroformlösung und nachfolgende Salzsäureentziehung überführen in Pulegenolid (s. oben). Verliert beim Erwärmen mit Schwefelsäure CO_2 unter Bildung von Pulenon, $C_9H_{16}O$ (s. S. 366 u. 374).

Pulegen, $C_9H_{16}|^{=}$ [A. **289**, 353; **327**, 131, 140].

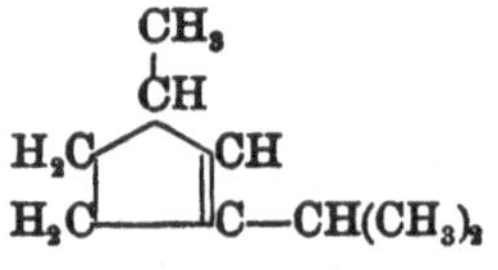

Darstellung: Durch Destillation der Pulegensäure unter gewöhnlichem Druck im Wasserstoffstrom (und aus Dihydrocarvenolsäure s. A. **392**, 55 und S. 338).

Eigenschaften: Kp. 138—139°, $d = 0{,}791$, $n_D = 1{,}4380$ bei 22°, $M = 41{,}15$. Addiert Halogen und Halogenwasserstoff.

Pulegennitrosochlorid, $C_9H_{16} \cdot NOCl$ [A. **327**, 131], F. 74—75°. Bei der Darstellung sind genau die ermittelten Bedingungen einzuhalten. Geht durch HCl-Abspaltung über in Pulegenonoxim (s. unten).

Pulegennitrolpiperidid, $C_9H_{16}NONC_5H_{10}$, F. 106—107°.

Pulegen liefert bei der Oxydation mit Permanganat [A. **327**, 140]:

Ketosäure, $C_9H_{16}O_3 = CH_3CH(COOH) \cdot CH_2CH_2COCH(CH_3)_2$. Kp. 265°, Kp.$_{15}$ 164°. Semicarbazon, klare, prismatische Kristalle F. 164°. Oximsäure, F. 76—77°.

Die Ketosäure zerfällt bei weiterer Oxydation mit Hypobromit oder Chromsäure in Aceton und α-Methylglutarsäure, F. 79° bezw. Methylbernsteinsäure, F. 110°.

Von den mit Pulegen isomeren Kohlenwasserstoffen I, II und III scheint bei der Zersetzung der Pulegensäure auch etwas zu entstehen.

I.
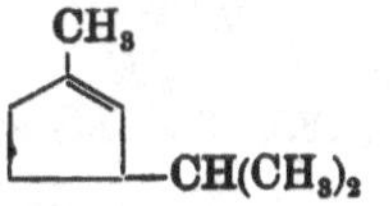
II.
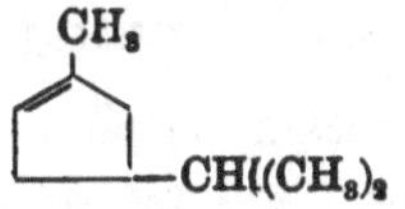
III.
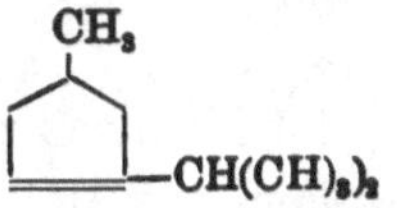

Beobachtet wurde ein Kohlenwasserstoff, der kein festes Nitrosochlorid liefert und bei der Oxydation zu einer Säure führt, die unter CO_2-Abspaltung und Bildung eines nach Amylacetat riechenden Ketons $C_8H_{16}O$ zerfällt. Über die Entstehung von I und II aus Fenchon s. A. **388**, 62 und S. 546; über die Isomerien zwischen Pulegen und Cyclogeraniolen s. A. **324**, 98ff.

Dihydropulegen C_9H_{18} erhält man bei der Reduktion von Pulegen (nach Skita). [A. **392**, 58.]

Kp. 142—144°, $d_{22} = 0{,}778$, $n_D = 1{,}4236$, $M = 41{,}56$.

Pulegenon, $C_9H_{14}O$ [A. **327**, 133ff.].

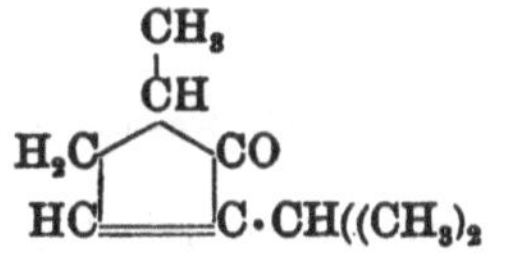

Darstellung: Aus dem Pulegenonoxim (s. S. 372) durch Säuren.

Eigenschaften: Kp. 189—190°, $d = 0{,}914$, $n_D = 1{,}4645$ bei 20°. Riecht ähnlich wie Pulegon.

Oxim, $C_9H_{14}NOH$, entsteht durch HCl-Abspaltung aus Pulegennitrosochlorid. Kp. 237—243°, Kp.$_{15}$ 123—126°. Benzoylverbindung, F. 104—105°.

Semicarbazon, F. 183—184°.

Bei der Oxydation mit Permanganat entsteht aus Pulegenon Isobuttersäure, bei der Reduktion in alkoholischer Lösung mit Natrium (neben einem Pinakon, Kp.$_{15}$ 205—210°):

Dihydropulegenol, $C_9H_{17}OH$ [A. **327**, 135; **331**, 319].

Entsteht auch durch Reduktion von Campherphoron (s. S. 368). Kp.$_{15}$ 77—78° Phenylurethan, F. 81—82°.

Gibt bei der Oxydation mit Chromsäure:

Dihydropulegenon, $C_9H_{16}O$ (Methyl-1-isopropyl-3-pentanon-2).

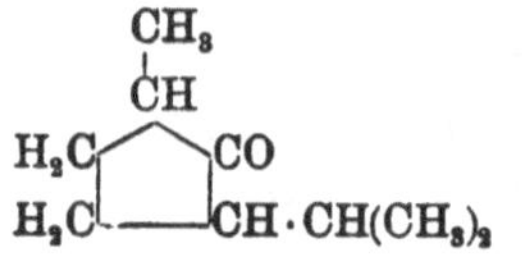

Ist identisch mit Dihydrocampherphoron [A. **327**, 135, 155], ist auch aus Fenchelylamin gewonnen [A. **369**, 96; **379**, 197] s. auch S. 546.

Eigenschaften: Kp. 184—185°, $d = 0{,}8875$, $n_D = 1{,}4400$ bei 20°. Riecht wie Menthon.

Semicarbazon, F. 193—195°, bezw. 198—199°. Oxim, F. 77 bis 78° (neben öligen Anteilen).

Das Keton gibt bei der Oxydation zwei isomere Ketosäuren [A. **327**, 139, 154]:

1. Ketosäure $C_9H_{16}O_3$, $CH_3CH(COOH)CH_2CH_2COCH(CH_3)_2$, Semicarbazon, F. 164°, Oxim, F. 76—77°. Identisch mit der Ketosäure aus Pulegen (s. S. 373).

2. Ketosäure $C_9H_{16}O_3$, $CH_3{\cdot}CO{\cdot}CH_2{\cdot}CH_2{\cdot}CH(COOH)CH(CH_3)_2$, Kp.$_{15}$ 154—155°. Das Semicarbazon schmilzt unscharf. Die Säure gibt mit Hypobromit

α-Isopropylglutarsäure (?), $C_8H_{14}O_4$, F. 94—95°.

Pulenon, $C_9H_{16}O$ (Trimethyl-1, 4, 4-cyclohexanon-5).

$$CH_3{-}CH{<}\begin{matrix}CH_2{-}CO\\CH_2{-}CH_2\end{matrix}{>}C{<}\begin{matrix}CH_3\\CH_3\end{matrix}$$

Darstellung [A. **289**, 355; **329**, 85]: Durch Erwärmen des Oxylactons $C_{10}H_{16}O_3$ aus Pulegensäure mit Schwefelsäure (2 Teile Säure: 1 H_2O), am besten im Vakuum.

Eigenschaften [A. **289**, 355; **329**, 85, 87]: Kp. 183°, $d = 0{,}8925$, $n_D = 1{,}44506$ bei 21°. Semicarbazon, F. 169—170°. (Nach Auwers [B. **41** (1908), 1798] 176—177°.) Pulenonoxim, [A. **289**, 357; **329**, 100], F. 94—95°, Kp.$_{12}$ 117°.

Das Oxim liefert mit wasserentziehenden Mitteln, z. B. mit Essigsäureanhydrid:

Nonylensäurenitril, $C_8H_{15}CN = (CH_3)_2C:CHCH_2CH(CH_3)CH_2CN$ [A. **329**, 102, s. auch S. 367], Kp. 216—217°, Kp.$_{10}$ 89—90°. Riecht wie Menthonitril. Schwer verseifbar. Bei der Verseifung entsteht

Nonylensäure, $C_8H_{15}COOH$, Kp.$_{25}$ 143—147°, $d = 0{,}9435$, $n_D = 0{,}4561$ bei 20°. Zerfällt bei der Oxydation in Aceton und β-Methylglutarsäure. F. 85—86°.

Pulenonisoxim [A. **329**, 100] entsteht aus dem Oxim durch Umsetzung mit $POCl_3$. F. 96—97°, Kp.$_{27}$ 145—150°, in kochendem Wasser ziemlich löslich, spaltet sich mit Säuren nicht zu einer Amidosäure auf, sondern gibt sogleich Nitril bezw. Nonylensäure. Gibt leicht ein Chlorhydrat.

Oxydation des Pulenons.

Pulenon wird von Permanganat nur schwer angegriffen. Glatter verläuft die Oxydation bei Anwendung von Chromsäure. Es wurde erhalten:

1. $\alpha\alpha\alpha'$-Trimethyladipinsäure, $C_9H_{16}O_4$, F. 114—115°. Anilsäure, F. 176—178°. Durch trockne Destillation des Kalksalzes entsteht 1, 4, 4-Trimethylpentanon (s. S. 402).

2. $\alpha\alpha$-Dimethyl-γ-acetylbuttersäure, $C_8H_{14}O_3$, F. 49—50°, Semicarbazon, F. 163°. Gibt mit Hypobromit $\alpha\alpha$-Dimethylglutarsäure, $C_7H_{12}O_4$, F. 82°.

3. asymm. Dimethylbernsteinsäure, $C_6H_{10}O_4$, F. 140°.

Pulenol, $C_9H_{17}OH$ [A. **329**, 87].

Darstellung: Durch Reduktion von Pulenon.

Eigenschaften: Kp. 187—189°, $d = 0{,}8955$, $n_D = 1{,}4569$ bei 20°. Riecht wie Menthol. Phenylurethan, F. 92° (bezw. 84—85°).

Pulenen, C_9H_{16} [A. **329**, 88].

Beim Erwärmen von Pulenol mit Bisulfat entsteht ein Kohlenwasserstoff C_9H_{16} vom Kp.$_{12}$ 60—65°, der ein kristallisiertes Nitrosochlorid, F. 98—99°, gibt. Bei der Wasserentziehung mit Chlorzink entsteht ein Kohlenwasserstoff von anderem Verhalten. Kp. 145—150°. Gibt kein festes Nitrosochlorid.

Über isomere Pulegone, dargestellt durch Kondensation von Methylcyclohexanonen mit Aceton (s. S. 365 u. 441).

X. Menthon.

Allgemeines über Menthon.

Bezüglich der Untersuchungen in der Menthonreihe ist folgendes hervorzuheben:

Durch den sicheren Konstitutionsnachweis des durch Umlagerung des Menthonoxims entstehenden Menthonisoxims [A. **278**, 319ff.]

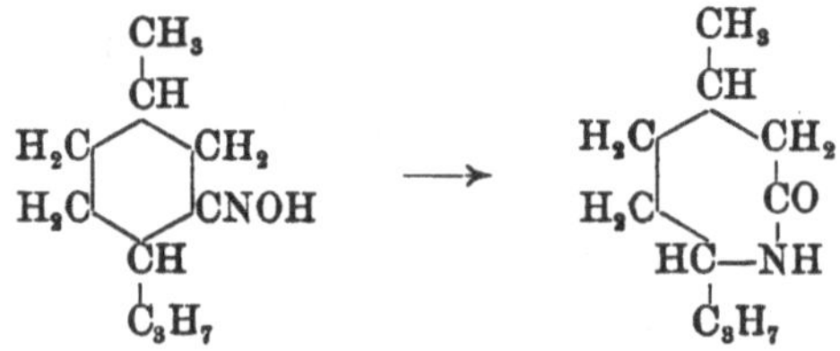

(und später gewonnener analoger Verbindungen) ist 1894 die Art des Verlaufs der Beckmannschen Umlagerungen bei cyclischen Oximen völlig aufgeklärt worden, der von Beckmann selbst [A. **289**, 390] zweifelhaft gelassen war (vgl. Allgem. Teil S. 28ff.). Auch die Möglichkeit der Ringsprengung bei den cyclischen Isoximen unter Entstehung von Nitrilen und aliphatischen Amidosäuren und ungesättigten Säuren ist am Beispiel des Menthonisoxims (1894) zuerst nachgewiesen worden. Die aus diesem gewonnenen aliphatischen Verbindungen aus Menthon konnten in einen Alkohol und einen Aldehyd abgewandelt werden, welche in den Eigenschaften vom natürlichen Citronellol und Citronellal kaum zu unterscheiden sind.[1]

Es lag damit die erste Synthese derartiger bis dahin nur durch natürliches Vorkommen bekannter Verbindungen vor. Die Reaktionsfolge des Vorgangs wird durch die folgenden Gleichungen genügend angedeutet:

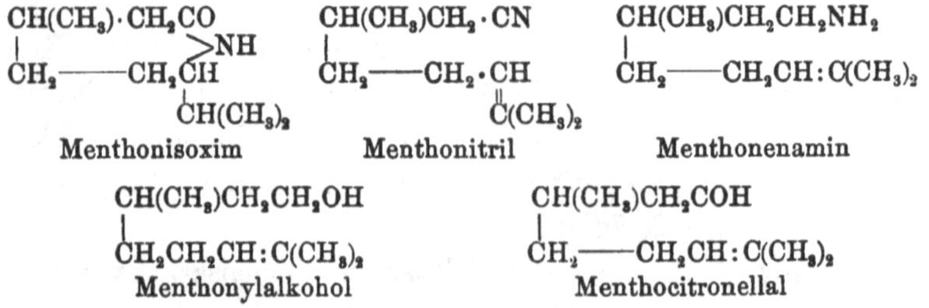

Menthonisoxim — Menthonitril — Menthonenamin — Menthonylalkohol — Menthocitronellal

[1] Vergleichende Übersicht s. A. 278, 321; **296**, 124, 125, 132.

Aus dem Menthon wurden 1893 zum erstenmal stereoisomere Menthylamine abgeleitet [A. **276**, 296], die als cis- und trans-Formen gedeutet wurden (1898) [A. **300**, 278]:

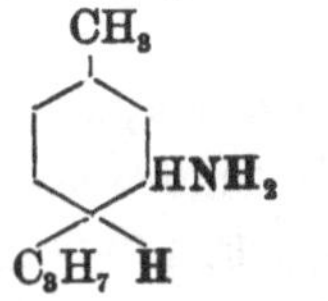

und

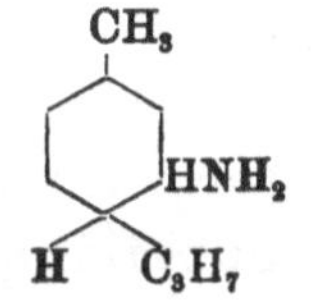

und gleichzeitig gezeigt, daß die räumliche Stellung des OH im zugehörigen Menthol die Abspaltung von Wasser [Übergang in Menthen] erleichtert bzw. erschwert (s. Allgem. Teil S. 191).

Über die Synthese von Menthenen mit semicyclischer Bindung aus den isomeren Methylcyclohexenonen s. S. 202, 419, 432, 442.

Das aus 1,4-Methylhexanon gewonnene $\Delta^{4(8)}$-Menthen (I) wurde zu i-Δ^{3}-Menthen (II) isomerisiert:

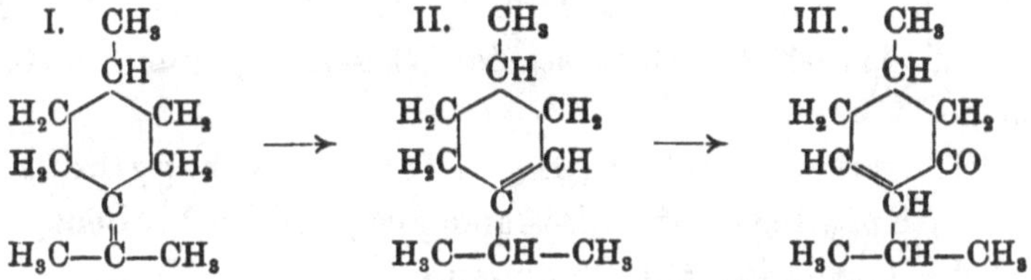

Aus diesem konnte das Δ^{4}-Menthenon (III) durch das Nitrosochlorid hindurch dargestellt werden (s. auch die nähere Charakteristik dieses Menthenons S. 387) und aus diesem i-Menthol und i-Menthon, für die damit auch eine Totalsynthese vorliegt. Für eine Reihe von Derivaten des i-Menthons wurden die Eigenschaften festgestellt, die von denen der aktiven Verbindungen z. T. erheblich abweichen. [A. **397**, 219.]

Ein neues Δ^{1}-Menthenon wurde aus 1,3,4-Trioxyterpan erhalten (vgl. S. 387).

Spezielles über die Verbindungen der Menthonreihe.

Menthon, $C_{10}H_{18}O$ [A. **397**, 217]. $CH_3-CH\genfrac{<}{}{0pt}{}{CH_2CO}{CH_2CH_2}>CHCH\genfrac{<}{}{0pt}{}{CH_3}{CH_3}$.

Eigenschaften: Für die aus dem aktiven Semicarbazon (F. 184°) regenerierte Verbindung wurde gefunden [B. **28**, 1963]: Kp. 208°, $d = 0{,}894$, $n_D = 1{,}4496$. Das Semicarbazon des inaktiven Menthons scheint in mehreren Modifikationen zu existieren, von denen die eine erst bei 212° schmilzt.

Vergleichende Übersicht von aktiven und inaktiven Menthonderivaten siehe A. **397**, 217.

Benzylidenmenthon, $C_{10}H_{16}O : CHC_6H_5$ [B. **29**, 1599; A. **305**, 261ff.]. Kp.$_{12}$ 188—189°.

Menthon kondensiert sich mit Benzaldehyd bei Gegenwart von Alkali nur langsam, dagegen schnell mit Chlorwasserstoff zu

Hydrochlorbenzylidenmenthon, F. 140° (aktiv), F. 119—120° (inaktiv), durch Salzsäureentziehung in Benzylidenmenthon überführbar.

Hydrobrombenzylidenmenthon, F. 115—116°.

Benzylidenmenthonoxim, $C_{10}H_{16}(NOH) : CHC_6H_5$. Wollige Nadeln vom F. 161°. Gibt bei der Reduktion die

Base $C_{17}H_{23}NH_2$, Kp.$_{10}$ 200—205°.

Durch Reduktion von Benzylidenmenthon oder Hydrochlorbenzylidenmenthon entsteht

Benzylmenthol, $C_{10}H_{17}(OH)CH_2C_6H_5$, Kp.$_{10}$ 181—183°. Erstarrt zum Teil, F. 111—112°. Geht bei der Wassersabspaltung mittels P_2O_5 über in den

Kohlenwasserstoff, $C_{17}H_{24}$ (Methylisopropylhexahydrofluoren ?), Kp.$_{10}$ 153—155°. Beständig gegen $KMnO_4$. Benzylmenthol gibt bei der Oxydation mit Chromsäure

Benzylmenthon, $C_{17}H_{24}O$, Kp.$_{10}$ 177—179°. Oxim, ölig.

Oxymethylenmenthon, $C_{10}H_{16}O:CH(OH)$ [A. **329**, 121ff.]: Liefert ein acyclisches Semicarbazon, $C_{12}H_{21}N_3O_2$, F. 167—169°, das durch Wasserabspaltung übergeführt werden kann in ein cyclisches Semicarbazon, $C_{12}H_{19}N_3O$, F. 117—118° und 143—144°. Beide Semicarbazone verlieren beim Kochen mit Schwefelsäure CO_2 und NH_3 und liefern

Menthonpyrazol, $C_{11}H_{18}N_2$. Öl. Gibt ein festes Chlorhydrat und ein Platinsalz vom F. 216°.

Menthonoxim, $C_{10}H_{18}NOH$.

F. aktiv 59°, inaktiv 79—80°.

Benzoylverbindung, $C_{10}H_{18}NOCOC_6H_5$, kristallisiert gut, aktiv F. 54°, $[\alpha]_D = +1,904°$, sehr löslich [A. **332**, 351], inaktiv F. 69—70°.

Mit umlagernden Agenzien liefert l-Menthonoxim das bei 120° schmelzende l-Menthonisoxim (s. S. 381); i-Menthonisoxim F. 87—88°.

Das Oxim gibt beim andauernden Kochen für sich oder mit P_2O_5 Menthonitril (s. S. 382) [A. **277**, 157; **278**, 310; **286**, 126] und Menthonensäureamid (s. S. 382), beim Erwärmen mit festem Kali [A. **389**, 194] entsteht aus dem Oxim F. 54° neben einer Oxysäure Thymol, niedere Fettsäuren und

Decylsäure, $C_{10}H_{20}O_2$ [A. **296**, 126; **389**, 197].

Kp. 249—251°, d_{20} =0,906, n_D =1,4400. Amid, F. 108—109°.

Methylester Kp. 212—215°, Amylester Kp. 265—266°, Chlorid $Kp._{20}$, 106—109°, Anilid F. 91—92°, Nitril Kp. 220—225°, d_{21} =0,821, n_D =1,4276, riecht zitronenartig.

Base $C_{10}H_{21}NH_2$ (aus Nitril) Kp. 202—203°, d_{21} =0,791 n_D =1,4316. Thiophenylharnstoff F. 78—79°. Oxamid F. 76—77°. Die Base liefert bei Umsetzung mit salpetriger Säure einen Alkohol von angenehmem Geruch, $Kp._{13}$, 100—102°, neben

Decylen, $C_{10}H_{20}$. Kp. 152–155°, d_{19} = 0,7440, n_D = 1,4213, M = 47,51.

Isomere Menthylamine, $C_{10}H_{19}NH_2$
[B. **24**, 3992; **25**, 3313; A. **276**, 296ff.; **300**, 278ff.; **343**, 67; **346**, 259].

Bei der Reduktion von l-Menthonoxim, F. 59°, entsteht in guter Ausbeute wesentlich ein einheitliches l-Menthylamin, bei der Behandlung von Menthon mit Ammoniumformiat ein Gemenge von l- und d-Formylmenthylamin, $C_{10}H_{19}NHCOH$. Die Formylverbindungen lassen sich durch Kristallisation gut trennen und schmelzen bei 117—118° und 101—102°. Durch Kochen mit konzentrierter Salzsäure lassen sich die Formylverbindungen leicht hydrolytisch spalten, andere Acylverbindungen (z. B. Acetylmenthylamin) sind unter diesen Bedingungen beständig.

Durch Zerlegung der reinen Formylverbindungen wurden zwei reine isomere Menthylamine (l- und d-) von verschiedener Drehungsintensität gewonnen, die ihrerseits wieder in eine Reihe verschiedener Derivate übergeführt wurden.

Die Basen stehen im Verhältnis von cis- und trans-Verbindungen, und zwar ist d-Menthylamin die cis-Verbindung. Die l-Verbindungen sind meist löslicher und schmelzen niedriger als die d-Verbindungen. Die d- und l-Verbindungen vermögen sich nicht racemisch zu vereinigen. Die Basen ziehen leicht CO_2 an.

Eigenschaften der freien Basen [A. **276**, 323; **300**, 284; **397**, 218].

	Kp.	d_{20}	n_D	$[\alpha]_D$
l-Menthylamin	209—210°	0,860	1,46058	−38,07°
d-Menthylamin	207—208°	0,857	1,4594	+14,71°

Übersicht über die Schmelzpunkte der aus l-(trans-), d-(cis) und i-Menthylamin gewonnenen Derivate[1] [A. **276**, 300, 314; **300**, 278; **397**, 218]:

		aus l-Base	aus d-Base	aus i-Base
Chlorhydrat	$C_{10}H_{19}NH_2 \cdot HCl$ . . .	über 250° unlöslich in Äther	189° löslich in Äther	über 250° schwerlösl. in Äther
Bromhydrat	$C_{10}H_{19}NH_2 \cdot HBr$ . . .	über 200°	225°	
Jodhydrat	$C_{10}H_{19}NH_2 \cdot HJ$ . . .	über 200°	270°	
Formylverbindung	$C_{10}H_{19}NH \cdot COH$ . . .	102—103°	117—118°	
Acetylverbindung	$C_{10}H_{19}NHCOCH_3$ . .	145°	168°	
Propionylverbindung	$C_{10}H_{19}NHCOC_2H_5$ . .	89°	151°	
Butyrylverbindung	$C_{10}H_{19}NHCOC_3H_7$ . .	80°	106°	
Benzylidenverbindung	$C_{10}H_{19}N:CHC_6H_5$ . .	69—70°	42—43°	141—142°
o-Oxybenzylidenverbindung	$C_{10}H_{19}N:CHC_6H_4(OH)$	56—57°	96—97°	
Harnstoff	$C_{10}H_{19}NHCONH_2$ . .	134—136°	155—156°	151—152°
Phenylharnstoff	$C_{10}H_{19}NHCONHC_6H_5$	140—141°	177—178°	135—136°
Phenylsulfoharnstoff	$C_{10}H_{19}NHCSNHC_6H_5$	135°	178—179°	136—137°
Trimethylammoniumjodid	$C_{10}H_{19}N(CH_3)_3J$ . . .	190°	160—161°	
Allylsulfoharnstoff	$C_{10}H_{19}NHCSNHC_3H_5$	flüssig	110°	

Außerdem wurde aus l-Menthylamin dargestellt [A. **300**, 280; **353**, 320]:

Methylnitrosamin, $C_{10}H_{19}N(NO)CH_3$, Kp.$_{18-20}$, 145—146°,
Äthylnitrosamin, $C_{10}H_{19}N(NO)C_2H_5$, Kp.$_{22}$ 155—156°, F. 52—53°,
n-Propylnitrosamin, $C_{10}H_{19}N(NO)C_3H_7$, Kp.$_{20}$ 159—161°,
Isobutylnitrosamin, $C_{10}H_{19}N(NO)C_4H_9$, Kp.$_{20}$ 160—161°, F. 52—53°,
Nitrit, $C_{10}H_{19}NH_2 \cdot HNO_2$, Nadeln, Zersp. 139° [A. **358**, 320].

l-Menthylamin setzt sich mit salpetriger Säure um zu l-Menthol, d-Menthylamin liefert dabei wesentlich Menthen. l-Menthylamin kann daher als trans-Form, d-Menthylamin als cis-Form aufgefaßt werden [A. **300**, 278].

l- und d-Trimethyl-Menthylammoniumoxydhydrate, $C_{10}H_{19}N(CH_3)_3OH$, zerfallen beim trocknen Erhitzen unter Abspaltung

[1] Über die optischen Eigenschaften s. A. **276**, 323ff.

von Wasser und Trimethylamin in zwei isomere Menthene (s. S. 385) [A. **300**, 282, 285].

Menthonisoxim.

$$CH_3{-}CH{<}{\begin{matrix}CH_2{-}CO{-}NH\\CH_2{-\!-\!-\!-}CH_2\end{matrix}}{>}CH \cdot CH{<}{\begin{matrix}CH_3\\CH_3\end{matrix}}$$

[A. **277**, 156; **278**, 304; **329**, 105; **332**, 351; **346**, 275; **397**, 218.]

l-Menthonoxim (F. 59°, Kp. 250—251°) verwandelt sich bei der Behandlung mit Chlorphosphor oder mit Phosphorpentoxyd und Essigsäureanhydrid oder am besten mit konzentrierter Schwefelsäure in das Isomere von folgenden Eigenschaften: F. 119—120°, Kp. 295°, $[\alpha]_D =$ — 52,25° (in Alkohol). Leicht löslich in Säuren, Essigester, Methyl- und Äthylalkohol, weniger in Äther. Löst sich auch in kochendem Wasser, kristallisiert schön aus Essigester. Gibt ein Chlorhydrat, F. 91—93°, das mit Wasser zerfällt. i-Isoxim F. 87—88°.

Das Isoxim wird bei der Einwirkung von PCl_5 (in Chloroformlösung) übergeführt in die

Base $C_{20}H_{35}ClN_2$ [A. **278**, 305; **324**, 305].

Große monokline Kristalle vom F. 59—60°, $[\alpha]_D = -186{,}35°$. In Methylalkohol wenig löslich, mehr in kaltem Äthylalkohol, leicht in Äther und Benzol. Zweisäurige Base. Von den Salzen sind schwerlöslich: Jodhydrat, Nitrat, Nitrit, Chromat, Permanganat. Zerfällt beim Erhitzen in Menthonitril (s. S. 382) [$C_{20}H_{35}ClN_2 = HCl + 2C_{10}H_{17}N$].

Gibt bei der Reduktion in amylalkoholischer Lösung mit Natrium wenig einer flüchtigen und in der Hauptsache eine mit Wasserdampf nicht flüchtige Base, $C_{20}H_{40}N_2$(?), $Kp._{18}$ 203—204°.

Umformungen des Menthonisoxims.

Menthonisoxim gibt mit wasserentziehenden Mitteln: Menthonitril (s. unten).

Beim Erwärmen mit Säuren spaltet es sich hydrolytisch auf zu Amidodecylsäure (s. S. 384).

Bei der Reduktion in amylalkoholischer Lösung mit Natrium liefert es [A **324**, 301] (neben wenig sauerstoffreier Base, Kp. 200—205°, Platinsalz, F. 180°, Ammoniumjodid, F. 236°, Goldsalz, F. 114°), eine

Oxybase, $C_{10}H_{21}ON$ oder $C_{10}H_{23}ON$, Kp.$_{10}$ 140—142°, Benzoylderivat, F. 109°.

Menthonitril, $C_9H_{17}CN$,

$(CH_3)_2C : CHCH_2CH_2CH(CH_3)CH_2CN$

[A. **277**, 157; **278**, 308; **296**, 124].

Entstehung: Durch Aufspaltung des Menthonringes

1. bei der trocknen Destillation der Base $C_{20}H_{35}ClN_2$ (s. S. 381) und daher auch bei der Destillation von l-Menthonoxim (F. 59°) oder l-Menthonisoxim (F. 120°) mit Chlorphosphor.

2. beim Erhitzen von l-Menthonoxim für sich oder besser mit Phosphorpentoxyd.

Eigenschaften: Kp. 225—226°, $d = 0{,}836$, $n_D = 1{,}444$ bei 20°, $[\alpha]_D = -11{,}493°$, riecht citralähnlich. Verbindet sich mit NOCl [A. **379**, 227] zu $C_{10}H_{17}N \cdot NOCl$ F. 96—97°, daraus Nitrolpiperidid F. 83—85°. Das Nitrosochlorid verliert leicht NOCl unter Rückbildung von Nitril.[1] Verhält sich gegen Brom und Permanganat wie eine ungesättigte Verbindung. Gibt beim Kochen mit alkoholischem Kali Menthonensäureamid und Menthonensäure (s. unten), bei der Reduktion Menthonylamin (s. S. 383) und Oxydecylamin (s. S. 383).

Menthonensäure (Decylensäure), $C_9H_{17}COOH$,

$(CH_3)_2C : CHCH_2CH_2CH(CH_3)CH_2COOH$

[A. **277**, 158; **278**, 312; **296**, 120; **312**, 199, 201].

Entstehung: 1. beim Verseifen von Menthonitril,

2. bei der Umsetzung von Amidodecylsäure (aus Menthonisoxim) mit salpetriger Säure (s. S. 384).

Eigenschaften: Kp. 257—261°, $d = 0{,}918$, $n_D = 1{,}4511$ bei 20° (aus Nitril), $d = 0{,}920$, $n_D = 1{,}4496$ bei 20° (aus Amidosäure). Silbersalz, schwer löslich.

Amid, Kp.$_{12}$ 165—167°, F. 104—105°, Blättchen, schwer löslich in Wasser, leicht in Alkohol und Äther.

Menthonensäure läßt sich durch Oxydation überführen in β-Methyladipinsäure, F. 81—84°.

---

[1] Auch Citronellanitril gibt ein Nitrosochlorid $C_{10}H_{17}N \cdot NOCl$, F. 106°, Nitrolpiperidid, F. 88—90°, Nitrolparatoluidid, F. 107—108°.

Menthonylamin (Decylenamin), $C_{10}H_{19}NH_2$,
$(CH_3)_2C:CHCH_2CH_2CH(CH_3)CH_2CH_2NH_2$
[A. **277**, 158; **278**, 312, 313; **296**, 129].

Entstehung: Aus Menthonitril durch Reduktion.

Eigenschaften: Kp. 207—208°, $d = 0{,}8075$, $n_D = 1{,}45$ bei 20°, schwach rechtsdrehend, Chlorhydrat, luftbeständig. Saures Oxalat, schwer löslich, enthält $^1/_2$ Mol. Kristallwasser. Platinsalz, kristallisiert mit 1 Mol. Kristallwasser. Oxamid, F. 82—83°, leicht löslich in Alkohol.

Die Base gibt bei der Behandlung mit salpetriger Säure Menthocitronellol (s. unten) und

Menthonen (aliphatisches Menthen) $C_{10}H_{18}|^{\overline{2}}$ [A. **278**, 317].

Kp. 153—156°, $d = 0{,}7545$, $n_D = 1{,}4345$ bei 15°.

Oxyhydromenthonylamin (Oxydecylamin), $C_{10}H_{20}(OH)NH_2$,
$(CH_3)_2C(OH)CH_2CH_2CH_2CH(CH_3)CH_2CH_2NH_2$
[A. **278**, 315].

Entsteht neben Menthonylamin bei der Reduktion von Menthonitril. Kp. 252—255°.

Die Salze sind meist sehr löslich, z. B. auch das Oxalat, wodurch die Trennung von Menthonylamin möglich wird.

Die Base gibt mit salpetriger Säure Menthonenglycol (s. unten).

Menthocitronellol (Menthonenol), $C_{10}H_{19}OH|^{\overline{\ }}$,
$(CH_3)_2C:CHCH_2CH_2CH(CH_3)CH_2CH_2OH$
[A. **278**, 315; **296**, 129].

Entsteht beim Kochen von Menthonylaminnitrit mit Wasser oder aus Menthonenglycol durch Erwärmen mit verdünnter Schwefelsäure (s. unten).

Eigenschaften: $Kp._7$ 95—105°, $d = 0{,}8315$, $n_D = 1{,}4481$ bei 20°, $[\alpha]_D = +2°$. Riecht wie Linalool, das Acetat wie Bergamottöl.

Menthonenglycol (Dimethyloctandiol), $C_{10}H_{20}(OH)_2$ [A. **296**, 130].
$(CH_3)_2C(OH)CH_2CH_2CH_2CH(CH_3)CH_2CH_2OH$.

Entsteht aus Oxydecylamin (s. oben) mit salpetriger Säure. $Kp._{19}$ 153—156°, ist mit Wasserdampf nicht flüchtig, gegen Permanganat beständig.

Gibt beim Erwärmen mit verdünnter Schwefelsäure Menthocitronellol (s. oben).

Menthocitronellal, $C_{10}H_{18}O|^{=}$,
$(CH_3)_2C : CHCH_2CH_2CH(CH_3)CH_2COH$
[A. **278**, 317; **296**, 131].

Entsteht bei der Oxydation von Menthocitronellol.

Eigenschaften: $Kp._{16}$ 86—88°, $Kp._{760}$ ca. 200°, $d = 0,8455$, $n_D = 1,43903$ bei 20°. Verbindet sich mit Bisulfit. Riecht wie natürliches Citronellal.

Semicarbazon, F. 85—86,5° (89°).

Kondensationsprodukt mit Brenztraubensäure und β-Naphthylamin, F. 214—215°.

ε-Amidodecylsäure aus Menthonisoxim,
$COOH \cdot CH_2 \cdot CH(CH_3)CH_2CH_2CH \cdot NH_2$
$\qquad CH(CH_3)_2$ (am CH gebunden)
[A. **312**, 197; G. N. **1902**, 103].

Entsteht quantitativ beim Erhitzen von Menthonisoxim mit 25-prozentiger Salzsäure in Form des luftbeständigen linksdrehenden Chlorhydrats.

Die freie Säure, F. 194—195°, ist kaum löslich in kaltem Alkohol und Äther, löslich in Wasser. Beim Destillieren geht sie unter Wasserabspaltung in das Isoxim zurück. Benzoylverbindung, F. 127—128°.

Äthylester, $Kp._{12}$ 136—137°, wird beim Stehen an der Luft (wahrscheinlich unter Aufnahme von CO_2) fest, F. 50—53°.

Die freie Säure liefert mit salpetriger Säure neben Decylensäure (s. S. 382) ε-Oxydecylsäure (s. unten), der Äthylester der Amidosäure geht bei erschöpfender Methylierung über in ein quaternäres Jodid, F. 117°, dessen durch Umsetzung mit Silberoxyd bereitete zugehörige Ammoniumbase beim Erhitzen übergeht in das ε-Betain $\begin{matrix}(CH_3)_2CHCHCH_2CH_2CH(CH_3)CH_2 \\ N(CH_3)_3 \text{———} OOC\end{matrix}$. Chlorhydrat, F. 191 bis 192°.

ε-Oxydecylsäure,
$COOH \cdot CH_2CH(CH_3)CH_2CH_2CH(OH)CH(CH_3)_2$

Entsteht aus der zugehörigen Amidosäure, verliert leicht Wasser, um teils in Decylensäure, teils in ein flüssiges Lacton $Kp._{15}$ 138—139°

überzugehen. Wird das Lacton durch Erwärmen mit Natronlauge in Lösung gebracht und die Säure wieder abgeschieden, so erstarrt die Oxysäure leicht. F. 64—65°. Die kristallisierte Säure liefert beim Destillieren neben flüssigem auch ein leicht erstarrendes Lacton $C_{10}H_{18}O_2$, F. 47°. Die kristallisierten Verbindungen sind identisch mit den von v. Baeyer bei der direkten Oxydation von Menthon erhaltenen Verbindungen [B. **29**, 29; **32**, 3621]. Die festen Modifikationen der Verbindungen scheinen aber nur zu entstehen, wenn man die Amidodecylsäure aus Menthonisoxim nicht bei 0°, sondern in der Wärme mit salpetriger Säure umsetzt [unv. B.].

Menthene, $C_{10}H_{18}|^{=}$ [A. **300**, 282, 285; B. **39**, 2504; A. **397**, 212.]

1. Menthen aus dem Ammoniumhydroxyd der l-Menthylaminbase (s. S. 380): Kp. 170—171, $d = 0{,}811$, $n_D = 1{,}45209$ bei 18°, $[\alpha]_D = +89{,}307°$. Gibt kein festes Nitrosochlorid.

2. Menthen aus dem Ammoniumhydroxyd der d-Menthylaminbase: Kp. 167°, gibt leicht ein kristallinisches Nitrosochlorid.

3. Menthen aus d-Menthylamin durch Umsetzung mit salpetriger Säure: Kp. 164—165°, $d = 0{,}8175$, $[\alpha]_D = +55{,}44°$. Gibt ein Nitrosochlorid, aus dem ein Nitrolbenzylamin, F. 107—108°, entsteht.

4. i-Menthen aus Menthol [A. **397**, 212] Kp. ca. 170°. Nitrosochlorid F. 142—143° (nicht umkristallisiert F. 127°).

5. d-Menthen aus Menthol [A. **397**, 313], Kp. 166—168°, $[\alpha]_D = +116{,}38°$. Nitrosochlorid F. 140° (nicht umkristallisiert 127°), $[\alpha]_D = +187{,}64°$.

6. Über die semicyclischen Menthene, z. B. 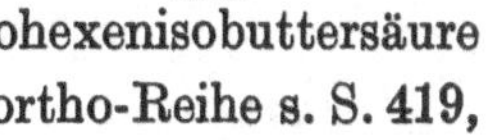 aus p-Menthanol-8 [A. **381**, 57] und 1,4-Methylcyclohexenisobuttersäure [A. **360**, 72] und die Stellungsisomeren der meta- und ortho-Reihe s. S. 419, 432, 442 und auch Allgem. Teil S. 202.

Kondensation von Menthon mit Bromessigester [A. **323**, 151 ff.; **353**, 313 ff.].

Die zunächst entstehenden Oxyester

Mentholessigsäureäthylester, $C_{10}H_{18}(OH)CH_2 \cdot COOC_2H_5$, Kp.$_{14}$ 150—152° von cedernartigem Geruch, und

Mentholessigsäuremethylester, $C_{10}H_{18}(OH)CH_2 \cdot COOCH_3$, F. 32—33°, Kp.$_{10}$ 136—137° geben beim Verseifen

Mentholessigsäure, $C_{10}H_{18}(OH)CH_2 \cdot COOH$,

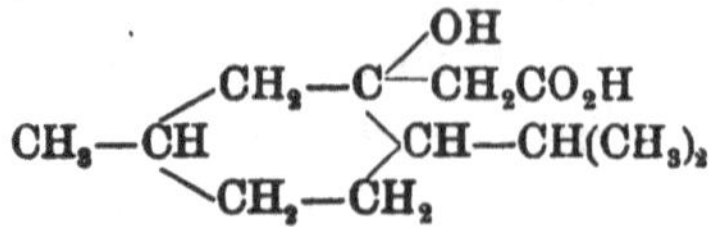

F. 82—83°, Kp.$_{11}$ 193—197°.

Durch Wasserabspaltung aus dem Mentholessigsäureäthylester entsteht

Menthenessigsäureäthylester, $C_{10}H_{19} \cdot COOC_2H_5$, Kp.$_{14}$ 140 bis 142°. Liefert beim Verseifen

Menthenessigsäure, $C_{11}H_{19} \cdot COOH$, Kp.$_{10}$ 158—163°.

Als Nebenprodukt bei der Darstellung von Menthenessigsäure entsteht ein Lacton $C_{12}H_{20}O_2$,

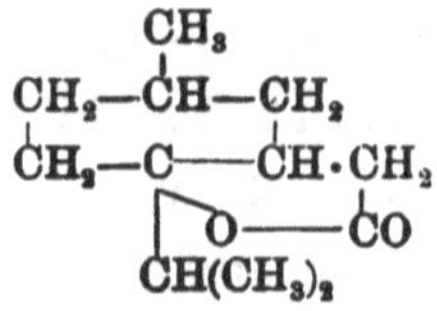

Kp. 300—305°, $d = 1{,}015$, $n_D = 1{,}4781$ bei 22°.

Isomerisiert sich mit Eisessig-Jodwasserstoff zu einer in großen, glaubersalzähnlichen Kristallen kristallisierenden Verbindung vom F. 88,5 bis 89,5°. Beim Kochen mit Alkali gehen beide Lactone in Lösung und fallen beim Ansäuern unverändert aus. Das flüssige Lacton ist links-, das feste rechtsdrehend.

Aus der Menthenessigsäure entsteht durch Abspaltung von CO_2:

Homomenthen, $C_{11}H_{20}$, Kp. 186—187°, $d_{23} = 0{,}8215$, $n_D = 1{,}4579$.

Aus Mentholessigsäure oder Menthenessigsäure bildet sich durch Einwirkung von Bromwasserstoff

Brommenthylessigsäure, $C_{10}H_{18}Br \cdot CH_2COOH$, F. 126—130° bei langsamem Erhitzen, bei schnellem 135—137°. Durch Reduktion entsteht daraus

Menthylessigsäure, $C_{10}H_{19} \cdot CH_2COOH$, Kp.$_{11}$ 166—170°. Amid, F. 148—150°.

Δ^4-p-Menthenon-3, $C_{10}H_{16}O$.

$$CH_3-CH<{CH_2-CO \atop CH_2-CH}\gg C-CH<{CH_3 \atop CH_3}$$

[A. **305**, 272; **362**, 275; **397**, 211; G. N. **1903**, 229ff.; B. **39**, 2505].

Darstellung: Aus aktivem oder inaktivem Menthennitrosochlorid durch HCl-Abspaltung und Zerlegung des entstehenden Menthenonoxims.

Eigenschaften: [Ermittelt bei aktivem und inaktivem Keton] Kp. 211—213°, $d_{20} = 0{,}9170$, $n_D = 1{,}4729$, $M = 46{,}49$.

Aktives zeigte $[\alpha]_D = -67{,}46$.

Dibromid, $C_{10}H_{16}Br_2O$, schöne Kristalle, F. 36°. Gibt beim Erhitzen Thymol.

Oxim $C_{10}H_{16}NOH$, inaktiv F. 66—67°, aktiv F. 62.

Semicarbazon, inaktiv F. 142°, aktiv F. 170—171°.

Dibenzyliden-Verbindung $C_{10}H_{12}O\,(CHC_6H_5)_2$, hellgelb, inaktiv F. 129—130°, aktiv F. 140—141°. Gibt bei der Reduktion den Alkohol $C_{24}H_{26}O$, inaktiv F. 72—75°. Δ^4-p-Menthenon-3 liefert bei der Reduktion mit Natrium Menthol [A. **397**, 215].

Δ^1-p-Menthenon-3, $C_{10}H_{16}O$.

$$CH_3-C\ll{CH—CO \atop CH_2-CH_2}>CH\cdot CH<{CH_3 \atop CH_3}$$

[A. **362**, 272; **397**, 186, 217].

Wurde aus 1,3,4-Trioxymenthan (aus Terpinenol-1) durch Dehydratation erhalten [A. **362**, 272] (s. S. 476). Sein natürliches Vorkommen im japanischen Pfefferminzöl ist 1910 von Schimmels nachgewiesen.

Eigenschaften: Kp. 235—237°, $d = 0{,}9375$, $n_D = 1{,}4875$ bei 19°.

Semicarbazon, äußerst schwer löslich, F. 224—226°.

Das Keton gibt bei der Reduktion i-Menthol, aus dem durch Oxydation i-Menthon (Semicarbazon, F. 212°) hergestellt wurde, s. auch S. 377.

Das Δ^1-p-Menthenondibromid ist flüssig. Beim Schütteln mit wäßrigem Kali geht es in ein festes Monobromid $C_{10}H_{15}BrO$, F. 42,5° über. Das Monobromid liefert beim Erhitzen fast quantitativ Thymol.

Bei der Oxydation mit Permanganat erhält man aus dem Bromid $C_{10}H_{15}BrO$ eine Ketosäure $C_{10}H_{14}O_3$ F. 105—106°, Semicarbazon F. 225°. Mit Hypobromit liefert die Ketosäure zweibas. Säure F. 148°.

Die großen Siedepunktsdifferenzen zwischen Δ^1- und Δ^4-Menthenon-3 werden durch die verschiedene Stellung des Isopropyls zur Äthylenbindung bedingt. Näheres über die Siedepunkte der isomeren Ketone s. Allg. Teil S. 189ff. u. A. **362**, 274; **397**, 185.

XI. Cyclische Ketone.

Allgemeines über die einfachsten cyclischen Ketone und die von ihnen abgeleiteten Verbindungen.

Von den einfachsten cyclischen Ketonen wurde zuerst leicht zugänglich das aktive 1,3-Methylcyclohexanon, welches 1895 durch Spaltung des Pulegons erhalten wurde (s. S. 369). Mit diesem Keton als Ausgangsmaterial wurde eine große Reihe von Reaktionen durchgeführt, die nach und nach auch auf andere hexa-, hepta- und pentacyclische Ketone übertragen sind.

Analog wie das 1,3-Methylcyclohexanon aus Pulegon konnte durch Hydrolyse des Campherphorons 1904 das 1,2-Methylcyclopentanon gewonnen werden.

1907 gelang die Reindarstellung des bis dahin noch nicht richtig beschriebenen Cyclooctanon.

Seitdem ist eine große Zahl gesättigter und ungesättigter einfacher cyclischer Ketone bereitet, wie aus dem speziellen Teil zu ersehen ist.

Die Erfahrungen bezüglich der Eigenschaften der einfachsten Ringketone wurden [A. **353**, 330] folgendermaßen zusammengefaßt:

„Man ist nun in der Lage, die Eigenschaften der einfachsten „Ringketone vom Cyclopentanon bis zum Cyclooctanon aufwärts zu „vergleichen. Da die Angaben über die physikalischen Eigenschaften, „welche man in der Literatur auch bezüglich der niederen Ring-„homologen findet, noch lückenhaft sind, so habe ich alle Ketone in „möglichst reinem Zustande dargestellt, und zwar Cyclopentanon, -hep-„tanon und -octanon aus dem Semicarbazon regeneriert, Cyclohexanon „aus der Natriumbisulfitverbindung. Daß Cyclooctanon bei gewöhn-„licher Temperatur fest ist, habe ich schon angegeben. Auch Cyclo-„heptanon (Suberon) und Cyclohexanon erstarren in reinem Zu-„stande sehr leicht zu kristallinischen Massen, wenn man sie der tiefen „Temperatur eines Gemisches von festem Kohlendioxyd und Äther

„aussetzt. Pentanon bleibt dagegen auch bei diesen Kältegraden „noch ziemlich dünnflüssig.

„Von den sonstigen Beobachtungen gibt die folgende Tabelle eine „Übersicht:

	Cyclo-pentanon, C_5H_8O	Cyclo-hexanon, $C_6H_{10}O$	Cyclo-heptanon, $C_7H_{12}O$	Cyclo-octanon, $C_8H_{14}O$
Kp.	129°	155°	180°	195—197°
d	0,948 (20°)	0,947 (21°)	0,9500 (21°)	0,9584 (20°)
n_D	1,4366	1,4503	1,4604	1,4694
M gefunden	23,19	27,82	32,32	36,64
M berechnet	23,20	27,80	32,40	37,00
F. des Semicarbazons	206° (212°)	165—166°	163°	163—164,5°
F. der Dibenzylidenverbindung	189°	117—118°	108°	

„Bemerkenswert ist die nur geringe Abweichung, welche die vier „Ringhomologen in bezug auf die Dichte aufweisen, woraus sich ein „regelmäßiges Ansteigen des Molekularvolums mit anwachsender „Erweiterung des Ringsystems ergibt.

„Die gefundene Molekularrefraktion stimmt sehr gut mit der „berechneten überein. Eine kleine Abweichung beim Cyclooctanon „wird wohl lediglich darauf zurückzuführen sein, daß die Zahl für die „gefundene Dichte vielleicht noch einer kleinen Korrektur bedarf, da „vorläufig für die Bestimmungen nur wenige Gramm ganz reiner Sub- „stanz zur Verfügung standen.

„Bezüglich des Dispersionsvermögens zeigen die vier Ketone keine „wesentlichen Unterschiede.

„Bei den Semicarbazonen fällt der hohe Schmelzpunkt der Pen- „tanonverbindung gegenüber den untereinander übereinstimmenden der „anderen Ketone auf. Ähnliches findet man bei der Dibenzyliden- „verbindung, bei deren Bildung man die Beobachtung machen kann, „daß die Leichtigkeit, mit der die Kondensation zwischen Benzaldehyd „und Keton sich vollzieht, vom Pentanon zum Octanon hin stetig ab- „nimmt.“ [A. **350**, 330.]

„Die folgende Tabelle gibt eine vergleichende Übersicht über die „Eigenschaften der drei Cyclomethylhexanone“ [A. **346**, 253]:

	Cyclomethylhexanon		
	1,2 $CH_2CH_2CH(CH_3)$ CH_2CH_2CO	1,3 $CH_2CH(CH_3)CH_2$ CH_2CH_2——CO	1,4 $CH(CH_3)CH_2CH_2$ CH_2——CH_2CO
Kp.	164—165°	168—169°	169—171°
d	0,926 bei 20°	0,915 bei 21°	0,914 bei 20°
n_D	1,4493	1,4456	1,4435
F. des Semicarbazons	191—192°	180°	195°
F. des Oxims	43—44°	43—44°	37—39°
F. des Isoxims	90—91°	{ 104—105° 65—66°	—
F. der Dibenzylidenverbindung	—	126—128°	98—99°

Nähere Hinweise auf die Abhängigkeit der Siedepunkte cyclischer Ketone von der Konstitution wurden 1913 [A. **397**, 181] gegeben. S. Allg. Teil S. 189.

Von den Reaktionsreihen, welche systematisch in Angriff genommen worden sind, wären etwa hervorzuheben:

Das Studium des Verhaltens der cyclischen Ketone: 1. bei der Selbstkondensation (s. S. 118), 2. bei der Kondensation mit aromatischen Aldehyden (s. darüber S. 109ff.), 3. bei der Kondensation mit Aceton [s, S. 113ff. und A. **394**, 362].

Ferner: der Aufbau von cyclischen gesättigten und ungesättigten Säuren (s. S. 157ff.), Basen (s. S. 145ff.) und extracyclischen Ketonen (s. S. 130) aus den einfachsten Ringketonen.

Was die Basen anbelangt, so ist besonders die Synthese der Cyclylmethylamine $(CH_2)_x > CHCH_2NH_2$ zu erwähnen, welche als Ausgangsverbindungen für die experimentelle Beantwortung der Frage nach der Möglichkeit der Ringerweiterung bei cyclischen Verbindungen dienten (s. Allgem. Teil S. 38—39 u. 156).

Die synthetisierten ungesättigten Säuren wurden namentlich zur Herstellung von Kohlenwasserstoffen mit semicyclischer Bindung benutzt (s. S. 122, 165).

Bezüglich des Verhaltens dieser Kohlenwasserstoffe wurden Gesetzmäßigkeiten ermittelt, die zum Teil schon im Allgem. Teil S. 123, 183, 189 Erwähnung fanden.

Ganz scharf lassen sich dieselben noch nicht formulieren, weil es bisher kaum möglich ist, diese Kohlenwasserstoffe ganz einheitlich — d. h. frei von Bindungsisomeren — darzustellen.

Kohlenwasserstoffe C_7H_{12} ⌈ (berechnet $M = 31,83$).

	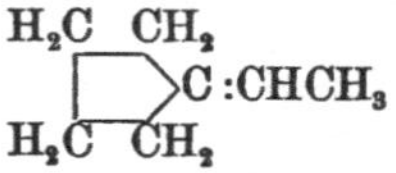	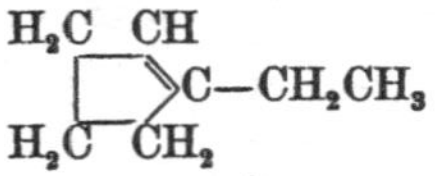	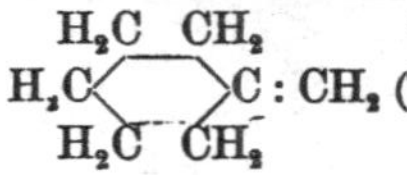 [1]	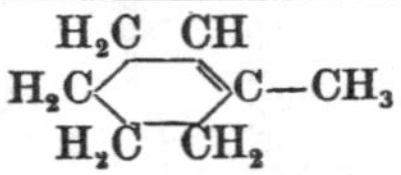	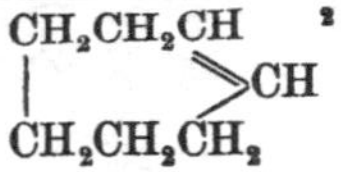 [2]
Kp.	114°	108°	102—106°	110,5—111,5°	115°
d	0,802	0,7975	0,802	0,811	0,8245 (?)
n_D	1,4481	1,4426	1,4516	0,4496	
M	32,12	31,89	32,26	31,79	

Kohlenwasserstoffe C_8H_{14} ⌈ (berechnet $M = 36,43$).

	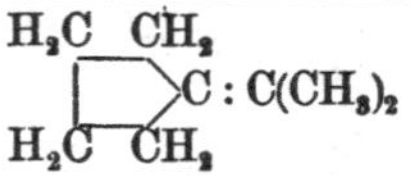	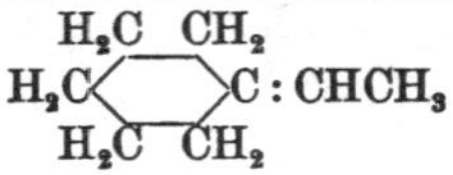	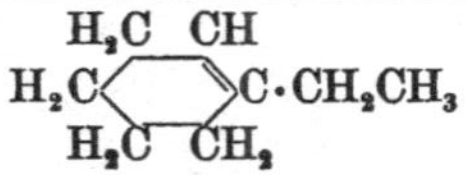	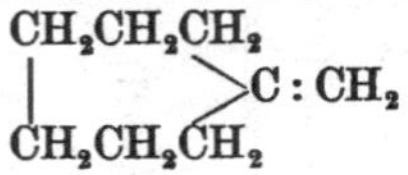	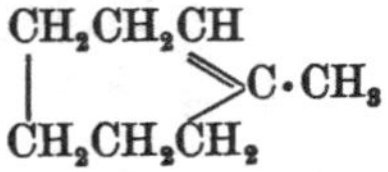
Kp.	136—137°	137—138°	134—135°	138—140°	137,5—138,5°
d	0,817	0,8225	0,8260	0,824	0,824
n_D	1,4581	1,4631	1,4576	1,4611	1,4581
M	36,74	36,82	36,31	36,64	36,43

Kohlenwasserstoffe C_9H_{16} ⌈ (berechnet $M = 41,03$).

	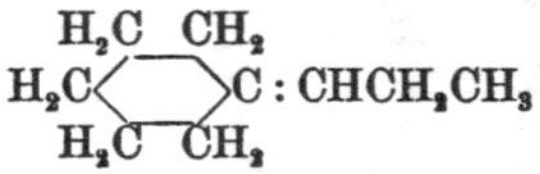	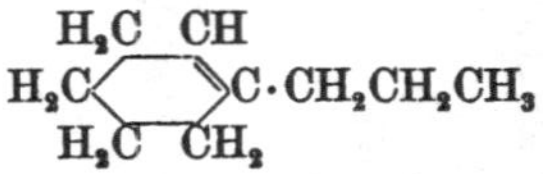	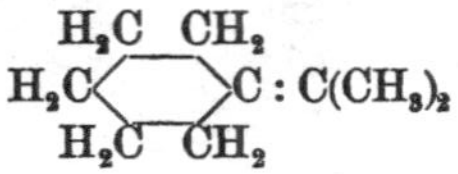	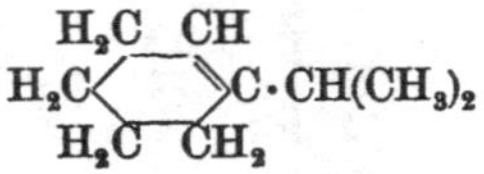
Kp.	157—158°	154,5—155,5°	160—161°	155—157°
d	0,8210	?	0,836	0,829
n_D	1,4631	1,4579	1,4723	1,4606
M	41,60	—	41,56	41,02

[1] Über den unnormalen Siedepunkt dieses Kohlenwasserstoffs vgl. A. **359**, 296ff. und **396**, 270.

[2] Nach Angaben von Markownikow, Journ. f. prakt. Chem. **49**, 429.

Immerhin dürfte es trotz der vorhandenen Unsicherheiten lehrreich sein, hier eine Übersicht über einige der gewonnenen Resultate zu geben, welche doch schon hervortreten lassen, wie sehr der Siedepunkt und noch mehr der Brechungsexponent von Isomeren durch die Stellung einer Äthylenbindung beeinflußt wird (s. S. 391 u. Allgem. Teil S. 183).

Nachstehend sind die physikalischen Eigenschaften von 12 semicyclischen Kohlenwasserstoffen, welche auf dem erst erörterten Wege gewonnen sind, tabellarisch zusammengestellt. [A. **360**, 34.][1]

	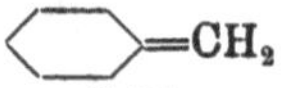	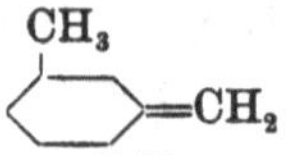	
	C_7H_{12}	C_8H_{14}	C_8H_{14}
Kp.	105—106°	123—124°	122—123°
d	0,8025	0,798	0,7925
M	32,15 (ber. 31,83)	36,95 (ber. 36,43)	36,93 (ber. 36,43)
	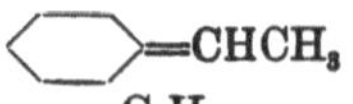	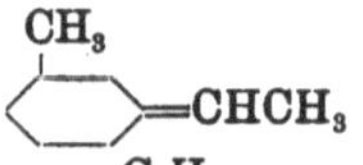	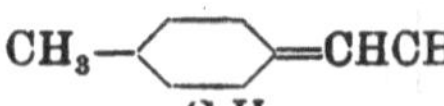
	C_8H_{14}	C_9H_{16}	C_9H_{16}
Kp.	137—138°	153°	156°
d	0,823	0,813	0,8125
M	36,82 (ber. 36,43)	41,65 (ber. 41,03)	41,65 (ber. 41,03)
	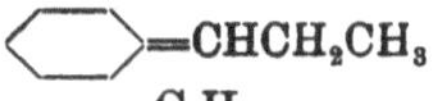	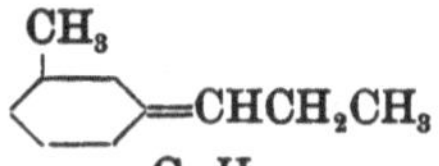	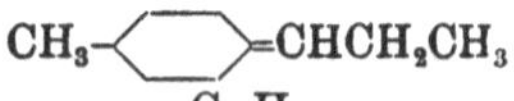
	C_9H_{16}	$C_{10}H_{18}$	$C_{10}H_{18}$
Kp.	157—158°	170—173°	172—174°
d	0,821	0,814	0,815
M	41,60 (ber. 41,03)	46,35 (ber. 45.64)	46,28 (ber. 45,64)
	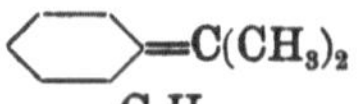	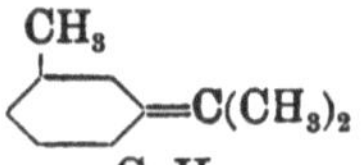	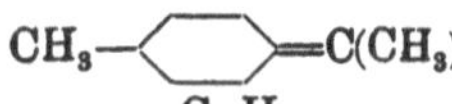
	C_9H_{16}	$C_{10}H_{18}$	$C_{10}H_{18}$
Kp.	160—161°	173—175°	172—174°
d	0,836	0,825	0,831
M	41,56 (ber. 41,03)	46,25 (ber. 45,64)	45,88 (ber. 45,64)

Spezielles über pentacyclische Verbindungen.

Cyclopentanon, C_5H_8O, 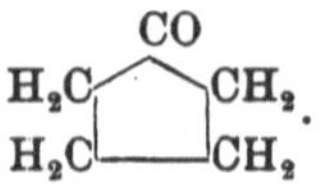

.

Eigenschaften: A. **353**, 330, 331. Kp. 129°, d_{20}=0,948, n_D = 1,4366.

---

[1] Man vergleiche die späteren spektrochemischen Untersuchungen von K. Auwers und Ellinger, A. **387**, 201, 203.

Semicarbazon, F. 205—207° [A. **347**, 326; **353**, 308] bei langsamem Erhitzen, bei schnellem 212—213° [B. **29**, 2963].

Oxymethylenpentanon, $C_5H_6O:CH(OH)$, erhalten durch Kondensation von Ameisensäureester mit Pentanon. F. 72—73°. [A. **329**, 114]. Daraus wurde gewonnen das

Cyclische Semicarbazon, $C_7H_9N_3O$, F. 175—177°, daraus das

Pyrazol, $C_8H_8N_2$, F. 57—59°.

Pentanonsulfonal, 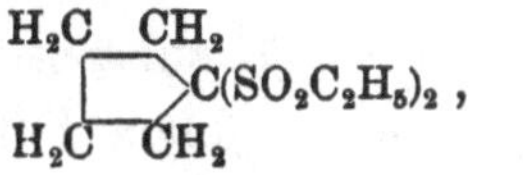

F. 127—128°, fast unlöslich in Wasser [B. **31**, 338].

Kondensation des Pentanons mit Aldehyden [G. N. **1907**, 404].

Durch Kondensation von Pentanon mit 2 Mol. Aldehyd wurden nachstehende Verbindungen[1] vom allgemeinen Typus

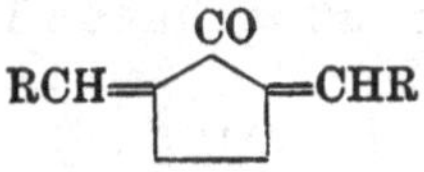

dargestellt (s. auch S. 109ff.):

Kondensationsprod. aus Pentanon mit	F.
Benzaldehyd	191°
o-Nitrobenzaldehyd	173—175°
m-Nitrobenzaldehyd	212—214°
p-Nitrobenzaldehyd	230—233°
Dimethyl-p-Amidobenzaldehyd	292°
o-Chlorbenzaldehyd	157,5°
p-Chlorbenzaldehyd	226,5°
Anisaldehyd	215°
Zimtaldehyd	222,5°
Piperonal	257°
Cuminol	145,5°

Mit Benzaldehyd ließ sich Pentanon bei Gegenwart von Salmiak und bei niederer Temperatur auch zu dem Aldol

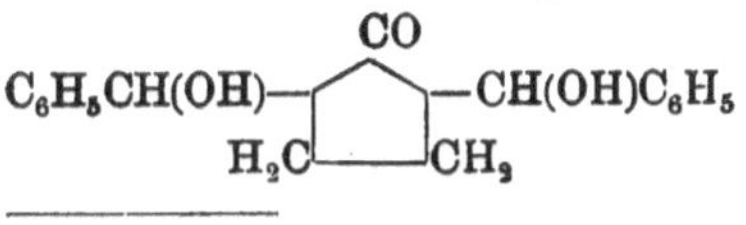 kondensieren. F. 160—161°.

[1] Einige derselben waren schon vorher von Vorländer und Hobohm und Mentzel erhalten [B. 29 (1896), 1838; 36 (1903), 1499].

Mit Salicylaldehyd gibt Pentanon in ätherischer Lösung mit HCl eine Anhydroverbindung $C_{19}H_{14}O_2$,

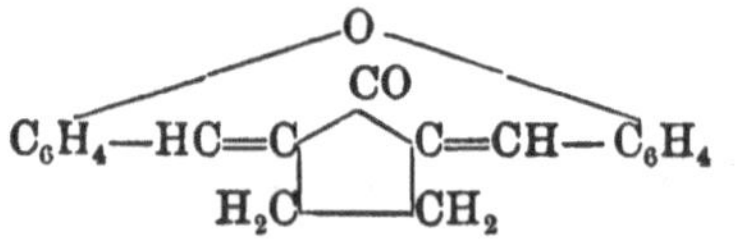

oder[1]

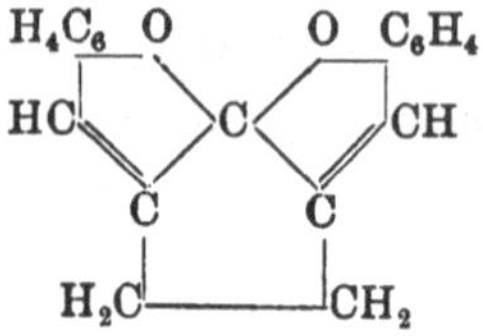

weiße Kristalle, F. 218°, die mit Säuren tief gefärbte Salze geben. Das bei der Kondensation zunächst entstehende Chlorhydrat bildet rote Schuppen mit grünem Reflex, unlöslich in Äther, purpurfarben in Holzgeist löslich.

Mit Aceton kondensiert sich Cyclopentanon zu Propyliden-cyclopentanon:

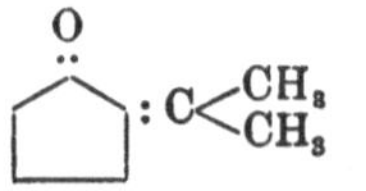

[A. **394**, 368]. Eigenschaften: Kp. 195—199°, in Wasser stark löslich, $d_{20} = 0{,}9565$, $n_D = 1{,}4932$, $M = 37{,}69$. Oxim F. 77°. Semicarbazon F. 215—218° (s. auch S. 113).

Pentanonisoxim = α-Piperidon [A. **312**, 179—183; **324**, 285]

$CH_2 \cdot CH_2 \cdot CO$
$CH_2 \cdot CH_2 \cdot NH$

Darstellung: Durch Umlagerung von Pentanonoxim mit Schwefelsäure.

Eigenschaften: Kp. 258—262°, $Kp._{14}$ 137°, gibt ein

Chlorhydrat, luftbeständig, F. ca. 155—160°. Spaltet sich beim Kochen mit konzentrierter Salzsäure auf zu:

δ-Amidovaleriansäure (Homopiperidinsäure), F. 157—158°. Benzoylverbindung, F. 106—107°.

α-Piperidon gibt mit P_2O_5 [A. **312**, 182] neben Kohlenwasserstoff Pyridin, bei der Reduktion mit Natrium in amylalkoholischer Lösung [A. **324**, 287] Piperidin.

Cyclopentanolessigester [A. **323**, 159; **347**, 324],

$$\begin{matrix} CH_2 \cdot CH_2 \\ CH_2 \cdot CH_2 \end{matrix} > C < \begin{matrix} OH \\ CH_2 \cdot COOR \end{matrix}$$

Darstellung: Aus Pentanon, Bromessigester und Zink in Benzollösung. Äthylester, $Kp._{11}$ 105—107°.

[1] Nach Borsche, A. **393**, 36.

Cyclopentylessigsäure, $C_5H_9 \cdot CH_2 \cdot COOH$ [A. **353**, 304]. Durch Umsetzung von Cyclopentanolessigester mit Bromwasserstoff und Reduktion des Produkts mit Zinkstaub gewonnen. Kp. 226—230°.

Cyclopentylacetamid, $C_5H_9 \cdot CH_2 \cdot CO \cdot NH_2$ [A. **353**, 304], F. 143—145°. Gibt, der Hofmannschen Reaktion unterworfen,

Cyclopentylmethylamin, $C_5H_9 \cdot CH_2 \cdot NH_2$ [A. **353**, 305], Kp. 139—145°. Gibt beim Behandeln mit salpetriger Säure

Cyclo**hexanol** [A. **353**, 325] (s. S. 88).

Cyclopentenessigsäure, $C_5H_8 : CH \cdot COOH$ [A. **323**, 159; **347**, 324], $Kp._{13}$ 128—130°, F. 51—52°. Gibt unter CO_2-Abspaltung Methencyclopentan. Äthylester, $Kp._{11}$ 82—84°. Amid, F. 144°. Dibromid, $C_7H_{10}Br_2O_2$, F. 88°.

Methencyclopentan [A. **347**, 325], $\begin{matrix} CH_2 \cdot CH_2 \\ | \\ CH_2 \cdot CH_2 \end{matrix} \!\!> C{=}CH_2$.

Darstellung: Durch langsame Destillation von Cyclopentenessigsäure unter CO_2-Abspaltung.

Eigenschaften: Kp. 78—81°, $d = 0{,}78$, $n_D = 1{,}4355$ bei 19°, sehr flüchtig, besitzt einen durchdringenden, lauchartigen Geruch.

Nitrosochlorid, F. 80—81°. Nitrolpiperidid, F. 116—117°.

Methencyclopentan gibt bei der Oxydation mit Permanganat neben Pentanon das

Glycol $C_6H_{10}(OH)_2$, F. 39—41°.

Cyclopentanaldehyd, $C_5H_9 \cdot COH$ [A. **347**, 326].

Darstellung: Aus dem Glycol $C_6H_{10}(OH)_2$, F. 39—41°, durch Behandeln mit verdünnten Säuren.

Eigenschaften: Riecht ähnlich wie Valeraldehyd, bewirkt starken Hustenreiz, in Wasser ziemlich löslich, sehr zur Polymerisation geneigt. Semicarbazon, F. 123—124°.

Cyclopentenaldehyd, $C_5H_7 \cdot COH$ [A. **347**, 327].

Darstellung: Aus dem Nitrosochlorid des Methencyclopentans durch Salzsäureabspaltung und Spaltung des entstandenen Oxims.

Eigenschaften: Riecht wie Benzaldehyd. Semicarbazon, F. 208°. Gibt bei der Oxydation mit Silberoxyd

Cyclopentencarbonsäure, F. 119°.

Cyclopentanolpropionsäure, 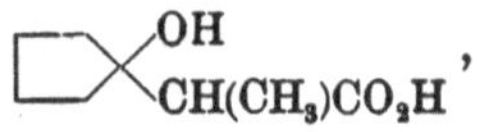,
F. 58—59°, wurde durch Kondensation von Pentanon mit α-Brompropionsäureester gewonnen [A. **365**, 272].

Cyclopentenpropionsäure.

Kp.$_{12}$ um 134°, erstarrt zum Teil. F. der aus Ligroin umkristallisierten Säure 108°. Liefert bei der trocknen Destillation

Äthylidencyclopentan (Cyclopentenäthan), 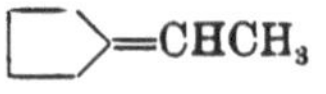
[A. **365**, 274].

Kp. 114°, d=0,802, n_D=1,4481 bei 20°, M=32,12. Gibt ein Nitrosochlorid, aus dem das

Nitrolpiperidid, F. 110°, erhalten wurde, ferner das Oxim

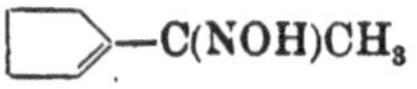

F. 90—91° und aus diesem das Δ^1-Acetylcyclopenten, $C_7H_{10}O$, Semicarbazon, F. 203—204° (bzw. 211°) (s. S. 411 u. A. **365**, 275).

Äthyl-1-cyclopentanol-1, $\begin{matrix} CH_2—CH_2 \\ | \\ CH_2—CH_2 \end{matrix} \!\!>\!\!C\!\!<\!\! \begin{matrix} OH \\ CH_2CH_3 \end{matrix}$.

Durch Umsetzung von Pentanon mit Magnesiumjodäthyl erhalten [A. **365**, 276].

Campherartig riechende Flüssigkeit, Kp. 155—157°, d=0,916, n_D=1,4528 bei 21,5°, M = 33,63 (ber. 33,74). Liefert beim Erwärmen mit Chlorzink

Äthylcyclopenten, 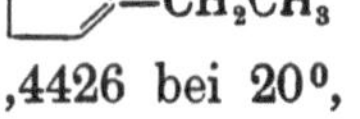 [A. **365**, 276].

Kp. 108°, d=0,7915, n_D=1,4426 bei 20°, M=31,89 (ber. 31,83). Verbindet sich leicht mit Nitrosylchlorid.

Vergleich der isomeren Kohlenwasserstoffe C_7H_{12} s. S. 391.

Cyclopentenisobuttersäure, $C_5H_7—C\!\!<\!\! \begin{matrix} CH_3 \\ CH_3 \\ COOH \end{matrix}$ [A. **353**, 305], Kp.$_{27}$ 148—150°. CO_2-Abspaltung s. S. 397.

Monochlorcyclopentylisobuttersäure [A. **353**, 306], F. 122,5 bis 123,5°.

Monobromcyclopentylisobuttersäure [A. **353**, 307], F. 113 bis 114° (nicht glatt).

Monojodcyclopentylisobuttersäure [A. **353**, 307], F. 107 bis 108°.

Propylidencyclopentan, C_8H_{14}, 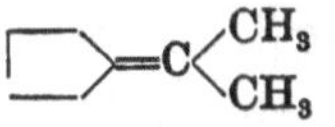 .

entsteht aus Cyclopentenisobuttersäure bei der Destillation durch Abspaltung von CO_2 [A. **353**, 307].

Kp. 136—137°, $d = 0{,}817$ bei 20°, $n_{Li} = 1{,}4547$, $n_D = 1{,}4581$ $n_{Tl} = 1{,}4612$, $M = 36{,}745$. Gibt mit Nitrosylchlorid ein intensiv blau gefärbtes, mit Wasserdampf flüchtiges Öl. Bei der Oxydation mit Permanganat entsteht Pentanon und das

Glycol, $C_8H_{14}(OH)_2$, 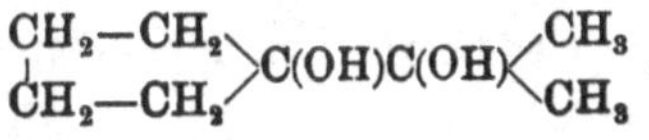 .

F. ca. 61—63°.

Propylidencyclopentan geht beim Kochen mit alkoholischer Schwefelsäure über in

Isopropylcyclopenten, C_8H_{14}, 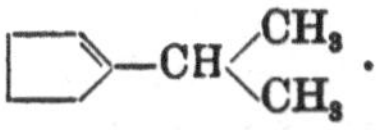 .

Nitrosochlorid, kristallinisch. Aus dem Nitrosochlorid bildet sich durch Abspaltung von HCl und Spaltung des entstandenen Oxims ein Keton, dessen Semicarbazon bei 183—185° schmilzt.

Dicyclopentenpentanon, $C_{10}H_{14}O$, 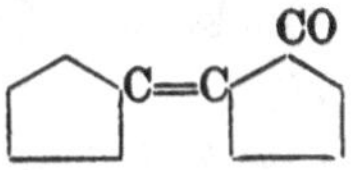

[A. **389**, 178; B. **29**, 2963].

Dargestellt durch Selbstkondensation von Pentanon unter Anwendung von Natriumäthylat oder Salzsäure.

Kp. 253—254°, $Kp._{12}$ 117—119°, $d = 1{,}0176$, $n_D = 1{,}52095$ bei 20°, $M = 44{,}92$ (ber. 43,72; vgl. S. 183).

Oxim, [B. **30**, 1095], F. 128°.

Cyclopentylcyclopentanon 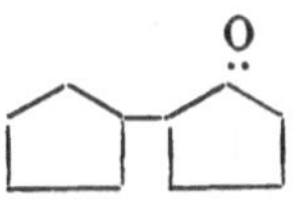 [A. **389**, 179].

Darstellung: Aus Dicyclopentenpentanon durch Reduktion mit Palladiumwasserstoff.

Eigenschaften: $Kp._{760}$: 232—233°, $Kp._{16}$: 117—120°, $d_{21} = 0{,}9745$, $n_D = 1{,}4763$, $M = 44{,}12$. Besitzt Geruch nach Menthon.

Semicarbazon, F. 210°. Oxim, F. 78—79°, Chlorhydrat des Oxims F. 112—113°.

Base $C_5H_9 \cdot C_5H_8NH_2$ (aus Oxim) $Kp._{15}$ 105°, Carbamid F. 207°, Phenylharnstoff F. 139—140°, Acetylverbindung F. 115°.

Benzylidenverbindung des Ketons F. 97—98°.

Das Keton gibt bei der Oxydation:

δ-Cyclopentyl-δ-keto-n-valeriansäure,
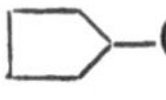—$COCH_2CH_2CH_2COOH$, ölig; Semicarbazon, F. 181—183°.

Cyclopentylcyclopentanol, $C_5H_9 \cdot C_5H_8OH$ [A. **389**, 181].

Darstellung: Aus Cyclopentylcyclopentanon durch Reduktion mit Natrium.

Eigenschaften: Kp. 235—236°, $d_{17} = 0{,}9785$, $n_D = 1{,}4884$, $M = 45{,}43$. Phenylurethan, F. 88—89°. Der Alkohol liefert beim Erwärmen mit Chlorzink:

Cyclopentylpenten 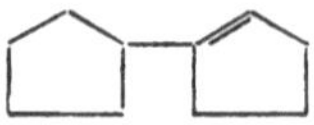

Kp. 196,5—198°, $d_{19,5} = 0{,}9080$, $n_D = 1{,}4938$, $M = 43{,}59$. Nitrosochlorid, F. 113—114°, mit Wasserdämpfen flüchtig, wenig reaktionsfähig.

Tricyclodipentenpentanon, $C_{15}H_{20}O$ [B. **29**, 2964; A. **389**, 182].

Entsteht bei der Kondensation von Pentanon neben Pentenpentanon zu 12—13%.

Kp.$_{12}$ 190°, F. 76—77°, hellgelbe Kristalle [s. S. 187].

Dicyclopentylcyclopentanon, $C_{15}H_{24}O$, [A. **389**, 182].

Entsteht aus dem ungesättigten tricyclischen Keton durch Reduktion mit Palladiumwasserstoff.

Eigenschaften: Kp.$_{12}$ = 165—170°, $d_{19} = 0{,}9925$, $n_D = 1{,}4956$, $M = 64{,}71$. Erstarrt beim Abkühlen; fast geruchlos. Semicarbazon, F. 188—190° (unscharf), Oxim, F. 85—86°. Das Keton liefert bei der Oxydation:

α,δ-Dicyclopentyl-δ-keto-n-Valeriansäure,
$C_5H_9COCH_2CH_2CH(C_5H_9)COOH$, F. 195—196°.

Dicyclopentylcyclopentanol, $C_{15}H_{25}OH$.

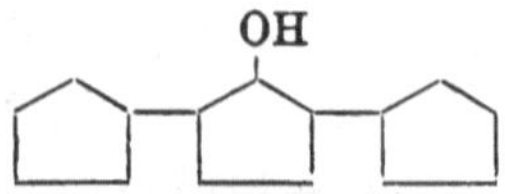

Entsteht bei der Reduktion des zugehörigen Ketons mit Natrium. F. 68°, Kp.$_{100}$ 210°. Liefert beim Erhitzen mit Chlorzink:

Dicyclopentylcyclopenten, $C_{15}H_{24}$, 

Kp.$_{100}$ 210°, Kp.$_{760}$ um 290° unter Zersetzung. $d_{20}=0{,}939$; $n_D=1{,}5065$, $M=64{,}6$.

Der Kohlenwasserstoff ist ein tricyclisches Sesquiterpen.

Tricyclotrimethylenbenzol, $C_{15}H_{18}$ [B. **30**, 1094].

Entsteht bei der Kondensation von Pentanon mit Salzsäure.

Nicht flüchtig mit Wasserdampf. Kp.$_{13}$ 180—200°, F. 96—97°. Beständig gegen Permanganat, oxydierbar durch Chromsäure und Salpetersäure (s. auch S. 210).

1,2-Methylcyclopentanon, $C_6H_{10}O$ [A. **331**, 319—325.]

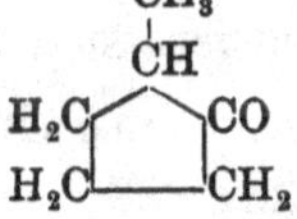

Darstellung: Durch Spaltung von Campherphoron (s. dieses).

Eigenschaften: Riecht pentanonähnlich. Kp. 140—141°, $d=0{,}917$, $n_D=1{,}4348$ bei 20°. In Wasser ziemlich leicht löslich. Oxim, Kp.$_{18}$ 100—102°. Semicarbazon, F. 174—176°. 1,2-Methylpentanon gibt bei der Oxydation mit Chromsäure oder Permanganat

γ-Acetylbuttersäure, ölig, gibt leicht ein Hydrat, F. 35—36°. Semicarbazon, F. 170—171° (177°).

1,2-Methylpentanon kondensiert sich bei Gegenwart von Natronlauge nicht mit Aldehyden [G. N. **1907**, 400].

1,3-Methylcyclopentanon, $C_6H_{10}O$.

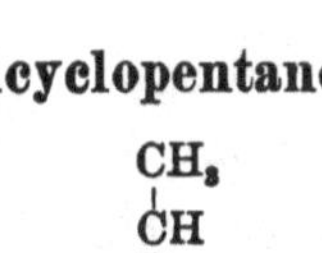

Rechtsdrehend (wenn aus aktiver β-Methyladipinsäure dargestellt) $[\alpha]_D=+124$—133° [A. **332**, 349; **394**, 371; B. **32**, 3339]. i-1,3-Methylcyclopentanon, Kp. 144—145°, $d_{22}=0{,}913$; $n_D=1{,}4329$. Semicarbazon, F. 185° [A. **394**, 371].

Kondensation von 1,3-Methylpentanon mit Aldehyden [B. **29** (1896), 1601; G. N. **1907**, 399ff.; **394**, 372].

Bei Gegenwart von Natronlauge als Kondensationsmittel ließ sich 1,3-Methylpentanon mit 2 Mol. folgender Aldehyde kondensieren:

Kondensationsprodukt aus	aktiv	inaktiv
Benzaldehyd [B. **29**, 1597] . . . F.	149—151°	157°
m-Nitrobenzaldehyd . . . . . . F.	150°	174°
p-Nitrobenzaldehyd . . . . F.	149°	—
Dimethyl-p-Amidobenzaldehyd . . F.	230,5°	—
Anisaldehyd . . . . F.	193,5°	197—198°
Zimtaldehyd . . . . F.	153,5°	148°
Piperonal . . . . F.	159°	166—167°
Cuminol . . . . F.	126°	—

Man vergleiche auch Allg. Teil S. 109ff.

1,3-Methylpentanon kondensiert sich mit Aceton zu einem Phoron: Propyliden(4)-methyl(1)-cyclopentanon(3), $C_9H_{14}O$ [A. **331**, 330; **394**, 372; B. **29**, 1601].

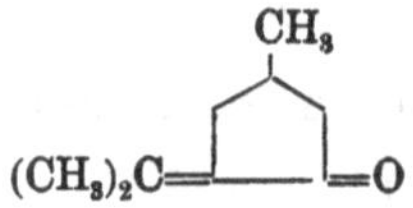

Kp. 203—205°, $d = 0,9315$, $n_D = 1,4846$. Oxim, F. 85—87° (aktiv), 89° (inaktiv) (s. auch S. 113).

Oxymethylenmethylpentanon [A. **329**, 116].

Kp.$_{22}$ 105—112°, F. 53—54°. Gibt ein cyclisches Semicarbazon, $C_8H_{11}N_3O$, F. 115—116°. Durch Kochen mit Säure entsteht daraus ein flüssiges Pyrazol, $C_7H_{10}N_2$.

Methylpentanonsulfonal, $C_6H_{10}(SO_2C_2H_5)_2$ [B. **31**, 339].

F. 110—111,5°. Glänzende, schiefe Prismen.

Methylpentanonoxim (aktiv), $C_6H_{10}NOH$ [A. **309**, 14; **312**, 183; **332**, 349],

wurde in zwei Modifikationen erhalten:

α-Oxim, F. 91—92,5°, Kp.$_{12}$ 99—102°, $[\alpha]_D = +51°$.

β-Oxim, F. ca. 60—68°, $[\alpha]_D = +48°$. Beide Oxime geben anscheinend dieselbe Benzoylverbindung, F. 60—61°, $[\alpha]_D = +29,77°$.

Methylpentanonoxim gibt beim Erwärmen mit P_2O_5 [A. **309**, 14] neben Kohlenwasserstoff:

1. Nitril, C_5H_9CN, Kp. 145—155°, das sich verseifen läßt zu einer

Hexylensäure, $C_6H_{10}O_2$, Kp.$_8$ 100—103°, in dieser befindet sich die Äthylenbindung in β,γ-Stellung, da sie durch Erwärmen mit 50prozentiger Schwefelsäure in ein Lacton überführbar ist.

2. β-Methylpyridin, Kp. 144—147°. Pikrat, F. 149—150°. Goldsalz, F. 181—183°. Platinsalz, F. 193°.

Isoxim des Methylpentanons = Methyl-α-Piperidon [A. **309**, 14; **312**, 184].

Darstellung: Aus dem Oxim durch Umlagerung mit Schwefelsäure.

Eigenschaften des aus dem α-Oxim gewonnenen Isoxims: Kp.$_{15}$ 147—148°, F. 87°, lange Nadeln, $[\alpha]_D = +75{,}15°$.

Chlorhydrat, F. 148—149°, luftbeständig. Spaltet sich beim Kochen mit Säuren auf zu

Amidocapronsäure (Amidomethylvaleriansäure), F. 133—135°, sehr löslich in Wasser, schwach rechtsdrehend.

Das Isoxim liefert bei der Reduktion [A. **324**, 288]

Methylpiperidin (scheinbar ein Gemenge von β- und γ-Verbindung).

Methylcyclopentanolessigester [A. **314**, 160].

Methylester, Kp.$_{12}$ 110—115°. Äthylester, Kp.$_{12}$ 115—120°.

Methylcyclopentenessigester, Kp.$_{15}$ 88—91°.

Dicyclomethylpentenmethylpentanon, $C_{12}H_{18}O$ [B. **29**, 2965].

Erhalten durch Kondensation von Methylpentanon mit Natriumäthylat. Farb- und geruchloses Öl, Kp.$_{13}$ 127°. Oxim, F. 94° (aktiv). i-Oxim, F. 100—101°.

Durch Reduktion des Ketons entsteht ein

Alkohol, $C_{12}H_{20}O$, Kp.$_{13}$ 121°.

Dicyclomethylpentylmethylpentanon, $C_{12}H_{20}O$, Kp.$_{18}$ 145 bis 150°. i-Oxim, F. 120—121°.

1,1-Dimethylcyclopentanon-3, $C_7H_{12}O$ [A. **324**, 100, 110].

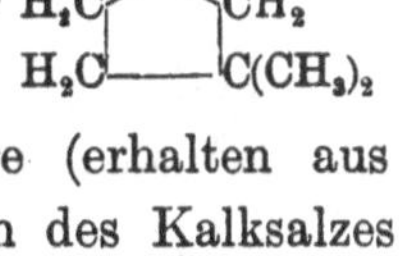

Darstellung: Aus β,β-Dimethyladipinsäure (erhalten aus Trimethylcyclohexanon, s. S. 450) durch Destillation des Kalksalzes.

Eigenschaften: Kp. 154—155°, riecht menthonähnlich.

Semicarbazon, F. 174—175°. Monobenzylidenverbindung, F. 66—67°, schwach gelb, leicht löslich in Äther. Dibenzylidenverbindung, F. 138—139°, gelbe Nadeln, schwer löslich in Äther.

1,4,4-Trimethylcyclopentanon-5, $C_8H_{14}O$ [A. **329**, 94].

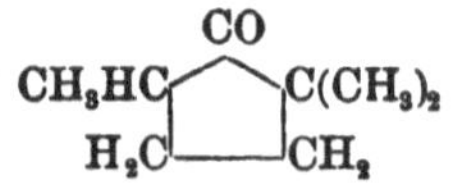

Dargestellt aus der entsprechenden Trimethyladipinsäure (aus Pulenon erhalten, s. S. 375).[1] Kp. 152—153°.

Semicarbazon, F. 150—151°, leicht löslich in Methylalkohol und Äther, bildet sich ziemlich langsam. Oxim, F. 60—62°.

Gibt bei der Oxydation mit Chromsäure •

α,α-Dimethyl-*γ*-acetylbuttersäure, F. 49—50°, Semicarbazon, F. 163°. Gibt mit NaBrO *α,α*-Dimethylglutarsäure, F. 82°.

1,2-Isopropylcyclopentanon [A. **394**, 370],

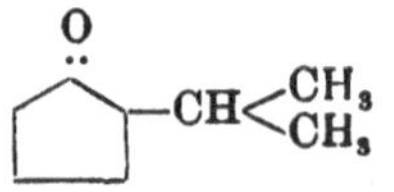

wurde durch Reduktion des Propylidencyclopentanons (s. S. 394) dargestellt.

Eigenschaften: Kp. 176,5—177,5°, $d_{21} = 0{,}9000$, $n_D = 1{,}4419$. Semicarbazon, F. 197°. Monobenzylidenverbindung, F. 79—80°.

Δ^1-Isopropyl(1)-cyclopentenon(3) [Tanacetophoron], [A. **381**, 84; **388**, 49, 59].

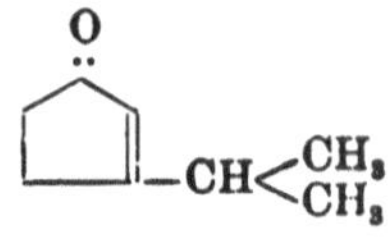

Darstellung: Aus *β*-Tanacetondicarbonsäureester [A. **388**, 51] durch Isopropylcyclopentanoncarbonsäureester hindurch (s. S. 511), ebenso aus *α*-Tanacetondicarbonsäure [A. **388**, 59] und aus Hydrochlorthujaketosäure (s. S. 512).

Eigenschaften: Kp. 212—214°, $d_{20} = 0{,}938$, $n_D = 1{,}4788$, $M =$ 37,47. Semicarbazon, F. 187—188°. (S. auch S. 512.)

1,3-Isopropylcyclopentanon [A. **381**, 83, 84; **388**, 59, 60].

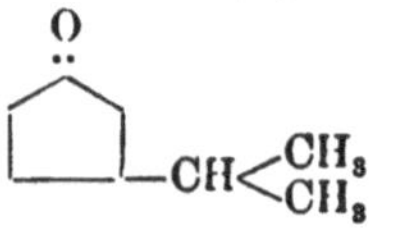

Darstellung: Durch direkte Reduktion von Tanacetophoron [A. **381**, 84] oder durch Spaltung der Isopropylpentanoncarbonsäure

[1] Die Verbindung wurde kürzlich von G. Blanc [Centralbl. **1907**, II, 2050] auf anderem Wege erhalten und die Konstitution bestätigt.

mit Alkali (s. auch S. 511) [A. **388**, 57] oder aus β-Isopropyladipinsäure [A. **381**, 83]. Wurde auch beim Abbau von Pinolon erhalten [A. **384**, 202].

Eigenschaften: Kp. 188—189°, $d_{21} = 0{,}9000$, $n_D = 1{,}4428$, riecht wie Cyclopentanon. Semicarbazon, F. ca. 190—191°. Dibenzylidenverbindung, F. 134—135°.

1,3-Isopropylcyclopentanon neigt sehr zur Selbstkondensation. Gibt mit Natriumäthylat:

Dicyclo-isopropylpenten-isopropylpentanon, $C_{16}H_{26}O$, F. 77—78°. Oxim, F. 149° (beginnt bei 125°). Semicarbazon, F. 192,5°. Gibt bei der Reduktion:

Dicyclo-isopropylpentyl-isopropylpentanol, $C_{16}H_{29}OH$, F. 71°. Phenylurethan, F. 106—107°.

Dicyclo-isopropylpentyl-isopropylpentanon, $C_{16}H_{28}O$, Kp.$_{11}$ 157—161°, erstarrt in Kältemischung.

Aus 1,3-Isopropylpentanon wurde ein Pinolon und Dihydropinolon synthetisch aufgebaut [A. **384**, 204], s. auch unter Pinolon S. 267.

Ferner wurde aus 1,3-Isopropylpentanon und Magnesiumjodmethyl

Methyl(1)-isopropyl(3)-cyclopentanol(1) [A. **388**, 61]

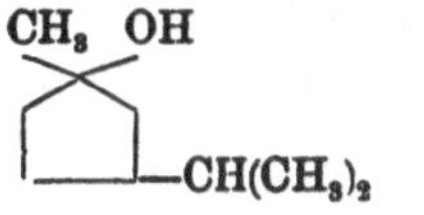

bereitet. Kp. 185—186°, F. 43—44°. Aus diesem Alkohol entsteht durch Wasserabspaltung der

Kohlenwasserstoff C_9H_{16}. Kp. 142—144°, $d_{20} = 0{,}7970$, $n_D = 1{,}4418$, $M = 41{,}15$. Nitrolpiperidid, F. 160°.

Die Verbindungen sind strukturidentisch mit den in der Fenchonreihe (aus Fenchelylamin) dargestellten, s. S. 545.

Isomere 1,3-Methyl-isopropylpentenone, $C_9H_{14}O$:

1. Pulegenon (I), Kp. 189—190°, s. S. 373.

2. Campherphoron (II), Kp. 199—200°, s. S. 567.

3. Δ^5-Methyl-isopropylpentenon-2 (III), oder Δ^1-Methyl-isopropylpentenon-5, (IV) [A. **369**, 96; **379**, 194], Kp. 192—196°. Semicarbazon, F. 210—212° und 149—150°.

I.
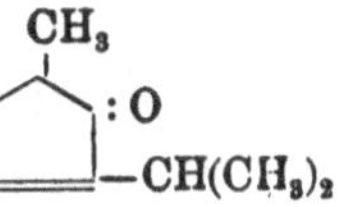

II.
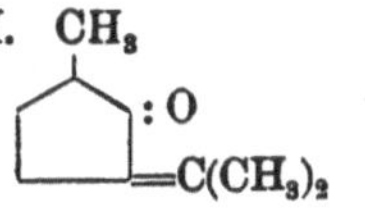

III.
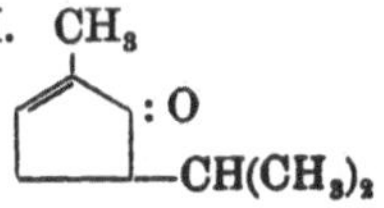

IV.
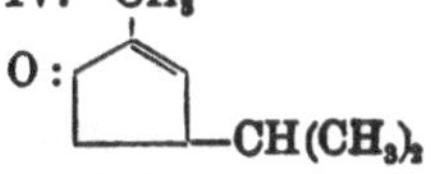

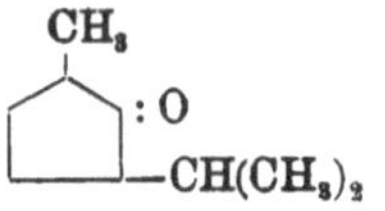

Methyl(1)-isopropyl(3)cyclopentanon(2),
(= Dihydropulegenon = Dihydrocampherphoron),
$C_9H_{16}O$.

Kp. 184—185°, s. S. 374.

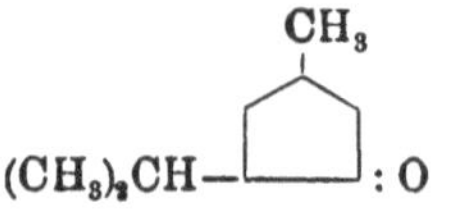

Methyl(1)-isopropyl(4)cyclopentanon(3),
$C_9H_{16}O$ [A. **394**, 374].

Darstellung: Durch Reduktion des zugehörigen Phorons $C_9H_{14}O$ (s. S. 400) mit Palladiumwasserstoff. Eigenschaften Kp. 186—187°, $d_{20} = 0{,}8850$, $n_D = 1{,}4392$. Riecht wie Menthon. Semicarbazon F. 179°. Oxim F. 66°. Gibt bei der Oxydation Ketosäure $C_9H_{16}O_3$ (Semicarbazon F. 164°, Oximsäure F. 76—77°), dann β-Methylglutarsäure.

Isothujon (I), $C_{10}H_{16}O$, Kp. 231—232°, s. S. 514.

Thujamenthon (II), $C_{10}H_{18}O$, Kp. 208—209°, s. S. 517.

Δ^1-Acetylcyclopenten (III), Kp. 172—174°, s. S. 411.

I.
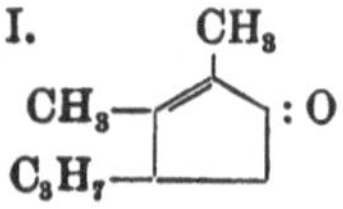
II.
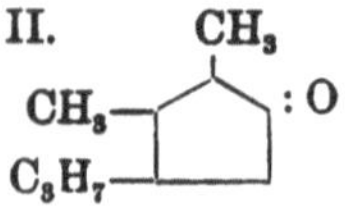
III.

Acetyl(1)-isopropyl(3)-cyclopenten:

I.
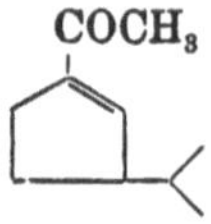
II.
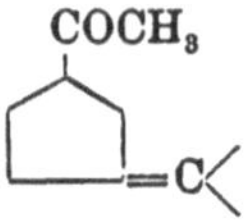
III.
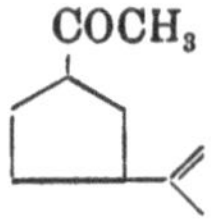

s. Isopinolon (Isocampher) (I), A. **392**, 75 und Pinolon (II und III) s. S. 261, 267.

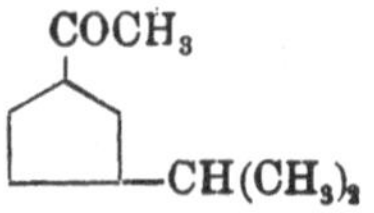

Acetyl(1)-isopropyl(3)-cyclopentan
(Dihydropinolon, Dihydroisocampher) [A. **392**, 71]
Kp. 211°, s. S. 267.

Spezielles über hexacyclische Verbindungen.

Cyclohexanon, $C_6H_{10}O$.

$$CO\langle\begin{matrix}CH_2-H_2C\\CH_2-H_2C\end{matrix}\rangle CH_2$$

Bildung aus Cyclopentylmethylamin, s. S. 395 [A. **353**, 325]. Reinigung A. **381**, 112 Anmerk.

Eigenschaften: [A. **353**, 330, 331]. Kp. 155°; d_{21}=0,947; n_D = 1,4503, erstarrt bei niederer Temperatur.

Cyclohexanon gibt beim direkten Bromieren [A. **343**, 40] ein Tetrabromid, $C_6H_6OBr_4$ (oder $C_6H_8OBr_4$), F. 119—120°. Beim Erhitzen für sich entstehen daraus: 1. 2,6-Dibromphenol, F. 55—56°, 2. Tribromid, $C_6H_5Br_3O$, F. 72—74°, 3. Verbindung F. 189—193°, in Alkohol sehr schwer löslich.

Abwandlung des Cyclohexanonoxims s. S. 409, 410.

Kondensation von Cyclohexanon mit Aldehyden.

Mit Hexahydrobenzaldehyd kondensiert sich Cyclohexanon zu der Verbindung $C_6H_6O(CHC_6H_{11})_2$, F. 89—90° (s. S. 414) [A. **347**, 334].

Mit Benzaldehyd entstehen je nach der Art der Kondensation
1. Monoaldol, F. 101—102° [G. N. **1907**, 402],
2. Dialdol, F. 161—162° [G. N. **1907**, 402] (s. S. 110),
3. Monobenzylidenverbindung, F. 53° [B. **40**, 71]. Oxim, F. 104°,
4. Dibenzylidenverbindung, F. 117°. Ferner wurden mit folgenden Aldehyden Kondensationsprodukte erhalten (auf 1 Mol. Keton 2 Mol. Aldehyd) [G. N. **1907**, 404]:

Kondensationsprodukt aus	F.
o-Nitrobenzaldehyd	142°
m-Nitrobenzaldehyd	190°
p-Nitrobenzaldehyd	205°
Dimethyl-p-Amidobenzaldehyd . . .	244°
o-Chlorbenzaldehyd	112°
p-Chlorbenzaldehyd	146,5°
Anisaldehyd.	159°
Zimtaldehyd	180°
Piperonal	189°
Cuminol	151°

Mit Salicylaldehyd entsteht bei der Kondensation mit HCl eine Anhydroverbindung $C_{20}H_{16}O_2$ von ganz analogem Verhalten, wie die entsprechende Pentanonverbindung (s. S. 394). Weiße Kristalle, F. 159°. Die Salze sind intensiv gefärbt.

Bei Verwendung von Cyclohexanon zu Kondensationsreaktionen in alkoholisch-alkalischen Lösungen entsteht manchmal eine bei 161° schmelzende Verbindung, die in den meisten Lösungsmitteln sehr schwer löslich ist und die Zusammensetzung von Dicyclohexenhexanon +1 Mol. Alkohol, $C_{12}H_{18}O + C_2H_6O = C_{14}H_{24}O_2$, aufweist.

Über das Kondensationsprodukt von Cyclohexanon mit Aceton s. S. 413.

Cyclohexanol, $C_6H_{11}OH$.

Verbindet sich mit Chlorcalcium zu einer mit Äther auswaschbaren Verbindung, die benutzt werden kann, um Hexanon von Hexanol zu trennen. [A. **381**, 112 Anm.]

Beim Erhitzen mit Kali im Autoklaven auf 180—190° verändert sich Cyclohexanon (unter vorausgehender Selbstkondensation). Es entstehen dabei folgende Produkte:

1. Dicyclohexenhexanon, $C_{12}H_{18}O$ (s. unten).
2. Verbindung $C_{18}H_{26}O$, F. 122—125°.
3. Der Kohlenwasserstoff, $C_{18}H_{24}$. F. 230°.
4. Säure, $C_{12}H_{20}O_2$. Kp.$_{19}$ 180—190°. Amid, F. 96—97°.
5. Säure, $C_{18}H_{28}O_2$. Kp.$_{23}$ 230—240°.

Oxymethylenhexanon, [A. **329**, 117],

$CH_2—CH_2-CO$
$CH_2—CH_2—C{=}CH(OH)$

Kp.$_{55}$ 98—100°. Gibt ein

Cyclisches Semicarbazon, $C_8H_{11}N_3O$, F. 183—185° (labile Form) und ca. 200° (stabile Form). Daraus

Pyrazol, $C_7H_{10}N_2$, gut kristallisiert, F. 84°.

Dicyclohexenhexanon $C_{12}H_{18}O$ [B. **29**, 2965; **40**, 70; A. **381**, 95; **389**, 169].

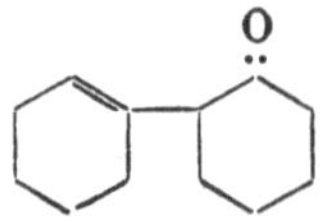
(?)

Entsteht bei der Selbstkondensation von Cyclohexanon durch Natriumäthylat oder Salzsäure. Öl.

Eigenschaften: Kp. 273—275°; $d_{18} = 1{,}005$; $n_D = 1{,}5082$; $M =$ 52,81 (ber. 52,92). Semicarbazon, F. 179—181°. Oxim, F. 146—151° (s. unten).

Hydrochlorid, $C_{12}H_{19}ClO$, F. 41—43°, bildet sich bei der Kondensation von Cyclohexanon mit HCl, gibt bei der Chlorwasserstoff-Abspaltung Cyclohexenhexanon.

Cyclohexenhexanol, $C_{12}H_{19}OH$⌈¯. [A. **381**, 97],

entsteht bei der Reduktion von Cyclohexenhexanon mit Natrium in alkoholischer Lösung oder auch, wenn man in Cyclohexanon, das in Toluol gelöst ist, Natrium einträgt.

Eigenschaften: Kp. 272—273°, F. 34—35°, $d_{19}=0{,}989$, $n_D = 1{,}5071$, $M = 54{,}17$. Phenylurethan, F. 118—119°. Gibt mit JH erhitzt: Dicyclohexyl, C_6H_{11}—C_6H_{11}. Kp. 227°, $d = 0{,}869$, $n_D = 1{,}4766$. Bei der Oxydation des Cyclohexenhexanols mit Permanganat entsteht:

1. ein Glycerol, $C_{12}H_{19}(OH)_3$. Kp.$_{10}$ 202—205°, erstarrt glasig.

2. (neben Adipinsäure) eine ungesättigte Ketosäure, $C_{12}H_{18}O_3$, 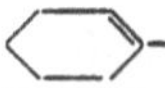—$COCH_2CH_2CH_2CH_2CO_2H$, Kp.$_{14}$ 205—215°. F. 74—75°. Kaum löslich in Wasser, schwer löslich in Äther und in Eisessig, sublimierbar.

Semicarbazon, F. 190—200°.

Die Säure gibt mit HCl die Verbindung $C_{12}H_{19}ClO_3$. F. 48—51°. Die Ketosäure $C_{12}H_{18}O_3$ entsteht nicht bei der Oxydation von Cyclohexenhexanon, aber bei der Oxydation von Cyclohexenhexylamin (s. unten). Sie läßt sich mit Palladiumwasserstoff zu einer gesättigten Säure $C_{12}H_{20}O_3$, F. 58° reduzieren (s. unten).

Cyclohexenhexylamin, $C_{12}H_{19}NH_2$ [A. **381**, 100],

entsteht bei der Reduktion des Cyclohexenhexanonoxims (F. 146—151°); fest, F. 33—35°, mit Wasserdampf schwer flüchtig. Gibt bei der Oxydation mit Permanganat die Ketosäure $C_{12}H_{18}O_3$, F. 74—75° (s. oben).

Cyclohexylhexanon, $C_{12}H_{20}O$
[A. **381**, 102ff.; **389**, 169ff.].

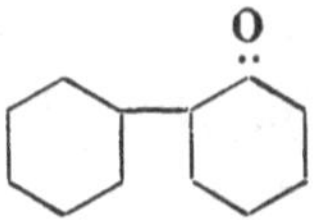

Darstellung: Durch Reduktion von Cyclohexenhexanon mit Palladiumwasserstoff.

Eigenschaften: Kp.$_{12}$ 137°, $d_{18}=0{,}978$, $n_D = 1{,}4887$, $M = 53{,}09$. Semicarbazon, F. 203° (unscharf). Oxim, F. 100° (s. unten). Monobenzylidenverbindung, F. 100°.

Oxydationsprodukte aus Cyclohexylhexanon
[A. **381**, 105, 110; **389**; 173].

Das Cyclohexylhexanon gibt bei der Oxydation mit Chromsäure eine Ketosäure, $C_{12}H_{20}O_3$:

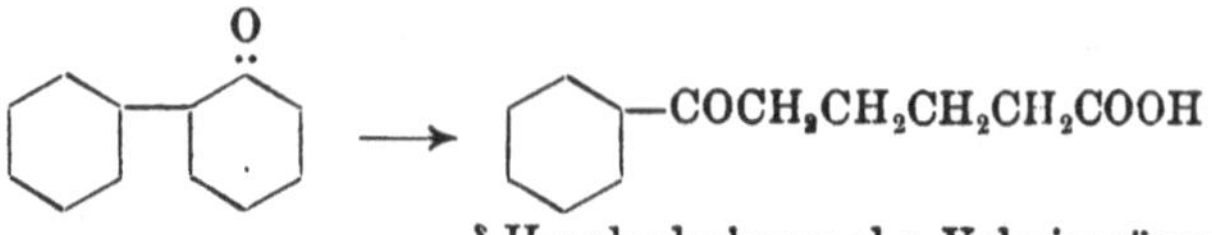

δ-Hexahydrobenzoyl-n-Valeriansäure

Dieselbe Säure, F. 58⁰, erhält man auch bei der Reduktion der ungesättigten Ketosäure $C_{12}H_{18}O_3$, F. 74—75⁰ (die aus Cyclohexenhexanol bei der Oxydation entsteht, s. oben S. 407) mit Palladiumwasserstoff. [A. **381**, 105].

Semicarbazon, F. 172—173⁰. Oximsäure, F. 105⁰.

Ketosäureamid, F. 105⁰.

Methylester, $C_{12}H_{19}O_2OCH_3$. $Kp._{13}$ 173⁰; $d_{18} = 1{,}0175$; $n_D = 1.4658$.

Bei der Einwirkung von Natrium auf den Ester 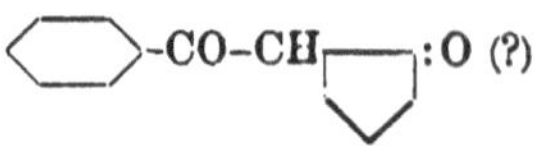 entsteht ein Diketon, $C_{12}H_{18}O_2$ [A. **381**, 107 ff.]. Gibt ein Kupfersalz. Das aus diesem regenerierte Keton hat $Kp._{11}$ 150⁰, wird mit Ferrichlorid violett, ist in Natronlauge löslich, gibt kein Semicarbazon, läßt sich methylisieren zu $C_{13}H_{20}O_2$ =

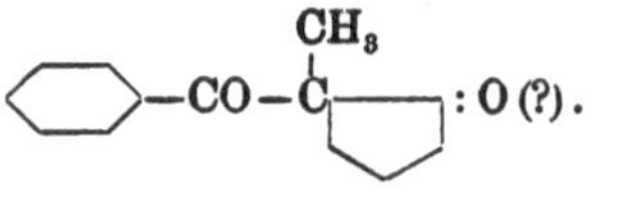

Dies Diketon gibt kein Kupfersalz, ist unlöslich in Natronlauge, färbt sich nicht mit Ferrichlorid, gibt aber ein sehr schwer lösliches Semicarbazon, F. 203⁰.

Die Ketosäure $C_{12}H_{20}O_3$ F. 58⁰ gibt bei der Reduktion mit Natrium in alkoholischer Lösung eine Oxysäure, die bei der Destillation unter 12 mm in ein Lacton $C_{12}H_{20}O_2$, F. 56⁰, übergeht. Dies Lacton gibt beim Erwärmen mit verdünnter Schwefelsäure eine ungesättigte Säure, $C_{12}H_{20}O_2$, $Kp._{20}$ 182—186⁰ [A. **389**, 176].

Die Ketoximsäure, $C_{12}H_{20}O_2$:NOH, F. 105⁰ (s. oben) läßt sich zu dem Amid $C_6H_{11}NH \cdot CO(CH_2)_4CO_2H$ umlagern [A. **389**, 175], F. 133 bis 134⁰, das sich zu Cyclohexylamin und Adipinsäure aufspalten läßt.

Abwandlungen des Cyclohexylhexanonoxims [A. **389**, 169 ff.].

Das bei 100⁰ schmelzende Oxim (s. S. 407) läßt sich mit Schwefelsäure fast quantitativ zu einem Isoxim umlagern, dem die Formel

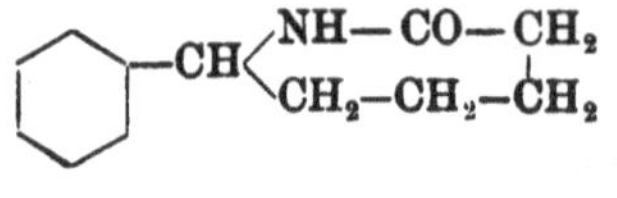

zukommt. Das Isoxim, F. 145—146⁰ ist in Wasser fast unlöslich, in Alkohol und Äther schwer löslich. Läßt sich durch Erhitzen mit Salzsäure aufspalten zu

ε-Cyclohexyl-ε-amido-n-capronsäure.
$C_6H_{11} \cdot CH(NH_2)CH_2CH_2CH_2CH_2COOH$.

F. 203° unter Zersetzung, in Wasser leicht, in Alkohol schwer, in Äther unlöslich. Benzoylverbindung F. 228°. Die Amidosäure gibt bei der Oxydation mit Permanganat die Ketosäure $C_{12}H_{20}O_3$, die man auch aus Cyclohexylhexanon erhält; mit N_2O_3 liefert sie ein Gemisch von der oben erwähnten Oxysäure (zugehöriges Lacton $C_{12}H_{20}O_2$ F. 56°) und ungesättigter Säure. Letztere gibt bei der Oxydation auch wieder die Ketosäure $C_{12}H_{20}O_3$.

Cyclohexylhexanol, $C_6H_{11}—C_6H_{10}OH$ [A. **381**, 104].

Entsteht aus Cyclohexylhexanon durch Reduktion mit Natrium. Eigenschaften: Kp. 264°. F. 42°. Phenylurethan, F. 117°. Der Alkohol gibt bei der Wasserentziehung:

Cyclohexylhexen 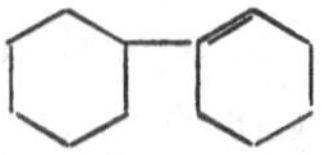

Kp. 237°, $d_{20} = 0{,}9010$; $n_D = 1{,}4910$, $M = 52{,}72$.
Nitrosochlorid, F. 140°. Reaktionsträge.

Cyclohexanonpinakon, [Bicyclohexyldiol(1,1)], $C_6H_{10}OH—C_6H_{10}OH$.

Entsteht bei der Reduktion von Cyclohexanon mit Natrium. F. 128—129°. Liefert bei der Wasserentziehung:

$\Delta^{1,1}$-Dicyclohexen,  [A. **381**, 112].

Kp. 250—253°; Kp.$_{15}$ 120—125°; $d_{20} = 0{,}9485$; $n_D = 1{,}5287$; $M = 52{,}65$. Dibromhydrat, $C_{12}H_{20}Br_2$, F. 68—69°.

Cyclohexylamin, $C_6H_{11} \cdot NH_2$ [A. **343**, 46].

Erhalten durch Reduktion von Hexanonoxim und Hexanonisoxim. Kp. 135—138°, $d = 0{,}863$, $n_D = 1{,}4574$ bei 24°.

Chlorhydrat, F. 203—204°. Benzoylverbindung, F. 149°. Harnstoff, F. 195—196°. Platinsalz, sehr löslich. Trimethylammoniumjodid, $C_6H_{11}N(CH_3)_3J$, F. 260°.

Cyclodihexylamin, $(C_6H_{11})_2NH$ [A. **343**, 61].

Dargestellt aus Cyclohexanon und Ammoniumformiat.
Kp. 251—252°, $d = 0{,}925$, $n_D = 1{,}4861$ bei 18°.

Chlorhydrat, schwer löslich. Oxalat, schwer löslich. Rhodanat, schwer löslich. Nitrosamin, F. 105—106.

Cyclobenzylhexylamin, $\begin{matrix} C_6H_5CH_2 \\ C_6H_{11} \end{matrix}\!\!>\!NH$ [A. **343**, 63].

Dargestellt aus Cyclohexanon, Benzylamin und Ameisensäure. Kp. 281—282°. Chlorhydrat und Rhodanat kristallisieren gut.

Cyclohexanonisoxim, $\begin{matrix} CH_2 \cdot CH_2 - CH_2 \\ | \\ CH_2 \cdot CH_2 - CO \end{matrix}\!\!>\!HN$ [A. **312**, 187; **343**, 43].

Entsteht aus dem bei 85° schmelzenden Cyclohexanonoxim durch Umlagerung.

Kp.$_{12}$ 139°, sehr löslich in Wasser, zerfließt an feuchter Luft. Kristallisiert aus Äther in Prismen vom F. 68—70°.

Chlorhydrat, zerfließlich. Goldsalz, $(C_6H_{11}NO)_2 \cdot HCl \cdot AuCl_3$, F. 73—75°. Das Isoxim spaltet sich mit Säuren leicht auf zu ε-Amido-n-capronsäure (ε-Leucin) [A. **312**, 188; **343**, 44], F. 201—202°, gibt bei der Oxydation mit Permanganat n-Adipinsäure, F. 149—150° [A. **343**, 44], mit salpetriger Säure entsteht ein Gemisch von δ, ε- und γ, δ-Hexensäure [A. **312**, 190; **343**, 48], Kp. 208—210°, $d = 0{,}962$, $n_D = 1{,}4345$ bei 23°.

Das Isoxim gibt bei der Reduktion [A. **324**, 292; **343**, 45] eine Sauerstoffhaltige Base $C_6H_{15}NO$ (?), Kp. 238—241°, F. 55—56°. Daneben entstehen sauerstoffreie Produkte (Cyclohexylamin, s. S. 409).

Cyclohexennitrosochlorid, $C_6H_{10} \cdot NOCl$ [A. **343**, 49].

Sehr beständig; gibt mit Salzsäure abspaltenden Agenzien kein Oxim.

Cyclohexanolessigsäure,
[A. **343**, 51; **347**, 328; **353**, 285 ff.].

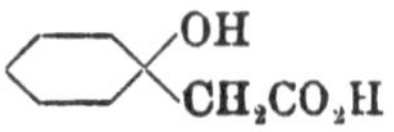

Entsteht aus Cyclohexanon, Bromessigester und Zink und Verseifung des sich bildenden Esters. F. 63—64°, Kp.$_{12}$ 164—166°.

Methylester, Kp.$_{12}$ 110—120°. Säure und Ester tauschen mit Halogenwasserstoff Hydroxyl leicht gegen Halogen aus.

Monochlorcyclohexylessigsäure, F. 83°.

Monobromcyclohexylessigsäure, F. 89—90°.

Monojodcyclohexylessigsäure, F. 99—100°.

Cyclohexenessigsäure, $C_8H_{12}O_2$
[A. **343**, 51; **353**, 290ff.; **359**, 308; **365**, 261; **381**, 94].

Die Säure wird in zwei isomeren Modifikationen erhalten [A. **353**, 287ff.], die je nach der Art der Wasserabspaltung aus der Cyclohexanolessigsäure (oder deren Ester und nachfolgender Verseifung) in ganz verschiedenen Mengen auftreten [A. **365**, 257].

1. Bei Anwendung von Bisulfat oder P_2O_5 entsteht in der Hauptmenge die Δ^1-Hexenessigsäure: —CH_2CO_2H. F. 37—38°, Kp.$_{12}$ 140°, riecht nach Fettsäuren, flüchtig. Gibt beim Kochen mit Schwefelsäure ein Lacton.

Methylester, Kp.$_{12}$ 105°, Amid, F. 152—153° [A. **353**, 292].

Dibromid, $C_8H_{12}Br_2O_2$, F. 119—120°, zerfällt mit Soda zu einem gebromten Lacton.

2. Bei der Wasserabspaltung mit Essigsäureanhydrid entsteht aus der Oxysäure wesentlich die

$\Delta^{1(7)}$-Hexenessigsäure =CH·CO_2H. F. 91—92°. Gibt bei der Oxydation mit $KMnO_4$ Cyclohexanon [A. **353**, 288]. Amid, F. 147–148°.

Dibromid, $C_8H_{12}Br_2O_2$, F. 133—134°. Löst sich in Soda.

Durch Addition von Halogenwasserstoff entstehen aus beiden Cyclohexenessigsäuren dieselben oben aufgeführten Monohalogencyclohexylessigsäuren, welche auch aus Cyclohexanolessigsäure erhalten wurden.

Beide Cyclohexenessigsäuren lassen sich durch Reduktion mit Palladiumwasserstoff in Cyclohexylessigsäure verwandeln [A. **381**, 94.].

Oxydationsprodukte aus Δ^1-Cyclohexenessigsäure, F. 37—38°
[A. **353**, 293; **359**, 308ff.; B. **42**, 145].

Bei der Oxydation mit Permanganat wurde erhalten:

1. δ-Acetylvaleriansäure.

2. Δ^1-Acetylcyclopenten, $C_7H_{10}O$, —$COCH_3$ [A. **365**, 275], welches in kleiner Menge auch bei der Oxydation von Δ^1-Methylcyclohexen auftritt (s. S. 424) und folgende Eigenschaften hat: Kp. 172—174°, $d = 0{,}9445$, $n_D = 1{,}4719$ bei 17°, $M = 32{,}59$. Semicarbazon F. 202 bis 204°, Oxim F. 90—91°, Benzoyloxim F. 116—117°. Ein Vergleich der anfangs unaufgeklärten Verbindung $C_7H_{10}O$ mit Δ^1-Tetrahydrobenzaldehyd und Δ^1-1,2-Methylcyclohexenon ergab die vollkommene Verschiedenheit der drei Substanzen:

	Vergleich der Verbindungen $C_7H_{10}O$		
	Δ^1-Tetrahydrobenzaldehyd	Δ^1-Methylcyclohexenon	Aus Cyclohexenessigsäure
Oxim . . . . . F.	97—99°	62—63°	90—91°
Benzoyloxim . . F.	101—102°	142—143°	116—117°
Semicarbazon . F.	212—213°	211—212°	202—204°

Die Verbindung aus Hexenessigsäure gab bei der Oxydation mit Chromsäure Glutarsäure und erwies sich, worauf W. H. Perkin zuerst hindeutete [J. Chem. Soc. **1908**, 1946], als identisch mit Acetylcyclopenten.

Cyclohexylessigsäure 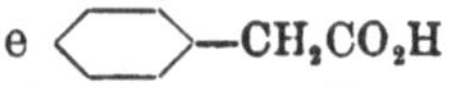
[A. **353**, 295ff.; **381**, 94; **394**, 377].

Entsteht durch Reduktion von Monobrom- oder Monojodcyclohexylessigsäure oder besser von Cyclohexenessigsäure (s. oben); kann auch gut durch Oxydation von Cyclohexylaceton mit Hypobromit dargestellt werden (s. unten). F. 30—31°, Kp. 245—247°.

Cyclohexylacetamid, $C_6H_{11}\cdot CH_2CONH_2$, F. 168°.

Cyclohexylacetonitril, $C_6H_{11}\cdot CH_2CN$ [A. **353**, 297; **359**, 311], Kp. 215°, $d = 0{,}913$, $n_D = 1{,}4575$ bei 18°. Aus dem Cyclohexylacetamid entsteht durch Umsetzung mit Brom und Natronlauge

Cyclohexylmethylamin, $C_6H_{11}\cdot CH_2NH_2$, (Hexahydrobenzylamin). 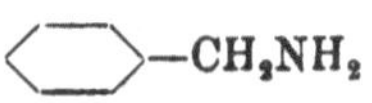

Eigenschaften: Kp. 162—164°. Chlorhydrat, F. oberhalb 210°. Carbamid, F. 170—172°. Trimethylammoniumjodid, $C_6H_{11}\cdot CH_2N(CH_3)_3J$, F. 225°. Chloroplatinat, F. 240° unter Zersetzung.

Beim Behandeln mit salpetriger Säure geht das Cyclohexylmethylamin über in Cycloheptanol [A. **353**, 326] (s. S. 38).

Durch Reduktion des Cyclohexylacetonitrils entsteht

Cyclohexyläthylamin, $C_6H_{11}\cdot CH_2\cdot CH_2\cdot NH_2$ [A. **353**, 297; **359**, 312].

Kp. 188—189°, $d = 0{,}8700$, $n_D = 1{,}4647$ bei 19°. Chlorhydrat, F. 252—253°. Carbamid, F. 85—86°. Die Base gibt bei der Umsetzung ihres Nitrits: Kohlenwasserstoff (Cyclohexyläthylen), Cyclohexylacetaldehyd (Semicarbazon, F. 132—134°) und Cyclohexylmethylketon.

Trimethylammoniumjodid, $C_6H_{11}\cdot CH_2CH_2N(CH_3)_3J$, F. 221 bis 222°. Platinsalz aus dem Ammoniumchlorid, F. 253—254°.

Durch Destillation von cyclohexylessigsaurem Kalk entsteht

Dicyclohexylaceton $—CH_2—CO—CH_2—$ [A. **353**, 300].

Erstarrt bei niedriger Temperatur. Semicarbazon, F. 142—145°. Durch Destillation eines Gemisches von cyclohexylessigsaurem und essigsaurem Kalk entsteht [A. **353**, 300] Cyclohexylaceton (s. unten).

Cyclohexenaceton $—CH_2COCH_3$ [A. **394**, 377].

Entsteht bei der Kondensation von Cyclohexanon mit Aceton. Eigenschaften: Kp. 203—204°, $d_{19} = 0{,}9375$, $n_D = 1{,}4736$. Semicarbazon, F. 144—145°, in Äther unlöslich und F. 137°, in Äther löslich. Oxim, $Kp._{20}$ 135. Gibt bei der Reduktion:

Cyclohexylaceton $—CH_2COCH_3$ [A. **353**, 300; **394**, 377].

Eigenschaften: Kp. 200°, $d_{20} = 0{,}9050$, $n_D = 1{,}4514$, $M = 41{,}68$. Semicarbazon, F. 171—172° [bzw. 182°, s. A. **397**, 196 Anm.]. Das Cyclohexylaceton gibt mit Hypobromit glatt Cyclohexylessigsäure, F. 30—31°. Man kann das Keton auch durch Destillation eines Gemenges von cyclohexylessigsaurem und essigsaurem Salz bereiten [s. o.].

Methencyclohexan 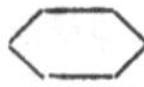$=CH_2$.
[A. **347**, 329; **353**, 287; **359**, 291; **365**, 262].

Entsteht (vermengt mit Isomeren) aus ganz trockner kristallisierter Cyclohexenessigsäure durch langsame Destillation bei gewöhnlichem Druck.

Kp. 103°, $d_{19} = 0{,}8020$, $n_D = 1{,}4499$, $M = 32{,}17$.

Das Methencyclohexan absorbiert leicht HCl und gibt ein bei 151—152° unter Zersetzung siedendes Chlorid $C_7H_{13}Cl$. Mit alkoholischer Schwefelsäure wird es leicht zu Δ^1-Methylhexen invertiert[1] (s. S. 423). Bei der Hydratation liefert es Methyl-1-cyclohexanol-1, Kp. 156°, bei der Oxydation mit Permanganat neben Cyclohexanon ein Glycol, F. 76—77° (s. S. 414).

---

[1] Vergleich zwischen Methencyclohexan 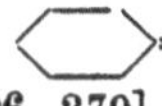$=CH_2$ und Δ^1-Methylcyclohexen $—CH_3$ s. S. 424 [A. **359**, 304; **396**, 270].

Methencyclohexannitrosochlorid, $(C_7H_{12}NOCl)_2$, ist schwer löslich. Nitrolpiperidid, F. 127°.

Das Nitrosochlorid gibt bei der Salzsäureabspaltung unter Anwendung von Natriumacetat und Eisessig das Aldoxim 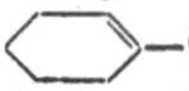—CH:NOH, F. 97—99°, Benzoylverbindung F. 101—102°. Bei der Zerlegung mit Säuren entsteht aus dem Oxim:

Δ^1-Tetrahydrobenzaldehyd [A. **347**, 337; **359**, 292].

$CH_2—CH_2—CH_2$
$CH_2—CH{=}C·COH$

Nach bittern Mandeln riechendes Öl. Semicarbazon, F. 212—213°.

Glycol [A. **347**, 331; **359**, 299; **365**, 263].

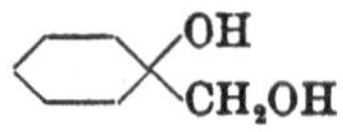

F. 76—77°. Große Kristalle. Entsteht bei der Oxydation von Methencyklohexan. Liefert mit Säuren:

Hexahydrobenzaldehyd —COH [A. **347**, 331].

Eigenschaften: Kp. 161—163°, $d = 0{,}9263$, $n_D = 1{,}4495$ bei 19°. In Wasser ziemlich löslich. Riecht wie Bittermandelöl und Fettaldehyde.

Semicarbazon, F. 167—168°, in Wasser ziemlich löslich.

Phenylhydrazid, wenig beständige, rötlich gefärbte Prismen.

Mit Ammoniak in ätherischer Lösung entsteht aus Hexahydrobenzaldehyd die Verbindung $C_7H_{12}NH$(?), F. 104—105° unter Zersetzung.

Hexahydrobenzaldehyd polymerisiert sich leicht zu der Verbindung $(C_7H_{12}O)_2$, Öl, $Kp._{11}$ 150—155°. Mit Säuren entsteht eine in Alkohol sehr schwer lösliche Verbindung $(C_7H_{12}O)_3$, F. 202 bis 203°.

Kondensationsprodukt des Aldehyds mit 2 Mol. Cyclohexanon, $C_{20}H_{30}O$ (s. S. 110 und 405), farblose Verbindung, F. 89 bis 90°.

Cyclohexanolpropionsäure [A. **360**, 44; **389**, 189]

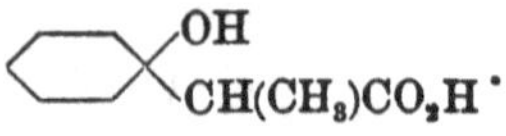

F. 55°.

Ester, $Kp._{20}$ 135—136°, $Kp._{12}$ 125—127°. Daraus entsteht durch Wasserabspaltung und Verseifung

Cyclohexenpropionsäure. $Kp._{13}$ 148—150°.
Aus Cyclohexanolpropionsäure entsteht beim Destillieren:

Cyclohexenäthan (Äthylidencyclohexan) 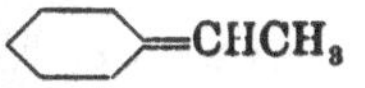

[A. **360**, 45; **389**, 189].

Kp. 139°, $d = 0{,}8220$, $n_D = 1{,}4626$ bei 20°, $M = 36{,}83$. Nitrosochlorid, F. 132°. Nitrolpiperidid, F. 116—117°.

Methoxyloxim 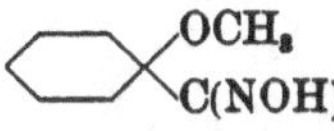

, F. 85—86°.

Acetoxyloxim 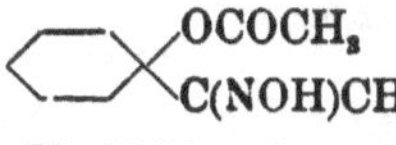

, F. 103°.

Das Acetoxyloxim F. 103° geht mit verdünnter Schwefelsäure teils in das Oxy(1)-acetyl(1)cyclohexan 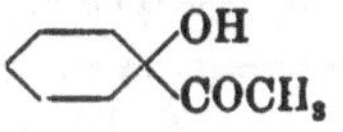

über, Semicarbazon F. 196°, teils in Tetrahydroacetophenon (s. unten).

Δ^1-Acetylcyclohexen (Tetrahydroacetophenon) 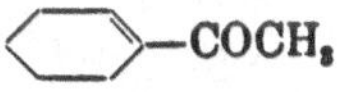

[A. **360**, 46; **389**, 191].

Kp. 201—202°, $d = 0{,}9655$, $n_D = 1{,}4881$ bei 20°. (Aus dem Oxim regeneriert). Semicarbazon, F. 220—221°. Oxim, F. 99°, entsteht bei der Umsetzung des Nitrosochlorids F. 132° aus Cyclohexenäthan mit Dimethylanilin (neben Acetophenonoxim) oder besser mit Natriumacetat und Eisessig [A. **360**, 46].

Acetylcyclohexan (Hexahydroacetophenon) 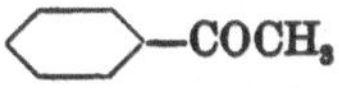

[A. **360**, 47; **389**, 192].

Wurde aus dem Tetrahydroacetophenon bereitet. Semicarbazon, F. 177°, p-Nitrophenylhydrazon, F. 154°. Tetrahydroacetophenon entsteht auch aus dem Nitrosochlorid des Cyclohexenäthans F. 132° bei direkter Reduktion mit Zink und Essigsäure neben einer Base 

.

Δ^1-Äthylcyclohexen 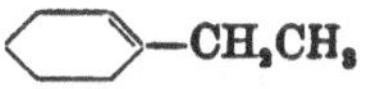

[A. **360**, 48].

Entsteht aus dem Cyclohexenäthan durch Erwärmen mit alkoholischer Schwefelsäure: Kp. 134—136°, $d = 0{,}8235$, $n_D = 1{,}4591$, $M = 36{,}52$. Der Kohlenwasserstoff kann auch aus dem Äthyl-1-cyclohexanol-1 durch Wasserabspaltung mit Chlorzink dargestellt werden

[A. **360**, 50]: Kp. 134—135°, $d = 0{,}8260$, $n_D = 1{,}4576$, $M = 36{,}31$. Er addiert leicht Nitrosylchlorid. Nitrolpiperidid, F. 149°.

Oxim (aus Nitrosochlorid) 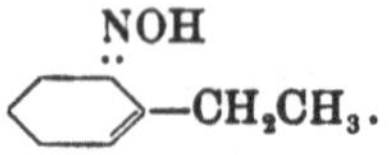 F. 57°.

Δ^1-Äthyl(1)cyclohexenon-6 [A. **360**, 49] 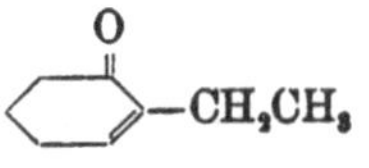

(dargestellt aus dem Oxim F. 57°). Kp. 195—200°. Riecht ähnlich wie Cyclohexanon. Semicarbazon, F. 175°.

Vergleichende Übersicht über das Verhalten der isomeren Kohlenwasserstoffe C_8H_{14} und ihrer Derivate [A. **360**, 50].

	sem. Äthylidenhexan aus Cyclohexenpropionsäure	Δ^1-Äthylcyclohexen aus Äthylidenhexan durch Inversion	Δ^1-Äthylcyclohexen aus Äthylcyclohexanol durch Wasserabspaltung
Kp.	137—138°	134—136°	134—135°
d	0,8225	0,8235	0,8260
n_D	1,4631	1,4591	1,4576
M (berechnet 36,43)	36,82	36,52	36,31
Nitrolpiperidid F.	116—117°	149°	149°
Oxim (aus Nitrosochlorid)	99°	56°	58°
Semicarbazon des Ketons aus Oxim	220—221°	175°	174—175°

Cyclohexanol-normal-α-buttersäureester [A. **360**, 55]. 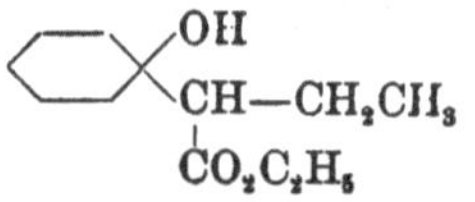

Kp.$_{16}$ etwa 145—150°. Daraus entsteht durch Wasserabspaltung ein ungesättigter Ester. Kp.$_{14}$ 122—127°. Daraus eine ungesättigte Säure, deren BrH-Additionsprodukt bei 107—108° schmilzt. Die Säure liefert bei der trocknen Destillation wesentlich

Cyclohexenpropan 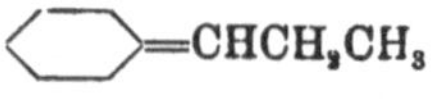 [A. **360**, 56].

Kp. 157—158°, $d = 0{,}8210$, $n_D = 1{,}4631$ bei 19°, $M = 41{,}60$.

Nitrosochlorid, F. 119°. Nitrolpiperidid, F. 123°.

Methoxyloxim 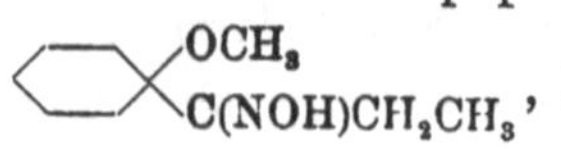, F. 100—101°.

Δ^1-Cyclopropylhexen —$CH_2CH_2CH_3$ [A. **360**, 58].

Aus Cyclohexenpropan durch Inversion mit Schwefelsäure oder aus n-Propyl-1-cyclohexanol-1 durch H_2O-Abspaltung dargestellt: Kp. 154,5—155,5°, $d = 0{,}838$, $n_D = 1{,}4579$ bei 19°, $M = 40{,}37$. Nitrosochlorid, F. 104°. Nitrolpiperidid, F. 126—128°. Das Oxim (aus Nitrosochlorid) gibt mit Säure umgesetzt ein Keton, dessen Semicarbazon bei 140—141° schmilzt.

Cyclohexanolisobuttersäureester [A. **360**, 68]  OH / $C(CH_3)_2—CO_2C_2H_5$

liefert nach der Wasserabspaltung und Verseifung

Cyclohexenisobuttersäure —$C(CH_3)_2CO_2H$, Prismen, F. 71 bis 72°. Gibt beim Destillieren unter CO_2-Abspaltung:

Isopropylidencyclohexan =$C(CH_3)_2$ [A. **360**, 68].

Kp. 160—161°, erstarrt in flüssiger Luft kristallinisch. $d = 0{,}836$, $n_D = 1{,}4723$ bei 20°, $M = 41{,}56$. Gibt bei der Oxydation mit Permanganat Cyclohexanon und das bei 82° schmelzende Glycol 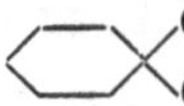 OH / $C(OH)(CH_3)_2$.

Nitrosochlorid. Mit Wasserdämpfen leicht flüchtiges, nach Campher riechendes, tiefblau gefärbtes Öl, das nach und nach zu farblosen, bei 83° schmelzenden Kristallen erstarrt.

Das Isopropylidencyclohexan geht beim Erwärmen mit alkoholischer Schwefelsäure über in

Isopropylhexen 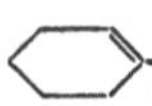—$CH(CH_3)_2$ [A. **360**, 69].

Kp. 155—157°, $d = 0{,}829$, $n_D = 1{,}4606$, $M = 41{,}02$. Gibt ein sehr beständiges festes Nitrosochlorid, das aus Benzol in Prismen kristallisiert, F. 129—130°. Daraus wurde durch Salzsäureabspaltung ein Oxim, F. 72°, gewonnen, aus diesem Isopropyl-1-hexenon-2 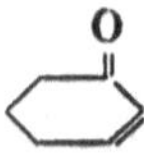—$CH(CH_3)_2$. Semicarbazon, F. 165—166°.

1,2-Methylcyclohexanon [A. **329**, 368; **346**, 250; **347**, 337].

$CH_2—CH_2—CH(CH_3)$
$CH_2—CH_2—CO$

Wurde durch Abwandlung aus 1,3-Methylcyclohexanon durch das Tetrahydrotoluol und 1,2-Methylcyclohexanol (s. S. 27 und S. 420) hindurch erhalten.

Eigenschaften: Kp. 165°, $d = 0{,}923$, $n_D = 1{,}4461$ bei 21,5°. Erstarrt bei niederer Temperatur zu einer kristallinischen Masse, zeigt wenig Neigung zur Selbstkondensation und geht auch mit m-Nitrobenzaldehyd in alkoholischer Lösung bei Zusatz von etwas Natronlauge keine Kondensation ein. Das Ausbleiben dieser Reaktion erlaubt es, aus dem 1,2-Methylcyclohexanon ähnliche Ketone (Cyclohexanon, 1,3- und 1,4-Cyclomethylhexanon), welche schwerlösliche Kondensationsprodukte mit m-Nitrobenzaldehyd liefern, und welche als Verunreinigungen in dem technischen Präparat vorkommen können, abzuscheiden [G. N. **1907**, 400]. Das 1,2-Methylcyclohexanon gibt bei der Oxydation mit Chromsäure [**329**, 377] δ-Acetylvaleriansäure, F. 50° (Semicarbazon, F. 144—146°), die bei Behandlung mit Bromlauge n-Adipinsäure (F. 149—150°) liefert.

Semicarbazon des 1,2-Methylhexanons, F. 191—192°, sehr schwer löslich in Alkohol.

Monobenzylidenverbindung, ölig.

Oxim, F. 43—44°, Benzoylverbindung, F. 70—72°.

Isoxim [A. **346**, 251], F. 90—91°, sehr löslich in Chloroform und Wasser. Das Chlorhydrat ist in Äther unlöslich.

1,2-Methylcyclohexanol, $C_7H_{13}OH$ [A. **329**, 375].

Kp. 168—170°, $d = 0{,}921$, $n_D = 1{,}4696$. Gibt bei der Wasserabspaltung Δ^1-Methylcyclohexen —CH_3 [A. **359**, 307]. Eigenschaften s. S. 423.

Phenylurethan, F. 103—104°.

Δ^1-Dimethyl(1,2)-cyclohexen, [A. **396**, 278].

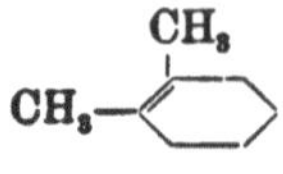

Entsteht durch Wasserabspaltung aus dem tertiären Dimethyl(1,2)-cyclohexanol-(1)

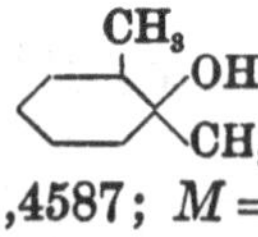

Eigenschaften: Kp. 135—137°; $d_{20} = 0{,}824$; $n_D = 1{,}4587$; $M = 36{,}47$. Gibt blaues, mit Wasserdämpfen flüchtiges Nitrosochlorid, das campherartig riechende farblose Kristalle absetzt, F. 58—60°. Mit Brom: Dibromid, $C_8H_{14}Br_2$, F. 154—156°.

Liefert, mit Permanganat oxydiert, Glycol, F. ca. 38—39°.

1,2-Methylcyclohexanolessigsäure $\begin{array}{l} CH_2-CH_2-CH(CH_3) \\ CH_2-CH_2-C(OH)CH_2\cdot COOH \end{array}$
[A. **347**, 338]. F. 67—68°.

1,2-Methylcyclohexenessigsäure. Ölig.

Methylester, Kp.$_{12}$ 115—125°. Gibt bei der Destillation unter gewöhnlichem Druck

1,2-Methenmethylcyclohexan $\begin{array}{l} CH_2-CH_2-CH(CH_3) \\ CH_2-CH_2-C{=}CH_2 \end{array}$
[A. **347**, 338].

Kp. 122–125°, $d = 0{,}808$, $n_D = 1{,}4516$ bei 22°, $M = 36{,}70$. Daraus entsteht bei der Oxydation mit Permanganat neben 1,2-Methylhexanon das Glycol $\begin{array}{l} CH_2-CH_2-CH(CH_3) \\ CH_2-CH_2-C(OH)CH_2(OH) \end{array}$. F. 59—60°. Gibt mit Säuren

Hexahydro-o-tolylaldehyd $\begin{array}{l} CH_2-CH_2-CH(CH_3) \\ CH_2-CH_2-CHCOH \end{array}$.

Semicarbazon, F. 136—137°.

Aus dem Nitrosochlorid des 1,2-Methenmethylcyclohexanons entsteht durch Salzsäureabspaltung das Oxim des Δ^1-Tetrahydro-o-tolylaldehyds. Semicarbazon, F. 208—212°.

1,2-Methylcyclohexenisobuttersäure
[A. **360**, 80].

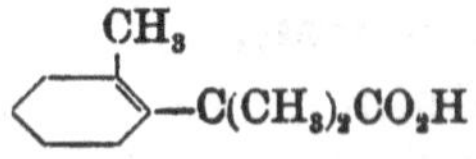

Kp.$_{16}$ 162—164°. Gibt bei Destillation unter gewöhnlichem Druck

o-Menthen

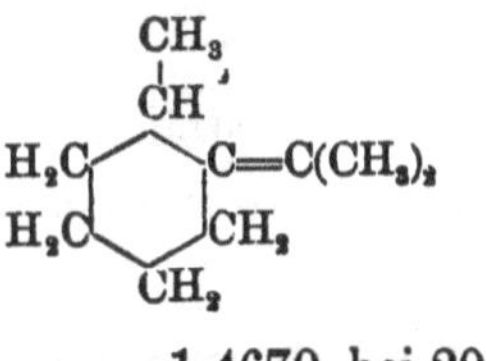

Kp. 160—162°, $d = 0{,}8345$, $n_D = 1{,}4670$ bei 20°, $M = 45{,}88$.[1] Verbindet sich mit NOCl zu einem flüchtigen blauen Additionsprodukt. Scheint sich mit Schwefelsäure nur langsam zu isomerisieren.

1,2-Methylcyclohexenaceton
[A. **394**, 383].

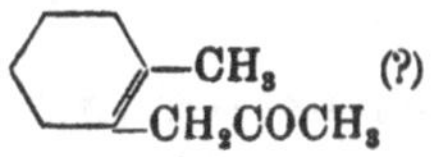

Entsteht bei der Kondensation von 1,2-Methylcyclohexanon mit Aceton.

[1] Die angegebenen Konstanten sind noch mit Unsicherheiten behaftet.

Kp. 216—217°, d_{19} = 0,936, n_D = 1,4778, M = 45,95. Liefert bei der Reduktion mit Palladiumwasserstoff:

1,2-Methylcyclohexylaceton 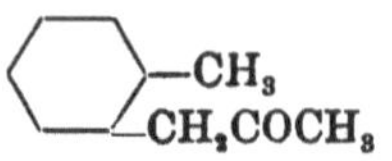
[A. **394**, 384].

Eigenschaften: Kp. 212—214°; d_{21} = 0,9050; n_D = 1,4546. Semicarbazon, F. 179°.

Das Keton gibt mit Hypobromit: 1-Methylcyclohexylessigsäure 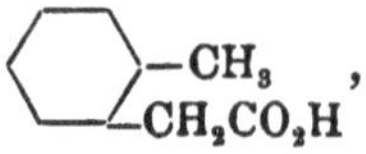, flüssig. Amid, F. 160—161°.

1,2-Methylcyclohexenon $CH_2—CH{=}C(CH_3)$ / $CH_2—CH_2—CO$
[A. **329**, 368; **359**, 303; B. **35**, 2823].

Wurde aus dem 1,3-Methylcyclohexanon durch das Tetrahydrotoluol hindurch erhalten (s. S. 423).

Eigenschaften: Kp. 178—179°, d = 0,9660, n_D = 1,4833 bei 20°. Bei der Reduktion mit Natrium in alkoholischer Lösung entsteht 1,2-Methylcyclohexanol (s. S. 417), bei der Oxydation Glutarsäure [A. **359**, 304].

Semicarbazon, F. 211—212° oder 207—208° (je nach der Art des Erhitzens).

Oxim [entsteht durch Abspaltung von Säure aus dem Tetrahydrotoluolnitrosat oder Nitrosochlorid (s. S. 423)], Kp.$_{11}$ 115—117°, F. 62—63°. Benzoylverbindung, F. 142—143°, in Benzol, Ligroin, Äther schwer löslich.

Über die gleichzeitige Entstehung eines Methoxyloxims (F. 64 bis 65°) bei der Umsetzung des Nitrosochlorids mit Natriummethylat s. S. 423.

1,3-Methylcyclohexanon $CH_2—CH(CH_3)—CH_2$ / $CH_2—CH_2—CO$.

Darstellung [A. **289**, 338ff.; **331**, 322; B. **32**, 3339]: Durch hydrolytische Spaltung des natürlichen Pulegons (Geschichtliches siehe S. 364).

Eigenschaften [A. **289**, 339; **332**, 337, 338; **346**, 250, 253; B. **29**, 2959; **32**, 3339]: Kp. 169°, d = 0,915, n_D = 1,4456 bei 21°. $[\alpha]_D$ = +13,38°. In Lösungsmitteln ergeben sich für die Drehung je nach der Natur des Lösungsmittels etwas abweichende Werte. Semicarbazon F. 180° (aktiv), F. 185—186° (inaktiv). Oxim aktiv, F. 44°, inaktiv flüssig s. S. 426. Phenylsemicarbazon, F. 169° (aktiv), F. 185—186° (inaktiv). Methylhexanon reagiert mit Natrium.

1,3-Methylcyclohexanon gibt beim Erhitzen mit Kali im Autoklaven u. a. Säuren:

$C_{14}H_{24}O_2$, Kp.$_{18}$ 185—195° und $C_{21}H_{34}O_2$, Kp.$_{25}$ 230—240° [A. **369**, 102].

Beim Bromieren entsteht aus 1,3-Methylcyclohexanon ein Tribromid, $C_7H_9Br_3O$, das mit Alkali in Bromkresol, C_7H_7BrO übergeht.

Mit PCl_5 entsteht Tetrahydromonochlortoluol.

Bei der Oxydation gibt aktives 1,3-Methylcyclohexanon [A. **289**, 345; B. **32**, 3340; G. N. **1902**, 94]

β-Methyladipinsäure. Anilid, F. 198°.

Oxymethylen-1,3-Methylcyclohexanon [A. **329**, 119].

Kp.$_{12}$ 85°. Erstarrt beim Abkühlen kristallinisch. Gibt ein Cyclisches Semicarbazon, F. 154—157°. Daraus wurde ein Pyrazol, $C_8H_{12}N_2$, F. 99—100°, erhalten. Pikrat, F. 136—138°, Silbersalz, $(C_8H_{12}N_2)\cdot NO_3Ag$, F. 137—139°.

1,3-Methylhexanonsulfonal [B. **31**, 339].

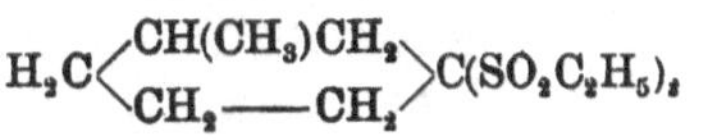

F. 104—105°. Schwer löslich in kaltem Wasser.

Benzyliden-1,3-Methylcyclohexanon, $C_7H_{10}O:CHC_6H_5$ [B. **29**, 1596, 2960; A. **346**, 250, 253].

Entsteht durch Kondensation von 1,3-Methylhexanon mit Benzaldehyd mittels Natriumäthylat.

Kp.$_{13}$ 190—200°, fast farblos, F. 59°. Gibt bei der Reduktion: Benzylmethylcyclohexanol (Benzylhexahydro-m-kresol). Mit Wasserdampf flüchtig. F. 97°. Liefert beim Erwärmen mit P_2O_5:

Hexahydromethylfluoren

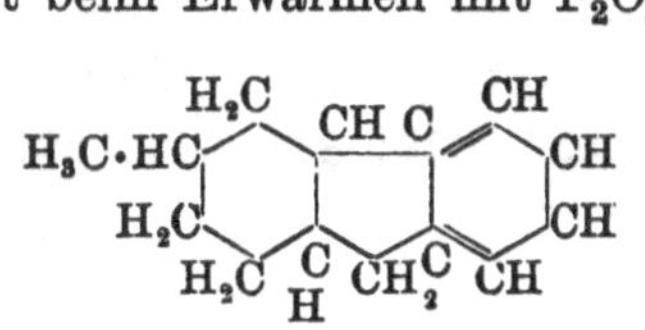

Kp.$_{14}$ 128°, $d = 0{,}99$, $n_D = 1{,}5455$ bei 20°. Gegen Brom und Permanganat beständig.

Benzyliden-1,3-Methylcyclohexanonoxim, $C_{14}H_{16}$:NOH. F. 109—110°. Gibt bei der Reduktion:

Benzylhexahydro-m-toluidin, $C_6H_9(CH_3)(CH_2C_6H_5)NH_2$. Kp. 235—245°. Acetylverbindung, F. 168°. Carbamid, F. 185°.

Dibenzyliden-1,3-Methylcyclohexanon, $C_7H_8O(CHC_6H_5)_2$ [B. **29**, 1597, 2960].

F. 127—128° (aktiv). Intensiv gelb gefärbt. Das inaktive Keton läßt sich mit Benzaldehyd auch kondensieren zu dem

Monoaldol $C_7H_{10}O\cdot(OH)CHC_6H_5$, [G. N. **1907**, 402], F. 106—107°.

Eine systematische Untersuchung über die Kondensation von 1,3-Methylcyclohexanon mit Aldehyden findet sich G. N. **1907**, 404. Über die Kondensation mit Aceton s. S. 429.

Übersicht über die untersuchten Kondensationsprodukte aus aktivem und inaktivem Keton:

Kondensation mit	F. der akt. Verbindung	F. der inakt. Verbindung
Benzaldehyd	128°	118°
o-Nitrobenzaldehyd	129°	—
m-Nitrobenzaldehyd	129°	158°
p-Nitrobenzaldehyd	172°	206°
Dimethyl-p-Amidobenzaldehyd	109°	—
o-Chlorbenzaldehyd	—	138°
p-Chlorbenzaldehyd	—	150°
Anisaldehyd	111°	114°
Zimtaldehyd	150,5°	135°
Piperonal	148°	144,5°
Cuminol	97—98°	93°

Bei der Reduktion des 1,3-Methylcyclohexanons entsteht:

1,3-Methylcyclohexanol (m-Oxyhexahydrotoluol) [A. **289**, 342; **324**, 117; **329**, 369, 372; **343**, 50; B. **35**, 2823]

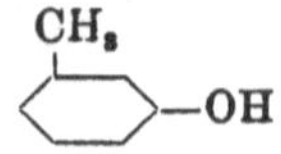

Kp. 175—176° (Kp.$_{17}$ 77°), $d = 0{,}914$, $n_D = 1{,}4581$ bei 19°. Läßt sich durch Wasserabspaltung in Tetrahydrotoluole überführen.

Tetrahydrotoluole (Methylcyclohexene).

Methyl-1-cyclohexen-2 (oder -3)

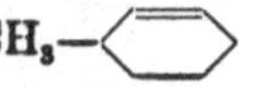 oder 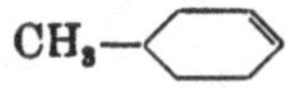

[A. **289**, 343; **329**, 369] entsteht aus 1,3-Cyclohexyljodid durch Abspaltung von Jodwasserstoff mittels Chinolin (neben Isomeren). Kp. 103—105°, $d = 0{,}806$, $n_D = 1{,}4445$ bei 20°. Optisch aktiv. Bildet kein schwer lösliches Nitrosat.

Δ^1-Methyl-1-cyclohexen 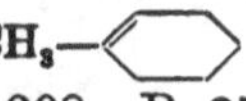

[A. **324**, 117; **329**, 369; **359**, 297—308; B. **35**, 2823].

Darstellung: 1. Aus Methyl-1-cyclohexanol-1 durch Wasserabspaltung [A. **359**, 297]; 2. aus Methyl-1-cyclohexanol-2 [A. **359**, 307]; 3. aus Methyl-1-cyclohexanol-3 [B. **35**, 2823]; 4. aus Methyl-1-cyclohexanol-4 [A. **359**, 305] unter Wasserabspaltung und teilweiser Bindungsverschiebung; 5. durch Inversion von Methencyclohexan (s. S. 413). Es entstehen immer gleichzeitig Isomere mit anderer Stellung der Äthylenbindung [s. auch S. 424].

Eigenschaften: Die physikalischen Eigenschaften des Δ^1-Methyl-1-cyclohexens sind noch nicht ganz scharf bestimmbar, da der Kohlenwasserstoff schwer frei von Isomeren zu erhalten ist. Es wurde für Material verschiedener Herkunft beobachtet: Kp. 106—107° bis 111—112°, $d = 0{,}799$—$0{,}811$, $n_D = 1{,}4423$—$1{,}4496$, $M = 31{,}78$—$31{,}84$ (ber. 31,83).

Verbindet sich mit NOCl zu $(C_7H_{12}NOCl)_2$ und mit N_2O_4 zu einem schwer löslichen Nitrosat $(C_7H_{12}N_2O_4)_2$, F. 107—108° [A. **329**, 370).

Nitrolpiperidid, F. 153°. Aus dem Bisnitrosochlorid entsteht bei der Umsetzung mit Natriummethylat (neben Methylhexenonoxim) das

Methoxyloxim 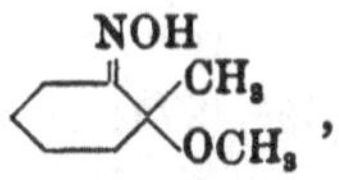, F. 64—65°. Benzoylverbindung daraus F. 97—98° [A. **359**, 301], in Benzol, Ligroin, Chloroform sehr leicht löslich.

Das Nitrosat und Nitrosochlorid liefern auf bekanntem Wege (letzteres am besten beim Erwärmen mit Natriumacetat in Eisessig) Methyl-1-hexenonoxim-2, F. 62—63°, Benzoylverbindung, F. 142—143° (schwer löslich), s. auch S. 420).

Bei der Oxydation des Δ^1-Methyl-1-cyclohexens entsteht [A. **359**, 310; B. **42**, 145]:

1. Δ^1-Acetylcyclopenten, $C_7H_{10}O$, Semicarbazon, F. 202—203° (s. S. 396, 411);

2. das Glycol 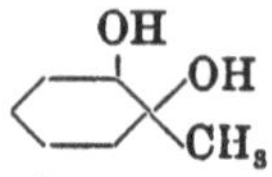, F. 67°. Liefert beim Erwärmen mit Oxalsäure 1,2-Methylhexanon:

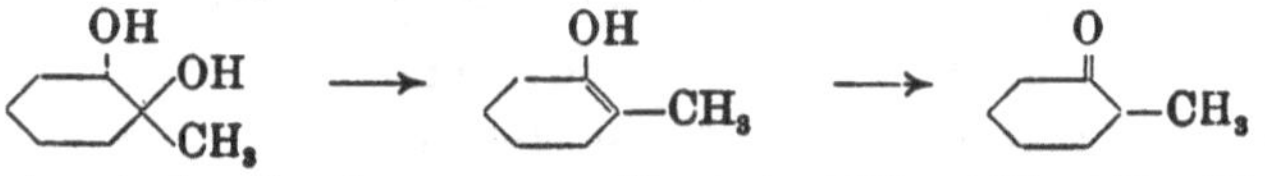

3. δ-Acetylvaleriansäure [A. **329**, 371, 377; **359**, 300] (Semicarbazon, F. 143—144°) und Adipinsäure.

Vergleichende Übersicht
über die isomeren Kohlenwasserstoffe C_7H_{12}.

	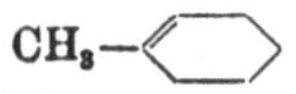	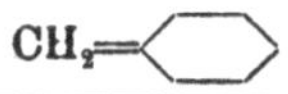
Kp.	110,5—111,5°	103°
d	0,811	0,8020
n_D	1,4496	1,4499
M (ber. 31,83)	31,84	32,17
Nitrolpiperidid F.	153°	127°
Oxim (aus Nitrosochlorid) F.	62—63°	97—99°
Glycol $C_7H_{12}(OH)_2$ F.	67°	76—77°

Dimethyl-1,3-cyklohexanol(3) [A. **396**, 271]. 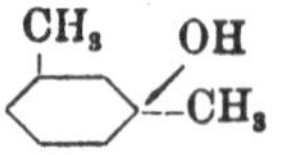

Wenn man aktives 1,3-Methylcyclohexanon mit Magnesiumjodmethyl umsetzt, erhält man wesentlich einen festen tertiären Alkohol, F. 71—72°, dagegen liefert inaktives Keton nur ein flüssiges Dimethyl(1,3)-cyclohexanol(1), Kp.$_{25}$ 86—87°. Dieser inaktive Alkohol liefert beim Kochen mit Schwefelsäure wesentlich

Δ^3-Dimethyl(1,3)-cyclohexen (Tetrahydro-m-Xylol) [A. **396**, 271 ff.]. 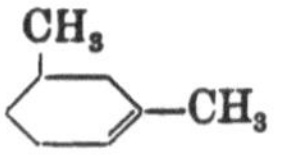

Eigenschaften: Kp. 127,5—128,5°, $d_{21} = 0{,}8025$, $n_D = 1{,}4466$, $M = 36{,}6$. Nitrosochlorid bildet sich sehr langsam, F. 118—119°. Nitrolpiperidid, F. 130—131°.

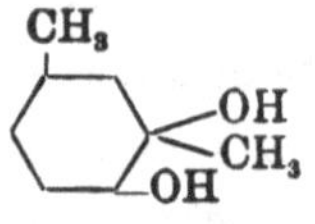

Mit Permanganat liefert der Kohlenwasserstoff das Glycol [Dimethyl(1,3)-cyclohexandiol(3,4)], F. 89°, das mit Säuren in Dimethyl(1,3)-cyclohexanon (4) übergeht. Kp. 179°, $d_{21} = 0{,}9066$, $n_D = 1{,}4464$, Oxim F. 98—99°, Semicarbazon F. 189°—191° [A. **395**, 83; **397**, 197] s. auch S. 319).

Der Kohlenwasserstoff ist identisch mit dem bei der Selbstkondensation von Methylheptenon entstehenden Tetrahydro-m-Xylol [A. **396**, 274), s. S. 318.

Dicyclo-1,3-Methylhexen-methylhexanon, $C_{14}H_{22}O$
[A. **346**, 250; B. **29**, 1595, 2966; **32**, 3338].

Darstellung: Entsteht durch Kondensation von Methylcyclohexanon mit Natriumäthylat oder, in Form seines Chlor- bzw. Bromhydrats, mit Salzsäure oder Bromwasserstoffsäure.

Eigenschaften: Kp.$_{10}$ 143—144°, $d = 0{,}9635$, $n_D = 1{,}4955$ bei 20°. Verbindet sich leicht mit HCl und HBr zu kristallisierten Verbindungen. Das inaktive Keton gibt jedoch mit HCl keine kristallisierte Verbindung.

Chlorhydrat, $C_{14}H_{23}ClO$, F. 90°. Entsteht schon beim Stehen einer Lösung von aktivem Methylhexanon in konzentrierter Salzsäure. Gibt beim Erhitzen für sich oder mit Anilin HCl ab.

Bromhydrat, $C_{14}H_{23}BrO$, F. 90—91°. Entsteht aus $C_{14}H_{22}O$ und HBr, ferner auch bei Einwirkung von Brom auf Methylhexanon. Verhält sich wie das Chlorhydrat.

Oxim $C_{14}H_{22}NOH$, F. 152°. Gibt bei der Reduktion die

Base $C_{14}H_{23}NH_2$, Kp.$_{20}$ 165—166°. Chlorhydrat und Nitrat sind schwer löslich.

Dimethyldicyclohexylhexanon $C_{14}H_{24}O$ [A. **389**, 177].

Entsteht durch Reduktion des ungesättigten Ketons $C_{14}H_{22}O$ mit Palladiumwasserstoff.

Eigenschaften: Kp.$_{12}$ 146—148°. Semicarbazon, F. 163°. Oxim, F. 95—96°. Das Keton gibt bei der Oxydation eine Ketosäure $C_{14}H_{24}O_3$, Kp.$_{14}$ 222—225°. Semicarbazon, F. 169—171°.

R-l-1,3-Methylclyclohexanonoxim
[A. **289**, 339; **309**, 4; **332**, 338; **397**, 203].

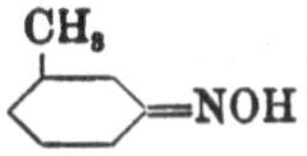

Kp. 222—223°, F. 43—44°, $[\alpha]_D = -42°$. Bildet sich sehr leicht (s. Allg. Teil S. 135). Beim Benzoylieren entstehen zwei stereoisomere Verbindungen (syn- und anti-Formen), die sich am besten durch fraktionierte Kristallisation aus Ligroin trennen lassen:

R-d-α-Benzoylcyclomethylhexanonoxim, entsteht in überwiegender Menge. F. 96—97°, große monoklin-hemimorphe pyroelektrische Kristalle, $[\alpha]_D = +19—20°$.

R-l-β-Benzoylmethylcyclohexanonoxim, F. 82—83°, dünne rhombische (hemiedrische) Prismen $[\alpha]_D = -86°$.

Es tritt leicht eine Bildung von Mischkristallen der beiden Formen vom F. 67—69° ein. Beide Benzoylverbindungen geben bei der Spaltung mit NaOH dasselbe Oxim, das bei erneutem Benzoylieren wieder beide Verbindungen liefert.

Das inaktive 1,3-Methylcyclohexanonoxim ist flüssig (s. unten) [A. **332**, 345.]

Bleibt nach dem Destillieren ölig und stellt jedenfalls ein Gemisch der syn- und anti-Form vor. Die α-Benzoylverbindung (s. unten) liefert bei der Zerlegung ein Oxim, F. 18—24°.

α-i-Benzoylmethylcyclohexanonoxim. Entsteht in überwiegender Menge, F. 105—106°, monoklin (holoedrisch).

β-i-Benzoylmethylcyclohexanonoxim, F. 70—72°. Nadeln.

Bei der Reduktion des Oxims erhält man Methylcyclohexylamin (s. S. 427).

Das Oxim liefert beim Erwärmen mit P_2O_5 [A. **309**, 6]:

1. Kohlenwasserstoffe (u. a. Toluol und Dihydrotoluol).

2. Nitril, $C_6H_{11}CN$, Kp. 174—182°. Gibt bei der Oxydation Oxalsäure und Buttersäure. Beim Verseifen entsteht nicht ganz einheitliche Heptylensäure, $C_7H_{12}O_2$ (β,γ-Isoheptylensäure), Kp. 219 bis 222° (120—121° unter 12 mm), $d = 0{,}943$, $n_D = 1{,}44214$ bei 22°. Amid, F. 68—70°. Glänzende Blättchen. Kalksalz, $(C_7H_{11}O_2)_2Ca + 1\,^1/_2 H_2O$, in heißem Wasser schwerer löslich als in kaltem. Durch Addition von Bromwasserstoff an die Säure entsteht eine gebromte Säure, die sich in ein Lacton überführen läßt. Das gleiche Lacton läßt sich auch durch Kochen der Heptylensäure mit H_2SO_4 darstellen.

3. Gemische von Pyridinbasen (α,α'-Dimethylpyridin ?).

Isoxime des 1,3-Methylcyclohexanons [A. **309**, 2; **312**, 191; **346**, 253].

Durch Umlagerung des 1,3-Methylcyclohexanonoxims mit PCl_5 oder besser mit konzentrierter H_2SO_4 entstehen zwei Modifikationen des Isoxims, die sich durch fraktionierte Kristallisation (aus Äther, Benzol, Ligroin) trennen lassen. Beide Modifikationen haben denselben Siedepunkt 278—279° ($Kp._{14}$ 154—155°) und sind sehr löslich in Wasser.

α-Isoxim $\begin{matrix} CH_2-CH(CH_3)CH_2 \\ | \\ CH_2-CH_2-NH \end{matrix}\!\!>\!CO$,

F. 105°, $[\alpha]_D = -36{,}12°$. Große, flache Kristalle. Gibt bei der Aufspaltung mit Salzsäure die

Amidoheptylsäure $C_6H_{12}{<}{}^{CO_2H}_{NH_2}$, F. 187—188°. In Wasser sehr löslich. Bei der Oxydation mit Permanganat entsteht daraus

β-Methyladipinsäure, F. 86°.

β-Isoxim $\begin{matrix} CH_2-CH(CH_3)-CH_2 \\ | \\ CH_2-CH_2-CO \end{matrix}\!\!>\!NH$,

F. 65—66° (68—69°), $[\alpha]_D = -22{,}2°$. Leichter löslich als das α-Isoxim. Entsteht bei der Umlagerung des Oxims in überwiegender Menge. Gibt bei der Aufspaltung mit Salzsäure die

Amidoheptylsäure $C_6H_{12}{<}{}^{CO_2H}_{NH_2}$, F. 145—146° unter Zersetzung. Sehr löslich. Mit salpetriger Säure entsteht aus dieser neben einer Oxyheptylsäure die

Ungesättigte Heptensäure $C_7H_{12}O_2$, Kp. 220—225°. Die Oxysäure gibt bei der weiteren Oxydation mit CrO_3 γ-Acetylbuttersäure (Semicarbazon, F. 177°).

Bei der Reduktion [A. **324**, 296] liefern die Isoxime schwer trennbare Gemische sauerstofffreier und sauerstoffhaltiger Basen.

1,3-Methylcyclohexylamin, $C_7H_{13}NH_2$ (aktiv) [A. **272**, 123; **289**, 340; **346**, 260].

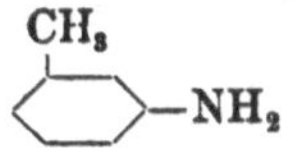

Entsteht beim Erhitzen von Pulegon mit Ammoniumformiat und bei der Reduktion von Methylhexanonoxim (s. S. 369 und 426).

Kp. 151°, $d = 0{,}873$ bei 20°.

Chlorhydrat, F. 174—176°, Carbamid, F. 178°, $[\alpha]_D = -25{,}36°$, Phenylcarbamid, F. 198°, Sulfophenylcarbamid, F. 139°, Benzoylverbindung, F. 160—161°, linksdrehend.

Schmelzpunkte von Verbindungen aus

	aktivem 1,3-Methylcyclohexylamin	inaktivem 1,3-Methylcyclohexylamin
Harnstoff	178°	184°
Phenylharnstoff	198°	163—164,5°
Phenylthioharnstoff	139°	138—139°
Benzoylverbindung	160—161°	123—124°

1,3-Methylcyclodihexylamin, $NH(C_7H_{13})_2$

[A. **272**, 123; **289**, 342; **343**, 64, 66; **346**, 259; **353**, 319].

Wurde erhalten durch Erhitzen von Pulegon oder besser von Methylcyclohexanon mit Ammoniumformiat, oder durch Erhitzen von Methylcyclohexanon mit ameisensaurem Methylcyclohexylamin.

Kp. 273° (Kp.$_{12-14}$ 134—135°), $d = 0{,}8878$, $n_D = 1{,}4756$ bei 21°.

Nitrat und Nitrit sind schwer löslich.

Es sind zwei stereoisomere Modifikationen zu unterscheiden (α und β) (vgl. Allgem. Teil S. 192), die nebeneinander entstehen und sich durch die verschiedene Löslichkeit ihrer Formiate in Äther trennen lassen. Die α-Verbindung gibt ein

Hydrat, F. 46—48°, und dreht stärker als die β-Verbindung. Die Verschiedenheit im Schmelzpunkt der Derivate zeigt folgende Tabelle:

	α	β
Chlorhydrat $(C_7H_{13})_2 \cdot NH \cdot HCl$ . . .	285°	211°
Benzoylverbindung $(C_7H_{13})_2N \cdot COC_6H_5$.	141° $[\alpha]_D = -34{,}6°$	151° $[\alpha]_D = -11{,}9°$
Nitrosoverbindung $(C_7H_{13})_2N \cdot NO$ . . .	83—84° $[\alpha]_D = -84°$	62—74° geringer als α
Phenylcarbamid $(C_7H_{13})_2N \cdot CONHC_6H_5$.	174—176°	137—138°

Benzyl-1,3-Methylcyclohexylamin, $NH<^{C_7H_{13}}_{CH_2C_6H_5}$

[A. **343**, 67, 71].

Entsteht beim Erhitzen von ameisensaurem Methylcyclohexylamin mit Benzaldehyd oder von Methylcyclohexanon mit ameisensaurem Benzylamin.

Kp.$_{14}$ 170°, Kp.$_{760}$, über 300°, $d = 0{,}9454$, $n_D = 1{,}5180$ bei 21°.

Amyl-1,3-Methylcyclohexylamin, $NH<^{C_7H_{13}}_{C_5H_{11}}$ [A. **343**, 66].

Entsteht beim Erhitzen von ameisensaurem Amylamin mit Methylcyclohexanon. Kp. 234°.

Kondensationsprodukt aus 1,3-Methylcyclohexanon mit Aceton.

[B. **29**, 1597, 2955; A. **300**, 268, 275; **394**, 362, 380.]

1,3-Methylcyclohexenaceton,

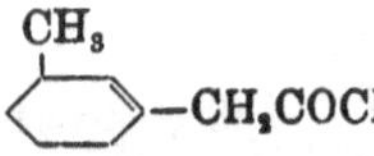

oder

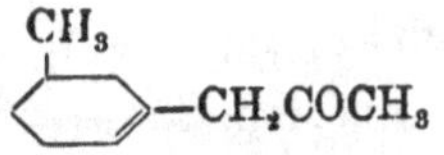

entsteht beim Zusammenbringen von 1,3-Methylcyclohexanon mit Aceton und Natriumäthylat (neben einer Verbindung $C_{13}H_{20}O$, Kp. 179 bis 183° im Vakuum).

Eigenschaften: Kp. 214—215°, $d_{20} = 0{,}918$, $n_D = 1{,}4673$, rechtsdrehend, riecht ähnlich wie Pulegon.

Semicarbazon, *a*) F. 70—85°, leicht lösl. in Äther, *β*) F. 144° (aktiv), F. 150—151° (inaktiv).

Benzylidenverbindung, amorph. F. 83—84°.

Durch Reduktion mit Natrium gibt das Keton den

Alkohol $C_{10}H_{17}OH$. Kp. 215°, $d_{20} = 0{,}912$, $n_D = 1{,}4792$. Riecht Terpineol ähnlich, gibt bei der Wasserentziehung

Terpen $C_{10}H_{16}$. Kp. 173—175°, $d = 0{,}823$, $n_D = 1{,}4601$.

1,3-Methylcyclohexylaceton, 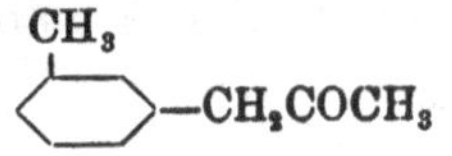

entsteht bei der Reduktion des ungesättigten Ketons mit Palladiumwasserstoff [A. **394**, 381].

Eigenschaften: Kp. 212—214°, $d_{21,5} = 0{,}8915$, $n_D = 1{,}4496$, linksdrehend. Oxim, flüssig. Semicarbazon, F. 154° (aktiv), F. 159° (inaktiv). Gibt mit Hypobromit: 1,3-Methylcyclohexylessigsäure, $Kp._{30}$ ca. 152°.

1,3-Methylcyclohexyltrimethylcarbinol [A. **394**, 382].

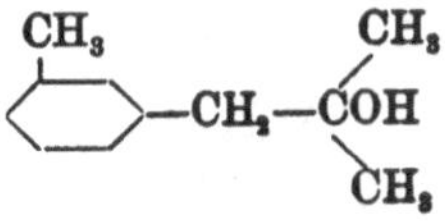

Dargestellt aus 1,3-Methylcyclohexylaceton und Magnesiumjodmethyl.

Eigenschaften: $Kp._{20}$ 117°. Phenylurethan, F. 126°. Durch Wasserabspaltung entsteht aus dem Alkohol der Kohlenwasserstoff $C_{11}H_{20}$. Kp. 186,5—187,5°, $d_{20} = 0{,}8120$, $n_D = 1{,}4546$, $M = 50{,}75$.

1,3-Methylcyclohexanolessigsäure [A. **314**, 151].

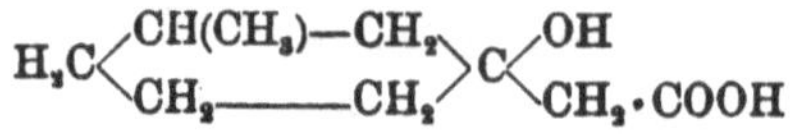

Zähflüssiges Öl. Siedet bei gewöhnlichem Druck unter teilweiser Zersetzung.

Methylester, Kp. 240°, $Kp._{23}$ 120—125°.

Äthylester, Kp. 254—256°, $Kp._{21}$ 127—129°, $d = 1{,}0035$, $n_D =$ 1,4581 bei 18°. Bei der Verseifung tritt zum Teil Spaltung in Methylcyclohexanol ein.

1,3-Methylcyclohexenessigsäure, $C_9H_{14}O_2$ [A. **314**, 154; **347**, 340].

Kp. 245—255° unter Zersetzung (Bildung von 1,3-Methenmethylcyclohexan, s. unten), $Kp._{23}$ 146—149°, $d = 1{,}015$, $n_D = 1{,}4807$ bei 27°. Öl von Fettsäuregeruch.

Dibromid, $C_9H_{14}O_2Br_2$, F. 127—129°. Zerlegt sich mit Alkali unter Abscheidung von monobromiertem, ungesättigtem Kohlenwasserstoff.

Amid, F. 153—154°, gibt mit P_2O_5 das

Nitril, $C_8H_{13}\cdot CN$, Kp. 230—234°, $Kp._{10}$ 108—112°. Riecht ähnlich wie Benzonitril. Durch langsame Destillation der Säure, sowie durch Erhitzen des Ammoniumsalzes erhält man (in letzterem Fall neben Amid):

1,3-Methenmethylcyclohexan [A. **347**, 342]. 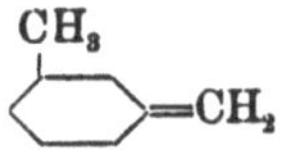

Kp. 123—124°, $d = 0{,}794$, $n_D = 1{,}4461$ bei 20°, linksdrehend $[\alpha]_D = -29°$.

Nitrosochlorid, kristallinisch. Nitrolpiperidid, F. 136—137°. Mit alkoholischem Kali entsteht aus dem Nitrosochlorid das Oxim des

Δ^1-Tetrahydro-m-tolylaldehyds 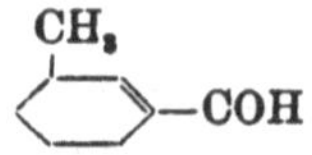. Semicarbazon, F. 206—207°.

Durch Oxydation mit Permanganat entsteht aus dem Kohlenwasserstoff neben 1,3-Methylcyclohexanon das

Glycol 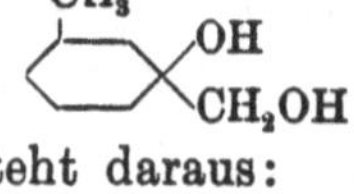. Sehr zähflüssig. $Kp._{39}$ 150—153°. Mit Säuren entsteht daraus:

Hexahydro-m-tolylaldehyd, Semicarbazon, F. 158—160°, in heißem Wasser löslich.

1,3-Methylcyclohexanolpropionsäure [A. **360**, 51; **379**, 143]. F. 65°.

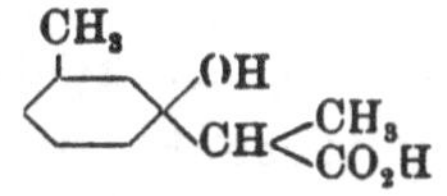

Äthylester, $Kp._{13}$ 133—135°, daraus wurde dargestellt der ungesättigte Ester, $Kp._{13}$ 115—117°, und die ungesättigte Säure, $Kp._{17}$ 153—157°, aus diesen das

D-l-1,3-Methylcyclohexenäthan (Methyl-1-äthyliden-3-cyclohexan) [A. **379**, 144].

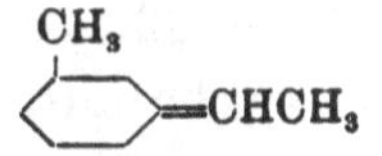

Kp. 152°, $d_{19} = 0{,}8135$, $n_D = 1{,}4590$, $M = 41{,}67$, linksdrehend, $[\alpha]_D = -50°$.

Nitrosochlorid, F. 114°, bildet sich leicht. Nitrolpiperidid, F. 101—102°.

Das Nitrosochlorid gibt bei der Chlorwasserstoffabspaltung das Oxim des Methyl(1)-acetyl(3)-cyclohexen, F. 79° (s. unten).

Bei der Reduktion mit Zink und Essigsäure: Methyl(1)-acetyl(3)-cyclohexan [A. **389**, 193] (s. unten).

Bei der Umsetzung mit Natriumacetat zum Teil das Methyl(1)-acetyl(3)-cyclohexanonoxim,

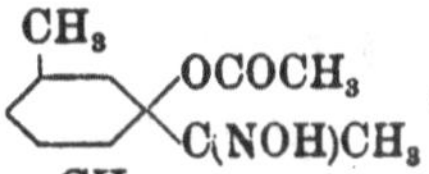

aus dem durch Hydrolyse das Oxyketon: [Methyl(1)-acetyl(3)-cyclohexanol-3] er-

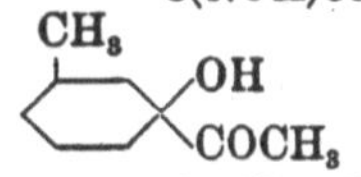

halten werden kann. Semicarbazon, F. 199° [A. **379**, 151]. Mit verdünnten Säuren gibt das Oxyketon:

Methyl(1)-acetyl(3)-cyclohexen, Semicarbazon, F. 219°.

Bei der Oxydation mit Permanganat entsteht aus Methyl(1)-äthyliden(3)-cyclohexan das

Glycol $C_9H_{16}(OH)_2$, F. 68°. Liefert mit verdünnter Schwefelsäure ein Keton (Methylacetylcyclohexan?) [A. **379**, 145].

1,3-Methylcyclohexanol-n-buttersäureester [A. **360**, 59].

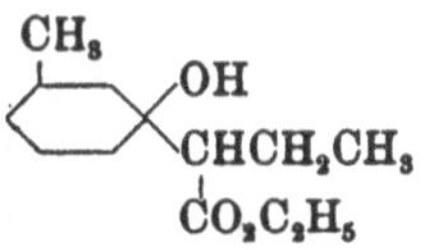

$Kp._{15}$ 165—170°. Daraus wurde durch die ungesättigte Säure hindurch erhalten

1,3-Methylcyclohexenpropan, 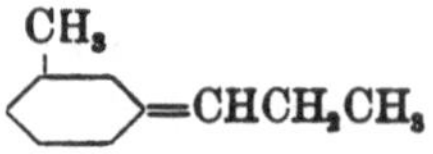

Kp. 170—173°, $d = 0{,}814$, $n_D = 1{,}4591$ bei 19°, $M = 46{,}35$, linksdrehend, $\alpha_D = -34°\,28'$.

Nitrosochlorid, schwer löslich. Nitrolpiperidid, F. 96°.

Durch HCl-Entziehung entsteht aus dem Nitrosochlorid ein Oxim, aus dem sich (eventuell unter gleichzeitiger Bildung des aromatischen m-Tolyläthylketons [Oxim, F. 68—69°, Semicarbazon, F. 175—176°]) das tetrahydrierte Keton 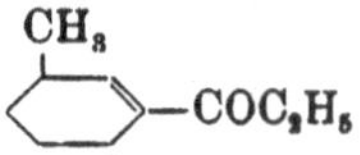

herstellen läßt. Kp. 220—222°, $d = 0{,}9345$, $n_D = 1{,}4807$ bei 20°, $M = 46{,}26$. Semicarbazon, F. 193—194°.

1,3-Methylcyclohexanol-iso-buttersäureester [A. **360**, 75],

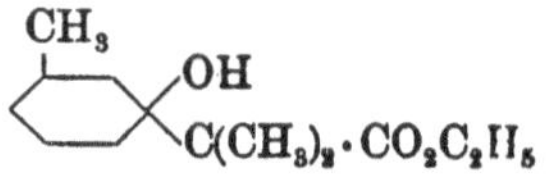

Kp.$_{14}$ 134—136°. Daraus wurde die ungesättigte Säure:

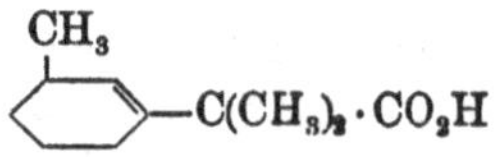

Kp.$_{14}$ 165—168°, dargestellt. Bromwasserstoffadditionsprodukt, F. 115—117°.

Die ungesättigte Säure liefert unter Kohlensäureabspaltung

$\Delta^{3(8)}$-m-Menthen [A. **360**, 77]. 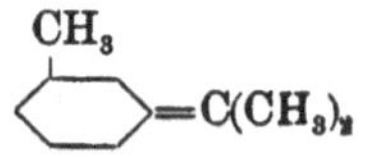

Kp. 173—175°, $d = 0{,}8200$, $n_D = 1{,}4670$ bei 20°. Liefert bei der Oxydation 1,3-Methylhexanon und gibt bei der Inversion mit alkoholischer Schwefelsäure:

m-Menthen, 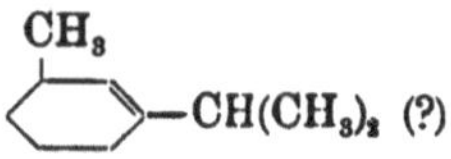

Kp. 164—168°, $d = 0{,}82$, $n_D = 1{,}4561$. Daraus wurde abgeleitet:

m-Menthenon [A. **360**, 78]. 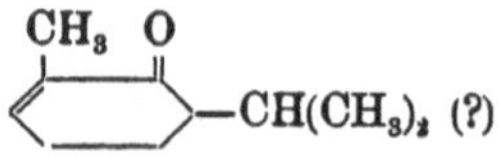

Kp. 208—209°, $d = 0{,}9202$, $n_D = 1{,}4749$ bei 20°, $M = 46{,}50$. Semicarbazon, F. 150—151°. Bei der Reduktion entsteht ein m-Menthol, Kp. etwa 215°.

Methyl(1)-acetyl(3)-cyclohexen [A. **379**, 146].

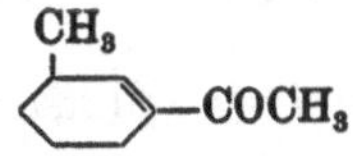 oder 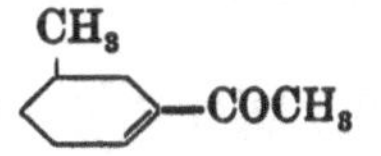

Das Oxim, F. 79°, Kp.$_{20}$ 140—150°, erhält man aus dem Nitrosochlorid des Methyl(1)-äthyliden(3)-cyclohexan (s. oben S. 431).

Benzoyl-Oxim, F. 85—86°. Das durch Hydrolyse des Oxims gewonnene freie Keton hat folgende Eigenschaften:

Kp. 210–212°, $d_{22} = 0{,}9413$, $n_D = 1{,}4817$, $M = 41{,}77$, $[\alpha]_D = +100{,}4°$. Semicarbazon, F. 219°.

Mit Magnesiumjodmethyl liefert das ungesättigte Keton:

d-Δ^2-m-Menthenol-8
[A. **379**, 135, 148].

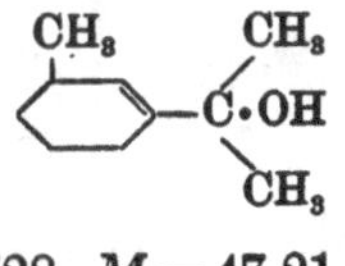

Kp. 206—208°, $d_{22} = 0{,}923$, $n_D = 1{,}4728$, $M = 47{,}21$, $[\alpha]_D = +55{,}56$. Phenylurethan, F. 124°.

Liefert bei der Oxydation α-Methyladipinsäure, bei der Wasserentziehung:

d-$\Delta^{2,8(9)}$-m-Menthadien
[A. **379**, 149].

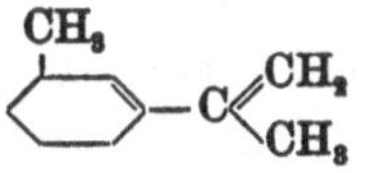

Kp.$_{736}$ 181°. Geruch erinnert an Sylvestren.

$d_{17} = 0{,}864$, $n_D = 1{,}4946$, $M = 45{,}87$, $[\alpha]_D = +64°$.

Lösung in Essigsäureanhydrid wird mit konzentrierter Schwefelsäure violett. Dihydrochlorid ölig.

Methyl(1)-acetyl(3)-cyclohexan
[A. **389**, 193; **399**, 170].

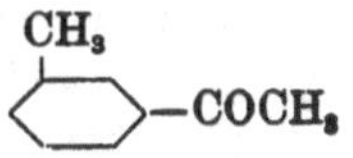

Kann durch direkte Reduktion des Nitrosochlorids aus Methyl(1)-äthyliden(3)-cyclohexan gewonnen werden, oder viel besser durch Reduktion des Methyl(1)-acetyl(3)-cyclohexens mit Palladiumwasserstoff.

Eigenschaften: Kp. 199—202°, $d_{19} = 0{,}912$, $n_D = 1{,}4517$, $M = 41{,}39$. Semicarbazon, F. 180—181°. Gibt beim Abbau mit Hypobromit Methyl(1)-cyclohexancarbonsäure(3), Kp. 240°; bei der Umsetzung mit Magnesiumjodmethyl Dihydrosylveterpineol [A. **399**, 170], s. S. 493.

Methyl(1)-acetyl(3)-cyclohexanol(3), 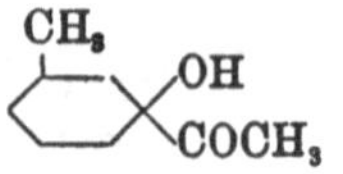

Aus dem Nitrosochlorid des Methyl(1)-äthyliden(3)-cyclohexan durch Umsetzung mit Natriumacetat gewinnbar (s. oben S. 431) [A. **379,** 150]. Semicarbazon, F. 199°. Das Oxyketon liefert mit Magnesiumjodmethyl das

d-Methyl(1)-isopropyl(3)-cyclohexandiol-3,8.

Dies meta-Terpin 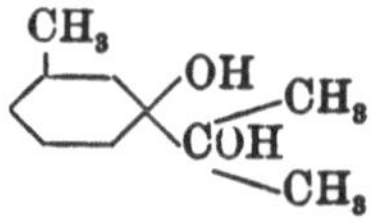 schmilzt bei 64° [A. **379,** 151].

1,4-Methylcyclohexanon [A. **346,** 251 ff.]. $CH(CH_3)CH_2-CH_2$ / CH_2-CH_2-CO

Kp. 169—171°, $d = 0,914$, $n_D = 1,44345$ bei 20°.

Oxim, $C_7H_{12}NOH$, $Kp._{14}$ ca. 114°, F. 37—39°. Gibt bei der Umlagerung ein nicht kristallisiert erhaltenes Isoxim, dessen Chlorhydrat in Äther unlöslich ist, bei der Reduktion

1,4-Cyclomethylhexylamin (Hexahydro-p-Toluidin).

Kp. 149—150°. Harnstoff, F. 208°. Phenylharnstoff, F. 207,5°.

Beim Erhitzen von 1,4-Methylcyclohexanon mit Kali entstehen u. a. die Säuren: $C_{14}H_{24}O_2$, $Kp._{18}$ 179—195°, und $C_{21}H_{34}O_2$, $Kp._{20}$ 230 bis 240° [A. **369,** 103].

Im folgenden sind die Schmelzpunkte der Kondensationsprodukte von 1 Mol. 1,4-Methylcyclohexanon mit 2 Mol. einer Reihe von Aldehyden zusammengestellt [G. N. **1907,** 404]:

Kondensationsprodukt mit	F.
Benzaldehyd	98—99°
o-Nitrobenzaldehyd	153°
m-Nitrobenzaldehyd	153°
p-Nitrobenzaldehyd	204°
Dimethyl-p-Amidobenzaldehyd . .	212—214°
o-Chlorbenzaldehyd	121,5°
p-Chlorbenzaldehyd	161°
Anisaldehyd	141—142°
Zimtaldehyd	163—164°
Piperonal	166,5°
Cuminol	112,5°

Bei Kondensationsreaktionen, bei denen 1,4-Methylhexanon in alkoholisch-alkalischer Lösung zur Anwendung kommt, entsteht manchmal ein bei 194—195° schmelzender, aus Essigester gut kristallisierender Körper, dessen Analyse auf die Zusammensetzung $C_{16}H_{28}O_2 = C_{14}H_{22}O + C_2H_6O$, d. h. 1 Mol. Dicyclomethylhexenhexanon + 1 Mol. Alkohol stimmt (vgl. S. 405, 406).

Mit Benzaldehyd liefert 1,4-Methylcyclohexanon unter geeigneten Bedingungen auch ein

Monoaldol, $C_7H_{11}O(OH)CH \cdot C_6H_5$, F. 127° [G. N. **1907**, 402].

Bei der Selbstkondensation des 1,4-Methylcyclohexanons mit HCl entsteht

Dicyclo-1,4-Methylhexen-methylhexanon, $C_{14}H_{22}O$.

Kp.$_{13}$ 150°. Oxim, F. 162—163°. Gibt bei der Reduktion mit Palladiumwasserstoff:

Dicyclo-1,4-Methylhexyl-methylhexanon, $C_{14}H_{24}O$.

Kp.$_{15}$ 153°. Oxim, F. 127°. Zugehöriger Alkohol: $C_{14}H_{25}OH$. Kp.$_{12}$ 150—152°. Phenylurethan, F. 125,5°.

Das gesättigte Keton $C_{14}H_{24}O$ gibt bei der Oxydation die

Ketosäure 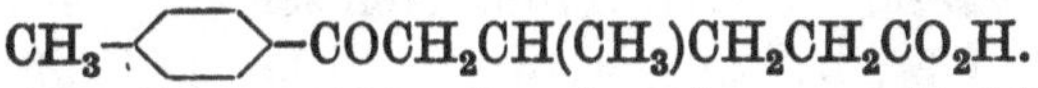

Kp.$_{12}$ 200—210°, F. ca. 38°. Semicarbazon, F. 179°. Amid, F. 101°.

Bei der Reduktion liefert das 1,4-Methylcyclohexanon, neben einem bei 106—107° schmelzenden Pinakon [A. **359**, 306], das

1,4-Methylcyclohexanol (Kp. 173—174°); dieses liefert bei der Wasserabspaltung ein Gemenge von Δ^1- und Δ^3-Methylcyclohexen [A. **359**, 306] (s. S. 423).

Dimethyl(1,4)-cyclohexanol(4) [A. **396**, 266].

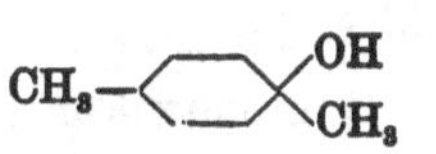

Bei der Umsetzung von ganz reinem 1,4-Methylcyclohexanon mit Magnesiumjodmethyl entsteht dieser tertiäre Alkohol vom Kp. 169—171° und erstarrt sofort.

Bei der Wasserabspaltung liefert er überwiegend

Δ^1-Dimethyl(1,4)-cyclohexen 

Kp. 127—129°, $d_{20} = 0,8000$, $n_D = 1,4451$, $M = 36,60$. Nitrosochlorid, F. 83—84°, mit Wasserdampf leicht flüchtig. Nitrolpiperidid

F. 169—170°. Bei HCl-Abspaltung aus dem Nitrosochlorid entsteht Δ^6-Dimethyl(1,4)-cyclohexenonoxim 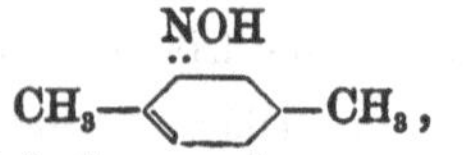

, F. 92—93°, s. S. 443 (neben einer nicht hydrolisierbaren isomeren Verbindung F. 169° [A. **397**, 190]).

Bei der Oxydation des Kohlenwasserstoffs mit Permanganat entsteht das Glycol

Dimethyl(1,4)-cyclohexandiol(1, 2), 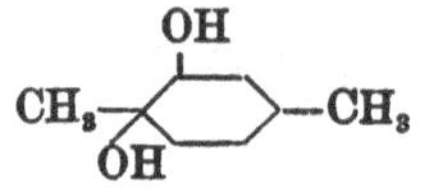

.

F. 77°. Liefert beim Erwärmen mit verdünnter Schwefelsäure

Dimethyl(1,4)-cyclohexanon(2), 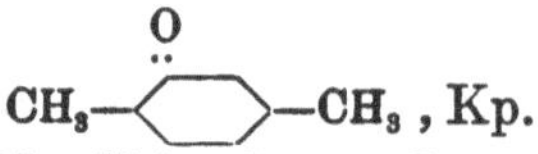

, Kp. 178°. Oxim, F. 108—109° [A. **396**, 267; **397**, 193]. Siehe ferner S. 443.

1,4-Methylcyclohexanolessigsäure [A. **347**, 344; **353**, 309; **365**, 263]. 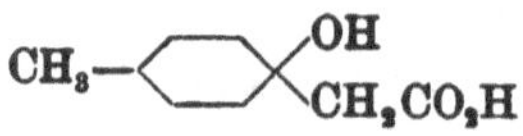

Wurde durch Kondensation von 1,4-Methylcyclohexanon mit Bromessigester und Verseifung des entstehenden Esters erhalten und entsteht in zwei Modifikationen. Der Hauptanteil schmilzt bei 141°, ein kleinerer Teil wasserfrei bei 89—90°, wasserhaltig bei 48—50°.

Die Oxysäuren liefern, je nachdem man sie mit verschiedenen Wasser abspaltenden Agentien behandelt, vorzugsweise folgende voneinander verschiedenen Methylhexenessigsäuren [A. **365**, 257; **371**, 180]:

a) 1,4-Methylcyclohexylidenessigsäure 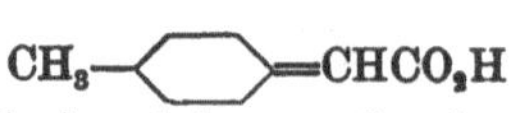

vom F. 65—66°, entsteht beim Kochen der Methylcyclohexanolessigsäure mit Essigsäureanhydrid. Amid, F. 121—122°.

Die Säure läßt sich durch das Brucinsalz hindurch in optisch aktive Komponenten von niedrigerem Schmelzpunkt spalten [A. **371**, 187 ff.].

b) 1,4-Methylcyclohexenessigsäure 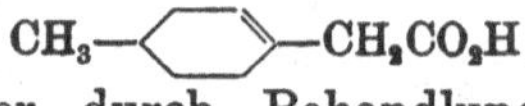

, F. 42—43°, entsteht, wenn dem Oxysäureester durch Behandlung mit Kaliumbisulfat oder mit P_2O_5 Wasser entzogen und dann verseift wird. $Kp._{14}$ 137—138°.

Amid, F. 155—156°. Daraus entsteht mit P_2O_5 ein Nitril, vom $Kp._{15}$ 107°.

Durch Anlagerung von Brom und Halogenwasserstoff entstehen:

Dibrom-1,4-Methylcyclohexylessigsäure, F. 97—99°.

Monochlor-1,4-Methylcyclohexylessigsäure [A. **353**, 311], F. 88—89°.

Monobrom-1,4-Methylcyclohexylessigsäure, F. 85—86°.

1,4-Methylcyclohexylessigsäure, 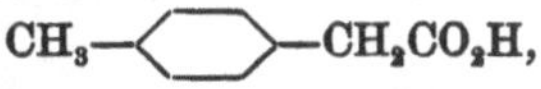, F. 73—74°.[1] Amid, F. 161—162°.

Die gesättigte Säure kann man durch Reduktion der halogenisierten Säuren darstellen [A. **353**, 313]. Viel besser aber durch Reduktion der Cyclohexenessigsäuren mit Palladiumwasserstoff [A. **381**, 94].

1,4-Methenmethylcyclohexan 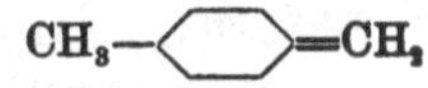
[A. **347**, 344; **365**, 267; **396**, 266, 270].

Entsteht aus beiden isomeren 1,4-Methylcyclohexenessigsäuren (s. oben) durch CO_2-Abspaltung.

Kp. 122—123°, $d = 0{,}7925$, $n_D = 1{,}4446$ bei 22°, $M = 36{,}93$. Bei der Oxydation liefert der Kohlenwasserstoff das

Glycol 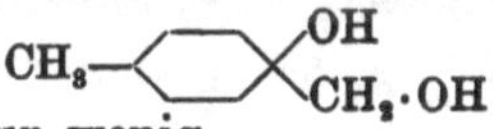, F. 87—88°. Gibt beim Erwärmen mit Säuren nur wenig

Hexahydro-p-tolylaldehyd, Semicarbazon, F. 154—156°.

Das Nitrosochlorid des 1,4-Methenmethylcyclohexans gibt ein Nitrolpiperidid, F. 134—135°. Durch Salzsäureabspaltung entsteht aus dem Nitrosochlorid das Oxim des

Δ^1-Tetrahydro-p-tolylaldehyds, Semicarbazon, F. 192–194°.

Vergleich der Eigenschaften der beiden isomeren Kohlenwasserstoffe Δ^1-Dimethyl(1,4)-cyclohexen und Methyl(1)-methen(4)-cyclohexan [A. 396, 270].

	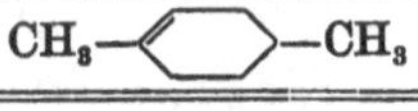	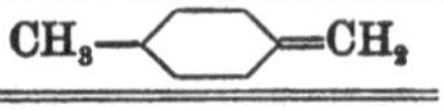
Siedepunkt	127—128°	122°
d	0,8020	0,7920
n_D	1,4459	1,4450
M (ber. 36,43)	36,57	36,96
Schmelzpunkt des durch Oxydation entstehenden Glykols, $C_8H_{14}(OH)_2$	77°	87°
Schmelzpunkt des Nitrolpiperidids aus dem Nitrosochlorid	160—170°	134—135°

[1] S. auch W. H. Perkin [Tr. Chem. Soc. **1908**, 1080].

Methyl(1)-äthyl(4)-cyclohexanol(4) 

Gibt bei der Wasserabspaltung in der Hauptsache:

Δ^3-Methyl(1)-äthyl(4)-cyclohexen 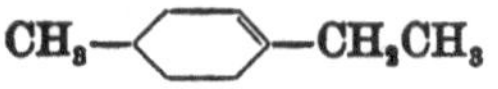

[A. **396**, 281],

Eigenschaften: Kp. 153—154°, $d_{22}=0{,}8145$, $n_D=1{,}4514$, $M=41{,}03$. Nitrosochlorid zwei Modifikationen: F. 103—104°, schwer löslich in Äther; F. 98—99°, leicht löslich. Nitrolpiperidid, F. 134°. Oxim (durch HCl-Abspaltung aus Nitrosochlorid), F. 59—60°, gibt bei der Hydrolyse

Δ^3-Methyl(1)-äthyl(4)-cyclohexenon(5) 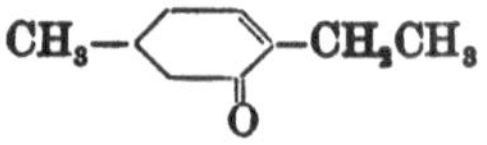

[A. **397**, 204], s. ferner S. 447.

Der Kohlenwasserstoff gibt bei der Oxydation mit Permanganat: Methyl(1)-äthyl(4)-cyclohexandiol(4,5) 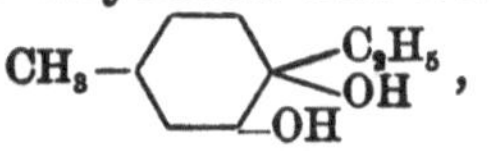

, F. 76—77° [A. **396**, 283], gibt mit verdünnter Schwefelsäure erwärmt: Methyl(1)-äthyl(4)-cyclohexanon(5) [A. **397**, 206], s. ferner S. 447.

1, 4-Methylcyclohexanolpropionsäure 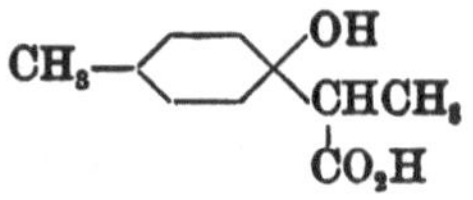

[A. **360**, 52; **365**, 269].

2 Modifikationen: a) F. 110—111° und b) viel löslicher, niedriger schmelzend.

Äthylester, Kp.$_{15}$ 151°. Daraus wurde erhalten

Cyclomethylhexen-α-propionester, Kp.$_{15}$ 131°, und aus der Oxysäure durch Erwärmen mit Essigsäureanhydrid:

1,4-Cyclomethylhexen-α-propionsäure, Kp.$_{15}$ 180°. Gibt ebenso wie die Oxysäure bei der Destillation (neben Isomeren):

1,4-Methylcyclohexenäthan (Methyl(1)-äthyliden(4)-cyclohexan)

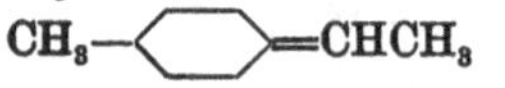

[A. **365**, 271; **374**, 202].

Kp. 152—153°, $d_{21}=0{,}810$, $n_D=1{,}4571$, $M=41{,}69$.

Gibt in fast quantitativer Ausbeute ein Nitrosochlorid, das in 2 Modifikationen auftritt: α) F. 117—118°, β) F. 113—114°, beide sind mit Wasserdampf flüchtig. Nitrolpiperidid α) F. 130—131°, β) F. 119 bis 120°.[1]

[1] Zu beachten ist, daß der Äthylenkohlenwasserstoff in Berührung mit Mineralsäuren sich zu Δ^3-Methyl(1)-äthyl(4)-cyclohexen isomerisiert.

Vergleich der beiden isomeren Kohlenwasserstoffe C_9H_{16}
[A. **396**, 283].

	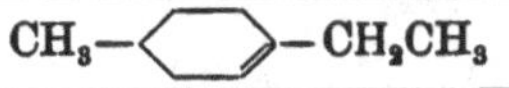	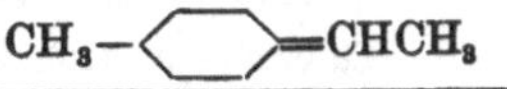
Siedepunkt	153—153°	152—153°
d	0,8145	0,8100
n_D	1,4514	1,4571
M (ber. 41,03)	41,03	41,69
Nitrosochlorid	103—104° und 98—99°	117—118° und 113—114°
Nitrolpiperidid	134°	119—120° „ 130—131°
Oxim	59—60°	116—117°

Bei der Umsetzung mit Natriumacetat und Eisessig entsteht aus dem Nitrosochlorid des 1,4-Methylcyclohexenäthans:

1. Oxim 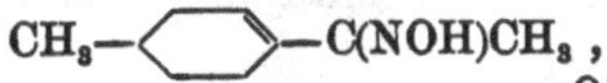, F. 117° [A. **365**, 272; **374**, 205].

2. Acetoxyloxim 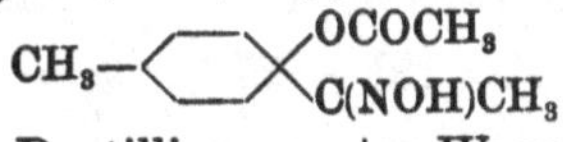, F. 111—112° [A. **374**, 219]. Dieses liefert beim Destillieren unter Wasserabspaltung das Oxim, F. 117° (ein Gemisch beider zeigt niedrigen Schmelzpunkt, ca. 85°) [A. **374**, 205].

Δ^3-Tetrahydro-p-acetyltoluol (Δ^3-Methyl(1)-acetyl(4)-cyclohexen)
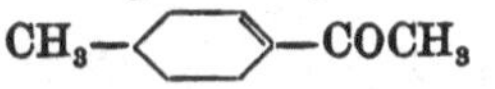 [A. **365**, 272; **374**, 206].

Wird aus seinem Oxim, F. 117° (s. oben) durch Hydrolyse gewonnen und durch das Semicarbazon (s. unten) gereinigt.

Eigenschaften: Kp. 210—211°, $d_{20} = 0,942$, $n_D = 1,4830$, $M = 41,84$. Erstarrt beim Abkühlen (F. ca. —20°), ziemlich löslich in Wasser. (Vergleich mit den Eigenschaften des isomeren Δ^1-Ketons s. A. **374**, 206 u. S. 307).

Semicarbazon, F. 222°.

Δ^3-Tetrahydro-p-acetyltoluol gibt mit Magnesiumjodmethyl:

Δ^3-p-Menthenol(8)[1] 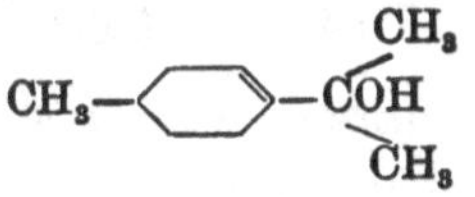
[A. **374**, 201, 207, 212].

Eigenschaften: Kp. 205°, Kp.$_{14}$ 97°, F. 39° (40—41°). Bleibt leicht in überschmolzenem Zustand, $d_{18} = 0,921$, $n_D = 1,4769$, riecht wie α-Terpineol, gibt kein Nitrosochlorid.

[1] Dasselbe Δ^3-p-Menthenol(8) kann man durch Abwandlung der Tetrahydro-p-Toluylsäure nach Perkin und Pickles erhalten [A. 374, 208].

Phenylurethan, F. 128° (133—134° bei sehr schnellem Erhitzen). Das Δ^3-p-Menthenol addiert beim Schütteln mit verdünnter Schwefelsäure kein Wasser, sondern spaltet dabei mit 1 prozentiger Schwefelsäure Wasser ab und liefert:

$\Delta^{3,8(9)}$-p-Menthadien 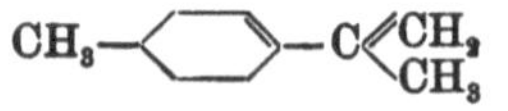 [A. **374**, 213 ff.].

Eigenschaften: Kp. 184—185°, $d_{19}=0{,}858$, $n_D=1{,}4924$, $M=46{,}02$ (ber. 45,24). Sehr veränderlich, auch beim Destillieren über Natrium.

Hexahydro-p-acetyltoluol (Methyl(1)-acetyl(4)-cyclohexan) 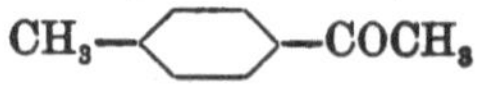 [A. **381**, 89, 90].

Entsteht aus Δ^1- und aus Δ^3-Tetrahydro-p-acetyltoluol durch Reduktion mit Palladiumwasserstoff.

Eigenschaften: Kp. 195—197°, $d_{18}=0{,}9055$, $n_D=1{,}4509$, $M=41{,}62$.

Oxim, F. 57—59°, Kp.$_{15}$ 125—130°. Semicarbazon, F. 159°.

Gibt bei der Reduktion den Alkohol 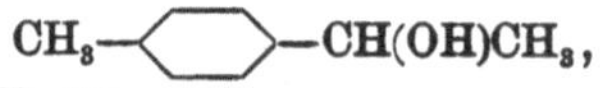, [A. **381**, 92]. Kp.$_{15}$ 96°. Phenylurethan, F. 62—63°.

Bei der Oxydation mit Hypobromit:

Hexahydro-p-toluylsäure 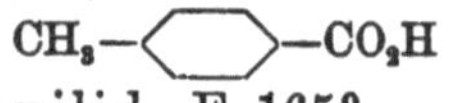 [A. **381**, 92]. F. 112—113°. Amid, F. 217—218°. Anilid, F. 165°.

Bei der Umsetzung mit Magnesiumjodmethyl liefert das Hexahydro-p-acetyltoluol [A. **381**, 92]:

p-Menthanol(8) 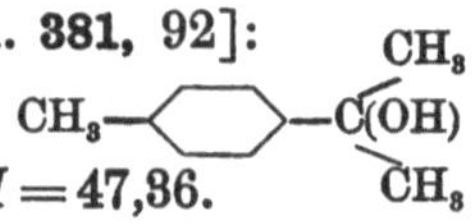, Kp. 209—211,5°, $d_{19}=0{,}9090$, $n_D=1{,}4640$, $M=47{,}36$.

Phenylurethan, F. 116—117° und 89—91° (s. auch S. 303).

Methyl(1)-acetyl(4)-cyclohexanol(4) [A. **374**, 220]. 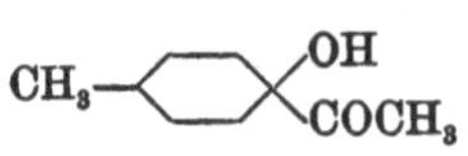

Entsteht durch Hydrolyse des zugehörigen Acetoxyloxims, F. 111 bis 112° (s. oben S. 439).

Eigenschaften: Kp. 223—224°, F. 21—22°. Mit Wasserdämpfen flüchtig, auch trocken, beim Liegen an der Luft.

Oxim, F. 128°. Semicarbazon, F. 219—220°. Liefert beim Erwärmen mit Schwefelsäure Tetrahydro-p-acetyltoluol (s. oben), mit Magnesiumjodmethyl:

Menthandiol(4,8) (4,8-Terpin) 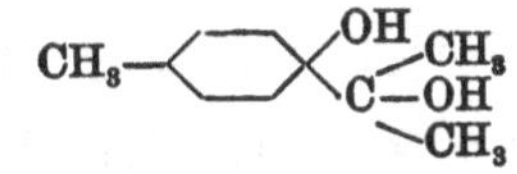
[A. **374**, 221].

Tritt in 2 Modifikationen auf F. 97—98° und F. 82—83°.

Kp. 245°, leicht flüchtig mit Wasserdampf (s. Allgem. Teil S. 127).

1,4-Methylcyclohexenaceton 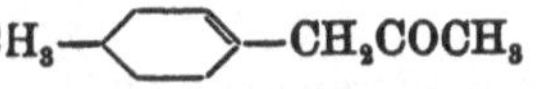 [A. **394**, 378].

Entsteht bei der Kondensation von 1,4-Methylcyclohexanon mit Aceton.

Eigenschaften: Kp. 216—217°, $d_{21}=0{,}916$, $n_D=1{,}4672$, $M=46{,}06$, riecht etwas anisartig und ähnlich wie Δ^3-Tetrahydro-p-acetyltoluol. Oxim flüssig. Semicarbazon, F. 122—123°. Gibt bei der Reduktion mit Palladiumwasserstoff:

1,4-Methylcyclohexylaceton 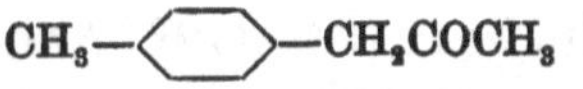 [A. **394**, 379].

Eigenschaften: Kp. 214—215°, $d_{21}=0{,}8930$, $n_D=1{,}4499$. Semicarbazon, F. 166°. Liefert mit Hypobromit:

1,4-Methylcyclohexylessigsäure, F. 73—74°.

1,4-Methylcyclohexanol-normal-α-buttersäure [A. **360**, 64].

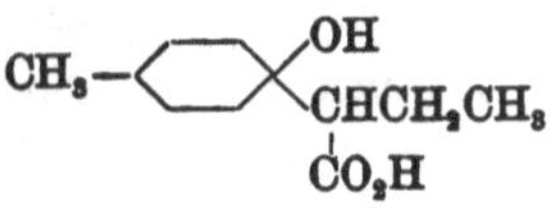

F. 100—101°.

Ester der ungesättigten Säure, Kp.$_{10}$ 124—125°. Die freie Säure, Kp.$_{10}$ 154—158° gibt bei der trocknen Destillation

1,4-Methylcyclohexenpropan, 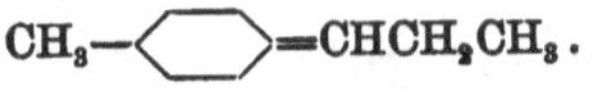.

Wurde noch nicht ganz einheitlich erhalten. Produkte von verschiedenen Darstellungen zeigten folgende Eigenschaften: Kp. 173—174°, $d=0{,}8110$, $n_D=1{,}4571$, $M=46{,}41$. Gibt leicht ein Nitrosochlorid, F. 138—139°. Nitrosat, F. 143°. Nitrolpiperidid, F. 148—149°. Oxim (dargestellt durch HCl-Abspaltung aus dem Nitrosochlorid), F. 105—106°, gibt bei der Zerlegung das ungesättigte Keton, 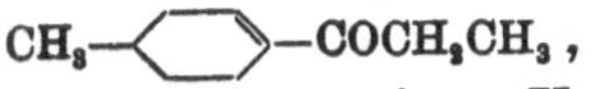, Kp. 230—231°. Aus diesem wurde das zugehörige gesättigte Keton 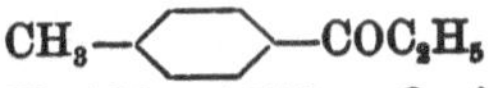 gewonnen, Kp. 210 bis 211°. Semicarbazon, F. 182—183°. Oxim, F. 95—96°.

Δ^3-Methyl(1)-n-propyl(4)-cyclohexen, 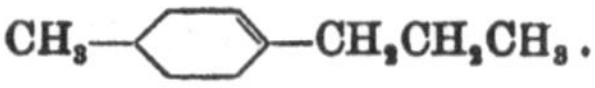

Dargestellt aus Methyl(1)-isopropyl(4)-cyclohexanol(4) durch Erwärmen mit Schwefelsäure.

Kp. ca. 173—176°. Nitrosochlorid, F. 134—135°. Nitrosat, F. 119°. Nitrolpiperidid, F. 150—152°.

1,4-Methylcyclohexenisobuttersäure [A. **360**, 70; B. **39**, 2504].

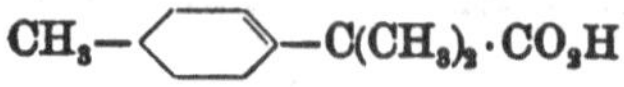

Entsteht durch Wasserabspaltung und Verseifung aus dem durch Kondensation von 1,4-Methylcyclohexanon mit Bromisobuttersäureester sich bildenden 1,4-Methylcyclohexanolisobuttersäureäthylester, $Kp._{16}$ 148—150°.

Die freie ungesättigte Säure schmilzt bei 95—96°. Ihr BrH-Additionsprodukt bei 120—122°. Äthylester, $Kp._{13}$ 123—126°. Durch CO_2-Abspaltung entsteht aus der Säure unter Bindungsverschiebung

i-$\Delta^{4(8)}$-Menthen (Dihydroterpinolen),

$$(CH_3)CH\langle{}^{CH_2-CH_2}_{CH_2-CH_2}\rangle C{=}C(CH_3)_2$$

Kp. 172—174°, $d=0{,}831$, $n_D=1{,}4647$ bei 21°, $M=45{,}88$.

Gibt mit Amylnitrit und Salzsäure ein tief blau gefärbtes, mit Wasserdampf flüchtiges Öl, das allmählich zu bläulich gefärbten Kristallen, F. 101—103° erstarrt. Bei der Reduktion entsteht eine Base. Bei der Oxydation des i-$\Delta^{4(8)}$-Menthens entsteht 1,4-Methylcyclohexanon. Beim Kochen mit verdünnter H_2SO_4 lagert Dihydroterpinolen sich um in

i-Δ^3-Menthen 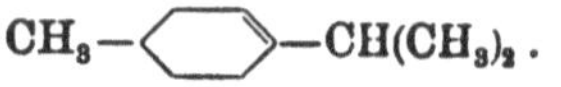

Nitrosochlorid, F. 128°. Gibt bei Abspaltung von Salzsäure Menthenonoxim, F. 66—67° (s. S. 387).

Δ^1-Mono-methyl-1-cyclohexenon-3, $C_7H_{10}O$ [A. **323**, 138].

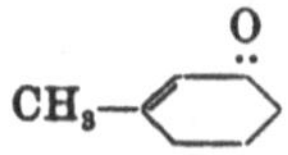

Wurde nach den Angaben von Knoevenagel dargestellt und mit Bromessigester und Zink kondensiert zu einem

Ungesättigten Ester $C_8H_{11}COOC_2H_5$, $Kp._{16}$ 125—126°. Durch Verseifung entsteht

Dihydro-m-tolylessigsäure, $C_8H_{11} \cdot COOH$, F. 170—172°. Amid F. 146—147°. Durch CO_2-Abspaltung entsteht aus der Säure

Dihydroxylol(?), C_8H_{12}, Kp. 133—134°. Absorbiert schnell Sauerstoff. Liefert mit Salpeter-Schwefelsäure Dinitroxylol, F. 90 bis 91°.

Δ^6-1,4-Dimethylcyclohexenon(2) 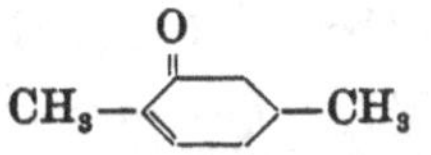 [A. **397**, 190].

Darstellung: Aus Δ^1-1,4-Dimethylcyclohexennitrosochlorid (siehe S. 436) und Hydrolyse des aus diesem darstellbaren Oxims, F. 92—93°.

Eigenschaften: Kp. 189—190°, $d_{22} = 0{,}938$, $n_D = 1{,}4753$, $M =$ 37,24 (ber. 36,61). Oxim, F. 92—93°. Semicarbazon, F. 165°.

Geruch erinnert an Menthon und Benzaldehyd. Wird beim Kochen mit Ferrichlorid teilweise zu Xylenol, F. 75°, oxydiert, durch Palladiumwasserstoff reduziert zu

i-1,4-Dimethylcyclohexanon(2) 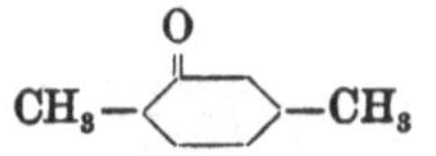 [A. **397**, 192].

Entsteht auch durch Erwärmen des Glycols, F. 77°, das man bei der Oxydation von Δ^1-1,4-Dimethylcyclohexen erhalten kann [A. **396**, 268; **397**, 193], s. auch S. 436, und in aktiver Modifikation beim Methylieren und nachherigem Verseifen von 1,3-Methylcyclohexanonoxalester [A. **397**, 197].

Eigenschaften: Kp. 178°, $d_{20} = 0{,}9025$, $n_D = 1{,}4446$. Oxim (bildet sich sehr leicht), F. 108—109° (inaktiv); F. 101° (aktiv). Semicarbazon, F. 175—176° (inaktiv); F. 178—180° (aktiv).

Das Keton liefert bei der Oxydation β-Methyl-δ-acetylvaleriansäure $CH_3COCH_2CH_2CH(CH_3)CH_2CO_2H$ (Semicarbazon, F. 146–147°), dann weiter β-Methyladipinsäure.

Δ^1-Dimethyl-1,5-cyclohexenon-3, $C_8H_{12}O$ [A. **323**, 141; **397**, 199].

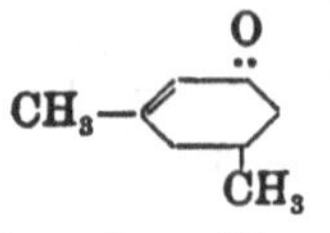

Dargestellt nach den Angaben Knoevenagels.

Eigenschaften: Kp. 211—212°, $d_{20} = 0{,}940$, $n_D = 1{,}4827$. Wurde mit Bromessigester und Zink kondensiert. Isoliert wurde der

Ungesättigte Ester $C_9H_{13}COOC_2H_5$, Kp.$_{18}$ 136—137°. Daraus entsteht durch Verseifung

Dimethylcyclohexenessigsäure, $C_{10}H_{14}O_2$. Kp.$_{15}$ 170°. F. 150 bis 152°. Amid, F. 126—127°. Aus der Säure entsteht durch CO_2-Abspaltung Dihydromesitylen, Kp. 147°, d=0,826 bei 18°. Gleichzeitig bildet sich Mesitylen.

Dimethyl(1,5)-cyclohexanon(3)
[A. **397**, 199]

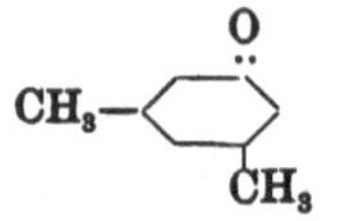

wurde durch Reduktion von Δ^1-Dimethyl(1,5)-cyclohexenon mit Palladiumwasserstoff dargestellt.

Eigenschaften: Kp. 181,5—182°, d_{19}=0,895, n_D=1,4425, M=37,29. Semicarbazon, F. 201°. Gibt mit CH_3MgJ:

Trimethyl(1,3,5)-cyclohexanol(1) 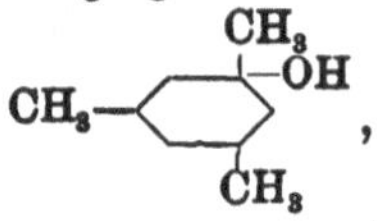 , Kp. 181°.

Dieses liefert bei der Wasserabspaltung:

Δ^1-Trimethyl(1,3,5)-cyclohexen
(Tetrahydromesitylen) [A. **396**, 283].

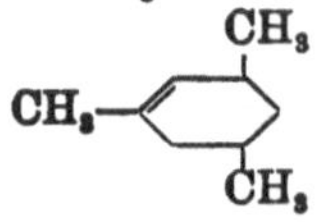

Kp. 142,5—143,5°, d_{21}=0,7965, n_D=1,4447, M=41,41. Nitrosochlorid, F. 134°. Nitrolpiperidid, F. 122—123°. Gibt bei der Oxydation Glycol [Trimethyl(1,3,5)-cyclohexandiol(1,2)], F. 104°, mit Wasserdampf flüchtig.

Δ^2-Dimethyl(1,3)-cyclohexenon(4)
[A. **397**, 198].

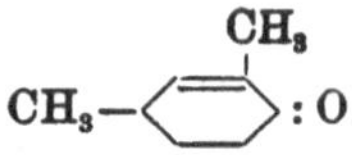

Das Oxim entsteht durch Chlorwasserstoffabspaltung aus dem Nitrosochlorid des Δ^3-Tetrahydro-m-Xylols (s. S. 319, 424) und liefert bei der Hydrolyse das freie Keton als veränderliche, gelb gefärbte Flüssigkeit.

Semicarbazon, F. 194—195°. Gibt bei der Reduktion:

i-Dimethyl(1,3)-cyclohexanon(4)
[A. **395**, 83, 84; **397**, 197].

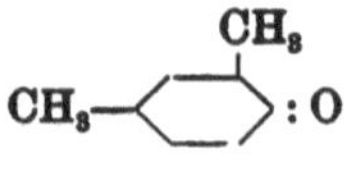

Läßt sich auch durch Wasserabspaltung aus dem Glycol, F. 89°, gewinnen, das bei Oxydation des Δ^3-Tetrahydro-m-Xylols entsteht [A. **395**, 83], s. auch S. 319, 424.

Eigenschaften: Kp. 179—179,5°, d_{21} = 0,9066, n_D = 1,4464, M=37,09. Oxim, F. 98—99° (bildet sich sehr leicht). Semicarbazon, F. 189°.

Gibt bei der Oxydation zuerst γ-Methyl-δ-acetyl-valeriansäure $CH_3COCH_2CH(CH_3)CH_2CH_2CO_2H$ (Semicarbazon, F. 136 bis 137°), dann β-Methyladipinsäure.

Dimethyl(1,3)-cyclohexanon(2) 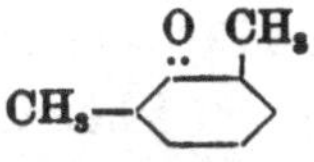

[A. **397**, 200].

Darstellung durch Methylierung und darauffolgende Spaltung des Methyl(1)-hexanon(2)-oxalesters(3).

Eigenschaften: Kp. 174,5°, $d_{20} = 0{,}9140$, $n_D = 1{,}4476$, $M = 36{,}9$ (zeigt also auffallend niedrigen Siedepunkt, höhere Dichte und höheren Brechungsexponent als die Isomeren) [A. **397**, 202] (s. auch S. 189).

Oxim, F. 114—115° (bildet sich sehr leicht). Semicarbazon, F. 176—177°.

Dimethyl(1,1)-cyclohexanon(3) 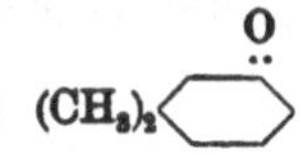

[A. **339**, 111].

Dargestellt aus β,β-Dimethylpimelinsäure.

Kp. 173—175°. Semicarbazon, F. 195° (s. auch S. 364).

Isopropyl-1-cyclohexenon-4, $C_9H_{14}O$
[A. **343**, 30; **356**, 235; **359**, 279].

Existiert in den drei Modifikationen:

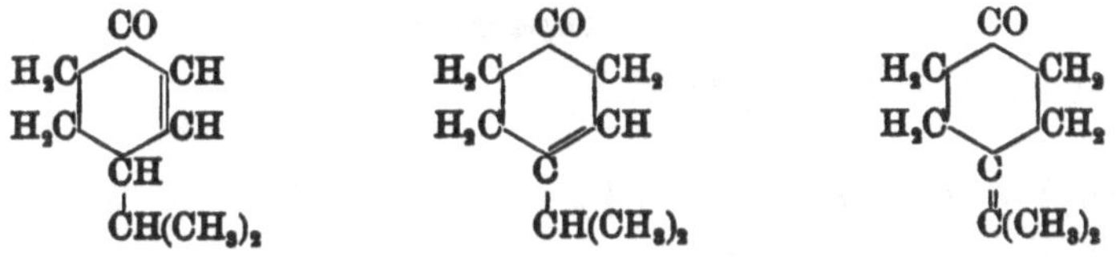

von denen das Δ^2-Isopropyl-1-cyclohexenon-4 die stabilste zu sein scheint, in welche die beiden anderen Modifikationen, namentlich in Berührung mit Säuren so leicht übergehen, daß sie schwierig rein zu erhalten sind.

Darstellung: Das Isopropylhexenon entsteht: 1. bei der Oxydation von β-Phellandren (siehe S. 485); 2. bei längerem Kochen von Nopinon mit verdünnter Schwefelsäure; 3. beim Erwärmen von Sabinaketon mit Schwefelsäure oder besser beim Zerlegen von Sabinaketonsemicarbazon mit Mineralsäuren; 4. bei der HCl-Abspaltung aus Sabinaketonhydrochlorid (vgl. S. 496) als Nebenprodukt.

Eigenschaften: Kp. 218—219° (Kp.$_{12}$ 93—95°), $d_{19} = 0{,}947$, $n_D = 1{,}4807$ bei 19°, $M = 41{,}45$. Riecht wie Cuminaldehyd. Verbindet sich mit Bisulfit. Polymerisiert sich leicht zu einer bei 156° schmelzenden, in Nadeln kristallisierenden Verbindung. Zeigt auch Neigung zur Selbstkondensation. Verbindet sich mit Schwefelwasserstoff zu einer bei etwa 119° schmelzenden Substanz.

Das Δ^1-Isopropyl-1-hexenon-4 erhält man bei vorsichtigem Erwärmen von Sabinaketonhydrochlorid mit Anilin:

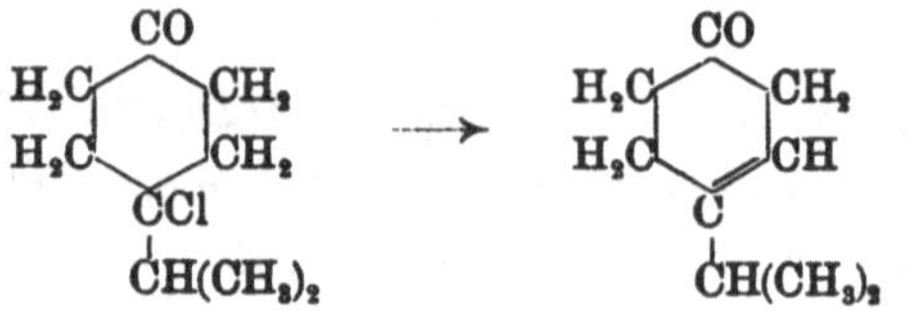

neben kleinen Mengen der Isomeren. Eine Unterscheidung ist möglich durch die verschiedene Löslichkeit und die verschiedenen Schmelzpunkte der Semicarbazone [A. **359**, 279]:

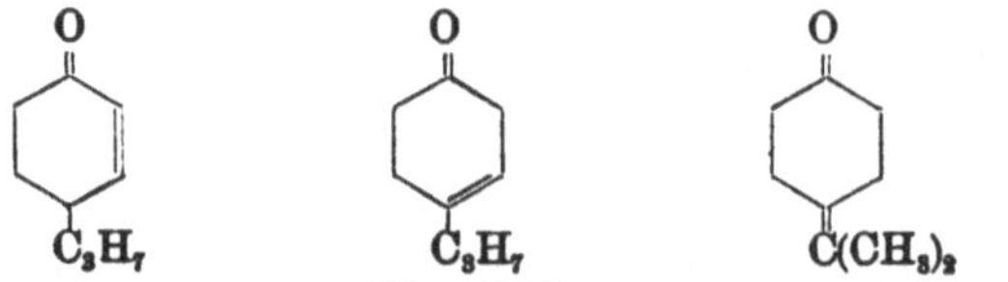

Semicarbazon F.	184—185°	169—170° (am leichtesten löslich)	199—201° (am schwersten löslich)

Bei der Reduktion in alkoholischer Lösung mit Natrium liefert das Δ^2-Isopropyl-1-hexenon-4 in mangelhafter Ausbeute Isopropylhexanol $C_{10}H_{17}OH$ (s. unten).

Isopropyl-1-cyclohexanon.4, $C_9H_{16}O$ [A. **343**, 33; **359**, 280; **397**, 208].

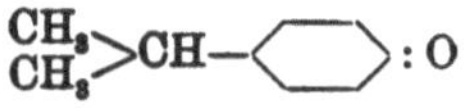

Darstellung: Aus dem zugehörigen Alkohol durch Oxydation; am besten durch Reduktion von Isopropylhexenon mit Palladiumwasserstoff.

Eigenschaften: Kp. 214—215,5°, $d_{19} = 0,9175$, $n_D = 1,4561$, $M = 41,49$.

Dibenzylidenverbindung. F. 105°.

Semicarbazon, F. 188°, bei häufigem Umkristallisieren 190—191°. Das Keton liefert bei der Oxydation mit Chromsäure

β-Isopropyladipinsäure, F. ca. 70°.

Isopropyl-1-hexanol-4, $C_{10}H_{17}OH$. Gewonnen durch Reduktion von Δ^2-Isopropylhexenon (s. oben); riecht ähnlich wie Terpineol.

Δ^2-Isopropyl-1-methyl-4-cyclohexenol-4 [A. **359**, 285].

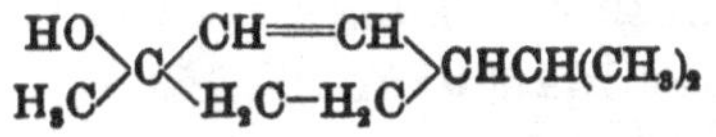

Darstellung: Durch Umsetzung von Δ^2-Isopropyl-1-hexenon-4 mit Magnesiumjodmethyl.

Eigenschaften: Kp. 208—211° (Kp.$_{10}$ 92°), $d = 0{,}9230$, $n_D =$ 1,4760 bei 19°. Riecht angenehm nach Terpineol. Spaltet schon bei der Entstehung leicht Wasser ab unter Bildung von α-Phellandren [A. **359**, 283] (s. S. 483, 486).

Δ^3-Methyl(1)aethyl(4)cyclohexenon(5) 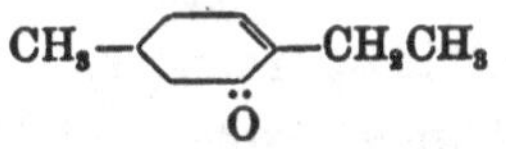
[A. **397**, 204].

Darstellung: Aus dem Oxim, das aus dem Nitrosochlorid des Δ^3-Methyl(1)äthyl(4)cyclohexens hergestellt wird [A. **396**, 282], s. auch S. 438.

Eigenschaften: Kp. 203—204°, $d_{19} = 0{,}9310$, $n_D = 1{,}4759$, $M =$ 41,80.

Oxim, F. 59—60°, mit Wasserdampf flüchtig. Semicarbazon, F. 152—153°.

Gibt bei der Reduktion mit Palladiumwasserstoff:

Methyl(1)aethyl(4)cyclohexanon(5) 
[A. **397**, 205].

Kann auch durch Wasserabspaltung aus dem Glycol F. 76—77° erhalten werden, das bei der Oxydation von Δ^3-Methyl(1)aethyl(4)-cyclohexen entsteht. [A. **396**, 282].

Eigenschaften: Kp. 197°, $d_{20} = 0{,}9000$, $n_D = 1{,}4485$, $M = 41{,}68$.

Oxim, F. 80° (entsteht sehr leicht); Semicarbazon, F. 178—181°. Das Keton gibt bei der Oxydation die Ketosäure: $CH_3CH_2COCH_2CH_2$-$CH(CH_3)CH_2CO_2H$. Semicarbazon, F. 145°.

Δ^3-Methyl(1)-n-propyl(4)-cyclohexenon(5)

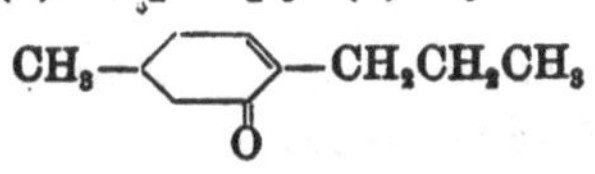

(Dargestellt aus dem Nitrosochlorid des Δ^3-Methyl(1)-n-propyl(4)-cyclohexen durch das Oxim, s. S. 441.)

Kp. 220—223°, $d = 0{,}9225$, $n_D = 1{,}4732$, $M = 46{,}24$. Gelb. Leicht zersetzlich. Gegen Alkali empfindlich.

Oxim flüssig. Semicarbazon, F. 153°.

Aus dem ungesättigten Keton entsteht durch Reduktion mit Palladiumwasserstoff:

Methyl(1)-n-propyl(4)-cyclohexanon(5) (Normal-Menthon).

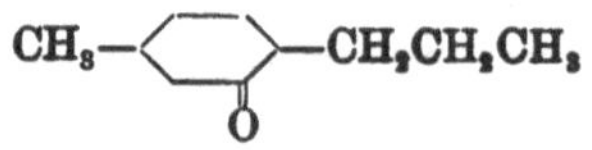

Kp. 215—217°, $d_{19} = 0{,}8960$, $n_D = 1{,}4511$, $M = 46{,}29$. Farblos. Hat im Geruch keine Ähnlichkeit mit Menthon (ebensowenig der zugehörige Alkohol mit Menthol).

Oxim, F. 85—87°. Semicarbazon, F. 149—150°.

Das Keton liefert bei der Oxydation eine Ketonsäure $C_{10}H_{18}O_3$. Semicarbazon, F. 156—158°.

Methyl(1)-allyl(4)-cyclohexanon(5)

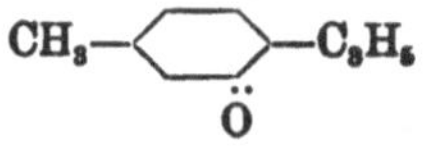

Farblos. Besitzt durchdringenden, an Isonitril erinnernden Geruch.

Gibt bei der Reduktion mit Palladiumwasserstoff leicht n-Menthon (Oxim, F. 87°, Semicarbazon, F. 149—150°) (s. oben) [unv. Beob.].

Methyl(1)-allyl(5)-cyclohexanon(4)

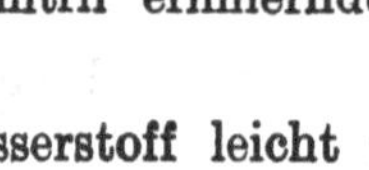

Kp. 215—216°, $d_{22} = 0{,}9140$, $n_D = 1{,}4637$, $M = 45{,}86$.

Oxim, F. 96,5—98° (entsteht sehr schnell). Semicarbazon, F. 174—175° [unv. Beob.].

Δ^1Methyl-1-äthyl-5-cyclohexenon-3, $C_9H_{14}O$, [A. 323, 145].

Dargestellt aus Propylidendiacetessigester, F. 76—78°.

Eigenschaften: Kp. 232° (Kp.$_{14}$ 102°). Bei der Kondensation mit Bromessigester und Zink wurde daraus erhalten der

Ungesättigte Ester, $C_{10}H_{15}COOC_2H_5$, Kp. 145—147° im Vakuum. Liefert bei der Verseifung

Dihydromethyläthylphenylessigsäure, $C_{11}H_{16}O_2$, F. 141 bis 143°. Amid, F. 123°. Aus der Säure entsteht beim Erhitzen auf 200° Dimethyl-1,3-äthyl-5-benzol, $C_{10}H_{14}$, daneben der

Dihydrobenzolkohlenwasserstoff, $C_{10}H_{16}$, Kp. 166°.

Trimethyl-1,4,4-cyclohexanon-5
(Pulenon), $C_9H_{16}O$.

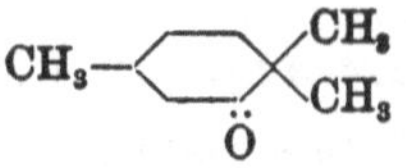

Kp. 183°, $d = 0{,}8925$, $n_D = 1{,}4451$. Oxim: F. 94—95°.
Näheres siehe Seite 374.

Δ^1-Trimethyl-1,3,3-cyclohexenon-6, $C_9H_{14}O$
[A. **324**, 103—106, 114].

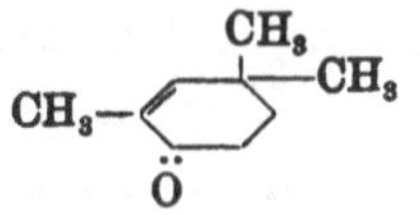

Darstellung: Aus Cyclogeraniolen (aus Citral[1]) [A. **324**, 105], ferner durch Umformung aus dem Trimethyl-1,3,3-cyclohexanon-5 (Dihydroisophoron), über das Cyclogeraniolen [A. **324**, 105]:

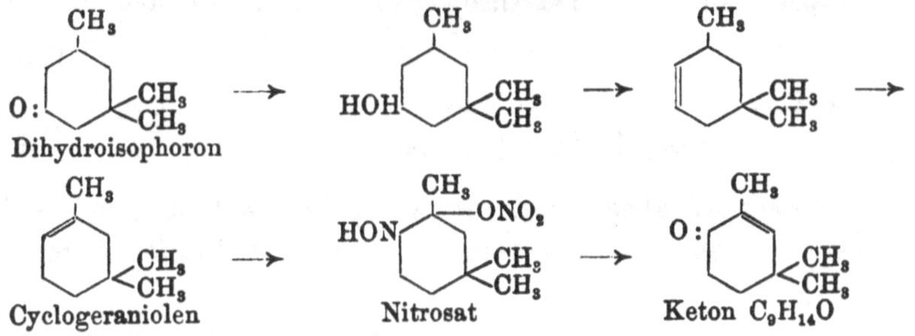

(Man vergleiche auch Allgem. Teil S. 48 und S. 450.)

Eigenschaften: Kp. 195—196, $d = 0{,}9245$, $n_D = 1{,}4749$ bei 25°. Riecht wie Tanaceton. Über die Molekularrefraktion s. S. 180.

Oxim, (s. S. 450). Kp.$_{15}$ 131—132°, F. 128—129°.

Semicarbazon, F. 158—159°, in Äther merklich löslich.

Benzylidenverbindung, $C_9H_{12}O{:}CHC_6H_5$, F. 54—55°.

Trimethyl-1,3,3-cyclohexanon-6, $C_9H_{16}O$
(Cyclogeraniolon) [A. **324**, 99—113].

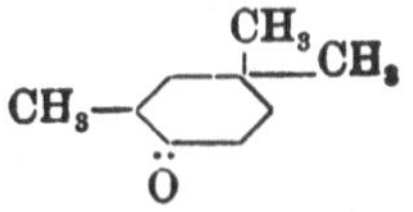

Entsteht durch Reduktion des Trimethyl-1,3,3-cyclohexenon-6 und Oxydation des zunächst entstehenden

[1] Darstellungsmethode für Cyclogeraniolen aus Citral s. A. **324**, 101.

Trimethyl-1,3,3-cyclohexanols, $C_9H_{17}OH$, Kp. 192—193°. Bei der Reduktion entstehen gleichzeitig pinakonartige Verbindungen F. 142—143° und 128—130°.

Eigenschaften des Ketons: Kp. 191°, $d=0{,}902$, $n_D=1{,}4545$ bei 19°.

Semicarbazon, F. 164—165°. Oxim, 108—109°. Nadeln. Beim Umlagern mit H_2SO_4 entstehen zwei Isoxime [A. **324**, 107; **346**, 256]:

α-Isoxim, F. 115—116°. Gibt bei der Aufspaltung eine

Amidosäure, $C_8H_{16}(NH_2)CO_2H$, F. 160—161°. Durch Umsetzung mit PCl_5 entsteht aus dem Isoxim eine kristallinische chlorfreie Base.

β-Isoxim, F. 106—108°.

Trimethyl-1,3,3-cyclohexanon-6 gibt bei der Oxydation:

Isogeronsäure, Kp.$_{10}$ 162—167°. Semicarbazon, F. 196—197°. Die Säure gibt mit Hypobromit

β,β-Dimethyladipinsäure, F. 85—86°. Durch Destillation des Kalksalzes entsteht 1,1-Dimethylcyclopentanon-3 (s. S. 401).

Trimethyl-1,3,3-cyclohexanon-5 (Dihydroisophoron), $C_9H_{16}O$ [A. **324**, 114; **346**, 256].

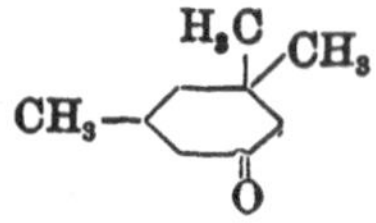

Wurde nach Angaben von Knoevenagel [A. **297**, 198] und Müller und Kerp [A. **299**, 211] aus Isophoron durch Reduktion dargestellt.

Oxim, F. 84—85°.

Isoxim, durch Umlagerung des Oxims mit H_2SO_4 in zwei Modifikationen erhalten:

α-Isoxim, F. 111—112°,

β-Isoxim, F. 82—84°. Das rohe Isoximgemisch ist in heißem Wasser schwerer löslich als in kaltem.

Durch Reduktion des Ketons entsteht: Dihydroisophorol. Durch Abspaltung von Wasser daraus:

Cyclogeraniolen, C_9H_{16} (s. S. 449), Kp. 139°, $d=0{,}8030$, $n_D=1{,}44406$ bei 20°.

Nitrosat, $C_9H_{16}\cdot N_2O_4$, F. 102—104°, ist schwerer löslich als das Nitrosochlorid, $C_9H_{16}\cdot NOCl$. Nitrolpiperidid, F. 136—138°. Nitrolbenzylamin, F. 106°. Durch Umsetzung mit alkoholischem Kali gibt das Nitrosat das Oxim des

Δ^1-Trimethyl-1,3,3-cyclohexenons-6, s. S. 449.

Vergleichende Übersicht über die Verbindungen $C_9H_{14}O$ und $C_9H_{16}O$ [A. **327**, 137; **329**, 85, 100; **346**, 258].

	$C_9H_{16}O$			$C_9H_{14}O$
	1, 3, 3-Trimethylcyclohexanon-6 (Cyclogeraniolon)	1, 3, 3-Trimethylcyclohexanon-5 (Dihydroisophoron)	1, 4, 4-Trimethylcyclohexanon-5 (Pulenon)	1, 3, 3-Trimethylcyclohexenon-6
	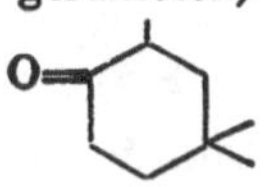	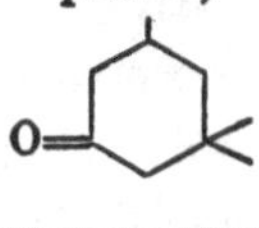	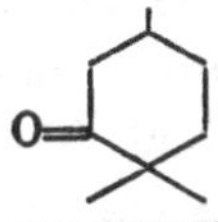	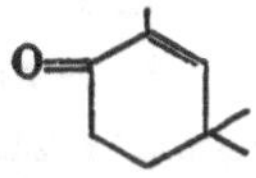
Kp.	191°	188—189°	183°	195—196°
d	0,902	0,8923	0,8925	0,9245
n_D	1,4545	1,4455	1,4451	1,4749
Smp. des Oxims	108—109°	84°	94—95°	129—129°
Smp. des Semicarbazons	164°	204°	169—170°	158—159°
Smp. des Isoxims α	115—116°	111—112°	96—97°	—
Smp. des Isoxims β	205—108°	82—84°		—

Δ^1-Methyl(1)-isopropyl(5)-cyclohexenon(3) [A. **323**, 149; **397**, 209].

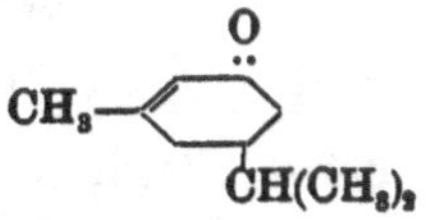

Darstellung nach Knövenagel.

Eigenschaften: Kp. ca. 244°, $d_{21} = 0{,}9340$, $n_D = 1{,}4865$, $M = 46{,}69$. Gelb gefärbt, veränderlich schon in Berührung mit Alkali.

Semicarbazon, F. 167°. Dibenzylidenverbindung, F. 90—91°.

Durch Kondensation des Ketons mit Bromessigester und Zink ist erhalten: Ester $C_{14}H_{22}O_2$ neben $C_{14}H_{20}O_2$, Kp.$_{16}$ 154—158°, daraus ein Gemisch hydrierter und aromatischer Säuren, F. 111—114° und 135—140°, das beim Erhitzen auf 200° Dimethylisopropylbenzol, Kp. 186 bis 194°, liefert. Das Keton $C_{10}H_{16}O$ gibt bei der Reduktion mit Palladiumwasserstoff:

Methyl(1)-isopropyl(5)-cyclohexanon(3) [A. **397**, 210].

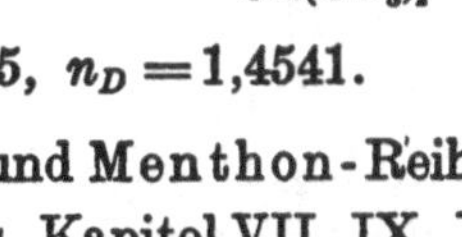

Eigenschaften: Kp. 221—223°, $d_{20} = 0{,}8965$, $n_D = 1{,}4541$.

Über die hexacyclischen Ketone der Carvon- und Menthon-Reihe, sowie die von diesen abgeleiteten Verbindungen, s. Kapitel VII, IX, X.

Spezielles über heptacyclische Verbindungen.

Cycloheptanon (Suberon), $C_7H_{12}O$. 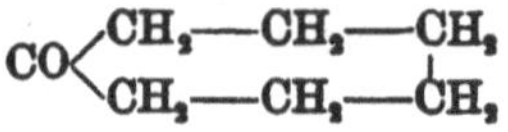

Über die Bildung aus Cyclohexylmethylamin, s. S. 38 und 412 [A. **353**, 326].

Dibenzylidensuberon, $C_7H_8O(CHC_6H_5)_2$ [B. **29**, 1600]. Fast farblose Kristalle, F. 107—108°.

Suberon wurde mit einer Reihe von Aldehyden kondensiert (2 Mol. Aldehyd auf 1 Mol. Keton). Die Schmelzpunkte der erhaltenen Kondensationsprodukte sind folgende [G. N. **1907**, 401, 404]:

Kondensationsprodukt mit	F.
Benzaldehyd	107—108°
m-Nitrobenzaldehyd	173°
p-Nitrobenzaldehyd	209°
Anisaldehyd	128—129°
Zimtaldehyd	198°
Piperonal	137°

Mit Aceton läßt sich Suberon viel schwerer kondensieren als die niederen Ringhomologen [A. **394**, 366].

Oxymethylensuberon [A. **329**, 128]. Kp.$_{10}$ 100°. Gibt ein Cyclisches Semicarbazon, $C_9H_{13}N_3O$, F. 181—183°. Aus diesem entsteht durch Kochen mit Säuren ein

Pyrazol, $C_8H_{12}N_2$, F. 66—67°, Platinsalz, F. 238—239°.

Cycloheptanonsulfonal, $(CH_2)_6{>}C(SO_2C_2H_5)_2$ [B. **31**, 339], F. 136—138°.

Suberonisoxim [A. **309**, 19; **312**, 176, 205; **324**, 307],

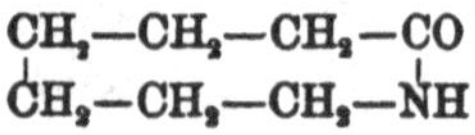

Entsteht durch Umlagerung von Suberonoxim in einer Ausbeute von 85 %.

Eigenschaften: Kp.$_8$ ca. 156°, F. etwas oberhalb 25°. In Wasser löslich.

Chlorhydrat, luftbeständig. Golddoppelsalz, $(C_7H_{13}NO)_2$-$HClAuCl_3$, F. 95—96,5°. Suberonisoxim gibt die sogenannten Alkaloidreaktionen; mit PCl_5 entsteht daraus eine

Base, $C_{14}H_{24}N_2O$, F. 81—82°. Goldsalz, $C_{14}H_{24}N_2O \cdot HCl \cdot AuCl_3$, F. 106°. Mit P_2O_5 entsteht neben basischen Substanzen aus dem Isoxim ein Nitril, das beim Verseifen eine Heptylensäure (s. unten) liefert.

Bei der Reduktion entsteht aus Suberonisoxim neben einer sauerstofffreien eine sauerstoffhaltige

Base $C_7H_{17}NO$, Kp. ca. 250°, F. 48—50°.

Beim Kochen mit Salzsäure spaltet sich Suberonisoxim leicht und vollständig auf zu

Amido-n-heptylsäure (Amidoönanthylsäure), F. 186—187° unter Zersetzung, in Wasser löslich, in absolutem Alkohol und Äther unlöslich. Die Säure liefert bei der Oxydation mit Permanganat

n-Pimelinsäure [A. **312**, 209; **343**, 44] und mit salpetriger Säure

ε-ζ-Heptylensäure, $C_7H_{12}O_2$, Kp. 225—227°, $d=0{,}952$, $n_D=1{,}4425$ bei 17°. Bei der Oxydation liefert diese Säure n-Adipinsäure, F. 148°.

Methyl-1-suberol-1 $(CH_2)_6{>}C{<}^{OH}_{CH_3}$ [A. **345**, 140].

Dargestellt aus Suberon und Magnesiummethyljodid.

Eigenschaften: Kp. 183—185°, $d=0{,}9285$, $n_D=1{,}4677$ bei 22°, riecht wie Fenchylalkohol. Erleidet beim Erhitzen mit $KHSO_4$ Wasserabspaltung unter Bildung von

Δ^1-Methylsuberen 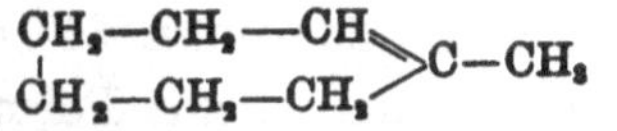 [A. **345**, 140].

Kp. 137,5—138,5°, $d=0{,}824$, $n_D=1{,}4581$ bei 19,5°. Gibt bei der Oxydation ε-Acetylcapronsäure, $CH_3CO(CH_2)_5COOH$ (Semicarbazon, F. 113—114°), beim Behandeln mit Hypobromit wird aus dieser n-Pimilinsäure, F. 104—105°, erhalten.

Nitrosat, F. 97—98°, Nitrosochlorid, F. 106°, Nitrolpiperidid, F. 107°. Das Nitrosochlorid gibt mit Natriummethylat

Methylsuberanmethoxyloxim 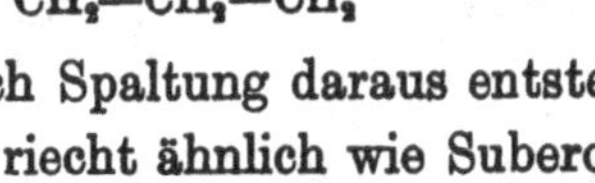 .

Große Tafeln, F. 74—75°. Das durch Spaltung daraus entstehende Methylsuberanmethoxylketon riecht ähnlich wie Suberon und ausgesprochen nach bittern Mandeln. Es gibt nur langsam ein wenig charakteristisches Semicarbazon.

Das Nitrosochlorid gibt beim Erwärmen mit Dimethylanilin Methylsuberenonoxim, aus dem durch Spaltung mit Säuren entsteht

Methylsuberenon $\begin{matrix} CH_2-CH_2-CH \\ | \\ CH_2-CH_2-CO \end{matrix}\!\!>\!C-CH_3$ [A. **345**, 145].

Kp. 200—205°, $d = 0{,}9695$, $n_D = 1{,}4867$ bei 21°. Semicarbazon, F. 162—163°.

1,2-Methylsuberon $\begin{matrix} CH_2-CH_2-CO \\ | \\ CH_2-CH_2-CH_2 \end{matrix}\!\!>\!CH-CH_3$ [A. **345**, 147].

Entsteht durch Reduktion des Methylsuberenons und Oxydation des dabei sich bildenden 1,2-Methylsuberols.

Semicarbazon, F. 129—131°.

Suberolessigester [A. **314**, 156; **353**, 301],

$\begin{matrix} CH_2-CH_2-CH_2 \\ | \\ CH_2-CH_2-CH_2 \end{matrix}\!\!>\!C(OH)CH_2 \cdot COOR$.

Aus Suberon, Bromessigester und Zink dargestellt.

Methylester, Kp. 249—257°, 141—145° unter 12 mm, $d = 1{,}037$ $n_D = 1{,}4702$ bei 20°.

Suberenessigsäure [A. **314**, 157; **345**, 147; **353**, 301; G. N. **1907**, 62],

$\begin{matrix} CH_2-CH_2-CH_2 \\ | \\ CH_2-CH_2-CH_2 \end{matrix}\!\!>\!C{=}CH \cdot COOH$

$Kp._{25}$ 169—170°, 158—159° unter 17 mm, $d = 1{,}035$, $n_D = 1{,}4920$ bei 20°. Gibt bei der Oxydation mit Permanganat Suberon.

Methylester, $Kp._{13}$ 125—126°. Äthylester, $Kp._{23}$ 135—136°.

Monobromsuberylessigsäure $(C_6H_{12}) : C\!\!<\!\!\begin{matrix} CH_2 \cdot COOH \\ Br \end{matrix}$, F. 68–69°.

Monojodsuberylessigsäure $(C_6H_{12}) : C\!\!<\!\!\begin{matrix} CH_2 \cdot COOH \\ J \end{matrix}$, F. 80—81°.

Beide halogenisierte Säuren schmelzen nicht scharf und zersetzen sich beim Aufbewahren. Durch Reduktion derselben mit Zinkstaub und Eisessig kommt man zur

Suberylessigsäure $\begin{matrix} CH_2-CH_2-CH_2 \\ | \\ CH_2-CH_2-CH_2 \end{matrix}\!\!>\!CH \cdot CH_2 \cdot COOH$ [A. **353**, 301], $Kp._{19}$ 165°.

Amid, F. 146—148°. Gibt mit Bromlauge

Suberylmethylamin, $C_7H_{13}CH_2NH_2$, Kp. 193—195°, $d = 0{,}8840$, $n_D = 1{,}4719$ bei 21,5°.

Chlorhydrat, F. 229—232°, Platinsalz, F. 243—244°, Harnstoff, F. 127—129°, Trimethylammoniumjodid, F. 223°.

Suberylmethylamin gibt beim Behandeln mit salpetriger Säure Cyclooctanol (s. S. 39 und unten) [A. **353**, 327].

Methencycloheptamethylen (Methensuberan) [A. **314**, 158; **345**, 146].

$CH_2—CH_2—CH_2$
$\quad\quad\quad\quad\quad\quad\quad >C=CH_2$
$CH_2—CH_2—CH_2$

Entsteht bei langsamer Destillation der Suberenessigsäure unter CO_2-Abspaltung.

Kp. 138—140°, $d = 0{,}824$, $n_D = 1{,}4611$ bei 20°.

Nitrosochlorid gibt bei der Abspaltung von Salzsäure ein Oxim, aus diesem bildet sich durch Säuren der

Suberenaldehyd, $C_7H_{11}\cdot COH$. Riecht wie Benzaldehyd. Semicarbazon, F. 203—204°. Gibt bei der Oxydation mit Silberoxyd

Suberencarbonsäure, F. 50—51°.

Bei der Oxydation des Methensuberans mit Permanganat entsteht [A. **345**, 148] 1. Suberon. 2. Glycol, $(CH_2)_6{>}C(OH)\cdot CH_2OH$, $Kp._{16}$ 134 bis 140°, F. 50—51°. 3. Oxysuberancarbonsäure, $(CH_2)_6{>}C(OH)\cdot COOH$ [A. **345**, 151], F. 78°. Natriumsalz, schwer löslich. Gibt bei der Oxydation mit PbO_2 und Schwefelsäure: Suberon.

Suberanaldehyd, $(CH_2)_6{>}CH\cdot COH$ [A. **345**, 149].

Entsteht aus dem Glycol durch verdünnte Säuren neben hoch (ca. 180° unter 11 mm) siedenden Polymerisationsprodukten.

Semicarbazon, F. 153—154°. Oxim, $Kp._{11}$ 110—120°. Gibt bei der Oxydation mit Silberoxyd Suberancarbonsäure, ölig.

Octacyclische Verbindung.

Cyclooctanon, $C_8H_{14}O$ [A. 353, 327].

Wurde dargestellt durch Behandeln von Suberylmethylamin mit salpetriger Säure und Oxydation des entstandenen Cyclooctanols (s. oben).

Riecht ähnlich wie Suberon, Kp. 195—197°, F. 25—26°.[1] $d = 0{,}9584$, $n_D = 1{,}4694$ bei 20°. Gibt bei der Oxydation mit Chromsäure Korksäure, F. 139—140°.

Semicarbazon, F. 163—164,5°.

---

[1] Nach Willstätter [B. **44**, 3435 (1911)] F. 32°.

XII. Terpinen.

Allgemeines über Terpinen und die Verbindungen der Terpinenreihe.

I. Der Kohlenwasserstoff.

Die Geschichte des Terpinens habe ich 1906 [A. **350**, 142] in folgendem zusammengefaßt:

„Terpinen habe ich 1885 einen zwischen 179—182° siedenden „Kohlenwasserstoff benannt [A. **230**, 254, 260], der — neben Dipenten „und Terpinolen — beim Erwärmen von Terpinhydrat mit verdünnter „Schwefelsäure, sowie bei der Inversion des Pinens mit alkoholischer „Schwefelsäure entsteht und zwar je nach den gewählten Versuchs„bedingungen in verschiedener Menge. Diesen Kohlenwasserstoff hatten „zwar schon — aber stets auch nur als Gemengteil mit den Isomeren — „eine Reihe anderer Forscher in Händen gehabt, ohne ihn jedoch in „seiner Eigenart von Dipenten und Terpinolen unterscheiden zu können. „Eine Differenzierung des Kohlenwasserstoffs gelang zunächst mit Hilfe „des Bromierungsverfahrens: Dipenten und Terpinolen geben beim „Bromieren kristallisierte Verbindungen, Terpinen nicht. Die erste „Mitteilung über Terpinen (1885) schloß mit den Worten [A. **230**, 262]: „Ein Mittel, Terpinen von dem bei gleicher Temperatur siedenden „Dipenten zu trennen, wurde noch nicht gefunden, und es fehlt über„haupt noch an genügend sicheren positiven Merkmalen, welche zur „Erkennung und Identifizierung jenes Kohlenwasserstoffs dienen könnten. „Immerhin muß es aber als feststehend gelten, daß bei der Zerlegung „von Terpin mit verdünnter Schwefelsäure ein vom Dipenten unzweifel„haft verschiedener Kohlenwasserstoff entsteht, und es schien mir zweck„mäßig, diese Verbindung mit einem besonderen Namen zu belegen.‘

„Im Jahre 1887 konnten dann die Mitteilungen über Terpinen „wesentlich ergänzt werden, wie aus folgendem Zitat erhellt [A. **239**, 33]:

„Für den zwischen 179—181° siedenden Kohlenwasserstoff, den „ich Terpinen genannt habe, war eine genaue Charakteristik früher „noch nicht erreicht worden, da kristallisierte Produkte aus demselben „nicht erhalten werden konnten. Gelegentlich einer Untersuchung, „welche Herr Everhard Weber auf meine Veranlassung über die

„Zusammensetzung einiger ätherischer Öle ausführte, wurde nun ge-„funden, daß im Cardamomenöl sich ein Terpen vorfindet, dem die „Eigenschaft zukommt, sich mit salpetriger Säure zu einer schön kristalli-„sierenden Verbindung zu vereinigen. Es wurde daraufhin natürlich „sofort der Versuch angestellt, ob eines der bekannten Terpene ein „gleiches Verhalten zeige und ... alsbald gefunden, daß das Terpinen „mit Leichtigkeit eine solche Verbindung mit salpetriger Säure liefert „und daß die mit einer Fraktion des Cardamomenöls erhaltene Reaktion „auf die Anwesenheit von Terpinen zurückzuführen ist. Mit der Bildung „dieser sehr gut kristallisierenden und sehr leicht zu erhaltenden Ver-„bindung war nun gleichzeitig die Möglichkeit gegeben, das Vorhanden-„sein von Terpinen mit großer Sicherheit nachzuweisen ... es ist bereits „früher darauf hingewiesen worden, daß dieser optisch inaktive, um „180° siedende, in seinen physikalischen Eigenschaften vom Dipenten „so schwer zu unterscheidende Kohlenwasserstoff sich in erheblicher „Quantität neben anderen Verbindungen beim Erwärmen von Terpin-„hydrat mit verdünnter Schwefelsäure bildet und daß er jedenfalls auch „in reichlicher Menge in den gegen 180° siedenden Produkten enthalten „ist, welche bei der Inversion des Pinens mit alkoholischer Schwefelsäure „entstehen ... Was die weiteren Bildungsweisen des Terpinens anlangt, „so ist zu erwähnen, daß nicht nur das Terpin und das Pinen, sondern „auch das Dipenten, das Phellandren und das Cineol mit Hilfe von „Schwefelsäure in jenen Kohlenwasserstoff umgewandelt werden konnten.'

„In der Folge habe ich noch verschiedene Bildungsweisen für „Terpinen aufgefunden, so aus Dihydrocarveol [B. **24**, 3991] und Di-„hydrocarvylamin [A. **275**, 128], und aus dem besonders leichten Über-„gange in Cymol [A. **272**, 122; **275**, 127; B. **24**, 3988, 3991] geschlossen „(1892), daß Terpinen ein wahres Dihydrocymol sei."

Kurze Zeit nach der Niederschrift des vorstehend wiedergegebenen Zitats haben nun unsere Kenntnisse hinsichtlich des Terpinens und seiner Derivate größere Fortschritte gemacht als in den vorhergehenden zwei Dezennien. Es ist in schneller Aufeinanderfolge gelungen, die zu dem Terpinen zugehörigen Dihalogenide, die zugehörigen einwertigen Alkohole (die Terpinenole), das zugehörige Terpin und Cineol zu gewinnen, deren Konstitution ganz sicherzustellen und zugleich zu Partialsynthesen dieser Körper zu gelangen, welche sich sehr bald zu Totalsynthesen dürften ergänzen lassen.

Was die Frage nach der Konstitution des Terpinens anbelangt, so habe ich, nachdem ich die Überzeugung gewonnen hatte, daß Terpinen ein wahres Hydrocymol sei, 1891 drei Formeln für Terpinen in Rechnung gezogen [B. **24**, 3989], nämlich:

I

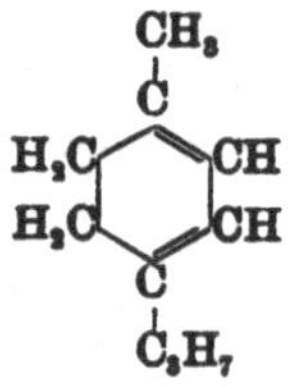

II

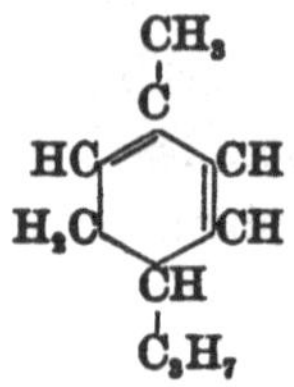

III

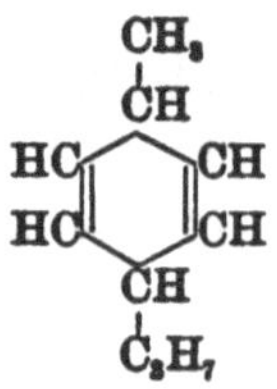

von denen II eliminiert werden konnte, da man optisch aktives Terpinen nie beobachtet hat.

v. Baeyer schlug 1894 neben II noch die Formel IV vor [B. **27**, 453]. Semmler 1901 [B. **34**, 712] V und Harries 1902 [B. **35**, 1169] VI.

IV

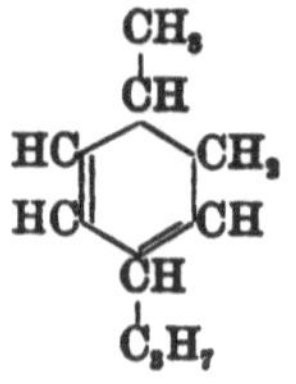

V

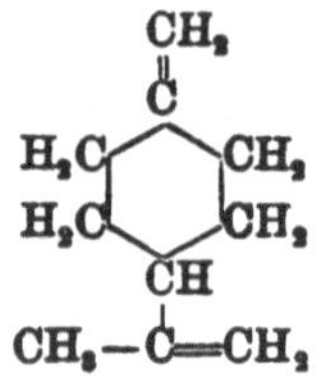

VI

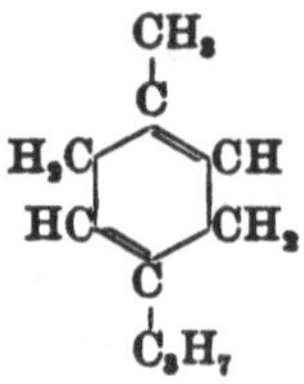

Nachdem ich 1906 die kristallisierten Terpinendihalogenide entdeckt und gefunden hatte, daß sich aus ihnen durch Halogenwasserstoffabspaltung ein Kohlenwasserstoff regenerieren läßt, der bei der Einwirkung von N_2O_3 sehr viel reichlicher Terpinennitrosit liefert, als es aus dem „Terpinen", das man nach früheren Verfahren gewinnen konnte, der Fall ist, glaubte ich anfangs, nun ein einheitliches, reines Terpinen in Händen zu haben. Der Fortgang der Untersuchung hat aber sehr bald gelehrt, daß auch das aus den Terpinenhalogeniden abgeschiedene Präparat kein einheitlicher Kohlenwasserstoff ist, sondern neben dem direkt Nitrosit bildenden Terpinen noch andere Bestandteile enthält. — Immerhin blieb die Frage nach der Lage der Bindungen im Terpinen jetzt sehr eingeengt.

Aus Terpinendichlorhydrat kann man durch Halogenwasserstoffabspaltung zu folgenden Verbindungen kommen:

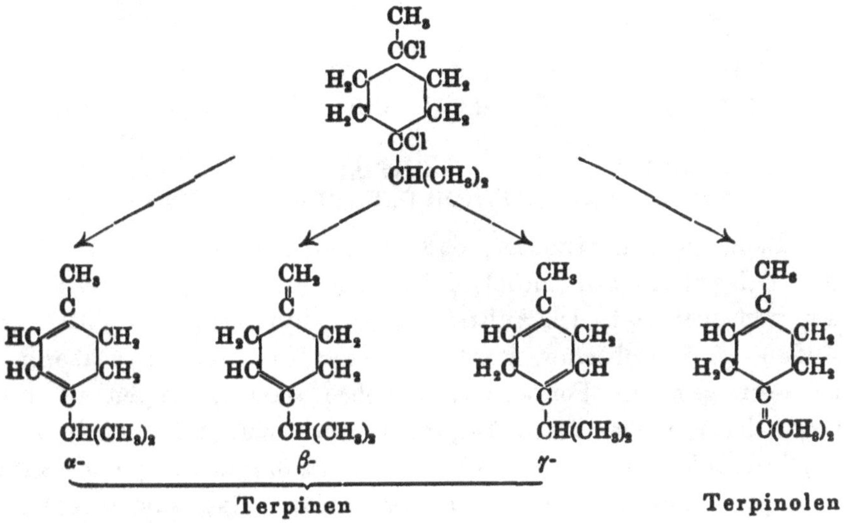

Die gleichzeitig in Angriff genommene Untersuchung des Terpinennitrosits (s. S. 463) hatte gezeigt, daß diese Verbindung sich unzweifelhaft vom α-Terpinen ($\Delta^{1,3}$-Menthadien) ableitet. Ihrer Bildung konnte aber eine Bindungsverschiebung vorhergehen. Die Untersuchung mußte also noch auf eine andere Basis gestellt und entschieden werden, ob in dem auf bekannten Wegen gewinnbaren Terpinen eine der oben als α-, β-, γ-Modifikation bezeichneten Verbindungen allein enthalten sei und dann welche, oder ob vielleicht ein Gemisch dieser Modifikationen — eventuell unter Beimengung von Terpinolen — vorliege.

Um die Beantwortung dieser Frage experimentell noch weiter zu vereinfachen, wurde (1907) β-Terpinen($\Delta^{1(7),4}$-Menthadien) synthetisch aus Sabinaketon aufgebaut und nachgewiesen, daß sich diese Verbindung durch ihr charakteristisches Verhalten (niedrigerer Siedepunkt und leichte Bildung eines hochschmelzenden Tetrabromids) vom gewöhnlichen Terpinen unterscheidet.

Somit war nur noch zu entscheiden, ob im „Terpinen" die α- oder γ-Modifikation vorliegt. Bei den diesbezüglichen Versuchen ergab sich, daß aus jedem Rohterpinen bei der Oxydation mit Permanganat in alkalischer Lösung sich die α,α'-Methyl-isopropyl-α,α'-dioxy-Adipinsäure bildet, was einzig und allein aus einem Kohlenwasserstoff der Formel des „α-Terpinens" möglich ist:

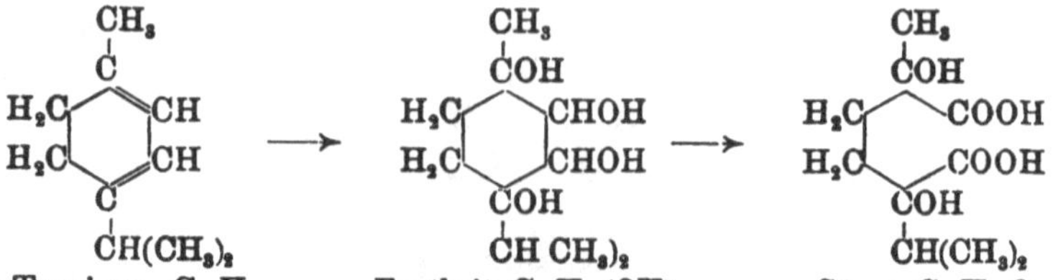

α-Terpinen, $C_{10}H_{16}$ Erythrit $C_{10}H_{16}(OH)_4$ Säure $C_{10}H_{18}O_6$

Damit war sichergelegt, daß im Terpinen in reichlicher Menge $\Delta^{1,3}$-Dihydrocymol enthalten ist. Bei diesen Oxydationsversuchen war nun auch stets das Auftreten eines Erythrits $C_{10}H_{16}(OH)_4$ vom F. 236—237° beobachtet worden. Diesem Erythrit durfte aber nicht die oben gegebene Formel zugeschrieben werden, die ihn als erstes Oxydationsprodukt des α-Terpinens erscheinen läßt. Denn dieser Erythrit ließ sich bei der Oxydation nicht in α,α'-Dioxy-α,α'-methylisopropyladipinsäure überführen. Er mußte also aus einem isomeren Kohlenwasserstoff stammen. Da sich nun weiter nachweisen ließ, daß Terpinolen, das dem Terpinen eventuell stets beigemengt sein kann, bei der Oxydation die Verbindung auch nicht liefert, so wurde geschlossen, daß sie vermutlich dem γ-Terpinen ($=\Delta^{1,4}$-Dihydrocymol $=\Delta^{1,4}$-Menthadien) entstamme.

Das Resultat meiner Untersuchungen war also: [s. auch A. **374**, 224ff.]: Das gewöhnliche Terpinen ist ein Gemenge von $\Delta^{1,3}$- und wahrscheinlich $\Delta^{1,4}$-Dihydrocymol

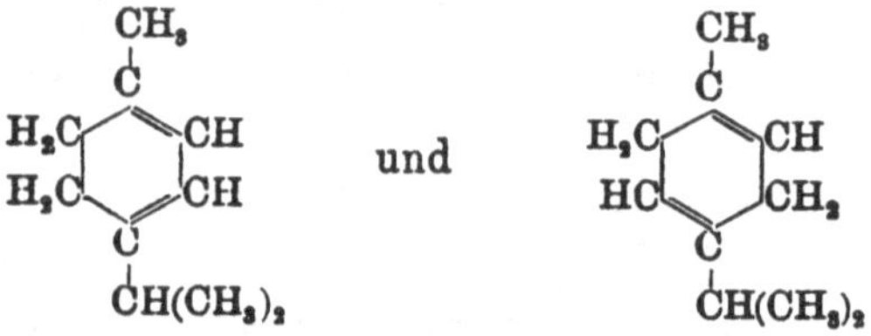

Zwischen diesen Formen scheint sich bei der Bildung von Terpinen nach den verschiedenen Methoden ein Gleichgewicht herzustellen, und sie scheinen im Vergleich mit anderen Dihydrocymolmodifikationen bei Gegenwart von Säuren die stabilsten zu sein, denn das $\Delta^{1,5}$-Dihydrocymol (α-Phellandren) läßt sich z. B. durch Säuren in „Terpinen" überführen.

Da nun nachgewiesenermaßen das ursprünglich „Terpinen" genannte Produkt kein einheitliches chemisches Individuum vorstellt, könnte man den Namen „Terpinen" ganz aus der chemischen Literatur streichen, davon ist aber vorläufig abgesehen und vorgezogen worden, in ähnlicher Weise ein α-, β-, γ-Terpinen zu unterscheiden, wie man α- und β-Pinen, α- und β-Phellandren (die in ähnlichem Isomerieverhältnis zu einander stehen) zu unterscheiden gewohnt ist, und zwar namentlich auf Grund der Überlegung, daß jene drei nah verwandten Kohlenwasserstoffe (z. B. bei der Addition von Halogenwasserstoffsäuren) z. T. dieselben, nun einmal unter dem Namen der „Terpinenverbindungen" eingeführten Derivate liefern. Man wird aber zweckmäßig den empirischen Namen die rationellen zur Seite setzen; also es wird demgemäß:

α-Terpinen $= \Delta^{1,3}$-Menthadien $= \Delta^{1,3}$-Dihydrocymol,
β-Terpinen $= \Delta^{1(7),4}$-Menthadien,
γ-Terpinen $= \Delta^{1,4}$-Menthadien $= \Delta^{1,4}$-Dihydrocymol,
[A. **374**, 230, 231.]

II. Die Terpinenhalogenide.

Die Terpinenhalogenide sehen den entsprechenden Dipentenverbindungen so außerordentlich ähnlich, daß sie in den Fällen, wo sie früher vorgelegen haben, als eigenartige Verbindungen nicht erkannt, sondern mit den Dipentenverbindungen verwechselt worden sind, bis mir 1906 [A. **350**, 114] die Aufklärung der Verhältnisse gelang.

Jetzt läßt sich nachweisen, daß ich Terpinendihydrochlorid in kleiner Menge bereits 1885 in Händen gehabt habe [A. **230**, 261]. Aus Rohterpinen, das mit Salzsäure gesättigt war, konnte nämlich ein bei 50—51° schmelzendes Chlorid isoliert werden, dessen Bildung aber damals auf eine Verunreinigung des Terpinens mit Dipenten zurückgeführt wurde. Ebenso war ich bei Versuchen, die ich 1886 in Gemeinschaft mit Everhard Weber an Kohlenwasserstoffen des Cardamomenöls anstellte [A. **238**, 105], einem bei 51—52° schmelzenden Chlorid begegnet, dessen hoher Schmelzpunkt auffiel und das unzweifelhaft Terpinendihydrochlorid gewesen ist, das seine Entstehung dem im Cardamomenöl enthaltenen Terpinen oder Terpinenol verdankte.

Viel später hat auch Kondakow gelegentlich der Behandlung von Sabinen und Thujen mit Salzsäure jedenfalls Terpinendihydrochlorid bekommen, es aber für Dipentendihydrochlorid angesehen[1] [A. **356**, 164, 166], und einem entsprechenden Irrtum unterlag Tschugajeff,

[1] Man vergleiche auch Semmler, B. **39** (1096), 4417ff.

der das aus Thujen und Bromwasserstoff erhaltene, bei 58—59° schmelzende Bromid $C_{10}H_{16} \cdot 2BrH$ für eine Dipentenverbindung ansprach [B. **37** (1904), 1483], während die Terpinenverbindung vorlag. Wenn nach dem eben Mitgeteilten Terpinendihydrochlorid mir und später anderen Chemikern auch schon früher durch die Hände gegangen ist, so wird man die Geschichte seiner Entdeckung doch erst auf die Zeit seiner genauen Definierung, also das Jahr 1906, zu datieren haben.

Bei der, wie bemerkt, ganz außerordentlichen Ähnlichkeit, die namentlich die Dihydrochloride von Dipenten und Terpinen aufweisen, war eine Differenzierung eben nicht ganz einfach. Wie sie schließlich mit Sicherheit erreicht worden ist, habe ich zuerst A. **350**, 144ff. auseinandergesetzt und habe, als die Richtigkeit meiner Ermittelungen von Semmler angefochten wurde, B. **40** (1907), 576 meine Darlegungen wiederholt.

Nachdem ich mich von der Eigenart der Terpinendihalogenide überzeugt hatte, gelang schnell der Nachweis, daß man auf sehr verschiedenen Wegen gut zu diesen Verbindungen gelangen kann und zwar durch Einwirkung von Halogenwasserstoff: auf freies Terpinen [A. **350**, 147], auf die Alkohole der Terpinenreihe (Terpinenole) [A. **350**, 169, 170; **356**, 216, 219], auf das 1,4-Terpin [A. **356**, 203], auf das 1,4-Cineol [A. **356**, 205], auf das Sabinen [A. **350**, 165; B. **40**, 587ff.], auf das Thujen [A. **350**, 167].

Die Schmelzpunkte der Dihalogenide der Terpinen- und Dipentenreihe zeigen die in der folgenden Tabelle wiedergegebenen geringen Differenzen [A. **359**, 145]:

	Terpinen	Dipenten
$C_{10}H_{16} \cdot 2HCl$ . .	51—52°	49—50°
$C_{10}H_{16} \cdot 2HBr$ . .	58—59°	64°
$C_{10}H_{16} \cdot 2HJ$ . .	76°	77° u. 78—79°

Es wurde dann der Beweis geführt, daß den Terpinenhalogeniden derjenige symmetrische Bau:

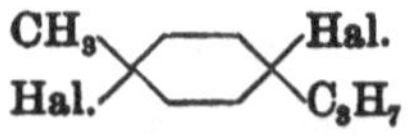

zukommt, den man früher, vor Aufklärung der Konstitution des α-Terpineols (s. S. 290ff.), den Dipentenverbindungen glaubte zuschreiben zu müssen.

Die Richtigkeit dieser Auffassung wurde dadurch besonders sichergestellt, daß die Halogenverbindungen sich zu anderen Derivaten der Terpinenreihe abwandeln ließen — Terpinenterpin, Terpinenol — [s. S. 472, 476 und A. **350**, 155ff.; **356**, 200; B. **40**, 577], die ihrerseits in Berührung mit Halogenwasserstoff wieder in die Ausgangsverbindungen sich zurückverwandeln und deren Abbauprodukte über die Konstitution keinen Zweifel ließen.

III. Das Terpinennitrosit.

Das bei 155° schmelzende Additionsprodukt von N_2O_3 zu Terpinen, die erste wohl charakterisierte Terpinenverbindung, die bekannt wurde (s. S. 457), ist 1887 entdeckt worden [A. **239**, 35]. Sie wurde alsbald als Nitrosit der Formel [A. **241**, 316]:

$$C_{10}H_{16}\Big\langle{NO \atop ONO} \quad \text{oder} \quad C_{10}H_{15}\Big\langle{NOH \atop ONO}$$

charakterisiert und eine ganze Reihe von Nitrolaminen $C_{10}H_{15}\Big\langle{NOH \atop NHR}$ daraus dargestellt. Auch eine Benzoylverbindung des Nitrosits ließ sich isolieren [A. **245** (1888), 274]. Die Konstitutionsfrage wurde bei dieser Gelegenheit in folgender Weise besprochen:

„Die Bildung dieser Benzoylverbindung $\left[C_{10}H_{15}\Big\langle{NOCOC_6H_5 \atop ONO}\right]$ „könnte man nun als beweisend dafür ansehen, daß schon im Terpinen„nitrosit eine Isonitrosogruppe enthalten ist. Ich halte den Versuch „indessen nicht für stichhaltig und neige bis jetzt mehr zu der Ansicht, „daß im Terpinennitrosit eine Nitrosogruppe enthalten ist, welche aber „eine große Neigung hat unter dem Einfluß von Reagenzien in die Isonitro„sogruppe sich zu verwandeln. . . .

„Die Isonitrosoverbindungen pflegen sich leicht in Alkalien zu „lösen und sind durch Säuren meist zersetzbar (vgl. Carvoxim). Das „Terpinennitrosit ist dagegen in Alkalien absolut unlöslich und kann „aus kochender konzentrierter Salzsäure ohne Zersetzung umkristallisiert „werden. Die Umsetzung der Verbindung mit Benzoylchlorid erfolgt „unter den angegebenen Bedingungen so langsam, daß man wohl an„nehmen darf, daß die Reaktion in verschiedenen Phasen verläuft.

„In den aus Terpinennitrosit darstellbaren Nitrolaminen ist sicher „eine Isonitrosogruppe enthalten. Das Terpinennitroläthylamin z. B.

„löst sich in Natronlauge. Stellt man nun die Formeln beider Ver-„bindungen nebeneinander:

I	IIa		IIb
$C_{10}H_{15}{<}^{NOH}_{NHC_2H_5}$	$C_{10}H_{15}{<}^{NOH}_{(ONO)}$	oder	$C_{10}H_{16}{<}^{NO}_{(ONO)}$

„so wird man es unbegreiflich finden, warum eine Verbindung der „Formel IIa, in welcher die basische Gruppe (NHC_2H_5) von I durch „einen Säurerest ersetzt ist, sich nicht mehr in Alkali löst, während „die basischere Verbindung, sowie deren Nitrosoderivat $C_{10}H_{15}{<}^{NOH}_{N(NO)C_2H_5}$ „[A. **241**, 318] es tut.

„Diese Gründe bestimmen mich, nach wie vor die Formel IIb für „das Terpinennitrosit vorläufig für wahrscheinlicher zu halten als die „Formel IIa." [A. **245**, 275—276.]

Heute läßt sich diesbezüglich sagen, daß die Verhältnisse wahrscheinlich ähnlich liegen wie bei den Nitrosochloriden (s. Allgem. Teil S. 72), d. h. daß das Nitrosit im festen Zustand bimolekular, in Lösung monomolekular sein kann und daß deshalb die Methode der Molekulargewichtsbestimmung nach der Gefrierpunkts- oder Siedepunktsmethode keine richtige Auskunft über die Natur der festen Verbindung liefern wird. Die bimolekulare Beschaffenheit des Terpinennitrosits läßt sich aber direkt aus einer chemischen Reaktion schließen. Bei der Umsetzung mit Kali entsteht nämlich aus dem Nitrosit eine bei 163—164° schmelzende Verbindung $C_{20}H_{31}N_3O_4$ [A. **350**, 175].

Die weitere Erforschung des Nitrosits wurde (im Anschluß an Arbeiten mit Phellandrennitrit) erst 1900 in Angriff genommen [A. **313**, 361], zunächst aber lediglich durch einen vorläufigen Versuch festgestellt, daß bei der Reduktion von Terpinennitrosit in alkoholischer Lösung mit Natrium neben einem wie Carvon riechenden Keton eine Base auftritt, die zunächst nicht mit bekannten Verbindungen identifiziert werden konnten. Eine weitere Untersuchung wurde aber ausdrücklich vorbehalten. 1905 teilte Amenomiya [. **38**, 2730] die Beobachtung mit, daß bei der Reduktion von Terpinennitrosit mit Zink in alkoholischer Lösung eine kleine Menge Carvenonoxim (oder auch Carvenon) gewonnen werden kann.

Bei einer Nachprüfung meiner Versuche fand ich [A. **350**, 176; **356**, 220; **374**, 228; B. **40**, 580ff.], daß bei der energischeren Reduktion mit

Alkohol und Natrium aus dem Nitrosit ein Gemenge von Carvenon und völlig hydrierten Verbindungen (Tetrahydrocarvon, Tetrahydrocarvylamin) entsteht. Das hatte bei dem ersten vorläufigen, nur in kleinem Maßstab ausgeführten Versuch — wegen der abweichend beobachteten Schmelzpunkte — zu der irrigen Annahme geführt, es lägen neue Verbindungen vor. Nunmehr gelang es aber durch Reduktion der Terpinennitrolamine mit Zink in essigsaurer Lösung eine verhältnismäßig so glatte Überführung in Carvenon zu erzielen (bis 60 %), daß damit die Konstitution des Terpinennitrosits als sichergestellt gelten konnte. Die geschilderte Reaktion verläuft in dem Sinne [B. **40**, 582]:

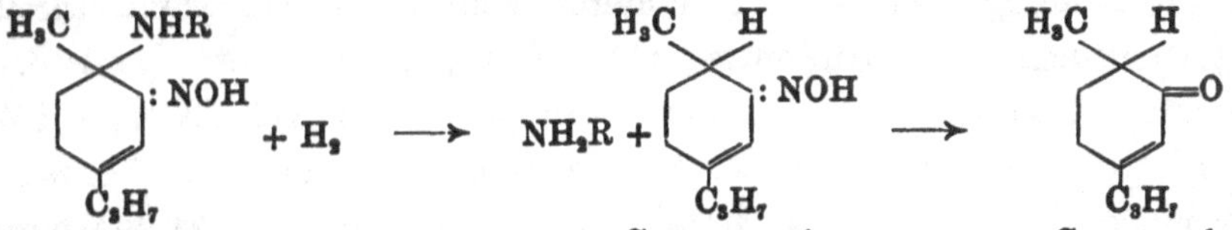

Terpinennitrolamin Carvenonoxim Carvenon[1]

„Auf Grund der nunmehr bekannten Tatsachen kann man sagen: „Das Terpinennitrosit reagiert wie eine Verbindung der Konstitution

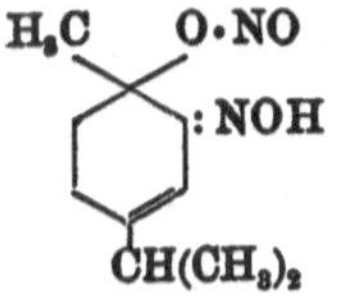

„Das kristallisierte Nitrosit kann seinem Verhalten „nach aber keine monomolekulare Verbindung sein, „obgleich vorliegende Molekulargewichtsbestimmungen „das vermuten ließen."

Daß sich Terpinennitrosit vom $\Delta^{1,3}$-p-Dihydrocymol (α-Terpinen) ableitet, findet eine weitere Stütze in folgenden Beobachtungen. Wenn ein „Terpinen" reichlich Nitrosit liefert, kann man daraus bei der Oxydation auch reichlich die $\alpha\alpha'$-Bioxy-$\alpha\alpha'$-methylisopropyladipinsäure F. 189° erhalten, „liefert das „Terpinen" aber schwierig oder kein Nitrosit, so bekommt man daraus bei der Oxydation viel von dem bei 237° schmelzenden Erythrit [A. **268**, 13], d. h. also: wo sich die reichliche Anwesenheit von $\Delta^{1,3}$-Dihydrocymol nachweisen läßt, bekommt man aus dem Material auch leicht Terpinennitrosit, anderenfalls nicht." [A. **374**, 229, 230.]

[1] Nach Niederschrift dieser Zeilen hat Harries es wahrscheinlich gemacht [B. **41**, 2524], daß der Übergang des Oxims in das Keton nicht direkt durch Hydrolyse erfolgt, sondern daß als Zwischenprodukt eine Iminbase auftritt. Ein entsprechender Reaktionsverlauf wird nun in allen Fällen anzunehmen sein, in denen beobachtet ist, daß bei der Reduktion eines Oxims ein Keton auftritt.

Über die Formeln, welche Semmler für das Terpinennitrosit und seine Umsetzungsprodukte aufgestellt hatte, s. B. **34** (1901), 714ff. und Semmler, Handbuch (1906) II, 420ff.

IV. Die Alkohole der Terpinenreihe.

1. **Terpinenterpin** (1,4-Terpin, Menthandiol-1,4).

Nach Erkenntnis der besonderen Natur der Terpinenhalogenide war es, um die über deren Konstitution gewonnenen Anschauungen auf ihre Zulässigkeit zu prüfen, in erster Linie nötig, nachzuweisen, daß den Verbindungen auch ein besonderes, vom Terpin der Dipentenreihe unterschiedenes Terpin entspreche. Das gelang zuerst durch Umsetzung des Terpinendihydrochlorids mit wäßrigem Kali [A. **350**, 157]. Dabei wurde das neue bei 137° schmelzende 1,4-Terpin (Formel I) gewonnen, das bald scharf charakterisiert und auch in das zugehörige 1,4-Cineol (Formel II) übergeführt werden konnte [A. **356**, 200ff., 204].

I.

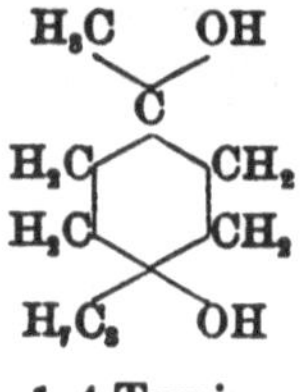

1, 4-Terpin

II.

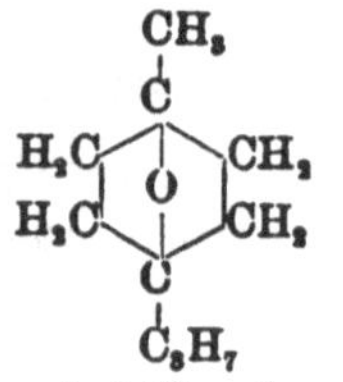

1, 4-Cineol

Als zweckmäßigste Darstellungsmethode des neuen 1,4-Glycols wurde die der Hydratation von Sabinen [A. **356**, 201] oder von Thujen [A. **356**, 202] oder der Terpinenole [A. **356**, 202; **360**, 101] ausgearbeitet. Eine Partialsynthese des bei 137° schmelzenden 1,4-Dioxy-p-terpans aus Sabinaketon [A. **357**, 64], auf dem Wege:

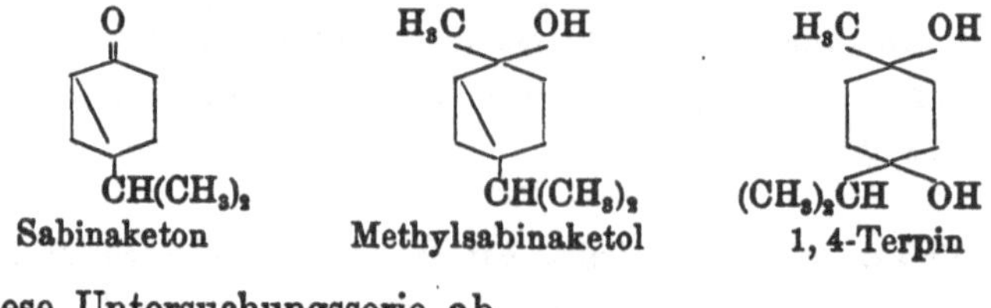

schloß diese Untersuchungsserie ab.

Mit dem 1,4-Terpin war nun endlich die Verbindung wirklich bekannt geworden, welche man früher fälschlich in dem gewöhnlichen

Terpin (aus Pinen) in Händen zu haben glaubte. Ein isomeres (cis-)-1,4-Terpin F. 116—117° wurde 1912 aus Askaridol gewonnen [A. **392**, 161].

Der Parallelismus zwischen der Dipenten- und der Terpinenreihe war durch Ausfüllung dieser Lücke vollständig hergestellt.

2. Die Terpinenole.

„Aus dem Terpinenterpin lassen sich theoretisch vier ungesättigte „Alkohole $C_{10}H_{17}OH$ durch Wasserabspaltung ableiten, nämlich:

I. II. III. IV.

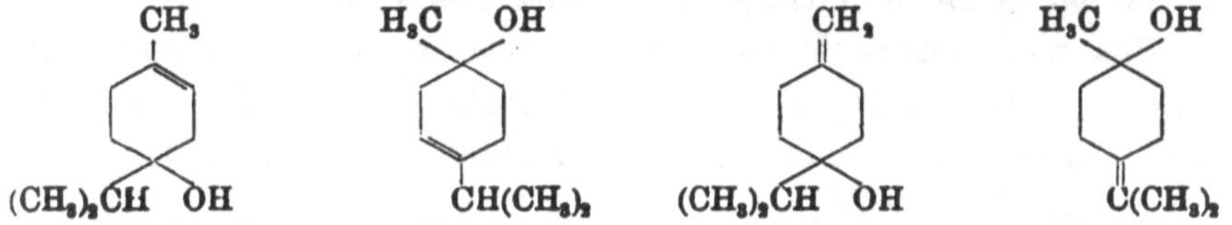

I. Δ^1-p-Menthenol-4 oder Terpinenol-4; II. Δ^4-p-Menthenol-1 oder Terpinenol-1; III. Methen-1-menthanol-4; IV. γ-Terpineol

„IV ist identisch mit γ-Terpineol (F. 69°) und ist nur insofern „hier zu berücksichtigen, als seine Entstehung bei Umsetzungen des „Terpinenterpins (F. 137°) im Auge zu behalten ist. Die drei anderen „Alkohole sollen zum Unterschiede zu den aus dem gewöhnlichen Terpin-„hydrat sich ableitenden Terpineolen und wegen ihrer nahen Beziehung „zum Terpinen der Kürze wegen als Terpinenole bezeichnet werden „und zwar (I) als Terpinenol-4, (II) als Terpinenol-1, (III) als sem. Ter-„pinenol-4. Für die Systematik kommen die Namen Δ^1-p-Menthenol-4 „(für I), Δ^4-p-Menthenol-1 (für II), Methen-1-menthanol-4 (für III) in „Betracht." [A. **356**, 206.]

i-Terpinenol-4 war, neben 1,4-Terpin, auch bei der Umsetzung von Terpinendihydrochlorid mit Kali erhalten worden [A. **350**, 155; **356**, 216]. Zur schnellen Klärung der Verhältnisse trug aber besonders der Umstand bei, daß nachgewiesen werden konnte, daß ein aktives Terpinenol-4 sowohl im Cardamomenöl als auch im Majoranaöl vorkommt [A. **350**, 168, 169; **356**, 206; B. **40**, 596]. Die Abbau- und Umwandlungsprodukte dieser zugänglichen Verbindungen wurden studiert und ließen über die Natur der Ausgangssubstanzen keinen Zweifel (s. S. 468). Viel besser und frei von Fremdstoffen ließ sich das aktive Terpinenol-4 aber durch geeignete Hydratation des Sabinens gewinnen [A. **356**, 215; **360**, 98], welche in folgenden Phasen verläuft:

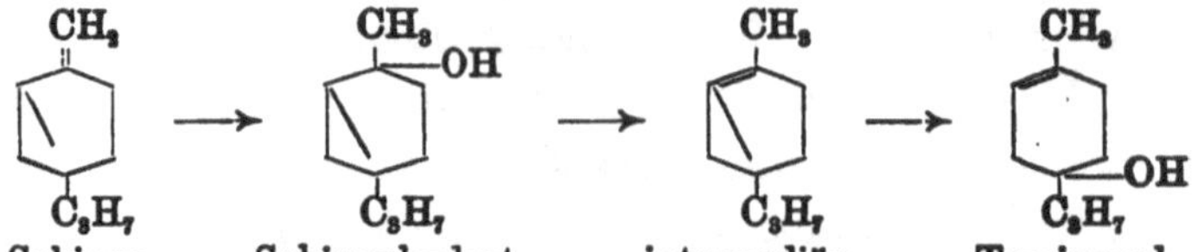

Sabinen — Sabinenhydrat — intermediär — Terpinenol

und in entsprechend reinem Zustand wurde es durch Isomerisierung mit Säuren aus reinem, auf synthetischem Wege aus Sabinaketon gewonnenen Sabinenhydrat hergestellt.

Dem Terpinenol-4 kommt die Formel zu, welche man früher glaubte dem bei 35° schmelzenden Terpineol zuerteilen zu müssen (s. S. 290 ff.).

Was das isomere Terpinenol-1 betrifft, so wurde sein Vorkommen zuerst in einem Vorlauf käuflichen Terpineols beobachtet [A. **356**, 218]. Dann gelang die Synthese (1908) aus dem Δ^3-Isopropylhexenon auf dem Wege:

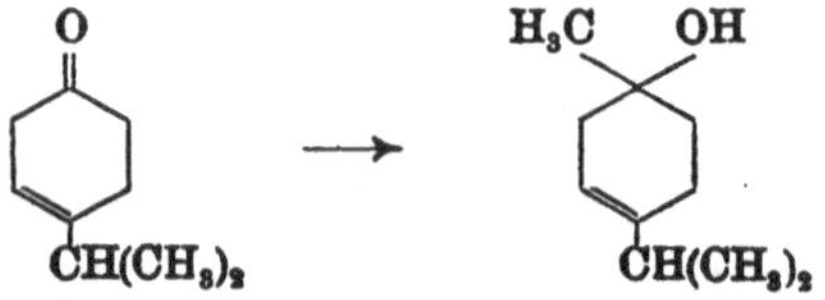

Der Konstitutionsbeweis für die beiden Terpinenole wurde in doppelter Weise geführt:

1. Die beiden Alkohole geben bei der Oxydation mit Permanganat verschiedene Glycerine, die sich bei der Spaltung durch Säuren verschieden verhalten. Das Glycerin aus Terpinenol-4 liefert dabei Carvenon [A. **356**, 207; B. **40**, 600]:

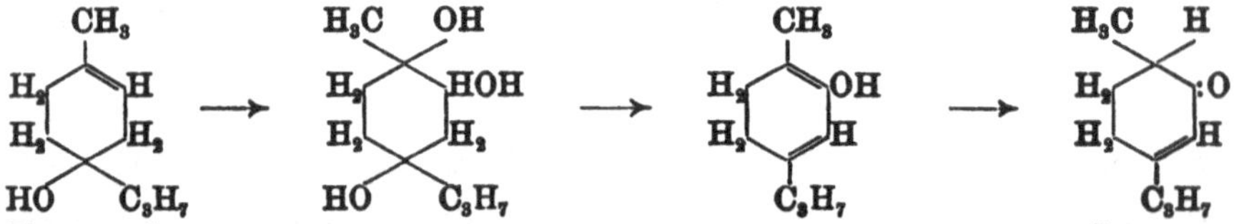

Terpinenol-4 — Carvenon

das Glycerin aus dem Terpinenol-1 dagegen ein Menthenon

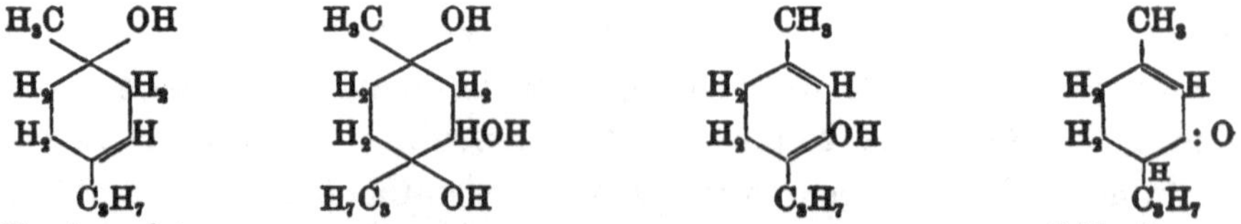

Terpinenol-1 — Δ^1-Menthenon

2. Beide Terpinenole gehen bei der Oxydation durch die ver-

schiedenen Glycerine hindurch in dieselbe α,α'-Dioxy-α-methyl-α'-isopropyl-Adipinsäure über (s. auch S. 121):

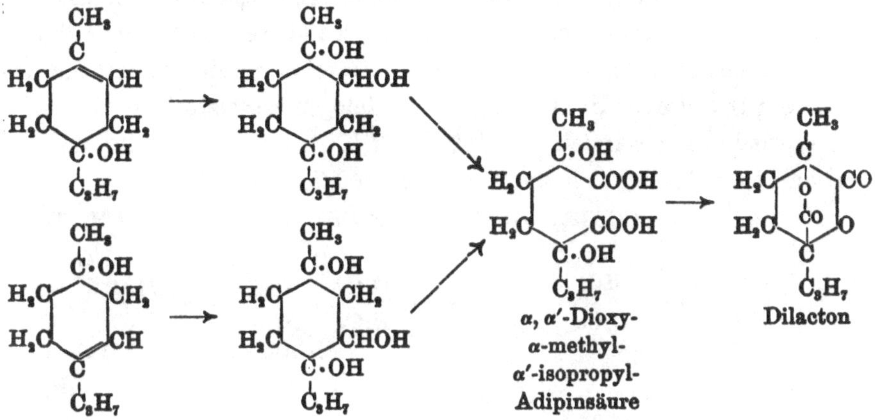

Dilacton

α,α'-Dioxy-α-methyl-α'-isopropyl-Adipinsäure

Diese substituierte Dioxyadipinsäure tritt, je nachdem man von aktiven oder inaktiven Verbindungen ausgeht, in zwei verschiedenen Modifikationen auf, in einer bei 205—206° und einer bei 189° schmelzenden [A. **356**, 212ff.] und ist dadurch sehr leicht nachzuweisen, daß sie sich leicht in ein flüchtiges Dilacton verwandeln läßt (aktiv F. 63—64°, inaktiv F. 72—73°). Auf diese Weise ist es jetzt außerordentlich einfach geworden, die beiden Terpinenole, selbst wo sie nur als Gemengteil vorliegen, nachzuweisen.

Der Beweis für die Richtigkeit der Auffassung der erhaltenen Säuren als α,α'-Dioxy-α-methyl-α'-isopropyl-Adipinsäure wurde einerseits durch den Abbau der Säuren zu dem ω-Dimethylacetonylaceton geführt, anderseits durch den synthetischen Aufbau der inaktiven Säure aus letzterem Keton, gemäß der durch folgende Formeln interpretierten Vorgänge:

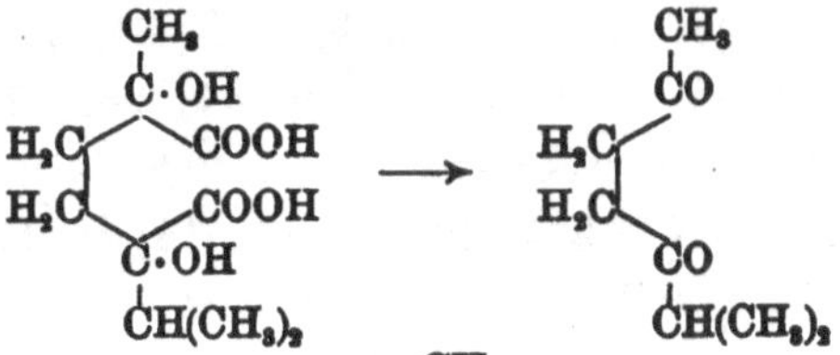

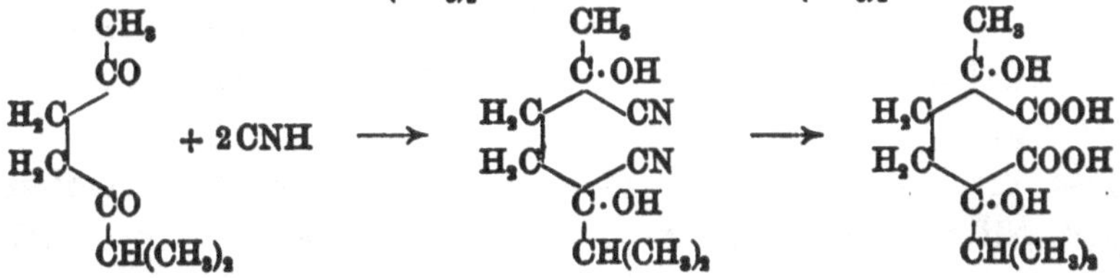

V. Homologe Verbindungen der Terpinenreihe.

Diese Verbindungen sind auf synthetischem Wege aus Sabinaketon erhalten. Aus diesem wurde nach Grignard zunächst ein Alkylsabinaketol aufgebaut und der tertiäre Alkohol durch Hydratation in das Terpin, durch Behandlung mit Halogenwasserstoff in die Dihalogenide abgewandelt [A. **357**, 66ff.]. Am Beispiel der Äthylverbindung vollzieht sich die Reaktion in folgenden Phasen

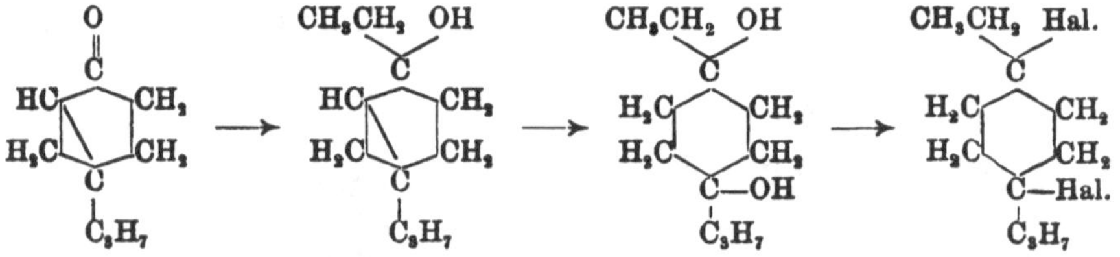

Weiteres s. S. 478.

Spezielles über Terpinen.

α-Terpinen = $\Delta^{1,3}$-Menthadien, $C_{10}H_{16}$.

$$CH_3{-}C{<}{}^{CH{-}CH}_{CH_2{-}CH_2}{>}C{-}CH{<}{}^{CH_3}_{CH_3}$$

[A. **230**, 254; **239**, 33; **277**, 145; **350**, 141ff.; **356**, 197; **357**, 64; **360**, 94; **362**, 261, 293; B. **24**, 3986ff.; **40**, 576, 583, 596].

Vorkommen: Im Ceylon-Cardamomenöl [A. **238**, 108; **239**, 33; **350**, 168].

Darstellung und Bildung: Aus Terpinhydrat und verdünnter Schwefelsäure [A. **230**, 253, 260; **239**, 39] oder Eisessig [A. **230**, 257], aus α-Terpineol [A. **230**, 259; **275**, 103—108], aus Pinen und alkoholischer Schwefelsäure [A. **230**, 262; **239**, 8, 9, 34, 35], aus Dipenten [A. **239**, 15], aus Phellandren [A. **239**, 44; **252**, 102], aus Cineol [A. **239**, 22, 35], aus Dihydrocarveol [A. **275**, 113; B. **24**, 3991], aus Dihydrocarvylamin [A. **275**, 125ff; **368**, 13; B. **24**, 3986], aus Sabinen [A. **350**, 165], aus Homonopinol beim Erwärmen mit Ameisensäure [A. **356**, 244], aus Terpinendihydrohalogenverbindungen [A. **350**, 148], aus Sabinenhydrat [A. **360**, 94; **362**, 299], aus Monochlorterpinen [A. **368**, 15, 18; **374**, 234].

Das Terpinen aus den angeführten Quellen ist, auch insofern es reichlich Nitrosit liefert (wie z. B. Terpinen aus den Terpinendihalogeniden und aus Terpinenol), nie ganz einheitlich, sondern scheint immer ein Gemenge aus der α-Form und der γ-Form (s. S. 460)[1] vorzustellen, zwischen denen sich bei den gewöhnlichen Entstehungsweisen des Kohlenwasserstoffs ein Gleichgewicht einstellen dürfte. Den wesentlichsten Bestandteil bildet aber das $\Delta^{1,3}$-Dihydrocymol, von dem sich das Terpinennitrosit ableitet.

Eigenschaften [A. **230**, 260; **275**, 113; **350**, 149; **362**, 301; B. **24**, 3991]: Kp. 179—181°, $d = 0{,}846$, $n_D = 1{,}4789$. Kp. 174—179°, $d = 0{,}842$, $n_D = 1{,}4719$. Riecht citronenartig, geht leicht in Cymol über [A. **275**, 127], verharzt schnell beim Aufbewahren. Mit H_2SO_4 tritt keine Inversion ein, nur Verharzung [A. **239**, 39]. Gibt kristallisierte Additionsprodukte mit Halogenwasserstoffsäuren und mit N_2O_3 (s. S. 472). Das Additionsprodukt zu Brom ist flüssig [A. **230**, 254, 261; **239**, 38; **350**, 149]. α-Terpinen liefert bei der Oxydation mit Permanganat α,α'-Dioxy-α,α'-methylisopropyladipinsäure [A. **362**, 296; **374**, 227 Anmerk.] (s. auch S. 459).

Halogenwasserstoffverbindungen des Terpinens.

Terpinenmonochlorhydrat, $C_{10}H_{17}Cl$ [A. **356**, 199].

Entsteht durch Einleiten von trocknem ClH in trocknes Terpinen oder Sabinen.

$Kp._{12}$ 87—92°, $d = 0{,}982$, $n_D = 1{,}4824$ bei 20°. Gibt mit Eisessig-Chlorwasserstoff das bei 52° schmelzende Dichlorhydrat; liefert kein schwer lösliches Nitrosat.

Terpinendihalogenide.

Darstellung: Direkt aus α-Terpinen [A. **230**, 261; **350**, 146], aus β-Terpinen [A. **362**, 290], aus Sabinen [A. **350**, 164; B. **40**, 587], aus Thujen [A. **350**, 167], aus dem aktiven Terpinenol des Cardamomenöls [A. **350**, 168] und des Majoranaöls [A. **350**, 170], aus Terpinenterpin [B. **40**, 579], aus dem Monochlorhydrat [B. **40**, 590], aus Sabinenhydrat [A. **357**, 65], aus 1,4-Cineol [A. **392**, 62], aus Dihydropinolhydrat.

Eigenschaften: Die Verbindungen haben große Ähnlichkeit mit den entsprechenden Dipentenverbindungen (s. S. 62, 462). Sie treten in cis- und trans-Formen auf. Die cis-Formen besitzen einen sehr niedrigen Schmelzpunkt.

---

[1] Über den Nachweis s. auch A. 374, 227 Anmerk.

Terpinendichlorhydrat, $C_{10}H_{16}\cdot 2HCl$, F. 51—52°, Kp.$_{10}$ 108 bis 109°.

Terpinendibromhydrat, $C_{10}H_{16}\cdot 2HBr$, F. 58—59°.

Terpinendijodhydrat, $C_{10}H_{16}\cdot 2HJ$, F. 76°.

Beim Mischen der Terpinenhalogenide mit den entsprechenden Dipentenverbindungen tritt starke Schmelzpunkterniedrigung ein [A. **350**, 146]. Über eine auf der schwereren Angreifbarkeit von Terpinendichlorhydrat durch Alkali basierende Methode zum Nachweis neben Dipentendichlorhydrat siehe A. **350**, 147, 160.

Bei der Abspaltung von Halogenwasserstoff wird aus den Terpinendihalogenhydraten Terpinen zurückgebildet (s. S. 470), beim Schütteln mit verdünntem Alkali setzen sie sich langsamer um als die Dipentenverbindungen und geben ein Gemisch von Terpinenol (s. S. 475), γ-Terpineol, cis- und trans-1,8-Terpin und 1,4-Terpin (s. S. 476) [A. **350**, 155; B. **40**, 577], ebenso bei der Umsetzung mit Silberacetat und nachfolgender Verseifung. Im letzteren Fall entsteht unter Umlagerung überwiegend α-Terpineol (neben cis- und trans-Terpin) [A. **350**, 152].

Bei der Oxydation des Chlorhydrats mit Permanganat wird Bernsteinsäure erhalten [A. **350**, 177].

Terpinennitrosit, $C_{10}H_{16}\cdot N_2O_3$, $\begin{smallmatrix}ONO\\CH_3\end{smallmatrix}\!>C<\!\begin{smallmatrix}(NOH)-CH\\CH_2-\!\!-CH_2\end{smallmatrix}\!>C\cdot CH(CH_3)_2$.

Darstellung [A. **239**, 35, 36; **350**, 171; **356**, 197]: Entsteht langsam bei der Einwirkung von N_2O_3 auf den in Eisessig oder Ligroin gelösten Kohlenwasserstoff, neben öligen Produkten. Die Abscheidung wird durch Einimpfen eines Terpinennitrositkriställchens sehr befördert.

Eigenschaften [A. **239**, 37]: F. 155° unter Gasentwicklung. Unlöslich in Wasser, löslich in Alkohol, Aceton, Äther, Essigäther, Eisessig, konzentrierter Salzsäure, schwerlöslich in Petroläther. Inaktiv. Kristallisiert monosymmetrisch [A. **241**, 315]. Ein gutes Kristallisationsmittel ist Aceton. Eine Lösung des Nitrosits in Eisessig bzw. Aceton verhält sich Brom und Permanganat gegenüber indifferent [A. **239**, 38; **350**, 172].

Benzoylverbindung, $C_{10}H_{15}\!<\!\begin{smallmatrix}NO\cdot COC_6H_5\\ONO\end{smallmatrix}$ [A. **245**, 274], F. 77—78°.

Durch Umsetzung mit Basen wurden folgende Nitrolamine erhalten [A. **241**, 316ff.; **252**, 133]:

Terpinennitrolamin, $(C_{10}H_{16}NO)\cdot NH_2$, F. 116—118°.

Terpinennitrolmethylamin, F. 141°.

Terpinennitroläthylamin, F. 130—131°. Nitrosoverbindung, F. 132—133°.

Terpinennitroldimethylamin, F. 160—161°. Terpinennitroldiäthylamin, F. 117—118°.

Terpinennitrolamylamin, F. 118—119°. Terpinennitrolpiperidin, F. 153—154° [B. **40**, 582]. Verhalten bei der Reduktion s. unten. Durch trockne Destillation des Chlorhydrats entsteht Carvacrylamin [A. **356**, 223].

Terpinennitrolbenzylamin, F. 137°.

Die Terpinennitrolamine lösen sich in Alkali [A. **245**, 276]. Bei der Umsetzung von Terpinennitrosit mit 1 Mol. Kali [A. **350**, 174; B. **40**, 580] entsteht die

Verbindung $C_{20}H_{31}N_3O_4$, F. 163—164° ohne Zersetzung, zersetzt sich erst gegen 175°. Läßt sich benzoylieren:

Benzoylverbindung, F. 127°. Gibt dieselben Reduktionsprodukte wie Terpinennitrosit (s. unten).

Verhalten des Terpinennitrosits bei der Reduktion [A. **239**, 38; **313**, 361; **350**, 176; **356**, 220ff.; **374**, 228; B. **40**, 580].

Es wurde beobachtet, daß das Terpinennitrosit bei der Behandlung mit Natrium in alkoholischer Lösung gleichzeitig ein Keton und eine Base liefert (neben p-Cymol).

Das Keton zeigt die Zusammensetzung $C_{10}H_{16}O$, Kp. 218—220°, Semicarbazon, F. 173°, Oxim, F. 83—84°. Später stellte sich heraus, daß noch ein Gemenge vorlag von Carvenon mit wenig Carvomenthon.

Die Base hatte folgende Eigenschaften: Kp. 209—210°, $d = 0{,}8725$, $n_D = 1{,}4717$ bei 20°, Carbamid, F. 171°. Auch diese Base stellte noch ein Gemisch vor, bestand aber hauptsächlich aus Tetrahydrocarvylamin. Mit salpetriger Säure entstand aus ihr ein Alkohol, dessen zugehöriges Keton in ein Oxim verwandelt wurde. Der ursprünglich gefundene Schmelzpunkt (96—98°) ließ sich bei weiterer Reinigung auf den des Tetrahydrocarvoxims (105°) erhöhen.

Bei der Reduktion des Terpinennitrosits mit Zink und Eisessig [B. **40**, 581] entsteht ziemlich glatt Carvenon.

Das mit Kali erhaltene Spaltungsprodukt aus Terpinennitrosit $C_{20}H_{31}N_3O_4$ gibt bei der Reduktion auch Carvenon, viel glatter noch (über 60%) liefert Terpinennitrolpiperidid bei der Reduktion mit Zink und Eisessig Carvenon [B. **40**, 581].

β-**Terpinen** = $\Delta^{1(7),4}$-**Menthadien**, $C_{10}H_{16}$ [A. **357**, 68; **362**, 285].

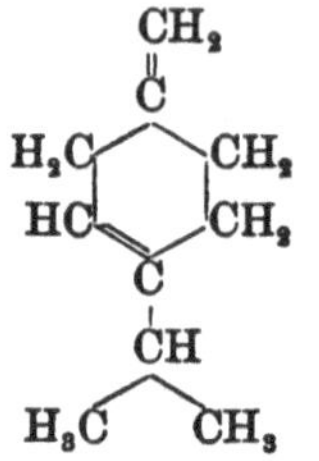

Darstellung: Entsteht aus der durch Bromessigestersynthese aus dem Sabinaketon erhaltenen, bei 67—68° schmelzenden ungesättigten Säure C_9H_{14}:CH·COOH durch CO_2-Abspaltung (s. S. 497).

Eigenschaften: Kp. 173—174°, $d = 0{,}838$, $n_D = 1{,}4754$, $M = 45{,}72$ (ber. für $C_{10}H_{16}|\overline{2}$ 45,24). Liefert mit HCl-Eisessig Terpinendichlorhydrat, F. 52°, mit salpetriger Säure erst nach einiger Zeit wenig Terpinennitrosit, mit Brom ein

Tetrabromid, $C_{10}H_{16}Br_4$, F. 154—155°.

β-Terpinen oxydiert sich mit Luftsauerstoff außerordentlich leicht. Das entstehende Produkt liefert bei der Dampfdestillation (am besten nach Ansäuren mit Schwefelsäure) Cuminaldehyd. Bei der Oxydation mit Permanganat gibt β-Terpinen nur teilweise kristallisierende neutrale Produkte [A. **362**, 292].

Terpinenole

[A. **350**, 155, 169; **356**, 205ff.; **360**, 94, 97; **362**, 261; B. **40**, 577, 594].

1. Terpinenol-4 (Δ^1-Menthenol-4).

$$CH_3-CH\lt{}^{CH-CH_2}_{CH_2-CH_2}\gt{}\lt{}^{OH}_{CH(CH_3)_2}$$

Vorkommen: In aktiver Form im Ceylon-Cardamomenöl [A. **350**, 169] und im Majoranaöl [A. **350**, 169; **356**, 206].

Darstellung: Durch Schüttlen von Sabinen mit verdünnter Schwefelsäure wird es (neben 1,4-Terpin) in aktiver Form ($\alpha_D = +25°4'$) erhalten [B. **40**, 594; A. **356**, 215]. Ebenso entsteht aus synthetischem Sabinenhydrat (aus Sabinaketon s. S. 468, 496) beim Schütteln dieses

Körpers mit verdünnter Schwefelsäure [A. **360**, 94; **362**, 279] aktives Terpinenol. Ähnlich erhält man es aus Thujen [A. **360**, 97].

Der inaktive Alkohol entsteht beim Schütteln von Terpinendihydrochlorid mit zweiprozentiger Kalilauge [A. **350**, 155; **356**, 216] und aus 1,4-Terpin bei der Zerlegung mit Oxalsäure [A. **356**, 217].

Eigenschaften: Für ein aktives Präparat wurde ermittelt: Kp. 209—212°, $d = 0{,}9265$, $n_D = 1{,}4785$ bei 19°, $\alpha_D = +25°4'$; für ein inaktives: Kp. 212—214°, $d = 0{,}9290$, $n_D = 1{,}4803$. Terpinenol-4 bleibt beim Abkühlen flüssig, gibt mit Eisessig-Halogenwasserstoff die betreffenden Terpinenverbindungen, beim Schütteln mit verdünnter Schwefelsäure Terpinenterpin, F. 137° (s. S. 476) [B. **40**, 578, 594, 599].

Bei der Oxydation mit Permanganat [A. **356**, 210] liefert das Terpinenol neben kleinen Mengen einer Säure, die beim Erhitzen ein aliphatisches Keton (Thujaketon?) $C_9H_{16}O$ (Semicarbazon, $C_9H_{16}:N\cdot NH\cdot CO\cdot NH_2$, F. 145—146°) gibt, das

1,2,4-Trioxyterpan, $C_{10}H_{17}(OH)_3$ [A. **350**, 169—171], Kp.$_{11}$ ca. 175° (s. S. 468).

Kristallisiert mit Kristallwasser. F. 116—117°. Beim Erwärmen auf 130° gibt es das Kristallwasser ab und schmilzt wasserfrei bei 128 bis 129°. Bei langsamem Erhitzen sublimiert es.

Für die Verbindung aus Cardamomenöl wurde gefunden: $[\alpha]_D = +21{,}24°$, für die aus Majoranaöl: $[\alpha]_D = +20{,}62°$, aus Sabinen: $[\alpha]_D = +21°21'$.

Das 1,2,4-Trioxyterpan gibt bei der Destillation mit Salzsäure, neben etwas Cymol, Carvenon. Bei weiterer Oxydation [A. **356**, 210ff.] liefert das Trioxyterpan ein Gemenge von aktiver und inaktiver

α,α'-Dioxy-α-methyl-α'-isopropyl-adipinsäure, $C_{10}H_{18}O_6$.

$CH_3\cdot C(OH)(CO_2H)CH_2CH_2C(OH)(CO_2H)CH(CH_3)_2$

In Wasser ziemlich schwer löslich; inaktiv F. 188—189°, aktiv F. 205—206°. Beide Säuren geben leicht das

Dilacton $C_{10}H_{14}O_4$: 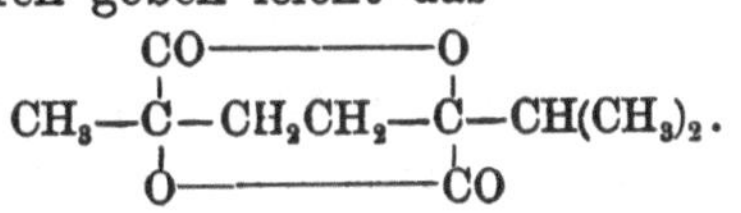

Mit Wasserdampf flüchtig, in Wasser löslich; inaktiv F. 72—73°, aktiv F. 63—64°. Durch weitergehende Oxydation wird die Dioxysäure $C_{10}H_{18}O_6$ abgebaut zu ω-Dimethylacetonylaceton, $CH_3COCH_2CH_2COCH(CH_3)_2$.

Kp. 211°, $d = 0{,}938$, $n_D = 1{,}4305$, $M = 39{,}15$ (ber. 39,29), kann durch das Dicyanhydrin hindurch in die Ausgangssäure zurückverwandelt werden [A. **362**, 268] (s. auch S. 469).

2. Terpinenol-1 (Δ^3-Menthenol-1) [A. **356**, 218; **362**, 269; **392**, 63].

$$\frac{HO}{CH_3}>C<\frac{CH_2-CH}{CH_2-CH_2}\gg C-CH(CH_3)_2$$

Vorkommen und Darstellung: Kommt in dem Vorlauf vom Terpineol des Handels vor, wurde synthetisch dargestellt aus Δ^3-Isopropylhexenon nach Grignard [A. **362**, 280]. Vorläufig nur in der inaktiven Modifikation bekannt. Entsteht in geringer Menge auch bei der Spaltung von 1,4-Terpin F. 116° mit Oxalsäure.

Eigenschaften: Kp. 208—210°, $d = 0{,}9265$, $n_D = 1{,}4781$ bei 18°. Liefert mit Halogenwasserstoffsäuren Terpinendihalogenide. Gibt bei der Oxydation

1,3,4-Trioxyterpan [A. **362**, 271]. Kristallisiert gut. F. 120—121°. Das Trioxyterpan geht bei weiterer Oxydation in die α-Methyl-α'-isopropyl-α,α'-dioxyadipinsäure vom F. 189° über. Beim Erwärmen mit Säuren liefert es neben Cymol ein

Δ^1-Menthenon von folgenden Eigenschaften [A. **362**, 272; **392**, 64] (s. auch S. 387):

Kp. 235—237°, $d = 0{,}9375$, $n_D = 1{,}4875$ bei 19°, $M = 46{,}67$. Riecht nach Menthon, liefert bei der Reduktion i-Menthol. Das Semicarbazon ist außerordentlich schwer löslich in Alkohol, F. 224—225°.

Terpinenterpin (trans-1,4-Terpin)

[A. **350**, 155; **356**, 200, 203, 217; **357**, 64; B. **40**, 577ff.].

$$\frac{CH_3}{HO}>C<\frac{CH_2-CH_2}{CH_2-CH_2}>C<\frac{OH}{CH(CH_3)_2}$$

Darstellung: Entsteht in geringer Menge beim Schütteln von Terpinendichlorhydrat mit verdünnter Kalilauge [A. **350**, 156], ferner durch Schütteln der Terpinenole verschiedener Herkunft, von Sabinen und Thujen, sowie von Sabinenhydrat mit verdünnter Schwefelsäure [B. **40**, 578, 594; A. **356**, 200ff.; **357**, 64].

Eigenschaften: Blättchen F. 137—138°, Kp. 250°. Sublimiert beim Erhitzen. Löslicher in Wasser und in Essigester als die isomeren

1,8-Terpine. Optisch inaktiv. Mit Wasserdämpfen merklich flüchtig, gibt mit wasserfreiem 1,8-Terpin niedrig schmelzende Mischkristalle. Geht mit Eisessig-Halogenwasserstoff in die entsprechenden Terpinenverbindungen über, beim Erwärmen mit Oxalsäure erfolgt Wasserabspaltung unter Bildung von 1,4-Cineol, Terpinenol und wenig Kohlenwasserstoff.

cis-1,4-Terpin $C_{10}H_{18}(OH)_2$ [A. **392**, 62, 66].

Bei der Reduktion von Askaridol mit Palladiumwasserstoff entsteht ein schön kristallisierendes Glycol, das seinem Verhalten nach als cis-1,4-Terpin angesprochen werden kann.

Eigenschaften: F. 116—117°, in Chloroform, Essigester, Methylalkohol leicht, in Äther schwer löslich, mit Wasserdampf schwer flüchtig. Optisch inaktiv. Liefert mit Halogenwasserstoffsäuren in Eisessiglösung die Dihalogenide des Terpinens, beim Erwärmen mit Oxalsäure: wenig Kohlenwasserstoff, etwas Δ^4-Menthenol(1) (Terpinenol-1) und als Hauptprodukt 1,4-Cineol.

Askaridol, $C_{10}H_{16}O_2$, 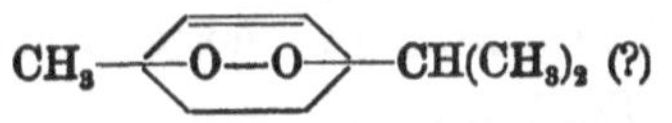 [A. **392**, 59, 67].

Die im ätherischen Öl von Chenopodium ambrosioides vorkommende Substanz liefert bei der Reduktion mit Palladiumwasserstoff ein Terpin F. 116—117° (s. o.). Daneben entstehen Terpenalkohole (wahrscheinlich $C_{10}H_{17}OH$ neben $C_{10}H_{19}OH$) als sekundäre Produkte.

1,4-Cineol, CH_3—C<(CH_2—CH_2)(—O—)(CH_2—CH_2)>C—CH<CH_3 CH_3 [A. **356**, 204ff.; **392**, 62].

Entsteht aus trans-1,4-Terpin F. 137° und noch reichlicher aus cis-1,4-Terpin F. 116° beim Erwärmen mit Oxalsäure (neben Terpinenol).

Kp. 172°, $d_{18} = 0{,}9010$, $n_D = 1{,}4479$. Bleibt bei starkem Abkühlen flüssig. Gibt mit BrH kein besonders charakteristisches Additionsprodukt, sondern schnell Terpinendibromhydrat. Ist gegen Permanganat sehr beständig.

Homologe Terpinenverbindungen [A. **357**, 64ff.; **362**, 383].

Das durch Umsetzung von Sabinaketon mit Äthylmagnesiumjodid dargestellte Äthylsabinaketol (s. S. 497) liefert bei der Einwirkung von Eisessighalogenwasserstoff:

Homoterpinendichlorhydrat, $C_{11}H_{18}\cdot 2HCl$. Glänzende Tafeln, F. 67—68°. **Homoterpinendibromhydrat**, $C_{11}H_{18}\cdot 2HBr$, F. 88—89°. **Homoterpinendijodhydrat**, $C_{11}H_{18}\cdot 2HJ$, F. 89—90°.

Durch Schütteln von Äthylsabbinol mit verdünnter Schwefelsäure entsteht

Homoterpinenterpin, $C_{11}H_{20}(OH)_2$,

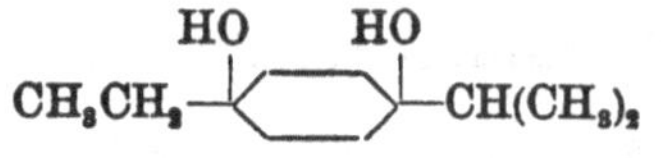

F. 141—142°. Sublimiert bei langsamem Erhitzen in schneeweißen Blättchen. Liefert mit Eisessighalogenwasserstoff die oben beschriebenen **Homoterpinendihalogenhydrate**. Auf analogem Wege wurde dargestellt:

Homologes Terpinenterpin, $C_{12}H_{22}(OH)_2$ [A. **362**, 284].

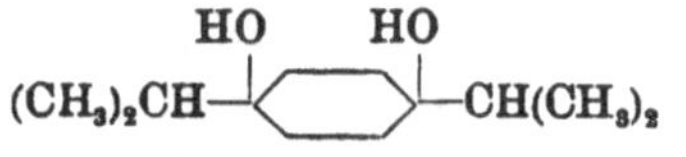

F. 139°, Tafeln. Das zugehörige **Dihydrochlorid** $C_{12}H_{22}Cl_2$ ist in Methylalkohol ziemlich schwer löslich und schmilzt bei 111—112°. Das **Dihydrobromid**, $C_{12}H_{22}Br_2$, schmilzt bei 120—121°.

XIII. Phellandren.

Allgemeines über Phellandren.

Ein Phellandren, und zwar das später von mir als d-α-**Phellandren** bezeichnete, ist zuerst 1842 von **Cahours** im Bitterfenchelöl entdeckt worden (Näheres vgl. A. **239**, 40 und auch Allgem. Teil S. 76). 1886 fand **Pesci** im Wasserfenchelöl einen Kohlenwasserstoff von so analogem Verhalten auf, daß ich 1887 die von **Cahours** und von **Pesci** untersuchten Terpene glaubte als identisch betrachten zu dürfen. Dieser Ansicht wurde durch den ähnlichen Schmelzpunkt und das bis dahin bekannte chemische Verhalten der Nitrite aus beiden Präparaten Vorschub geleistet, auch fernerhin durch den Umstand, daß beide Öle rechtsdrehend sind und aus beiden ein linksdrehendes Nitrit von ziemlich übereinstimmender Drehungsintensität erhalten wird.[1]

[1] Man vergleiche diesbezüglich spätere genauere Angaben [A. **336**, 15, 44].

Die Erkenntnis, daß jene beiden Terpene verschiedenen Ursprungs trotzdem nicht identisch sind, wurde auch deshalb spät gewonnen, weil das ätherische Öl aus Wasserfenchelöl nur schwer zu beschaffen war und mir seinerzeit nur einmal in sehr kleiner Quantität zur Verfügung stand [A. **336**, 9], daher alle im Laufe der folgenden Jahre ausgeführten Untersuchungen mit anderem Material durchgeführt wurden. Erst 1902 kam ich wieder in Besitz von Phellandren aus Phellandrium aquaticum [A. **324**, 270; **336**, 42] und führte eine vergleichende Untersuchung der Reduktionsprodukte von Phellandrennitrit verschiedenen Ursprungs aus [A. **324**, 269ff.].

Diese Untersuchung aus dem Jahre 1902 führte zu dem bestimmten Schluß, daß man nicht nur physikalisch, sondern auch chemisch isomere Phellandrene anzunehmen habe. Nun wurden Phellandrene verschiedenen Ursprungs, und zwar [A. **336**, 10]:

„1. das von mir (1888) im sogenannten australischen Eucalyptusöl „(von Eucalyptus amygdalina) aufgefundene l-Phellandren,

„2. das von mir (1888) im Elemiöl aufgefundene d-Phellandren,

„3. das von Cahours (1842) im Bitterfenchelöl entdeckte d-Phel„landren,

„4. das von Pesci (1886) im Wasserfenchelöl (Phellandrium aqua„ticum) als Nitrit bildender Kohlenwasserstoff nachgewiesene d-Phellan„dren“, einer vergleichenden Untersuchung unterworfen, deren 1904 veröffentlichtes Resultat folgendes ergab [A. **336**, 11]:

„Das d-Phellandren des Elemiöls und das d-Phellandren „des Bitterfenchelöls sind chemisch und physikalisch voll„ständig identisch. Das durch sein Vorkommen im austra„lischen Eucalyptusöl sehr zugänglich gewordene und bisher „allein näher untersuchte l-Phellandren ist der optische Antipode „des d-Phellandrens ebengenannter Herkunft, denn alle aus „den beiden Kohlenwasserstoffen hergestellten aktiven Deri„vate haben sich als Spiegelbildformen voneinander erwiesen.

„Das im Elemiöl und Bitterfenchelöl vorkommende „d-Phellandren ist aber wesentlich verschieden vom d-Phel„landren des Wasserfenchelöls.

„Von jetzt an will ich daher beide in der Weise unterscheiden, „daß die d- und l-Modifikation, welche einerseits im Elemi- und Bitter„fenchelöl, anderseits im Eucalyptusöl enthalten ist, als α-Phellan-

„**dren**, der andere, im Wasserfenchelöl enthaltene Kohlenwasserstoff als „*β*-Phellandren bezeichnet wird.

„Diese beiden chemisch verschiedenen Phellandrene sollen nach-„stehend in gesonderten Abschnitten behandelt werden."

I. *α*-Phellandren ($\Delta^{1,5(=2,6)}$-Dihydro-p-cymol).

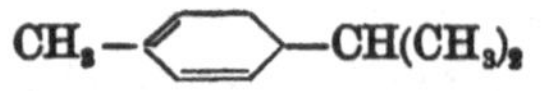

Zu den meisten früheren Untersuchungen hat mir das leicht zu beschaffende l-*α*-Phellandren gedient, dessen Vorkommen im Öl von Eucalyptus amygdalina ich 1888 entdeckte [A. **246**, 234, 282]. Gleichzeitig hatte ich d-*α*-Phellandren im Elemiöl aufgefunden [A. **246**, 233; **252**, 102]. Der Umfang dieser Untersuchungen ergibt sich aus dem Speziellen Teil. Was den Bau des Phellandrenmoleküls betrifft, so ließen sich, ehe diesbezügliche exakte Experimentalarbeiten vorlagen, natürlich nur Vermutungen äußern, welche sich auf die Analogie stützten, die hinsichtlich der Bildung und des Verhaltens von Phellandrennitrit und Anetholnitrit hervortrat [A. **239**, (1887), 54]. Die Annahme, daß Phellandren eine ähnlich gebaute Seitenkette wie Anethol enthalten möchte, hat sich aber in der Folge als unzulässig erwiesen.

Die Kenntnis der Konstitution des *α*-Phellandrens wurde wesentlich erst durch den 1895 geführten Nachweis gefördert, daß *α*-Phellandrennitrit (beziehungsweise Nitro-*α*-Phellandren) bei der Reduktion in aktives Tetrahydrocarvon und Tetrahydrocarvylamin überführbar ist. Dadurch durfte „als bewiesen gelten: „1. daß im Phellandren die Gruppierung der Kohlenstoffatome dieselbe „ist wie im Carvenon und 2. daß eine Äthylenbindung des Phellandrens „an dem Kohlenstoffatom sich befindet, welches im Carvon das Sauer-„stoffatom trägt. Endlich darf man es als sehr wahrscheinlich be-„zeichnen, daß diese Äthylenbindung die Gruppierung CH:CH auf-„weist" [A. **287**, 382]. Ferner war durch die Überführung des Phellandrendibromids in Cymol nachgewiesen, „daß Phellan-„dren ein wahres Hydrocymol ist". [A. **287**, 383.]

Eine weitere Untersuchung [A. **313**, 345ff.] lehrte 1900, daß bei der Oxydation des Phellandrennitrits aktive Isopropylbernsteinsäure [A. **313**, 356] entsteht und es blieb nur noch zwischen den drei Formulierungen

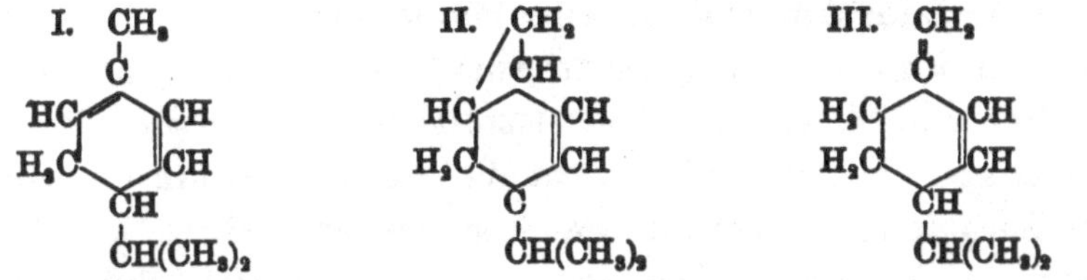

für Phellandren zu entscheiden [A. **313**, 358].

Diese Entscheidung brachte die Untersuchung [A. **336**, 9] von 1904, durch welche gezeigt wurde, daß Nitro-α-Phellandren bei vorsichtiger Reduktion in aktives Carvotanaceton überführbar ist. Es ergab sich daraus für α-Phellandren endgültig die obige Formel I [A. **336**, 40]. Die aus der Untersuchung gezogenen Schlüsse sind in dem folgenden Zitat aus A. **336**, 39—42 zusammengefaßt:

„Die Schlüsse, welche auf Grund der neuen Beobachtungen für die „Formulierung von Nitrophellandren, Phellandrennitrit und α-Phellan- „dren selbst zu ziehen sind, liegen auf der Hand, da die Konstitution „des Carvotanacetons als Δ^6-Menthenon-2

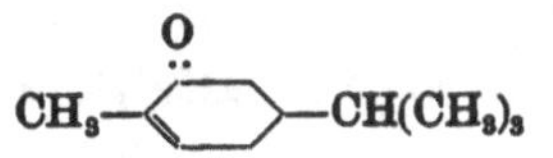

„als ganz sichergestellt gelten darf. Es folgt nämlich für Nitro-α-Phellan- „dren und für α-Phellandrennitrit die erst aufgeführte Formel I:

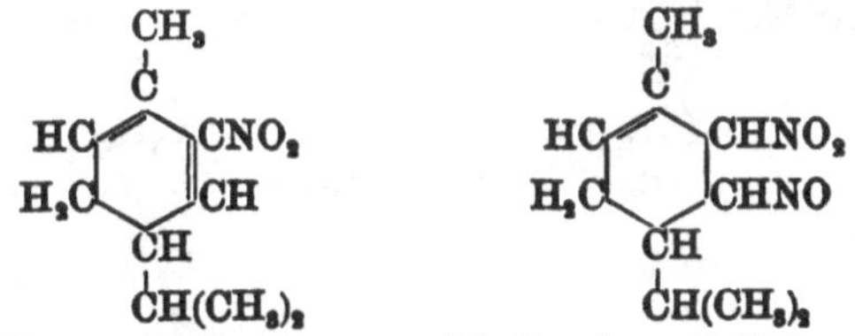

Nitro-α-phellandren α-Phellandrennitrit (α und β)

„und für das Nitrit bildende l-α-Phellandren (im Eucalyptusöl) und „d-α-Phellandren (im Bitterfenchelöl und Elemiöl) ist die Formel:

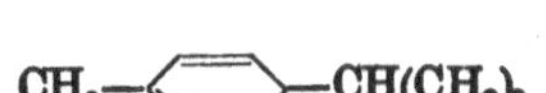

„anzunehmen, welche schon nach meinen früheren Untersuchungen für „die wahrscheinlichste gelten konnte.

„Semmler stellt auf Grund seiner mit Eucalyptusöl vorgenommenen „Oxydationsversuche für einen der beiden isomeren Kohlenwasserstoffe,

„welche er darin annimmt, dieselbe Formel auf.[1] Aber es ist ersicht-„lich, daß jene Versuche keinen Aufschluß darüber geben konnten, „welcher der beiden Kohlenwasserstoffe die bekannten Nitrite gibt, „welcher also Phellandren ist. Denn die Annahme Semmlers, daß das „aus Eucalyptusöl abscheidbare kristallisierte Nitrit ein Gemisch „chemisch isomerer Substanzen vorstelle, hat sich eben als nicht „zutreffend erwiesen.

„Man wird jetzt auch die Annahme machen dürfen, daß man es „in den bei der vorsichtigen Reduktion des Nitrophellandrens neben „Carvotanaceton gewonnenen Basen mit den aktiven Modifikationen „des Dihydrocarvylamins, 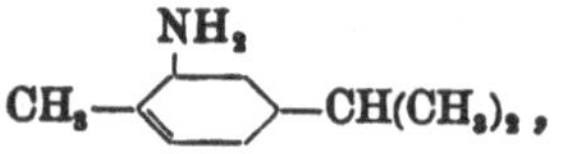, zu tun hat und „daß dem Diamin aus dem Nitrit des α-Phellandrens die Formel:

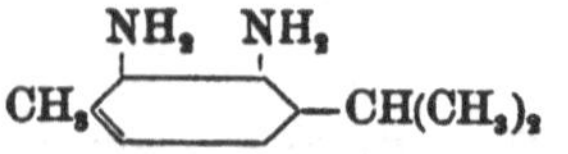

„zukommt.[2] Es bedarf das aber noch besonderer Prüfung."

„[1] B. 36, 1755, 1756. Die von Semmler gleichzeitig aufgestellten Formeln:

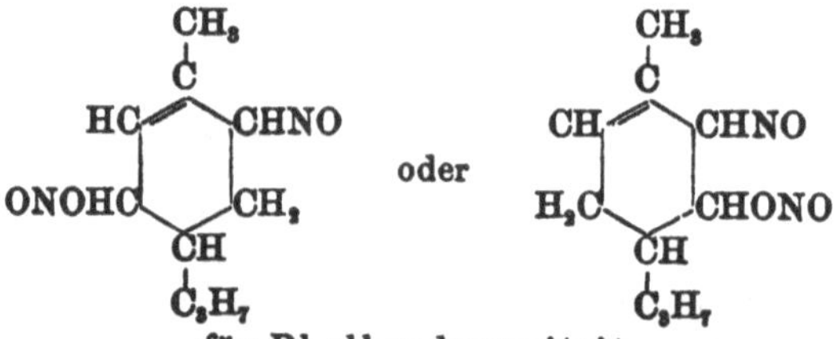

für Phellandrennitrit

„und

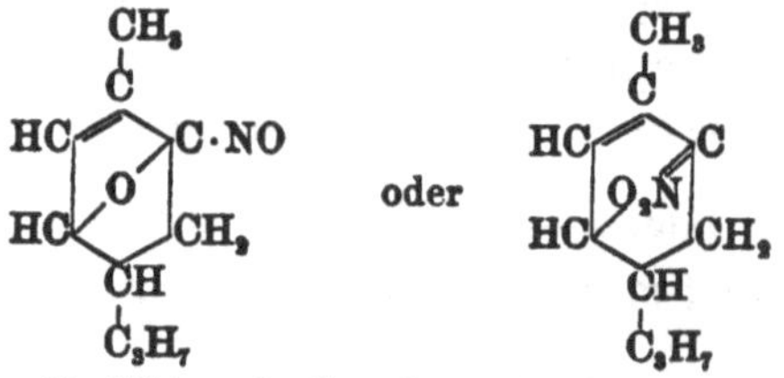

für Nitrophellandren (Ph.-Nitrosoxyd)

„bedürfen im Hinblick auf das vorstehend Mitgeteilte keiner besonderen Wider-„legung mehr. Semmlers Formeln für das Nitrit würden auch für die Entstehung „eines Diamins daraus keinerlei Erklärung erlauben.

„[2] Das aus dem Phellandrendiamin gewonnene Keton [A. 324, 278] ist wahr-„scheinlich Carvotanaceton."

Durch die **Synthese** des α-**Phellandrens** aus Isopropylhexenon mit Hilfe der Reaktionsfolge [A. **359**, 285]:

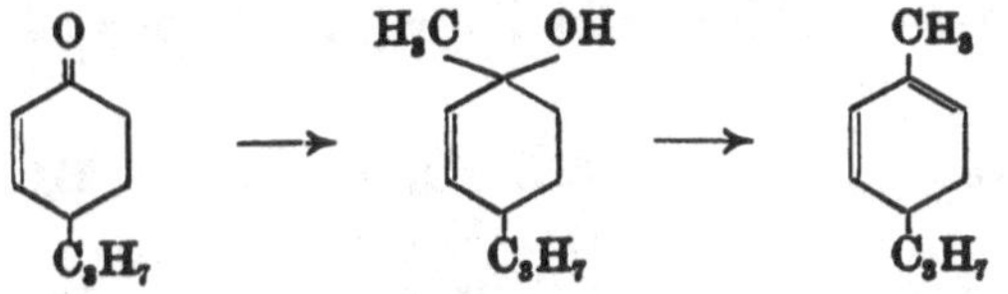

fanden meine Untersuchungen über das α-Phellandren ihren Abschluß.

II. β-Phellandren, 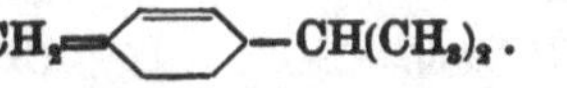

Daß die Überzeugung von der Verschiedenheit von α- und β-Phellandren bei Gelegenheit der Untersuchung der **Diamine** gewonnen wurde, die sich bei der Reduktion der Phellandrennitrite bilden [A. **324** (1902), 269], ist weiter oben bereits erwähnt worden. Zur Aufklärung der Konstitution des β-**Phellandrens** führte die 1905 veröffentlichte Arbeit [A. **340**, 1 ff.], in der der Abbau des Phellandrennitrits durch das Nitrophellandren hindurch zum hydrierten Cuminaldehyd durchgeführt ist [s. auch A. **336**, 42]. Es wurden aus den ermittelten Tatsachen folgende Schlüsse gezogen [A. **340**, 9—12]:

„Die vorstehend skizzierten Versuche lassen nun keinen Zweifel „darüber bestehen, daß das β-Phellandren eine CH_2-Gruppe in der „Seitenkette enthält. Die Überführung in Cuminderivate verbürgt ferner „das Vorhandensein einer Isopropylgruppe in para-Stellung zum Methylen, die gefundene Molekularrefraktion das Vorhandensein von zwei „Äthylenbindungen.

„Man hätte danach nur noch die Wahl zwischen zwei Formeln „für das β-Phellandren, nämlich:

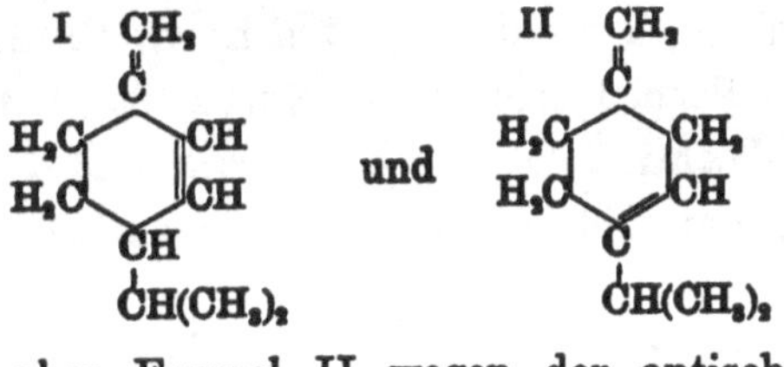

„von diesen ist aber Formel II wegen der optischen Aktivität des „β-Phellandrens ausgeschlossen, so daß die Formel I **als allein dem** „**Verhalten des** β-**Phellandrens ganz entsprechend** übrig bleibt.

„Für die Abwandlungsprodukte des β-Phellandrens ergibt sich „nun folgendes:

„Dem β-Phellandrennitrit kommt die (zu verdoppelnde) „Formel I zu.

„Für Nitro-β-phellandren liegen die beiden Möglichkeiten II und III vor[1]:

I

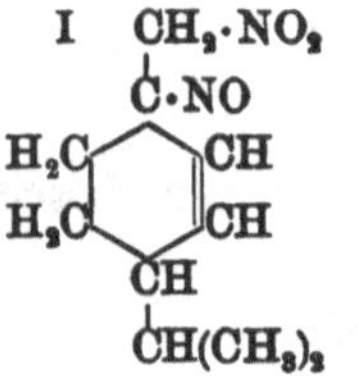

II

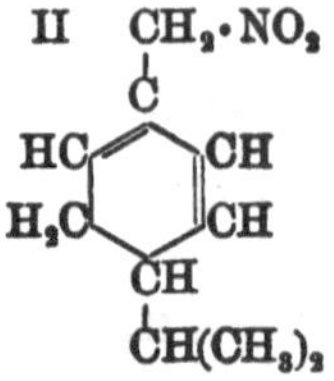

und

III

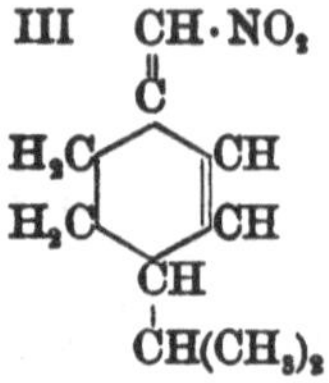

„Eine Verbindung von Formel II sollte bei der Reduktion Dihydro-„cuminaldehyd und Dihydrocuminylamin liefern, eine Verbindung von „Formel III jedoch die entsprechenden tetrahydrierten Produkte „[A. **332**, 314].

„Da die letzteren bisher unter den Reduktionsprodukten mit Sicher-„heit nicht nachgewiesen werden konnten, so könnte man geneigt sein, „sich definitiv für Formel II zu entscheiden. Es ist aber die Möglich-„keit zuzugeben, daß sich doch zuerst tetrahydrierte Verbindungen „bilden, die unter den wenig einfachen Versuchsbedingungen, welche „bei der Isolierung eingehalten werden müssen, partieller Oxydation „anheim fallen, deren Eintreten ja auch in der Entstehung von Sub-„stanzen, welche der aromatischen Reihe angehören, sich zeigt.

„Was den Zerfall der Nitroverbindungen unter Bildung von Alde-„hyd anbelangt, so möchte ich übrigens auch an ältere Beobachtungen „einerseits von N. Sokolow [B. **21** (1888), R. 710], anderseits von Kono-„walow [Chem. Centralbl. **1889**, I, 1238] erinnern. Letzterer fand als „Spaltungsprodukt des Xylolnitromethans den Mesitylenaldehyd auf.

„Während man noch darüber streiten kann, ob man für das Nitro-„β-phellandren die Formel II oder III einzusetzen hat, wird man dem „β-Phellandrendiamin, das durch vorsichtige Reduktion des Nitrits „in saurer Lösung entsteht, nunmehr die Konstitution:

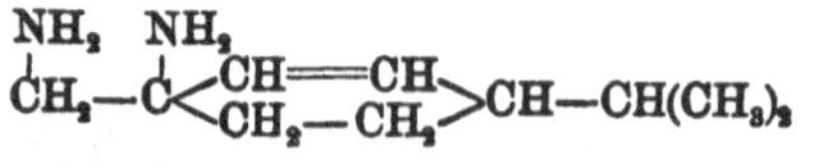

„zuschreiben müssen." [A. **340**, 9—12.]

Bei der Oxydation des Wasserfenchelöls mit Permanganat ist auch

„[1] Daß in den Salzen keinesfalls die Gruppe CH_2NO_2, sondern $CH:NO_2H$ „anzunehmen ist, soll hier nicht besonders besprochen werden."

ein Glycol erhalten worden [A. **340**, 12], das bei der Zerlegung mit Säuren Tetrahydrocuminaldehyd lieferte. Da das Glycol selbst nicht analysenrein erhalten worden ist, so mag man diese Reaktion, für die ich den Verlauf:

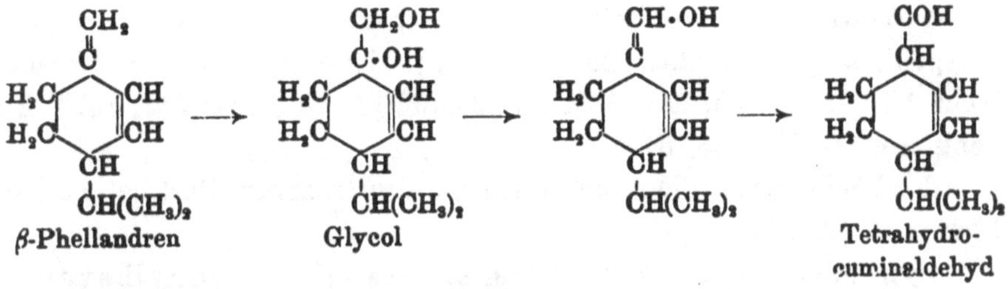

annahm, als nicht genügend sichergestellt betrachten.[1] Um so beweisender für die Natur des β-Phellandrens war der unmittelbar darauf, 1905 [A. **343**, 29], bewerkstelligte Abbau des β-Phellandrens zu Isopropylcyclohexenon durch Luftsauerstoff.

Für diese Reaktion kann man nur den Verlauf

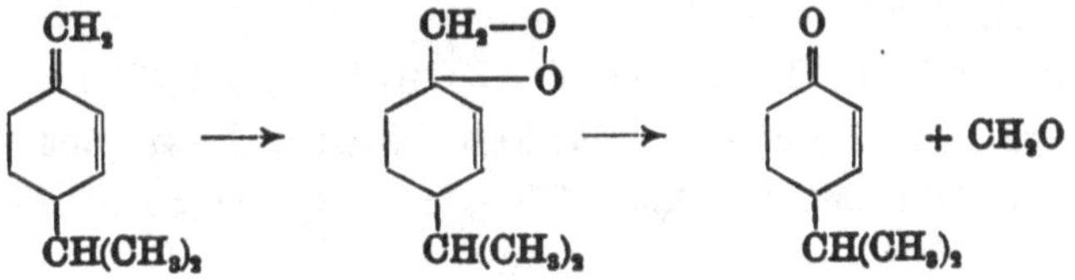

annehmen.

Diesen für die Auffassung der Natur des β-Phellandrens so besonders wichtigen Vorgang habe ich kürzlich versucht umzukehren, d. h. durch Ersetzung des Sauerstoffs im Δ^2-Isopropylhexenon zum β-Phellandren zu gelangen, was mit Hilfe der Bromessigesterreaktion (s. Allgem. Teil S. 157ff.) möglich sein sollte:

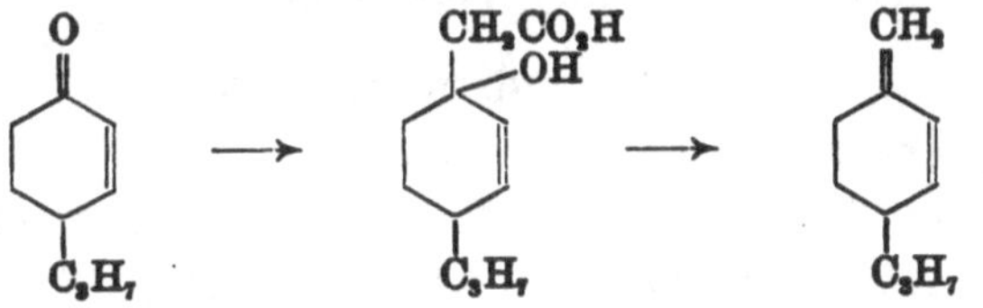

Es wurde dabei auch ein Kohlenwasserstoff erhalten, der die Phellandrenreaktion gab, aber bisher noch nicht in einer zur genaueren Untersuchung genügenden Menge.

[1] Es ist z. B. nicht ausgeschlossen, daß das untersuchte Wasserfenchelöl Sabinen enthalten haben könnte.

Spezielles über Phellandren.

I. α-Phellandren, $C_{10}H_{16}$, $CH_3-C{<}{\genfrac{}{}{0pt}{}{CH=CH}{CH-CH_2}}{>}CH\cdot CH{<}{\genfrac{}{}{0pt}{}{CH_3}{CH_3}}$.

Vorkommen: l-α-Phellandren im ätherischen Öl von Eucalyptus amygdalina [A. **246**, 233, 282; **336**, 10], d-α-Phellandren im Bitterfenchelöl [A. **239**, 40; **336**, 10], im Elemiöl [A. **246**, 234; **252**, 102], im Schinusöl [G. N. **1905**, 3].

d-α-Phellandren bildet sich auch bei der trocknen Destillation von Elemiharz [A. **271**, 310].

Synthese des α-Phellandrens: Aus Δ^2-Isopropylhexenon mit Magnesiumjodmethyl [A. **359**, 283]. Der Kohlenwasserstoff bildet sich bei der Synthese zum Teil direkt aus dem intermediär entstehenden Alkohol, der auch schon bei der Destillation teilweise Phellandren gibt (s. S. 447).

Eigenschaften: l-α-Phellandren: $Kp._{12}$ 65°, $d_{19}=0{,}8465$, $n_D=$ 1,488 [A. **287**, 383];

d-α-Phellandren: $Kp._{11}$ 61°, $d_{19}=0{,}844$, $n_D=1{,}4732$ [A. **336**, 12].

Eigenschaften des synthetischen Phellandrens aus Isopropylhexenon [A. **359**, 283]: Kp. 175—176°, $d_{22}=0{,}841$, $n_D=1{,}4760$, $M=45{,}61$.

d- und l-α-Phellandren sind optische Antipoden [A. **336**, 11]:

α-Phellandren addiert 2 Atome Brom. Das Bromid gibt bei der Behandlung mit alkoholischem Kali Cymol [A. **287**, 383]. Mit alkoholischer Schwefelsäure behandelt geht α-Phellandren in Terpinen über [A. **239**, 44; **252**, 102].

α-Phellandrennitrit, $C_{10}H_{16}\cdot N_2O_3$.

Darstellung: Aus Phellandren und N_2O_3 in Ligroinlösung. Die Reinigung erfolgt am besten durch Lösen in Aceton und fraktioniertes Fällen mit Wasser [A. **287**, 373; **313**, 345; **336**, 13].

Eigenschaften [A. **239**, 42; **287**, 374; **336**, 15]: Bildet zwei Modifikationen, α- und β-Nitrit. Der Schmelzpunkt ist etwas abhängig von der Art des Erhitzens.

α-Nitrit, F. 112—113° (113—114°).

$[\alpha]_D=+136$—143° aus l-α-Phellandren,

$[\alpha]_D=-138°$ aus d-α-Phellandren.

β-Nitrit, F. 105°. $[\alpha]_D = -40{,}8°$ aus l-α-Phellandren,
$[\alpha]_D = +45{,}8°$ aus d-α-Phellandren.

α- und β-Nitrit darf man wahrscheinlich als cis- und trans-Modifikationen auffassen [A. **336**, 17]. Gemische beeinflussen sich wenig im Schmelzpunkt. Die Verbindung ist bimolekular [A. **287**, 384; **313**, 346]. Das Nitrit addiert nicht Brom und wird von Permanganat sehr schwer angegriffen [A. **239**, 48; **287**, 383; **313**, 355; **336**, 16]; als Oxydationsprodukt entsteht aktive Isopropylbernsteinsäure und Isobuttersäure.

Das Nitrit gibt mit Salpetersäure oxydiert [A. **313**, 351] (neben Terephtalsäure, Isobuttersäure und Isopropylbernsteinsäure):

Trinitrotetrahydrocymol(?), $C_{10}H_{15}N_3O_6$, F. 136—137° (daneben entsteht eine isomere Verbindung, F. 88—89°), monomolekular, wird durch Alkali leicht verändert.

Die Verbindung $C_{10}H_{15}N_3O_6$ ist optisch aktiv:
$[\alpha]_D = +191—196°$ aus l-α-Phellandren,
$[\alpha]_D = -188°$ aus d-α-Phellandren.

Das racemische Gemisch schmilzt bei 131°.

Bei der Reduktion gibt die Verbindung ein

Diamidocymol [A. **336**, 22], $C_{10}H_{12}(NH_2)_2$, Acetylverbindung, F. 260°. Die Base läßt sich mit $FeCl_3$ zu Thymochinon oxydieren.

α-Phellandrennitrit gibt bei der Reduktion das

α-Phellandrendiamin, $C_{10}H_{16}(NH_2)_2$ [A. **324**, 270; **336**, 42], Kp. 251—255°, unter NH_3-Abspaltung (132—134° bei 17 mm), linksdrehend. Chlorhydrat, $C_{10}H_{16}(NH_2)_2 \cdot HCl$, kristallisiert gut, F. 209 bis 210°, optisch inaktiv. Platinsalz, $[C_{10}H_{16}(NH_2)_2 \cdot 2HCl]_2 \cdot PtCl_4$, in Wasser sehr löslich. Benzoylverbindung, $C_{10}H_{16}(NHCOC_6H_5)_2$, F. 194—195° schwach rechtsdrehend. Methylammoniumjodid, $C_{10}H_{16}N_2(CH_3)_6J$, F. 192°.

Das Chlorhydrat des Diamins liefert beim Destillieren Cymol, mit N_2O_3 umgesetzt etwas Cymol und Carvotanaceton(?), (Oxim, F. 76—77°).

α-Phellandrennitrit gibt beim Erwärmen mit Salzsäure [A. **336**, 26] neben Cymol

Monochlorthymochinon, Semicarbazon, F. 230° und

Dichlorthymochinon, F. 99°, das bei der Reduktion in

Monochlorhydrothymochinon, F. 70° und

Hydrothymochinon, F. 139° übergeht.

Bei anhaltendem Schütteln mit Schwefelsäure (3:2) [A. **336**, 28] verwandelt sich α-Phellandrennitrit in

Cymol, Oxythymochinon, F. 170° und Thymochinon.

Daneben entsteht ein

Keton, $Kp._{16}$ 110—114°, dessen Oxim bei 87—88° schmilzt.

Mit Ammoniak gibt α-Phellandrennitrit komplizierte Produkte [A. **313**, 346].

Über die Reduktion des α-Phellandrennitrits s. unten.

Nitro-α-phellandren, $C_{10}H_{15}\cdot NO_2$.

Entsteht aus α-Phellandrennitrit durch Spaltung mittels alkoholischen Alkalis unter Austritt von untersalpetriger Säure [A. **239**, 42; **287**, 374; **336**, 31], ebenso bei der Umsetzung mit Acetylchlorid [A. **313**, 349]. Es ist aktiv im Sinne des Ausgangskohlenwasserstoffs. $Kp._9$ 125—129°.

Reduktionsprodukte des Nitro-α-phellandrens.

Bei gemäßigter Reduktion mit Zink und Essigsäure [A. **336**, 32ff.] gibt Nitrophellandren aktives Carvotanaceton (s. S. 328, 349) neben Dihydrocarvylamin.

Bei energischer Reduktion in alkoholischer Lösung mit Natrium [A. **287**, 376] gibt Nitrophellandren

Tetrahydrocarvon und Tetrahydrocarvylamin (s. S. 350, 353).

Nach der letztgenannten Methode bilden sich diese Produkte auch direkt aus α-Phellandrennitrit, unter intermediärer Bildung von Nitro-α-phellandren.

II. β-Phellandren, $C_{10}H_{16}$, $CH_2{=}C{<}^{CH=CH}_{CH_2-CH_2}{>}CH{-}CH{<}^{CH_3}_{CH_3}$.

Vorkommen: Im ätherischen Öl von Phellandrium aquaticum, das wesentlich β-Phellandren enthält [A. **239**, 40; **336**, 11, 42], ferner im Schinusöl [G. N. **1905**, 3] und in kleiner Menge im Öl von Eucalyptus globulus.

Eigenschaften: $Kp._{11}$ 57°, $d = 0{,}8520$, $n_D = 1{,}4788$ bei 20°, rechtsdrehend: $[\alpha]_D = +18{,}54°$ [A. **336**, 43; **340**, 2].

Verhalten: Verbindet sich leicht mit N_2O_3 (s. S. 489). Absorbiert Sauerstoff der Luft sehr schnell (s. S. 490).

β-Phellandrennitrit, $C_{10}H_{16} \cdot N_2O_3$.

Wird durch Kristallisation aus Acetonlösung rein dargestellt [A. **336**, 43; **340**, 1], ist löslicher als das Nitrit des α-Phellandrens.

Eigenschaften: Es wurden zwei Modifikationen erhalten:

α-Nitrit, F. 102°, linksdrehend, $[\alpha]_D = -159{,}3°$.

β-Nitrit, F. 97—98°, so gut wie inaktiv.

Bei der Reduktion mit Natrium in alkoholischer Lösung bildet sich Cuminaldehyd, (Semicarbazon, F. 210—211°, Oxim, F. 55 bis 57°).

Bei gelinder Reduktion mit Zinkstaub erhält man aus dem Nitrit das

β-Phellandrendiamin, $C_{10}H_{16}(NH_2)_2$ [A. **324**, 278].

Kp. 260° unter Zersetzung, $Kp._{11}$ 133—135°. Linksdrehend. Chlorhydrat, nicht in kristallisierender Form erhalten. Platinsalz, $[C_{10}H_{16}(NH_2)_2 \cdot 2HCl]_2PtCl_4$, schwer löslich. Benzoylverbindung $C_{10}H_{16}(NHCOC_6H_5)_2$, F. 198—199°. Methylammoniumjodid, $C_{10}H_{16}N_2(CH_3)_6J$, erstarrt nur schwer, F. ca. 91—94°.

Nitro-β-phellandren, $C_{10}H_{15} \cdot NO_2$ [A. **336**, 44; **340**, 3; **343**, 38].

Entsteht durch Umsetzung von β-Phellandrennitrit mit Natriumalkoholat bei 30—40°. Gibt leicht eine feste Natriumverbindung.

Bei der Reduktion mit Zink und Essigsäure oder mit Natrium in alkoholischer Lösung entstehen:

1. Dihydrocuminaldehyd, Semicarbazon, F. 200—202°, färbt sich am Licht citronengelb. Oxim, F. 42—44°. Gibt bei der Oxydation mit Hypobromit Cuminsäure, mit Silberoxyd Dihydrocuminsäure, F. ca. 130°.

2. Tetrahydrocuminylamin [s. auch A. **343**, 38], Harnstoff, F. 160—161°, $[\alpha]_D = +58{,}67°$.

3. Cuminylamin, Harnstoff, F. 135—136°.

Abbau des β-Phellandrens durch Oxydation.

a) Durch Permanganat [A. **340**, 12; **343**, 29].

Es wurde isoliert:

1. Ein Glycol, $C_{10}H_{16}(OH)_2$, sirupös, $Kp._{10}$ ca. 150°. Liefert beim Erwärmen mit Säuren Dihydrocuminalkohol und Tetra-

hydrocuminaldehyd, Kp. 220—230°, $d = 0{,}93$, $n_D = 1{,}4903$ bei 20°. (Semicarbazon, F. 204—205°; Oxim, F. 87°, reduzierbar zu Tetrahydrocuminylamin; Harnstoff, F. 160—161°.) Liefert bei der Oxydation Tetrahydrocuminsäure, F. 143—144°.

2. Isopropyl-1-cyclohexenon-4 (s. S. 445). 3. α-Isopropylglutarsäure. 4. Isobuttersäure.

b) Durch Luftsauerstoff [A. **343**, 20].

Es entsteht Isopropyl-1-cyclohexenon-4 (s. S. 445).

XIV. Sylvestren.

Allgemeines über Sylvestren.

Das 1877 von Atterberg entdeckte Sylvestren wurde 1885 [A. **230**, 240] zuerst in die Untersuchungen hineingezogen, um einen Vergleich mit den anderen Terpenen zu ermöglichen. Die physikalischen Konstanten des Kohlenwasserstoffs wurden genauer ermittelt und festgestellt, daß er dem Limonentypus zuzuzählen ist. Die Auffindung der charakteristischen Farbreaktion (1887), welche das Sylvestren mit Schwefelsäure gibt, sowie die Herstellung des Tetrabromids haben den Nachweis des Kohlenwasserstoffs erleichtert, von dem 1907 einige wichtige sauerstoffhaltige Derivate — das Terpineol und das Terpin der Sylvestrenreihe — gewonnen wurden.

Die Überführung des Sylveterpineols in Dihydrosylveterpineol (1911) und die Synthese dieser Verbindung aus 1,3-Methylcyclohexanon [A. **399**, 170] trug dazu bei, die von v. Baeyer für Sylvestren (= d-Carvestren) aufgestellte Formel [B. **31**, 1405] als die definitiv richtige festzulegen.

Spezielles über Sylvestren.

Sylvestren, $C_{10}H_{16}$, 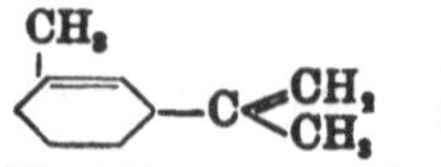 oder 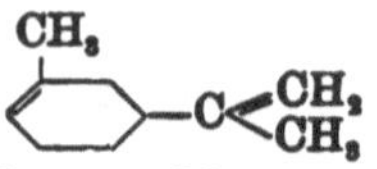

[A. **230**, 244; **239**, 27; **245**, 198; **252**, 149; **357**, 72; **381**, 60; **399**, 155.]

Vorkommen: Im schwedischen Terpentinöl [A. **230**, 240, 241, 270; **239**, 25] und russischen Terpentinöl [A. **230**, 247, 270] durch das Dihydrochlorid hindurch nachgewiesen.

Darstellung: Aus dem Dihydrochlorid durch Umsetzung mit Anilin oder Dimethylanilin [A. **230**, 248, 270] oder in Eisessiglösung mit Natriumacetat [A. **239**, 27].

Der aus den Dihalogeniden regenerierte Kohlenwasserstoff ist nicht einheitlich [A. **399**, 157].

Eigenschaften der Hauptfraktionen: a) $Kp._{751}$ 175°, $d_{18} = 0{,}8479$, $n_D = 1{,}4760$, $M = 45{,}24$ (ber. 45,24), $[\alpha]_D = +83{,}18°$.

b) Kp. 181—184°, $d_{17} = 0{,}870$, $n_D = 1{,}4896$, $M = 45{,}16$, $[\alpha]_D = +45{,}42$. [A. **230**, 244; **239**, 27; 28; **245**, 198, 199; **252**, 149; **399**, 157].

Liefert mit Halogenwasserstoff die Sylvestrendihalogenide. Wird durch Erhitzen auf 250° oder durch Erwärmen mit alkoholischer Schwefelsäure zum Teil polymerisiert, aber **nicht invertiert** [A. **239**, 28]. Gibt in Eisessig oder Essigsäureanhydrid gelöst mit konzentrierter Schwefelsäure eine **blaue** Färbung [A. **239**, 27, 28].

Verbindungen aus Sylvestren.

Dihalogenide 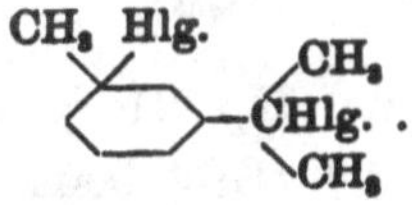 .

Dichlorhydrat, $C_{10}H_{16} \cdot 2HCl$ [A. **230**, 241—248, 270; **239**, 25—32; **252**, 149]; F. 72°, rechtsdrehend, monosymmetrisch. Gibt mit Dipentendichlorhydrat gemischt starke Schmelzpunktsdepression.

Dibromhydrat, $C_{10}H_{16} \cdot 2HBr$ [A. **239**, 28—32; **252**, 150], F. 72°, monosymmetrisch, rechtsdrehend.

Dijodhydrat, $C_{10}H_{16} \cdot 2HJ$ [A. **239**, 29], F. 66—67°.

Tetrabromid, $C_{10}H_{16}Br_4$ [A. **230**, 241, 244, 270; **239**, 29—33; **252**, 150], F. 135—136°, rechtsdrehend, monosymmetrisch. Daneben entstehen ölige Bromide. **Nitrosochlorid**, $C_{10}H_{16} \cdot NOCl$ [A. **245**, 272], F. 106—107°. Gibt mit Basen Nitrolamine: **Nitrolpiperidid**, nicht in kristallinischer Form erhalten; **Nitrolbenzylamid**, [A. **252**, 135, 150], F. 71—72°. Das Nitrosochlorid gibt bei Abspaltung von HCl ein öliges Oxim, das sich spalten läßt unter Bildung von

Sylvecarvon, $C_{10}H_{14}O$ [A. **357**, 74]. **Semicarbazon**, F. 175 bis 177°.

Sylvestrendichlorhydrat liefert beim Schütteln mit verdünnter Kalilauge Sylveterpin und Sylveterpineol [A. **357**, 73].

Sylveterpin [A. **357**, 73; **399**, 160],

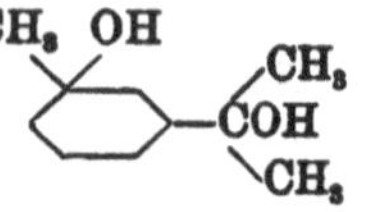

Entsteht beim Schütteln von Sylvestrendihydrochlorid, F. 72°, mit Kali, oder beim Schütteln von Sylveterpineol mit verdünnter Schwefelsäure in zwei in Wasser und in Alkohol leicht löslichen Modifikationen.

α) Kp.$_{16}$ 144°, F. 135—136°, $[\alpha]_D = +27{,}74$. Sublimiert leicht. Bei der Oxydation mit Permanganat wird daraus Aceton abgespalten.

β) F. 70—75°, $[\alpha]_D =$ ca. $+18{,}48$.

Sylveterpineol (Sylvestrol) [A. **357**, 74; **399**, 162],

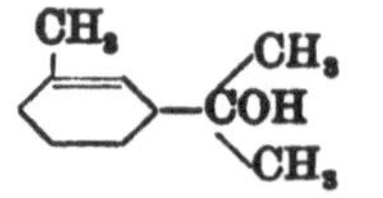

oder

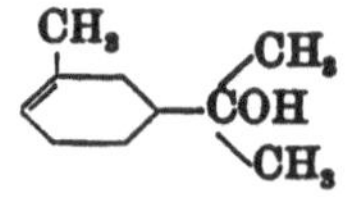

Eigenschaften: Kp. 214°, $d_{22} = 0{,}924$, $n_D = 1{,}4822$. Rechtsdrehend, $[\alpha]_D = +45{,}9$. Gibt beim Schütteln mit verdünnter Schwefelsäure Sylveterpin (s. oben), bei der Wasserabspaltung ein Gemisch von Sylvestren-Kohlenwasserstoffen $C_{10}H_{16}$ mit m-Cineol.

Nimmt 2 Atome Brom auf. Das flüssige Dibromid liefert beim Erhitzen in Eisessiglösung glatt m-Cymol [A. **399**, 166]. Sylveterpineol gibt mit Permanganat das

Glycerol, $C_{10}H_{17}(OH)_3$ [A. **357**, 74; **399**, 162].

Eigenschaften: Kp.$_{11}$ 165°. Erstarrt syrupös, wird aber beim Anreiben mit Ligroin zum Teil kristallinisch. Durch Behandlung mit Essigester und Ligroin erhält man Kristalle, F. 105°. Das rohe Glycerol gibt beim Erwärmen mit Schwefelsäure neben etwas Keton (Semicarbazon, F. 190—192°) von menthonähnlichem Geruch m-Cymol.

Als weiteres Oxydationsprodukt des Sylveterpineols mit Permanganat tritt auf:

1. Methyl(1)-acetyl(2)-cyclopenten, Kp. 185—190° (Semicarbazon, F. 220°) und ein Ketolacton, $C_{10}H_{16}O_3$, Kp.$_{20}$ 175°, wahrscheinlich:

$CH_3COCH_2—CH—C(CH_3)_2—O$
$CH_2—CH_2—CO$ (?).

d(8)-Dihydrosylveterpineol (Dihydrosylvestrol, m-Menthanol-8) [A. **381**, 60; **399**, 167].

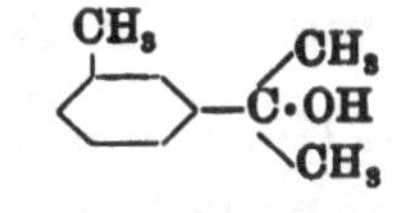

Entsteht aus Sylveterpineol bei der Reduktion mit Palladiumwasserstoff.

Eigenschaften: Kp. 206—208°, d_{18} = 0,9090, n_D = 1,4645, $[\alpha]_D$ = + 10,35°. Phenylurethan sehr löslich, F. 77°, $[\alpha]_D$ = + 12,85. Dihydrosylvestrol liefert beim Erwärmen mit verdünnter Schwefelsäure: Sylvementhen, Kp. 168—169°, d_{20} = 0,8180, n_D = 1,4556, M = 45,82. Bei der Oxydation mit Chromsäure in Eisessiglösung gibt Dihydrosylvestrol Aceton und inaktives 1,3-Methylcyclohexanon [Phenylsemicarbazon, F. 186°]:

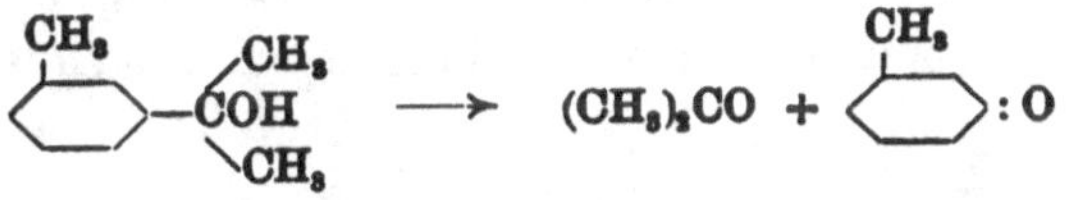

Synthetisches d(1)-Dihydrosylveterpineol

wurde aus aktivem Methyl(1)-acetyl(3)-cyclohexan (s. S. 483) und Magnesiumjodmethyl aufgebaut [A. **399**, 170].

Eigenschaften: Kp. 206—209°, d_{20} = 0,9100, n_D = 1,4663, M = 47,50, $[\alpha]_D$ = + 1,96. Phenylurethan, F. 82—83°. Das synthetische Produkt gibt bei der Oxydation mit Chromsäure aktives 1,3-Methylcyclohexanon (Phenylsemicarbazon, F. 169°).

Über die Ursache der Stereoisomerie zwischen dem synthetischen Dihydrosylveterpineol und dem aus natürlichem Sylvestren hergestellten s. A. **399**, 172—173.

Drehungsvermögen der Sylvestrenverbindungen [A. **252**, 149—152; **357**, 73; **399**, 155].

Sylvestren, $C_{10}H_{16}$	+ 83,18° (?)
Dichlorhydrat, $C_{10}H_{16} \cdot 2HCl$	+ 18,99°
Dibromhydrat, $C_{10}H_{16} \cdot 2HBr$	+ 17,89°
Tetrabromid, $C_{10}H_{16}Br_4$	+ 73,74°
Nitrolbenzylamin, $C_{10}H_{16}NONHC_7H_7$	+ 185,6°
Chlorhydrat des Nitrolbenzylamins $C_{10}H_{16}NONHC_7H_7 \cdot HCl$	+ 79,2°
Terpin, $C_{10}H_{18}(OH)_2$ F. 135—136°	+ 27,74°

XV. Sabinen.

Allgemeines über Sabinen.

Das Sabinen habe ich erst 1906 in den Kreis meiner Untersuchungen gezogen, als es galt, die Beziehungen dieses Terpens zum Terpinen aufzuklären [A. **350**, 162; B. **40**, 585ff.].

Es wurde zunächst festgestellt, daß Sabinen bei der Behandlung mit Eisessighalogenwasserstoff nicht wie Kondakow und Semmler angenommen hatten, Dipenten-, sondern Terpinendihalogenide liefert und daß trockne Salzsäure trocknes Sabinen in ein Monochlorhydrat verwandelt [A. **356**, 199]. Ferner wurde gezeigt, daß Sabinen bei der Behandlung mit Schwefelsäure in der Kälte in aktives Terpinenol-4 und 1,4-Terpin (Terpinenterpin) übergeht [A. **350**, 165; **356**, 202, 215; **360**, 98], in der Wärme in Terpinen (vgl. Allgem. Teil S. 27, 66).

Für den Verlauf der Umwandlung sind folgende Phasen anzunehmen:

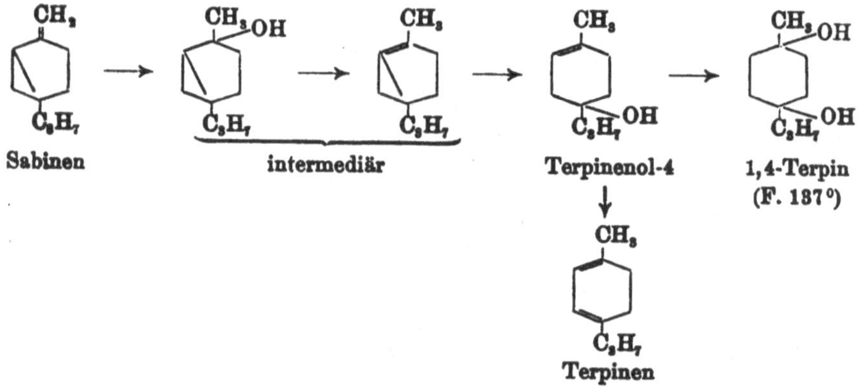

Von den Abkömmlingen des Sabinens hat das Sabinaketon

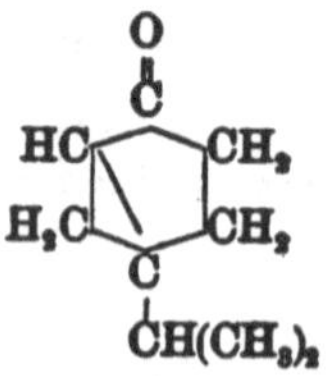

zu verschiedenen Abwandlungen und Synthesen gedient.

Die nach Grignard daraus aufgebauten Alkohole: Methyl-, Äthyl-, Isopropyl-Sabinaketol

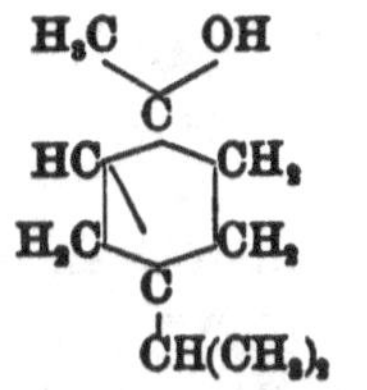
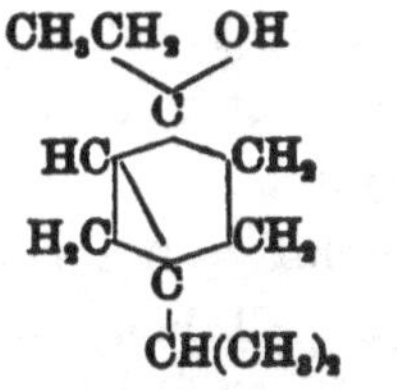
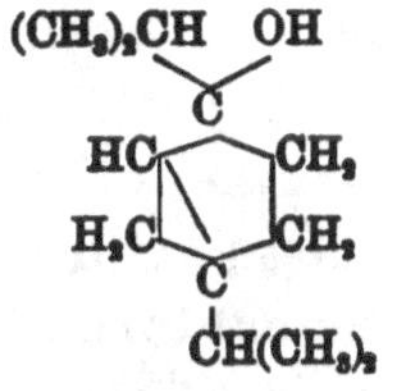

ließen sich leicht zu **ungesättigten Alkoholen** der Terpinenreihe isomerisieren (vgl. Allgem. Teil S. 27, 66) und letztere durch Hydratation in Terpine verwandeln, während durch Umsetzung mit Halogenwasserstoffsäuren die Terpinendihalogenide und deren Homologe daraus darstellbar sind.

Ferner gelang es, das Sabinaketon in die beiden bindungsisomeren Isopropylhexenone (s. S. 445) zu verwandeln, sowohl direkt, als auch durch das kristallisierte Monochlorhydrat des Ketons hindurch [A. **359**, 270ff.]:

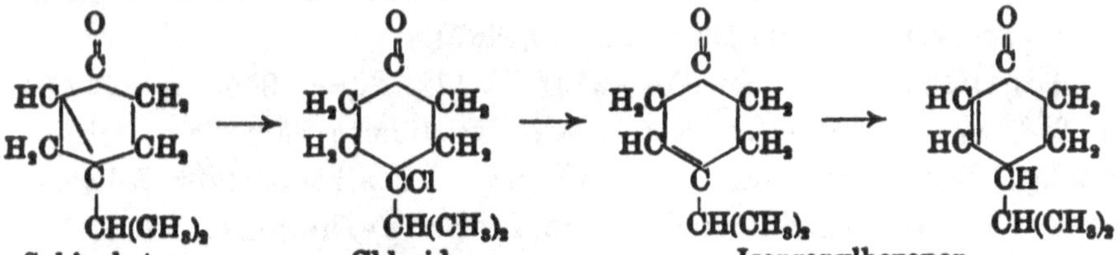

Sabinaketon **Chlorid** **Isopropylhexenon**

Über die Verwendung von Sabinaketon zur Synthese von α-Terpinen s. S. 470, 496, von β-Terpinen s. S. 474, 497, von α-Phellandren s. S. 496, 486.

Spezielles über Sabinen.

Sabinen, $C_{10}H_{16}|^{=}$,

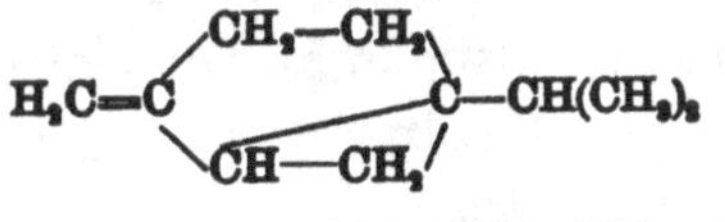

[A. **345**, 148; **347**, 319; **350**, 162; **356**, 215; **357**, 77; **360**, 98; B. **40**, 578, 583ff.]

Vorkommen: Neu aufgefunden wurde das Vorkommen im Ceylon-, Cardamomen- und im Majoranaöle [A. **357**, 77].

Eigenschaften: Kp. 163—165°, $d = 0{,}842$, $n_D = 1{,}4678$ bei 20°. $M = 44{,}88$ (ber. f. $C_{10}H_{16}|^{=}$ 43,53), $[\alpha]_D = +80{,}17°$, bzw. $+77{,}14°$ in

Alkohol. Geht beim Kochen mit Schwefelsäure in Terpinen über [A. **350**, 165]. Mit Eisessighalogenwasserstoff entstehen die entsprechenden Terpinendihalogenhydrate, bei der Behandlung mit trocknem Chlorwasserstoff unter Ausschluß von Feuchtigkeit entsteht ein

Monochlorhydrat, $C_{10}H_{17}Cl$, Kp.$_{12}$ 87—92°, $d = 0,982$, $n_D = 1,4824$ bei 20°, $M = 50,08$ (ber. f. $C_{10}H_{17}Cl$: 50,58). Gibt ein Nitrosochlorid. Aus Sabinen entsteht durch Schütteln mit verdünnter Schwefelsäure Terpinenol und Terpinenterpin (s. S. 474, 476).

Bei der Oxydation des Sabinens mit Permanganat unter Zusatz von freiem NaOH entsteht das schwerlösliche Natriumsalz der Sabinensäure, $C_{10}H_{16}O_3$ [A. **359**. 265], F. 56—57°.

Sabinaketon, $C_9H_{14}O$, 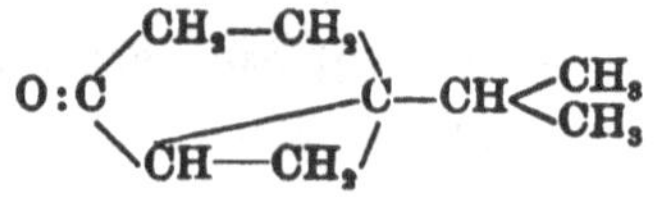 [A. **359**, 267; **360**, 97].

Darstellung: Aus sabinensaurem Natrium mit Permanganat bei Gegenwart von Schwefelsäure [A. **359**, 267].

Eigenschaften: Kp. 218—219°, F. 17°, $d_{20} = 0,9555$, $n_D = 1,4700$ bei 20°, $\alpha_D = -24° 41'$. Gegen kalte verdünnte Säure ziemlich beständig. Beim Erwärmen mit wäßriger oder alkoholischer Schwefelsäure geht das Sabinaketon leicht in Isopropylhexenon über.

Semicarbazon, F. 141°. Liefert bei der Umsetzung mit Oxalsäure Sabinaketon zurück, mit Mineralsäuren Isopropylhexenon [A. **359**, 270], aber unter Bildung harziger Nebenprodukte.

Chlorid, $C_9H_{15}OCl$. Beim Sättigen von Lösungen des Sabinaketons in Äther mit ClH entsteht etwa zur Hälfte ein kristallisiertes Monochlorid, F. 77—78°. Dieses liefert bei vorsichtiger ClH-Abspaltung Δ^3-Isopropylhexenon [A. **359**, 277].

Chlorid, $C_{18}H_{19}OCl_3$. Entsteht, wenn eine Eisessiglösung von Sabinaketon mit Salzsäure gesättigt wird und einige Zeit steht. F. 124°.

Durch Umsetzung von Sabinaketon, $C_9H_{14}O$, mit Magnesiumjodmethyl entsteht (neben Terpinen)

Methylsabinaketol (Sabinenhydrat) 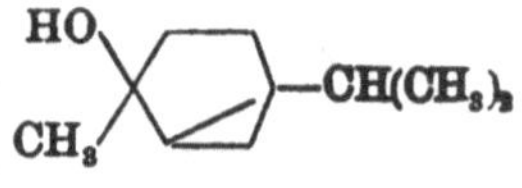 [A. **357**, 65; **360**, 94; **362**, 279]. Kp. 195—201°, F. 38—39°. Rechtsdrehend $[\alpha]_D = +53,67°$. Gegen $KMnO_4$ beständig. Gibt mit Eisessigbromwasserstoff Terpinendibromhydrat, beim Schütteln mit verdünnter Schwefelsäure entsteht zunächst aktives Terpinenol-4 (s. S. 120), dann Terpinenterpin, F. 137° s. S. 476.

Mit Äthylmagnesiumjodid entsteht aus Sabinaketon

Äthylsabinaketol, 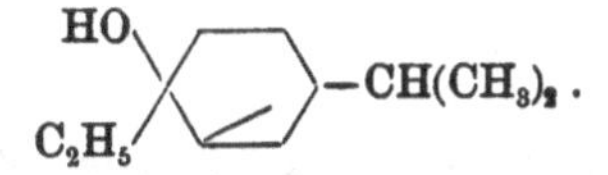. Kp. 100—104° im Vakuum, kann durch Halogenwasserstoff oder Schütteln mit verdünnter Schwefelsäure in homologe Terpinenderivate übergeführt werden (s. S. 477ff.).

Sabinaketon kann mit Bromessigester unter Vermittlung von Zink in gewöhnlicher Weise kondensiert werden. Isoliert wurde die

Ungesättigte Säure $C_9H_{14}:CH \cdot COOH$ [A. **362**, 287], F. 67 bis 68°. Geht bei der CO_2-Abspaltung über in β-Terpinen (s. S. 474).

Sabinenglycol [A. **360**, 95] geht beim Schütteln mit kalter verdünnter Schwefelsäure leicht in ein ungesättigtes Glycol F. 105° über:

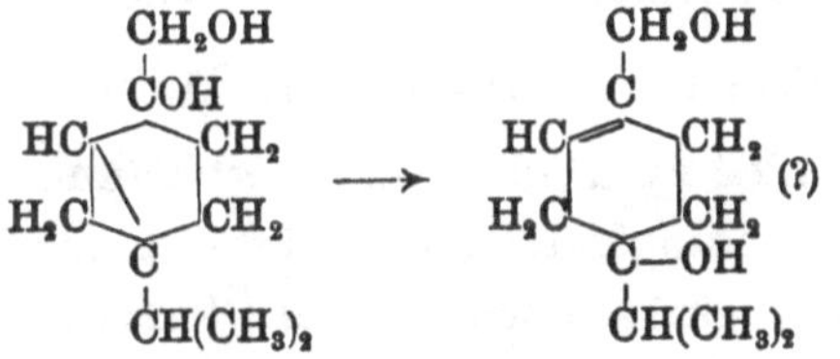

Beim Erwärmen mit verdünnter Schwefelsäure liefert Sabinenglycol neben Dihydrocuminalkohol auch etwas Hydrocuminaldehyd [A. **345**, 151] (s. auch S. 93).

Sabinenglycerin [A. **360**, 96]. Geht beim Schütteln mit verdünnter Schwefelsäure in ein ungesättigtes Glycerin über (vgl. S. 66).

Sabinol [A. **360**, 98ff.].

Liefert beim Schütteln mit Schwefelsäure ein ungesättigtes Glycol $C_{10}H_{18}O_2$, Kp.$_{30}$ 175°, das sich bei der Oxydation mit Permanganat in einen Erythrit $C_{10}H_{20}O_4$ (F. 186°) überführen läßt. Der vermutliche Verlauf der Reaktion ist folgender:

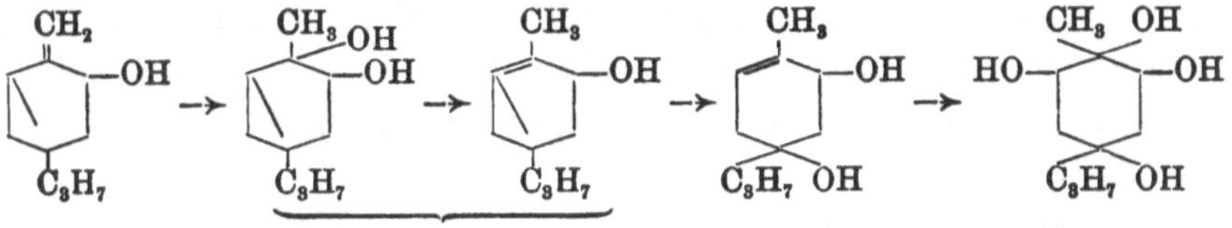

Sabinol — hypothetische Zwischenprodukte — Glycol $C_{10}H_{18}O_2$ — Erythrit $C_{10}H_{20}O_4$

Bei der Reduktion (mit Palladiumwasserstoff) des ungesättigten

Glycols, das bei der Behandlung von Sabinol mit Schwefelsäure entsteht, erhält man das

Terpin (2,4-Menthandiol) 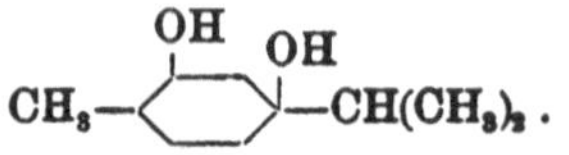

Eigenschaften: Kp. 151°. Erstarrt nach einiger Zeit kristallinisch. Liefert beim Erwärmen mit Säuren (neben Kohlenwasserstoff und Oxyd):

Carvenol, 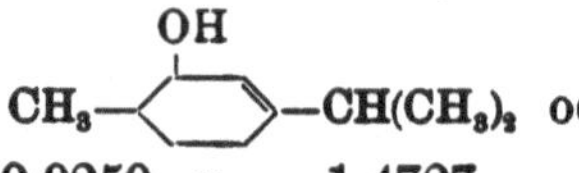 oder 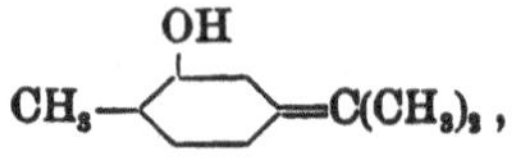, Kp. 219—221°, $d_{22} = 0,9250$, $n_D = 1,4727$.

XVI. Thujon.

Allgemeines über Thujon.

I. Geschichte des Vorkommens [A. **272**, 99; **336**, 258].

Jahns hatte 1883 im Thujaöl eine Verbindung von der Zusammensetzung des Camphers aufgefunden, welche er Thujol nannte und die nach ihm in zwei Modifikationen in dem Öl enthalten sein sollte: einer zwischen 195—197° siedenden, linksdrehenden (α) und einer zwischen 197—199° siedenden, rechtsdrehenden (β). Ich wies 1892 nach, daß der im Thujaöl enthaltene niedriger (192—194°) siedende Anteil l-Fenchon ist, den höher siedenden von ganz anderem Verhalten habe ich Thujon genannt und durch Überführung in die beiden (α- und β-) Thujaketosäuren, $C_{10}H_{16}O_3$, sogleich genau charakterisiert (August 1892).

Einige Zeit darauf (November 1892) erschien eine Arbeit von Semmler [B. **25**, 3343] „über Campherarten, welche die Ketogruppe $COCH_3$ enthalten", in der gezeigt wird, daß die 1878 von Bruylants im Tanacetöl aufgefundene rechtsdrehende Verbindung $C_{10}H_{16}O$, die Bruylants u. a. wegen ihrer Verbindbarkeit mit Natriumbisulfit als cyclischen hydrierten Aldehyd aufgefaßt hatte, ein Keton sei. Semmler benannte dieses Keton Tanaceton und wies gleichzeitig darauf hin, daß man das „Absinthol" von Beilstein und Kupfer, das „Salviol" von Muir und Siguira und das „β-Thujol" von Jahns als dasselbe Keton anzusprechen habe.

Die chemische Identität aller dieser Verbindungen konnte ich durch neue Versuche bestätigen [A. **286**, 93; **323**, 370]. Dagegen blieb die Frage, ob Raumisomere von optisch entgegengesetztem Drehungsvermögen in den genannten Ölen enthalten seien, noch offen. Diese mehrfach diskutierte Frage [A. **286**, 92, 93; **323**, 370] habe ich erst 1904 zur Entscheidung gebracht [A. **336**, 247] und dabei die Unterschiede von α- und β-Thujon festgestellt, die nachstehend im speziellen Teil aufgeführt sind.

II. Geschichte der Konstitution.

A. Thujon.

In meiner ersten Abhandlung (A u g u s t 1892) habe ich auf Grund des Abbaus des Thujons zu den T h u j a k e t o s ä u r e n $C_{10}H_{16}O_3$ und dieser zu dem ungesättigten T h u j a k e t o n $C_9H_{16}O$ das Thujon selbst als ein ungesättigtes Keton vom Bau $C_7H_{11}\ulcorner\!<\!\begin{array}{l}CO\\ |\\ CH\cdot CH_3\end{array}$ angesprochen [A. **272**, 119, 120]. Meine Auffassung der ungesättigten Natur des Thujons basierte auf der Beobachtung, 1. daß Thujon schon bei g e w ö h n l i c h e r T e m p e r a t u r leicht von Permanganat zu der α- und β-Thujaketosäure oxydiert wird, 2. daß das T h u j a k e t o n $C_7H_{13}COCH_3$, welches ich durch CO_2-Abspaltung aus diesen b e i d e n Thujaketosäuren gegemäß des Vorgangs: $C_7H_{12}\!<\!\begin{array}{l}COCH_3\\ COOH\end{array} = CO_2 + C_7H_{13}\ulcorner\cdot COCH_3$ erhalten hatte, u n z w e i f e l h a f t u n g e s ä t t i g t war. Man schien also zunächst zu dem Schluß berechtigt zu sein, daß auch die Thujaketonsäuren und Thujon selbst ungesättigt wären, denn für die Annahme, daß unter den eingehaltenen Versuchsbedingungen eine Bindungsverschiebung (einer gesättigten zu einer ungesättigten Substanz) eintreten könne, war d e r z e i t k e i n e A n a l o g i e h e r a n z u z i e h e n. 3. Schien auch die leichte Entstehung eines u n g e s ä t t i g t e n A m i n s, $C_{10}H_{17}NH_2$, das beim Erwärmen von Thujon mit Ammoniumformiat erhalten war, für die ungesättigte Natur des Thujons zu sprechen.

Dagegen gab S e m m l e r in seiner ersten Mitteilung (N o v e m b e r 1892) [B. **25**, 3347] dem T a n a c e t o n (Thujon) die folgende Formel (I) eines gesättigten Ketons mit $COCH_3$ in der S e i t e n k e t t e und faßte b e i d e (α und β) Thujaketosäuren a l s r a u m i s o m e r und g e s ä t t i g t auf.

I

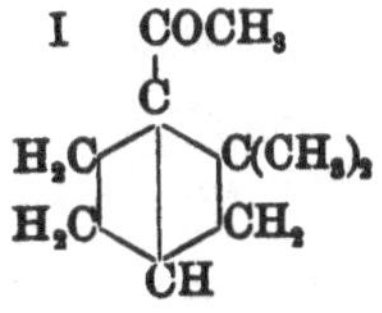

II

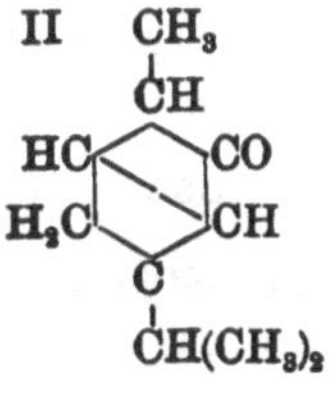

Während meine ursprüngliche Annahme über die Stellung des CO im Ringe und die Stellung des CO zu $CHCH_3$ im Thujonmolekül sich weiterhin als ganz richtig, dagegen Semmlers erste Formel sich als verfehlt erwiesen hat, ist Semmler mit der Auffassung des Thujons als gesättigter Verbindung allerdings im Recht geblieben. (Über die Auffassung der Thujaketonsäuren s. S. 501.)

In einer im März 1894 [B. **27**, 895] veröffentlichten Abhandlung änderte Semmler seine erste Tanacetonformel in Formel II ab, in welcher nun also auch die von mir angenommene Stellung des CO zu $CHCH_3$ im Ringe enthalten ist.

Auch dieser Formel (für die sich Fromm B. **33**, 1191 noch 1900 aussprach) konnte ich nicht beipflichten, nachdem ich 1895 [B. **28**, 33] durch Darstellung des gut charakterisierten Oxymethylenthujons die Anwesenheit der CH_2CO-Gruppe im Thujon dargetan hatte.[1]

„Die von mir bekämpften, ursprünglich von Semmler aufgestellten „Formeln [A. **275**, 176; **279**, 384; B. **25**, 3343] für diese Körper kommen „also nicht mehr in Betracht. Aber auch die letzthin [B. **27**, 896] von „diesem Forscher vorgeschlagene Formel II für Thujon darf nicht ohne „weiteres akzeptiert werden, wenn sie auch den Tatsachen viel besser „Rechnung trägt als die früher von ihm verteidigte. Ich habe nämlich „jüngst gezeigt, daß Thujon besonders leicht eine Oxymethylenverbindung gibt [B. **28**, 33]. Diese Reaktion sollte, nach Claisen, bloß „bei Ketonen eintreten, welche die Gruppe $COCH_2$ aufweisen. Daraufhin „könnte man ja nun versucht sein, dem Thujon die Formel zu geben, „welche man eine Zeitlang fälschlich dem Campher zuschrieb, nämlich:

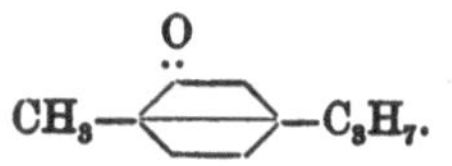

„Daß man mit der Annahme, es seien in einigen „Terpenen Diagonalbindungen enthalten, die „sich leicht zu Äthylenbindungen verschieben, „das eigentümliche Verhalten mancher Terpene erklären kann, habe „ich schon vor acht Jahren ausführlich dargelegt [A. **239**, „50; B. **24**, 1541]. Bindungsverschiebungen sind in der Terpenreihe „bis dahin aber immer nur unter dem Einfluß erhöhter Temperatur oder dem von Säuren konstatiert worden. Wenn man im „Thujon eine gesättigte Verbindung mit Diagonalbindung sieht, so muß „man die Annahme machen, daß auch Alkali eine Bindungsverschiebung

[1] Viel später [B. **36** (1903), 4367] hat Semmler das weniger gut charakterisierte Benzylidenthujon dargestellt.

„einleiten kann, denn durch alkalische Permanganatlösungen wird „Thujon in ungesättigte Säuren von gleichem Kohlenstoffgehalt über„geführt. Oder man muß sich der Hypothese zuwenden, daß Diagonal„bindungen von Permanganat in demselben Sinne gelöst werden wie „Äthylenbindungen.

„Ob solche Annahmen gerechtfertigt sind, darüber fehlen uns zur„zeit noch sichere Erfahrungen. Darum scheint es mir für die Sache „förderlicher zu sein, zunächst das Verhalten der in Betracht kommen„den Verbindungen experimentell noch weiter klar zu stellen, statt „Formelspekulationen zu entwickeln. Im vorliegenden Falle ist eine „eingehende Prüfung um so angezeigter, da ich in dieser Gruppe von „Verbindungen wiederholt beobachtet habe, daß Substanzen ein anderes „Brechungsvermögen zeigen, als man in Anbetracht ihres chemischen „Verhaltens erwarten sollte.“ [A. **286**, 117ff.]

In derselben Arbeit, der das eben angeführte Zitat entstammt, war die Stellung des CO zu $CHCH_3$ und die Kohlenstoffkonfiguration im Thujon durch Überführung von Thujon in Carvacrol noch weiter sichergestellt [A. **286**, 108].

1896 [B. **29**, 885] schlug G. Wagner die nebenstehende Formel für Thujon vor, die man jetzt für Pinocamphon (s. S. 231, 244) in Anspruch nehmen muß.

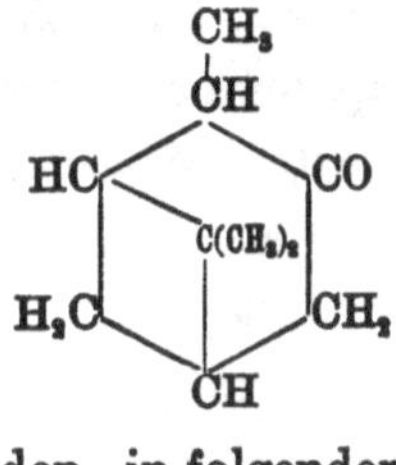

1897 [B. **30**, 424] wurden die Widersprüche, die zwischen Semmlers und meiner Auffassung bezüglich des Sättigungsgrades der Thujaketonsäuren bestanden, in folgender Weise gehoben.

Die beiden Ketonsäuren $C_{10}H_{16}O_3$ (α- und β-Thujaketonsäure), die gleichzeitig bei der Oxydation von Thujon auftreten, sind — entgegen der sowohl von Semmler als auch von mir gemachten Annahme — nicht physikalisch, sondern chemisch isomer. Und zwar ist die α-Säure — entsprechend der Annahme Semmlers — gesättigt, die β-Säure aber — entsprechend der von mir gemachten Annahme — ungesättigt. Die α-Säure liefert mit Hypobromit die schon von Semmler aufgefundene bei 141,5° schmelzende gesättigte Tanacetondicarbonsäure, die β-Säure eine bis dahin nicht bekannte, viel löslichere und niedriger schmelzende isomere ungesättigte Dicarbonsäure (B. **30**, 424).

Nun hatte ich schon 1893 [A. **275**, 166] nachgewiesen, daß sich die α-Thujaketonsäure bei der Destillation in β-Thujaketonsäure verwandelt. Es war jetzt klar, daß dabei die Verschiebung einer leicht löslichen Diagonalbindung in eine Äthylenbindung anzunehmen sei. Die Argumente, auf die ich mich bei der Verteidigung der ungesättigten Natur des Thujons bis dahin gestützt hatte, kamen damit in Fortfall. Man durfte auch für das Thujon nunmehr annehmen, daß es eine gesättigte Verbindung sei, die — entgegen den zur Zeit der erstmaligen Untersuchung vorliegenden Erfahrungen — eine so leicht lösliche Bindung enthält, daß sie sich schon während der Oxydation mit Permanganat in alkalischer Lösung zu einer Äthylenbindung verschieben und so zur Bildung der ungesättigten β-Thujaketonsäure Veranlassung geben kann (vgl. Allgem. Teil S. 21).

1900 hat dann Semmler [B. **33**, 275, 2454] die nebenstehende Formel für Thujon vorgeschlagen, der ich mich auf Grund der näheren Erforschung des Isothujons (s. S. 514) und nachdem mir auch die Überführung von Thujon in Cymol gelungen war, 1902 anschloß [A. **323**, 371]. Gegen diese Formel sind dann später von Kondakoff Einwendungen gemacht, die wesentlich auf der irrtümlichen Annahme basierten, daß Thujen mit Halogenwasserstoffsäuren in Dipentendihalogenide übergehen solle. 1906 wies ich nach, daß das unrichtig ist und jene Halogenverbindungen der Terpinenreihe angehören [A. **350**, 167]. Diese durch die Formeln:

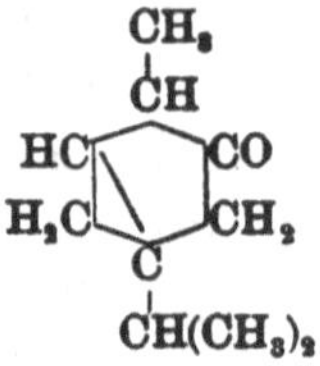

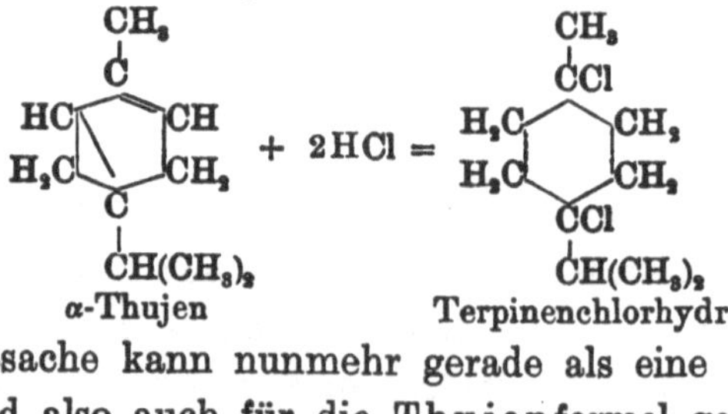

α-Thujen Terpinenchlorhydrat

zu deutende Tatsache kann nunmehr gerade als eine gute Stütze für die Thujen- und also auch für die Thujonformel gelten.

Für die oben besprochenen Säuren darf man jetzt folgende Formulierung als zutreffend annehmen:

α-Thujaketonsäure F. 75—76°

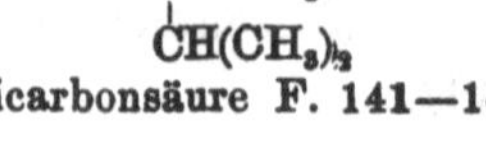

α-Dicarbonsäure F. 141—142°

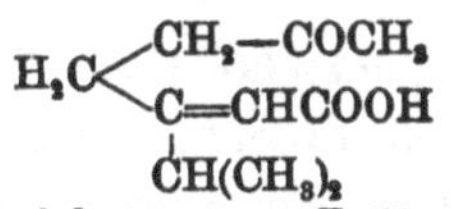

β-Thujaketonsäure F. 78—79°

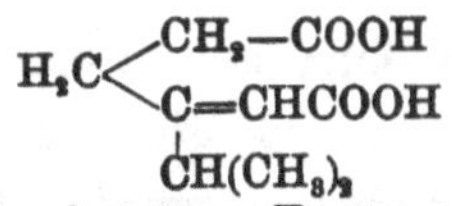

β-Dicarbonsäure F. 113—114°

Sehr beachtenswert ist die ganz verschiedene Festigkeit, die das Dreiringsystem in der α-Thujaketonsäure einerseits und in der aus ihr durch Oxydation erhältlichen Dicarbonsäure (Tanacetondicarbonsäure) anderseits aufweist. [Vergl. A. **388**, 50.]

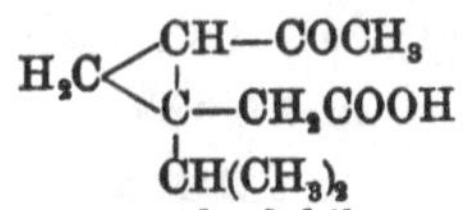

sehr labil

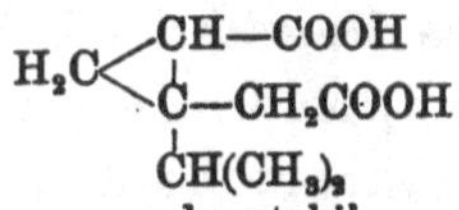

sehr stabil

Während in der Ketosäure sich der Dreiring unter dem Einfluß von Säuren und namentlich auch erhöhter Temperatur sehr leicht löst, ist er in der Dicarbonsäure gegen Mineralsäuren außerordentlich beständig (s. S. 510). Die Dicarbonsäure läßt sich z. B. in alkoholischer Lösung durch Chlorwasserstoff glatt esterifizieren. Ähnliche Unterschiede bestehen auch zwischen Pinonsäure und Pinsäure. Auch im Thujon ist der Dreiring relativ beständiger als in der α-Thujaketosäure. Man kann den Grund dafür darin sehen, daß die Drei- und die Vierringsysteme immer dann unbeständig werden, wenn ein außerhalb des Ringes stehendes Kohlenstoffatom mit mehrfacher Bindung an den Ring antreten kann, so daß die Kombination 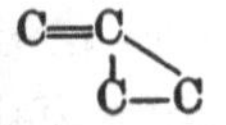 oder 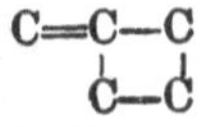 eintreten sollte. Das scheint die Ringsprengung außerordentlich zu begünstigen [vgl. A. **360**, 85 u. Allgem. Teil S. 120 u. Spez. Teil S. 229]. Dieser Fall tritt nun z. B. bei der α-Thujaketosäure ein, wenn sie sich zu

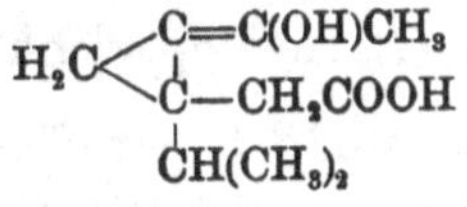

enolisiert. Bei der Dicarbonsäure ist eine derartige Kombination nicht gegeben, daher bleibt sie beständig.

Die Beobachtungen über die große Neigung des Tanacetoncarbonsäureesters (sowie des Hydrochlor-Thujaketosäureesters) zur Selbstkondensation unter Entstehung von Tanacetophoroncarbonsäure:

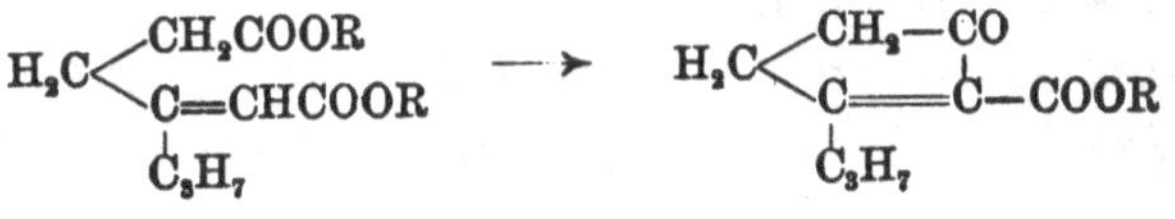

führten zu einer sehr bequemen Darstellungsmethode für Tanacetophoron, dessen leichte Reduzierbarkeit zu 1,3-Isopylcyclopentanon gleichzeitig gezeigt wurde [A. **388**, 51, 84]. s. auch S. 402.

B. Isothujon und Thujamenthon.

Die Isomerisierung des Thujons zu Isothujon durch Säuren wurde 1895 ausgeführt [A. **286**, 101], gleichzeitig die Überführung des Isothujons in Thujamenthol und Thujamenthon verwirklicht [A. **286** 104], sowie die wichtige Tatsache klargelegt, daß die letzteren Verbindungen sich von den Isomeren der Menthon- und Carvonreihe vollkommen unterscheiden. 1897 sprach ich mich dahin aus [B. **30**, 428], daß das Thujamenthon (also auch das Isothujon) einem anderen Ringsystem angehören müsse als das Menthon [A. **286**, 101].

Eine sehr ausführliche Begründung der Formeln

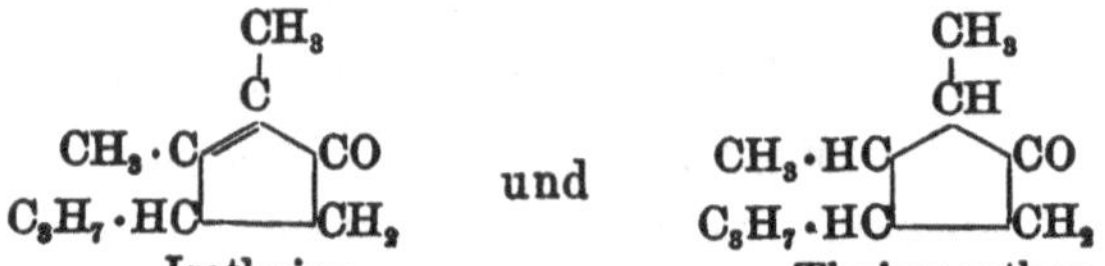

Isothujon Thujamenthon

wurde 1902 gegeben [A. **323**, 333ff.], nachdem Semmler 1900 [B. **33**, 275] von seiner letzten Thujonformel ausgehend, aber ohne, meines Erachtens, einen zwingenden experimentellen Beweis zu führen [s. A. **323**, 339, 349], gleichfalls schon zu diesen Formeln gelangt war.

1913 wurde die auffallende Tatsache ermittelt, daß man zu verschiedenen Verbindungen kommt, je nachdem man Isothujon in alkoholischer Lösung mit Natrium oder mit Palladiumwasserstoff reduziert. (s. S. 516).

C. Thujaketon (Methylheptylenketon), $C_9H_{16}O$.

Für das als Spaltungsprodukt der Thujaketosäuren entstehende Thujaketon, dessen Bau für die Konstitutionsfrage der Verbindungen aus Thujon von besonderer Wichtigkeit war, habe ich gelegentlich der Entdeckung (1893) die Formel $(CH_3)_2CHC(CH_3){:}CHCH_2COCH_3$ aufgestellt [A. **275**, 174], die das beobachtete Verhalten (s. S. 512ff.), namentlich auch den Übergang in Hydropseudocumol sehr gut und glatt zu erklären erlaubte.

Tiemann und Semmler [B. **28**, 2136] meinen dagegen 1895, „daß es keinem Zweifel mehr unterliegen dürfte, daß das Methylheptylenketon Wallachs nach der Formel $(CH_3)_2C:C(CH_3)CH_2CH_2COCH_3$ zusammengesetzt sei." Aber 1897 kommen dieselben Forscher zu der Ansicht (B. **30**, 439), daß die von ihnen 1895 aufgestellte Formel „nicht länger aufrecht zu erhalten sei" und meinen jetzt, daß dem Thujaketon „nur die Formel $(CH_3)_2CHC \cdot CH_2CH_2COCH_3$ zukommen könne",

$$\overset{\cdot\cdot}{C}H_2$$

die von der von mir zuerst aufgestellten sich dadurch unterscheidet, daß bei sonst gleicher Kohlenstoffverkettung die Äthylenbindung zwar an demselben Kohlenstoffatom stehend angenommen, aber in die Seitenkette verlegt wird.

Diese letztere Formel hat durch die Aboxydation von β-Thujaketonsäure und von Thujaketon in ω-Dimethylacetonylaceton $(CH_3)_2CHCOCH_2CH_2COCH_3$ durch Tiemann und Semmler allerdings eine sehr gute Stütze erhalten. Sie gestattet auch alle Umformungen des Thujaketons ebenso gut zu erklären, wie meine ursprüngliche Formel, da beide Konfigurationen leicht werden ineinander übergehen können.

Über die allgemeine Bedeutung der Entdeckung des Thujaketons und seiner Überführung in einen hydrierten Benzolkohlenwasserstoff s. Allgem. Teil S. 117.

Spezielles über Thujon.

Thujon, $C_{10}H_{16}O$.

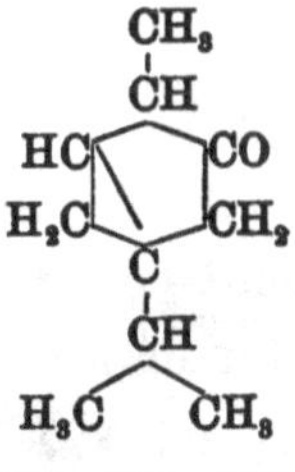

[A. **272**, 101; **275**, 164; **277**, 159; **279**, 384; **286**, 92; **323**, 333; **324**, 289; **329**, 125; **336**, 247; **381**, 83, 85; **388**, 49; B. **28**, 33, 1958, 1965; **30**, 423].

Vorkommen [A. **286**, 91 ff.; **336**, 247 ff.]: Sichergestellt wurde die Existenz von zwei physikalisch isomeren Thujonen, die als α- und β-Thujon unterschieden wurden. Ob noch ein drittes (γ-)Thujon anzunehmen ist, bleibt zweifelhaft.

α-Thujon ist hauptsächlich im Thujaöl enthalten [A. **272**, 101, 102], aber auch im Artemisiaöl und Salbeiöl.

β-Thujon ist der Hauptbestandteil des Tanacetöls (Rainfarnöls) und Wermutöls (Absinthöls), kommt aber auch im Artemisiaöl und Salbeiöl vor.

Eigenschaften des *α*-Thujons.

Kp. 200—201°, $d = 0{,}912$, $n_D = 1{,}4503$. Linksdrehend: $[\alpha]_D = -10{,}23°$ [A. **336**, 263].

Semicarbazon, [A. **336**, 251, 260, 264], besteht in zwei Modifikationen:

a) F. der ganz reinen Verbindung 186—188°, gewöhnlich wird gefunden 184,5—186°, zentimetergroße dicke Prismen, rhombisch-hemiedrisch, $[\alpha]_D = +59{,}5°$. Schwer löslich in kaltem Äther.

b) Amorph. F. ca. 110°. Rechtsdrehend. Viel leichter löslich in kaltem Äther und Methylalkohol als die kristallisierte Verbindung und leichter hydrolytisch spaltbar.

Oxim, $C_{10}H_{16}NOH$ [A. **286**, 93; **336**, 266]. Flüssig, linksdrehend: $[\alpha]_D = -29{,}25°$.

α-Thujon geht beim Erwärmen mit alkoholischem Kali (auch mit alkoholischer Schwefelsäure) teilweise in *β*-Thujon über [A. **336**, 252, 264, 265].

Eigenschaften des *β*-Thujons (= Tanaceton).

Kp. 200—201°, $d = 0{,}916$, $n_D = 1{,}4507$ bei 20°. Rechtsdrehend: $[\alpha]_D = +76°$ [A. **336**, 267].

Semicarbazon [A. **336**, 253], dimorph:

a) F. 174—175°, $[\alpha]_D = +212$ bis 223°, hexagonal (labil).

b) F. 170—172°, rhombisch-hemiedrisch (dem kristallisierten Semicarbazon des *α*-Thujons sehr ähnlich).

Oxim, $C_{10}H_{16}NOH$ [A. **272**, 109; **277**, 159; **286**, 93 ff.; **336**, 247, 271]. Erstarrt leicht, F. 54—55°, rechtsdrehend: $[\alpha]_D = +105°$

Benzoylverbindung, $C_{10}H_{16}NOCOC_6H_5$, F. 52—53°.

Abwandlungen des Oxims s. S. 508.

β-Thujon geht beim Erwärmen mit alkoholischem Kali teilweise in *α*-Thujon über [A. **336**, 268].

α- und *β*-Thujon geben dieselbe Bisulfitverbindung [A. **286**, 92] und bei der Oxydation dieselbe *α*-Thujaketosäure mit $[\alpha]_D = +192°$ [A. **336**, 266, 267].

Gemische der Semicarbazone von α- und β-Thujon beeinflussen sich hinsichtlich des Schmelzpunkts, des Drehungsvermögens und namentlich der Löslichkeit und bilden Mischkristalle [A. **336**, 255, 261, 265, 269, 270].

Umwandlungen des Thujons.

Thujon wird von verdünnter kalter Schwefelsäure schwer angegriffen [A. **360**, 96]. Beim Erwärmen mit verdünnter Schwefelsäure isomerisiert sich α- und β-Thujon zu Isothujon (s. S. 514). Mit Ferrichlorid in Eisessiglösung gibt Thujon Carvacrol [A. **286**, 108; **323**, 372], ebenso beim Erhitzen auf höhere Temperatur (neben Carvotanaceton). Beim Erhitzen mit HCl auf 120° entsteht Cymol [A. **323**, 372], das sich auch bei der Inversion des Thujons mit Schwefelsäure bildet (s. S. 514) [A. **336**, 274].

Bei der Einwirkung von Brom auf Thujon entsteht ein charakteristisches

Tribromid, $C_{10}H_{13}OBr_3$ [A. **275**, 179; **286**, 109ff.]: F. 121—122°, monokline Prismen, in Alkohol schwer löslich, zersetzt sich beim Aufbewahren. Dieses Tribromid gibt bei der Behandlung mit Natriummethylat das aromatische

Phenol, $C_{10}H_{11}Br(OH)(OCH_3)$, F. 156—157°, löslich in Kali- und Natronlauge. Acetylverbindung, $C_{10}H_{11}BrO(C_2H_3O)(OCH_3)$, F. 63—64°; Dimethyläther, $C_{10}H_{11}Br(OCH_3)(OCH_3)$, F. 42—43°. Mit Natriumäthylat entsteht aus dem Tribromid das Phenol, $C_{10}H_{11}Br(OH)(OC_2H_5)$, F. 144—145°.

Oxymethylenthujon, $C_{10}H_{14}O : CHOH$ [A. **329**, 125; B. **28**, 33], Kp.$_{16}$ 115—118°, F. ca. 40°. Daraus wurde erhalten ein

Acyclisches Semicarbazon, $C_{12}H_{19}N_3O_2$, F. 179—181° und

Cyclisches Semicarbazon, $C_{12}H_{17}N_3O$, F. 133—134°.

Beide Semicarbazone geben beim Kochen mit verdünnter Schwefelsäure das ölige Pyrazol, $C_{11}H_{16}N_2$, Platinsalz, F. 188—190°.

Thujylalkohol, $C_{10}H_{17}OH$
[A. **272**, 109; **286**, 109; **353**, 323; **360**, 93].

Entsteht durch Reduktion von Thujon oder durch Umsetzung von Thujylaminnitrit mit salpetriger Säure.

Kp. 210—212°, $d = 0{,}9265$ bei 20°. Ist vollkommen beständig gegen kalte verdünnte Schwefelsäure [A. **360**, 93]. Verändert sich aber beim Kochen mit Schwefelsäure.

Homothujylalkohol, 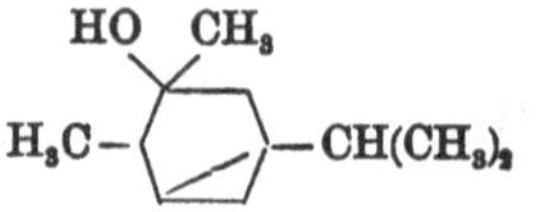

[A. **360**, 93].

Darstellung: Aus Thujon und Methylmagnesiumjodid.

Eigenschaften: Es wurden zwei Modifikationen erhalten, eine flüssige und eine bei 84° schmelzende. Der Alkohol ist gegen verdünnte Schwefelsäure in der Kälte beständig.

Umwandlungen des β-Thujonoxims F. 54—55°.

1. Mit konzentrierter Schwefelsäure entsteht das Oxim des Isothujons F. 119° (s. S. 514) [A. **286**, 95].

2. Mit P_2O_5 oder $ZnCl_2$ entsteht Carvacrylamin [A. **279**, 383; **286**, 94].

3. Mit PCl_5 entsteht:

Thujonisoxim, 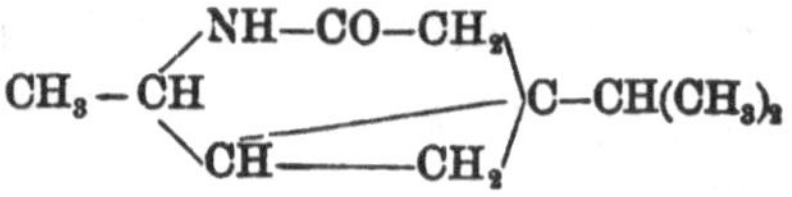

[A. **277**, 159; **286**, 94; **336**, 270ff.],

monokline Prismen, F. 90°, löslich in kochendem Wasser, dreht schwach rechts, mit Wasserdampf nicht flüchtig, im Gegensatz zu dem isomeren Oxim. Löslich in verdünnten Säuren, nicht aufspaltbar. Läßt sich reduzieren zu einer Base $C_{10}H_{18}NH$ (s. unten); gibt bei der Oxydation mit MnO_4K: α-Thujaketosäure.

Basen aus Thujon.

1. Thujylamin, $C_{10}H_{17}NH_2$ [A. **272**, 111; **286**, 96,99; **353**, 323].

Entsteht in guter Ausbeute bei der Reduktion des Thujonoxims F. 54°.

Eigenschaften: Kp. 195°, $d = 0{,}8735$, $n_D = 1{,}4608$ bei 20°. Zieht begierig Kohlensäure an.

Carbonat, F. 106—107°. Chlorhydrat, fällt aus ätherischer Lösung gallertförmig aus, F. 260—261°. Nitrat, ziemlich schwer löslich, F. 167—168°. Phenylharnstoff, F. 120°.

Diäthylthujylamin, $C_{10}H_{17}N(C_2H_5)_2$, Kp. 232—234°, $d = 0{,}851$, $n_D = 1{,}4555$.

Thujylaminchlorhydrat gibt bei der trocknen Destillation einen Kohlenwasserstoff, $C_{10}H_{16}$ [A. **272**, 111; **286**, 99; **336**, 276]. Kp. 172—175°, $d=0{,}84$, $n_D=1{,}4761$ bei 20°, $M=45{,}675$. Ein Kohlenwasserstoff von ähnlichen Eigenschaften entsteht aus einer Base, welche man durch Erhitzen von Thujon mit Ammoniumformiat erhält, die aber wahrscheinlich nicht der Thujonreihe angehört.

2. Base $C_{10}H_{18}NH$ [A. **286**, 97; **336**, 272].

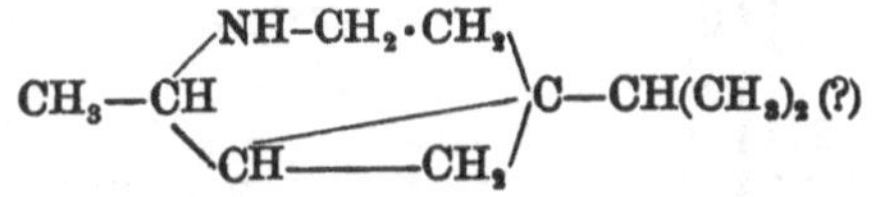

Entsteht durch Reduktion des Thujonisoxims (F. 90°).

Eigenschaften: Kp. 193°, $d=0{,}875$, $n_D=1{,}46256$ bei 20°.

Chlorhydrat, Tafeln F. 216°. Nitrat, leicht lösliche Nadeln, F. 124°. Phenylharnstoff, Tafeln, F. 110°. Nitrosamin, F. 55—56°.

Thujolessigsäure, $C_{10}H_{16}(OH)CH_2 \cdot COOH$ [A. **314**, 166].

Bei der Kondensation von Thujon mit Bromessigester und Zink entsteht der

Äthylester, $Kp._{14}$ 154—164°. Liefert beim Verseifen die freie Thujolessigsäure $C_{10}H_{16}(OH)CH_2COOH$, F. 90—91°.

Thujen, $C_{10}H_{16}$

[A. **350**, 166; **356**, 202; **360**, 97; B. **40**, 578].

α-Thujen, 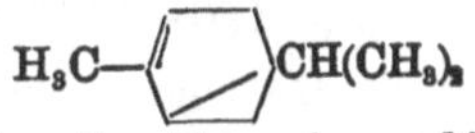 gibt mit Eisessig-Halogenwasserstoff die entsprechenden Terpinendihalogenhydrate, beim Schütteln mit verdünnter Schwefelsäure entsteht zuerst Terpinenol-4, dann Terpinenterpin.

Abbauprodukte aus Thujon.

I. Thujaketosäuren,

α) 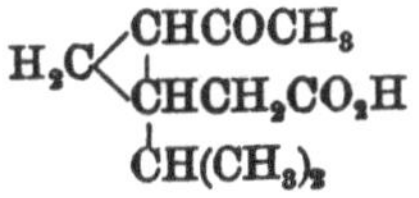 β) 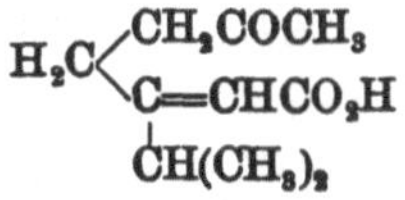

[A. **272**, 118ff.; **275**, 164; **336**, 266, 267; B. **30**, 423; G. N. 1896, 69].

Bei der Oxydation des Thujons durch Permanganat entstehen zwei isomere Ketosäuren $C_{10}H_{16}O_3$, die als α- und β-Thukajetosäure unterschieden werden. Die α-Säure entsteht in ganz überwiegender Menge, wenn man Thujon bei 0° oxidiert, die β-Säure daneben, wenn man in der Wärme oxydiert; in größerer Menge, wenn man die α-Säure erhitzt (s. unten). Die Eigenschaften der α- und β-Verbindungen sind in folgender Tabelle gegenübergestellt (Strukturformeln s. S. 509):

	α-Säure	β-Säure
Freie Ketosäre $C_{10}H_{16}O_3$	rhombische Prismen, löslich in 40 Teilen Wasser $[\alpha]_D = +192°$	Nadeln, löslich in 70 Teilen Wasser inaktiv
F.	75—76°	78—79°
Ketoximsäure $C_{10}H_{16}O_2(NOH)$ F.	169°	104—106°
Semicarbazon $C_{10}H_{16}O_2(NNHCONH_2)$ F.	182—183°	190°
	$[\alpha]_D = +227°$	0

Die α-Ketosäure ist gesättigt und geht bei der Destillation in die β-Säure über, die eine ungesättigte Säure ist [A. **275**, 166; B. **30**, 424]. Dementsprechend gibt reine α-Thujaketosäure bei weiterer Oxydation mit Hypobromit die

Gesättigte α-Dicarbonsäure, $C_9H_{14}O_4$, $H_2C\langle{}^{CHCO_2H}_{CH(C_3H_7)CH_2CO_2H}$, α-Tanacetondicarbonsäure (s. S. 502ff.), F. 141,5°, $[\alpha]_D = +105°$ (in Äther). Verändert sich nicht beim Kochen mit verdünnten Mineralsäuren [A. **388**, 50].

Methylester, Kp. 244—247°, Kp.$_{13}$ 126—127° $d = 1{,}0535$, $n_D = 1{,}4506$, $[\alpha]_D = +142°$. Der trockne Ester reagiert mit Natrium unter Bildung von Tanacetophoroncarbonsäureester [A. **388**, 54] (s. auch S. 511).

Äthylester: Kp.$_{12}$ 138—140°, $d = 1{,}019$, $[\alpha]_D = +114°$.

Reine β-Thujaketosäure gibt mit Hypobromit die viel löslichere isomere [B. **30** (1897), 424]

Ungesättigte β-Dicarbonsäure, $C_9H_{14}O_4$, $H_2C\langle{}^{CH_2CO_2H}_{C(C_3H_7):CHCO_2H}$, β-Tanacetondicarbonsäure. F. 113—114°.[1] Sowohl α- als auch β-Thujaketosäure und die Thujaketoximsäuren addieren Halogenwasserstoff. Es wurde dargestellt die

Verbindung $C_{10}H_{16}O_2(NOH)\cdot HCl$, F. 128—129° und die

Verbindung $C_{10}H_{16}O_2(NOH)\cdot HBr$, F. 176—177°.

[1] Nach Tiemann und Semmler [B. **30** (1897), 432] 116—118°.

Die α-Ketosäure wird auch beim Kochen mit wäßrigen Säuren leicht verändert [unv. B.]. Dabei entsteht zum Teil Hydropseudocumol. (Es beruht das auf Isomerisation der α-Säure zur β-Säure und CO_2-Abspaltung unter intermediärer Bildung von Thujaketon, das dann Selbstkondensation eingeht, s. S. 512.)

Beide Thujaketosäuren gehen bei der trocknen Destillation in das ungesättigte Thujaketon, $C_9H_{16}O$ (s. unten) über, die β-Säure aber glatter als die α-Säure, weil letztere sich vor der Zersetzung erst in β-Säure umwandelt.

[Bei der Behandlung des Thujaöls mit Hypobromit wurde auch eine isomere Camphersäure $C_{10}H_{16}O_4$, F. 146—147° gewonnen [A. **275**, 180; **323**, 373]. Ob und in welcher Beziehung diese Säure zum Thujon steht, bleibt noch aufzuklären.]

Die β-Thujaketosäure läßt sich in Form ihres Natriumsalzes mit Palladiumwasserstoff zu

Dihydrothujaketosäure = δ-Acetyl-β-isopropylvaleriansäure

$CH_3COCH_2CHCH_2CO_2H$ (am CH: $CH(CH_3)_2$) [A. **381**, 83]

reduzieren.

Eigenschaften: Flüssig. Semicarbazon F. 140°. Liefert mit Hypobromit: β-Isopropyladipinsäure F. 80—84°, aus der man durch Destillation des Kalksalzes Isopropyl(1)-cyclopentanon(3) erhält (s. S. 402).

α-Tanacetondicarbonsäureester (und ebenso Hydrochlorthujaketosäureester) läßt sich mit Natriummethylat kondensieren zum Ester der Isopropylcyclopentenoncarbonsäure (Tanacetophoroncarbonsäure):

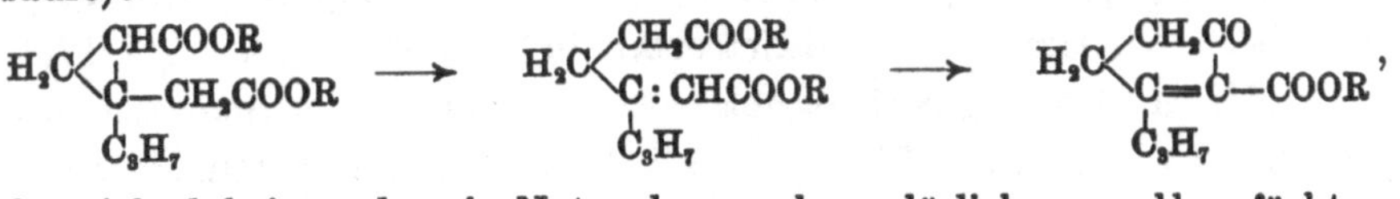

der sich dabei zu dem in Natronlauge schwer löslichen, gelb gefärbten Natriumsalz verseift, das seinerseits in wässriger Lösung unter Bildung von Tanacetophoron gespalten wird [A. **388**, 51, 55] (s. auch S. 402).

Das Natriumsalz der Tanacetophoroncarbonsäure wird durch Palladiumwasserstoff zu Isopropylpentanoncarbonsäure reduziert [A. **388**, 56], die leicht unter Abspaltung von Isopropylcyklopentanon zerfällt (s. S. 402).

Tanacetophoron, Δ'-Isopropyl(1)cyklopentenon-3, [**381**, 84; **388**, 51, 57, 59].

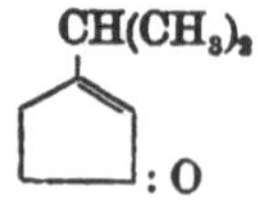

Entstehung: Aus Hydrochlorthujaketosäureester und aus Tanacetondicarbsäureester (s. oben).

Eigenschaften: Kp. 212—214°, $d_{20}=0{,}9380$, $n_D=1{,}4788$ $M=37{,}47$ (ber. 36,61). Sehr löslich in Wasser. Semicarbazon, F. 187—188°, ist in heißem Wasser, in Äther, Essigester, Chloroform und in heißem Benzol ziemlich löslich, hat basischen Charakter. [A. **388**, 55]. Tanacetophoron geht bei der Reduktion mit Palladiumwasserstoff in Isopropylcyklopentanon über (über dieses s. S. 402).

II. Thujaketon, $(CH_3)_2CHC(=CH_2)—CH_2CH_2COCH_3$ (Methylheptylenketon)

[A. **272**, 116; **275**, 165, 166; **309**, 21; **381**, 81; B. **30**, 425].

Entsteht bei der Destillation der Thujaketonsäuren (s. S. 504). Scheint sich in kleiner Menge auch bei der Oxydation von Terpinenol-4 zu bilden [A. **356**, 209, 210]. (S. auch S. 475.)

Eigenschaften: Kp. 184—186°, $d=0{,}854$, $n_D=1{,}4410$ bei 20°. Ähnelt im Geruch und ganzen Verhalten dem Methylheptenon. Ungesättigt. Gelblich gefärbt. Semicarbazon, F. 143°. Benzylidenverbindung, $C_9H_{14}O : CHC_6H_5$, 170°. Farblos. Oxim, flüssig, Kp.$_{15}$ 118—120°. Gibt bei der Reduktion eine

Base $C_9H_{17}NH_2$ [A. **309**, 23], Kp.$_{26}$ 78—79°, $d=0{,}8085$, $n_D=1{,}4456$. Oxalat, kristallisiert gut. Carbamid, F. 104—105°.

Das Oxim liefert beim Behandeln mit P_2O_5 eine

Base $C_9H_{15}N$ (Dihydroparvolin?) [A. **309**, 24]. Kp. 180—183°, $d=0{,}892$ bei 25°. Pikrat, zersetzt sich oberhalb 170°. Platinsalz, F. 179°.

Beim Erwärmen mit Chlorzink oder auch verdünnter Schwefelsäure geht Thujaketon unter Wasserabspaltung und Bildung von Pseudocumol über in

Hydropseudocumol, C_9H_{16}(?) [A. **272**, 118; **275**, 166, 168; **309**, 21].

Kp. ca. 160°, $d=0{,}844$, $n_D=1{,}4719$ bei 19°. Verhält sich gegen Brom und Permanganat ungesättigt.

Durch Palladiumwasserstoff wird Thujaketon leicht zu Dihydrothujaketon reduziert (s. S. 513).

Thujaketol, $C_9H_{17}OH$|‾ [A. **272**, 117; **275**, 169; **323**, 22; B. **30**, 425].

Entsteht durch Reduktion des Thujaketons.

Eigenschaften: Kp. 185—187°, $d = 0{,}848$, $n_D = 1{,}4458$ bei 21°. Riecht wie Linalool. Ungesättigt. Gibt bei der Oxydation mit Permanganat ein

Glycerin, $C_9H_{17}(OH)_3$, $Kp._{10}$ 160—165°, das beim Erwärmen mit Schwefelsäure ein pinolartig riechendes Öl (Kp. 160—165°) abspaltet, aus dem durch Bromieren ein Bromid, $C_9H_{15}BrO_2$, F. 124—125° gewonnen wurde.

Das Thujaketol wird beim Erwärmen mit verdünnter Schwefelsäure oder Chlorzink isomerisiert[1] zu dem

Oxyd $C_9H_{18}O$ [A. **275**, 170; **309**, 22].

Gesättigte, dem Cineol ähnliche Verbindung. Kp. 149—151°, $d = 0{,}847$, $n_D = 1{,}4269$ bei 20°. Eine ganz analoge Verbindung entsteht aus dem Methylheptenol.[2]

Dihydrothujaketon, $(CH_3)_2CHCH(CH_3)CH_2CH_2COCH_3$ [A. **381**, 81].

Entsteht aus Thujaketon bei der Reduktion mit Palladiumwasserstoff (s. S. 512).

Eigenschaften: Kp. 185,5—186°, $d_{20} = 0{,}8340$, $n_D = 1{,}4254$ $M = 43{,}57$. Farblos. Riecht wie Amylacetat. Semicarbazon F. 152—153°.

Gibt bei der Reduktion mit Natrium:

Dihydrothujaketol, $C_9H_{19}OH$ [A. **381**, 82].

Eigenschaften: Kp. 191,5—192,5°, $d_{18} = 0{,}835$, $n_D = 1{,}4352$. Liefert mit Magnesiumjodmethyl den tertiären Alkohol: $C_{10}H_{21} \cdot OH$

$(CH_3)_2CHCH(CH_3)CH_2CH_2COH(CH_3)_2$ [A. **381**, 82],

Kp. 192—194°, $d_{18} = 0{,}8330$, $n_D = 1{,}4363$. Riecht sehr angenehm rosenartig. Gibt bei der Wasserentziehung ungesättigten Kohlenwasserstoff $C_{10}H_{20}$.

Kp. 159,5—161°, $d_{19} = 0{,}7575$, $n_D = 1{,}4315$, $M = 47{,}89$ (ber. 47,74).

---

[1] Über den Mechanismus der Reaktion s. S. 143 und A. **275**, 173.

[2] Vergleich der Verbindungsreihen aus Thujaketon und Methylheptenon A. **275**, 171.

Isothujon, $C_{10}H_{16}O|^{=}$,

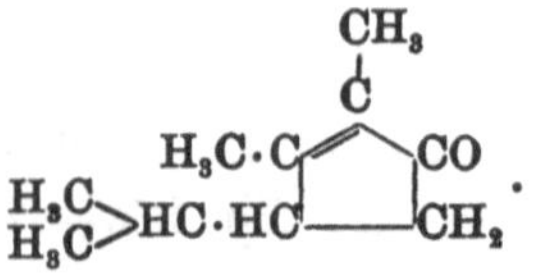

Darstellung [A. **286**, 101; **323**, 334, 372; **336**, 274]: Durch Erwärmen von Thujon mit verdünnter Schwefelsäure mit etwa 90 % Ausbeute (daneben entsteht etwas Cymol) (s. S. 507).

Eigenschaften [A. **286**, 101; **323**, 335; B. **28**, 1958, 1963; G. N. **1896**, 71]: Kp. 231—232°, $d = 0{,}927$, $n_D = 1{,}4822$ bei 20°, $M = 46{,}76$. Spezifische Dispersion $\frac{C-F}{d} = 0{,}01356$. Inaktiv. Ungesättigt. Die reine Verbindung riecht wie Eucarvon und erstarrt leicht bei starkem Abkühlen [unv. B.].

Semicarbazon, [A. **323**, 335; B. **28**, 1958]. Existiert in zwei Modifikationen: α) F. 208—209°, β) F. 184—185°.

Benzylidenisothujon, $C_{10}H_{14}O : CHC_6H_5$ [A. **323**, 349]: Kp. 210—212°, F. 83°. Farblos.

Oxymethylenisothujon, $C_{10}H_{14}O : CHOH$ [A. **329**, 126]: $Kp._{18}$ 128—132°. Daraus wurde erhalten ein

Acyclisches Semicarbazon, $C_{12}H_{19}N_3O_2$, F. 204—205°, und

Cyclisches Semicarbazon, $C_{12}H_{17}N_3O$, F. 193—194°.

Beide Semicarbazone geben beim Kochen mit Säuren das

Pyrazol, $C_{11}H_{16}N_2$, F. 89—90°. Platinsalz, F. 220—222°.

Bei der Reduktion des Isothujons mit Natrium entsteht α-Thujamenthol (s. S. 516), bei der Reduktion mit Palladiumwasserstoff: β-Thujamethon (s. S. 519).

Isothujonoxim, $C_{10}H_{16}NOH$

[A. **286**, 95, 103; **336**, 274, 275; B. **28**, 1958].

Darstellung: Durch Oximieren von Isothujon. Entsteht auch durch Umlagerung von Thujonoxim (F. 54°) mit konzentrierter Schwefelsäure.

Eigenschaften: F. 119—120°, inaktiv. In Wasser reichlich löslich und mit Wasserdämpfen flüchtig, schwer hydrolytisch spaltbar.

Chlorhydrat, in Äther unlöslich. Benzoylverbindung, $C_{10}H_{16}NOCOC_6H_5$, F. 139—140°.

Das Oxim gibt bei der Reduktion mit Palladiumwasserstoff β-Thujamenthonoxim F. 130—131°, mit Natrium und Alkohol:

Isothujylamin, $C_{10}H_{17}NH_2$ [A. **286**, 97; **336**, 275; **353**, 323].

Eigenschaften: Kp. 200—201°, $d=0{,}865$, $n_D=1{,}468$ bei 20°. Chlorhydrat, F. 180—181°. Nitrat, schwer löslich, F. 163°. Harnstoff, F. 158—159°. Phenylharnstoff, F. 178°. Phenylsulfoharnstoff, F. 152—153°. Benzoylverbindung, F. 127—128°.

Die Base reagiert lebhaft mit Jodmethyl, mit Jodäthyl in der Kälte aber kaum noch.

Das Chlorhydrat zerfällt bei der trocknen Destillation und die Salze zersetzen sich sogar schon beim längeren Kochen in wäßriger Lösung (vgl. S. 94, 155) unter Bildung von

Isothujen, $C_{10}H_{16}|^{\overline{2}}$ [A. **286**, 99; **336**, 276].

Kp. 170—172°, $d=0{,}836$, $n_D=1{,}47145$ bei 22°.

Isothujolessigsäure, $C_{10}H_{16}\langle^{OH}_{CH_2 \cdot COOH}$ [A. **314**, 167].

Entsteht bei der Kondensation von Isothujon mit Bromessigester und Zink.

(F. 168—170°. Färbt sich leicht gelb [?]).[1]

Abbauprodukte aus Isothujon [A. **323**, 335ff.; B. **30**, 426].

Bei der Oxydation des Isothujons mit Permanganat wurden isoliert:

I. Ketolacton, $C_{10}H_{16}O_3$.

$Kp._{10}$ 130—135°, F. 43—44°, bleibt bei Gegenwart geringer Verunreinigungen leicht flüssig. Semicarbazon, $C_{10}H_{16}O_2NNHCONH_2$, scheint sich beim Umkristallisieren zu verändern, F. 188—189° (nicht umkristallisiert). Oxim, $C_{10}H_{16}O_2NOH$, F. 155—156°. Durchsichtige, lange, säulenförmige Kristalle. Phenylhydrazon, F. 144—146°.

Durch Lösen des Ketolactons in Kalilauge entsteht das Kaliumsalz der entsprechenden Oxysäure, das bei der Oxydation mit Permanganat Isopropyllävulinsäure gibt.

Das Ketolacton ist sehr beständig gegen Permanganat, gibt aber bei weiterer Oxydation damit oder besser mit Salpetersäure oder Hypobromit eine mit Homoterpenylsäure isomere Säure $C_9H_{14}O_4+1\,H_2O$, $Kp._{12}$ 205—206°, schöne Tafeln F. 52,5—53°. Bei gewöhnlichem Druck

[1] Das Produkt ist nicht analysiert, und die Angaben sind zu kontrollieren.

zersetzt sich die Säure teilweise unter Wasserabspaltung, gegen Oxydationsmittel ist sie ziemlich beständig, bei der Oxydation mit Chromsäure liefert sie Isopropyllävulinsäure (s. unten).

II. Ketosäure $C_9H_{16}O_3$.

Kp.$_{11}$ 158°. Semicarbazon, F. 154—156° (158—160°). Oktaederartige Kristalle, in Ammoniak löslich. Oximsäure, F. 77°.

Die Ketosäure liefert mit Hypobromit Isopropylbernsteinsäure, F. 106—108° (?).

III. β-Isopropyllävulinsäure $C_8H_{14}O_3$.

Kp.$_{10}$ 145°, F. 73—74°. Semicarbazon, F. 188—189°, in Alkohol schwerer löslich als das Semicarbazon der Ketosäure $C_9H_{16}O_3$ und dadurch von diesem trennbar. Oximsäure, F. 119—120°. Phenylhydrazon, F. 100—101°.

Die Ketosäure gibt mit Hypobromit Isopropylbernsteinsäure, F. 116—117°.

Man kann diese Vorgänge durch folgende Formeln deuten [A. **323**, 348]:

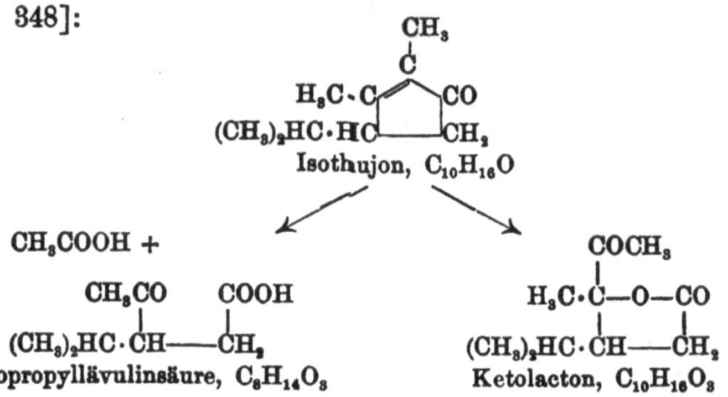

Thujamenthol, $C_{10}H_{19}OH$ [A. **286**, 104; **323**, 351; B. **28**, 1958].

α- und β-Thujamenthol (Dihydroisothujol).

Man kommt zu verschiedenen gesättigten Alkoholen, je nachdem man Isothujon mit Natrium in alkoholischer Lösung reduziert (α-Thujamenthol) oder β-Thujamenthon (durch Reduktion von Isothujon mit Palladiumwasserstoff gewonnen) mit Natrium weiter reduziert (β-Thujamenthol).

Eigenschaften: α-Thujamenthol Kp. 212—214°, $d_{19}=0{,}8990$, $n_D=1{,}4611$, $M=47{,}62$. β-Thujamenthol s. S. 520.

Je nachdem man α- oder β-Thujamenthol mit Chromsäure oxydiert, kommt man zu einem anderen (α- oder β-) Thujamenthon.

Thujamenthon, $C_{10}H_{18}O$.

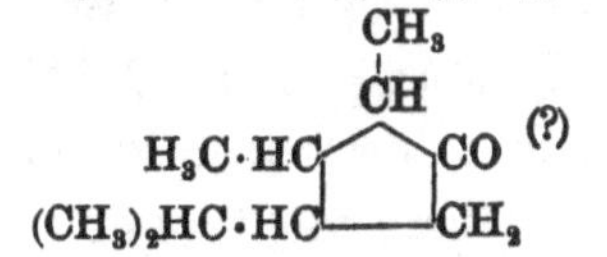

a) α-Thujamenthon

[A. **286**, 104; **323**, 352; **329**, 127; B. **28**, 1958, 1963].

Darstellung: Durch Oxydation des α-Thujamenthols mit Chromsäure mit 60% Ausbeute (auf Isothujon bezogen).

Eigenschaften: Kp. 209°, $Kp._{10}$ 81—84°, $d = 0{,}891$, $n_D = 1{,}4471$ bei 20°. Optisch inaktiv. Der Geruch ist menthonartig. Semicarbazon, F. 185° (neben höher schmelzenden Anteilen), ziemlich schwer spaltbar. Benzylidenverbindung, $C_{10}H_{16}O:CHC_6H_5$ [A. **323**, 356], $Kp._{11}$ 180 bis 182°.

Oxymethylenverbindung, $C_{10}H_{16}O:CHOH$ [A. **329**, 127]. $Kp._{11}$ 109—115°. Daraus:

Acyclisches Semicarbazon, $C_{12}H_{21}N_3O_2$. Unscharf schmelzend (125—145°).

Cyclisches Semicarbazon, $C_{12}H_{19}N_3O$, zeigt doppelten F. 121 bis 122° und 159—161°. Daraus entsteht durch Kochen mit Säuren das Pyrazol, $C_{11}H_{18}N_2$. Flüssig.

α-Thujamenthonoxim, $C_{10}H_{18}NOH$

[A. **286**, 105; **323**, 353; **336**, 276; B. **28**, 1959].

Bildet sich am besten bei Gegenwart von überschüssigem Alkali bei der Oximierung von α-Thujamenthon.

Eigenschaften: $Kp._{10}$ 120—126°. Große Prismen, F. 97°. Mit Wasserdampf flüchtig. Benzoylverbindung, F. 135—136°.

α-Thujamenthylamin, $C_{10}H_{19}NH_2$ [A. **323**, 354].

Entsteht durch Reduktion von α-Thujamenthonoxim.

Eigenschaften: Kp. 196—197°, $d = 0{,}8005$, $n_D = 1{,}4531$.

Chlorhydrat, kristallinisch, luftbeständig. Acetylverbindung, F. 128—129°. Benzoylverbindung, F. 106—107°. Carbamid, F. 205—206°. Phenylsulfoharnstoff, F. 112°.

α-Thujamenthonisoxim, $C_{10}H_{18}ONH$
[A. **323**, 355; **324**, 289; **336**, 277; B. **28**, 1959].

Entsteht durch Umlagerung des bei 97° schmelzenden Thujamenthonoxims z. B. mit Eisessig-Schwefelsäure.

Eigenschaften: Kp.$_{11}$ 160—170°, F. 116—117°. Reichlich löslich in Wasser, kristallisiert in Nadeln oder Prismen, hat schwach basische Eigenschaften, ist durch Säuren nicht zu einer Amidosäure aufspaltbar.

Bei der Oxydation mit Permanganat gibt das Isoxim neben β-Isopropyllävulinsäure das

Oxythujamenthonisoxim, $C_{10}H_{19}NO_2$, F. 173—174°, wird durch Kochen mit Säuren leicht aufgespalten zu Thujamenthoketosäure.

Bei der Reduktion mit Natrium in amylalkoholischer Lösung liefert das Isoxim in guter Ausbeute eine

Base $C_{10}H_{20}NH$ (α,β-Dimethyl-γ-isopropylpiperidin ?)
[A. **324**, 289; **336**, 280].

Kp. 200—203°. Chlorhydrat, luftbeständig. Benzoylverbindung, F. 95°. Ammoniumjodid, $C_{10}H_{20}N(CH_3)_2J$, F. 202—203°. Nitrosoverbindung, $C_{10}H_{20}N{\cdot}NO$, Kp. 150—155° im Vakuum.

Abbauprodukte aus α-Thujamenthon [A. **323**, 357ff.; B. **30**, 427].

Permanganat wirkt auf Thujamenthon langsam ein. Es entstehen dabei dieselben Produkte wie bei der Oxydation mit Chromsäure, nämlich:

I. Thujamenthoketosäure, $C_{10}H_{18}O_3$.

Flüssig. Semicarbazon, $C_{10}H_{18}O_2NNHCONH_2$, F. 201°, löslich in Ammoniak. Die Ketosäure $C_{10}H_{18}O_3$ liefert mit Hypobromit eine Säure $C_9H_{16}O_4$, F. 137—138° (aus Benzol), neben Säure F. 90—92°.

II. Ketolacton, $C_{10}H_{16}O_3$.

Kp.$_{10}$ 130—132°, F. 42°. Oxim, $C_{10}H_{16}O_2NOH$, F. 158—159°. Semicarbazon, $C_{10}H_{16}O_2NNHCONH_2$, F. 179—180°. Phenylhydrazon, $C_{10}H_{16}O_2NNHC_6H_5$, F. 144—146°, sehr charakteristische prachtvoll ausgebildete durchsichtige Prismen.

Beim Erwärmen mit Alkali geht das Ketolacton in Lösung. Das Kaliumsalz der gebildeten Oxysäure ist schwer oxydierbar, die Oxydation führt zu Isopropyllävulinsäure. Das freie Ketolacton ist durch Permanganat ebenfalls sehr schwer angreifbar, gibt bei der Oxydation mit Salpetersäure oder Hypobromit eine

Säure $C_9H_{14}O_4$, Kp.$_{13}$ 205°, F. 94°. Diese Säure gibt bei weiterer Oxydation mit Chromsäure Isopropyllävulinsäure, F. 73—74°.

Die Ketolactone $C_{10}H_{16}O_3$ aus Isothujon einerseits und Thujamenthon anderseits sind nicht identisch, aber wahrscheinlich stereoisomer.[1]

Formulierung des Abbaus [A. **323**, 368]:

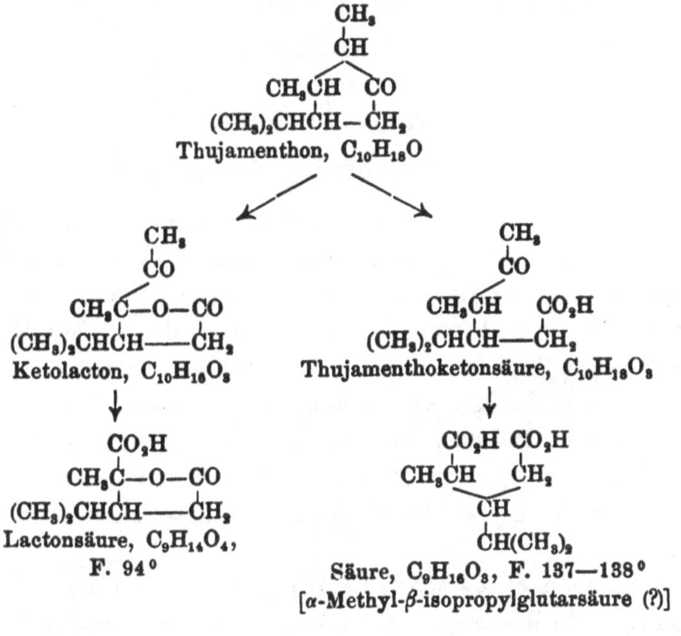

b) β-Thujamenthon [A. **381**, 85].

Entsteht bei der Reduktion von Isothujon mit Palladiumwasserstoff oder durch Hydrolyse seines Oxims F. 130—131 (s. unten).

Eigenschaften: Kp. 215—216,5°, $d_{20} = 0{,}8990$, $n_D = 1{,}4511$, $M = 46{,}13$. Semicarbazon F. 191—192°.

β-Thujamenthonoxim. Kann durch Oximieren von β-Thujamenthon oder durch Reduktion von Isothujonoxim (F. 119—120°) mit Palladiumwasserstoff gewonnen werden. Nadeln F. 130—131°. Benzoylverbindung F. 112°.

[1] Näherer Vergleich beider Ketolactone: A. **323**, 364.

β-Thujamenthylamin, $C_{10}H_{19}NH_2$, durch Reduktion des Oxims F. 131° dargestellt. Eigenschaften: Kp. 206,5°, $d_{19}=0,855$, $n_D=1,4571$. Chorhydrat schwer löslich, F. über 230°; Acetylverbindung F. 116—117°; Carbamid 215—216°; Phenylsulfoharnstoff 182°.

β-Thujamenthon gibt bei der Oxydation mit Permanganat dieselben Produkte wie α-Thujamenthon.

β-Thujamenthol, $C_{10}H_{19}OH$. Kp. 216,5—217,5°; $d_{19}=0,8995$, $n_D=1,4583$, $M=47,46$.

β-Thujamenthonisoxim F. 102°.

XVII. Fenchon.

Allgemeines über die Fenchongruppe.

Das Rechts-Fenchon wurde 1890 entdeckt [A. **259**, 324] und das Links-Fenchon 1892 [A. **272**, 101]. Nach Gewinnung des letzteren sind sogleich die ersten inaktiven Fenchonderivate gewonnen (s. Allgem. Teil S. 177) und es ist folgendes festgestellt worden: „Das Rechts- und „Links-Fenchon, beziehungsweise die optisch entgegengesetzt wirksamen „Modifikationen der großen Anzahl der von ihnen ableitbaren Sub-„stanzen, bieten Beispiele von Körpern dar, welche sich zueinander „genau so verhalten wie Rechts- und Links-Weinsäure und durch „Kombination eine der Traubensäure analoge Modifikation geben." [A. **272**, 108].

Das Fenchon wurde schon bei der Entdeckung als eine Verbindung betrachtet, „die ihrem ganzen Verhalten nach mit großer Wahrschein-„lichkeit als stellungsisomerer Campher angesprochen werden darf" [A. **259**, 325] und bei der weiteren Untersuchung „stellte sich immer „mehr heraus, daß keine andere Substanz hinsichtlich ihres chemischen „Verhaltens dem gewöhnlichen Campher so sehr ähnelt wie das Fenchon" [A. **263**, 129]. Auf Grund der ersten Resultate der Untersuchungen, bei denen als Oxydationsprodukt des Fenchons Dimethylmalonsäure aufgefunden war, wurden folgende Betrachtungen angestellt [A. **263**, (1890), 153].

„Die vorstehende Untersuchung enthält zahlreiche neue Beweise „für die große Verwandtschaft, welche zwischen Campher und Fen-„chon im gesamten chemischen Verhalten besteht. Alle anderen be-

„kannten mit Campher isomeren Verbindungen, wie z. B. das Pinol, „das Pulegon — von den unzweifelhaft der Fettreihe angehörenden „Verbindungen $C_{10}H_{16}O$ braucht hier natürlich gar nicht die Rede zu „sein — weichen in ihrem allgemeinen Verhalten vom Campher so „erheblich ab, daß nicht daran gedacht werden kann, es möchte ihnen „eine ähnliche Konstitution zukommen. Dagegen lassen sich mit dem „Fenchon alle Umwandlungen bewerkstelligen, welche für den Campher „charakteristisch sind, und auch hinsichtlich hervorstechender physika- „lischer Eigenschaften zeigen einzelne Glieder der beiden Verbindungs- „reihen eine ganz überraschende Übereinstimmung. Nur haben viele „der Fenchonreihe angehörige Substanzen eine etwas geringere Neigung „in den festen Aggregatzustand überzugehen. Campher schmilzt bei „175°, Fenchon bei 6°, Borneol bei 206°, Fenchylalkohol bei 40°, „Bornylchlorid ist fest, Fenchylchlorid ist flüssig, ähnlich unterscheidet „sich Camphen von Fenchen usw.

„Die bestehenden Analogien fallen so sehr in die Augen, daß ich „schon gelegentlich der ersten Mitteilung über den Gegenstand die „Ansicht ausgesprochen habe, es möchten Campher und Fenchon ganz „nahverwandte stellungsisomere Verbindungen sein. Wenn man für „den Campher nun die Bredtsche Formel akzeptiert, lag es am „nächsten anzunehmen, daß Campher und Fenchon sich durch die „verschiedene Stellung der Carbonylgruppe unterschieden, im Sinn der „folgenden Formelbilder:

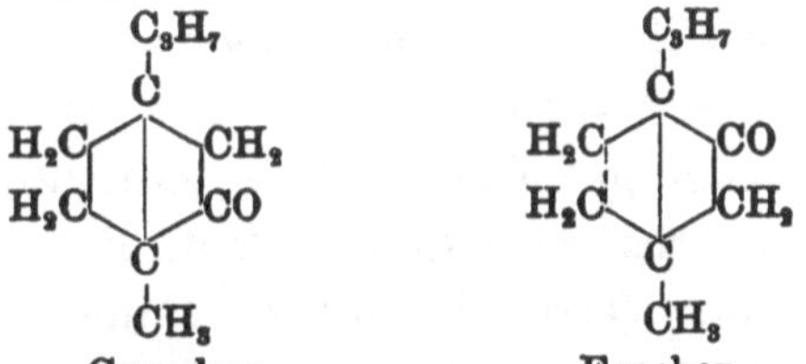

Campher Fenchon

„Die im vorstehenden mitgeteilten Tatsachen beweisen nun, daß „eine derartige Beziehung, wie sie in den vorstehenden Formeln Aus- „druck findet, zwischen Campher und Fenchon sicher nicht existiert. „Dagegen spricht schon, daß Fenchon bei der Oxydation nicht Campher- „säure liefert.

„Der positive Beweis dafür, daß die vorstehenden Formeln die „Beziehungen beider Verbindungen nicht richtig wiedergeben, wird „aber durch die Beobachtung geliefert, daß Fenchylchlorid durch Ent-

„ziehung von ClH, beziehungsweise Fenchylalkohol durch Entziehung „von H_2O, nicht in Camphen, sondern in einen mit dem Camphen „isomeren Kohlenwasserstoff, das Fenchen, übergehen.

„Auf Grundlage der obigen Symbole müßte man nämlich Bornyl- „chlorid und Fenchylchlorid schreiben:

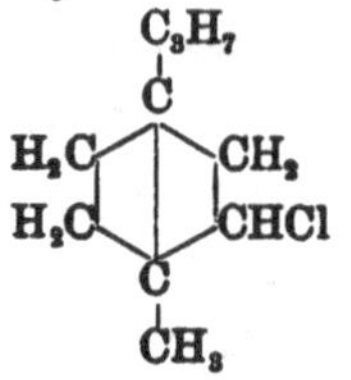

Bornylchlorid

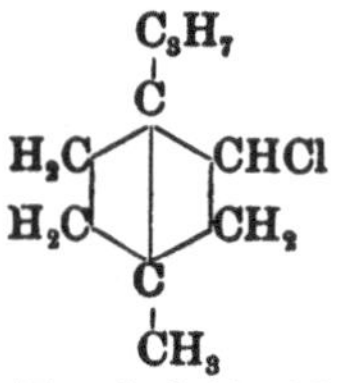

Fenchylchlorid

„Sei es nun, daß diese Verbindungen ihr Chlor mit Wasserstoff „verlieren, der an dem benachbarten Kohlenstoffatom steht, oder sei „es, daß das Chlor sich Wasserstoff von einem der in para-Stellung „befindlichen Kohlenstoffatome nimmt: in beiden Fällen entstehen „identische Kohlenwasserstoffe.

„Gegen diese Beweisführung könnte man einwenden, im Fenchon „sei vielleicht eine Propyl-, im Campher eine Isopropylgruppe ent- „halten, und darauf könnten die abweichenden Eigenschaften beider „Verbindungen zurückzuführen sein. Bei der Leichtigkeit, mit der „Propyl und Isopropyl ineinander übergehen, ist daran aber nicht zu „denken. Zudem würde diese Annahme bedingen, daß bei der Oxy- „dation des Fenchons eine der Camphersäure isomere Säure entstehen „müßte, was nicht zutrifft. Auch die Annahme ist unzulässig, daß die „im Fenchon vorhandene Carbonylgruppe in einer Seitenkette stände, „also etwa die Ketongruppe $COCH_3$ darin enthalten sei. Das ganze „Verhalten des Fenchons widerspricht dem, namentlich auch seine „Unfähigkeit sich mit Natriumbisulfit oder mit Phenylhydrazin zu „verbinden.

„Es kann keinem Zweifel unterliegen, daß in dem völlig gesättigten „Fenchon eine ringförmige Verknüpfung von Kohlenstoffatomen vor- „handen ist, daß eines der in dem Ring stehenden Kohlenstoffatome „ein doppelt gebundenes Sauerstoffatom trägt, und daß außerdem höchst- „wahrscheinlich eine Diagonalbindung zwischen den ringförmig ver- „knüpften Atomen vorliegt. Diesen Anforderungen würde die Bredtsche „Campherformel ja nun entsprechen. Wenn eine Bindung, wie diese „Formel sie ausdrückt, aber wirklich dem Campher und dem Fenchon

„zugrunde liegt, muß unbedingt angenommen werden, daß „die Verteilung der Seitenketten im Fenchon eine ganz „andere ist. Seine Überführbarkeit in Dimethylmalonsäure „hat zur Voraussetzung die nebenstehende Atomgruppierung.

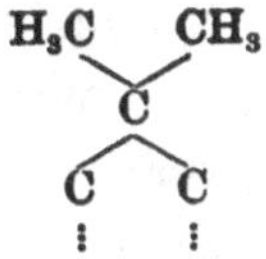

„Der Nachweis von Essigsäure unter den Oxydationsprodukten „spricht ferner für das Vorhandensein einer weiteren Gruppe C—CH_3. „Etwas Näheres läßt sich noch nicht angeben.“ [A. **253**, 153—156.]

Die Tatsache, daß sich Fenchon unter denselben Bedingungen in m-Cymol überführen läßt, unter denen Campher p-Cymol liefert, gab weiter Veranlassung darauf hinzuweisen, „daß Fenchon und Campher „sich bei einer wichtigen Reaktion wie meta- und para-Verbindung „zu einander verhalten“ [A. **275**, (1893) 157], gleichzeitig wurde die Annahme, daß im Fenchon überhaupt eine Isopropylgruppe enthalten sein könne, von der Hand gewiesen. „Die Bildung von Oxypropylbenzoesäure „aus Metaisocymol zeigt aufs neue, wie leicht das in tertiärer Stelle „im Isopropyl stehende Wasserstoffatom durch Kaliumpermanganat „angegriffen wird. Es wäre sehr auffallend, falls das Isopropyl im „Fenchon und im Campher als solches enthalten ist, wenn es sich „gegen Kaliumpermanganat widerstandsfähig erwiese“ [A. **275** (1893), 163]. Schon vorher war der Vergleich im Verhalten zwischen Fenchon und Campher auf eine große Reihe von Derivaten beider Ketone ausgedehnt und namentlich die Natur des Fenchonitrils und Camphonitrils, sowie der zugehörigen Fencholensäure und Campholensäure klarer gestellt. Vor allen Dingen hatte sich ergeben, daß diese Verbindungen „noch eine ringförmige Anordnung der Kohlen-„stoffatome und nur eine Äthylenbindung enthalten“ [A. **269** (1891), 345]. Auf Grund alles dieses experimentellen Materials wurde dann 1895 in der folgenden Betrachtung der Schluß gezogen, daß Fenchon jedenfalls eine bicyclische Verbindung ist [A. **284** (1895), 312]:

„Was jetzt über das Fenchon ermittelt ist, genügt zwar noch „nicht, um eine definitive Formel für die Verbindung aufzustellen, wirft „aber doch auf ihre Konstitution bereits ein ziemlich helles Licht.

„Schon gelegentlich einer viel früheren Betrachtung habe ich „darauf hingewiesen, daß es neben Terpenverbindungen, welche dem „Typus eines hydrierten Cymols untergeordnet werden müssen, auch „solche gebe, die, wie ich mich heute kurz ausdrücken möchte, als

„bicyclische Verbindungen anzusprechen sind. Als bicyclische Ver- „bindung habe ich seinerzeit schon das Pinen aufgefaßt und durch „diese Annahme eine Erklärung für dessen eigenartig labiles Verhalten „zu geben versucht [A. **239**, 50] und habe ferner darauf aufmerksam „gemacht, daß die Existenz noch anderer polycyclischer Verbindungen „von Terpencharakter möglich sei. Als Beispiel wies ich einerseits „auf die Hydroindene [B. **24**, 1578], anderseits auf die Sesquiterpene „hin [A. **239**, 49].

„Das Fenchon leitet sich nun — das beweisen die neueren Ver- „suche wohl ganz schlagend — von einem bicyclischen Terpen ab. „In welcher Stellung zum Carbonyl im Fenchon die Methylgruppen „stehen, ist im Augenblick nicht ganz sicher zu sagen, ebensowenig, „ob man zwei fünfgliedrige oder einen sechs- und vier- oder einen fünf- „und viergliedrigen Ring zusammengeschlossen anzunehmen hat. Darüber „wird erst der weitere Ausbau des schon mitgeteilten Beobachtungs- „materials bestimmte Auskunft verschaffen können. Für jetzt möchte „ich nur zeigen, wie die Annahme der bicyclischen Formel überhaupt „eine Reihe von Reaktionen des Fenchons erklärt, die bei einer Ab- „leitung des Ketons von einem Hydrocymol ganz unverständlich bleiben „würden, und zwar möchte ich das unter Benutzung einer Formel tun, „die vielleicht die Gruppierung der Atome im Fenchon noch nicht ganz „richtig wiedergibt, die interimistisch aber sehr wohl dazu dienen kann, „ein Verständnis für die wichtigsten Reaktionen des Fenchons anzu- „bahnen.

„Man nehme also vorläufig an, daß dem „Fenchon die nebenstehende Formel zukommt.

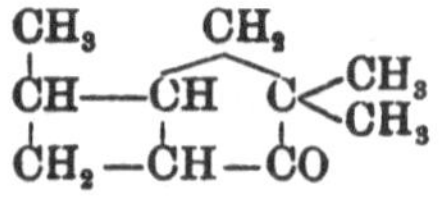

„Eine Verbindung $C_{10}H_{16}O$ dieser Konstitution wäre, wie Fenchon, „vollkommen gesättigt. Die Art des Baues würde auch die, im Ver- „gleich mit seinen Isomeren, beispiellose Beständigkeit des Fenchons „gegen Salpetersäure und gegen Brom erklären. Diese wäre unver- „ständlich, wenn Fenchon einen hydrierten Hexylenring enthielte. Selbst „die vollkommen hydrierten Kohlenwasserstoffe, welche sechs ringförmig „verbundene Kohlenstoffatome enthalten, werden beim Kochen mit „starker Salpetersäure lebhaft angegriffen und reagieren heftig mit „Brom. Bei den sauerstoffhaltigen Derivaten jener Kohlenwasserstoffe „muß dies Verhalten noch deutlicher hervortreten. Fenchon dagegen „löst sich in rauchender Salpetersäure ohne jede Veränderung und

„man kann solche Lösung unter gewöhnlichem Druck mehrere Stunden „auf 100° erhitzen, ohne daß merkliche Reaktion stattfindet. Ferner „gibt Fenchon mit Brom ein rotes, sehr leicht dissoziierendes „Additionsprodukt. In geschlossenen Gefäßen läßt sich dasselbe auf„bewahren und sublimiert dann oft in prachtvoll ausgebildeten, zenti„meterlangen Kristallen von einer Stelle des Gefäßes an die andere. „Ein Präparat der Art, welches jetzt mehrere Jahre schon auf„bewahrt wird, zeigt aber noch keine Spur von Bromwasserstoffbildung.

„Eine Verbindung obiger Formel müßte, wie Fenchon es bekannt„lich tut, bei der Oxydation mit Permanganat Dimethylmalonsäure „liefern usw." [A. **284**, 341 ff.]

Einen entscheidenden Wendepunkt in der Auffassung der Konstitution des Fenchons brachte dann die Untersuchung über die Oxydationsprodukte des Fenchens vom Jahre 1898. Aus einem der dargestellten Fenchene (s. S. 538), dem D-l-Fenchen, wurde eine bei 153° schmelzende Oxysäure, $C_{10}H_{16}O_3$, die Oxyfenchensäure, erhalten, welche sich weiter zu einem niederen Homologen des Camphers, dem Fenchocamphoron, $C_9H_{14}O$, abbauen ließ. Für diese Verbindungen wurden [A. **300**, 320] die Formeln:

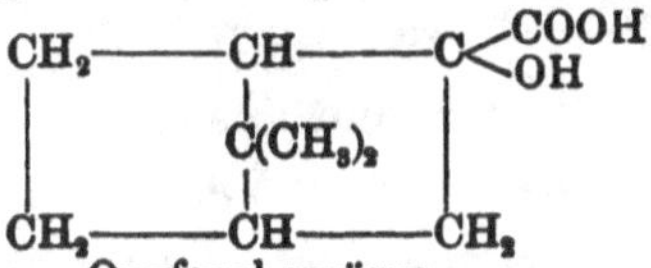

Oxyfenchensäure

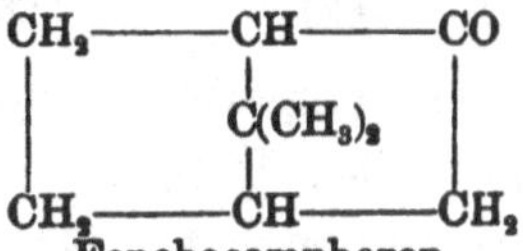

Fenchocamphoron

aufgestellt, deren Richtigkeit durch Aboxydation des Fenchocamphorons zur Apocamphersäure

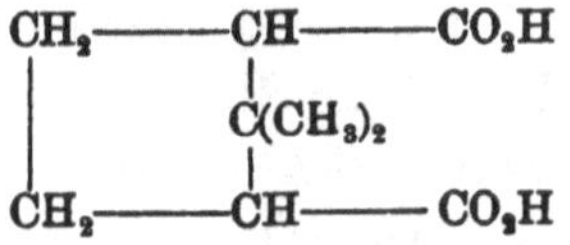

bald exakt bewiesen wurde [A. **315** (1901), 293].

Damit schien auch die Konstitution des Fenchons geklärt und die 1898 [A. **300**, 319] aufgestellte Formel

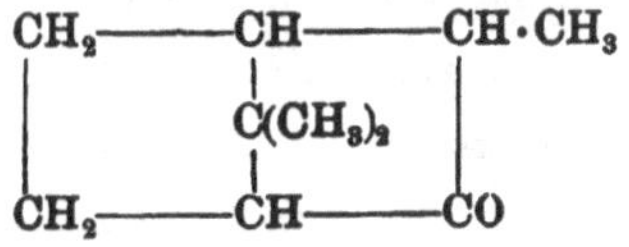

kam allgemein in Gebrauch, denn alle bis dahin bekannten Reaktionen ließen sich mit dieser Formel gut deuten, auch die Abwandlung in m-Cymol und die von Marsh inzwischen aufgefundene in asymmetrisches Acetylxylol unter Einwirkung von Schwefelsäure [A. **315**, 296].

„Meiner Auffassung nach wirkt die Schwefelsäure auf Fenchon:

„1. Aufspaltend und wasserentziehend, ähnlich wie Phosphor- „pentoxyd. 2. Umlagernd, d. h. sie verschiebt die Stellung einer „Methylgruppe. 3. Oxydierend, worauf schon das auch von Marsh „hervorgehobene massenhafte Auftreten von Schwefeldioxyd bei der „Reaktion hindeutet.

„Nach 1 sollte Schwefelsäure Fenchon in Metacymol verwandeln „[A. **275**, 157]. Dieser Übergang wird sehr deutlich, wenn man an- „nimmt, daß die Schwefelsäure zunächst unter Wasseraddition den „mittleren Ring des Fenchonmoleküls sprengt und dann wasserentziehend „wirkt (ein Vorgang, für den man ja viele Analogien kennt). Wenn „man das zuerst entstehende intermediäre Produkt in der Enolform „statt in der Ketoform schreibt, so tritt die Beziehung zum m-Cymol „unmittelbar hervor:

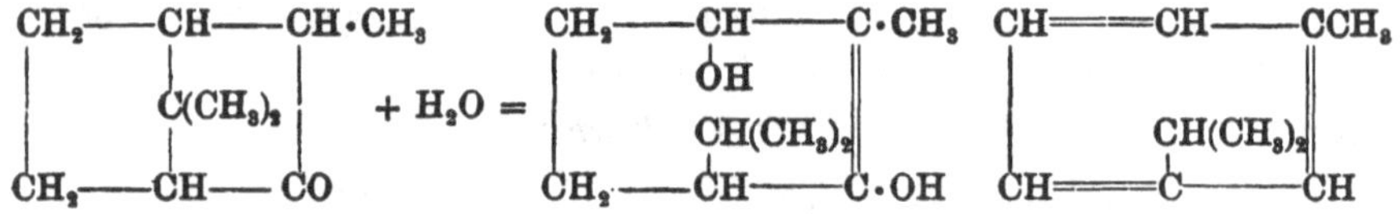

„Unter Abspaltung von 2 Mol. Wasser und gleichzeitiger Ver- „schiebung einer Doppelbindung kann aus letzterer Verbindung direkt „m-Cymol entstehen. Das m-Cymol tritt aber bei unserer Reaktion „nicht (wie bei der Anwendung von Phosphorpentoxyd) in die Er- „scheinung, weil es durch die umlagernde und oxydierende Wirkung der „Schwefelsäure gleich im Entstehungszustande weiter umgeformt wird.

„Aus dem Isopropyl wird ein Methyl an das (im Augenblick der „Reaktion noch benachbarte) C-Atom des Ringes transportiert, an „welchem die Loslösung der Isopropylgruppe erfolgt ist. Daß solcher „Transport von Methyl durch Vermittelung der Schwefelsäure erfolgen „kann, dafür haben wir Analogien. (Man kann z. B. auch an den Auf- „bau von Hexamethylbenzol aus Durol denken.) Sobald die Schwefel- „säure aber aus dem Isopropyl Methyl abgespalten hat, wirkt sie auf „den Rest CH_3CH oxydierend und verwandelt ihn in CH_3CO. Dabei „hat man sich an die Beobachtung von Widmann und Bladin [B. **19**, „583] zu erinnern, welche zeigten, daß Cymol mit oxydierenden Agenzien „Acetyltoluol liefert.

„Nach dem Gesagten ist der Übergang von m-Cymol in Acetylxylol „eine gar nicht auffallende Reaktion und damit ist auch gezeigt, daß „die Einwendungen, die Marsh auf Grund seiner Beobachtung gegen „die obige Fenchonformel macht, nicht genügend stichhaltig sind, um „diese Formel zu verlassen. Um so weniger stichhaltig als bekanntlich „Armstrong und Kipping [Journ. chem. Soc. **63**, 75] nachgewiesen „haben, daß auch Campher bei der Behandlung mit konzentrierter „Schwefelsäure dasselbe Acetylxylol liefert, das aus Fenchon unter den- „selben Bedingungen entsteht. Wenn man dem Campher die von Bredt „so eingehend begründete Formel gibt, so läßt sich die Entstehung von „Acetylxylol aus Campher ganz analog interpretieren, wie es eben für das „Fenchon geschehen ist. Die ganze Reaktion ist eben keine einfache, „sondern sie erfolgt durch Zwischenprodukte hindurch und unter Ring- „sprengung.“ [A. **315**, 296.]

Man durfte aber nicht aus dem Auge verlieren, daß meine Fenchonformel von 1898 nicht so sicher begründet ist wie die Formel für Fenchocamphoron. Beim Übergang von Fenchon durch das Fenchen zum Fenchocamphoron könnten Konfigurationsänderungen eintreten. Das nimmt Semmler an, der [Chem.-Ztg. (1905) S. 1313; B. **39** (1906), 2581; **40** (1907), 440] für das Fenchon die Formel

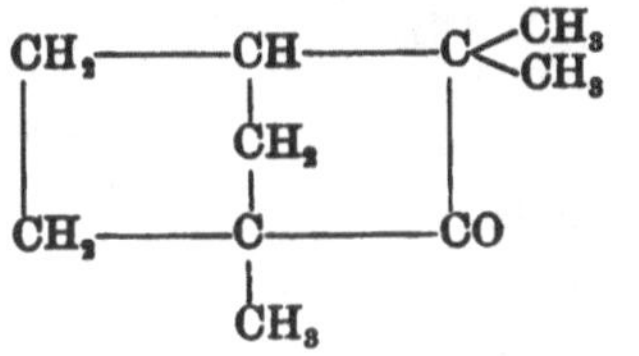

vorgeschlagen hat und das Fenchon für Methylcamphenylon ansieht. „Die Möglichkeit, daß diese etwas veränderte Auffassung über die Stellung „der Methylgruppen im Fenchonmolekül meiner Annahme gegenüber „sich Bahn brechen wird, ist zuzugeben. Vorläufig genügen die experi- „mentellen Anhaltspunkte meines Erachtens noch nicht, um zum Ver- „lassen der alten Formel zu nötigen.“

Bald nach Abdruck dieses letzten Passus (in der ersten Auflage dieses Buchs) wurde die Beobachtung gemacht, daß sich Fenchon durch einfaches Erhitzen mit Ätzkali ganz glatt zu einer Säure, der „Fencholsäure“ aufspalten läßt [A. **369**, 71ff]. und gleichzeitig wurde bewiesen, daß diese Säure eine Methyl(1)-isopropyl(3)-cyklopentancarbonsäure(1) ist. Der für die Beweisführung eingeschlagene Weg war der, daß die Fencholsäure zum Dihydrocampherphoron abgewandelt wurde, dessen Konstitution nicht zweifelhaft ist. Der Reaktionsverlauf ist folgender:

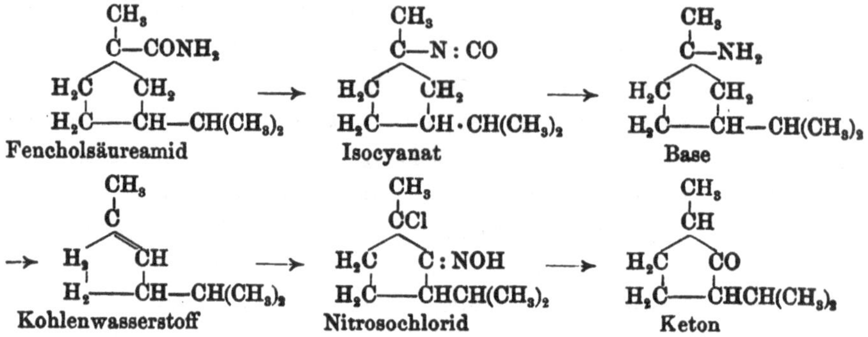

[A. **369**, 95, 96; **379**, 197]. Damit war aber für die Berechtigung der Semmler'schen Fenchonformel eine sehr starke Stütze gewonnen. Denn die Aufspaltung des Fenchons kann mit Hilfe dieser Formel ganz durchsichtig formuliert werden:

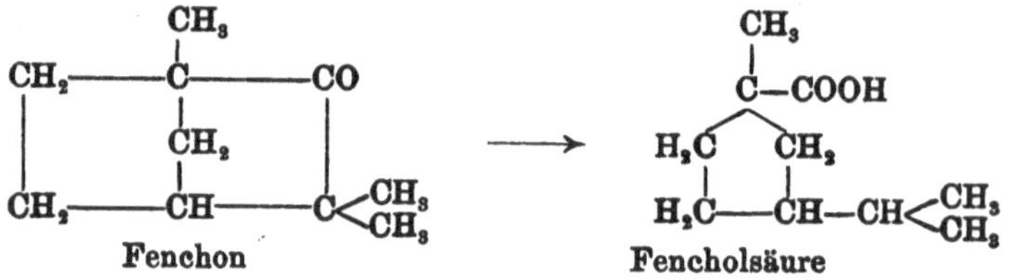

während bei Annahme jeder anderen Fenchonformel das Eintreten von Umlagerungen bei der Fenchonspaltung durch Kali angenommen werden müßte. Daher habe ich von der Zeit an die Semmlersche Formel akzeptiert.

Daß die Konfiguration der dem Fenchon zu Grunde liegenden Kohlenstoffringe aber keineswegs eine stabile ist, geht aus einer Betrachtung über die Bildungsweise und Konstitution der Fenchene hervor, auf die nun einzugehen ist.

Fenchen.

Fenchen wurde von mir schon 1891 in der Weise gewonnen, daß Fenchylalkohol bei niederer Temperatur in Ligroinlösung in Fenchylchlorid abgewandelt und dieses dann durch Salzsäureentziehung mittels Anilin in den Kohlenwasserstoff $C_{10}H_{16}$ übergeführt wurde. Diese Reaktion verlief also scheinbar vollkommen analog der Bildung von

Camphen aus Borneol durch Bornylchlorid hindurch, die ich früher [A. **230** (1885), 233] in ganz entsprechender Weise verwirklicht hatte. Anzunehmen, daß bei dieser einfachen Reaktion sich Umlagerungen vollziehen würden, lag derzeit noch keinerlei Veranlassung vor. Nachdem also auf Grund der erst angeführten Tatsachen für Fenchylalkohol die Formel I recht wahrscheinlich geworden war, ergab sich als voraussichtliche Formel für Fenchen II [A. **300**, (1898), 320]:

I. 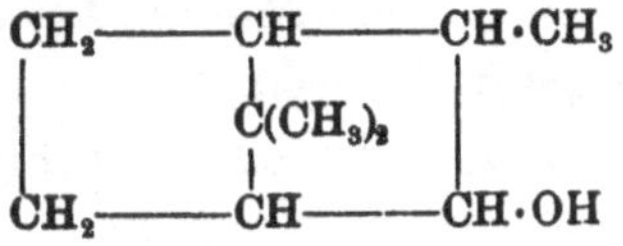

II. 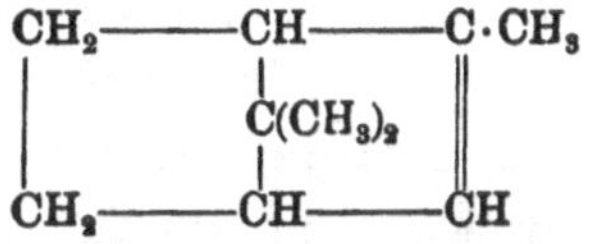

Die Zulässigkeit dieser Formel stieß allerdings von vornherein auf eine Reihe von Bedenken.

Während nämlich aus Bornylchlorid (bis dahin) nur ein Camphen als erhältlich galt, wurde bei der Salzsäureentziehung aus dem Fenchylchlorid das gleichzeitige Auftreten von zwei Fenchenen — einem rechts- und einem linksdrehenden — beobachtet, deren einem die bei 137° schmelzende, deren anderem die bei 152° schmelzende Oxyfenchensäure [A. **284**, (1895), 333; **302** (1898), 371] entsprach. Auch ließ sich nachweisen, daß der Bildung der beiden isomeren Fenchene die Bildung isomerer Fenchylchloride von verschiedener Drehungsrichtung vorherging [A. **302** (1898), 377].

Es lag, als dieses Resultat zuerst gewonnen war, bei weitem am nächsten, hier das Vorhandensein von Raumisomerie anzunehmen sowohl hinsichtlich der beiden Fenchene, als auch der aus ihnen abgeleiteten Oxysäuren. Aber es wurden doch gleichzeitig schon Bedenken gegen die Zulässigkeit dieser Annahme ausgesprochen und eine andere Möglichkeit diskutiert [A. **302** (1898), 386]: „Nur eine Tatsache scheint gegen physikalische und für chemische Isomerie zu sprechen: das ist das „völlig verschiedene Verhalten von Rechts- und Linksfenchen gegen „Permanganat. Beide Kohlenwasserstoffe unterscheiden sich diesem „Reagens gegenüber so, wie man es sonst nur zwischen gesättigter und „ungesättigter Verbindung beobachtet. Könnte nun nicht in der Tat „d-Fenchen eine Äthylenbindung enthalten und das beständigere „l-Fenchen etwa einen leicht sprengbaren Tri- oder Tetramethylenring? „Dagegen spricht in erster Linie das refraktometrische Verhalten, nach „welchem auch das l-Fenchen als ungesättigte Verbindung erscheint.

„Ferner ist zu berücksichtigen, daß Rechtsfenchen bei der Behandlung „mit Säuren in Linksfenchen übergeht und die Verschiebung des unge-„sättigten Kohlenwasserstoffs in den gesättigten unter diesen Bedin-„gungen wenig Wahrscheinlichkeit hat usw." Zunächst wurde also an der einfachsten Auffassung festgehalten und die experimentelle Prüfung der Frage weiter zu fördern gesucht. Während die Weiterführung der skizzierten Untersuchung im Gang war, vollzog sich aber bezüglich der Auffassung der Bildungsweise der Oxyfenchensäuren aus Fenchen, unter Berücksichtigung analoger Vorgänge in der Campherreihe, ein Umschwung, der für die Konstitutionsauffassung des D-l-Fenchens ganz entscheidend wurde.

Die Oxyfenchensäuren waren, wie weiter oben erörtert worden ist, von Anfang an als α-Oxysäuren erkannt. Deren Herleitung von einem Fenchen der oben gegebenen Formel war nicht einwandfrei, denn man hätte in erster Linie aus einem Fenchen obiger Formel die Entstehung einer Ketonsäure erwarten sollen [A. **315**, 298]. Ich bemerkte daher schon [A. **300** (1898), 320]: „Eine solche (α-Oxysäure) „würde sich durchsichtiger aus einem Fenchen ableiten lassen, dem „die Gruppierung $C_8H_{14} > C:CH_2$ zukäme."

Die Schlußfolgerung, daß die Fenchene wirklich Methenkohlenwasserstoffe vorstellen, wurde aber damals aus folgenden drei Gründen hintan gehalten:

1. War es 1898 noch zweifelhaft, ob Methenkohlenwasserstoffe überhaupt existenzfähig seien. 2. War die Bildung eines Methenkohlenwasserstoffs aus dem unzweifelhaft sekundären Fenchylalkohol nur durch Annahme von Umlagerungen zu erklären, deren Eintreten anzunehmen noch die experimentellen Anhaltepunkte fehlten. 3. Glaubte man damals für die Bildungsmöglichkeit einer α-Oxysäure aus einem Kohlenwasserstoff

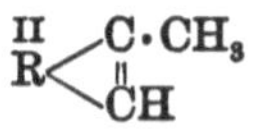

bei der Oxydation mit Permanganat eine Analogie zu kennen.

v. Baeyer hatte nämlich kurz vorher [B. **29** (1896), 1923] bei der Oxydation des Terpentinöls neben Pinonsäure die Nopinsäure erhalten und man glaubte, daß letztere auch aus gewöhnlichem Pinen stamme, das außer nach der Richtung der Ketosäure (Pinonsäure) auch in dem Sinne

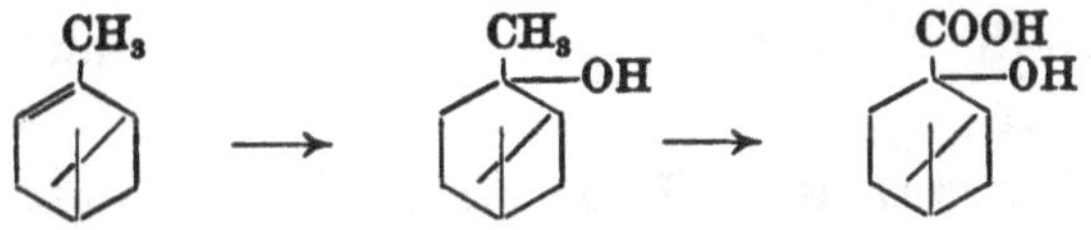

oxydiert werden könne. „Hiernach bildet sich die Nopinsäure aus dem Pinen durch Oxydation der einen Methylgruppe zu Carboxyl und gleichzeitige Anlagerung von Wasser an die doppelte Bindung, wie das ja auch bei dem Übergang von Pinen in Terpin der Fall ist" [v. Baeyer, B. **29** (1896), 1924]. Auf diese eben zitierte von v. Baeyer gegebene Erklärung nimmt nun meine Argumentation A. **300** (1898), 321 Bezug: „Nimmt man nun, wie es oben geschehen ist, für das Fenchen die Formel

$$C_7H_{12}\left\langle\begin{array}{l}C\cdot CH_3\\ \| \\ CH\end{array}\right.$$

„an, so müßte die Oxydation bei dem CH_3 unter gleichzeitiger Sprengung „der Doppelbindung und Wasseraufnahme einsetzen. In diesem Falle „müßte die α-Oxysäure (I) entstehen, bei deren weiterer Oxydation „sich das Keton (II) bilden würde.

$$\text{I.}\quad C_7H_{12}\left\langle\begin{array}{l}C(OH)\cdot COOH\\ | \\ CH_2\end{array}\right. \longrightarrow \quad \text{II.}\quad C_7H_{12}\left\langle\begin{array}{l}CO\\ | \\ CH_2\end{array}\right.$$

„Man wird die große Analogie bemerken, welche dieser Verlauf „mit der Erklärung zeigt, welche v. Baeyer für die Bildung der Nopin„säure aus Pinen und der Entstehung des Nopinons aus jener Säure „gegeben hat. Übrigens ist Nopinsäure isomer mit Oxyfenchensäure, „sie bildet ebenfalls schwer lösliche Alkalisalze und zerfällt nach der „Gleichung

$$C_{10}H_{16}O_3 + O = H_2O + CO_2 + C_9H_{14}O.$$

„Auch das Nopinon ist ein gesättigtes Keton, zeigt aber nicht die „campherähnlichen Eigenschaften des Fenchocamphorons.

„Will man die zuletzt gegebene Erklärung für die Bildung der „Oxyfenchensäure nicht akzeptieren, so bleibt nichts weiter übrig, als „komplizierte Umlagerungen bei den einfachen Reaktionen anzunehmen, „die vom Fenchon zum Fenchocamphoron führen. Einstweilen scheint „das aber nicht nötig."

Die angegebenen drei Gründe für das Festhalten an meiner ersten Auffassung des Fenchens fielen indes sehr bald fort.

Ich überzeugte mich durch synthetische Versuche, die zuerst 1900 [A. **314**, 160] zu einem unzweideutigen Resultat führten (Darstellung von Methensuberan, vgl. auch Allgem. Teil S. 208), daß Methenkohlenwasserstoffe existenzfähig und durch ihr Verhalten gut zu diagnostizieren sind.

G. Wagner wies 1899 [B. **32** (1899), 2083] darauf hin, daß die Nopinsäure sich wahrscheinlich nicht von dem gewöhnlichen, sondern einem isomeren Pinen ableite und kam in demselben Jahr zu der Anschauung, daß auch im Camphen ein Methenkohlenwasserstoff vorliege, dessen Bildung aus Borneol sich durch Umlagerungen vollziehe [J. russ. phys. Ges. **31** (1899), 680]. Semmler bezeichnete 1900 [B. **33**, 1458] den Kohlenwasserstoff, aus dem die Nopinsäure sich bildet, als „Pseudopinen" und wies nach, daß auch im Sabinen die Gruppe CH_2: enthalten sei. Diesen Tatsachen war Rechnung zu tragen. In der Abhandlung, in welcher der definitive Beweis für die Richtigkeit der früher angenommenen Formel für die Oxyfenchensäure und das Fenchocamphoron geführt wird [A. **315** (1901), 273], habe ich mich für Annahme der Formel

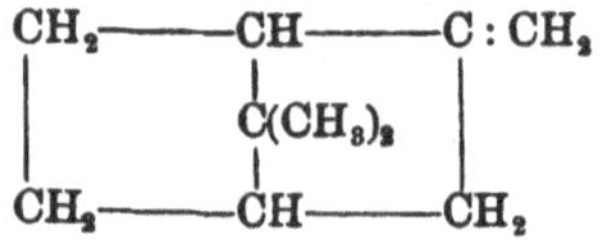

für das D-l-Fenchen ausgesprochen.[1]

„Früher habe ich die Annahme der Bildung eines solchen Kohlen-„wasserstoffs mit semicyclischer Methylenbindung da, wo die Ent-„stehung einer Doppelbindung innerhalb des Kohlenstoffringes möglich „erschien, als wenig wahrscheinlich geglaubt verwerfen zu müssen. „Nachdem ich aber inzwischen bei anderer Gelegenheit den experimen-„tellen Beweis dafür habe beibringen können, daß die Entstehung gerade „dieser Bindung, auch wenn andere Möglichkeiten vorhanden sind, unter „Umständen sogar bevorzugt wird [A. **314**, 159, 160], liegt nicht nur „kein Grund mehr vor, jene Formel für das D-l-Fenchen auszuschließen, „man muß für den Kohlenwasserstoff diese Formel nunmehr sogar bis „auf weiteres in Anspruch nehmen". [A. **315** (1901), 299].

Natürlich war es nun erforderlich, bei der Entstehung des Fenchens aus Fenchylalkohol eine Umlagerung anzunehmen. Die Richtigkeit meiner Formel für den Alkohol vorausgesetzt, gab es für die Interpretation dieser Umformung in den Methenkohlenwasserstoff überhaupt nur eine Möglichkeit.

---

[1] Eine Kontroverse über den Gegenstand s. J. f. pr. Ch. **65**, 212, und 586.

„Das Zustandekommen des Kohlenwasserstoffs aus dem D-l-Fenchyl- „alkohol ist dann natürlich nur so erklärlich, daß der zuerst entstehende „Kohlenwasserstoff Bindungsverschiebung erleidet. Das Auftreten der- „artiger Bindungsverschiebungen bei den Terpenkohlenwasserstoffen „und ihren Derivaten habe ich ja aber im Beginn meiner Arbeiten gerade „als charakteristisch für die ganze Gruppe nachgewiesen. Es hat nichts „Auffallendes, wenn aus dem aus dem Fenchylalkohol zuerst auftretenden „normalen Chlorid unter Abspaltung und Wiederaufnahme von Chlor- „wasserstoff sukzessive verschiedene Fenchylchloride und dann auch „Fenchene entstehen würden." [A. **315**, 300.]

Sobald man aber genötigt wird, die bis dahin angenommene Formel für Fenchylalkohol zu verlassen, bleibt nichts anderes übrig, als die Umlagerung in ähnlichem Sinne zu erklären, wie G. Wagner die Entstehung von Camphen aus Borneol deutet. Diesen Standpunkt vertritt Semmler, der zwar meine Formel für D-l-Fenchen akzeptiert, für Fenchon und Fenchylalkohol aber eine andere Auffassung einführt (s. S. 527). Meine neuesten Untersuchungen haben aber Veranlassung zu Zweifeln gegeben, ob nicht auch die letzte Formel für das D-l-Fenchen noch verbesserungsbedürftig sei. Namentlich ist es die enorme Widerstandsfähigkeit des Kohlenwasserstoffs gegen Permanganat, der die Methenformel für das D-l-Fenchen nicht gerecht wird. Die weitere Beobachtung, daß aus Fenchylamin bei der Umsetzung mit salpetriger Säure neben sehr reinem, gegen Permanganat widerstandsfähigem D-l-Fenchen auch Limonen auftritt, haben den früheren Gedanken (s. S. 529), daß das D-l-Fenchen ein Tricyclen sein könne, wieder in den Vordergrund gerückt. Daß die gefundene Molekularrefraktion dieser Annahme nicht unbedingt im Wege steht, haben neuere Beobachtungen auch gezeigt. Wo eine Methengruppe auftritt, sind auch die Bedingungen zur Bildung eines Dreirings gegeben. Die Entstehung von Limonen ließe sich dann z. B. in folgender Weise deuten:

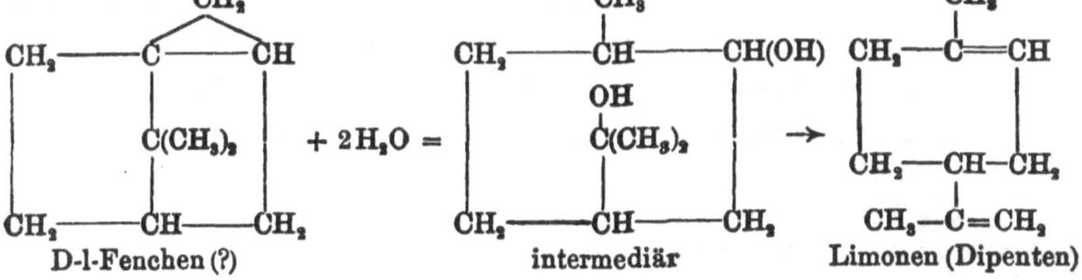

D-l-Fenchen (?) intermediär Limonen (Dipenten)

Die Frage, in welchem Verhältnis D-l-Fenchen zu dem isomeren D-d-Fenchen steht, ist heute noch weniger spruchreif, als die, welchen Bau man dem ersteren zuzuschreiben hat. Erst der noch nicht vollzogene weitere Abbau des aus der bei 137° schmelzenden (aus D-l-Fenchen entstehenden) Oxyfenchensäure, beziehungsweise des zugehörigen Fenchocamphorons, wird hier Entscheidung bringen können.

Inzwischen bin ich aber zu einer merkwürdigen Synthese beider Fenchene gelangt. Beide entstehen — und zwar je nach den (schwer zu fixierenden) Versuchsbedingungen, das eine oder das andere, oder ein Gemisch beider — wenn Nopinolessigsäure (bzw. deren Ester) mit wasserentziehenden Mitteln behandelt und dann CO_2 abgespalten wird. Die Entstehung der Fenchene (neben β-Pinen, s. S. 234) aus der Verbindung

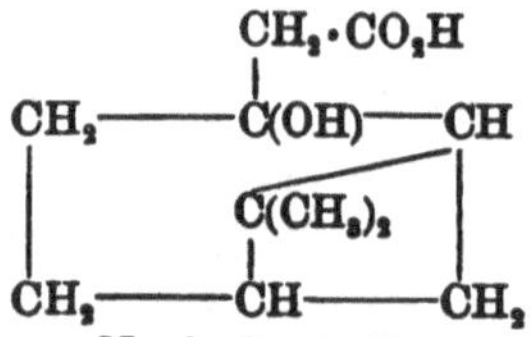

Nopinolessigsäure

deutet darauf hin, wie leicht diese Kohlenstoffkombinationen Umlagerungen erleiden können.

Isofenchon

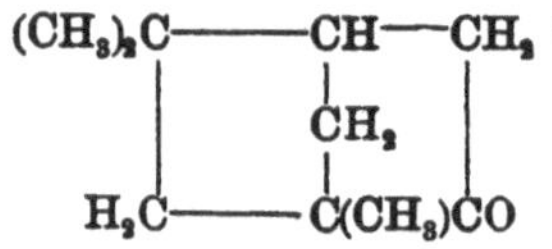 [1]

Wie Bertram und Helle gefunden haben, läßt sich Fenchen bei der Hydratation in Isofenchylalkohol überführen, der seinerseits bei der Oxydation das mit Fenchon isomere Isofenchon liefert. Für den Isofenchylalkohol wurde früher angenommen, daß er ein stereoisomerer Fenchylalkohol sein könne [Semmler, Chem.-Zeitung **1905** S. 1414], oder gar ein tertiärer Alkohol (Kondakow).

Dagegen konnte ich nachweisen, daß es der sekundäre, dem Isofenchon zugehörige Alkohol ist, der, wie das Keton selbst, sich durch Oxydation mit Permanganat zu einer Dicarbonsäure, der Isofenchocamphersäure, $C_{10}H_{16}O_4$, aufspalten läßt, in der wir also eine mit der Camphersäure und Camphencamphersäure isomere Säure zu

[1] Diese Formel ist nach den neuesten Arbeiten von Aschan [A. 387, 24] für Isofenchon als die wahrscheinlichste anzusehen.

sehen haben. Damit ist erwiesen, daß das Isofenchon einen ganz anderen Bau wie das Fenchon besitzt und die Gruppe $\begin{matrix}-CH_2\\-CO\end{matrix}$ in sich schließt. Als ganz sichergestellt kann also heute gelten, daß Campher, Fenchon, Isofenchon und Fenchocamphoron sich sämtlich von dem bicyclischen Keton

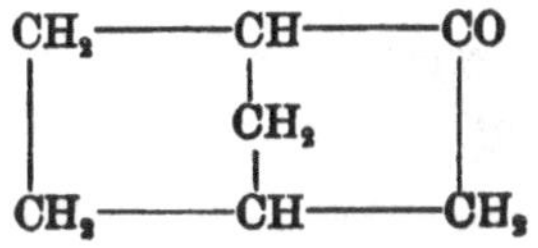

herleiten, daß aber die Stellung der drei Methylgruppen in den drei ersten Ketonen $C_{10}H_{16}O$ eine verschiedene ist, während das Fenchocampheron, $C_9H_{14}O$, (aus der bei 153° schmelzenden Oxyfenchensäure) das wahre niedere Homologe des Camphers vorstellt (s. S. 540).

Daß die Arbeiten über Herstellung höherer Homologer des Fenchylalkohols und Fenchens auch schon zu Resultaten geführt haben [A. **353** (1907), 219ff.], sei hier nur kurz erwähnt (s. S. 554).

Spezielles über die Verbindungen der Fenchonreihe.

I. Fenchon, $C_{10}H_{16}O$

[A. **259**, 324; **263**, 129; **269**, 326, 358, 369; **272**, 102; **275**, 157; **284**, 324; **300**, 294; **302**, 371; **315**, 273; **353**, 209; **362**, 174; **369**, 63; **379**, 182; **381**, 75; B. **24**, 1556; **28**, 34].

Vorkommen: d-Fenchon im Fenchelöl [A. **259**, 325] (gemeinsam mit Campher [A. **353**, 217]), l-Fenchon im Thujaöl [A. **272**, 101] (gemeinsam mit Borneolester [A. **353**, 210]).

Reindarstellung: Durch Behandlung der Rohmaterialien mit Salpetersäure oder Permanganat und Ausfrieren [A. **263**, 131; **272**, 102; **286**, 104]. Vollkommene Befreiung von Campher ist durch Reinigung über das Semicarbazon möglich [G. N. **1905**, 6; A. **353**, 215ff; **369**, 65.].

Eigenschaften [A. **263**, 131; **272**, 103; **302**, 375; **353**, 215]: Kp. 192—193°, F. + 5 bis 6°, $d = 0{,}9465$, $n_D = 1{,}46306$ bei 19°. $[\alpha]_D = \pm 72°$ (in Lösung); für l-Fenchon wurde gefunden: $d = 0{,}948$, $n_D = 1{,}46355$ bei 20°. d-Fenchon aus dem Semicarbazon regeneriert [A. **362**, 195 Anm.]: Kp. 192—193°, $d = 0{,}948$, $n_D = 1{,}46355$ bei 18°, $M = 44{,}21$. $[\alpha]_D = + 62{,}76°$.

Fenchon ist sehr beständig gegen Salpetersäure, löslich in konzentrierter Salpetersäure und in konzentrierter Salzsäure [A. **263**, 131, 133], gibt ein loses Additionsprodukt mit Brom: $C_{10}H_{16}O \cdot Br_2$, große rote Kristalle, bei Luftabschluß jahrelang beständig [A. **252**, 326; **263**, 132; **284**, 342]. Fenchon scheint sich auch mit Schwefelsäure zu verbinden [A. **263**, 133], Über sein Verhalten gegen P_2O_5 s. S. 553.

Natrium wirkt auf freies oder in trockenen Lösungsmitteln befindliches Fenchon ein [vgl. A. **284**, 327 Anm.]. Dabei entsteht eine Natriumverbindung, die Sauerstoff aufnimmt (unter Entstehung hochmolekularer Säuren, deren Alkalisalze rot gefärbt sind) unter gleichzeitiger Bildung von etwas Fenchylalkohol, Fencholsäure, amorphen schwer entzündlichen Harzen und einem sehr schön kristallisierenden aktiven Pinakon, $C_{20}H_{34}O_2$. $[\alpha]_D = \pm 45^0$ (in Essigester). Kp.$_{13}$ 219 bis 220 ^{0}, Kp.$_{760}$ 360—363^0; F. 97^0 (aktiv), 104—105^0 (inaktiv). [A. **300**, 296; **369**, 66—71].

Wird Fenchon mit 1 $^1/_2$—2facher Menge Ätzkali auf 220—240^0 erhitzt, so spaltet es sich glatt auf unter Bildung von Fencholsäure $C_{10}H_{18}O_2$ (s. S. 544 u. A. **369**, 72].

Über die Überführung von Fenchon in as. Acetyl-o-xylol: s. S. 526 und A. **315**, 295.

d- und l-Fenchon sind optische Antipoden. Die Derivate geben beim Vermischen inaktiv racemische Verbindungen [A. **272**, 107].

Bei der Reduktion mit Jodwasserstoff und Phosphor entsteht aus Fenchon Tetrahydrofenchen (s. S. 553).

Bei der Oxydation mit Permanganat liefert Fenchon neben Essigsäure und Oxalsäure Dimethylmalonsäure (F. 188—189^0) [A. **263**, 134ff.].

Gegen Phenylhydrazin und Natriumbisulfit verhält sich Fenchon indifferent, ebenso läßt es sich unter gewöhnlichen Bedingungen weder mit Ameisensäureester noch mit Benzaldehyd kondensieren [B. **28**, 34].

Semicarbazon, $C_{10}H_{16}NNHCONH_2$ [G. N. **1095**, 6; A. **353**, 210]: Bildet sich nur sehr langsam und ist etwas löslich in heißem Wasser. Kristallisiert aus Methylalkohol in großen rhombischen Prismen. d- und l-Verbindung: F. 182—184^0. i-Verbindung: F. 172—173^0. Die aktiven Formen drehen im Sinne des Ausgangsmaterials: $[\alpha]_D = \pm 47^0$.

Fenchonoxim, $C_{10}H_{16}NOH$
[A. **259**, 326 ff.; **263**, 136; **272**, 104, 107; **276**, 317, 322; **286**, 140; **362**, 199].

Darstellungsmethoden sind beschrieben: A. **263**, 136; **272**, 104; **315**, 278.

Eigenschaften: Kristallisiert monosymmetrisch [A. **259**, 327]. Der Schmelzpunkt ist sehr abhängig von der Art des Erhitzens. Aktive Modifikationen: F. 161—165°. (Die inaktive Modifikation schmilzt etwas niedriger) $[\alpha]_D = \pm 48°$ und 47,09° [A. **272**, 104 Anm.; **362**, 199]. Das Drehungsvermögen ändert sich in Lösung [A. **272**, 104; **276**, 317].

Fenchonoxim ist mit Wasserdämpfen flüchtig, sublimiert leicht und destilliert bei gewöhnlichem Druck bei ca 240°. Mit HCl verbindet es sich zu dem

Chlorhydrat $C_{10}H_{16}NOH \cdot HCl$, F. 118—119° [A. **259**, 328]. Mit verdünnter Schwefelsäure gibt das Oxim Fenchonitril (s. S. 547), bei der Reduktion entsteht Fenchylamin (s. S. 542), bei der Behandlung mit N_2O_3 liefert es ein Nitrimin $C_{10}H_{16}N_2O_2$[A. **379**, 217] (s. S. 542).

Fenchylalkohol, $C_{10}H_{17}OH$
[A. **263**, 143; **272**, 104, 107; **284**, 331].

Darstellung: Durch Reduktion von Fenchon in alkoholischer Lösung mit Natrium. Als Nebenprodukt entsteht er bei der Darstellung der Fenchocarbonsäure (neben einem kristallisierten Pinakon[?], $C_{20}H_{34}O_2$ oder $C_{20}H_{32}O_2$, F. 122°) [A. **315**, 273; **369**, 69 Anmerk.].

Eigenschaften: Kp. 200—201°, F. der aktiven Formen 45°, der inaktiven Form niedriger. Dreht in umgekehrtem Sinne wie das Ausgangsmaterial: $[\alpha]_D = \mp 10{,}35°$. Riecht durchdringend und unangenehm. Ist giftig. Wird beim Kochen mit Salpetersäure in Fenchon zurückverwandelt.

Esterifiziert sich leicht mit unorganischen Säuren, mit Jodphosphor oder PCl_3 z. B. bildet sich ein Phosphorigsäureester in Form hochschmelzender Nadeln [A. **284**, 332].

Bei der Wasserentziehung gibt der Alkohol Fenchen (s. S. 538).

Bei der Reduktion mit Jodwasserstoff und Phosphor entsteht Tetrahydrofenchen (s. S. 553), mit PCl_5 Fenchylchlorid (s. S. 538).

Fenchylchlorid, $C_{10}H_{17}Cl$
[A. **263**, 148; **284**, 332; **302**, 372; 375, 382; **315**, 281, 282].

Darstellung: Durch Umsetzung von Fenchylalkohol mit Phosphorpentachlorid in Ligroin- oder Chloroformlösung (neben Phosphorsäureestern) oder durch Addition von HCl an Fenchen.

Eigenschaften: $Kp._{14}$ 84—86°. Mit Wasserdämpfen flüchtig. Zeigt verschiedene Eigenschaften, namentlich verschiedenes Drehungsvermögen, je nach den Bedingungen der Darstellung [A. **302**, 375]. Geht beim Erwärmen mit Anilin über in Fenchen (s. unten). Liefert gelegentlich dieser Umsetzung bisweilen als Nebenprodukt ein

Anilid, $C_{10}H_{17}NHC_6H_5$, F. 93—94°, $[\alpha]_D = +10{,}94°$ [A. **263**, 150; **302**, 382].

Bei Oxydation von Fenchylchlorid mit Permanganat entsteht Oxyfenchensäure (s. S. 539) [A. **302**, 382].

II. Fenchen, $C_{10}H_{16}$

[A. **263**, 150; **284**, 332; **300**, 313; **302**, 372; 376; **315**, 279, 284; **357**, 53; **362**, 181; **363**, 3].

Darstellung: Durch Umsetzung von Fenchylchlorid mit Anilin oder besser Chinolin. Synthetisch gewonnen aus Nopinolessigsäure (s. S. 534) durch Wasser- und CO_2-Abspaltung [A. **357**, 53; **363**, 3].

Eigenschaften: Es entstehen je nach der Art des angewandten Fenchylchlorids verschiedene Modifikationen von abweichenden optischen Eigenschaften ($[\alpha]_D$ schwankt zwischen ± 21°) und von verschiedenem Verhalten bei der Oxydation (s. S. 539).

An verschiedenen Präparaten festgestellte physikalische Konstanten:

Kp. 154—155°, $d = 0{,}8660$, $n_D = 1{,}4693$ bei 18°.

Kp. 155—156°, $d = 0{,}8670$, $n_D = 1{,}4705$ bei 18°.

Kp. 158—160°, $d = 0{,}864$, $n_D = 1{,}4690$ bei 20°.

Sehr reines D-l-Fenchen wurde (neben Limonen) durch Umsetzung von Fenchylaminnitrit erhalten [A. **362**, 181].

Kp. 155—158°, $d = 0{,}869$, $n_D = 1{,}4724$ bei 19°, $M = 43{,}86$, $[\alpha]_D = -32°$.

Fenchen riecht wie Camphen, gibt mit einem Molekül HCl Fenchylchlorid. Gegen starke Salpetersäure ist es ziemlich beständig, durch Erwärmen mit verdünnter Schwefelsäure wird es verändert [A. **315**,

281], mit alkoholischer oder Eisessig-Schwefelsäure gibt es Isofenchylalkohol (s. S. 556) [A. **315**, 282; **362**, 191].

Fenchendibromid, $C_{10}H_{16}Br_2$ [A. **362**, 182, 199]. F. 87—88° (aktiv), F. 62° (inaktiv), $[\alpha]_D = +42{,}83^0$ (aus D-l-Fenchen).

Verhalten des Fenchens bei der Oxydation.

Die verschiedenen Fenchene werden verschieden leicht durch Permanganat angegriffen, D-l-Fenchen am schwierigsten [A. **302**, 377; **315**, 280, 283; **362**, 183]. Die schwer angreifbaren Fenchene liefern hell gefärbte Oxydationsflüssigkeiten, die leicht oxydierbaren braungefärbte. D-d-Fenchen gibt bei der Oxydation am abgeschiedenen Mangandioxyd festhaftende Produkte. Als wichtigste Oxydationsprodukte wurden α-Oxysäuren $C_{10}H_{16}O_3$ und eine Ketosäure $C_8H_{12}O_3$ (Semicarbazon, F. 210°) isoliert [A. **315**, 287].

Oxyfenchensäuren, $C_8H_{14}C(OH)COOH$.

Es wurden bisher zwei Säuren $C_{10}H_{16}O_3$ von scharf unterschiedenen Schmelzpunkten (152° bzw. 153—154° und 137—138°) aus Fenchen gewonnen, deren Gemische aber wechselnde und zwar viel niedriger liegende Schmelzpunkte aufweisen können. Ein isomorphes Gemisch beider Säuren schmilzt z. B. bei 118° [A. **315**, 285]. Man kann die Säuren durch die verschiedene Löslichkeit der Kalium- oder besser der Baryumsalze trennen. Die Natriumsalze sind schwer löslich.

1. D-l-Oxyfenchensäure, $C_{10}H_{16}O_3$.[1]

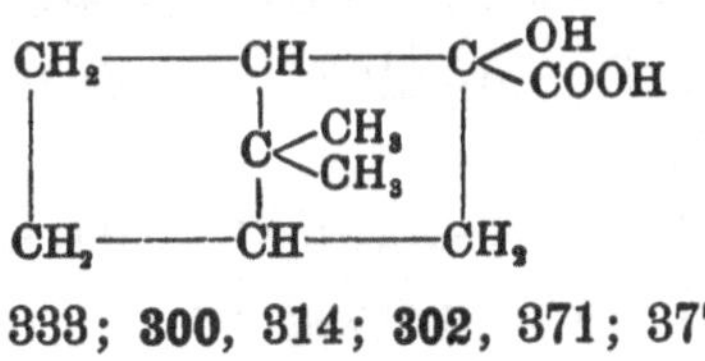

[A. **257**, 56; **284**, 333; **300**, 314; **302**, 371; 377; **315**, 285, 288].

Entsteht aus D-l-Fenchen oder auch aus Fenchylchlorid mit Permanganat [A. **302**, 382]. F. 152—153° und 153—154°, $[\alpha]_D = -56{,}8^0$, —62,98° [A. **362**, 184]. Schwer löslich in Wasser, gibt ein schwer lösliches Kalisalz, auch das Ammoniumsalz ist ziemlich schwer löslich.

---

[1] Die L-d-Oxyfenchensäure hat ganz korrespondierende Eigenschaften, nur umgekehrtes Drehungsvermögen.

Acetylverbindung, $C_9H_{14}<\begin{smallmatrix}OCOCH_3\\COOH\end{smallmatrix}$, F. 109—110°. Die aktive l-Säure gibt bei der Oxydation D-d-Fenchocamphoron (s. unten), bei weiterer Oxydation Apocamphersäure [s. S. 541].

Über L-d-Oxyfenchensäure s. A. **302**, 379.

Die racemisch inaktive Säure schmilzt bei 142—143°.

2. D-d-Oxyfenchensäure[1]

[A. **263**, 152; **284**, 333; **302**, 378; **315**, 293].

Entsteht aus D-d-Fenchen.

F. 137—138°,[2] $[\alpha]_D = + 7{,}7°$. Schwer löslich in Wasser. Das Kaliumsalz ist etwas leichter, das Baryumsalz etwas schwerer löslich als bei der D-l-Säure. Acetylverbindung, F. 122—124°.

Die Säure gibt bei der Oxydation D-l-Fenchocamphoron (s. S. 541).

Fenchocamphoron, $C_9H_{14}O$

[A. **300**, 315; **302**, 383; **315**, 288; **357**, 56].

1. D-d-Fenchocamphoron.

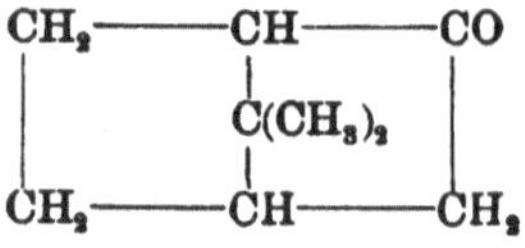

Entsteht bei der Oxydation der Oxyfenchensäure F. 153°.

Kp. 202°, F. 109—110°,[3] $[\alpha]_D = + 14{,}4°$. Dem Campher sehr ähnlich, sehr flüchtig, merklich löslich in Wasser, gesättigt.

Semicarbazon, F. 210—212°, (206—208°) [A. **357**, 56], linksdrehend, $[\alpha]_D = - 131{,}3°$.

Oxim, F. 69—71°, $[\alpha]_D = - 50{,}3°$. Gibt bei der Reduktion mit Natrium in amylalkoholischer Lösung die

Base $C_9H_{15}NH_2$, Kp. 196—199°, erstarrt in der Kälte. Chlorhydrat, kristallisiert gut.

---

[1] Die L-l-Oxyfenchensäure verhält sich gleich.

[2] Die Säure aus synthetischem Fenchen (aus Nopinon, s. S. 538) schmolz etwas niedriger, weil sie etwas inaktive Säure enthält.

[3] Die Schmelzpunkte sind nicht leicht zu nehmen und etwas wechselnd gefunden.

Das Oxim geht mit verdünnten Säuren über in

Fenchocamphoronitril, $C_8H_{13}CN$ [A. **300**, 316; **315**, 289]: Kp. 212—213°. Daneben entsteht eine feste, bei 141° schmelzende Verbindung. Das Nitril gibt bei der Verseifung

Fenchocamphoceensäure, $C_8H_{15}\cdot COOH$, $Kp._{100}$ 177—182°. Bei der Reduktion entsteht aus dem Nitril die

Base $C_9H_{15}NH_2$, Harnstoff, Nadeln F. 131—132°.

Über das Verhalten des D-d-Fenchocamphorons bei der Oxydation s. unten.

2. D-l-Fenchocamphoron
[A. **300**, 315; **302**, 384; **315**, 293].

Entsteht aus der Oxyfenchensäure F. 138°.

F. 62—63°, Kp. 201—202°, $[\alpha]_D = -16,69°$. Sehr flüchtig, in Wasser etwas löslich.

Semicarbazon, Prismen F. 204—206°, rechtsdrehend.

Oxim, F. 54—56°, sehr löslich, $[\alpha]_D = +49,03°$. Liefert mit Säuren ein Nitril.

Verhalten des Fenchocamphorons bei der Oxydation
[A. **300**, 317; **315**, 291, 294; **362**, 185].

Aus D-d-Fenchocamphoron entsteht bei der Oxydation mit Salpetersäure ein Gemenge von Säuren, unter denen die Camphopyrsäure (Apocamphersäure) nachgewiesen wurde (F. 202°, F. des Anhydrids 176—177°, der Anilsäure 211°). Dieselbe Säure entsteht bei der Oxydation von D-d-Fenchocamphoron (oder direkt von D-l-Oxyfenchensäure) bei der Oxydation mit Permanganat.

D-l-Fenchocamphoron wird von Salpetersäure leichter angegriffen. Unter den Oxydationsprodukten wurde eine wahrscheinlich mit asymmetrischer Dimethylbernsteinsäure identische Säure aufgefunden.

Fenchocamphorol, $C_9H_{15}OH$ [A. **300**, 316; **315**, 288].

Entsteht bei der Reduktion des D-d-Fenchocamphorons neben einem Pinakon (?) $C_{18}H_{30}O_2$, F. 192—193°.

Eigenschaften: F. 128—130°, riecht wie Borneol.

Über die vom d-Fenchon abgeleiteten Verbindungen von sehr wechselndem optischen Verhalten wurde A. **302**, 385 folgende Übersicht gegeben:

d-Fenchon

↓

D-l-Fenchylalkohol (F. 45°).

↙ ↘

D-d-Fenchen	**D-l-Fenchon**
D-d-Oxyfenchensäure (F. 138—139°)	**D-l-Oxyfenchensäure (F. 152—153°)**
D-l-Fenchocamphoron (F. 62—63°)	**D-d-Fenchocamphoron (F. 109—110°)**
D-d-Fenchocamphoronoxim (F. 54—56°)	**D-l-Fenchocamphoronoxim (F. 69—71°)**
D-d-Fenchocamphoronsemicarbazon (F. 204—206°)	**D-l-Fenchocamphoronsemicarbazon (F. 210—212°)**

Fenchonitrimin, $C_{10}H_{16}N_2O_2$ [A. **379**, 217].

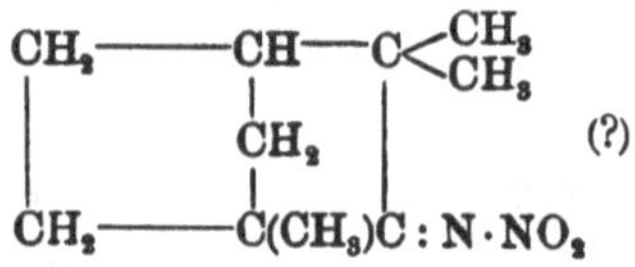

(?)

Die von Rimini durch Einwirkung von N_2O_3 auf Fenchonoxim zuerst dargestellte Verbindung ist mit Wasserdampf ziemlich leicht flüchtig. F. 59—60° (aus verd. Methylalkohol) rechtsdrehend. $[\alpha]_D = +25{,}83^0$.

Das Nitrimin liefert beim Eintragen in konz. Schwefelsäure ein ungesättigtes Keton $C_{10}H_{16}O$, den „Isocampher" (dieselbe Verbindung entsteht aus Camphernitrimin (s. S. 564). Dies Keton $C_{10}H_{16}O$, der Isocampher, ist nicht, wie Rimini annahm, Δ^6-Methyl(1)-isopropyl(5)-cyclohexenon(2), sondern:

Acetyl(1)-isopropyl(3)cyclopenten (Isopinolon) [A. **392**, 73, 75].

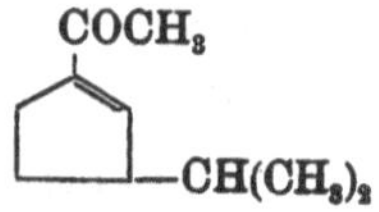

Eigenschaften: Kp. 216°, $d_{20} = 0{,}9260$, $n_D = 1{,}4758$, $M = 46{,}39$ (ber. 45 82). Veränderlich, schon beim Trocknen über Pottasche. Gibt bei der Reduktion Dihydropinolon (s. S. 267, 404).

III. Fenchylamin, $C_{10}H_{17}NH_2$

[A. **263**, 140; **269**, 358; **272**, 105; **276**, 318ff.].

Darstellung: Durch Reduktion von Fenchonoxim oder durch Erhitzen von Fenchon mit Ammoniumformiat.

Eigenschaften: Kp. 195°, $d=0{,}9095$ bei 22°. Optisch aktiv in umgekehrtem Sinne wie Fenchon: $[\alpha]_D=+24{,}89°$. Zieht stark Kohlensäure an. Der Geruch erinnert gleichzeitig an Piperidin und Bornylamin. Liefert bei der Umsetzung mit salpetriger Säure ein Gemenge von Fenchen, Limonen (Dipenten) und Cineol [A. **362**, 181, 187].

Salze: Chlorhydrat, löslich in Äther, durchsichtige Prismen. Jodhydrat, in Wasser und verdünntem Alkohol ziemlich löslich, gut kristallisiert. Platinsalz, wasserhaltige Prismen. Nitrat, gut kristallisierbar. Nitrit, luftbeständige Nadeln. Sulfat, nicht ganz leicht löslich. Oxalat, schwer löslich. Pikrat, leicht löslich in Äther. Tartrat, sehr schwer löslich in Alkohol, durch Alkohol aus der wäßrigen Lösung fällbar. Carbaminsaures Salz, in Wasser fast unlöslich.

Derivate:

Formylfenchylamin, F. 114°, $[\alpha]_D=-36{,}56°$, zeigt Birotation.

Acetylfenchylamin, F. 99°, $[\alpha]_D=-46{,}62°$. Propionylfenchylamin, F. 123°, $[\alpha]_D=-53{,}16°$.

Butyrylfenchylamin, F. 77,5°, $[\alpha]_D=-53{,}11°$. Benzoylfenchylamin, F. 133—135°. Oxalylfenchylamin, F. 188°. Benzylidenfenchylamin, F. 42°, $[\alpha]_D=+73{,}14°$, i-Form ist flüssig. o-Oxybenzylidenfenchylamin, F. 95°, $[\alpha]_D=+66{,}59°$, i-Form: F. 64—65°. p-Oxybenzylidenfenchylamin, F. 175°, $[\alpha]_D=+72°$.

o-Methoxybenzylidenfenchylamin, F. 56°, $[\alpha]_D=+59{,}2°$.

p-Methoxybenzylidenfenchylamin, F. 55°, $[\alpha]_D=+78{,}05°$.

Carbamid, F. 170—171°. Sulfocarbamid, F. 153—154°, i-Form F. 169—170°.

Methylfenchylamin, Kp. 201—202°, $d=0{,}895$, $n_D=1{,}46988$ bei 20,5°.

Nitrosomethylfenchylamin, F. 52—53°.

Benzylfenchylamin, $Kp._{16}$ 190—191°, $d=0{,}9735$ bei 20°. Nitrosobenzylfenchylamin, F. 93°. Chlorhydrat und Platinsalz sind gut kristallisiert.

Mit Chloral bildet Fenchylamin Formylfenchylamin (s. oben).

IV. Fencholsäure, $C_{10}H_{18}O_2$ [A. **369**, 71; **379**, 182; **381**, 78].

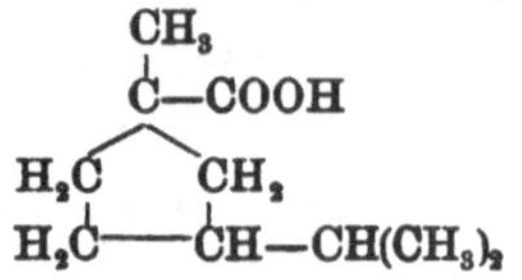

Entstehung: Durch Hydrolyse aus Fenchon, beim Erhitzen mit Kali auf 220—240° (s. o.) [A. **369**, 72], ferner bei der Reduktion von β-Fencholensäure [A. **379**, 212; **381**, 78] s. S. 553.

(Die Fencholsäure bietet, namentlich auch in bezug auf ihre Entstehung eine Analogie mit Campholsäure [A. **369**, 73].

Eigenschaften: Kp. 255—256°. Kp.$_{17}$ 157—152°. F. 18—19°, $d_{20}=0{,}9700$, $n_D=1{,}4563$, $\alpha_D=+3^\circ 55'$.

Schwache Säure; wird aus den Alkalisalzen durch überschüssige Kohlensäure gefällt. Die Alkalisalze sind schwer löslich in überschüssigem Alkali, zum Teil unzersetzt flüchtig [A. **369**, 74], zum Teil spalten sie sich unter Bildung von C_9H_{16} [A. **369**, 77] und anderen Kohlenwasserstoffen.

Fencholsäurechlorid, $C_9H_{17}COCl$, Kp. 218—219°, $d_{20}=1{,}0045$, $n_D=1{,}4606$ $[\alpha]_D=-2{,}43^\circ$ [A. **369**, 75].

Fencholsäureamid, entsteht aus dem Chlorid mit Ammoniak, bequemer nach Semmler durch Erhitzen von Fenchon mit Natriumamid. F. 94° [A. **369**, 76] und bei der Reduktion von β-Fencholensäureamid [A. **381**, 78], s. S. 553.

Anilid F. 79—80°, Äthylester Kp. 222—223°, $d_{19}=0{,}913$, $n_D=1{,}4392$. Isoamylester Kp. 262—269°, $d_{19}=0{,}903$, $n_D=1{,}4436$.

Fenchelylisocyanat, $C_9H_7N{:}CO$.

Entsteht aus Fencholsäureamid, Brom und Alkali (neben Fenchelylharnstoff F. 169°).

Eigenschaften: Kp. 201°, $d_{19}=0{,}921$, $n_D=1{,}4461$, $[\alpha]_D=+3{,}04$, $M=48{,}36$ (ber. 48,16). Relativ beständig, mit Wasserdampf ohne wesentliche Zersetzung flüchtig. Gibt mit Aminen Harnstoffe: $C_9H_{17}NHCONH_2$, F. 129—130°; $C_9H_{17}NHCONC_5H_{11}$ F. 96°; $C_9H_{17}NHCONHC_9H_{17}$ F. 169°, zerfällt mit Säuren unter Entstehung von C_9H_{16} (s. u.).

Das Isocyanat zerfällt mit Säuren unter Entstehung von:

Fenchelylamin, $C_9H_{17}NH_2$, 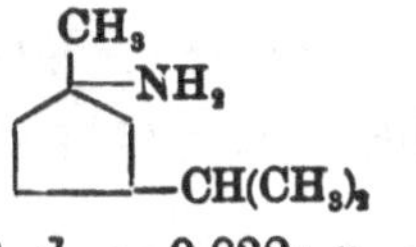 [A. **369**, 81; **379**, 204].

Eigenschaften: Kp. 173°, $d_{21} = 0{,}832$; $n_D = 0{,}4450$. Riecht stark, zieht sehr schnell CO_2 an.

Chlorhydrat F. 169—170°, luftbeständig $[\alpha]_D = +2{,}95°$. Zerfällt bei der trockenen Destillation unter Entstehung von C_9H_{16} (s. S. 546).

Fenchelylalkohol, Methyl(1)-isopropyl(3)-cyclopentanol(1),

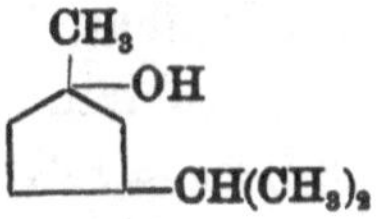

[A. **379**, 204; **388**, 61].

Entsteht bei der Umsetzung von Fenchelylamin mit N_2O_3. Kann auch aus Isopropylcyclopentanon und Magnesiumjodmethyl bereitet werden [A. **388**, 61] s. S. 403.

Eigenschaften: Kp. 185—187°, F. 76°. Sublimiert leicht, riecht wie Terpineol.

Fencholsäurenitril = Dihydro-β-Fenchonitril, 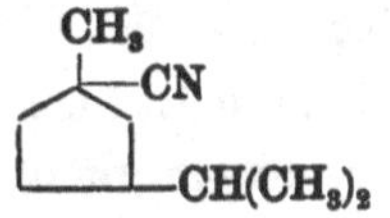
[A. **379**, 198; **381**, 79].

Entsteht durch Wasserentziehung aus Fencholsäureamid.

Eigenschaften: Kp. 217—218°, $d_{19} = 0{,}8680$, $n_D = 1{,}4426$, rechtsdrehend. $\alpha_D = +5° 45'$. Liefert bei der Reduktion die

Base: 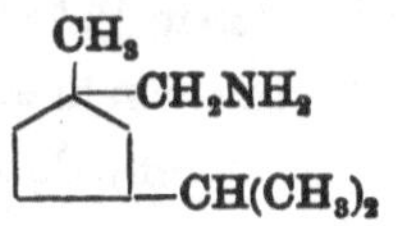 [A. **379**, 199].

Eigenschaften: Kp. 204°, $d_{20} = 0{,}8500$, $n_D = 1{,}4545$ zieht rasch Kohlensäure an.

Chlorhydrat, F. 172—173°. Phenylharnstoff, F. 104—105°.

Fenchelylharnstoff $CO<\begin{matrix}NHC_{10}H_{19}\\NHC_9H_{17}\end{matrix}$, F. 127—128°. Benzoylverbindung F. 81—82°.

Mit salpetriger Säure liefert die Base einen Alkohol $C_{10}H_{19}OH$, Kp. 212—214°, $d_{18} = 0{,}903$, $n_D = 1{,}4603$ (vielleicht ein Gemisch von meta- und para-Menthanol) und einen Kohlenwasserstoff $C_{10}H_{18}$. Kp. 175 bis 176°, $d_{20} = 0{,}824$, $n_D = 1{,}4571$, $\alpha_D = +32{,}13°$ [A. **379**, 200].

Kohlenwasserstoff C_9H_{16}.
Δ^1- und Δ^5-Methyl-(1)-isopropyl-(3)-cyclopenten

und

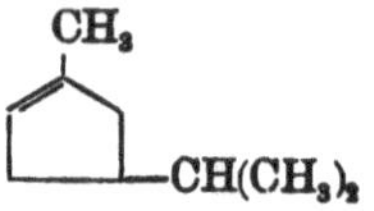

[A. **369**, 78, 83; **379**, 182; vergl. ferner Pulegen S. 373].

Bildungsweise: Aus Fenchelylaminchlorhydrat und aus fencholsauren Salzen bei der trockenen Destillation; aus Fenchelylharnstoff F. 169 (s. o.) beim Erwärmen mit Schwefelsäure.

Eigenschaften des schwer zu trennenden Gemisches [A. **369**, 83, 84]: Kp. 142—143°, $d_{21} = 0{,}7945$, $n_D = 1{,}4403$. $[\alpha]_D = +66{,}21$, $M = 41{,}15$ (ber. 41,03).

Nitrosochlorid. Gemisch, aus dem ein einheitliches Präparat F. 115° (118°) isoliert wurde [A. **379**, 192], $[\alpha]_D = -272°$.

Nitrolpiperidid. F. 160—161° $[\alpha]_D = -142{,}6°$.

Das Nitrosochlorid setzt sich mit Natriumacetat in Eisessiglösung nicht glatt um. Es entsteht neben einer gesättigten Substanz $C_9H_{15}ON$ [Kp. 250—252°, Semicarbazon F. 171—173°] das Oxim eines ungesättigten Ketons $C_9H_{14}O$, Kp. 192—196°, Semicarbazon F. 210—212° (aus einem nicht einheitlich schmelzenden Nitrosochlorid-Anteil wurde ein Keton Kp. 204—206°, Semicarbazon F. 149—150° isoliert).

Bei der Reduktion des Nitrosochlorids F. 115° mit Zink und Essigsäure wurde ein gesättigtes Keton $C_9H_{16}O$ erhalten: Kp. 184°, $d_{20} = 0{,}887$, $n_D = 1{,}4402$, $M = 41{,}61$ (ber. 41,61), Oxim F. 78°, Semicarbazon F. 197 bis 198°, das identisch mit Dihydropulegenon = Dihydrocampherphoron

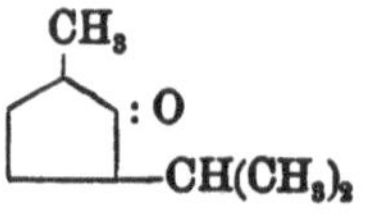

war. Damit ist bewiesen, daß sich das Nitrosochlorid F. 115° vom Δ^1-Methyl-(1)-isopropyl(3)-cyclopenten ableitet [A. **369**, 96; **379**, 198].

Oxydationsprodukte aus dem Gemisch von Δ^1- und Δ^5-Methyl(1)-isopropyl(3)-cyclopenten [A. **379**, 185].

I. Ketosäure $C_9H_{16}O_3$ (β-Isopropyl-γ-acetylbuttersäure) F. 19°, rechtsdrehend. Oximsäure F. 118—119°. Semicarbazon F. 173—175°, liefert mit Hypobromit: β-Isopropylglutarsäure F. 99—100°.

II. Ketosäure $C_9H_{16}O_3$, Kp.$_{19}$ 175—180°, $[\alpha]_D = -6{,}18°$. Oximsäure ölig; Semicarbazon in Wasser und in Äther leicht löslich, amorph.[1] F. unscharf 138—140° (150—152°), liefert mit Hypobromit: l-α-Isopropylglutarsäure F. 92—93°, $[\alpha]_D = -15{,}82°$. Anhydrid F. 64—66°, $[\alpha]_D = +3{,}6°$. Anilsäure F. 153—155° und 129—130° linksdrehend.

Verlauf der Reaktionen:

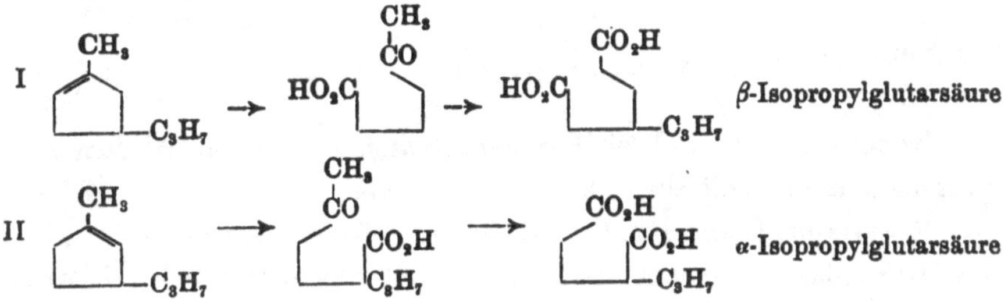

Oxydationsprodukte aus Fencholsäure [A. **369**, 86 ff.].

Fencholsäure wird von Permanganat leicht angegriffen. Als Produkte der Oxydation wurden isoliert:

1. ein Lacton $C_{10}H_{16}O_2$, Kp.$_{20}$ 134—135°, Kp.$_{760}$ 251—252°, F. 11°. Mit Wasserdampf flüchtig. Liefert bei der Aufspaltung eine Monooxysäure $C_{10}H_{18}O_3$, F. 80—81° [Geht leicht in das Ausgangslacton zurück. Natriumsalz schwer löslich in Alkali.] und eine isomere Säure F. 110—112°.

2. Zwei Oxylactone $C_{10}H_{16}O_3$, mit Wasserdampf nicht flüchtig.

a) F. 189—190°, in Äther sehr schwer löslich. Zugehörige Dioxysäure, $C_{10}H_{18}O_4$, F. 130—133°, sehr löslich in Wasser.

b) F. 70—71°, in Äther leicht löslich. Zugehörige Dioxysäure $C_{10}H_{18}O_4$. F. 130°, nicht identisch mit der gleich schmelzenden isomeren Säure (a).

3. Nicht flüchtige Säuren (z. T. die oben erwähnten lactonbildenden Oxysäuren und Oxalsäure) und eine gelbe, flüchtige Verbindung (Orthodiketon ?).

V. Fenchonitril, $C_9H_{15}\cdot CN$

[A. **259**, 328; **263**, 137; **269**, 330; **272**, 105; **315**, 278; **379**, 205; **381**, 75].

Darstellung: Durch Kochen von Fenchonoxim mit verdünnten Säuren (es entsteht dabei wesentlich α-Nitril) oder aus Fencholensäureamid oder β-Isofenchonoxim (s. S. 550) mit P_2O_5. Beim Kochen von Fenchonoxim mit Kaliumbisulfatlösungen entsteht auch reichlich β-Nitril.

[1] Die auffallenden Eigenschaften dürften durch Beimengungen von Fremdstoffen bedingt sein.

Die beiden Modifikationen sind sehr schwer ganz rein zu erhalten. Es ist je nach der Darstellungsmethode leicht Fenchon oder Fencholensäureamid beigemengt, die den Siedepunkt beeinflussen [A. **379**, 206].

α-Fenchonitril, 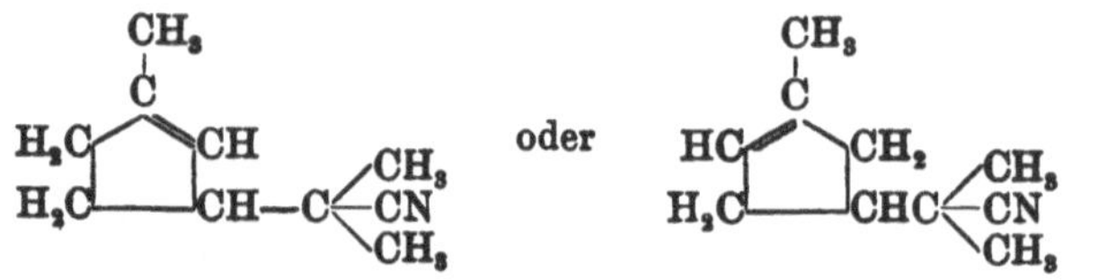

Kann von dem viel leichter verseifbaren β-Fenchonitril durch Erwärmen mit alkoholischem Alkali befreit werden.

Eigenschaften: Kp. 217—218°, $d_{20}=0{,}898$, $n_D=1{,}4611$, $[\alpha]_D=+43{,}31°$ (dargestellt aus Fenchonoxim mit verdünnter Schwefelsäure). Kp. 216—218°, $d_{20}=0{,}9005$, $n_D=1{,}4601$, $[\alpha]_D=+43{,}38°$ (dargestellt aus Fencholensäureamid mit P_2O_5).

Bildet kristallinische Additionsprodukte mit Halogenwasserstoffsäuren und mit Nitrosylchlorid.

$C_{10}H_{15}N \cdot HCl$, F. 57—58°, linksdrehend. Das aus dem Hydrochlorid durch Alkali regenerierte Nitril dreht schwächer nach rechts als das Ausgangsmaterial.

$C_{10}H_{15}N \cdot HBr$, F. 60°, $C_{10}H_{15}N \cdot HJ$, F. 54—55°.

$C_{10}H_{15}N \cdot NOCl$, F. 123—124° stark linksdrehend. Das durch Basen daraus regenerierte Nitril zeigt $[\alpha]_D=+43{,}19°$ [A. **379**, 207].

Das α-Fenchonitril gibt beim Kochen mit alkoholischem Alkali schwer weiter verseifbares α-Fencholensäureamid F. 113—114° (s. unten); bei der Reduktion mit Palladiumwasserstoff linksdrehendes Dihydro-α-Fenchonitril Kp. 214—215°, $d_{20}=0{,}8730$, $n_D=1{,}4434$ [A. **381**, 76] (s. unten S. 551), bei der Reduktion mit Natrium und Alkohol α-Fencholenamin und Fencholenaminhydrat (s. S. 551), bei der Reduktion mit Jodwasserstoff Dihydrofencholen (s. S. 549).

Bei der Oxydation des α-Fenchonitrils mit Permanganat entsteht [A. **379**, 208]:

Dioxydihydrofenchonitril, $C_{10}H_{15}(OH)_2N$. Prismen, F. 86°, leicht löslich in Wasser, schwer in Äther und Ligroin. Gibt beim Kochen mit Schwefelsäure ein Ketonitril, F. 62—63°, mit Wasserdampf flüchtig. Semicarbazon F. 204—206°.

Dioxyfenchonitril verseift sich leicht zu einer Dioxycarbonsäure F. 111° und liefert bei weiterer Oxydation Ketonitrilcarbonsäure

$C_{10}H_{15}O_3N$. Semicarbazon F. 190—192°, Oximsäure F. 260—262°. (Über den voraussichtlichen Verlauf des Abbaus s. A. **379**, 211.)

α-Fencholensäure, $C_9H_{15}\cdot COOH$

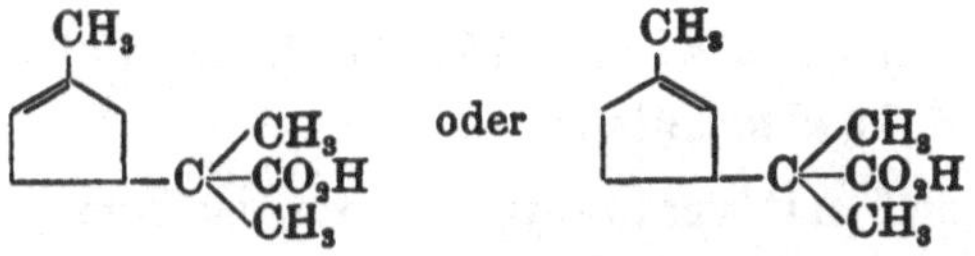

[A. **259**, 330; **269**, 334; **300**, 306; **315**, 277].

Darstellung: Aus dem Nitril oder Amid durch mehrtägiges Kochen mit alkoholischem Alkali.

Eigenschaften: 1. Flüssig, Kp. 260—261°, $d=1{,}0045$, $n_D=1{,}4768$ bei 16°. Amid (s. unten), F. 113—114°. Leitfähigkeitsversuche: A. **269**, 338. Ungesättigt. Addiert HCl unter Bildung von

Hydrochlorfencholensäure, $C_{10}H_{17}ClO_2$, F. 97—98° [A. **269**, 336]. Methylester, $Kp._{14}$ 124—125° [A. **300**, 307]. Gibt bei HCl-Entziehung Methylester, $C_9H_{15}\cdot COOCH_3$ [A. **300**, 307]. $Kp._{18}$ 97—98°, riecht geraniumähnlich. Mit Hypobromit gibt die α-Fencholensäure ein

Lacton, $C_{10}H_{15}O_2Br$, F. 76° [A. **300**, 312; **315**, 279].

Bei der Reduktion mit Jodwasserstoff und Phosphor gibt die Säure einen gesättigten

Kohlenwasserstoff C_9H_{18} (Dihydrofencholen), Kp. 141 bis 142°, $d=0{,}79$, $n_D=1{,}43146$ bei 20° [A. **269**, 341].

α-Fencholensäureamid,[1] $C_9H_{15}CONH_2$

[A. **259**, 330; **269**, 332; **272**, 105; **284**, 333; **315**, 279].

1. Das α-Amid entsteht aus dem α-Nitril durch alkoholisches Alkali oder beim Erhitzen des Ammoniaksalzes der flüssigen Fencholensäure auf 205—210°.

Eigenschaften: Aktive Form F. 113—114°, inaktive Form F. 98 bis 99° [A. **272**, 108]. Kristallisiert in Blättchen. Ist schwer löslich in Wasser und sehr schwer durch Alkali verseifbar. In Säuren ist es löslich und durch Alkali wieder fällbar. Dreht in demselben Sinne wie das entsprechende Fenchonoxim. $[\alpha]_D=+28{,}82°$ (in Alkohol). Addiert in Lösung Brom [A. **269**, 333] und Jodwasserstoff [A. **300**, 308].

[1] Anfangs „α-Isofenchonoxim“ genannt.

Wird durch Permanganat oxydiert zu Dimethylmalonsäure [A. **269**, 333].

Gibt mit P_2O_5 α-Fenchonitril [A. **284**, 334], bei der Reduktion mit Natrium (neben Fencholensäure und Fencholenamin) Isofencholenalkohol (s. S. 552) [A. **284**, 337; **300**, 308], mit Palladiumwasserstoff Dihydroamid F. 134° s. unten.

Isomerisiert sich mit verdünnten Säuren zu dem

Lactam[1], $C_{10}H_{17}NO$,

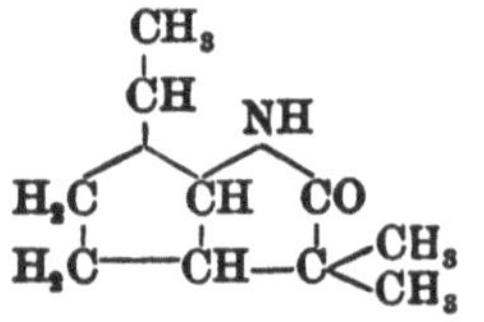

[A. **269**, 332; **272**, 105, 108; **284**, 334, 335; **286**, 140; **300**, 322].

Darstellung: Aus α-Fencholensäureamid, F. 113—114°, durch Kochen mit verdünnten Säuren.

Eigenschaften: Optisch aktiv, dreht in demselben Sinne wie das zugehörige Fenchonoxim. F. 137°, die racemisch inaktive Form schmilzt bei 160—161°. Destilliert ohne Zersetzung. Große Kristalle, ziemlich löslich in Wasser. Hat als Lactam basische Eigenschaften.

Chlorhydrat, F. 149°. Sulfat, seidenglänzende Nadeln.

Die Verbindung ist gesättigt, Brom wird nicht aufgenommen. Beim Erwärmen mit P_2O_5 entsteht Fenchonitril (s. S. 547), bei der Oxydation mit Permanganat Dimethylmalonsäure, F. 188°.

α-Dihydrofencholensäure, $C_{10}H_{18}O_2$, [A. **379**, 214; **381**, 80].

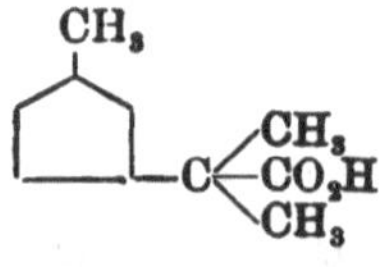

Darstellung: Durch direkte Reduktion von α-fencholensaurem Natrium mit Palladiumwasserstoff, oder durch Hydrolyse des α-Dihydrofencholensäureamids, F. 134—135°, mit Salzsäure.

Eigenschaften: Kp. 259—260°, $d_{20} = 0{,}9740$, $n_D = 1{,}4583$ $\alpha_D = +2°45'$.

α-Dihydrofencholensäureamid, $C_9H_{17}CONH_2$, F. 134—135°. Entsteht bei der Reduktion von α-Fencholensäureamid F. 114° mit

[1] Anfangs „β-Isofenchonoxim" genannt.

Palladiumwasserstoff. In Äther schwerer löslich als das ungesättigte Amid $[\alpha]_D = +4{,}95$.

Liefert mit Brom und Alkali ein Isocyanat, das leicht in den Harnstoff, $(C_9H_{17}NH)_2CO$, F. 184—185°, übergeht.

α-Dihydrofencholensäureanilid F. 98—99°.

α-Dihydrofenchonitril [A. **381**, 75, 76].

Entsteht bei der direkten Reduktion von Fencholensäurenitril oder durch Wasserabspaltung aus α-Dihydrofencholensäureamid F. 134°.

Eigenschaften: Kp. 214—215°, $d_{20} = 0{,}8739$, $n_D = 1{,}4434$ $\alpha_D = -5°$. Sehr schwer verseifbar. Liefert dabei das Amid F. 134°.

α-Fencholenamin, $C_9H_{15}CH_2NH_2$
[A. **263**, 138; **269**, 369; **284**, 336; **300**, 310].

Darstellung: Durch Reduktion von Fenchonitril (oder Fencholensäureamid) in alkoholischer Lösung durch Natrium. Daneben entsteht, falls der Alkohol nicht ganz wasserfrei war, ein Hydrat (s. unten).

Eigenschaften: Kp. 205°. Zieht leicht Kohlensäure an. Nitrat, gut kristallisiert, Sulfat und Oxalat sind schwer löslich in kaltem Wasser. Die Base ist ungesättigt und gibt mit salpetriger Säure Fencholenalkohol und Fenchelen (s. S. 552).

Benzoylverbindung, F. 88—89°. Acetylverbindung, ölig, $Kp._{21}$ 180°. Mit überschüssiger Salzsäure entsteht aus Fencholenamin ein Dichlorhydrat, $C_{10}H_{18}ClNH_2 \cdot HCl$.

Furfurolverbindung, $Kp._{16}$ 167°.

α-Fencholenaminhydrat, $C_9H_{16}(OH)CH_2NH_2$,

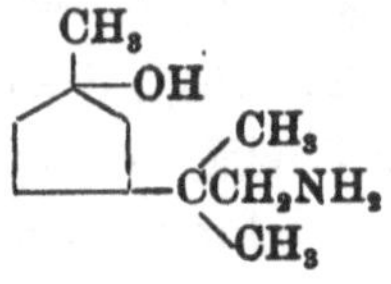

[A. **269**, 370, 374; **300**, 310].

Entsteht neben Fencholenamin bei der Reduktion von Fenchonitril. $Kp._{21}$ 148°. Viskos. Das leicht lösliche Oxalat kann zur Unterscheidung und Trennung von Fencholenamin dienen. Gibt mit N_2O_3 ein Glycol $C_{10}H_{20}O_2$ F. 103—104°.

Fencholenalkohol, $C_{10}H_{17}OH$ [A. **269**, 375; **300**, 311].

Entsteht bei der Umsetzung von Fencholenamin mit N_2O_3 (neben Fenchelen, s. u.).

Eigenschaften: Kp.$_{12}$ 90—93°, $d = 0{,}922$, $n_D = 1{,}4732$. Gelb gefärbt. Riecht terpineolartig, beständig gegen Chromsäure, gibt beim Erwärmen mit Schwefelsäure Fenchenol (s. unten), bei der Reduktion mit Palladiumwasserstoff:

Dihydrofencholenalkohol, $C_{10}H_{19}OH$.

Eigenschaften: Kp.$_{17}$ 95—96°. Kp.$_{760}$ 204—207°, $d_{19} = 0{,}898$, $n_D = 1{,}4571$. Farblos, mit Wasserdampf sehr flüchtig, von angenehmem Geruch. Gibt mit Chlorzink Kohlenwasserstoff $C_{10}H_{18}$, Kp. 165—167°, $d_{20} = 0{,}8035$, $n_D = 1{,}4479$.

Fenchelen $C_{10}H_{16}|^{\overline{2}}$ [A. **269**, 376; **300**, 312].

Darstellung: Entsteht bei der Umsetzung von Fencholenamin mit salpetriger Säure (neben Fencholenalkohol).

Eigenschaften: Kp. 175—178°, $d = 0{,}842$, $n_D = 1{,}4744$ $M = 45{,}43$.

Isofencholenalkohol, $C_{10}H_{17}OH|^{=}$ [A. **284**, 336; **300**, 309].

Darstellung: Entsteht bei der Reduktion von Fencholensäureamid (neben Fencholensäure und Fencholenamin).

Eigenschaften: Kp. 218°, $d = 0{,}927$, $n_D = 1{,}467$ bei 20°. Ungesättigt. Gegen Chromsäure beständig, von Permanganat in der Kälte leicht oxydiert. Riecht angenehm, färbt sich in Eisessiglösung mit konzentrierter Schwefelsäure intensiv rot, geht beim Kochen mit verdünnten Säuren über in

Fenchenol, $C_{10}H_{18}O$ [A. **284**, 338; **300**, 309].

Eigenschaften: Kp. 183—184°, $d = 0{,}925$, $n_D = 1{,}46108$ bei 20°. Riecht und verhält sich wie Cineol, vereinigt sich in Petrolätherlösung mit Halogenwasserstoff zu unbeständigen kristallisierten Verbindungen. Gesättigt.

β-Fencholensäure, $C_{10}H_{16}O_2$, [A. **300**, 308; **315**, 278; **379**, 213; **381**, 78].

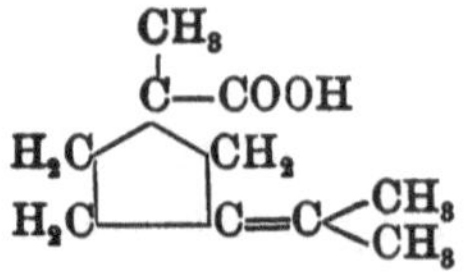

Entsteht leicht beim kurzen Erwärmen des rohen Fenchonitrils mit alkoholischem Alkali.

Eigenschaften: F. 71° $[\alpha]_D = +25,85°$.

Amid, F. 85—86°, rechtsdrehend. Gibt mit Hypobromit ein

Lakton, $C_{10}H_{15}O_2Br$, 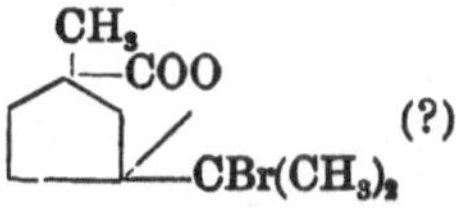

(?), F. 80°.

β-Fencholensäure spaltet bei der Oxydation mit Permanganat Aceton ab. Bei der Reduktion mit Palladiumwasserstoff nimmt sie nur langsam Wasserstoff auf.

Dihydro-β-Fencholensäure = Fencholsäure.

Dihydro-β-Fencholensäureamid kann durch Reduktion von β-Fencholensäureamid gewonnen werden. F. 94° [A. **381**, 78]. Gibt bei der Wasserabspaltung

Dihydro-β-Fencholensäurenitril, Kp. 217—218°, $d_{20} = 0,8680$, $n_D = 1,4426$ (s. S. 545).

Tetrahydrofenchen, $C_{10}H_{20}$ [A. **284**, 326].

Dieser Kohlenwasserstoff entsteht bei der Reduktion von Fenchylalkohol, von Fenchon oder von Fenchylamin mit Jodwasserstoffsäure und Phosphor und hat folgende Eigenschaften:

Kp. 160—165°, $d = 0,7945$, $n_D = 1,4370$ bei 22°. Brom wirkt unter Substitution ein unter Bildung eines

Bromids, Nadeln, F. oberhalb 200°. Rauchende Salpetersäure und Permanganat greifen den Kohlenwasserstoff in der Kälte nicht an.

Die physikalischen Eigenschaften des Kohlenwasserstoffs fallen zusammen mit denen des Tetrahydropinens [A. **268**, 227].

Fenchon liefert beim Erwärmen mit Phosphorsäureanhydrid

m-Cymol, $C_6H_4{<}^{CH_3\ (1)}_{CH(CH_3)_2\ (3)}$ [A. **275**, 157; **284**, 324].

Eigenschaften: Kp. 175—176°, $d = 0,862$, $n_D = 1,49222$ bei 20°. Bei der Oxydation mit Permanganat gibt m-Cymol

m-Oxypropylbenzoesäure, $C_{10}H_{12}O_3$, F. 123—124°. Geht bei weiterer Oxydation über in m-Toluylsäure, $C_8H_8O_2$, F. 110 bis 111°.

Die Oxysäure verliert leicht Wasser und es entsteht dabei die

Anhydrosäure, $C_{10}H_{10}O_2$, $C_6H_4{<}^{COOH}_{C{<}^{CH_2}_{CH_3}}$. Schöne Kristalle, F. 99°. Mit Wasserdämpfen flüchtig.

Homofenchylalkohol, $C_{10}H_{19}\cdot OH$ (α-Methylfenchol) [A. **353**, 219].

Darstellung: Aus d-Fenchon nach Grignard mit Methylmagnesiumjodid.

Eigenschaften: Kp. 215—216°, F. 61°, $[\alpha]_D = +1{,}7°$. Campherartige Masse, schwer von Verunreinigungen (namentlich Fenchon) zu befreien. In allen organischen Lösungsmitteln außerordentlich löslich.

Homofenchen, $C_{11}H_{18}$ [A. **353**, 221 ff.].

Aus Homofenchylalkohol durch Erhitzen mit Kaliumbisulfat.

Kp. 170—172°, F. 82—87°. $d = 0{,}8520$, $n_D = 1{,}4557$ bei 46—47°, $[\alpha]_D = +23{,}06°$. Gibt bei der Oxydation ein

Oxylacton(?) $C_{11}H_{16}O_3$, F. 157°.

Fenchocarbonsäure, $C_{10}H_{17}(OH)\cdot COOH$
[A. **259**, 326; **284**, 327; **300**, 294].

Darstellung: Fenchon wird unter denselben Bedingungen wie Campher bei Gegenwart von Natrium und Kohlensäure in ätherischer Lösung in die Carbonsäure übergeführt. Als Nebenprodukt entsteht Fenchylalkohol.

Es entstehen zwei Modifikationen: α-(trans) und β-(cis).

1. α-(trans-) Fenchocarbonsäure.

Eigenschaften: Die aktive Säure kristallisiert aus Essigsäure in durchsichtigen, zugespitzten Prismen, F. 141—142°, $[\alpha]_D = \pm 11{,}28°$. Die inaktive (racemische) Säure schmilzt bei 91—92°. Die reine Säure siedet im Vakuum ohne Zersetzung. $Kp._{11}$ 175°. Konz. Schwefelsäure zerlegt sie in CO und Fenchon. Bleisalz und Silbersalz sind löslich in Äther, Benzol, Chloroform, Jodmethyl. Unter Atmosphärendruck zerfällt die Säure beim Erhitzen unter Bildung geringer Mengen von Carbofenchonon (s. S. 555) und einer

Anhydrosäure $C_{11}H_{16}O_2$ [A. **284**, 329; **370**, 299]:

Kp. 275—277°, F. (aus Aceton) 175°. Die Säure entsteht auch, wenn man Fenchocarbonsäure mit Ätzkali verschmilzt. Sehr schwer löslich in Wasser, mit Wasserdämpfen leicht flüchtig. Linksdrehend. Die Säure wird von Permanganat nicht ganz leicht angegriffen; es entsteht dabei eine Säure F. 225°. Bleisalz, unlöslich in Äther. Silbersalz, in Alkohol und Äther leicht löslich.

Das Bleisalz der Fenchocarbonsäure liefert beim Destillieren Carbofenchonon (s. unten).

Mit Hypobromit oxydiert gibt α-Fenchocarbonsäure Fenchon, in saurer Lösung mit Permanganat oxydiert das

Lacton(?) $C_{10}H_{16}O_2$ [A. 300, 305], F. 64,5°.

2. β-(cis)Fenchocarbonsäure [A. **300**, 296, 303].

Darstellung: Entsteht aus Fenchon neben der α-Säure, ferner beim Erwärmen von Carbofenchonon mit Alkali.

Eigenschaften: F. 76—77°. Erstarrt langsam. Schwächer aktiv als die α-Säure und rechtsdrehend. Zerfällt beim Destillieren unter gewöhnlichem Druck in Fenchylalkohol und Anhydrofenchocarbonsäure, bei der Destillation im Vakuum scheint ein partieller Übergang in die α-Säure zu erfolgen. Liefert bei der Oxydation mit Hypobromit oder Permanganat Fenchon.

Die Salze ähneln denen der α-Säure, das Bleisalz liefert beim Erhitzen auch Carbofenchonon.

Carbofenchonon[1], $C_{11}H_{16}O_2$ [A. **300**, 296, 300; **315**, 275, 302].

Darstellung: Durch Destillation von fenchocarbonsaurem Blei. Bildet sich in kleiner Menge auch bei der Darstellung der Fenchocarbonsäure und beim Destillieren der α-Fenchocarbonsäure.

Eigenschaften: Gelbgrüne Prismen Kp. 273—274°, F. 96°. Siedet ohne Zersetzung. Riecht schwach campherartig. Gibt bei der Reduktion mit Zink und Essigsäure [A. **315**, 277] einen

Alkohol $C_{11}H_{18}O_2$, F. 89°.

Carbofenchonon verhält sich wie ein o-Diketon.

Monoxim, $C_{11}H_{16}O(NOH)$, F. 108—109°, farblose, durchsichtige Nadeln. Gibt bei der Reduktion eine

Base, F. 74°, mit Wasserdampf nicht flüchtig.

Dioxim, $C_{11}H_{16}(NOH)_2$, F. 198—199°, feine, verfilzte Nadeln. Gibt mit o-Phenylendiamin ein

Chinoxalin, F. 121—122°. Bei der Umsetzung mit Ammoniak entstehen aus dem Carbofenchonon zwei schwer zu trennende isomere

Verbindungen $C_{22}H_{33}NO_3$(?): 1. Große Prismen F. 132°. 2. Feine Nadeln F. 195—197°, ferner etwas höher schmelzende amorphe Substanzen.

[1] Die Verbindung wurde anfangs „Oxycarbofenchonon“ genannt.

Beim Erwärmen mit konzentrierter Salpetersäure gibt Carbofenchonon in guter Ausbeute eine

Säure $C_{10}H_{12}N_2O_3$(?). Kristallisiert aus Äther-Ligroin in schönen Kristallen, F. 80—81° unter Zersetzung.

Bei der Oxydation mit Chromsäure in Eisessiglösung entsteht aus Carbonfechonon eine

Zweibasische Säure $C_{11}H_{18}O_4$ [A. **315**, 303], F. 173—174°.

Beim Digerieren mit Alkali geht Carbofenchonon über in β-Fenchocarbonsäure (vergleichbar dem Übergang von Benzil in Benzilsäure) [A. **300**, 302; **315**, 302].

VI. Isofenchon, $C_{10}H_{16}O$ [A. 357, 57; 362, 194; 363, 4; 369, 97].

Wurde aus dem Isofenchylalkohol (s. unten) durch Oxydation erhalten und durch das Semicarbazon gereinigt.

Eigenschaften: Kp. 201°, erstarrt bei sehr starkem Abkühlen zu einer campherähnlichen Masse. $d=0{,}948$ $n_D=1{,}4621$ bei 18,5° $M=44{,}32$, $[\alpha]_D=-9°35'$.

Semicarbazon, F. 221—222°. Oxim, F. 82°.

Monobromisofenchon, $C_{10}H_{15}BrO$, F. 56—57°, $[\alpha]_D=-164°$.

Isofenchon spaltet sich beim Erhitzen mit Kali auf zu Isofencholsäure, $C_{10}H_{18}O_2$, F. 33—34°.

Amid F. 65—66°, Anilid F. 100—101°.

Isofenchocamphersäure[1], $C_{10}H_{16}O_4$ [A. **362**, 196; **363**, 5].

Entsteht aus Isofenchon oder Isofenchylalkohol sehr glatt bei der Oxydation mit Permanganat.

Eigenschaften: F. 158—159° (beginnt schon oberhalb 140° zu sintern). $[\alpha]_D=-13{,}05°$. Ziemlich löslich in kochendem Wasser.

Isofenchylalkohol, $C_{10}H_{17}OH$ [A. **315**, 282; **357**, 56; **362**, 190; **363**, 3].

Bei der Hydratation von synthetischem Fenchen (s. S. 539) mit folgenden Eigenschaften erhalten:

Kp. 201—202°, F. 62—63°.

Phenylurethan, F. 106—107°.

---

[1] Neuere Arbeiten von A. E. Sandelin über stereomere Isofenchocamphersäuren, s. A. **396**, 285.

Vergleich der optisch aktiven und racemisch inaktiven Verbindungen der Isofenchonreihe:

	Aktiv	Racemisch inaktiv
Urethan des Isofenchylalkohols, $C_{10}H_{17}O \cdot CONHC_6H_5$	107°	94°
Semicarbazon des Isofenchons	221—222°	223—224°
Oxim des Isofenchons	82°	133°
Isofenchonbromid, $C_{10}H_{15}BrO$	56—57°	46—47°
Isofenchocamphersäure, $C_{10}H_{16}O_4$.	158—159°	174—175°

XVIII. Campher.

Allgemeines über Campher und Camphen.

Die Synthese des Dihydrocarvons (1893) hatte definitiv gezeigt, daß die Auffassung Kekulés von der Natur des Camphers als eines Dihydrocarvons unhaltbar sei:

„Die Formel für das Dihydrocarvon ergibt sich aus der Formel „des Dihydrocarveols von selbst. In diesem Keton hätten wir nun „eine Substanz deren Konstitution mit der von Kekulé seinerzeit dem „Campher zugeschriebenen nahezu übereinstimmt. Die verschiedene „Lage, in welcher man die Äthylenbindung in einem hydrierten Carvol „annehmen kann, wird nach den bisherigen Erfahrungen den allgemeinen „chemischen Charakter der Verbindungen nicht soweit beeinflussen, daß „man von den möglichen isomeren Hydrocarvonen ein total abweichendes „Verhalten der einzelnen Isomeren untereinander erwarten dürfte. Nun „hat das Dihydrocarvon mit dem Campher in seinem Verhalten „auch nicht die geringste Ähnlichkeit. Wenn es noch eines „Beweises bedurfte, daß der Campher nicht als hydriertes Carvol aufzu- „fassen ist[1], so kann er nun wohl durch die Synthese eines Hydrocarvons „als endgültig geführt gelten.“ [A. **275** (1893), 131.]

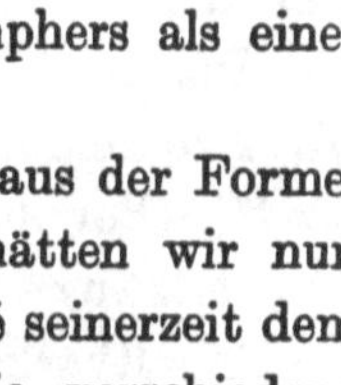

Die 1884 von Bredt aufgestellte und derzeit ziemlich allgemein akzeptierte nebenstehende Campherformel nahm nun im Campher immer noch die Anwesenheit einer intakten Isopropylgruppe an. Man wußte

„[1] Neuerdings ist diese Auffassung wiederum von Cazeneuve (Compt, rend. „1892, 1315) und — wie es scheint — auch von Hantzsch (Grundriß der Stereo- „chemie S. 40) vertreten.

aber, daß Permanganat das tertiäre Wasserstoffatom im Isopropyl leicht angreift. Mit Rücksicht darauf wies ich auf die im Gegensatz zum para- und meta-Cymol hervortretende Beständigkeit von Campher und Fenchon gegen Permanganat hin: „Es wäre sehr auffallend, falls „das Isopropyl im Fenchon und im Campher als solches enthalten ist, „wenn es sich gegen MnO_4K widerstandsfähig erwiese.“ [A. **275** (1893), 163]. Dieser Einwurf gegen die für Campher angenommene Formulierung hat sich denn auch als begründet erwiesen. Erst die neue Bredtsche Campherformel (1893)

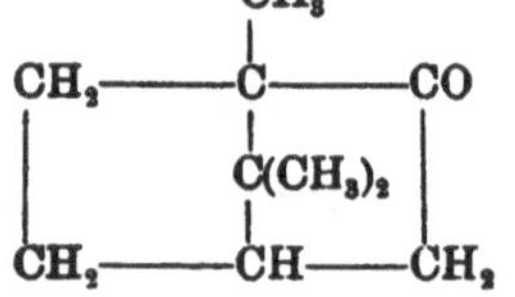

trug dem Verhalten des Camphers einwandfrei Rechnung.

Inzwischen hatte mich die Ähnlichkeit von Fenchon und Campher veranlaßt, beide Ketone eingehender zu vergleichen [A. **269** (1891), 326ff]. Bei der Gelegenheit wurde auch Camphonitril und Campholensäure in bezug auf Bildungsweise und Verhalten studiert und die Unhaltbarkeit der 1888 von Bamberger für diese Verbindungen vorgeschlagenen Formeln:

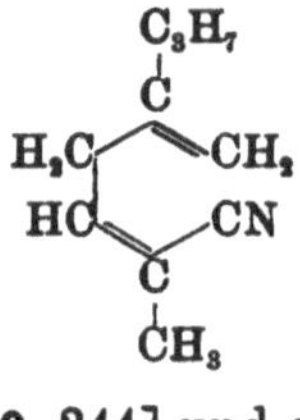

und

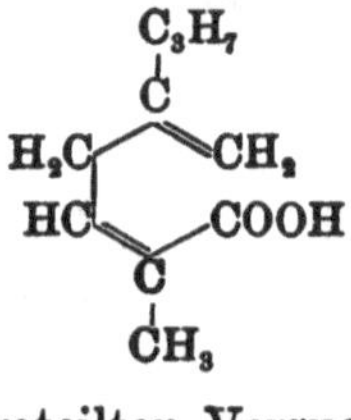

dargelegt [A. **269**, 344] und aus den mitgeteilten Versuchen geschlossen: „... es folgt, daß in der Campholensäure noch eine ringförmige „Anordnung der Kohlenstoffatome und nur eine Äthylen- „bindung enthalten ist. ... Daraus folgt weiter, daß auch das „Camphonitril noch eine ringförmige Anordnung der Kohlen- „stoffatome besitzt. Ferner ist experimentell nachgewiesen, daß in „jenen nitrilartigen Verbindungen auch eine Äthylenbindung ent- „halten ist. Nun sind Campher und Fenchon ihrem ganzen Verhalten „gemäß als gesättigte Verbindungen anzusehen, dasselbe gilt also auch „für die zugehörigen Oxime. Die Entstehung einer Äthylenbindung er- „folgt demnach bei dem Übergang von Oxim in Nitril.“ [A. **269** (1891), 345].

Der Vorgang bei dem Übergang der cyclischen Oxime in Nitrile ist dann erst einige Jahre später durch den Nachweis der unter geeigneten Bedingungen analogen Aufspaltbarkeit aller cyclischen Oxime in ungesättigte Nitrile ganz geklärt worden (vgl. Allgem. Teil S. 136ff.).

Daß man speziell bei dem Übergang von Campheroxim in das Nitril intermediär die Entstehung entweder eines „Isoxims“ (Beckmannsche Umlagerung) oder eines Aldoxims anzunehmen hat, ist auch schon im Allgemeinen Teil S. 139 erörtert.

Die Oxydation des α-Camphonitrils mit Permanganat bei 0° wurde ausgeführt, um zu prüfen, ob bei der Verseifung des Nitrils durch Alkali zur Campholensäure nicht etwa eine Bindungsverschiebung eintritt. Aus den erhaltenen Resultaten läßt sich mit Sicherheit entnehmen, daß das nicht der Fall ist, denn man gelangt vom Nitril ausgehend zu derselben Dioxydihydrocampholensäure, die auch aus α-Campholensäure erhalten wird (s. S. 566).

Die erste Partialsynthese des Camphers aus einer kohlenstoffärmeren Verbindung, nämlich aus dem Nopinon, $C_9H_{14}O$, gelang mir 1908. Aus Nopinon wurde die Nopinolessigsäure aufgebaut, die sich in β-Pinen überführen ließ, und dieser Kohlenwasserstoff konnte ebenso wie α-Pinen in Bornylchlorid und damit auch in Camphen und Campher abgewandelt werden (s. S. 245 und 562).

Das einfachste niedere Homologe des Camphers

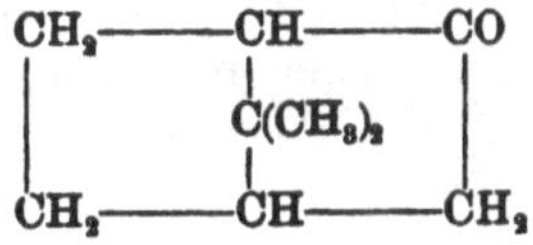

wurde im Fenchocamphoron, einem Abbauprodukt des Fenchens, aufgefunden (s. S. 535 und 540).

Hinsichtlich des Camphens wurde 1888 (im Gegensatz zu der Ansicht Brühls) aus der Molekularrefraktion und dem chemischen Verhalten auf die ungesättigte Natur des Camphens geschlossen [A. **245**, 210] und 1907 die Verschiedenheit des gewöhnlichen künstlichen von dem natürlich vorkommenden Camphen festgestellt [A. **357**, 84]. Letzterem kann die Formel eines Methenkohlenwasserstoffs (also die Wagnersche Camphenformel) kaum zukommen, denn es liefert mit Permanganat sehr glatt eine Dicarbonsäure von gleichem Kohlenstoffgehalt (s. S. 562).

Ein Homocamphen $C_{11}H_{18}$ und dessen Abbauprodukte, insbesondere die α-**Borneolcarbonsäure** (Homocamphenylsäure), die sich zu gewöhnlichem Campher aboxydieren läßt, wurden 1907 beschrieben.

„Die Konstitution der aus dem Campher abgeleiteten neuen Ver-„bindungen ist durch die Zurückführung derselben in Campher ganz „klargestellt. Man kann die Vorgänge folgendermaßen formulieren:

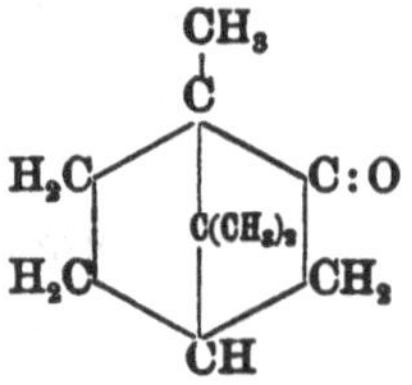

Campher

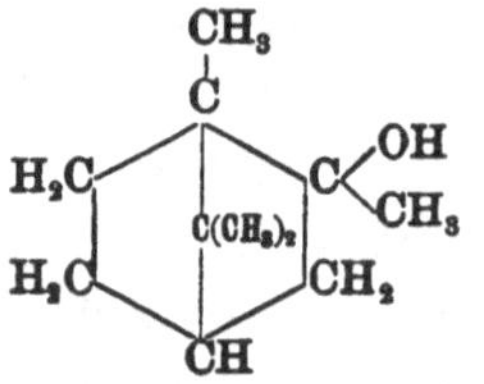

Homoborneol

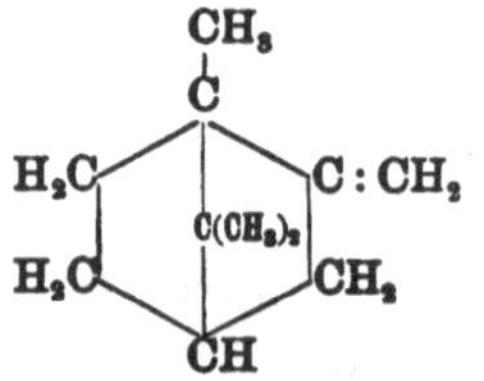

Homocamphen

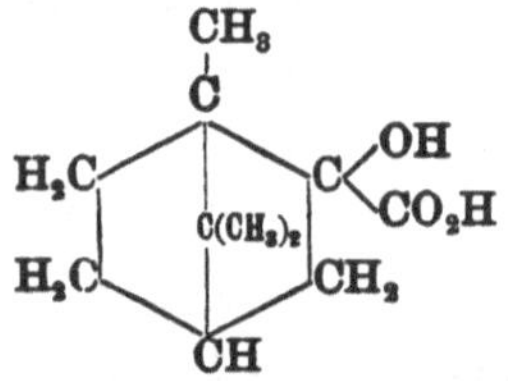

Homocamphenylsäure

„Durch die angeführte Reaktionsfolge ist bewiesen, daß beim Über-„gange von Homoborneol in Homocamphen eine Atomverschiebung „derart, wie man sie beim Übergange von Borneol in Camphen jetzt „annimmt, nicht stattfindet, andernfalls hätte man aus der Homo-„camphenylsäure nicht Campher zurückerhalten können, sondern mußte „die Entstehung eines damit isomeren Homocamphenilons erwarten.“ [A. **353**, 226.]

Spezielles über die Camphergruppe.

Campher, $C_{10}H_{16}O$.

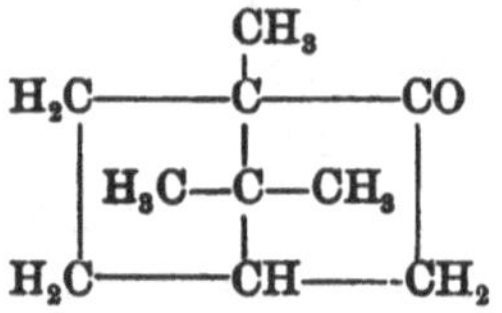

Für l-Campher aus Thujaöl wurde ermittelt $[\alpha]_D = -39{,}9^0$ [A. **353**, 215]. (Campher ist von Fenchon durch das Semicarbazon hindurch zu trennen.) Synthetisch wurde Campher aus Nopinon (durch β-Pinen ⟶ Camphen hindurch) gewonnen [A. **363**, 17].

Semicarbazon, F. 238°. Das Semicarbazon, aus d-Campher ist linksdrehend [A. **353**, 213, 214].

Oxymethylencampher gibt mit Semicarbazid [A. **329**, 129] ein Acyclisches Semicarbazon, $C_{12}H_{19}N_3O_2$, F. 217—218°. Dieses verliert mit Säuren Wasser und gibt das

Cyclische Semicarbazon, $C_{12}H_{17}N_3O$, F. 205—207°. Daraus wurde erhalten Campherpyrazol, $C_{11}H_{16}N_2$, F. 149—150°.

Borneol, $C_{10}H_{17}OH$ [A. **230**, 225ff.].

Vorkommen: Als Ester im Thujaöl [A. **353**, 213ff.].

Darstellung: Nach dem etwas abgeänderten Verfahren von Immendorff durch Reduktion von Campher in alkoholischer Lösung mit Natrium.

Eigenschaften: F. 206—207°. (Dieser hohe Schmelzpunkt wurde zum erstenmal beobachtet. Später wurde von Bertram und Walbaum nachgewiesen, daß im Rohborneol Isoborneol enthalten ist.) Verbindet sich mit Brom zu dem

Bromid $C_{10}H_{18}O \cdot Br_2$, unbeständige, gelbrote, in Ligroin unlösliche Kristalle. Zersetzt sich beim Aufbewahren unter teilweiser Bildung des

Bromhydrats $(C_{10}H_{18}O)_2 \cdot BrH$.[1] Weiße Kristalle, die mit Wasser und Alkohol in ihre Bestandteile zerfallen. Läßt sich besser durch Fällen von Borneol aus Ligroinlösung mit Bromwasserstoff darstellen.

Jodhydrat $[C_{10}H_{18}O)_2 \cdot JH$. Farblos, sehr unbeständig.

Borneol gibt beim Erwärmen mit P_2O_5 oder $ZnCl_2$ neben nicht flüchtigen Produkten Cymol. Das „Borneen" der Literatur existiert nicht [A. **230**, 238, 239 Anm.]. Borneol gibt beim Erwärmen mit Bisulfat Camphen (s. unten) [A. **230**, 239].

Isoborneol, F. 210—212° wurde synthetisch aus Nopinon gewonnen [A. **363**, 16].

Bornylchlorid, $C_{10}H_{17}Cl$ [A. **230**, 231; B. **25**, 919].

Darstellung: Durch Umsetzung von Borneol in Ligroinlösung mit PCl_5.

Eigenschaften: Kristallinisch, riecht campherähnlich, sehr löslich in Ligroin. Liefert mit Anilin erwärmt sehr schnell Camphen (s. unten). Ist ganz verschieden von Pinenchlorhydrat.

[1] Isoborneol gibt eine derartige Verbindung nicht [unv. B.].

Camphen, $C_{10}H_{16}|^{=}$.

Darstellung: Aus Bornylchlorid und Anilin [A. **230**, 233; B. **25**, 918], aus Pinenhydrochlorid oder -hydrobromid mit Natriumacetat und Eisessig [A. **239**, 6, 7], aus Pinenhydrobromid mit alkoholischem Kali [A. **264**, 6. u. Anm.], durch Erhitzen von Bornylamin oder Formylbornylamin mit Essigsäureanhydrid auf 200—210° [A. **269**, 349], aus Borneol durch Erhitzen mit Bisulfat [A. **230**, 239], aus β-Pinen durch das Hydrochlorid [A. **363**, 16].

Eigenschaften des Camphens aus Bornylchlorid [B. **25**, 916, 919; A. **245**, 210; **252**, 136ff.]: Kp. 161°, F. 49°, $d = 0{,}850$, $n_D = 1{,}4581$ bei 48°. $M = 43{,}45$ (ber. für $C_{10}H_{16}|^{=}$ 43,54), Camphen besitzt also eine Äthylenbindung. Camphen verändert sich beim Erhitzen auf 250 bis 270°, ebenso beim Erhitzen mit P_2O_5, Chlorzink oder mit konzentrierter und verdünnter Schwefelsäure [A. **230**, 234, 235, 239; **239**, 6 Anm.].

(Erklärung der Camphenbildung aus Pinen und Schwefelsäure nach Armstrong und Tilden s. A. **239**, 8).

Camphen gibt bei der Einwirkung von Brom ein Monobromsubstitutionsprodukt [A. **230**, 235], neben Camphendibromid (Reychler).

Eigenschaften von Camphenen anderer Herkunft [A. **357**, 79].

Camphen aus sibirischem Fichtennadelöl und Citronellaöl.

Eigenschaften: Kp. 160—161°, F. 39°, $d = 0{,}8555$, $n_D = 1{,}46207$ bei 40°, $M = 43{,}71$ (ber. für $C_{10}H_{16}|^{=}$ 43,53), $[\alpha]_D = -84{,}9°$. Bei der Oxydation mit Permanganat entsteht in guter Ausbeute eine

Isomere Camphencamphersäure, $C_{10}H_{16}O_4$, F. 142°, leicht löslich in Alkohol und warmem Benzol, schwerer in Äther und Chloroform, sehr schwer in kaltem, leichter in kochendem Wasser, kristallisiert aus Essigester in durchsichtigen Prismen. $[\alpha]_D = -1{,}166°$.

Diamid, $C_{10}H_{18}O_2N_2$, F. 197, Dianilid, $C_{22}H_{26}O_2N_2$, F. 218°.

	Verbindungen aus	
	künstlichem Camphen	natürlichem Camphen
Säure $C_{10}H_{16}O_4$	136° bis höchstens 137,5°	142°
Diamid	222°	197°
Dianilid	210°	218°

Das Camphen gibt mit Chlorwasserstoff ein festes

Hydrochlorid, das bei Abspaltung von HCl ein bei 51° schmelzendes Camphen liefert. Beim Bromieren gibt das Camphen ein aktives

Dibromid, F. 90—91°; $[\alpha]_D = +90,4$ [unv. B.].

Beim Hydratisieren nach Bertram-Walbaum bildet sich Isoborneol.

Camphen aus Bornylamin [A. **357**, 84].

Entsteht aus Bornylamin durch Umsetzung mit Natriumnitrit.

Eigenschaften: Kp. 160—161°, F. 50°, $[\alpha]_D = +103,89°$. Bei der Oxydation entsteht eine bei 141—142° schmelzende Säure, die aber verschieden zu sein scheint von der aus dem oben beschriebenen Camphen.

Bornylamin, $C_{10}H_{17}NH_2$ [A. **269**, 347 ff.].

Darstellung: Durch Erhitzen von Campher mit Ammoniumformiat nach Leuckart (neben Dibornylamin).

Eigenschaften: Kp. 199—200°, F. 159—160°, sehr löslich in Alkohol und Äther, sehr flüchtig. Liefert beim Erhitzen mit Essigsäureanhydrid Camphen (s. S. 562).

Salze: Chlorhydrat, in Lösung dissoziiert, trocken unzersetzt sublimierbar. Bromhydrat, addiert Brom unter Bildung eines hochroten, unbeständigen Produktes. Tartrat, enthält 1 Mol. Kristallwasser, löslich in Wasser, fast unlöslich in kaltem Alkohol. Pikrat, löslich in Alkohol, unlöslich in Äther.

Mit Schwefelkohlenstoff bildet Bornylamin ein

Thiocarbamid, in Äther unlöslich. Geht beim Kochen mit Alkohol über in den Thioharnstoff, derbe Kristalle, F. 223—224°.

Monobenzylbornylamin, $C_{10}H_{17}NHCH_2C_6H_5$, $Kp._{14}$ 184°, ölig. Chlorhydrat, farblose, spießige Kristalle.

Benzoylbornylamin und Benzylidenbornylamin sind nicht kristallisiert erhalten.

Bei der Oxydation von Formylbornylamin mit Chromsäure entsteht neben Bornylamin eine stickstoffreie, bei 159° schmelzende Verbindung, bei der Umsetzung von Bornylamin mit salpetriger Säure entsteht ein stark rechtsdrehendes Camphen (s. oben) [A. **357**, 84].

Dibornylamin, $(C_{10}H_{17})_2NH$ [A. **269**, 354; **353**, 319].

Entsteht neben Bornylamin bei der Umsetzung von Campher mit Ammoniumformiat.

Eigenschaften: $Kp._{12}$ 180—181°, F. 43—44°. Geruchlos. Reagiert neutral.

Das Chlorhydrat, besonders aber das Nitrat und das Nitrit sind sehr schwer löslich. Das Bromhydrat addiert Brom unter Bildung der

Verbindung $C_{20}H_{35}N \cdot HBr \cdot Br_2$, goldgelbe Blätter, F. 184°.

Bei längerem Erhitzen der Base mit Essigsäureanhydrid entsteht eine isomere

Verbindung $C_{20}H_{35}N$, F. 59°.

Camphernitrimin, $C_{10}H_{16}N_2O_2$, F. 45°, durch Einwirkung von N_2O_3 auf Campheroxim dargestellt, liefert mit konzentrierter Schwefelsäure ein Keton $C_{10}H_{16}O$ (sog. Isocampher), das identisch ist mit dem auf entsprechendem Wege aus Fenchonnitrimin erhältlichen (s. S. 542). Dies Keton, Kp. 215°, Oxim, F. 105°, linksdrehend, Semicarbazon F. 214°, ist ein

Acetyl(1)-isopropyl(3)-cyclopenten (Isopinolon) und liefert bei der Reduktion Dihydropinolon. [A. **379**, 219; **392**, 721, s. S. 267, 542.]

α-Camphonitril, $C_9H_{15}CN$ [A. **259**, 329; **269**, 330].

Entsteht aus dem Campheroxim durch Einwirkung verdünnter Säuren.

Eigenschaften: Kp. 226—227°, $d = 0{,}910$, $n_D = 1{,}46648$ bei 20°, $M = 45{,}39$. Ungesättigt. Addiert HBr, gibt aber im Gegensatz zu Fenchonitril damit kein kristallinisches Additionsprodukt.

Bei der Verseifung entsteht Campholensäure (s. S. 565).

Oxydation des α-Camphonitrils in verdünnter Lösung mit Permanganat [unv. B.].

Es entsteht dabei:

Dioxydihydrocamphonitril, $C_{10}H_{15}(OH)_2CN$, sirupös, sehr löslich in Wasser. Liefert

a) beim Verseifen mit Alkali:

Dioxydihydrocampholensäure, $C_9H_{15}(OH)_2CO_2H$, F. 144 bis 145°.

b) beim Kochen mit Schwefelsäure ein:

Ketonitril, $C_{10}H_{15}NO$. Semicarbazon (aus Essigester), F. 152°. Dieses Nitril gibt beim Verseifen eine mit Pinonsäure isomere Ketosäure $(C_9H_{15}O)CO_2H$, (Semicarbazon, F. 210—211°), die bei vorsichtiger Oxydation mit Chromsäure in Isoketocamphersäure, F. 128—129° (Semicarbazon, F. 187°) übergeht.

Diese Abwandlungen lassen sich folgendermaßen formulieren:

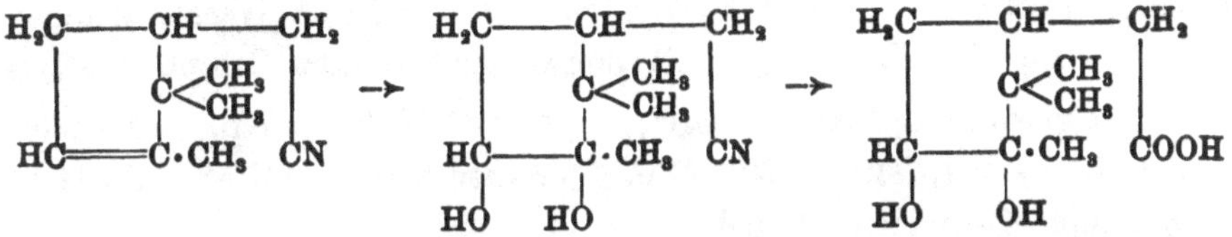

α-Camphonitril — Dioxydihydrocamphonitril — Dioxydihydrocampholensäure, F. 144°

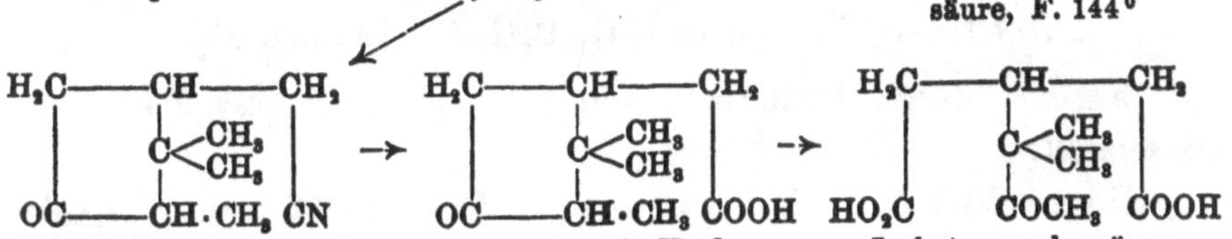

Ketonitril, $C_{10}H_{15}NO$ — Ketosäure, $C_{10}H_{16}O_3$ — Isoketocamphersäure, F. 128—129°

Als Nebenprodukte, die bei der Verarbeitung des Dioxydihydrocamphonitrils auftraten, wurden außerdem beobachtet:

1. Eine Ketonitrilsäure, $C_{10}H_{15}NO_3$, F. 157° (Semicarbazon, F. 240—241°), die beim Verseifen in Isoketocamphersäure übergeht:

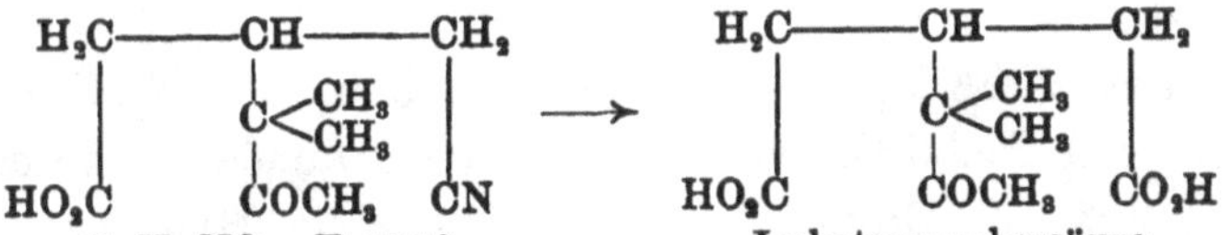

$C_{10}H_{15}NO_3$, F. 157° — Isoketocamphersäure

2. Eine Ketonsäure $C_8H_{14}O_3$, F. 129—130° (Semicarbazon, F. 176°, Oxim, F. 98°), die mit Hypobromit in α,α-Dimethylglutarsäure (F. 82—83°) überführbar war, für die man daher die Formel

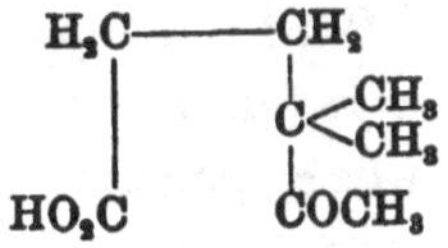

annehmen darf.

α-Campholensäure, $C_{10}H_{16}O_2|^{=}$ [A. **269**, 337 ff.].

Darstellung: Durch Kochen von Camphonitril mit Alkali.

Eigenschaften: Kp. 258—261°, $d = 0{,}9920$, $n_D = 1{,}47125$ bei 19°, $M = 47{,}36$ (ber. für $C_{10}H_{16}O_2|^{=}$ 47,34), $k = 0{,}0017$. Amid, F. 130°. Campholensäure besitzt eine Äthylenbindung, addiert Brom, gibt bei der Oxydation mit Permanganat

Dioxydihydrocampholensäure, $C_{10}H_{18}O_4$, F. 144—145°, $k =$ 0,0025. Destilliert unzersetzt. Das Silbersalz ist in Wasser ziemlich löslich. Bei der Reduktion mit Jodwasserstoff gibt Campholensäure

Dihydrocampholen, C_9H_{18} [A. 269, 343]. Kp. 134—136°, $d = 0,773$, $n_D = 1,4249$ bei 20°, $M = 41,66$ (ber. f. C_9H_{18} 41,43). Entfärbt Brom und Permanganat nicht.

Dihydro-α-Camphonitril, $C_9H_{17}CN$ [A. 381, 80].

Entsteht durch Reduktion von α-Camphonitril mit Palladiumwasserstoff.

Eigenschaften: Kp.$_{12}$ 97—98°, $d_{20} = 0,9000$, $n_D = 1,4569$, $\alpha_D = +25° 30'$.

Dihydro-α-Campholensäure $C_9H_{17}CO_2H$.

Entsteht bei der Verseifung des Nitrils mit alkoholischem Kali oder besser durch Zerlegung des Amids F. 148° durch Erwärmen mit HCl.

Eigenschaften: Kp.$_{14}$ 149—151°, Kp.$_{760}$ 262—266°, $d_{22} = 0,978$, $n_D = 1,4601$.

Dihydro-α-Campholensäureamid, $C_9H_{17}CONH_2$, F. 147—148°. Kann durch Reduktion des ungesättigten α-Amids F. 130° dargestellt werden. Gibt mit Brom und Kali neben einer Base den Harnstoff $(C_9H_{17}NH)_2CO$, F. 124°.

Anilid, $C_9H_{17}CONHC_6H_5$. F. 124°.

β-Camphonitril $C_9H_{15}CN$

ist schwer rein zu erhalten. Wird unter gewöhnlichem Druck von Palladiumwasserstoff sehr schwer reduziert und auch von Permanganat viel schwieriger angegriffen als α-Camphonitril.

β-Campholensäure, $C_9H_{15}CO_2H$, ist bei niedriger Temperatur fest. F. 52°. Amid, F. 86°. Nimmt auch nur sehr langsam Wasserstoff auf, gibt dann aber:

Dihydro-β-Campholensäureamid, $C_9H_{17}CONH_2$, F. 153—154°. Daraus erhält man durch Zerlegung mit Chlorwasserstoffsäure:

Dihydro-β-Campholensäure, $C_9H_{17}CO_2H$. Kp.$_{18}$ 148—151°. Erstarrt in der Kälte.

Anilid, F. 109—110°.

Camphersäure, $C_{10}H_{16}O_4$ [B. **25**, 920ff.].

Camphersäure nach Wreden mit Jodwasserstoff reduziert gibt den

Kohlenwasserstoff C_8H_{16}, Kp. 115—118°, $d = 0{,}764$, $n_D = 1{,}4190$ bei 22°. Gesättigt. Gibt mit Salpeter-Schwefelsäure wenig Trinitro-m-xylol, F. 180°.

Über die isomere Camphencamphersäure s. S. 562.

Campherphoron, $C_9H_{16}O$.

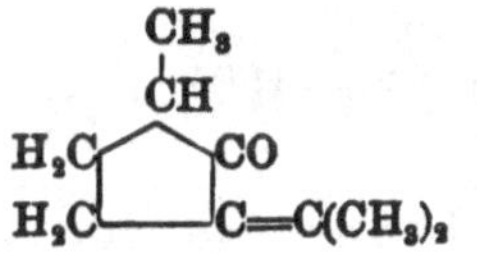

Darstellung [A. **331**, 320]: Aus scharf getrocknetem camphersaurem Kalk in einer Ausbeute von 44 %.

Eigenschaften [A. **331**, 324]: Kp. 199—201°, $d = 0{,}93$, $n_D = 1{,}4807$ bei 20°, gegen Säuren beständig. Zerfällt mit Alkalien (Natronkalk) unter Bildung von Aceton und 1,2-Methylpentanon (s. S. 399) [A. **331**, 321, 322].

Campherphoron gibt mit überschüssiger Semicarbazidlösung das

Acetat eines Disemicarbazons, F. nicht konstant, ca. 185°. Gibt mit Pikrinsäure ein Pikrat, F. 146°. Mit Soda zerfällt das Disemicarbazon in das

Normale Semicarbazon, F. 197—198° [A. **331**, 327]. Aus diesem kann man umgekehrt auch das Disemicarbazon erhalten.

Campherphoronoxim, ölig, mit Wasserdampf flüchtig, bildet sich bei der Behandlung von Campherphoron mit Hydroxylamin. Dabei bildet sich auch ein

Hydroxylaminadditionsprodukt, F. 119—120°.

Campherphoron verbindet sich mit wäßriger schwefeliger Säure zu einer wasserlöslichen Sulfosäure, aus der Natronlauge wieder Campherphoron abscheidet, ohne daß Isomerisation eintritt [A. **331**, 331].

Bei der Reduktion gibt Campherphoron einen gesättigten Alkohol, der identisch ist mit Dihydropulegenol (s. S. 368, 374) [A. **327**, 154ff.; **331**, 319; **379**, 197. Über Dihydrocampherphoron s. S. 374.

Homocamphen, $C_{11}H_{18}$⌈⁼ [A. **353**, 224ff.].

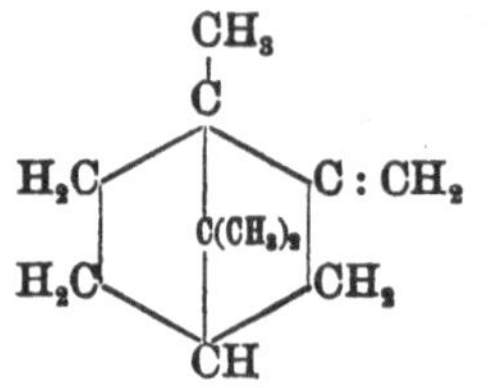

Darstellung: Aus Campher und Magnesiumjodmethyl nach Grignard und Abspaltung von Wasser aus dem gebildeten Homoborneol (s. S. 560).

Eigenschaften: Kp. 166—168°, F. 28°. Gibt bei der Oxydation mit Permanganat

Homocamphenylsäure (α-Borneolcarbonsäure) (s. S. 560) $C_{10}H_{16}(OH)COOH$. Derbe Kristalle F. 179°, $[\alpha]_D = -34{,}8°$ in Methylalkohol, —33,89° in Äther. Die Säure zerfällt bei weiterer Oxydation mit Bleisuperoxyd und Schwefelsäure in d-Campher.

XIX. Sesquiterpene.

Allgemeines über Sesquiterpene.

Mit der Untersuchung der Sesquiterpene wurde 1886 begonnen. Es existierte für Sesquiterpene und Polyterpene zwar auch schon eine stattliche Reihe von Namen, von einer näheren Charakterisierung dieser Verbindungen oder von einem Versuch, die natürlich vorkommenden Polyterpene bezüglich ihrer Eigenschaften und etwaiger Identität miteinander zu vergleichen, war aber bis dahin so gut wie gar nicht die Rede gewesen. Es handelte sich bei Beginn der Arbeit zunächst auch noch darum, ein wirklich reines Sesquiterpen abzuscheiden [A. **238**,, 78; **239**, 49]. Es gelang das zuerst für das Cadinen (1886).

1892 wurde eine Klassifikation der Sesquiterpene angebahnt [A. **271**, 285, 296] und es wurden solche mit einer und mit zwei Äthylenbindungen unterschieden (vgl. Allgem. Teil S. 11). Zu derselben Zeit gelang die Überführung eines Sesquiterpens, und zwar des Caryophyllens, in einem Alkohol und die Isomerisierung (durch den Alkohol hindurch) in ein neues Sesquiterpen, das Cloven. Ferner wurde ein hydrierter Kohlenwasserstoff $C_{15}H_{28}$ aus einem Sesquiterpen dargestellt [A. **271**, 295] und ein hochmolekularer kristallisierter Kohlenwasserstoff $C_{30}H_{50}$ [A. **271**, 293; **279**, 393].

Was den Bau der Sesquiterpene anbelangt, so wurde 1887 von der Hypothese ausgegangen, daß es sich zum Teil um polycyclische Systeme handele [A. **239**, 49; s. auch Allgem. Teil S. 196].

Spezielles über Sesquiterpene.[1]

Sesquiterpene, $C_{15}H_{24}$.

1. Cadinen, $C_{15}H_{24}|^{\overline{2}}$ [A. **238**, 79; **252**, 150; **271**, 297, 303].

Vorkommen: Im Cubebenöl [A. **238**, 79, 80], Patschouliöl [A. **238**, 81], Oleum Cadinum [A. **238**, 82], Oleum Sabinae [A. **238**, 82], Paracotorindenöl [A. **271**, 301ff.], Galbanumöl [A. **238**, 81] und in einer Reihe anderer Öle [A. **271**, 297].

Reindarstellung: Aus den Halogenwasserstoffadditionsprodukten durch Erwärmen mit Anilin oder mit Natriumacetat [A. **238**, 84; **271**, 297].

Eigenschaften [A. **238**, 80—87; **252**, 150; **271**, 297]: Kp. 274 bis 275°, $d=0,918$ bei 20°, $n_D=1,50647$, linksdrehend, $[\alpha]_D=-98,56°$. Liefert bei der Oxydation mit Chromsäure Fettsäuren. Eine Lösung in Chloroform oder Eisessig wird bei Zusatz von konzentrierter Schwefelsäure blau.

Dichlorhydrat, $C_{15}H_{24}\cdot 2HCl$, F. 117—118° (aus Essigester), rhombisch, $[\alpha]_D=-36,82$ [A. **238**, 80—85; **252**, 150]. Gibt bei der Reduktion mit Jodwasserstoff Tetrahydrocadinen (s. unten) [A. **271**, 296].

Dibromhydrat, F. 124—125°, $[\alpha]_D=-36,13°$.

Dijodhydrat, F. 105—106°, $[\alpha]_D=-48,00°$ [A. **238**, 86; **252**, 151].

Tetrahydrocadinen, $C_{15}H_{28}$. [A. **271**, 295].

Durch Reduktion des Cadinendichlorhydrats mit Jodwasserstoff gewonnen. Kp. 257—260°, $d=0,872$, $n_D=1,47439$ bei 18°.

---

[1] Neuere ausgedehnte Untersuchungen von Semmler über die Gruppe der Sesquiterpene s. dessen Handbuch II, 512ff. und Abhandlungen Ber. d. chem. Ges.

2. Caryophyllen, $C_{15}H_{24}\ulcorner$.

Vorkommen: Im Nelkenöl [A. **271**, 287] und im Copaivaöl [A. **271**, 294, 295].

Eigenschaften[1] [A. **271**, 287, 289]: Kp. 258—260°, $d = 0{,}9085$, $n_D = 1{,}50094$ bei 15°. Gibt mit Halogenwasserstoffsäuren flüssige Verbindungen. Läßt sich hydratisieren zu dem

Caryophyllenalkohol $C_{15}H_{25}OH$ [A. **271**, 288—291; **279**, 392, 395]. Kp. 287—289°, F. 96°. Rhomboedrisch.

Derivate des Caryophyllenalkohols:

Chlorid, $C_{15}H_{25}Cl$, Kp. 293—294°, F. 63°. Bromid, $C_{15}H_{25}Br$, F. 61—62°. Jodid, $C_{15}H_{25}J$, F. 61°. Nitrat, $C_{15}H_{25}ONO_2$, F. 96°. Schwer verseifbar. Acetat, $C_{15}H_{25}O \cdot COCH_3$, kristallinisch. Urethan, $C_{15}H_{25}O \cdot CONHC_6H_5$, F. 136—137°.

Der Alkohol gibt durch Wasserabspaltung Cloven (s. unten).

Das Caryophyllen gibt ein Nitrosochlorid, $C_{15}H_{24} \cdot NOCl$ [A. **271**, 295; **279**, 391], F. 161—163° und ein Nitrosat, $C_{15}H_{24} \cdot N_2O_4$ [A. **279**, 391], F. 148—149°. Das

Nitrolpiperidid, $C_{15}H_{24} \cdot NONC_5H_{10}$ [A. **279**, 392] schmilzt bei 141—143°.

3. Cloven, $C_{15}H_{24}\ulcorner$.

Entsteht aus dem bei 96° schmelzenden Caryophyllenalkohol bei Einwirkung wasserentziehender Mittel.

Kp. 261—263°, $d = 0{,}930$, $n_D = 1{,}50066$ bei 18° [A. **271**, 294, 298].

4. Patchoulen, $C_{15}H_{24}\ulcorner$.

Entsteht leicht aus dem bei 56° schmelzenden Patchoulialkohol (früher „Patchoulicampher" genannt).

Kp. 254—256°, $d = 0{,}939$, $n_D = 1{,}50094$ bei 23°. Riecht cedernartig [A. **279**, 394].

5. Guajen, $C_{15}H_{24}$.

$Kp._{13}$ 124—128°, $d = 0{,}910$, $n_D = 1{,}50114$ bei 20°. Wird durch geringe Beimengungen (Oxydationsprodukte ?) tief blau gefärbt.

---

[1] Nach neueren Untersuchungen von Deussen ist das Caryophyllen kein einheitlicher Kohlenwasserstoff [A. **356**, 22; **359**, 245].

Der Kohlenwasserstoff entsteht durch Wasserentziehung mittels Chlorzink aus dem

Guajol (oder Champacol), $C_{15}H_{25}OH$. Kp. 288°, F. 91°. Sehr große Prismen. Gibt lebhafte Farbreaktionen [A. **279**, 395—397].

6. Limen, $C_{15}H_{24}\overline{|^{3}}$ (aus sibirischem Fichtennadelöl) [A. **368**, 19].

Gibt ein Chlorhydrat, $C_{15}H_{24} \cdot 3ClH$, F. 79—80°. Inaktiv. Das daraus regenerierte Sesquiterpen hat folgende Eigenschaften:

Kp. 260—268° (unter Zersetzung), $d_{20} = 0{,}8725$, $n_D = 1{,}4903$. $M =$ 67,63 (ber. für $C_{15}H_{24}\overline{|^{3}}$: 67.86).

Bromhydrat, $C_{15}H_{24} \cdot 3BrH$. F. 84°.

7. Synthetisches Sesquiterpen, $C_{15}H_{24}$.

entsteht durch Wasserabspaltung aus Dicyclopentylcyclopentanol.

$Kp._{100}$ 210°, $d_{20} = 0{,}939$, $n_D = 1{,}5065$, $M = 64{,}60$ (s. S. 399).

Kohlenwasserstoff, $C_{30}H_{50}$ (Dicaryophyllan).

Der schön kristallisierte, hochmolekulare Kohlenwasserstoff ist aus dem bei 61° schmelzenden Jodid des Caryophyllenalkohols mit Natrium gewonnen.

$Kp._{13}$ etwa 225—230°, F. 144—145°. Ist vollständig gesättigt [A. **271**, 293; **279**, 393, 394].

Alphabetisches Sachregister[1]

[1] Bezüglich des Auffindens solcher Substanzen, die als spezielle Abkömmlinge der in diesem Sachregister aufgeführten Verbindungen zu betrachten sind (als: Bromide, Nitrosochloride, Oxime, Urethane usw. usw.), muß auf das im Anfang des Werks enthaltene ausführliche **Inhaltsverzeichnis** verwiesen werden.

Victor Meyer und Paul Jacobson,

Lehrbuch der organischen Chemie.

Zweite Auflage,

herausgegeben von

Paul Jacobson.

Erster Band.

Allgemeiner Teil — Verbindungen der Fettreihe.

Neu bearbeitet von

P. Jacobson und R. Stelzner.

Erster Teil. Allgemeiner Teil — Die aliphatischen Kohlenwasserstoffe und ihre einwertigen Abkömmlinge. Mit Figuren im Text. Lex. 8.
geh. 28 ℳ, geb. in Halbfranz 31 ℳ.

Zweiter Teil. Die mehrwertigen Abkömmlinge der aliphatischen Kohlenwasserstoffe — Cyanverbindungen und Kohlensäurederivate. Mit Figuren im Text und einer beigehefteten Tabelle. Lex. 8.
geh. 42 ℳ, geb. in Halbfranz 45 ℳ.

Meyer-Jacobsons Lehrbuch ist neben dem andere wissenschaftliche Ziele verfolgenden Beilsteinschen Handbuch das klassische Werk der modernen organischen Chemie.

Durch ausführliche Darlegung des heutigen Standes der organischen Chemie soll der Leser mit dem bis jetzt Erreichten vertraut gemacht und befähigt werden, der weiteren Entwicklung der Wissenschaft zu folgen. Dadurch, daß die Glieder einer Gruppe möglichst in Tabellen angeordnet sind, in denen man ihre Formeln und ihre wichtigsten physikalischen Konstanten findet, ist der Text nicht mit die Lektüre störenden Zahlen beladen. So ist ein Lehrbuch der Chemie von vollendeter, geradezu künstlerisch zu nennender Form geschaffen worden.

Die Literatur wird bis in die neueste Zeit in größter Vollständigkeit gegeben.

Von dem *zweiten* Bande liegen in *erster* Auflage vor:

Erster Teil. Einkernige isocyklische Verbindungen. Die Gruppe der hydroaromatischen Verbindungen ist in Gemeinschaft mit P. Jacobson bearbeitet von Carl Harries. geh. 27 ℳ, geb. in Halbfranz 30 ℳ.

Zweiter Teil. Mehrkernige Benzolderivate. In Gemeinschaft mit P. Jacobson bearbeitet von Arnold Reissert. geh. 17 ℳ 50 ℔.
geb. in Halbfranz 20 ℳ 50 ℔.

Teil III und IV des zweiten Bandes befinden sich in Vorbereitung und werden die heterocyklischen Verbindungen und die Naturstoffe unbekannter Konstitution enthalten.

FSC
www.fsc.org
MIX
Papier | Fördert gute Waldnutzung
FSC® C083411

Kolibri 360 GmbH
Ferdinand-Jühlke-Straße 7
99095 Erfurt, Deutschland
produktsicherheit@kolibri360.de